Processamento Digital de Sinais

Paulo S. R. Diniz é professor titular do Departamento de Engenharia Eletrônica e de Computação da Poli/UFRJ e do Programa de Engenharia Elétrica da COPPE/UFRJ. É *fellow member* do IEEE.

Eduardo A. B. da Silva é professor associado do Departamento de Engenharia Eletrônica e de Computação da Poli/UFRJ e do Programa de Engenharia Elétrica da COPPE/UFRJ.

Sergio L. Netto é professor associado do Departamento de Engenharia Eletrônica e de Computação da Poli/UFRJ e do Programa de Engenharia Elétrica da COPPE/UFRJ.

D585p Diniz, Paulo S. R.
  Processamento digital de sinais : projeto e análise de sistemas / Paulo S. R. Diniz, Eduardo A. B. da Silva, Sergio L. Netto ; tradução: Luiz Wagner Pereira Biscainho. – 2. ed. – Porto Alegre : Bookman, 2014.
  xxiv, 976 p. : il. ; 25 cm.

  ISBN 978-85-8260-123-5

  1. Engenharia elétrica. 2. Teoria dos sinais. 3. Processamento digital de sinais. I. Silva, Eduardo A. B. da. II. Netto, Sergio L. III. Título.

CDU 621.391

Catalogação na publicação: Ana Paula M. Magnus – CRB 10/2052

Paulo S. R. Diniz
Universidade Federal do
Rio de Janeiro

Eduardo A. B. da Silva
Universidade Federal do
Rio de Janeiro

Sergio L. Netto
Universidade Federal do
Rio de Janeiro

Processamento Digital de Sinais

Projeto e Análise de Sistemas

2ª edição

Tradução:
Luiz Wagner Pereira Biscainho
Departamento de Engenharia Eletrônica e de Computação da Escola Politécnica e
Programa de Engenharia Elétrica da COPPE – Universidade Federal do Rio de Janeiro

2014

Obra originalmente publicada sob o título
Digital Signal Processing, 2nd Edition
ISBN 9780521887755

© Cambridge University Press 2002, 2010

Gerente editorial: *Arysinha Jacques Affonso*

Colaboraram nesta edição:

Capa: *Maurício Pamplona*

Editoração: *Lucas Simões Maia*

Reservados todos os direitos de publicação, em língua portuguesa, à
BOOKMAN EDITORA LTDA., uma empresa do GRUPO A EDUCAÇÃO S.A.
Av. Jerônimo de Ornelas, 670 – Santana
90040-340 – Porto Alegre – RS
Fone: (51) 3027-7000   Fax: (51) 3027-7070

É proibida a duplicação ou reprodução deste volume, no todo ou em parte, sob quaisquer formas ou por quaisquer meios (eletrônico, mecânico, gravação, fotocópia, distribuição na Web e outros), sem permissão expressa da Editora.

Unidade São Paulo
Av. Embaixador Macedo Soares, 10.735 – Pavilhão 5 – Cond. Espace Center
Vila Anastácio – 05095-035 – São Paulo – SP
Fone: (11) 3665-1100   Fax: (11) 3667-1333

SAC 0800 703-3444 – www.grupoa.com.br

IMPRESSO NO BRASIL
PRINTED IN BRAZIL

*Às nossas famílias,
aos nossos pais
e aos nossos alunos.*

Prefácio

Este livro originou-se de um curso de treinamento para engenheiros do Centro de Pesquisa e Desenvolvimento (CPqD) da Telebrás, antiga empresa controladora de telecomunicações do Brasil. Lecionado pelo prof. Diniz em 1987, seu principal objetivo era apresentar métodos adequados à resolução de alguns dos problemas de engenharia do dia a dia dos alunos. Mais tarde, esse texto foi usado como referência básica para os cursos de filtros digitais e de processamento digital de sinais do Programa de Engenharia Elétrica da COPPE, na Universidade Federal do Rio de Janeiro.

Por muitos anos, ex-alunos perguntavam por que o texto original não era transformado num livro, já que apresentava uma visão bastante particular do assunto. Dentre as numerosas razões para não empreender essa tarefa, podemos mencionar que já havia um bom número de textos sobre o assunto. Além disso, após muitos anos lecionando e pesquisando o assunto, pareceu mais interessante trilhar outras direções que não o caminho árduo de escrever um livro. Por último, o texto original estava escrito em português, e sua mera tradução para o inglês seria uma tarefa muito tediosa.

Mais recentemente, o segundo e o terceiro autores, que haviam assistido a cursos de processamento de sinais utilizando o material original, passaram a sugerir seu prosseguimento. Foi quando decidimos empreender a tarefa de completar e atualizar o texto original, transformando-o em um livro-texto moderno. Nasceu então a primeira edição deste livro, que atualizava o texto original e incluía grande quantidade de material escrito para outros cursos lecionados pelos três autores até 2002.

Esta segunda edição lembra apenas vagamente as antigas notas de aula, por várias razões. A primeira delas é que o material original era fortemente concentrado em projeto e realização de filtros. Esta edição inclui uma grande quantidade de material em sistemas no tempo discreto, transformadas discretas, estimação espectral, sistemas multitaxa, bancos de filtros e *wavelets*.

Este é um livro-texto para um curso de processamento digital de sinais de graduação voltado para alunos com alguma exposição prévia a sinais e sistemas no tempo discreto, ou para um curso de pós-graduação que cubra a maioria dos tópicos avançados de alguns capítulos. Isso reflete a estrutura seguida na Universidade Federal do Rio de Janeiro, bem como em uma série de outras universidades com que tivemos contato. Esta segunda edição inclui uma inovação especialmente concebida para que os leitores possam testar seu aprendizado "pondo a mão na massa", com o auxílio do MATLAB®: as seções denominadas 'Faça você mesmo', incluídas em todos os capítulos do livro. O livro também contém, no final da maioria dos capítulos, uma breve seção com instruções sobre o MATLAB como ferramenta para análise e projeto de sistemas para processamento digital de sinais. Adotamos esse formato desde a primeira edição, por acreditar que ter as explicações sobre o MATLAB inseridas ao longo do texto principal poderiam, em muitos casos, desviar a atenção do leitor.

A característica que distingue este livro é apresentar uma ampla gama de tópicos de análise e projeto em processamento digital de sinais numa forma concisa, mas completa, permitindo, ainda, ao leitor desenvolver completamente sistemas práticos. Embora pensado, primeiramente, como um livro-texto de graduação e pós-graduação, a origem em cursos de treinamento para a indústria assegura a utilidade desta obra para engenheiros trabalhando no desenvolvimento de sistemas de processamento digital de sinais. De fato, nosso objetivo é equipar o leitor com ferramentas que permitam compreender e utilizar sistemas de processamento digital de sinais; como aproximar uma função de transferência com característica desejada usando polinômios e razões de polinômios; por que o mapeamento apropriado de uma função de transferência numa estrutura adequada é importante em aplicações práticas; e como analisar e representar os sinais, explorando o compromisso entre as representações no tempo e na frequência. Para isso, cada capítulo inclui um número de exemplos e, ao seu final, problemas para serem resolvidos, com a finalidade de permitir a assimilação dos conceitos, bem como de complementar o texto. A segunda edição teve a quantidade de exemplos e de exercícios a resolver consideravelmente ampliada.

Os Capítulos 1 e 2 fazem uma revisão dos conceitos básicos do processamento e das transformadas de sinais no tempo discreto. Embora muitos leitores possam já estar familiarizados com esses assuntos, eles podem se beneficiar da leitura desses capítulos, habituando-se à notação usada e à forma de apresentação do assunto. No Capítulo 1, revisamos os conceitos de sistemas no tempo discreto, incluindo a representação de sinais e sistemas no tempo discreto, bem como suas respostas no domínio do tempo; e, mais importante, apresentamos o teorema da amostragem, que estabelece as condições para que os sistemas no tempo discreto resolvam problemas práticos relacionados com nosso mundo "no tempo contínuo". Os conceitos básicos de sinais aleatórios também são apresentados nesse capítulo. Segue-se a primeira seção 'Faça você mesmo', para auxiliar o leitor a testar seu progresso em sinais e sistemas no tempo discreto. O Capítulo 2 se ocupa das transformadas z e de Fourier, ferramentas matemáticas úteis na representação de sinais e sistemas no tempo discreto. São discutidas as propriedades básicas dessas transformadas, incluindo um teste da estabilidade de sistemas no domínio da transformada z. O capítulo ainda mostra como a análise de sinais aleatórios pode se beneficiar da formulação no domínio z.

O Capítulo 3 discute transformadas discretas, com ênfase especial na transformada de Fourier discreta (DFT, do inglês *Discrete Fourier Transform*), uma ferramenta extremamente valiosa para análise na frequência de sinais no tempo discreto. A DFT permite uma representação discreta no domínio da frequência para sinais no tempo discreto. Como a representação na forma de sequências numéricas é natural para computadores digitais, a DFT é uma ferramenta muito poderosa, pois permite manipular informações no domínio da frequência da mesma forma que podemos manipular as sequências originais. A importância da DFT é aumentada, ainda, pelo fato de que há algoritmos computacionalmente eficientes, as chamadas transformadas de Fourier rápidas (FFTs, do inglês *Fast Fourier Transforms*) disponíveis para o cálculo da DFT. Esse capítulo também apresenta transformadas com coeficientes reais, como as transformadas de cossenos e de senos, muito usadas na codificação moderna de áudio e vídeo, bem como em numerosas outras aplicações. Também é incluída uma seção sobre a ortogonalidade em transformadas. Há, ainda, uma discussão sobre as diversas formas de representar os sinais, a fim de auxiliar o leitor em suas possíveis escolhas.

O Capítulo 4 trata das estruturas básicas para o mapeamento de uma função de transferência em um filtro digital. Também é voltado a alguns métodos básicos para análise e a propriedades de estruturas de filtros digitais. O capítulo apresenta, ainda, alguns blocos constituintes simples e úteis, muito comuns em projetos e aplicações.

O Capítulo 5 apresenta diversos métodos de aproximação para filtros com resposta ao impulso de duração finita (FIR, do inglês *Finite-duration Impulse Response*), começando pelo método extremamente simples da amostragem na frequência e pelo método da janela, amplamente utilizado. Este último também proporciona um bom entendimento da estratégia de janelamento, usada em várias aplicações de processamento de sinais. Outros métodos de aproximação incluídos são os filtros maximamente planos e os que se baseiam no método de mínimos quadrados ponderados (WLS, do inglês *Weighted Least Squares*). Esse capítulo também apresenta a aproximação de Chebyshev, baseada num algoritmo de otimização multivariável chamado método de troca de Remez. Essa abordagem leva a funções de transferência de ordem mínima com fase linear, dado um conjunto prescrito de especificações da resposta na frequência. O capítulo também discute o método WLS-Chebyshev, que leva a funções de transferência para as quais são prescritos o máximo e a energia total do erro de aproximação.

Esse método de aproximação não é muito discutido na literatura, mas se mostra muito útil em numerosas aplicações.

O Capítulo 6 discute os procedimentos para aproximação de filtros com resposta ao impulso de duração infinita (IIR, do inglês *Infinite-duration Impulse Response*). Começamos com as aproximações clássicas de funções de transferência para sistemas no tempo contínuo, a saber, as aproximações de Butterworth, de Chebyshev e elíptica, que podem gerar funções de transferência no tempo discreto através de transformações apropriadas. Dois métodos para esse fim são, então, apresentados: o método da invariância ao impulso e o método da transformação bilinear. O capítulo também inclui uma seção sobre transformações no domínio da frequência para sistemas no tempo discreto. Também é abordada a aproximação simultânea de módulo e fase para filtros digitais IIR usando técnicas de otimização, disponibilizando com isso uma ferramenta para o projeto de funções de transferência que satisfaçam especificações mais gerais. O capítulo conclui tratando das aproximações no domínio do tempo.

O Capítulo 7 apresenta os conceitos básicos de teoria da estimação. Começa descrevendo os métodos não paramétricos de estimação espectral baseados em espectrograma, prosseguindo com o estimador espectral de variância mínima. O capítulo continua com uma discussão sobre teoria de modelos, tratando da modelagem por função de transferência racional e apresentando as equações de Yule-Walker. Vários métodos paramétricos de estimação espectral também são apresentados, a saber, o método de predição linear, o método da covariância, o método da autocorrelação, o algoritmo de Levinson-Durbin e o método de Burg. O capítulo discute, ainda, o filtro de Wiener como uma extensão do método de predição linear.

O Capítulo 8 lida com os princípios básicos de sistemas no tempo discreto com múltiplas taxas de amostragem. Nesse capítulo, enfatizamos as propriedades básicas dos sistemas multitaxa, abordando em profundidade as operações de decimação e interpolação e exemplificando seu uso no projeto de filtros digitais eficientes. O capítulo discute diversas propriedades-chave de sistemas multitaxa, tais como as operações inversas e identidades nobres, e apresenta algumas ferramentas de análise como a decomposição polifásica e os modelos comutadores. Além disso, tratamos dos conceitos de filtragem em blocos com sobreposição, que pode ser de grande utilidade na implementação rápida de blocos constituintes de sistemas de processamento digital de sinais. O capítulo inclui ainda alguma discussão acerca do efeito de decimadores e interpoladores sobre as propriedades de sinais aleatórios.

O Capítulo 9 discute algumas propriedades relativas à estrutura interna dos bancos de filtros, seguidas pelo conceito e pela construção de bancos de filtros com reconstrução perfeita. O capítulo inclui, ainda, algumas ferramentas para análise e classificações de bancos de filtros e multiplexadores. Esse capítulo apresenta diversas técnicas para projeto de bancos de filtros multitaxa, incluindo várias formas de bancos de filtros de duas faixas, bancos de filtros modulados por cosseno e transformadas com sobreposição.

O Capítulo 10 apresenta os conceitos de análise tempo-frequência e as transformadas de *wavelets*. Mostra, ainda, a representação de sinais em multirresolução através de transformadas de *wavelets* usando bancos de filtros. Além disso, são apresentadas algumas técnicas de projeto para geração de bases ortogonais e biortogonais para representação de sinais. Várias propriedades das *wavelets* necessárias a sua classificação, seu projeto e sua implementação são discutidas no capítulo.

O Capítulo 11 faz uma breve introdução às representações numéricas binárias mais usadas na implementação de sistemas de processamento digital de sinais. Explica, também, como operam os elementos básicos utilizados em tais sistemas e discute um tipo particular, porém instrutivo, de implementação, baseado em aritmética distribuída. O capítulo também inclui os modelos que descrevem os efeitos de quantização em filtros digitais. Discutimos diversas abordagens para analisar e lidar com os efeitos da representação dos sinais e coeficientes de filtros com comprimento finito de palavra. Em particular, estudamos os efeitos do ruído de quantização em produtos; o escalamento de sinais, que limita sua faixa dinâmica interna; a quantização dos coeficientes da função de transferência projetada; e as oscilações não lineares que podem ocorrer em realizações recursivas. Essas análises são utilizadas para indicar quais realizações levam a implementações práticas de filtros digitais com precisão finita.

No Capítulo 12, apresentamos algumas técnicas para reduzir a complexidade computacional de filtros FIR com especificações muito exigentes. A primeira estrutura discutida é a forma treliça (em inglês, *lattice*), que encontra aplicação em inúmeras áreas, incluindo o projeto de bancos de filtros. São apresentadas várias formas úteis para implementação de filtros FIR, tais como polifásica, no domínio da frequência, da soma móvel recursiva e da função sinc modificada, que servem como blocos constituintes em diversos métodos de projeto. Em particular, apresentamos os métodos do pré-filtro e da interpolação, que são especialmente úteis no projeto de filtros passa-baixas e passa-altas de faixa estreita. Adicionalmente, apresentamos a abordagem por mascaramento da resposta na frequência, para projeto de filtros com faixas de transição estreitas satisfazendo especificações mais gerais, e o método de quadratura, para filtros passa-faixa e rejeita-faixa de faixa estreita.

O Capítulo 13 apresenta uma quantidade de realizações eficientes para filtros IIR. Para esses filtros, são apresentadas numerosas realizações consideradas eficientes do ponto de vista da implementação em precisão finita, sendo discutidos detalhadamente seus aspectos mais importantes. Essas realizações equiparão o leitor com uma série de escolhas para o projeto de bons filtros IIR. Diversas famílias de estruturas são consideradas nesse capítulo, a saber, projetos em paralelo e em cascata usando seções de segunda ordem na forma direta; projetos em paralelo e em cascata usando seções ótimas e seções livres de ciclos-limite, definidas no espaço de estados; filtros em treliça; e várias formas de filtros de onda digitais. O capítulo inclui, ainda, uma discussão de filtros duplamente complementares e seu uso na implementação de bancos de filtros espelhados em quadratura.

Este livro contém material suficiente para um curso de graduação em processamento digital de sinais ou um curso de primeiro ano de pós-graduação. Há muitas formas alternativas de compor esses cursos; a seguir, recomendamos algumas que vêm sido seguidas com sucesso em cursos de processamento de sinais.

- Um curso de graduação de sistemas discretos no tempo ou processamento digital de sinais num nível básico deve incluir a maior parte dos Capítulos 1, 2, 3 e 4, mais os métodos não paramétricos do Capítulo 7. Também pode incluir métodos não iterativos de aproximação, a saber, os métodos de amostragem na frequência e de janelamento descritos no Capítulo 5 e os métodos de aproximação baseados em aproximação analógica e de transformação no domínio do tempo e no domínio da frequência do Capítulo 6.
- Um curso de graduação de processamento digital de sinais num nível avançado deve rever brevemente partes dos Capítulos 1 e 2 e cobrir os Capítulos 3, 4 e 7. Também pode incluir métodos não iterativos de aproximação, a saber, os métodos de amostragem na frequência e de janelamento descritos no Capítulo 5 e os métodos de aproximação baseados em aproximação analógica e de transformação no domínio do tempo e no domínio da frequência do Capítulo 6. Os Capítulos 8 e 11 podem complementar o curso.
- Um curso de filtros digitais de graduação num nível avançado ou de primeiro ano de pós-graduação deve cobrir o Capítulo 4 e os métodos iterativos de aproximação dos Capítulos 5 e 6. O curso pode cobrir também tópicos selecionados dos Capítulos 11, 12 e 13. A critério do professor, o curso pode ainda incluir partes selecionadas do Capítulo 8.
- Como livro-texto de um curso de pós-graduação em sistemas multitaxa, bancos de filtros e wavelets, o curso pode cobrir os Capítulos 8, 9 e 10, bem como a estrutura em treliça do Capítulo 12 e os filtros duplamente complementares do Capítulo 13.

Obviamente, há diversas outras escolhas possíveis baseadas no material deste livro, que dependerão da duração do curso e da escolha cuidadosa do professor.

Este livro nunca teria sido escrito se pessoas com uma ampla visão de como deve ser um ambiente acadêmico não estivessem à nossa volta. Tivemos a sorte de ter os Profs. L. P. Calôba e E. H. Watanabe como colegas e orientadores. A equipe da COPPE, em particular nas pessoas de M. de A. Nogueira e F. J. Ribeiro, prestou apoio de todas as formas possíveis para tornar este livro uma realidade. Os alunos do primeiro autor, J. C. Cabezas, R. G. Lins e J. A. B. Pereira (*in memoriam*) escreveram com ele um pacote computacional que gerou diversos dos exemplos deste livro. Os engenheiros do CPqD ajudaram na correção da primeira versão deste texto. Em particular, gostaríamos de agradecer ao engenheiro J. Sampaio por acreditar plenamente nesta obra. Nós nos beneficiamos por trabalhar em um grande grupo de processamento de sinais em que nossos colegas sempre nos ajudaram de várias formas. Dentre eles, devemos mencionar os profs. L. W. P. Biscainho, M. L. R. de Campos, G. V. Mendonça, A. C. M. de Queiroz, F. G. V. de Resende Jr. e J. M. de Seixas, e toda a equipe do Laboratório de Processamento de Sinais (www.lps.ufrj.br). O prof. Biscainho fez uma brilhante tradução da primeira versão deste livro para nossa língua pátria; ele é, de fato, nosso 'quarto autor' inspirador. Gostaríamos de agradecer aos nossos colegas na Universidade Federal do Rio de Janeiro, em particular aos do Departamento de Engenharia Eletrônica e de Computação da Escola Politécnica (de graduação) e do Programa de Engenharia Elétrica da COPPE (de pós-graduação) por seu apoio constante ao longo da preparação deste livro.

Os autores gostariam de agradecer a muitos amigos de outras instituições cuja influência ajudou a dar forma a este livro. Em particular, podemos mencionar o prof. A. S. de la Vega, da Universidade Federal Fluminense; o prof. M. Sarcinelli Fo., da Universidade Federal do Espírito Santo; os profs. P. Agathoklis, A. Antoniou e W.-S. Lu, da University of Victoria; os profs. I. Hartimo, T. I. Laakso e Dr. V. Välimäki, da Helsinki University of Technology; os profs. T. Saramäki e M. Renfors, da Tampere University of Technology; o prof. Y. Lian, da National University of Singapore; o prof. Y. C. Lim, da Nanyang Technological University; o dr. R. L. de Queiroz, da Universidade de Brasília; o dr. H. S. Malvar, da Microsoft Corporation; o prof. Y.-F. Huang, da University of Notre Dame; o prof. J. E. Cousseau, da Universidad Nacional del Sur; o prof. B. Nowrouzian, da University of Alberta; o dr. M. G. de Siqueira, da Cisco Systems; os profs. R. Miscow Fo. e E. Viegas, do Instituto Militar de Engenharia do Rio de Janeiro; o prof. T. Q. Nguyen, da University of California, San Diego; e o prof. M. Laddomada, da Texas A&M University, Texarkana.

Esta lista de agradecimentos ficaria incompleta sem a menção à equipe da Cambridge University Press, em particular ao nosso editor, dr. Philip Meyler. Phil é uma pessoa surpreendente, que sabe como estimular as pessoas a ler e escrever livros.

Gostaríamos de agradecer às nossas famílias por sua infinita paciência e seu indispensável apoio. Em particular, Paulo gostaria de expressar sua mais profunda gratidão a Mariza, Paula e Luiza, e a sua mãe, Hirlene. Eduardo gostaria de mencionar que o amor e a amizade sempre presentes de sua esposa, Cláudia, e seus filhos, Luis Eduardo e Isabella, assim como a forte e amorosa formação que lhe deram seus pais, Zélia e Bismarck, foram, em todos os sentidos, essenciais à conclusão desta tarefa. Sergio gostaria de expressar sua mais profunda gratidão a seus pais, Sergio e Maria Christina, e seu sincero amor e admiração por sua esposa, Isabela, e a imensa afeição por seu primogênito, Bruno, e pelas gêmeas, Renata e Manuela, (ver Figura 10.21).

Nós três também gostaríamos de agradecer a nossas famílias pela paciência.

Esperamos sinceramente que este livro reflita a harmonia, o prazer, a amizade e a ternura que experimentamos trabalhando em conjunto. Nossa parceria estava escrita nas estrelas e caiu do céu.

Paulo S. R. Diniz
Eduardo A. B. da Silva
Sergio L. Netto

Agradecimentos da edição brasileira

A Carlos Pedro Vianna Lordelo, Isabela Ferrão Apolinário e Victor Pereira da Costa, que, com o apoio de Laís Ferreira Crispino e Thays Cristina Faria Verçoza Costa na primeira fase, fizeram a revisão das figuras da edição brasileira.

Sumário

1 Sinais e sistemas no tempo discreto — 1

1.1 Introdução — 1
1.2 Sinais no tempo discreto — 2
1.3 Sistemas no tempo discreto — 7
    1.3.1 Linearidade — 8
    1.3.2 Invariância no tempo — 8
    1.3.3 Causalidade — 9
    1.3.4 Resposta ao impulso e somas de convolução — 11
    1.3.5 Estabilidade — 14
1.4 Equações de diferenças e resposta no domínio do tempo — 15
    1.4.1 Sistemas recursivos × sistemas não-recursivos — 19
1.5 Resolvendo equações de diferenças — 21
    1.5.1 Calculando respostas ao impulso — 31
1.6 Amostragem de sinais no tempo contínuo — 33
    1.6.1 Princípios básicos — 33
    1.6.2 Teorema da amostragem — 34
1.7 Sinais aleatórios — 56
    1.7.1 Variável aleatória — 56
    1.7.2 Processos aleatórios — 60
    1.7.3 Filtrando um sinal aleatório — 63
1.8 Faça você mesmo: sinais e sistemas no tempo discreto — 65
1.9 Sinais e sistemas no tempo discreto com MATLAB — 70
1.10 Resumo — 71
1.11 Exercícios — 71

2 As transformadas z e de Fourier — 79

2.1 Introdução — 79
2.2 Definição da transformada z — 80
2.3 Transformada z inversa — 88
    2.3.1 Cálculo baseado no teorema dos resíduos — 89
    2.3.2 Cálculo baseado na expansão em frações parciais — 93

  2.3.3 Cálculo baseado na divisão polinomial — 96
  2.3.4 Cálculo baseado na expansão em série — 98
2.4 Propriedades da transformada z — 100
  2.4.1 Linearidade — 100
  2.4.2 Reversão no tempo — 101
  2.4.3 Teorema do deslocamento no tempo — 101
  2.4.4 Multiplicação por uma exponencial — 102
  2.4.5 Diferenciação complexa — 102
  2.4.6 Conjugação complexa — 103
  2.4.7 Sequências reais e imaginárias — 104
  2.4.8 Teorema do valor inicial — 104
  2.4.9 Teorema da convolução — 104
  2.4.10 Produto de duas sequências — 105
  2.4.11 Teorema de Parseval — 106
  2.4.12 Tabela de transformadas z básicas — 107
2.5 Funções de transferência — 111
2.6 Estabilidade no domínio z — 113
2.7 Resposta na frequência — 116
2.8 Transformada de Fourier — 123
2.9 Propriedades da transformada de Fourier — 129
  2.9.1 Linearidade — 129
  2.9.2 Reversão no tempo — 129
  2.9.3 Teorema do deslocamento no tempo — 129
  2.9.4 Multiplicação por uma exponencial complexa (deslocamento na frequência, modulação) — 129
  2.9.5 Diferenciação complexa — 129
  2.9.6 Conjugação complexa — 129
  2.9.7 Sequências reais e imaginárias — 130
  2.9.8 Sequências simétricas e antissimétricas — 131
  2.9.9 Teorema da convolução — 132
  2.9.10 Produto de duas sequências — 132
  2.9.11 Teorema de Parseval — 132
2.10 Transformada de Fourier para sequências periódicas — 133
2.11 Sinais aleatórios no domínio da transformada — 134
  2.11.1 Densidade espectral de potência — 135
  2.11.2 Ruído branco — 137
2.12 Faça você mesmo: as transformadas z e de Fourier — 138
2.13 As transformadas z e de Fourier com MATLAB — 145
2.14 Resumo — 147
2.15 Exercícios — 148

3 Transformadas discretas — 154

3.1 Introdução — 154
3.2 Transformada de Fourier discreta — 155
3.3 Propriedades da DFT — 165
    3.3.1 Linearidade — 165
    3.3.2 Reversão no tempo — 166
    3.3.3 Teorema do deslocamento no tempo — 166
    3.3.4 Teorema do deslocamento circular na frequência (teorema da modulação) — 169
    3.3.5 Convolução circular no tempo — 170
    3.3.6 Correlação — 172
    3.3.7 Conjugação complexa — 172
    3.3.8 Sequências reais e imaginárias — 172
    3.3.9 Sequências simétricas e antissimétricas — 173
    3.3.10 Teorema de Parseval — 176
    3.3.11 Relação entre a DFT e a transformada z — 177
3.4 Filtragem digital usando a DFT — 178
    3.4.1 Convoluções linear e circular — 178
    3.4.2 Método de sobreposição-e-soma — 182
    3.4.3 Método de sobreposição-e-armazenamento — 184
3.5 Transformada de Fourier rápida — 190
    3.5.1 Algoritmo de raiz 2 com decimação no tempo — 191
    3.5.2 Decimação na frequência — 201
    3.5.3 Algoritmo de raiz 4 — 204
    3.5.4 Algoritmos para valores arbitrários de N — 209
    3.5.5 Técnicas alternativas para determinação da DFT — 211
3.6 Outras transformadas discretas — 211
    3.6.1 Transformadas discretas e o teorema de Parseval — 212
    3.6.2 Transformadas discretas e ortogonalidade — 214
    3.6.3 Transformada de cossenos discreta — 217
    3.6.4 Uma família de transformadas de senos e cossenos — 222
    3.6.5 Transformada discreta de Hartley — 222
    3.6.6 Transformada de Hadamard — 224
    3.6.7 Outras transformadas importantes — 226
3.7 Representações de sinais — 226
    3.7.1 Transformada de Laplace — 227
    3.7.2 Transformada z — 227
    3.7.3 Transformada de Fourier (no tempo contínuo) — 228
    3.7.4 Transformada de Fourier (de tempo discreto) — 228
    3.7.5 Série de Fourier (de tempo contínuo) — 229
    3.7.6 Transformada discreta de Fourier (equivalente à série de Fourier de tempo discreto) — 229

3.8 Faça você mesmo: transformadas discretas — 230
3.9 Transformadas discretas com MATLAB — 234
3.10 Resumo — 235
3.11 Exercícios — 236

4 Filtros digitais — 242

4.1 Introdução — 242
4.2 Estruturas básicas de filtros digitais não-recursivos — 242
    4.2.1 Forma direta — 243
    4.2.2 Forma cascata — 245
    4.2.3 Formas com fase linear — 245
4.3 Estruturas básicas de filtros digitais recursivos — 253
    4.3.1 Formas diretas — 253
    4.3.2 Forma cascata — 257
    4.3.3 Forma paralela — 259
4.4 Análise de redes digitais — 262
4.5 Descrição no espaço de estados — 266
4.6 Propriedades básicas de redes digitais — 269
    4.6.1 Teorema de Tellegen — 270
    4.6.2 Reciprocidade — 271
    4.6.3 Interreciprocidade — 272
    4.6.4 Transposição — 273
    4.6.5 Sensibilidade — 274
4.7 Blocos componentes úteis — 280
    4.7.1 Blocos componentes de segunda ordem — 280
    4.7.2 Osciladores digitais — 284
    4.7.3 Filtro pente — 284
4.8 Faça você mesmo: filtros digitais — 287
4.9 Formas de filtros digitais com MATLAB — 290
4.10 Resumo — 295
4.11 Exercícios — 296

5 Aproximações para filtros FIR — 303

5.1 Introdução — 303
5.2 Características ideais de filtros-padrão — 304
    5.2.1 Filtros passa-baixas, passa-altas, passa-faixa e rejeita-faixa — 304
    5.2.2 Diferenciadores — 306
    5.2.3 Transformadores de Hilbert — 308
    5.2.4 Resumo — 311

5.3 Aproximação para filtros FIR por amostragem na frequência — 311
5.4 Aproximação de filtros FIR com funções-janela — 319
    5.4.1 Janela retangular — 323
    5.4.2 Janelas triangulares — 323
    5.4.3 Janelas de Hamming e de Hann — 324
    5.4.4 Janela de Blackman — 326
    5.4.5 Janela de Kaiser — 328
    5.4.6 Janela de Dolph–Chebyshev — 337
5.5 Aproximação maximamente plana para filtros FIR — 339
5.6 Aproximação de filtros FIR por otimização — 343
    5.6.1 Método dos mínimos quadrados ponderados — 349
    5.6.2 Método de Chebyshev — 352
    5.6.3 Método WLS–Chebyshev — 358
5.7 Faça você mesmo: aproximações de filtros FIR — 364
5.8 Aproximação de filtros FIR com MATLAB — 367
5.9 Resumo — 374
5.10 Exercícios — 376

6 Aproximações para filtros IIR — 383

6.1 Introdução — 383
6.2 Aproximações para filtros analógicos — 384
    6.2.1 Especificação de um filtro passa-baixas analógico — 384
    6.2.2 Aproximação de Butterworth — 386
    6.2.3 Aproximação de Chebyshev — 388
    6.2.4 Aproximação elíptica — 391
    6.2.5 Transformações na frequência — 394
6.3 Transformações do tempo contínuo no tempo discreto — 403
    6.3.1 Método da invariância ao impulso — 404
    6.3.2 Método da Transformação Bilinear — 408
6.4 Transformação na frequência no domínio do tempo discreto — 415
    6.4.1 Transformação de passa-baixas em passa-baixas — 416
    6.4.2 Transformação de passa-baixas em passa-altas — 416
    6.4.3 Transformação de passa-baixas em passa-faixa — 417
    6.4.4 Transformação de passa-baixas em rejeita-faixa — 418
    6.4.5 Projeto de filtro com corte variável — 418
6.5 Aproximação de módulo e fase — 419
    6.5.1 Princípios básicos — 419
    6.5.2 Método para minimização de uma função multivariável — 424
    6.5.3 Métodos alternativos — 427
6.6 Aproximação no domínio do tempo — 429
    6.6.1 Abordagem aproximada — 431

6.7 Faça você mesmo: aproximações de filtros IIR ... 434
6.8 Aproximação de filtros IIR com MATLAB ... 438
6.9 Resumo ... 443
6.10 Exercícios ... 444

7 Estimação espectral ... 449

7.1 Introdução ... 449
7.2 Teoria da estimação ... 450
7.3 Estimação espectral não-paramétrica ... 451
    7.3.1 Periodograma ... 452
    7.3.2 Variações do periodograma ... 454
    7.3.3 Estimador espectral de variância mínima ... 456
7.4 Teoria da modelagem ... 459
    7.4.1 Modelos por função de transferência racional ... 459
    7.4.2 Equações de Yule–Walker ... 464
7.5 Estimação espectral paramétrica ... 467
    7.5.1 Predição linear ... 468
    7.5.2 Método da covariância ... 473
    7.5.3 Método da autocorrelação ... 474
    7.5.4 Algoritmo de Levinson–Durbin ... 475
    7.5.5 Método de Burg ... 478
    7.5.6 Relação entre o algoritmo de Levinson–Durbin e uma estrutura em treliça ... 481
7.6 Filtro de Wiener ... 482
7.7 Outros métodos para estimação espectral ... 485
7.8 Faça você mesmo: estimação espectral ... 487
7.9 Estimação espectral com MATLAB ... 494
7.10 Resumo ... 496
7.11 Exercícios ... 497

8 Sistemas multitaxa ... 502

8.1 Introdução ... 502
8.2 Princípios básicos ... 503
8.3 Decimação ... 504
8.4 Interpolação ... 509
    8.4.1 Exemplos de interpoladores ... 512
8.5 Mudanças de taxa de amostragem racionais ... 513
8.6 Operações inversas ... 514

8.7 Identidades nobres ... 516
8.8 Decomposições polifásicas ... 517
8.9 Modelos comutadores ... 520
8.10 Decimação e interpolação na implementação eficiente de filtros ... 524
    8.10.1 Filtros FIR de faixa estreita ... 524
    8.10.2 Filtros FIR de faixa larga com faixas de transição estreitas ... 526
8.11 Filtragem em blocos com sobreposição ... 528
    8.11.1 Caso sem sobreposição ... 531
    8.11.2 Entrada e saída com sobreposição ... 534
    8.11.3 Estrutura de convolução rápida I ... 538
    8.11.4 Estrutura de convolução rápida II ... 539
8.12 Sinais aleatórios em sistemas multitaxa ... 542
    8.12.1 Sinais aleatórios interpolados ... 543
    8.12.2 Sinais aleatórios decimados ... 544
8.13 Faça você mesmo: sistemas multitaxa ... 545
8.14 Sistemas multitaxa com MATLAB ... 547
8.15 Resumo ... 550
8.16 Exercícios ... 550

9 Bancos de filtros ... 556

9.1 Introdução ... 556
9.2 Bancos de filtros ... 557
    9.2.1 Decimação de um sinal passa-faixa ... 557
    9.2.2 Decimação inversa de um sinal passa-faixa ... 559
    9.2.3 Bancos de filtros criticamente decimados de M faixas ... 559
9.3 Reconstrução perfeita ... 561
    9.3.1 Bancos de filtros de M faixas em termos de suas componentes polifásicas ... 561
    9.3.2 Bancos de filtros de M faixas com reconstrução perfeita ... 564
9.4 Análise de bancos de filtros de M faixas ... 572
    9.4.1 Representação por matriz de modulação ... 573
    9.4.2 Análise no domínio do tempo ... 575
    9.4.3 Ortogonalidade e biortogonalidade em bancos de filtros ... 584
    9.4.4 Transmultiplexadores ... 590
9.5 Bancos de filtros genéricos de 2 faixas com reconstrução perfeita ... 591
9.6 Bancos de QMF ... 596
9.7 Bancos de CQF ... 600
9.8 Transformadas em blocos ... 605
9.9 Bancos de filtros modulados por cossenos ... 611
    9.9.1 O problema de otimização no projeto de bancos de filtros modulados por cossenos ... 617

9.10 Transformadas com sobreposição ... 621
    9.10.1 Algoritmos rápidos e LOT biortogonal ... 632
    9.10.2 LOT generalizada ... 636
9.11 Faça você mesmo: bancos de filtros ... 641
9.12 Bancos de filtros com MATLAB ... 653
9.13 Resumo ... 655
9.14 Exercícios ... 655

10 Transformadas de *wavelets* ... 660

10.1 Introdução ... 660
10.2 Transformadas de *wavelets* ... 660
    10.2.1 Bancos de filtros hierárquicos ... 662
    10.2.2 *Wavelets* ... 662
    10.2.3 Funções de escalamento ... 667
10.3 Relação entre $x(t)$ e $x(n)$ ... 668
10.4 Transformadas de *wavelets* e análise tempo-frequencial ... 668
    10.4.1 A transformada de Fourier de curta duração ... 669
    10.4.2 A transformada de *wavelets* contínua ... 674
    10.4.3 Amostrando a transformada de *wavelets* contínua: a transformada de *wavelets* discreta ... 677
10.5 Representação em multirresolução ... 680
    10.5.1 Representação em multirresolução biortogonal ... 683
10.6 Transformadas de *wavelets* e bancos de filtros ... 685
    10.6.1 Relações entre os coeficientes dos filtros ... 692
10.7 Regularidade ... 696
    10.7.1 Restrições adicionais impostas ao banco de filtros devido à condição de regularidade ... 697
    10.7.2 Uma estimação prática da regularidade ... 699
    10.7.3 Número de momentos desvanecentes ... 699
10.8 Exemplos de *wavelets* ... 701
10.9 Transformadas de *wavelets* de imagens ... 704
10.10 Transformada de *wavelets* de sinais com comprimento finito ... 710
    10.10.1 Extensão periódica desinal ... 710
    10.10.2 Extensões simétricas desinal ... 713
10.11 Faça você mesmo: transformadas de *wavelets* ... 718
10.12 *Wavelets* com MATLAB ... 725
10.13 Resumo ... 731
10.14 Exercícios ... 732

11 Processamento digital de sinais em precisão finita — 736

11.1 Introdução — 736
11.2 Representação numérica binária — 738
    11.2.1 Representações de ponto fixo — 738
    11.2.2 Representação em potências de dois com sinal — 741
    11.2.3 Representação de ponto flutuante — 742
11.3 Elementos básicos — 743
    11.3.1 Propriedades da representação em complemento-a-dois — 743
    11.3.2 Somador serial — 744
    11.3.3 Multiplicador serial — 745
    11.3.4 Somador paralelo — 754
    11.3.5 Multiplicador paralelo — 754
11.4 Implementação em aritmética distribuída — 755
11.5 Quantização de produtos — 762
11.6 Escalamento de sinal — 768
11.7 Quantização de coeficientes — 779
    11.7.1 Critério determinístico de sensibilidade — 781
    11.7.2 Previsão estatística do comprimento de palavra — 785
11.8 Ciclos-limite — 788
    11.8.1 Ciclos-limite granulares — 788
    11.8.2 Ciclos-limite por *overflow* — 790
    11.8.3 Eliminação de ciclos-limite de entrada nula — 793
    11.8.4 Eliminação de ciclos-limite de entrada constante — 800
    11.8.5 Estabilidade à resposta forçada de filtros digitais com não-linearidades de *overflow* — 804
11.9 Faça você mesmo: processamento digital de sinais com precisão finita — 807
11.10 Processamento digital de sinais com precisão finita com MATLAB — 810
11.11 Resumo — 811
11.12 Exercícios — 812

12 Estruturas FIR eficientes — 816

12.1 Introdução — 816
12.2 Forma treliça — 816
    12.2.1 Bancos de filtros usando a forma treliça — 818
12.3 Forma polifásica — 825
12.4 Forma no domínio da frequência — 826

12.5 Forma da soma móvel recursiva — 827
12.6 Filtro da sinc modificada — 829
12.7 Realizações com número reduzido de operações aritméticas — 830
    12.7.1 Abordagem por pré-filtro — 830
    12.7.2 Abordagem por interpolação — 834
    12.7.3 Abordagem por mascaramento da resposta na frequência — 838
    12.7.4 Abordagem por quadratura — 852
12.8 Faça você mesmo: estruturas FIR eficientes — 857
12.9 Estruturas FIR eficientes com MATLAB — 861
12.10 Resumo — 862
12.11 Exercícios — 863

13 Estruturas IIR eficientes — 868

13.1 Introdução — 868
13.2 Filtros IIR em paralelo e em cascata — 868
    13.2.1 Forma paralela — 869
    13.2.2 Forma cascata — 871
    13.2.3 Conformação espectral do erro — 878
    13.2.4 Escalamento em forma fechada — 880
13.3 Seções no espaço de estados — 883
    13.3.1 Seções no espaço de estados ótimas — 884
    13.3.2 Seções no espaço de estados sem ciclos-limite — 890
13.4 Filtros treliça — 900
13.5 Filtros duplamente complementares — 907
    13.5.1 Implementação de um banco de QMF — 912
13.6 Filtros de onda — 914
    13.6.1 Motivação — 915
    13.6.2 Elementos de onda — 918
    13.6.3 Filtros de onda treliça digitais — 936
13.7 Faça você mesmo: estruturas IIR eficientes — 943
13.8 Estruturas IIR eficientes com MATLAB — 946
13.9 Resumo — 946
13.10 Exercícios — 947

Referências Bibliográficas — 952

Índice — 965

1 Sinais e sistemas no tempo discreto

1.1 Introdução

O processamento digital de sinais é a disciplina que estuda as regras que governam os sinais que são funções de variáveis discretas, assim como os sistemas usados para processá-los. Ela também lida com os aspectos envolvidos no processamento de sinais que são funções de variáveis contínuas utilizando técnicas digitais. O processamento digital de sinais permeia a vida moderna. Encontra aplicação nos *CD players*, na tomografia computadorizada, no processamento geológico, nos telefones celulares, nos brinquedos eletrônicos e em muitos outros dispositivos.

No processamento analógico de sinais, tomamos um sinal que varia continuamente, representando uma quantidade física que varia continuamente, e o passamos por um sistema que modifica o sinal com um certo propósito. Essa modificação também é, em geral, continuamente variável por natureza, isto é, pode ser descrita por equações diferenciais.

Alternativamente, no processamento digital de sinais, processamos sequências de números usando algum tipo de *hardware* digital. Normalmente, chamamos essas sequências de números de sinais digitais ou sinais no tempo discreto. O poder do processamento digital de sinais decorre do fato de que, uma vez que uma sequência de números esteja disponível para o *hardware* digital apropriado, podemos efetuar qualquer forma de processamento numérico sobre eles. Por exemplo, suponha que desejamos realizar a seguinte operação sobre um sinal no tempo contínuo:

$$y_a(t) = \frac{\cosh\left[\ln(|x_a(t)|) + x_a^3(t) + \cos^3\left(\sqrt{|x_a(t)|}\right)\right]}{5x_a^5(t) + e^{x_a(t)} + \text{tg}[x_a(t)]}. \tag{1.1}$$

Claramente, isso seria muito difícil de implementar usando um *hardware* analógico. Contudo, se amostrarmos o sinal analógico $x_a(t)$ e o convertermos em uma sequência de números $x(n)$, esta pode ser apresentada como entrada a um computador digital, o qual pode executar a operação acima fácil e confiavelmente, gerando uma sequência de números $y(n)$. Se o sinal no tempo contínuo $y_a(t)$ puder ser recuperado a partir de $y(n)$, então o processamento desejado foi executado com sucesso.

Esse exemplo simples destaca dois pontos importantes. O primeiro é quão poderoso é o processamento digital de sinais. O segundo é que, se queremos processar um sinal analógico usando esse tipo de recurso, precisamos ter um modo de converter um sinal no tempo contínuo num sinal no tempo discreto, de tal forma que o sinal no tempo contínuo possa ser recuperado a partir do sinal no tempo discreto. Entretanto, é importante notar que muito frequentemente os sinais no tempo discreto não provêm de sinais no tempo contínuo, isto é, eles existem originalmente no tempo discreto, e os resultados de seu processamento só são necessários na forma digital.

Neste capítulo, estudamos os conceitos básicos da teoria de sinais e sistemas no tempo discreto. Enfatizamos o tratamento dos sistemas no tempo discreto como entidades separadas dos sistemas no tempo contínuo. Primeiro definimos sinais no tempo discreto e, com base neles, definimos sistemas no tempo discreto. Destacamos as propriedades da linearidade e da invariância no tempo, que caracterizam um importante subconjunto de tais sistemas, cuja operação admite ser descrita por meio de convoluções no tempo discreto. Então, estudamos a resposta desses sistemas no domínio do tempo a partir de sua descrição por equações de diferenças. Fechamos o capítulo com o teorema da amostragem de Nyquist, que diz como gerar, a partir de um sinal no tempo contínuo, um sinal no tempo discreto a partir do qual o sinal no tempo contínuo possa ser completamente recuperado. O teorema da amostragem de Nyquist forma a base do processamento digital de sinais no tempo contínuo.

1.2 Sinais no tempo discreto

Um sinal no tempo discreto é aquele que pode ser representado por uma sequência de números. Por exemplo, a sequência

$$\{x(n), \quad n \in \mathbb{Z}\}, \tag{1.2}$$

onde $\mathbb{Z}$ é o conjunto dos números inteiros, pode representar um sinal no tempo discreto onde cada número $x(n)$ corresponde à amplitude do sinal em cada instante nT. Se $x_\mathrm{a}(t)$ é um sinal analógico, temos que

$$x(n) = x_\mathrm{a}(nT), \quad n \in \mathbb{Z}. \tag{1.3}$$

Como n é um inteiro, T representa o intervalo entre dois pontos sucessivos nos quais o sinal é definido. É importante notar que T não é necessariamente uma unidade de tempo. Por exemplo, se $x_\mathrm{a}(t)$ é a temperatura ao longo de uma barra

1.2 Sinais no tempo discreto

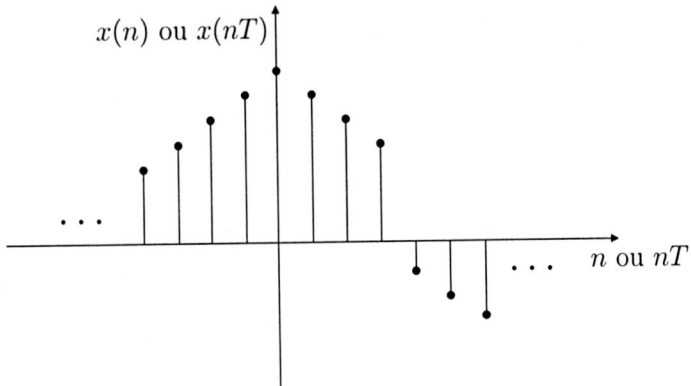

Figura 1.1 Representação geral de um sinal no tempo discreto.

de metal, então T pode ser uma unidade de comprimento, e nesse caso $x(n) = x_a(nT)$ pode representar a temperatura em sensores uniformemente posicionados ao longo da barra.

Neste texto, usualmente representamos um sinal no tempo discreto usando a notação da equação (1.2), onde $x(n)$ se refere à n-ésima amostra do sinal (ou ao n-ésimo elemento da sequência). Uma notação alternativa, usada em muitos textos, representa o sinal como

$$\{x_a(nT), \quad n \in \mathbb{Z}\}, \tag{1.4}$$

onde o sinal no tempo discreto é representado explicitamente como amostras de um sinal analógico $x_a(t)$. Nesse caso, o intervalo de tempo entre amostras sucessivas também é mostrado explicitamente, isto é, $x_a(nT)$ é a amostra no instante $t = nT$. Assim, usando a notação da equação (1.2), um sinal no tempo discreto cujas amostras adjacentes distam 0,03 s entre si seria representado como

$$\ldots, x(0), x(1), x(2), x(3), x(4), \ldots, \tag{1.5}$$

enquanto que usando a equação (1.4), seria representado como

$$\ldots, x_a(0), x_a(0{,}03), x_a(0{,}06), x_a(0{,}09), x_a(0{,}12), \ldots. \tag{1.6}$$

A representação gráfica de um sinal no tempo discreto é mostrada na Figura 1.1.

Na sequência, descrevemos alguns dos sinais mais importantes no tempo discreto.

Impulso unitário: Veja a Figura 1.2a.

$$\delta(n) = \begin{cases} 1, & n = 0 \\ 0, & n \neq 0. \end{cases} \qquad (1.7)$$

Impulso unitário deslocado: Veja a Figura 1.2b.

$$\delta(n-m) = \begin{cases} 1, & n = m \\ 0, & n \neq m. \end{cases} \qquad (1.8)$$

Degrau unitário: Veja a Figura 1.2c.

$$u(n) = \begin{cases} 1, & n \geq 0 \\ 0, & n < 0. \end{cases} \qquad (1.9)$$

Função cosseno: Veja a Figura 1.2d.

$$x(n) = \cos(\omega n). \qquad (1.10)$$

A frequência angular dessa senoide é ω rad/amostra, e sua frequência é $\omega/(2\pi)$ ciclos/amostra. Por exemplo, na Figura 1.2d, a função cosseno tem frequência angular $\omega = 2\pi/16$ rad/amostra. Isso significa que ela completa um ciclo, atingindo 2π radianos, em 16 amostras. Se a separação entre amostras representar o tempo, ω pode ser dada em rad/(unidade de tempo). É importante notar que

$$\cos[(\omega + 2k\pi)n] = \cos(\omega n + 2kn\pi) = \cos(\omega n) \qquad (1.11)$$

para $k \in \mathbb{Z}$. Isso quer dizer que no caso de sinais no tempo discreto existe uma ambiguidade na definição da frequência de uma senoide. Em outras palavras, quando referindo-se a senoides no tempo discreto, ω e $\omega + 2k\pi$, $k \in \mathbb{Z}$, são a mesma frequência.

Função exponencial real: Veja a Figura 1.2e.

$$x(n) = e^{an}. \qquad (1.12)$$

Rampa unitária: Veja a Figura 1.2f.

$$r(n) = \begin{cases} n, & n \geq 0 \\ 0, & n < 0. \end{cases} \qquad (1.13)$$

1.2 Sinais no tempo discreto

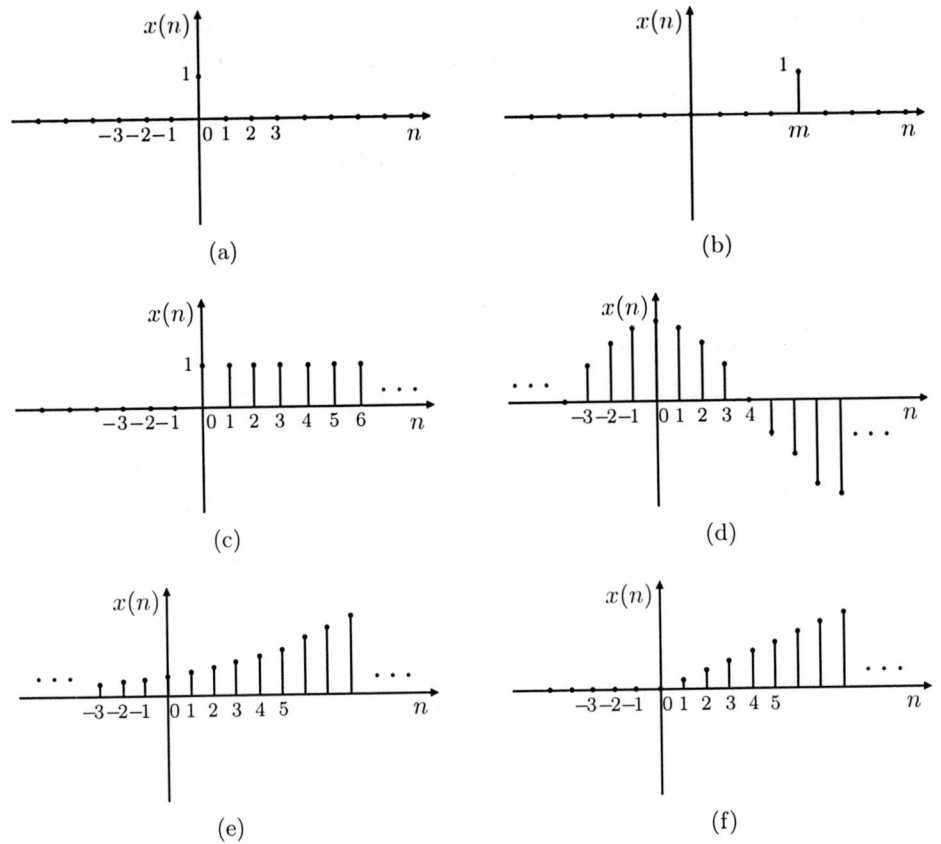

Figura 1.2 Funções básicas no tempo discreto: (a) impulso unitário; (b) impulso unitário deslocado; (c) degrau unitário; (d) função cosseno com $\omega = 2\pi/16$ rad/amostra; (e) função exponencial real com $a = 0{,}2$; (f) rampa unitária.

Examinando as Figuras 1.2b–f, notamos que qualquer sinal no tempo discreto equivale a uma soma de impulsos unitários deslocados, cada um multiplicado por uma constante, isto é, o impulso deslocado de k amostras é multiplicado por $x(k)$. Isso também pode ser deduzido da definição de um impulso deslocado na equação (1.8). Por exemplo, o degrau unitário $u(n)$ na equação (1.9) também pode ser expresso como

$$u(n) = \sum_{k=0}^{\infty} \delta(n-k) \ . \tag{1.14}$$

Similarmente, qualquer sinal $x(n)$ no tempo discreto pode ser expresso como

$$x(n) = \sum_{k=-\infty}^{\infty} x(k)\delta(n-k) \ . \tag{1.15}$$

Uma classe importante de sinais no tempo discreto, ou sequências, é a das sequências periódicas. Uma sequência $x(n)$ é periódica se e somente se existe um inteiro $N \neq 0$ tal que $x(n) = x(n+N)$ para todo n. Nesse caso, diz-se que N é um período da sequência. Deve-se notar que, usando essa definição e fazendo referência à equação (1.10), o período da função cosseno é um inteiro N tal que

$$\cos(\omega n) = \cos[\omega(n+N)], \quad \forall n \in \mathbb{Z}. \tag{1.16}$$

Isso acontece somente se existe $k \in \mathbb{Z}$ tal que $\omega N = 2\pi k$. O menor período

$$N = \min_{\substack{k \in \mathbb{N} \\ (2\pi/\omega)k \in \mathbb{N}}} \left\{ \frac{2\pi}{\omega} k \right\} \tag{1.17}$$

é, então, considerado o período fundamental (ou simplesmente o período) da sequência. Portanto, notamos que nem todas as sequências cossenoidais são periódicas, como ilustra o Exemplo 1.1. Um exemplo de uma sequência cosseno periódica com período igual a 16 amostras é dado na Figura 1.2d.

EXEMPLO 1.1

Determine se cada um dos sinais discretos a seguir é periódico; em caso positivo, determine seu período.

(a) $x(n) = \cos\left[(12\pi/5)n\right]$;
(b) $x(n) = 10\,\mathrm{sen}^2\left[(7\pi/12)n + \sqrt{2}\right]$;
(c) $x(n) = 2\cos(0{,}02n + 3)$.

SOLUÇÃO

(a) Devemos buscar

$$\frac{12\pi}{5}(n+N) = \frac{12\pi}{5}n + 2k\pi \quad \Rightarrow \quad N = \frac{5k}{6}. \tag{1.18}$$

Isso implica que o menor N ocorre para $k = 6$. Então, a sequência é periódica com período $N = 5$. Deve-se notar que nesse caso

$$\cos\left(\frac{12\pi}{5}n\right) = \cos\left(\frac{2\pi}{5}n + 2\pi n\right) = \cos\left(\frac{2\pi}{5}n\right), \tag{1.19}$$

e portanto a frequência da senoide, além de ser $\omega = 12\pi/5$, é também $\omega = 2\pi/5$, como indicado na equação (1.11).

(b) A periodicidade exige que

$$\mathrm{sen}^2\left[\frac{7\pi}{12}(n+N) + \sqrt{2}\right] = \mathrm{sen}^2\left(\frac{7\pi}{12}n + \sqrt{2}\right), \tag{1.20}$$

e então

$$\operatorname{sen}\left[\frac{7\pi}{12}(n+N)+\sqrt{2}\right] = \pm\operatorname{sen}\left(\frac{7\pi}{12}n+\sqrt{2}\right), \tag{1.21}$$

de forma que

$$\frac{7\pi}{12}(n+N) = \frac{7\pi}{12}n + k\pi \quad \Rightarrow \quad N = \frac{12k}{7}. \tag{1.22}$$

O menor N ocorre para $k = 7$. Então, esse sinal no tempo discreto é periódico com período $N = 12$.

(c) A condição de periodicidade requer que

$$\cos[0{,}02(n+N)+3] = \cos(0{,}02n+3), \tag{1.23}$$

de forma que

$$0{,}02(n+N) = 0{,}02n + 2k\pi \quad \Rightarrow \quad N = 100k\pi. \tag{1.24}$$

Como nenhum inteiro N é capaz de satisfazer a equação anterior, a sequência não é periódica.

△

1.3 Sistemas no tempo discreto

Um sistema no tempo discreto mapeia uma sequência de entrada $x(n)$ numa sequência de saída $y(n)$ de forma que

$$y(n) = \mathcal{H}\{x(n)\}, \tag{1.25}$$

onde o operador $\mathcal{H}\{\cdot\}$ representa um sistema no tempo discreto, como mostrado na Figura 1.3. Dependendo das propriedades de $\mathcal{H}\{\cdot\}$, o sistema no tempo discreto pode ser classificado de várias formas, sendo as mais básicas quanto a ser linear ou não-linear, invariante no tempo ou variante no tempo e causal ou não-causal. Essas classificações serão discutidas a seguir.

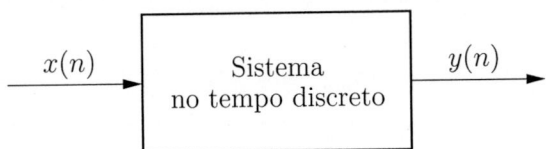

Figura 1.3 Representação de um sistema no tempo discreto.

1.3.1 Linearidade

Suponhamos que existe um sistema que aceita como entrada um sinal de voz e entrega como saída o sinal de voz modificado de forma que seus componentes agudos (altas frequências) sejam reforçados. Num tal sistema, seria indesejável que na tentativa de aumentar o brilho da voz a saída se tornasse distorcida em vez de reforçada. Na verdade, espera-se que se alguém fala duas vezes mais alto na entrada, a saída seja também duas vezes mais alta, com seus componentes agudos proporcionalmente reforçados. Da mesma forma, se duas pessoas falam ao mesmo tempo na entrada, espera-se que o sistema reforce as altas frequências em ambas as vozes, atuando sobre cada uma delas da mesma forma que se ela tivesse sido individualmente apresentada à entrada do sistema. Um sistema com tal comportamento é chamado de sistema linear. Sistemas assim, além de serem úteis em muitas aplicações práticas, têm boas propriedades matemáticas. Isso faz dos sistemas lineares uma classe importante dos sistemas no tempo discreto; e por isso, eles constituem o principal assunto deste livro.

Mais precisamente, um sistema no tempo discreto é linear se e somente se produz

$$\mathcal{H}\{ax(n)\} = a\mathcal{H}\{x(n)\} \tag{1.26}$$

e

$$\mathcal{H}\{x_1(n) + x_2(n)\} = \mathcal{H}\{x_1(n)\} + \mathcal{H}\{x_2(n)\} \tag{1.27}$$

para qualquer constante a e quaisquer sequências $x(n)$, $x_1(n)$ e $x_2(n)$.

1.3.2 Invariância no tempo

Às vezes é desejável ter um sistema cujas propriedades não variem com o tempo. Em outras palavras, deseja-se que seu comportamento entrada-saída seja o mesmo, qualquer que seja o instante em que a entrada é aplicada no sistema. Tal sistema é chamado de sistema invariante no tempo. Como se verá mais tarde, quando combinada com a linearidade, a invariância no tempo gera uma importante família de sistemas.

Mais precisamente, um sistema no tempo discreto é invariante no tempo se e somente se, para qualquer sequência de entrada $x(n)$ e qualquer inteiro n_0, dado que

$$\mathcal{H}\{x(n)\} = y(n), \tag{1.28}$$

produz

$$\mathcal{H}\{x(n - n_0)\} = y(n - n_0). \tag{1.29}$$

1.3 Sistemas no tempo discreto

Alguns textos se referem à propriedade da invariância no tempo discreto de forma mais geral como a propriedade de invariância ao deslocamento, já que um sistema pode processar amostras de uma função que varia com uma variável discreta que não seja necessariamente o tempo, como enfatizamos anteriormente.

1.3.3 Causalidade

Uma das principais limitações do domínio do tempo é que o tempo sempre flui do passado para o presente e, portanto, não se pode saber o futuro. Embora essa afirmativa possa parecer um tanto filosófica, esse conceito tem uma forte influência na forma em que os sistemas no tempo discreto podem ser usados na prática. Isso porque quando se processa um sinal no tempo não se podem usar valores futuros para calcular a saída num dado instante de tempo. Isso leva à definição de um sistema causal, que é um sistema que não pode "ver o futuro".

Mais precisamente, um sistema no tempo discreto é causal se e somente se, quando $x_1(n) = x_2(n)$ para $n < n_0$, produz

$$\mathcal{H}\{x_1(n)\} = \mathcal{H}\{x_2(n)\} \quad \text{para} \quad n < n_0. \tag{1.30}$$

Em outras palavras, a causalidade significa que a saída de um sistema no instante n não depende de qualquer entrada que ocorra após n.

É importante notar que, usualmente, no caso de um sinal no tempo discreto, um sistema não-causal não pode ser implementado em tempo real. Isso porque para calcular a saída no instante n precisaríamos de amostras da entrada em instantes de tempo posteriores a n. Tal coisa só seria possível se as amostras no tempo estivessem previamente armazenadas, como em implementações *offline* ou por batelada (em inglês, *batch*). Contudo, é importante notar que se o sinal a ser processado não consiste em amotras no tempo obtidas em tempo real, pode não haver nada equivalente aos conceitos de amostras passadas ou futuras. Portanto, nesses casos, o papel da causalidade é de menor importância. Por exemplo, na Seção 1.1, mencionamos um sinal que correspondia à temperatura em sensores uniformemente espaçados ao longo de uma barra de metal. Um processador pode ter acesso a todas as amostras dessa sequência simultaneamente. Portanto, nesse caso, mesmo um sistema não-causal pode ser facilmente implementado.

EXEMPLO 1.2

Caracterize os seguintes sistemas como sendo lineares ou não-lineares, invariantes no tempo ou variantes no tempo, e causais ou não-causais:

(a) $y(n) = (n+b)x(n-4)$;
(b) $y(n) = x^2(n+1)$.

SOLUÇÃO

(a) • Linearidade:

$$\begin{aligned}\mathcal{H}\{ax(n)\} &= (n+b)ax(n-4)\\ &= a(n+b)x(n-4)\\ &= a\mathcal{H}\{x(n)\}\end{aligned} \quad (1.31)$$

e

$$\begin{aligned}\mathcal{H}\{x_1(n)+x_2(n)\} &= (n+b)[x_1(n-4)+x_2(n-4)]\\ &= (n+b)x_1(n-4)+(n+b)x_2(n-4)\\ &= \mathcal{H}\{x_1(n)\}+\mathcal{H}\{x_2(n)\};\end{aligned} \quad (1.32)$$

portanto, o sistema é linear.

• Invariância no tempo:

$$y(n-n_0) = (n-n_0+b)x(n-n_0-4), \quad (1.33)$$

enquanto que

$$\mathcal{H}\{x(n-n_0)\} = (n+b)x(n-n_0-4). \quad (1.34)$$

Logo, $y(n-n_0) \neq \mathcal{H}\{x(n-n_0)\}$, e o sistema é variante no tempo.

• Causalidade:
Se

$$x_1(n) = x_2(n), \quad \text{para } n < n_0, \quad (1.35)$$

então

$$x_1(n-4) = x_2(n-4), \quad \text{para } n-4 < n_0 \quad (1.36)$$

e, portanto,

$$x_1(n-4) = x_2(n-4), \quad \text{para } n < n_0; \quad (1.37)$$

assim,

$$(n+b)x_1(n-4) = (n+b)x_2(n-4), \quad \text{para } n < n_0. \quad (1.38)$$

Como $\mathcal{H}\{x_1(n)\} = \mathcal{H}\{x_2(n)\}$ para $n < n_0$, o sistema é causal.

(b) • Linearidade:

$$\mathcal{H}\{ax(n)\} = a^2 x^2(n+1) \neq a\mathcal{H}\{x(n)\}. \quad (1.39)$$

Portanto, o sistema é não-linear.

- Invariância no tempo:
$$\mathcal{H}\{x(n-n_0)\} = x^2[(n-n_0)+1] = y(n-n_0). \qquad (1.40)$$
Portanto, o sistema é invariante no tempo.
- Causalidade:
$$\mathcal{H}\{x_1(n)\} = x_1^2(n+1) \qquad (1.41)$$
$$\mathcal{H}\{x_2(n)\} = x_2^2(n+1). \qquad (1.42)$$

Portanto, se $x_1(n) = x_2(n)$ para $n < n_0$ e $x_1(n_0) \neq x_2(n_0)$, então, para $n = n_0 - 1 < n_0$,
$$\mathcal{H}\{x_1(n_0-1)\} = x_1^2(n_0) \qquad (1.43)$$
$$\mathcal{H}\{x_2(n_0-1)\} = x_2^2(n_0), \qquad (1.44)$$
e temos que $\mathcal{H}\{x_1(n)\} \neq \mathcal{H}\{x_2(n)\}$. Assim sendo, o sistema é não-causal.
△

1.3.4 Resposta ao impulso e somas de convolução

Suponha que $\mathcal{H}\{\cdot\}$ é um sistema linear e que aplicamos uma excitação $x(n)$ ao sistema. Uma vez que, pela equação (1.15), $x(n)$ pode ser expresso como uma soma de impulsos deslocados, ou seja,

$$x(n) = \sum_{k=-\infty}^{\infty} x(k)\delta(n-k), \qquad (1.45)$$

podemos expressar a saída do sistema como

$$y(n) = \mathcal{H}\left\{\sum_{k=-\infty}^{\infty} x(k)\delta(n-k)\right\}$$
$$= \sum_{k=-\infty}^{\infty} \mathcal{H}\{x(k)\delta(n-k)\}. \qquad (1.46)$$

Como na equação anterior $x(k)$ é somente uma constante, a linearidade de $\mathcal{H}\{\cdot\}$ também implica que

$$y(n) = \sum_{k=-\infty}^{\infty} x(k)\mathcal{H}\{\delta(n-k)\}$$
$$= \sum_{k=-\infty}^{\infty} x(k)h_k(n), \qquad (1.47)$$

onde $h_k(n) = \mathcal{H}\{\delta(n-k)\}$ é a resposta do sistema a um impulso ocorrido em $n = k$.

Se o sistema também é invariante no tempo e definimos

$$\mathcal{H}\{\delta(n)\} = h_0(n) = h(n), \tag{1.48}$$

então $\mathcal{H}\{\delta(n-k)\} = h(n-k)$, e a expressão na equação (1.47) se torna

$$y(n) = \sum_{k=-\infty}^{\infty} x(k)h(n-k), \tag{1.49}$$

indicando que um sistema linear invariante no tempo é completamente caracterizado por sua resposta ao impulso unitário, $h(n)$. Esse é um resultado extremamente poderoso, que confere grande utilidade e importância à classe dos sistemas lineares invariantes no tempo discreto, e ainda será mais explorado no decorrer do texto. Deve-se notar que quando o sistema é linear e variante no tempo, para calcular $y(n)$ precisamos dos valores da resposta ao impulso $h_k(n)$, a qual depende ao mesmo tempo de n e k. Isso torna bastante complexo o cálculo do somatório da equação (1.47).

A equação (1.49) é chamada de soma de convolução ou convolução no tempo discreto.[1] Se fazemos a troca de variáveis $l = n - k$, a equação (1.49) pode ser escrita como

$$y(n) = \sum_{l=-\infty}^{\infty} x(n-l)h(l), \tag{1.50}$$

isto é, podemos interpretar $y(n)$ como o resultado da convolução da excitação, $x(n)$, com a resposta ao impulso do sistema, $h(n)$. Uma notação compacta para a operação de convolução descrita nas equações (1.49) e (1.50) é

$$y(n) = x(n) * h(n) = h(n) * x(n). \tag{1.51}$$

Suponhamos, agora, que a saída $y(n)$ de um sistema com resposta ao impulso $h(n)$ é a excitação para um sistema com resposta ao impulso $h'(n)$. Nesse caso,

$$y(n) = \sum_{k=-\infty}^{\infty} x(k)h(n-k) \tag{1.52}$$

$$y'(n) = \sum_{l=-\infty}^{\infty} y(l)h'(n-l). \tag{1.53}$$

Substituindo a equação (1.52) na equação (1.53), temos que

$$y'(n) = \sum_{l=-\infty}^{\infty} \left[\sum_{k=-\infty}^{\infty} x(k)h(l-k) \right] h'(n-l)$$

---

[1] Essa operação também é geralmente conhecida como convolução linear no tempo discreto, para se diferenciar da convolução circular no tempo discreto, que será definida no Capítulo 3.

1.3 Sistemas no tempo discreto

$$= \sum_{k=-\infty}^{\infty} x(k) \left[\sum_{l=-\infty}^{\infty} h(l-k)h'(n-l) \right]. \tag{1.54}$$

Efetuando a troca de variáveis $l = n - r$, a equação acima se torna

$$y'(n) = \sum_{k=-\infty}^{\infty} x(k) \left[\sum_{r=-\infty}^{\infty} h(n-r-k)h'(r) \right]$$

$$= \sum_{k=-\infty}^{\infty} x(k)[h(n-k) * h'(n-k)]$$

$$= \sum_{k=-\infty}^{\infty} x(n-k)[h(k) * h'(k)], \tag{1.55}$$

mostrando que a resposta ao impulso de um sistema linear invariante no tempo formado pela conexão em série (cascata) de dois subsistemas lineares invariantes no tempo é a convolução das respostas ao impulso dos dois subsistemas.

EXEMPLO 1.3
Para o sistema representado na Figura 1.4, calcule $y(n)$ como função do sinal de entrada e das respostas ao impulso dos subsistemas.

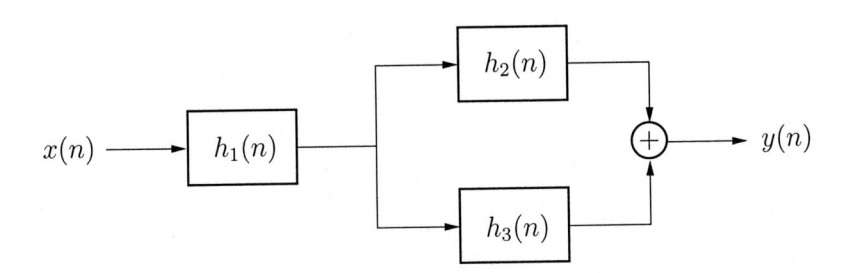

Figura 1.4 Sistema linear invariante no tempo composto da conexão de três subsistemas.

SOLUÇÃO
Dos resultados anteriores, é fácil concluir que

$$y(n) = [h_2(n) + h_3(n)] * h_1(n) * x(n). \tag{1.56}$$

△

1.3.5 Estabilidade

Diz-se que um sistema é BIBO-estável (do inglês *Bounded-Input Bounded-Output*) se, para toda entrada limitada em amplitude, o sinal de saída também é limitado em amplitude. Para um sistema linear invariante no tempo, a equação (1.50) implica que

$$|y(n)| \leq \sum_{k=-\infty}^{\infty} |x(n-k)||h(k)|. \tag{1.57}$$

A entrada limitada em amplitude equivale a

$$|x(n)| \leq x_{\text{máx}} < \infty, \quad \forall n. \tag{1.58}$$

Portanto,

$$|y(n)| \leq x_{\text{máx}} \sum_{k=-\infty}^{\infty} |h(k)|. \tag{1.59}$$

Logo, podemos concluir que uma condição suficiente para que um sistema seja BIBO-estável é

$$\sum_{k=-\infty}^{\infty} |h(k)| < \infty, \tag{1.60}$$

já que essa condição força $y(n)$ a ser limitada. Para provar que essa condição também é necessária, suponhamos que ela não é válida, isto é, que o somatório da equação (1.60) é infinito. Se escolhemos uma entrada tal que

$$x(n_0 - k) = \begin{cases} 1, & \text{para } h(k) \geq 0 \\ -1, & \text{para } h(k) < 0, \end{cases} \tag{1.61}$$

temos, então, que

$$y(n_0) = |y(n_0)| = \sum_{k=-\infty}^{\infty} |h(k)|, \tag{1.62}$$

ou seja, a saída $y(n)$ é ilimitada, completando, assim, a prova da necessidade.

Podemos, então, concluir que a condição necessária e suficiente para que um sistema linear invariante no tempo seja BIBO-estável é dada pela inequação (1.60).

1.4 Equações de diferenças e resposta no domínio do tempo

Na maioria das aplicações, os sistemas no tempo discreto podem ser descritos por equações de diferenças, que são para o domínio do tempo discreto o que as equações diferenciais são para o domínio do tempo contínuo. De fato, os sistemas que podem ser especificados por equações de diferenças são suficientemente poderosos para cobrir a maioria das aplicações práticas. A entrada e a saída de um sistema descrito por uma equação de diferenças linear se relacionam genericamente por (Gabel & Roberts, 1980)

$$\sum_{i=0}^{N} a_i y(n-i) - \sum_{l=0}^{M} b_l x(n-l) = 0. \tag{1.63}$$

Essa equação de diferenças admite um número infinito de soluções $y(n)$, como ocorre com as equações diferenciais no caso contínuo. Por exemplo, suponha que uma solução particular $y_p(n)$ satisfaz a equação (1.63), isto é,

$$\sum_{i=0}^{N} a_i y_p(n-i) - \sum_{l=0}^{M} b_l x(n-l) = 0, \tag{1.64}$$

e que $y_h(n)$ é uma solução para a equação homogênea, isto é,

$$\sum_{i=0}^{N} a_i y_h(n-i) = 0. \tag{1.65}$$

Então, pelas equações (1.63)–(1.65), podemos inferir facilmente que $y(n) = y_p(n) + y_h(n)$ também é uma solução para a mesma equação de diferenças.

A solução $y_h(n)$ da equação homogênea associada a uma equação de diferenças de ordem N como a equação (1.63) tem N graus de liberdade (depende de N constantes arbitrárias). Portanto, só se pode determinar uma solução para uma equação de diferenças se forem fornecidas N condições auxiliares. Um exemplo de conjunto de condições auxiliares é dado pelos valores de $y(-1), y(-2), \ldots, y(-N)$. É importante notar que quaisquer N condições auxiliares independentes seriam suficientes para resolver a equação de diferenças. Em geral, no entanto, usam-se como condições auxiliares N amostras consecutivas de $y(n)$.

EXEMPLO 1.4
Encontre a solução da equação de diferenças

$$y(n) = ay(n-1) \tag{1.66}$$

como função da condição inicial y(0).

SOLUÇÃO

Computando a equação de diferenças de $n = 1$ em diante, temos

$$\left.\begin{array}{l} y(1) = ay(0) \\ y(2) = ay(1) \\ y(3) = ay(2) \\ \vdots \\ y(n) = ay(n-1) \end{array}\right\}. \qquad (1.67)$$

Da multiplicação das equações acima, resulta

$$y(1)y(2)y(3)\ldots y(n) = a^n y(0) y(1) y(2) \ldots y(n-1); \qquad (1.68)$$

portanto, a solução da equação de diferenças é

$$y(n) = a^n y(0). \qquad (1.69)$$

$\triangle$

EXEMPLO 1.5

Resolva a seguinte equação de diferenças:

$$y(n) = e^{-\beta} y(n-1) + \delta(n). \qquad (1.70)$$

SOLUÇÃO

Fazendo $a = e^{-\beta}$ e $y(0) = K$ no Exemplo 1.4, podemos deduzir que qualquer função da forma $y_h(n) = K e^{-\beta n}$ satisfaz

$$y_h(n) = e^{-\beta} y_h(n-1) \qquad (1.71)$$

e é, portanto, uma solução da equação de diferenças homogênea. Também se pode verificar por substituição que $y_p(n) = e^{-\beta n} u(n)$ é uma solução particular da equação (1.70).

Portanto, a solução geral da equação de diferenças é dada por

$$y(n) = y_p(n) + y_h(n) = e^{-\beta n} u(n) + K e^{-\beta n}, \qquad (1.72)$$

em que o valor de K é determinado pelas condições auxiliares. Como esta equação de diferenças é de primeira ordem, precisamos especificar apenas uma condição. Por exemplo, se sabemos que $y(-1) = \alpha$, a solução da equação (1.70) se torna

$$y(n) = e^{-\beta n} u(n) + \alpha e^{-\beta(n+1)}. \qquad (1.73)$$

$\triangle$

1.4 Equações de diferenças e resposta no domínio do tempo

Como um sistema linear tem que satisfazer a equação (1.26), fica claro que para um sistema linear, $\mathcal{H}\{0\} = 0$, isto é, a saída para uma entrada nula será zero. Se nos restringimos a aplicar entradas que sejam nulas antes de uma dada amostra (isto é, $x(n) = 0$ para $n < n_0$), então existe uma interessante relação entre a linearidade, a causalidade e as condições iniciais de um sistema. Se o sistema é causal, então a saída em $n < n_0$ não pode ser influenciada por qualquer amostra da entrada $x(n)$ para $n \geq n_0$. Portanto, se $x(n) = 0$ para $n < n_0$, então $\mathcal{H}\{0\}$ e $\mathcal{H}\{x(n)\}$ têm de ser idênticas $\forall n < n_0$. Uma vez que, se o sistema é linear, $\mathcal{H}\{0\} = 0$, então necessariamente $\mathcal{H}\{x(n)\} = 0$ para $n < n_0$. Isso equivale a dizer que as condições auxiliares para $n < n_0$ têm de ser nulas. Diz-se que um tal sistema está inicialmente relaxado. Ao contrário, se o sistema não está inicialmente relaxado, não se pode garantir que ele seja causal. Isso ficará mais claro no Exemplo 1.6.

EXEMPLO 1.6
Determine a saída do sistema linear descrito por

$$y(n) = e^{-\beta} y(n-1) + u(n), \tag{1.74}$$

para as condições auxiliares

(a) $y(1) = 0$;
(b) $y(-1) = 0$.

Discuta a causalidade em ambas as situações.

SOLUÇÃO
A solução da equação homogênea associada à equação (1.74) é igual à do Exemplo 1.5, isto é,

$$y_\text{h}(n) = K e^{-\beta n}. \tag{1.75}$$

Por substituição direta na equação (1.74), pode-se verificar que a solução particular é da forma (veremos na Seção 1.5 um método para determinar tais soluções)

$$y_\text{p}(n) = (a + b e^{-\beta n}) u(n), \tag{1.76}$$

onde

$$a = \frac{1}{1 - e^{-\beta}} \quad \text{e} \quad b = \frac{-e^{-\beta}}{1 - e^{-\beta}}. \tag{1.77}$$

Logo, a solução geral da equação de diferenças é dada por

$$y(n) = \left[\frac{1 - e^{-\beta(n+1)}}{1 - e^{-\beta}}\right] u(n) + K e^{-\beta n}. \tag{1.78}$$

(a) Para a condição auxiliar $y(1) = 0$, temos que

$$y(1) = \frac{1 - e^{-2\beta}}{1 - e^{-\beta}} + Ke^{-\beta} = 0, \qquad (1.79)$$

resultando em $K = -(1 + e^{\beta})$, e a solução geral se torna

$$y(n) = \left[\frac{1 - e^{-\beta(n+1)}}{1 - e^{-\beta}}\right] u(n) - \left[e^{-\beta n} + e^{-\beta(n-1)}\right]. \qquad (1.80)$$

Para $n < 0$, como $u(n) = 0$, $y(n)$ se simplifica para

$$y(n) = -\left[e^{-\beta n} + e^{-\beta(n-1)}\right]. \qquad (1.81)$$

Claramente, nesse caso, $y(n) \neq 0$ para $n < 0$, enquanto que a entrada $u(n) = 0$ para $n < 0$. Logo, o sistema não está inicialmente relaxado e, portanto, é não-causal.

Outra forma de verificar que o sistema é não-causal é notando que, se a entrada é dobrada, tornando-se $x(n) = 2u(n)$ em vez de $u(n)$, então a solução particular também é dobrada. Daí, a solução geral da equação de diferenças se torna

$$y(n) = \left[\frac{2 - 2e^{-\beta(n+1)}}{1 - e^{-\beta}}\right] u(n) + Ke^{-\beta n}. \qquad (1.82)$$

Se exigimos que $y(1) = 0$, então $K = 2 + 2e^{\beta}$; para $n < 0$, isso resulta em

$$y(n) = -2\left[e^{-\beta n} + e^{-\beta(n-1)}\right]. \qquad (1.83)$$

Como este resultado para $y(n)$ é diferente do obtido com $u(n)$ como entrada, vemos que a saída para $n < 0$ depende da entrada para $n > 0$ e, portanto, o sistema é não-causal.

(b) Para a condição auxiliar $y(-1) = 0$, temos que $K = 0$, levando à solução

$$y(n) = \left[\frac{1 - e^{-\beta(n+1)}}{1 - e^{-\beta}}\right] u(n). \qquad (1.84)$$

Nesse caso, $y(n) = 0$ para $n < 0$, ou seja, o sistema está inicialmente relaxado, e é, portanto, causal, como foi discutido acima.

△

O Exemplo 1.6 mostra que o sistema descrito pela equação de diferenças é não-causal porque tem condições auxiliares não-nulas antes da aplicação da entrada ao sistema. Para garantir ambas, causalidade e linearidade, na solução de uma equação de diferenças, temos que impor condições auxiliares iguais a

1.4 Equações de diferenças e resposta no domínio do tempo

zero para as amostras que precedem a aplicação da excitação ao sistema. Isso é o mesmo que assumir que o sistema está inicialmente relaxado. Portanto, um sistema inicialmente relaxado descrito por uma equação de diferenças na forma da equação (1.63) possui as propriedades altamente desejáveis de linearidade, invariância no tempo e causalidade. Nesse caso, a invariância no tempo pode ser facilmente inferida se consideramos que, para um sistema inicialmente relaxado, a história do sistema até a aplicação da excitação é a mesma, independentemente da posição da amostra no tempo na qual a excitação é aplicada. Isso acontece porque as saídas são todas nulas até, mas não incluindo, o instante de aplicação da excitação. Portanto, se o tempo é medido tendo como referência a amostra no tempo $n = n_0$ no qual a entrada é aplicada, então a saída não dependerá da referência n_0, porque a história do sistema antes de n_0 é a mesma, independentemente de n_0. Isso equivale a dizer que se a entrada é deslocada de k amostras, então a saída é simplesmente deslocada de k amostras, o restante permanecendo sem modificação, logo caracterizando um sistema invariante no tempo.

1.4.1 Sistemas recursivos × sistemas não-recursivos

A equação (1.63) pode ser reescrita, sem perda de generalidade, considerando que $a_0 = 1$, fornecendo

$$y(n) = -\sum_{i=1}^{N} a_i y(n-i) + \sum_{l=0}^{M} b_l x(n-l). \qquad (1.85)$$

Essa equação pode ser interpretada como o sinal de saída $y(n)$ sendo dependente tanto das amostras da entrada, $x(n)$, $x(n-1)$, ..., $x(n-M)$, quanto das amostras prévias da saída, $y(n-1)$, $y(n-2)$, ..., $y(n-N)$. Então, nesse caso geral, dizemos que o sistema é recursivo, uma vez que para calcular a saída, precisamos de amostras passadas da própria saída. Quando $a_1 = a_2 = \cdots = a_N = 0$, então a amostra n da saída depende somente dos valores do sinal de entrada. Nesse caso, o sistema é chamado não-recursivo, sendo caracterizado particularmente por uma equação de diferenças da forma

$$y(n) = \sum_{l=0}^{M} b_l x(n-l). \qquad (1.86)$$

Se comparamos a equação (1.86) com a expressão para a soma de convolução dada na equação (1.50), vemos que a equação (1.86) descreve um sistema discreto com resposta ao impulso $h(l) = b_l$. Como b_l é definida somente para l entre 0 e M, podemos dizer que $h(l)$ só pode ser não-nula para $0 \leq l \leq M$. Isso implica que o sistema da equação (1.86) tem uma resposta ao impulso de duração finita.

Tais sistemas no tempo discreto são geralmente chamados de filtros com resposta ao impulso de duração finita (FIR, do inglês *Finite-duration Impulse Response*).

Em contrapartida, quando $y(n)$ depende de seus valores passados, como na equação (1.85), temos que a resposta ao impulso do sistema no tempo discreto, em geral, pode não ser zero quando $n \to \infty$. Portanto, sistemas digitais recursivos são geralmente chamados (um tanto imprecisamente, já que também podem ser FIR) de filtros com resposta ao impulso de duração infinita (IIR, do inglês *Infinite-duration Impulse Response*).

EXEMPLO 1.7

Encontre a resposta ao impulso do sistema caracterizado por

$$y(n) - \frac{1}{\alpha}y(n-1) = x(n), \tag{1.87}$$

supondo que ele se encontra inicialmente relaxado.

SOLUÇÃO

Como o sistema está inicialmente relaxado, então $y(n) = 0$ para $n \leq -1$. Logo, para $n = 0$, temos que

$$y(0) = \frac{1}{\alpha}y(-1) + \delta(0) = \delta(0) = 1. \tag{1.88}$$

Para $n > 0$, temos que

$$y(n) = \frac{1}{\alpha}y(n-1) \tag{1.89}$$

e, portanto, $y(n)$ pode ser expresso como

$$y(n) = \left(\frac{1}{\alpha}\right)^n u(n). \tag{1.90}$$

Note que $y(n) \neq 0$, $\forall n \geq 0$, isto é, a resposta ao impulso tem comprimento infinito.
△

Deve-se notar que, em geral, sistemas recursivos têm resposta ao impulso com duração infinita, embora haja alguns casos em que sistemas recursivos têm resposta ao impulso com duração finita. Encontram-se ilustrações disso no Exemplo 1.11, no Exercício 1.16 e na Seção 12.5.

1.5 Resolvendo equações de diferenças

Considere a seguinte equação de diferenças homogênea:

$$\sum_{i=0}^{N} a_i y(n-i) = 0. \tag{1.91}$$

Começamos por derivar uma importante propriedade sua. Sejam $y_1(n)$ e $y_2(n)$ soluções da equação (1.91). Então,

$$\sum_{i=0}^{N} a_i y_1(n-i) = 0 \tag{1.92}$$

$$\sum_{i=0}^{N} a_i y_2(n-i) = 0. \tag{1.93}$$

Somando a equação (1.92) multiplicada por c_1 à equação (1.93) multiplicada por c_2, temos que

$$c_1 \sum_{i=0}^{N} a_i y_1(n-i) + c_2 \sum_{i=0}^{N} a_i y_2(n-i) = 0$$

$$\Rightarrow \sum_{i=0}^{N} a_i c_1 y_1(n-i) + \sum_{i=0}^{N} a_i c_2 y_2(n-i) = 0$$

$$\Rightarrow \sum_{i=0}^{N} a_i [c_1 y_1(n-i) + c_2 y_2(n-i)] = 0. \tag{1.94}$$

A equação (1.94) significa que $c_1 y_1(n) + c_2 y_2(n)$ também é solução da equação (1.91). Isso implica que se $y_i(n)$, para $i = 0, 1, \ldots, (M-1)$, são soluções de uma equação de diferenças homogênea, então

$$y_h(n) = \sum_{i=0}^{M-1} c_i y_i(n) \tag{1.95}$$

também é.

Como vimos no Exemplo 1.4, uma equação de diferenças pode ter soluções da forma

$$y(n) = K\rho^n. \tag{1.96}$$

Supondo que $y(n)$ da equação (1.96) também seja uma solução da equação de diferenças (1.91), temos que

$$\sum_{i=0}^{N} a_i K \rho^{n-i} = 0. \tag{1.97}$$

Se desconsideramos a solução trivial $\rho = 0$ e dividimos o lado esquerdo da equação (1.97) por $K\rho^n$, obtemos

$$\sum_{i=0}^{N} a_i \rho^{-i} = 0, \tag{1.98}$$

que tem as mesmas soluções da seguinte equação polinomial:

$$\sum_{i=0}^{N} a_i \rho^{N-i} = 0. \tag{1.99}$$

Como resultado, pode-se concluir que se $\rho_0, \rho_1, \ldots, \rho_{M-1}$, para $M \leq N$, são zeros distintos do chamado polinômio característico da equação (1.99), então há M soluções para a equação de diferenças homogênea, dadas por

$$y(n) = c_k \rho_k^n, \quad k = 0, 1, \ldots, (M-1). \tag{1.100}$$

Na verdade, pela equação (1.95), qualquer combinação linear dessas soluções também é solução da equação de diferenças homogênea. Então, a solução da homogênea pode ser escrita como

$$y_h(n) = \sum_{k=0}^{M-1} c_k \rho_k^n, \tag{1.101}$$

onde c_k, para $k = 0, 1, \ldots, (M-1)$, são constantes arbitrárias.

EXEMPLO 1.8
Encontre a solução geral da equação de Fibonacci

$$y(n) = y(n-1) + y(n-2) \tag{1.102}$$

com $y(0) = 0$ e $y(1) = 1$.

SOLUÇÃO
O polinômio característico da equação de Fibonacci é

$$\rho^2 - \rho - 1 = 0, \tag{1.103}$$

cujas raízes são $\rho = (1 \pm \sqrt{5})/2$, levando à solução geral

$$y(n) = c_1 \left(\frac{1+\sqrt{5}}{2}\right)^n + c_2 \left(\frac{1-\sqrt{5}}{2}\right)^n. \tag{1.104}$$

1.5 Resolvendo equações de diferenças

Aplicando as condições auxiliares $y(0) = 0$ e $y(1) = 1$ à equação (1.104), temos que

$$\left. \begin{array}{l} y(0) = c_1 + c_2 = 0 \\ y(1) = \left(\dfrac{1+\sqrt{5}}{2}\right) c_1 + \left(\dfrac{1-\sqrt{5}}{2}\right) c_2 = 1 \end{array} \right\}. \qquad (1.105)$$

Logo, $c_1 = 1/\sqrt{5}$ e $c_2 = -1/\sqrt{5}$, e a solução da equação de Fibonacci se torna

$$y(n) = \frac{1}{\sqrt{5}} \left[\left(\frac{1+\sqrt{5}}{2}\right)^n - \left(\frac{1-\sqrt{5}}{2}\right)^n \right]. \qquad (1.106)$$

$\triangle$

Se o polinômio característico da equação (1.99) tem um par de raízes complexas conjugadas ρ e ρ^* da forma $a \pm jb = r\,e^{\pm j\phi}$, a solução da homogênea a elas associada é

$$\begin{aligned} y_{\rm h}(n) &= \hat{c}_1 (r e^{j\phi})^n + \hat{c}_2 (r e^{-j\phi})^n \\ &= r^n (\hat{c}_1 e^{j\phi n} + \hat{c}_2 e^{-j\phi n}) \\ &= r^n [(\hat{c}_1 + \hat{c}_2)\cos(\phi n) + j(\hat{c}_1 - \hat{c}_2)\,{\rm sen}(\phi n)] \\ &= c_1 r^n \cos(\phi n) + c_2 r^n\,{\rm sen}(\phi n). \end{aligned} \qquad (1.107)$$

Se o polinômio característico da equação (1.99) tem múltiplas raízes, são necessárias soluções diferentes da equação (1.100). Por exemplo, se ρ é uma raiz dupla, então também existe uma solução da forma

$$y_{\rm h}(n) = cn\rho^n, \qquad (1.108)$$

onde c é uma constante arbitrária. Em geral, se ρ é uma raiz de multiplicidade m, então a solução associada é da forma (Gabel & Roberts, 1980)

$$y_{\rm h}(n) = \sum_{l=0}^{m-1} d_l n^l \rho^n, \qquad (1.109)$$

onde d_l, para $l = 0, 1, \ldots, (m-1)$, são constantes arbitrárias.

Do que se viu acima, podemos concluir que as soluções das equações de diferenças homogêneas, para cada tipo de raiz do polinômio característico seguem as regras resumidas na Tabela 1.1.

Um método amplamente utilizado para encontrar uma solução particular para uma equação de diferenças da forma

$$\sum_{i=0}^{N} a_i y_{\rm p}(n-i) = \sum_{l=0}^{M} b_l x(n-l) \qquad (1.110)$$

Tabela 1.1 *Soluções típicas de equação homogênea.*

Tipo da raiz [multiplicidade]	Solução da homogênea $y_{\mathrm{h}}(n)$
Real ρ_k [1]	$c_k \rho_k^n$
Real ρ_k [m_k]	$\displaystyle\sum_{l=0}^{m_k-1} d_l n^l \rho_k^n$
Complexas conjugadas $\rho_k, \rho_k^* = r\,\mathrm{e}^{\pm \mathrm{j}\phi}$ [1]	$r^n [c_1 \cos(\phi n) + c_2 \operatorname{sen}(\phi n)]$
Complexas conjugadas $\rho_k, \rho_k^* = r\,\mathrm{e}^{\pm \mathrm{j}\phi}$ [m_k]	$\displaystyle\sum_{l=0}^{m_k-1} \left[d_{1,l} n^l r^n \cos(\phi n) + d_{2,l} n^l r^n \operatorname{sen}(\phi n) \right]$

é o chamado método dos coeficientes a determinar. Esse método pode ser usado quando a sequência de entrada é a solução de uma equação de diferenças com coeficientes constantes. A fim de explicá-lo, definimos inicialmente um operador deslocador $D\{\cdot\}$ ou, equivalentemente, um operador atraso tal que

$$D^{-i}\{y(n)\} = y(n-i). \tag{1.111}$$

Esse operador é linear, já que

$$\begin{aligned} D^{-i}\{c_1 y_1(n) + c_2 y_2(n)\} &= c_1 y_1(n-i) + c_2 y_2(n-i) \\ &= c_1 D^{-i}\{y_1(n)\} + c_2 D^{-i}\{y_2(n)\}. \end{aligned} \tag{1.112}$$

Além disso, a cascata de operadores atraso satisfaz

$$D^{-i}\{D^{-j}\{y(n)\}\} = D^{-i}\{y(n-j)\} = y(n-i-j) = D^{-(i+j)}\{y(n)\}. \tag{1.113}$$

Usando operadores atraso, a equação (1.110) pode ser reescrita como

$$\left(\sum_{i=0}^{N} a_i D^{-i}\right) \{y_\mathrm{p}(n)\} = \left(\sum_{l=0}^{M} b_l D^{-l}\right) \{x(n)\}. \tag{1.114}$$

A ideia-chave é encontrar um operador de diferenças $Q(D)$ da forma

$$Q(D) = \sum_{k=0}^{R} d_k D^{-k} = \prod_{r=0}^{R} (1 - \alpha_r D^{-1}) \tag{1.115}$$

tal que anule a excitação, ou seja, que produza

$$Q(D)\{x(n)\} = 0. \tag{1.116}$$

1.5 Resolvendo equações de diferenças

Tabela 1.2 *Polinômios anuladores para diferentes sinais de entrada.*

Entrada $x(n)$	Polinômio $Q(D)$
s^n	$1 - sD^{-1}$
n^i	$\left(1 - D^{-1}\right)^{i+1}$
$n^i s^n$	$\left(1 - sD^{-1}\right)^{i+1}$
$\cos(\omega n)$ ou $\mathrm{sen}(\omega n)$	$\left(1 - e^{j\omega}D^{-1}\right)\left(1 - e^{-j\omega}D^{-1}\right)$
$s^n \cos(\omega n)$ ou $s^n \mathrm{sen}(\omega n)$	$\left(1 - se^{j\omega}D^{-1}\right)\left(1 - se^{-j\omega}D^{-1}\right)$
$n\cos(\omega n)$ ou $n\,\mathrm{sen}(\omega n)$	$\left[\left(1 - e^{j\omega}D^{-1}\right)\left(1 - e^{-j\omega}D^{-1}\right)\right]^2$

Tabela 1.3 *Soluções particulares típicas para diferentes sinais de entrada.*

Entrada $x(n)$	Solução particular $y_\mathrm{p}(n)$
s^n, $s \neq \rho_k$	αs^n
s^n, $s = \rho_k$ com multiplicidade m_k	$\alpha n^{m_k} s^n$
$\cos(\omega n + \phi)$	$\alpha \cos(\omega n + \phi)$
$\left(\sum_{i=0}^{I} \beta_i n^i\right) s^n$	$\left(\sum_{i=0}^{I} \alpha_i n^i\right) s^n$

Aplicando $Q(D)$ à equação (1.114), obtemos

$$Q(D)\left\{\left(\sum_{i=0}^{N} a_i D^{-i}\right)\{y_\mathrm{p}(n)\}\right\} = Q(D)\left\{\left(\sum_{l=0}^{M} b_l D^{-l}\right)\{x(n)\}\right\}$$

$$= \left(\sum_{l=0}^{M} b_l D^{-l}\right)\{Q(D)\{x(n)\}\}$$

$$= 0. \qquad (1.117)$$

Isso permite que a equação de diferenças não-homogênea seja resolvida através dos mesmos procedimentos que são usados para encontrar a solução da homogênea.

Por exemplo, para uma sequência $x(n) = s^n$, temos que $x(n-1) = s^{n-1}$; então, $x(n) = sx(n-1) \Rightarrow (1 - sD^{-1})\{x(n)\} = 0$ e, portanto, o polinômio anulador para $x(n) = s^n$ é $Q(D) = 1 - sD^{-1}$. Os polinômios anuladores para alguns sinais de entrada típicos são resumidos na Tabela 1.2.

Usando o conceito de polinômios anuladores, podemos determinar a forma da solução particular para certos tipos de sinal de entrada, as quais podem incluir alguns coeficientes a determinar. Alguns casos úteis são apresentados na Tabela 1.3.

É importante observar que não há polinômios anuladores para entradas contendo $u(n - n_0)$ ou $\delta(n - n_0)$. Portanto, se uma equação de diferenças tem entradas assim, as técnicas anteriores só podem ser usadas ou para $n \geq n_0$ ou para $n < n_0$, como se discute no Exemplo 1.9.

EXEMPLO 1.9

Resolva a equação de diferenças

$$y(n) + a^2 y(n-2) = b^n \operatorname{sen}\left(\frac{\pi}{2}n\right) u(n), \tag{1.118}$$

assumindo que $a \neq b$ e $y(n) = 0$ para $n < 0$.

SOLUÇÃO

Usando a notação de operadores, a equação (1.118) se torna

$$\left(1 + a^2 D^{-2}\right)\{y(n)\} = b^n \operatorname{sen}\left(\frac{\pi}{2}n\right) u(n). \tag{1.119}$$

A equação homogênea é

$$y_h(n) + a^2 y_h(n-2) = 0. \tag{1.120}$$

Então, a equação polinomial característica da qual derivamos a solução da homogênea é

$$\rho^2 + a^2 = 0. \tag{1.121}$$

Uma vez que suas raízes são $\rho = a\,\mathrm{e}^{\pm \mathrm{j}\pi/2}$, então as duas soluções a ela associadas para a equação homogênea são $a^n \operatorname{sen}[(\pi/2)n]$ e $a^n \cos[(\pi/2)n]$, como dado na Tabela 1.1. Assim, a solução geral da homogênea se torna

$$y_h(n) = a^n \left[c_1 \operatorname{sen}\left(\frac{\pi}{2}n\right) + c_2 \cos\left(\frac{\pi}{2}n\right)\right]. \tag{1.122}$$

Se o anulador correto é aplicado aos sinais de excitação, a equação de diferenças original é transformada numa equação homogênea de ordem mais alta. As soluções dessa equação homogênea de ordem mais alta incluem a solução da homogênea e a solução particular da equação de diferenças original. Contudo, não há polinômio anulador para $b^n \operatorname{sen}[(\pi/2)n]u(n)$. Portanto, só podemos calcular a solução da equação de diferenças para $n \geq 0$, quando o termo a ser anulado se torna apenas $b^n \operatorname{sen}[(\pi/2)n]$. Nesse caso, para $n \geq 0$, de acordo com a Tabela 1.2, o polinômio anulador para o sinal de entrada dado é

$$Q(D) = \left(1 - b\,\mathrm{e}^{\mathrm{j}\pi/2} D^{-1}\right)\left(1 - b\,\mathrm{e}^{-\mathrm{j}\pi/2} D^{-1}\right) = 1 + b^2 D^{-2}. \tag{1.123}$$

1.5 Resolvendo equações de diferenças

Aplicando o polinômio anulador à equação de diferenças, obtemos[2]

$$\left(1 + b^2 D^{-2}\right)\left(1 + a^2 D^{-2}\right)\{y(n)\} = 0. \tag{1.124}$$

A equação polinomial correspondente é

$$(\rho^2 + b^2)(\rho^2 + a^2) = 0. \tag{1.125}$$

Ela tem quatro raízes, duas da forma $\rho = a e^{\pm j\pi/2}$ e duas da forma $\rho = b e^{\pm j\pi/2}$. Como $a \neq b$, então a solução completa para $n \geq 0$ é dada por

$$y(n) = b^n \left[d_1 \operatorname{sen}\left(\frac{\pi}{2}n\right) + d_2 \cos\left(\frac{\pi}{2}n\right)\right] + a^n \left[d_3 \operatorname{sen}\left(\frac{\pi}{2}n\right) + d_4 \cos\left(\frac{\pi}{2}n\right)\right]. \tag{1.126}$$

As constantes d_i, para $i = 1, 2, 3, 4$, são calculadas de forma que $y(n)$ seja uma solução particular da equação não-homogênea. Entretanto, notamos que o termo envolvendo a^n corresponde à solução da equação homogênea. Portanto, não precisamos substituí-lo na equação, pois ele será anulado para quaisquer d_3 e d_4. Pode-se, então, calcular d_1 e d_2 substituindo apenas o termo envolvendo b^n na equação não-homogênea (1.118), o que leva ao seguinte desenvolvimento algébrico:

$$b^n \left[d_1 \operatorname{sen}\left(\frac{\pi}{2}n\right) + d_2 \cos\left(\frac{\pi}{2}n\right)\right]$$
$$+ a^2 b^{n-2} \left\{d_1 \operatorname{sen}\left[\frac{\pi}{2}(n-2)\right] + d_2 \cos\left[\frac{\pi}{2}(n-2)\right]\right\} = b^n \operatorname{sen}\left(\frac{\pi}{2}n\right)$$
$$\Rightarrow \left[d_1 \operatorname{sen}\left(\frac{\pi}{2}n\right) + d_2 \cos\left(\frac{\pi}{2}n\right)\right]$$
$$+ a^2 b^{-2} \left[d_1 \operatorname{sen}\left(\frac{\pi}{2}n - \pi\right) + d_2 \cos\left(\frac{\pi}{2}n - \pi\right)\right] = \operatorname{sen}\left(\frac{\pi}{2}n\right)$$
$$\Rightarrow \left[d_1 \operatorname{sen}\left(\frac{\pi}{2}n\right) + d_2 \cos\left(\frac{\pi}{2}n\right)\right]$$
$$+ a^2 b^{-2} \left[-d_1 \operatorname{sen}\left(\frac{\pi}{2}n\right) - d_2 \cos\left(\frac{\pi}{2}n\right)\right] = \operatorname{sen}\left(\frac{\pi}{2}n\right)$$
$$\Rightarrow d_1(1 - a^2 b^{-2}) \operatorname{sen}\left(\frac{\pi}{2}n\right) + d_2(1 - a^2 b^{-2}) \cos\left(\frac{\pi}{2}n\right) = \operatorname{sen}\left(\frac{\pi}{2}n\right). \tag{1.127}$$

Com isso, concluímos que

$$d_1 = \frac{1}{1 - a^2 b^{-2}} \quad \text{e} \quad d_2 = 0, \tag{1.128}$$

---

[2] Como a expressão da entrada só é válida para $n \geq 0$, então, tecnicamente falando, o polinômio anulador deveria assumir uma forma não-causal, contendo apenas expoentes não-negativos no operador atraso, resultando em $Q(D) = D^2 + b^2$. Na prática, no entanto, as duas expressões têm as mesmas raízes e, portanto, são equivalentes e podem ser prontamente comutadas, como sugerido aqui.

e a solução completa para $n \geq 0$ é

$$y(n) = \frac{b^n}{1-a^2b^{-2}} \operatorname{sen}\left(\frac{\pi}{2}n\right) + a^n \left[d_3 \operatorname{sen}\left(\frac{\pi}{2}n\right) + d_4 \cos\left(\frac{\pi}{2}n\right)\right]. \tag{1.129}$$

Agora, calculamos as constantes d_3 e d_4 usando as condições auxiliares geradas pela condição $y(n) = 0$ para $n < 0$. Isso implica que $y(-1) = 0$ e $y(-2) = 0$. Contudo, não podemos utilizar a equação (1.129), já que ela só é válida para $n \geq 0$. Logo, precisamos computar a equação de diferenças a partir das condições auxiliares $y(-2) = y(-1) = 0$ para obter $y(0)$ e $y(1)$:

$$\left.\begin{array}{ll} n=0: & y(0) + a^2 y(-2) = b^0 \operatorname{sen}\left(\frac{\pi}{2} \times 0\right) u(0) = 0 \\ n=1: & y(1) + a^2 y(-1) = b^1 \operatorname{sen}\frac{\pi}{2} u(1) = b \end{array}\right\} \Rightarrow \left.\begin{array}{l} y(0) = 0 \\ y(1) = b \end{array}\right\}. \tag{1.130}$$

Usando essas novas condições auxiliares na equação (1.129), obtemos

$$\left.\begin{array}{l} y(0) = \dfrac{1}{1-a^2b^{-2}} \operatorname{sen}\left(\dfrac{\pi}{2} \times 0\right) + \left[d_3 \operatorname{sen}\left(\dfrac{\pi}{2} \times 0\right) + d_4 \cos\left(\dfrac{\pi}{2} \times 0\right)\right] = 0 \\ y(1) = \dfrac{b}{1-a^2b^{-2}} \operatorname{sen}\dfrac{\pi}{2} + a\left(d_3 \operatorname{sen}\dfrac{\pi}{2} + d_4 \cos\dfrac{\pi}{2}\right) = b \end{array}\right\} \tag{1.131}$$

e, então,

$$\left.\begin{array}{l} d_4 = 0 \\ \dfrac{b}{1-a^2b^{-2}} + ad_3 = b \end{array}\right\} \Rightarrow \left.\begin{array}{l} d_3 = -\dfrac{ab^{-1}}{1-a^2b^{-2}} \\ d_4 = 0 \end{array}\right\}. \tag{1.132}$$

Substituindo esses valores na equação (1.129), a solução geral se torna

$$y(n) = \begin{cases} 0, & n < 0 \\ \dfrac{b^n - a^{n+1}b^{-1}}{1-a^2b^{-2}} \operatorname{sen}\left(\dfrac{\pi}{2}n\right), & n \geq 0, \end{cases} \tag{1.133}$$

que pode ser reescrita em forma compacta como

$$y(n) = \frac{b^n - a^{n+1}b^{-1}}{1-a^2b^{-2}} \operatorname{sen}\left(\frac{\pi}{2}n\right) u(n). \tag{1.134}$$

1.5 Resolvendo equações de diferenças

Um caso interessante ocorre se a solução da homogênea é uma senoide pura, isto é, se $a = 1$. Nesse caso, a solução acima pode ser escrita como

$$y(n) = \frac{b^n}{1 - b^{-2}} \operatorname{sen}\left(\frac{\pi}{2}n\right) u(n) - \frac{b^{-1}}{1 - b^{-2}} \operatorname{sen}\left(\frac{\pi}{2}n\right) u(n). \qquad (1.135)$$

Se $b > 1$, para valores elevados de n o primeiro termo do lado esquerdo cresce sem limite (já que b^n tende a infinito) e, portanto, o sistema é instável (ver a Seção 1.3.5). Por outro lado, se $b < 1$, então b^n tende a zero à medida que n cresce e, portanto, a solução se torna a senoide pura

$$y(n) = -\frac{b^{-1}}{1 - b^{-2}} \operatorname{sen}\left(\frac{\pi}{2}n\right). \qquad (1.136)$$

Referimo-nos a esta expressão como solução de estado permanente da equação de diferenças (ver Exercícios 1.17 e 1.18). Tais soluções são muito importantes na prática, e no Capítulo 2 serão estudadas outras técnicas para calculá-las.

△

EXEMPLO 1.10
Determine a solução da equação de diferenças do Exemplo 1.9, supondo que $a = b$ (observe que o polinômio anulador tem zeros em comum com a equação homogênea).

SOLUÇÃO
Para $a = b$, a equação de diferenças homogênea estendida tem duas raízes complexas conjugadas repetidas, e como consequência a solução completa para $n \geq 0$ assume a forma

$$y(n) = na^n \left[d_1 \operatorname{sen}\left(\frac{\pi}{2}n\right) + d_2 \cos\left(\frac{\pi}{2}n\right)\right] + a^n \left[d_3 \operatorname{sen}\left(\frac{\pi}{2}n\right) + d_4 \cos\left(\frac{\pi}{2}n\right)\right]. \qquad (1.137)$$

Como no caso em que $a \neq b$, notamos que o segundo termo da soma é a solução da homogênea; portanto, será anulado para quaisquer d_3 e d_4. Para encontrar d_1 e d_2, deve-se substituir o primeiro termo da soma na equação original (1.118), para $n \geq 0$. Disso resulta

$$na^n \left[d_1 \operatorname{sen}\left(\frac{\pi}{2}n\right) + d_2 \cos\left(\frac{\pi}{2}n\right)\right]$$
$$+ a^2(n-2)a^{n-2}\left\{d_1 \operatorname{sen}\left[\frac{\pi}{2}(n-2)\right] + d_2 \cos\left[\frac{\pi}{2}(n-2)\right]\right\} = a^n \operatorname{sen}\left(\frac{\pi}{2}n\right)$$

$$\Rightarrow n\left[d_1 \operatorname{sen}\left(\frac{\pi}{2}n\right) + d_2 \cos\left(\frac{\pi}{2}n\right)\right]$$
$$+ (n-2)\left[d_1 \operatorname{sen}\left(\frac{\pi}{2}n - \pi\right) + d_2 \cos\left(\frac{\pi}{2}n - \pi\right)\right] = \operatorname{sen}\left(\frac{\pi}{2}n\right)$$
$$\Rightarrow n\left[d_1 \operatorname{sen}\left(\frac{\pi}{2}n\right) + d_2 \cos\left(\frac{\pi}{2}n\right)\right]$$
$$+ (n-2)\left[-d_1 \operatorname{sen}\left(\frac{\pi}{2}n\right) - d_2 \cos\left(\frac{\pi}{2}n\right)\right] = \operatorname{sen}\left(\frac{\pi}{2}n\right)$$
$$\Rightarrow [nd_1 - (n-2)d_1]\operatorname{sen}\left(\frac{\pi}{2}n\right) + [nd_2 - (n-2)d_2]\cos\left(\frac{\pi}{2}n\right) = \operatorname{sen}\left(\frac{\pi}{2}n\right)$$
$$\Rightarrow 2d_1 \operatorname{sen}\left(\frac{\pi}{2}n\right) + 2d_2 \cos\left(\frac{\pi}{2}n\right) = \operatorname{sen}\left(\frac{\pi}{2}n\right). \tag{1.138}$$

Portanto, concluímos que

$$d_1 = \frac{1}{2} \quad \text{e} \quad d_2 = 0, \tag{1.139}$$

e a solução completa para $n \geq 0$ é

$$y(n) = \frac{na^n}{2}\operatorname{sen}\left(\frac{\pi}{2}n\right) + a^n\left[d_3 \operatorname{sen}\left(\frac{\pi}{2}n\right) + d_4 \cos\left(\frac{\pi}{2}n\right)\right]. \tag{1.140}$$

Como no caso em que $a \neq b$, para calcular as constantes d_3 e d_4 é preciso usar as condições auxiliares para $n \geq 0$, uma vez que a equação (1.137) só é válida para $n \geq 0$. Como $y(n) = 0$ para $n < 0$, precisamos computar a equação de diferenças a partir das condições auxiliares $y(-2) = y(-1) = 0$ para obter $y(0)$ e $y(1)$:

$$\left.\begin{array}{ll} n = 0: & y(0) + a^2 y(-2) = a^0 \operatorname{sen}\left(\frac{\pi}{2} \times 0\right)u(0) = 0 \\ n = 1: & y(1) + a^2 y(-1) = a^1 \operatorname{sen}\frac{\pi}{2}u(1) = a \end{array}\right\} \Rightarrow \left.\begin{array}{l} y(0) = 0 \\ y(1) = a \end{array}\right\}. \tag{1.141}$$

Usando essas novas condições auxiliares na equação (1.140), obtemos

$$\left.\begin{array}{l} y(0) = d_4 = 0 \\ y(1) = a\left(\frac{1}{2}\operatorname{sen}\frac{\pi}{2}\right) + a\left(d_3 \operatorname{sen}\frac{\pi}{2} + d_4 \cos\frac{\pi}{2}\right) = a \end{array}\right\} \tag{1.142}$$

e, então,

$$\frac{a}{2} + ad_3 = a \quad \Rightarrow \quad d_3 = \frac{1}{2} \quad \text{e} \quad d_4 = 0; \tag{1.143}$$

como $y(n) = 0$ para $n < 0$, a solução é

$$y(n) = \frac{n+1}{2}a^n \operatorname{sen}\left(\frac{\pi}{2}n\right)u(n). \tag{1.144}$$

△

1.5 Resolvendo equações de diferenças

1.5.1 Calculando respostas ao impulso

A fim de encontrar a resposta ao impulso de um sistema, podemos começar resolvendo a seguinte equação de diferenças:

$$\sum_{i=0}^{N} a_i y(n-i) = \delta(n). \tag{1.145}$$

Como foi indicado na discussão precedendo o Exemplo 1.6, para que um sistema linear seja causal ele tem de estar inicialmente relaxado, isto é, as condições auxiliares anteriores à aplicação da entrada têm que ser nulas. Para sistemas causais, uma vez que a entrada $\delta(n)$ é aplicada em $n = 0$, temos que

$$y(-1) = y(-2) = \cdots = y(-N) = 0. \tag{1.146}$$

Para $n > 0$, a equação (1.145) se torna homogênea, isto é,

$$\sum_{i=0}^{N} a_i y(n-i) = 0. \tag{1.147}$$

Esta pode ser resolvida aplicando-se as técnicas apresentadas anteriormente, na Seção 1.5. Para isso, são necessárias N condições auxiliares. Entretanto, como a equação (1.147) só é válida para $n > 0$, não podemos usar as condições auxiliares da equação (1.146), mas precisamos de N condições auxiliares para $n > 0$ em seu lugar. Essas condições podem ser, por exemplo, $y(1), y(2), \ldots, y(N)$, as quais podem ser encontradas, partindo das condições auxiliares originais da equação (1.146), calculando-se a equação de diferenças (1.145) de $n = 0$ a $n = N$, o que leva a

$$\left.\begin{aligned} n=0: \; y(0) &= \frac{\delta(0)}{a_0} - \frac{1}{a_0}\sum_{i=1}^{N} a_i y(-i) = \frac{1}{a_0} \\ n=1: \; y(1) &= \frac{\delta(1)}{a_0} - \frac{1}{a_0}\sum_{i=1}^{N} a_i y(1-i) = -\frac{a_1}{a_0^2} \\ &\vdots \\ n=N: \; y(N) &= \frac{\delta(N)}{a_0} - \frac{1}{a_0}\sum_{i=1}^{N} a_i y(N-i) = -\frac{1}{a_0}\sum_{i=1}^{N} a_i y(N-i) \end{aligned}\right\}. \tag{1.148}$$

EXEMPLO 1.11

Calcule a resposta ao impulso do sistema governado pela seguinte equação de diferenças:

$$y(n) - \frac{1}{2}y(n-1) + \frac{1}{4}y(n-2) = x(n). \tag{1.149}$$

SOLUÇÃO

Para $n > 0$ a resposta ao impulso satisfaz a equação homogênea. A equação polinomial correspondente é

$$\rho^2 - \frac{1}{2}\rho + \frac{1}{4} = 0, \tag{1.150}$$

cujas raízes são $\rho = \frac{1}{2} e^{\pm j\pi/3}$. Portanto, para $n > 0$ a solução é

$$y(n) = c_1 2^{-n} \cos\left(\frac{\pi}{3}n\right) + c_2 2^{-n} \operatorname{sen}\left(\frac{\pi}{3}n\right). \tag{1.151}$$

Considerando que o sistema é causal, temos que $y(n) = 0$ para $n < 0$. Então, precisamos calcular as condições auxiliares para $n > 0$, como segue:

$$\left. \begin{array}{l} n = 0: \; y(0) = \delta(0) + \dfrac{1}{2}y(-1) - \dfrac{1}{4}y(-2) = 1 \\[4pt] n = 1: \; y(1) = \delta(1) + \dfrac{1}{2}y(0) - \dfrac{1}{4}y(-1) = \dfrac{1}{2} \\[4pt] n = 2: \; y(2) = \delta(2) + \dfrac{1}{2}y(1) - \dfrac{1}{4}y(0) = 0 \end{array} \right\}. \tag{1.152}$$

Aplicando essas condições à solução dada pela equação (1.151), temos

$$\left. \begin{array}{l} y(1) = c_1 2^{-1} \cos\dfrac{\pi}{3} + c_2 2^{-1} \operatorname{sen}\dfrac{\pi}{3} = \dfrac{1}{2} \\[6pt] y(2) = c_1 2^{-2} \cos\left(\dfrac{2\pi}{3}\right) + c_2 2^{-2} \operatorname{sen}\dfrac{2\pi}{3} = 0 \end{array} \right\}. \tag{1.153}$$

Daí,

$$\left. \begin{array}{l} \dfrac{1}{4}c_1 + \dfrac{\sqrt{3}}{4}c_2 = \dfrac{1}{2} \\[6pt] -\dfrac{1}{8}c_1 + \dfrac{\sqrt{3}}{8}c_2 = 0 \end{array} \right\} \Rightarrow \left. \begin{array}{l} c_1 = 1 \\[6pt] c_2 = \dfrac{\sqrt{3}}{3} \end{array} \right\}, \tag{1.154}$$

e a resposta ao impulso se torna

$$y(n) = \begin{cases} 0, & n < 0 \\ 1, & n = 0 \\ \frac{1}{2}, & n = 1 \\ 0, & n = 2 \\ 2^{-n}\left[\cos\left(\frac{\pi}{3}n\right) + \frac{\sqrt{3}}{3}\operatorname{sen}\left(\frac{\pi}{3}n\right)\right], & n \geq 2, \end{cases} \tag{1.155}$$

que, por inspeção, pode ser reescrita em forma compacta como

$$y(n) = 2^{-n}\left[\cos\left(\frac{\pi}{3}n\right) + \frac{\sqrt{3}}{3}\operatorname{sen}\left(\frac{\pi}{3}n\right)\right]u(n). \tag{1.156}$$

△

1.6 Amostragem de sinais no tempo contínuo

Em muitos casos, um sinal $x(n)$ no tempo discreto consiste em amostras de um sinal $x_a(t)$ no tempo contínuo, isto é,

$$x(n) = x_a(nT). \tag{1.157}$$

Se queremos processar o sinal no tempo contínuo $x_a(t)$ usando um sistema no tempo discreto, então primeiramente precisamos convertê-lo conforme a equação (1.157), processar digitalmente a entrada no tempo discreto e por fim converter a saída no tempo discreto de volta ao domínio do tempo contínuo. Portanto, para que essa operação seja efetiva, é essencial que tenhamos a capacidade de restaurar um sinal no tempo contínuo a partir de suas amostras. Nesta seção, derivamos as condições para que um sinal no tempo contínuo possa ser recuperado a partir de suas amostras. Também elaboramos formas de efetuar essa recuperação. Para fazê-lo, em primeiro lugar introduzimos alguns conceitos básicos de processamento analógico de sinais, que podem ser encontrados na maioria dos livros de referência de sistemas lineares (Gabel & Roberts, 1980; Oppenheim et al., 1983). Em seguida, derivamos o teorema da amostragem, em que se baseia o processamento digital de sinais no tempo contínuo.

1.6.1 Princípios básicos

A transformada de Fourier de um sinal $f(t)$ no tempo contínuo é dada por

$$F(j\Omega) = \int_{-\infty}^{\infty} f(t)e^{-j\Omega t}dt, \tag{1.158}$$

onde Ω é a variável utilizada para a frequência, medida em radianos por segundo (rad/s). A relação inversa correspondente é expressa como

$$f(t) = \frac{1}{2\pi} \int_{-\infty}^{\infty} F(j\Omega)e^{j\Omega t}d\Omega. \tag{1.159}$$

Uma importante propriedade associada à transformada de Fourier é que a transformada de Fourier do produto de duas funções é proporcional à convolução de suas transformadas de Fourier, ou seja, se $f(t) = a(t)b(t)$, então

$$F(j\Omega) = \frac{1}{2\pi}A(j\Omega) * B(j\Omega) = \frac{1}{2\pi}\int_{-\infty}^{\infty} A(j\Omega - j\Omega')B(j\Omega')d\Omega', \tag{1.160}$$

onde $F(j\Omega)$, $A(j\Omega)$ e $B(j\Omega)$ são as transformadas de Fourier de $f(t)$, $a(t)$ e $b(t)$, respectivamente.

Além disso, se um sinal $f(t)$ é periódico com período T, então podemos expressá-lo através de sua série de Fourier, definida como

$$f(t) = \sum_{k=-\infty}^{\infty} a_k e^{j\frac{2\pi}{T}kt}, \qquad (1.161)$$

onde os termos a_k são chamados de coeficientes da série e são determinados por

$$a_k = \frac{1}{T} \int_{-\frac{T}{2}}^{\frac{T}{2}} f(t) e^{-jk\frac{2\pi}{T}t} dt . \qquad (1.162)$$

Por fim, convém definir o impulso unitário[3] $\delta(t)$ para $t \in \mathbb{R}$, tal que

$$\begin{cases} \delta(t) = 0, & t \neq 0 \\ \int_{-\infty}^{\infty} \delta(t) dt = 1. \end{cases}$$

Um impulso $A\delta(t-\tau)$, escalado por $A \in \mathbb{R}$ e deslocado de $\tau \in \mathbb{R}$, é representado graficamente por uma seta apontando para cima apoiada sobre o eixo t em $t = \tau$, com sua área A indicada ao lado.

1.6.2 Teorema da amostragem

Dado um sinal $x(n)$ no tempo discreto derivado de um sinal $x_\text{a}(t)$ no tempo contínuo conforme a equação (1.157), definimos um sinal $x_\text{i}(t)$ no tempo contínuo consistindo em um trem de impulsos em $t = nT$, cada um deles com área igual a $x(n) = x_\text{a}(nT)$. Exemplos dos sinais $x_\text{a}(t)$, $x(n)$ e $x_\text{i}(t)$ são representados na Figura 1.5, onde se podem ver as relações diretas entre esses três sinais.

O sinal $x_\text{i}(t)$ pode ser expresso como

$$x_\text{i}(t) = \sum_{n=-\infty}^{\infty} x(n)\delta(t-nT). \qquad (1.163)$$

Como, de acordo com a equação (1.157), $x(n) = x_\text{a}(nT)$, então a equação (1.163) se torna

$$x_\text{i}(t) = \sum_{n=-\infty}^{\infty} x_\text{a}(nT)\delta(t-nT) = x_\text{a}(t) \sum_{n=-\infty}^{\infty} \delta(t-nT) = x_\text{a}(t)p(t), \qquad (1.164)$$

indicando que $x_\text{i}(t)$ também pode ser obtido pela multiplicação do sinal $x_\text{a}(t)$ no tempo contínuo por um trem de impulsos $p(t)$ definido como

$$p(t) = \sum_{n=-\infty}^{\infty} \delta(t-nT). \qquad (1.165)$$

---

[3] Comparar com a definição de $\delta(n)$ para $n \in \mathbb{Z}$ na equação (1.7).

1.6 Amostragem de sinais no tempo contínuo

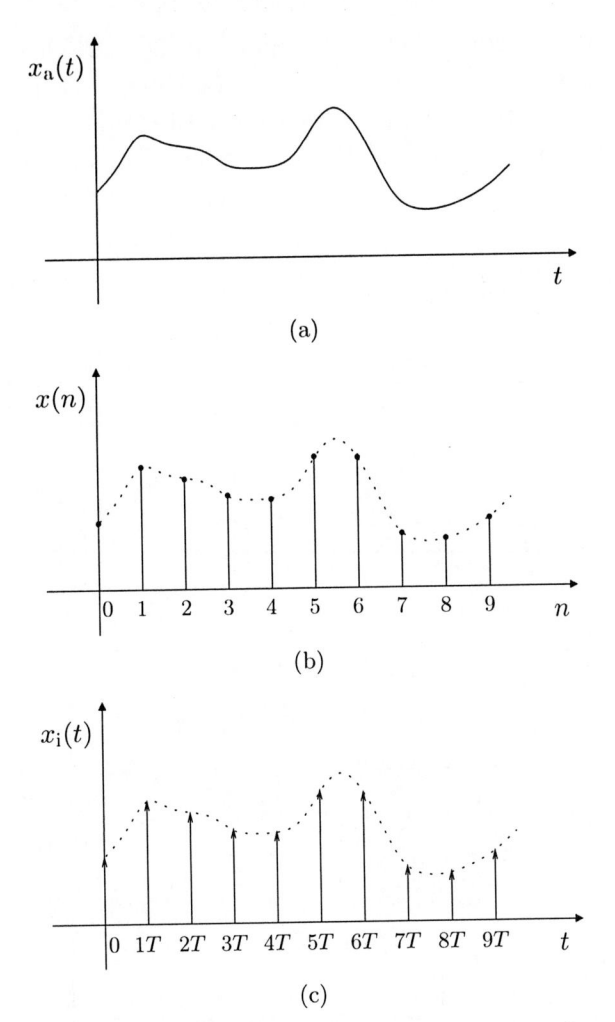

Figura 1.5 (a) Sinal no tempo contínuo, $x_\text{a}(t)$; (b) sinal no tempo discreto, $x(n)$; (c) sinal auxiliar no tempo contínuo, $x_\text{i}(t)$.

Nas equações acima, definimos um sinal $x_\text{i}(t)$ no tempo contínuo que pode ser obtido do sinal $x(n)$ no tempo discreto de um modo direto. No que se segue, relacionamos as transformadas de Fourier de $x_\text{a}(t)$ e $x_\text{i}(t)$ e estudamos as condições sob as quais $x_\text{a}(t)$ pode ser obtido a partir de $x_\text{i}(t)$.

Conforme as equações (1.160) e (1.164), a transformada de Fourier de $x_\text{i}(t)$ é tal que

$$X_\text{i}(\text{j}\Omega) = \frac{1}{2\pi} X_\text{a}(\text{j}\Omega) * P(\text{j}\Omega) = \frac{1}{2\pi} \int_{-\infty}^{\infty} X_\text{a}(\text{j}\Omega - \text{j}\Omega') P(\text{j}\Omega') \text{d}\Omega'. \qquad (1.166)$$

Portanto, para chegarmos a uma expressão para a transformada de Fourier de $x_\text{i}(t)$, temos primeiro que determinar a transformada de Fourier de $p(t)$, $P(\text{j}\Omega)$.

Pela equação (1.165), vemos que $p(t)$ é uma função periódica de período T, podendo, então, ser decomposta numa série de Fourier, como descrevem as equações (1.161) e (1.162). Como, pela equação (1.165), no intervalo $[-T/2, T/2]$, $p(t)$ é igual a um simples impulso $\delta(t)$, os coeficientes a_k da série de Fourier de $p(t)$ são dados por

$$a_k = \frac{1}{T} \int_{-\frac{T}{2}}^{\frac{T}{2}} \delta(t) e^{-jk\frac{2\pi}{T}t} dt = \frac{1}{T}, \tag{1.167}$$

e a série de Fourier para $p(t)$ se torna

$$p(t) = \frac{1}{T} \sum_{k=-\infty}^{\infty} e^{j\frac{2\pi}{T}kt}. \tag{1.168}$$

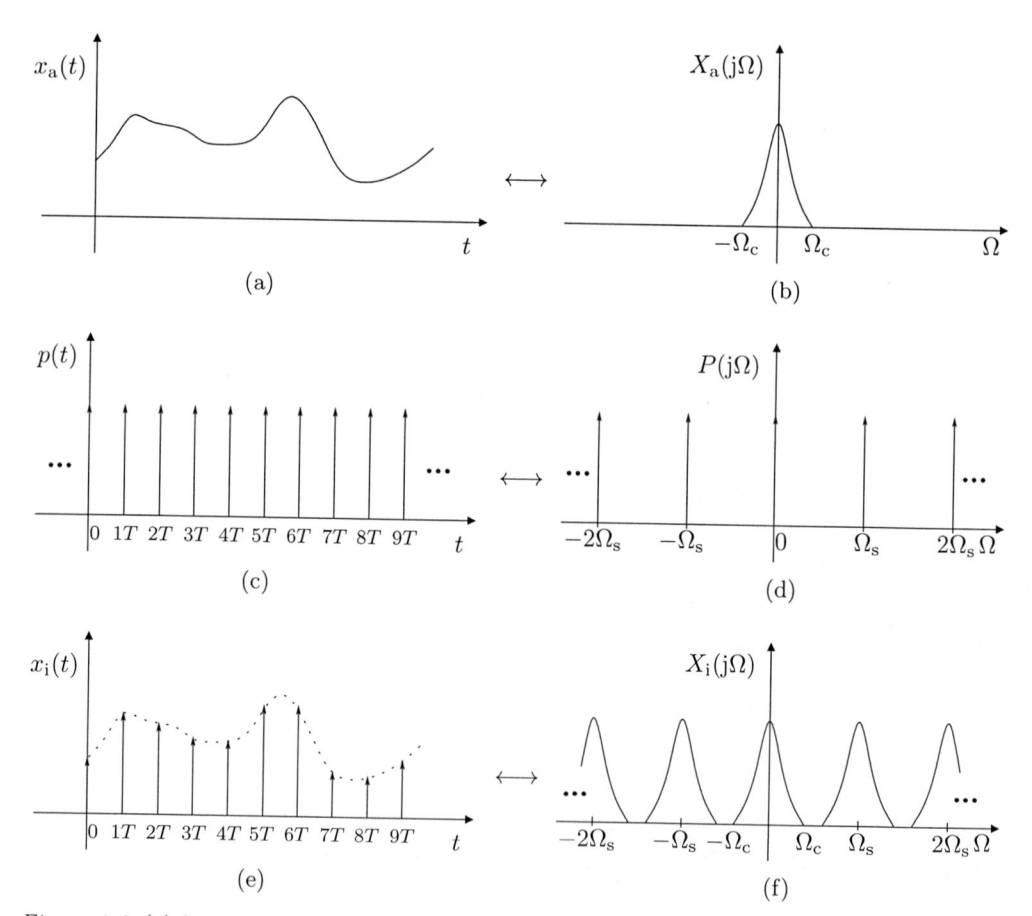

Figura 1.6 (a) Sinal no tempo contínuo $x_a(t)$; (b) espectro de $x_a(t)$. (c) Trem de impulsos $p(t)$; (d) espectro de $p(t)$. (e) Sinal auxiliar no tempo contínuo $x_i(t)$; (f) espectro de $x_i(t)$.

1.6 Amostragem de sinais no tempo contínuo

Já que a transformada de Fourier de $f(t) = e^{j\Omega_0 t}$ é igual a $F(j\Omega) = 2\pi\delta(\Omega - \Omega_0)$, então, pela equação (1.168), a transformada de Fourier de $p(t)$ se torna

$$P(j\Omega) = \frac{2\pi}{T} \sum_{k=-\infty}^{\infty} \delta\left(\Omega - \frac{2\pi}{T}k\right). \tag{1.169}$$

Substituindo essa expressão para $P(j\Omega)$ na equação (1.166), temos que

$$\begin{aligned}X_i(j\Omega) &= \frac{1}{2\pi} X_a(j\Omega) * P(j\Omega) \\ &= \frac{1}{T} X_a(j\Omega) * \sum_{k=-\infty}^{\infty} \delta\left(\Omega - \frac{2\pi}{T}k\right) \\ &= \frac{1}{T} \sum_{k=-\infty}^{\infty} X_a\left(j\Omega - j\frac{2\pi}{T}k\right),\end{aligned} \tag{1.170}$$

onde, no último passo, usamos o fato de que a convolução de uma função $F(j\Omega)$ com um impulso deslocado $\delta(\Omega - \Omega_0)$ é a função deslocada $F(j\Omega - j\Omega_0)$. A equação (1.170) mostra que o espectro de $x_i(t)$ é composto de infinitas cópias deslocadas do espectro de $x_a(t)$, sendo os deslocamentos na frequência múltiplos inteiros da frequência de amostragem $\Omega_s = 2\pi/T$. A Figura 1.6 mostra exemplos de sinais $x_a(t)$, $p(t)$ e $x_i(t)$ e suas respectivas transformadas de Fourier.

Pela equação (1.170) e pela Figura 1.6f, vemos que, a fim de se evitar que as cópias repetidas do espectro de $x_a(t)$ interfiram umas com as outras, este sinal deve ter largura de faixa limitada. Além disso, sua largura de faixa Ω_c deve ser tal que a extremidade superior do espectro centrado em zero se situe abaixo da extremidade inferior do espectro centrado em Ω_s.

Com referência ao caso geral complexo representado na Figura 1.7, devemos ter $\Omega_s + \Omega_2 > \Omega_1$ ou, equivalentemente, $\Omega_s > \Omega_1 - \Omega_2$.

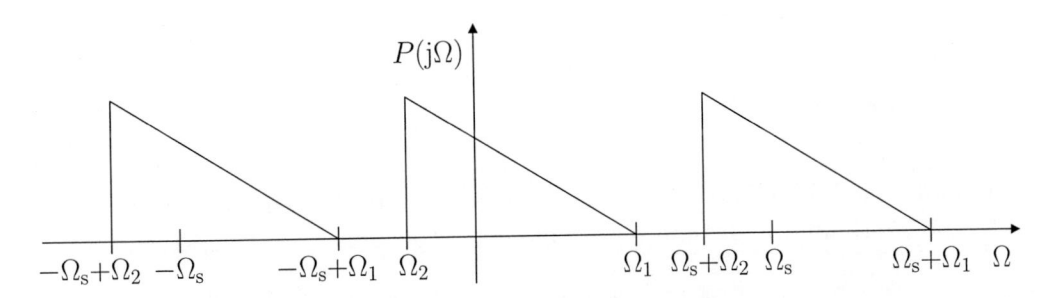

Figura 1.7 Exemplo de espectro de um sinal complexo amostrado.

No caso de sinais reais, como o espectro é simétrico em torno da origem, a largura de faixa unilateral Ω_c do sinal no tempo contínuo é tal que $\Omega_c = \Omega_1 = -\Omega_2$, e então devemos ter $\Omega_s > \Omega_c - (-\Omega_c)$, obrigando que

$$\Omega_s > 2\Omega_c, \qquad (1.171)$$

ou seja: a frequência de amostragem tem que ser maior que o dobro da largura de faixa unilateral do sinal no tempo contínuo. A frequência $\Omega = 2\Omega_c$ é chamada de frequência de Nyquist do sinal no tempo contínuo $x_a(t)$.

Além disso, se a condição dada na inequação (1.171) é satisfeita, o sinal original $x_a(t)$ no tempo contínuo pode ser recuperado isolando-se a parcela do espectro de $x_i(t)$ que corresponde ao espectro de $x_a(t)$.[4] Isso pode ser feito filtrando-se o sinal $x_i(t)$ por um filtro passa-baixas ideal com largura de faixa de $\Omega_s/2$.

Por outro lado, se a condição dada pela inequação (1.171) não é satisfeita, as repetições do espectro interferem uma com a outra, e o sinal no tempo contínuo não pode ser recuperado a partir de suas amostras. Essa sobreposição das repetições do espectro de $x_a(t)$ em $x_i(t)$, que ocorre quando a frequência de amostragem é menor que $2\Omega_c$, é comumente chamada de *aliasing* (sem termo equivalente em português). As Figuras 1.8b–d mostram os espectros de $x_i(t)$ correspondentes a um dado $x_a(t)$ cujo espectro se vê na Figura 1.8a, para Ω_s igual a, menor que e maior que $2\Omega_c$, respectivamente. O fenômeno de *aliasing* é claramente identificado na Figura 1.8c.

Agora, estamos prontos para enunciar um resultado extremamente importante:

TEOREMA 1.1 (TEOREMA DA AMOSTRAGEM)
Se um sinal $x_a(t)$ no tempo contínuo tem largura de faixa limitada, isto é, sua transformada de Fourier é tal que $X_a(j\Omega) = 0$ para $|\Omega| > \Omega_c$, então $x_a(t)$ pode ser completamente recuperado a partir do sinal no tempo discreto $x(n) = x_a(nT)$ se a frequência de amostragem Ω_s satisfaz $\Omega_s > 2\Omega_c$.

$\Diamond$

EXEMPLO 1.12
Considere a sequência no tempo discreto

$$x(n) = \operatorname{sen}\left(\frac{6\pi}{4}n\right). \qquad (1.172)$$

Assumindo que a frequência de amostragem é $f_s = 40$ kHz, encontre dois sinais no tempo contínuo que possam ter gerado essa sequência.

---

[4] De fato, qualquer uma das repetições espectrais carrega em si a informação completa sobre $x_a(t)$. Contudo, se isolamos uma repetição do espectro não centrada em $\Omega = 0$, obtemos uma versão modulada de $x_a(t)$, que precisa ser demodulada. Como essa demodulação equivale a deslocar o espectro de volta à origem, usualmente é melhor já tomar diretamente a repetição do espectro centrada na origem.

1.6 Amostragem de sinais no tempo contínuo

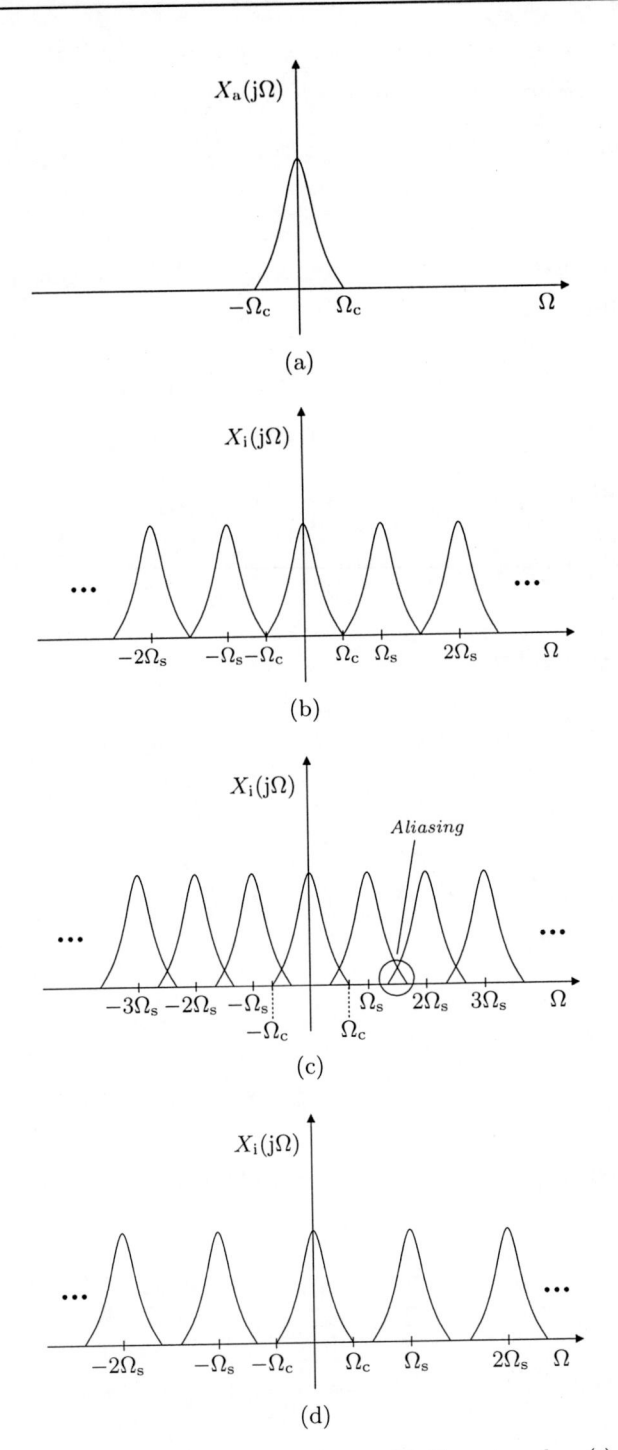

Figura 1.8 (a) Espectro do sinal no tempo contínuo $x_a(t)$. Espectros de $x_i(t)$ para: (b) $\Omega_s = 2\Omega_c$; (c) $\Omega_s < 2\Omega_c$; (d) $\Omega_s > 2\Omega_c$.

SOLUÇÃO

Supondo que o sinal no tempo contínuo é da forma

$$x_a(t) = \text{sen}(\Omega_c t)$$
$$= \text{sen}(2\pi f_c t), \qquad (1.173)$$

sabemos que se amostrado a uma frequência $f_s = 1/T_s$ ele gera o seguinte sinal no tempo discreto:

$$x(n) = x_a(nT_s)$$
$$= \text{sen}(2\pi f_c n T_s)$$
$$= \text{sen}\left(2\pi \frac{f_c}{f_s} n\right)$$
$$= \text{sen}\left(2\pi \frac{f_c}{f_s} n + 2k\pi n\right)$$
$$= \text{sen}\left[2\pi \left(\frac{f_c}{f_s} + k\right) n\right] \qquad (1.174)$$

para qualquer inteiro k. Portanto, para que uma senoide que segue a equação (1.173) forneça o sinal no tempo discreto da equação (1.172) quando amostrada, devemos ter

$$2\pi\left(\frac{f_c}{f_s} + k\right) = \frac{6\pi}{4} \quad \Rightarrow \quad f_c = \left(\frac{3}{4} - k\right) f_s. \qquad (1.175)$$

Por exemplo:

$$k = 0 \quad \Rightarrow \quad f_c = \frac{3}{4} f_s = 30 \text{ kHz} \quad \Rightarrow \quad x_1(t) = \text{sen}(60\,000\pi t) \qquad (1.176)$$

$$k = -1 \quad \Rightarrow \quad f_c = \frac{7}{4} f_s = 70 \text{ kHz} \quad \Rightarrow \quad x_2(t) = \text{sen}(140\,000\pi t) \qquad (1.177)$$

Os sinais $x_i(t)$ correspondentes, calculados de acordo com a equação (1.164), são:

$$x_{1_i}(t) = \sum_{n=-\infty}^{\infty} x_1(t)\delta(t - nT_s) = \sum_{n=-\infty}^{\infty} \text{sen}(60\,000\pi t)\delta\left(t - \frac{n}{40\,000}\right)$$
$$= \sum_{n=-\infty}^{\infty} \text{sen}\left(60\,000\pi \frac{n}{40\,000}\right) \delta\left(t - \frac{n}{40\,000}\right)$$
$$= \sum_{n=-\infty}^{\infty} \text{sen}\left(\frac{3\pi}{2} n\right) \delta\left(t - \frac{n}{40\,000}\right) \qquad (1.178)$$

$$x_{2_i}(t) = \sum_{n=-\infty}^{\infty} x_2(t)\delta(t-nT_s) = \sum_{n=-\infty}^{\infty} \operatorname{sen}(140\,000\pi t)\delta\left(t-\frac{n}{40\,000}\right)$$

$$= \sum_{n=-\infty}^{\infty} \operatorname{sen}\left(140\,000\pi \frac{n}{40\,000}\right)\delta\left(t-\frac{n}{40\,000}\right)$$

$$= \sum_{n=-\infty}^{\infty} \operatorname{sen}\left(\frac{7\pi}{2}n\right)\delta\left(t-\frac{n}{40\,000}\right). \tag{1.179}$$

Como

$$\operatorname{sen}\left(\frac{7\pi}{2}n\right) = \operatorname{sen}\left[\left(\frac{3\pi}{2}+2\pi\right)n\right] = \operatorname{sen}\left(\frac{3\pi}{2}n\right), \tag{1.180}$$

então os sinais $x_{1_i}(t)$ e $x_{2_i}(t)$ são idênticos. △

EXEMPLO 1.13

Na Figura 1.9, assumindo que $\Omega_2 - \Omega_1 < \Omega_1$ e $\Omega_4 - \Omega_3 < \Omega_3$:

(a) Usando-se um único amostrador, qual seria a frequência de amostragem mínima para que nenhuma informação fosse perdida?
(b) Usando-se um filtro ideal e dois amostradores, quais seriam as frequências de amostragem mínimas para que nenhuma informação fosse perdida? Desenhe a configuração usada nesse caso.

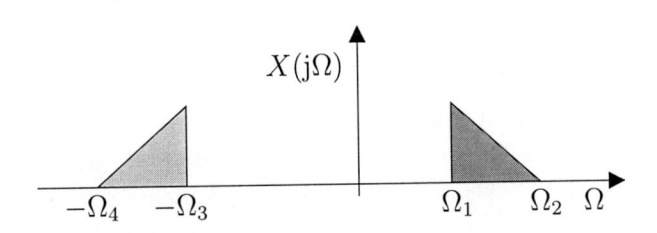

Figura 1.9 Espectro do sinal do Exemplo 1.13.

SOLUÇÃO

(a) Examinando a Figura 1.9, observamos que a taxa de amostragem $\Omega_s > \Omega_2 + \Omega_4$ evitaria *aliasing*. Contudo, como é dado que $\Omega_2 - \Omega_1 < \Omega_1$ e $\Omega_4 - \Omega_3 < \Omega_3$, então no espectro vazio entre $-\Omega_3$ e Ω_1 podemos acomodar uma cópia do espectro existente no intervalo $[\Omega_1, \Omega_2]$ e uma cópia do espectro existente no intervalo $[-\Omega_4, -\Omega_3]$. Conforme a equação (1.170), quando um sinal é amostrado, seu espectro é repetido centrado em múltiplos de Ω_s.

Portanto, podemos escolher Ω_s de forma que o espectro do sinal amostrado se torne como na parte inferior da Figura 1.10, onde para evitar a sobreposição devemos ter

$$\left.\begin{array}{l}\Omega_1 - \Omega_s > -\Omega_3 \\ -\Omega_4 + \Omega_s > \Omega_2 - \Omega_s\end{array}\right\} \Rightarrow \frac{\Omega_2 + \Omega_4}{2} < \Omega_s < \Omega_1 + \Omega_3. \qquad (1.181)$$

Assim, a frequência de amostragem mínima seria $\Omega_s = (\Omega_2 + \Omega_4)/2$, contanto que $\Omega_s < \Omega_1 + \Omega_3$.

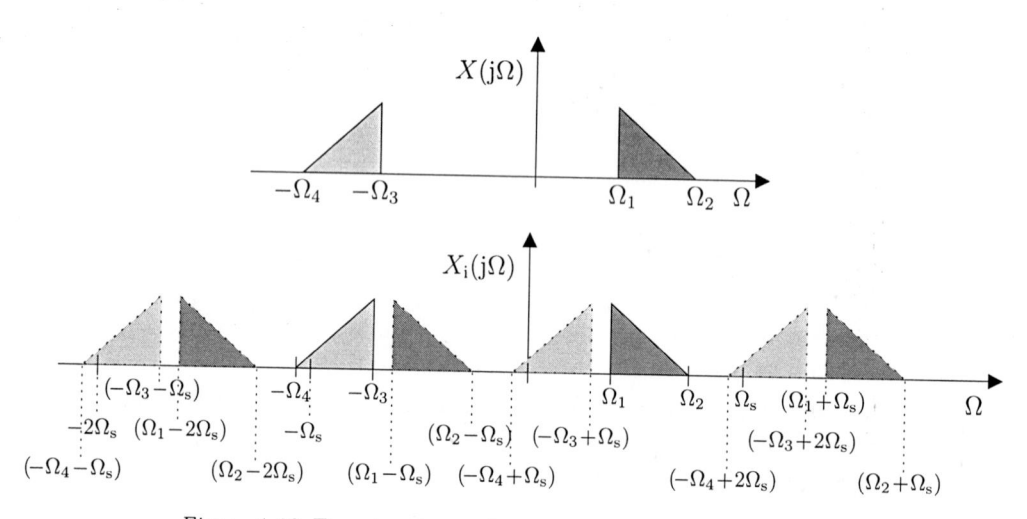

Figura 1.10 Espectro do sinal amostrado no Exemplo 1.13(a).

(b) Se dispomos de um filtro ideal como o mostrado na Figura 1.11, então podemos isolar as duas partes do espectro e amostrá-las a uma taxa bem mais baixa. Por exemplo, podemos amostrar a saída do filtro da Figura 1.11 a uma frequência $\Omega_{s_1} > \Omega_2 - \Omega_1$. Se usamos o esquema da Figura 1.12, então tomamos a saída do filtro e a subtraímos do sinal de entrada. O resultado conterá apenas o lado esquerdo do espectro da Figura 1.9, o qual pode ser amostrado a uma frequência $\Omega_{s_2} > \Omega_4 - \Omega_3$.

Se desejamos usar uma única frequência de amostragem, então esse valor deve satisfazer

$$\Omega_s > \max\{\Omega_2 - \Omega_1, \Omega_4 - \Omega_3\}. \qquad (1.182)$$

Deve-se observar que a saída é composta de amostras alternadas dos dois sinais, $x_1(n)$ e $x_2(n)$; portanto, a frequência de amostragem efetiva é $2\Omega_s$.

△

1.6 Amostragem de sinais no tempo contínuo

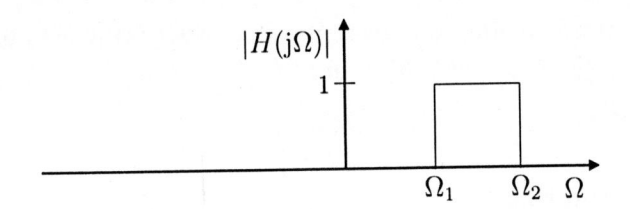

Figura 1.11 Filtro passa-faixa ideal.

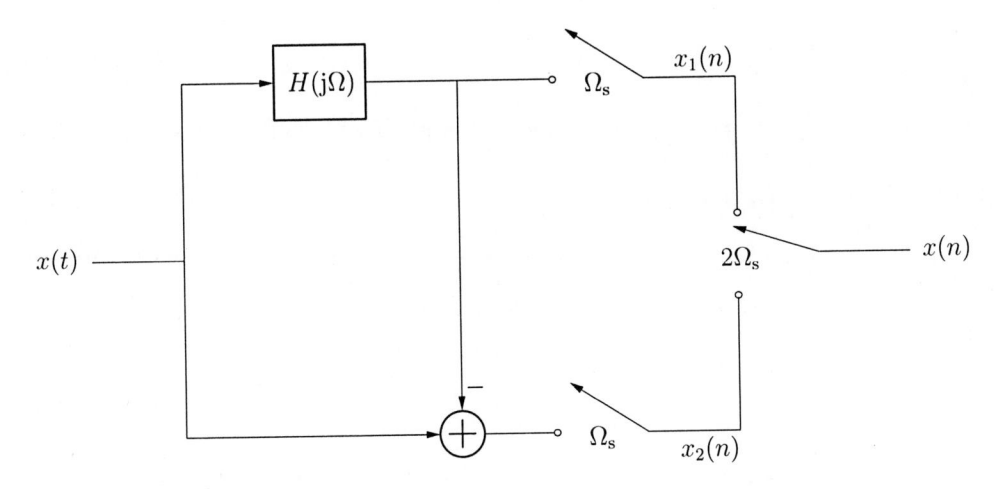

Figura 1.12 Solução para a amostragem no Exemplo 1.13(b) usando um filtro passa-faixa ideal.

Como ilustrou o exemplo anterior, para alguns sinais $x(t)$ de faixa limitada a amostragem pode ser realizada abaixo do limite $2\Omega_{\text{máx}}$, onde $\Omega_{\text{máx}}$ representa o valor absoluto máximo das frequências presentes em $x(t)$. Embora não se possa obter uma expressão geral para o valor mínimo de Ω_s, nesses casos sempre se deverá satisfazer $\Omega_s > \Delta\Omega$, onde $\Delta\Omega$ representa a largura de faixa líquida de $x(t)$.

Como foi mencionado no Teorema 1.1, o sinal original $x_a(t)$ no tempo contínuo pode ser recuperado do sinal $x_i(t)$ filtrando-se $x_i(t)$ por um filtro passa-baixas ideal com frequência de corte $\Omega_s/2$. Mais especificamente, se o sinal tem largura de faixa Ω_c, então basta que a frequência de corte do filtro passa-baixas ideal seja Ω_{LP} tal que $\Omega_c \leq \Omega_{\text{LP}} < \Omega_s/2$. Portanto, a transformada de Fourier da resposta ao impulso desse filtro deve ser

$$H(j\Omega) = \begin{cases} T, & \text{para } |\Omega| \leq \Omega_{\text{LP}} \\ 0, & \text{para } |\Omega| > \Omega_{\text{LP}}, \end{cases} \quad (1.183)$$

onde o ganho T na faixa de passagem compensa o fator $1/T$ da equação (1.170). Essa resposta na frequência ideal é ilustrada na Figura 1.13a.

Calculando a transformada de Fourier inversa de $H(\mathrm{j}\Omega)$ pela equação (1.159), vemos que a resposta ao impulso $h(t)$ do filtro é

$$h(t) = \frac{T\,\mathrm{sen}(\Omega_{\mathrm{LP}}t)}{\pi t}, \qquad (1.184)$$

representada na Figura 1.13b.

Então, dado $h(t)$, o sinal $x_\mathrm{a}(t)$ pode ser recuperado a partir de $x_\mathrm{i}(t)$ pela seguinte integral de convolução (Oppenheim *et al.*, 1983):

$$x_\mathrm{a}(t) = \int_{-\infty}^{\infty} x_\mathrm{i}(\tau) h(t-\tau)\mathrm{d}\tau. \qquad (1.185)$$

Substituindo $x_\mathrm{i}(t)$ por sua definição dada na equação (1.163), temos que

$$\begin{aligned} x_\mathrm{a}(t) &= \int_{-\infty}^{\infty} \sum_{n=-\infty}^{\infty} x(n)\delta(\tau-nT) h(t-\tau)\mathrm{d}\tau \\ &= \sum_{n=-\infty}^{\infty} \int_{-\infty}^{\infty} x(n)\delta(\tau-nT) h(t-\tau)\mathrm{d}\tau \\ &= \sum_{n=-\infty}^{\infty} x(n) h(t-nT), \end{aligned} \qquad (1.186)$$

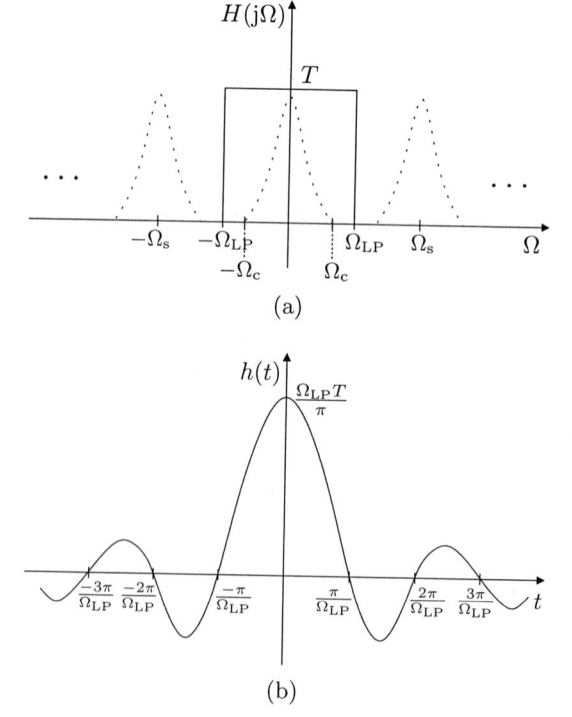

Figura 1.13 Filtro passa-baixas ideal: (a) resposta na frequência; (b) resposta ao impulso.

1.6 Amostragem de sinais no tempo contínuo

e usando $h(t)$ da equação (1.184),

$$x_\mathrm{a}(t) = \sum_{n=-\infty}^{\infty} x(n) \frac{T\,\mathrm{sen}[\Omega_\mathrm{LP}(t-nT)]}{\pi(t-nT)}. \qquad (1.187)$$

Se fazemos Ω_LP igual a metade da frequência de amostragem, ou seja, $\Omega_\mathrm{LP} = \Omega_\mathrm{s}/2 = \pi/T$, então a equação (1.187) se torna

$$x_\mathrm{a}(t) = \sum_{n=-\infty}^{\infty} x(n) \frac{\mathrm{sen}\left(\dfrac{\Omega_\mathrm{s}}{2}t - n\pi\right)}{\dfrac{\Omega_\mathrm{s}}{2}t - n\pi} = \sum_{n=-\infty}^{\infty} x(n) \frac{\mathrm{sen}\left[\pi\left(\dfrac{t}{T}-n\right)\right]}{\pi\left(\dfrac{t}{T}-n\right)}. \qquad (1.188)$$

As equações (1.187) e (1.188) são fórmulas de interpolação para recuperar o sinal $x_\mathrm{a}(t)$ no tempo contínuo a partir de suas amostras $x(n) = x_\mathrm{a}(nT)$. Entretanto, como para se calcular $x_\mathrm{a}(t)$ em qualquer instante t_0 todas as amostras de $x(n)$ têm que ser conhecidas, tais fórmulas de interpolação não são práticas. Vendo sob outro prisma, o filtro passa-baixas com resposta ao impulso $h(t)$ não é realizável. Isso ocorre porque ele é não-causal e não pode ser implementado por uma equação diferencial de ordem finita. Claramente, quanto mais próximo do ideal é o filtro passa-baixas, menor é o erro no cálculo de $x_\mathrm{a}(t)$ usando-se a equação (1.187). Nos Capítulos 5 e 6, serão estudados extensivamente métodos para aproximar tais filtros ideais.

Do que foi estudado nesta seção, podemos desenvolver um diagrama de blocos com as várias fases que constituem o processamento de um sinal analógico usando um sistema digital. A Figura 1.14 representa cada passo do procedimento.

O primeiro bloco no diagrama da Figura 1.14 é um filtro passa-baixas que garante que o sinal analógico tenha largura de faixa limitada em $\Omega_\mathrm{c} \leq \Omega_\mathrm{s}/2$.

O segundo bloco é um sistema do tipo amostragem-e-retenção (em inglês, *sample-and-hold*), que amostra o sinal $x_\mathrm{a}(t)$ nos instantes $t = nT$ e mantém o valor obtido por T segundos, isto é, até que o valor referente ao próximo intervalo de tempo seja amostrado. Mais precisamente, $x_\mathrm{a}^*(t) = x_\mathrm{a}(nT)$ para $nT \leq t < (n+1)T$.

O terceiro bloco é o codificador, que converte o valor de cada amostra $x_\mathrm{a}^*(t)$ saída do bloco de amostragem-e-retenção para $nT \leq t < (n+1)T$ em um número $x(n)$. Como esse número é apresentado como entrada para um *hardware* digital, tem que ser representado por um número finito de *bits*. Essa operação introduz um erro no sinal, tão menor quanto maior o número de *bits* empregados na representação. O segundo e o terceiro bloco constituem o que chamamos usualmente de conversão analógico-digital (A/D).

O quarto bloco efetua o processamento digital do sinal, transformando o sinal $x(n)$ no tempo discreto no sinal $y(n)$ no tempo discreto.

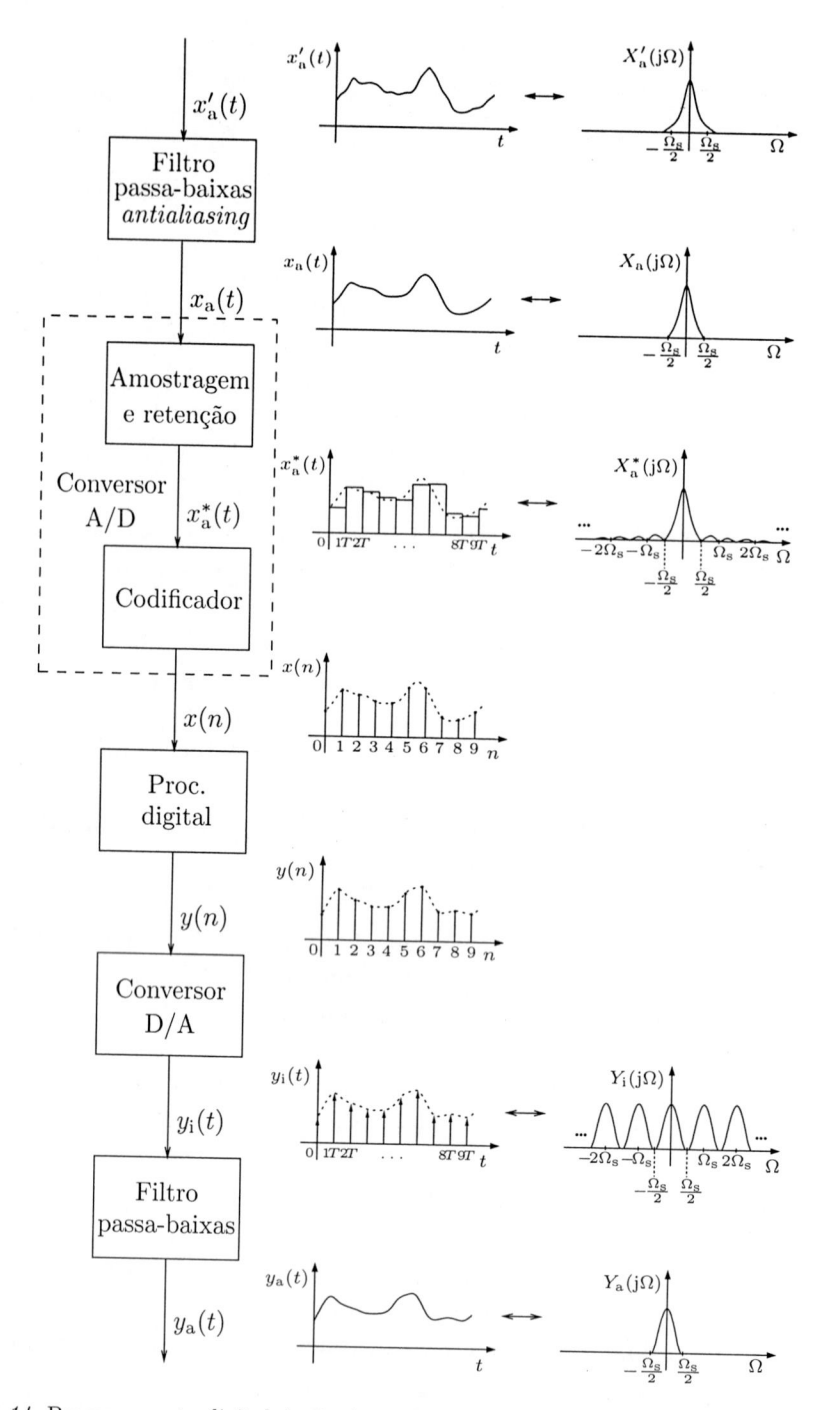

Figura 1.14 Processamento digital de sinais analógicos. Todos os gráficos à esquerda representam os sinais no domínio do tempo, e todos os gráficos à direita, suas respectivas transformadas de Fourier.

1.6 Amostragem de sinais no tempo contínuo

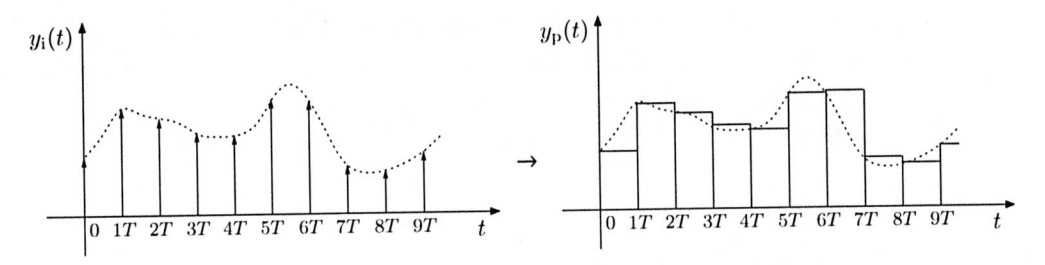

Figura 1.15 Operação de amostragem-e-retenção.

O quinto bloco converte os números que representam as amostras $y(n)$ de volta ao domínio analógico na forma de um trem de impulsos $y_i(t)$, constituindo o processo conhecido como conversão digital-analógico (D/A).

O sexto bloco é um filtro passa-baixas, necessário para eliminar as repetições do espectro contidas em $y_i(t)$, a fim de recuperar o sinal analógico $y_a(t)$ correspondente a $y(n)$. Na prática, às vezes o quinto e o sexto bloco são implementados numa única operação. Por exemplo, podemos transformar as amostras $y(n)$ no sinal analógico $y_a(t)$ usando um conversor D/A mais uma operação de amostragem-e-retenção similar à do segundo bloco. É fácil mostrar (veja a Figura 1.15) que a operação de amostragem-e-retenção é equivalente a filtrar o trem de impulsos

$$y_i(t) = \sum_{n=-\infty}^{\infty} y(n)\delta(t-nT) \qquad (1.189)$$

por um sistema cuja resposta ao impulso é

$$h(t) = \begin{cases} 1, & \text{para } 0 \le t \le T \\ 0, & \text{em caso contrário,} \end{cases} \qquad (1.190)$$

produzindo o sinal analógico

$$y_p(t) = \sum_{n=-\infty}^{\infty} y(n)h(t-nT). \qquad (1.191)$$

Nesse caso, a recuperação do sinal analógico não é perfeita, mas uma aproximação suficientemente boa para certos casos práticos.

EXEMPLO 1.14

Para a operação de amostragem-e-retenção descrita pelas equações de (1.189) a (1.191), determine:

(a) uma expressão para a transformada de Fourier de $y_p(t)$ definido pela equação (1.191) como uma função da transformada de Fourier de $x_a(t)$. (Suponha que $y(n) = x_a(nT)$.)

(b) a resposta na frequência de um filtro passa-baixas ideal que forneça $x_\text{a}(t)$ na sua saída quando $y_\text{p}(t)$ é aplicado à sua entrada. Tal filtro deverá compensar os artefatos introduzidos pela operação de amostragem-e-retenção na conversão D/A.

SOLUÇÃO

(a) O trem de pulsos dado por

$$y_\text{p}(t) = \sum_{n=-\infty}^{\infty} y(n)h(t-nT) \qquad (1.192)$$

é o resultado da convolução de um trem de impulsos com o pulso da equação (1.190), como segue:

$$y_\text{p}(t) = y_\text{i}(t) * h(t). \qquad (1.193)$$

Usando a equação (1.170), levamos a equação anterior ao domínio da frequência:

$$Y_\text{p}(j\Omega) = Y_\text{i}(j\Omega)H(j\Omega) = \frac{1}{T}\sum_{k=-\infty}^{\infty} X_\text{a}\left(j\Omega - j\frac{2\pi}{T}k\right)H(j\Omega). \qquad (1.194)$$

A partir da equação (1.190), como

$$\begin{aligned}
H(j\Omega) &= \int_{-\infty}^{\infty} h(t)\text{e}^{-j\Omega t}dt \\
&= \int_{0}^{T} \text{e}^{-j\Omega t}dt \\
&= \frac{1}{j\Omega}\left(1 - \text{e}^{-j\Omega T}\right) \\
&= \frac{\text{e}^{-j\Omega T/2}}{j\Omega}\left(\text{e}^{j\Omega T/2} - \text{e}^{-j\Omega T/2}\right) \\
&= \frac{\text{e}^{-j\Omega T/2}}{j\Omega}\left[2j\,\text{sen}(\Omega T/2)\right] \\
&= T\text{e}^{-j\Omega T/2}\left[\frac{\text{sen}(\Omega T/2)}{\Omega T/2}\right],
\end{aligned} \qquad (1.195)$$

então

$$Y_\text{p}(j\Omega) = \text{e}^{-j\Omega T/2}\left[\frac{\text{sen}(\Omega T/2)}{\Omega T/2}\right]\sum_{k=-\infty}^{\infty} X_\text{a}\left(j\Omega - j\frac{2\pi}{T}k\right). \qquad (1.196)$$

1.6 Amostragem de sinais no tempo contínuo

(b) A fim de recuperar o sinal $x_a(t)$, temos de compensar a distorção introduzida pelo espectro frequencial do pulso $h(t)$. Isso pode ser feito processando-se $y_p(t)$ por um filtro passa-baixas com uma resposta na frequência desejada, como abaixo:

$$G(j\Omega) = \begin{cases} 0, & |\Omega| \geq \pi/T \\ \dfrac{T}{H(j\Omega)} = e^{j\Omega T/2} \left[\dfrac{\Omega T/2}{\text{sen}(\Omega T/2)}\right], & |\Omega| < \pi/T. \end{cases} \qquad (1.197)$$

△

EXEMPLO 1.15
O cinema é um meio de se armazenar e apresentar imagens em movimento. Antes de ele ser inventado, tudo que se conhecia era uma forma de armazenar e apresentar imagens individuais, tirando-se fotografias. O cinema foi inventado quando alguém decidiu capturar uma imagem em movimento como uma série de retratos igualmente espaçados no tempo. Por exemplo, hoje, num filme comercial, capturam-se 24 quadros (retratos) por segundo. Esse esquema funciona porque o sistema visual humano possui uma propriedade chamada persistência de visão: quando ocorre um clarão luminoso (*flash*, em inglês), vê-se a luz durante algum tempo após ter cessado. Por causa disso, quando imagens são apresentadas em sequência um observador humano tem a ilusão de enxergá-las em movimento contínuo.

Em termos matemáticos, uma imagem em movimento é um sinal tridimensional, com duas dimensões espaciais contínuas (representando, por exemplo, as direções horizontal e vertical) e uma dimensão temporal contínua. Uma fotografia é uma amostra temporal desse sinal tridimensional. Quando se apresenta uma sequência dessas amostras temporais (fotografias), o sistema visual humano a vê como uma imagem em contínuo movimento, ou seja, como um sinal no tempo contínuo. Do que foi dito, pode-se considerar o cinema como um sistema de processamento de sinais no tempo discreto.

Com referência à Figura 1.14, identifique no contexto do cinema qual operação de processamento de sinais corresponde a cada etapa do processo de gravar e apresentar imagens em movimento, destacando as restrições de projeto associadas.

SOLUÇÃO
A fonte luminosa de uma imagem em preto-e-branco em movimento pode ser descrita como uma função tridimensional $f_a(x, y, t)$, onde x e y são coordenadas espaciais e t é uma coordenada temporal, como representa a Figura 1.16.

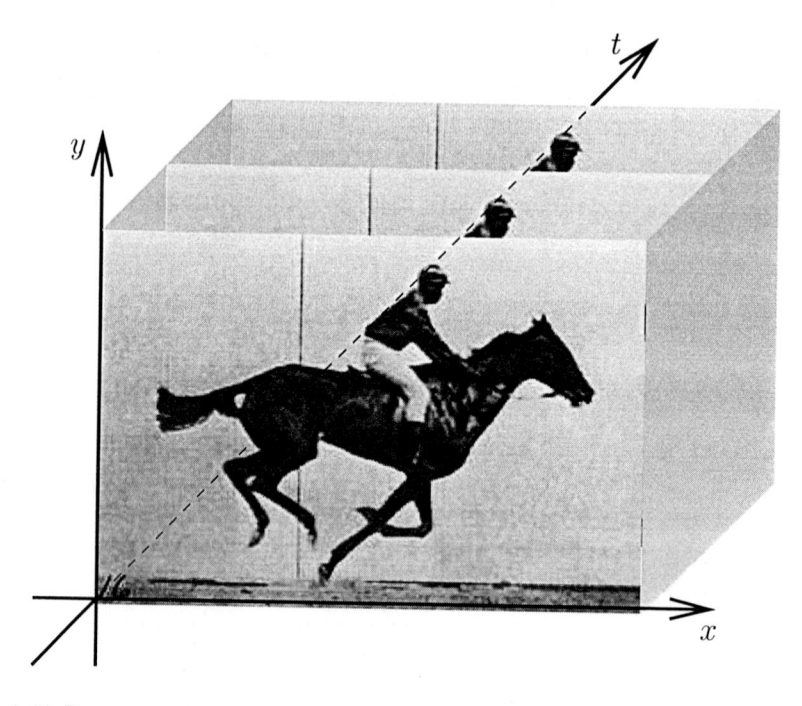

Figura 1.16 Representação de uma imagem em movimento como um sinal tridimensional.

A intensidade luminosa (luminância) de um ponto de coordenadas (x_0, y_0) é, então, o sinal unidimensional no tempo

$$g_a(t) = f_a(x_0, y_0, t), \tag{1.198}$$

como mostra a Figura 1.17.

Quando se tiram fotografias de uma imagem em movimento a cada T unidades de tempo, o sinal tridimensional é amostrado no tempo, gerando o sinal no tempo discreto

$$f(x, y, n) = f_a(x, y, nT). \tag{1.199}$$

O sinal unidimensional no tempo discreto correspondente à intensidade do ponto (x_0, y_0) é, então,

$$g(n) = g_a(nT) = f(x_0, y_0, n) = f_a(x_0, y_0, nT), \tag{1.200}$$

como representa a Figura 1.18.

Portanto, para que se evite o *aliasing*, deve-se amostrar o sinal $g_a(t)$ com uma frequência maior que duas vezes sua largura de faixa. Supondo que a largura de faixa de $g_a(t) = f_a(x_0, y_0, t)$ é W_{x_0, y_0}, então, para que se evite o *aliasing*, o

1.6 Amostragem de sinais no tempo contínuo

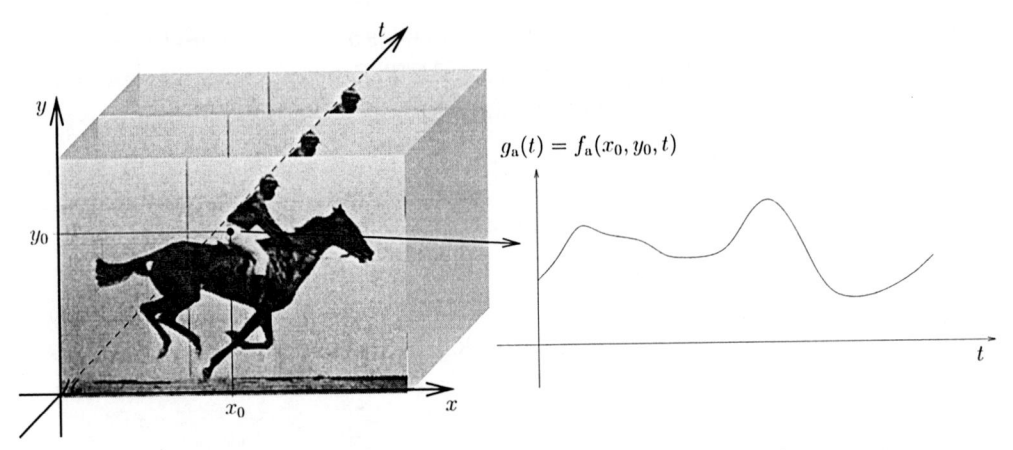

Figura 1.17 Sinal temporal gerado pela intensidade de um ponto (x_0, y_0) de uma imagem em movimento.

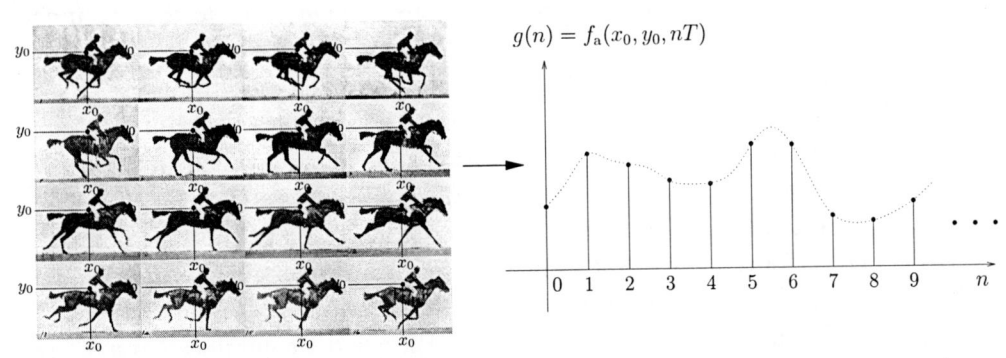

Figura 1.18 Sinal no tempo discreto gerado pela intensidade de um ponto (x_0, y_0) das fotografias tiradas de uma imagem em movimento.

intervalo de tempo entre fotografias deve ser determinado pela maior largura de faixa dentre as das coordenadas da imagem, isto é:

$$T < \frac{2\pi}{\max_{x_0,y_0}\{2W_{x_0,y_0}\}}. \qquad (1.201)$$

É razoável pensar que quanto mais rapidamente se movem os objetos numa cena, maior a largura de faixa da intensidade luminosa dos pontos que os compõem. Portanto, a equação (1.201) diz que, a fim de se evitar o *aliasing*, deve-se filmar a cena tirando um número de fotografias por segundo tal que o intervalo entre elas satisfaça a restrição mais exigente. Por exemplo, quando se filma um colibri com um intervalo longo demais entre fotografias, ele pode bater suas asas várias vezes entre duas fotografias. Dependendo da velocidade com que estas são tiradas, as asas do pássaro podem até mesmo estar aproximadamente na mesma posição em todas elas. O efeito disso seria suas asas parecerem estáticas na reprodução do filme. Esse é um bom exemplo do *aliasing* que ocorre quando um sinal tridimensional espaço-temporal é inadequadamente amostrado no tempo.

Com referência à Figura 1.14, podemos ver que o processo de filmagem (isto é, de tirar retratos de uma cena em movimento a intervalos igualmente espaçados no tempo) é equivalente aos blocos de 'Amostragem-e-retenção' e 'Codificador'. É interessante notar que no contexto do disparo de fotografias, não pode haver qualquer filtro anti-*aliasing*, afinal não se pode mudar a forma como uma cena varia no tempo antes de filmá-la. Portanto, dependendo de quão rapidamente se move a cena, o *aliasing* não pode ser evitado.

Como se viu anteriormente, através do processo de amostragem é possível representar uma imagem bidimensional em movimento (um sinal tridimensional) como uma sequência de fotografias, as quais, por sua vez, podem ser armazenadas e processadas. No cinema, cada fotografia é, usualmente, na forma de uma transparência. Com a ajuda de um sistema de lentes, cada transparência pode ser projetada sobre uma tela acendendo-se uma lâmpada por trás dela. Para apresentar uma sequência de transparências sobre a tela, deve haver uma forma de substituir a transparência que está na frente da lâmpada pela próxima. É mais fácil fazer isso desligando-se a lâmpada durante o processo de substituição de transparência. Isso é o mesmo que ter uma fonte luminosa piscante projetando as transparências sobre a tela de tal forma que uma transparência diferente se encontre na frente da fonte luminosa a cada *flash* emitido. Modelando-se cada *flash* da fonte luminosa como um impulso de intensidade luminosa, uma luz piscando periodicamente pode ser representada por um trem de impulsos, o que permite que se desenhe o processo de reprodução das imagens em movimento na forma da Figura 1.19. Ali, a intensidade luminosa de um dado ponto na tela foi modelada como um trem de impulsos, cada um tendo como área a intensidade do ponto num determinado instante de tempo. Se o campo luminoso projetado na tela é $f_i(x, y, t)$, então temos que

$$f_i(x, y, t) = \sum_{n=-\infty}^{\infty} f_a(x, y, nT) \delta(t - nT). \tag{1.202}$$

Logo, usando a equação (1.200), a intensidade no ponto (x_0, y_0) é

$$g_i(t) = f_i(x_0, y_0, t) = \sum_{n=-\infty}^{\infty} f_a(x_0, y_0, nT) \delta(t - nT) = \sum_{n=-\infty}^{\infty} g(n) \delta(t - nT), \tag{1.203}$$

que equivale às equações (1.163) e (1.164).

1.6 Amostragem de sinais no tempo contínuo

$$g_i(t) = \sum_n g(n)\delta(t - nT) = \sum_n f_a(x_0, y_0, nT)\delta(t - nT)$$

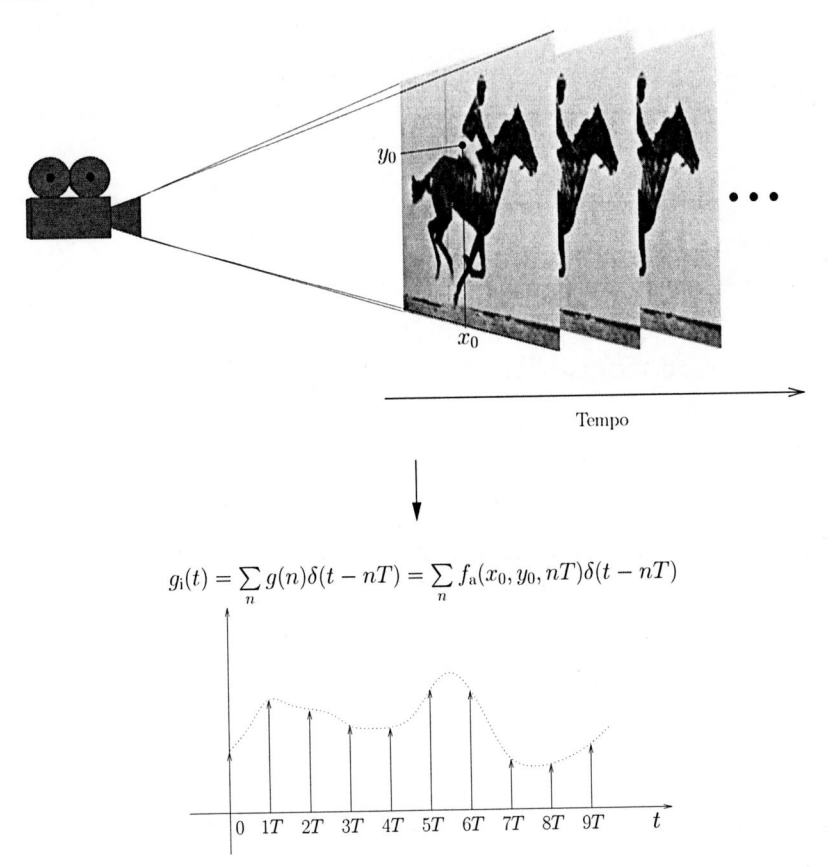

Figura 1.19 O projetor de filmes é equivalente à substituição da intensidade de cada amostra numa imagem por um impulso.

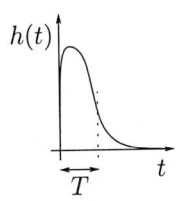

Figura 1.20 Resposta do sistema visual humano a um *flash*, caracterizando o fenômeno da persistência da visão.

Como já vimos, o sistema visual humano apresenta a propriedade da persistência da visão. Em resumo, se um *flash* é emitido diante de seus olhos, a persistência é a razão pela qual você permanece vendo a luz por algum tempo após ela ter-se apagado. Isso é representado na Figura 1.20, onde $h(t)$ representa a resposta do sistema visual humano a um *flash* em $t = 0$.

Graças à persistência da visão, quando você observa uma sequência de imagens projetadas individualmente sobre a tela, na verdade não as percebe piscando uma

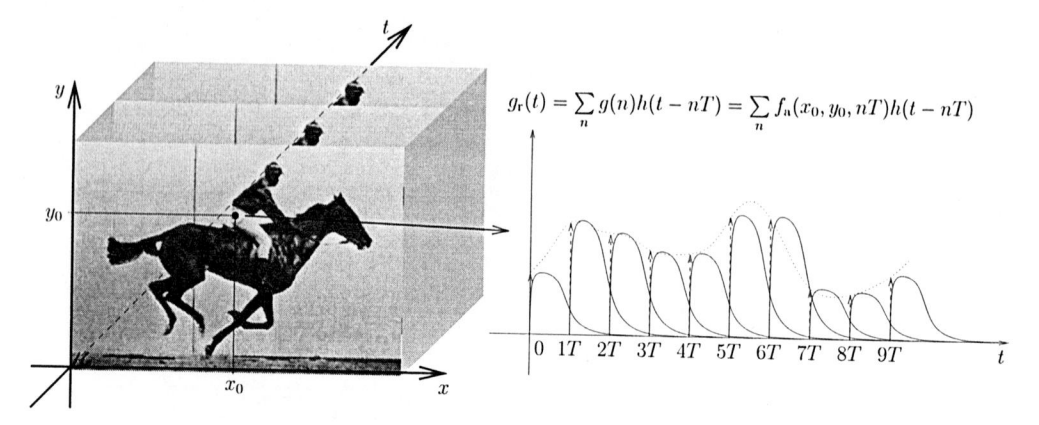

Figura 1.21 Através da persistência da visão, o sistema visual humano substitui cada *flash* de luz por uma função $h(t)$.

a uma, contanto que os *flashes* sejam suficientemente frequentes. Em vez disso, você tem a impressão de que a imagem está se movendo continuamente. Em termos matemáticos, a função $h(t)$ na Figura 1.20 é a resposta do sistema visual humano a um impulso de luz $\delta(t)$. Portanto, pela equação (1.203), a resposta do sistema visual humano a um ponto (x_0, y_0) piscando sobre a tela do cinema é dada por

$$g_r(t) = g_i(t) * h(t) = \sum_{n=-\infty}^{\infty} g(n)h(t-nT) = \sum_{n=-\infty}^{\infty} f_a(x,y,nT)h(t-nT), \quad (1.204)$$

que equivale às equações (1.185) e (1.186). Com referência à Figura 1.21, o sistema visual humano substitui cada impulso pela função $h(t)$ da Figura 1.20, e com isso ocasiona a percepção dos impulsos de luz como o sinal do lado direito da Figura 1.21.

Nesse ponto, podemos fazer interessantes considerações de projeto acerca do sistema do cinema. Como vimos anteriormente, o intervalo de tempo entre fotografias é limitado pelo efeito de *aliasing*, e é dado pela equação (1.201). Num sistema regular de processamento de sinais, escolher-se-ia a resposta ao impulso do sistema de reconstrução conforme as equações (1.183) e (1.184), de forma que as repetições do espectro do trem de impulsos fossem filtradas, recuperando, assim, o sinal analógico original. Contudo, no cinema, a resposta ao impulso do filtro de reconstrução é determinada pela persistência da visão, a qual é um aspecto fisiológico e, portanto, não pode ser modificada. Especificamente no cinema moderno, para evitar *aliasing* na maioria das cenas de interesse, é suficiente tirar os retratos a uma taxa de 24 quadros por segundo, isto é, $T \leq 1/24$ s. Portanto, de acordo com a equação (1.183), para filtrar as repetições espectrais, a largura de faixa da resposta ao impulso do sistema visual humano, $h(t)$ deveria ser $\Omega_{LP} < 24$ Hz. Contudo, testes psicovisuais determinaram que

1.6 Amostragem de sinais no tempo contínuo

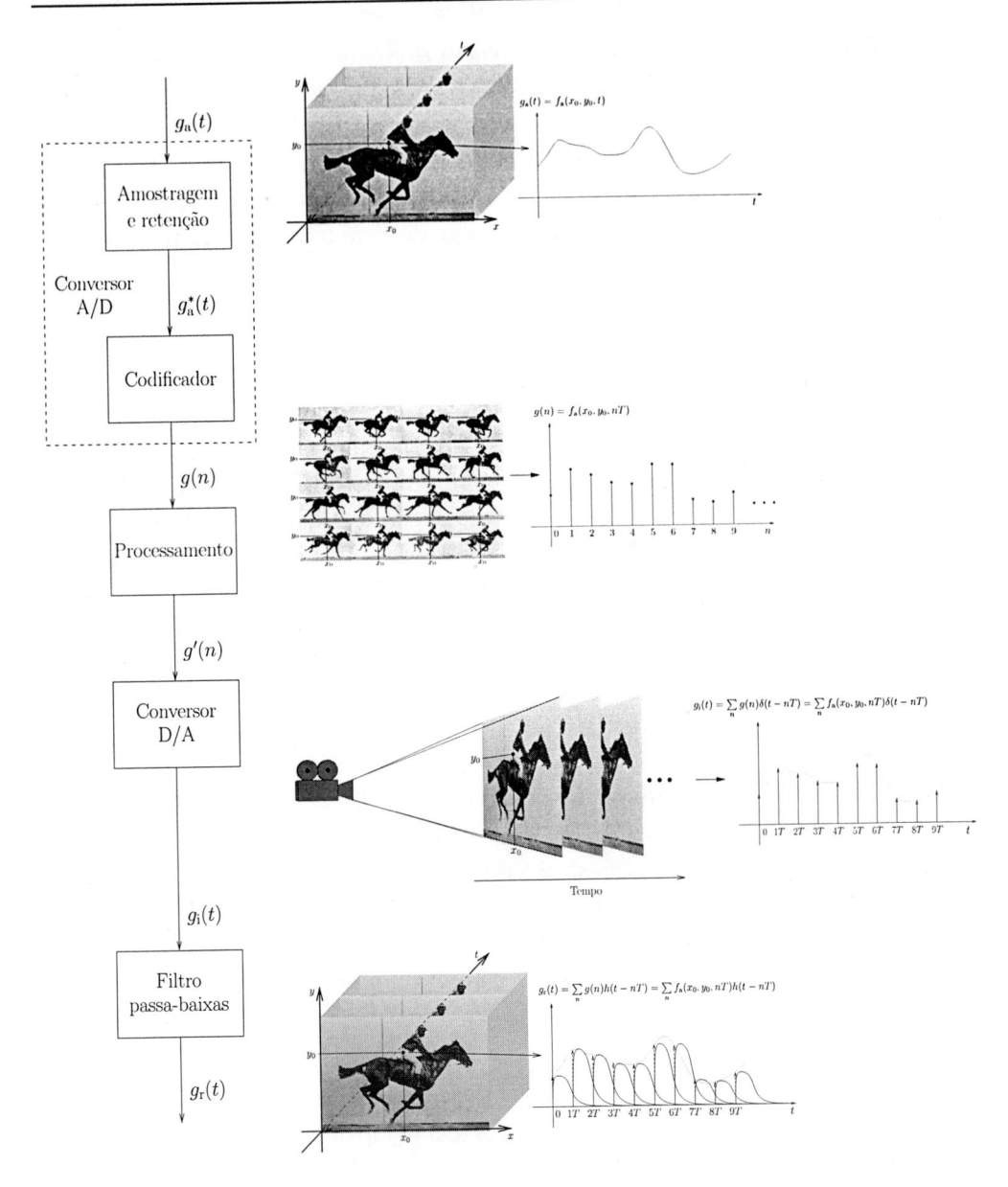

Figura 1.22 O cinema visto como um sistema de processamento digital de sinais.

para o sistema visual humano $h(t)$ é uma função passa-baixas com $\Omega_{\text{LP}} \approx$ 48 Hz. Com esta frequência de corte natural, as repetições espectrais não conseguem ser filtradas, e perde-se a impressão de movimento contínuo. Como resultado, percebe-se que as imagens estão piscando, um fenômeno conhecido como cintilação (*flickering*, em inglês). Para se evitar isso, há duas opções. Uma delas é reduzir à metade o período de amostragem, casando, assim, T com

$\Omega_{\text{LP}} = 48$ Hz. Essa solução tem a desvantagem de requerer o dobro das imagens necessárias para se evitar *aliasing*, o que não é eficiente. A solução empregada no cinema moderno é apresentar cada imagem duas vezes, de forma que o intervalo entre imagens é de fato 1/48 s. Esse procedimento evita *aliasing*, ao mesmo tempo que permite que as repetições espectrais sejam filtradas, como se pode mostrar no Exercício 1.27. Os processos envolvidos na geração e na reprodução de um filme são resumidos na Figura 1.22. △

1.7 Sinais aleatórios

Na natureza, somos frequentemente forçados a trabalhar com sinais cujas formas de onda não são precisamente conhecidas a cada instante de tempo. Alguns exemplos poderiam incluir o resultado de se jogar um dado, o naipe de uma carta retirada ao acaso de um baralho, o valor de um resistor ou o valor de determinadas ações num momento específico. Em tais casos, mesmo sem conhecer o valor exato do sinal, ainda se pode obter informação útil sobre o processo de interesse usando as ferramentas matemáticas apresentadas nesta seção.

1.7.1 Variável aleatória

Uma variável aleatória é o mapeamento do resultado de um experimento no conjunto dos números reais. Com esse procedimento, pode-se extrair informação numérica sobre o problema em questão, como se verá a seguir.

A função de distribuição de probabilidade acumulada (CDF, do inglês *Cumulative Distribution Function*) $F_X(x)$ de uma variável aleatória X é determinada pela probabilidade de X ser menor que ou igual a um determinado valor x, isto é:

$$F_X(x) = P\{X \leq x\}, \tag{1.205}$$

onde $P\{\mathcal{E}\}$ denota a probabilidade de ocorrência do evento $\mathcal{E}$. A função de densidade de probabilidade (PDF, do inglês *Probability Density Function*) correspondente é dada por

$$f_X(x) = \frac{\mathrm{d}F_X(x)}{\mathrm{d}x}. \tag{1.206}$$

De suas definições, é simples inferir que a CDF e a PDF possuem as seguintes propriedades:

- $\lim\limits_{x \to -\infty} F_X(x) = 0$;

1.7 Sinais aleatórios

- $\lim_{x \to +\infty} F_X(x) = 1$;
- $F_X(x)$ é uma função não-decrescente de x tal que $0 \leq F_X(x) \leq 1$;
- $f_X(x) \geq 0, \quad \forall x$;
- $\int_{-\infty}^{\infty} f_X(x) \mathrm{d}x = 1$.

Essas duas funções unificam o tratamento estatístico das variáveis aleatórias que assumem valores discretos com o das que assumem valores contínuos, apesar do fato de cada uma das duas famílias possuir funções de probabilidade com características distintas (variáveis aleatórias discretas, por exemplo, apresentam PDFs impulsivas).

Na literatura associada (Papoulis, 1977; Peebles, 2000), há um sem-número de PDFs para caracterizar todo tipo de fenômeno aleatório. Contudo, para nossos propósitos, as PDFs mais interessantes são as das distribuições uniformes (contínua $u_{X,c}(x)$ e discreta $u_{X,d}(x)$) e gaussiana $\phi_X(x)$, definidas respectivamente como

$$u_{X,c}(x) = \begin{cases} \dfrac{1}{b-a}, & a \leq x \leq b \\ 0, & \text{em caso contrário,} \end{cases} \tag{1.207}$$

$$u_{X,d}(x) = \begin{cases} \dfrac{1}{M} \delta(x - x_m), & m = 1, 2, \ldots, M \\ 0, & \text{em caso contrário} \end{cases} \tag{1.208}$$

e

$$\phi_X(x) = \frac{1}{\sqrt{2\pi\overline{\sigma}^2}} e^{-(x-\overline{\mu})^2 / 2\overline{\sigma}^2}, \tag{1.209}$$

onde a, b, M, $\overline{\mu}$ e $\overline{\sigma}^2$ são seus parâmetros correspondentes. Usando a PDF, podemos extrair medidas significativas, capazes de caracterizar o comportamento estatístico de uma dada variável aleatória. Em particular, definimos o momento de i-ésima ordem da variável aleatória X como

$$E\{X^i\} = \int_{-\infty}^{\infty} x^i f_X(x) \mathrm{d}x, \tag{1.210}$$

do qual os dois casos especiais mais importantes são o momento de primeira ordem (média estatística ou expectância estatística ou valor esperado) $\mu_X = E\{X\}$ e o momento de segunda ordem (energia ou valor quadrático médio) $E\{X^2\}$. Se Y é uma função da variável aleatória X (isto é, se $Y = g(X)$), então para o primeiro momento de Y podemos escrever

$$\mu_Y = E\{Y\} = \int_{-\infty}^{\infty} y f_Y(y) \mathrm{d}y = \int_{-\infty}^{\infty} g(x) f_X(x) \mathrm{d}x. \tag{1.211}$$

Geralmente estamos interessados em medidas que não sejam influenciadas pelo valor médio da variável aleatória em questão. Para esses casos, podemos definir também os chamados momentos centrais de i-ésima ordem como

$$E\{(X - \mu_X)^i\} = \int_{-\infty}^{\infty} (x - \mu_X)^i f_X(x)\mathrm{d}x. \qquad (1.212)$$

O mais importante de todos os momentos centrais é o momento de segunda ordem $\sigma_X^2 = E\{(X - \mu_X)^2\}$, conhecido como variância, cuja raiz quadrada σ_X é chamada de desvio padrão. Variâncias mais elevadas indicam que os valores da variável aleatória se espalham muito em torno de sua média, enquanto que valores menores de σ_X^2 ocorrem quando os valores de X se concentram muito em torno de sua média. Um simples desenvolvimento algébrico indica que

$$\sigma_X^2 = E\{(X - \mu_X)^2\} = E\{X^2\} - 2E\{X\mu_X\} + \mu_X^2 = E\{X^2\} - \mu_X^2. \qquad (1.213)$$

EXEMPLO 1.16
Determine os valores para a média estatística, a energia e a variância de uma variável aleatória X caracterizada pela PDF uniforme discreta dada na equação (1.208) com $x_m = 1, 2, \ldots, M$.

SOLUÇÃO
Usando as definições correspondentes, onde as operações de integração realizadas sobre as funções impulso degeneram em simples somatórios, obtemos

$$\mu_X = \sum_{m=1}^{M} m \frac{1}{M} = \frac{1}{M}\left[\frac{1}{2}M(M+1)\right] = \frac{M+1}{2} \qquad (1.214)$$

$$E\{X^2\} = \sum_{m=1}^{M} m^2 \frac{1}{M} = \frac{1}{M}\left[\frac{M(M+1)(2M+1)}{6}\right] = \frac{2M^2 + 3M + 1}{6}. \qquad (1.215)$$

A variância pode ser determinada pela relação expressa na equação (1.213), resultando em

$$\sigma_X^2 = \frac{M^2 - 1}{12}. \qquad (1.216)$$

Todas as estatísticas apresentadas aqui se baseiam na PDF da variável aleatória. Com isso, estamos trocando a exigência de conhecer o valor da variável pela exigência de conhecer sua PDF. Isso pode parecer a troca de um problema por outro. Entretanto, em diversos casos, ainda que não saibamos o valor de X, podemos determinar sua PDF. Um exemplo simples é o resultado de se jogar um dado honesto, o qual não pode ser predito, mas cuja PDF associada pode ser determinada facilmente. Isso permite conhecer estatísticas importantes associadas ao experimento, como ilustra este exemplo com $M = 6$. △

1.7 Sinais aleatórios

Ao lidarmos simultaneamente com duas variáveis aleatórias X e Y, podemos definir sua CDF conjunta como

$$F_{X,Y}(x,y) = P\{X \leq x, Y \leq y\} \tag{1.217}$$

e sua PDF conjunta correspondente como

$$f_{X,Y}(x,y) = \frac{\partial^2 F_{X,Y}(x,y)}{\partial x \partial y}. \tag{1.218}$$

Diz-se que as duas variáveis são estatisticamente independentes se podemos escrever

$$f_{X,Y}(x,y) = f_X(x) f_Y(y), \tag{1.219}$$

querendo indicar por independência que, ao se realizar o experimento aleatório correspondente, o valor da saída de cada variável não afeta o valor da saída da outra. O conceito de momentos é facilmente estendido a duas variáveis aleatórias X e Y pela definição do momento conjunto de ordens (i,j) como

$$E\{X^i Y^j\} = \int_{-\infty}^{\infty} \int_{-\infty}^{\infty} x^i y^j f_{X,Y}(x,y) \, dx dy \tag{1.220}$$

e do momento central conjunto de ordens (i,j) como

$$E\{(X-\mu_X)^i (Y-\mu_Y)^j\} = \int_{-\infty}^{\infty} \int_{-\infty}^{\infty} (x-\mu_X)^i (y-\mu_Y)^j f_{X,Y}(x,y) \, dx dy. \tag{1.221}$$

Quando as ordens são $(1,1)$, temos a correlação $r_{X,Y}$ a covariância $c_{X,Y}$ entre X e Y:

$$\begin{aligned} r_{X,Y} &= E\{XY\} \\ &= \int_{-\infty}^{\infty} \int_{-\infty}^{\infty} xy f_{X,Y}(x,y) dx dy \end{aligned} \tag{1.222}$$

$$\begin{aligned} c_{X,Y} &= E\{(X-\mu_X)(Y-\mu_Y)\} \\ &= \int_{-\infty}^{\infty} \int_{-\infty}^{\infty} (x-\mu_X)(y-\mu_Y) f_{X,Y}(x,y) dx dy. \end{aligned} \tag{1.223}$$

Quando se trata de variáveis aleatórias complexas, a correlação é dada por $r_{X,Y} = E\{XY^*\}$, onde o asterisco superescrito denota a operação de conjugação complexa. Por simplicidade, o restante deste capítulo se restringe a sinais reais.

1.7.2 Processos aleatórios

Um processo aleatório é uma coleção ordenada de variáveis aleatórias. A forma mais comum de ordenar o conjunto de variáveis aleatórias é associar cada uma delas a um diferente instante de tempo, originando a interpretação usual de um processo aleatório como um conjunto de variáveis aleatórias ordenadas no tempo.

O conceito completo[5] pode ser melhor compreendido como auxílio de um exemplo prático. Considere o conjunto de todas as possíveis emissões da vogal /A/ por uma determinada pessoa discretizadas no tempo. Referimo-nos à m-ésima emissão no tempo discreto como $a_m(n)$, para $m = 1, 2, \ldots$. Para um dado m, este sinal pode ser visto como uma amostra[6] ou realização do processo aleatório $\{A\}$. O conjunto completo de realizações é chamado em inglês de *ensemble*. No contexto de processamento de sinais, uma realização também costuma ser chamada de sinal aleatório. Se consideramos um instante de tempo particular n_1, o valor de cada sinal aleatório em n_1 define a variável aleatória $A(n_1)$, isto é:

$$A(n_1) = \{a_1(n_1), a_2(n_1), \ldots\}. \tag{1.224}$$

Naturalmente, para o processo completo $\{A\}$ podemos definir um conjunto infinito de variáveis aleatórias $A(n)$, cada uma associada a um instante de tempo particular n e todas elas obedecendo a ordem intrínseca estabelecida pela variável tempo.

Num processo aleatório $\{X\}$, cada variável aleatória $X(n)$ possui sua própria PDF $f_{X(n)}(x)$, a qual pode ser usada para determinar os momentos de i-ésima ordem da variável. Similarmente, duas variáveis aleatórias $X(n_1)$ e $X(n_2)$ do mesmo processo têm uma PDF conjunta definida por

$$f_{X(n_1),X(n_2)}(x_1,x_2) = \frac{\partial^2 P\{X(n_1) \leq x_1, X(n_2) \leq x_2\}}{\partial x_1 \partial x_2}. \tag{1.225}$$

Com base nessa função, podemos definir a chamada função de autocorrelação do processo aleatório:

$$\begin{aligned} R_X(n_1, n_2) &= r_{X(n_1), X(n_2)} \\ &= E\{X(n_1)X(n_2)\} \\ &= \int_{-\infty}^{\infty} \int_{-\infty}^{\infty} x_1 x_2 f_{X(n_1),X(n_2)}(x_1, x_2) \mathrm{d}x_1 \mathrm{d}x_2. \end{aligned} \tag{1.226}$$

---

[5] Para os objetivos deste livro, vamos nos restringir ao estudo de processos aleatórios no tempo discreto.
[6] Deve-se evitar qualquer confusão com o uso deste termo: aqui, 'amostra' se refere a um possível resultado de um experimento aleatório, e não ao valor de uma sequência num instante do tempo discreto.

1.7 Sinais aleatórios

Como seu nome indica, a função de autocorrelação representa a relação estatística entre duas variáveis aleatórias (associadas aos instantes de tempo n_1 e n_2) de um dado processo aleatório.

Um processo aleatório é chamado estacionário no sentido amplo (WSS, do inglês *Wide-Sense Stationary*) se seu valor médio e sua função de autocorrelação possuem as seguintes propriedades:

$$E\{X(n)\} = c, \quad \forall n \tag{1.227}$$

$$R_X(n + \nu, n) = R_X(\nu), \quad \forall n, \nu. \tag{1.228}$$

A primeira relação indica que o valor médio de todas as variáveis aleatórias $X(n)$ é constante ao longo de todo o processo. A segunda propriedade significa que a função de autocorrelação de um processo WSS só depende do intervalo de tempo entre as duas variáveis aleatórias, não de seus instantes absolutos de tempo. Formalmente, um processo aleatório é dito estacionário de ordem O se sua distribuição estatística conjunta em O instantes de tempo é invariante ao deslocamento de todos de um mesmo intervalo Δn, isto é, se a densidade $f_{X(n_1+\Delta n), X(n_2+\Delta n),\ldots,X(n_O+\Delta n)}(x_1, x_2, \ldots, n_O)$ é idêntica à densidade $f_{X(n_1), X(n_2),\ldots,X(n_O)}(x_1, x_2, \ldots, n_O)$. As condições para estacionariedade ampla são apenas condições necessárias (não suficientes) para que o processo seja estacionário de ordens 1 e 2, respectivamente; portanto, dão indícios de forma fraca (ampla) da estacionariedade do processo. Se um processo é estacionário para todas as ordens, diz-se que o processo é estacionário no sentido estrito (SSS, do inglês *Strict-Sense Stationary*). Então, processos SSS também são WSS, enquanto que o contrário não é necessariamente verdade. Como é muito difícil verificar a propriedade da invariância para todas as ordens, na prática geralmente trabalhamos com as caracterização da estacionariedade ampla, que requer apenas o teste de momentos de ordens 1 e 2. Mais adiante, verificaremos que processos aleatórios WSS podem, por exemplo, ser bem caracterizados também no domínio da frequência. O conceito de estacionariedade ampla pode ser estendido a dois processos aleatórios distintos $\{X\}$ e $\{Y\}$, que são classificados como conjuntamente WSS se forem individualmente WSS e apresentarem função de correlação cruzada $R_{XY}(n + \nu, n) = E\{X(n + \nu)Y(n)\}$ independente de n.

EXEMPLO 1.17

Considere o processo aleatório $\{X\}$ descrito por sua m-ésima realização como

$$x_m(n) = \cos(\omega_0 n + \Theta_m), \tag{1.229}$$

onde Θ é uma variável aleatória contínua com PDF uniforme no intervalo $[0, 2\pi)$. Determine a média estatística e a função de autocorrelação desse processo, verificando se ele é ou não WSS.

SOLUÇÃO

Escrevendo $X(n) = g(\Theta)$, pelas equações (1.211) e (1.226) obtemos, respectivamente,

$$\begin{aligned}
E\{X(n)\} &= \int_0^{2\pi} g(\theta) f_\Theta(\theta) d\theta \\
&= \int_0^{2\pi} \cos(\omega_0 n + \theta) \frac{1}{2\pi} d\theta \\
&= \frac{1}{2\pi} \operatorname{sen}(\omega_0 n + \theta) \Big|_{\theta=0}^{\theta=2\pi} \\
&= \frac{1}{2\pi} [\operatorname{sen}(\omega_0 n + 2\pi) - \operatorname{sen}(\omega_0 n)] \\
&= 0, \quad \forall n
\end{aligned} \quad (1.230)$$

e

$$\begin{aligned}
R_X(n_1, n_2) &= E\{\cos(\omega_0 n_1 + \Theta) \cos(\omega_0 n_2 + \Theta)\} \\
&= \frac{1}{2} E\{\cos(\omega_0 n_1 - \omega_0 n_2)\} + \frac{1}{2} E\{\cos(\omega_0 n_1 + \omega_0 n_2 + 2\Theta)\}.
\end{aligned} \quad (1.231)$$

Neste último desenvolvimento para $R_X(n_1, n_2)$, o primeiro termo não é aleatório, e seu respectivo operador valor esperado pode ser ignorado, enquanto que para o segundo termo temos que

$$\begin{aligned}
\frac{1}{2} E\{\cos(\omega_0 n_1 + \omega_0 n_2 + 2\Theta)\} &= \frac{1}{2} \int_0^{2\pi} \cos(\omega_0 n_1 + \omega_0 n_2 + 2\theta) \frac{1}{2\pi} d\theta \\
&= \frac{1}{8\pi} \operatorname{sen}(\omega_0 n_1 + \omega_0 n_2 + 2\theta) \Big|_{\theta=0}^{\theta=2\pi} \\
&= \frac{1}{8\pi} [\operatorname{sen}(\omega_0 n_1 + \omega_0 n_2 + 4\pi) - \operatorname{sen}(\omega_0 n_1 + \omega_0 n_2)] \\
&= 0;
\end{aligned} \quad (1.232)$$

logo,

$$R_X(n_1, n_2) = \frac{1}{2} \cos(\omega_0 n_1 - \omega_0 n_2) = \frac{1}{2} \cos[\omega_0(n_1 - n_2)], \quad \forall n_1, n_2. \quad (1.233)$$

Portanto, das equações (1.230) e (1.233), concluímos que o processo aleatório $\{X\}$ é WSS.

△

1.7 Sinais aleatórios

A matriz de autocorrelação de N-ésima ordem $\mathbf{R}_X$ de um processo aleatório WSS $\{X\}$ é definida como

$$\mathbf{R}_X = \begin{bmatrix} R_X(0) & R_X(1) & R_X(2) & \cdots & R_X(N-1) \\ R_X(-1) & R_X(0) & R_X(1) & \cdots & R_X(N-2) \\ R_X(-2) & R_X(-1) & R_X(0) & \cdots & R_X(N-3) \\ \vdots & \vdots & \vdots & \ddots & \vdots \\ R_X(1-N) & R_X(2-N) & R_X(3-N) & \cdots & R_X(0) \end{bmatrix}, \quad (1.234)$$

sendo $R_X(\nu) = E\{X(n+\nu)X(n)\}$, como definimos anteriormente.

Classificamos um processo aleatório como ergódico se todas as estatísticas do *ensemble* podem ser determinadas através de médias ao longo das diferentes amostras de uma única realização. Por exemplo, quando a variável discreta que ordena o processo corresponde ao tempo, efetuam-se médias temporais para determinar suas estatísticas. Apesar de ser uma hipótese bastante forte, recorre-se à ergodicidade em situações nas quais somente se dispõe de poucas realizações ou possivelmente de uma única realização do processo aleatório. Em tais casos, podemos abandonar o índice m da realização, denotando o sinal aleatório disponível apenas por $x(n)$. E o valor médio, a variância, a função de autocorrelação etc. de todo o processo $\{X\}$ são estimados com base somente em $x(n)$.

1.7.3 Filtrando um sinal aleatório

Considere a relação entrada–saída de um sistema linear invariante no tempo descrito por sua resposta ao impulso $h(n)$, dada pela soma de convolução

$$y(n) = \sum_{k=-\infty}^{\infty} x(n-k)h(k). \quad (1.235)$$

Se $x(n)$ é um sinal de entrada aleatório, a natureza do sinal de saída também será aleatória. A seguir, vamos caracterizar o sinal de saída $y(n)$ quando $x(n)$ é um sinal aleatório gerado por um processo aleatório WSS.

Determinando o valor médio do processo aleatório $\{Y\}$ que gera o sinal de saída aleatório $y(n)$, chega-se a

$$\begin{aligned} E\{Y(n)\} &= E\left\{\sum_{k=-\infty}^{\infty} X(n-k)h(k)\right\} \\ &= \sum_{k=-\infty}^{\infty} E\{X(n-k)\}h(k) \\ &= E\{X(n)\} \sum_{k=-\infty}^{\infty} h(k), \end{aligned} \quad (1.236)$$

onde usamos os fatos de que $h(n)$ é um sinal determinístico e $E\{X(n)\}$ é constante para todo n, uma vez que $\{X\}$ é suposto WSS. Uma interpretação interessante da equação acima vem do fato de que a saída $w(n)$ de um sistema a uma entrada constante $v(n) = c$ é

$$w(n) = \sum_{k=-\infty}^{\infty} h(k)v(n-k) = c \sum_{k=-\infty}^{\infty} h(k). \tag{1.237}$$

Isso significa que a saída de um sistema linear a uma entrada constante é também constante, e igual à entrada multiplicada pelo valor

$$H_0 = \sum_{k=-\infty}^{\infty} h(k), \tag{1.238}$$

que pode ser visto como o ganho DC (do inglês *Direct Current*) do sistema. Assim, a equação (1.236) indica que a média estatística do processo de saída é o valor médio do processo WSS de entrada multiplicada pelo ganho DC do sistema, o que é um resultado bastante intuitivo.

A função de autocorrelação do processo de saída é dada por

$$\begin{aligned} R_Y(n_1, n_2) &= E\{Y(n_1)Y(n_2)\} \\ &= E\left\{\left(\sum_{k_1=-\infty}^{\infty} X(n_1-k_1)h(k_1)\right)\left(\sum_{k_2=-\infty}^{\infty} X(n_2-k_2)h(k_2)\right)\right\} \\ &= E\left\{\sum_{k_1=-\infty}^{\infty}\sum_{k_2=-\infty}^{\infty} X(n_1-k_1)X(n_2-k_2)h(k_1)h(k_2)\right\} \\ &= \sum_{k_1=-\infty}^{\infty}\sum_{k_2=-\infty}^{\infty} E\{X(n_1-k_1)X(n_2-k_2)\}h(k_1)h(k_2) \\ &= \sum_{k_1=-\infty}^{\infty}\sum_{k_2=-\infty}^{\infty} R_X(n_1-k_1, n_2-k_2)h(k_1)h(k_2). \end{aligned} \tag{1.239}$$

Como $\{X\}$ é WSS, então se pode escrever que

$$R_Y(n_1, n_2) = \sum_{k_1=-\infty}^{\infty}\sum_{k_2=-\infty}^{\infty} R_X((n_1-n_2)-k_1+k_2)h(k_1)h(k_2), \tag{1.240}$$

que é função apenas de $\nu = n_1 - n_2$ para todos os instantes de tempo n_1, n_2 (veja o Exercício 1.31). Pelas equações (1.236) e (1.240), conclui-se que se o sinal aleatório aplicado à entrada de um sistema linear invariante no tempo é realização de um processo aleatório $\{X\}$ WSS, então o sinal aleatório obtido na saída será realização de um processo aleatório $\{Y\}$ também WSS.

1.8 Faça você mesmo: sinais e sistemas no tempo discreto

O escopo de variáveis e processos aleatórios é vastíssimo, e esta seção só pôde apresentar a ponta do *iceberg* nesses tópicos. O principal aspecto que o leitor deve manter em sua lembrança é que mesmo que não seja viável determinar os valores exatos de um dado sinal, ainda se pode tentar determinar uma PDF ou uma função de autocorrelação associadas, de onde se extraem diversas unidades de informação (média estatística, variância, qualidade da estacionariedade etc.) usando a metodologia brevemente apresentada aqui. Em diversos casos, os resultados dessas análises são tudo de que se precisa para descrever um dado sinal ou processo, como se verificará em diversas partes desse livro.

1.8 Faça você mesmo: sinais e sistemas no tempo discreto

Nesta seção, exploramos o reino dos sinais no tempo discreto usando o MATLAB. Sugerimos que você tente realizar os experimentos abaixo, registrando tudo que aprender. É ainda altamente desejável que você estenda os experimentos seguindo sua própria curiosidade, já que não há melhor forma de aprender processamento de sinais do que realizando o processamento de sinais. E isso é exatamente o que o MATLAB nos permite fazer de forma direta.

Experimento 1.1

No Exemplo 1.7 pudemos determinar uma expressão em forma fechada para a resposta ao impulso associada à equação de diferenças (1.87). Pode-se determinar uma solução numérica para esse problema para $\alpha = 1{,}15$ e $0 \leq n \leq 30$, usando-se os seguintes comandos em MATLAB:

```
alpha = 1.15; N = 30;
x = [1 zeros(1,N)];
y = filter(1,[1 -1/alpha],x);
stem(y);
```

Isso produz o gráfico visto na Figura 1.23.

Em geral, o comando em MATLAB

```
y = filter([b_0 b_1 ... b_M],[1 a_1 ... a_N],x,Z_i);
```

determina a solução da equação de diferenças genérica

$$y(n) + a_1 y(n-1) + \ldots + a_N y(n-N) =$$
$$b_0 x(n) + b_1 x(n-1) + \ldots + b_M x(n-M) \qquad (1.241)$$

quando o sinal de entrada é fornecido no vetor x e o vetor Z_i contém as condições iniciais.

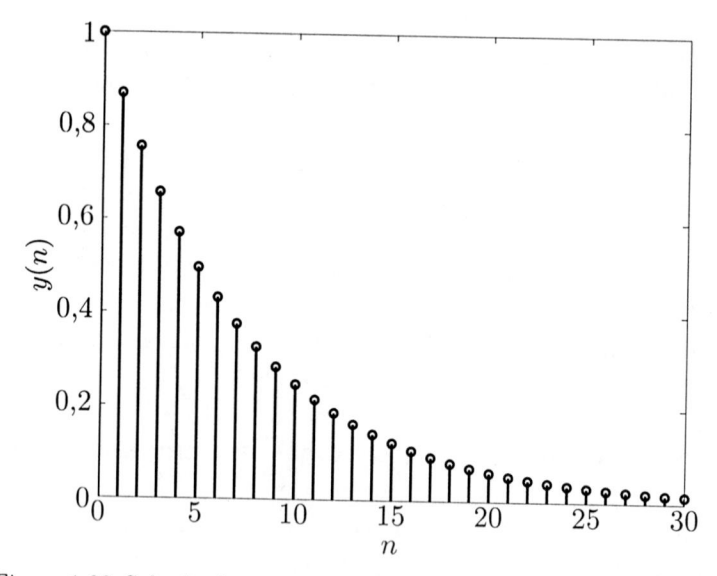

Figura 1.23 Solução da equação de diferenças (1.87) do Exemplo 1.7.

Experimento 1.2

O processo de amostragem pode ser visto como um mapeamento de uma função no tempo contínuo num conjunto de amostras no tempo discreto. Em geral, porém, há infinitas funções que podem gerar o mesmo conjunto de amostras. Para ilustrar essa ideia, considere uma função geral $f_1(t)$. Usando uma frequência de amostragem de f_s amostras por segundo, o processo de amostragem fornece a função no tempo discreto $f_1(nT_s)$, com $T_s = 1/f_s$ e n inteiro.

Amostrando qualquer função da forma $f_2(t) = f_1(\alpha t)$, para qualquer $\alpha > 0$, com uma frequência de amostragem $f'_s = \alpha f_s$, obtemos $T'_s = 1/f'_s = T_s/\alpha$. Assim, $f_2(nT'_s) = f_1(\alpha(nT'_s)) = f_1(nT_s)$, que corresponde ao mesmo conjunto de amostras de antes.

Portanto, em geral, um determinado conjunto de amostras não especifica de forma única a função original no tempo contínuo. Para reduzir essa incerteza, temos de especificar a frequência de amostragem empregada para gerar tais amostras. Com essa informação, derrubamos a argumentação algébrica anterior e eliminamos (quase) todas as funções candidatas no tempo contínuo para um dado conjunto de amostras. Há, contudo, uma última candidata que tem de ser eliminada para que se evite ambiguidade. Vamos ilustrar esse caso emulando um procedimento de amostragem usando o MATLAB.

Considere a função cosseno de 3 Hz $f_1(t) = \cos(2\pi 3t)$ amostrada a $F_s = 10$ amostras por segundo durante um intervalo de tempo de 1 s, usando os seguintes comandos em MATLAB:

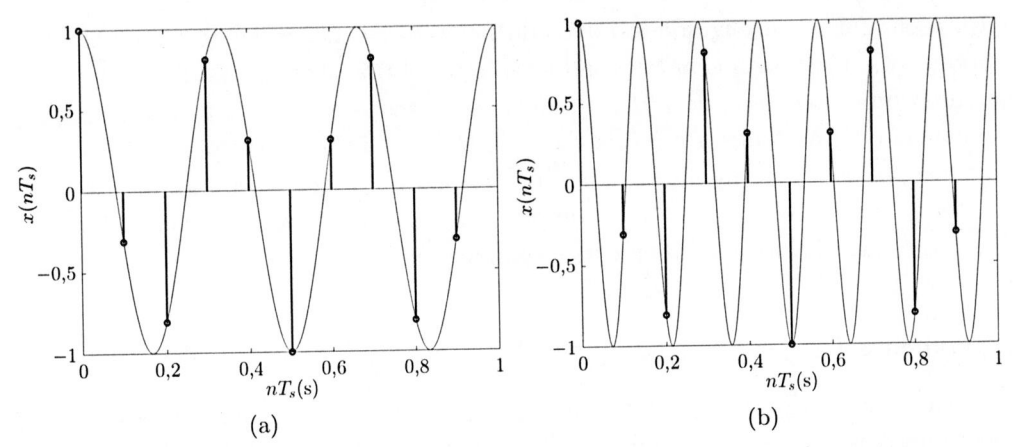

1.8 Faça você mesmo: sinais e sistemas no tempo discreto

Figura 1.24 Amostragem de funções cosseno de frequência f usando-se $F_s = 10$ amostras por segundo: (a) $f = 3$ Hz; (b) $f = 7$ Hz.

```
time = 0:0.1:0.9;
f_1 = cos(2*pi*3.*time);
```

Uma lista idêntica de amostras pode ser obtida com a mesma frequência de amostragem durante o mesmo intervalo de tempo a partir do cosseno de 7 Hz $f_2(t) = \cos(2\pi 7t)$, fazendo-se

```
f_2 = cos(2*pi*7.*time);
```

com a variável `time` especificada como antes. As amostras resultantes são mostradas na Figura 1.24, geradas pelos seguintes comandos:

```
time_aux = 0:0.001:(1-0.001);
figure(1);
stem(time,f_1);
hold on;
plot(time_aux, cos(2*pi*3.*time_aux));
hold off;
figure(2);
stem(time,f_2);
hold on;
plot(time_aux, cos(2*pi*7.*time_aux));
hold off;
```

Nessa sequência, os comandos `hold on` permitem que se apresente graficamente mais de uma função na mesma figura, e a variável `time_aux` é utilizada para emular um contador de tempo contínuo nos comandos `plot`, para que se desenhem as funções subjacentes.

Para eliminar a ambiguidade ilustrada na Figura 1.24, fazemos referência ao teorema da amostragem, apresentado na Seção 1.6.2. Aquele resultado mostra que uma função cosseno de 7 Hz não deve ser amostrada a $F_s = 10$ Hz, já que a frequência de amostragem mínima nesse caso deveria ser maior que $F_s = 14$ Hz. Portanto, se o critério de amostragem de Nyquist é satisfeito, só há uma função no tempo contínuo associada a um determinado conjunto de amostras no tempo discreto e uma frequência de amostragem particular.

Experimento 1.3

Suponha que o sinal $x(t) = 5\cos(2\pi 5t) + 2\cos(2\pi 50t)$, amostrado a $F_s = 1000$ amostras por segundo, como mostra a Figura 1.25a, é corrompido por uma pequena quantidade de ruído, formando o sinal mostrado na Figura 1.25b, gerada pelos seguintes comandos:

```
amplitude_1 = 5; freq_1 = 5;
amplitude_2 = 2; freq_2 = 50;
F_s = 1000; time = 0:1/F_s:(1-1/F_s);
sine_1 = amplitude_1*sin(2*pi*freq_1.*time);
sine_2 = amplitude_2*sin(2*pi*freq_2.*time);
noise = randn(1,length(time));
x_clean = sine_1 + sine_2;
x_noisy = x_clean + noise;
figure(1);
plot(time,x_clean);
figure(2);
plot(time,x_noisy);
```

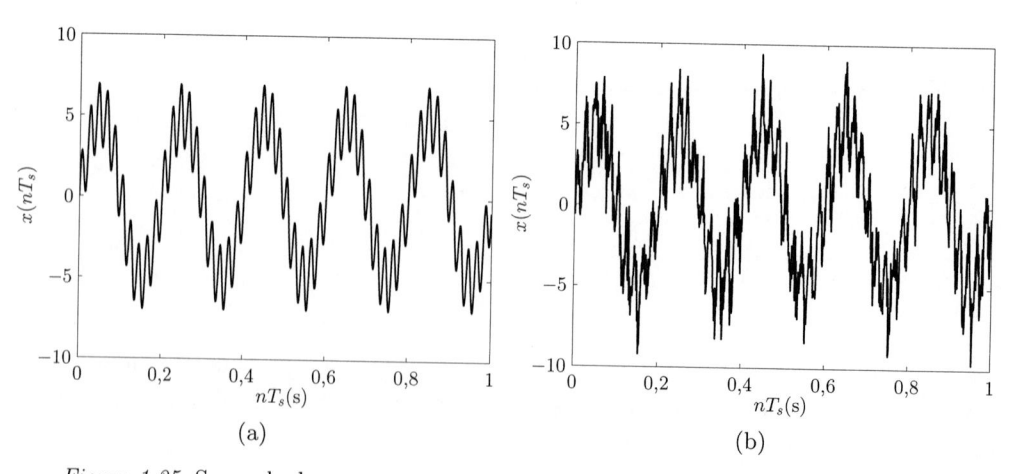

Figura 1.25 Soma de duas componentes senoidais: (a) sinal limpo; (b) sinal ruidoso.

1.8 Faça você mesmo: sinais e sistemas no tempo discreto

Em particular, o comando `randn` gera o número especificado de amostras de um sinal pseudo-aleatório com distribuição gaussiana de média zero e variância unitária.

Podemos minimizar o efeito do ruído fazendo a média de N amostras sucessivas de $x(n) = $ x_noisy, implementando a seguinte equação de diferenças:

$$y(n) = \frac{x(n) + x(n-1) + \ldots + x(n-N+1)}{N}. \tag{1.242}$$

Como foi mencionado no Experimento 1.1, podemos realizar esse processamento especificando o valor de N e usando os comandos em MATLAB abaixo:

```
b = ones(1,N);
y = filter(b,1,x_noisy);
```

Isso produz os gráficos mostrados na Figura 1.26 para $N = 3$, $N = 6$, $N = 10$ e $N = 20$.

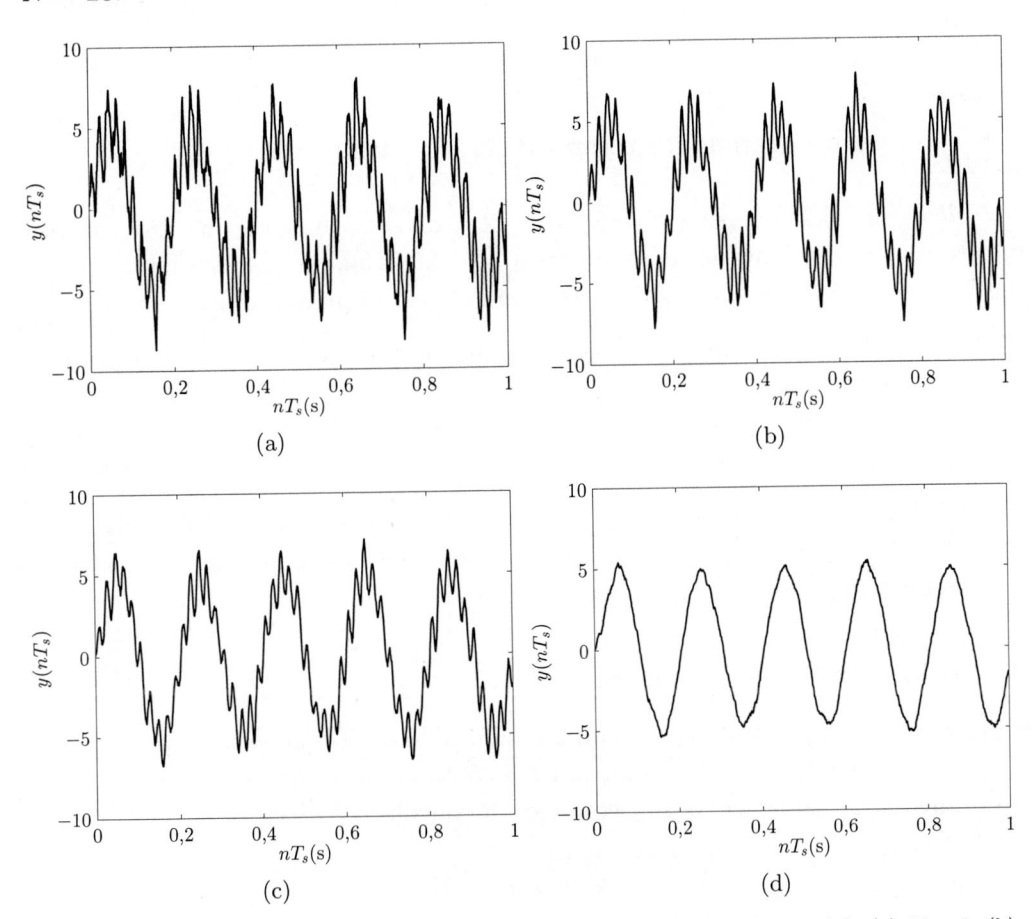

Figura 1.26 Médias temporais de cada N amostras consecutivas do sinal $x(n)$: (a) $N = 3$; (b) $N = 6$; (c) $N = 10$; (d) $N = 20$.

A Figura 1.26 indica que a técnica de aplicação da média é bastante eficaz para reduzir o ruído presente no sinal corrompido. Nesse caso, quanto maior o valor de N, maior a capacidade de remover a componente de ruído. Entretanto, se N é grande demais, como se observa na Figura 1.26d, então o procedimento quase elimina a componente senoidal de frequência mais alta.

Pode-se, então, questionar se é possível reduzir a componente de ruído sem afetar significativamente o sinal original. Talvez um processamento mais elaborado possa preservar melhor as componentes senoidais. A teoria e o projeto de ferramentas para responder esse tipo de questão são o principal assunto desse livro-texto. Nos próximos capítulos, são investigadas diversas técnicas para processar uma vasta gama de sinais. Embora a intuição seja importante em algumas situações práticas, como ilustrou este experimento, nossa apresentação segue um caminho formal e tecnicamente justificado. Ao final, o leitor estará capacitado não somente a empregar os métodos estudados ao longo do livro, mas também a compreendê-los, selecionando a ferramenta apropriada para cada aplicação particular.

1.9 Sinais e sistemas no tempo discreto com MATLAB

O *toolbox* Signal Processing do MATLAB tem diversas funções que auxiliam o processamento de sinais no tempo discreto. Nesta seção, damos uma breve visão geral das que se relacionam mais proximamente com o material deste capítulo.

- stem: Mostra uma sequência de dados num gráfico na forma de linhas que partem do eixo x e terminam em circunferências, como nos diagramas que mostram sinais no tempo discreto ao longo deste capítulo.
  Parâmetros de entrada:
  - Os valores das abscissas t para os quais os dados devem ser apresentados;
  - Os valores dos dados x a serem apresentados nas ordenadas, associados aos respectivos valores de t.

  Exemplo:
  ```
  t=[0:0.1:2]; x=cos(pi*t+0.6); stem(t,x);
  ```

- conv: Efetua a convolução no tempo discreto de duas sequências.
  Parâmetros de entrada: Os vetores a e b contendo as duas sequências.
  Parâmetro de saída: O vetor y contendo a convolução de a e b.
  Exemplo:
  ```
  a=[1 1 1 1 1]; b=[1 2 3 4 5 6 7 8 9];
  c=conv(a,b); stem(c);
  ```

1.10 Resumo

- `impz`: Calcula a resposta ao impulso de um sistema inicialmente relaxado descrito por uma dada equação de diferenças.
  Parâmetros de entrada (referentes à equação (1.63)):
  - Um vetor **b** contendo os valores de b_l, $l = 0, 1, \ldots, M$;
  - Um vetor **a** contendo os valores de a_i, $i = 0, 1, \ldots, N$;
  - O número **n** de amostras desejadas da resposta ao impulso.

  Parâmetro de saída: Um vetor **h** contendo a resposta ao impulso do sistema;
  Exemplo:
  ```
  a=[1 -0.22 -0.21 0.017 0.01]; b=[1 2 1];
  h=impz(b,a,20); stem(h);
  ```

1.10 Resumo

Neste capítulo, vimos os conceitos básicos referentes aos sistemas no tempo discreto e apresentamos as propriedades de linearidade, invariância no tempo e causalidade. Sistemas que apresentam essas propriedades são de particular interesse devido às numerosas ferramentas disponíveis para analisá-los e projetá-los. Também discutimos o conceito de estabilidade. Os sistemas lineares invariantes no tempo foram caracterizados com o auxílio de somas de convolução. Também apresentamos equações de diferenças como outra forma de caracterizar sistemas no tempo discreto. Foram estudadas as condições necessárias para se realizar no tempo discreto o processamento de sinais no tempo contínuo sem que se perca a informação que estes contêm. Foram também apresentados os sinais aleatórios. Finalmente, apresentamos algumas funções do MATLAB úteis no processamento dos sinais no tempo discreto vistos nesse capítulo.

1.11 Exercícios

1.1 Caracterize cada um dos seguintes sistemas como linear ou não-linear, causal ou não-causal e invariante no tempo ou variante no tempo:

(a) $y(n) = (n + a)^2 x(n + 4)$;
(b) $y(n) = ax(n + 1)$;
(c) $y(n) = x(n + 1) + x^3(n - 1)$;
(d) $y(n) = x(n) \operatorname{sen}(\omega n)$;
(e) $y(n) = x(n) + \operatorname{sen}(\omega n)$;
(f) $y(n) = \frac{x(n)}{x(n+3)}$;

(g) $y(n) = y(n-1) + 8x(n-3)$;
(h) $y(n) = 2ny(n-1) + 3x(n-5)$;
(i) $y(n) = n^2 y(n+1) + 5x(n-2) + x(n-4)$;
(j) $y(n) = y(n-1) + x(n+5) + x(n-5)$;
(k) $y(n) = (2u(n-3) - 1)y(n-1) + x(n) + x(n-1)$.

1.2 Determine se cada um dos seguintes sinais no tempo discreto é ou não periódico. Calcule o período dos que forem periódicos.
(a) $x(n) = \cos^2\left(\frac{2\pi}{15}n\right)$;
(b) $x(n) = \cos\left(\frac{4\pi}{5}n + \frac{\pi}{4}\right)$;
(c) $x(n) = \cos\left(\frac{\pi}{27}n + 31\right)$;
(d) $x(n) = \text{sen}(100n)$;
(e) $x(n) = \cos\left(\frac{11\pi}{12}n\right)$;
(f) $x(n) = \text{sen}[(5\pi + 1)n]$.

1.3 Considere os sistemas cuja saída $y(m)$ é descrita como função da entrada $x(\cdot)$ pelas seguintes equações de diferenças:
(a) $y(m) = \sum_{n=-\infty}^{\infty} x(n)\delta(m - nN)$;
(b) $y(m) = x(m) \sum_{n=-\infty}^{\infty} \delta(m - nN)$.

Determine se cada um deles é linear e/ou invariante no tempo.

1.4 Calcule a soma de convolução de cada um dos seguintes pares de sequências:
(a) $x(n) = \begin{cases} 1, & 0 \leq n \leq 4 \\ 0, & \text{em caso contrário} \end{cases}$ e $h(n) = \begin{cases} a^n, & 0 \leq n \leq 7 \\ 0, & \text{em caso contrário}; \end{cases}$

(b) $x(n) = \begin{cases} 1, & 0 \leq n \leq 2 \\ 0, & 3 \leq n \leq 6 \\ 1, & 7 \leq n \leq 8 \\ 0, & \text{em caso contrário} \end{cases}$ e $h(n) = \begin{cases} n, & 1 \leq n \leq 4 \\ 0, & \text{em caso contrário}; \end{cases}$

(c) $x(n) = \begin{cases} a(n), & n \text{ par} \\ 0, & n \text{ ímpar} \end{cases}$ e $h(n) = \begin{cases} \frac{1}{2}, & n = -1 \\ 1, & n = 0 \\ \frac{1}{2}, & n = 1 \\ 0, & \text{em caso contrário.} \end{cases}$

Verifique os resultados do item (b) usando a função conv em MATLAB.

1.5 Para a sequência
$$x(n) = \begin{cases} 1, & 0 \leq n \leq 1 \\ 0, & \text{em caso contrário,} \end{cases}$$

calcule $y(n) = x(n) * x(n) * x(n) * x(n)$. Verifique sua resposta usando a função conv em MATLAB.

1.11 Exercícios

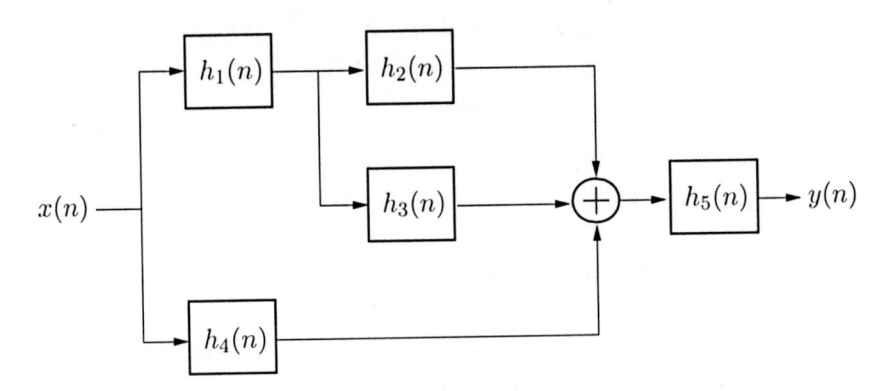

Figura 1.27 Sistema linear invariante no tempo.

1.6 Mostre que $x(n) = a^n$ é uma autofunção de um sistema linear invariante no tempo, calculando a soma de convolução de de $x(n)$ com a resposta ao impulso $h(n)$ do sistema. Determine o autovalor correspondente.

1.7 Supondo que todos os sistemas na Figura 1.27 sejam lineares e invariantes no tempo, calcule $y(n)$ como função da entrada e de suas respostas ao impulso indicadas.

1.8 Definem-se as partes par e ímpar de uma sequência $x(n)$, respectivamente $\mathcal{E}\{x(n)\}$ e $\mathcal{O}\{x(n)\}$, como

$$\mathcal{E}\{x(n)\} = \frac{x(n) + x(-n)}{2};$$

$$\mathcal{O}\{x(n)\} = \frac{x(n) - x(-n)}{2}.$$

Mostre que

$$\sum_{n=-\infty}^{\infty} x^2(n) = \sum_{n=-\infty}^{\infty} \mathcal{E}\{x(n)\}^2 + \sum_{n=-\infty}^{\infty} \mathcal{O}\{x(n)\}^2.$$

1.9 Encontre uma solução para cada uma das seguintes equações de diferenças:
   (a) $y(n) + 2y(n-1) + y(n-2) = 0$, $y(0) = 1$ e $y(1) = 0$;
   (b) $y(n) + y(n-1) + 2y(n-2) = 0$, $y(-1) = 1$ e $y(0) = 1$.

1.10 Encontre a solução geral para a equação de diferenças do Exemplo 1.9 quando $a = b$.

1.11 Determine a solução de cada uma das equações de diferenças a seguir, supondo que os sistemas que elas representam estavam inicialmente relaxados:
   (a) $y(n) - \frac{1}{\sqrt{2}} y(n-1) + y(n-2) = 2^{-n} \operatorname{sen}\left(\frac{\pi}{4}n\right) u(n)$;
   (b) $4y(n) - 2\sqrt{3} y(n-1) + y(n-2) = \cos\left(\frac{\pi}{6}n\right) u(n)$;

(c) $y(n) + 2y(n-1) + y(n-2) = 2^n u(-n)$;
(d) $y(n) - \frac{5}{6}y(n-1) + y(n-2) = (-1)^n u(n)$;
(e) $y(n) + y(n-3) = (-1)^n u(-n)$.

1.12 Escreva um programa em MATLAB para apresentar num gráfico as amostras de $n = 0$ a $n = 20$ das soluções de cada uma das equações de diferenças do Exercício 1.9.

1.13 Mostre que um sistema descrito pela equação (1.63) é linear se e somente se as condições auxiliares são nulas. Mostre ainda que o sistema é invariante no tempo se as condições auxiliares nulas são definidas para amostras consecutivas anteriores à aplicação de qualquer entrada.

1.14 Calcule a resposta ao impulso de cada um dos seguintes sistemas:

(a) $y(n) = 5x(n) + 3x(n-1) + 8x(n-2) + 3x(n-4)$;
(b) $y(n) + \frac{1}{3}y(n-1) = x(n) + \frac{1}{2}x(n-1)$;
(c) $y(n) - 3y(n-1) = x(n)$;
(d) $y(n) + 2y(n-1) + y(n-2) = x(n)$.

1.15 Escreva um programa em MATLAB para calcular a resposta ao impulso de cada uma das seguintes equações de diferenças:

(a) $y(n) + y(n-1) + y(n-2) = x(n)$;
(b) $4y(n) + y(n-1) + 3y(n-2) = x(n) + x(n-4)$.

1.16 Determine a resposta ao impulso do seguinte sistema recursivo:

$$y(n) - y(n-1) = x(n) - x(n-5).$$

1.17 Determine a resposta de estado permanente do sistema governado pela seguinte equação de diferenças:

$$12y(n) - 7y(n-1) + y(n-2) = \text{sen}\left(\frac{\pi}{3}n\right)u(n).$$

1.18 Determine a resposta de estado permanente à entrada $x(n) = \text{sen}(\omega n)u(n)$ de cada um dos filtros descritos a seguir:

(a) $y(n) = x(n-2) + x(n-1) + x(n)$;
(b) $y(n) - \frac{1}{2}y(n-1) = x(n)$;
(c) $y(n) = x(n-2) + 2x(n-1) + x(n)$.

Em cada caso, qual a amplitude e qual a fase de $y(n)$ em função de ω?

1.19 Escreva um programa em MATLAB para apresentar num gráfico a solução de cada uma das equações de diferenças do Exercício 1.18 para $\omega = \pi/3$ e $\omega = \pi$.

1.11 Exercícios

1.20 Discuta a estabilidade de cada um dos sistemas descritos pelas respostas ao impulso a seguir:

(a) $h(n) = 2^{-n}u(n)$;
(b) $h(n) = 1{,}5^n u(n)$;
(c) $h(n) = 0{,}1^n$;
(d) $h(n) = 2^{-n}u(-n)$;
(e) $h(n) = 10^n u(n) - 10^n u(n - 10)$;
(f) $h(n) = 0{,}5^n u(n) - 0{,}5^n u(4 - n)$.

1.21 Mostre que $X_i(j\Omega)$ na equação (1.170) é uma função periódica de Ω com período $2\pi/T$.

1.22 Suponha que desejamos processar o sinal no tempo contínuo

$$x_a(t) = 3\cos(2\pi 1000 t) + 7\,\text{sen}(2\pi 1100 t)$$

usando um sistema no tempo discreto. A frequência de amostragem é de 4000 amostras por segundo. O processamento realizado sobre as amostras do sinal no tempo discreto $x(n)$ é descrito pela seguinte equação de diferenças:

$$y(n) = x(n) + x(n - 2).$$

Após processadas, as amostras da saída $y(n)$ são reconvertidas à sua representação no tempo através da equação (1.188). Dê uma expressão em forma fechada para o sinal processado no tempo contínuo $y_a(t)$. Interprete que efeito tem esse processamento sobre o sinal de entrada.

1.23 Escreva um programa em MATLAB para realizar a simulação da solução do Exercício 1.22.

Dicas:

(i) Simule os sinais no tempo contínuo $f_a(t)$ em MATLAB usando sequências auxiliares $f_s(m)$ obtidas pela sua amostragem com uma frequência de 100 vezes a frequência nominal de amostragem, isto é, $f_s(m) = f_a(m(T/100))$. O processo de amostragem para gerar o sinal no tempo discreto equivale, então, a guardar 1 de cada 100 amostras da sequência auxiliar, formando o sinal $f(n) = f_s(100n) = f_a(nT)$.

(ii) A interpolação da equação (1.188) pode ser aproximada truncando-se cada função

$$\frac{\text{sen}\left[\pi\left(\frac{t}{T} - n\right)\right]}{\pi\left(\frac{t}{T} - n\right)},$$

tornando-a zero fora do intervalo de tempo $nT - 10T \le t \le nT + 10T$. Note que, uma vez que estamos truncando as funções de interpolação, o somatório da equação (1.188) só precisa ser calculado para alguns termos.

1.24 Na conversão de um sinal no tempo discreto para um sinal no tempo contínuo, os conversores D/A práticos, em vez de gerarem impulsos na sua saída, geram uma série de pulsos $g(t)$ descritos por

$$x_{\rm p}(t) = \sum_{n=-\infty}^{\infty} x(n)g(t-nT), \qquad (1.243)$$

onde $x(n) = x_{\rm a}(nT)$. Por exemplo, na operação de amostragem-e-retenção, mostrada na Figura 1.15, o trem de impulsos foi substituído por um trem de pulsos. Suponha, agora, que

$$g(t) = \begin{cases} \frac{T-|t|}{T}, & -T \leq t \leq T \\ 0, & \text{em caso contrário.} \end{cases}$$

Para essa escolha do pulso $g(t)$:

(a) Determine como o efeito da interpolação pode ser representado no domínio do tempo (veja a Figura 1.15).
(b) Determine uma expressão para a transformada de Fourier de $x_{\rm p}(t)$ da equação (1.243) como função da transformada de Fourier de $x_{\rm a}(t)$.
(c) Determine a resposta na frequência de um filtro passa-baixas ideal que forneça $x_{\rm a}(t)$ em sua saída quando se aplica $x_{\rm p}(t)$ em sua entrada.

1.25 Suponha que um sinal no tempo discreto $x(n)$ é obtido pela amostragem de um sinal contínuo no tempo de largura faixa limitada $x_{\rm a}(t)$ de forma tal que não ocorra *aliasing*. Prove que a energia de $x_{\rm a}(t)$ é igual à energia de $x(n)$ multiplicada pelo período de amostragem.

1.26 Dada uma senoide $y(t) = A\cos(\Omega_{\rm c} t)$, mostre usando a equação (1.170) que se $y(t)$ é amostrada com uma frequência de amostragem ligeiramente acima da frequência de Nyquist (isto é, $\Omega_{\rm s} = 2\Omega_{\rm c} + \epsilon$, onde $\epsilon \ll \Omega_{\rm c}$), então a envoltória do sinal amostrado oscilará lentamente, na frequência de $\pi\epsilon/(2\Omega_{\rm c} + \epsilon)$ rad/amostra. Isso é conhecido como o efeito de Moiré. Escreva um programa em MATLAB para apresentar num gráfico 100 amostras de $y(n)$ para ϵ igual a $\Omega_{\rm s}/100$ e confirme o resultado que acabamos de descrever.
Dica: $\cos(\omega_1 t) + \cos(\omega_2 t) = 2\cos\left[\left(\frac{\omega_1+\omega_2}{2}\right)t\right]\cos\left[\left(\frac{\omega_1-\omega_2}{2}\right)t\right]$.

1.27 Como foi visto no Exemplo 1.15, o cinema é um sinal tridimensional espaço-temporal que é amostrado no tempo. No cinema moderno, a frequência de amostragem utilizada, para evitar *aliasing*, é $\Omega_{\rm s} = 24$ Hz. Contudo, a persistência da visão é equivalente a um filtro passa-baixas com faixa de passagem $\Omega_{\rm LP} = 48$ Hz. A fim de evitar cintilação e ao mesmo tempo evitar dobrar o número de amostras, em cinema reproduz-se cada quadro duas

1.11 Exercícios

vezes. Para um dado ponto na tela, isso é equivalente a ter um trem de impulsos

$$g_i(t) = \sum_{n=-\infty}^{\infty} g(n)\delta(t - nT) + \sum_{n=-\infty}^{\infty} g(n)\delta\left(t - nT - \frac{T}{2}\right),$$

onde $T = 1/24$ Hz. Mostre que com o esquema acima a persistência da visão permite que o espectador tenha a impressão de movimento contínuo.

1.28 Mostre que a média estatística e a variância para a PDF gaussiana expressa na equação (1.209) são dadas por

$$E\{X\} = \overline{\mu};$$
$$E\{(X - E\{X\})^2\} = \overline{\sigma}^2.$$

1.29 Verifique que a correlação $r_{X,Y}$ e a covariância $c_{X,Y}$ das duas variáveis aleatórias X e Y, definidas nas equações (1.222) e (1.223), satisfazem a relação

$$c_{X,Y} = r_{X,Y} - E\{X\}E\{Y\}.$$

1.30 Mostre que a função de autocorrelação de um processo aleatório WSS $\{X\}$ possui as seguintes propriedades:

(a) $R_X(0) = E\{X^2(n)\}$;
(b) é uma função par, isto é, $R_X(\nu) = R_X(-\nu), \quad \forall \nu$;
(c) tem um máximo em $\nu = 0$, isto é, $R_X(0) \geq |R_X(\nu)|, \quad \forall \nu$.

1.31 Mostre que a função de autocorrelação da saída de um sistema linear no tempo discreto com resposta ao impulso $h(n)$ que recebe em sua entrada uma realização do processo WSS $\{X\}$ é dada por

$$R_Y(n) = \sum_{k=-\infty}^{\infty} R_X(n-k)C_h(k),$$

onde

$$C_h(k) = \sum_{r=-\infty}^{\infty} h(k+r)h(r).$$

1.32 A entropia $H(X)$ de uma variável aleatória discreta X mede a incerteza de uma predição do valor de X (Cover & Thomas, 2006). Se X tem uma distribuição de probabilidade $p_X(x)$,[7] sua entropia é determinada por

$$H(X) = -\sum_i p_X(x_i) \log_b p_X(x_i),$$

---
[7] Note que a PDF de uma variável aleatória discreta tem a forma $f_X(x) = \sum_i p_X(x_i)\delta(x - x_i)$.

onde a base b do logaritmo determina a unidade da entropia. Se $b = 2$, por exemplo, a entropia é medida em bits/símbolo. Determine em bits/símbolo a entropia de uma variável aleatória X caracterizada pela distribuição uniforme discreta $u_{X,\mathrm{d}}(x)$, dada na equação (1.208).

1.33 Para uma variável aleatória contínua X com distribuição $f_X(x)$, a incerteza é medida pela chamada entropia diferencial $h(X)$, definida como (Cover & Thomas, 2006)

$$H(X) = -\int_x f_X(x) \log_b f_X(x)\, \mathrm{d}x.$$

Determine a entropia diferencial da variável aleatória caracterizada por uma distribuição

(a) uniforme contínua $u_{X,\mathrm{c}}(x)$, dada na equação (1.207);
(b) gaussiana $\phi_X(x)$, dada na equação (1.209).

2 As transformadas z e de Fourier

2.1 Introdução

No Capítulo 1, estudamos sistemas lineares invariantes no tempo, usando tanto respostas ao impulso quanto equações de diferenças para caracterizá-los. Neste capítulo, estudamos outra forma extremamente útil de caracterizar sistemas no tempo discreto. Ela está ligada ao fato de que quando uma função exponencial é aplicada na entrada de um sistema linear invariante no tempo, sua saída é uma função exponencial do mesmo tipo, mas com amplitude modificada. Pode-se deduzir isso considerando-se que, pela equação (1.50), um sistema linear invariante no tempo discreto com resposta ao impulso $h(n)$ excitado por uma exponencial $x(n) = z^n$ produz em sua saída um sinal $y(n)$ tal que

$$y(n) = \sum_{k=-\infty}^{\infty} x(n-k)h(k) = \sum_{k=-\infty}^{\infty} z^{n-k}h(k) = z^n \sum_{k=-\infty}^{\infty} h(k)z^{-k}, \qquad (2.1)$$

isto é, o sinal na saída é também a exponencial z^n, porém multiplicada pelo valor complexo

$$H(z) = \sum_{k=-\infty}^{\infty} h(k)z^{-k}. \qquad (2.2)$$

Neste capítulo, caracterizamos sistemas lineares invariantes no tempo usando a quantidade $H(z)$ da equação (2.2), conhecida comumente como a transformada z da sequência no tempo discreto $h(n)$. Como veremos mais tarde neste capítulo, com o auxílio da transformada z as convoluções lineares podem ser transformadas num simples produto de expressões algébricas. A importância disso para os sistemas no tempo discreto é comparável à da transformada de Laplace para os sistemas no tempo contínuo.

O caso em que z^n é uma senoide complexa com frequência ω, isto é, $z = e^{j\omega}$, é de especial importância. Nesse caso, a equação (2.2) se torna

$$H(e^{j\omega}) = \sum_{k=-\infty}^{\infty} h(k)e^{-j\omega k}, \qquad (2.3)$$

a qual pode ser representada na forma polar como $H(e^{j\omega}) = |H(e^{j\omega})|e^{j\Theta(\omega)}$, produzindo, pela equação (2.1), um sinal de saída $y(n)$ tal que

$$y(n) = H(e^{j\omega})e^{j\omega n} = |H(e^{j\omega})|e^{j\Theta(\omega)}e^{j\omega n} = |H(e^{j\omega})|e^{j\omega n + j\Theta(\omega)}. \qquad (2.4)$$

Essa relação implica que o efeito de um sistema linear caracterizado por $H(e^{j\omega})$ sobre uma senoide complexa é o de multiplicar sua amplitude por $|H(e^{j\omega})|$ e somar $\Theta(\omega)$ à sua fase. Por esse motivo, as descrições de $|H(e^{j\omega})|$ e $\Theta(\omega)$ como funções de ω são amplamente usadas para caracterizar sistemas lineares invariantes no tempo, e são conhecidas como suas respostas de módulo e fase, respectivamente. A função complexa $H(e^{j\omega})$ na equação (2.4) é também conhecida como a transformada de Fourier da sequência no tempo discreto $h(n)$. A importância da transformada de Fourier para os sistemas no tempo discreto é tão grande quanto para os sistemas no tempo contínuo.

Neste capítulo, estudamos as transformadas z e de Fourier para sinais no tempo discreto. Começamos por definir a transformada z, discutindo aspectos relacionados à sua convergência. Então, apresentamos a transformada z inversa, bem como várias propriedades da transformada z. Em seguida, mostramos como transformar convoluções no tempo discreto num produto de expressões algébricas e introduzimos o conceito de função de transferência. Apresentamos, então, um algoritmo para determinar, dada a função de transferência de um sistema no tempo discreto, se o sistema é estável ou não, e prosseguimos discutindo como a resposta em frequência de um sistema se relaciona com sua função de transferência. Nesse ponto, damos uma definição formal da transformada de Fourier de sinais no tempo discreto, apontando suas relações com a transformada de Fourier de sinais no tempo contínuo. Também é apresentada uma expressão para a transformada de Fourier inversa. As principais propriedades da transformada de Fourier são, então, mostradas como casos particulares das propriedades da transformada z. Em seguida, discutimos brevemente a representação de Fourier para sequências periódicas. Numa seção à parte, apresentamos as principais propriedades dos sinais aleatórios no domínio da transformada. Fechamos o capítulo apresentando algumas funções do MATLAB relacionadas com as transformadas z e de Fourier, e que auxiliam na análise de funções de transferência de sistemas no tempo discreto.

2.2 Definição da transformada z

A transformada z de uma sequência $x(n)$ é definida como

$$X(z) = \mathcal{Z}\{x(n)\} = \sum_{n=-\infty}^{\infty} x(n) z^{-n}, \qquad (2.5)$$

2.2 Definição da transformada z

onde z é uma variável complexa. Note que $X(z)$ só é definida para as regiões do plano complexo em que o somatório à direita converge.

Muito frequentemente, os sinais com que trabalhamos começam apenas em $n = 0$, isto é, são não-nulos apenas para $n \geq 0$. Por causa disso, alguns livros-texto definem a transformada z como

$$X_{\mathrm{U}}(z) = \sum_{n=0}^{\infty} x(n) z^{-n}, \tag{2.6}$$

que é conhecida comumente como a transformada z unilateral, enquanto que a equação (2.5), por sua vez, é chamada de transformada z bilateral. Claramente, se o sinal $x(n)$ é não-nulo para $n < 0$, então suas transformadas z unilateral e bilateral resultam diferentes. Neste texto, trabalhamos somente com a transformada z bilateral, que então é chamada, sem risco de ambiguidade, apenas de transformada z.

Como já mencionado, a transformada z de uma sequência só existe para as regiões do plano complexo em que o somatório na equação (2.5) converge. O Exemplo 2.1 esclarece esse ponto.

EXEMPLO 2.1
Calcule a transformada z da sequência $x(n) = Ku(n)$.

SOLUÇÃO
Por definição, a transformada z de $Ku(n)$ é

$$X(z) = K \sum_{n=0}^{\infty} z^{-n} = K \sum_{n=0}^{\infty} \left(z^{-1}\right)^n. \tag{2.7}$$

Portanto, $X(z)$ é a soma de uma série de potências que converge somente se $|z^{-1}| < 1$. Nesse caso, $X(z)$ pode ser expresso como

$$X(z) = \frac{K}{1 - z^{-1}} = \frac{Kz}{z - 1}, \quad |z| > 1. \tag{2.8}$$

Note que para $|z| < 1$, o n-ésimo termo do somatório, z^{-n}, tende ao infinito se $n \to \infty$ e, portanto, $X(z)$ não é definida. Para $z = 1$, o somatório também tende ao infinito. Para $z = -1$, o somatório oscila entre 1 e 0. Em nenhum desses casos a transformada z converge. △

É importante notar que a transformada z de uma sequência é uma série de Laurent na variável complexa z (Churchill, 1975). Portanto, as propriedades da série de Laurent se aplicam diretamente à transformada z. Como regra geral, podemos aplicar um resultado da teoria das séries afirmando que, dada uma série na variável complexa z,

$$S(z) = \sum_{i=0}^{\infty} f_i(z), \tag{2.9}$$

tal que $|f_i(z)| < \infty$, $i = 0, 1, \ldots$, e dada a quantidade

$$\alpha(z) = \lim_{n \to \infty} |f_n(z)|^{1/n}, \tag{2.10}$$

então a série converge absolutamente se $\alpha(z) < 1$, e diverge se $\alpha(z) > 1$ (Kreyszig, 1979). Note que para $\alpha(z) = 1$, o teste nada diz sobre a convergência da série, que então tem que ser investigada por outros meios. Pode-se justificar esse resultado notando-se que se $\alpha(z) < 1$, os termos da série estão sob uma exponencial a^n para algum $a < 1$ e, portanto, sua soma converge se $n \to \infty$. Claramente, pode-se notar que se $|f_i(z)| = \infty$ para algum i, então a série não é convergente. A convergência requer, ainda, que $\lim_{n \to \infty} |f_n(z)| = 0$.

Esse resultado pode ser estendido para o caso de séries bilaterais na forma

$$S(z) = \sum_{i=-\infty}^{\infty} f_i(z), \tag{2.11}$$

se expressarmos $S(z)$ como a soma de duas séries, $S_1(z)$ e $S_2(z)$, tais que

$$S_1(z) = \sum_{i=0}^{\infty} f_i(z) \quad \text{e} \quad S_2(z) = \sum_{i=-\infty}^{-1} f_i(z). \tag{2.12}$$

Nesse caso, $S(z)$ converge se as duas séries $S_1(z)$ e $S_2(z)$ convergem. Portanto, temos de calcular as duas quantidades

$$\alpha_1(z) = \lim_{n \to \infty} |f_n(z)|^{1/n} \quad \text{e} \quad \alpha_2(z) = \lim_{n \to -\infty} |f_n(z)|^{1/n}. \tag{2.13}$$

Naturalmente, $S(z)$ converge absolutamente se $\alpha_1(z) < 1$ e $\alpha_2(z) > 1$. A condição $\alpha_1(z) < 1$ é equivalente a dizer que para $n \to \infty$, os termos da série estão sob a^n para algum $a < 1$. A condição $\alpha_2(z) > 1$ equivale a se dizer que para $n \to -\infty$, os termos da série estão sob b^n para algum $b > 1$. Deve-se notar que para garantir a convergência, também devemos ter $|f_i(z)| < \infty$, $\forall i$.

Aplicando esses resultados acerca da convergência à definição da transformada z dada na equação (2.5), podemos concluir que a transformada z converge se

$$\alpha_1 = \lim_{n \to \infty} |x(n) z^{-n}|^{1/n} = |z^{-1}| \lim_{n \to \infty} |x(n)|^{1/n} < 1 \tag{2.14}$$

$$\alpha_2 = \lim_{n \to -\infty} |x(n) z^{-n}|^{1/n} = |z^{-1}| \lim_{n \to -\infty} |x(n)|^{1/n} > 1. \tag{2.15}$$

2.2 Definição da transformada z

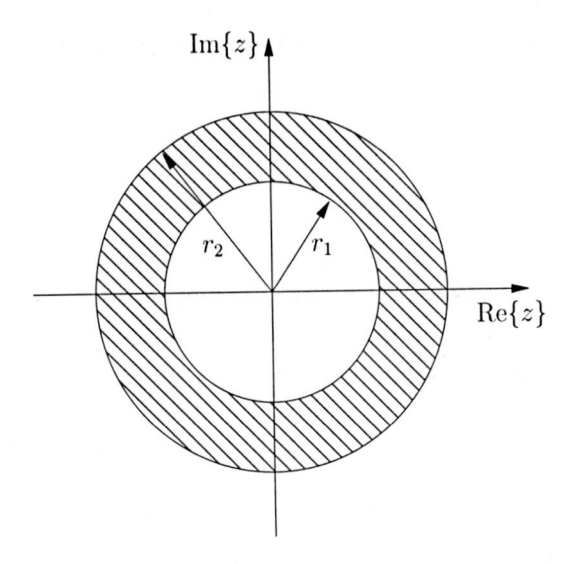

Figura 2.1 Região geral de convergência da transformada z.

Definindo

$$r_1 = \lim_{n \to \infty} |x(n)|^{1/n} \qquad (2.16)$$

$$r_2 = \lim_{n \to -\infty} |x(n)|^{1/n}, \qquad (2.17)$$

então as inequações (2.14) e (2.15) são equivalentes a

$$r_1 < |z| < r_2, \qquad (2.18)$$

isto é, a transformada z de uma sequência existe numa região anular do plano complexo, definida pela inequação (2.18) e ilustrada na Figura 2.1. É importante notar que, para algumas sequências, $r_1 = 0$ ou $r_2 \to \infty$. Nesses casos, a região de convergência pode vir a incluir, ainda, $z = 0$ ou $|z| = \infty$, respectivamente.

Agora, examinamos mais de perto a convergência das transformadas z de quatro importantes classes de sequências.

- *Sequências unilaterais direitas:* São sequências $x(n)$ nulas para $n < n_0$, isto é, tais que

$$X(z) = \sum_{n=n_0}^{\infty} x(n) z^{-n}. \qquad (2.19)$$

Nesse caso, a transformada z converge para $|z| > r_1$, onde r_1 é dado pela equação (2.16). Como $|x(n)z^{-n}|$ tem que ser finito, então se $n_0 < 0$ a região de convergência exclui, ainda, $|z| = \infty$.

- *Sequências unilaterais esquerdas:* São sequências $x(n)$ nulas para $n > n_0$, isto é, tais que

$$X(z) = \sum_{n=-\infty}^{n_0} x(n)z^{-n}. \qquad (2.20)$$

Nesse caso, a transformada z converge para $|z| < r_2$, onde r_2 é dado pela equação (2.17). Como $|x(n)z^{-n}|$ tem que ser finita, então se $n_0 > 0$ a região de convergência exclui, ainda, $z = 0$.

- *Sequências bilaterais:* Nesse caso,

$$X(z) = \sum_{n=-\infty}^{\infty} x(n)z^{-n}, \qquad (2.21)$$

e a transformada z converge para $r_1 < |z| < r_2$, onde r_1 e r_2 são dados pelas equações (2.16) e (2.17). Claramente, se $r_1 > r_2$, então a transformada z não existe.

- *Sequências de comprimento finito:* São sequências $x(n)$ nulas para $n < n_0$ e $n > n_1$, com $n_0 \leq n_1$, isto é, tais que

$$X(z) = \sum_{n=n_0}^{n_1} x(n)z^{-n}. \qquad (2.22)$$

Em tais casos, a transformada z converge em qualquer lugar exceto nos pontos em que $|x(n)z^{-n}| = \infty$. Isso implica que a região de convergência exclui o ponto $z = 0$ se $n_1 > 0$ e $|z| = \infty$ se $n_0 < 0$.

EXEMPLO 2.2

Calcule as transformadas z das seguintes sequências, especificando suas regiões de convergência:

(a) $x(n) = k2^n u(n)$;
(b) $x(n) = u(-n+1)$;
(c) $x(n) = -k2^n u(-n-1)$;
(d) $x(n) = 0{,}5^n u(n) + 3^n u(-n)$;
(e) $x(n) = 4^{-n} u(n) + 5^{-n} u(n+1)$.

SOLUÇÃO

(a) $X(z) = \sum_{n=0}^{\infty} k 2^n z^{-n}.$

2.2 Definição da transformada z

Essa série converge se $|2z^{-1}| < 1$, isto é, para $|z| > 2$. Nesse caso, $X(z)$ é a soma de uma série geométrica, e portanto

$$X(z) = \frac{k}{1 - 2z^{-1}} = \frac{kz}{z-2}, \quad \text{para } 2 < |z| \leq \infty. \tag{2.23}$$

(b) $X(z) = \sum_{n=-\infty}^{1} z^{-n}$.

Essa série converge se $|z^{-1}| > 1$, isto é, para $|z| < 1$. Além disso, para que o termo z^{-1} seja finito, $|z| \neq 0$. Nesse caso, $X(z)$ é a soma de uma série geométrica tal que

$$X(z) = \frac{z^{-1}}{1 - z} = \frac{1}{z - z^2}, \quad \text{para } 0 < |z| < 1. \tag{2.24}$$

(c) $X(z) = \sum_{n=-\infty}^{-1} -k 2^n z^{-n}$.

Essa série converge se $|z/2| < 1$, isto é, para $|z| < 2$. Nesse caso, $X(z)$ é a soma de uma série geométrica tal que

$$X(z) = \frac{-kz/2}{1 - z/2} = \frac{kz}{z - 2}, \quad \text{para } 0 \leq |z| < 2. \tag{2.25}$$

(d) $X(z) = \sum_{n=0}^{\infty} 0{,}5^n z^{-n} + \sum_{n=-\infty}^{0} 3^n z^{-n}$.

Essa série converge se $|0{,}5z^{-1}| < 1$ e $|3z^{-1}| > 1$, isto é, para $0{,}5 < |z| < 3$. Nesse caso, $X(z)$ é a soma de duas séries geométricas, e portanto

$$X(z) = \frac{1}{1 - 0{,}5 z^{-1}} + \frac{1}{1 - \frac{1}{3}z} = \frac{z}{z - 0{,}5} + \frac{3}{3 - z}, \quad \text{para } 0{,}5 < |z| < 3. \tag{2.26}$$

(e) $X(z) = \sum_{n=0}^{\infty} 4^{-n} z^{-n} + \sum_{n=-1}^{\infty} 5^{-n} z^{-n}$.

Essa série converge se $|\frac{1}{4}z^{-1}| < 1$ e $|\frac{1}{5}z^{-1}| < 1$, isto é, para $|z| > \frac{1}{4}$. Além disso, o termo para $n = -1$, $\left(\frac{1}{5}z^{-1}\right)^{-1} = 5z$, só é finito para $|z| < \infty$. Nesse caso, $X(z)$ é a soma de duas séries geométricas, resultando em

$$X(z) = \frac{1}{1 - \frac{1}{4}z^{-1}} + \frac{5z}{1 - \frac{1}{5}z^{-1}} = \frac{4z}{4z - 1} + \frac{25z^2}{5z - 1}, \quad \text{para } \frac{1}{4} < |z| < \infty. \tag{2.27}$$

Nesse exemplo, embora as sequências dos itens (a) e (c) sejam distintas, as expressões para suas transformadas z são iguais, estando a diferença apenas em suas regiões de convergência. Isso aponta o importante fato de que, para se especificar completamente uma transformada z, sua região de convergência tem de ser fornecida. Na Seção 2.3, quando estudarmos a transformada z inversa, esse aspecto será examinado com mais detalhe.

$\triangle$

Em muitos casos, lidamos com sistemas causais estáveis. Como para um sistema causal a resposta ao impulso $h(n)$ é zero para $n < n_0$ com $n_0 \geq 0$, então, pela equação (1.60), temos que um sistema causal é também BIBO-estável se e somente se

$$\sum_{n=n_0}^{\infty} |h(n)| < \infty. \tag{2.28}$$

Aplicando o critério para convergência de séries visto anteriormente, temos que o sistema é estável se

$$\lim_{n \to \infty} |h(n)|^{1/n} = r < 1. \tag{2.29}$$

Isso equivale a dizer que $H(z)$, a transformada z de $h(n)$, converge para $|z| > r$. Como para garantir a estabilidade devemos ter $r < 1$, então concluímos que a região de convergência da transformada z da resposta ao impulso de um sistema causal estável inclui necessariamente a região exterior ao círculo unitário e a circunferência unitária (de fato, no caso em que a resposta ao impulso é unilateral direita porém não causal, isto é, $n_0 < 0$, essa região exclui $|z| = \infty$).

Um caso muito importante ocorre quando $X(z)$ pode ser expressa como a razão de dois polinômios em z, na forma

$$X(z) = \frac{N(z)}{D(z)}. \tag{2.30}$$

Referimo-nos às raízes de $N(z)$ como os zeros de $X(z)$ e às raízes de $D(z)$ como os polos de $X(z)$. Mais especificamente, nesse caso $X(z)$ pode ser expresso como

$$X(z) = \frac{N(z)}{\prod_{k=1}^{K}(z-p_k)^{m_k}}, \tag{2.31}$$

onde p_k é um polo de multiplicidade m_k, e K é o número total de polos distintos. Como $X(z)$ não é definida em seus polos, a região de convergência de $X(z)$ não pode incluí-los. Portanto, dada $X(z)$ como na equação (2.31), há um modo fácil

2.2 Definição da transformada z

de se determinar sua região de convergência, dependendo do tipo da sequência $x(n)$:

- *Sequências unilaterais direitas:* A região de convergência de $X(z)$ é $|z| > r_1$. Como $X(z)$ não converge em seus polos, então seus polos devem estar no interior da circunferência $|z| = r_1$ (exceto polos em $|z| = \infty$), com $r_1 = \max_{1 \leq k \leq K} \{|p_k|\}$. Isso é ilustrado na Figura 2.2a.

- *Sequências unilaterais esquerdas:* A região de convergência de $X(z)$ é $|z| < r_2$. Portanto seus polos devem estar no exterior da circunferência $|z| = r_2$ (exceto polos em $z = 0$), com $r_2 = \min_{1 \leq k \leq K} \{|p_k|\}$. Isso é ilustrado na Figura 2.2b.

- *Sequências bilaterais:* A região de convergência de $X(z)$ é $r_1 < |z| < r_2$, e portanto alguns de seus polos estão no interior da circunferência $|z| = r_1$ e alguns, no exterior da circunferência $|z| = r_2$. Nesse caso, a região de convergência precisa ser melhor especificada. Isso é ilustrado na Figura 2.2c.

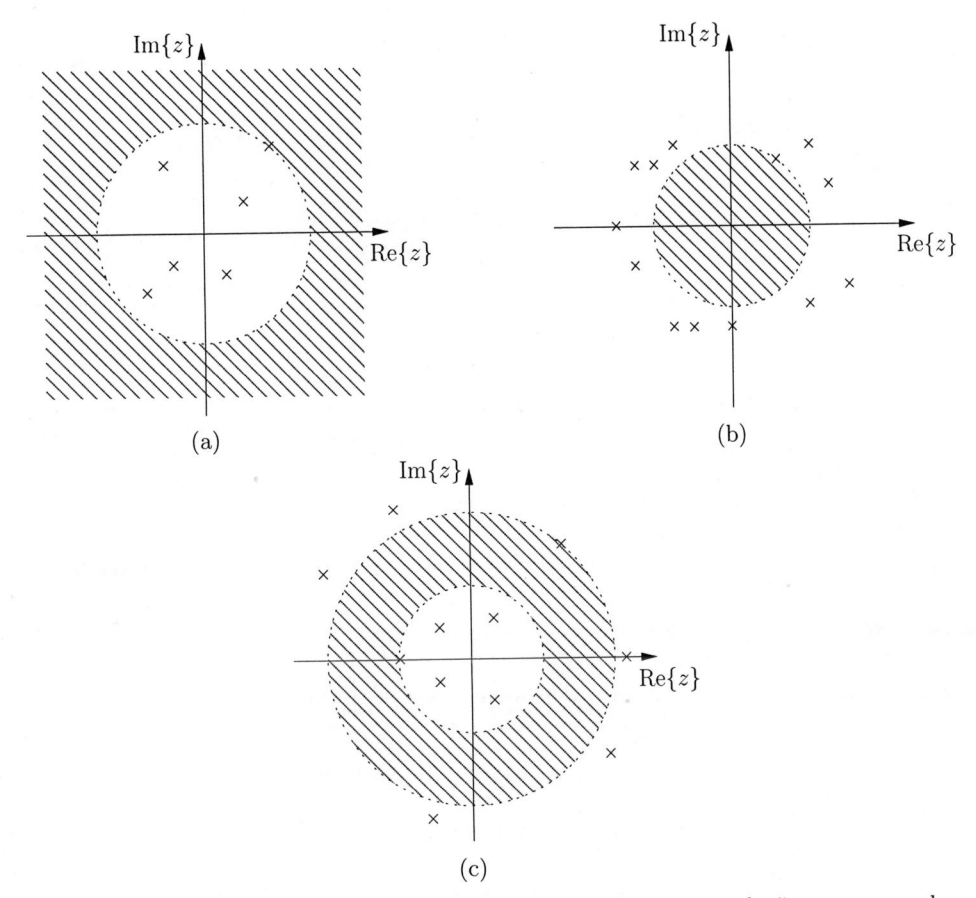

Figura 2.2 Região de convergência de uma transformada z em relação a seus polos: (a) sequências unilaterais direitas; (b) sequências unilaterais esquerdas; (c) sequências bilaterais.

2.3 Transformada z inversa

Muito frequentemente, precisamos determinar qual sequência corresponde a uma dada tranformada z. Pode-se obter uma fórmula para a transformada z inversa a partir do teorema dos resíduos, que enunciamos a seguir.

TEOREMA 2.1 (TEOREMA DOS RESÍDUOS)
Seja $X(z)$ uma função complexa analítica dentro de um contorno fechado C e no próprio contorno, exceto num número finito K_i de pontos singulares p_k no interior de C. Nesse caso, vale a seguinte igualdade:

$$\oint_C X(z)\mathrm{d}z = 2\pi\mathrm{j} \sum_{k=1}^{K_i} \operatorname*{res}_{z=p_k} \{X(z)\}, \qquad (2.32)$$

com a integral calculada ao longo de C, no sentido anti-horário.

Se p_k é um polo de $X(z)$ com multiplicidade m_k, isto é, se $X(z)$ pode ser escrita como

$$X(z) = \frac{P_k(z)}{(z-p_k)^{m_k}}, \qquad (2.33)$$

onde $P_k(z)$ é analítica em $z = p_k$, então o resíduo de $X(z)$ com respeito a p_k é dado por

$$\operatorname*{res}_{z=p_k} \{X(z)\} = \frac{1}{(m_k-1)!} \left. \frac{\mathrm{d}^{(m_k-1)}[(z-p_k)^{m_k} X(z)]}{\mathrm{d}z^{(m_k-1)}} \right|_{z=p_k}. \qquad (2.34)$$

$\diamond$

Usando o Teorema, é possível mostrar que, se C é um percurso fechado anti-horário envolvendo a origem do plano z, então

$$\frac{1}{2\pi\mathrm{j}} \oint_C z^{n-1} \mathrm{d}z = \begin{cases} 0, & \text{para } n \neq 0 \\ 1, & \text{para } n = 0, \end{cases} \qquad (2.35)$$

e assim podemos deduzir que a transformada z inversa de $X(z)$ é dada por

$$x(n) = \frac{1}{2\pi\mathrm{j}} \oint_C X(z) z^{n-1} \mathrm{d}z, \qquad (2.36)$$

onde C é um percurso fechado anti-horário na região de convergência de $X(z)$.

PROVA
Como

$$X(z) = \sum_{n=-\infty}^{\infty} x(n) z^{-n}, \qquad (2.37)$$

2.3 Transformada z inversa

expressando $x(n)$ usando a transformada z inversa como na equação (2.36) e trocando a ordem entre a integração e o somatório, temos que

$$\frac{1}{2\pi j}\oint_C X(z)z^{m-1}\mathrm{d}z = \frac{1}{2\pi j}\oint_C \sum_{n=-\infty}^{\infty} x(n)z^{-n+m-1}\mathrm{d}z$$

$$= \frac{1}{2\pi j}\sum_{n=-\infty}^{\infty} x(n)\oint_C z^{-n+m-1}\mathrm{d}z$$

$$= x(m). \tag{2.38}$$

□

No restante desta seção, descrevemos técnicas para realização do cálculo da transformada z inversa em diversos casos práticos.

2.3.1 Cálculo baseado no teorema dos resíduos

Sempre que $X(z)$ é uma razão de polinômios, o teorema dos resíduos pode ser usado eficientemente para calcular a transformada z inversa. Nesse caso, a equação (2.36) se torna

$$x(n) = \frac{1}{2\pi j}\oint_C X(z)z^{n-1}\mathrm{d}z = \sum_{k=1}^{K_i} \operatorname*{res}_{z=p_k}\left\{X(z)z^{n-1}\right\}, \tag{2.39}$$

onde

$$X(z)z^{n-1} = \frac{N(z)}{\prod_{k=1}^{K_t}(z-p_k)^{m_k}}. \tag{2.40}$$

Note que nem todos os K_t polos p_k (com suas respectivas multiplicidades m_k) de $X(z)z^{n-1}$ entram no somatório da equação (2.39). Este deve conter apenas os K_i polos (com suas respectivas multiplicidades) que são envolvidos pelo contorno C. Também é importante observar que o contorno C precisa estar contido na região de convergência de $X(z)$. Além disso, para calcular $x(n)$ para $n \leq 0$, temos de considerar os resíduos dos polos de $X(z)z^{n-1}$ na origem.

EXEMPLO 2.3

Determine a transformada z inversa de

$$X(z) = \frac{z^2}{(z-0{,}2)(z+0{,}8)}, \tag{2.41}$$

considerando que se trata da transformada z da resposta ao impulso de um sistema causal.

SOLUÇÃO

Deve-se notar que para se especificar completamente uma transformada z, sua região de convergência precisa ser fornecida. Neste exemplo, como o sistema é causal, podemos afirmar que sua resposta ao impulso é unilateral direita. Portanto, como foi visto na Seção 2.2, a região de convergência de sua transformada z é caracterizada por $|z| > r_1$. Isso implica que seus polos estão no interior da circunferência $|z| = r_1$ e, portanto, $r_1 = \max_{1 \leq k \leq K}\{|p_k|\} = 0{,}8$.

Precisamos, então, calcular

$$x(n) = \frac{1}{2\pi j}\oint_C X(z)z^{n-1}dz = \frac{1}{2\pi j}\oint_C \frac{z^{n+1}}{(z-0{,}2)(z+0{,}8)}dz, \tag{2.42}$$

onde C é qualquer contorno fechado na região de convergência de $X(z)$, isto é, envolvendo os polos $z = 0{,}2$ e $z = -0{,}8$, assim como os polos que ocorrem em $z = 0$ para $n \leq -2$.

Como queremos usar o teorema dos resíduos, há dois casos distintos a considerar. Para $n \geq -1$, há dois polos no interior de C: $z = 0{,}2$ e $z = -0{,}8$; já para para $n \leq -2$, há três polos no interior de C: $z = 0{,}2$, $z = -0{,}8$ e $z = 0$. Portanto, temos que:

- Para $n \geq -1$, a equação (2.39) leva a

$$\begin{aligned} x(n) &= \operatorname*{res}_{z=0{,}2}\left\{\frac{z^{n+1}}{(z-0{,}2)(z+0{,}8)}\right\} + \operatorname*{res}_{z=-0{,}8}\left\{\frac{z^{n+1}}{(z-0{,}2)(z+0{,}8)}\right\} \\ &= \operatorname*{res}_{z=0{,}2}\left\{\frac{P_1(z)}{z-0{,}2}\right\} + \operatorname*{res}_{z=-0{,}8}\left\{\frac{P_2(z)}{z+0{,}8}\right\}, \end{aligned} \tag{2.43}$$

onde

$$P_1(z) = \frac{z^{n+1}}{z+0{,}8} \quad \text{e} \quad P_2(z) = \frac{z^{n+1}}{z-0{,}2}. \tag{2.44}$$

Pela equação (2.34),

$$\operatorname*{res}_{z=0{,}2}\left\{\frac{z^{n+1}}{(z-0{,}2)(z+0{,}8)}\right\} = P_1(0{,}2) = (0{,}2)^{n+1} \tag{2.45}$$

$$\operatorname*{res}_{z=-0{,}8}\left\{\frac{z^{n+1}}{(z-0{,}2)(z+0{,}8)}\right\} = P_2(-0{,}8) = -(-0{,}8)^{n+1} \tag{2.46}$$

e, então,

$$x(n) = (0{,}2)^{n+1} - (-0{,}8)^{n+1}, \quad \text{para } n \geq -1. \tag{2.47}$$

2.3 Transformada z inversa

- Para $n \leq -2$, também temos um polo com multiplicidade $(-n-1)$ em $z = 0$. Portanto, temos que adicionar o resíduo em $z = 0$ aos dois resíduos da equação (2.47), de modo que

$$x(n) = (0{,}2)^{n+1} - (-0{,}8)^{n+1} + \operatorname*{res}_{z=0}\left\{\frac{z^{n+1}}{(z-0{,}2)(z+0{,}8)}\right\}$$

$$= (0{,}2)^{n+1} - (-0{,}8)^{n+1} + \operatorname*{res}_{z=0}\left\{P_3(z)z^{n+1}\right\}, \qquad (2.48)$$

onde

$$P_3(z) = \frac{1}{(z-0{,}2)(z+0{,}8)}. \qquad (2.49)$$

Pela equação (2.34), como o polo $z = 0$ tem multiplicidade $m_k = (-n-1)$, temos que

$$\operatorname*{res}_{z=0}\left\{P_3(z)z^{n+1}\right\} = \frac{1}{(-n-2)!}\left.\frac{\mathrm{d}^{(-n-2)}P_3(z)}{\mathrm{d}z^{(-n-2)}}\right|_{z=0}$$

$$= \frac{1}{(-n-2)!}\left.\frac{\mathrm{d}^{(-n-2)}}{\mathrm{d}z^{(-n-2)}}\left\{\frac{1}{(z-0{,}2)(z+0{,}8)}\right\}\right|_{z=0}$$

$$= \left.\left\{\frac{(-1)^{-n-2}}{(z-0{,}2)^{-n-1}} - \frac{(-1)^{-n-2}}{(z+0{,}8)^{-n-1}}\right\}\right|_{z=0}$$

$$= (-1)^{-n-2}\left[(-0{,}2)^{n+1} - (0{,}8)^{n+1}\right]$$

$$= -(0{,}2)^{n+1} + (-0{,}8)^{n+1}. \qquad (2.50)$$

Substituindo esse resultado na equação (2.48), temos que

$$x(n) = (0{,}2)^{n+1} - (-0{,}8)^{n+1} - (0{,}2)^{n+1} + (-0{,}8)^{n+1} = 0, \quad \text{para } n \leq -2. \qquad (2.51)$$

Das equações (2.47) e (2.51), temos então que

$$x(n) = \left[(0{,}2)^{n+1} - (-0{,}8)^{n+1}\right]u(n+1). \qquad (2.52)$$

△

Pelo que vimos no exemplo anterior, o cálculo de resíduos para o caso dos múltiplos polos em $z = 0$ envolve o cálculo de derivadas de ordem n, que podem, com frequência, tornar-se bastante complicadas. Felizmente, esses casos podem ser facilmente resolvidos por meio de um truque simples, o qual descrevemos a seguir.

Quando a integral em

$$X(z) = \frac{1}{2\pi\mathrm{j}}\oint_C X(z)z^{n-1}\mathrm{d}z \qquad (2.53)$$

envolve o cálculo de resíduos de polos múltiplos em $z = 0$, fazemos a mudança de variável $z = 1/v$. Se os polos de $X(z)$ se localizam em $z = p_k$, então os polos de $X(1/v)$ se localizam em $v = 1/p_k$. Além disso, se $X(z)$ converge para $r_1 < |z| < r_2$, então $X(1/v)$ converge para $1/r_2 < |v| < 1/r_1$. A integral na equação (2.36), então, se torna

$$x(n) = \frac{1}{2\pi j} \oint_C X(z) z^{n-1} dz = -\frac{1}{2\pi j} \oint_{C'} X\left(\frac{1}{v}\right) v^{-n-1} dv. \quad (2.54)$$

Note que, se o contorno C é percorrido no sentido anti-horário em z, então o contorno C' é percorrido no sentido horário em v. Substituindo o percurso C' por um percurso C''' idêntico, porém no sentido anti-horário, o sinal da integral se inverte, e a equação (2.54) se torna

$$x(n) = \frac{1}{2\pi j} \oint_C X(z) z^{n-1} dz = \frac{1}{2\pi j} \oint_{C'''} X\left(\frac{1}{v}\right) v^{-n-1} dv. \quad (2.55)$$

Se $X(z)z^{n-1}$ tem polos múltiplos na origem, então $X(1/v)v^{-n-1}$ tem polos múltiplos em $|z| = \infty$, os quais agora estão fora do contorno fechado C'''. Portanto, o cálculo da integral do lado direito da equação (2.55) evita o cálculo de derivadas de ordem n. Esse fato é ilustrado pelo Exemplo 2.4, que recalcula a transformada z inversa do Exemplo 2.3.

EXEMPLO 2.4

Calcule a transformada z inversa de $X(z)$ do Exemplo 2.3 para $n \leq -2$ usando o teorema dos resíduos com a mudança de variáveis da equação (2.55).

SOLUÇÃO

Fazendo-se a mudança de variáveis $z = 1/v$, a equação (2.42) se torna

$$\begin{aligned}x(n) &= \frac{1}{2\pi j} \oint_C \frac{z^{n+1}}{(z-0{,}2)(z+0{,}8)} dz \\ &= \frac{1}{2\pi j} \oint_{C'''} \frac{v^{-n-1}}{(1-0{,}2v)(1+0{,}8v)} dv. \quad (2.56)\end{aligned}$$

A região de convergência do integrando à direita é $|v| < 1/0{,}8$ e, portanto, para $n \leq -2$ não há polos no interior do contorno fechado C'''. Então, pela equação (2.39), concluímos que

$$x(n) = 0, \quad \text{para } n \leq -2, \quad (2.57)$$

que, naturalmente, é o mesmo resultado do Exemplo 2.3, porém obtido de modo muito mais simples.

△

2.3.2 Cálculo baseado na expansão em frações parciais

Usando o teorema dos resíduos, pode-se mostrar que a transformada z inversa de

$$X(z) = \frac{1}{(z - z_0)^k}, \tag{2.58}$$

se sua região de convergência é $|z| > |z_0|$, é a sequência unilateral direita

$$x(n) = \frac{(n-1)!}{(n-k)!(k-1)!} z_0^{n-k} u(n-k) = \binom{n-1}{k-1} z_0^{n-k} u(n-k). \tag{2.59}$$

Se a região de convergência da transformada z na equação (2.58) é $|z| < |z_0|$, sua transformada z inversa é a sequência unilateral esquerda

$$x(n) = -\frac{(n-1)!}{(n-k)!(k-1)!} z_0^{n-k} u(-n+k-1) = -\binom{n-1}{k-1} z_0^{n-k} u(-n+k-1). \tag{2.60}$$

Usando essas duas relações, o cálculo da transformada z inversa de qualquer função $X(z)$ que possa ser expressa como uma razão de polinômios se torna direto, a partir do momento em que se obtenha a expansão de $X(z)$ em frações parciais.

Se $X(z) = N(z)/D(z)$ tem K polos distintos p_k, para $k = 1, 2, \ldots, K$, cada um com multiplicidade m_k, então a expansão em frações parciais de $X(z)$ se faz como a seguir (Kreyszig, 1979):

$$X(z) = \sum_{l=0}^{M-L} g_l z^l + \sum_{k=1}^{K} \sum_{i=1}^{m_k} \frac{c_{ki}}{(z - p_k)^i}, \tag{2.61}$$

onde M e L são os graus do numerador e do denominador de $X(z)$, respectivamente.

Os coeficientes g_l, para $l = 0, 1, \ldots, M - L$, podem ser obtidos pelo quociente entre os polinômios $N(z)$ e $D(z)$, da seguinte forma:

$$X(z) = \frac{N(z)}{D(z)} = \sum_{l=0}^{M-L} g_l z^l + \frac{C(z)}{D(z)}, \tag{2.62}$$

onde o grau de $C(z)$ é menor que o grau de $D(z)$. Claramente, se $M < L$, então $g_l = 0$, $\forall l$.

Os coeficientes c_{ki} são

$$c_{ki} = \frac{1}{(m_k - i)!} \frac{\mathrm{d}^{(m_k-i)}[(z - p_k)^{m_k} X(z)]}{\mathrm{d}z^{(m_k-i)}}\bigg|_{z=p_k}. \tag{2.63}$$

No caso de um polo simples, c_{k1} é dado por

$$c_{k1} = (z - p_k)X(z)|_{z=p_k}. \tag{2.64}$$

Como a transformada z é linear e a transformada z inversa de cada um dos termos $c_{ki}/(z - p_k)^i$ pode ser calculada através da equação (2.59) ou da equação (2.60) (conforme o polo esteja dentro ou fora da região de convergência de $X(z)$), então a transformada z inversa segue diretamente da equação (2.61).

EXEMPLO 2.5
Resolva o Exemplo 2.3 usando a expansão em frações parciais de $X(z)$.

SOLUÇÃO
Formamos

$$X(z) = \frac{z^2}{(z - 0{,}2)(z + 0{,}8)} = g_0 + \frac{c_1}{z - 0{,}2} + \frac{c_2}{z + 0{,}8}, \tag{2.65}$$

onde

$$g_0 = \lim_{|z| \to \infty} X(z) = 1, \tag{2.66}$$

e, usando a equação (2.34), encontramos

$$c_1 = \frac{z^2}{z + 0{,}8}\bigg|_{z=0{,}2} = (0{,}2)^2 \tag{2.67}$$

$$c_2 = \frac{z^2}{z - 0{,}2}\bigg|_{z=-0{,}8} = -(0{,}8)^2, \tag{2.68}$$

de forma que

$$X(z) = 1 + \frac{(0{,}2)^2}{z - 0{,}2} - \frac{(0{,}8)^2}{z + 0{,}8}. \tag{2.69}$$

2.3 Transformada z inversa

Como $X(z)$ é a transformada z da resposta ao impulso de um sistema causal, então temos que os termos dessa equação correspondem a uma série de potências unilateral direita. Logo, as transformadas z inversas das três parcelas são:

$$\mathcal{Z}^{-1}\{1\} = \delta(n) \tag{2.70}$$

$$\mathcal{Z}^{-1}\left\{\frac{(0,2)^2}{z-0,2}\right\} = \mathcal{Z}^{-1}\left\{\frac{(0,2)^2 z^{-1}}{1-0,2z^{-1}}\right\}$$

$$= \mathcal{Z}^{-1}\left\{0,2\sum_{n=1}^{\infty}(0,2z^{-1})^n\right\}$$

$$= 0,2(0,2)^n u(n-1)$$

$$= (0,2)^{n+1} u(n-1) \tag{2.71}$$

$$\mathcal{Z}^{-1}\left\{\frac{-(0,8)^2}{z+0,8}\right\} = \mathcal{Z}^{-1}\left\{\frac{-(0,8)^2 z^{-1}}{1+0,8z^{-1}}\right\}$$

$$= \mathcal{Z}^{-1}\left\{0,8\sum_{n=1}^{\infty}(-0,8z^{-1})^n\right\}$$

$$= 0,8(-0,8)^n u(n-1)$$

$$= -(-0,8)^{n+1} u(n-1). \tag{2.72}$$

Somando os três termos anteriores (equações (2.70)–(2.72)), temos que a transformada z inversa de $X(z)$ é

$$x(n) = \delta(n) + (0,2)^{n+1} u(n-1) - (-0,8)^{n+1} u(n-1)$$
$$= (0,2)^{n+1} u(n) - (-0,8)^{n+1} u(n). \tag{2.73}$$

$\triangle$

EXEMPLO 2.6
Calcule a transformada z inversa unilateral direita de

$$X(z) = \frac{1}{z^2 - 3z + 3}. \tag{2.74}$$

SOLUÇÃO
Fazendo a expansão de $X(z)$ em frações parciais, temos que

$$X(z) = \frac{1}{(z-\sqrt{3}e^{j\pi/6})(z-\sqrt{3}e^{-j\pi/6})} = \frac{A}{z-\sqrt{3}e^{j\pi/6}} + \frac{B}{z-\sqrt{3}e^{-j\pi/6}}, \tag{2.75}$$

onde

$$A = \left.\frac{1}{z - \sqrt{3}e^{-j\pi/6}}\right|_{z=\sqrt{3}e^{j\pi/6}} = \frac{1}{\sqrt{3}e^{j\pi/6} - \sqrt{3}e^{-j\pi/6}} = \frac{1}{2j\sqrt{3}\,\text{sen}\,\frac{\pi}{6}} = \frac{1}{j\sqrt{3}}, \quad (2.76)$$

$$B = \left.\frac{1}{z - \sqrt{3}e^{j\pi/6}}\right|_{z=\sqrt{3}e^{-j\pi/6}} = \frac{1}{\sqrt{3}e^{-j\pi/6} - \sqrt{3}e^{j\pi/6}} = \frac{1}{-2j\sqrt{3}\,\text{sen}\,\frac{\pi}{6}} = -\frac{1}{j\sqrt{3}}; \quad (2.77)$$

logo,

$$X(z) = \frac{1}{j\sqrt{3}}\left(\frac{1}{z - \sqrt{3}e^{j\pi/6}} - \frac{1}{z - \sqrt{3}e^{-j\pi/6}}\right). \quad (2.78)$$

Pela equação (2.59), temos que

$$x(n) = \frac{1}{j\sqrt{3}}\left[(\sqrt{3}e^{j\pi/6})^{n-1} - (\sqrt{3}e^{-j\pi/6})^{n-1}\right]u(n-1)$$

$$= \frac{1}{j\sqrt{3}}\left[(\sqrt{3})^{n-1}e^{j(n-1)\pi/6} - (\sqrt{3})^{n-1}e^{-j(n-1)\pi/6}\right]u(n-1)$$

$$= \frac{1}{j\sqrt{3}}(\sqrt{3})^{n-1}2j\,\text{sen}\left[(n-1)\frac{\pi}{6}\right]u(n-1)$$

$$= 2(\sqrt{3})^{n-2}\,\text{sen}\left[(n-1)\frac{\pi}{6}\right]u(n-1). \quad (2.79)$$

△

2.3.3 Cálculo baseado na divisão polinomial

Dada $X(z) = N(z)/D(z)$, podemos efetuar a divisão longa do polinômio $N(z)$ pelo polinômio $D(z)$ e obter os valores de $x(n)$ em $n = k$ como os coeficientes de z^{-k}. Deve-se notar que isso só é possível no caso de sequências unilaterais. Se a sequência é direita, então os polinômios devem ser funções de z. Se a sequência é esquerda, os polinômios devem ser funções de z^{-1}. Isso fica claro com os Exemplos 2.7 e 2.8.

EXEMPLO 2.7

Resolva o Exemplo 2.3 usando divisão polinomial.

SOLUÇÃO

Como $X(z)$ é a transformada z de uma sequência unilateral direita (resposta ao impulso causal), podemos expressá-la como uma razão de polinômios em z, isto é,

$$X(z) = \frac{z^2}{(z-0{,}2)(z+0{,}8)} = \frac{z^2}{z^2 + 0{,}6z - 0{,}16}. \quad (2.80)$$

2.3 Transformada z inversa

Então, a divisão se efetua como

$$
\begin{array}{r|l}
z^2 & z^2 + 0{,}6z - 0{,}16 \\
-z^2 - 0{,}6z + 0{,}16 & \overline{1 - 0{,}6z^{-1} + 0{,}52z^{-2} - 0{,}408z^{-3} + \cdots} \\
\hline
-0{,}6z + 0{,}16 & \\
0{,}6z + 0{,}36 - 0{,}096z^{-1} & \\
\hline
0{,}52 - 0{,}096z^{-1} & \\
-0{,}52 - 0{,}312z^{-1} + 0{,}0832z^{-2} & \\
\hline
-0{,}408z^{-1} + 0{,}0832z^{-2} & \\
\vdots &
\end{array}
$$

e, portanto,

$$X(z) = 1 + (-0{,}6)z^{-1} + (0{,}52)z^{-2} + (-0{,}408)z^{-3} + \cdots. \tag{2.81}$$

Isso é o mesmo que dizer que

$$x(n) = \begin{cases} 0, & \text{para } n < 0 \\ 1, -0{,}6,\ 0{,}52, -0{,}408, \ldots & \text{para } n = 0, 1, 2, \ldots. \end{cases} \tag{2.82}$$

A principal dificuldade com esse método é encontrar uma expressão em forma fechada para $x(n)$. No caso que acabamos de ver, podemos verificar que, de fato, a sequência obtida corresponde à equação (2.52). △

EXEMPLO 2.8
Encontre a transformada z inversa de $X(z)$ no Exemplo 2.3 usando divisão polinomial, supondo que a sequência $x(n)$ é unilateral esquerda.

SOLUÇÃO
Como $X(z)$ é a transformada z de uma sequência unilateral esquerda, podemos expressá-la como

$$X(z) = \frac{z^2}{(z - 0{,}2)(z + 0{,}8)} = \frac{1}{-0{,}16z^{-2} + 0{,}6z^{-1} + 1}. \tag{2.83}$$

Então, a divisão se efetua como

$$
\begin{array}{r|l}
1 & -0{,}16z^{-2} + 0{,}6z^{-1} + 1 \\
-1 + 3{,}75z + 6{,}25z^2 & \overline{-6{,}25z^2 - 23{,}4375z^3 - 126{,}953\,125z^4 - \cdots} \\
\overline{3{,}75z + 6{,}25z^2} & \\
-3{,}75z + 14{,}0625z^2 + 23{,}4375z^3 & \\
\overline{20{,}3125z^2 + 23{,}4375z^3} & \\
\vdots &
\end{array}
$$

e fornece

$$X(z) = -6{,}25z^2 - 23{,}4375z^3 - 126{,}953\,125z^4 - \cdots, \qquad (2.84)$$

implicando que

$$x(n) = \begin{cases} \ldots, -126{,}953\,125, -23{,}4375, -6{,}25, & \text{para } n = \ldots, -4, -3, -2 \\ 0, & \text{para } n > -2. \end{cases} \qquad (2.85)$$

△

2.3.4 Cálculo baseado na expansão em série

Quando a transformada z não é expressa por uma razão de polinômios, podemos tentar efetuar sua inversão usando uma expansão em série em torno de $z^{-1} = 0$ ou $z = 0$, dependendo de se a região de convergência inclui $|z| = \infty$ ou $z = 0$. Para sequências unilaterais direitas, realizamos a expansão de $X(z)$ usando a variável z^{-1} em torno de $z^{-1} = 0$. A expansão em série de Taylor de $F(x)$ em torno de $x = 0$ é dada por

$$\begin{aligned} F(x) &= F(0) + x \left.\frac{\mathrm{d}F}{\mathrm{d}x}\right|_{x=0} + \frac{x^2}{2!} \left.\frac{\mathrm{d}^2 F}{\mathrm{d}x^2}\right|_{x=0} + \frac{x^3}{3!} \left.\frac{\mathrm{d}^3 F}{\mathrm{d}x^3}\right|_{x=0} + \cdots \\ &= \sum_{n=0}^{\infty} \frac{x^n}{n!} \left.\frac{\mathrm{d}^n F}{\mathrm{d}x^n}\right|_{x=0}. \end{aligned} \qquad (2.86)$$

Se fazemos $x = z^{-1}$, então essa expansão tem a forma da transformada z de uma sequência unilateral direita.

EXEMPLO 2.9

Encontre a transformada z inversa de

$$X(z) = \ln\left(\frac{1}{1 - z^{-1}}\right). \qquad (2.87)$$

Considere que a sequência é unilateral direita.

2.3 Transformada z inversa

SOLUÇÃO

Expandindo $X(z)$ como na equação (2.86), usando z^{-1} como a variável, temos que

$$X(z) = \sum_{n=1}^{\infty} \frac{z^{-n}}{n}. \tag{2.88}$$

Pode-se constatar que esta série converge para $|z| > 1$, uma vez que, pela equação (2.14),

$$\lim_{n \to \infty} \left| \frac{z^{-n}}{n} \right|^{1/n} = z^{-1} \lim_{n \to \infty} \left| \frac{1}{n} \right|^{1/n} = z^{-1}. \tag{2.89}$$

Portanto, a transformada z inversa de $X(z)$ é, por inspeção,

$$x(n) = \frac{1}{n} u(n-1). \tag{2.90}$$

△

EXEMPLO 2.10

(a) Calcule a transformada z inversa unilateral direita correspondente à função descrita a seguir:

$$H(z) = \text{arctg}\, z^{-1} \tag{2.91}$$

sabendo que

$$\frac{d^k \text{arctg}\, x}{dx^k}(0) = \begin{cases} 0, & k = 2l \\ (-1)^{(k-1)/2}(k-1)!, & k = 2l+1, \end{cases} \tag{2.92}$$

com $l \geq 0$.

(b) A sequência resultante pode representar a resposta ao impulso de um sistema estável? Por quê?

SOLUÇÃO

(a) Dadas a série definida na equação (2.86) e a equação (2.92), a série para a função arctg pode ser expressa como

$$\text{arctg}\, x = x - \frac{x^3}{3} + \frac{x^5}{5} + \cdots + \frac{(-1)^l x^{(2l+1)}}{2l+1} + \cdots \tag{2.93}$$

e, então,

$$\text{arctg}\, z^{-1} = z^{-1} - \frac{z^{-3}}{3} + \frac{z^{-5}}{5} + \cdots + \frac{(-1)^l z^{-(2l+1)}}{2l+1} \cdots. \tag{2.94}$$

Como resultado, a sequência temporal correspondente é dada por

$$h(n) = \begin{cases} 0, & n = 2l \\ \dfrac{(-1)^{(n-1)/2}}{n}, & n = 2l+1, \end{cases} \quad (2.95)$$

com $l \geq 0$.

(b) Para que uma sequência $h(n)$ represente a resposta ao impulso de um sistema estável, ela deve ser absolutamente somável. Inicialmente, observamos que

$$\sum_{n=1}^{\infty} \frac{1}{n} = \sum_{l=1}^{\infty} \left(\frac{1}{2l-1} + \frac{1}{2l} \right) < 2 \sum_{l=1}^{\infty} \frac{1}{2l-1}. \quad (2.96)$$

Mas como $\sum_{n=1}^{\infty} 1/n$ é ilimitada, então $\sum_{n=0}^{\infty} |h(n)| = \sum_{l=1}^{\infty} [1/(2l-1)]$ também é ilimitada, e portanto o sistema não é estável.

Se tivéssemos lançado mão do teste da condição suficiente

$$\lim_{n \to \infty} |h(n)|^{1/n} < 1, \quad (2.97)$$

teríamos encontrado, pela equação (2.95):

$$\lim_{n \to \infty} |h(n)|^{1/n} = \lim_{n \to \infty} \left| \frac{(-1)^{(n-1)/2}}{n} \right|^{1/n} = \lim_{n \to \infty} \left| \frac{1}{n} \right|^{1/n} = 1, \quad (2.98)$$

o que nada nos permitiria concluir.

$\triangle$

2.4 Propriedades da transformada z

Nesta seção, enunciamos algumas das propriedades mais importantes da transformada z.

2.4.1 Linearidade

Dadas duas sequências $x_1(n)$ e $x_2(n)$ e duas constantes arbitrárias k_1 e k_2 tais que $x(n) = k_1 x_1(n) + k_2 x_2(n)$, então

$$X(z) = k_1 X_1(z) + k_2 X_2(z), \quad (2.99)$$

com região de convergência dada, no mínimo, pela interseção das regiões de convergência de $X_1(z)$ e $X_2(z)$.

2.4 Propriedades da transformada z

PROVA

$$\begin{aligned}X(z) &= \sum_{n=-\infty}^{\infty}(k_1 x_1(n)+k_2 x_2(n))z^{-n} \\ &= k_1 \sum_{n=-\infty}^{\infty} x_1(n)z^{-n} + k_2 \sum_{n=-\infty}^{\infty} x_2(n)z^{-n} \\ &= k_1 X_1(z) + k_2 X_2(z).\end{aligned} \qquad (2.100)$$

□

2.4.2 Reversão no tempo

$$x(-n) \longleftrightarrow X(z^{-1}), \qquad (2.101)$$

e se a região de convergência de $X(z)$ é $r_1 < |z| < r_2$, então a região de convergência de $\mathcal{Z}\{x(-n)\}$ é $1/r_2 < |z| < 1/r_1$.

PROVA

$$\begin{aligned}\mathcal{Z}\{x(-n)\} &= \sum_{n=-\infty}^{\infty} x(-n)z^{-n} = \sum_{m=-\infty}^{\infty} x(m)z^{m} \\ &= \sum_{m=-\infty}^{\infty} x(m)(z^{-1})^{-m} = X(z^{-1}),\end{aligned} \qquad (2.102)$$

implicando que a região de convergência de $\mathcal{Z}\{x(-n)\}$ é $r_1 < |z^{-1}| < r_2$, o que é equivalente a $1/r_2 < |z| < 1/r_1$.

□

2.4.3 Teorema do deslocamento no tempo

$$x(n+l) \longleftrightarrow z^l X(z), \qquad (2.103)$$

onde l é um inteiro. A região de convergência de $\mathcal{Z}\{x(n+l)\}$ é a mesma de $X(z)$, exceto pela possível inclusão ou exclusão de $z=0$ e/ou $|z|=\infty$.

PROVA
Por definição,

$$\mathcal{Z}\{x(n+l)\} = \sum_{n=-\infty}^{\infty} x(n+l)z^{-n}. \qquad (2.104)$$

Fazendo a mudança de variável $m = n + l$, temos que

$$\mathcal{Z}\{x(n+l)\} = \sum_{m=-\infty}^{\infty} x(m) z^{-(m-l)} = z^l \sum_{m=-\infty}^{\infty} x(m) z^{-m} = z^l X(z), \qquad (2.105)$$

notando que a multiplicação por z^l pode incluir ou excluir polos em $z = 0$ e $|z| = \infty$.

□

2.4.4 Multiplicação por uma exponencial

$$\alpha^{-n} x(n) \longleftrightarrow X(\alpha z), \qquad (2.106)$$

e se a região de convergência de $X(z)$ é $r_1 < |z| < r_2$, então a região de convergência de $\mathcal{Z}\{\alpha^{-n} x(n)\}$ é $r_1/|\alpha| < |z| < r_2/|\alpha|$.

PROVA

$$\mathcal{Z}\{\alpha^{-n} x(n)\} = \sum_{n=-\infty}^{\infty} \alpha^{-n} x(n) z^{-n} = \sum_{n=-\infty}^{\infty} x(n) (\alpha z)^{-n} = X(\alpha z); \qquad (2.107)$$

o somatório converge para $r_1 < |\alpha z| < r_2$, o que é equivalente a $r_1/|\alpha| < |z| < r_2/|\alpha|$.

□

2.4.5 Diferenciação complexa

$$nx(n) \longleftrightarrow -z \frac{\mathrm{d} X(z)}{\mathrm{d} z}, \qquad (2.108)$$

e a região de convergência de $\mathcal{Z}\{nx(n)\}$ é a mesma de $X(z)$, isto é, $r_1 < |z| < r_2$.

PROVA

$$\begin{aligned}
\mathcal{Z}\{nx(n)\} &= \sum_{n=-\infty}^{\infty} nx(n) z^{-n} \\
&= z \sum_{n=-\infty}^{\infty} nx(n) z^{-n-1} \\
&= -z \sum_{n=-\infty}^{\infty} x(n) \left(-n z^{-n-1}\right) \\
&= -z \sum_{n=-\infty}^{\infty} x(n) \frac{\mathrm{d} z^{-n}}{\mathrm{d} z} \\
&= -z \frac{\mathrm{d} X(z)}{\mathrm{d} z}.
\end{aligned} \qquad (2.109)$$

2.4 Propriedades da transformada z

Pelas equações (2.16) e (2.17), temos que se a região de convergência de $X(z)$ é $r_1 < |z| < r_2$, então

$$r_1 = \lim_{n \to \infty} |x(n)|^{1/n} \tag{2.110}$$

$$r_2 = \lim_{n \to -\infty} |x(n)|^{1/n}. \tag{2.111}$$

Portanto, se a região de convergência de $\mathcal{Z}\{nx(n)\}$ é dada por $r'_1 < |z| < r'_2$, então

$$r'_1 = \lim_{n \to \infty} |nx(n)|^{1/n} = \lim_{n \to \infty} |n|^{1/n} \lim_{n \to \infty} |x(n)|^{1/n} = \lim_{n \to \infty} |x(n)|^{1/n} = r_1 \tag{2.112}$$

$$r'_2 = \lim_{n \to -\infty} |nx(n)|^{1/n} = \lim_{n \to -\infty} |n|^{1/n} \lim_{n \to -\infty} |x(n)|^{1/n} = \lim_{n \to -\infty} |x(n)|^{1/n} = r_2, \tag{2.113}$$

implicando que a região de convergência de $\mathcal{Z}\{nx(n)\}$ é a mesma de $X(z)$. □

2.4.6 Conjugação complexa

$$x^*(n) \longleftrightarrow X^*(z^*). \tag{2.114}$$

As regiões de convergência de $X(z)$ e $\mathcal{Z}\{x^*(n)\}$ são iguais.

PROVA

$$\mathcal{Z}\{x^*(n)\} = \sum_{n=-\infty}^{\infty} x^*(n) z^{-n}$$

$$= \sum_{n=-\infty}^{\infty} \left[x(n) (z^*)^{-n} \right]^*$$

$$= \left[\sum_{n=-\infty}^{\infty} x(n) (z^*)^{-n} \right]^*$$

$$= X^*(z^*), \tag{2.115}$$

de onde segue trivialmente que a região de convergência de $\mathcal{Z}\{x^*(n)\}$ é a mesma de $X(z)$. □

2.4.7 Sequências reais e imaginárias

$$\text{Re}\{x(n)\} \longleftrightarrow \frac{1}{2}\left[X(z) + X^*\left(z^*\right)\right] \tag{2.116}$$

$$\text{Im}\{x(n)\} \longleftrightarrow \frac{1}{2j}\left[X(z) - X^*\left(z^*\right)\right], \tag{2.117}$$

onde $\text{Re}\{x(n)\}$ e $\text{Im}\{x(n)\}$ são as partes real e imaginária da sequência $x(n)$, respectivamente. As regiões de convergência de $\mathcal{Z}\{\text{Re}\{x(n)\}\}$ e $\mathcal{Z}\{\text{Im}\{x(n)\}\}$ contêm a de $X(z)$.

PROVA

$$\mathcal{Z}\{\text{Re}\{x(n)\}\} = \mathcal{Z}\left\{\frac{1}{2}[x(n) + x^*(n)]\right\} = \frac{1}{2}\left[X(z) + X^*\left(z^*\right)\right] \tag{2.118}$$

$$\mathcal{Z}\{\text{Im}\{x(n)\}\} = \mathcal{Z}\left\{\frac{1}{2j}[x(n) - x^*(n)]\right\} = \frac{1}{2j}\left[X(z) - X^*\left(z^*\right)\right], \tag{2.119}$$

com as respectivas regiões de convergência seguindo trivialmente dessas expressões: no mínimo iguais à de $X(z)$ (por sua vez igual à de $X^*(z^*)$).

□

2.4.8 Teorema do valor inicial

Se $x(n) = 0$ para $n < 0$, então

$$x(0) = \lim_{z \to \infty} X(z). \tag{2.120}$$

PROVA
Se $x(n) = 0$ para $n < 0$, então

$$\lim_{z \to \infty} X(z) = \lim_{z \to \infty} \sum_{n=0}^{\infty} x(n) z^{-n} = \sum_{n=0}^{\infty} \lim_{z \to \infty} x(n) z^{-n} = x(0). \tag{2.121}$$

□

2.4.9 Teorema da convolução

$$x_1(n) * x_2(n) \longleftrightarrow X_1(z) X_2(z). \tag{2.122}$$

A região de convergência de $\mathcal{Z}\{x_1(n) * x_2(n)\}$ é pelo menos a interseção das regiões de convergência de $X_1(z)$ e $X_2(z)$. Isso porque se um polo de $X_1(z)$ é cancelado por um zero de $X_2(z)$ ou vice-versa, então a região de convergência de $\mathcal{Z}\{x_1(n) * x_2(n)\}$ pode incorporar porções do plano z que não fazem parte das regiões de convergência de $X_1(z)$ ou $X_2(z)$.

2.4 Propriedades da transformada z

PROVA

$$\mathcal{Z}\{x_1(n) * x_2(n)\} = \mathcal{Z}\left\{\sum_{l=-\infty}^{\infty} x_1(l)x_2(n-l)\right\}$$

$$= \sum_{n=-\infty}^{\infty} \left[\sum_{l=-\infty}^{\infty} x_1(l)x_2(n-l)\right] z^{-n}$$

$$= \sum_{l=-\infty}^{\infty} x_1(l) \sum_{n=-\infty}^{\infty} x_2(n-l)z^{-n}$$

$$= \left[\sum_{l=-\infty}^{\infty} x_1(l)z^{-l}\right]\left[\sum_{n=-\infty}^{\infty} x_2(n)z^{-n}\right]$$

$$= X_1(z)X_2(z). \qquad (2.123)$$

$\square$

2.4.10 Produto de duas sequências

$$x_1(n)x_2(n) \longleftrightarrow \frac{1}{2\pi\mathrm{j}} \oint_{C_1} X_1(v) X_2\left(\frac{z}{v}\right) v^{-1}\mathrm{d}v = \frac{1}{2\pi\mathrm{j}} \oint_{C_2} X_1\left(\frac{z}{v}\right) X_2(v) v^{-1}\mathrm{d}v, \qquad (2.124)$$

onde C_1 é um contorno contido na interseção das regiões de convergência de $X_1(v)$ e $X_2(z/v)$, e C_2 é um contorno contido na interseção das regiões de convergência de $X_1(z/v)$ e $X_2(v)$. Assume-se que ambos, C_1 e C_2, são percursos anti-horários.

Se a região de convergência de $X_1(z)$ é $r_1 < |z| < r_2$ e a região de convergência de $X_2(z)$ é $r_1' < |z| < r_2'$, então a região de convergência de $\mathcal{Z}\{x_1(n)x_2(n)\}$ é

$$r_1 r_1' < |z| < r_2 r_2'. \qquad (2.125)$$

PROVA
Expressando $x_2(n)$ como função de sua transformada z, $X_2(z)$ (equação (2.36)), mudando a ordem entre a integração e o somatório e usando a definição da transformada z, temos que

$$\mathcal{Z}\{x_1(n)x_2(n)\} = \sum_{n=-\infty}^{\infty} x_1(n)x_2(n)z^{-n}$$

$$= \sum_{n=-\infty}^{\infty} x_1(n) \left[\frac{1}{2\pi\mathrm{j}} \oint_{C_2} X_2(v) v^{(n-1)} \mathrm{d}v\right] z^{-n}$$

$$= \frac{1}{2\pi\mathrm{j}} \oint_{C_2} \sum_{n=-\infty}^{\infty} x_1(n) z^{-n} v^{(n-1)} X_2(v) \mathrm{d}v$$

$$= \frac{1}{2\pi j} \oint_{C_2} \left[\sum_{n=-\infty}^{\infty} x_1(n) \left(\frac{v}{z}\right)^n \right] X_2(v) v^{-1} dv$$

$$= \frac{1}{2\pi j} \oint_{C_2} X_1\left(\frac{z}{v}\right) X_2(v) v^{-1} dv. \tag{2.126}$$

Se a região de convergência de $X_1(z)$ é $r_1 < |z| < r_2$, então a região de convergência de $X_1(z/v)$ é

$$r_1 < \frac{|z|}{|v|} < r_2, \tag{2.127}$$

o que é equivalente a

$$\frac{|z|}{r_2} < |v| < \frac{|z|}{r_1}. \tag{2.128}$$

Além disso, se a região de convergência de $X_2(v)$ é $r'_1 < |v| < r'_2$, então o contorno C_2 tem que se situar dentro da interseção das duas regiões de convergência, isto é, C_2 tem que estar contido na região

$$\max\left\{\frac{|z|}{r_2}, r'_1\right\} < |v| < \min\left\{\frac{|z|}{r_1}, r'_2\right\}. \tag{2.129}$$

Portanto, precisamos ter

$$\min\left\{\frac{|z|}{r_1}, r'_2\right\} > \max\left\{\frac{|z|}{r_2}, r'_1\right\}, \tag{2.130}$$

o que é verdade se $r_1 r'_1 < |z| < r_2 r'_2$.

□

A equação (2.124) também é conhecida como teorema da convolução complexa (Antoniou, 1993; Oppenheim & Schafer, 1975). Embora à primeira vista ela não tenha a forma de uma convolução, se expressamos $z = \rho_1 e^{j\theta_1}$ e $v = \rho_2 e^{j\theta_2}$ na forma polar, então ela pode ser reescrita como

$$\mathcal{Z}\{x_1(n) x_2(n)\}|_{z=\rho_1 e^{j\theta_1}} = \frac{1}{2\pi} \int_{-\pi}^{\pi} X_1\left(\frac{\rho_1}{\rho_2} e^{j(\theta_1-\theta_2)}\right) X_2\left(\rho_2 e^{j\theta_2}\right) d\theta_2, \tag{2.131}$$

que tem a forma de uma convolução em θ_1.

2.4.11 Teorema de Parseval

$$\sum_{n=-\infty}^{\infty} x_1(n) x_2^*(n) = \frac{1}{2\pi j} \oint_C X_1(v) X_2^*\left(\frac{1}{v^*}\right) v^{-1} dv, \tag{2.132}$$

2.4 Propriedades da transformada z

onde x^* denota o complexo conjugado de x e C é um contorno contido na interseção das regiões de convergência de $X_1(v)$ e $X_2^*(1/v^*)$.

PROVA
Começamos observando que

$$\sum_{n=-\infty}^{\infty} x(n) = X(z)|_{z=1}. \tag{2.133}$$

Portanto,

$$\sum_{n=-\infty}^{\infty} x_1(n) x_2^*(n) = \mathcal{Z}\{x_1(n) x_2^*(n)\}|_{z=1}. \tag{2.134}$$

Usando a equação (2.124) e a propriedade da conjugação complexa dada na equação (2.114), temos que a equação (2.134) implica que

$$\sum_{n=-\infty}^{\infty} x_1(n) x_2^*(n) = \frac{1}{2\pi \mathrm{j}} \oint_C X_1(v) X_2^* \left(\frac{1}{v^*}\right) v^{-1} \mathrm{d}v. \tag{2.135}$$

$\square$

2.4.12 Tabela de transformadas z básicas

A Tabela 2.1 contém algumas sequências comumente usadas e suas transformadas z correspondentes, juntamente com as regiões de convergência associadas. Embora ela só contenha as transformadas z de sequências unilaterais direitas, os resultados para sequências unilaterais esquerdas podem ser facilmente obtidos fazendo-se $y(n) = x(-n)$ e aplicando-se a propriedade da reversão no tempo, dada na Seção 2.4.2.

EXEMPLO 2.11
Calcule a convolução linear das sequências da Figura 2.3 usando a transformada z. Represente num gráfico a sequência resultante.

SOLUÇÃO
Pela Figura 2.3, podemos observar que as transformadas z das duas sequências são

$$X_1(z) = z - 1 - \frac{1}{2}z^{-1} \quad \text{e} \quad X_2(z) = 1 + z^{-1} - \frac{1}{2}z^{-2}. \tag{2.136}$$

Tabela 2.1 *Transformadas z de sequências comumente usadas.*

$x(n)$	$X(z)$	Região de convergência
$\delta(n)$	1	$z \in \mathbb{C}$
$u(n)$	$\dfrac{z}{(z-1)}$	$|z| > 1$
$(-a)^n u(n)$	$\dfrac{z}{(z+a)}$	$|z| > a$
$n u(n)$	$\dfrac{z}{(z-1)^2}$	$|z| > 1$
$n^2 u(n)$	$\dfrac{z(z+1)}{(z-1)^3}$	$|z| > 1$
$e^{an} u(n)$	$\dfrac{z}{(z-e^a)}$	$|z| > |e^a|$
$\binom{n-1}{k-1} e^{a(n-k)} u(n-k)$	$\dfrac{1}{(z-e^a)^k}$	$|z| > |e^a|$
$\cos(\omega n) u(n)$	$\dfrac{z[z-\cos(\omega)]}{z^2 - 2z\cos(\omega) + 1}$	$|z| > 1$
$\text{sen}(\omega n) u(n)$	$\dfrac{z\,\text{sen}(\omega)}{z^2 - 2z\cos(\omega) + 1}$	$|z| > 1$
$\dfrac{1}{n} u(n-1)$	$\ln\left(\dfrac{z}{z-1}\right)$	$|z| > 1$
$\text{sen}(\omega n + \theta) u(n)$	$\dfrac{z^2\,\text{sen}(\theta) + z\,\text{sen}(\omega - \theta)}{z^2 - 2z\cos(\omega) + 1}$	$|z| > 1$
$e^{an} \cos(\omega n) u(n)$	$\dfrac{z^2 - ze^a \cos(\omega)}{z^2 - 2ze^a \cos(\omega) + e^{2a}}$	$|z| > |e^a|$
$e^{an} \text{sen}(\omega n) u(n)$	$\dfrac{ze^a\,\text{sen}(\omega)}{z^2 - 2ze^a \cos(\omega) + e^{2a}}$	$|z| > |e^a|$

De acordo com a propriedade vista na Seção 2.4.9, a transformada z da convolução é o produto das transformadas z, e então

$$Y(z) = X_1(z) X_2(z) = \left(z - 1 - \frac{1}{2}z^{-1}\right)\left(1 + z^{-1} - \frac{1}{2}z^{-2}\right)$$

$$= z + 1 - \frac{1}{2}z^{-1} - 1 - z^{-1} + \frac{1}{2}z^{-2} - \frac{1}{2}z^{-1} - \frac{1}{2}z^{-2} + \frac{1}{4}z^{-3}$$

$$= z - 2z^{-1} + \frac{1}{4}z^{-3}. \tag{2.137}$$

2.4 Propriedades da transformada z

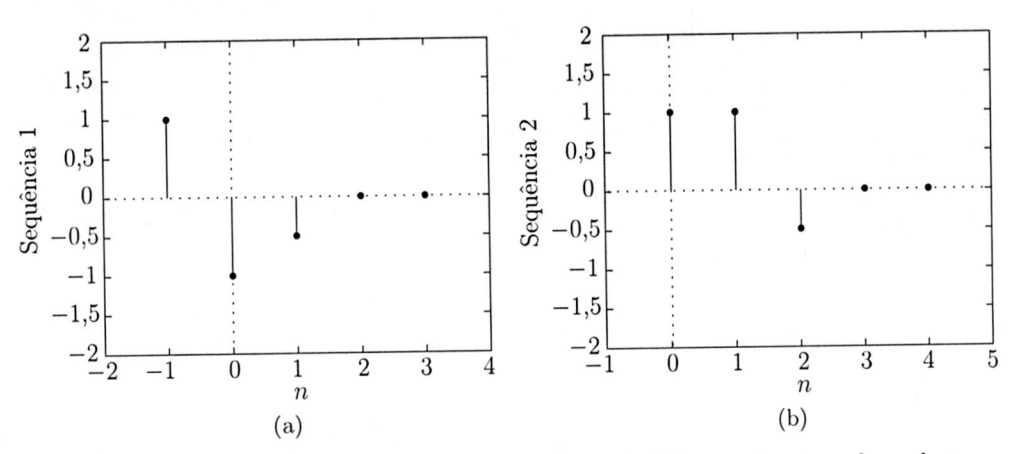

Figura 2.3 Sequências a serem convoluídas no Exemplo 2.11 usando a transformada z.

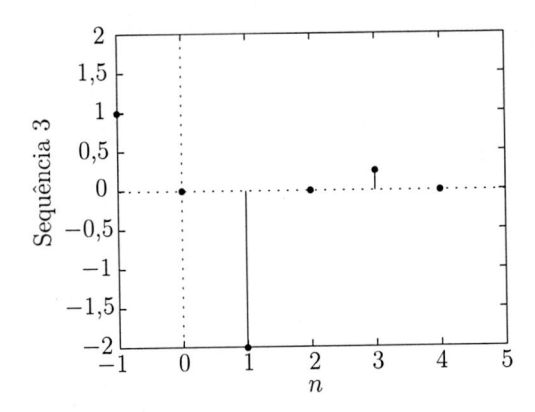

Figura 2.4 Sequência resultante do Exemplo 2.11.

No domínio do tempo, o resultado é

$$y(-1) = 1,\ y(0) = 0,\ y(1) = -2,\ y(2) = 0,\ y(3) = \frac{1}{4},\ y(4) = 0,\ \ldots, \qquad (2.138)$$

representado na Figura 2.4. △

EXEMPLO 2.12
Se $X(z)$ é a transformada z da sequência

$$x(0) = a_0,\ x(1) = a_1,\ x(2) = a_2,\ \ldots,\ x(i) = a_i,\ \ldots, \qquad (2.139)$$

determine a transformada z da sequência

$y(-2) = a_0,\ y(-3) = -a_1 b,\ y(-4) = -2a_2 b^2,\ \ldots,\ y(-i-2) = -ia_i b^i,\ \ldots$
$\hfill(2.140)$

como função de $X(z)$.

SOLUÇÃO
Temos que $X(z)$ e $Y(z)$ são

$$X(z) = a_0 + a_1 z^{-1} + a_2 z^{-2} + \cdots + a_i z^{-i} + \cdots \qquad (2.141)$$
$$Y(z) = a_0 z^2 - a_1 b z^3 - 2a_2 b^2 z^4 - \cdots - ia_i b^i z^{i+2} - \cdots. \qquad (2.142)$$

Começamos resolvendo esse problema usando a propriedade vista na Seção 2.4.5 pela qual se $x_1(n) = nx(n)$, então

$$\begin{aligned}
X_1(z) &= -z \frac{\mathrm{d}X(z)}{\mathrm{d}z} \\
&= -z\left(-a_1 z^{-2} - 2a_2 z^{-3} - 3a_3 z^{-4} - \cdots - ia_i z^{-i-1} - \cdots\right) \\
&= a_1 z^{-1} + 2a_2 z^{-2} + 3a_3 z^{-3} + \cdots + ia_i z^{-i} + \cdots.
\end{aligned} \qquad (2.143)$$

O próximo passo é criar $x_2(n) = b^n x_1(n)$. Da propriedade vista na Seção 2.4.4,

$$X_2(z) = X_1\left(\frac{z}{b}\right) = a_1 b z^{-1} + 2a_2 b^2 z^{-2} + 3a_3 b^3 z^{-3} + \cdots + ia_i b^i z^{-i} + \cdots. \quad (2.144)$$

Então, geramos $X_3(z) = z^{-2} X_2(z)$ como a seguir:

$$X_3(z) = a_1 b z^{-3} + 2a_2 b^2 z^{-4} + 3a_3 b^3 z^{-5} + \cdots + ia_i b^i z^{-i-2} + \cdots, \qquad (2.145)$$

e fazemos $X_4(z) = X_3(z^{-1})$, de forma que

$$X_4(z) = a_1 b z^3 + 2a_2 b^2 z^4 + 3a_3 b^3 z^5 + \cdots + ia_i b^i z^{i+2} + \cdots. \qquad (2.146)$$

A transformada $Y(z)$ da sequência desejada é, então,

$$\begin{aligned}
Y(z) &= a_0 z^2 - a_1 b z^3 - 2a_2 b^2 z^4 - 3a_3 b^3 z^5 - \cdots - ia_i b^i z^{i+2} - \cdots \\
&= a_0 z^2 - X_4(z).
\end{aligned} \qquad (2.147)$$

2.5 Funções de transferência

Usando as equações de (2.143) a (2.147), podemos expressar o resultado desejado como

$$\begin{aligned} Y(z) &= a_0 z^2 - X_4(z) \\ &= a_0 z^2 - X_3(z^{-1}) \\ &= a_0 z^2 - z^2 X_2(z^{-1}) \\ &= a_0 z^2 - z^2 X_1\left(\frac{z^{-1}}{b}\right) \\ &= a_0 z^2 - z^2 \left[-z\frac{\mathrm{d}X(z)}{\mathrm{d}z}\right]\bigg|_{z=(z^{-1})/b} \\ &= a_0 z^2 + \frac{z}{b}\frac{\mathrm{d}X(z)}{\mathrm{d}z}\bigg|_{z=(z^{-1})/b}. \end{aligned}$$ (2.148)

△

2.5 Funções de transferência

Como vimos no Capítulo 1, um sistema linear no tempo discreto pode ser caracterizado por uma equação de diferenças. Nesta seção, mostramos como a transformada z pode ser usada para resolver equações de diferenças e, portanto, caracterizar sistemas lineares.

A forma geral de uma equação de diferenças associada a um sistema linear é dada pela equação (1.63), que reescrevemos aqui por conveniência:

$$\sum_{i=0}^{N} a_i y(n-i) - \sum_{l=0}^{M} b_l x(n-l) = 0.$$ (2.149)

Aplicando a transformada z em ambos os lados e usando a propriedade da linearidade, encontramos que

$$\sum_{i=0}^{N} a_i \mathcal{Z}\{y(n-i)\} - \sum_{l=0}^{M} b_l \mathcal{Z}\{x(n-l)\} = 0.$$ (2.150)

Aplicando o teorema do deslocamento no tempo, obtemos

$$\sum_{i=0}^{N} a_i z^{-i} Y(z) - \sum_{l=0}^{M} b_l z^{-l} X(z) = 0.$$ (2.151)

Portanto, para um sistema linear, dados a representação $X(z)$ da entrada pela transformada z e os coeficientes de sua equação de diferenças, podemos usar a equação (2.151) para encontrar $Y(z)$, a transformada z da saída. Aplicando a relação da transformada z inversa dada na equação (2.36), a saída $y(n)$ pode ser calculada para todo n.[1]

Fazendo $a_0 = 1$, sem perda de generalidade, podemos então definir

$$H(z) = \frac{Y(z)}{X(z)} = \frac{\sum_{l=0}^{M} b_l z^{-l}}{1 + \sum_{i=1}^{N} a_i z^{-i}} \qquad (2.152)$$

como a função de transferência do sistema relacionando a saída $Y(z)$ com a entrada $X(z)$.

Aplicando o teorema da convolução à equação (2.152), temos que

$$Y(z) = H(z)X(z) \longleftrightarrow y(n) = h(n) * x(n), \qquad (2.153)$$

isto é, a função de transferência do sistema é a transformada z de sua resposta ao impulso. De fato, as equações (2.151) e (2.152) são as expressões no domínio da transformada z equivalentes à soma de convolução quando o sistema é descrito por uma equação de diferenças.

A equação (2.152) dá a função de transferência para o caso geral de filtros recursivos (IIR). Para filtros não-recursivos (FIR), todos os termos $a_i = 0$, para $i = 1, 2, \ldots, N$, e a função de transferência se simplifica para

$$H(z) = \sum_{l=0}^{M} b_l z^{-l}. \qquad (2.154)$$

Funções de transferência são amplamente utilizadas para caracterizar sistemas lineares no tempo discreto. Podemos descrever uma função de transferência através de seus polos p_i e zeros z_l, produzindo a forma

$$H(z) = H_0 \frac{\prod_{l=1}^{M}(1 - z^{-1} z_l)}{\prod_{i=1}^{N}(1 - z^{-1} p_i)} = H_0 z^{N-M} \frac{\prod_{l=1}^{M}(z - z_l)}{\prod_{i=1}^{N}(z - p_i)}. \qquad (2.155)$$

Como foi discutido na Seção 2.2, para um sistema causal estável a região de convergência da transformada z de sua resposta ao impulso tem que incluir a

---

[1] Deve-se notar que, como a equação (2.151) usa transformadas z, que consistem em somatórios para $-\infty < n < \infty$, então o sistema tem que ser descritível por uma equação de diferenças para $-\infty < n < \infty$. Esse é o caso somente para sistemas inicialmente relaxados, isto é, sistemas que não produzem saída se sua entrada for zero para $-\infty < n < \infty$. No nosso caso, isso não restringe a aplicabilidade da equação (2.151), porque só estamos interessados em sistemas lineares, os quais, como foi visto no Capítulo 1, têm que estar inicialmente relaxados.

circunferência unitária. Na verdade, esse resultado é mais geral, uma vez que para *qualquer* sistema estável a região de convergência tem que incluir necessariamente a circunferência unitária. Podemos constatar isso observando que para z_0 sobre a circunferência unitária ($|z_0| = 1$), temos

$$|H(z_0)| = \left| \sum_{n=-\infty}^{\infty} z_0^{-n} h(n) \right| \leq \sum_{n=-\infty}^{\infty} |z_0^{-n} h(n)| = \sum_{n=-\infty}^{\infty} |h(n)| < \infty, \qquad (2.156)$$

o que implica que $H(z)$ converge sobre a circunferência unitária. Como no caso de um sistema causal a região de convergência da função de transferência é definida por $|z| > r_1$, então todos os polos de um sistema causal estável têm que estar no interior do círculo unitário. Para um sistema não-causal com resposta ao impulso unilateral esquerda, como a região de convergência é definida por $|z| < r_2$, então todos os seus polos têm que estar fora do círculo unitário, com a possível exceção de um polo em $z = 0$.

Na próxima seção, apresentamos um método numérico para avaliar a estabilidade de um sistema linear sem determinar explicitamente as posições de seus polos.

2.6 Estabilidade no domínio z

Nesta seção, apresentamos um método para determinar se as raízes de um polinômio se situam no interior do círculo unitário do plano complexo. Esse método pode ser usado para avaliar a estabilidade BIBO de um sistema causal no tempo discreto.[2]

Dado um polinômio de ordem N em z

$$D(z) = a_N + a_{N-1} z + \cdots + a_0 z^N \qquad (2.157)$$

com $a_0 > 0$, a condição necessária e suficiente para que seus zeros (os polos da função de transferência que se quer avaliar) estejam no interior do círculo unitário do plano z é dada pelo seguinte algoritmo:

(i) Faça $D_0(z) = D(z)$.
(ii) Para $k = 0, 1, \ldots, (N-2)$:
    (a) Forme o polinômio $D_k^i(z)$ tal que

$$D_k^i(z) = z^{N+k} D_k(z^{-1}). \qquad (2.158)$$

---

[2] Há vários métodos para essa finalidade descritos na literatura (Jury, 1973). Optamos por apresentar este método em particular porque ele se baseia em divisão polinomial, que consideramos uma ferramenta muito importante na análise e no projeto de sistemas no tempo discreto.

(b) Calcule α_k e $D_{k+1}(z)$ tais que

$$D_k(z) = \alpha_k D_k^i(z) + D_{k+1}(z), \qquad (2.159)$$

onde os termos em z^j de $D_{k+1}(z)$, para $j = 0, 1, \ldots, k$, são nulos. Em outras palavras, $D_{k+1}(z)$ é o resto da divisão de $D_k(z)$ por $D_k^i(z)$, quando efetuada a partir dos termos de menor grau.

(iii) Todas as raízes de $D(z)$ estão no interior do círculo unitário se as seguintes condições são atendidas:
- $D(1) > 0$;
- $D(-1) > 0$ para N par e $D(-1) < 0$ para N ímpar;
- $|\alpha_k| < 1$, para $k = 0, 1, \ldots, (N-2)$.

EXEMPLO 2.13

Teste a estabilidade do sistema causal cuja função de transferência possui no denominador o polinômio $D(z) = 8z^4 + 4z^3 + 2z^2 - z - 1$.

SOLUÇÃO

Se $D(z) = 8z^4 + 4z^3 + 2z^2 - z - 1$, então temos:

- $D(1) = 12 > 0$
- $N = 4$ é par e $D(-1) = 6 > 0$
- Cálculo de α_0, α_1, e α_2:

$$D_0(z) = D(z) = 8z^4 + 4z^3 + 2z^2 - z - 1 \qquad (2.160)$$
$$D_0^i(z) = z^4(8z^{-4} + 4z^{-3} + 2z^{-2} - z^{-1} - 1)$$
$$= 8 + 4z + 2z^2 - z^3 - z^4. \qquad (2.161)$$

Como $D_0(z) = \alpha_0 D_0^i(z) + D_1(z)$:

$$\begin{array}{r|l}
-1 - z + 2z^2 + 4z^3 + 8z^4 & \;8 + 4z + 2z^2 - z^3 - z^4 \\
+1 + \frac{1}{2}z + \frac{1}{4}z^2 - \frac{1}{8}z^3 - \frac{1}{8}z^4 & \;-\frac{1}{8} \\ \hline
-\frac{1}{2}z + \frac{9}{4}z^2 + \frac{31}{8}z^3 + \frac{63}{8}z^4 &
\end{array}$$

e portanto $\alpha_0 = -1/8$ e

$$D_1(z) = -\frac{1}{2}z + \frac{9}{4}z^2 + \frac{31}{8}z^3 + \frac{63}{8}z^4 \qquad (2.162)$$

$$D_1^i(z) = z^{4+1}\left(-\frac{1}{2}z^{-1} + \frac{9}{4}z^{-2} + \frac{31}{8}z^{-3} + \frac{63}{8}z^{-4}\right)$$

$$= -\frac{1}{2}z^4 + \frac{9}{4}z^3 + \frac{31}{8}z^2 + \frac{63}{8}z. \qquad (2.163)$$

2.6 Estabilidade no domínio z

Como $D_1(z) = \alpha_1 D_1^i(z) + D_2(z)$:

$$\begin{array}{r|l}
-\frac{1}{2}z + \frac{9}{4}z^2 + \frac{31}{8}z^3 + \frac{63}{8}z^4 & \frac{63}{8}z + \frac{31}{8}z^2 + \frac{9}{4}z^3 - \frac{1}{2}z^4 \\
+\frac{1}{2}z + \frac{31}{126}z^2 + \frac{1}{7}z^3 - \frac{2}{63}z^4 & -\frac{4}{63} \\
\hline
2{,}496z^2 + 4{,}018z^3 + 7{,}844z^4 &
\end{array}$$

e portanto $\alpha_1 = -4/63$ e

$$D_2(z) = 2{,}496z^2 + 4{,}018z^3 + 7{,}844z^4 \tag{2.164}$$

$$\begin{aligned}
D_2^i(z) &= z^{4+2}(2{,}496z^{-2} + 4{,}018z^{-3} + 7{,}844z^{-4}) \\
&= 2{,}496z^4 + 4{,}018z^3 + 7{,}844z^2.
\end{aligned} \tag{2.165}$$

Como $D_2(z) = \alpha_2 D_2^i(z) + D_3(z)$, temos que $\alpha_2 = 2{,}496/7{,}844 = 0{,}3182$.
Logo:

$$|\alpha_0| = \frac{1}{8} < 1, \quad |\alpha_1| = \frac{4}{63} < 1, \quad |\alpha_2| = 0{,}3182 < 1 \tag{2.166}$$

e, consequentemente, o sistema é estável.

△

EXEMPLO 2.14
Dado o polinômio $D(z) = z^2 + az + b$, determine as escolhas para a e b tais que ele represente o denominador de um sistema no tempo discreto causal estável. Represente graficamente $a \times b$, destacando a região de estabilidade.

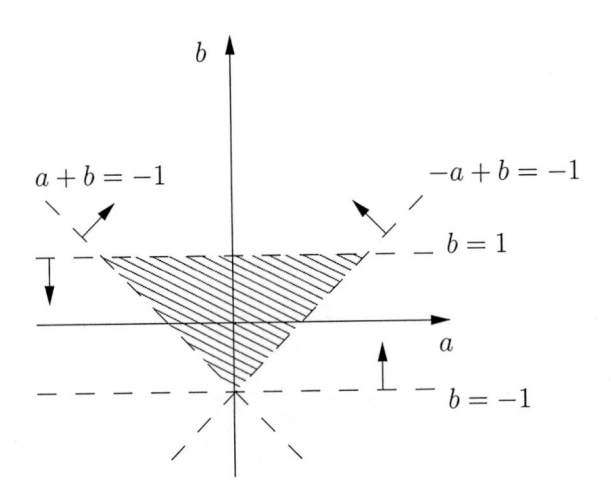

Figura 2.5 Região de estabilidade para o Exemplo 2.14.

SOLUÇÃO

Uma vez que a ordem do polinômio é par:

$$D(1) > 0 \Rightarrow 1 + a + b > 0 \Rightarrow a + b > -1 \tag{2.167}$$
$$D(-1) > 0 \Rightarrow 1 - a + b > 0 \Rightarrow -a + b > -1. \tag{2.168}$$

Como $N - 2 = 0$, só existe α_0. Então:

$$D_0(z) = z^2 + az + b \tag{2.169}$$
$$D_0^i(z) = z^2(z^{-2} + az^{-1} + b) = 1 + az + bz^2 \tag{2.170}$$

$$
\begin{array}{r|l}
b + az + z^2 & 1 + az + bz^2 \\
\underline{-b - abz - b^2z^2} & b \\
(1-b)az + (1-b^2)z^2 &
\end{array}
$$

e, portanto, $|\alpha_0| = |b| < 1$. Assim, as condições buscadas são

$$\left.\begin{array}{r} a + b > -1 \\ -a + b > -1 \\ |b| < 1 \end{array}\right\}, \tag{2.171}$$

ilustradas na Figura 2.5.   △

A derivação completa do algoritmo aqui apresentado, bem como um método para determinar o número de raízes de um polinômio $D(z)$ situadas no interior do círculo unitário, podem ser encontrados em Jury (1973).

2.7 Resposta na frequência

Como foi mencionado na Seção 2.1, quando uma exponencial z^n é aplicada à entrada de um sistema linear com resposta ao impulso $h(n)$, sua saída é uma exponencial $H(z)z^n$. Uma vez que, conforme visto anteriormente, garante-se que a transformada z da resposta ao impulso dos sistemas estáveis sempre existe sobre a circunferência unitária, é natural tentar caracterizar esses sistemas na circunferência unitária. Números complexos sobre a circunferência unitária são da forma $z = e^{j\omega}$, para $0 \leq \omega < 2\pi$. Isso implica que a sequência exponencial correspondente é uma senoide $x(n) = e^{j\omega n}$. Portanto, podemos afirmar que se aplicamos uma senoide $x(n) = e^{j\omega n}$ à entrada de um sistema linear, então sua saída também é uma senoide com a mesma frequência, isto é,

$$y(n) = H\left(e^{j\omega}\right) e^{j\omega n}. \tag{2.172}$$

2.7 Resposta na frequência

Se $H(e^{j\omega})$ é um número complexo com módulo $|H(e^{j\omega})|$ e fase $\Theta(\omega)$, então $y(n)$ pode ser expressa como

$$y(n) = H(e^{j\omega})e^{j\omega n} = |H(e^{j\omega})|e^{j\Theta(\omega)}e^{j\omega n} = |H(e^{j\omega})|e^{j\omega n + j\Theta(\omega)}, \qquad (2.173)$$

indicando que a saída de um sistema linear para uma entrada senoidal é uma senoide com a mesma frequência, mas com sua amplitude multiplicada por $|H(e^{j\omega})|$ e sua fase acrescida de $\Theta(\omega)$. Logo, quando caracterizamos um sistema linear em termos de $H(e^{j\omega})$, estamos, de fato, especificando o efeito que o sistema linear tem sobre a amplitude e a fase do sinal de entrada, para cada frequência ω. Por esse motivo, $H(e^{j\omega})$ é comumente conhecida como resposta na frequência do sistema.

É importante enfatizar que $H(e^{j\omega})$ é o valor da transformada z, $H(z)$, sobre a circunferência unitária. Isso implica que precisamos especificá-la apenas para uma volta da circunferência unitária, isto é, para $0 \leq \omega < 2\pi$. De fato, como para $k \in \mathbb{Z}$

$$H(e^{j(\omega + 2\pi k)}) = H(e^{j2\pi k}e^{j\omega}) = H(e^{j\omega}), \qquad (2.174)$$

então $H(e^{j\omega})$ é periódica com período 2π.

Outra importante característica de um sistema linear no tempo discreto é seu atraso de grupo. Este é definido como o oposto da derivada da fase de sua resposta na frequência, isto é,

$$\tau(\omega) = -\frac{d\Theta(\omega)}{d\omega}. \qquad (2.175)$$

Quando a fase $\Theta(\omega)$ é uma função linear de ω, isto é,

$$\Theta(\omega) = \beta\omega, \qquad (2.176)$$

então, de acordo com a equação (2.173), a saída $y(n)$ de um sistema linear para uma entrada senoidal $x(n) = e^{j\omega n}$ é:

$$y(n) = |H(e^{j\omega})|e^{j\omega n + j\beta\omega} = |H(e^{j\omega})|e^{j\omega(n+\beta)}. \qquad (2.177)$$

A equação (2.177), juntamente com a equação (2.175), implica que a senoide de saída é atrasada de

$$-\beta = -\frac{d\Theta(\omega)}{d\omega} = \tau(\omega) \qquad (2.178)$$

amostras, qualquer que seja a frequência ω. Por causa desta propriedade, o atraso de grupo é geralmente usado como uma medida de quanto um sistema linear invariante no tempo atrasa senoides de diferentes frequências. O Exercício 2.18 faz uma discussão aprofundada desse assunto.

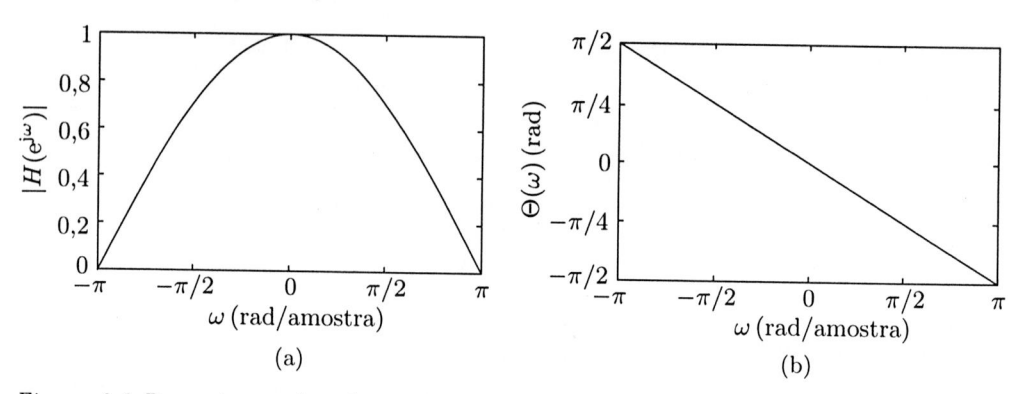

Figura 2.6 Resposta na frequência do filtro de média móvel: (a) resposta de módulo; (b) resposta de fase.

EXEMPLO 2.15
Encontre a resposta na frequência e o atraso de grupo do filtro FIR caracterizado pela seguinte equação de diferenças:

$$y(n) = \frac{x(n) + x(n-1)}{2}. \tag{2.179}$$

SOLUÇÃO
Tomando a transformada z de $y(n)$, encontramos

$$Y(z) = \frac{X(z) + z^{-1}X(z)}{2} = \frac{1}{2}(1 + z^{-1})X(z), \tag{2.180}$$

e, então, a função de transferência do sistema é

$$H(z) = \frac{1}{2}(1 + z^{-1}). \tag{2.181}$$

Fazendo $z = e^{j\omega}$, a resposta na frequência do sistema se torna

$$H(e^{j\omega}) = \frac{1}{2}(1 + e^{-j\omega}) = \frac{1}{2}e^{-j\frac{\omega}{2}}\left(e^{j\frac{\omega}{2}} + e^{-j\frac{\omega}{2}}\right) = e^{-j\frac{\omega}{2}}\cos\frac{\omega}{2}. \tag{2.182}$$

Como $\Theta(\omega) = -\omega/2$, então, pelas equações (2.177) e (2.178), conclui-se que o sistema atrasa todas as senoides igualmente de meia amostra. Então, seu atraso de grupo é $\tau(\omega) = 1/2$ amostra.

As respostas de módulo e fase de $H(e^{j\omega})$ são representadas na Figura 2.6. Note que o gráfico da resposta na frequência é apresentado para $-\pi \leq \omega < \pi$, em vez de $0 \leq \omega < 2\pi$. Na prática, as duas faixas são equivalentes, já que ambas compreendem um período de $H(e^{j\omega})$.   △

2.7 Resposta na frequência

EXEMPLO 2.16

Um sistema no tempo discreto com resposta ao impulso $h(n) = \left(\frac{1}{2}\right)^n u(n)$ é excitado com $x(n) = \text{sen}(\omega_0 n + \theta)$. Encontre a saída $y(n)$ usando a resposta na frequência do sistema.

SOLUÇÃO

Como

$$x(n) = \text{sen}(\omega_0 n + \theta) = \frac{e^{j(\omega_0 n + \theta)} - e^{-j(\omega_0 n + \theta)}}{2j}, \qquad (2.183)$$

então a saída $y(n) = \mathcal{H}\{x(n)\}$ é

$$\begin{aligned} y(n) &= \mathcal{H}\left\{\frac{e^{j(\omega_0 n + \theta)} - e^{-j(\omega_0 n + \theta)}}{2j}\right\} \\ &= \frac{1}{2j}\left[\mathcal{H}\{e^{j(\omega_0 n + \theta)}\} - \mathcal{H}\{e^{-j(\omega_0 n + \theta)}\}\right] \\ &= \frac{1}{2j}\left[H(e^{j\omega_0})e^{j(\omega_0 n + \theta)} - H(e^{-j\omega_0})e^{-j(\omega_0 n + \theta)}\right] \\ &= \frac{1}{2j}\left[|H(e^{j\omega_0})|e^{j\Theta(\omega_0)}e^{j(\omega_0 n + \theta)} - |H(e^{-j\omega_0})|e^{j\Theta(-\omega_0)}e^{-j(\omega_0 n + \theta)}\right]. \qquad (2.184) \end{aligned}$$

Como $h(n)$ é real, pela propriedade que será vista na Seção 2.9.7, equação (2.228), tem-se $H(e^{j\omega}) = H^*(e^{-j\omega})$. Isso implica que

$$|H(e^{-j\omega})| = |H(e^{j\omega})| \quad \text{e} \quad \Theta(-\omega) = -\Theta(\omega). \qquad (2.185)$$

Usando esse resultado, a equação (2.184) se torna

$$\begin{aligned} y(n) &= \frac{1}{2j}\left[|H(e^{j\omega_0})|e^{j\Theta(\omega_0)}e^{j(\omega_0 n + \theta)} - |H(e^{j\omega_0})|e^{-j\Theta(\omega_0)}e^{-j(\omega_0 n + \theta)}\right] \\ &= |H(e^{j\omega_0})|\left[\frac{e^{j(\omega_0 n + \theta + \Theta(\omega_0))} - e^{-j(\omega_0 n + \theta + \Theta(\omega_0))}}{2j}\right] \\ &= |H(e^{j\omega_0})|\,\text{sen}[\omega_0 n + \theta + \Theta(\omega_0)]. \qquad (2.186) \end{aligned}$$

Uma vez que a função de transferência do sistema é

$$H(z) = \sum_{n=0}^{\infty}\left(\frac{1}{2}\right)^n z^{-n} = \frac{1}{1 - \frac{1}{2}z^{-1}}, \qquad (2.187)$$

temos que

$$H(e^{j\omega}) = \frac{1}{1 - \frac{1}{2}e^{-j\omega}} = \frac{1}{\sqrt{\frac{5}{4} - \cos\omega}} e^{-j\,\mathrm{arctg}[\mathrm{sen}\,\omega/(2-\cos\omega)]} \qquad (2.188)$$

e, então,

$$|H(e^{j\omega})| = \frac{1}{\sqrt{\frac{5}{4} - \cos\omega}} \qquad (2.189)$$

$$\Theta(\omega) = -\mathrm{arctg}\left(\frac{\mathrm{sen}\,\omega}{2 - \cos\omega}\right). \qquad (2.190)$$

Substituindo esses valores de $|H(e^{j\omega})|$ e $\Theta(\omega)$ na equação (2.186), a saída $y(n)$ se torna

$$y(n) = \frac{1}{\sqrt{\frac{5}{4} - \cos\omega_0}}\,\mathrm{sen}\left[\omega_0 n + \theta - \mathrm{arctg}\left(\frac{\mathrm{sen}\,\omega_0}{2 - \cos\omega_0}\right)\right]. \qquad (2.191)$$

△

Em geral, quando projetamos um sistema no tempo discreto, temos que satisfazer características predeterminadas de módulo, $|H(e^{j\omega})|$, e fase, $\Theta(\omega)$. Deve-se notar que, ao processarmos um sinal definido no tempo contínuo usando um sistema no tempo discreto, devemos converter a frequência analógica Ω na frequência ω, referente ao tempo discreto, que é restrita ao intervalo $[-\pi, \pi)$. Isso pode ser feito notando-se que se uma senoide analógica $x_a(t) = e^{j\Omega t}$ é amostrada como na equação (1.157) para gerar uma senoide $e^{j\omega n}$, isto é, se $\Omega_s = 2\pi/T$ é a frequência de amostragem, então

$$e^{j\omega n} = x(n) = x_a(nT) = e^{j\Omega nT}. \qquad (2.192)$$

Portanto, pode-se deduzir que a relação entre a frequência digital ω e a frequência analógica Ω é

$$\omega = \Omega T = 2\pi\frac{\Omega}{\Omega_s}, \qquad (2.193)$$

indicando que o intervalo de frequência $[-\pi, \pi)$ para a resposta na frequência relativa ao tempo discreto corresponde ao intervalo de frequência $[-\Omega_s/2, \Omega_s/2)$ no domínio analógico.

EXEMPLO 2.17

O filtro passa-baixas elíptico de sexta ordem no domínio discreto cuja resposta na frequência é mostrada na Figura 2.7 é usado para processar um sinal analógico

2.7 Resposta na frequência

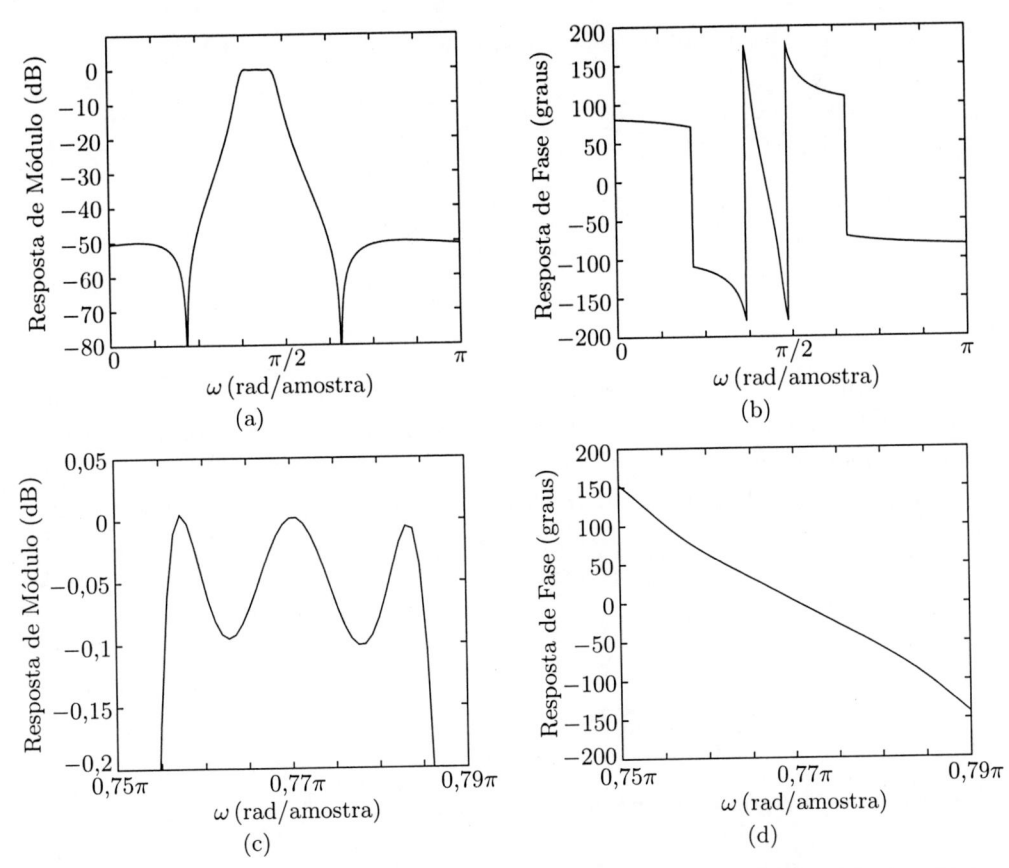

Figura 2.7 Resposta na frequência de um filtro elíptico de sexta ordem: (a) resposta de módulo; (b) resposta de fase; (c) resposta de módulo na faixa de passagem; (d) resposta de fase na faixa de passagem.

num esquema similar ao mostrado na Figura 1.14. Se a frequência de amostragem usada na conversão analógico-digital é 8000 Hz, determine a faixa de passagem do filtro analógico equivalente. Considere a faixa de passagem como a faixa de frequência em que a resposta de módulo está dentro de 0,1 dB de seu valor máximo.

SOLUÇÃO

Da Figura 2.7c, vemos que a largura de faixa digital em que a resposta de módulo do sistema está dentro de 0,1 dB de seu valor máximo é aproximadamente de $\omega_{p_1} = 0{,}755\pi$ rad/amostra até $\omega_{p_2} = 0{,}785\pi$ rad/amostra. Como a frequência de amostragem é

$$f_s = \frac{\Omega_s}{2\pi} = 8000 \text{ Hz}, \tag{2.194}$$

então a faixa de passagem analógica é tal que

$$\Omega_{p_1} = 0{,}755\pi \frac{\Omega_s}{2\pi} = 0{,}755\pi \times 8000 = 6040\pi \text{ rad/s} \Rightarrow f_{p_1} = \frac{\Omega_{p_1}}{2\pi} = 3020 \text{ Hz} \tag{2.195}$$

$$\Omega_{p_2} = 0{,}785\pi \frac{\Omega_s}{2\pi} = 0{,}785\pi \times 8000 = 6280\pi \text{ rad/s} \Rightarrow f_{p_2} = \frac{\Omega_{p_2}}{2\pi} = 3140 \text{ Hz}. \tag{2.196}$$

△

O conhecimento das posições dos polos e zeros de uma função de transferência permite a determinação direta das características do sistema associado. Por exemplo, pode-se determinar a resposta na frequência $H(e^{j\omega})$ usando-se um método geométrico. Expressando $H(z)$ como função de seus polos e zeros como na equação (2.155), temos que $H(e^{j\omega})$ se torna

$$H(e^{j\omega}) = H_0 e^{j\omega(N-M)} \frac{\prod_{l=1}^{M}(e^{j\omega} - z_l)}{\prod_{i=1}^{N}(e^{j\omega} - p_i)}. \tag{2.197}$$

As respostas de módulo e fase de $H(e^{j\omega})$ são, então,

$$|H(e^{j\omega})| = |H_0| \frac{\prod_{l=1}^{M}|e^{j\omega} - z_l|}{\prod_{i=1}^{N}|e^{j\omega} - p_i|} \tag{2.198}$$

$$\Theta(\omega) = \omega(N-M) + \sum_{l=1}^{M} \angle(e^{j\omega} - z_l) - \sum_{i=1}^{N} \angle(e^{j\omega} - p_i), \tag{2.199}$$

onde $\angle z$ denota o ângulo do número complexo z. Os termos da forma $|e^{j\omega} - c|$ representam a distância entre o ponto $e^{j\omega}$ sobre a circunferência unitária e o número complexo c. Os termos da forma $\angle(e^{j\omega} - c)$ representam o ângulo, medido no sentido anti-horário, entre o eixo real e o segmento de reta ligando $e^{j\omega}$ a c.

Por exemplo, para $H(z)$ com polos e zeros dispostos conforme a Figura 2.8, temos que

$$|H(e^{j\omega_0})| = \frac{D_3 D_4}{D_1 D_2 D_5 D_6} \tag{2.200}$$

$$\Theta(\omega_0) = 2\omega_0 + \theta_3 + \theta_4 - \theta_1 - \theta_2 - \theta_5 - \theta_6. \tag{2.201}$$

2.8 Transformada de Fourier

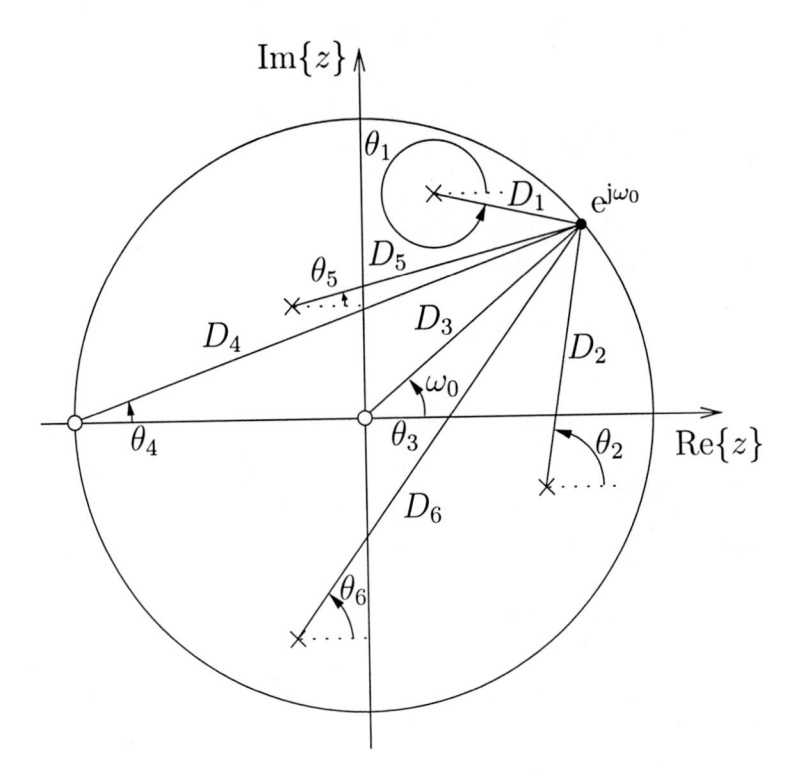

Figura 2.8 Determinação da resposta na frequência de $H(z)$ a partir das posições de seus polos (×) e zeros (○).

Veja no Experimento 2.3 da Seção 2.12 uma ilustração de como um diagrama de polos e zeros pode ajudar no projeto de filtros no tempo discreto simples.

2.8 Transformada de Fourier

Na seção anterior, caracterizamos sistemas lineares no tempo discreto usando a resposta na frequência, que descreve o comportamento de um sistema quando sua entrada é uma senoide complexa. Nesta seção, apresentamos a transformada de Fourier de sinais no tempo discreto, que é uma generalização do conceito de resposta na frequência. Ela equivale à decomposição de um sinal no tempo discreto como uma soma infinita de senoides complexas no tempo discreto.

No Capítulo 1, deduzindo o teorema da amostragem, formamos, a partir do sinal $x(n)$ no tempo discreto, um sinal $x_i(t)$ no tempo contínuo consistindo num trem de impulsos em $t = nT$ com áreas iguais a $x(n)$, respectivamente (veja a Figura 1.5c). Sua expressão é dada pela equação (1.163), repetida aqui por conveniência:

$$x_i(t) = \sum_{n=-\infty}^{\infty} x(n)\delta(t - nT). \tag{2.202}$$

Como a transformada de Fourier de $\delta(t - Tn)$ é $e^{-j\Omega Tn}$, a transformada de Fourier do sinal no tempo contínuo $x_i(t)$ se torna

$$X_i(j\Omega) = \sum_{n=-\infty}^{\infty} x(n)e^{-j\Omega Tn}, \tag{2.203}$$

onde Ω representa a frequência analógica. Comparando essa equação com a definição da transformada z dada na equação (2.5), concluímos que a transformada de Fourier de $x_i(t)$ é tal que

$$X_i(j\Omega) = X(e^{j\Omega T}). \tag{2.204}$$

Essa equação significa que a transformada de Fourier, na frequência Ω, de um sinal no tempo contínuo $x_i(t)$ gerado pela substituição de cada amostra do sinal $x(n)$ no tempo discreto por um impulso localizado em $t = nT$ com área igual a essa amplitude é igual à transformada z do sinal $x(n)$ em $z = e^{j\Omega T}$. Esse fato implica que $X(e^{j\omega})$ carrega em si a informação sobre o conteúdo do sinal $x_i(t)$ na frequência e, portanto, representa o conteúdo do sinal discreto $x(n)$ na frequência.

Podemos mostrar que $X(e^{j\omega})$ de fato representa o conteúdo de $x(n)$ na frequência aplicando a fórmula da transformada z inversa dada na equação (2.36), sendo C um contorno fechado $z = e^{j\omega}$ para $-\pi \leq \omega < \pi$, o que fornece como resultado

$$\begin{aligned}
x(n) &= \frac{1}{2\pi j} \oint_C X(z) z^{n-1} dz \\
&= \frac{1}{2\pi j} \oint_{z=e^{j\omega}} X(z) z^{n-1} dz \\
&= \frac{1}{2\pi j} \int_{-\pi}^{\pi} X(e^{j\omega}) e^{j\omega(n-1)} j e^{j\omega} d\omega \\
&= \frac{1}{2\pi} \int_{-\pi}^{\pi} X(e^{j\omega}) e^{j\omega n} d\omega,
\end{aligned} \tag{2.205}$$

indicando que o sinal no tempo discreto $x(n)$ pode ser representado como um somatório infinito de senoides, tendo a senoide com frequência ω, $e^{j\omega n}$, amplitude proporcional a $X(e^{j\omega})$. Logo, calcular $X(e^{j\omega})$ equivale a decompor o sinal no tempo discreto $x(n)$ como uma soma de senoides complexas no tempo discreto.

2.8 Transformada de Fourier

Essa interpretação de $X(e^{j\omega})$ é análoga à da transformada de Fourier de um sinal no tempo contínuo $x_a(t)$. As transformadas de Fourier direta e inversa de um sinal no tempo contínuo são dadas, respectivamente, por

$$\left.\begin{aligned} X_a(j\Omega) &= \int_{-\infty}^{\infty} x_a(t)e^{-j\Omega t}dt \\ x_a(t) &= \frac{1}{2\pi}\int_{-\infty}^{\infty} X_a(j\Omega)e^{j\Omega t}d\Omega \end{aligned}\right\}. \tag{2.206}$$

Esse par de equações indica que um sinal $x_a(t)$ no tempo contínuo pode ser expresso como um somatório infinito de senoides no tempo contínuo, tendo a senoide com frequência Ω, $e^{j\Omega t}$, amplitude complexa proporcional a $X_a(j\Omega)$. Então, calcular $X_a(j\Omega)$ equivale a decompor o sinal no tempo contínuo como uma soma de senoides complexas no tempo contínuo.

Da discussão anterior, vemos que $X(e^{j\omega})$ define uma transformada de Fourier para o sinal no tempo discreto $x(n)$, com inversa dada pela equação (2.205). De fato, as transformadas de Fourier direta e inversa para uma sequência $x(n)$ são formalmente definidas, respectivamente, como

$$\left.\begin{aligned} X(e^{j\omega}) &= \sum_{n=-\infty}^{\infty} x(n)e^{-j\omega n} \\ x(n) &= \frac{1}{2\pi}\int_{-\pi}^{\pi} X(e^{j\omega})e^{j\omega n}d\omega \end{aligned}\right\}. \tag{2.207}$$

Naturalmente, a transformada de Fourier $X(e^{j\omega})$ de um sinal no tempo discreto $x(n)$ é periódica com período 2π, uma vez que

$$X(e^{j\omega}) = X(e^{j(\omega+2\pi k)}), \quad \forall k \in \mathbb{Z}. \tag{2.208}$$

Portanto, a transformada de Fourier de um sinal discreto no tempo só precisa ser especificada numa faixa de 2π, como, por exemplo, $\omega \in [-\pi, \pi)$ ou $\omega \in [0, 2\pi)$.

EXEMPLO 2.18
Calcule a transformada de Fourier da sequência

$$x(n) = \begin{cases} 1, & 0 \le n \le 5 \\ 0, & \text{em caso contrário}. \end{cases} \tag{2.209}$$

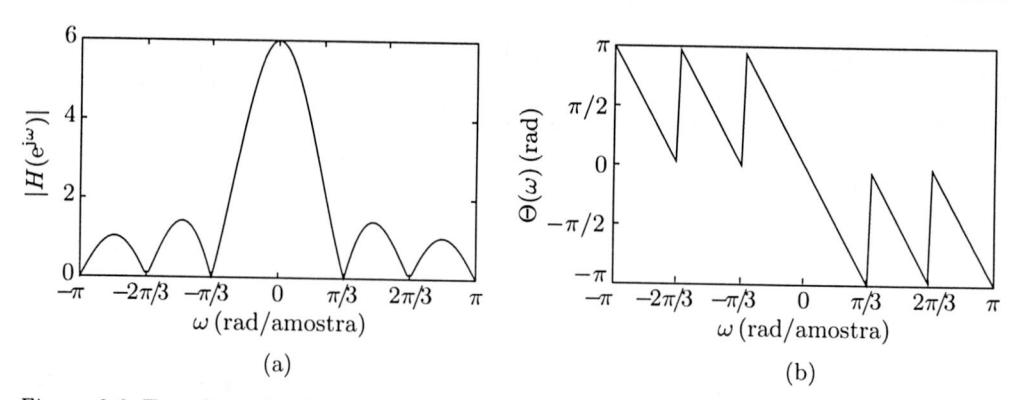

Figura 2.9 Transformada de Fourier da sequência do Exemplo 2.18: (a) resposta de módulo; (b) resposta de fase.

SOLUÇÃO

$$X(e^{j\omega}) = \sum_{k=0}^{5} e^{-j\omega k} = \frac{1 - e^{-6j\omega}}{1 - e^{-j\omega}} = \frac{e^{-3j\omega}(e^{3j\omega} - e^{-3j\omega})}{e^{-j\omega/2}(e^{j\omega/2} - e^{-j\omega/2})} = e^{-j5\omega/2}\frac{\operatorname{sen}(3\omega)}{\operatorname{sen}(\omega/2)}$$
(2.210)

As respostas de módulo e fase de $X(e^{j\omega})$ são apresentadas nas Figuras 2.9a e 2.9b, respectivamente. Note que na Figura 2.9b a fase foi acondicionada no intervalo $[-\pi, \pi)$ (isto é, em vez de representar graficamente a fase $\Theta(\omega)$, representamos $\overline{\Theta}(\omega) = \Theta(\omega) + 2k(\omega)\pi$, com $k(\omega)$ inteiro tal que $\overline{\Theta}(\omega) \in [-\pi, \pi)$ $\forall \omega$).
△

Deve-se notar que para que a transformada de Fourier de um sinal no tempo discreto exista para todo ω, sua transformada z tem que convergir para $|z| = 1$. Na discussão feita na Seção 2.5, vimos que desde que

$$\sum_{n=-\infty}^{\infty} |x(n)| < \infty,$$
(2.211)

a transformada z converge sobre a circunferência unitária; portanto, nesse caso, a transformada de Fourier existe para todo ω. Um exemplo em que a inequação (2.211) não vale e a transformada de Fourier não existe para todo ω é dado pela sequência $x(n) = u(n)$. Esse caso é discutido no Exemplo 2.19. Em contrapartida, no Exercício 2.23, há um exemplo em que a inequação (2.211) não vale, mas a transformada de Fourier existe para todo ω. Portanto, a condição dada na inequação (2.211) é suficiente mas não necessária para a existência da transformada de Fourier. Além disso, nem todas as sequências que possuem transformada de Fourier possuem transformada z. Por exemplo, a transformada z de qualquer sequência é contínua na sua região de convergência (Churchill,

2.8 Transformada de Fourier

1975), e portanto aquelas sequências cujas transformadas de Fourier são funções descontínuas de ω não possuem transformada z, como também se vê no Exercício 2.23.

EXEMPLO 2.19
Calcule a transformada de Fourier da sequência $x(n) = u(n)$.

SOLUÇÃO
Pela equação (2.8) no Exemplo 2.1, temos que a transformada z de $x(n) = u(n)$ é

$$X(z) = \frac{1}{1 - z^{-1}}, \quad |z| > 1. \tag{2.212}$$

Sabemos que a transformada z de $x(n)$ não converge para $|z| < 1$ nem para $z = 1$ e $z = -1$. Entretanto, nada se pode dizer sobre os outros valores de z sobre a circunferência unitária, isto é, $z = e^{j\omega}$ para $\omega \neq 0$ e $\omega \neq \pi$. Como pela equação (2.212) é possível calcular $X(z)$ para $|z| > 1$ (isto é, para $z = \rho e^{j\omega}$ com $\rho > 1$), podemos tentar calcular $X(e^{j\omega})$ como

$$\begin{aligned}
X(e^{j\omega}) &= \lim_{\rho \to 1} X(\rho e^{j\omega}) \\
&= \lim_{\rho \to 1} \frac{1}{1 - \rho e^{-j\omega}} \\
&= \frac{1}{1 - e^{-j\omega}} \\
&= \frac{e^{j\omega/2}}{e^{j\omega/2} - e^{-j\omega/2}} \\
&= \frac{e^{j\omega/2}}{2j \operatorname{sen}(\omega/2)} \\
&= \frac{e^{j(\omega/2 - \pi/2)}}{2 \operatorname{sen}(\omega/2)}.
\end{aligned} \tag{2.213}$$

Pela equação (2.213), podemos observar que a transformada de Fourier de $x(n)$ não existe para $\operatorname{sen}(\omega/2) = 0$, isto é, para $\omega = k\pi$, que corresponde a $z = \pm 1$. Entretanto, $X(e^{j\omega})$ existe para todo $\omega \neq k\pi$. Embora esse resultado indique que podemos usar $X(e^{j\omega})$ para representar o conteúdo frequencial de $x(n)$, suas implicações devem ser consideradas com cautela. Por exemplo, a transformada de Fourier inversa dada na equação (2.205) é baseada na convergência de $X(z)$ sobre a circunferência unitária. Como $X(z)$ não converge em toda a sua volta, então a equação (2.205) não é válida para o cálculo de $x(n)$. Veja no Exercício 2.22 uma forma de calcular $x(n)$ a partir de $X(e^{j\omega})$. △

EXEMPLO 2.20

Calcule a transformada de Fourier da sequência $x(n) = e^{j\omega_0 n}$.

SOLUÇÃO

$$X(e^{j\omega}) = \sum_{n=-\infty}^{\infty} e^{j\omega_0 n} e^{-j\omega n} = \sum_{n=-\infty}^{\infty} e^{j(\omega_0-\omega)n}. \tag{2.214}$$

Das equações (1.165) e (1.168), temos que

$$\sum_{n=-\infty}^{\infty} \delta(t - nT) = \frac{1}{T} \sum_{n=-\infty}^{\infty} e^{j(2\pi/T)\,nt}. \tag{2.215}$$

Fazendo $T = 2\pi$ e $t = \omega_0 - \omega$ na equação (2.215), pode-se expressar a transformada da equação (2.214) como

$$X(e^{j\omega}) = 2\pi \sum_{n=-\infty}^{\infty} \delta(\omega_0 - \omega - 2\pi n) = 2\pi \sum_{n=-\infty}^{\infty} \delta(\omega - \omega_0 + 2\pi n). \tag{2.216}$$

Daí, pode-se dizer que a transformada de Fourier de uma senoide complexa de duração infinita e frequência ω_0 é um impulso centrado na frequência ω_0 repetido com período 2π. △

No Capítulo 1, equação (1.170), demos uma relação entre as transformadas de Fourier do sinal $x_i(t)$ da equação (1.163) e do sinal analógico original $x_a(t)$, a qual reescrevemos aqui por conveniência:

$$X_i(j\Omega) = \frac{1}{T} \sum_{k=-\infty}^{\infty} X_a\left(j\Omega - j\frac{2\pi}{T}k\right). \tag{2.217}$$

Se um sinal $x(n)$ no tempo discreto é tal que $x(n) = x_a(nT)$, então podemos usar essa equação para obter a relação entre as transformadas de Fourier dos sinais no tempo discreto e no tempo contínuo, respectivamente $X(e^{j\omega})$ e $X_a(j\Omega)$. De fato, pela equação (2.204),

$$X_i(j\Omega) = X(e^{j\Omega T}), \tag{2.218}$$

e a troca de variáveis $\Omega = \omega/T$ na equação (2.217) leva a

$$X(e^{j\omega}) = X_i\left(j\frac{\omega}{T}\right) = \frac{1}{T} \sum_{k=-\infty}^{\infty} X_a\left(j\frac{\omega - 2\pi k}{T}\right), \tag{2.219}$$

ou seja, $X(e^{j\omega})$ é composta de cópias de $X_a(j\frac{\omega}{T})$ repetidas a intervalos de 2π. Além disso, conforme visto no Capítulo 1, pode-se recobrar o sinal analógico $x_a(t)$ a partir de $x(n)$, contanto que $X_a(j\Omega) = 0$ para $|\Omega| \geq \Omega_s/2 = \pi/T$.

2.9 Propriedades da transformada de Fourier

Como foi visto anteriormente, a transformada de Fourier $X(\mathrm{e}^{\mathrm{j}\omega})$ de uma sequência $x(n)$ é igual à sua transformada z $X(z)$ em $z = \mathrm{e}^{\mathrm{j}\omega}$. Portanto, as propriedades da transformada de Fourier decorrem, em sua maioria, de propriedades da transformada z pela simples substituição de z por $\mathrm{e}^{\mathrm{j}\omega}$. No que se segue, enunciamos as propriedades da transformada de Fourier sem prova, exceto nos casos em que elas não têm correspondência direta na transformada z.

2.9.1 Linearidade

$$k_1 x_1(n) + k_2 x_2(n) \longleftrightarrow k_1 X_1(\mathrm{e}^{\mathrm{j}\omega}) + k_2 X_2(\mathrm{e}^{\mathrm{j}\omega}). \tag{2.220}$$

2.9.2 Reversão no tempo

$$x(-n) \longleftrightarrow X(\mathrm{e}^{-\mathrm{j}\omega}). \tag{2.221}$$

2.9.3 Teorema do deslocamento no tempo

$$x(n+l) \longleftrightarrow \mathrm{e}^{\mathrm{j}\omega l} X(\mathrm{e}^{\mathrm{j}\omega}), \tag{2.222}$$

onde l é um inteiro.

2.9.4 Multiplicação por uma exponencial complexa (deslocamento na frequência, modulação)

$$\mathrm{e}^{\mathrm{j}\omega_0 n} x(n) \longleftrightarrow X(\mathrm{e}^{\mathrm{j}(\omega-\omega_0)}). \tag{2.223}$$

2.9.5 Diferenciação complexa

$$n x(n) \longleftrightarrow \mathrm{j} \frac{\mathrm{d} X(\mathrm{e}^{\mathrm{j}\omega})}{\mathrm{d}\omega}. \tag{2.224}$$

2.9.6 Conjugação complexa

$$x^*(n) \longleftrightarrow X^*(\mathrm{e}^{-\mathrm{j}\omega}). \tag{2.225}$$

2.9.7 Sequências reais e imaginárias

Antes de apresentar as propriedades das transformadas de Fourier envolvendo sequências reais, imaginárias, simétricas e antissimétricas, é conveniente enunciar as definições precisas a seguir:

- Uma função simétrica (par) é tal que $f(u) = f(-u)$.
- Uma função antissimétrica (ímpar) é tal que $f(u) = -f(-u)$.
- Uma função conjugada simétrica é tal que $f(u) = f^*(-u)$.
- Uma função conjugada antissimétrica é tal que $f(u) = -f^*(-u)$.

Valem as seguintes propriedades:

$$\text{Re}\{x(n)\} \longleftrightarrow \frac{1}{2}\left[X(e^{j\omega}) + X^*(e^{-j\omega})\right] \tag{2.226}$$

$$\text{Im}\{x(n)\} \longleftrightarrow \frac{1}{2j}\left[X(e^{j\omega}) - X^*(e^{-j\omega})\right]. \tag{2.227}$$

Se $x(n)$ é real, então $\text{Im}\{x(n)\} = 0$. Assim, pela equação (2.227),

$$X(e^{j\omega}) = X^*(e^{-j\omega}), \tag{2.228}$$

isto é, a transformada de Fourier de uma sequência real é conjugada simétrica. As seguintes propriedades para sequências $x(n)$ reais seguem diretamente da equação (2.228):

- A parte real da transformada de Fourier de uma sequência real é par:

$$\text{Re}\{X(e^{j\omega})\} = \text{Re}\{X(e^{-j\omega})\}. \tag{2.229}$$

- A parte imaginária da transformada de Fourier de uma sequência real é ímpar:

$$\text{Im}\{X(e^{j\omega})\} = -\text{Im}\{X(e^{-j\omega})\}. \tag{2.230}$$

- O módulo da transformada de Fourier de uma sequência real é par:

$$|X(e^{j\omega})| = |X(e^{-j\omega})|. \tag{2.231}$$

- A fase da transformada de Fourier de uma sequência real é ímpar:

$$\angle[X(e^{j\omega})] = -\angle[X(e^{-j\omega})]. \tag{2.232}$$

2.9 Propriedades da transformada de Fourier

Similarmente, se $x(n)$ é imaginária, então $\text{Re}\{x(n)\} = 0$. Assim, pela equação (2.226),

$$X(e^{j\omega}) = -X^*(e^{-j\omega}). \tag{2.233}$$

Propriedades similares às enunciadas nas equações (2.229) a (2.232) podem ser deduzidas para sequências imaginárias, o que é deixado como exercício para o leitor.

2.9.8 Sequências simétricas e antissimétricas

- Se $x(n)$ é real e simétrica, $X(e^{j\omega})$ também é real e simétrica.

PROVA

$$\begin{aligned}
X(e^{j\omega}) &= \sum_{n=-\infty}^{\infty} x(n)e^{-j\omega n} \\
&= \sum_{n=-\infty}^{\infty} x(-n)e^{-j\omega n} \\
&= \sum_{m=-\infty}^{\infty} x(m)e^{j\omega m} \\
&= X(e^{-j\omega}) \\
&= \sum_{m=-\infty}^{\infty} x(m)\left(e^{-j\omega m}\right)^* \\
&= \sum_{m=-\infty}^{\infty} \left[x(m)e^{-j\omega m}\right]^* \\
&= X^*(e^{j\omega}). \tag{2.234}
\end{aligned}$$

Ora, se $X(e^{j\omega}) = X(e^{-j\omega})$, então $X(e^{j\omega})$ é par; e se $X(e^{j\omega}) = X^*(e^{j\omega})$, então $X(e^{j\omega})$ é real. □

- Se $x(n)$ é imaginária e par, então $X(e^{j\omega})$ é imaginária e par.
- Se $x(n)$ é real e ímpar, então $X(e^{j\omega})$ é imaginária e ímpar.
- Se $x(n)$ é imaginária e ímpar, então $X(e^{j\omega})$ é real e ímpar.
- Se $x(n)$ é conjugada simétrica, então $X(e^{j\omega})$ é real.

PROVA

$$X(e^{j\omega}) = \sum_{n=-\infty}^{\infty} x(n)e^{-j\omega n}$$

$$= \sum_{n=-\infty}^{\infty} x^*(-n)e^{-j\omega n}$$

$$= \sum_{m=-\infty}^{\infty} x^*(m)e^{j\omega m}$$

$$= \sum_{m=-\infty}^{\infty} [x(m)e^{-j\omega m}]^*$$

$$= X^*(e^{j\omega}), \qquad (2.235)$$

e então $X(e^{j\omega})$ é real.

□

- Se $x(n)$ é conjugada antissimétrica, então $X(e^{j\omega})$ é imaginária.

2.9.9 Teorema da convolução

$$x_1(n) * x_2(n) \longleftrightarrow X_1(e^{j\omega})X_2(e^{j\omega}). \qquad (2.236)$$

2.9.10 Produto de duas sequências

$$x_1(n)x_2(n) \longleftrightarrow \frac{1}{2\pi}\int_{-\pi}^{\pi} X_1(e^{j\Omega})X_2(e^{j(\omega-\Omega)})d\Omega = \frac{1}{2\pi}\int_{-\pi}^{\pi} X_1(e^{j(\omega-\Omega)})X_2(e^{j\Omega})d\Omega$$

$$= \frac{1}{2\pi}X_1(e^{j\omega}) \circledast X_2(e^{j\omega}). \qquad (2.237)$$

Esta última equação recai na chamada convolução circular (ou periódica) entre duas funções de uma variável contínua a periódicas com período A:

$$f_1(a) \circledast f_2(a) = \int_{-A/2}^{A/2} f_1(a-\alpha)f_2(\alpha)d\alpha.$$

2.9.11 Teorema de Parseval

$$\sum_{n=-\infty}^{\infty} x_1(n)x_2^*(n) = \frac{1}{2\pi}\int_{-\pi}^{\pi} X_1(e^{j\omega})X_2^*(e^{j\omega})d\omega. \qquad (2.238)$$

Se fazemos $x_1(n) = x_2(n) = x(n)$, então o teorema de Parseval se torna

$$\sum_{n=-\infty}^{\infty} |x(n)|^2 = \frac{1}{2\pi}\int_{-\pi}^{\pi} |X(e^{j\omega})|^2 d\omega. \qquad (2.239)$$

2.10 Transformada de Fourier para sequências periódicas

O lado esquerdo dessa equação corresponde à energia da sequência $x(n)$, e seu lado direito corresponde à energia de $X(e^{j\omega})$ dividida por 2π. Então, a equação (2.239) quer dizer que a energia de uma sequência é igual à energia de sua transformada de Fourier dividida por 2π.

2.10 Transformada de Fourier para sequências periódicas

Um caso especial da transformada de Fourier a ser considerado é o das sequências periódicas. Vamos obter a seguir a expressão de sua transformada de Fourier. A partir dela, definiremos uma série de Fourier para sinais (periódicos) no tempo discreto.

Consideremos, inicialmente, um sinal $x_f(n)$ com N amostras não-nulas. Sem perda de generalidade, faremos

$$x_f(n) = 0, \text{ para } n < 0 \text{ e } n \geq N. \tag{2.240}$$

Sua transformada de Fourier, de acordo com a equação (2.207), será dada por

$$X_f(e^{j\omega}) = \sum_{n=-\infty}^{\infty} x_f(n)e^{-j\omega n} = \sum_{n=0}^{N-1} x_f(n)e^{-j\omega n}. \tag{2.241}$$

A seguir, vamos construir a partir de $x_f(n)$ um sinal $x(n)$ periódico com período N composto por versões de $x_f(n)$ deslocadas para as posições kN, $\forall k \in \mathbb{Z}$:

$$x(n) = \sum_{k=-\infty}^{\infty} x_f(n+kN). \tag{2.242}$$

Usando a propriedade do deslocamento no tempo, vista na Seção 2.4.3, sua transformada de Fourier pode ser obtida como

$$X(e^{j\omega}) = \sum_{k=-\infty}^{\infty} e^{j\omega kN} X_f(e^{j\omega}) = X_f(e^{j\omega}) \sum_{k=-\infty}^{\infty} e^{j\omega kN}. \tag{2.243}$$

Pelas equações (1.165) e (1.168), fazendo $T = 2\pi/N$ e $t = \omega$, reescrevemos a equação (2.243) como

$$\begin{aligned} X(e^{j\omega}) &= X_f(e^{j\omega}) \frac{2\pi}{N} \sum_{k=-\infty}^{\infty} \delta\left(\omega - \frac{2\pi}{N}k\right) \\ &= \frac{2\pi}{N} \sum_{k=-\infty}^{\infty} X_f\left[e^{j(2\pi/N)k}\right] \delta\left(\omega - \frac{2\pi}{N}k\right) \\ &= \frac{2\pi}{N} \sum_{k=-\infty}^{\infty} X(k) \delta\left(\omega - \frac{2\pi}{N}k\right), \end{aligned} \tag{2.244}$$

onde

$$X(k) = X_{\mathrm{f}}\left[\mathrm{e}^{\mathrm{j}(2\pi/N)k}\right] = \sum_{n=0}^{N-1} x_{\mathrm{f}}(n)\mathrm{e}^{-\mathrm{j}(2\pi/N)k} = \sum_{n=0}^{N-1} x(n)\mathrm{e}^{-\mathrm{j}(2\pi/N)k}. \tag{2.245}$$

Calculando a transformada de Fourier inversa da equação (2.244), temos que

$$\begin{aligned}
x(n) &= \frac{1}{2\pi} \int_{-\pi}^{\pi} X(\mathrm{e}^{\mathrm{j}\omega})\mathrm{e}^{\mathrm{j}\omega n}\mathrm{d}\omega \\
&= \frac{1}{2\pi} \int_{-\pi}^{\pi} \frac{2\pi}{N} \sum_{k=-\infty}^{\infty} X(k)\delta\left(\omega - \frac{2\pi}{N}k\right) \mathrm{e}^{\mathrm{j}\omega n}\mathrm{d}\omega \\
&= \frac{1}{N} \sum_{k=-\infty}^{\infty} X(k) \int_{-\pi}^{\pi} \delta\left(\omega - \frac{2\pi}{N}k\right) \mathrm{e}^{\mathrm{j}\omega n}\mathrm{d}\omega \\
&= \frac{1}{N} \sum_{k=0}^{N-1} X(k)\mathrm{e}^{\mathrm{j}(2\pi/N)kn}.
\end{aligned} \tag{2.246}$$

Essa expressão representa a expansão de um sinal no tempo discreto $x(n)$ periódico com período N como uma soma de senoides complexas no tempo discreto com frequências múltiplas de $2\pi/N$, frequência fundamental de $x(n)$. Portanto, a equação (2.246) pode ser vista como uma expansão de $x(n)$ em série de Fourier. Note que as equações (2.245) e (2.246) definem o par de séries de Fourier direta–inversa para um sinal periódico, das quais se pode lançar mão sempre que se deseja evitar os impulsos na frequência decorrentes da transformada de Fourier da equação (2.244).

2.11 Sinais aleatórios no domínio da transformada

A representação de um processo aleatório no domínio da transformada não é direta. A aplicação direta das transformadas z ou de Fourier, definidas nas equações (2.5) e (2.207), respectivamente, a um processo aleatório não faz muito sentido, pois nesse caso a forma de onda $x(n)$ é, por definição, desconhecida. Além do mais, diversos tipos de processos aleatórios apresentam energia infinita, exigindo um tratamento matemático específico. Isso tudo, entretanto, não quer dizer que não existam ferramentas no domínio da transformada para análise de sinais aleatórios. De fato, a análise de sinais aleatórios pode se beneficiar muito de ferramentas no domínio da transformada. Esta seção apresenta uma representação frequencial para a função de autocorrelação e a utiliza para caracterizar a relação entrada–saída de um sistema linear quando processando sinais aleatórios.

2.11.1 Densidade espectral de potência

A chamada função de densidade espectral de potência (PSD, do inglês *Power Spectral Density*) $\Gamma_X(e^{j\omega})$ é definida como a transformada de Fourier da função de autocorrelação de um dado processo aleatório $\{X\}$. Para um processo WSS, temos que

$$\Gamma_X(e^{j\omega}) = \sum_{\nu=-\infty}^{\infty} R_X(\nu)e^{-j\omega\nu}, \qquad (2.247)$$

de forma que

$$R_X(\nu) = \frac{1}{2\pi}\int_{-\pi}^{\pi} \Gamma_X(e^{j\omega})e^{j\omega\nu}d\omega, \qquad (2.248)$$

sendo ν o intervalo de tempo (em inglês, *lag*) entre os instantes considerados no cálculo da autocorrelação. As equações (2.247) e (2.248) em conjunto são referenciadas como o teorema de Wiener-Khinchin[3] para sinais no tempo discreto.

Em particular, fazendo $\nu = 0$ na equação (2.248) obtemos

$$R_X(0) = E\{X^2(n)\} = \frac{1}{2\pi}\int_{-\pi}^{\pi} \Gamma_X(e^{j\omega})d\omega. \qquad (2.249)$$

Se um sinal aleatório $x(n)$ originário de um processo WSS $\{X\}$ é filtrado por um sistema linear invariante no tempo com resposta ao impulso $h(n)$, então a função de PSD para o processo $\{Y\}$ que gera o sinal de saída $y(n)$, de acordo com as equações (2.247) e (1.240), é dada por

$$\begin{aligned}\Gamma_Y(e^{j\omega}) &= \sum_{\nu=-\infty}^{\infty} R_Y(\nu)e^{-j\omega\nu} \\ &= \sum_{\nu=-\infty}^{\infty}\left[\sum_{k_1=-\infty}^{\infty}\sum_{k_2=-\infty}^{\infty} R_X(\nu-k_1+k_2)h(k_1)h(k_2)\right]e^{-j\omega\nu}.\end{aligned} \qquad (2.250)$$

Definindo a variável auxiliar de tempo $\nu' = \nu - k_1 + k_2$, com o que $\nu = \nu' + k_1 - k_2$, então

$$\begin{aligned}\Gamma_Y(e^{j\omega}) &= \sum_{\nu'=-\infty}^{\infty}\sum_{k_1=-\infty}^{\infty}\sum_{k_2=-\infty}^{\infty} R_X(\nu')h(k_1)h(k_2)e^{-j\omega(\nu'+k_1-k_2)} \\ &= \sum_{\nu'=-\infty}^{\infty} R_X(\nu')e^{-j\omega\nu'}\left\{\sum_{k_1=-\infty}^{\infty} h(k_1)e^{-j\omega k_1}\left[\sum_{k_2=-\infty}^{\infty} h(k_2)e^{j\omega k_2}\right]\right\} \\ &= \Gamma_X(e^{j\omega})H(e^{j\omega})H^*(e^{j\omega})\end{aligned} \qquad (2.251)$$

---
[3] O leitor interessado pode consultar Gardner (1987), Einstein (1987) e Yaglom (1987) para uma discussão sobre o artigo de Einstein de 1914 a respeito deste tópico.

ou, equivalentemente,

$$\Gamma_Y(e^{j\omega}) = \Gamma_X(e^{j\omega}) \left|H(e^{j\omega})\right|^2. \tag{2.252}$$

Portanto, a função de PSD da saída é igual à função de PSD da entrada multiplicada pela resposta de módulo ao quadrado do sistema linear. Esta é a descrição no domínio da frequência para sinais aleatórios equivalente à relação entrada–saída de um sistema linear invariante no tempo cuja entrada é um sinal determinístico.

Considere o processamento de um sinal aleatório $x(n)$ por um filtro com ganho unitário e faixa de passagem estreita $[\omega_0-\Delta\omega/2] \leq \omega \leq [\omega_0+\Delta\omega/2]$, como mostra a Figura 2.10.

Se $\Delta\omega$ é suficientemente pequeno, então podemos considerar a PSD da entrada constante em torno de ω_0, de forma que, usando a equação (2.249), o valor médio quadrático da saída pode ser escrito como

$$\begin{aligned} E\{Y^2(n)\} &= R_Y(0) \\ &= \frac{1}{2\pi} \int_{-\pi}^{\pi} \Gamma_Y(e^{j\omega}) d\omega \\ &= \frac{1}{2\pi} \int_{-\pi}^{\pi} \Gamma_X(e^{j\omega}) \left|H(e^{j\omega})\right|^2 d\omega \\ &= \frac{2}{2\pi} \int_{\omega_0-\Delta\omega/2}^{\omega_0+\Delta\omega/2} \Gamma_X(e^{j\omega}) d\omega \\ &\approx \frac{\Delta\omega}{\pi} \Gamma_X(e^{j\omega_0}) \end{aligned} \tag{2.253}$$

e, então,

$$\Gamma_X(e^{j\omega_0}) \approx \frac{E\{Y^2(n)\}}{\Delta\omega/\pi}. \tag{2.254}$$

Esse resultado indica que o valor da PSD em ω_0 é uma medida da potência do sinal por unidade de frequência em torno daquela frequência, o que justifica o nome que se dá àquela função.

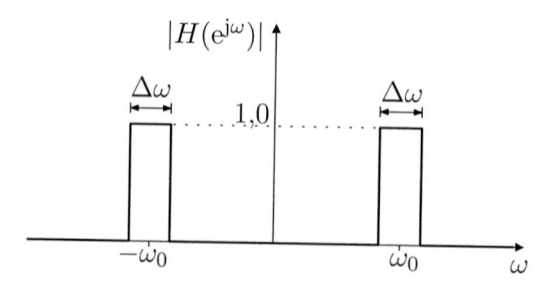

Figura 2.10 Resposta de módulo de um filtro ideal com faixa de passagem estreita.

2.11 Sinais aleatórios no domínio da transformada

EXEMPLO 2.21
Determine a PSD do processo aleatório $\{X\}$ descrito por

$$x_m(n) = \cos(\omega_0 n + \theta_m), \qquad (2.255)$$

onde θ_m é uma amostra de uma variável aleatória contínua com PDF uniforme no intervalo $[0, 2\pi)$.

SOLUÇÃO
Como foi determinado no Exemplo 1.17, o processo aleatório $\{X\}$ é WSS com função de autocorrelação dada por

$$R_X(\nu) = \frac{1}{2}\cos(\omega_0 \nu) = \frac{e^{j\omega_0 \nu} + e^{-j\omega_0 \nu}}{4}. \qquad (2.256)$$

Portanto, pela definição dada na equação (2.247) e usando a equação (2.216) do Exemplo 2.20, a função de PSD de $\{X\}$ é dada por

$$\Gamma_X(e^{j\omega}) = \frac{\pi}{2} \sum_{n=-\infty}^{\infty} [\delta(\omega - \omega_0 + 2\pi n) + \delta(\omega + \omega_0 + 2\pi n)]. \qquad (2.257)$$

Esse resultado indica que o processo aleatório $\{X\}$ só apresenta potência nas frequências $(\pm\omega_0 + 2k\pi)$, para $k \in \mathbb{Z}$, a despeito de sua componente aleatória de fase Θ. Isso é representado na Figura 2.11 para as frequências no intervalo $[-\pi, \pi)$. △

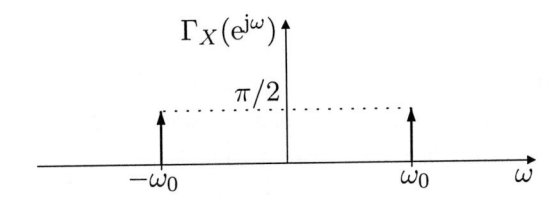

Figura 2.11 PSD do processo aleatório $\{X\}$ do Exemplo 2.21.

2.11.2 Ruído branco

Uma classe extremamente importante de processos aleatórios inclui o chamado ruído branco, caracterizado por uma função de PSD constante para todos os valores de ω. Usando o teorema de Wiener–Khinchin, podemos inferir facilmente que a função de autocorrelação para o ruído branco é um impulso no *lag* nulo. Isso indica que para qualquer *lag* ν não-nulo, as amostras de ruído são estatisticamente descorrelacionadas. A nomenclatura ruído branco se deve à analogia com a luz branca, que inclui todas as componentes frequenciais com potência similar. O ruído branco é uma ferramenta poderosa em análise de

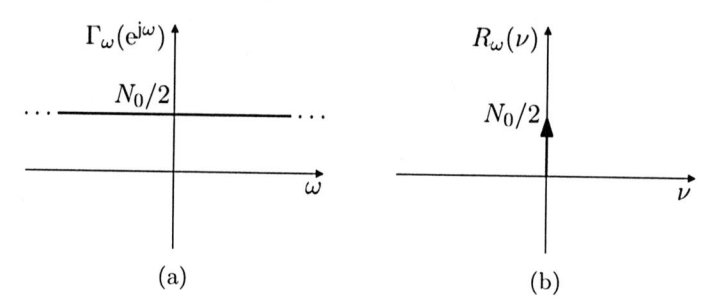

Figura 2.12 Caracterização do ruído branco: (a) domínio da frequência; (b) domínio do *lag*.

sinais, devido às suas descrições simples tanto no domínio do tempo (*lag*) quanto no domínio da frequência, visualizadas na Figura 2.12, que o tornam bastante apropriado para modelar qualquer parcela impreditível de um processo.

Amostras de ruído branco podem ser obtidas aproximadamente por algoritmos geradores de sequências pseudoaleatórias, tais como os comandos `rand` e `randn` em MATLAB.

2.12 Faça você mesmo: as transformadas z e de Fourier

Nesta seção, revisamos com auxílio do Matlab alguns dos conceitos apresentados ao longo deste capítulo.

Experimento 2.1

Comparando a equação (2.34) com as equações (2.61) e (2.63), podemos perceber que o resíduo de um polo p_k com multiplicidade m_k de $X(z)z^{n-1}$ é igual ao coeficiente c_{k1} de sua expansão em frações parciais. Portanto, o comando `residue` em MATLAB pode ser usado para efetuar a inversão da transformada z de uma dada função de transferência. Nesse contexto, o comando `residue` receberá somente dois parâmetros de entrada, contendo os polinômios do numerador e do denominador de $X(z)z^{n-1}$ com seus coeficientes ordenados em potências decrescentes de z. Retornando ao Exemplo 2.3, a resposta ao impulso associada $x(n)$ pode ser calculada para $0 \leq n \leq P$, com $P = 20$, fazendo-se:

```
x = zeros(1,P+1);
num = [1 zeros(1,P+1)];
den = [1 0.6 -0.16];
for n = 0:P,
    [r,p,k] = residue(num(1:n+2),den);
    x(n+1) = sum(r);
end;
stem(0:P,x);
```

2.12 Faça você mesmo: as transformadas z e de Fourier

Nessa pequena sequência de comandos, a variável **r** recebe os necessários valores dos resíduos que são, então, somados para determinar a sequência $x(n)$, mostrada na Figura 2.13.

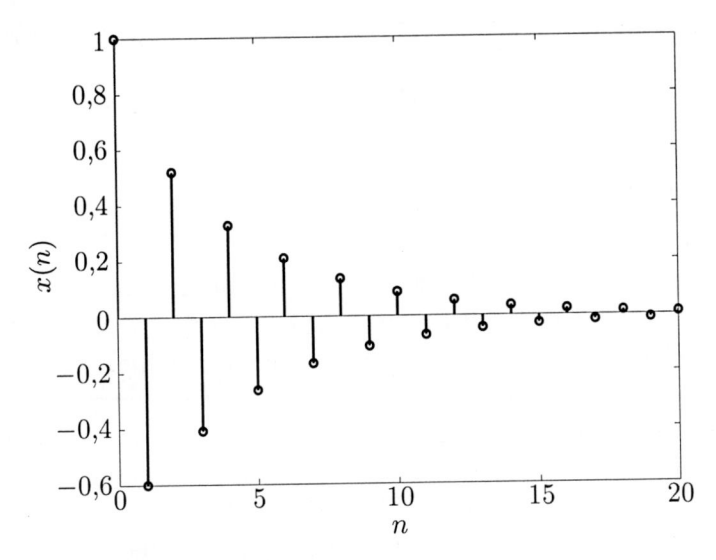

Figura 2.13 Resposta ao impulso do Exemplo 2.3 obtida com o comando **residue** em MATLAB.

Para um polo com multiplicidade $m > 1$, o comando **residue** avalia a equação (2.34) para $m_k = 1, 2, \ldots, m$. Em tais casos, temos de considerar somente o resíduo para $m_k = m$ no somatório que determina $x(n)$.

Experimento 2.2

No Experimento 1.3, analisamos o comportamento de um sistema cuja relação entrada–saída é descrita por

$$y(n) = \frac{x(n) + x(n-1) + \cdots + x(n-N+1)}{N}. \tag{2.258}$$

Levando essa equação ao domínio z e usando a propriedade do deslocamento no tempo associada com a transformada z, obtemos a função de transferência na forma causal

$$H(z) = \frac{Y(z)}{X(z)} = \frac{1 + z^{-1} + \cdots + z^{-N+1}}{N}. \tag{2.259}$$

Como foi explicado na Seção 2.7, fazendo $z = e^{j\omega}$, com $0 \leq \omega < 2\pi$, determinamos a resposta na frequência do sistema descrito pela equação (2.259).

No MATLAB, entretanto, essa resposta pode ser obtida facilmente usando-se o comando `freqz`. Para fazer isso, primeiramente temos que reescrever $H(z)$ em sua forma racional polinomial com expoentes não-negativos. Para valores altos de N, o numerador e o denominador de $H(z)$ podem ser eficientemente definidos com os comandos matriciais `zeros` e `ones`, como exemplificado a seguir para $N = 10$:

```
num10 = ones(1,N);
den10 = [N, zeros(1,N-1)];
[H10,W] = freqz(num10,den10);
figure(1); plot(W,abs(H10));
```

A última linha gera a resposta de módulo resultante, que para $N = 10$ corresponde à curva tracejada da Figura 2.14. A resposta de fase poderia ter sido obtida similarmente, substituindo-se o comando `abs` pelo comando `angle`. O atraso de grupo, definido na equação (2.175), pode ser determinado a partir da resposta de fase ou diretamente pelo comando `grpdelay`, cujos argumentos de entrada e saída são os mesmos do comando `freqz`. Repetindo-se a execução dessa sequência de comandos para $N = 3$, 6 e 20 mudando-se os nomes das variáveis de acordo, geramos a Figura 2.14, que indica que a equação (2.259) corresponde a um sistema passa-baixas cuja faixa de passagem decresce com N.

No Experimento 1.3, duas componentes senoidais com frequências $f_1 = 1$ Hz e $f_2 = 50$ Hz foram digitalmente processadas conforme a equação (2.258) com $F_s = 1000$ amostras/segundo. Na escala de frequência normalizada utilizada na Figura 2.14, essas componentes correspondem a $\omega_1 = (2\pi f_1)/F_s \approx 0{,}006$ e $\omega_2 = (2\pi f_2)/F_s \approx 0{,}314$ rad/amostra. A Figura 2.14 explica como a aplicação da média temporal da Equação (2.258) é capaz de reduzir (cada vez mais) a quantidade de ruído à medida que N aumenta. Contudo, como ilustrado na Figura 1.26, também as componentes senoidais são significativamente afetadas se N se torna elevado demais. Isso nos motiva a procurar maneiras melhores de processar $x(n)$ a fim de reduzir o ruído sem afetar as componentes originais do sinal.

Determinando a forma não-causal da equação (2.259), obtemos

$$H(z) = \frac{z^{N-1} + z^{N-2} + \cdots + 1}{Nz^{N-1}}. \tag{2.260}$$

Claramente, o sistema associado apresenta $(N-1)$ polos na origem do plano complexo z e $(N-1)$ zeros igualmente distribuídos sobre a circunferência unitária (excetuando-se $z = 1$), como indica a Figura 2.15 para $N = 10$, obtida com uma única linha de comando:

```
zplane(num10,den10);
```

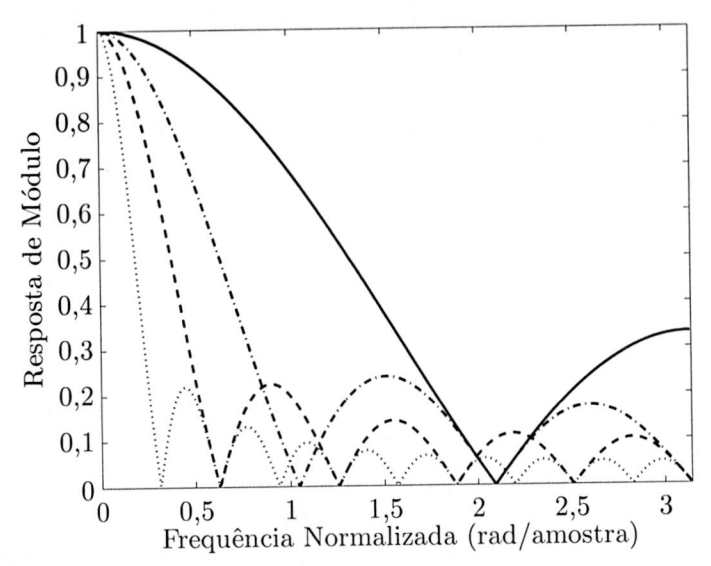

2.12 Faça você mesmo: as transformadas z e de Fourier

Figura 2.14 Respostas de módulo do sistema linear definido pela equação (2.258) para $N = 3$ (linha cheia), $N = 6$ (linha tracejada-pontilhada), $N = 10$ (linha tracejada) e $N = 20$ (linha pontilhada).

Nela, `num10` e `den10` são os vetores-linhas já especificados. Os valores numéricos desses zeros e polos podem ser determinados pelo comando `roots`, o qual, como o nome indica, calcula as raízes de um polinômio dado, ou usando-se os comandos auxiliares `tf2zp` e `zp2tf`, que decompõem os polinômios do numerador e do denominador de uma função de transferência dada em fatores de primeira ordem e vice-versa.

Experimento 2.3

A determinação geométrica do módulo e da fase de uma função de transferência, como ilustra a Figura 2.8 com as equações (2.197)–(2.201), pode ser usada para fazer intuitivamente projetos de filtros digitais. As funções `zp2tf`, que gera uma função de transferência dadas as posições de seus polos e zeros, e `freqz`, que gera as respostas de módulo e fase de uma função de transferência dada (ver a Seção 2.13), são ferramentas importantes em tais projetos.

Suponha que queremos projetar um filtro que fornece uma resposta significativa de módulo apenas para frequências em torno de $\pi/4$. Uma forma de se obter isso é gerar uma função de transferência que tenha um polo com fase $\pi/4$ próximo à circunferência unitária (lembrando que para funções de transferência com coeficientes reais, um polo ou zero complexo tem que ser acompanhado por seu complexo conjugado). Isso porque, como o denominador tende a se tornar pequeno em torno desse polo, a resposta de módulo tende a assumir valores

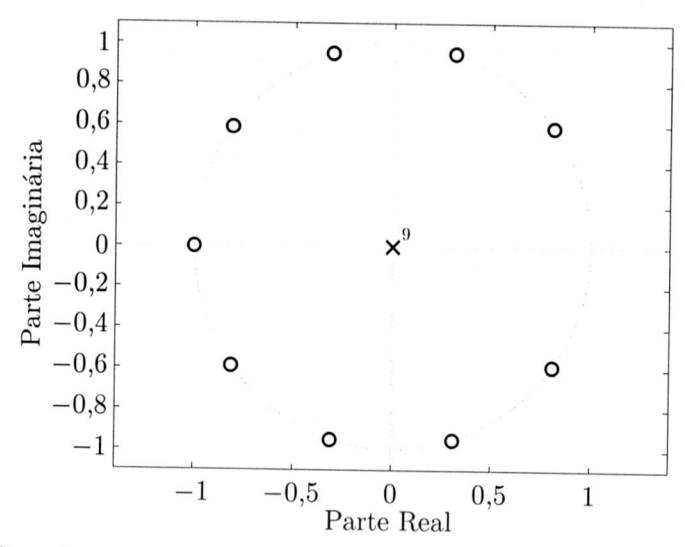

Figura 2.15 Constelação de zeros (o) e polos (×) da função de transferência dada na equação (2.260) com $N = 10$.

elevados. Além disso, podemos reduzi-la nas outras frequências posicionando zeros em $z = 1$ e $z = -1$, o que força resposta nula nas frequências $\omega = 0$ e $\omega = \pi$ rad/amostra. Este posicionamento de polos e zeros é representado na Figura 2.16a, onde $p_1 = 0{,}9\mathrm{e}^{j\pi/4}$. A resposta de módulo correspondente é mostrada na Figura 2.16b. Pode-se observar que o filtro projetado tem, de fato, a resposta de módulo desejada, com um pico pronunciado em torno de $\pi/4$. Note que quanto mais próximo da unidade estiver o módulo do polo, mais elevado é o pico na resposta de módulo. O código em MATLAB para gerar esse exemplo é dado a seguir:

```
p1 = 0.9*exp(j*pi/4);
Z = [1 -1 ].'; P = [p1 p1'].';
[num,den] = zp2tf(Z,P,1);
[h,w] = freqz(num,den);
plot(w,abs(h)/max(abs(h)));
```

Sugere-se que o leitor explore o efeito do módulo do polo sobre a resposta na frequência.

Se queremos que o filtro seja ainda mais seletivo, então uma opção é posicionar mais zeros em torno da frequência central. Para fazer isso, temos de inserir quatro zeros extras sobre a circunferência unitária: um par conjugado com fases $\pm\pi/8$ e outro com fases $\pm 3\pi/8$. O efeito obtido é apresentado na Figura 2.17.

Podemos observar que os zeros inseridos produziram um efeito colateral indesejável: a resposta de módulo atinge valores elevados em torno de $\omega = 3\pi/2$.

2.12 Faça você mesmo: as transformadas z e de Fourier

(a)

(b)

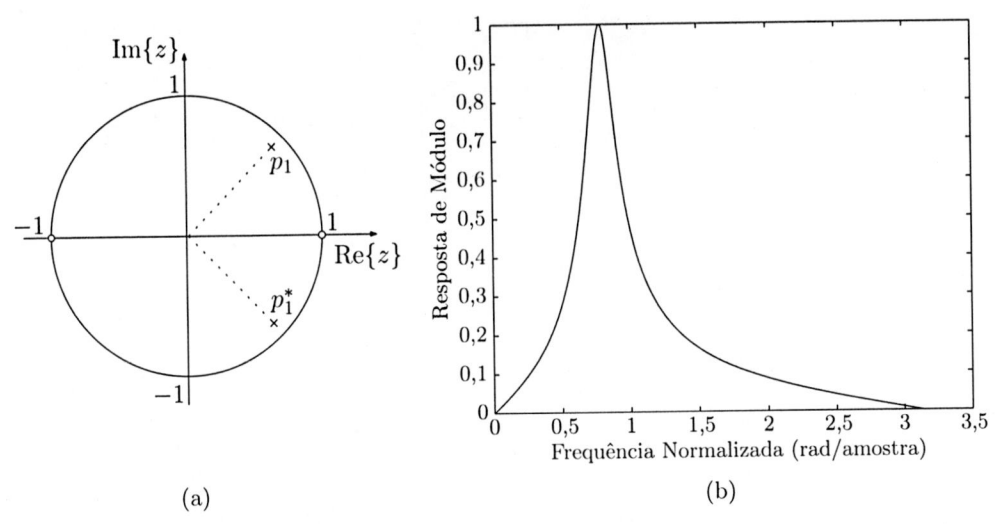

Figura 2.16 Posicionamento de polos e zeros para o Experimento 2.3 e sua resposta na frequência correspondente quando $p_1 = 0{,}9e^{j\pi/4}$.

(a)

(b)

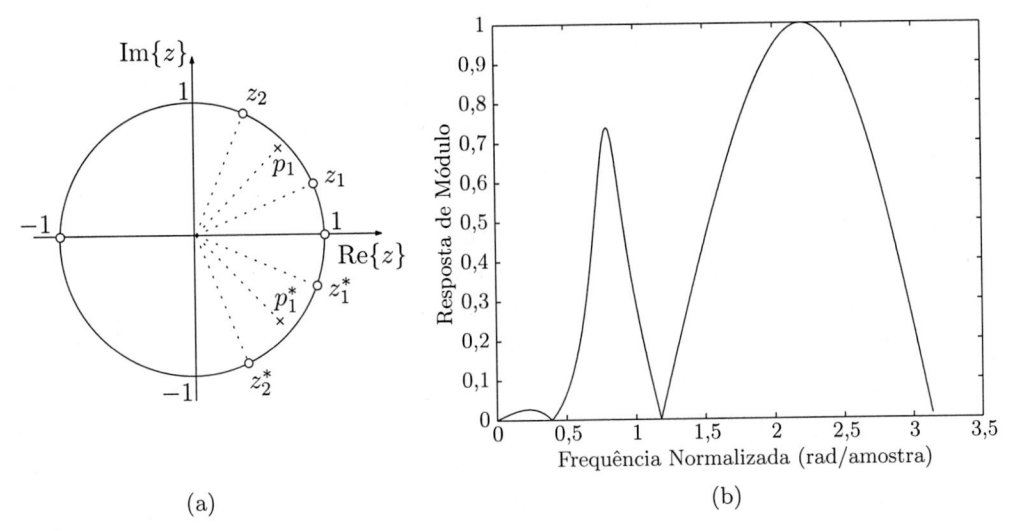

Figura 2.17 Posicionamento de polos e zeros para o Experimento 2.3 e sua resposta na frequência correspondente quando $p_1 = 0{,}9e^{j\pi/4}$, $z_1 = e^{j\pi/8}$ e $z_2 = e^{j3\pi/8}$.

Isso nos chama a atenção para o cuidado que devemos ter ao projetar funções de transferência através do posicionamento de polos e zeros. Em frequências distantes das posições dos polos e zeros, todos os produtos dos termos no numerador e no denominador da equação (2.198) tendem a ser grandes. Então, quando o número de fatores no numerador (zeros) é maior que o número de fatores no denominador (polos), o módulo da função de transferência também tende a ser elevado. Uma forma de resolver esse problema é ter o mesmo número

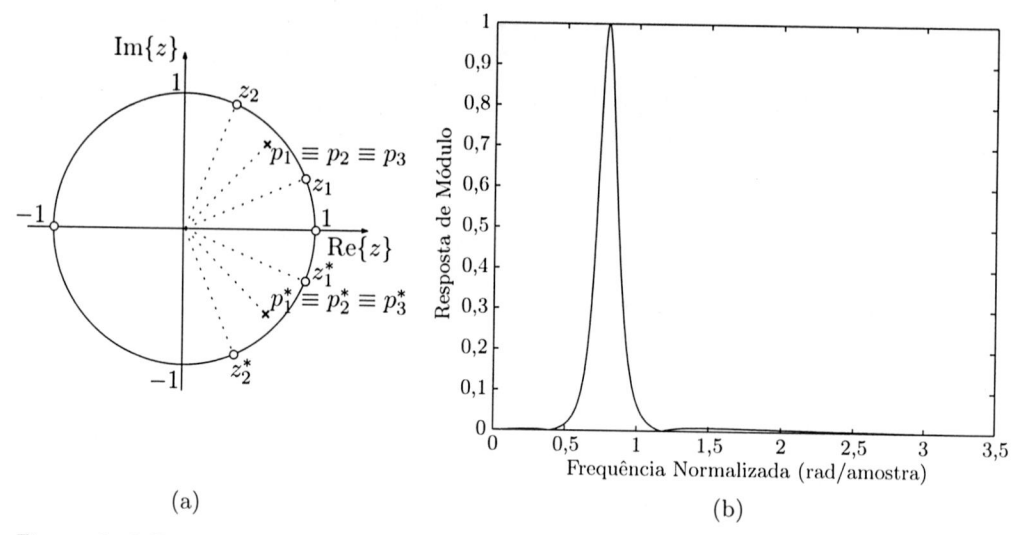

Figura 2.18 Posicionamento de polos e zeros para o Experimento 2.3 e sua resposta na frequência correspondente quando $p_1 = p_2 = p_3 = 0{,}9e^{j\pi/4}$, $z_1 = e^{j\pi/8}$ e $z_2 = e^{j3\pi/8}$.

de polos e zeros na função de transferência. No caso em questão, como temos seis zeros (em ± 1, $e^{\pm j\pi/8}$ e $e^{\pm j3\pi/8}$), podemos garantir isso tornando triplos os polos em $z = 0{,}9e^{\pm j\pi/4}$. A resposta de módulo obtida é apresentada na Figura 2.18. Pode-se observar que o contrabalanceamento dos seis zeros pelos seis polos teve o efeito desejado.

Como uma ilustração adicional, agora vamos tentar reduzir os picos indesejáveis na resposta de módulo da Figura 2.18b sem afetar significativamente sua faixa de passagem. Para isso, vamos afastar os dois polos p_2 e p_3 ligeiramente de p_1. A Figura 2.19 mostra o efeito obtido quando p_2 e p_3 são girados de $-\pi/20$ e $\pi/20$, respectivamente. Pode-se constatar que de fato a resposta de módulo tem seus picos indesejáveis reduzidos.

O código em MATLAB para gerar a Figura 2.19 é mostrado a seguir:

```
z1 = exp(j*pi/8);
z2 = exp(j*3*pi/8);
p1 = 0.9*exp(j*pi/4);
p2 = 0.9*exp(j*pi/4 - j*pi/20);
p3 = 0.9*exp(j*pi/4 + j*pi/20);
Z = [1 -1 z1 z1' z2 z2'].';
P = [p1 p1' p2 p2' p3 p3'].';
[num,den] = zp2tf(Z,P,1);
[h,w] = freqz(num,den);
plot(w,abs(h)/max(abs(h)));
```

2.13 As transformadas z e de Fourier com MATLAB

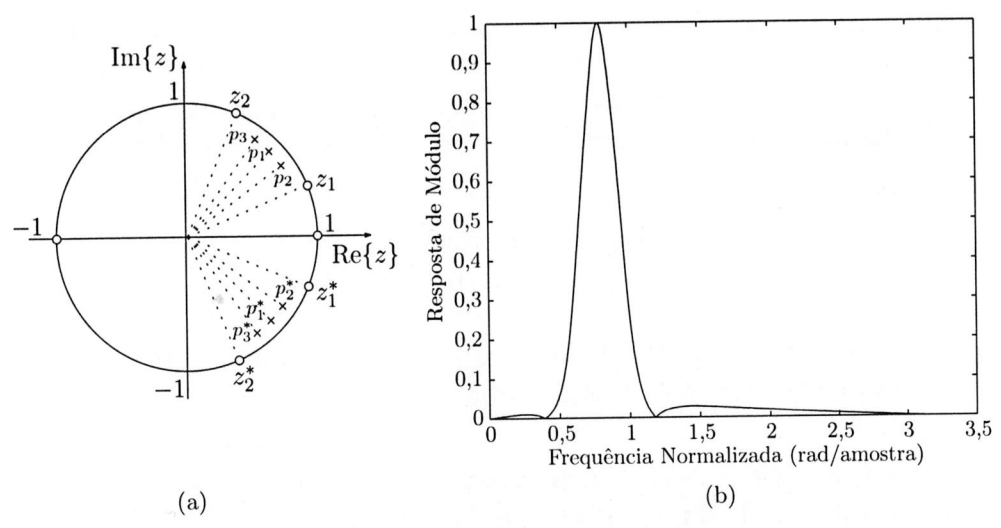

Figura 2.19 Posicionamento de polos e zeros para o Experimento 2.3 e sua resposta na frequência correspondente quando $p_1 = 0{,}9\mathrm{e}^{\mathrm{j}\pi/4}$, $p_2 = p_1\mathrm{e}^{-\mathrm{j}\pi/20}$, $p_3 = p_1\mathrm{e}^{\mathrm{j}\pi/20}$, $z_1 = \mathrm{e}^{\mathrm{j}\pi/8}$ e $z_2 = \mathrm{e}^{\mathrm{j}3\pi/8}$.

2.13 As transformadas z e de Fourier com MATLAB

O *toolbox* Signal Processing do MATLAB tem várias funções relacionadas com funções de transferência. Nesta seção, descrevemos brevemente algumas delas.

- `abs`: Encontra o valor absoluto dos elementos de uma matriz de números complexos.
  Parâmetro de entrada: A matriz de números complexos x.
  Parâmetro de saída: A matriz y com os módulos dos elementos de x.
  Exemplo:
  ```
  x=[0.3+0.4i -0.5+i 0.33+0.47i]; abs(x);
  ```

- `angle`: Calcula a fase de cada elemento de uma matriz de números complexos.
  Parâmetro de entrada: A matriz de números complexos x.
  Parâmetro de saída: A matriz y com as fases dos elementos de x em radianos.
  Exemplo:
  ```
  x=[0.3+0.4i -0.5+i 0.33+0.47i]; angle(x);
  ```

- `freqz`: Fornece a resposta na frequência de um sistema linear no tempo discreto especificado por sua função de transferência.
  Parâmetros de entrada (com referência à equação (2.152)):

  – Um vetor b contendo os coeficientes do polinômio do numerador, b_l, para $l = 0, 1, \ldots, M$;

- Um vetor a contendo os coeficientes do polinômio do denominador, a_i, para $i = 0, 1, \ldots, N$;
- O número n de pontos ao redor da metade superior do círculo unitário ou, alternativamente, o vetor w de pontos em que a resposta é calculada.

Parâmetros de saída:

- Um vetor h contendo a resposta na frequência;
- Um vetor w contendo os pontos na frequência nos quais a resposta é calculada;
- Sem parâmetros de saída, freqz mostra os gráficos do módulo e da fase desdobrada da função de transferência.

Exemplo:
```
a=[1 0.8 0.64]; b=[1 1]; [h,w]=freqz(b,a,200);
plot(w,abs(h)); figure(2); plot(w,angle(h));
```

- **freqspace**: Gera um vetor com pontos igualmente espaçados sobre a circunferência unitária.

Parâmetros de entrada:

- O número n de pontos sobre a metade superior da circunferência unitária;
- Se 'whole' é fornecido como parâmetro, os n pontos são distribuídos igualmente espaçados sobre toda a circunferência unitária.

Parâmetro de saída: O vetor com os pontos na frequência em Hz.
Exemplo:
```
a=[1 0.8 0.64]; b=[1 1]; w=pi*freqspace(200);
freqz(b,a,w);
```

- **unwrap**: Desdobra a fase de forma que os saltos de fase sejam sempre menores que 2π.

Parâmetro de entrada: O vetor p contendo a fase;
Parâmetro de saída: O vetor q contendo a fase desdobrada.
Exemplo:
```
p1=[0:0.01:6*pi]; p=[p1 p1]; plot(p);
q=unwrap(p); figure(2); plot(q);
```

- **grpdelay**: Fornece o atraso de grupo de um sistema linear no tempo discreto especificado por sua função de transferência.

Parâmetros de entrada: Os mesmos do comando freqz.
Parâmetros de saída:

- Um vetor gd contendo a resposta de atraso de grupo na frequência;
- Um vetor w contendo os pontos na frequência nos quais a resposta é calculada;

2.14 Resumo   147

- Sem parâmetros de saída, `grpdelay` mostra o gráfico do atraso de grupo da função de transferência em função da frequência normalizada ($\pi \to 1$).

  Exemplo:
  ```
  a=[1 0.8 0.64]; b=[1 1]; [gd,w]=grpdelay(b,a,200);
  plot(w,gd);
  ```

- `tf2zp`: Dada uma função de transferência, retorna as posições de seus polos e zeros. Veja também a Seção 4.9.

- `zp2tf`: Dadas as posições dos polos e zeros, retorna os coeficientes da função de transferência, assim revertendo a operação do comando `tf2zp`. Veja também a Seção 4.9.

- `zplane`: Dada uma função de transferência, mostra graficamente as posições de seus zeros e polos.

  Parâmetros de entrada:

  - Um vetor-linha `b` contendo os coeficientes do polinômio do numerador ordenados em potências decrescentes de z;
  - Um vetor-linha `a` contendo os coeficientes do polinômio do denominador ordenados em potências decrescentes de z;
  - Se os parâmetros de entrada são fornecidos como vetores-colunas, são interpretados como vetores contendo os zeros e polos, respectivamente.

  Exemplo 1:
  ```
  a=[1 0.8 0.64 0.3 0.02]; b=[1 1 0.3]; zplane(b,a);
  ```
  Exemplo 2:
  ```
  a=[1 0.8 0.64 0.3 0.02]; b=[1 1 0.3];
  [z p k]=tf2zp(b,a); zplane(z,p);
  ```

- `residuez`: Calcula a expansão em frações parciais de uma função de transferência. Veja também a Seção 4.9.

- Veja ainda os comandos `conv` e `impz` descritos na Seção 1.9 e o comando `filter` descrito na Seção 4.9.

2.14 Resumo

Neste capítulo, estudamos as transformadas z e de Fourier, duas ferramentas muito importantes na análise e no projeto de sistemas lineares no tempo discreto. Primeiramente, definimos a transformada z e sua inversa, e então apresentamos algumas propriedades interessantes da transformada z. Em seguida, introduzimos o conceito da função de transferência como uma forma de caracterizar sistemas lineares no tempo discreto usando a transformada z. Então foi apresentado um critério para determinar a estabilidade de sistemas lineares no tempo discreto. Associada ao conceito de função de transferência, definimos a resposta na frequência de um sistema e a transformada de Fourier de sinais no tempo discreto, apresentando algumas de suas propriedades. Definimos brevemente a série de Fourier para sinais (periódicos) no tempo discreto. Concluímos o capítulo descrevendo algumas funções do MATLAB relacionadas com a transformada z, com a transformada de Fourier e com funções de transferência no tempo discreto.

2.15 Exercícios

2.1 Calcule a transformada z de cada uma das seguintes sequências, indicando sua região de convergência:

(a) $x(n) = \text{sen}(\omega n + \theta)u(n)$;

(b) $x(n) = \cos(\omega n)u(n)$;

(c) $x(n) = \begin{cases} n, & 0 \leq n \leq 4 \\ 0, & n < 0 \text{ e } n > 4 \end{cases}$;

(d) $x(n) = a^n u(-n)$;

(e) $x(n) = e^{-\alpha n} u(n)$;

(f) $x(n) = e^{-\alpha n} \text{sen}(\omega n) u(n)$;

(g) $x(n) = n^2 u(n)$.

2.2 Prove a equação (2.35).

2.3 Suponha que a função de transferência de um filtro digital é dada por

$$\frac{(z-1)^2}{z^2 + (m_1 - m_2)z + (1 - m_1 - m_2)}.$$

Faça um gráfico especificando a região do plano $m_2 \times m_1$ na qual o filtro é estável.

2.4 Calcule a resposta ao impulso do sistema com a função de transferência

$$H(z) = \frac{z^2}{4z^2 - 2\sqrt{2}z + 1},$$

supondo que tal sistema é estável.

2.5 Calcule a resposta no tempo do sistema causal descrito pela função de transferência

$$H(z) = \frac{(z-1)^2}{z^2 - 0{,}32z + 0{,}8}$$

quando o sinal de entrada é um degrau unitário.

2.15 Exercícios

2.6 Determine a transformada z inversa de cada uma das seguintes funções da variável complexa z, supondo que os sistemas que as têm como funções de transferência são estáveis:

(a) $\dfrac{z}{z - 0{,}8}$;

(b) $\dfrac{z^2}{z^2 - z + 0{,}5}$;

(c) $\dfrac{z^2 + 2z + 1}{z^2 - z + 0{,}5}$;

(d) $\dfrac{z^2}{(z - a)(z - 1)}$;

(e) $\dfrac{1 - z^2}{(2z^2 - 1)(z - 2)}$.

2.7 Calcule a transformada z inversa de cada uma das funções a seguir. Suponha que as sequências são unilaterais direitas.

(a) $X(z) = \operatorname{sen} \dfrac{1}{z}$;

(b) $X(z) = \sqrt{\dfrac{z}{1 + z}}$.

2.8 Uma condição alternativa para a convergência de uma série

$$S(z) = \sum_{i=0}^{\infty} f_i(z)$$

na variável complexa z se baseia na função de z

$$\alpha(z) = \lim_{n \to \infty} \left| \dfrac{f_{n+1}(z)}{f_n(z)} \right|. \qquad (2.261)$$

A série converge para $\alpha(z) < 1$ e diverge para $\alpha(z) > 1$. Se $\alpha(z) = 1$, então a convergência precisa ser melhor investigada.

Contudo, para que essa condição seja aplicada, nenhum termo $f_i(z)$ pode ser nulo para todo z. Nos casos em que algum(ns) $f_i(z)$ é (são) nulo(s), basta criar uma nova sequência de funções $g_j(z)$ composta apenas dos termos para os quais $f_i(z) \neq 0$ e aplicar a condição vista a essa nova sequência. Tendo isso em mente, resolva o item (b) do Exemplo 2.10 usando a condição de convergência aqui apresentada.

2.9 Dada uma sequência $x(n)$, forme outra sequência consistindo apenas das amostras pares de $x(n)$, isto é, $y(n) = x(2n)$. Determine a transformada z de $y(n)$ como função da transformada z de $x(n)$, usando a sequência auxiliar $(-1)^n x(n)$.

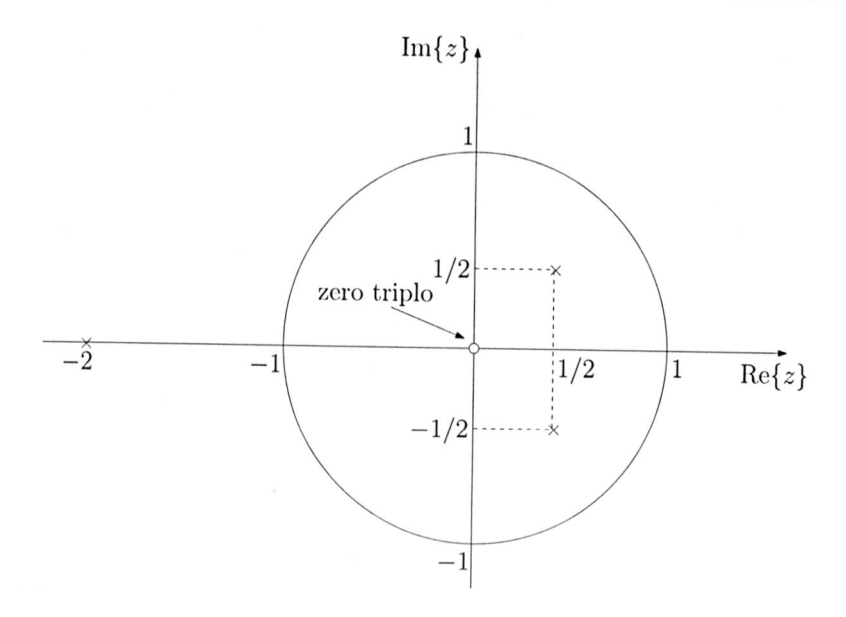

Figura 2.20 Constelação de zeros e polos para o Exercício 2.12.

2.10 Determine se cada um dos polinômios a seguir pode ser o denominador da função de transferência de um filtro causal estável:

(a) $z^5 + 2z^4 + z^3 + 2z^2 + z + 0{,}5$;

(b) $z^6 - z^5 + z^4 + 2z^3 + z^2 + z + 0{,}25$;

(c) $z^4 + 0{,}5z^3 - 2z^2 + 1{,}75z + 0{,}5$.

2.11 Dado o polinômio $D(z) = z^2 - (2 + a - b)z + a + 1$, que representa o denominador da função de transferência de um sistema no tempo discreto:

(a) Determine a faixa de valores de a e b para que o sistema seja estável, usando o teste de estabilidade descrito no texto.

(b) Represente um gráfico de $a \times b$ indicando a região de estabilidade.

2.12 Para a constelação de zeros e polos mostrada na Figura 2.20, determine a resposta ao impulso estável e discuta as propriedades da solução obtida.

2.13 Calcule a resposta na frequência de um sistema com a seguinte resposta ao impulso:

$$h(n) = \begin{cases} (-1)^n, & |n| < N - 1 \\ 0, & \text{em caso contrário.} \end{cases}$$

2.14 Calcule e represente graficamente o módulo e a fase da resposta na frequência dos sistemas descritos pelas seguintes equações de diferenças:

(a) $y(n) = x(n) + 2x(n-1) + 3x(n-2) + 2x(n-3) + x(n-4)$;

(b) $y(n) = y(n-1) + x(n)$;

(c) $y(n) = x(n) + 3x(n-1) + 2x(n-2)$.

2.15 Represente graficamente o módulo e a fase da resposta na frequência dos filtros digitais caracterizados pelas seguintes funções de transferência:

(a) $H(z) = z^{-4} + 2z^{-3} + 2z^{-1} + 1$;

(b) $H(z) = \dfrac{z^2 - 1}{z^2 - 1{,}2z + 0{,}95}$.

2.16 Se um filtro digital tem função de transferência $H(z)$, calcule a resposta de estado permanente desse sistema para uma entrada do tipo $x(n) = \text{sen}(\omega n)u(n)$.

2.17 Uma determinada estrutura de *hardware* pode gerar filtros com a seguinte função de transferência genérica:

$$H(z) = \frac{\delta_0 + \delta_1 z^{-1} - \delta_2 z^{-1} f(z)}{1 - (1 + m_1)z^{-1} - m_2 z^{-1} f(z)},$$

onde $f(z) = 1/(1 - z^{-1})$. Projete o filtro para que tenha ganho DC unitário e dois zeros em $\omega = \pi$.

2.18 Dado um sistema linear invariante no tempo, prove as propriedades a seguir:

(a) Atraso de grupo constante é condição necessária, mas não suficiente, para que o atraso provocado por um sistema numa senoide independa de sua frequência.

(b) Sejam $y_1(n)$ e $y_2(n)$ as saídas de um sistema a duas senoides $x_1(n)$ e $x_2(n)$, respectivamente. Um atraso de grupo constante τ implica que se $x_1(n_0) = x_2(n_0)$, então $y_1(n_0 - \tau) = y_2(n_0 - \tau)$.

2.19 Suponha que temos um sistema cuja função de transferência tem dois zeros em $z = 0$, polo duplo em $z = a$ e polo simples em $z = -b$, sendo $a > 1$ e $0 < b < 1$ números reais. Calcule a resposta ao impulso para uma solução estável, assumindo ganho DC unitário.

2.20 Se o sinal $x(n) = 4\cos[(\pi/4)n - \pi/6]u(n)$ é aplicado à entrada do sistema linear do Exercício 2.6e, determine sua resposta de estado permanente.

2.21 Calcule a transformada de Fourier de cada uma das sequências do Exercício 2.1.

2.22 Calcule a transformada de Fourier inversa de

$$X(e^{j\omega}) = \frac{1}{1 - e^{-j\omega}}$$

no Exemplo 2.19.

Dica: Substitua $e^{j\omega}$ por z, calcule a transformada z definindo o contorno fechado C como $z = \rho e^{j\omega}$, $\rho > 1$, e encontre o seu limite quando $\rho \to 1$.

2.23 Calcule $h(n)$, a transformada de Fourier inversa de

$$H(e^{j\omega}) = \begin{cases} -j, & \text{para } 0 \leq \omega < \pi \\ j, & \text{para } -\pi \leq \omega < 0, \end{cases}$$

e mostre que

(a) a inequação (2.211) não vale.
(b) a sequência $h(n)$ não possui uma transformada z.

2.24 Prove que a transformada de Fourier de $x(n) = e^{j\omega_0 n}$ é dada pela equação (2.216), calculando

$$X(e^{j\omega}) = \lim_{N \to \infty} \sum_{n=-N}^{N} x(n) e^{-j\omega n}.$$

Dica:
Uma função $f(t)$ é um impulso se $f(t) = 0$ para $t \neq 0$ e $\int_{-\infty}^{\infty} f(t) dt = 1$.

2.25 Prove as propriedades da transformada de Fourier de sequências reais dadas pelas equações de (2.229) a (2.232).

2.26 Enuncie e prove as propriedades da transformada de Fourier de sequências imaginárias correspondentes àquelas dadas nas equações de (2.229) a (2.232).

2.27 Mostre que o par transformada de Fourier direta–inversa da correlação de duas sequências é

$$\sum_{n=-\infty}^{\infty} x_1(n) x_2(n+l) \longleftrightarrow X_1(e^{-j\omega}) X_2(e^{j\omega}).$$

2.28 Mostre que a transformada de Fourier de uma sequência imaginária ímpar é real e ímpar.

2.29 Mostre que a transformada de Fourier de uma sequência conjugada antissimétrica é imaginária.

2.30 Definimos as partes par e ímpar de uma sequência complexa $x(n)$ como

$$\mathcal{E}\{x(n)\} = \frac{x(n) + x^*(-n)}{2} \quad \text{e} \quad \mathcal{O}\{x(n)\} = \frac{x(n) - x^*(-n)}{2},$$

respectivamente. Mostre que

$$\mathcal{F}\{\mathcal{E}\{x(n)\}\} = \text{Re}\{X(e^{j\omega})\} \quad \text{e} \quad \mathcal{F}\{\mathcal{O}\{x(n)\}\} = j \, \text{Im}\{X(e^{j\omega})\},$$

onde $X(e^{j\omega}) = \mathcal{F}\{x(n)\}$.

2.31 Resolva o Exercício 1.22 usando o conceito de função de transferência.

2.15 Exercícios

2.32 Prove que

$$\mathcal{F}^{-1}\left\{\sum_{k=-\infty}^{\infty}\delta\left(\omega-\frac{2\pi}{N}k\right)\right\}=\frac{N}{2\pi}\sum_{p=-\infty}^{\infty}\delta(n-Np) \qquad (2.262)$$

calculando o lado esquerdo da igualdade pela equação (2.207) e verificando que a sequência resultante é igual ao seu lado direito.

2.33 Mostre que a função de PSD de um processo aleatório WSS $\{X\}$ satisfaz as seguintes propriedades:

(a) $\Gamma_X(0) = \sum_{\nu=-\infty}^{\infty} R_X(\nu)$.

(b) É uma função par, isto é, $\Gamma_X(e^{j\omega}) = \Gamma_X(e^{-j\omega})$, $\forall \omega$.

(c) É uma função não-negativa, isto é, $\Gamma_X(e^{j\omega}) \geq 0$, $\forall \omega$.

3 Transformadas discretas

3.1 Introdução

No Capítulo 2, vimos que sinais e sistemas no tempo discreto podem ser caracterizados no domínio da frequência com auxílio da transformada de Fourier. Além disso, como foi visto naquele capítulo, uma das principais vantagens dos sinais no tempo discreto é poderem ser representados e processados em computadores digitais. Entretanto, quando examinamos a definição da transformada de Fourier na equação (2.207),

$$X(e^{j\omega}) = \sum_{n=-\infty}^{\infty} x(n)e^{-j\omega n}, \tag{3.1}$$

percebemos que tal caracterização no domínio da frequência depende da variável contínua ω. Isso significa que a transformada de Fourier assim definida não serve para o processamento de sinais no tempo discreto em computadores digitais. Precisamos de uma transformada que dependa de uma variável frequencial discreta que, se possível, preserve a ideia e a informação expressas pela equação (3.1). Pode-se obter isso da própria transformada de Fourier de uma forma muito simples, bastando amostrar uniformemente a variável frequencial contínua ω. Dessa forma, fazemos um mapeamento de um sinal que depende de uma variável discreta de tempo n numa transformada que depende de uma variável discreta de frequência k. Tal mapeamento é chamado de transformada de Fourier discreta (DFT, do inglês *Discrete Fourier Transform*).

Na parte principal deste capítulo, estudaremos a DFT. Inicialmente, serão obtidas as expressões para as DFTs direta e inversa. Depois, serão analisadas as limitações da DFT na representação de sinais genéricos no tempo discreto. Será apresentada, ainda, uma forma matricial para a DFT que pode ser bastante útil.

Em seguida, serão apresentadas as propriedades da DFT, com especial ênfase na propriedade da convolução, que permite o cálculo de uma convolução temporal discreta no domínio da frequência. Serão apresentados os métodos de sobreposição-e-soma (em inglês, *overlap-and-add*) e sobreposição-e-armazenamento (em inglês, *overlap-and-save*) para se realizar a convolução de sinais longos no domínio da frequência.

Uma limitação importante ao uso prático da DFT é o grande número de operações aritméticas envolvidas no seu cálculo, especialmente para sequências

3.2 Transformada de Fourier discreta

longas. Esse problema foi parcialmente resolvido com a criação de algoritmos eficientes para o cálculo da DFT, genericamente conhecidos como transformadas de Fourier rápidas (FFTs, do inglês *Fast Fourier Transforms*). Os primeiros algoritmos de FFT foram propostos em Cooley & Tukey (1965). Desde então, a DFT tem sido amplamente usada em aplicações de processamento de sinais. Neste capítulo, são estudados alguns dos algoritmos de FFT mais comumente usados.

Após os algoritmos de FFT, trataremos de outras transformadas discretas que não a DFT. Serão analisadas, entre outras, a transformada de cossenos discreta e a transformada de Hartley.

Será feito, então, um resumo das representações de sinais, destacando as relações entre as transformadas de Fourier para o tempo contínuo e para o tempo discreto, a transformada de Laplace, a transformada z, a série de Fourier e a DFT. A seção 'Faça você mesmo' contém experimentos em MATLAB sobre filtragem digital e análise de sinais usando DFTs.

Por fim, será dada uma breve descrição de comandos do MATLAB úteis para o cálculo de transformadas rápidas e a execução de convoluções rápidas.

3.2 Transformada de Fourier discreta

A transformada de Fourier de uma sequência $x(n)$ é dada pela equação (3.1). Como $X(\mathrm{e}^{\mathrm{j}\omega})$ é periódica com período 2π, é conveniente amostrá-la com um intervalo de amostragem igual a um múltiplo inteiro desse período, isto é, tomando-se N amostras uniformemente espaçadas entre 0 e 2π. Vamos usar as frequências $\omega_k = (2\pi/N)k$, $k \in \mathbb{Z}$. Esse processo de amostragem equivale a gerar uma transformada de Fourier $X'(\mathrm{e}^{\mathrm{j}\omega})$ tal que

$$X'(\mathrm{e}^{\mathrm{j}\omega}) = X\left(\mathrm{e}^{\mathrm{j}\omega}\right) \sum_{k=-\infty}^{\infty} \delta\left(\omega - \frac{2\pi}{N}k\right). \tag{3.2}$$

Aplicando-se o teorema da convolução visto no Capítulo 2, essa equação se torna

$$x'(n) = \mathcal{F}^{-1}\left\{X'(\mathrm{e}^{\mathrm{j}\omega})\right\} = x(n) * \mathcal{F}^{-1}\left\{\sum_{k=-\infty}^{\infty} \delta\left(\omega - \frac{2\pi}{N}k\right)\right\} \tag{3.3}$$

e, como (veja o Exercício 2.32)

$$\mathcal{F}^{-1}\left\{\sum_{k=-\infty}^{\infty} \delta\left(\omega - \frac{2\pi}{N}k\right)\right\} = \frac{N}{2\pi} \sum_{p=-\infty}^{\infty} \delta\left(n - Np\right), \tag{3.4}$$

a equação (3.3) se torna

$$x'(n) = x(n) * \frac{N}{2\pi} \sum_{p=-\infty}^{\infty} \delta(n - Np) = \frac{N}{2\pi} \sum_{p=-\infty}^{\infty} x(n - Np). \tag{3.5}$$

A equação (3.5) indica que, a partir de amostras igualmente espaçadas da transformada de Fourier, podemos recuperar um sinal $x'(n)$ que consiste numa soma de repetições periódicas do sinal discreto original $x(n)$. Nesse caso, o período das repetições é igual ao número N de amostras tomadas em um período da transformada de Fourier. Então, é fácil ver que se o comprimento L de $x(n)$ é maior que N, então $x(n)$ não pode ser obtido de $x'(n)$. Por outro lado, se $L \leq N$, então $x'(n)$ é uma repetição periódica precisa de $x(n)$, e portanto $x(n)$ pode ser obtido isolando-se um período completo de N amostras de $x'(n)$, como indicado em

$$x(n) = \frac{2\pi}{N} x'(n), \quad \text{para } 0 \leq n \leq N - 1. \tag{3.6}$$

Da discussão anterior, podemos tirar duas conclusões importantes:

- As amostras da transformada de Fourier podem fornecer uma efetiva representação discreta na frequência para um sinal de comprimento finito no tempo discreto.
- Essa representação só é útil se o número N de amostras da transformada de Fourier é maior ou igual ao comprimento L do sinal original.

É interessante notar que a equação (3.5) é da mesma forma que a equação (1.170), que dá a transformada de Fourier de um sinal no tempo contínuo amostrado. Naquele caso, a equação (1.170) implica que para um sinal no tempo contínuo ser recuperável a partir de suas amostras, o chamado *aliasing* (definido na Seção 1.6.2) precisa ser evitado. Isso pode ser feito usando-se uma frequência de amostragem maior que duas vezes a largura de faixa do sinal analógico. Similarmente, a equação (3.5) implica que se pode recuperar um sinal digital a partir das amostras de sua transformada de Fourier desde que o comprimento L do sinal seja menor que ou igual ao número N de amostras tomadas em um período de sua transformada de Fourier.

Podemos expressar $x(n)$ diretamente como função das amostras de $X(e^{j\omega})$ manipulando a equação (3.2) de forma diferente da descrita anteriormente. Começamos observando que a equação (3.2) é equivalente a

$$X'(e^{j\omega}) = \sum_{k=-\infty}^{\infty} X\left(e^{j(2\pi/N)k}\right) \delta\left(\omega - \frac{2\pi}{N}k\right). \tag{3.7}$$

3.2 Transformada de Fourier discreta

Aplicando a relação da transformada de Fourier inversa à equação (2.207), temos

$$x'(n) = \frac{1}{2\pi} \int_0^{2\pi} X'(e^{j\omega}) e^{j\omega n} d\omega$$

$$= \frac{1}{2\pi} \int_0^{2\pi} \sum_{k=-\infty}^{\infty} X\left(e^{j(2\pi/N)k}\right) \delta\left(\omega - \frac{2\pi}{N}k\right) e^{j\omega n} d\omega$$

$$= \frac{1}{2\pi} \sum_{k=0}^{N-1} X\left(e^{j(2\pi/N)k}\right) e^{j(2\pi/N)kn}. \qquad (3.8)$$

Substituindo-se a equação (3.8) na equação (3.6), $x(n)$ pode ser expresso como

$$x(n) = \frac{1}{N} \sum_{k=0}^{N-1} X\left(e^{j(2\pi/N)k}\right) e^{j(2\pi/N)kn}, \quad \text{para } 0 \leq n \leq N-1. \qquad (3.9)$$

A equação (3.9) mostra de que forma um sinal no tempo discreto pode ser recuperado a partir de sua representação na frequência discreta. Essa relação é conhecida como a transformada de Fourier discreta inversa (IDFT, do inglês *Inverse Discrete Fourier Transform*).

Uma expressão inversa da equação (3.9), relacionando a representação na frequência discreta com o sinal no tempo discreto pode ser obtida reescrevendo-se a equação (3.1) apenas para as frequências $\omega_k = (2\pi/N)k$, para $k = 0, 1, \ldots, N-1$. Como $x(n)$ tem duração finita, assumimos que suas amostras não-nulas estão dentro do intervalo $0 \leq n \leq N-1$ e, então,

$$X\left(e^{j(2\pi/N)k}\right) = \sum_{n=0}^{N-1} x(n) e^{-j(2\pi/N)kn}, \quad \text{para } 0 \leq k \leq N-1. \qquad (3.10)$$

A equação (3.10) é conhecida como transformada de Fourier discreta (DFT, do inglês *Discrete Fourier Transform*).

É importante indicar que, na equação (3.10), se $x(n)$ tem comprimento $L < N$, tem que ser preenchido com zeros até o comprimento N, adaptando o comprimento da sequência para o cálculo de sua correspondente DFT. Consultando a Figura 3.1, podemos ver que a extensão do preenchimento com zeros (em inglês, *zero-padding*) também determina a resolução da DFT na frequência. A Figura 3.1a mostra um sinal $x(n)$ constituído de $L = 6$ amostras, juntamente com sua transformada de Fourier, a qual apresenta distintamente dois pares de picos próximos no intervalo $[0, 2\pi)$. Na Figura 3.1b, vemos que amostrar a transformada de Fourier em 8 pontos no intervalo $[0, 2\pi)$ é equivalente a calcular a DFT de $x(n)$ usando a equação (3.10) com $N = 8$ amostras, o que exige que $x(n)$ seja preenchido com $N - L = 2$ zeros. Nessa figura, observamos que num tal caso os dois picos próximos na transformada de Fourier de $x(n)$ não podem ser resolvidos pelos coeficientes da DFT. Esse fato indica que a resolução da DFT deve ser aumentada pelo aumento do número N de amostras, exigindo, então, que $x(n)$ seja preenchido com mais zeros ainda. Na Figura 3.1c, podemos ver que os picos próximos podem ser facilmente identificados pelos coeficientes da DFT quando N é elevado para 32, o que corresponde a um preenchimento de $x(n)$ com $N - L = 32 - 6 = 26$ zeros.

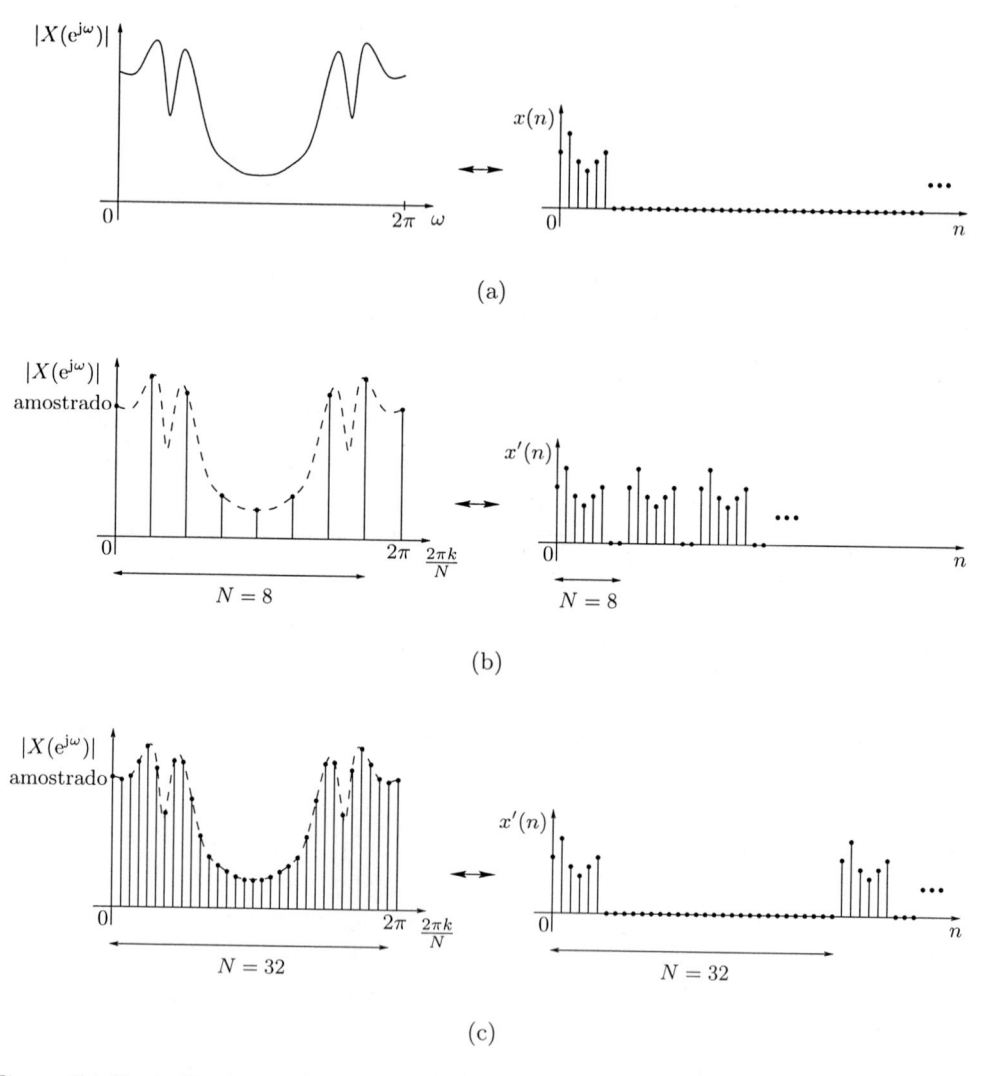

Figura 3.1 Equivalência entre a amostragem da transformada de Fourier de um sinal e sua DFT. (a) Exemplo de transformada de Fourier de um sinal $x(n)$ com apenas $L = 6$ amostras não-nulas; (b) DFT com $N = 8$ amostras, juntamente com o correspondente $x(n)$ preenchido com zeros; (c) DFT com $N = 32$ amostras, juntamente com o correspondente $x(n)$ preenchido com zeros.

3.2 Transformada de Fourier discreta

Podemos assim resumir os principais tópicos da discussão anterior:

- Quanto maior é o número de zeros acrescentados a $x(n)$ para o cálculo da DFT, mais ela se parece com sua transformada de Fourier. Isso ocorre devido ao maior número de amostras tomadas no intervalo $[0, 2\pi)$.

- A quantidade de zeros usados no preenchimento depende da complexidade aritmética permitida pela aplicação em questão, pois quanto maior é a quantidade de zeros, maiores são os requisitos computacionais e de memória envolvidos no cálculo da DFT.

Há, entretanto, uma importante observação a ser feita sobre a discussão relativa à Figura 3.1. Vimos na Figura 3.1b que para $N = 8$ a DFT não pôde resolver os dois picos da transformada de Fourier. Entretanto, como a duração do sinal é $N = 6$, $x(n)$ pode ser recuperado a partir das 8 amostras da transformada de Fourier vista na Figura 3.1b usando-se a equação (3.9). De $x(n)$, a transformada de Fourier $X(e^{j\omega})$ da Figura 3.1a pode ser calculada usando-se a equação (3.1) e, portanto, os dois picos próximos podem ser completamente recuperados e identificados. Nesse ponto, poderia ser questionada a necessidade de se usar uma DFT de resolução mais alta, se uma DFT de tamanho igual à duração é suficiente para recuperar completamente a transformada de Fourier correta. A justificativa para o uso de uma DFT de tamanho maior que a duração do sinal é que, por exemplo, para N suficientemente grande, não seria necessário efetuar cálculos indiretos para identificar os dois picos próximos na Figura 3.1, porque eles já estariam representados diretamente pelos coeficientes da DFT, como apresentado na Figura 3.1c. A seguir, deduzimos uma expressão relacionando a transformada de Fourier de um sinal $x(n)$ com sua DFT.

A equação (3.6), que relaciona o sinal $x(n)$ com o sinal $x'(n)$ que pode ser obtido das amostras de sua transformada de Fourier, pode ser reescrita como

$$x(n) = \frac{2\pi}{N}x'(n)[u(n) - u(n-N)]. \tag{3.11}$$

Usando o fato de que a multiplicação no domínio do tempo corresponde à convolução periódica no domínio da frequência, vista no Capítulo 2, temos

$$X(e^{j\omega}) = \frac{1}{2\pi}\frac{2\pi}{N}X'(e^{j\omega}) \circledast \mathcal{F}\{u(n) - u(n-N)\}$$

$$= \frac{1}{N}X'(e^{j\omega}) \circledast \left[\frac{\text{sen}(\omega N/2)}{\text{sen}(\omega/2)}e^{-j\omega(N-1)/2}\right]. \tag{3.12}$$

Substituindo-se a equação (3.7) na equação (3.12), $X(e^{j\omega})$ se torna

$$X(e^{j\omega}) = \frac{1}{N}\left[\sum_{k=-\infty}^{\infty} X\left(e^{j(2\pi/N)k}\right)\delta\left(\omega - \frac{2\pi}{N}k\right)\right] \circledast \left[\frac{\operatorname{sen}(\omega N/2)}{\operatorname{sen}(\omega/2)}e^{-j\omega(N-1)/2}\right]$$

$$= \frac{1}{N}\sum_{k=-\infty}^{\infty} X\left(e^{j(2\pi/N)k}\right)\left\{\frac{\operatorname{sen}\frac{[\omega-(2\pi/N)k]N}{2}}{\operatorname{sen}\frac{\omega-(2\pi/N)k}{2}}e^{-j[\omega-(2\pi/N)k](N-1)/2}\right\}$$

$$= \frac{1}{N}\sum_{k=-\infty}^{\infty} X\left(e^{j(2\pi/N)k}\right)\left\{\frac{\operatorname{sen}(\omega N/2 - \pi k)}{\operatorname{sen}(\omega/2 - \pi k/N)}e^{-j[\omega/2-(\pi/N)k](N-1)}\right\}. \quad (3.13)$$

Essa equação é a fórmula de interpolação que dá a transformada de Fourier de um sinal como função de sua DFT. Deve ser notado, mais uma vez, que tal relação só funciona quando N é maior do que o comprimento L do sinal.

Para simplificar a notação, é prática comum usar $X(k)$ em vez de $X\left(e^{j(2\pi/N)k}\right)$, e definir

$$W_N = e^{-j2\pi/N}. \quad (3.14)$$

Com essa notação, as definições da DFT e da IDFT, conforme as equações (3.10) e (3.9), tornam-se

$$X(k) = \sum_{n=0}^{N-1} x(n)W_N^{kn}, \quad \text{para } 0 \leq k \leq N-1 \quad (3.15)$$

$$x(n) = \frac{1}{N}\sum_{k=0}^{N-1} X(k)W_N^{-kn}, \quad \text{para } 0 \leq n \leq N-1, \quad (3.16)$$

respectivamente.

Do desenvolvimento representado pelas equações (3.7)–(3.10), pode ser visto que a equação (3.16) é a inversa da equação (3.15). Isso pode ser mostrado alternativamente pela substituição direta da equação (3.16) na equação (3.15) (veja o Exercício 3.3).

Deve ser observado que se, nas definições vistas, $x(n)$ e $X(k)$ não estão restritas a existir de 0 a $N-1$, então devem ser interpretadas como sendo sequências periódicas com período N.

Do exposto anteriormente, a DFT, tal como expressa na equação (3.15), pode ser interpretada de duas formas relacionadas:

- como uma representação na frequência discreta para sinais de comprimento finito, por meio da qual um sinal $x(n)$ de comprimento N é mapeado em N coeficientes na frequência discreta, os quais correspondem a N amostras da transformada de Fourier de $x(n)$;

3.2 Transformada de Fourier discreta

- como a série de Fourier de um sinal periódico com período N, sinal esse que pode corresponder ao sinal de comprimento finito $x(n)$ repetido periodicamente, não se restringindo o índice n, na equação (3.16), ao intervalo $0 \leq n \leq N-1$.

Consultando as equações (2.245) e (2.246) da Seção 2.10, pode-se ver que a DFT e a IDFT formam, na verdade, o par de séries de Fourier direta e inversa associado a um sinal periódico.

EXEMPLO 3.1
Calcule a DFT da seguinte sequência:

$$x(n) = \begin{cases} 1, & 0 \leq n \leq 4 \\ -1, & 5 \leq n \leq 9. \end{cases} \qquad (3.17)$$

SOLUÇÃO
Antes de resolver esse exemplo, convém enunciar uma simples, mas importante, propriedade de W_N. Se N é múltiplo de k, então

$$W_N^k = e^{-j(2\pi/N)k} = e^{-j2\pi/(N/k)} = W_{N/k}. \qquad (3.18)$$

Temos que

$$X(k) = \sum_{n=0}^{4} W_{10}^{kn} - \sum_{n=5}^{9} W_{10}^{kn}. \qquad (3.19)$$

Como $0 \leq k \leq 9$, se $k \neq 0$, então

$$X(k) = \frac{1 - W_{10}^{5k}}{1 - W_{10}^{k}} - \frac{W_{10}^{5k} - W_{10}^{10k}}{1 - W_{10}^{k}}$$

$$= \frac{2(1 - W_{10}^{5k})}{1 - W_{10}^{k}}$$

$$= \frac{2(1 - W_{2}^{k})}{1 - W_{10}^{k}}$$

$$= \frac{2[1 - (-1)^k]}{1 - W_{10}^{k}}. \qquad (3.20)$$

Já se $k = 0$, os somatórios da equação (3.19) se reduzem a

$$X(k) = \sum_{n=0}^{4} W_{10}^{0} - \sum_{n=5}^{9} W_{10}^{0} = \sum_{n=0}^{4} 1 - \sum_{n=5}^{9} 1 = 0. \qquad (3.21)$$

Examinando as equações (3.20) e (3.21), podemos observar que $X(k) = 0$ para k par. Portanto, a DFT procurada pode ser expressa como

$$X(k) = \begin{cases} 0, & \text{para } k \text{ par} \\ \dfrac{4}{1 - W_{10}^{k}}, & \text{para } k \text{ ímpar}. \end{cases} \quad (3.22)$$

△

EXEMPLO 3.2
Dada a sequência

$$x(n) = \alpha(-a)^n, \quad \text{para} \quad 0 \leq n \leq N - 1, \quad (3.23)$$

calcule a respectiva DFT de comprimento N, supondo N par.

SOLUÇÃO
(a) Para $a \neq \pm 1$, como N é par:

$$\begin{aligned} X(k) &= \sum_{n=0}^{N-1} \alpha(-a)^n W_N^{kn} \\ &= \alpha \frac{1 - (-a)^N W_N^{Nk}}{1 + aW_N^k} \\ &= \alpha \frac{1 - a^N W_N^{Nk}}{1 + aW_N^k} \\ &= \alpha \frac{1 - a^N}{1 + aW_N^k}. \end{aligned} \quad (3.24)$$

(b) Para $a = -1$, $x(n) = \alpha \; \forall n$. Portanto,

$$X(k) = \sum_{n=0}^{N-1} \alpha W_N^{kn}. \quad (3.25)$$

Como $0 \leq k < N$, se $k = 0$, então

$$X(k) = \sum_{n=0}^{N-1} \alpha = \alpha N. \quad (3.26)$$

Já se $k \neq 0$,

$$X(k) = \sum_{n=0}^{N-1} \alpha W_N^{kn} = \alpha \frac{1 - W_N^{Nk}}{1 - W_N^k} = 0. \quad (3.27)$$

3.2 Transformada de Fourier discreta

Pelas equações (3.26) e (3.27), podemos escrever

$$X(k) = \alpha N \delta(k). \tag{3.28}$$

(c) Para $a = 1$:

$$X(k) = \sum_{n=0}^{N-1} \alpha(-1)^n W_N^{kn} = \sum_{n=0}^{N-1} \alpha(-W_N^k)^n. \tag{3.29}$$

Se $k = N/2$, então $W_N^k = -1$, e pela equação anterior temos

$$X(k) = \sum_{n=0}^{N-1} \alpha = \alpha N. \tag{3.30}$$

Se $k \neq N/2$, pela equação (3.29), uma vez que N é par, temos

$$X(k) = \alpha \frac{1 - (-W_N^k)^N}{1 + W_N^k} = \alpha \frac{1 - W_N^{kN}}{1 + W_N^k} = 0. \tag{3.31}$$

Pelas equações (3.30) e (3.31), podemos escrever

$$X(k) = \alpha N \delta \left(k - \frac{N}{2} \right). \tag{3.32}$$

Pela equação (3.32), pode-se concluir que para $a = 1$ o conteúdo espectral do sinal $x(n)$ se resume a $k = N/2$, que corresponde a $\omega = \pi$, ou seja, a máxima frequência normalizada de um sinal no tempo discreto. Por outro lado, a equação (3.28) diz que para $a = -1$ o conteúdo espectral do sinal $x(n)$ se resume a $k = 0$, ou seja, $\omega = 0$; isso fica perfeitamente claro se observarmos que $a = -1$ leva a $x(n) = \alpha$, que é constante e, portanto, só possui a componente DC. △

As equações (3.15) e (3.16) podem ser escritas em notação matricial como

$$X(k) = \begin{bmatrix} W_N^0 & W_N^k & W_N^{2k} & \cdots & W_N^{(N-1)k} \end{bmatrix} \begin{bmatrix} x(0) \\ x(1) \\ x(2) \\ \vdots \\ x(N-1) \end{bmatrix} \tag{3.33}$$

e

$$x(n) = \frac{1}{N} \begin{bmatrix} W_N^0 & W_N^{-k} & W_N^{-2k} & \cdots & W_N^{-(N-1)k} \end{bmatrix} \begin{bmatrix} X(0) \\ X(1) \\ X(2) \\ \vdots \\ X(N-1) \end{bmatrix}, \tag{3.34}$$

respectivamente, e então

$$\begin{bmatrix} X(0) \\ X(1) \\ X(2) \\ \vdots \\ X(N-1) \end{bmatrix} = \begin{bmatrix} W_N^0 & W_N^0 & \cdots & W_N^0 \\ W_N^0 & W_N^1 & \cdots & W_N^{(N-1)} \\ W_N^0 & W_N^2 & \cdots & W_N^{2(N-1)} \\ \vdots & \vdots & \ddots & \vdots \\ W_N^0 & W_N^{(N-1)} & \cdots & W_N^{(N-1)^2} \end{bmatrix} \begin{bmatrix} x(0) \\ x(1) \\ x(2) \\ \vdots \\ x(N-1) \end{bmatrix} \quad (3.35)$$

$$\begin{bmatrix} x(0) \\ x(1) \\ x(2) \\ \vdots \\ x(N-1) \end{bmatrix} = \frac{1}{N} \begin{bmatrix} W_N^0 & W_N^0 & \cdots & W_N^0 \\ W_N^0 & W_N^{-1} & \cdots & W_N^{-(N-1)} \\ W_N^0 & W_N^{-2} & \cdots & W_N^{-2(N-1)} \\ \vdots & \vdots & \ddots & \vdots \\ W_N^0 & W_N^{-(N-1)} & \cdots & W_N^{-(N-1)^2} \end{bmatrix} \begin{bmatrix} X(0) \\ X(1) \\ X(2) \\ \vdots \\ X(N-1) \end{bmatrix}. \quad (3.36)$$

Definindo-se

$$\mathbf{x} = \begin{bmatrix} x(0) \\ x(1) \\ \vdots \\ x(N-1) \end{bmatrix}, \quad \mathbf{X} = \begin{bmatrix} X(0) \\ X(1) \\ \vdots \\ X(N-1) \end{bmatrix} \quad (3.37)$$

e uma matriz $\mathbf{W}_N$ tal que

$$\{\mathbf{W}_N\}_{ij} = W_N^{ij}, \quad \text{para } 0 \leq i, j \leq N-1, \quad (3.38)$$

as equações (3.35) e (3.36) podem ser reescritas mais concisamente como

$$\mathbf{X} = \mathbf{W}_N \mathbf{x} \quad (3.39)$$

e

$$\mathbf{x} = \frac{1}{N} \mathbf{W}_N^* \mathbf{X}, \quad (3.40)$$

respectivamente.

Note que a matriz $\mathbf{W}_N$ possui propriedades muito especiais. A equação (3.38) implica que ela é simétrica, isto é, $\mathbf{W}_N^T = \mathbf{W}_N$. Ainda, as relações das DFTs direta e inversa nas equações (3.39) e (3.40) implicam que $\mathbf{W}_N^{-1} = \frac{1}{N} \mathbf{W}_N^*$.

3.3 Propriedades da DFT

Pelas equações (3.15) e (3.16) ou (3.35) e (3.36), pode-se concluir facilmente que uma DFT de comprimento N requer N^2 multiplicações complexas, incluindo possíveis multiplicações triviais por $W_N^0 = 1$. Como a primeira linha e a primeira coluna das matrizes nas equações (3.35) e (3.36) são iguais a 1, temos $(2N - 1)$ elementos iguais a 1. Portanto, se descontamos esses casos triviais o número total de multiplicações é $(N^2 - 2N + 1)$. Por sua vez, o número total de somas é $N(N-1)$.

3.3 Propriedades da DFT

Nesta seção, descrevemos as principais propriedades das DFTs direta e inversa e fornecemos as provas de algumas delas. Note que, já que a DFT corresponde a amostras da transformada de Fourier, suas propriedades são muito parecidas com as da transformada de Fourier, apresentadas na Seção 2.9. Entretanto, a partir de N amostras da transformada de Fourier só se pode recuperar um sinal que corresponda à repetição periódica do sinal $x(n)$ com período N, como mostra a equação (3.5). Isso torna as propriedades da DFT ligeiramente diferentes das da transformada de Fourier.

Deve-se ter em mente que, embora a DFT possa ser interpretada como a série de Fourier de um sinal periódico, ela é apenas o mapeamento de um sinal de comprimento N em N coeficientes na frequência e vice-versa. Entretanto, frequentemente recorremos à interpretação de $x(n)$ como sinal periódico, já que algumas das propriedades da DFT seguem diretamente dela. Note que, nesse caso, o sinal periódico é aquele descrito na equação (3.5), e que é o mesmo que se obtém permitindo-se que o índice n na equação (3.16) varie no intervalo $(-\infty, \infty)$.

3.3.1 Linearidade

A DFT de uma combinação linear de duas sequências é a combinação linear das DFTs das sequências individuais, isto é, se $x(n) = k_1 x_1(n) + k_2 x_2(n)$, então

$$X(k) = k_1 X_1(k) + k_2 X_2(k). \tag{3.41}$$

Note que as duas DFTs devem ter o mesmo comprimento N; assim sendo, se necessário, as duas sequências devem ser devidamente preenchidas com zeros, a fim de atingirem a mesma duração N.

3.3.2 Reversão no tempo

A DFT de $x(-n)$ é tal que

$$x(-n) \longleftrightarrow X(-k). \tag{3.42}$$

É preciso notar que, se ambos os índices, n e k, são forçados a estar entre 0 e $N-1$, então $-n$ e $-k$ estão fora desse intervalo. Portanto, a consistência com as equações (3.15) e (3.16) requer que se lance mão das duas equivalências $x(-n) = x(N-n)$ e $X(-k) = X(N-k)$. Essas relações podem ser deduzidas do fato de que podemos interpretar $x(n)$ e $X(k)$ como sendo periódicas com período N.

3.3.3 Teorema do deslocamento no tempo

A DFT de uma sequência deslocada de l amostras no tempo é tal que

$$x(n+l) \longleftrightarrow W_N^{-lk} X(k). \tag{3.43}$$

Na definição da IDFT dada na equação (3.16), se é permitido que o índice n assuma valores fora do conjunto $0, 1, \ldots, N-1$, então $x(n)$ está sendo interpretado como sendo periódico com período N. Essa interpretação implica que o sinal $x(n+l)$ obtido da DFT inversa de $W_N^{-lk} X(k)$ corresponde a um deslocamento circular de $x(n)$, isto é, contanto que $1 \leq l \leq N-1$, se

$$y(n) \longleftrightarrow W_N^{-lk} X(k), \tag{3.44}$$

então

$$y(n) = \begin{cases} x(n+l), & \text{para } 0 \leq n \leq N-l-1 \\ x(n+l-N), & \text{para } N-l \leq n \leq N-1. \end{cases} \tag{3.45}$$

Esse resultado indica que $y(n)$ é uma sequência cujas últimas l amostras são iguais às primeiras l amostras de $x(n)$. Um exemplo de deslocamento circular é ilustrado na Figura 3.2. Uma prova formal dessa propriedade é fornecida a seguir.

3.3 Propriedades da DFT

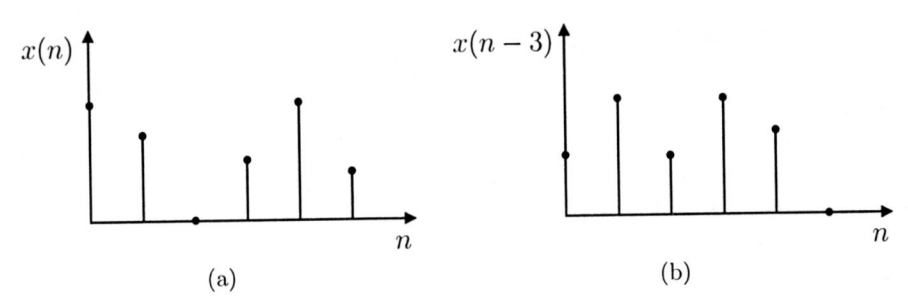

Figura 3.2 Deslocamento circular de 3 amostras: (a) sinal original $x(n)$; (b) sinal resultante $x(n-3)$.

PROVA

$$X'(k) = \sum_{n=0}^{N-1} x(n+l) W_N^{nk}$$

$$= W_N^{-lk} \sum_{n=0}^{N-1} x(n+l) W_N^{(n+l)k}$$

$$= W_N^{-lk} \sum_{m=l}^{N+l-1} x(m) W_N^{mk}$$

$$= W_N^{-lk} \left[\sum_{m=l}^{N-1} x(m) W_N^{mk} + \sum_{m=N}^{N+l-1} x(m) W_N^{mk} \right]. \quad (3.46)$$

Como W_N^k tem período N e $x(n+l)$ é obtida por um deslocamento circular de $x(n)$, então o somatório de N a $(N+l-1)$ é equivalente a um somatório de 0 a $(l-1)$. Portanto,

$$X'(k) = W_N^{-lk} \left[\sum_{m=l}^{N-1} x(m) W_N^{mk} + \sum_{m=0}^{l-1} x(m) W_N^{mk} \right]$$

$$= W_N^{-lk} \sum_{m=0}^{N-1} x(m) W_N^{mk}.$$

$$= W_N^{-lk} X(k). \quad (3.47)$$

É importante observar que como tanto $x(n)$ quanto W_N^{kn} são periódicas com período N, então a propriedade continua válida para $l < 0$ ou $l \geq N$.

□

Uma notação compacta para a equação (3.45) é

$$y(n) = x((n+l) \bmod N), \tag{3.48}$$

onde $(n \bmod N)$ representa o resto da divisão de n por N, e portanto é sempre um valor entre 0 e $(N-1)$.

EXEMPLO 3.3

A DFT de uma sequência $x(n)$ de comprimento igual a 6 é

$$X(k) = \begin{cases} 4, & k = 0 \\ 2, & 1 \leq k \leq 5. \end{cases} \tag{3.49}$$

(a) Calcule $x(n)$.
(b) Determine a sequência $y(n)$ de comprimento igual a 6 cuja DFT é $Y(k) = W_6^{-2k} X(k)$.

SOLUÇÃO

(a) $x(n) = \dfrac{1}{6} \sum_{k=0}^{5} X(k) W_6^{-kn} = \dfrac{1}{6} \left(4W_6^0 + \sum_{k=1}^{5} 2W_6^{-kn} \right).$

Se $n = 0$, temos

$$x(0) = \frac{1}{6} \left(4W_6^0 + \sum_{k=1}^{5} 2W_6^0 \right) = \frac{7}{3}. \tag{3.50}$$

Para $1 \leq n \leq 5$:

$$x(n) = \frac{1}{6} \left(4 + \frac{2W_6^{-n} - 2W_6^{-6n}}{1 - W_6^{-n}} \right) = \frac{1}{6} \left(4 + 2\frac{W_6^{-n} - 1}{1 - W_6^{-n}} \right) = \frac{1}{3}. \tag{3.51}$$

Em notação compacta:

$$x(n) = \frac{1}{3} + 2\delta(n), \quad \text{para } 0 \leq n \leq 5. \tag{3.52}$$

Podemos expressar as equações anteriores usando a notação matricial da equação (3.37), como

$$\mathbf{x} = \begin{bmatrix} \frac{7}{3} & \frac{1}{3} & \frac{1}{3} & \frac{1}{3} & \frac{1}{3} & \frac{1}{3} \end{bmatrix}^T. \tag{3.53}$$

(b) Usando o teorema do deslocamento no tempo, temos que se $Y(k) = W_6^{-2k}X(k)$, então

$$y(n) = x((n+2) \bmod 6) = \frac{1}{3} + 2\delta((n+2) \bmod 6) \tag{3.54}$$

Como $((n+2) \bmod 6) = 0$ para $n = 4$, então podemos expressar $y(n)$ como

$$y(n) = \frac{1}{3} + 2\delta(n-4), \quad \text{para } 0 \leq n \leq 5, \tag{3.55}$$

que em notação matricial se escreve

$$\mathbf{y} = \begin{bmatrix} \frac{1}{3} & \frac{1}{3} & \frac{1}{3} & \frac{1}{3} & \frac{7}{3} & \frac{1}{3} \end{bmatrix}^T. \tag{3.56}$$

△

3.3.4 Teorema do deslocamento circular na frequência (teorema da modulação)

$$W_N^{ln} x(n) \longleftrightarrow X(k+l). \tag{3.57}$$

A prova é análoga à do teorema do deslocamento no tempo, e é deixada como exercício para o leitor.

Observando-se que

$$W_N^{ln} = \cos\left(\frac{2\pi}{N}ln\right) - j\operatorname{sen}\left(\frac{2\pi}{N}ln\right), \tag{3.58}$$

a equação (3.57) também implica as seguintes propriedades:

$$x(n)\operatorname{sen}\left(\frac{2\pi}{N}ln\right) \longleftrightarrow \frac{1}{2j}[X(k-l) - X(k+l)] \tag{3.59}$$

$$x(n)\cos\left(\frac{2\pi}{N}ln\right) \longleftrightarrow \frac{1}{2}[X(k-l) + X(k+l)]. \tag{3.60}$$

3.3.5 Convolução circular no tempo

Se $x(n)$ e $h(n)$ são periódicas com período N, então

$$\sum_{l=0}^{N-1} x(l)h(n-l) = \sum_{l=0}^{N-1} x(n-l)h(l) \longleftrightarrow X(k)H(k), \qquad (3.61)$$

onde $X(k)$ e $H(k)$ são as DFTs dos sinais de comprimento N correspondentes a um período de $x(n)$ e de $h(n)$, respectivamente.

PROVA
Se $Y(k) = X(k)H(k)$, então

$$\begin{aligned}
y(n) &= \frac{1}{N} \sum_{k=0}^{N-1} H(k)X(k)W_N^{-kn} \\
&= \frac{1}{N} \sum_{k=0}^{N-1} H(k) \left[\sum_{l=0}^{N-1} x(l)W_N^{kl} \right] W_N^{-kn} \\
&= \frac{1}{N} \sum_{k=0}^{N-1} \sum_{l=0}^{N-1} H(k)x(l)W_N^{(l-n)k} \\
&= \sum_{l=0}^{N-1} x(l) \frac{1}{N} \sum_{k=0}^{N-1} H(k)W_N^{-(n-l)k} \\
&= \sum_{l=0}^{N-1} x(l)h(n-l). \qquad (3.62)
\end{aligned}$$

□

Esse resultado é a base de uma das aplicações mais importantes da DFT, que é o cálculo da convolução de duas sequências no tempo discreto pela aplicação da DFT inversa ao produto das DFTs das duas sequências. Contudo, deve-se ter em mente que quando se calcula a DFT todos os deslocamentos de sequência envolvidos são circulares, como mostra a Figura 3.2. Portanto, dizemos que o produto de duas DFTs realmente corresponde a uma convolução circular no domínio do tempo. De fato, a convolução circular é equivalente à convolução linear entre uma das sequências originais e a versão periódica da outra. É importante notar que, como foi visto no Capítulo 1, as convoluções lineares é que são usualmente de interesse prático. Na próxima seção, discutiremos de que forma convoluções lineares podem ser implementadas através de convoluções circulares e, portanto, através do cálculo de DFTs.

3.3 Propriedades da DFT

Já que $x(n)$ e $h(n)$ na equação (3.61) têm período N, então sua convolução circular $y(n)$ também tem período N, e portanto só precisa ser especificada para $0 \leq n \leq N-1$. Assim, a convolução circular na equação (3.61) pode ser expressa como função apenas das amostras de $x(n)$ e $h(n)$ entre 0 e $N-1$, como na equação

$$y(n) = \sum_{l=0}^{N-1} x(l)h(n-l)$$
$$= \sum_{l=0}^{n} x(l)h(n-l) + \sum_{l=n+1}^{N-1} x(l)h(n-l+N), \text{ para } 0 \leq n \leq N-1, \quad (3.63)$$

a qual pode ser reescrita em forma compacta como

$$y(n) = \sum_{l=0}^{N-1} x(l)h((n-l) \bmod N) = x(n) \circledast h(n), \quad (3.64)$$

onde $(l \bmod N)$ representa o resto da divisão inteira de l por N.

A equação (3.64) pode ser expressa como $y(n) = \mathbf{h}^T \mathbf{x}$, com

$$\mathbf{h} = \begin{bmatrix} h(n \bmod N) \\ h((n-1) \bmod N) \\ h((n-2) \bmod N) \\ \vdots \\ h((n-N+1) \bmod N) \end{bmatrix} \quad (3.65)$$

e $\mathbf{x}$ como já definido. Portanto, a convolução circular pode ser posta na forma matricial como

$$\begin{bmatrix} y(0) \\ y(1) \\ y(2) \\ \vdots \\ y(N-1) \end{bmatrix} = \begin{bmatrix} h(0) & h(N-1) & h(N-2) & \cdots & h(1) \\ h(1) & h(0) & h(N-1) & \cdots & h(2) \\ h(2) & h(1) & h(0) & \cdots & h(3) \\ \vdots & \vdots & \vdots & \ddots & \vdots \\ h(N-1) & h(N-2) & h(N-3) & \cdots & h(0) \end{bmatrix} \begin{bmatrix} x(0) \\ x(1) \\ x(2) \\ \vdots \\ x(N-1) \end{bmatrix}. \quad (3.66)$$

Observe que cada linha da matriz na equação anterior é um deslocamento circular da linha anterior para a direita.

No restante desta seção, a menos que se explicite de outra forma, será assumido que todas as sequências são periódicas e todas as convoluções são circulares.

3.3.6 Correlação

A DFT da correlação temporal entre duas sequências é tal que

$$\sum_{n=0}^{N-1} h(n)x(l+n) \longleftrightarrow H(-k)X(k). \tag{3.67}$$

Esse resultado é consequência direta das propriedades da convolução e da reversão no tempo. Sua prova é deixada como exercício para o leitor.

3.3.7 Conjugação complexa

$$x^*(n) \longleftrightarrow X^*(-k). \tag{3.68}$$

PROVA

$$\sum_{n=0}^{N-1} x^*(n)W_N^{kn} = \left[\sum_{n=0}^{N-1} x(n)W_N^{-kn}\right]^* = X^*(-k). \tag{3.69}$$

□

3.3.8 Sequências reais e imaginárias

Se $x(n)$ é uma sequência real, então $X(k) = X^*(-k)$, ou seja,

$$\left. \begin{array}{l} \text{Re}\{X(k)\} = \text{Re}\{X(-k)\} \\ \text{Im}\{X(k)\} = -\text{Im}\{X(-k)\} \end{array} \right\}. \tag{3.70}$$

A prova pode ser obtida facilmente da definição da DFT, usando-se a expressão para W_N^{kn} dada na equação (3.58).

Quando $x(n)$ é imaginária, então $X(k) = -X^*(-k)$, ou seja,

$$\left. \begin{array}{l} \text{Re}\{X(k)\} = -\text{Re}\{X(-k)\} \\ \text{Im}\{X(k)\} = \text{Im}\{X(-k)\} \end{array} \right\}. \tag{3.71}$$

EXEMPLO 3.4

Mostre como calcular as DFTs de duas sequências reais através do cálculo de uma única DFT.

3.3 Propriedades da DFT

SOLUÇÃO

A partir das duas sequências reais $x_1(n)$ e $x_2(n)$, formamos uma sequência auxiliar $y(n) = x_1(n) + \mathrm{j}x_2(n)$. Da linearidade da DFT, podemos dizer que a DFT de $y(n)$ é

$$Y(k) = X_1(k) + \mathrm{j}X_2(k). \tag{3.72}$$

Dessa equação, temos que

$$\left.\begin{aligned}\operatorname{Re}\{Y(k)\} &= \operatorname{Re}\{X_1(k)\} - \operatorname{Im}\{X_2(k)\} \\ \operatorname{Im}\{Y(k)\} &= \operatorname{Re}\{X_2(k)\} + \operatorname{Im}\{X_1(k)\}\end{aligned}\right\}. \tag{3.73}$$

Usando as propriedades da equação (3.70) na equação (3.73), obtemos

$$\left.\begin{aligned}\operatorname{Re}\{Y(-k)\} &= \operatorname{Re}\{X_1(k)\} + \operatorname{Im}\{X_2(k)\} \\ \operatorname{Im}\{Y(-k)\} &= \operatorname{Re}\{X_2(k)\} - \operatorname{Im}\{X_1(k)\}\end{aligned}\right\}. \tag{3.74}$$

Combinando as equações (3.73) e 3.74), as DFTs de $x_1(n)$ e $x_2(n)$ podem ser calculadas como

$$\left.\begin{aligned}\operatorname{Re}\{X_1(k)\} &= \frac{1}{2}[\operatorname{Re}\{Y(k)\} + \operatorname{Re}\{Y(-k)\}] \\ \operatorname{Im}\{X_1(k)\} &= \frac{1}{2}[\operatorname{Im}\{Y(k)\} - \operatorname{Im}\{Y(-k)\}] \\ \operatorname{Re}\{X_2(k)\} &= \frac{1}{2}[\operatorname{Im}\{Y(k)\} + \operatorname{Im}\{Y(-k)\}] \\ \operatorname{Im}\{X_2(k)\} &= \frac{1}{2}[\operatorname{Re}\{Y(-k)\} - \operatorname{Re}\{Y(k)\}]\end{aligned}\right\}. \tag{3.75}$$

△

3.3.9 Sequências simétricas e antissimétricas

Sequências simétricas e antissimétricas são de especial importância, porque suas DFTs têm algumas propriedades interessantes. Na Seção 2.9, vimos as propriedades da transformada de Fourier relacionadas às sequências simétricas e antissimétricas. Neste capítulo, os significados de simetria e antissimetria são ligeiramente diferentes. Isso ocorre porque, ao contrário das transformadas de Fourier e z, que se aplicam a sinais com duração infinita, a DFT é aplicada a sinais com duração finita. De fato, a DFT pode ser interpretada como a série de Fourier de um sinal periódico formado pela repetição infinita do sinal de duração finita. Portanto, antes de descrevermos as propriedades da DFT relativas a sequências simétricas e antissimétricas, damos a seguir suas definições precisas no contexto da DFT.

174   Transformadas discretas

- Uma sequência é chamada de simétrica (ou par) se $x(n) = x(-n)$. Uma vez que para índices que não pertençam ao conjunto $0, 1, \ldots, N-1$, $x(n)$ pode ser interpretada como periódica com período N (veja a equação (3.16)), então $x(-n) = x(N-n)$. E, portanto, a simetria é equivalente a $x(n) = x(N-n)$.
- Uma sequência é antissimétrica (ou ímpar) se $x(n) = -x(-n) = -x(N-n)$.
- Diz-se que uma sequência complexa é conjugada simétrica se $x(n) = x^*(-n) = x^*(N-n)$.
- Uma sequência complexa é chamada de conjugada antissimétrica se $x(n) = -x^*(-n) = -x^*(N-n)$.

Usando tais conceitos, valem as seguintes propriedades:

- Se $x(n)$ é real e simétrica, $X(k)$ também é real e simétrica.

PROVA
Da equação (3.15), $X(k)$ é dada por

$$X(k) = \sum_{n=0}^{N-1} x(n) \cos\left(\frac{2\pi}{N}kn\right) - j \sum_{n=0}^{N-1} x(n) \operatorname{sen}\left(\frac{2\pi}{N}kn\right). \tag{3.76}$$

Já que $x(n) = x(N-n)$, a parte imaginária do somatório anterior é nula, porque para N par chegamos a

$$\sum_{n=0}^{N-1} x(n) \operatorname{sen}\left(\frac{2\pi}{N}kn\right) = \sum_{n=0}^{N/2-1} x(n) \operatorname{sen}\left(\frac{2\pi}{N}kn\right) + \sum_{n=N/2}^{N-1} x(n) \operatorname{sen}\left(\frac{2\pi}{N}kn\right)$$

$$= \sum_{n=1}^{N/2-1} x(n) \operatorname{sen}\left(\frac{2\pi}{N}kn\right) + \sum_{n=N/2+1}^{N-1} x(n) \operatorname{sen}\left(\frac{2\pi}{N}kn\right)$$

$$= \sum_{n=1}^{N/2-1} x(n) \operatorname{sen}\left(\frac{2\pi}{N}kn\right)$$

$$+ \sum_{m=1}^{N/2-1} x(N-m) \operatorname{sen}\left[\frac{2\pi}{N}k(N-m)\right]$$

$$= \sum_{n=1}^{N/2-1} x(n) \operatorname{sen}\left(\frac{2\pi}{N}kn\right) - \sum_{m=1}^{N/2-1} x(m) \operatorname{sen}\left(\frac{2\pi}{N}km\right)$$

$$= 0. \tag{3.77}$$

Portanto, temos que

$$X(k) = \sum_{n=0}^{N-1} x(n) \cos\left(\frac{2\pi}{N}kn\right), \tag{3.78}$$

3.3 Propriedades da DFT

que é real e simétrica (par). A prova para N ímpar é análoga, e é deixada como exercício para o leitor. □

- Se $x(n)$ é imaginária e par, então $X(k)$ é imaginária e par.
- Se $x(n)$ é real e ímpar, então $X(k)$ é imaginária+ e ímpar.
- Se $x(n)$ é imaginária e ímpar, então $X(k)$ é real e ímpar.
- Se $x(n)$ é conjugada simétrica, então $X(k)$ é real.

PROVA

Uma sequência conjugada simétrica $x(n)$ pode ser expressa como

$$x(n) = x_e(n) + jx_o(n), \qquad (3.79)$$

onde $x_e(n)$ é real e par e $x_o(n)$ é real e ímpar. Portanto,

$$X(k) = X_e(k) + jX_o(k). \qquad (3.80)$$

Das propriedades vistas, $X_e(k)$ é real e par, e $X_o(k)$ é imaginária e ímpar. Logo, $X(k) = X_e(k) + jX_o(k)$ é real. □

- Se $x(n)$ é conjugada antissimétrica, então $X(k)$ é imaginária.

As provas de todas as outras propriedades são deixadas como exercícios para o leitor interessado.

EXEMPLO 3.5

Dada a sequência $x(n)$ representada pelo vetor

$$\mathbf{x} = \begin{bmatrix} 1 & 2 & 3 & 4 & 0 & 0 \end{bmatrix}^T, \qquad (3.81)$$

encontre a sequência $y(n)$ cuja DFT de comprimento igual a 6 é dada por $Y(k) = \text{Re}\{X(k)\}$.

SOLUÇÃO

$$Y(k) = \frac{X(k) + X^*(k)}{2}. \qquad (3.82)$$

Pela linearidade da DFT:

$$y(n) = \frac{\text{IDFT}\{X(k)\} + \text{IDFT}\{X^*(k)\}}{2}. \qquad (3.83)$$

Como $x(n)$ é uma sequência real e de comprimento igual a 6, temos
$$y(n) = \frac{x(n) + x(-n)}{2} = \frac{x(n) + x(6-n)}{2}. \tag{3.84}$$
Então:
$$\left. \begin{aligned} y(0) &= \frac{x(0) + x(6)}{2} = 1 \\ y(1) &= \frac{x(1) + x(5)}{2} = 1 \\ y(2) &= \frac{x(2) + x(4)}{2} = \frac{3}{2} \\ y(3) &= \frac{x(3) + x(3)}{2} = 4 \\ y(4) &= \frac{x(4) + x(2)}{2} = \frac{3}{2} \\ y(5) &= \frac{x(5) + x(1)}{2} = 1 \end{aligned} \right\}. \tag{3.85}$$

$\triangle$

3.3.10 Teorema de Parseval

$$\sum_{n=0}^{N-1} x_1(n) x_2^*(n) = \frac{1}{N} \sum_{k=0}^{N-1} X_1(k) X_2^*(k). \tag{3.86}$$

PROVA
$$\begin{aligned} \sum_{n=0}^{N-1} x_1(n) x_2^*(n) &= \sum_{n=0}^{N-1} \left(\frac{1}{N} \sum_{k=0}^{N-1} X_1(k) W_N^{-kn} \right) x_2^*(n) \\ &= \frac{1}{N} \sum_{k=0}^{N-1} X_1(k) \sum_{n=0}^{N-1} x_2^*(n) W_N^{-kn} \\ &= \frac{1}{N} \sum_{k=0}^{N-1} X_1(k) X_2^*(k). \end{aligned} \tag{3.87}$$

$\square$

Se $x_1(n) = x_2(n)$, então temos que
$$\sum_{n=0}^{N-1} |x(n)|^2 = \frac{1}{N} \sum_{k=0}^{N-1} |X(k)|^2. \tag{3.88}$$

A equação (3.88) pode ser interpretada como a propriedade da conservação de energia, uma vez que a energia no domínio do tempo é igual à energia no domínio da frequência.

3.3.11 Relação entre a DFT e a transformada z

Na Seção 3.2, definimos a DFT como sendo amostras da transformada de Fourier e mostramos, na equação (3.13), como obter a transformada de Fourier diretamente da DFT. Como a transformada de Fourier corresponde à transformada z para $z = e^{j\omega}$, então claramente a DFT pode ser obtida pela amostragem da transformada z em $\omega = (2\pi/N)k$.

Matematicamente, uma vez que a transformada z, $X_z(z)$, de uma sequência $x(n)$ de comprimento N é

$$X_z(z) = \sum_{n=0}^{N-1} x(n) z^{-n}, \qquad (3.89)$$

se fazemos $z = e^{j(2\pi/N)k}$, então temos que

$$X_z\left(e^{j(2\pi/N)kn}\right) = \sum_{n=0}^{N-1} x(n) e^{-j(2\pi/N)kn}. \qquad (3.90)$$

Essa equação corresponde a amostras da transformada z igualmente espaçadas sobre a circunferência unitária, sendo idêntica à definição da DFT na equação (3.15).

Para $z \neq W_N^k$, a fim de obtermos a transformada z a partir dos coeficientes da DFT, substituímos a equação (3.16) na equação (3.89), obtendo

$$\begin{aligned}
X_z(z) &= \sum_{n=0}^{N-1} x(n) z^{-n} \\
&= \sum_{n=0}^{N-1} \frac{1}{N} \sum_{k=0}^{N-1} X(k) W_N^{-kn} z^{-n} \\
&= \frac{1}{N} \sum_{k=0}^{N-1} X(k) \sum_{n=0}^{N-1} \left(W_N^{-k} z^{-1}\right)^n \\
&= \frac{1}{N} \sum_{k=0}^{N-1} X(k) \frac{1 - W_N^{-kN} z^{-N}}{1 - W_N^{-k} z^{-1}} \\
&= \frac{1 - z^{-N}}{N} \sum_{k=0}^{N-1} \frac{X(k)}{1 - W_N^{-k} z^{-1}},
\end{aligned} \qquad (3.91)$$

que, similarmente à equação (3.13) para a transformada de Fourier, relaciona a DFT com a transformada z.

3.4 Filtragem digital usando a DFT

3.4.1 Convoluções linear e circular

Um sistema linear invariante no tempo realiza a convolução linear do sinal de entrada com a resposta ao impulso do sistema. Como a transformada de Fourier da convolução de duas sequências é o produto de suas transformadas de Fourier, é natural que se pense em calcular as convoluções temporais no domínio da frequência. A DFT é a versão discreta da transformada de Fourier, e portanto deve ser a transformada mais indicada para a realização de tais cálculos. Contudo, como descreve a equação (3.5), o processo de amostragem no domínio da frequência força que o sinal seja periódico no tempo. Na Seção 3.3 (veja a equação (3.61)), vimos que isso implica que a IDFT do produto das DFTs de dois sinais de comprimento N corresponde à convolução linear entre uma das sequências originais e a versão periódica da outra—esta, obtida pela repetição da sequência com um período N. Como foi visto antes, tal operação é uma convolução circular entre dois sinais de comprimento N. Isso quer dizer que, em princípio, usando-se a DFT só se podem calcular convoluções circulares, e não a convolução linear necessária para se implementar um sistema linear. Nesta seção, descrevemos técnicas para contornar esse problema, permitindo que implementemos sistemas lineares no domínio da frequência.

Essas técnicas se baseiam essencialmente num truque simples. Supondo que as DFTs sejam de tamanho N, temos que a convolução circular entre duas sequências $x(n)$ e $h(n)$ é dada pela equação (3.63), repetida aqui para conveniência do leitor:

$$y(n) = \sum_{l=0}^{N-1} x(l)h(n-l)$$

$$= \sum_{l=0}^{n} x(l)h(n-l) + \sum_{l=n+1}^{N-1} x(l)h(n-l+N), \text{ para } 0 \leq n \leq N-1. \quad (3.92)$$

Se desejamos que a convolução circular seja igual à convolução linear entre $x(n)$ e $h(n)$, o segundo somatório na equação anterior tem que ser nulo, isto é,

$$c(n) = \sum_{l=n+1}^{N-1} x(l)h(n-l+N) = 0, \quad \text{para } 0 \leq n \leq N-1. \quad (3.93)$$

3.4 Filtragem digital usando a DFT

Assumindo que $x(n)$ tem duração L e $h(n)$ tem duração K, isto é,

$$x(n) = 0, \quad \text{para } n \geq L \quad \text{e} \quad h(n) = 0, \quad \text{para } n \geq K, \tag{3.94}$$

temos que o somatório $c(n)$ na equação (3.93) só é diferente de zero se $x(l)$ e $h(n - l + N)$ são ambos não-nulos, e isso acontece se

$$l \leq L - 1 \quad \text{e} \quad n - l + N \leq K - 1, \tag{3.95}$$

o que implica que

$$n + N - K + 1 \leq l \leq L - 1. \tag{3.96}$$

Assim, se queremos que o somatório $c(n)$ seja nulo para $0 \leq n \leq N - 1$, então não deve ser possível satisfazer a inequação (3.96) para $0 \leq n \leq N - 1$. Isso ocorre quando

$$n + N - K + 1 > L - 1 \quad \text{para} \quad 0 \leq n \leq N - 1. \tag{3.97}$$

Já que o caso mais restritivo da inequação (3.97) ocorre para $n = 0$, temos que a condição para que $c(n) = 0$ e, portanto, a convolução circular seja equivalente à convolução linear é

$$N \geq L + K - 1. \tag{3.98}$$

Logo, a fim de realizar uma convolução linear usando a DFT inversa do produto das DFTs das duas sequências, temos que escolher o tamanho N da DFT de forma a satisfazer a inequação (3.98). Isso equivale a preencher $x(n)$ com, no mínimo, $K - 1$ zeros e preencher $h(n)$ com, no mínimo, $L - 1$ zeros. Esse processo de preenchimento com zeros é ilustrado na Figura 3.3 para $L = 4$ e $K = 3$, onde, após a operação, as sequências $x(n)$ e $h(n)$ passam a ser chamadas de $x_1(n)$ e $h_1(n)$, respectivamente.

O próximo exemplo ajudará a esclarecer a discussão que fizemos.

EXEMPLO 3.6
Calcule a convolução linear das duas sequências $x(n)$ e $h(n)$ dadas, e compare-a com a convolução circular de $x(n)$ e $h(n)$ e também com a convolução circular de $x_1(n)$ e $h_1(n)$.

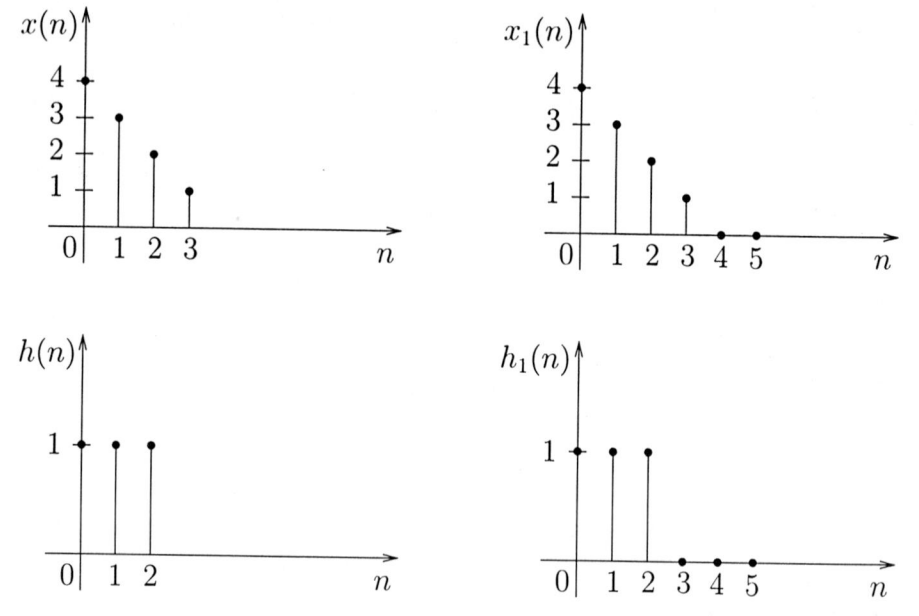

Figura 3.3 Preenchimento de duas sequências com zeros para realização de sua convolução linear através da DFT: após o preenchimento apropriado, $x_1(n)$ corresponde a $x(n)$ e $h_1(n)$ corresponde a $h(n)$.

SOLUÇÃO

Primeiramente, calculamos a convolução linear de $x(n)$ e $h(n)$,

$$y_l(n) = x(n) * h(n) = \sum_{l=0}^{3} x(l)h(n-l), \qquad (3.99)$$

obtendo

$$\left.\begin{aligned}
y_l(0) &= x(0)h(0) = 4 \\
y_l(1) &= x(0)h(1) + x(1)h(0) = 7 \\
y_l(2) &= x(0)h(2) + x(1)h(1) + x(2)h(0) = 9 \\
y_l(3) &= x(1)h(2) + x(2)h(1) + x(3)h(0) = 6 \\
y_l(4) &= x(2)h(2) + x(3)h(1) = 3 \\
y_l(5) &= x(3)h(2) = 1
\end{aligned}\right\}. \qquad (3.100)$$

A convolução circular de comprimento $N = 4$ (o menor possível) entre $x(n)$ e $h(n)$ (que tem que ser estendida em uma amostra), usando a equação (3.64), é igual a

$$y_{c_4}(n) = x(n) \circledast h(n) = \sum_{l=0}^{3} x(l)h((n-l) \bmod 4), \qquad (3.101)$$

3.4 Filtragem digital usando a DFT

que resulta em

$$\left.\begin{aligned}y_{c_4}(0) &= x(0)h(0) + x(1)h(3) + x(2)h(2) + x(3)h(1) = 7\\ y_{c_4}(1) &= x(0)h(1) + x(1)h(0) + x(2)h(3) + x(3)h(2) = 8\\ y_{c_4}(2) &= x(0)h(2) + x(1)h(1) + x(2)h(0) + x(3)h(3) = 9\\ y_{c_4}(3) &= x(0)h(3) + x(1)h(2) + x(2)h(1) + x(3)h(0) = 6\end{aligned}\right\}. \qquad (3.102)$$

Também podemos usar a equação (3.64) para calcular a convolução circular de comprimento $N = 6$ entre $x_1(n)$ e $h_1(n)$, obtendo

$$y_{c_6}(n) = x_1(n) \circledast h_1(n) = \sum_{l=0}^{5} x(l)h((n-l) \bmod 6), \qquad (3.103)$$

ou

$$\left.\begin{aligned}y_{c_6}(0) &= x_1(0)h_1(0) + x_1(1)h_1(5) + x_1(2)h_1(4)\\ &\quad + x_1(3)h_1(3) + x_1(4)h_1(2) + x_1(5)h_1(1)\\ &= x_1(0)h_1(0)\\ &= 4\\[4pt] y_{c_6}(1) &= x_1(0)h_1(1) + x_1(1)h_1(0) + x_1(2)h_1(5)\\ &\quad + x_1(3)h_1(4) + x_1(4)h_1(3) + x_1(5)h_1(2)\\ &= x_1(0)h_1(1) + x(1)h(0)\\ &= 7\\[4pt] y_{c_6}(2) &= x_1(0)h_1(2) + x_1(1)h_1(1) + x_1(2)h_1(0)\\ &\quad + x_1(3)h_1(5) + x_1(4)h_1(4) + x_1(5)h_1(3)\\ &= x_1(0)h_1(2) + x(1)h(1) + x(2)h(0)\\ &= 9\\[4pt] y_{c_6}(3) &= x_1(0)h_1(3) + x_1(1)h_1(2) + x_1(2)h_1(1)\\ &\quad + x_1(3)h_1(0) + x_1(4)h_1(5) + x_1(5)h_1(4)\\ &= x_1(1)h_1(2) + x(2)h(1) + x(3)h(0)\\ &= 6\\[4pt] y_{c_6}(4) &= x_1(0)h_1(4) + x_1(1)h_1(3) + x_1(2)h_1(2)\\ &\quad + x_1(3)h_1(1) + x_1(4)h_1(0) + x_1(5)h_1(5)\\ &= x_1(2)h_1(2) + x(3)h(1)\\ &= 3\\[4pt] y_{c_6}(5) &= x_1(0)h_1(5) + x_1(1)h_1(4) + x_1(2)h_1(3)\\ &\quad + x_1(3)h_1(2) + x_1(4)h_1(1) + x_1(5)h_1(0)\\ &= x_1(3)h_1(2)\\ &= 1\end{aligned}\right\}. \qquad (3.104)$$

Comparando-se as equações (3.100) e (3.104), é fácil confirmar que $y_{c_6}(n)$ corresponde exatamente à convolução linear entre $x(n)$ e $h(n)$. △

Nesse ponto, já vimos como é possível implementar a convolução linear entre dois sinais de comprimento finito usando a DFT. Contudo, na prática, é frequentemente necessário implementar a convolução linear entre uma sequência de comprimento finito e uma sequência de comprimento infinito, ou então convoluir uma sequência de curta duração com uma sequência de longa duração. Em ambos os casos, não é viável calcular a DFT de uma sequência muito longa ou infinita. A solução adotada, nesses casos, é dividir a sequência longa em blocos de duração N e realizar a convolução de cada bloco com a sequência curta. Na maioria dos casos práticos, a sequência longa ou infinita corresponde à entrada do sistema e a sequência de curta duração, à resposta ao impulso do sistema. Entretanto, os resultados da convolução de cada bloco têm que ser propriamente combinados de forma que o resultado final corresponda à convolução da sequência longa com a sequência curta. Dois métodos que podem ser usados para realizar essa combinação são os de sobreposição-e-soma (em inglês, *overlap-and-add*) e sobreposição-e-armazenamento (em inglês, *overlap-and-save*), discutidos a seguir.

3.4.2 Método de sobreposição-e-soma

Podemos descrever um sinal $x(n)$ decomposto em blocos $x_m(n - mN)$ de comprimento N sem sobreposição como

$$x(n) = \sum_{m=0}^{\infty} x_m(n - mN), \tag{3.105}$$

onde

$$x_m(n) = \begin{cases} x(n + mN), & \text{para } 0 \leq n \leq N - 1 \\ 0, & \text{em caso contrário,} \end{cases} \tag{3.106}$$

isto é, cada bloco $x_m(n)$ é possivelmente não-nulo entre 0 e $N - 1$, e $x(n)$ é composto da soma dos blocos $x_m(n)$ deslocados até $n = mN$.

Usando a equação (3.105), a convolução de $x(n)$ com outro sinal $h(n)$ pode ser escrita como

$$y(n) = x(n) * h(n) = \sum_{m=0}^{\infty} [x_m(n - mN) * h(n)] = \sum_{m=0}^{\infty} y_m(n - mN). \tag{3.107}$$

Note que essa equação implica que $y_m(n)$ é o resultado da convolução de $h(n)$ com o m-ésimo bloco $x_m(n)$.

Como foi visto na Seção 3.4.1, se desejamos calcular as convoluções lineares $y_m(n)$ usando DFTs, seus comprimentos têm que ser, no mínimo, iguais a $(N + K - 1)$, onde K é a duração de $h(n)$. Logo, se $x_m(n)$ e $h(n)$ são preenchidos

3.4 Filtragem digital usando a DFT

com zeros até o comprimento $(N + K - 1)$, então as convoluções lineares na equação (3.107) podem ser implementadas usando-se convoluções circulares. Se $x'_m(n)$ e $h'(n)$ são as versões preenchidas com zeros de $x_m(n)$ e $h(n)$, temos que os blocos filtrados $y_m(n)$ na equação (3.107) se tornam

$$y_m(n) = \sum_{l=0}^{N+K-2} x'_m(l)h'(n-l), \quad \text{para } 0 \leq n \leq N + K - 2. \tag{3.108}$$

Das equações (3.107) e (3.108), vemos que para convoluir a sequência longa $x(n)$ com a sequência $h(n)$ de comprimento K, basta:

(i) dividir $x(n)$ em blocos de comprimento N;
(ii) preencher $h(n)$ e cada bloco $x_m(n)$ com zeros até o comprimento $(N+K-1)$;
(iii) realizar a convolução circular de cada bloco usando as DFTs de comprimento $(N + K - 1)$;
(iv) somar os resultados de acordo com a equação (3.107).

Note que na adição efetuada na etapa (iv), ocorre a sobreposição das $K - 1$ últimas amostras de $y_m(n - mN)$ com as $K - 1$ primeiras amostras de $y_{m+1}(n-(m+1)N)$. Esse é o motivo pelo qual o procedimento anterior, ilustrado esquematicamente na Figura 3.4, é chamado de método de sobreposição-e-soma.

EXEMPLO 3.7
Calcule graficamente a convolução linear entre $x(n)$ e $h(n)$ mostrados na Figura 3.5a, dividindo $x(n)$ em blocos de duas amostras e usando o método de sobreposição-e-soma.

SOLUÇÃO
De acordo com as equações (3.105) e (3.106), a divisão do sinal original da Figura 3.5a em dois blocos de comprimento $N = 2$ pode ser expressa como

$$x(n) = x_0(n) + x_1(n-2), \tag{3.109}$$

onde

$$\left. \begin{array}{l} x_0(n) = \begin{cases} x(n), & \text{para } 0 \leq n \leq 1 \\ 0, & \text{em caso contrário} \end{cases} \\ x_1(n) = \begin{cases} x(n+2), & \text{para } 0 \leq n \leq 1 \\ 0, & \text{em caso contrário} \end{cases} \end{array} \right\}. \tag{3.110}$$

Os dois sinais do lado direito da equação (3.109) são apresentados na Figura 3.5b. A convolução buscada é, portanto,

$$y(n) = [x_0(n) * h(n)] + [x_1(n-2) * h(n)]; \tag{3.111}$$

os sinais do lado direito da equação (3.111) são apresentados na Figura 3.5d, e sua soma $y(n)$ na Figura 3.5e. △

3.4.3 Método de sobreposição-e-armazenamento

No método de sobreposição-e-soma, divide-se o sinal em blocos de comprimento N e calculam-se as convoluções usando-se DFTs de tamanho $(N+K-1)$, onde K é a duração de $h(n)$. No método de sobreposição-e-armazenamento, em vez disso, usam-se DFTs de comprimento N (neste desenvolvimento, estamos considerando $N > K$). Isso cria um problema, porque a convolução circular de um bloco $x_m(n)$ de comprimento N com a sequência $h(n)$ de comprimento K não é igual à sua convolução linear. Para contornar isso, utilizam-se apenas as amostras da convolução circular que coincidem com as da convolução linear, descartando-se as demais. As amostras válidas podem ser determinadas por referência à expressão

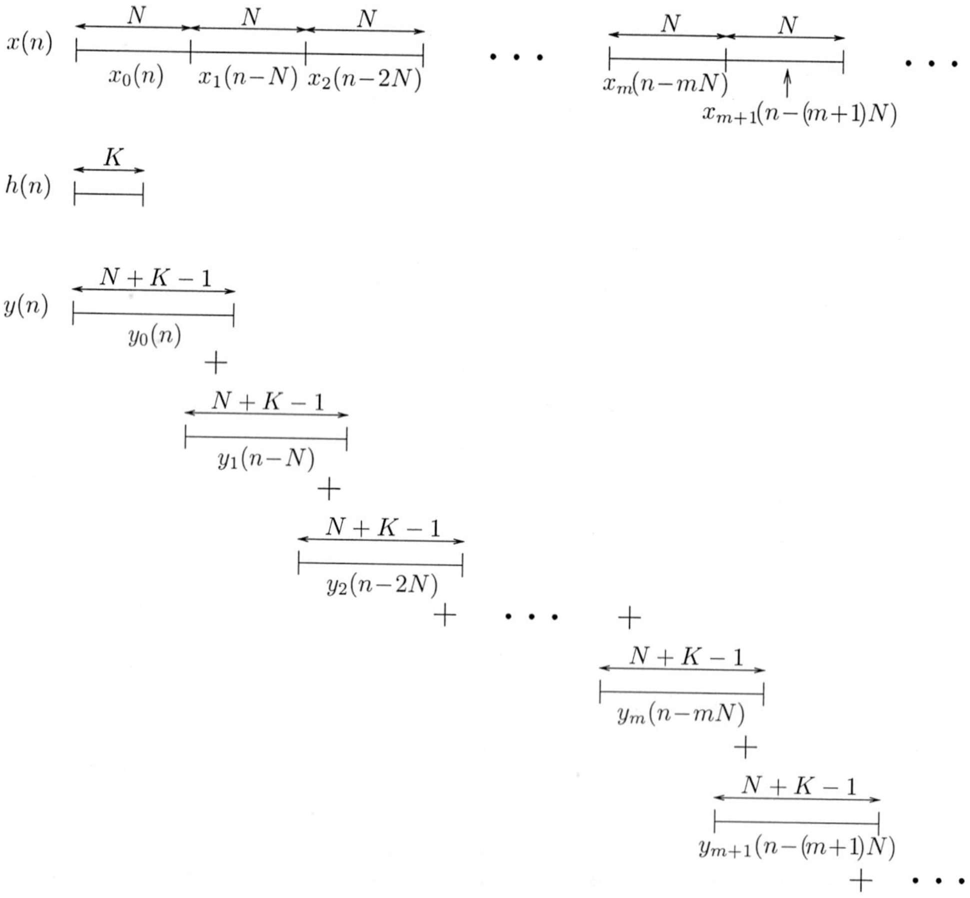

Figura 3.4 Ilustração do método de sobreposição-e-soma.

3.4 Filtragem digital usando a DFT

(a)

(b)

(c)

(d)

$$x(n)*h(n) = x'_0(n) \circledast h'(n) + x'_1(n-2) \circledast h'(n)$$

(e)

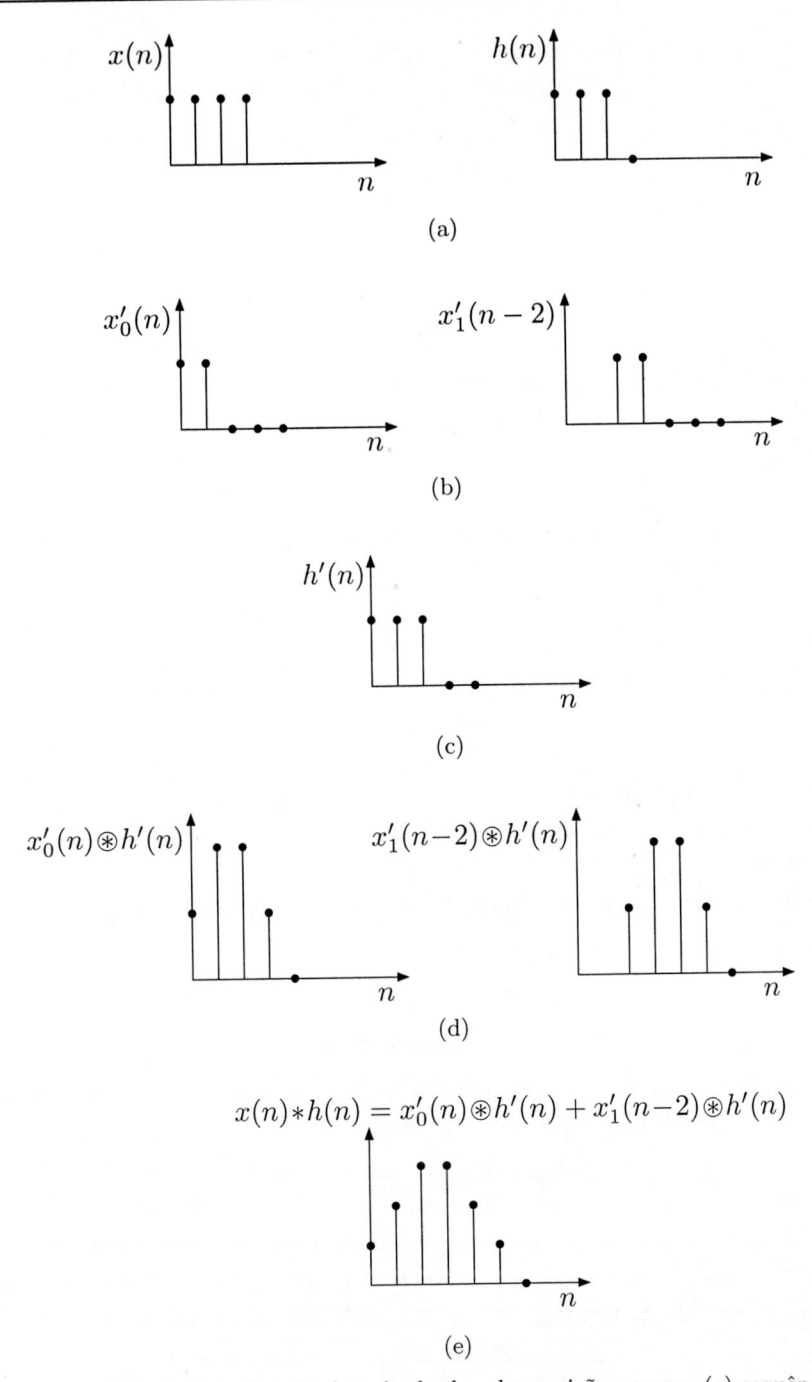

Figura 3.5 Exemplo da aplicação do método de sobreposição-e-soma: (a) sequências originais; (b) sequência de entrada dividida em blocos de comprimento 2—cada um preenchido com zeros até o comprimento $N = 5$; (c) $h(n)$ preenchido com zeros até o comprimento $N = 5$; (d) convolução circular entre cada bloco preenchido com zeros e $h(n)$ preenchido com zeros; (e) resultado final (normalizado).

da convolução circular dada na equação (3.92) da Seção 3.4.1. Lá, vimos que a condição para o cálculo de uma convolução linear usando uma convolução circular é dada pela equação (3.93), repetida aqui por conveniência, porém com $x(n)$ substituído por $x_m(n)$:

$$c(n) = \sum_{l=n+1}^{N-1} x_m(l)h(n-l+N) = 0, \quad \text{para } 0 \leq n \leq N-1. \tag{3.112}$$

Essa equação indica que a convolução circular de comprimento N entre um bloco $x_m(n)$ de comprimento N e $h(n)$ de comprimento K só é igual à sua convolução linear onde o somatório anterior se anular. Como para $0 \leq n \leq N-1$ podemos ter $x_m(n) \neq 0$, então $c(n)$ só é nulo para valores de n tais que todos os $h(n)$ no somatório sejam iguais a zero, ou seja, $h(n-l+N) = 0$ para $n+1 \leq l \leq N-1$. Uma vez que $h(n)$ tem comprimento K, então $h(r) = 0$ para $r \geq K$; como devemos ter $h(n-l+N) = 0$, então n deve ser tal que $n-l+N \geq K$ ou, equivalentemente, $n \geq K - N + l$. O caso mais restritivo dessa desigualdade ocorre para $l = N-1$. Isso implica que a condição na equação (3.112) é satisfeita somente para $n \geq K - 1$.

A conclusão é que as únicas amostras da convolução circular de comprimento N que são iguais às da convolução linear ocorrem para $n \geq K - 1$. Portanto, quando se efetua a operação de cada bloco $x_m(n)$ com $h(n)$, as primeiras $K-1$ amostras do resultado têm que ser descartadas. Para compensar as amostras descartadas, deve haver uma sobreposição adicional de $K-1$ amostras entre blocos adjacentes.

Logo, o sinal $x(n)$ tem que ser dividido em blocos $x_m(n)$ de comprimento N tais que

$$x_m(n) = \begin{cases} x(n + m(N - K + 1)), & \text{para } 0 \leq n \leq N - 1 \\ 0, & \text{em caso contrário.} \end{cases} \tag{3.113}$$

Observe que as primeiras $K - 1$ amostras de $x_m(n)$ são iguais às últimas $K - 1$ amostras de $x_{m-1}(n)$. A saída filtrada do m-ésimo bloco consiste somente das amostras da convolução circular $y_m(n)$ de $x_m(n)$ com $h(n)$ cujos índices são maiores que ou iguais a $K - 1$. É importante que o sinal original $x(n)$ receba $K - 1$ zeros adicionais no início, já que as primeiras $K - 1$ amostras da saída são descartadas. Então, se $h'(n)$ é a versão de $h(n)$ preenchida com zeros até o comprimento N, a saída $y_m(n)$ de cada bloco pode ser expressa como

$$y_m(n) = \sum_{l=0}^{N-1} x_m(l)h'((n-l) \bmod N), \tag{3.114}$$

onde apenas as amostras de $y_m(n)$ de $n = K - 1$ a $n = N - 1$ precisam ser calculadas.

3.4 Filtragem digital usando a DFT

Então, a saída $y(n) = x(n) * h(n)$ é construída, para cada m, como

$$y(n) = y_m(n - m(N - K + 1)) \qquad (3.115)$$

para $m(N - K + 1) + K - 1 \leq n \leq m(N - K + 1) + N - 1$.

Das equações (3.114) e (3.115), vemos que para convoluir a sequência longa $x(n)$ com $h(n)$ de comprimento K usando o método de sobreposição-e--armazenamento, basta:

(i) dividir $x(n)$ em blocos $x_m(n)$ de comprimento N com sobreposição de $K - 1$ amostras, como na equação (3.113), sendo que o primeiro bloco deve ser preenchido com $K - 1$ zeros em seu início; se o sinal original tem comprimento L, então, o número total de blocos B deve obedecer

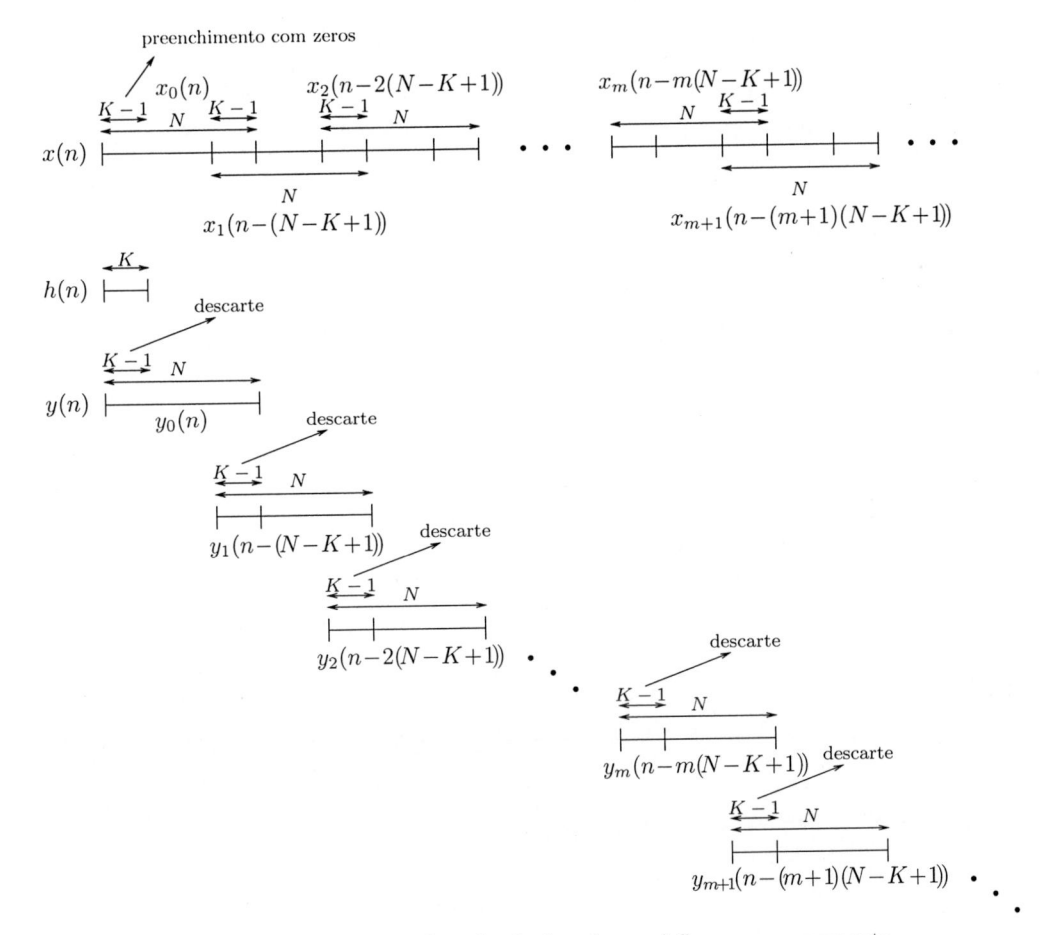

$$B \geq \frac{L + K - 1}{N - K + 1}; \qquad (3.116)$$

Figura 3.6 Ilustração do método de sobreposição-e-armazenamento.

(ii) preencher $h(n)$ com zeros até o comprimento N;
(iii) efetuar a convolução circular de cada bloco com $h(n)$ (equação (3.114)) usando DFTs de comprimento N;
(iv) compor o sinal de saída de acordo com a equação (3.115).

Note que podemos interpretar a etapa (iv) como as $K-1$ últimas amostras do bloco $y_m(n)$ sendo armazenadas a fim de substituírem as $K-1$ primeiras amostras, descartadas, do bloco $y_{m+1}(n)$, desse modo justificando a terminologia do método de sobreposição-e-armazenamento, que é ilustrado esquematicamente na Figura 3.6.

EXEMPLO 3.8
Determine graficamente a convolução linear de $x(n)$ e $h(n)$ mostradas na Figura 3.7a usando a DFT, particionando $x(n)$ em blocos de comprimento igual a 6 e empregando o método de sobreposição-e-armazenamento.

SOLUÇÃO
O comprimento da resposta ao impulso $h(n)$ é $K = 3$, $x(n)$ tem comprimento $L = 8$ e a DFT tem comprimento $N = 6$. Conforme a equação (3.116), o número de blocos com sobreposição deve ser

$$B \geq \frac{8+3-1}{6-3+1} = 2{,}5; \tag{3.117}$$

portanto, $B = 3$. O início do primeiro bloco será preenchido com 2 zeros e o final do último bloco será preenchido com 4 zeros. Portanto, da equação (3.113), temos

$$\left.\begin{aligned} x_0(n) &= \begin{cases} x(n-2), & \text{para } 0 \leq n \leq 5 \\ 0, & \text{em caso contrário} \end{cases} \\ x_1(n) &= \begin{cases} x(n+2), & \text{para } 0 \leq n \leq 5 \\ 0, & \text{em caso contrário} \end{cases} \\ x_2(n) &= \begin{cases} x(n+6), & \text{para } 0 \leq n \leq 5 \\ 0, & \text{em caso contrário} \end{cases} \end{aligned}\right\}. \tag{3.118}$$

Esses sinais são apresentados nas Figuras 3.7b, 3.7d e 3.7f, respectivamente. Usando a equação (3.114), os sinais nas Figuras 3.7c, 3.7e e 3.7g são calculados como

$$y_m(n) = \sum_{l=0}^{5} x_m(l) h'((n-l) \bmod 6), \quad \text{para } 2 \leq n \leq 5 \text{ e } m = 0,1,2.$$

$$\tag{3.119}$$

3.4 Filtragem digital usando a DFT

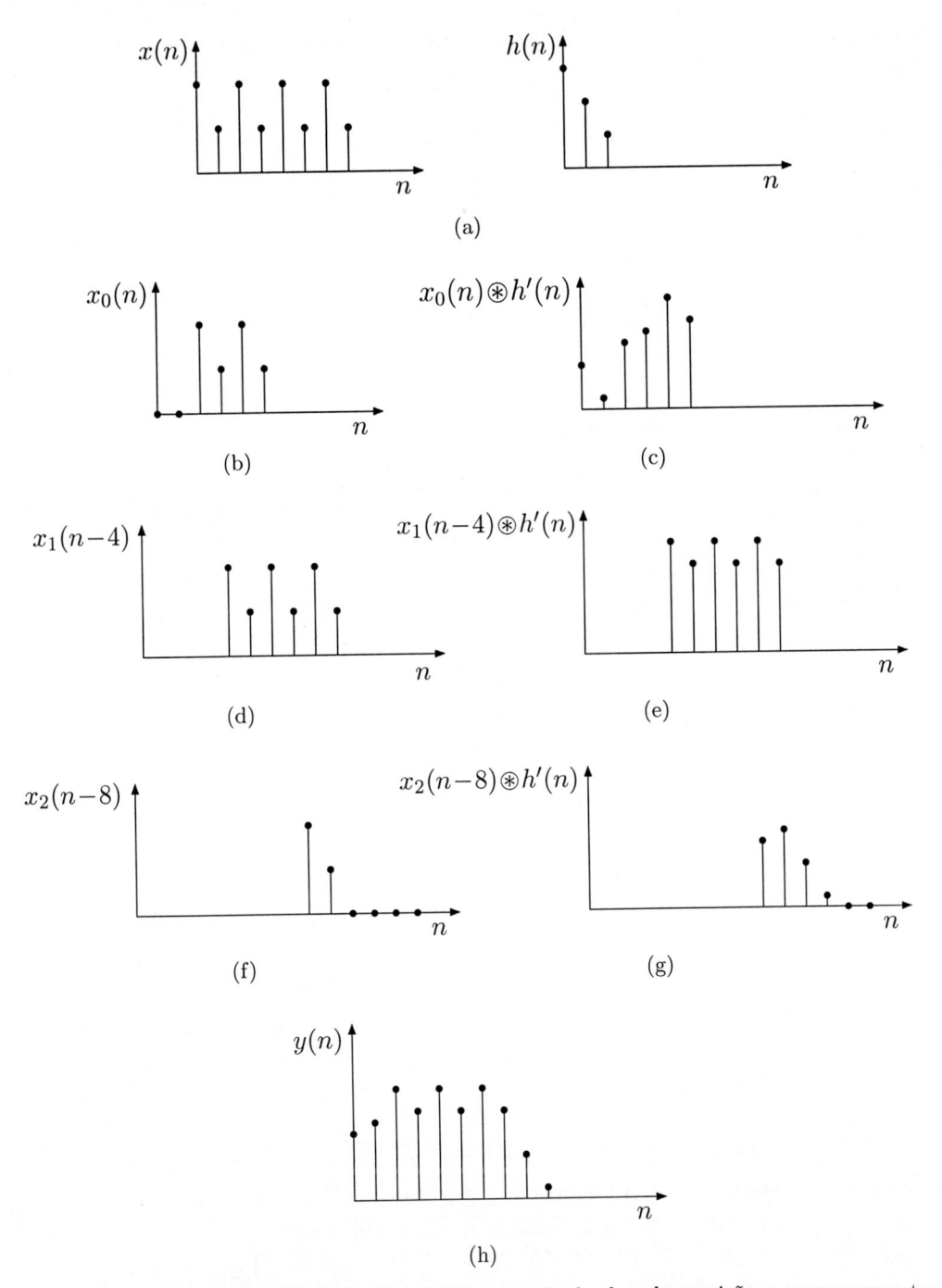

Figura 3.7 Convolução linear usando a DFT e o método de sobreposição-e-armazenamento: (a) sequências originais; (b) primeiro bloco; (c) primeira convolução parcial; (d) segundo bloco; (e) segunda convolução parcial; (f) terceiro bloco; (g) terceira convolução parcial; (h) resultado final.

O resultado final da Figura 3.7h é calculado usando-se a equação (3.115), que produz

$$\left.\begin{array}{ll} y(n) = y_0(n), & \text{para } 2 \leq n \leq 5 \\ y(n) = y_1(n-4), & \text{para } 6 \leq n \leq 9 \\ y(n) = y_2(n-8), & \text{para } 10 \leq n \leq 13 \end{array}\right\}. \tag{3.120}$$

Note que nesse exemplo $K = 3$, $N = 6$ e cada uma das convoluções parciais gera $(N - K + 1) = 4$ novas amostras. △

3.5 Transformada de Fourier rápida

Na seção anterior, vimos que a DFT é uma efetiva representação discreta na frequência que pode ser utilizada para calcular convoluções lineares entre duas sequências discretas. Contudo, examinando as definições da DFT e da IDFT nas equações (3.15) e (3.16), repetidas aqui por conveniência,

$$X(k) = \sum_{n=0}^{N-1} x(n) W_N^{kn}, \quad \text{para } 0 \leq k \leq N-1 \tag{3.121}$$

$$x(n) = \frac{1}{N} \sum_{k=0}^{N-1} X(k) W_N^{-kn}, \quad \text{para } 0 \leq n \leq N-1, \tag{3.122}$$

vemos que, a fim de calcular a DFT e a IDFT de uma sequência de comprimento N, precisam-se realizar em torno de N^2 multiplicações complexas, isto é, a complexidade da DFT cresce com o quadrado do comprimento do sinal. Isso limita severamente seu uso prático para sinais longos. Felizmente, em 1965, Cooley e Tukey propuseram um algoritmo eficiente para calcular a DFT (Cooley & Tukey, 1965), o qual requer um número de multiplicações complexas da ordem de $N \log_2 N$. Isso pode representar um decréscimo extraordinário na complexidade. Por exemplo, mesmo para sinais de comprimento igual a 1024 amostras, que nem poderiam ser considerados tão longos, a redução na complexidade é da ordem de 100 vezes, isto é, duas ordens de grandeza. É desnecessário dizer que o advento desse algoritmo abriu um leque inesgotável de aplicações para a DFT, indo desde a análise de sinais até a filtragem linear rápida. Hoje, há um número enorme de algoritmos rápidos para cálculo da DFT, coletivamente conhecidos como algoritmos de FFT (do inglês *Fast Fourier Transform*) (Cochran et al., 1967). Nesta seção, estudaremos alguns dos tipos mais populares de algoritmos de FFT.

3.5 Transformada de Fourier rápida

3.5.1 Algoritmo de raiz 2 com decimação no tempo

Suponha que temos uma sequência $x(n)$ cujo comprimento N é uma potência de dois, isto é, $N = 2^l$. Agora, vamos expressar a relação para a DFT dada na equação (3.121) quebrando o somatório em duas partes, uma com os elementos $x(n)$ de índice par e outra com os elementos $x(n)$ de índice ímpar, obtendo

$$X(k) = \sum_{n=0}^{N-1} x(n) W_N^{nk}$$

$$= \sum_{n=0}^{N/2-1} x(2n) W_N^{2nk} + \sum_{n=0}^{N/2-1} x(2n+1) W_N^{(2n+1)k}$$

$$= \sum_{n=0}^{N/2-1} x(2n) W_N^{2nk} + W_N^k \sum_{n=0}^{N/2-1} x(2n+1) W_N^{2nk}. \tag{3.123}$$

Se notarmos que para N par temos

$$W_N^{2nk} = e^{-j(2\pi/N)2nk} = e^{-j[2\pi/(N/2)]nk} = W_{N/2}^{nk}, \tag{3.124}$$

então a equação (3.123) se torna

$$X(k) = \sum_{n=0}^{N/2-1} x(2n) W_{N/2}^{nk} + W_N^k \sum_{n=0}^{N/2-1} x(2n+1) W_{N/2}^{nk}, \tag{3.125}$$

e podemos ver que cada somatório pode representar uma DFT distinta de tamanho $N/2$. Portanto, uma DFT de tamanho N pode ser calculada através de duas DFTs de tamanho $N/2$, além das multiplicações por W_N^k. Note que cada nova DFT tem somente $N/2$ coeficientes e para o cálculo desses coeficientes precisamos, agora, de apenas $(N/2)^2$ multiplicações complexas. Adicionalmente, já que temos um coeficiente distinto W_N^k para cada k entre 0 e $N-1$, precisamos efetuar N multiplicações por W_N^k. Portanto, o cálculo da DFT de acordo com a equação (3.125) requer

$$2\left(\frac{N}{2}\right)^2 + N = \frac{N^2}{2} + N \tag{3.126}$$

multiplicações complexas. Como $(N + N^2/2)$ é menor que N^2 para $N > 2$, a equação (3.125) já resulta num decréscimo de complexidade quando comparada ao cálculo usual da DFT.

Devemos também comparar o número de adições complexas das duas formas de cálculo. O cálculo usual de uma DFT de comprimento N precisa de um total de $N(N-1) = N^2 - N$ adições. Na equação (3.125), precisamos calcular duas

DFTs de comprimento $N/2$. Em seguida, após a multiplicação por W_N^k, devem-se efetuar as N adições das duas DFTs parciais, uma para cada k entre 0 e $N-1$. Portanto, o número total de adições complexas na equação (3.125) é

$$2\left[\left(\frac{N}{2}\right)^2 - \frac{N}{2}\right] + N = \frac{N^2}{2}, \tag{3.127}$$

o que também corresponde a uma redução da complexidade.

Do que foi aqui exposto, explorando-se o fato de que N é uma potência de 2, é fácil ver que se o procedimento mostrado na equação (3.125) é aplicado recursivamente a cada uma das DFTs resultantes até que todas as DFTs remanescentes sejam de comprimento 2, podemos atingir uma redução muito significativa da complexidade. O procedimento completo é formalizado num algoritmo escrevendo-se, primeiramente, a equação (3.125) como

$$X(k) = X_e(k) + W_N^k X_o(k), \tag{3.128}$$

onde $X_e(k)$ e $X_o(k)$ são, respectivamente, as DFTs de comprimento $N/2$ das amostras com índices pares e ímpares de $x(n)$, isto é,

$$\left.\begin{aligned}X_e(k) &= \sum_{n=0}^{N/2-1} x(2n) W_{N/2}^{nk} = \sum_{n=0}^{N/2-1} x_e(n) W_{N/2}^{nk} \\ X_o(k) &= \sum_{n=0}^{N/2-1} x(2n+1) W_{N/2}^{nk} = \sum_{n=0}^{N/2-1} x_o(n) W_{N/2}^{nk}\end{aligned}\right\}. \tag{3.129}$$

Essas DFTs podem ser calculadas separando-se $x_e(n)$ e $x_o(n)$ em suas amostras de índices pares e ímpares, como a seguir,

$$\left.\begin{aligned}X_e(k) &= \sum_{n=0}^{N/4-1} x_e(2n) W_{N/4}^{nk} + W_{N/2}^k \sum_{n=0}^{N/4-1} x_e(2n+1) W_{N/4}^{nk} \\ X_o(k) &= \sum_{n=0}^{N/4-1} x_o(2n) W_{N/4}^{nk} + W_{N/2}^k \sum_{n=0}^{N/4-1} x_o(2n+1) W_{N/4}^{nk}\end{aligned}\right\}, \tag{3.130}$$

de forma que

$$\left.\begin{aligned}X_e(k) &= X_{ee}(k) + W_{N/2}^k X_{eo}(k) \\ X_o(k) &= X_{oe}(k) + W_{N/2}^k X_{oo}(k)\end{aligned}\right\}, \tag{3.131}$$

onde $X_{ee}(k)$, $X_{eo}(k)$, $X_{oe}(k)$ e $X_{oo}(k)$ correspondem, agora, a DFTs de comprimento $N/4$.

3.5 Transformada de Fourier rápida

Genericamente, em cada etapa calculamos DFTs de comprimento L usando DFTs de comprimento $L/2$, como a seguir:

$$X_i(k) = X_{ie}(k) + W_L^k X_{io}(k). \tag{3.132}$$

A aplicação recursiva do procedimento aqui descrito pode conduzir o cálculo de uma DFT de comprimento $N = 2^l$, ao longo de l etapas, até o cálculo de 2^l DFTs de comprimento 1, porque cada etapa converte uma DFT de comprimento L em duas DFTs de comprimento $L/2$, mais uma multiplicação complexa por W_L^k e uma soma complexa. Portanto, supondo que $\mathcal{M}(N)$ e $\mathcal{A}(N)$ são, respectivamente, os números de multiplicações e adições complexas necessárias para se calcular uma DFT de comprimento N, valem as seguintes relações:

$$\mathcal{M}(N) = 2\mathcal{M}\left(\frac{N}{2}\right) + N \tag{3.133}$$

$$\mathcal{A}(N) = 2\mathcal{A}\left(\frac{N}{2}\right) + N. \tag{3.134}$$

A fim de calcularmos os valores de $\mathcal{M}(N)$ e $\mathcal{A}(N)$, temos de resolver essas equações recursivas. As condições iniciais são $\mathcal{M}(1) = 1$ e $\mathcal{A}(1) = 0$, já que uma DFT de comprimento 1 não requer somas, e envolve uma multiplicação por W_1^0 (esta é uma multiplicação trivial, mas tem de ser considerada para manter a coerência com a equação (3.126); tais multiplicações serão descontadas na enunciação do resultado final).

Podemos calcular o número de multiplicações empregando a mudança de variáveis $N = 2^l$ e $T(l) = \mathcal{M}(N)/N$. Com isso, a equação (3.133) se torna

$$T(l) = T(l-1) + 1. \tag{3.135}$$

Como $T(0) = \mathcal{M}(1) = 1$, então $T(l) = l + 1$. Portanto, concluímos que

$$\frac{\mathcal{M}(N)}{N} = 1 + \log_2 N, \tag{3.136}$$

logo

$$\mathcal{M}(N) = N + N \log_2 N. \tag{3.137}$$

Observe que essa equação é coerente com a equação (3.126). Entretanto, se não executamos as multiplicações triviais envolvidas no cálculo das N DFTs de tamanho 1, concluímos que o número verdadeiro de multiplicações é

$$\mathcal{M}(N) = N \log_2 N. \tag{3.138}$$

Para calcular o número de somas, podemos usar a mesma mudança de variáveis, isto é, fazer $N = 2^l$ e $T(l) = \mathcal{A}(N)/N$. Com isso, a equação (3.134) se torna

$$T(l) = T(l-1) + 1, \tag{3.139}$$

mas desta vez $T(0) = \mathcal{A}(1) = 0$, e então $T(l) = l$. Portanto, concluímos que

$$\frac{\mathcal{A}(N)}{N} = \log_2 N, \tag{3.140}$$

logo

$$\mathcal{A}(N) = N \log_2 N. \tag{3.141}$$

Em síntese, a FFT pode ser calculada usando-se $N \log_2 N$ multiplicações e adições complexas, o que significa uma economia da ordem de $N/\log_2 N$, quando comparada com a implementação direta da equação (3.121).

Esse algoritmo de FFT é conhecido como algoritmo com decimação no tempo porque divide recursivamente a sequência $x(n)$ em subsequências. Podemos elaborar uma representação gráfica do procedimento aqui descrito se observarmos que na operação contida na equação (3.132), cada valor de $X_{ie}(k)$ ou $X_{io}(k)$ é usado duas vezes. Isso ocorre porque se $X_i(k)$ tem comprimento L, então $X_{ie}(k)$ e $X_{io}(k)$ têm comprimento $L/2$. Em outras palavras,

$$X_i(k) = X_{ie}(k) + W_L^k X_{io}(k), \tag{3.142}$$

$$\begin{aligned} X_i\left(k + \frac{L}{2}\right) &= X_{ie}\left(k + \frac{L}{2}\right) + W_L^{k+L/2} X_{io}\left(k + \frac{L}{2}\right) \\ &= X_{ie}(k) + W_L^{k+L/2} X_{io}(k). \end{aligned} \tag{3.143}$$

Portanto, se temos as DFTs de comprimento $L/2$ $X_{ie}(k)$ e $X_{io}(k)$, podemos calcular a DFT de comprimento L $X_i(k)$ aplicando as equações (3.142) e (3.143) para $k = 0, 1, \ldots, (L/2 - 1)$. Essa operação é ilustrada pelo diagrama da Figura 3.8. Como o algoritmo da DFT é composto de repetições desse procedimento, o diagrama apresentado é considerado como a célula básica do algoritmo. Devido à aparência do diagrama, a célula básica é, por vezes, chamada de borboleta (em inglês, *butterfly*).

Um diagrama para o algoritmo completo de FFT descrito anteriormente é obtido pela repetição da célula básica da Figura 3.8 para $L = N, N/2, \ldots, 2$ e para $k = 0, 1, \ldots, (L/2 - 1)$. A Figura 3.9 ilustra o caso em que $N = 8$.

3.5 Transformada de Fourier rápida

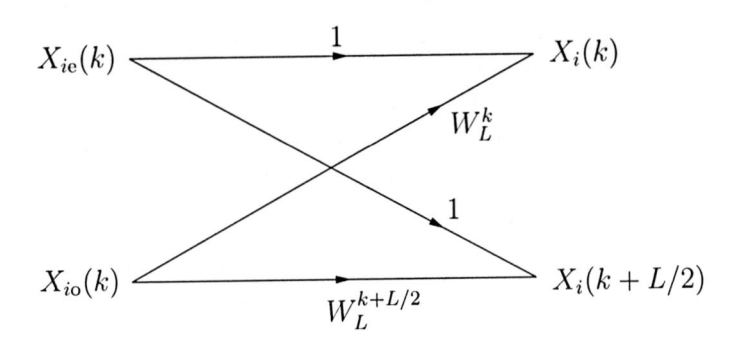

Figura 3.8 Célula básica do algoritmo de FFT com decimação no tempo.

O diagrama da Figura 3.9 tem uma interessante propriedade. Os nós de uma seção do diagrama dependem apenas dos nós da seção anterior do diagrama. Por exemplo, $X_i(k)$ depende apenas de $X_{ie}(k)$ e $X_{io}(k)$. Além disso, $X_{ie}(k)$ e $X_{io}(k)$ só são usados para calcular $X_i(k)$ e $X_i(k+L/2)$. Portanto, uma vez calculados, os valores de $X_i(k)$ e $X_i(k+L/2)$ podem ser armazenados nos mesmos lugares que $X_{ie}(k)$ e $X_{io}(k)$. Isso implica que os valores intermediários do cálculo da FFT de comprimento N podem ser armazenados num único vetor de tamanho N, isto é, os resultados da seção l podem ser armazenados no mesmo lugar que os resultados da seção $l-1$. Por esse motivo, geralmente se diz que o cálculo dos resultados intermediários da FFT é realizado localmente (em inglês, *in place*).

Outro aspecto importante desse algoritmo de FFT está relacionado à ordenação do vetor de entrada. Como visto na Figura 3.9, o vetor de saída se apresenta ordenado sequencialmente, enquanto que o vetor de entrada, não. Uma regra geral para a ordenação do vetor de entrada de forma a resultar na ordenação correta do vetor de saída pode ser elaborada por referência ao diagrama da FFT mostrado na Figura 3.9. Indo da direita para a esquerda, notamos que na segunda seção a metade superior corresponde à DFT das amostras de índice par e a metade inferior, à DFT das amostras de índice ímpar. Uma vez que os índices pares têm o *bit* menos significativo (LSB, do inglês *Least Significant Bit*) igual a 0 e os índices ímpares têm o LSB igual a 1, então a DFT da metade superior corresponde às amostras cujo índice tem LSB = 0, e a da metade inferior, às amostras cujo índice tem LSB = 1. Da mesma forma, para cada metade, a nova metade superior corresponde às amostras de índice par pertencentes àquela metade, isto é, àquelas com o segundo LSB = 0. Similarmente, a nova metade inferior corresponde ao segundo LSB = 1. Se prosseguimos até atingir o sinal de entrada à esquerda, terminamos com o índice da primeira amostra superior tendo todos os *bits* iguais a zero, o da segunda com o primeiro *bit* igual a 1 e todos os demais iguais a zero, e assim por diante. Observamos, então, que a posição dos elementos da sequência de entrada no vetor de entrada para que se obtenha a

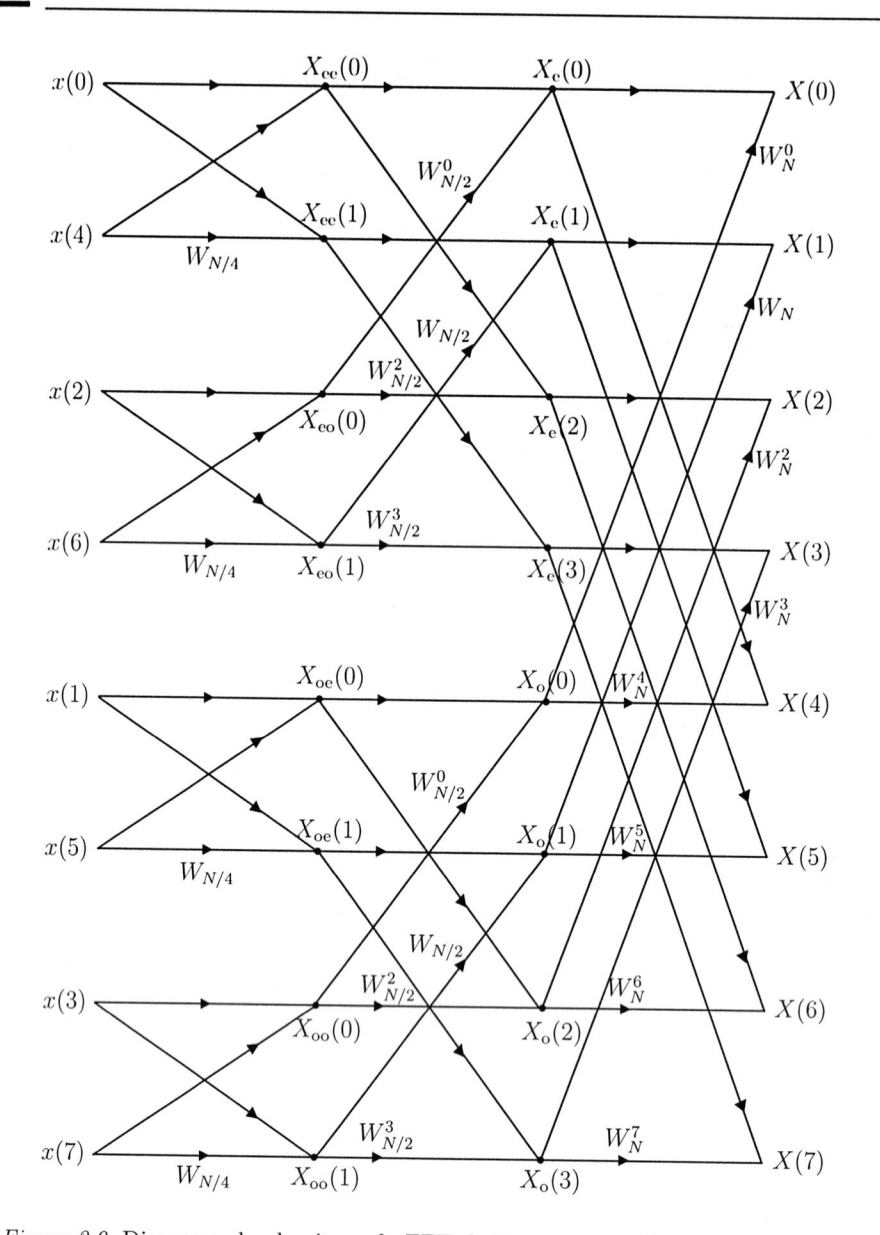

Figura 3.9 Diagrama do algoritmo da FFT de 8 pontos com decimação no tempo.

ordenação automática na saída deve ser tal que o índice do vetor corresponda ao índice da sequência com os *bits* na ordem reversa. Por exemplo, $x(3) = x(011)$ deverá ocupar a posição 110 (6) no vetor de entrada.

Pode-se obter alguma economia adicional no número de multiplicações requeridas pelo algoritmo observando que, na equação (3.143),

$$W_L^{k+L/2} = W_L^k W_L^{L/2} = W_L^k W_2 = -W_L^k. \tag{3.144}$$

3.5 Transformada de Fourier rápida

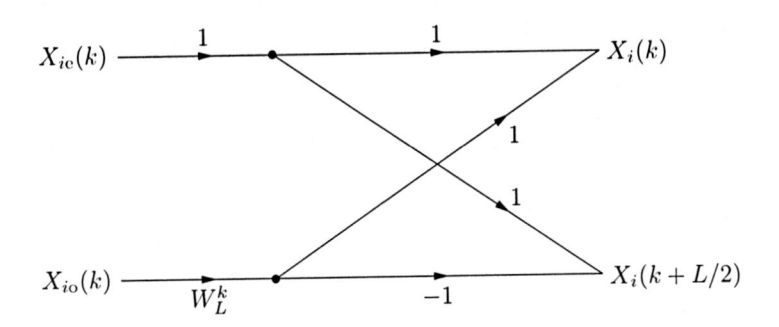

Figura 3.10 Célula básica mais eficiente do algoritmo de FFT com decimação no tempo.

Então, as equações (3.142) e (3.143) podem ser reescritas como

$$X_i(k) = X_{ie}(k) + W_L^k X_{io}(k) \tag{3.145}$$

$$X_i\left(k + \frac{L}{2}\right) = X_{ie}(k) - W_L^k X_{io}(k). \tag{3.146}$$

Isso permite uma implementação mais eficiente da célula básica da Figura 3.8, que usa uma multiplicação complexa em vez de duas. A célula resultante é apresentada na Figura 3.10. Substituindo as células básicas correspondentes à Figura 3.8 pelas correspondentes à Figura 3.10, temos o diagrama mais eficiente para a FFT que se vê na Figura 3.11.

Com essa nova célula básica, o número de multiplicações complexas caiu à metade, isto é, há agora um total de $N/2 \log_2 N$ multiplicações complexas. Para efetuarmos um cálculo mais acurado, temos que descontar as multiplicações triviais remanescentes. Um conjunto delas são as que envolvem o fator $W_L^0 = 1$. Na equação (3.145), quando as DFTs têm comprimento L, temos N/L DFTs e o termo W_L^0 aparece N/L vezes. Então, temos $N/2 + N/4 + \cdots + N/N = N - 1$ multiplicações por 1. O outro conjunto de multiplicações triviais são as que envolvem o fator $W_L^{L/4} = -j$. Como no primeiro estágio não há termos iguais a $-j$, e do segundo estágio em diante o número de vezes que o termo $-j$ aparece é igual ao número de vezes que o termo 1 aparece, então temos $N - 1 - N/2 = N/2 - 1$ multiplicações por $-j$. Isso resulta numa contagem completa das multiplicações complexas não-triviais igual a

$$\mathcal{M}(N) = \frac{N}{2}\log_2 N - N + 1 - \frac{N}{2} + 1 = \frac{N}{2}\log_2 N - \frac{3}{2}N + 2. \tag{3.147}$$

Observe que o número de adições complexas necessárias permanece igual a $\mathcal{A}(N) = N \log_2 N$.

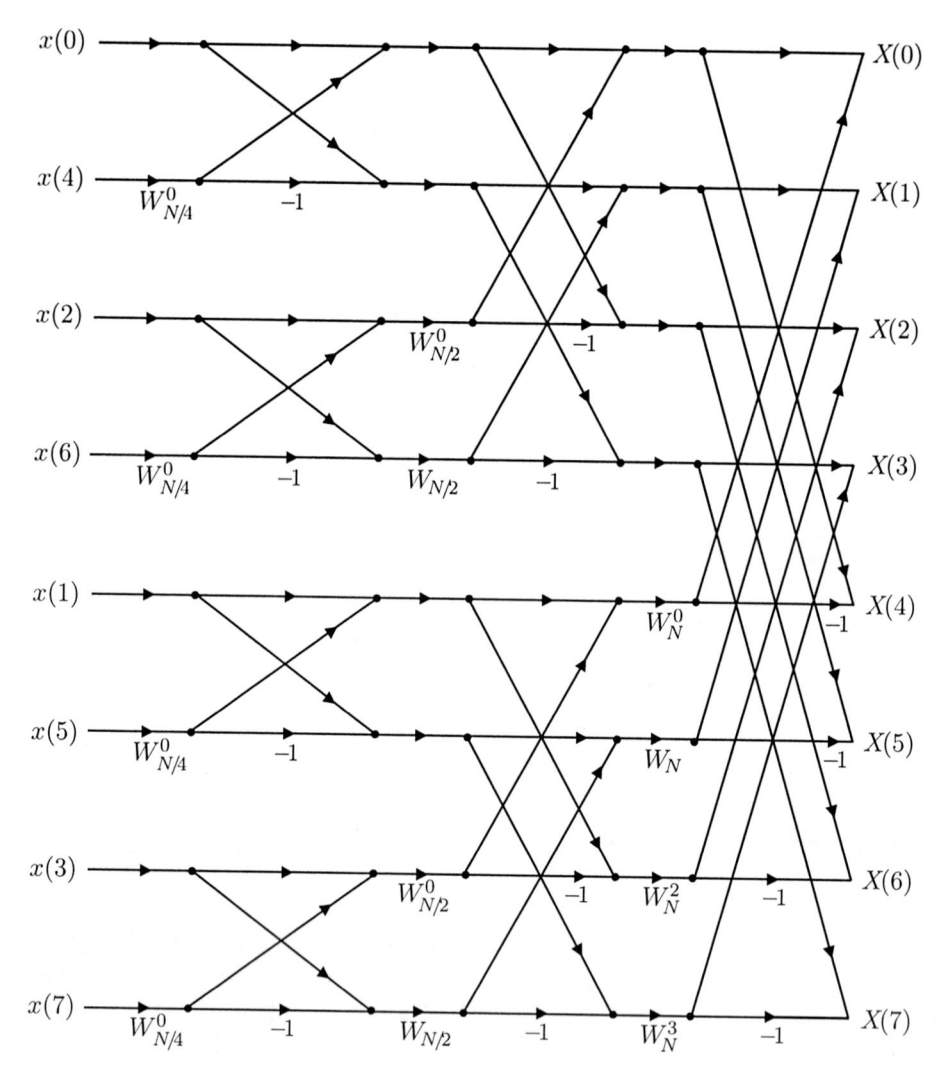

Figura 3.11 Diagrama mais eficiente do algoritmo da FFT de oito pontos com decimação no tempo. Os ramos não marcados têm multiplicador igual a 1.

Se reordenamos os ramos horizontais do diagrama da Figura 3.11 de forma que agora o sinal de entrada esteja na ordenação normal, então a saída do diagrama é que se apresenta ordenada segundo os *bits* em ordem reversa. Nesse caso, temos outro algoritmo de cálculo local. De fato, há uma miríade de formas para a FFT. Por exemplo, há um algoritmo em que a entrada e a saída aparecem na ordem normal, mas que não admite que se realizem os cálculos localmente (Cochran *et al.*, 1967; Oppenheim & Schafer, 1975).

Fica claro das equações (3.121) e (3.122) que para se calcular a DFT inversa, basta trocar no diagrama das Figuras 3.9 ou 3.11 os termos W_N^k por W_N^{-k} e dividir a saída do diagrama por N.

3.5 Transformada de Fourier rápida

Podemos encontrar uma interessante interpretação dos algoritmos de FFT examinando a forma matricial da DFT na equação (3.39),

$$\mathbf{X} = \mathbf{W}_N \mathbf{x}. \tag{3.148}$$

A forma matricial é frequentemente empregada para descrever algoritmos rápidos (Elliott & Rao, 1982). Por exemplo, o algoritmo de FFT com decimação no tempo pode ser representado na forma matricial se observamos que as equações (3.142) e (3.143), que correspondem à célula básica da Figura 3.8, podem ser expressas em forma matricial como

$$\begin{bmatrix} X_i(k) \\ X_i(k+\frac{L}{2}) \end{bmatrix} = \begin{bmatrix} 1 & W_L^k \\ 1 & W_L^{k+L/2} \end{bmatrix} \begin{bmatrix} X_{ie}(k) \\ X_{io}(k) \end{bmatrix}. \tag{3.149}$$

Então, o diagrama da Figura 3.9 pode ser expresso como

$$\mathbf{X} = \mathbf{F}_8^{(8)} \mathbf{F}_8^{(4)} \mathbf{F}_8^{(2)} \mathbf{P}_8 \mathbf{x}, \tag{3.150}$$

onde

$$\mathbf{P}_8 = \begin{bmatrix} 1 & 0 & 0 & 0 & 0 & 0 & 0 & 0 \\ 0 & 0 & 0 & 0 & 1 & 0 & 0 & 0 \\ 0 & 0 & 1 & 0 & 0 & 0 & 0 & 0 \\ 0 & 0 & 0 & 0 & 0 & 0 & 1 & 0 \\ 0 & 1 & 0 & 0 & 0 & 0 & 0 & 0 \\ 0 & 0 & 0 & 0 & 0 & 1 & 0 & 0 \\ 0 & 0 & 0 & 1 & 0 & 0 & 0 & 0 \\ 0 & 0 & 0 & 0 & 0 & 0 & 0 & 1 \end{bmatrix} \tag{3.151}$$

corresponde à operação de reversão dos *bits* aplicada aos índices do vetor de entrada **x**,

$$\mathbf{F}_8^{(2)} = \begin{bmatrix} 1 & W_2^0 & 0 & 0 & 0 & 0 & 0 & 0 \\ 1 & W_2^1 & 0 & 0 & 0 & 0 & 0 & 0 \\ 0 & 0 & 1 & W_2^0 & 0 & 0 & 0 & 0 \\ 0 & 0 & 1 & W_2^1 & 0 & 0 & 0 & 0 \\ 0 & 0 & 0 & 0 & 1 & W_2^0 & 0 & 0 \\ 0 & 0 & 0 & 0 & 1 & W_2^1 & 0 & 0 \\ 0 & 0 & 0 & 0 & 0 & 0 & 1 & W_2^0 \\ 0 & 0 & 0 & 0 & 0 & 0 & 1 & W_2^1 \end{bmatrix} \tag{3.152}$$

corresponde às células básicas do primeiro estágio,

$$\mathbf{F}_8^{(4)} = \begin{bmatrix} 1 & 0 & W_4^0 & 0 & 0 & 0 & 0 & 0 \\ 0 & 1 & 0 & W_4^1 & 0 & 0 & 0 & 0 \\ 1 & 0 & W_4^2 & 0 & 0 & 0 & 0 & 0 \\ 0 & 1 & 0 & W_4^3 & 0 & 0 & 0 & 0 \\ 0 & 0 & 0 & 0 & 1 & 0 & W_4^0 & 0 \\ 0 & 0 & 0 & 0 & 0 & 1 & 0 & W_4^1 \\ 0 & 0 & 0 & 0 & 1 & 0 & W_4^2 & 0 \\ 0 & 0 & 0 & 0 & 0 & 1 & 0 & W_4^3 \end{bmatrix} \qquad (3.153)$$

corresponde às células básicas do segundo estágio e

$$\mathbf{F}_8^{(8)} = \begin{bmatrix} 1 & 0 & 0 & 0 & W_8^0 & 0 & 0 & 0 \\ 0 & 1 & 0 & 0 & 0 & W_8^1 & 0 & 0 \\ 0 & 0 & 1 & 0 & 0 & 0 & W_8^2 & 0 \\ 0 & 0 & 0 & 1 & 0 & 0 & 0 & W_8^3 \\ 1 & 0 & 0 & 0 & W_8^4 & 0 & 0 & 0 \\ 0 & 1 & 0 & 0 & 0 & W_8^5 & 0 & 0 \\ 0 & 0 & 1 & 0 & 0 & 0 & W_8^6 & 0 \\ 0 & 0 & 0 & 1 & 0 & 0 & 0 & W_8^7 \end{bmatrix} \qquad (3.154)$$

corresponde às células básicas do terceiro estágio.

Comparando-se as equações (3.148) e (3.150), pode-se ver o algoritmo de FFT na Figura 3.9 como a fatoração da matriz $\mathbf{W}_8$ da DFT tal que

$$\mathbf{W}_8 = \mathbf{F}_8^{(8)} \mathbf{F}_8^{(4)} \mathbf{F}_8^{(2)} \mathbf{P}_8. \qquad (3.155)$$

Essa fatoração corresponde a um algoritmo rápido porque as matrizes $\mathbf{F}_8^{(8)}$, $\mathbf{F}_8^{(4)}$, $\mathbf{F}_8^{(2)}$ e $\mathbf{P}_8$ têm a maioria dos elementos iguais a zero. Por isso, a multiplicação por cada uma dessas matrizes pode ser efetuada ao custo de no máximo 8 multiplicações complexas, exceto no caso de $\mathbf{P}_8$, que, sendo simplesmente uma permutação, não requer multiplicação alguma.

As equações (3.150)–(3.155) exemplificam o fato geral de que cada algoritmo de FFT corresponde a uma fatoração diferente da matriz $\mathbf{W}_N$ da DFT em matrizes esparsas. Por exemplo, a redução de complexidade que se atinge pela substituição da Figura 3.8 (equações (3.142) e (3.143)) pela Figura 3.10 (equações (3.145) e (3.146)) equivale a fatorar a matriz na equação (3.149) como

$$\begin{bmatrix} 1 & W_L^k \\ 1 & W_L^{k+L/2} \end{bmatrix} = \begin{bmatrix} 1 & 1 \\ 1 & -1 \end{bmatrix} \begin{bmatrix} 1 & 0 \\ 0 & W_L^k \end{bmatrix}. \qquad (3.156)$$

3.5.2 Decimação na frequência

Pode-se obter um algoritmo alternativo para o cálculo rápido da DFT usando-se a decimação na frequência, isto é, a divisão de $X(k)$ em subsequências. O algoritmo é gerado como se segue:

$$\begin{aligned}
X(k) &= \sum_{n=0}^{N-1} x(n) W_N^{nk} \\
&= \sum_{n=0}^{N/2-1} x(n) W_N^{nk} + \sum_{n=N/2}^{N-1} x(n) W_N^{nk} \\
&= \sum_{n=0}^{N/2-1} x(n) W_N^{nk} + \sum_{n=0}^{N/2-1} x\left(n + \frac{N}{2}\right) W_N^{(N/2)k} W_N^{nk} \\
&= \sum_{n=0}^{N/2-1} \left[x(n) + W_N^{(N/2)k} x\left(n + \frac{N}{2}\right) \right] W_N^{nk}. \quad (3.157)
\end{aligned}$$

Agora podemos calcular separadamente as amostras pares e ímpares de $X(k)$, isto é,

$$\begin{aligned}
X(2l) &= \sum_{n=0}^{N/2-1} \left[x(n) + W_N^{Nl} x\left(n + \frac{N}{2}\right) \right] W_N^{2nl} \\
&= \sum_{n=0}^{N/2-1} \left[x(n) + x\left(n + \frac{N}{2}\right) \right] W_N^{2nl} \quad (3.158)
\end{aligned}$$

para $l = 0, 1, \ldots, (N/2 - 1)$ e

$$\begin{aligned}
X(2l+1) &= \sum_{n=0}^{N/2-1} \left[x(n) + W_N^{(2l+1)N/2} x\left(n + \frac{N}{2}\right) \right] W_N^{(2l+1)n} \\
&= \sum_{n=0}^{N/2-1} \left[x(n) - x\left(n + \frac{N}{2}\right) \right] W_N^{(2l+1)n} \\
&= \sum_{n=0}^{N/2-1} \left\{ \left[x(n) - x\left(n + \frac{N}{2}\right) \right] W_N^{n} \right\} W_N^{2ln} \quad (3.159)
\end{aligned}$$

para $l = 0, 1, \ldots, (N/2 - 1)$.

As equações (3.158) e (3.159) podem ser reconhecidas como DFTs de comprimento $N/2$, já que $W_N^{2ln} = W_{N/2}^{ln}$. Antes de calcular essas DFTs, temos de calcular os dois sinais intermediários $S_e(n)$ e $S_o(n)$ de comprimento $N/2$ dados por

$$\left.\begin{aligned} S_e(n) &= x(n) + x\left(n + \frac{N}{2}\right) \\ S_o(n) &= \left[x(n) - x\left(n + \frac{N}{2}\right)\right] W_N^n \end{aligned}\right\}. \tag{3.160}$$

Naturalmente, esse procedimento pode ser repetido para cada uma das DFTs de comprimento $N/2$, gerando DFTs de comprimento $N/4$, idem para estas, gerando DFTs de comprimento $N/8$, e assim por diante. Portanto, a célula básica usada no cálculo da DFT com decimação na frequência se caracteriza como

$$\left.\begin{aligned} S_{ie}(n) &= S_i(n) + S_i\left(n + \frac{L}{2}\right) \\ S_{io}(n) &= \left[S_i(n) - S_i\left(n + \frac{L}{2}\right)\right] W_L^n \end{aligned}\right\}, \tag{3.161}$$

onde $S_{ie}(n)$ e $S_{io}(n)$ têm comprimento $L/2$ e $S_i(n)$ tem comprimento L. O diagrama de tal célula básica é apresentado na Figura 3.12.

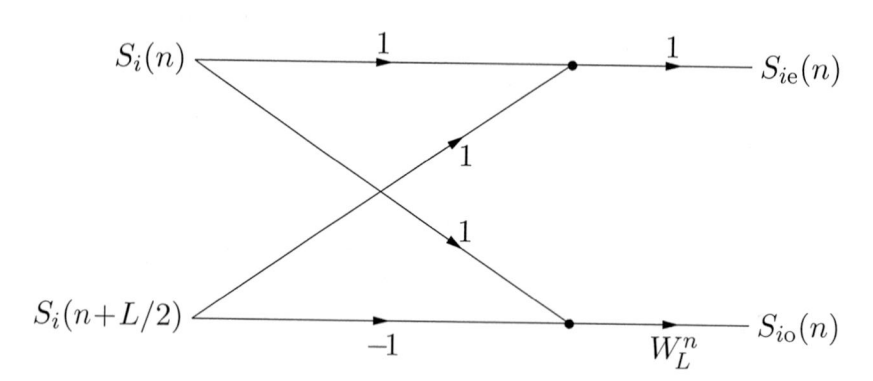

Figura 3.12 Célula básica do algoritmo de FFT com decimação na frequência.

3.5 Transformada de Fourier rápida

A Figura 3.13 mostra o algoritmo completo da FFT com decimação na frequência para $N = 8$. É importante notar que nesse algoritmo a sequência de entrada $x(n)$ se apresenta na ordenação normal e a sequência de saída $X(k)$ se apresenta ordenada segundo os *bits* em ordem reversa. Ainda, comparando-se as Figuras 3.11 e 3.13, é interessante observar que um diagrama equivale ao outro transposto.

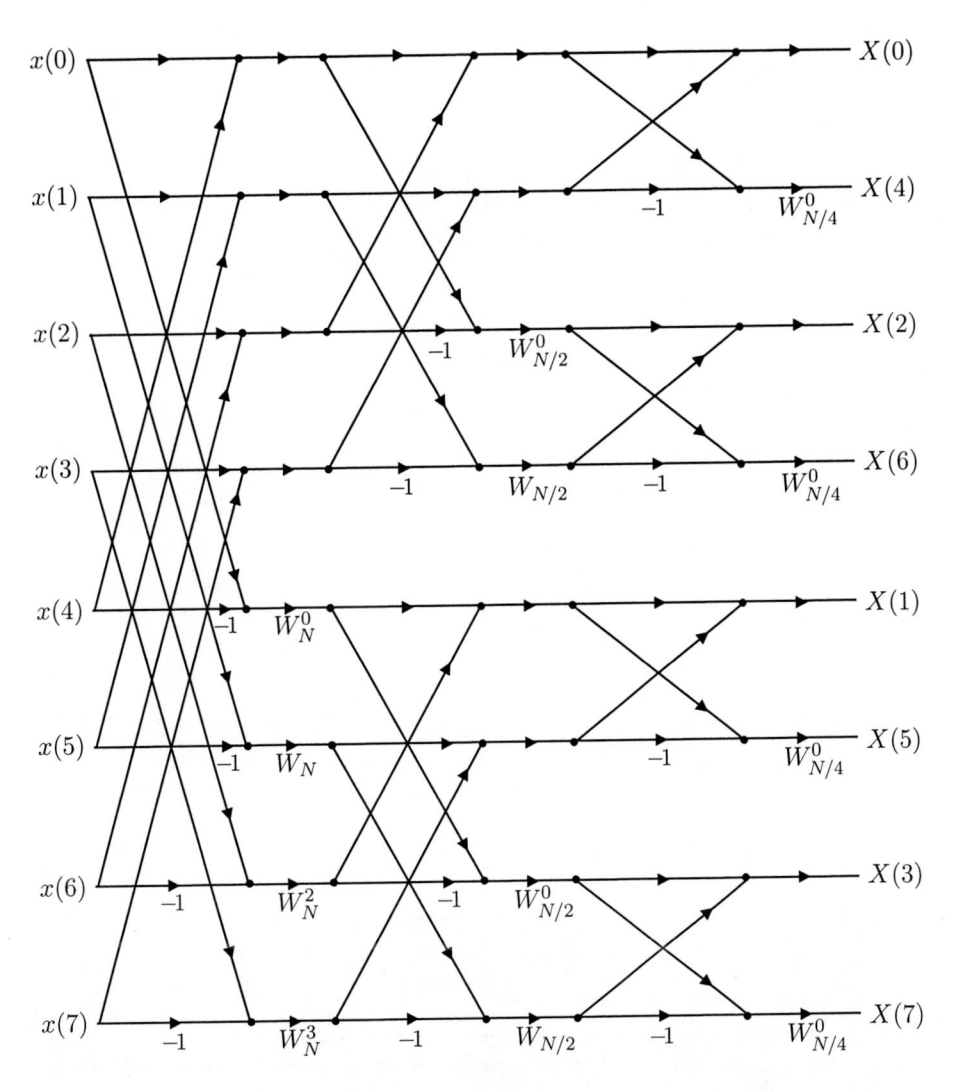

Figura 3.13 Diagrama do algoritmo da FFT de 8 pontos com decimação na frequência.

3.5.3 Algoritmo de raiz 4

Se $N = 2^{2l}$, em lugar de usar algoritmos de raiz 2 podemos usar algoritmos de raiz 4, que permitem uma economia adicional no número de multiplicações complexas requeridas.

A derivação dos algoritmos de raiz 4 é paralela à dos de raiz 2. Se usarmos decimação no tempo, uma sequência de comprimento N é dividida em 4 sequências de comprimento $N/4$, tais que

$$X(k) = \sum_{m=0}^{N/4-1} x(4m)W_N^{4mk} + \sum_{m=0}^{N/4-1} x(4m+1)W_N^{(4m+1)k}$$
$$+ \sum_{m=0}^{N/4-1} x(4m+2)W_N^{(4m+2)k} + \sum_{m=0}^{N/4-1} x(4m+3)W_N^{(4m+3)k}$$
$$= \sum_{m=0}^{N/4-1} x(4m)W_{N/4}^{mk} + W_N^k \sum_{m=0}^{N/4-1} x(4m+1)W_{N/4}^{mk}$$
$$+ W_N^{2k} \sum_{m=0}^{N/4-1} x(4m+2)W_{N/4}^{mk} + W_N^{3k} \sum_{m=0}^{N/4-1} x(4m+3)W_{N/4}^{mk}$$
$$= \sum_{l=0}^{3} W_N^{lk} \sum_{m=0}^{N/4-1} x(4m+l)W_{N/4}^{mk}. \tag{3.162}$$

Podemos reescrever a equação anterior como

$$X(k) = \sum_{l=0}^{3} W_N^{lk} F_l(k), \tag{3.163}$$

onde cada $F_l(k)$ pode ser calculado usando-se 4 DFTs de comprimento $N/16$, como mostrado abaixo:

$$F_l(k) = \sum_{m=0}^{N/4-1} x(4m+l)W_{N/4}^{mk}$$
$$= \sum_{q=0}^{N/16-1} x(16q+l)W_{N/4}^{4qk} + W_{N/4}^k \sum_{q=0}^{N/16-1} x(16q+4+l)W_{N/4}^{4qk}$$
$$+ W_{N/4}^{2k} \sum_{q=0}^{N/16-1} x(16q+8+l)W_{N/4}^{4qk} + W_{N/4}^{3k} \sum_{q=0}^{N/16-1} x(16q+12+l)W_{N/4}^{4qk}$$
$$= \sum_{r=0}^{3} W_{N/16}^{rk} \sum_{q=0}^{N/16-1} x(16q+4r+l)W_{N/16}^{qk}. \tag{3.164}$$

3.5 Transformada de Fourier rápida

Esse procedimento é aplicado recursivamente até que tenhamos que calcular $N/4$ DFTs de comprimento 4. Da equação (3.163), podemos ver que a célula básica implementa as equações a seguir, quando calculando a DFT $S(k)$ de comprimento L usando 4 DFTs de comprimento $L/4$, $S_l(k)$, $l = 0,1,2,3$:

$$\left.\begin{aligned} S(k) &= \sum_{l=0}^{3} W_L^{lk} S_l(k) \\ S\left(k+\frac{L}{4}\right) &= \sum_{l=0}^{3} W_L^{l(k+L/4)} S_l(k) = \sum_{l=0}^{3} W_L^{lk}(-\mathrm{j})^l S_l(k) \\ S\left(k+\frac{L}{2}\right) &= \sum_{l=0}^{3} W_L^{l(k+L/2)} S_l(k) = \sum_{l=0}^{3} W_L^{lk}(-1)^l S_l(k) \\ S\left(k+\frac{3L}{4}\right) &= \sum_{l=0}^{3} W_L^{l(k+3L/4)} S_l(k) = \sum_{l=0}^{3} W_L^{lk}(\mathrm{j})^l S_l(k) \end{aligned}\right\}. \quad (3.165)$$

O diagrama correspondente à borboleta de raiz 4 é mostrado na Figura 3.14. Como ilustração do algoritmo de raiz 4, a Figura 3.15 mostra um esboço do cálculo de uma DFT de comprimento 64 usando uma FFT de raiz 4.

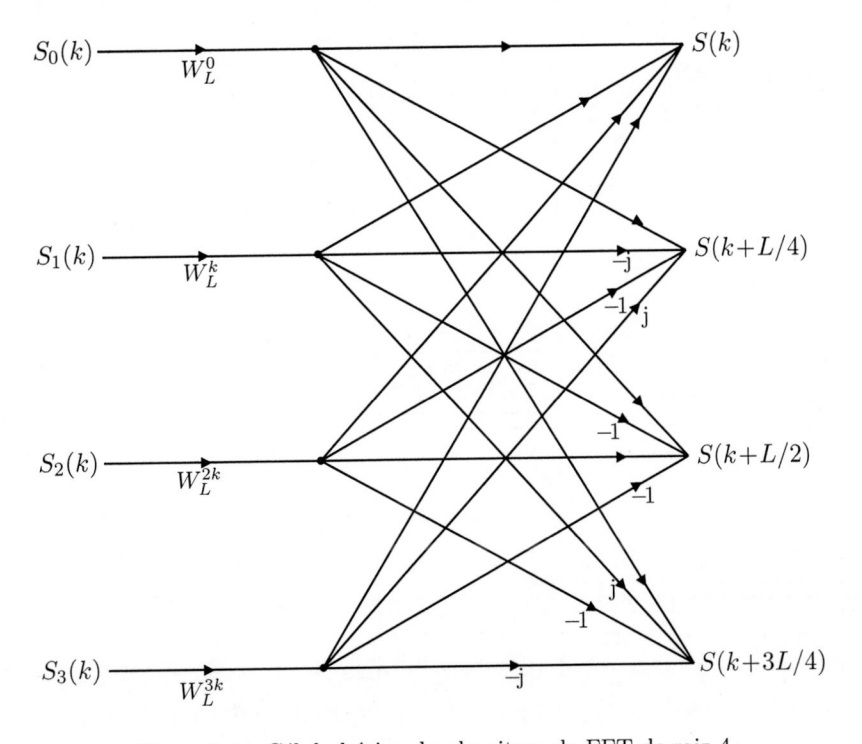

Figura 3.14 Célula básica do algoritmo de FFT de raiz 4.

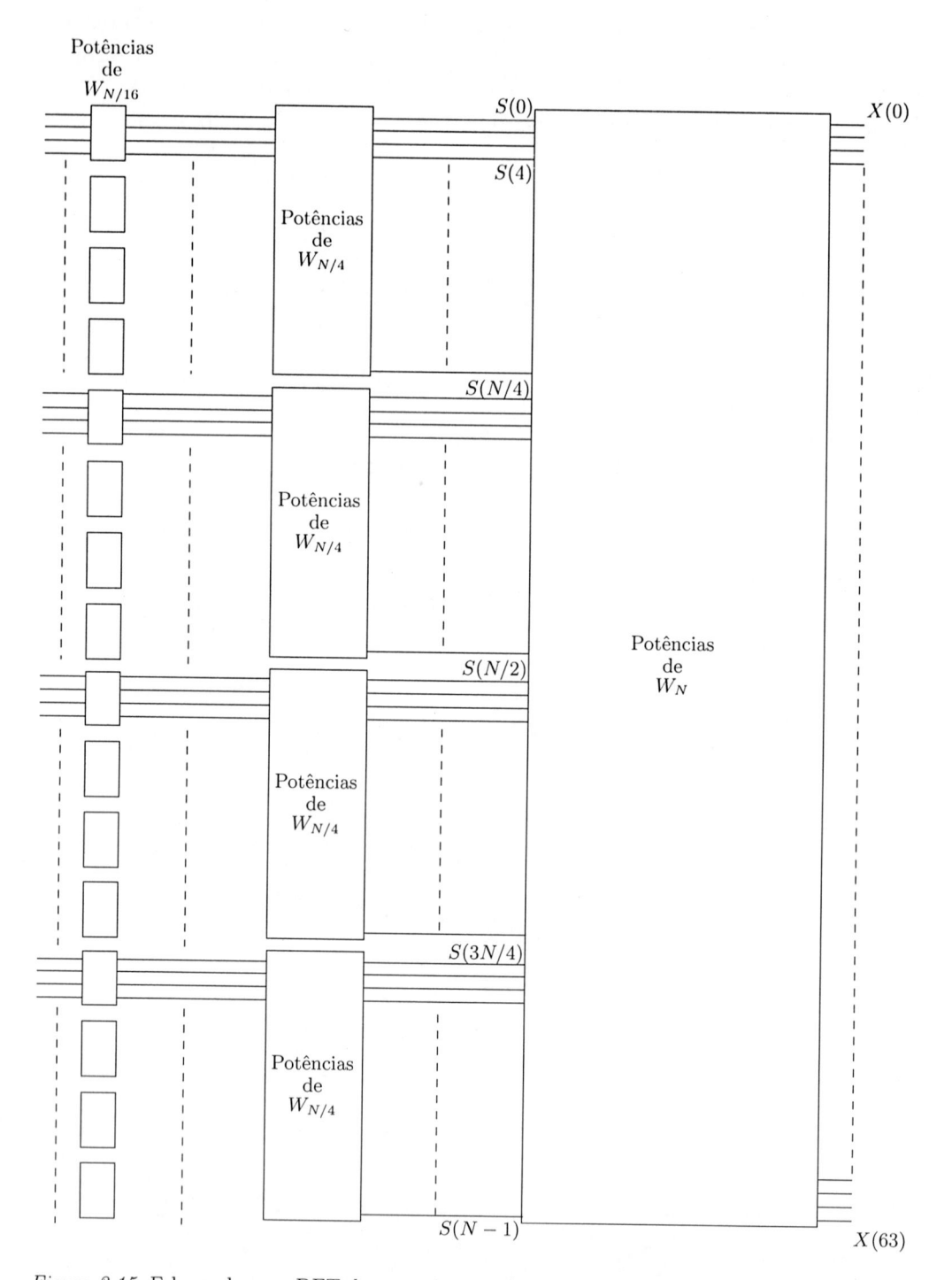

Figura 3.15 Esboço de uma DFT de comprimento 64 usando um algoritmo de FFT de raiz 4.

3.5 Transformada de Fourier rápida

Como se pode deduzir da Figura 3.14 e da equação (3.164), a cada estágio da aplicação do algoritmo de FFT da raiz 4 precisamos de N multiplicações complexas e $3N$ adições complexas, resultando num número total de operações complexas igual a

$$\mathcal{M}(N) = N \log_4 N = \frac{N}{2} \log_2 N \tag{3.166}$$

$$\mathcal{A}(N) = 3N \log_4 N = \frac{3N}{2} \log_2 N. \tag{3.167}$$

Aparentemente, os algoritmos de raiz 4 não apresentam qualquer vantagem quando comparados aos algoritmos de raiz 2. Entretanto, o número de adições na célula básica de raiz 4 pode ser reduzido se notarmos, pela Figura 3.14 e pela equação (3.165), que as quantidades

$$\left. \begin{array}{l} W_L^0 S_0(k) + W_L^{2k} S_2(k) \\ W_L^0 S_0(k) - W_L^{2k} S_2(k) \\ W_L^k S_1(k) + W_L^{3k} S_3(k) \\ W_L^k S_1(k) - W_L^{3k} S_3(k) \end{array} \right\} \tag{3.168}$$

são calculadas duas vezes, desnecessariamente. A exploração desse fato resulta na célula básica mais econômica para o algoritmo de raiz 4 que é mostrada na Figura 3.16, e reduzimos o número de adições complexas a $2N$ por estágio, em vez de $3N$.

O número de multiplicações também pode ser reduzido se não considerarmos as multiplicações por W_N^0. Ocorre uma delas em cada célula básica, e ocorrem mais três nas células básicas correspondentes ao índice $k = 0$. Como são $\log_4 N$ estágios, temos, no primeiro caso, $(N/4) \log_4 N$ elementos W_N^0, enquanto que o número de elementos correspondentes a $k = 0$ é $3(1 + 4 + 16 + \cdots + N/4) = N - 1$. Portanto, o número total de multiplicações é dado por

$$\mathcal{M}(N) = N \log_4 N - \frac{N}{4} \log_4 N - N + 1 = \frac{3}{8} N \log_2 N - N + 1. \tag{3.169}$$

Algumas multiplicações triviais adicionais ainda podem ser detectadas, como é mostrado em Nussbaumer (1982). Se, então, comparamos as equações (3.147) e (3.169), notamos que o algoritmo de raiz 4 pode ser mais econômico, em termos do número final de multiplicações complexas, que o algoritmo de raiz 2.

É importante destacar que, em geral, quanto menor o comprimento da DFT da célula básica de um algoritmo de FFT, mais eficiente ele é. As exceções a essa regra são os algoritmos de raiz 4, 8, 16,..., com os quais podemos obter um número de multiplicações progressivamente inferior ao dos algoritmos de raiz 2.

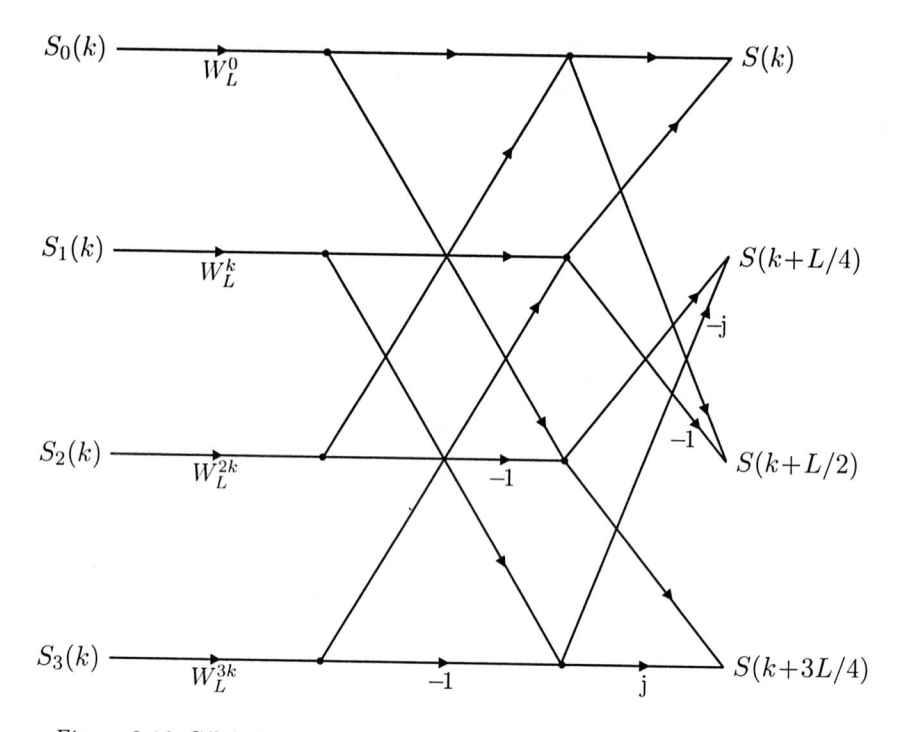

Figura 3.16 Célula básica mais eficiente para o algoritmo de FFT de raiz 4.

O algoritmo de raiz 4 aqui apresentado se baseou na abordagem por decimação no tempo. Pode-se obter prontamente um algoritmo similar baseado no método de decimação na frequência.

EXEMPLO 3.9
Derive a borboleta da DFT de raiz 3, explorando possíveis economias no número de multiplicações e adições.

SOLUÇÃO

$$X(k) = \sum_{n=0}^{2} x(n) W_N^{nk}$$
$$= x(0) + W_3^k x(1) + W_3^{2k} x(2)$$
$$= x(0) + e^{-j(2\pi/3)k} x(1) + e^{-j(4\pi/3)k} x(2). \qquad (3.170)$$

Usando essa equação e descontando as multiplicações triviais, pode-se calcular a borboleta de raiz 3 com 6 somas (2 para cada valor de k) e 4 multiplicações (2 para $k = 1$ e 2 para $k = 2$) complexas.

3.5 Transformada de Fourier rápida

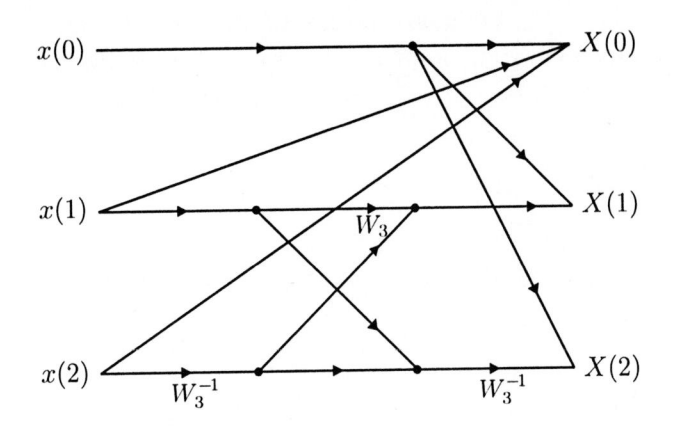

Figura 3.17 Borboleta eficiente para a DFT de raiz 3 do Exemplo 3.9.

Desenvolvendo a equação (3.170), temos

$$X(0) = x(0) + x(1) + x(2) \tag{3.171}$$

$$\begin{aligned} X(1) &= x(0) + e^{-j2\pi/3}x(1) + e^{-j4\pi/3}x(2) \\ &= x(0) + e^{-j2\pi/3}x(1) + e^{j2\pi/3}x(2) \\ &= x(0) + W_3 x(1) + W_3^{-1} x(2) \end{aligned} \tag{3.172}$$

$$\begin{aligned} X(2) &= x(0) + e^{-j4\pi/3}x(1) + e^{-j8\pi/3}x(2) \\ &= x(0) + e^{j2\pi/3}x(1) + e^{4\pi/3}x(2) \\ &= x(0) + e^{j2\pi/3}\left[x(1) + e^{j2\pi/3}x(2)\right] \\ &= x(0) + W_3^{-1}\left[x(1) + W_3^{-1}x(2)\right]. \end{aligned} \tag{3.173}$$

Pelas equações de (3.171) a (3.173), podemos calcular a borboleta de raiz 3 usando o diagrama da Figura 3.17, que usa 6 somas e 3 multiplicações complexas, uma economia de 1 multiplicação complexa em relação à solução da equação (3.170). △

3.5.4 Algoritmos para valores arbitrários de N

Algoritmos eficientes para o cálculo de DFTs de comprimento genérico N são possíveis, desde que N não seja primo (Singleton, 1969; Rabiner, 1979), após decompor N como um produto de fatores:

$$N = N_1 N_2 N_3 \cdots N_l = N_1 N_{2 \to l}, \tag{3.174}$$

onde $N_{2\to l} = N_2 N_3 \cdots N_l$. Podemos, então, dividir inicialmente a sequência de entrada em N_1 sequências de comprimento $N_{2\to l}$, escrevendo, assim, a DFT de $x(n)$ como

$$X(k) = \sum_{n=0}^{N-1} x(n) W_N^{nk}$$

$$= \sum_{m=0}^{N_{2\to l}-1} x(N_1 m) W_N^{mN_1 k} + \sum_{m=0}^{N_{2\to l}-1} x(N_1 m + 1) W_N^{mN_1 k + k} + \cdots$$

$$+ \sum_{m=0}^{N_{2\to l}-1} x(N_1 m + N_1 - 1) W_N^{mN_1 k + (N_1 - 1)k}$$

$$= \sum_{m=0}^{N_{2\to l}-1} x(N_1 m) W_{N_{2\to l}}^{mk} + W_N^k \sum_{m=0}^{N_{2\to l}-1} x(N_1 m + 1) W_{N_{2\to l}}^{mk}$$

$$+ W_N^{2k} \sum_{m=0}^{N_{2\to l}-1} x(N_1 m + 2) W_{N_{2\to l}}^{mk} + \cdots$$

$$+ W_N^{(N_1-1)k} \sum_{m=0}^{N_{2\to l}-1} x(N_1 m + N_1 - 1) W_{N_{2\to l}}^{mk}$$

$$= \sum_{r=0}^{N_1-1} W_N^{rk} \sum_{m=0}^{N_{2\to l}-1} x(N_1 m + r) W_{N_{2\to l}}^{mk}. \tag{3.175}$$

Essa equação pode ser interpretada como o cálculo de uma DFT de comprimento N usando N_1 DFTs de comprimento $N_{2\to l}$. Então, precisamos de $N_1 N_{2\to l}^2$ multiplicações complexas para calcular as N_1 referidas DFTs, mais $N(N_1 - 1)$ multiplicações complexas para calcular os produtos de W_N^{rk} com as N_1 DFTs. Podemos continuar esse processo calculando cada uma das N_1 DFTs de comprimento $N_{2\to l}$ usando N_2 DFTs de comprimento $N_{3\to l}$, onde $N_{3\to l} = N_3 N_4 \cdots N_l$, e assim por diante, até que todas as DFTs tenham comprimento N_l.

Pode-se mostrar que, nesse caso, o número total de multiplicações complexas é dado por (veja o Exercício 3.24)

$$\mathcal{M}(N) = N(N_1 + N_2 + \cdots + N_{l-1} + N_l - l). \tag{3.176}$$

Por exemplo, se $N = 63 = 3 \times 3 \times 7$, temos que $\mathcal{M}(N) = 63(3 + 3 + 7 - 3) = 630$. É interessante notar que, para calcularmos uma FFT de comprimento 64 precisamos de apenas 384 multiplicações complexas se utilizarmos um algoritmo de raiz 2. Esse exemplo reforça a idéia de que, como regra prática, devemos dividir N em fatores tão pequenos quanto for possível. Ainda na prática, sempre que possível, as sequências de entrada são preenchidas com zeros para forçar N

3.6 Outras transformadas discretas

a ser uma potência de 2. Como se vê nesse exemplo, isso geralmente leva a uma economia no número total de multiplicações.

3.5.5 Técnicas alternativas para determinação da DFT

Os algoritmos para cálculo eficiente da DFT apresentados nas Seções 3.5.1–3.5.4 são genericamente chamados de algoritmos de FFT. Eles foram, por muito tempo, os únicos métodos conhecidos a permitirem o cálculo eficiente de DFTs longas. Em 1976, entretanto, Winograd mostrou que há algoritmos com complexidade menor que as FFTs. Esses algoritmos se baseiam no cálculo de convoluções explorando propriedades dos endereços dos dados sob o ponto de vista da teoria dos números (McClellan & Rader, 1979). Esses algoritmos são denominados algoritmos de transformada de Fourier de Winograd (WFT, do inglês *Winograd Fourier Transform*).

Em termos de implementação prática, a WFT requer um número de multiplicações complexas menor que a FFT, ao custo de um algoritmo mais complexo. Isso dá vantagem à WFT em muitos casos. Entretanto, as FFTs são mais modulares, o que é uma vantagem em implementações em *hardware*, especialmente em integração em escala muito ampla (VLSI, do inglês *Very Large Scale Integration*). A principal desvantagem da WFT é a complexidade do caminho de controle. Portanto, quando implementadas em processadores digitais de sinais específicos (DSPs, do inglês *Digital Signal Processors*), as FFTs levam clara vantagem. Isso ocorre porque multiplicações não são críticas para tais processadores, e os algoritmos mais complexos da WFT a tornam mais lenta que as FFTs na maior parte dos casos.

Outra classe de técnicas para o cálculo de convoluções e DFTs é dada pela transformada da teoria dos números (NTT, do inglês *Number-Theoretic Transform*), que explora propriedades dos dados sob o ponto de vista da teoria dos números. Técnicas de NTT têm implementações práticas em máquinas com aritmética modular. Elas também são úteis para cálculos usando *hardware* baseado em aritmética residual (McClellan & Rader, 1979; Nussbaumer, 1982; Elliott & Rao, 1982).

3.6 Outras transformadas discretas

Como foi visto nas seções anteriores, a DFT é uma representação natural na frequência discreta para sinais discretos de comprimento finito, consistindo de amostras uniformemente espaçadas da transformada de Fourier. As DFTs direta e inversa podem ser expressas em forma matricial pelas equações (3.39) e (3.40), repetidas aqui por conveniência:

$$\mathbf{X} = \mathbf{W}_N \mathbf{x} \tag{3.177}$$

$$\mathbf{x} = \frac{1}{N} \mathbf{W}_N^* \mathbf{X}, \tag{3.178}$$

onde $\{\mathbf{W}_N\}_{ij} = W_N^{ij}$.

Seja, agora, $\mathbf{A}_N$ uma matriz de dimensões $N \times N$ tal que

$$\mathbf{A}_N^{-1} = \gamma \mathbf{A}_N^{*T}, \tag{3.179}$$

onde o superescrito T e o asterisco denotam respectivamente a transposição e a conjugação complexa da matriz, e γ é uma constante. Usando $\mathbf{A}_N$, podemos generalizar a definição dada nas equações (3.177) e (3.178) para

$$\mathbf{X} = \mathbf{A}_N \mathbf{x} \tag{3.180}$$

$$\mathbf{x} = \gamma \mathbf{A}_N^{*T} \mathbf{X}. \tag{3.181}$$

As equações (3.180) e (3.181) representam várias transformadas discretas frequentemente empregadas em aplicações de processamento de sinais. Na Seção 3.6.3 veremos que o teorema de Parseval também é válido para transformadas discretas em geral, e discutiremos algumas de suas implicações.

3.6.1 Transformadas discretas e o teorema de Parseval

Antes de prosseguir, é conveniente definir algumas operações entre dois vetores $\mathbf{v}_1, \mathbf{v}_2 \in \mathbb{C}^N$:

- O produto interno entre $\mathbf{v}_2$ e $\mathbf{v}_1$ é definido como

$$\langle \mathbf{v}_2, \mathbf{v}_1 \rangle = \mathbf{v}_1^{*T} \mathbf{v}_2. \tag{3.182}$$

- A norma do vetor $\mathbf{v}$ é definida como

$$\|\mathbf{v}\|^2 = \langle \mathbf{v}, \mathbf{v} \rangle = \mathbf{v}^{*T} \mathbf{v}. \tag{3.183}$$

- O ângulo θ entre dois vetores $\mathbf{v}_2$ e $\mathbf{v}_1$ é definido como

$$\cos \theta = \frac{\langle \mathbf{v}_2, \mathbf{v}_1 \rangle}{\|\mathbf{v}_1\| \|\mathbf{v}_2\|} = \frac{\mathbf{v}_1^{*T} \mathbf{v}_2}{\|\mathbf{v}_1\| \|\mathbf{v}_2\|}. \tag{3.184}$$

3.6 Outras transformadas discretas

Dados dois sinais de comprimento N $x_1(n)$ e $x_2(n)$ ($\mathbf{x}_1$ e $\mathbf{x}_2$ na forma vetorial), e suas respectivas transformadas $X_1(k)$ e $X_2(k)$ ($\mathbf{X}_1$ e $\mathbf{X}_2$ em forma vetorial), de acordo com as equações (3.180) e (3.181), temos que

$$\begin{aligned}
\sum_{k=0}^{N-1} X_1(k) X_2^*(k) &= \mathbf{X}_2^{*T} \mathbf{X}_1 \\
&= (\mathbf{A}_N \mathbf{x}_2)^{*T} \mathbf{A}_N \mathbf{x}_1 \\
&= \mathbf{x}_2^{*T} \mathbf{A}_N^{*T} \mathbf{A}_N \mathbf{x}_1 \\
&= \mathbf{x}_2^{*T} \left(\frac{1}{\gamma} \mathbf{A}_N^{-1} \right) \mathbf{A}_N \mathbf{x}_1 \\
&= \frac{1}{\gamma} \mathbf{x}_2^{*T} \mathbf{x}_1 \\
&= \frac{1}{\gamma} \sum_{n=0}^{N-1} x_1(n) x_2^*(n).
\end{aligned} \qquad (3.185)$$

Essa equação com $\gamma = 1/N$ equivale à relação de Parseval da equação (3.86). Se $x_1(n) = x_2(n) = x(n)$, a equação (3.185) se torna

$$\|\mathbf{X}\|^2 = \frac{1}{\gamma} \|\mathbf{x}\|^2. \qquad (3.186)$$

Uma propriedade interessante das transformadas definidas na forma das equações (3.180) e (3.181) se relaciona com o ângulo entre dois vetores, definido pela equação (3.184). Temos que os ângulos $\theta_{\mathbf{x}}$, entre $\mathbf{x}_1$ e $\mathbf{x}_2$, e $\theta_{\mathbf{X}}$, entre suas transformadas $\mathbf{X}_1$ e $\mathbf{X}_2$, satisfazem

$$\begin{aligned}
\cos \theta_{\mathbf{x}} &= \frac{\mathbf{x}_1^{*T} \mathbf{x}_2}{\|\mathbf{x}_1\| \|\mathbf{x}_2\|} \\
&= \frac{(\gamma \mathbf{A}_N^{*T} \mathbf{X}_1)^{*T} (\gamma \mathbf{A}_N^{*T} \mathbf{X}_2)}{\sqrt{\gamma} \|\mathbf{X}_1\| \sqrt{\gamma} \|\mathbf{X}_2\|} \\
&= \frac{\gamma \mathbf{X}_1^{*T} \mathbf{A}_N \gamma \left(\frac{1}{\gamma} \mathbf{A}_N^{-1} \right) \mathbf{X}_2}{\gamma \|\mathbf{X}_1\| \|\mathbf{X}_2\|} \\
&= \frac{\mathbf{X}_1^{*T} \mathbf{X}_2}{\|\mathbf{X}_1\| \|\mathbf{X}_2\|} \\
&= \cos \theta_{\mathbf{X}},
\end{aligned} \qquad (3.187)$$

isto é, as transformadas não modificam o ângulo entre os vetores.

Um caso especial de transformadas ocorre quando $\gamma = 1$. Estas são definidas como transformadas unitárias. Para transformadas unitárias, a equação (3.186) significa que a energia no domínio da transformada é igual à energia no domínio do tempo ou, equivalentemente, que transformadas unitárias não modificam o comprimento dos vetores. Se consideramos essa propriedade em conjunto com a expressa na equação (3.187), então vemos que nem ângulos nem comprimentos são modificados por transformadas unitárias. Isso equivale a dizer que transformadas unitárias são simples rotações em $\mathbb{C}^N$.

Observe que $\gamma = 1/N$ para a DFT definida pelas equações (3.177) e (3.178). Uma definição unitária da DFT seria

$$\mathbf{X} = \frac{1}{\sqrt{N}} \mathbf{W}_N \mathbf{x} \tag{3.188}$$

$$\mathbf{x} = \frac{1}{\sqrt{N}} \mathbf{W}_N^* \mathbf{X}, \tag{3.189}$$

onde $\{\mathbf{W}_N\}_{ij} = W_N^{ij}$. Esta versão unitária é geralmente usada quando precisamos de conservação de energia estrita entre os domínios do tempo e da frequência.

3.6.2 Transformadas discretas e ortogonalidade

Dois vetores $\mathbf{v}_1$ e $\mathbf{v}_2$ são ortogonais se seu produto interno é nulo, isto é,

$$\langle \mathbf{v}_2, \mathbf{v}_1 \rangle = \mathbf{v}_1^{*^T} \mathbf{v}_2 = 0. \tag{3.190}$$

A equação (3.190), juntamente com a equação (3.184), implica que o ângulo entre dois vetores ortogonais é $\theta = \pi/2$.

As transformadas definidas como na equação (3.179) têm uma interpretação interessante à luz do conceito da ortogonalidade.

Podemos expressar a matriz $\mathbf{A}_N$ como constituída por suas linhas:

$$\mathbf{A}_N = \begin{bmatrix} \mathbf{a}_0^{*^T} \\ \mathbf{a}_1^{*^T} \\ \vdots \\ \mathbf{a}_{N-1}^{*^T} \end{bmatrix}, \tag{3.191}$$

onde $\mathbf{a}_k^{*^T}$ é a k-ésima linha da matriz $\mathbf{A}_N$.

Como vimos, a definição de transformada dada pelas equações (3.180) e (3.181) leva à equação (3.179), que é equivalente a

$$\mathbf{A}_N \mathbf{A}_N^{*^T} = \frac{1}{\gamma} \mathbf{I}_N. \tag{3.192}$$

3.6 Outras transformadas discretas

Expressando-se $\mathbf{A}_N$ como na equação (3.191), a equação (3.192) se torna

$$\mathbf{A}_N \mathbf{A}_N^{*T} = \begin{bmatrix} \mathbf{a}_0^{*T} \\ \mathbf{a}_1^{*T} \\ \vdots \\ \mathbf{a}_{N-1}^{*T} \end{bmatrix} \begin{bmatrix} \mathbf{a}_0 & \mathbf{a}_1 & \cdots & \mathbf{a}_{N-1} \end{bmatrix}$$

$$= \begin{bmatrix} \mathbf{a}_0^{*T}\mathbf{a}_0 & \mathbf{a}_0^{*T}\mathbf{a}_1 & \cdots & \mathbf{a}_0^{*T}\mathbf{a}_{N-1} \\ \mathbf{a}_1^{*T}\mathbf{a}_0 & \mathbf{a}_1^{*T}\mathbf{a}_1 & \cdots & \mathbf{a}_1^{*T}\mathbf{a}_{N-1} \\ \vdots & \vdots & \cdots & \vdots \\ \mathbf{a}_{N-1}^{*T}\mathbf{a}_0 & \mathbf{a}_{N-1}^{*T}\mathbf{a}_1 & \cdots & \mathbf{a}_{N-1}^{*T}\mathbf{a}_{N-1} \end{bmatrix}$$

$$= \frac{1}{\gamma}\mathbf{I}_N$$

$$= \frac{1}{\gamma}\begin{bmatrix} 1 & 0 & \cdots & 0 \\ 0 & 1 & \cdots & 0 \\ \vdots & \vdots & \cdots & \vdots \\ 0 & 0 & \cdots & 1 \end{bmatrix}, \qquad (3.193)$$

que é o mesmo que dizer que

$$\mathbf{a}_k^{*T}\mathbf{a}_l = \frac{1}{\gamma}\delta(k-l). \qquad (3.194)$$

Portanto, podemos concluir que as linhas de uma matriz de transformação $\mathbf{A}_N$ são ortogonais, isto é, que o ângulo entre qualquer par de linhas distintas é igual a $\pi/2$. Além disso, a constante γ é tal que

$$\gamma = \frac{1}{\mathbf{a}_k^{*T}\mathbf{a}_k} = \frac{1}{\|\mathbf{a}_k\|^2}. \qquad (3.195)$$

Agora, expressando a transformada direta da equação (3.180) como função das linhas de $\mathbf{A}_N$, temos que

$$\mathbf{X} = \begin{bmatrix} X(0) \\ X(1) \\ \vdots \\ X(N-1) \end{bmatrix} = \begin{bmatrix} \mathbf{a}_0^{*T} \\ \mathbf{a}_1^{*T} \\ \vdots \\ \mathbf{a}_{N-1}^{*T} \end{bmatrix} \mathbf{x} = \begin{bmatrix} \mathbf{a}_0^{*T}\mathbf{x} \\ \mathbf{a}_1^{*T}\mathbf{x} \\ \vdots \\ \mathbf{a}_{N-1}^{*T}\mathbf{x} \end{bmatrix}, \qquad (3.196)$$

isto é,

$$X(k) = \mathbf{a}_k^{*T}\mathbf{x} = \langle \mathbf{x}, \mathbf{a}_k \rangle. \qquad (3.197)$$

Similarmente, expressando a transformada inversa da equação (3.181) como função das colunas de $\mathbf{A}_N^{*\mathrm{T}}$, temos que

$$\begin{aligned}
\mathbf{x} &= \gamma \begin{bmatrix} \mathbf{a}_0 & \mathbf{a}_1 & \cdots & \mathbf{a}_{N-1} \end{bmatrix} \mathbf{X} \\
&= \gamma \begin{bmatrix} \mathbf{a}_0 & \mathbf{a}_1 & \cdots & \mathbf{a}_{N-1} \end{bmatrix} \begin{bmatrix} X(0) \\ X(1) \\ \vdots \\ X(N-1) \end{bmatrix} \\
&= \sum_{k=0}^{N-1} \gamma X(k) \mathbf{a}_k.
\end{aligned} \qquad (3.198)$$

Essa equação significa que uma dada transformada expressa um vetor $\mathbf{x}$ como combinação linear de N vetores ortogonais $\mathbf{a}_k$, para $k = 0, 1, \ldots, (N-1)$. Os coeficientes dessa combinação linear são proporcionais aos coeficientes da transformada $X(k)$. Além disso, pela equação (3.197), $X(k)$ é igual ao produto interno entre o vetor $\mathbf{x}$ e o vetor $\mathbf{a}_k$.

Levamos essa interpretação um passo adiante observando que a ortogonalidade dos vetores $\mathbf{a}_k$ implica que γ é dado pela equação (3.195). Substituindo este valor para γ e o valor de $X(k)$ dado pela equação (3.197) na equação (3.198), obtemos

$$\begin{aligned}
\mathbf{x} &= \sum_{k=0}^{N-1} \underbrace{\left(\frac{1}{\|\mathbf{a}_k\|^2} \right)}_{\gamma} \underbrace{\left(\mathbf{a}_k^{*\mathrm{T}} \mathbf{x} \right)}_{X(k)} \mathbf{a}_k \\
&= \sum_{k=0}^{N-1} \left(\frac{\mathbf{a}_k^{*\mathrm{T}} \mathbf{x}}{\|\mathbf{a}_k\|} \right) \frac{\mathbf{a}_k}{\|\mathbf{a}_k\|} \\
&= \sum_{k=0}^{N-1} \left\langle \mathbf{x}, \frac{\mathbf{a}_k}{\|\mathbf{a}_k\|} \right\rangle \frac{\mathbf{a}_k}{\|\mathbf{a}_k\|}.
\end{aligned} \qquad (3.199)$$

Pela equação (3.199), podemos interpretar a transformada como uma representação para um sinal usando uma base ortogonal de vetores $\mathbf{a}_k$, para $k = 0, 1, \ldots, (N-1)$. O coeficiente da transformada $X(k)$ é proporcional à componente do vetor $\mathbf{x}$ na direção do vetor da base $\mathbf{a}_k$, que corresponde à projeção $\mathbf{p}$ de $\mathbf{x}$ sobre o vetor de norma unitária $\mathbf{a}_k/\|\mathbf{a}_k\|$, isto é, $\mathbf{p} = \langle \mathbf{x}, \mathbf{a}_k/\|\mathbf{a}_k\| \rangle$.

Se a transformada é unitária, então $\gamma = 1$, o que implina, pela equação (3.195), que $\|\mathbf{a}_k\| = 1$. Nesse caso, diz-se que os vetores $\mathbf{a}_k$ formam uma base ortonormal, de forma que a equação (3.199) se torna

$$\mathbf{x} = \sum_{k=0}^{N-1} \langle \mathbf{x}, \mathbf{a}_k \rangle \mathbf{a}_k, \qquad (3.200)$$

3.6 Outras transformadas discretas

isto é, o coeficiente da transformada $X(k)$ é igual à projeção do vetor $\mathbf{x}$ sobre o vetor de norma unitária $\mathbf{a}_k$.

A base canônica é formada pelos vetores $\mathbf{e}_k$, para $k = 0, 1, \ldots, (N-1)$, tais que

$$\begin{bmatrix} \mathbf{e}_0^T \\ \mathbf{e}_1^T \\ \vdots \\ \mathbf{e}_{N-1}^T \end{bmatrix} = \begin{bmatrix} 1 & 0 & \cdots & 0 \\ 0 & 1 & \cdots & 0 \\ \vdots & \vdots & \cdots & \vdots \\ 0 & 0 & \cdots & 1 \end{bmatrix}. \quad (3.201)$$

Os vetores $\mathbf{e}_k$ formam um conjunto ortonormal que é uma base ortonormal de $\mathbb{C}^N$. Nela, a n-ésima componente de qualquer vetor $\mathbf{x}$ pode ser expressa como

$$x(n) = \mathbf{e}_n^{*T} \mathbf{x} = \langle \mathbf{x}, \mathbf{e}_n \rangle. \quad (3.202)$$

Pela equação (3.202), vemos que as amostras em $\mathbf{x}$ são suas projeções (ou coordenadas) na base canônica. Como todas as bases ortonormais são rotações umas das outras e qualquer transformação unitária é uma projeção numa base ortonormal, isso confirma a afirmativa feita ao final da Seção 3.6.1 de que todas as transformadas ortonormais são simples rotações em $\mathbb{C}^N$.

No restante da Seção 3.6, descrevemos algumas das transformadas discretas mais utilizadas.

3.6.3 Transformada de cossenos discreta

A transformada de cossenos discreta (DCT, do inglês *Discrete Cosine Transform*) de comprimento N de um sinal $x(n)$ pode ser definida (Ahmed *et al.*, 1974) como

$$C(k) = \alpha(k) \sum_{n=0}^{N-1} x(n) \cos \frac{\pi \left(n + \frac{1}{2}\right) k}{N}, \quad \text{para } 0 \leq k \leq N-1, \quad (3.203)$$

onde

$$\alpha(k) = \begin{cases} \sqrt{\frac{1}{N}}, & \text{para } k = 0 \\ \sqrt{\frac{2}{N}}, & \text{para } 1 \leq k \leq N-1. \end{cases} \quad (3.204)$$

A DCT inversa correspondente é dada por

$$x(n) = \sum_{k=0}^{N-1} \alpha(k) C(k) \cos \frac{\pi \left(n + \frac{1}{2}\right) k}{N}, \quad \text{para } 0 \leq n \leq N-1. \quad (3.205)$$

É importante observar que a DCT é uma transformada real, isto é, que mapeia um sinal real em coeficientes reais. Pelas equações (3.203)–(3.205), podemos definir a matriz $\mathbf{C}_N$ da DCT como

$$\{\mathbf{C}_N\}_{kn} = \alpha(k) \cos \frac{\pi \left(n + \frac{1}{2}\right) k}{N}, \tag{3.206}$$

e a forma matricial da DCT se torna

$$\mathbf{c} = \mathbf{C}_N \mathbf{x} \tag{3.207}$$

$$\mathbf{x} = \mathbf{C}_N^T \mathbf{c}. \tag{3.208}$$

Note que para que essas equações sejam válidas, $\mathbf{C}_N^{-1} = \mathbf{C}_N^T$, o que, associado ao fato de $\mathbf{C}_N$ ser uma matriz real, implica a matriz $\mathbf{C}_N$ ser unitária. Devido a esse fato, como foi visto na Seção 3.6.1, o teorema de Parseval se aplica, e a DCT pode ser considerada como uma rotação em $\mathbb{C}^N$ (e também em $\mathbb{R}^N$, já que é uma transformada real).

As funções de base da DCT $\mathbf{c}_k$ são as transpostas conjugadas das linhas de $\mathbf{C}_N$ (veja a equação (3.191)) e, portanto, são dadas por

$$\begin{aligned}
\mathbf{c}_k(n) &= \{\mathbf{C}_N\}_{kn}^* \\
&= \alpha(k) \cos \frac{\pi \left(n + \frac{1}{2}\right) k}{N} \\
&= \alpha(k) \cos \left(\frac{2\pi}{2N} kn + \frac{\pi}{2N} k\right),
\end{aligned} \tag{3.209}$$

que são senoides com frequências $\omega_k = \frac{2\pi}{2N} kn$, para $k = 0, 1, \ldots, (N-1)$. Logo, além de ser uma rotação no $\mathbb{R}^N$, a DCT decompõe um sinal numa soma de N senoides reais com frequências iguais a ω_k.

A DCT tem uma outra propriedade muito importante: quando aplicada a sinais como voz e vídeo, a maior parte da energia da transformada é concentrada em uns poucos coeficientes. Por exemplo, na Figura 3.18a, podemos ver um sinal digital $x(n)$ que corresponde a uma linha de um sinal de televisão digitalizado, e na Figura 3.18b mostramos os coeficientes $C(k)$ de sua DCT. Vê-se que a energia do sinal é espalhada de maneira aproximadamente uniforme por entre suas amostras, enquanto que é concentrada fortemente nos primeiros coeficientes da transformada. Devido a essa propriedade, a DCT é largamente empregada em esquemas de compressão de vídeo, porque os coeficientes com energia mais baixa podem ser descartados durante a transmissão sem que se introduza distorção significativa no sinal original (Bhaskaran & Konstantinides, 1997). De fato, a DCT faz parte da maioria dos sistemas de videodifusão digital em operação em todo o mundo (Whitaker, 1999).

3.6 Outras transformadas discretas

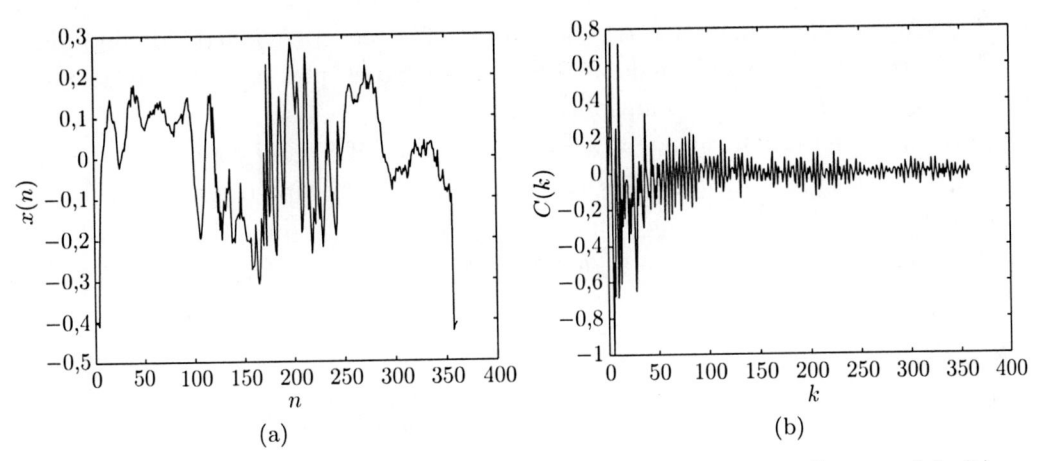

Figura 3.18 A DCT de um sinal de vídeo: (a) sinal de vídeo no tempo discreto $x(n)$; (b) a DCT de $x(n)$.

Como a DCT se baseia em senóides e $\cos(a) = \frac{1}{2}(e^{ja} + e^{-ja})$, então, no pior caso, a DCT de $x(n)$ pode ser calculada usando-se uma DFT de comprimento $2N$. Pode-se deduzir isso observando-se que

$$\cos\frac{\pi\left(n+\frac{1}{2}\right)k}{N} = \cos\left(\frac{2\pi}{2N}kn + \frac{\pi}{2N}k\right)$$

$$= \frac{1}{2}\left[e^{\left(j\frac{2\pi}{2N}kn + \frac{\pi}{2N}k\right)} + e^{-\left(j\frac{2\pi}{2N}kn + \frac{\pi}{2N}k\right)}\right]$$

$$= \frac{1}{2}\left(W_{2N}^{k/2}W_{2N}^{kn} + W_{2N}^{-k/2}W_{2N}^{-kn}\right), \qquad (3.210)$$

o que implica que

$$C(k) = \alpha(k)\sum_{n=0}^{N-1}x(n)\cos\frac{\pi\left(n+\frac{1}{2}\right)k}{N}$$

$$= \frac{1}{2}\left(\alpha(k)W_{2N}^{k/2}\sum_{n=0}^{N-1}x(n)W_{2N}^{kn} + \alpha(k)W_{2N}^{-k/2}\sum_{n=0}^{N-1}x(n)W_{2N}^{-kn}\right)$$

$$= \frac{1}{2}\alpha(k)\left(W_{2N}^{k/2}\,\text{DFT}_{2N}\{\hat{x}(n)\}(k) + W_{2N}^{-k/2}\,\text{DFT}_{2N}\{\hat{x}(n)\}(-k)\right) \quad (3.211)$$

para $0 \leq k \leq N-1$, onde $\hat{x}(n)$ é igual a $x(n)$ preenchida com zeros até o comprimento $2N$. Note que o segundo termo nessa equação é equivalente ao primeiro calculado no índice $-k$. Portanto, na verdade só precisamos calcular uma DFT de comprimento $2N$.

Pode-se ver que o algoritmo da equação (3.211) tem a complexidade de uma DFT de comprimento $2N$, mais as $2N$ multiplicações por W_{2N}^k, o que dá um total de $(2N + 2N \log_2 2N)$ multiplicações complexas.

Entretanto, há outros algoritmos rápidos para a DCT com complexidade da ordem de $N \log_2 N$ multiplicações reais. Um algoritmo rápido popular é dado em Chen *et al.* (1977). Seu diagrama para $N = 8$ é mostrado na Figura 3.19.

Esse diagrama corresponde à seguinte fatoração de $\mathbf{C}_8$:

$$\mathbf{C}_8 = \mathbf{P}_8 \mathbf{A}_4 \mathbf{A}_3 \mathbf{A}_2 \mathbf{A}_1, \tag{3.212}$$

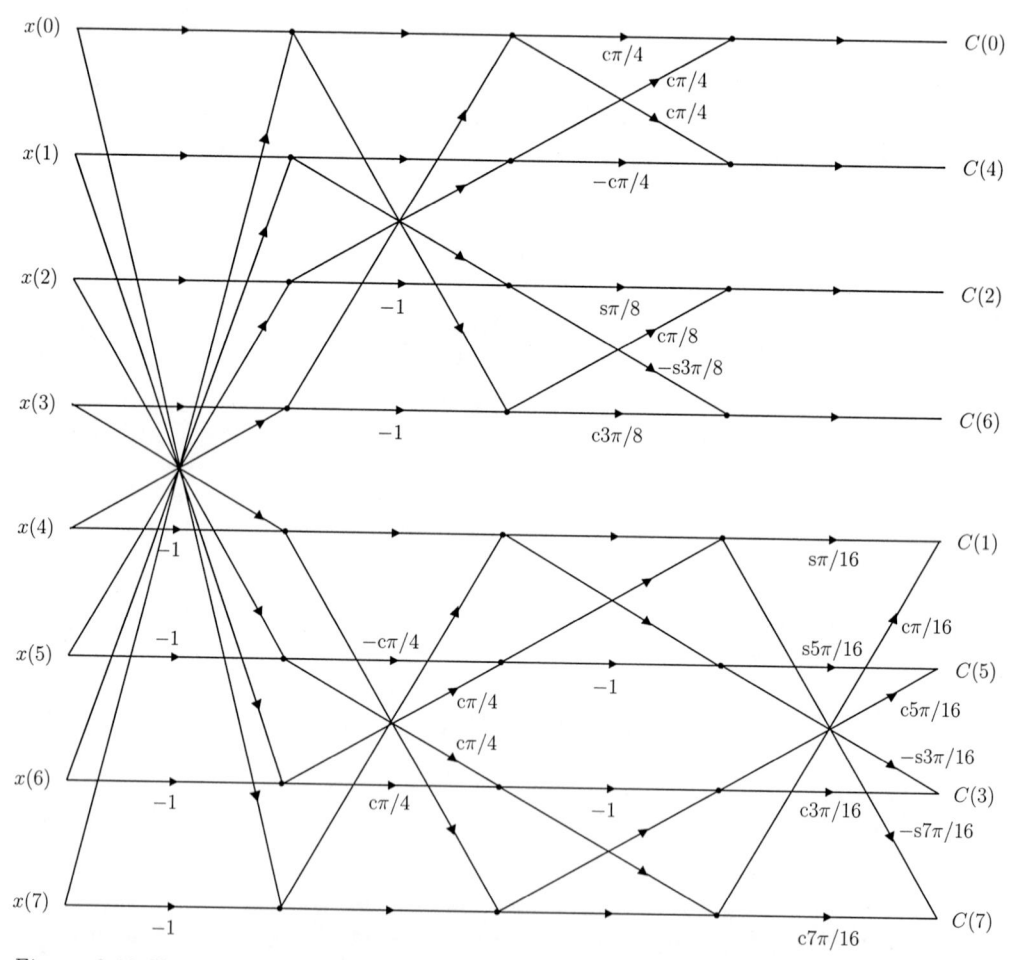

Figura 3.19 Um algoritmo rápido para o cálculo de uma DCT de comprimento 8. Nesse diagrama, cx corresponde a $\cos x$ e sx corresponde a $\operatorname{sen} x$.

3.6 Outras transformadas discretas

onde

$$\mathbf{A}_1 = \begin{bmatrix} 1 & 0 & 0 & 0 & 0 & 0 & 0 & 1 \\ 0 & 1 & 0 & 0 & 0 & 0 & 1 & 0 \\ 0 & 0 & 1 & 0 & 0 & 1 & 0 & 0 \\ 0 & 0 & 0 & 1 & 1 & 0 & 0 & 0 \\ 0 & 0 & 0 & 1 & -1 & 0 & 0 & 0 \\ 0 & 0 & 1 & 0 & 0 & -1 & 0 & 0 \\ 0 & 1 & 0 & 0 & 0 & 0 & -1 & 0 \\ 1 & 0 & 0 & 0 & 0 & 0 & 0 & -1 \end{bmatrix}, \qquad (3.213)$$

$$\mathbf{A}_2 = \begin{bmatrix} 1 & 0 & 0 & 1 & 0 & 0 & 0 & 0 \\ 0 & 1 & 1 & 0 & 0 & 0 & 0 & 0 \\ 0 & 1 & -1 & 0 & 0 & 0 & 0 & 0 \\ 1 & 0 & 0 & -1 & 0 & 0 & 0 & 0 \\ 0 & 0 & 0 & 0 & 1 & 0 & 0 & 0 \\ 0 & 0 & 0 & 0 & 0 & -\cos\frac{\pi}{4} & \cos\frac{\pi}{4} & 0 \\ 0 & 0 & 0 & 0 & 0 & \cos\frac{\pi}{4} & \cos\frac{\pi}{4} & 0 \\ 0 & 0 & 0 & 0 & 0 & 0 & 0 & 1 \end{bmatrix}, \qquad (3.214)$$

$$\mathbf{A}_3 = \begin{bmatrix} \cos\frac{\pi}{4} & \cos\frac{\pi}{4} & 0 & 0 & 0 & 0 & 0 & 0 \\ \cos\frac{\pi}{4} & -\cos\frac{\pi}{4} & 0 & 0 & 0 & 0 & 0 & 0 \\ 0 & 0 & \operatorname{sen}\frac{\pi}{8} & \cos\frac{\pi}{8} & 0 & 0 & 0 & 0 \\ 0 & 0 & -\operatorname{sen}\frac{3\pi}{8} & \cos\frac{3\pi}{8} & 0 & 0 & 0 & 0 \\ 0 & 0 & 0 & 0 & 1 & 1 & 0 & 0 \\ 0 & 0 & 0 & 0 & 1 & -1 & 0 & 0 \\ 0 & 0 & 0 & 0 & 0 & 0 & -1 & 1 \\ 0 & 0 & 0 & 0 & 0 & 0 & 1 & 1 \end{bmatrix}, \qquad (3.215)$$

$$\mathbf{A}_4 = \begin{bmatrix} 1 & 0 & 0 & 0 & 0 & 0 & 0 & 0 \\ 0 & 1 & 0 & 0 & 0 & 0 & 0 & 0 \\ 0 & 0 & 1 & 0 & 0 & 0 & 0 & 0 \\ 0 & 0 & 0 & 1 & 0 & 0 & 0 & 0 \\ 0 & 0 & 0 & 0 & \operatorname{sen}\frac{\pi}{16} & 0 & 0 & \cos\frac{\pi}{16} \\ 0 & 0 & 0 & 0 & 0 & \operatorname{sen}\frac{5\pi}{16} & \cos\frac{5\pi}{16} & 0 \\ 0 & 0 & 0 & 0 & 0 & -\operatorname{sen}\frac{3\pi}{16} & \cos\frac{3\pi}{16} & 0 \\ 0 & 0 & 0 & 0 & -\operatorname{sen}\frac{7\pi}{16} & 0 & 0 & \cos\frac{7\pi}{16} \end{bmatrix}, \qquad (3.216)$$

e $\mathbf{P}_8$ é dada pela equação (3.151), correspondendo ao reposicionamento dos elementos do vetor de saída **c** na sua ordem normal, indicada pelos seus índices com os *bits* revertidos. Note que a operação correspondente a $\mathbf{P}_8$ não é mostrada na Figura 3.19.

Após descontarmos as multiplicações triviais, temos que, para um valor genérico $N = 2^l$, os números de multiplicações reais $\mathcal{M}(N)$ e somas reais $\mathcal{A}(N)$ nessa implementação rápida da DCT são (Chen et al., 1977)

$$\mathcal{M}(N) = N \log_2 N - \frac{3N}{2} + 4 \qquad (3.217)$$

$$\mathcal{A}(N) = \frac{3N}{2}(\log_2 N - 1) + 2. \qquad (3.218)$$

3.6.4 Uma família de transformadas de senos e cossenos

A DCT é um caso particular de uma classe mais geral de transformadas cujas matrizes de transformação têm suas linhas compostas de senos e cossenos de frequência crescente. Tais transformadas têm numerosas aplicações, que incluem o projeto de bancos de filtros (ver Seção 9.9). No que se segue, apresentamos uma breve descrição das chamadas formas pares das transformadas de cossenos e de senos.

Há quatro tipos de transformadas pares de cossenos e quatro tipos de transformadas pares de senos. Suas matrizes de transformação são denotadas por $\mathbf{C}_N^{\text{I-IV}}$ para as transformadas de cossenos e $\mathbf{S}_N^{\text{I-IV}}$ para as transformadas de senos. Seus elementos (k,n) são dados por

$$\{\mathbf{C}_N^x\}_{kn} = \sqrt{\frac{2}{N+\epsilon_1}} \, [\alpha_{N+\epsilon_1}(k)]^{\epsilon_2} \, [\alpha_{N+\epsilon_1}(n)]^{\epsilon_3} \cos \frac{\pi(k+\epsilon_4)(n+\epsilon_5)}{N+\epsilon_1} \qquad (3.219)$$

$$\{\mathbf{S}_N^x\}_{kn} = \sqrt{\frac{2}{N+\epsilon_1}} \, [\alpha_{N+\epsilon_1}(k)]^{\epsilon_2} \, [\alpha_{N+\epsilon_1}(n)]^{\epsilon_3} \operatorname{sen} \frac{\pi(k+\epsilon_4)(n+\epsilon_5)}{N+\epsilon_1}, \qquad (3.220)$$

onde

$$\alpha_\gamma(k) = \begin{cases} \frac{1}{\sqrt{2}}, & \text{para } k=0 \text{ ou } k=\gamma \\ 1, & \text{para } 1 \leq k \leq \gamma - 1. \end{cases} \qquad (3.221)$$

O conjunto $(\epsilon_1, \epsilon_2, \epsilon_3, \epsilon_4, \epsilon_5)$ é que define a transformada. A Tabela 3.1 apresenta tais valores para todas as transformadas pares de cossenos e senos. Deve-se notar que todas essas transformadas têm algoritmos rápidos e são unitárias, isto é, $\mathbf{A}^{-1} = \mathbf{A}^{*T}$. Por exemplo, a DCT definida na Seção 3.6.3 corresponde, na verdade, a $\mathbf{C}_N^{\text{II}}$.

3.6.5 Transformada discreta de Hartley

A transformada de Hartley discreta (DHT, do inglês *Discrete Hartley Transform*) pode ser vista como a correspondente real da DFT, quando aplicada a sinais reais.

3.6 Outras transformadas discretas

Tabela 3.1 *Definição das transformadas pares de cossenos e senos.*

	ϵ_1	ϵ_2	ϵ_3	ϵ_4	ϵ_5
$\mathbf{C}_{kn}^{I}$	-1	1	1	0	0
$\mathbf{C}_{kn}^{II}$	0	1	0	0	$\frac{1}{2}$
$\mathbf{C}_{kn}^{III}$	0	0	1	$\frac{1}{2}$	0
$\mathbf{C}_{kn}^{IV}$	0	0	0	$\frac{1}{2}$	$\frac{1}{2}$
$\mathbf{S}_{kn}^{I}$	1	0	0	0	0
$\mathbf{S}_{kn}^{II}$	0	1	0	0	$-\frac{1}{2}$
$\mathbf{S}_{kn}^{III}$	0	0	1	$-\frac{1}{2}$	0
$\mathbf{S}_{kn}^{IV}$	0	0	0	$\frac{1}{2}$	$\frac{1}{2}$

A definição de uma DHT direta de comprimento N é (Olejniczak & Heydt, 1994; Bracewell, 1994)

$$H(k) = \sum_{n=0}^{N-1} x(n) \operatorname{cas}\left(\frac{2\pi}{N} kn\right), \quad \text{para } 0 \leq k \leq N-1, \tag{3.222}$$

onde $\operatorname{cas} x = \cos x + \operatorname{sen} x$. Similarmente, a DHT inversa é determinada por

$$x(n) = \frac{1}{N} \sum_{k=0}^{N-1} H(k) \operatorname{cas}\left(\frac{2\pi}{N} kn\right), \quad \text{para } 0 \leq k \leq N-1. \tag{3.223}$$

A transformada de Hartley é atraente devido às seguintes propriedades:

- Se o sinal de entrada é real, a DHT é real.
- A DFT pode ser facilmente obtida a partir da DHT e vice-versa.
- A DHT tem algoritmos rápidos eficientes (Bracewell, 1984).
- A DHT tem uma propriedade relacionando convolução com multiplicação.

A primeira propriedade segue trivialmente da definição da DHT. As outras propriedades podem ser derivadas das relações entre a DFT $X(k)$ e a DHT $H(k)$ de uma sequência real $x(n)$, que são:

$$H(k) = \operatorname{Re}\{X(k)\} - \operatorname{Im}\{X(k)\} \tag{3.224}$$

$$X(k) = \mathcal{E}\{H(k)\} - \mathrm{j}\mathcal{O}\{H(k)\}, \tag{3.225}$$

onde os operadores $\mathcal{E}\{\cdot\}$ e $\mathcal{O}\{\cdot\}$ correspondem às partes par e ímpar de uma função, respectivamente, isto é,

$$\mathcal{E}\{H(k)\} = \frac{H(k) + H(-k)}{2} \tag{3.226}$$

$$\mathcal{O}\{H(k)\} = \frac{H(k) - H(-k)}{2}. \tag{3.227}$$

A propriedade de convolução (quarta propriedade acima) pode ser enunciada mais precisamente como: dadas duas sequências $x_1(n)$ e $x_2(n)$ de comprimento arbitrário N, a DHT de sua convolução circular $y(n)$ é dada (pelas equações (3.224) e (3.61)) por

$$Y(k) = H_1(k)\mathcal{E}\{H_2(k)\} + H_1(-k)\mathcal{O}\{H_2(k)\}, \tag{3.228}$$

onde $H_1(k)$ é a DHT de $x_1(n)$ e $H_2(k)$ é a DHT de $x_2(n)$. Esse resultado é especialmente útil quando a sequência $x_2(n)$ é par, o que produz

$$Y(k) = H_1(k)H_2(k). \tag{3.229}$$

Essa equação só envolve funções reais, enquanto que a equação (3.61) opera sobre funções complexas para determinar $Y(k)$. Portanto, no caso em que $x_2(n)$ é par, é vantajoso usar a equação (3.229) em vez da equação (3.61) para efetuar convoluções.

Para concluir, podemos dizer que a DHT não é tão amplamente usada na prática como representação de um sinal quanto a DFT e a DCT. Contudo, ela tem encontrado um largo espectro de aplicações como ferramenta para o cálculo de convoluções rápidas (Bracewell, 1984), bem como para calcular FFTs e DCTs rápidas (Malvar, 1986, 1987).

3.6.6 Transformada de Hadamard

A transformada de Hadamard, também conhecida como transformada de Walsh–Hadamard, é uma transformada que não se baseia em funções senoidais, ao contrário das outras transformadas vistas até então. Em vez disso, os elementos da matriz de transformação são ou 1 ou -1. Quando $N = 2^n$, sua matriz de transformação é definida pela seguinte recursão (Harmuth, 1970; Elliott & Rao, 1982):

$$\mathbf{H}_1 = \frac{1}{\sqrt{2}}\begin{bmatrix} 1 & 1 \\ 1 & -1 \end{bmatrix}$$

$$\mathbf{H}_n = \frac{1}{\sqrt{2}}\begin{bmatrix} \mathbf{H}_{n-1} & \mathbf{H}_{n-1} \\ \mathbf{H}_{n-1} & -\mathbf{H}_{n-1} \end{bmatrix}. \tag{3.230}$$

3.6 Outras transformadas discretas

Dessas equações, é fácil ver que a transformada de Hadamard é unitária. Por exemplo, a matriz da transformada de Hadamard de comprimento 8 é

$$\mathbf{H}_3 = \frac{1}{\sqrt{8}} \begin{bmatrix} 1 & 1 & 1 & 1 & 1 & 1 & 1 & 1 \\ 1 & -1 & 1 & -1 & 1 & -1 & 1 & -1 \\ 1 & 1 & -1 & -1 & 1 & 1 & -1 & -1 \\ 1 & -1 & -1 & 1 & 1 & -1 & -1 & 1 \\ 1 & 1 & 1 & 1 & -1 & -1 & -1 & -1 \\ 1 & -1 & 1 & -1 & -1 & 1 & -1 & 1 \\ 1 & 1 & -1 & -1 & -1 & -1 & 1 & 1 \\ 1 & -1 & -1 & 1 & -1 & 1 & 1 & -1 \end{bmatrix}. \tag{3.231}$$

Um aspecto importante da transformada de Hadamard é que, uma vez que os elementos de sua matriz de transformação valem somente 1 ou -1, seu cálculo não requer multiplicações, levando a implementações simples em *hardware*. Devido a esse fato, a transformada de Hadamard foi usada em esquemas de vídeo digital no passado, embora seu desempenho em compressão não seja tão alto quanto o da DCT (Jain, 1989). Atualmente, com o advento do *hardware* especializado para o cálculo da DCT, a transformada de Hadamard só é usada em vídeo digital em casos específicos. Contudo, uma importante área de aplicação da transformada de Hadamard são, hoje, os sistemas de acesso múltiplo por divisão de código (CDMA, do inglês *Code-Division Multiple Access*) para comunicações móveis, onde é empregada como código na formação do canal em sistemas de comunicação síncronos (Stüber, 1996).

A transformada de Hadamard também tem um algoritmo rápido. Por exemplo, a matriz $\mathbf{H}_8$ pode ser fatorada como (Jain, 1989)

$$\mathbf{H}_8 = \mathbf{A}_8^3, \tag{3.232}$$

onde

$$\mathbf{A}_8 = \frac{1}{\sqrt{2}} \begin{bmatrix} 1 & 1 & 0 & 0 & 0 & 0 & 0 & 0 \\ 0 & 0 & 1 & 1 & 0 & 0 & 0 & 0 \\ 0 & 0 & 0 & 0 & 1 & 1 & 0 & 0 \\ 0 & 0 & 0 & 0 & 0 & 0 & 1 & 1 \\ 1 & -1 & 0 & 0 & 0 & 0 & 0 & 0 \\ 0 & 0 & 1 & -1 & 0 & 0 & 0 & 0 \\ 0 & 0 & 0 & 0 & 1 & -1 & 0 & 0 \\ 0 & 0 & 0 & 0 & 0 & 0 & 1 & -1 \end{bmatrix} \tag{3.233}$$

e, portanto, o número de adições de um algoritmo rápido de transformada de Hadamard é da ordem de $N \log_2 N$.

3.6.7 Outras transformadas importantes

Transformadas de *wavelets*

Transformadas de *wavelets* constituem uma classe diferente de transformadas que vêm se tornando muito popular nos últimos anos. Provêm da área de análise funcional, e em processamento digital de sinais são usualmente estudadas na disciplina de processamento de sinais em multitaxa. Transformadas de *wavelets* são estudadas no Capítulo 10 deste livro.

Transformada de Karhunen–Loève

Como foi visto na Seção 3.6.3, a DCT é amplamente usada em compressão de imagem e vídeo por sua habilidade de concentrar a energia de um sinal em uns poucos coeficientes. Uma questão que surge naturalmente é qual seria a transformada que maximizaria essa concentração de energia. Dada a distribuição estatística de um conjunto (em inglês, *ensemble*) de sinais compondo um processo aleatório, a transformada ótima em termos da capacidade de compactação de energia é a transformada de Karhunen–Loève (KLT, do inglês *Karhunen–Loève Transform*) (Jain, 1989). Ela é definida como a transformada que diagonaliza a matriz de autocovariância de um processo aleatório no tempo discreto, que para processos com média zero se confunde com a matriz de autocorrelação, definida na equação (1.234).

Do que foi exposto acima, vemos que há uma KLT diferente para cada uma das possíveis estatísticas dos sinais. Contudo, pode ser mostrado que quando os sinais podem ser modelados como processos de Gauss-Markov com coeficientes de correlação próximos de 1, a DCT aproxima a KLT (Jain, 1989). Isso é um modelo razoavelmente bom para vários sinais úteis como, por exemplo, vídeo. Para esses sinais, a DCT é, de fato, aproximadamente ótima em termos de capacidade de compactação de energia, o que explica por que é amplamente utilizada.

3.7 Representações de sinais

Nos Capítulos 1–3, lidamos com diversas formas de representação de sinais, tanto contínuas quanto discretas. Agora, resumiremos as principais características dessas representações. Elas são classificadas como contínuas ou discretas, e ainda como reais, imaginárias ou complexas, em termos das variáveis de tempo e de frequência. As representações também são classificadas como periódicas ou não-periódicas. A relação tempo–frequência de cada transformada é mostrada nas Figuras 3.20–3.25.

3.7 Representações de sinais

3.7.1 Transformada de Laplace

$$X(s) = \int_{-\infty}^{\infty} x(t)e^{-st}dt \longleftrightarrow x(t) = \frac{1}{2\pi}e^{\sigma t}\int_{-\infty}^{\infty} X(\sigma+j\omega)e^{j\omega t}d\omega \qquad (3.234)$$

- Domínio do tempo: função não-periódica de variável real de tempo contínuo.
- Domínio da frequência: função não-periódica complexa de variável complexa de frequência contínua.

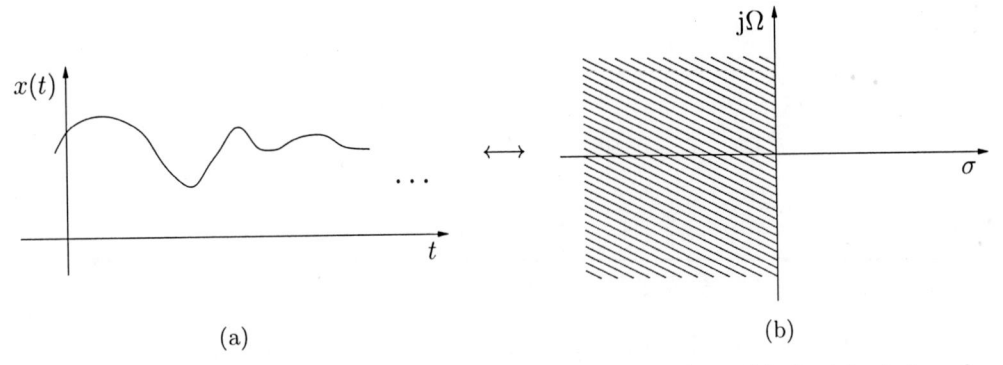

Figura 3.20 Transformada de Laplace: (a) sinal no tempo contínuo; (b) domínio da transformada de Laplace correspondente.

3.7.2 Transformada z

$$X(z) = \sum_{n=-\infty}^{\infty} x(n)z^{-n} \longleftrightarrow x(n) = \frac{1}{2\pi j}\oint_C X(z)z^{n-1}dz \qquad (3.235)$$

- Domínio do tempo: função não-periódica de variável inteira de tempo discreto.
- Domínio da frequência: função não-periódica complexa de variável complexa de frequência contínua.

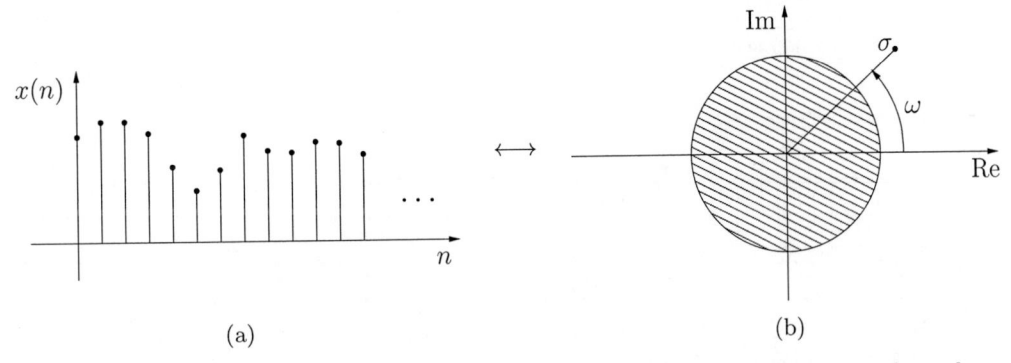

Figura 3.21 Transformada z: (a) sinal no tempo discreto; (b) domínio da transformada z correspondente.

3.7.3 Transformada de Fourier (no tempo contínuo)

$$X(j\Omega) = \int_{-\infty}^{\infty} x(t)e^{-j\Omega t}dt \longleftrightarrow x(t) = \frac{1}{2\pi}\int_{-\infty}^{\infty} X(j\Omega)e^{j\Omega t}d\Omega \qquad (3.236)$$

- Domínio do tempo: função não-periódica de variável real de tempo contínuo.
- Domínio da frequência: função não-periódica complexa de variável real de frequência contínua.

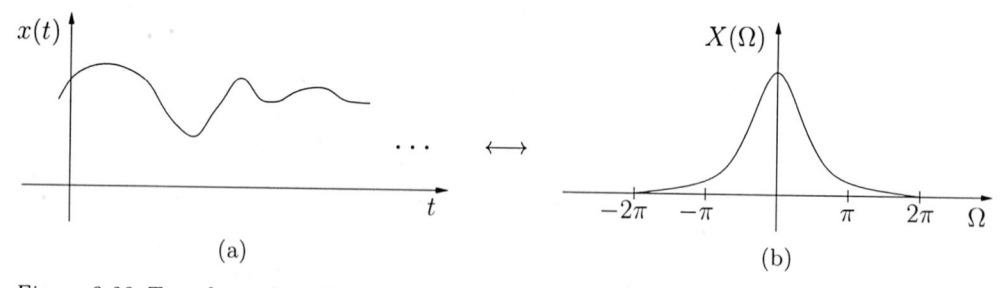

Figura 3.22 Transformada de Fourier: (a) sinal no tempo contínuo; (b) módulo da transformada de Fourier correspondente.

3.7.4 Transformada de Fourier (de tempo discreto)

$$X(e^{j\omega}) = \sum_{n=-\infty}^{\infty} x(n)e^{-j\omega n} \longleftrightarrow x(n) = \frac{1}{2\pi}\int_{-\infty}^{\infty} X(e^{j\omega})e^{j\omega n}d\omega \qquad (3.237)$$

- Domínio do tempo: função não-periódica de variável inteira de tempo discreto.
- Domínio da frequência: função periódica complexa de variável real de frequência contínua.

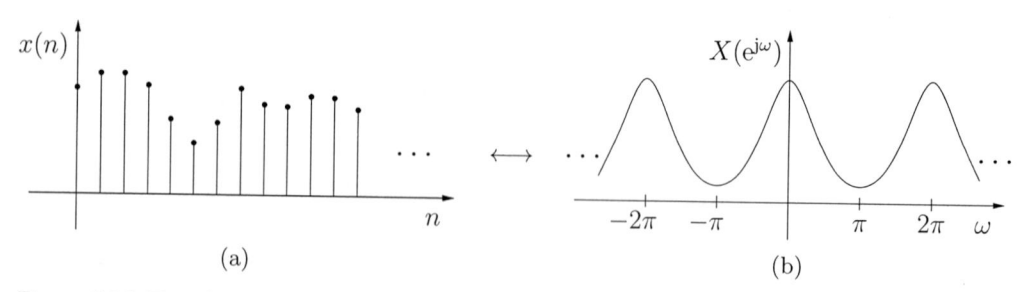

Figura 3.23 Transformada de Fourier de tempo discreto: (a) sinal no tempo discreto; (b) módulo da transformada de Fourier de tempo discreto correspondente.

3.7.5 Série de Fourier (de tempo contínuo)

$$X(k) = \frac{1}{T}\int_0^T x(t)\mathrm{e}^{-\mathrm{j}(2\pi/T)kt}\mathrm{d}t \longleftrightarrow x(t) = \sum_{k=-\infty}^{\infty} X(k)\mathrm{e}^{\mathrm{j}(2\pi/T)kt} \qquad (3.238)$$

- Domínio do tempo: função periódica de variável real de tempo contínuo.
- Domínio da frequência: função não-periódica complexa de variável inteira de frequência discreta.

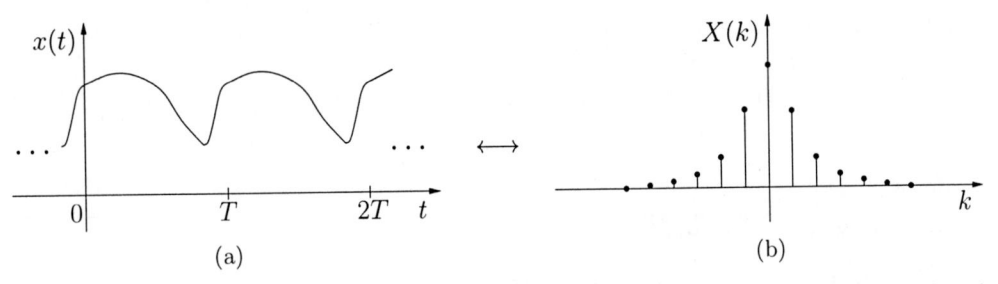

Figura 3.24 Série de Fourier: (a) sinal periódico no tempo contínuo; (b) módulo da série de Fourier correspondente.

3.7.6 Transformada discreta de Fourier (equivalente à série de Fourier de tempo discreto)

$$X(k) = \sum_{n=0}^{N-1} x(n)\mathrm{e}^{-\mathrm{j}(2\pi/N)kn} \longleftrightarrow x(n) = \frac{1}{N}\sum_{k=0}^{N-1} X(k)\mathrm{e}^{\mathrm{j}(2\pi/N)kn} \qquad (3.239)$$

- Domínio do tempo: função periódica de variável inteira de tempo discreto.
- Domínio da frequência: função periódica complexa de variável inteira de frequência discreta.

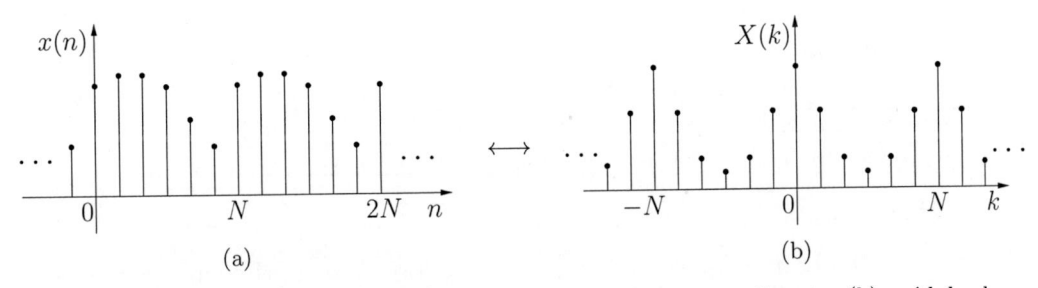

Figura 3.25 Transformada de Fourier discreta: (a) sinal no tempo discreto; (b) módulo da transformada de Fourier discreta correspondente.

3.8 Faça você mesmo: transformadas discretas

Executamos agora alguns experimentos numéricos com transformadas discretas usando MATLAB.

Experimento 3.1

Vimos que o sinal de saída $y(n)$ de um filtro linear invariante no tempo causal pode ser determinado pela convolução linear entre o sinal de entrada $x(n)$ e a resposta ao impulso $h(n)$ do filtro.

Neste experimento, investigamos várias formas de executar tal operação usando MATLAB. Trabalhamos aqui com as sequências $x(n)$ e $h(n)$ de curta duração

```
x = ones(1,10);
h = [1 2 3 4 5 6 7 8 9 10];
```

tais que o leitor possa obter a saída desejada antecipadamente de forma algébrica. Mais adiante, comparamos o desempenho de cada método visto a seguir para sequências mais longas.

Dadas $x(n)$ e $h(n)$, talvez o método mais fácil (embora não o mais eficiente numericamente) seja empregar o comando `conv`:

```
y1 = conv(x,h);
```

com os argumentos intercambiáveis, já que a operação de convolução é simétrica.

Dado um filtro digital genérico com função de transferência

$$H(z) = \frac{B(z)}{A(z)} = \frac{b_0 + b_1 z^{-1} + \cdots + b_M z^{-M}}{a_0 + a_1 z^{-1} + \cdots + a_N z^{-N}}, \qquad (3.240)$$

sendo $a_0 \neq 0$, pode-se determinar a saída $y(n)$ para uma entrada $x(n)$ usando-se o comando `filter`. Para esse comando, os argumentos de entrada são dois vetores contendo os coeficientes do numerador e do denominador de $H(z)$, respectivamente, e ainda o sinal de entrada. Neste experimento, em que é dada a resposta ao impulso $h(n)$, podemos usar o comando filter assumindo que $A(z) = 1$ e associando $h(n)$ com o vetor de coeficientes do numerador, na forma

```
y2 = filter(h,1,x);
```

É interessante observar que o comando `filter` força o comprimento do vetor de saída a ser o mesmo do vetor de entrada. Portanto, se se deseja determinar todas as amostras não-nulas de $y(n)$, temos de forçar $x(n)$ a ter o comprimento que se deseja na saída acrescentando ao sinal de entrada o número necessário de zeros:

3.8 Faça você mesmo: transformadas discretas

```
xaux = [x zeros(1,length(h)-1)];
y3 = filter(h,1,xaux);
```

Como mencionado na Seção 3.4, pode-se implementar a operação de filtragem digital no domínio da frequência usando a FFT. Para evitar a convolução circular, deve-se primeiramente acrescentar o número apropriado de zeros a $x(n)$ e $h(n)$. O modo mais simples de determinar esse número de zeros é lembrar que o comprimento do sinal de saída desejado deve ser o comprimento da convolução linear entre $x(n)$ e $h(n)$, isto é:

$$\text{comprimento}(y) = \text{comprimento}(x) + \text{comprimento}(h) - 1. \qquad (3.241)$$

Então, temos que garantir que as FFTs de $x(n)$ e $h(n)$ sejam calculadas com esse comprimento, como executado na seguinte sequência de comandos:

```
length_y = length(x) + length(h) - 1;
X = fft(x,length_y);
H = fft(h,length_y);
Y4 = X.*H;
y4 = ifft(Y4);
```

Em versões anteriores do MATLAB, erros numéricos tendiam a se acumular ao longo do processo de filtragem, gerando uma sequência de saída complexa mesmo que $x(n)$ e $h(n)$ fossem sinais reais. Nesses casos, era forçoso utilizar o comando `real` para armazenar apenas a parte real do resultado. As versões atuais do MATLAB já eliminam automaticamente a parte imaginária espúria de y4.

Como já foi mencionado, todo este experimento se baseou em sinais $x(n)$ e $h(n)$ curtos, para permitir que o leitor seguisse de perto todos os cálculos executados em MATLAB. Na prática, se os comprimentos desses sinais são suficientemente curtos (ambos com até cerca de 100 coeficientes), o modo mais simples e rápido de efetuar a filtragem digital é através do comando `conv`. Se, entretanto, os dois sinais se tornam muito longos, então o domínio da frequência se torna bastante vantajoso em termos da complexidade numérica. No caso em que apenas um dos sinais tem longa duração, o método de sobreposição-e-soma descrito na Seção 3.4.2 pode ser implementado como

```
y5 = fftfilt(h,xaux);
```

o tamanho da FFT e a segmentação de $x(n)$ são automaticamente escolhidos para garantir execução eficiente.

Sugere-se que o leitor experimente efetuar a filtragem digital de diferentes sinais de entrada de todas as formas anteriores. Em particular, você pode aumentar o comprimento desses sinais até a ordem de milhares de amostras para constatar que o domínio da frequência se torna uma ferramenta importante em diversas situações práticas.

Experimento 3.2

Vamos agora empregar o domínio da frequência para analisar o conteúdo de um dado sinal $x(n)$ composto por uma senoide de 10 Hz corrompida por ruído, com $F_s = 200$ amostras/s, num intervalo de 1 s, como a seguir:

```
fs = 200; f = 10;
time = 0:1/fs:(1-1/fs);
k = 0;
x = sin(2*pi*f.*time) + k*randn(1,fs);
figure(1);
plot(time,x);
```

o parâmetro k controla a quantidade de ruído presente em $x(n)$.

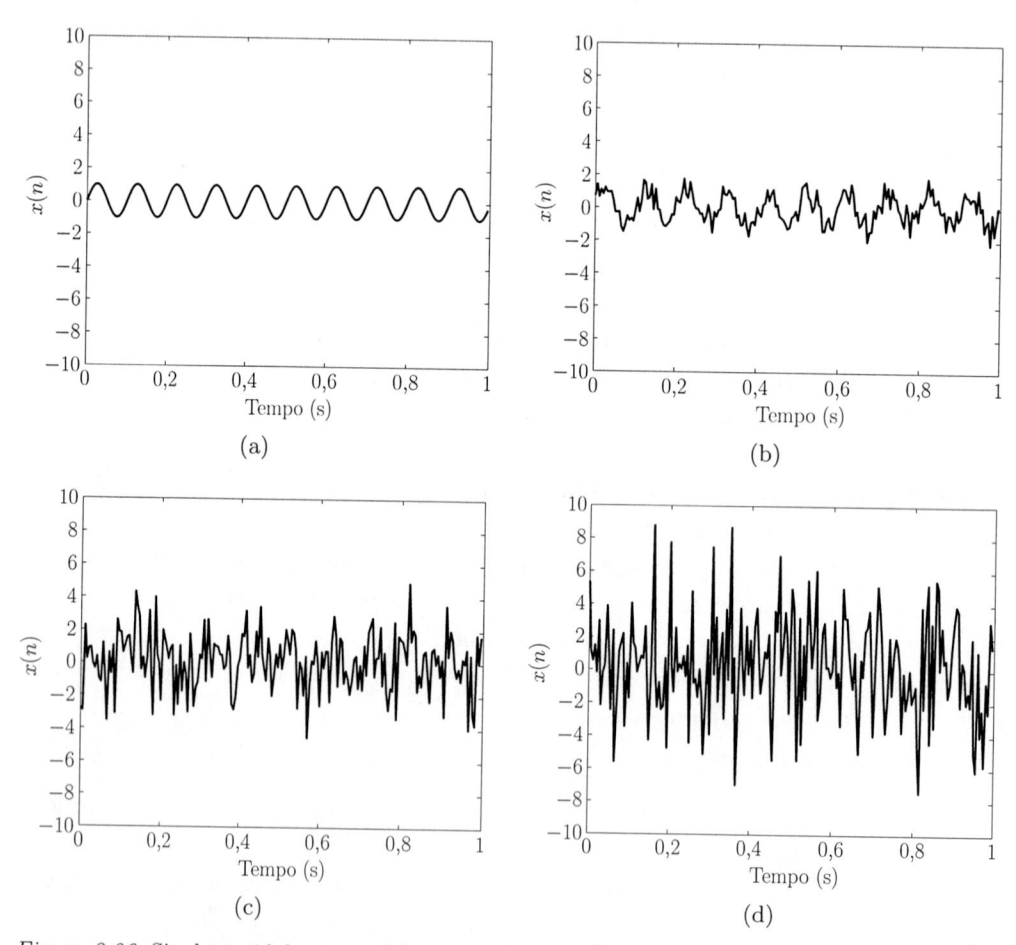

Figura 3.26 Sinal senoidal corrompido com diferentes níveis de ruído: (a) $k = 0$; (b) $k = 0{,}5$; (c) $k = 1{,}5$; (d) $k = 3$.

3.8 Faça você mesmo: transformadas discretas

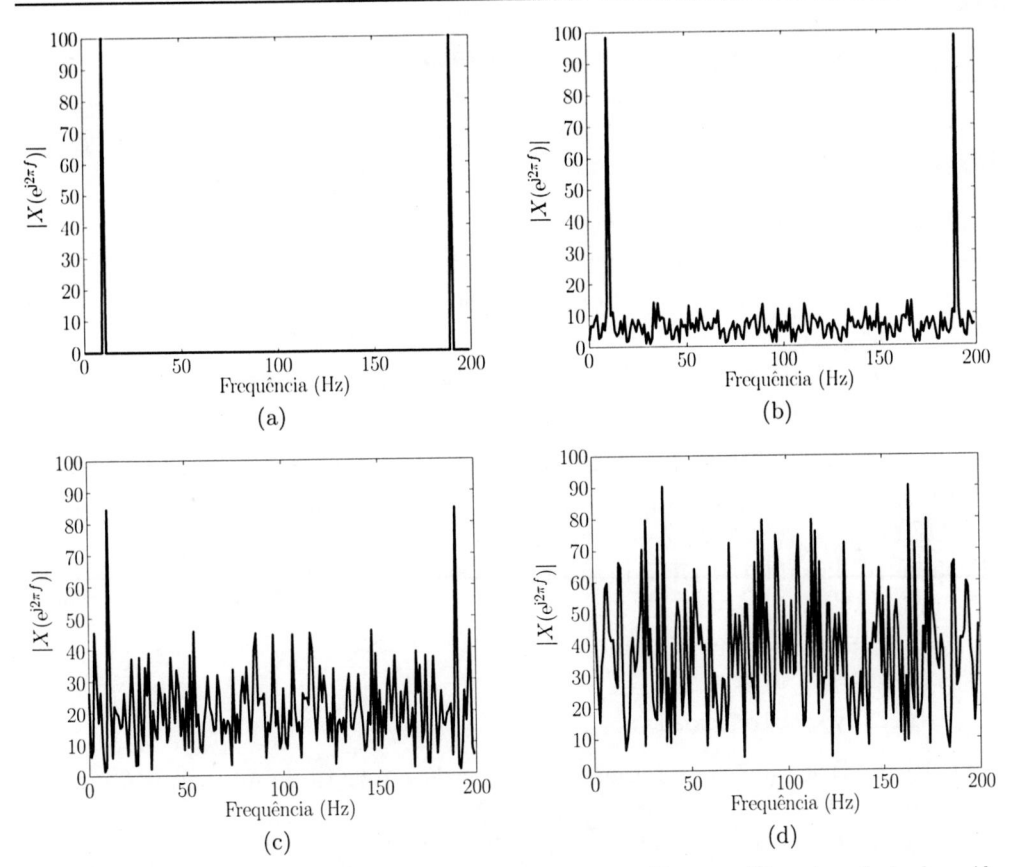

Figura 3.27 Módulo da FFT de um sinal senoidal corrompido com diferentes níveis de ruído: (a) $k = 0$; (b) $k = 0{,}5$; (c) $k = 1{,}5$; (d) $k = 3$.

A Figura 3.26 mostra exemplos de $x(n)$, e a Figura 3.27 apresenta os módulos das FFTs correspondentes, para diferentes valores de k. A Figura 3.26 indica que a componente senoidal é claramente observada no domínio do tempo para pequenas quantidades de ruído, como quando $k \leq 0{,}5$. Para quantidades maiores de ruído, como quando $k = 1{,}5$, o domínio da frequência pode ser empregado para detectar a componente senoidal, assim como para estimar o valor de sua frequência, pela posição dos picos dominantes na Figura 3.27. Entretanto, quando k é elevado demais, a senoide é mascarada pelo ruído mesmo no domínio da frequência, como se observa na Figura 3.27d.

Uma forma de lidar com o caso de ruído elevado é estimar o espectro para diferentes segmentos de $x(n)$ no tempo e calcular a média dos resultados. Com esse procedimento, os picos senoidais de 10 Hz estão presentes em todas as FFTs, enquanto que os picos de ruído se localizam aleatoriamente nas diferentes FFTs. Portanto, o cálculo da média tende a preservar os picos das FFTs que correspondem à senoide de 10 Hz, ao mesmo tempo em que atenua os picos devidos à componente de ruído. Essa abordagem é deixada como exercício para o leitor.

3.9 Transformadas discretas com Matlab

As funções descritas a seguir fazem parte do *toolbox* Signal Processing do MATLAB.

- `fft`: Calcula a DFT de um vetor.
  Parâmetro de entrada: O vetor de entrada x.
  Parâmetro de saída: A DFT do vetor de entrada x.
  Exemplo:
  ```
  t=0:0.001:0.25; x=sin(2*pi*50*t)+sin(2*pi*120*t);
  y=fft(x); plot(abs(y));
  ```
- `ifft`: Calcula a DFT inversa de um vetor.
  Parâmetro de entrada: O vetor de entrada complexo y contendo os coeficientes da DFT.
  Parâmetro de saída: A DFT inversa do vetor de entrada y.
  Exemplo:
  ```
  w=[1:256]; y=zeros(size(w));
  y(1:10)=1; y(248:256)=1;
  x=ifft(y); plot(real(x));
  ```
- `fftshift`: Troca entre si as metades esquerda e direita de um vetor. Quando aplicado à DFT, mostra-a de $-\frac{N}{2}+1$ a $\frac{N}{2}$.
  Parâmetro de entrada: O vetor y contendo a DFT.
  Parâmetro de saída: O vetor z contendo a DFT rearranjada.
  Exemplo:
  ```
  t=0:0.001:0.25; x=sin(2*pi*50*t)+sin(2*pi*120*t);
  y=fft(x); z=fftshift(y); plot(abs(z));
  ```
- `dftmtx`: Gera uma matriz de DFT.
  Parâmetro de entrada: O tamanho n da DFT.
  Parâmetro de saída: A matriz de DFT n×n.
  Exemplo:
  ```
  t=0:0.001:0.25; x=sin(2*pi*50*t)+sin(2*pi*120*t);
  F=dftmtx(251); y=F*x'; z=fftshift(y); plot(abs(z));
  ```
- `fftfilt`: Realiza filtragem linear usando o método de sobreposição-e-soma.
  Parâmetros de entrada:
  - O vetor h contendo os coeficientes do filtro;
  - O vetor x contendo o sinal de entrada;
  - O comprimento n dos blocos sem sobreposição em que x é dividido. Se n não é fornecido, a função utiliza seu próprio valor otimizado de n (recomendado).

Parâmetro de saída: O sinal filtrado y.
Exemplo:
```
h=[1 2 3 4 4 3 2 1]; t=0:0.05:1;
x=sin(2*pi*3*t);
y=fftfilt(h,x); plot(y);
```

- dct: Calcula a DCT de um vetor.
  Parâmetro de entrada: O vetor de entrada x.
  Parâmetro de saída: A DCT do vetor de entrada x.
  Exemplo:
  ```
  t=0:0.05:1; x=sin(2*pi*3*t);
  y=dct(x); plot(y);
  ```

- idct: Calcula a DCT inversa de um vetor de coeficientes.
  Parâmetro de entrada: O vetor de coeficientes y.
  Parâmetro de saída: A DCT inversa do vetor de coeficientes y.
  Exemplo:
  ```
  y=1:32; x=idct(y); plot(x);
  ```

- dctmtx: Gera uma matriz de DCT.
  Parâmetro de entrada: O tamanho n da DCT.
  Parâmetro de saída: A matriz de DCT n × n.
  Exemplo (mostra o gráfico da primeira e da sexta funções de base de uma DCT de comprimento 8):
  ```
  C=dctmtx(8);
  subplot(2,1,1),stem(C(1,:));
  subplot(2,1,2),stem(C(6,:));
  ```

3.10 Resumo

Neste capítulo, estudamos exaustivamente transformadas discretas. Começamos com a transformada de Fourier discreta (DFT), que é a representação na frequência discreta de um sinal de duração finita no tempo discreto. Mostramos que a DFT é uma ferramenta poderosa para o cálculo de convoluções no tempo discreto. Foram estudados vários algoritmos para implementação eficiente da DFT (algoritmos de FFT). Em particular, enfatizamos os algoritmos de raiz 2, por serem os mais amplamente usados. Também lidamos com outras transformadas discretas que não a DFT, tais como a transformada de cossenos discreta, amplamente usada em compressão de sinais, e a transformada de Hartley, com muita aplicação em convolução rápida e no próprio cálculo da FFT. Apresentamos, então, uma visão geral de representações de sinais, na qual comparamos as transformadas estudadas nos Capítulos 1–3. Uma seção 'Faça você mesmo' guia o leitor através de experimentos com o MATLAB sobre convolução com e sem a DFT e sobre o uso da DFT para análise de sinais. O capítulo também incluiu uma breve descrição de funções básicas do MATLAB relacionadas às transformadas discretas discutidas previamente.

3.11 Exercícios

3.1 Deseja-se medir o conteúdo frequencial de um pulso rápido $x(t)$ usando um computador digital. Para fazer isso, um sistema rápido de aquisição de dados detecta o início do pulso e o digitaliza. Sabendo que:

(a) a duração do pulso é de aproximadamente 1 ns,
(b) ele não tem componentes significativas em frequências acima de 5 GHz
(c) e se deseja discriminar componentes frequenciais espaçadas de 10 MHz,

pede-se:

(a) Determine a frequência de amostragem mínima com que deve operar o conversor A/D do sistema de aquisição de dados para tornar possível a medição desejada.
(b) Descreva o procedimento de medição, fornecendo os valores de parâmetros relevantes para o caso da frequência de amostragem mínima.

3.2 Mostre que
$$\sum_{n=0}^{N-1} W_N^{nk} = \begin{cases} N, & \text{para } k = 0, \pm N, \pm 2N, \ldots \\ 0, & \text{em caso contrário.} \end{cases}$$

3.3 Mostre, substituindo a equação (3.16) na equação (3.15) e usando o resultado obtido no Exercício 3.2, que a equação (3.16) produz a IDFT da sequência $x(n)$.

3.4 Prove as seguintes propriedades da DFT:

(a) Teorema do deslocamento circular na frequência—equações (3.57), (3.59), e (3.60);
(b) Correlação—equação (3.67);
(c) Teorema de Parseval—equação (3.88);
(d) DFT de sequências reais e imaginárias—equações (3.70) e (3.71).

3.5 Dados os coeficientes da DFT representados no vetor
$$\mathbf{X} = \begin{bmatrix} 9 & 1 & 1 & 9 & 1 & 1 & 1 & 1 \end{bmatrix}^T,$$

(a) determine sua IDFT de comprimento 8;

(b) determine a sequência cuja DFT de comprimento 8 é dada por $Y(k) = W_8^{-4k} X(k)$.

3.6 Suponha que a DFT $X(k)$ de uma sequência é representada no vetor

$$\mathbf{X} = \begin{bmatrix} 4 & 2 & 2 & 2 & 2 & 2 & 2 & 4 \end{bmatrix}^T.$$

(a) Calcule a IDFT correspondente usando as propriedades adequadas da DFT.

(b) Calcule a sequência cuja DFT de comprimento 8 é dada por $Y(k) = W_8^{3k} X(k)$.

3.7 Considere a sequência

$$x(n) = \delta(n) + 2\delta(n-1) - \delta(n-2) + \delta(n-3).$$

(a) Calcule sua DFT de comprimento 4.

(b) Calcule a sequência $y(n)$ de comprimento 6 cuja DFT é igual à parte imaginária da DFT de $x(n)$.

(c) Calcule a sequência $w(n)$ de comprimento 4 cuja DFT é igual à parte imaginária da DFT de $x(n)$.

3.8 Mostre de que forma se pode calcular, usando uma única DFT de comprimento N, a DFT de quatro sequências: duas sequências pares reais e duas sequências ímpares reais, todas de comprimento N.

3.9 Mostre como calcular a DFT de duas sequências pares complexas de comprimento N efetuando o cálculo de uma única transformada de comprimento N. Siga os passos a seguir:

(i) Construa a sequência auxiliar $y(n) = W_N^n x_1(n) + x_2(n)$.

(ii) Mostre que $Y(k) = X_1(k+1) + X_2(k)$.

(iii) Usando as propriedades de sequências simétricas, mostre que $Y(-k-1) = X_1(k) + X_2(k+1)$.

(iv) Use os resultados de (ii) e (iii) para criar uma recursão que permita calcular $X_1(k)$ e $X_2(k)$. Note que $X(0) = \sum_{n=0}^{N-1} x(n)$.

3.10 Repita o Exercício 3.9 para o caso de duas sequências antissimétricas complexas.

3.11 Mostre como calcular a DFT de quatro sequências pares reais de comprimento N usando apenas uma transformada de comprimento N, usando os resultados do Exercício 3.9.

3.12 Calcule os coeficientes da série de Fourier das seguintes sequências periódicas usando a DFT:

(a) $x'(n) = \text{sen}\left(2\pi\dfrac{n}{N}\right)$, para $N = 20$;

(b) $x'(n) = \begin{cases} 1, & \text{para } n \text{ par} \\ -1, & \text{para } n \text{ ímpar.} \end{cases}$

3.13 Calcule e represente graficamente a magnitude e a fase da DFT das seguintes sequências de comprimento finito:

(a) $x(n) = 2\cos\left(\pi\dfrac{n}{N}\right) + \text{sen}^2\left(\pi\dfrac{n}{N}\right)$, para $0 \le n \le 10$ e $N = 11$;
(b) $x(n) = e^{-2n}$, para $0 \le n \le 20$;
(c) $x(n) = \delta(n-1)$, para $0 \le n \le 2$;
(d) $x(n) = n$, para $0 \le n \le 5$.

3.14 Calcule a convolução linear das sequências da Figura 3.28 usando a DFT.

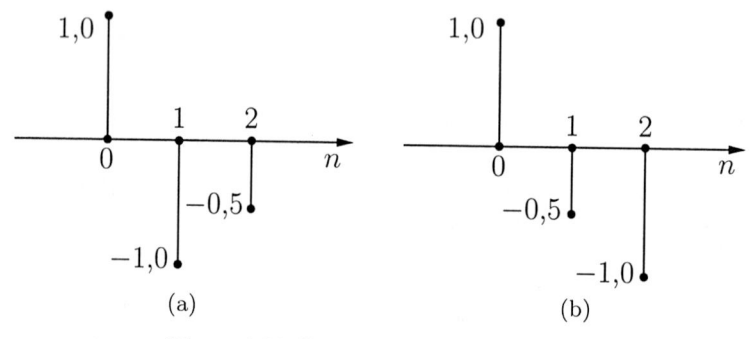

Figura 3.28 Sequências do Exercício 3.14.

3.15 Calcule a convolução linear das sequências da Figura 3.29 usando DFTs com os menores comprimentos possíveis. Justifique a solução, indicando as propriedades da DFT empregadas.

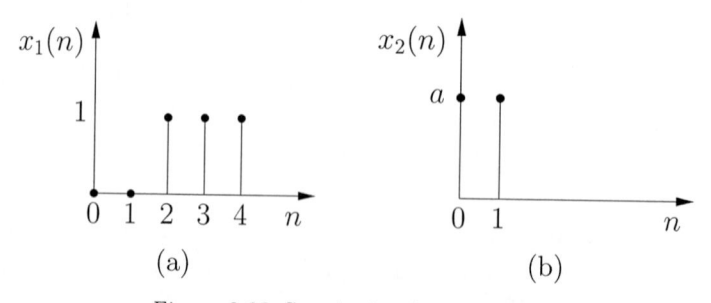

Figura 3.29 Sequências do Exercício 3.15.

3.11 Exercícios

3.16 Dadas as sequências

$$\left.\begin{array}{l}\mathbf{x} = \begin{bmatrix} 1 & a & \dfrac{a^2}{2} \end{bmatrix}^T \\ \mathbf{h} = \begin{bmatrix} 1 & -a & \dfrac{a^2}{2} \end{bmatrix}^T \end{array}\right\}$$

representadas em notação matricial:

(a) calcule sua convolução linear empregando a transformada z;

(b) para $a = 1$, calcule sua convolução linear usando o método da sobreposição-e-soma quando a segunda sequência é dividida em blocos de comprimento 2, mostrando os resultados parciais.

3.17 Queremos calcular a convolução linear de uma sequência longa $x(n)$, de comprimento L, com uma sequência curta $h(n)$, de comprimento K. Se utilizamos o método da sobreposição-e-armazenamento para calcular a convolução, determine o comprimento de bloco que minimiza o número de operações aritméticas envolvidas no cálculo.

3.18 Repita o Exercício 3.17 para quando se usa o método da sobreposição-e--soma.

3.19 Expresse o algoritmo descrito no diagrama da FFT com decimação no tempo mostrado na Figura 3.11 em forma matricial.

3.20 Expresse o algoritmo descrito no diagrama da FFT com decimação na frequência mostrado na Figura 3.13 em forma matricial.

3.21 Determine o diagrama de uma DFT de comprimento 6 com decimação no tempo, e expresse seu algoritmo em forma matricial.

3.22 Determine a cálula básica de um algoritmo de raiz 5. Analise as possíveis simplificações no diagrama da célula.

3.23 Repita o Exercício 3.22 para o caso de raiz 8, determinando a complexidade de um algoritmo de raiz 8 genérico.

3.24 Mostre que o número de multiplicações complexas de um algoritmo de FFT para N genérico é dado pela equação (3.176).

3.25 Calcule, usando um algoritmo de FFT, a convolução linear das sequências (a) e (b) e das sequências (b) e (c) do Exercício 3.13.

3.26 Mostre que:

(a) a DCT de uma sequência $x(n)$ de comprimento N corresponde à transformada de Fourier de uma sequência $\tilde{x}(n)$ de comprimento $2N$ resultante da extensão simétrica de $x(n)$, isto é,

$$\tilde{x}(n) = \begin{cases} x(n), & \text{para } 0 \leq n \leq N-1 \\ x(2N-n-1), & \text{para } N \leq n \leq 2N-1; \end{cases}$$

(b) a DCT de $x(n)$ pode ser calculada a partir da DFT de $\tilde{x}(n)$.

3.27 Mostre que a transformada de cossenos discreta de uma sequência $x(n)$ de comprimento N pode ser calculada a partir da DFT de comprimento N de uma sequência $\hat{x}(n)$ resultante da seguinte reordenação dos elementos pares e ímpares de $x(n)$:

$$\left.\begin{array}{l}\hat{x}(n) = x(2n)\\ \hat{x}(N-1-n) = x(2n+1)\end{array}\right\} \quad \text{para } 0 \leq n \leq \frac{N}{2} - 1.$$

3.28 Prove as relações entre a DHT e a DFT dadas nas equações (3.224) e (3.225).

3.29 Prove a propriedade da convolução–multiplicação da DHT dada na equação (3.228) e derive a equação (3.229) para o caso em que $x_2(n)$ é par.

3.30 Mostre que a matriz da transformação de Hadamard é unitária usando a equação (3.230).

3.31 O espectro de um sinal é dado por sua transformada de Fourier. Para calculá-la, precisamos de todas as amostras do sinal. Portanto, o espectro é uma característica do sinal inteiro. Contudo, em muitas aplicações (como, por exemplo, em processamento de fala) precisa-se encontrar o espectro de um trecho curto do sinal. Para obter isso, define-se uma janela deslizante $x_i(n)$ de comprimento N do signal $x(n)$ como

$$x_i(n) = x(n+i-N+1), \quad \text{para } -\infty < i < \infty,$$

ou seja, tomam-se N amostras de $x(n)$ começando da posição i para trás. Definimos, então, o espectro de curta duração de $x(n)$ na posição i como a DFT de $x_i(n)$, isto é,

$$X(k,i) = \sum_{n=0}^{N-1} x_i(n) W_N^{kn}, \quad \text{para } 0 \leq k \leq N-1, \quad \text{para } -\infty < i < \infty.$$

Portanto, temos, para cada frequência k, um sinal $X(k,i)$, $-\infty < i < \infty$, que é o espectro de curta duração de $x(n)$ na frequência k.

(a) Mostre que o espectro de curta duração pode ser eficientemente calculado com um banco de N filtros IIR com a seguinte função de transferência para a frequência k:

$$H_k(z) = \frac{1 - z^{-N}}{W_N^k - z^{-1}}, \quad 0 \leq k \leq N-1.$$

(b) Compare, em termos do número de somas e multiplicações complexas, a complexidade do cálculo do espectro de curta duração realizado pela fórmula anterior para $H_k(z)$ com a do cálculo realizado usando o algoritmo de FFT.

(c) Discuta se é ou não vantajoso, em termos das operações aritméticas, essa expressão de $H_k(z)$ para realizar o cálculo de uma convolução linear usando o método de sobreposição-e-soma. Repita este item para o método de sobreposição-e-armazenamento.

Uma boa cobertura do cálculo recursivo de transformadas senoidais pode ser encontrada em Liu *et al.* (1994).

3.32 Convolução linear usando `fft` em MATLAB.

(a) Use o comando `fft` para determinar a convolução linear entre os sinais $x(n)$ e $h(n)$.

(b) Compare a função que você criou em (a) com os comandos `conv` e `filter` com respeito ao sinal de saída e ao número total de operações em ponto flutuante (flops, do inglês *floating-point operations*) requeridas para convoluir dois sinais de comprimentos N e K, respectivamente.

(c) Verifique seus resultados experimentalmente (usando o comando `flops`) para valores gerais de N e K.

(b) Repita (c) considerando somente os valores de N e K tais que $(N + K - 1)$ é uma potência de 2.

3.33 Dado o sinal

$$x(n) = \operatorname{sen}\left(\frac{\omega_s}{10}n\right) + \operatorname{sen}\left[\left(\frac{\omega_s}{10} + \frac{\omega_s}{l}\right)n\right],$$

então:

(a) Para $l = 100$, calcule a DFT de $x(n)$ usando 64 amostras. Você consegue observar a presença das duas senoides?

(b) Aumente o comprimento da DFT para 128 amostras acrescentando 64 zeros às amostras originais $x(n)$. Comente os resultados.

(c) Calcule a DFT de $x(n)$ usando 128 amostras. Você consegue, agora, observar a presença das duas senoides?

(d) Aumente o comprimento da DFT de $x(n)$ em 128 amostras acrescentando 128 zeros às amostras de $x(n)$. Repita para um acréscimo de 384 zeros. Comente os resultados.

3.34 Repita o Experimento 3.2 para uma quantidade elevada $k \geq 3$ da componente de ruído. Faça a média do módulo das FFTs resultantes de M repetições do experimento e identifique a componente senoidal no espectro resultante. Determine um bom valor de M para diferentes valores de k.

4 Filtros digitais

4.1 Introdução

Nos capítulos anteriores, estudamos diferentes formas de descrever os sistemas lineares invariantes no tempo discreto. Verificou-se que a transformada z simplifica muito a análise de sistemas no tempo discreto, especialmente quando eles estão descritos inicialmente por equações de diferenças.

Neste capítulo, estudaremos várias estruturas que podem ser empregadas para realizar uma dada função de transferência, associada a uma equação de diferenças específica pela transformada z. As funções de transferência aqui consideradas serão da forma polinomial (caso dos filtros não-recursivos) e da forma racional polinomial (caso dos filtros recursivos). No caso não-recursivo, enfatizamos a existência da importante subclasse dos filtros com fase linear. Então, apresentamos algumas ferramentas para calcular a função de transferência para uma rede digital, assim como para analisar seu comportamento interno. Discutimos, então, algumas propriedades de estruturas genéricas de filtros digitais associadas a sistemas práticos no tempo discreto. O capítulo também apresenta uma série de blocos componentes frequentemente utilizados em aplicações práticas. Uma seção 'Faça você mesmo' é incluída para esclarecer ao leitor como partir dos conceitos e gerar algumas possíveis realizações para uma dada função de transferência.

4.2 Estruturas básicas de filtros digitais não-recursivos

Filtros não-recursivos são caracterizados por uma equação de diferenças na forma

$$y(n) = \sum_{l=0}^{M} b_l x(n-l), \qquad (4.1)$$

na qual os coeficientes b_l se relacionam diretamente com a resposta ao impulso do sistema, isto é, $b_l = h(l)$. Devido ao comprimento finito de suas respostas ao impulso, filtros não-recursivos são também chamados de filtros com resposta ao impulso de duração finita (FIR, do inglês *Finite-duration Impulse Response*).

4.2 Estruturas básicas de filtros digitais não-recursivos

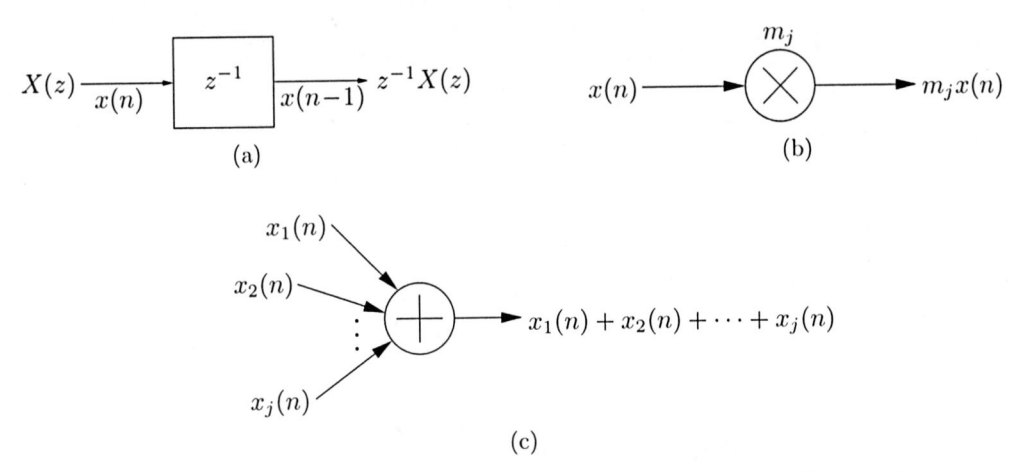

Figura 4.1 Representação clássica dos elementos básicos dos filtros digitais: (a) atraso; (b) multiplicador; (c) somador.

Podemos escrever a equação (4.1) como

$$y(n) = \sum_{l=0}^{M} h(l)x(n-l). \qquad (4.2)$$

Aplicando a transformada z à equação (4.2), chegamos à seguinte relação entrada–saída:

$$H(z) = \frac{Y(z)}{X(z)} = \sum_{l=0}^{M} b_l z^{-l} = \sum_{l=0}^{M} h(l)z^{-l}. \qquad (4.3)$$

Na prática, a equação (4.3) pode ser implementada de várias formas distintas, usando como blocos básicos atrasos, multiplicadores e somadores. Esses elementos básicos dos filtros digitais e seus símbolos convencionais são apresentados na Figura 4.1. Uma forma alternativa de representar tais elementos é através do diagrama de fluxo de sinal (em inglês, *signal flowgraph*), como mostra a Figura 4.2. Esses dois conjuntos de representações para o atraso, o multiplicador e o somador são empregados indistintamente ao longo deste livro.

4.2.1 Forma direta

A realização mais simples de um filtro digital FIR provém da equação (4.3). A estrutura resultante, que pode ser vista na Figura 4.3, é chamada de realização na forma direta, pois seus coeficientes multiplicadores são obtidos diretamente da função de transferência do filtro. Tal estrutura também é chamada de forma direta canônica, entendendo-se como forma canônica qualquer estrutura que

244　Filtros digitais

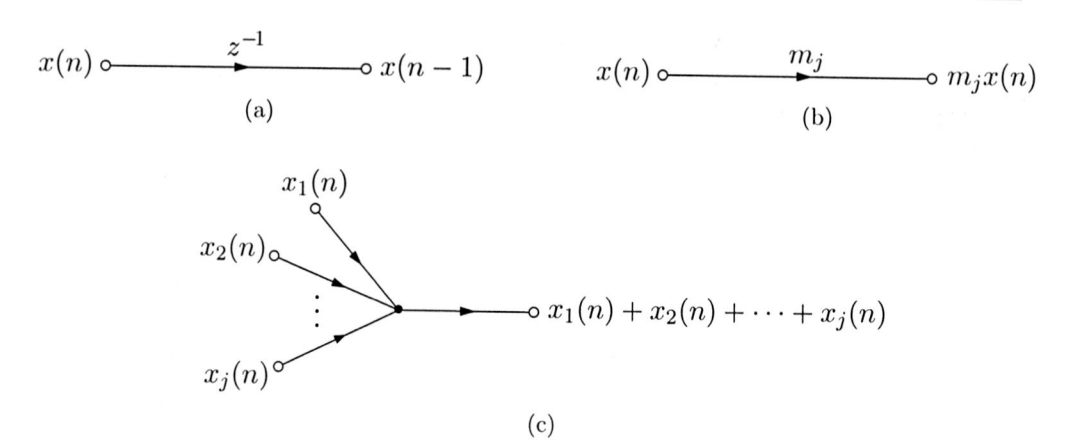

$$x(n) \circ \xrightarrow{z^{-1}} \circ x(n-1)$$
(a)

$$x(n) \circ \xrightarrow{m_j} \circ m_j x(n)$$
(b)

$$\begin{matrix} x_1(n) \\ x_2(n) \\ \vdots \\ x_j(n) \end{matrix} \longrightarrow x_1(n) + x_2(n) + \cdots + x_j(n)$$
(c)

Figura 4.2 Representação dos elementos básicos dos filtros digitais por diagrama de fluxo de sinal: (a) atraso; (b) multplicador; (c) somador.

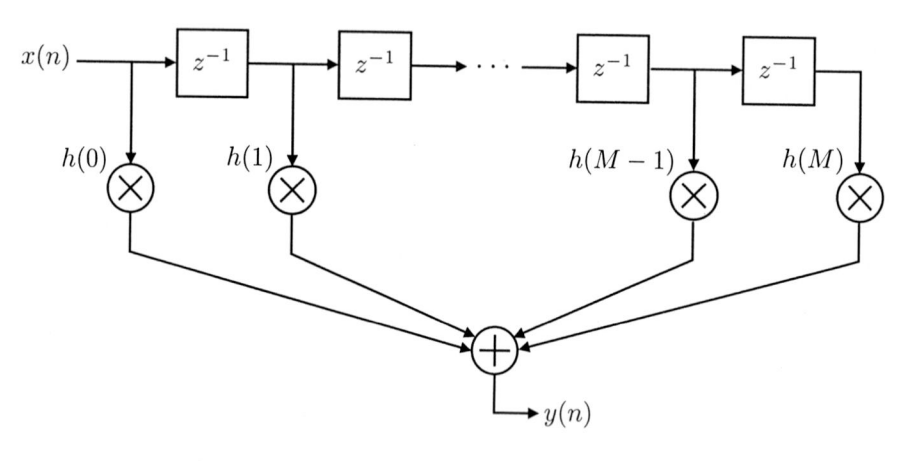

Figura 4.3 Forma direta para filtros digitais FIR.

realiza uma dada função de transferência com o menor número possível de atrasos, multiplicadores e somadores. Mais especificamente, uma estrutura que utiliza o menor número possível de atrasos é dita canônica em relação aos atrasos, e assim por diante.

Uma forma direta canônica alternativa para a equação (4.3) pode ser obtida expressando-se $H(z)$ como

$$H(z) = \sum_{l=0}^{M} h(l) z^{-l}$$
$$= h(0) + z^{-1} \left\{ h(1) + z^{-1} \left[h(2) + \cdots + z^{-1} \left(h(M-1) + z^{-1} h(M) \right) \cdots \right] \right\}.$$
(4.4)

A implementação dessa forma é mostrada na Figura 4.4.

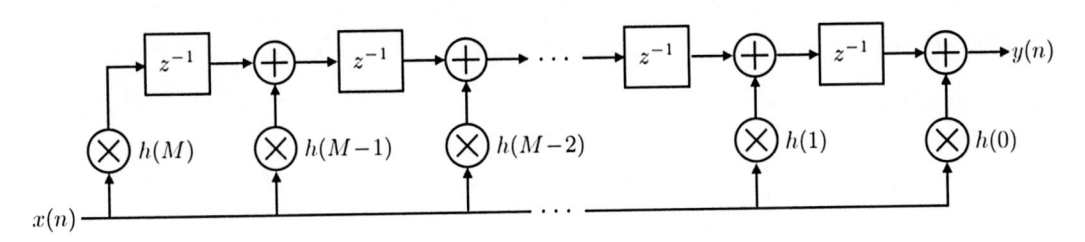

4.2 Estruturas básicas de filtros digitais não-recursivos

Figura 4.4 Forma direta alternativa para filtros digitais FIR.

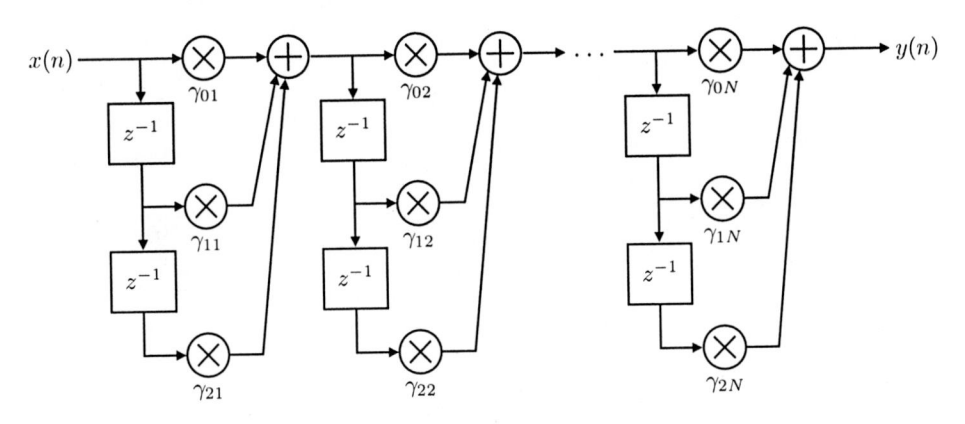

Figura 4.5 Forma cascata para filtros digitais FIR.

4.2.2 Forma cascata

A equação (4.3) pode ser realizada através de várias estruturas equivalentes. Contudo, os coeficientes dessas diferentes realizações possíveis podem não representar explicitamente a resposta ao impulso ou a correspondente função de transferência do sistema descrito. Um exemplo importante dessas realizações é a chamada forma cascata, que consiste numa série de filtros FIR de segunda ordem conectados em sequência; isso motiva o nome da estrutura resultante, que pode ser vista na Figura 4.5.

A função de transferência associada a essa realização é da forma

$$H(z) = \prod_{k=1}^{N} (\gamma_{0k} + \gamma_{1k} z^{-1} + \gamma_{2k} z^{-2}), \qquad (4.5)$$

onde, sendo M a ordem do filtro, $N = M/2$ quando M é par e $N = (M+1)/2$ quando M é ímpar. Neste último caso, um dos γ_{2k} torna-se zero.

4.2.3 Formas com fase linear

Uma importante subclasse dos filtros digitais FIR é a dos filtros com fase linear. Tais filtros se caracterizam por apresentarem atraso de grupo constante τ, e portanto sua resposta na frequência deve ser da seguinte forma:

$$H(e^{j\omega}) = B(\omega)e^{-j\omega\tau+j\phi}, \tag{4.6}$$

onde $B(\omega)$ é real, e τ e ϕ são constantes. Assim, a resposta ao impulso $h(n)$ de filtros com fase linear satisfaz

$$\begin{aligned}h(n) &= \frac{1}{2\pi}\int_{-\pi}^{\pi} H(e^{j\omega})e^{j\omega n}d\omega \\ &= \frac{1}{2\pi}\int_{-\pi}^{\pi} B(\omega)e^{-j\omega\tau+j\phi}e^{j\omega n}d\omega \\ &= \frac{e^{j\phi}}{2\pi}\int_{-\pi}^{\pi} B(\omega)e^{j\omega(n-\tau)}d\omega.\end{aligned} \tag{4.7}$$

Aqui, estamos considerando filtros cujo atraso de grupo é múltiplo de meia amostra, isto é,

$$\tau = \frac{k}{2}, \quad k \in \mathbb{Z}. \tag{4.8}$$

Logo, para os casos em que 2τ é inteiro, a equação (4.8) implica que

$$h(2\tau - n) = \frac{e^{j\phi}}{2\pi}\int_{-\pi}^{\pi} B(\omega)e^{j\omega(2\tau-n-\tau)}d\omega = \frac{e^{j\phi}}{2\pi}\int_{-\pi}^{\pi} B(\omega)e^{j\omega(\tau-n)}d\omega. \tag{4.9}$$

Como $B(\omega)$ é real, temos

$$h^*(2\tau - n) = \frac{e^{-j\phi}}{2\pi}\int_{-\pi}^{\pi} B^*(\omega)e^{-j\omega(\tau-n)}d\omega = \frac{e^{-j\phi}}{2\pi}\int_{-\pi}^{\pi} B(\omega)e^{j\omega(n-\tau)}d\omega. \tag{4.10}$$

Então, pelas equações (4.7) e (4.10), para que um filtro apresentar fase linear com atraso de grupo constante τ, sua resposta ao impulso tem que satisfazer

$$h(n) = e^{2j\phi}h^*(2\tau - n). \tag{4.11}$$

Prosseguimos, agora, mostrando que filtros FIR com fase linear apresentam respostas ao impulso de formas muito particulares. De fato, a equação (4.11) implica que $h(0) = e^{2j\phi}h^*(2\tau)$. Assim, se $h(n)$ é causal e tem duração finita, para $0 \le n \le M$ temos necessariamente que

$$\tau = \frac{M}{2} \tag{4.12}$$

e, então, a equação (4.11) se torna

$$h(n) = e^{2j\phi}h^*(M - n). \tag{4.13}$$

4.2 Estruturas básicas de filtros digitais não-recursivos

Essa é a forma geral que os coeficientes de um filtro FIR com fase linear têm que satisfazer.

No caso comum em que todos os coeficientes são reais, então $h(n) = h^*(n)$, e a equação (4.13) implica que $e^{2j\phi}$ tem que ser real. Logo,

$$\phi = \frac{k\pi}{2}, \ k \in \mathbb{Z}, \tag{4.14}$$

e a equação (4.13) se torna

$$h(n) = (-1)^k h(M - n), \ k \in \mathbb{Z}, \tag{4.15}$$

ou seja, a resposta ao impulso do filtro tem que ser simétrica ou antissimétrica.

Da equação (4.6), a resposta na frequência dos filtros FIR com fase linear e coeficientes reais se torna

$$H(e^{j\omega}) = B(\omega)e^{-j\omega M/2 + jk\pi/2}. \tag{4.16}$$

Para efeitos práticos, só precisamos considerar os casos em que $k = 0, 1, 2, 3$, já que quaisquer outros valores de k serão equivalentes a um desses quatro casos. Além disso, como $B(\omega)$ pode ser tanto positivo quanto negativo, os casos $k = 2$ e $k = 3$ podem ser obtidos dos casos $k = 0$ e $k = 1$, respectivamente, bastando fazer-se a substituição $B(\omega) \leftarrow -B(\omega)$.

Portanto, consideramos apenas os quatro casos distintos descritos pelas equações (4.13) e (4.16), classificados como:

- Tipo I: $k = 0$ e M par.
- Tipo II: $k = 0$ e M ímpar.
- Tipo III: $k = 1$ e M par.
- Tipo IV: $k = 1$ e M ímpar.

Prosseguimos, agora, mostrando que $h(n) = (-1)^k h(M - n)$ é uma condição suficiente para que um filtro FIR com coeficientes reais tenha fase linear. Os quatro tipos listados serão considerados separadamente.

- Tipo I: $k = 0$ implica que o filtro tem resposta ao impulso simétrica, isto é, $h(M - n) = h(n)$. Uma vez que a ordem M do filtro é par, a equação (4.3) pode ser reescrita como

$$\begin{aligned} H(z) &= \sum_{n=0}^{M/2-1} h(n)z^{-n} + h\left(\frac{M}{2}\right) z^{-M/2} + \sum_{n=M/2+1}^{M} h(n)z^{-n} \\ &= \sum_{n=0}^{M/2-1} h(n)\left[z^{-n} + z^{-(M-n)}\right] + h\left(\frac{M}{2}\right) z^{-M/2}. \end{aligned} \tag{4.17}$$

Avaliando-se essa equação sobre a circunferência unitária, isto é, fazendo-se a transformação de variável $z \to e^{j\omega}$, obtém-se

$$H(e^{j\omega}) = \sum_{n=0}^{M/2-1} h(n)\left(e^{-j\omega n} + e^{-j\omega M + j\omega n}\right) + h\left(\frac{M}{2}\right) e^{-j\omega M/2}$$

$$= e^{-j\omega M/2} \left\{ h\left(\frac{M}{2}\right) + \sum_{n=0}^{M/2-1} 2h(n) \cos\left[\omega\left(n - \frac{M}{2}\right)\right] \right\}. \qquad (4.18)$$

Substituindo n por $(M/2 - m)$, chegamos a

$$H(e^{j\omega}) = e^{-j\omega M/2} \left[h\left(\frac{M}{2}\right) + \sum_{m=1}^{M/2} 2h\left(\frac{M}{2} - m\right) \cos(\omega m) \right]$$

$$= e^{-j\omega M/2} \sum_{m=0}^{M/2} a(m) \cos(\omega m), \qquad (4.19)$$

com $a(0) = h(M/2)$ e $a(m) = 2h(M/2 - m)$ para $m = 1, 2, \ldots, M/2$.

Uma vez que essa equação está na forma da equação (4.16), está completa a prova da suficiência para os filtros do Tipo I.

- Tipo II: $k = 0$ implica que o filtro tem resposta ao impulso simétrica, isto é, $h(M - n) = h(n)$. Uma vez que a ordem M do filtro é ímpar, a equação (4.3) pode ser reescrita como

$$H(z) = \sum_{n=0}^{(M-1)/2} h(n) z^{-n} + \sum_{n=(M+1)/2}^{M} h(n) z^{-n}$$

$$= \sum_{n=0}^{(M-1)/2} h(n)[z^{-n} + z^{-(M-n)}]. \qquad (4.20)$$

Avaliando-se essa equação sobre a circunferência unitária, obtém-se

$$H(e^{j\omega}) = \sum_{n=0}^{(M-1)/2} h(n)\left(e^{-j\omega n} + e^{-j\omega M + j\omega n}\right)$$

$$= e^{-j\omega M/2} \sum_{n=0}^{(M-1)/2} h(n) \left[e^{-j\omega(n - M/2)} + e^{j\omega(n - M/2)} \right]$$

$$= e^{-j\omega M/2} \sum_{n=0}^{(M-1)/2} 2h(n) \cos\left[\omega\left(n - \frac{M}{2}\right)\right]. \qquad (4.21)$$

4.2 Estruturas básicas de filtros digitais não-recursivos

Substituindo-se n por $[(M+1)/2 - m]$,

$$H(e^{j\omega}) = e^{-j\omega M/2} \sum_{m=1}^{(M+1)/2} 2h\left(\frac{M+1}{2} - m\right) \cos\left[\omega\left(m - \frac{1}{2}\right)\right]$$

$$= e^{-j\omega M/2} \sum_{m=1}^{(M+1)/2} b(m) \cos\left[\omega\left(m - \frac{1}{2}\right)\right], \qquad (4.22)$$

com $b(m) = 2h\left((M+1)/2 - m\right)$ para $m = 1, 2, \ldots, (M+1)/2$.

Uma vez que essa equação está na forma da equação (4.16), está completa a prova da suficiência para os filtros do Tipo II.

Note que em $\omega = \pi$, $H(e^{j\omega}) = 0$, pois consiste num somatório de funções cosseno avaliadas em $\pm\pi/2$, obviamente nulas. Portanto, filtros passa-altas e rejeita-faixa não podem ser aproximados por filtros do Tipo II.

- Tipo III: $k = 1$ implica que o filtro tem resposta ao impulso antissimétrica, isto é, $h(M - n) = -h(n)$. Nesse caso, $h(M/2)$ é necessariamente nulo. Uma vez que a ordem M do filtro é par, a equação (4.3) pode ser reescrita como

$$H(z) = \sum_{n=0}^{M/2-1} h(n) z^{-n} + \sum_{n=M/2+1}^{M} h(n) z^{-n}$$

$$= \sum_{n=0}^{M/2-1} h(n) \left[z^{-n} - z^{-(M-n)}\right], \qquad (4.23)$$

que, avaliada sobre a circunferência unitária, fornece

$$H(e^{j\omega}) = \sum_{n=0}^{M/2-1} h(n) \left(e^{-j\omega n} - e^{-j\omega M + j\omega n}\right)$$

$$= e^{-j\omega M/2} \sum_{n=0}^{M/2-1} h(n) \left[e^{-j\omega(n-M/2)} - e^{j\omega(n-M/2)}\right]$$

$$= e^{-j\omega M/2} \sum_{n=0}^{M/2-1} -2j h(n) \operatorname{sen}\left[\omega\left(n - \frac{M}{2}\right)\right]$$

$$= e^{-j(\omega M/2 - \pi/2)} \sum_{n=0}^{M/2-1} -2 h(n) \operatorname{sen}\left[\omega\left(n - \frac{M}{2}\right)\right]. \qquad (4.24)$$

Substituindo-se n por $(M/2 - m)$,

$$H(e^{j\omega}) = e^{-j(\omega M/2 - \pi/2)} \sum_{m=1}^{M/2} -2h\left(\frac{M}{2} - m\right) \operatorname{sen}[\omega(-m)]$$

$$= e^{-j(\omega M/2 - \pi/2)} \sum_{m=1}^{M/2} c(m) \operatorname{sen}(\omega m), \qquad (4.25)$$

com $c(m) = 2h(M/2 - m)$ para $m = 1, 2, \ldots, M/2$.

Uma vez que essa equação está na forma da equação (4.16), está completa a prova da suficiência para os filtros do Tipo III.

Note que, nesse caso, a resposta na frequência se torna nula em $\omega = 0$ e $\omega = \pi$; isso faz com que esse tipo de realização seja apropriado para filtros passa-faixa. Filtros do Tipo III também se prestam à aproximação de diferenciadores e transformadores de Hilbert, estes dois últimos por requererem deslocamentos de fase de $\frac{\pi}{2}$, como será visto no Capítulo 5.

- Tipo IV: $k = 1$ implica que o filtro tem resposta ao impulso antissimétrica, isto é, $h(M - n) = -h(n)$. Uma vez que a ordem M do filtro é ímpar, a equação (4.3) pode ser reescrita como

$$H(z) = \sum_{n=0}^{(M-1)/2} h(n) z^{-n} + \sum_{n=(M+1)/2}^{M} h(n) z^{-n}$$
$$= \sum_{n=0}^{(M-1)/2} h(n) \left[z^{-n} - z^{-(M-n)} \right]. \quad (4.26)$$

Avaliando-se essa equação sobre a circunferência unitária,

$$H(e^{j\omega}) = \sum_{n=0}^{(M-1)/2} h(n) \left(e^{-j\omega n} - e^{-j\omega M + j\omega n} \right)$$
$$= e^{-j\omega M/2} \sum_{n=0}^{(M-1)/2} h(n) \left[e^{-j\omega(n - M/2)} - e^{j\omega(n - M/2)} \right]$$
$$= e^{-j\omega M/2} \sum_{n=0}^{(M-1)/2} -2j h(n) \operatorname{sen}\left[\omega \left(n - \frac{M}{2} \right) \right]$$
$$= e^{-j(\omega M/2 - \pi/2)} \sum_{n=0}^{(M-1)/2} -2 h(n) \operatorname{sen}\left[\omega \left(n - \frac{M}{2} \right) \right]. \quad (4.27)$$

Substituindo-se n por $[(M+1)/2 - m]$,

$$H(e^{j\omega}) = e^{-j(\omega M/2 - \pi/2)} \sum_{m=1}^{(M+1)/2} -2h\left(\frac{M+1}{2} - m\right) \operatorname{sen}\left[\omega \left(\frac{1}{2} - m \right) \right]$$
$$= e^{-j(\omega M/2 - \pi/2)} \sum_{m=1}^{(M+1)/2} d(m) \operatorname{sen}\left[\omega \left(m - \frac{1}{2} \right) \right], \quad (4.28)$$

com $d(m) = 2h\left((M+1)/2 - m\right)$ para $m = 1, 2, \ldots, (M+1)/2$.

Uma vez que essa equação está na forma da equação (4.16), está completa a prova da suficiência para os filtros do Tipo IV, concluindo, assim, a prova completa.

4.2 Estruturas básicas de filtros digitais não-recursivos

Note que $H(e^{j\omega}) = 0$ em $\omega = 0$; assim, filtros passa-baixas não podem ser aproximados por filtros do Tipo IV. Entretanto, estes são apropriados para diferenciadores e transformadores de Hilbert, como os do Tipo III.

Respostas ao impulso típicas dos quatro casos de filtros digitais FIR com fase linear são representadas na Figura 4.6. As propriedades de todos os quatro casos estão resumidas na Tabela 4.1.

Podem-se derivar importantes propriedades dos filtros FIR com fase linear representando-se as equações (4.17), (4.20), (4.23) e (4.26) na forma unificada

$$H(z) = z^{-M/2} \sum_{n=0}^{K} h(n) \left[z^{M/2-n} \pm z^{-(M/2-n)} \right], \qquad (4.29)$$

onde os coeficientes f_k são obtidos a partir da resposta ao impulso $h(n)$ do filtro, com $K = M/2$ se M é par ou $K = (M-1)/2$ se M é impar. Da equação (4.29), é fácil observar que se z_γ é um zero de $H(z)$, então z_γ^{-1} também o é. Isso implica que todos os zeros de $H(z)$ ocorrem em pares recíprocos. Uma vez que sendo os coeficientes $h(n)$ reais, todos os zeros complexos ocorrem em

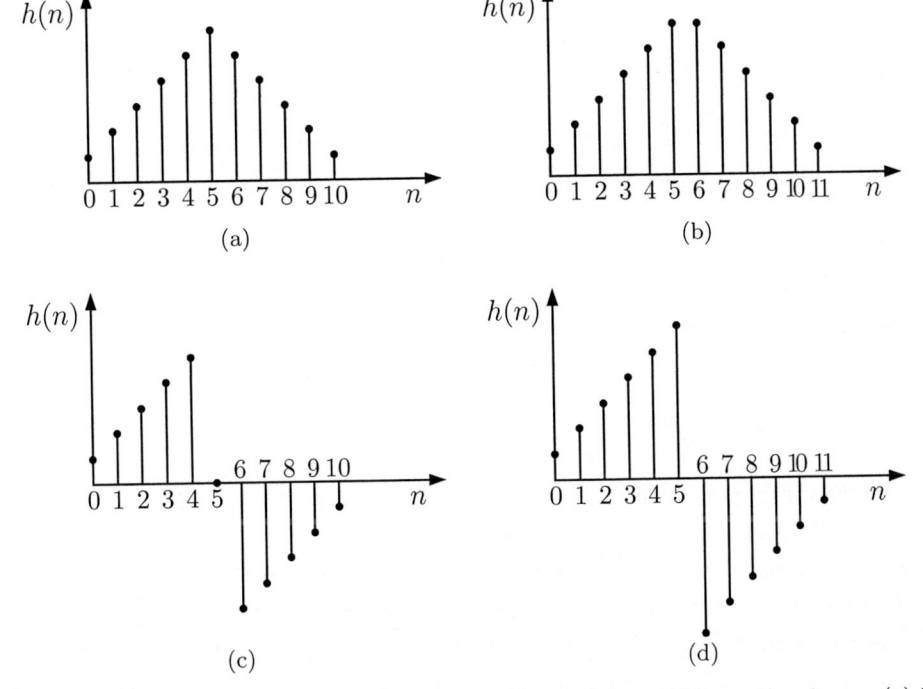

Figura 4.6 Exemplos de respostas ao impulso de filtros digitais FIR com fase linear: (a) Tipo I; (b) Tipo II; (c) Tipo III; (d) Tipo IV.

Tabela 4.1 *Principais características dos filtros FIR com fase linear: ordem, resposta ao impulso, resposta na frequência, resposta de fase e atraso de grupo.*

Tipo	M	$h(n)$	$H(e^{j\omega})$	$\Theta(\omega)$	τ
I	Par	Simétrica	$e^{-j\omega M/2} \sum_{m=0}^{M/2} a(m)\cos(\omega m)$ $a(0) = h(M/2);\ a(m \neq 0) = 2h(M/2 - m)$	$-\omega\dfrac{M}{2}$	$\dfrac{M}{2}$
II	Ímpar	Simétrica	$e^{-j\omega M/2} \sum_{m=1}^{(M+1)/2} b(m)\cos\left[\omega\left(m-\dfrac{1}{2}\right)\right]$ $b(m) = 2h((M+1)/2 - m)$	$-\omega\dfrac{M}{2}$	$\dfrac{M}{2}$
III	Par	Antissimétrica	$e^{-j(\omega M/2 - \pi/2)} \sum_{m=1}^{M/2} c(m)\operatorname{sen}(\omega m)$ $c(m) = 2h(M/2 - m)$	$-\omega\dfrac{M}{2}+\dfrac{\pi}{2}$	$\dfrac{M}{2}$
IV	Ímpar	Antissimétrica	$e^{-j(\omega M/2 - \pi/2)} \sum_{m=1}^{(M+1)/2} d(m)\operatorname{sen}\left[\omega\left(m-\dfrac{1}{2}\right)\right]$ $d(m) = 2h((M+1)/2 - m)$	$-\omega\dfrac{M}{2}+\dfrac{\pi}{2}$	$\dfrac{M}{2}$

pares conjugados, então pode-se inferir que os zeros $H(z)$ têm que satisfazer as seguintes interrelações:

- Todos os zeros complexos que não ficam sobre a circunferência unitária ocorrem em quádruplas de conjugados e simétricos. Em outras palavras, se z_γ é complexo, então z_γ^{-1}, z_γ^* e $(z_\gamma^{-1})^*$ também são zeros de $H(z)$.
- Zeros complexos sobre a circunferência unitária ocorrem simplesmente em pares conjugados, já que nesse caso temos automaticamente que $z_\gamma^{-1} = z_\gamma^*$.
- Todos os zeros reais que não se localizam sobre a circunferência unitária ocorrem em pares recíprocos.
- Pode haver qualquer número de zeros em $z = z_\gamma = \pm 1$, já que nesse caso temos necessariamente que $z_\gamma^{-1} = \pm 1$.

Um diagrama de zeros típico de um filtro FIR passa-baixas com fase linear é mostrado na Figura 4.7.

Uma propriedade interessante dos filtros digitais FIR com fase linear é poderem ser realizados por estruturas eficientes que exploram a simetria ou antissimetria de sua resposta ao impulso. De fato, quando M é par, essas estruturas eficientes requerem apenas $(M/2+1)$ multiplicações; já quando M é ímpar, são necessárias somente $[(M+1)/2]$ multiplicações. Como exemplo, a Figura 4.8 apresenta duas estruturas eficientes para filtros FIR com fase linear que têm resposta ao impulso simétrica.

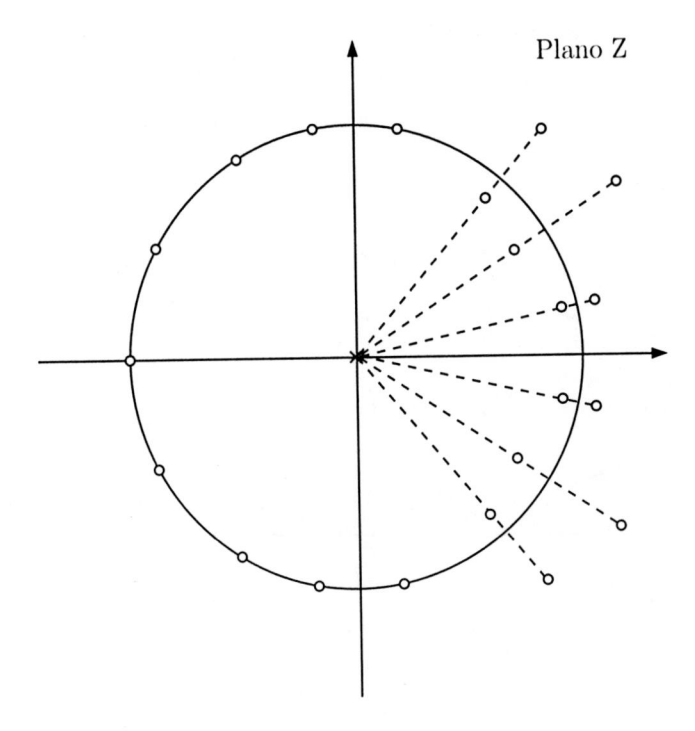

Figura 4.7 Diagrama de zeros típico de um filtro FIR passa-baixas com fase linear.

4.3 Estruturas básicas de filtros digitais recursivos

4.3.1 Formas diretas

A função de transferência de um filtro recursivo é dada por

$$H(z) = \frac{N(z)}{D(z)} = \frac{\sum_{i=0}^{M} b_i z^{-i}}{1 + \sum_{i=1}^{N} a_i z^{-i}}. \tag{4.30}$$

Como na maioria dos casos tais funções de transferência resultam em filtros cuja resposta ao impulso tem comprimento infinito, os filtros recursivos também são chamados, algo imprecisamente, de filtros com resposta ao impulso de duração infinita (ou IIR, do inglês *Infinite-duration Impulse Response*).[1]

---

[1] É importante notar que nos casos em que $D(z)$ divide $N(z)$, o filtro $H(z)$ exibe resposta ao impulso de duração finita, ou seja, na verdade é um filtro FIR.

254 Filtros digitais

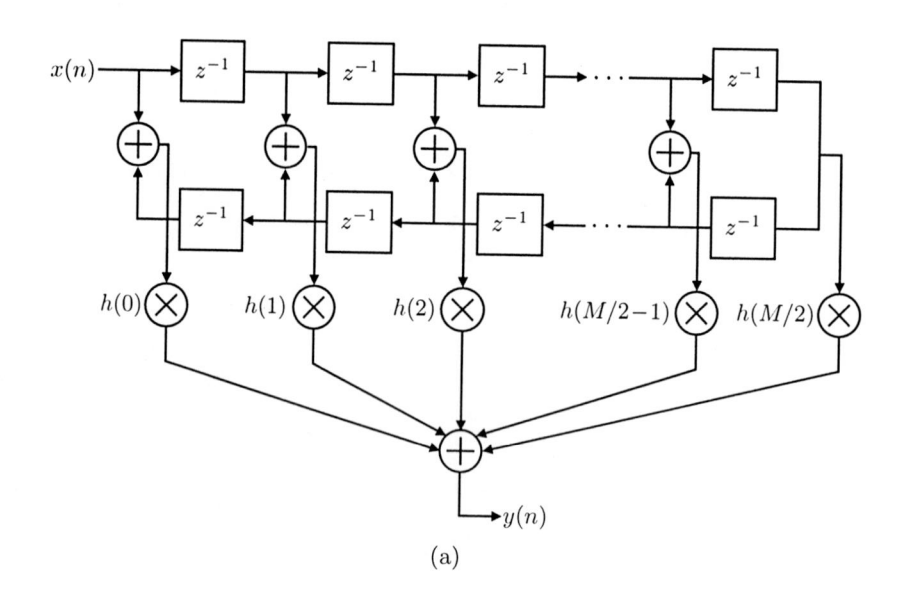

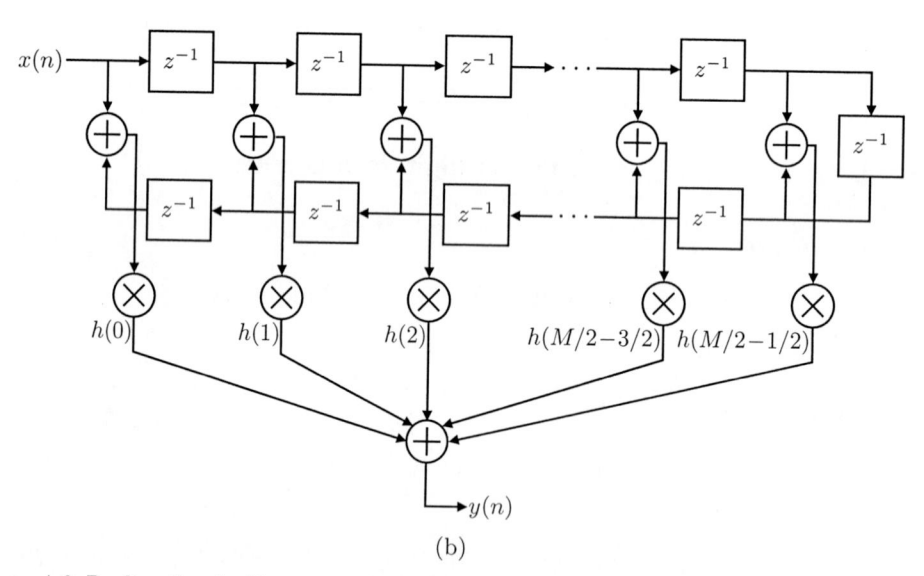

Figura 4.8 Realizações de filtros com fase linear de resposta ao impulso simétrica: (a) ordem par; (b) ordem ímpar.

4.3 Estruturas básicas de filtros digitais recursivos

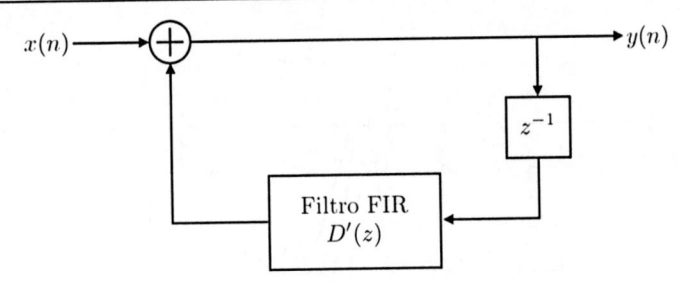

Figura 4.9 Diagrama em blocos da realização de $1/D(z)$.

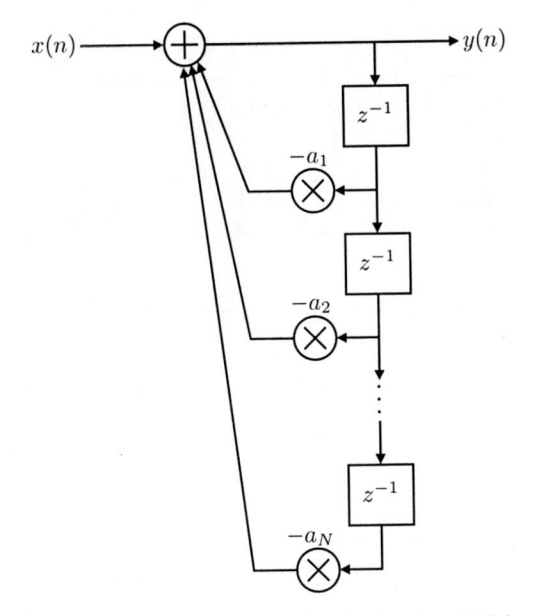

Figura 4.10 Realização detalhada de $1/D(z)$.

Podemos considerar que $H(z)$ na forma anterior resulta da cascata de dois filtros separados, com funções de transferência iguais a $N(z)$ e $1/D(z)$. O polinômio $N(z)$ pode ser realizado com a forma direta FIR, como foi mostrado na seção anterior. A realização de $1/D(z)$ pode ser efetuada como descreve a Figura 4.9, onde o filtro FIR mostrado será um filtro de ordem $(N-1)$ com função de transferência

$$D'(z) = z[1 - D(z)] = -z \sum_{i=1}^{N} a_i z^{-i}, \qquad (4.31)$$

a qual pode ser realizada como na Figura 4.3. A forma direta para realizar $1/D(z)$ é, então, mostrada na Figura 4.10.

A realização completa de $H(z)$ como a cascata de $N(z)$ e $1/D(z)$ é mostrada na Figura 4.11. Para um filtro de ordem (M, N), essa realização requer $(N+M)$ atrasos. Como será visto, tal estrutura não é canônica em relação aos atrasos.

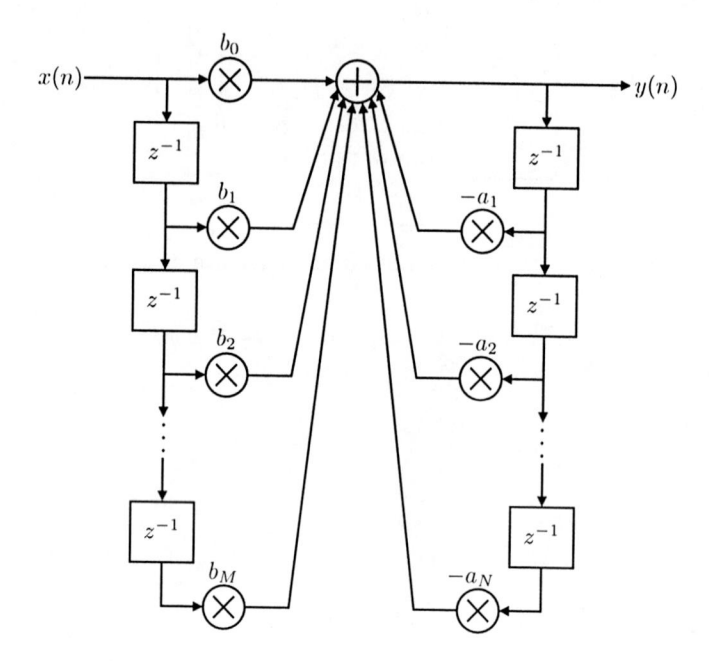

Figura 4.11 Realização em forma direta IIR não-canônica.

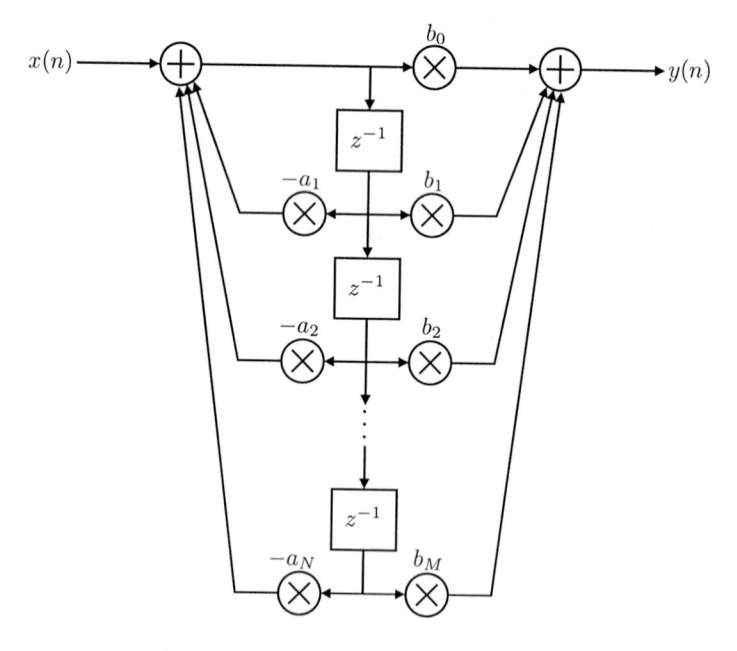

Figura 4.12 Forma direta canônica do Tipo 1 para filtros IIR.

4.3 Estruturas básicas de filtros digitais recursivos

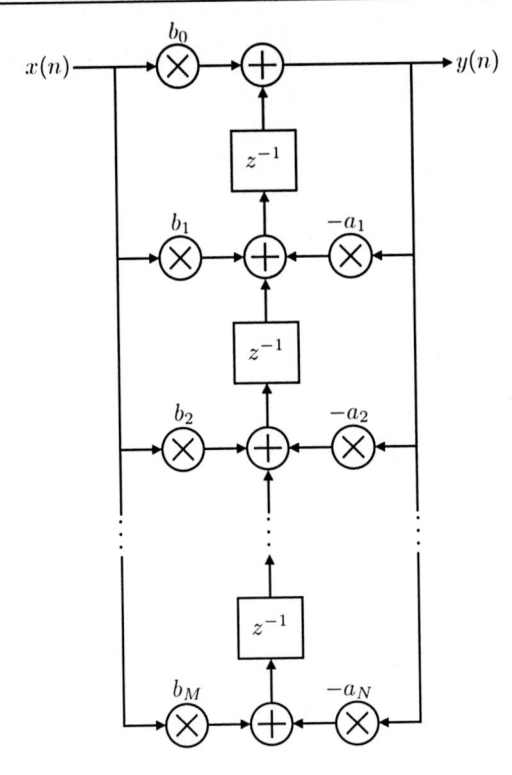

Figura 4.13 Forma direta canônica do Tipo 2 para filtros IIR.

Claramente, no caso geral podemos trocar a ordem na qual sequenciamos os dois filtros individuais, isto é, $H(z)$ pode ser realizada como $N(z) \times 1/D(z)$ ou $1/D(z) \times N(z)$. Na segunda opção, todos os atrasos empregados partem do mesmo nó, o que nos permite eliminar os atrasos redundantes. A estrutura resultante, geralmente chamada de forma direta canônica do Tipo 1, é apresentada na Figura 4.12 para o caso especial em que $N = M$.

Uma estrutura alternativa, chamada forma direta canônica do Tipo 2, é mostrada na Figura 4.13. Tal realização é gerada a partir da forma não-recursiva mostrada na Figura 4.4.

A maior parte das funções de transferência de filtros IIR usadas na prática apresentam o grau M do numerador menor ou igual ao grau N do denominador. Em geral, pode-se considerar, sem perda de generalidade, que $M = N$. Nos casos em que $M < N$, basta fazer os coeficientes $b_{M+1}, b_{M+2}, \ldots, b_N$ das Figuras 4.12 e 4.13 iguais a zero.

4.3.2 Forma cascata

Da mesma forma que os FIR, os filtros digitais IIR apresentam uma ampla variedade de realizações alternativas possíveis. A importante realização em cascata é apresentada na Figura 4.14a, onde os blocos básicos representam funções de transferência simples de ordem 2 ou 1. De fato, a forma cascata baseada em blocos de segunda ordem é associada à seguinte decomposição da função de transferência:

$$H(z) = \prod_{k=1}^{m} \frac{\gamma_{0k} + \gamma_{1k}z^{-1} + \gamma_{2k}z^{-2}}{1 + m_{1k}z^{-1} + m_{2k}z^{-2}}$$

$$= \prod_{k=1}^{m} \frac{\gamma_{0k}z^2 + \gamma_{1k}z + \gamma_{2k}}{z^2 + m_{1k}z + m_{2k}}$$

$$= H_0 \prod_{k=1}^{m} \frac{z^2 + \gamma'_{1k}z + \gamma'_{2k}}{z^2 + m_{1k}z + m_{2k}}. \qquad (4.32)$$

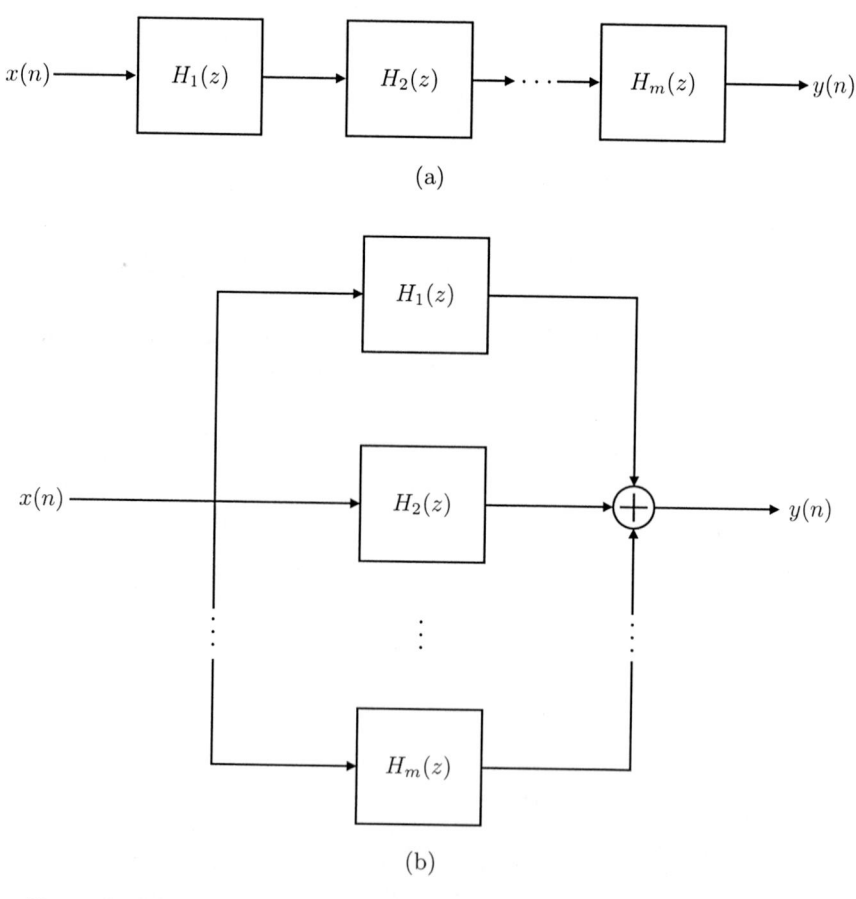

Figura 4.14 Diagramas em blocos da: (a) forma cascata; (b) forma paralela.

4.3 Estruturas básicas de filtros digitais recursivos

4.3.3 Forma paralela

Outra importante realização para filtros digitais recursivos é a forma paralela, representada na Figura 4.14b. Usando blocos de segunda ordem, que são os mais comumente usados na prática, a realização paralela corresponde à seguinte decomposição da função de transferência:

$$\begin{aligned} H(z) &= \sum_{k=1}^{m} \frac{\gamma_{0k}^{p} z^2 + \gamma_{1k}^{p} z + \gamma_{2k}^{p}}{z^2 + m_{1k} z + m_{2k}} \\ &= h_0 + \sum_{k=1}^{m} \frac{\gamma_{1k}^{p'} z + \gamma_{2k}^{p'}}{z^2 + m_{1k} z + m_{2k}} \\ &= h_0' + \sum_{k=1}^{m} \frac{\gamma_{0k}^{p''} z^2 + \gamma_{1k}^{p''} z}{z^2 + m_{1k} z + m_{2k}}, \end{aligned} \qquad (4.33)$$

também conhecida como decomposição em frações parciais. Essa equação indica três formas alternativas da realização paralela, das quais as duas últimas são canônicas em relação ao número de elementos multiplicadores.

Deve ser mencionado que cada bloco de segunda ordem nas formas cascata e paralela pode ser realizado por qualquer das estruturas distintas existentes, como, por exemplo, uma das formas diretas mostradas na Figura 4.15.

Como será visto em capítulos futuros, todas essas realizações de filtros digitais apresentam diferentes propriedades quando se consideram suas implementações práticas com precisão finita, isto é, quando ocorre quantização dos coeficientes e das operações aritméticas envolvidas, tais como adições e multiplicações (Jackson, 1969; Oppenheim & Schafer, 1975; Antoniou, 1993; Jackson, 1996). De fato, a análise dos efeitos da precisão finita nas diversas realizações é uma etapa fundamental no procedimento completo de projeto de qualquer filtro digital, como será discutido em detalhes no Capítulo 11.

EXEMPLO 4.1

Descreva a implementação como filtro digital da função de transferência

$$H(z) = \frac{16z^2(z+1)}{(4z^2 - 2z + 1)(4z + 3)} \qquad (4.34)$$

usando:

(a) uma realização em cascata.
(b) uma realização paralela.

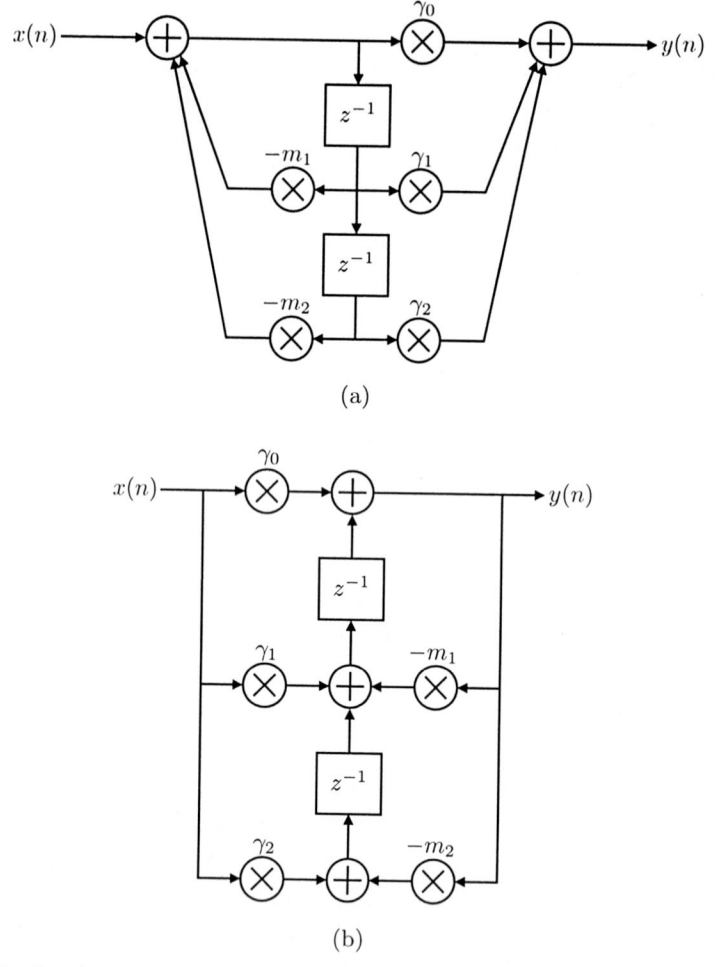

Figura 4.15 Realizações de blocos de segunda ordem: (a) forma direta do Tipo 1; (b) forma direta do Tipo 2.

SOLUÇÃO

(a) Obtém-se uma realização em cascata descrevendo-se a função de transferência original como um produto de blocos componentes de segunda e primeira ordens, como a seguir:

$$H(z) = \left(\frac{1}{1 - \frac{1}{2}z^{-1} + \frac{1}{4}z^{-2}}\right)\left(\frac{1 + z^{-1}}{1 + \frac{3}{4}z^{-1}}\right). \tag{4.35}$$

Cada seção da função de transferência decomposta é implementada usando-se a estrutura na forma direta canônica do Tipo 1, como ilustra a Figura 4.16.

4.3 Estruturas básicas de filtros digitais recursivos

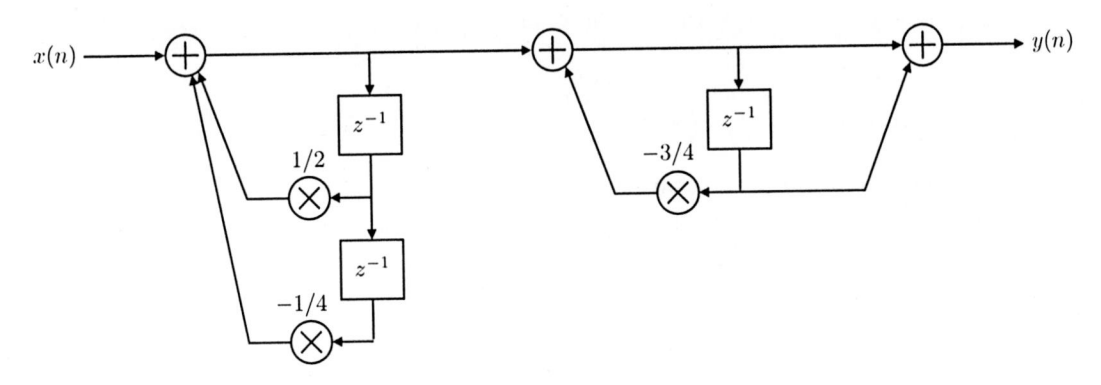

Figura 4.16 Implementação em cascata de $H(z)$ dada na equação (4.35).

(b) Comecemos escrevendo a função de transferência original numa forma mais conveniente, como a seguir:

$$H(z) = \frac{z^2(z+1)}{\left(z^2 - \frac{1}{2}z + \frac{1}{4}\right)\left(z + \frac{3}{4}\right)}$$

$$= \frac{z^2(z+1)}{\left(z - \frac{1}{4} - j\frac{\sqrt{3}}{4}\right)\left(z - \frac{1}{4} + j\frac{\sqrt{3}}{4}\right)\left(z + \frac{3}{4}\right)}. \qquad (4.36)$$

Em seguida, decompomos $H(z)$ como um somatório de seções complexas de primeira ordem:

$$H(z) = r_1 + \frac{r_2}{z - p_2} + \frac{r_2^*}{z - p_2^*} + \frac{r_3}{z + p_3}, \qquad (4.37)$$

onde r_1 é o valor de $H(z)$ em $z \to \infty$ e r_i é o resíduo associado com o polo p_i, para $i = 2, 3$, de forma que

$$\left.\begin{array}{l} p_2 = \frac{1}{4} + j\sqrt{3}/4 \\ p_3 = \frac{3}{4} \\ r_1 = 1 \\ r_2 = \frac{6}{19} + j5/(3\sqrt{19}) \\ r_3 = \frac{9}{76} \end{array}\right\}. \qquad (4.38)$$

Dados esses valores, as seções complexas de primeira ordem são devidamente agrupadas para formar seções de segunda ordem com coeficientes reais, e a constante r_1 é agrupada com a seção de primeira ordem com coeficientes reais, resultando na seguinte decomposição para $H(z)$:

$$H(z) = \frac{1 + \frac{66}{76}z^{-1}}{1 + \frac{3}{4}z^{-1}} + \frac{\frac{12}{19}z^{-1} - \frac{11}{38}z^{-2}}{1 - \frac{1}{2}z^{-1} + \frac{1}{4}z^{-2}}. \tag{4.39}$$

Podemos, então, implementar cada seção usando a estrutura na forma direta canônica do Tipo 1, o que leva à realização mostrada na Figura 4.17. △

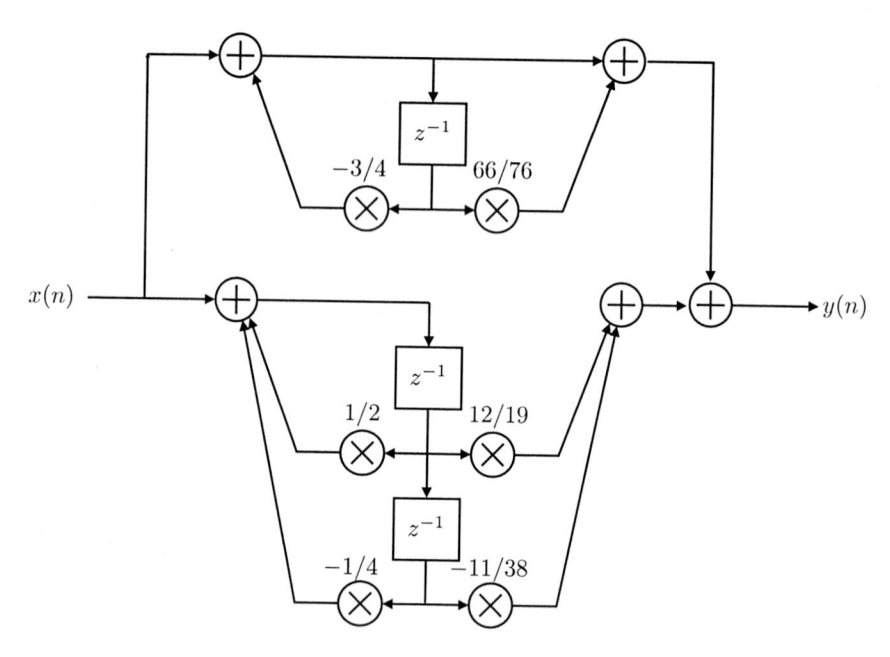

Figura 4.17 Implementação paralela de $H(z)$ dada na equação (4.39).

4.4 Análise de redes digitais

A representação por diagramas de fluxo de sinal simplifica consideravelmente a análise de redes digitais compostas de atrasos e elementos multiplicadores e somadores (Crochiere & Oppenheim, 1975). Na prática, a análise de tais sistemas se inicia pela numeração de todos os nós do diagrama de interesse. Então, determinam-se as conexões existentes entre o sinal de saída de cada nó e os sinais de saída de todos os demais nós. As conexões entre dois nós, chamadas de ramos, consistem em combinações de atrasos e/ou multiplicadores. Ramos que injetam sinais externos no diagrama são chamados de ramos-fonte. Tais ramos têm coeficiente de transmissão igual a 1. Seguindo esse esquema, podemos

4.4 Análise de redes digitais

descrever o sinal de saída de cada nó como uma combinação dos sinais de todos os outros nós e possivelmente um sinal externo, isto é,

$$Y_j(z) = X_j(z) + \sum_{k=1}^{N}[a_{kj}Y_k(z) + z^{-1}b_{kj}Y_k(z)], \qquad (4.40)$$

para $j = 1, 2, \ldots, N$, onde N é o número de nós, a_{kj} e $z^{-1}b_{kj}$ são os coeficientes de transmissão do ramo que conecta o nó k ao nó j, $Y_j(z)$ é a transformada z do sinal de saída do nó j e $X_j(z)$ é a transformada z do sinal externo injetado no nó j. Podemos expressar a equação (4.40) numa forma mais compacta como

$$\mathbf{y}(z) = \mathbf{x}(z) + \mathbf{A}^T\mathbf{y}(z) + \mathbf{B}^T\mathbf{y}(z)z^{-1}, \qquad (4.41)$$

onde $\mathbf{y}(z)$ é o vetor $N \times 1$ contendo os sinais de saída e $\mathbf{x}(z)$ é o vetor $N \times 1$ contendo os sinais de entrada externos de todos os nós do diagrama dado. Ainda, $\mathbf{A}^T$ é uma matriz $N \times N$ formada pelos coeficientes multiplicadores de todos os ramos sem atraso do circuito, enquanto que $\mathbf{B}^T$ é a matriz $N \times N$ com os coeficientes multiplicadores dos ramos que contêm um atraso.

EXEMPLO 4.2
Descreva o filtro digital visto na Figura 4.18 usando a representação compacta dada na equação (4.41).

SOLUÇÃO
A fim de efetuar a descrição do filtro na forma das equações (4.40) e (4.41), é mais conveniente representá-lo na forma de um diagrama de fluxo de sinal, como na Figura 4.19.

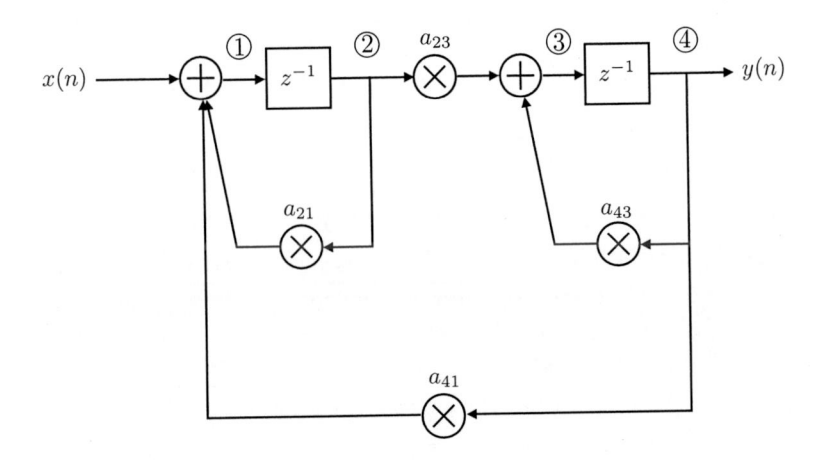

Figura 4.18 Filtro digital de segunda ordem.

Filtros digitais

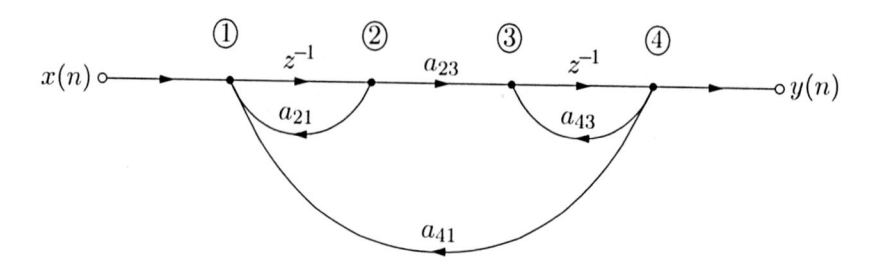

Figura 4.19 Representação de um filtro digital por diagrama de fluxo de sinal.

Seguindo-se o procedimento descrito nesta seção, pode-se facilmente escrever que

$$\begin{bmatrix} Y_1(z) \\ Y_2(z) \\ Y_3(z) \\ Y_4(z) \end{bmatrix} = \begin{bmatrix} X_1(z) \\ 0 \\ 0 \\ 0 \end{bmatrix} + \begin{bmatrix} 0 & a_{21} & 0 & a_{41} \\ 0 & 0 & 0 & 0 \\ 0 & a_{23} & 0 & a_{43} \\ 0 & 0 & 0 & 0 \end{bmatrix} \begin{bmatrix} Y_1(z) \\ Y_2(z) \\ Y_3(z) \\ Y_4(z) \end{bmatrix}$$

$$+ z^{-1} \begin{bmatrix} 0 & 0 & 0 & 0 \\ 1 & 0 & 0 & 0 \\ 0 & 0 & 0 & 0 \\ 0 & 0 & 1 & 0 \end{bmatrix} \begin{bmatrix} Y_1(z) \\ Y_2(z) \\ Y_3(z) \\ Y_4(z) \end{bmatrix}. \tag{4.42}$$

△

Os sinais $Y_j(z)$ associados aos nós da rede no domínio z podem ser determinados por

$$\mathbf{y}(z) = \mathbf{T}^{\mathrm{T}}(z)\mathbf{x}(z), \tag{4.43}$$

com

$$\mathbf{T}^{\mathrm{T}}(z) = \left(\mathbf{I} - \mathbf{A}^{\mathrm{T}} - \mathbf{B}^{\mathrm{T}} z^{-1}\right)^{-1}, \tag{4.44}$$

onde $\mathbf{I}$ é a matriz identidade de ordem N. Nessas equações, $\mathbf{T}(z)$ é a chamada matriz de transferência, da qual cada elemento $T_{ij}(z)$ descreve a função de transferência do nó i para o nó j, isto é,

$$T_{ij}(z) = \left. \frac{Y_j(z)}{X_i(z)} \right|_{X_k(z)=0,\, k=1,2,\ldots,N,\, k \neq j}. \tag{4.45}$$

4.4 Análise de redes digitais

Assim, $T_{ij}(z)$ permite calcular a resposta no nó j quando a única entrada não--nula no sistema é aplicada no nó i. Caso se esteja interessado na saída daquele nó particular j quando vários sinais são injetados na rede, a equação (4.43) pode ser utilizada, fornecendo

$$Y_j(z) = \sum_{i=1}^{N} T_{ij}(z) X_i(z). \tag{4.46}$$

A equação (4.41) pode ser expressa no domínio do tempo como

$$\mathbf{y}(n) = \mathbf{x}(n) + \mathbf{A}^T \mathbf{y}(n) + \mathbf{B}^T \mathbf{y}(n-1). \tag{4.47}$$

Se essa equação é usada como uma relação de recorrência para se determinar o sinal de saída de um dado nó particular, dados o sinal de entrada e as condições iniciais, não há garantia de que a saída daquele nó particular não dependa da saída de outro nó que ainda esteja por ser determinada. Essa situação indesejável pode ser evitada pelo uso de uma ordenação especial dos nós, tal como a descrita no algoritmo a seguir:

(i) Numere todos os nós cujas entradas estão conectadas somente a ramos-fonte ou ramos contendo um atraso. Note que para se computarem as saídas desses nós, precisamos somente dos valores correntes dos sinais de entrada externos e dos valores dos sinais internos no instante $(n-1)$.

(ii) Numere os nós cujas entradas estão conectadas somente a ramos-fonte ou ramos contendo um atraso ou ramos provenientes de nós que já foram numerados em etapa anterior. As saídas desse novo grupo de nós só dependem de sinais externos correntes, de sinais internos no instante $(n-1)$ e de sinais de saída de nós previamente numerados.

(iii) Repita a etapa (ii) até que todos os nós tenham sido numerados. Note que, a cada passo, ao menos um nó deve ser numerado. O único caso em que não é possível atingir isso ocorre quando a rede dada apresenta algum enlace (percurso fechado) sem atraso, o que, entretanto, não tem interesse prático.

EXEMPLO 4.3

Analise a rede dada no Exemplo 4.2, usando o algoritmo aqui apresentado.

SOLUÇÃO

No exemplo dado, o primeiro grupo consiste nos nós 2 e 4, e o segundo grupo consiste nos nós 1 e 3. Se reordenamos os nós 2, 4, 1 e 3 como 1, 2, 3 e

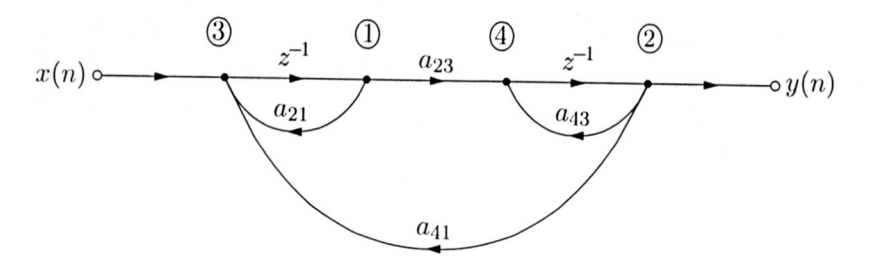

Figura 4.20 Reordenando os nós no diagrama de fluxo de sinal.

4, respectivamente, terminamos com a rede mostrada na Figura 4.20, a qual corresponde a

$$\begin{bmatrix} Y_1(z) \\ Y_2(z) \\ Y_3(z) \\ Y_4(z) \end{bmatrix} = \begin{bmatrix} 0 \\ 0 \\ X_3(z) \\ 0 \end{bmatrix} + \begin{bmatrix} 0 & 0 & 0 & 0 \\ 0 & 0 & 0 & 0 \\ a_{21} & a_{41} & 0 & 0 \\ a_{23} & a_{43} & 0 & 0 \end{bmatrix} \begin{bmatrix} Y_1(z) \\ Y_2(z) \\ Y_3(z) \\ Y_4(z) \end{bmatrix}$$

$$+ z^{-1} \begin{bmatrix} 0 & 0 & 1 & 0 \\ 0 & 0 & 0 & 1 \\ 0 & 0 & 0 & 0 \\ 0 & 0 & 0 & 0 \end{bmatrix} \begin{bmatrix} Y_1(z) \\ Y_2(z) \\ Y_3(z) \\ Y_4(z) \end{bmatrix}. \qquad (4.48)$$

△

Em geral, após a reordenação, $\mathbf{A}^T$ pode ser colocada na seguinte forma:

$$\mathbf{A}^T = \begin{bmatrix} 0 & \cdots & 0 & \cdots & 0 & 0 \\ 0 & \cdots & 0 & \cdots & 0 & 0 \\ \vdots & \ddots & \vdots & \ddots & \vdots & \vdots \\ a_{1j} & \cdots & a_{kj} & \cdots & \vdots & \vdots \\ \vdots & \ddots & \vdots & \ddots & \vdots & \vdots \\ a_{1N} & \cdots & a_{kN} & \cdots & 0 & 0 \end{bmatrix}. \qquad (4.49)$$

Note que $\mathbf{A}^T$ e $\mathbf{B}^T$ tendem a ser matrizes esparsas. Portanto, podem-se empregar algoritmos eficientes para realizar as análises nos domínios do tempo ou z descritas nessa seção.

4.5 Descrição no espaço de estados

Uma forma alternativa de representar filtros digitais é utilizar a chamada representação no espaço de estados. Numa das formas possíveis de se fazer

4.5 Descrição no espaço de estados

essa descrição, as saídas dos elementos de memória (atrasos) são tomadas como os estados do sistema. Uma vez conhecidos todos os valores atuais dos sinais externos e estados, podemos determinar os valores futuros dos estados (entradas dos atrasos) e os sinais de saída do sistema desta forma:

$$\left.\begin{array}{l}\mathbf{x}(n+1) = \mathbf{A}\mathbf{x}(n) + \mathbf{B}\mathbf{u}(n) \\ \mathbf{y}(n) = \mathbf{C}^T\mathbf{x}(n) + \mathbf{D}\mathbf{u}(n)\end{array}\right\}, \quad (4.50)$$

onde $\mathbf{x}(n)$ é o vetor $N \times 1$ contendo as variáveis de estado. Se M é o número de entradas e M' o número de saídas do sistema, temos que $\mathbf{A}$ é $N \times N$, $\mathbf{B}$ é $N \times M$, $\mathbf{C}$ é $N \times M'$ e $\mathbf{D}$ é $M' \times M$. Em geral, trabalhamos com sistemas de entrada única e saída única. Em tais casos, $\mathbf{B} = \mathbf{b}$ é um vetor-coluna $N \times 1$, $\mathbf{C} = \mathbf{c}$ é um vetor-coluna $N \times 1$ e $\mathbf{D} = d$ é 1×1, isto é, um escalar.

Note que essa representação é essencialmente diferente daquela dada pela equação (4.47), porque naquela equação as variáveis são todas as saídas de nó, enquanto que nessa abordagem por equações de estado as variáveis são somente as saídas dos atrasos.

A resposta ao impulso de um sistema de uma única entrada e uma única saída descrito pela equação (4.50) é dada por

$$h(n) = \begin{cases} d, & \text{para } n = 0 \\ \mathbf{c}^T \mathbf{A}^{n-1} \mathbf{b}, & \text{para } n > 0. \end{cases} \quad (4.51)$$

Para determinar a função de transferência correspondente, aplicamos inicialmente a transformada z à equação (4.50), obtendo

$$\left.\begin{array}{l} z\mathbf{X}(z) = \mathbf{A}\mathbf{X}(z) + \mathbf{b}U(z) \\ Y(z) = \mathbf{c}^T \mathbf{X}(z) + dU(z) \end{array}\right\} \quad (4.52)$$

e, então,

$$H(z) = \frac{Y(z)}{U(z)} = \mathbf{c}^T (z\mathbf{I} - \mathbf{A})^{-1} \mathbf{b} + d. \quad (4.53)$$

Pela equação (4.53), pode-se notar que os polos de $H(z)$ são os autovalores de $\mathbf{A}$, uma vez que o denominador de $H(z)$ será dado pelo determinante de $(z\mathbf{I} - \mathbf{A})$.

Aplicando uma transformação linear $\mathbf{T}$ ao vetor de estados tal que

$$\mathbf{x}(n) = \mathbf{T}\mathbf{x}'(n), \quad (4.54)$$

onde $\mathbf{T}$ é qualquer matriz $N \times N$ não-singular, terminamos com um sistema caracterizado por

$$\mathbf{A}' = \mathbf{T}^{-1}\mathbf{A}\mathbf{T}; \quad \mathbf{b}' = \mathbf{T}^{-1}\mathbf{b}; \quad \mathbf{c}' = \mathbf{T}^T\mathbf{c}; \quad d' = d. \quad (4.55)$$

Tal sistema terá a mesma função de transferência do sistema original e, consequentemente, os mesmos polos e zeros. A prova deste fato é deixada como exercício para o leitor interessado.

Vale a pena mencionar que a representação no espaço de estados é uma forma compacta de descrever uma rede, uma vez que reúne as relações essenciais entre os sinais-chave, que são os sinais de entrada, de saída e de memória (de estado). De fato, a representação no espaço de estados fornece o menor número de equações capazes de descrever completamente o comportamento interno e o relacionamento entrada–saída associados a uma dada rede, exceto por possíveis casos com características de controlabilidade e observabilidade insuficientes, como é concisamente discutido em Vaidyanathan (1993).

EXEMPLO 4.4

Determine as equações correspondentes aos filtros dados nas Figuras 4.15a e 4.18 no espaço de estados.

SOLUÇÃO

Associando uma variável de estado $x_i(n)$ a cada saída de atraso, a entrada de cada atraso é representada por $x_i(n+1)$. Na Figura 4.15a, vamos utilizar $i=1$ para o atraso superior e $i=2$ para o atraso inferior. A descrição no espaço de estados pode, então, ser determinada como a seguir:

(i) Os elementos da matriz de transição no espaço de estados **A** podem ser obtidos por inspeção, da seguinte maneira: para cada entrada de atraso $x_i(n+1)$, procuramos os caminhos diretos vindos dos estados $x_j(n)$, para todos os valores de j, sem ter atravessado qualquer outro atraso. Na Figura 4.15a, os coeficientes $-m_1$ e $-m_2$ formam os únicos caminhos diretos dos estados $x_1(n)$ e $x_2(n)$, respectivamente, até $x_1(n+1)$. Além disso, a relação $x_1(n) = x_2(n+1)$ define o único caminho direto de todos os estados até $x_2(n+1)$.

(ii) Os elementos do vetor entrada–estados **b** representam os caminhos diretos entre o sinal de entrada e cada entrada de atraso, sem ter atravessado qualquer outro atraso. Na Figura 4.15a, somente a entrada de atraso $x_1(n+1)$ se conecta diretamente ao sinal de entrada, com um coeficiente de valor 1.

(iii) Os elementos do vetor estados–saída **c** respondem pela conexão direta entre cada estado e o nó de saída, sem ter atravessado qualquer outro atraso. Na Figura 4.15a, o primeiro estado $x_1(n)$ tem duas conexões diretas com o sinal de saída: uma através do multiplicador γ_1 e outra através dos multiplicadores $-m_1$ e γ_0. Analogamente, o segundo estado $x_2(n)$ tem

4.6 Propriedades básicas de redes digitais

conexões diretas ao nó de saída através do multiplicador γ_2 e através da cascata de $-m_2$ e γ_0.

(iv) O coeficiente de alimentação direta d responde pelas conexões diretas entre o sinal de entrada e o nó de saída sem ter atravessado qualquer estado. Na Figura 4.15a, há uma única conexão direta, através do multiplicador com ceficiente γ_0.

Seguindo o procedimento aqui descrito para o filtro mostrado na Figura 4.15a, temos que

$$\left.\begin{array}{l} \begin{bmatrix} x_1(n+1) \\ x_2(n+1) \end{bmatrix} = \begin{bmatrix} -m_1 & -m_2 \\ 1 & 0 \end{bmatrix} \begin{bmatrix} x_1(n) \\ x_2(n) \end{bmatrix} + \begin{bmatrix} 1 \\ 0 \end{bmatrix} u(n) \\ \\ y(n) = \begin{bmatrix} (\gamma_1 - m_1\gamma_0) & (\gamma_2 - m_2\gamma_0) \end{bmatrix} \begin{bmatrix} x_1(n) \\ x_2(n) \end{bmatrix} + \gamma_0 u(n) \end{array}\right\} \quad (4.56)$$

Empregando o mesmo procedimento descrito anteriormente para o filtro da Figura 4.18, podemos escrever que

$$\left.\begin{array}{l} x_1(n+1) = a_{21}x_1(n) + a_{41}x_2(n) + u(n) \\ x_2(n+1) = a_{23}x_1(n) + a_{43}x_2(n) \\ y(n) = x_2(n) \end{array}\right\}, \quad (4.57)$$

levando à seguinte descrição no espaço de estados:

$$\left.\begin{array}{l} \begin{bmatrix} x_1(n+1) \\ x_2(n+1) \end{bmatrix} = \begin{bmatrix} a_{21} & a_{41} \\ a_{23} & a_{43} \end{bmatrix} \begin{bmatrix} x_1(n) \\ x_2(n) \end{bmatrix} + \begin{bmatrix} 1 \\ 0 \end{bmatrix} u(n) \\ \\ y(n) = \begin{bmatrix} 0 & 1 \end{bmatrix} \begin{bmatrix} x_1(n) \\ x_2(n) \end{bmatrix} + 0u(n) \end{array}\right\} \quad (4.58)$$

Note que para essa realização, cada elemento da representação no espaço de estados consiste num único coeficiente, já que há no máximo um caminho direto entre os estados, o nó de entrada e o nó de saída. △

4.6 Propriedades básicas de redes digitais

Nesta seção, apresentamos algumas propriedades de redes que são muito úteis ao projeto e à análise de filtros digitais. O material coberto nesta seção se baseia principalmente em (Fettweis, 1971b).

4.6.1 Teorema de Tellegen

Considere uma rede digital representada pelo diagrama de fluxo de sinal correspondente, no qual o sinal que chega ao nó j vindo do nó i é denotado por x_{ij}. Podemos usar essa notação inclusive para representar um ramo que deixa um nó e chega ao mesmo nó. Um tal ramo é chamado de enlace. Enlaces são usados para representar, entre outras coisas, ramos-fonte entrando num nó. De fato, todo ramo-fonte será representado por um enlace tendo o valor de sua fonte. Nesse caso, x_{ii} inclui o sinal externo e qualquer outro enlace conectando o nó i a si mesmo. Seguindo esse esquema, podemos escrever que o sinal de saída de qualquer nó j de um dado diagrama é dado por

$$y_j = \sum_{i=1}^{N} x_{ij}, \qquad (4.59)$$

sendo N, nesse caso, o número total de nós. Considere, agora, o seguinte resultado.

TEOREMA 4.1 (TEOREMA DE TELLEGEN)
Todos os sinais correspondentes, (x_{ij}, y_j) e (x'_{ij}, y'_j), de duas redes distintas representadas por diagramas de fluxo de sinal iguais satisfazem

$$\sum_{i=1}^{N}\sum_{j=1}^{N}(y_j x'_{ij} - y'_i x_{ji}) = 0, \qquad (4.60)$$

em que os somatórios incluem todos os nós de ambas as redes.

◊

PROVA
A equação (4.60) pode ser reescrita como

$$\sum_{j=1}^{N}\left(y_j \sum_{i=1}^{N} x'_{ij}\right) - \sum_{i=1}^{N}\left(y'_i \sum_{j=1}^{N} x_{ji}\right) = \sum_{j=1}^{N} y_j y'_j - \sum_{i=1}^{N} y'_i y_i = 0, \qquad (4.61)$$

o que completa a prova.

□

O teorema de Tellegen pode ser estendido ao domínio da frequência, já que

$$Y_j = \sum_{i=1}^{N} X_{ij} \qquad (4.62)$$

e, então,

$$\sum_{i=1}^{N}\sum_{j=1}^{N}\left(Y_j X'_{ij} - Y'_i X_{ji}\right) = 0. \qquad (4.63)$$

4.6 Propriedades básicas de redes digitais

Note que no teorema de Tellegen x_{ij} é realmente a soma de todos os sinais que partem do nó i e chegam ao nó j. Portanto, no caso mais geral em que dois diagramas têm topologias diferentes, o teorema de Tellegen ainda pode ser aplicado; basta que se tornem as topologias iguais pela adição de tantos nós e ramos com valores de transmissão nulos quantos sejam necessários.

4.6.2 Reciprocidade

Considere uma determinada rede na qual M dos nós têm, cada qual, dois ramos que os conectam ao mundo exterior, como representa a Figura 4.21. O primeiro desses ramos é um ramo-fonte através do qual um sinal externo é injetado no respectivo nó. O segundo ramo torna o sinal do nó acessível na forma de um sinal de saída. Naturalmente, nos nós em que não há sinal de entrada externo ou não há sinal de saída, deve-se considerar o ramo correspondente como tendo valor de transmissão nulo. Por generalidade, se um nó não possui sinal de entrada externo nem apresenta sinal de saída, ambos os ramos correspondentes devem ser considerados como tendo valor de transmissão nulo.

Suponha que apliquemos um conjunto de sinais X_i a essa rede e coletamos como saídas os sinais Y_i. Alternativamente, poderíamos aplicar os sinais X_i' e observar os sinais Y_i'. A rede considerada será chamada de recíproca se

$$\sum_{i=1}^{M} (X_i Y_i' - X_i' Y_i) = 0. \tag{4.64}$$

Em tais casos, se a rede de M terminais é descrita por

$$Y_i = \sum_{j=1}^{M} T_{ji} X_j, \tag{4.65}$$

onde T_{ji} é a função de transferência do terminal j para o terminal i, então a equação (4.64) é equivalente a

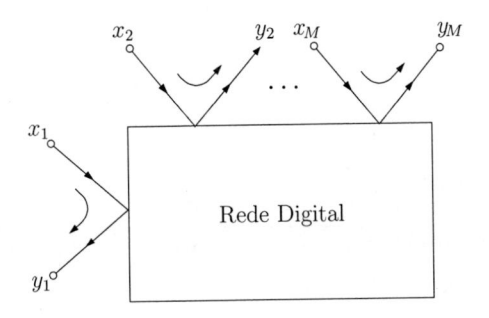

$$T_{ij} = T_{ji}. \tag{4.66}$$

Figura 4.21 Rede digital genérica com M terminais.

A prova dessa afirmativa se baseia na substituição da equação (4.65) na equação (4.64), que leva a

$$\sum_{i=1}^{M} \left(X_i \sum_{j=1}^{M} T_{ji} X'_j - X'_i \sum_{j=1}^{M} T_{ji} X_j \right)$$

$$= \sum_{i=1}^{M} \sum_{j=1}^{M} (X_i T_{ji} X'_j) - \sum_{i=1}^{M} \sum_{j=1}^{M} (X'_i T_{ji} X_j)$$

$$= \sum_{i=1}^{M} \sum_{j=1}^{M} (X_i T_{ji} X'_j) - \sum_{i=1}^{M} \sum_{j=1}^{M} (X'_j T_{ij} X_i)$$

$$= \sum_{i=1}^{M} \sum_{j=1}^{M} (T_{ji} - T_{ij}) (X_i X'_j)$$

$$= 0 \tag{4.67}$$

e, assim,

$$T_{ij} = T_{ji}. \tag{4.68}$$

□

4.6.3 Interreciprocidade

Em sua grande maioria, as redes digitais associadas a filtros digitais não são recíprocas. Contudo, tal conceito é crucial em alguns casos. Felizmente, há outra propriedade a ele relacionada, chamada de interreciprocidade entre duas redes, que é muito comum e útil. Considere duas redes com o mesmo número de nós, e também que X_i e Y_i são, respectivamente, sinais de entrada e saída da primeira rede. Da mesma forma, X'_i e Y'_i representam, respectivamente, sinais de entrada e saída da segunda rede. Tais redes são consideradas interrecíprocas se a equação (4.64) se aplica a (X_i, Y_i) e (X'_i, Y'_i), $i = 1, 2, \ldots, M$, assim definidos.

Se duas redes são descritas por

$$Y_i = \sum_{j=1}^{M} T_{ji} X_j \tag{4.69}$$

e

$$Y'_i = \sum_{j=1}^{M} T'_{ji} X'_j, \tag{4.70}$$

pode-se mostrar facilmente que essas redes são interrecíprocas se

$$T_{ji} = T'_{ij} \tag{4.71}$$

Novamente, a prova é deixada como exercício para o leitor interessado.

4.6.4 Transposição

Dada qualquer representação para uma rede digital por diagrama de fluxo de sinal, podemos gerar outra rede pela reversão dos sentidos de todos os ramos. Em tal procedimento, todos os nós de adição se tornam nós de distribuição e vice-versa. Ainda, se na rede original a transmissão do ramo que vai do nó i para o nó j vale F_{ij} (isto é, $X_{ij} = F_{ij}Y_j$), então a rede transposta terá um ramo que vai do nó j para o nó i com transmissão F'_{ji} tal que

$$F_{ij} = F'_{ji}. \tag{4.72}$$

Utilizando-se o teorema de Tellegen, pode-se mostrar facilmente que a rede original e sua rede transposta correspondente são interrecíprocas. Se por conveniência de notação numeramos de 1 a M os nós de entrada e saída, de acordo com a Figura 4.21, deixando os índices de $(M+1)$ a N para representar os nós internos, e representamos X_i por X_{ii}, então pela aplicação do teorema de Tellegen a todos os sinais de ambas as redes, obtém-se

$$\sum_{i=1}^{N} \sum_{\substack{j=1 \\ j \neq i, \text{ se } i < M+1}}^{N} \left(Y_j X'_{ij} - Y'_i X_{ji}\right) + \sum_{i=1}^{M} \left(Y_i X'_{ii} - Y'_i X_{ii}\right)$$

$$= \sum_{i=1}^{N} \sum_{\substack{j=1 \\ j \neq i, \text{ se } i < M+1}}^{N} \left(Y_j F'_{ij} Y'_i - Y'_i F_{ji} Y_j\right) + \sum_{i=1}^{M} \left(Y_i X'_{ii} - Y'_i X_{ii}\right)$$

$$= 0 + \sum_{i=1}^{M} \left(Y_i X'_{ii} - Y'_i X_{ii}\right)$$

$$= 0. \tag{4.73}$$

Naturalmente, $\sum_{i=1}^{M}(Y_i X'_{ii} - Y'_i X_{ii}) = 0$ é equivalente à interreciprocidade (veja a equação (4.64) aplicada ao caso da interreciprocidade), o que implica que (equação (4.71))

$$T_{ij} = T'_{ji}. \tag{4.74}$$

Esse é um resultado muito importante, porque indica que uma rede e sua transposta têm necessariamente a mesma função de transferência. Por exemplo, a equivalência das redes das Figuras 4.3 e 4.4 pode ser deduzida do fato de que uma é a transposta da outra. O mesmo pode ser dito sobre as redes das Figuras 4.12 e 4.13.

4.6.5 Sensibilidade

Sensibilidade é uma medida do grau de variação da função de transferência geral de uma rede com respeito a pequenas flutuações no valor de um de seus elementos. No caso específico dos filtros digitais, geralmente se está interessado na sensibilidade a variações dos seus coeficientes multiplicadores, isto é,

$$S_{m_i}^{H(z)} = \frac{\partial H(z)}{\partial m_i}, \tag{4.75}$$

para $i = 1, 2, \ldots, L$, onde L é o número total de multiplicadores na rede particular considerada.

Utilizando o conceito de transposição, podemos determinar a sensibilidade de $H(z)$ em relação a um dado coeficiente m_i de uma forma muito eficiente. Para compreender como, considere uma rede, sua transposta e também a rede original com o coeficiente específico ligeiramente modificado, como representa a Figura 4.22.

Usando-se o teorema de Tellegen nas redes mostradas nas Figuras 4.22b e 4.22c, obtém-se

$$\sum_{i=1}^{N}\sum_{j=1}^{N}\left(Y_j X'_{ij} - Y'_i X_{ji}\right) = \underbrace{\sum_{j=1}^{N}\left(Y_j X'_{1j} - Y'_1 X_{j1}\right)}_{A_1} + \underbrace{\sum_{j=1}^{N}\left(Y_j X'_{2j} - Y'_2 X_{j2}\right)}_{A_2}$$

$$+ \underbrace{\sum_{j=1}^{N}\left(Y_j X'_{3j} - Y'_3 X_{j3}\right)}_{A_3} + \underbrace{\sum_{i=4}^{N}\sum_{j=1}^{N}\left(Y_j X'_{ij} - Y'_i X_{ji}\right)}_{A_4}$$

$$= A_1 + A_2 + A_3 + A_4$$

$$= 0, \tag{4.76}$$

onde A_1, A_2, A_3 e A_4 são determinados separadamente a seguir.

$$A_1 = Y_1 X'_{11} - Y'_1 X_{11} + \sum_{j=2}^{N}\left(Y_j X'_{1j} - Y'_1 X_{j1}\right)$$

$$= -UY'_1 + \sum_{j=2}^{N}\left(Y_j F'_{1j} Y'_1 - Y'_1 F_{j1} Y_j\right)$$

$$= -UY'_1, \tag{4.77}$$

4.6 Propriedades básicas de redes digitais

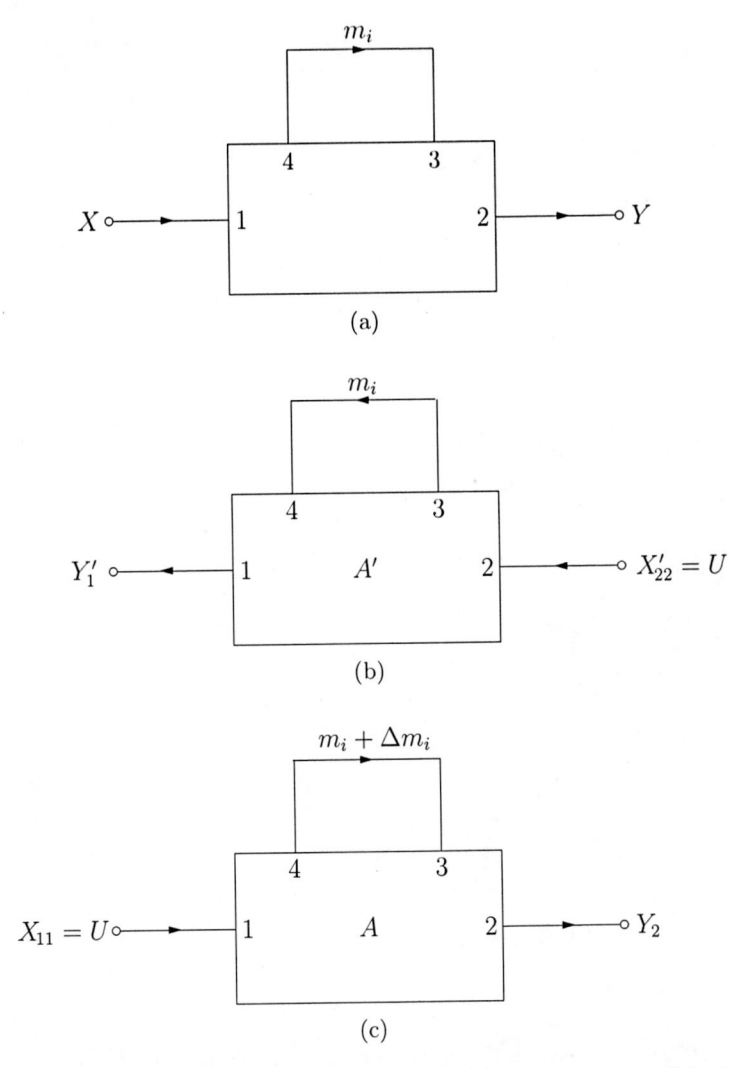

Figura 4.22 Redes digitais: (a) original; (b) transposta; (c) original com coeficiente modificado.

uma vez que $F'_{1j} = F_{j1}\ \forall j$. Além disso,

$$A_2 = Y_2 X'_{22} - Y'_2 X_{22} + \sum_{\substack{j=1 \\ j \neq 2}}^{N} \left(Y_j X'_{2j} - Y'_2 X_{j2}\right)$$

$$= UY_2 + \sum_{\substack{j=1 \\ j \neq 2}}^{N} \left(Y_j F'_{2j} Y'_2 - Y'_2 F_{j2} Y_j\right)$$

$$= UY_2, \tag{4.78}$$

$$A_3 = Y_4 X'_{34} - Y'_3 X_{43} + \sum_{\substack{j=1 \\ j \neq 4}}^{N} \left(Y_j F'_{3j} Y'_3 - Y'_3 F_{j3} Y_j \right)$$

$$= Y_4 m_i Y'_3 - Y'_3 (m_i + \Delta m_i) Y_4$$
$$= -\Delta m_i Y_4 Y'_3 \tag{4.79}$$

e

$$A_4 = \sum_{i=4}^{N} \sum_{j=1}^{N} \left(Y_j X'_{ij} - Y'_i X_{ji} \right)$$

$$= \sum_{i=4}^{N} \sum_{j=1}^{N} \left(Y_j F'_{ij} Y'_i - Y'_i F_{ji} Y_j \right)$$

$$= 0. \tag{4.80}$$

Daí, temos que

$$-UY'_1 + UY_2 - \Delta m_i Y_4 Y'_3 = 0. \tag{4.81}$$

Logo,

$$U(Y_2 - Y'_1) = \Delta m_i Y_4 Y'_3. \tag{4.82}$$

Definindo

$$\Delta H_{12} = (H_{12} - H'_{21}) = \left(\frac{Y_2}{U} - \frac{Y'_1}{U} \right), \tag{4.83}$$

chega-se, pela equação (4.82), a

$$U^2 (H_{12} - H'_{21}) = U^2 \Delta H_{12} = \Delta m_i Y_4 Y'_3. \tag{4.84}$$

Se, agora, fazemos Δm_i tender a zero, então H_{12} tende a H'_{21} e, consequentemente,

$$\frac{\partial H_{12}}{\partial m_i} = \frac{Y_4 Y'_3}{U^2} = H'_{23} H_{14} = H_{32} H_{14}. \tag{4.85}$$

Essa equação indica que a sensibilidade da função de transferência do circuito original, H_{12}, a variações de um de seus coeficientes pode ser determinada com base nas funções de transferência entre a entrada do sistema e o nó que antecede o multiplicador, H_{14}, e entre o nó de saída do multiplicador e a saída do sistema, H_{32}.

EXEMPLO 4.5

Determine a sensibilidade de $H(z)$ em relação aos coeficientes a_{11}, a_{22}, a_{12} e a_{21} na rede da Figura 4.23.

4.6 Propriedades básicas de redes digitais

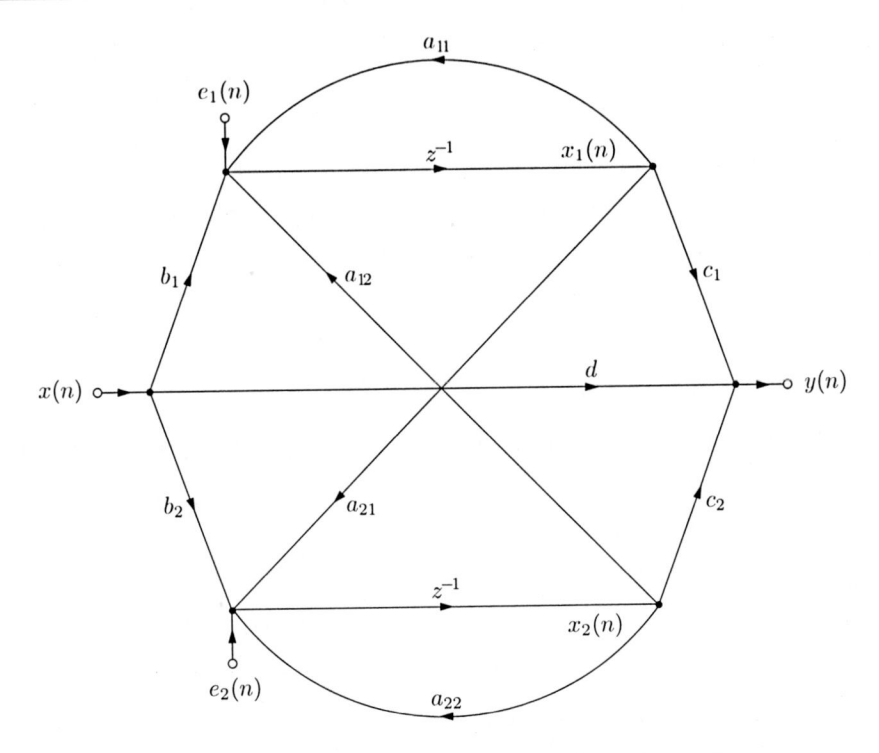

Figura 4.23 Rede representada por variáveis de estado.

SOLUÇÃO

A descrição da rede da Figura 4.23 no espaço de estados pode ser determinada com o procedimento descrito no Exemplo 4.4 para a rede da Figura 4.15a. No caso presente, os elementos das matrizes da representação no espaço de estados correspondem exatamente aos coeficientes multiplicadores da rede (e devido a este fato, a rede da Figura 4.23 é chamada de estrutura no espaço de estados):

$$\left.\begin{array}{c}\begin{bmatrix}x_1(n+1)\\x_2(n+1)\end{bmatrix}=\begin{bmatrix}a_{11}&a_{12}\\a_{21}&a_{22}\end{bmatrix}\begin{bmatrix}x_1(n)\\x_2(n)\end{bmatrix}+\begin{bmatrix}b_1\\b_2\end{bmatrix}u(n)\\[1em]y(n)=\begin{bmatrix}c_1&c_2\end{bmatrix}\begin{bmatrix}x_1(n)\\x_2(n)\end{bmatrix}+du(n)\end{array}\right\}. \qquad (4.86)$$

A função de transferência da estrutura no espaço de estados é dada por

$$H(z) = \mathbf{C}^{\mathrm{T}}\left(z\mathbf{I}-\mathbf{A}\right)^{-1}\mathbf{B}+d$$
$$= \frac{(b_1c_1+b_2c_2)z+b_1c_2a_{21}+b_2c_1a_{12}-b_1c_1a_{22}-b_2c_2a_{11}}{D(z)}+d, \qquad (4.87)$$

com

$$D(z) = z^2 - (a_{11} + a_{22})z + (a_{11}a_{22} - a_{12}a_{21}). \qquad (4.88)$$

As funções de transferência requeridas para o cálculo das funções de sensibilidade desejadas podem ser obtidas como casos especiais da função de transferência geral $H(z)$. Por exemplo, a função de transferência da entrada do filtro ao estado $x_1(n)$ é obtida fazendo-se $c_1 = 1$, $c_2 = 0$ e $d = 0$ na equação (4.87), o que leva a

$$F_1(z) = \frac{X_1(z)}{X(z)} = \frac{b_1 z + (b_2 a_{12} - b_1 a_{22})}{D(z)}. \qquad (4.89)$$

A função de transferência da entrada do filtro ao estado $x_2(n)$ é obtida fazendo-se $c_1 = 0$, $c_2 = 1$ e $d = 0$ na equação (4.87), o que resulta em

$$F_2(z) = \frac{X_2(z)}{X(z)} = \frac{b_2 z + (b_1 a_{21} - b_2 a_{11})}{D(z)}. \qquad (4.90)$$

Usando-se $b_1 = 1$, $b_2 = 0$ e $d = 0$ na equação (4.87), determina-se a função de transferência do estado $x_1(n)$ à saída do filtro

$$G_1(z) = \frac{Y(z)}{E_1(z)} = \frac{c_1 z + (c_2 a_{21} - c_1 a_{22})}{D(z)}. \qquad (4.91)$$

Finalmente, a função de transferência do estado $x_2(n)$ à saída do filtro é

$$G_2(z) = \frac{Y(z)}{E_2(z)} = \frac{c_2 z + (c_1 a_{12} - c_2 a_{11})}{D(z)}, \qquad (4.92)$$

determinada fazendo-se $b_1 = 0$, $b_2 = 1$ e $d = 0$ na equação (4.87).

As sensibilidades desejadas são, então,

$$S_{a_{11}}^{H(z)} = F_1(z)G_1(z); \qquad (4.93)$$

$$S_{a_{22}}^{H(z)} = F_2(z)G_2(z); \qquad (4.94)$$

$$S_{a_{12}}^{H(z)} = F_2(z)G_1(z); \qquad (4.95)$$

$$S_{a_{21}}^{H(z)} = F_1(z)G_2(z). \qquad (4.96)$$

△

EXEMPLO 4.6

Dada a estrutura do filtro digital da Figura 4.24:

(a) gere sua realização transposta;
(b) derive a estrutura que permite computar a sensibilidade da função de transferência com relação ao coeficiente multiplicador λ_1.

4.6 Propriedades básicas de redes digitais

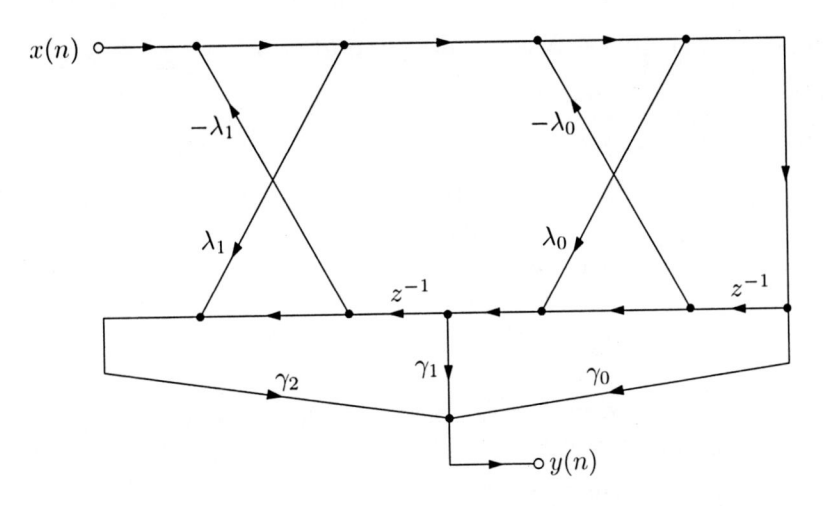

Figura 4.24 Estrutura em treliça de segunda ordem do Exemplo 4.6.

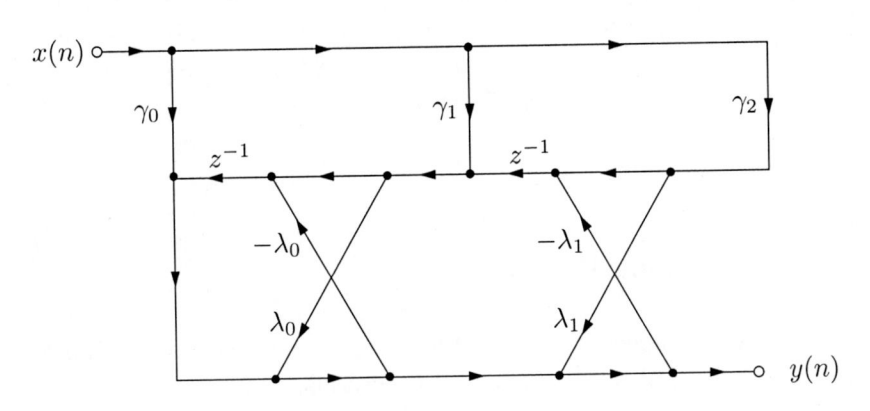

Figura 4.25 Estrutura em treliça do Exemplo 4.6 transposta.

SOLUÇÃO

(a) Partindo da estrutura da Figura 4.24, podemos obter a estrutura em treliça transposta revertendo os sentidos dos ramos, transformando os nós somadores em nós de distribuição e vice-versa, e redesenhando a rede de forma que a entrada seja posicionada do lado direito, como se vê na Figura 4.25.

(b) Para o cálculo da sensibilidade, devemos observar inicialmente que o multiplicador λ_1 também aparece na rede como $-\lambda_1$. Na verdade, se os dois multiplicadores fossem λ_1 e $\overline{\lambda}_1$, respectivamente, então teríamos

$$\Delta H(z) = \frac{\partial H(z)}{\partial \lambda_1}\Delta\lambda_1 + \frac{\partial H(z)}{\partial \overline{\lambda}_1}\Delta\overline{\lambda}_1. \qquad (4.97)$$

Como $\overline{\lambda}_1 = -\lambda_1$, temos $\Delta\overline{\lambda}_1 = -\Delta\lambda_1$ e, portanto,

$$\frac{\Delta H(z)}{\Delta \lambda_1} = \frac{\partial H(z)}{\partial \lambda_1} - \frac{\partial H(z)}{\partial \overline{\lambda}_1}. \tag{4.98}$$

Como indicado na Figura 4.22, pela equação (4.85), se o multiplicador λ_1 vai do nó 4 ao nó 3 e o multiplicador $-\lambda_1$ vai do nó 4' ao nó 3', então a equação (4.98) se torna

$$\frac{\Delta H(z)}{\Delta \lambda_1} = H_{14}(z)H_{32}(z) - H_{14'}(z)H_{3'2}(z). \tag{4.99}$$

Agora construiremos uma rede para calcular essa equação. A sub-rede superior da Figura 4.26 calcula duas saídas, uma igual a $H_{14}(z)X(z)$ e outra igual $H_{14'}(z)X(z)$. Então, usamos a sub-rede inferior da Figura 4.26 para calcular $H_{32}(z)$ e $H_{3'2}(z)$. A saída $H_{14}(z)X(z)$ é apresentada à entrada do nó 3, e a saída $H_{14'}(z)X(z)$ é multiplicada por -1 e apresentada à entrada do nó 3' (observe o multiplicador -1 na Figura 4.26). A saída da rede da Figura 4.26 é, então, $H_{14}(z)H_{32}(z)X(z) - H_{14'}(z)H_{3'2}(z)X(z)$. Pela equação (4.99), isso implica que sua função de transferência é igual a $\partial H(z)/\partial \lambda_1$.

△

4.7 Blocos componentes úteis

Nesta seção, vários blocos componentes com características particularmente atraentes são apresentadas e brevemente analisadas.

4.7.1 Blocos componentes de segunda ordem

As funções de transferências de segunda ordem típicas que resultam de métodos clássicos de aproximação são passa-baixas, passa-faixa, passa-altas, passa-baixas com *notch*[2], passa-altas com *notch* e passa-tudo. As funções de transferência discutidas a seguir são casos especiais em que o polinômio do numerador é forçado a ter os zeros ou sobre a circunferência unitária, para serem mais efetivos na conformação da resposta de módulo, ou a ser recíprocos dos polos, como no caso passa-tudo.

- *Passa-baixas*

$$H(z) = \frac{(z+1)^2}{z^2 + m_1 z + m_2}. \tag{4.100}$$

---
[2] zero na resposta de módulo

4.7 Blocos componentes úteis

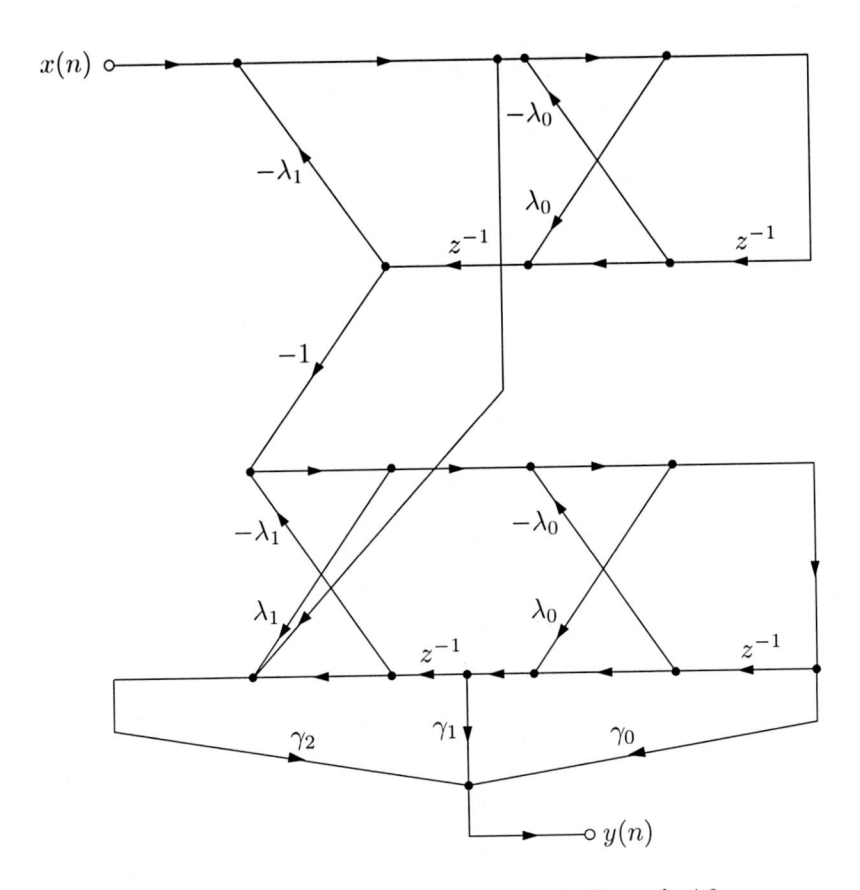

Figura 4.26 Estrutura diferenciadora do Exemplo 4.6.

Os zeros são posicionados em $z = -1$, produzindo coeficientes triviais no numerador. Tipicamente, a resposta de magnitude será crescente a partir de $\omega = 0$, atingirá um valor máximo na frequência que corresponde diretamente aos ângulos dos polos e então decrescerá até zero em $\omega = \pi$, como ilustra a Figura 4.27a.

- *Passa-faixa*

$$H(z) = \frac{z^2 - 1}{z^2 + m_1 z + m_2} = \frac{(z-1)(z+1)}{z^2 + m_1 z + m_2} \qquad (4.101)$$

Nesse caso, os zeros são posicionados em $z = \pm 1$, também produzindo coeficientes triviais no numerador. Tipicamente, a resposta de módulo será zero em $\omega = 0$ e $\omega = \pi$ e atingirá seu valor máximo na frequência que corresponde diretamente aos ângulos dos polos, como ilustra a Figura 4.27b.

282 Filtros digitais

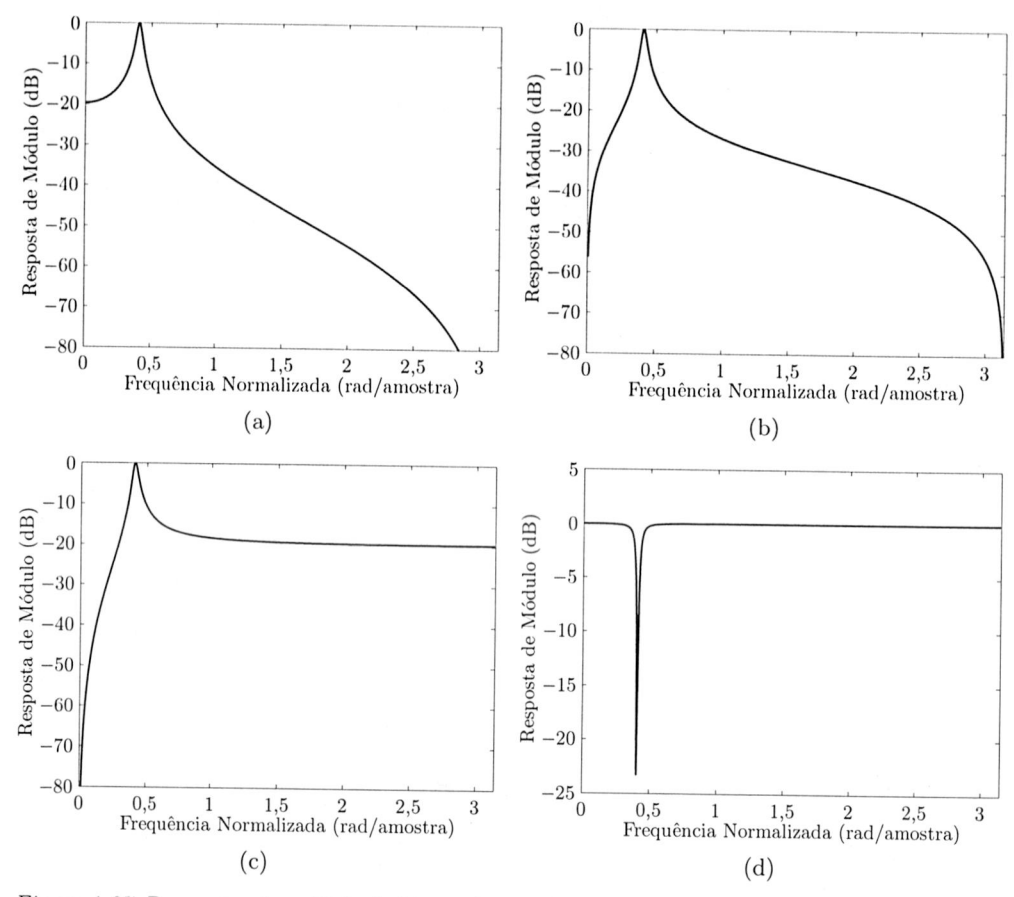

Figura 4.27 Respostas de módulo de blocos de segunda ordem padrão normalizados, com $m_1 = -1,8$ e $m_2 = 0,96$: (a) passa-baixas; (b) passa-faixa; (c) passa-altas; (d) *notch*.

- *Passa-altas*

$$H(z) = \frac{(z-1)^2}{z^2 + m_1 z + m_2}. \tag{4.102}$$

Como se pode observar na Figura 4.27c, os zeros são posicionados em $z = 1$, para que todos os coeficientes do numerador sejam simples de implementar. A resposta de módulo será decrescente a partir de $\omega = \pi$, atingirá um valor máximo na frequência que corresponde diretamente aos ângulos dos polos e então decrescerá até zero em $\omega = 0$.

- Notch

$$H(z) = \frac{z^2 + (m_1/\sqrt{m_2})z + 1}{z^2 + m_1 z + m_2}. \tag{4.103}$$

Os zeros são posicionados sobre a circunferência com seus ângulos coincidindo com os dos polos, os quais por sua vez são posicionados no interior da

4.7 Blocos componentes úteis

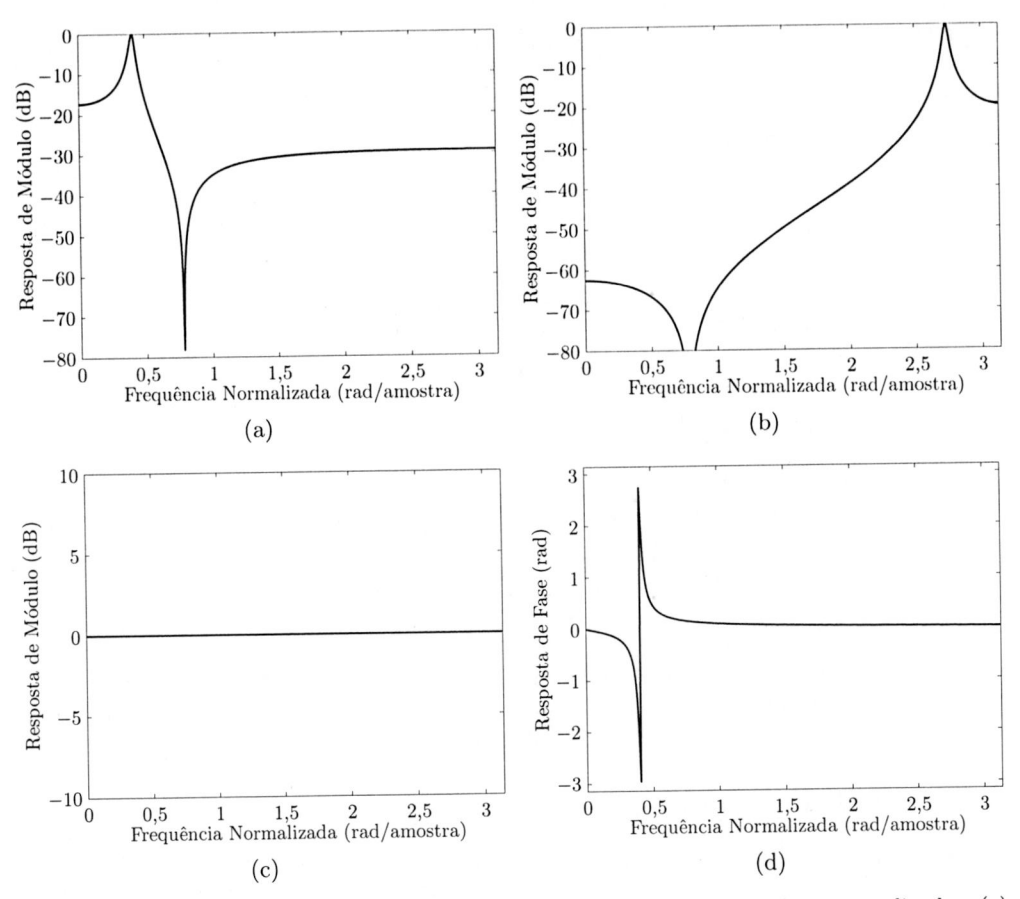

Figura 4.28 Respostas de módulo e fase de blocos de segunda ordem padrão normalizados: (a) módulo de passa-baixas com *notch* com $m_1 = -1{,}8$, $m_2 = 0{,}96$, e $m_3 = -1{,}42$; (b) módulo de passa-altas com *notch* com $m_1 = 1{,}8$, $m_2 = 0{,}96$, e $m_3 = -1{,}42$; (c) módulo de passa-tudo com $m_1 = -1{,}8$ e $m_2 = 0{,}96$; (d) fase de passa-tudo com $m_1 = -1{,}8$ e $m_2 = 0{,}96$.

circunferência unitária, como em todos os blocos componentes discutidos aqui (requerendo que $m_2 < 1$). A Figura 4.27d mostra um exemplo.

- *Passa-baixas / passa-altas com* notch

$$H(z) = \frac{z^2 + m_3 z + 1}{z^2 + m_1 z + m_2}. \tag{4.104}$$

O zero na frequência positiva é posicionado sobre a circunferência unitária com ângulo menor que o do polo de ângulo positivo no caso passa-altas, e maior que o do polo de ângulo positivo no caso passa-baixas. As Figuras 4.28a e 4.28b mostram respostas de módulo típicas de filtros passa-baixas e passa-altas com *notch*, respectivamente.

- *Passa-tudo*

$$H(z) = \frac{m_2 z^2 + m_1 z + 1}{z^2 + m_1 z + m_2}. \qquad (4.105)$$

Nos filtros passa-tudo, os zeros são recíprocos dos polos, isto é, se p_1 e p_1^* são os polos do filtro estável, então $z_1^* = 1/p_1$ e $z_1 = 1/p_1^*$ são os seus zeros. Note que pela equação (4.105)

$$H(z) = z^2 \frac{m_2 + m_1 z^{-1} + z^{-2}}{z^2 + m_1 z + m_2} = z^2 \frac{A(z^{-1})}{A(z)}, \qquad (4.106)$$

e a resposta de módulo é

$$|H(e^{j\omega})| = \frac{|A(e^{-j\omega})|}{|A(e^{j\omega})|} = \frac{|A^*(e^{j\omega})|}{|A(e^{j\omega})|} = 1, \qquad (4.107)$$

já que m_1 e m_2 são reais. As respostas de módulo e fase de um filtro passa-tudo são mostradas nas Figuras 4.28c e 4.28d, respectivamente. Tais blocos são usualmente empregados em equalizadores de atraso, já que modificam a fase sem alterar o módulo.

4.7.2 Osciladores digitais

Uma realização de oscilador digital tem a função de transferência

$$H(z) = \frac{z \operatorname{sen} \omega_0}{z^2 - 2\cos\omega_0 z + 1}, \qquad (4.108)$$

em que os polos são posicionados exatamente sobre a circunferência unitária. De acordo com a Tabela 2.1, a resposta ao impulso desse sistema é uma oscilação da forma $\operatorname{sen}(\omega_0 n)u(n)$, como ilustra a Figura 4.29 para $\omega_0 = 7\pi/10$. Observe que nesse caso a oscilação auto-sustentada não parece uma simples senoide, pois a frequência de amostragem não é múltipla da frequência de oscilação.

4.7.3 Filtro pente

O filtro pente se caracteriza por uma resposta de módulo com múltiplas faixas de passagem idênticas. Esse dispositivo é um bloco componente extremamente útil em processamento digital de sinais, com aplicações em síntese do som de instrumentos musicais e remoção de harmônicos (incluindo DC), entre outras. A principal tarefa de um filtro pente é posicionar zeros igualmente espaçados sobre a circunferência unitária, como ilustra o próximo exemplo.

4.7 Blocos componentes úteis

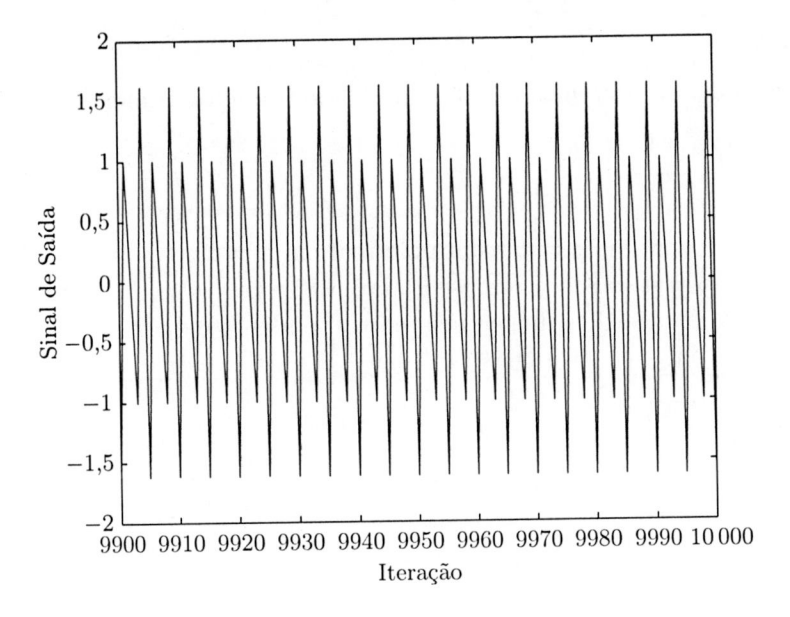

Figura 4.29 Exemplo de saída de um oscilador digital.

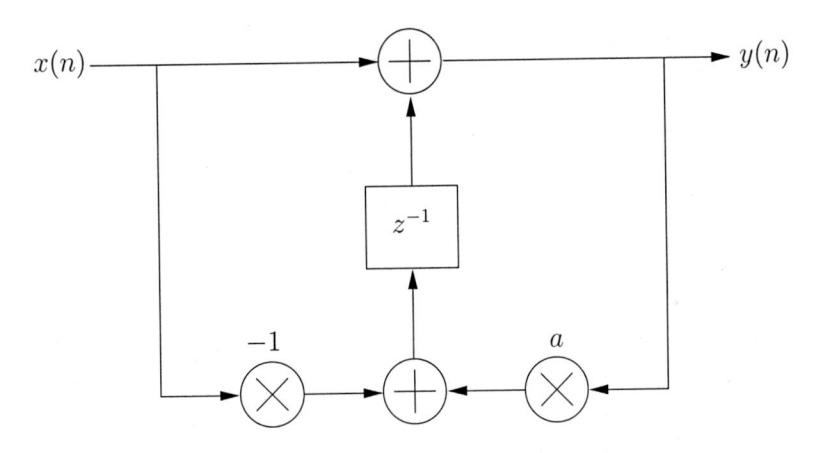

Figura 4.30 Estrutura do filtro pente do Exemplo 4.7.

EXEMPLO 4.7

Para a rede de primeira ordem vista na Figura 4.30:

(a) determine a função de transferência correspondente;
(b) substitua z^{-1} por z^{-L} e mostre sua versão transposta;
(c) para a rede obtida no item (b), determine a constelação de polos e zeros quando $L = 8$ $a = 0{,}5$, representando graficamente a resposta na frequência resultante.

SOLUÇÃO

(a) A função de transferência do filtro pente de primeira ordem é

$$H(z) = \frac{1 - z^{-1}}{1 - az^{-1}}, \qquad (4.109)$$

que tem um zero em $z = 1$ e um polo real em $z = a$.

(b) A realização transposta é representada na Figura 4.31, com z^{-1} substituído por z^{-L}. A função de transferência correspondente é dada por

$$H(z) = \frac{1 - z^{-L}}{1 - az^{-L}}. \qquad (4.110)$$

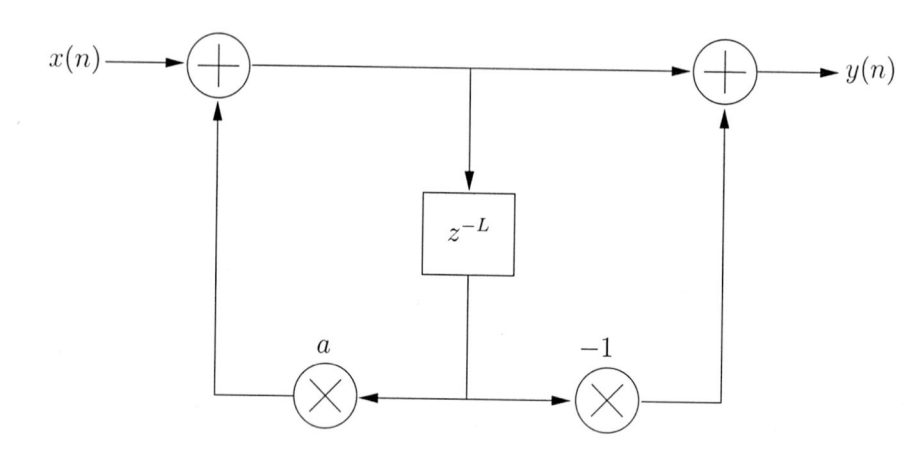

Figura 4.31 Filtro pente transposto do Exemplo 4.7.

(c) A constelação de polos e zeros associada com a equação (4.110) consiste em L zeros igualmente espaçados sobre a circunferência unitária, posicionados em $z = e^{2\pi/L}$ com L polos posicionados nos mesmos ângulos, porém sobre uma circunferência com raio $a^{1/L}$. Para $L = 8$, a constelação de polos e zeros do filtro pente é representada na Figura 4.32.

As Figuras 4.33a e 4.33b mostram respectivamente as respostas de módulo e fase do filtro pente, em que o efeito dos zeros igualmente espaçados pode ser observado. As transições entre os picos e vales da resposta de módulo se relacionam com o valor de a. Quanto mais próximo da unidade é o valor de a, mais aguda é a resposta de módulo e menos linear é a resposta de fase. Em particular, para $a = 0$ o filtro pente se torna um filtro FIR com fase linear. Esse efeito é mais explorado no Exercício 4.25.

△

4.8 Faça você mesmo: filtros digitais

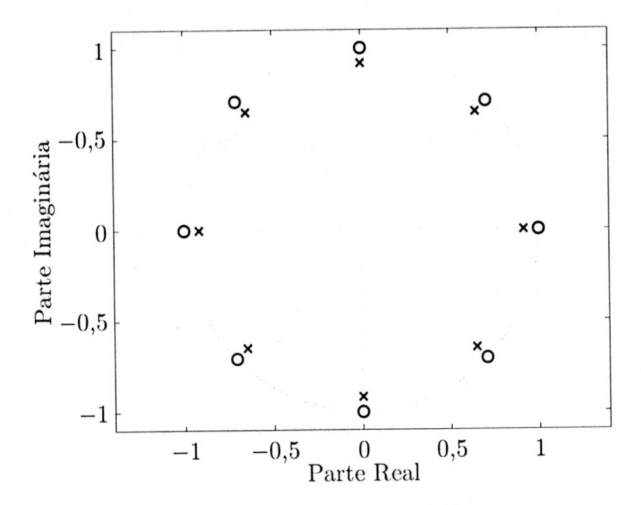

Figura 4.32 Constelação de zeros e polos do filtro pente do Exemplo 4.7 com $L = 8$.

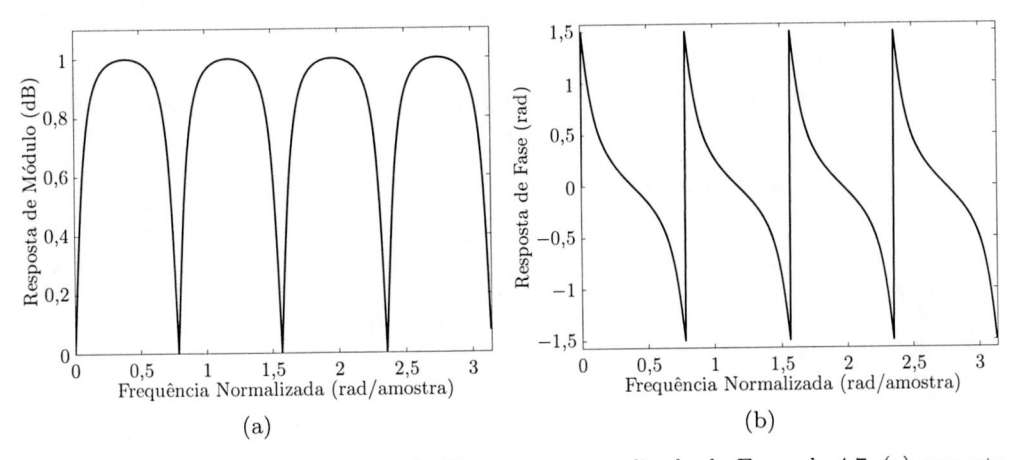

Figura 4.33 Resposta na frequência do filtro pente normalizado do Exemplo 4.7: (a) resposta de módulo; (b) resposta de fase.

4.8 Faça você mesmo: filtros digitais

Experimento 4.1

Considere a função de transferência na forma direta

$$H(z) = \frac{z^6 + z^5 + z^4 + z^3 + z^2 + z + 1}{z^6 + 3z^5 + \frac{121}{30}z^4 + \frac{92}{30}z^3 + \frac{41}{30}z^2 + \frac{1}{3}z + \frac{1}{30}}. \tag{4.111}$$

Pode-se encontrar facilmente os polos e zeros de tal função usando-se as linhas de comando em MATLAB

```
num = [1 1 1 1 1 1 1];
```

Tabela 4.2 *Zeros e polos da função de transferência $H(z)$ do Experimento 4.1.*

Zeros	Polos
$0{,}6235 + 0{,}7818j$	$-0{,}5000 + 0{,}5000j$
$0{,}6235 - 0{,}7818j$	$-0{,}5000 - 0{,}5000j$
$-0{,}9010 + 0{,}4339j$	$-0{,}7236$
$-0{,}9010 - 0{,}4339j$	$-0{,}5000 + 0{,}2887j$
$-0{,}2225 + 0{,}9749j$	$-0{,}5000 - 0{,}2887j$
$-0{,}2225 - 0{,}9749j$	$-0{,}2764$

```
den = [1 3 121/30 92/30 41/30 1/3 1/30];
[zc,pc,kc] = tf2zp(num,den);
```

para chegar aos resultados mostrados na Tabela 4.2.

Em geral, o comando `tf2zp` agrupa os polos e zeros complexos em pares conjugados. Entretanto, como se pode ver na coluna de polos da Tabela 4.2, esses pares complexos conjugados têm de ser separados das raízes reais para compor os blocos de segunda ordem de uma realização cascata com coeficientes reais. Isso é feito automaticamente pelo comando `zp2sos`, cujo uso é exemplificado a seguir

```
Hcascade = zp2sos(zc,pc,kc)
```

e fornece

```
Hcascade =
1.0000   -1.2470   1.0000   1.0000   1.0000   0.2000
1.0000    0.4450   1.0000   1.0000   1.0000   0.3333
1.0000    1.8019   1.0000   1.0000   1.0000   0.5000
```

correspondente à realização

$$H(z) = \frac{z^2 - 1{,}2470z + 1}{z^2 + z + \frac{1}{5}} \frac{z^2 + 0{,}4450z + 1}{z^2 + z + \frac{1}{3}} \frac{z^2 + 1{,}8019z + 1}{z^2 + z + \frac{1}{2}}. \qquad (4.112)$$

A realização paralela de uma dada função de transferência pode ser determinada com o auxílio do comando `residue`, que expressa $H(z)$ como a soma

$$H(z) = \frac{r_1}{z - p_1} + \frac{r_2}{z - p_2} + \cdots + \frac{r_N}{z - p_N} + k, \qquad (4.113)$$

onde N é o número de polos e os parâmetros r_i, p_i e k são as saídas de

```
[rp,pp,kp] = residue(num,den);
```

Novamente, precisamos separar os pares de polos complexos conjugados dos polos reais em `pp` para determinar os blocos de segunda ordem da realização paralela com coeficientes estritamente reais. Desta vez, entretanto, não podemos contar

4.8 Faça você mesmo: filtros digitais

com o comando `zp2sos`, que só é apropriado para a decomposição em cascata. A solução é empregar o comando `cplxpair`, que posiciona as raízes reais após todos os pares complexos e rearranja correspondentemente o vetor de resíduos rp, permitindo a devida associação de resíduos e polos para formar os termos de segunda ordem, como na sequência de comandos a seguir:

```
N = length(pp);
pp2 = cplxpair(pp);
rp2 = zeros(N,1);
for i = 1:N,
   rp2(find(pp2 == pp(i)),1) = rp(i);
end;
num_blocks = ceil(N/2);
Hparallel = zeros(num_blocks,6);
for count_p = 1:num_blocks,
   if length(pp2) ~= 1,
      Hparallel(count_p,2) = rp2(1)+rp2(2);
      Hparallel(count_p,3) = -rp2(1)*pp2(2)-rp2(2)*pp2(1);
      Hparallel(count_p,5) = -pp2(1)-pp2(2);
      Hparallel(count_p,6) = pp2(1)*pp2(2);
      rp2(1:2) = []; pp2(1:2) = [];
   else,
      Hparallel(count_p,2) = rp2(1);
      Hparallel(count_p,5) = -pp2(1);
   end;
   Hparallel(count_p,4) = 1;
end;
Hparallel = real(Hparallel);
```

O presente experimento fornece

```
Hparallel =
   0   10    17.5000   1   1   0.5000
   0  -20   -38.3333   1   1   0.3333
   0    8    21.8000   1   1   0.2000
```

e, levando em consideração que `kp = 1`, corresponde à decomposição paralela

$$H(z) = \frac{10z + 17{,}5}{z^2 + z + \frac{1}{2}} - \frac{20z + 38\frac{1}{3}}{z^2 + z + \frac{1}{3}} + \frac{8z + 21{,}8}{z^2 + z + \frac{1}{5}} + 1. \tag{4.114}$$

Uma descrição no espaço de estados correspondente a uma dada função de transferência é facilmente determinada com o comando em MATLAB

```
[A,B,C,D] = tf2ss(num,den);
```

Tabela 4.3 *Lista dos comandos do* MATLAB *para conversão entre representações para filtros digitais.*

	Direta	Zero-polo	Cascata	Paralela	Espaço de estados
Direta		tf2zp roots		residuez	tf2ss
Zero-polo	zp2tf poly		zp2sos		zp2ss
Cascata	sos2tf	sos2zp			sos2ss
Paralela	residuez				
Espaço de estados	ss2tf	ss2zp	ss2sos		

Para $H(z)$ dada na equação (4.111), isso resulta em

$$A = \begin{bmatrix} -3 & -\frac{121}{30} & -\frac{92}{30} & -\frac{41}{30} & -\frac{1}{3} & -\frac{1}{30} \\ 1 & 0 & 0 & 0 & 0 & 0 \\ 0 & 1 & 0 & 0 & 0 & 0 \\ 0 & 0 & 1 & 0 & 0 & 0 \\ 0 & 0 & 0 & 1 & 0 & 0 \\ 0 & 0 & 0 & 0 & 1 & 0 \end{bmatrix}, \quad (4.115)$$

$$B = \begin{bmatrix} 1 & 0 & 0 & 0 & 0 & 0 \end{bmatrix}^T, \quad (4.116)$$

$$C = \begin{bmatrix} -2 & -\frac{91}{30} & -\frac{62}{30} & -\frac{11}{30} & \frac{2}{3} & \frac{29}{30} \end{bmatrix}, \quad (4.117)$$

$$D = 1. \quad (4.118)$$

4.9 Formas de filtros digitais com MATLAB

Como foi visto neste capítulo, existem várias formas diferentes para se representar uma dada função de transferência. Estas incluem a forma direta, a forma cascata, a forma paralela e a formulação no espaço de estados. O *toolbox* Signal Processing do MATLAB tem uma série de comandos que são úteis para converter uma dada representação em outra de interesse. Tais comandos estão resumidos na Tabela 4.3 e são explicados em detalhes a seguir, juntamente com alguns outros comandos relacionados ao tema.

- tf2zp: converte da forma direta para a forma zero–polo–ganho, invertendo a operação de zp2tf. A forma zero–polo–ganho é descrita por

$$H(z) = k \frac{[z - Z(1)][z - Z(2)] \cdots [z - Z(M)]}{[z - P(1)][z - P(2)] \cdots [z - P(N)]}, \quad (4.119)$$

4.9 Formas de filtros digitais com MATLAB

onde k é um fator de ganho, $Z(1), Z(2), \ldots, Z(M)$ é o conjunto de zeros do filtro e $P(1), P(2), \ldots, P(N)$ é o conjunto de polos do filtro.

Parâmetros de entrada: Vetores com os coeficientes do numerador, b, e do denominador, a.

Parâmetros de saída:

- Vetores-colunas com os zeros, z, e os polos, p, do filtro;
- Fator de ganho do filtro, k.

Exemplo:
```
b=[1 0.6 -0.16]; a=[1 0.7 0.12];
[z,p,k]=tf2zp(b,a);
```

- `zp2tf`: converte da forma zero–polo–ganho (veja o comando `tf2zp`) para a forma direta, invertendo a operação de `tf2zp`.

  Parâmetros de entrada:

  - Vetores-colunas com os zeros, z, e os polos, p, do filtro;
  - Fator de ganho do filtro, k.

  Parâmetros de saída: Vetores com os coeficientes do numerador, b, e do denominador, a.

  Exemplo:
  ```
  z=[-0.8 0.2]'; p=[-0.4 -0.3]'; k=1;
  [num,den]=zp2tf(z,p,k);
  ```

- `roots`: determina as raízes de um polinômio. Esse comando também pode ser usado para decompor uma dada função de transferência na sua forma zero–polo–ganho.

  Parâmetro de entrada: Um vetor com os coeficientes do polinômio.
  Parâmetro de saída: Um vetor com as raízes.
  Exemplo:
  ```
  r=roots([1 0.6 -0.16]);
  ```

- `poly`: inverte a operação de `roots`, isto é, dado um conjunto de raízes, esse comando determina o polinômio mônico associado a essas raízes.

  Parâmetro de entrada: Um vetor com as raízes.
  Parâmetro de saída: Um vetor com os coeficientes do polinômio.
  Exemplo:
  ```
  pol=poly([-0.8 0.2]);
  ```

- `sos2tf`: converte da forma cascata para a forma direta. Note que não há comando que reverta diretamente essa operação.

Parâmetro de entrada: Uma matriz $L \times 6$, **sos**, cujas linhas contêm os coeficientes de cada seção de segunda ordem na forma

$$H_k(z) = \frac{b_{0k} + b_{1k}z^{-1} + b_{2k}z^{-2}}{a_{0k} + a_{1k}z^{-1} + a_{2k}z^{-2}}, \qquad (4.120)$$

tal que

$$\text{sos} = \begin{bmatrix} b_{01} & b_{11} & b_{21} & a_{01} & a_{11} & a_{21} \\ b_{02} & b_{12} & b_{22} & a_{02} & a_{12} & a_{22} \\ \vdots & \vdots & \vdots & \vdots & \vdots & \vdots \\ b_{0L} & b_{1L} & b_{2L} & a_{0L} & a_{1L} & a_{2L} \end{bmatrix}. \qquad (4.121)$$

Parâmetros de saída: Vetores **num** e **den**, contendo os coeficientes do numerador e do denominador.

Exemplo:
```
sos=[1 1 1 1 10 1; -2 3 1 1 0 -1];
[num,den]=sos2tf(sos);
```

- **residuez**: efetua a expansão em frações parciais no domínio z, quando há dois parâmetros de entrada. Esse comando considera raízes complexas. Para se obter a expansão paralela de uma dada função de transferência, devem-se combinar suas raízes em pares de complexos conjugados com o comando **cplxpair** para formar seções de segunda ordem com todos os coeficientes reais. O comando **residuez** também converte a expansão em frações parciais de volta à forma direta original, quando há três parâmetros de entrada.

Parâmetros de entrada: Vetores com os coeficientes do numerador, **b**, e do denominador, **a**.

Parâmetros de saída:

  – Vetores com os resíduos, **r**, e os polos, **p**;
  – Fator de ganho, **k**.

Exemplo:
```
b=[1 0.6 -0.16]; a=[1 0.7 0.12];
[r,p,k]=residuez(b,a);
```

Parâmetros de entrada:

  – Vetores com os resíduos, **r**, e os polos, **p**;
  – Fator de ganho, **k**.

Parâmetros de saída: Vetores com os coeficientes do numerador, **b**, e do denominador, **a**.

4.9 Formas de filtros digitais com MATLAB

Exemplo:
```
r=[14 -43/3]; p=[-0.4 -0.3]; k=4/3;
[b,a]=residuez(r,p,k);
```

- **cplxpair**: rearruma os elementos de um vetor em pares de complexos conjugados. Os pares são ordenados pelo crescimento de sua parte real. Elementos reais são posicionados após todos os pares complexos.
  Parâmetro de entrada: Um vetor de números complexos.
  Parâmetro de saída: Um vetor contendo os números complexos ordenados.
  Exemplo:
  ```
  Xord=cplxpair(roots([ 1 4 2 1 3 1 4]));
  ```

- **tf2ss**: converte da forma direta para a formulação no espaço de estados, invertendo a operação de **ss2tf**.
  Parâmetros de entrada: Iguais aos do comando **tf2zp**.
  Parâmetros de saída:
  - A matriz do espaço de estados, A;
  - O vetor-coluna de entradas, B;
  - O vetor-linha de estados, C;
  - O escalar de transmissão entrada-saída, D.

  Exemplo:
  ```
  b=[1 0.6 -0.16]; a=[1 0.7 0.12];
  [A,B,C,D]=tf2ss(b,a);
  ```

- **ss2tf**: converte da formulação no espaço de estados para a forma direta, invertendo a operação de **tf2ss**.
  Parâmetros de entrada:
  - A matriz do espaço de estados, A;
  - O vetor-coluna de entradas, B;
  - O vetor-linha de estados, C;
  - O escalar de transmissão entrada-saída, D.

  Parâmetros de saída: Iguais aos do comando **zp2tf**.
  Exemplo:
  ```
  A=[-0.7 -0.12; 1 0]; B=[1 0]'; C=[-0.1 -0.28]; D=1;
  [num,den]=ss2tf(A,B,C,D);
  ```

- **zp2sos**: converte da forma zero-polo-ganho para a forma cascata, invertendo a operação de **sos2zp**. O comando **zp2sos** também pode ordenar as seções resultantes de acordo com as posições dos polos em relação à circunferência unitária.

Parâmetros de entrada: Os mesmos de `zp2tf`, com a adição de uma sequência de caracteres, `up` (default) ou `down`, que indica se a ordenação desejada das seções começa com os polos mais afastados ou mais próximos da circunferência unitária, respectivamente.
Parâmetro de saída: Igual ao parâmetro de entrada do comando `sos2tf`.
Exemplo:
```
z=[1 1 j -j]; p=[0.9 0.8 0.7 0.6];
sos=zp2sos(z,p);
```

- `sos2zp`: converte da forma cascata para a forma zero–polo–ganho, invertendo a operação de `zp2sos`.
  Parâmetro de entrada: Igual ao do comando `sos2tf`.
  Parâmetro de saída: Igual ao do comando `tf2zp`.
  Exemplo:
  ```
  sos=[1 1 1 1 10 1; -2 3 1 1 0 -1];
  [z,p,k]=sos2zp(sos);
  ```

- `zp2ss`: converte da forma zero–polo–ganho para a formulação no espaço de estados, invertendo a operação de `ss2zp`.
  Parâmetros de entrada: Iguais aos do comando `zp2tf`, mas sem restrições ao formato dos vetores de polos e zeros.
  Parâmetros de saída: Iguais aos do comando `tf2ss`.
  Exemplo:
  ```
  z=[-0.8 0.2]; p=[-0.4 -0.3]; k=1;
  [A,B,C,D]=zp2ss(z,p,k);
  ```

- `ss2zp`: converte da formulação no espaço de estados para a forma zero–polo–ganho, invertendo a operação de `zp2ss`.
  Parâmetros de entrada: Iguais aos do comando `ss2tf`.
  Parâmetros de saída: Iguais aos do comando `tf2zp`.
  Exemplo:
  ```
  A=[-0.7 -0.12; 1 0]; B=[1 0]'; C=[-0.1 -0.28]; D=1;
  [z,p,k]=ss2zp(A,B,C,D);
  ```

- `sos2ss`: converte da forma cascata para a formulação no espaço de estados, invertendo a operação de `ss2sos`.
  Parâmetro de entrada: Igual ao do comando `sos2tf`.
  Parâmetros de saída: Iguais aos do comando `tf2ss`.
  Exemplo:
  ```
  sos=[1 1 1 1 10 1; -2 3 1 1 0 -1];
  [A,B,C,D]=sos2ss(sos);
  ```

- `ss2sos`: converte da formulação no espaço de estados para a forma cascata, invertendo a operação de `sos2ss`.
  Parâmetros de entrada: Iguais aos do comando `ss2tf`.
  Parâmetro de saída: Igual ao parâmetro de entrada do comando `sos2tf`.
  Exemplo:
  ```
  A=[-0.7 -0.12; 1 0]; B=[1 0]'; C=[-0.1 -0.28]; D=1;
  sos=ss2sos(A,B,C,D);
  ```

- `filter`: efetua a filtragem de um sinal usando a forma direta canônica do Tipo 2 para filtros IIR (veja a Figura 4.13).
  Parâmetros de entrada:
  - Um vetor `b` com os coeficientes do numerador;
  - Um vetor `a` com os coeficientes do denominador;
  - Um vetor `x` contendo o sinal a ser filtrado;
  - Um vetor `Zi` contendo as condições iniciais dos atrasos.

  Parâmetros de saída:
  - Um vetor `y` contendo o sinal filtrado;
  - Um vetor `Zf` contendo as (novas) condições iniciais dos atrasos.

  Exemplo:
  ```
  a=[1 -0.22 -0.21 0.017 0.01];
  b=[1 2 1]; Zi=[0 0 0 0];
  x=randn(100,1); [y,Zf]=filter(b,a,x,Zi); plot(y);
  ```

4.10 Resumo

Neste capítulo, foram apresentadas algumas realizações básicas para filtros digitais com resposta ao impulso de duração finita (FIR) ou infinita (IIR). Em particular, foram apresentados filtros FIR com fase linear, e sua importância prática foi destacada. Outras estruturas FIR e IIR mais avançadas serão discutidas mais adiante neste livro.

Foi delineado um procedimento para análise de redes digitais nos domínios do tempo e da frequência. Em seguida, foi apresentada a descrição por variáveis de estado.

Foi apresentada a versão digital do teorema de Tellegen, assim como as propriedades de reciprocidade, interreciprocidade e transposição de redes. Então, com o auxílio do teorema de Tellegen, foi fornecida uma formulação simples para cálculo da sensibilidade de uma dada função de transferência a variações nos seus coeficientes.

4.11 Exercícios

4.1 Dê duas realizações diferentes para cada uma das seguintes funções de transferência:

(a) $H(z) = 0{,}0034 + 0{,}0106z^{-2} + 0{,}0025z^{-4} + 0{,}0149z^{-6}$;

(b) $H(z) = \left(\dfrac{z^2 - 1{,}349z + 1}{z^2 - 1{,}919z + 0{,}923}\right)\left(\dfrac{z^2 - 1{,}889z + 1}{z^2 - 1{,}937z + 0{,}952}\right)$.

4.2 Escreva as equações que descrevem cada uma das redes mostradas na Figura 4.34, numerando apropriadamente seus nós.

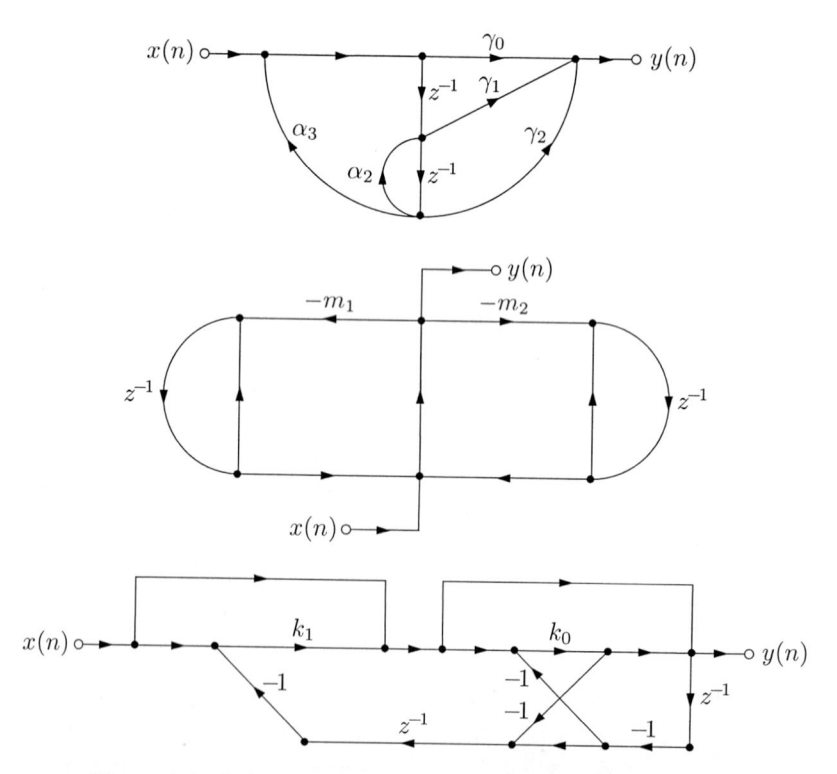

Figura 4.34 Diagramas de fluxo de sinal de três filtros digitais.

4.11 Exercícios

4.3 Mostre que:

(a) se $H(z)$ é um filtro do Tipo I, então $H(-z)$ é do Tipo I.
(b) se $H(z)$ é um filtro do Tipo II, então $H(-z)$ é do Tipo IV.
(c) se $H(z)$ é um filtro do Tipo III, então $H(-z)$ é do Tipo III.
(d) se $H(z)$ é um filtro do Tipo IV, então $H(-z)$ é do Tipo II.

4.4 Determine a função de transferência de cada um dos filtros digitais da Figura 4.34.

4.5 Mostre que a função de transferência de um dado filtro digital é invariante à transformação linear do vetor de estados

$$\mathbf{x}(n) = \mathbf{T}\mathbf{x}'(n),$$

onde $\mathbf{T}$ é qualquer matriz não-singular $N \times N$.

4.6 Descreva as redes da Figura 4.34 usando variáveis de estado.

4.7 Implemente a seguinte função de transferência usando uma realização paralela com o menor número possível de multiplicadores:

$$H(z) = \frac{z^3 + 3z^2 + \frac{11}{4} + \frac{5}{4}}{(z^2 + \frac{1}{2}z + \frac{1}{2})(z + \frac{1}{2})}.$$

4.8 Dada a realização mostrada na Figura 4.35:

(a) mostre sua descrição no espaço de estados;
(b) determine sua função de transferência;
(c) derive a expressão para sua resposta de módulo e interprete o resultado.

4.9 Considere o filtro digital da Figura 4.36.

(a) Determine sua descrição no espaço de estados.
(b) Calcule sua função de transferência e represente graficamente sua resposta de módulo.

4.10 Determine a função de transferência do filtro digital mostrado na Figura 4.37 usando a formulação no espaço de estados.

4.11 Dada a estrutura do filtro digital da Figura 4.38:

(a) determine sua descrição no espaço de estados;
(b) calcule sua função de transferência;
(c) mostre seu circuito transposto;
(d) use essa estrutura com $a = -b = \frac{1}{4}$ para projetar um filtro com ganho DC unitário para eliminar a frequência $\omega_s/2$, onde ω_s representa a frequência de amostragem.

4.12 Dada a estrutura do filtro digital da Figura 4.39:

(a) determine sua função de transferência;
(b) gere sua realização transposta.

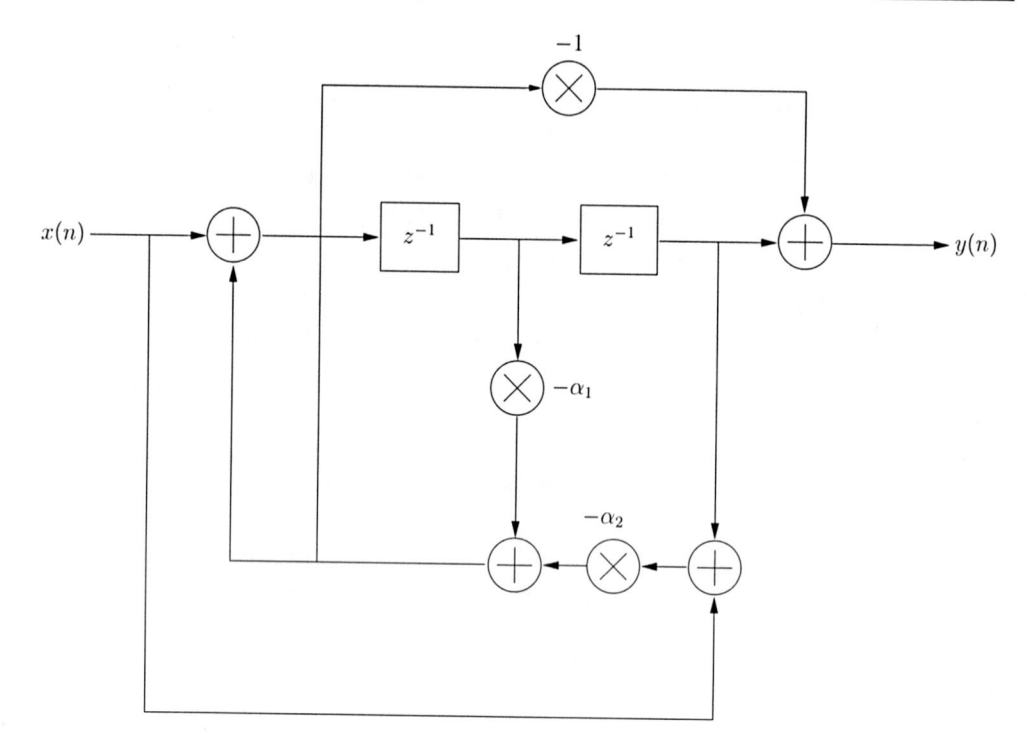

Figura 4.35 Estrutura do filtro digital do Exercício 4.8.

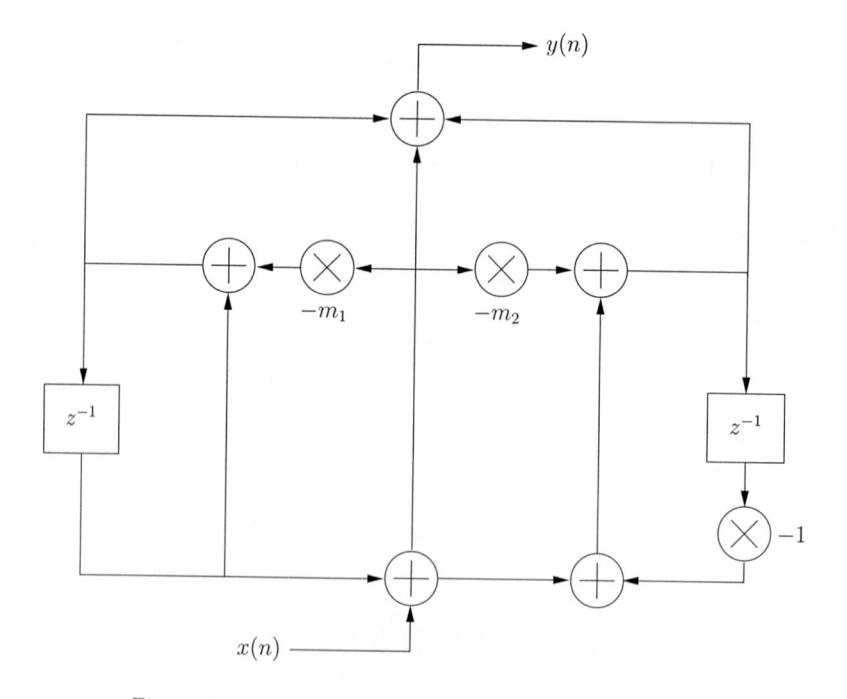

Figura 4.36 Estrutura do filtro digital do Exercício 4.9.

4.11 Exercícios

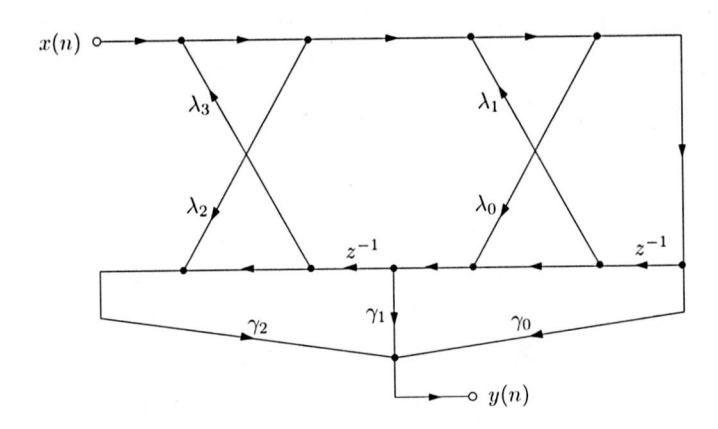

Figura 4.37 Estrutura em treliça de segunda ordem do Exercício 4.10.

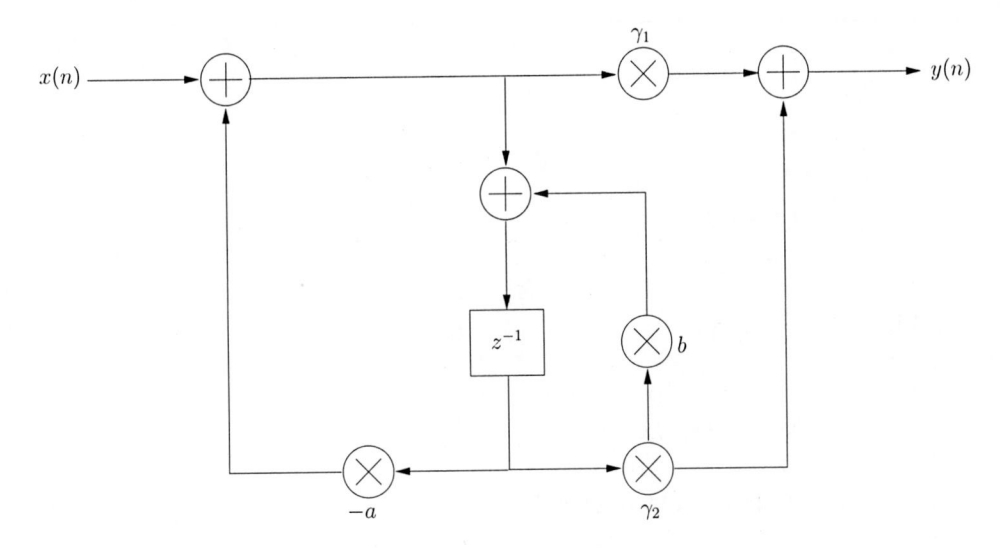

Figura 4.38 Estrutura do filtro digital para o Exercício 4.11.

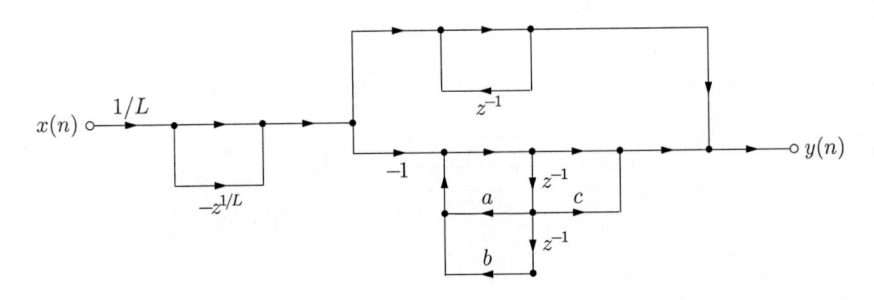

Figura 4.39 Estrutura do filtro digital do Exercício 4.12.

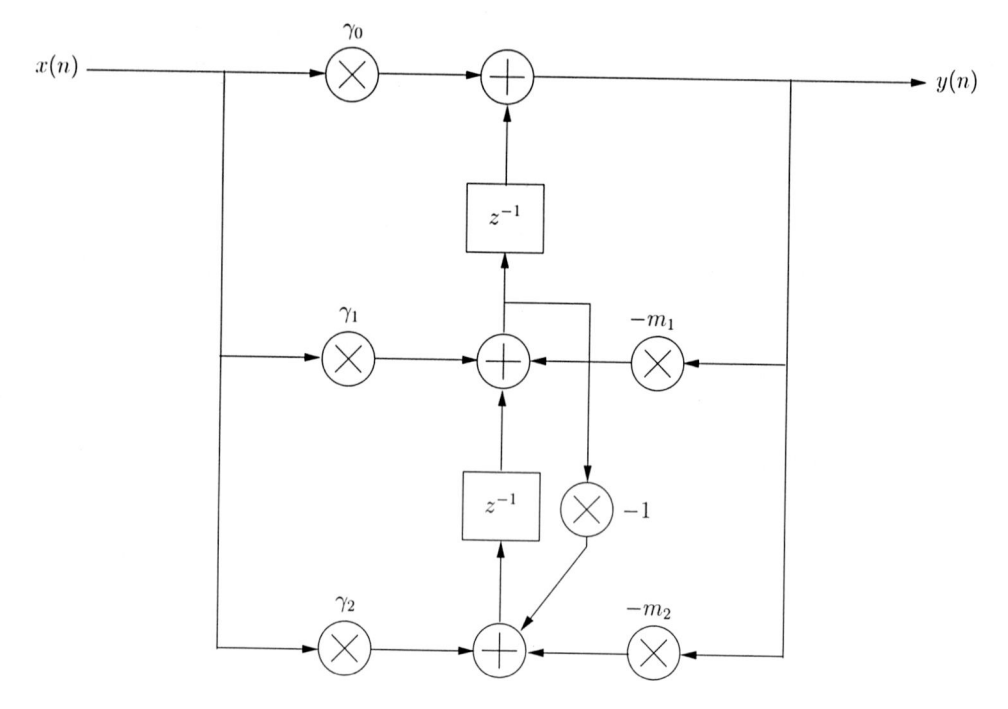

Figura 4.40 Estrutura do filtro digital do Exercício 4.13.

4.13 Dada a estrutura mostrada na Figura 4.40:

(a) determine a função de transferência correspondente, empregando a formulação no espaço de estados;
(b) gere sua realização transposta;
(c) Analise a função de transferência resultante se $\gamma_0 = \gamma_1 = \gamma_2$ e $m_1 = m_2$.

4.14 Encontre a transposta de cada rede da Figura 4.34.

4.15 Determine a sensibilidade das funções de transferência obtidas no Exercício 4.4 para os filtros dados na Figura 4.34 com relação a cada um de seus coeficientes.

4.16 Determine a função de transferência do filtro da Figura 4.41, considerando as duas posições possíveis das chaves.

4.17 Determine e represente graficamente a resposta na frequência do filtro mostrado na Figura 4.41, considerando as duas posições possíveis das chaves.

4.18 Determine a resposta ao impulso do filtro mostrado na Figura 4.42.

4.19 Mostre que duas redes descritas por $Y_i = \sum_{j=1}^{M} T_{ij} X_j$ e $Y_i' = \sum_{j=1}^{M} T_{ij}' X_j'$ são interrecíprocas se $T_{ji} = T_{ij}'$.

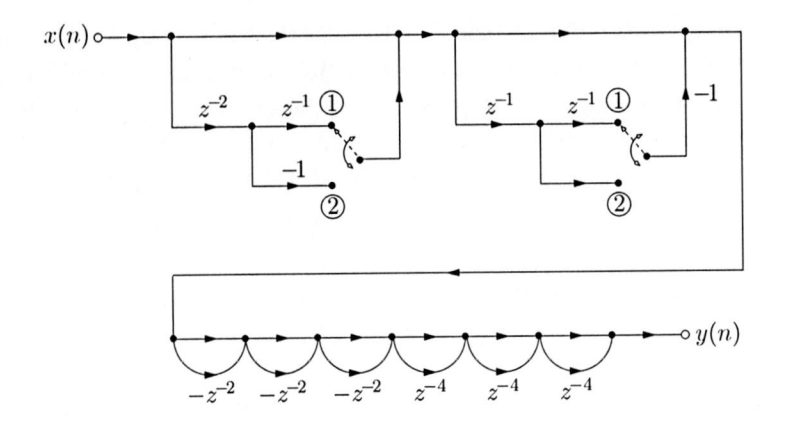

Figura 4.41 Diagrama de fluxo de sinal de um filtro digital.

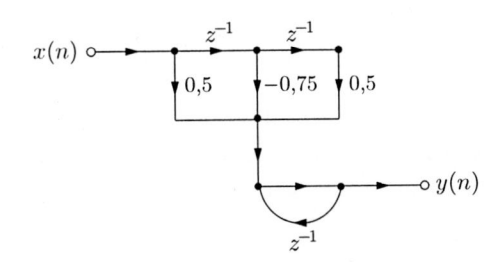

Figura 4.42 Diagrama de fluxo de sinal de um filtro digital.

4.20 Alguns filtros FIR apresentam uma função de transferência racional.

(a) Mostre que a função de transferência

$$H(z) = \frac{(r^{-1}z)^{-(M+1)} - 1}{re^{j2\pi/(M+1)}z^{-1} - 1}$$

corresponde a um filtro FIR (Lyons, 2007).
(b) Determine a operação efetuada por tal filtro.
(c) Discuta o caso geral em que uma função de transferência racional corresponde a um filtro FIR.

4.21 Represente graficamente a constelação de polos e zeros, assim como a resposta de módulo da função de transferência do Exercício 4.20 para $M = 6, 7$ e 8, e comente os resultados.

4.22 Projete um bloco passa-baixas e um bloco passa-altas de segunda ordem e combine-os em cascata para formar um filtro passa-faixa com faixa de passagem $0{,}3 \leq \omega \leq 0{,}4$, sendo $\omega_s = 1$. Represente graficamente a resposta de módulo resultante.

4.23 Projete um bloco passa-baixas e um bloco passa-altas de segunda ordem e combine-os para formar um filtro rejeita-faixa com faixa de rejeição $0{,}25 \leq \omega \leq 0{,}35$, sendo $\omega_s = 1$. Represente graficamente a resposta de módulo resultante.

4.24 Projete um filtro *notch* de segunda ordem capaz de eliminar uma componente senoidal de 10 Hz com $\omega_s = 200$ rad/amostra e mostre a resposta de módulo resultante.

4.25 Para o filtro pente da Figura 4.31, escolha $L = 10$ e calcule as respostas de módulo e fase para os casos em que $a = 0$, $a = 0{,}6$ e $a = 0{,}8$. Comente os resultados.

4.26 Para o filtro pente da equação (4.110), calcule o valor do fator de normalização pelo qual se deve multiplicar a função de transferência para que o valor máximo de sua resposta de módulo seja 1.

4.27 Um filtro FIR cuja função de transferência é

$$H(z) = (z^{-L} - 1)^N$$

com N e L inteiros também é um filtro pente. Discuta as propriedades desse filtro, no que se refere às posições de seus zeros e à sua seletividade.

4.28 É dada a função de transferência

$$H(z) = \frac{z(z - \cos \omega_0)}{z^2 - 2 \cos \omega_0 z + 1}.$$

(a) Onde exatamente estão localizados seus polos na circunferência unitária?

(b) Usando $2 \cos \omega_0 = -2, 0, 1, 2$ e sem qualquer excitação externa, dê um valor inicial de 0,5 a um dos estados do filtro e determine o sinal de saída ao longo de algumas centenas de iterações. Comente o resultado observado.

4.29 Com uma estrutura no espaço de estados, prove que escolhendo $a_{11} = a_{22} = \cos \omega_0$ e $a_{21} = -a_{12} = -\operatorname{sen} \omega_0$, as oscilações resultantes nos estados $x_1(n)$ e $x_2(n)$ correspondem a $\cos(\omega_0 n)$ e $\operatorname{sen}(\omega_0 n)$, respectivamente.

4.30 Revisitemos a descrição de $H(z)$ no espaço de estados, como obtida no Experimento 4.1.

(a) Use o comando `eig` em MATLAB para determinar os autovalores da matriz A do sistema e compare seus resultados com os polos de $H(z)$ fornecidos na Tabela 4.2.

(b) Implemente a equação (4.51) em MATLAB para determinar a resposta ao impulso da descrição no espaço de estados (4.115)–(4.118) e compare seu resultado com a resposta ao impulso obtida com o comando `filter`.

4.31 Crie comandos em MATLAB para completar as lacunas da Tabela 4.3.

5 Aproximações para filtros FIR

5.1 Introdução

Neste capítulo, estudaremos os esquemas de aproximação para filtros digitais com resposta ao impulso de duração finita (FIR) e apresentaremos os métodos para determinação dos coeficientes e da ordem do filtro de forma tal que a resposta na frequência resultante satisfaça um conjunto de especificações prescritas.

Em alguns casos, filtros FIR são considerados ineficientes no sentido de requererem uma função de transferência de ordem alta para satisfazer as exigências do sistema, quando comparada à ordem requerida por filtros digitais com resposta ao impulso de duração infinita. Contudo, filtros digitais FIR apresentam algumas vantagens quanto à implementação, tais como a possibilidade de terem fase linear exata e o fato de serem intrinsecamente estáveis, quando realizados de forma não-recursiva. Além disso, a complexidade computacional dos filtros FIR pode ser reduzida se eles são implementados através de algoritmos numéricos rápidos, tais como a transformada rápida de Fourier.

Iniciamos discutindo as características ideais da resposta na frequência de filtros FIR mais frequentemente usados, assim como suas respostas ao impulso correspondentes. Incluímos na discussão filtros passa-baixas, passa-altas, passa-faixa e rejeita-faixa, e também tratamos de dois outros filtros importantes, a saber, os diferenciadores e os transformadores de Hilbert.

Prosseguimos discutindo a amostragem na frequência e os métodos baseados em janela para aproximação de filtros digitais FIR, focalizando as janelas retangular, triangular, de Bartlett, de Hamming, de Blackman, de Kaiser e de Dolph–Chebyshev. Além disso, abordamos o projeto de filtros maximamente planos.

Em seguida, são discutidos métodos numéricos para o projeto de filtros FIR. É fornecida uma formulação unificada para o problema geral de aproximação. O método dos mínimos quadrados ponderados (WLS, do inglês *Weighted Least-Squares*) é apresentado como uma generalização da abordagem por janela retangular. Então apresentamos a abordagem de Chebyshev (ou minimax) como a forma mais eficiente, com relação à ordem do filtro resultante, para aproximação de filtros FIR que minimizem as ondulações máximas na faixa de passagem e na faixa de rejeição. Também discutimos a abordagem WLS–Chebyshev, capaz de combinar as características desejáveis de alta atenuação do método de Chebyshev e de baixo nível de energia do método WLS, na faixa de rejeição do filtro.

Concluímos o capítulo discutindo o uso do MATLAB para projetar filtros FIR.

5.2 Características ideais de filtros-padrão

Nesta seção, analisamos as características ideais das respostas no tempo e na frequência dos filtros FIR mais usados. Inicialmente, lidamos com os filtros passa-baixas, passa-altas, passa-faixa e rejeita-faixa. Depois, são analisados dois tipos de filtros amplamente usados na área de processamento digital de sinais: os diferenciadores e os transformadores de Hilbert (Oppenheim & Schafer, 1975; Antoniou, 1993), cujas implementações são estudadas como casos especiais de filtros digitais FIR.

Usualmente, o comportamento de um filtro é melhor caracterizado por sua resposta na frequência $H(e^{j\omega})$. Como foi visto no Capítulo 4, a implementação de um filtro se baseia em sua função de transferência $H(z)$, da forma

$$H(z) = \sum_{n=-\infty}^{\infty} h(n) z^{-n}. \tag{5.1}$$

O projeto de um filtro FIR começa com o cálculo dos coeficientes $h(n)$ que serão usados em uma das estruturas discutidas na Seção 4.2.

Como foi visto na Seção 2.8, a relação entre $H(e^{j\omega})$ e $h(n)$ é dada pelo seguinte par de equações:

$$H(e^{j\omega}) = \sum_{n=-\infty}^{\infty} h(n) e^{-j\omega n} \tag{5.2}$$

$$h(n) = \frac{1}{2\pi} \int_{-\pi}^{\pi} H(e^{j\omega}) e^{j\omega n} d\omega. \tag{5.3}$$

No que se segue, determinamos $H(e^{j\omega})$ e $h(n)$ referentes aos filtros-padrão ideais.

5.2.1 Filtros passa-baixas, passa-altas, passa-faixa e rejeita-faixa

As respostas de módulo ideais de alguns filtros digitais padrão são representadas na Figura 5.1.

Por exemplo, o passa-baixas ideal, tal como visto na Figura 5.1a, é descrito por

$$|H(e^{j\omega})| = \begin{cases} 1, & \text{para } |\omega| \leq \omega_c \\ 0, & \text{para } \omega_c < |\omega| \leq \pi. \end{cases} \tag{5.4}$$

5.2 Características ideais de filtros-padrão

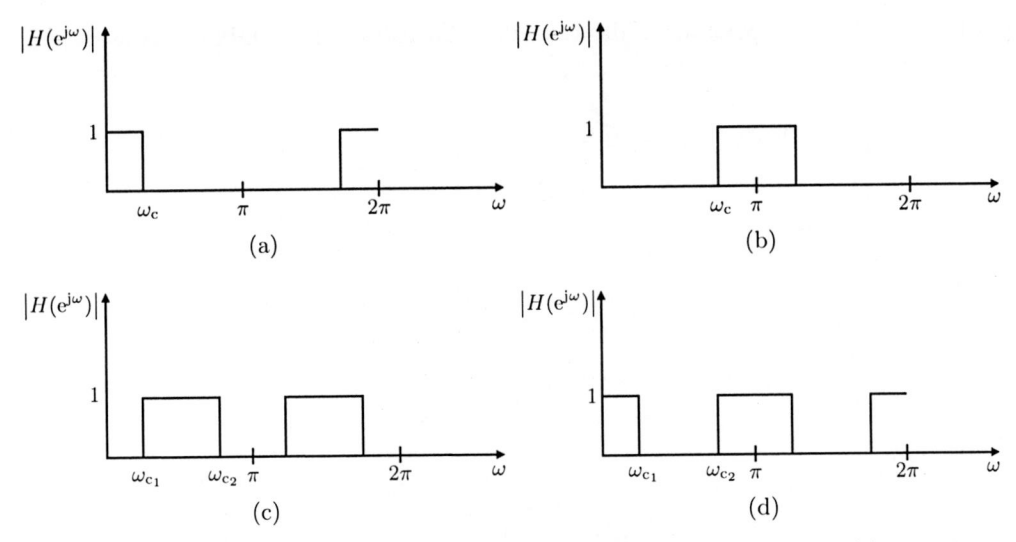

Figura 5.1 Respostas de módulo ideais: filtros (a) passa-baixas; (b) passa-altas; (c) passa-faixa; (d) rejeita-faixa.

Usando a equação (5.3), a resposta ao impulso do filtro passa-baixas ideal é

$$h(n) = \frac{1}{2\pi} \int_{-\omega_c}^{\omega_c} e^{j\omega n} d\omega = \begin{cases} \dfrac{\omega_c}{\pi}, & \text{para } n = 0 \\ \dfrac{\text{sen}(\omega_c n)}{\pi n}, & \text{para } n \neq 0. \end{cases} \quad (5.5)$$

Deve-se observar que nesse cálculo da transformada inversa supusemos que a fase do filtro era zero. Pela equação (4.12) da Seção 4.2.3, sabemos que a fase de um filtro FIR simétrico causal tem que ser da forma $e^{-j\omega M/2}$, sendo M um inteiro. Portanto, para M par, basta deslocar a resposta ao impulso anterior de $M/2$ amostras. Entretanto, se M é ímpar, $M/2$ não é um inteiro, e a resposta ao impulso tem de ser calculada como

$$\begin{aligned} h(n) &= \frac{1}{2\pi} \int_{-\omega_c}^{\omega_c} e^{-j\omega M/2} e^{j\omega n} d\omega \\ &= \frac{1}{2\pi} \int_{-\omega_c}^{\omega_c} e^{j\omega(n-M/2)} d\omega \\ &= \frac{\text{sen}\left[\omega_c\left(n - M/2\right)\right]}{\pi\left(n - M/2\right)}. \end{aligned} \quad (5.6)$$

Similarmente, a resposta de módulo ideal do filtro rejeita-faixa, representada na Figura 5.1d, é dada por

$$|H(e^{j\omega})| = \begin{cases} 1, & \text{para} \quad 0 \leq |\omega| \leq \omega_{c_1} \\ 0, & \text{para} \quad \omega_{c_1} < |\omega| < \omega_{c_2} \\ 1, & \text{para} \quad \omega_{c_2} \leq |\omega| \leq \pi. \end{cases} \quad (5.7)$$

Então, usando a equação (5.3), a resposta ao impulso para esse filtro ideal é

$$\begin{aligned} h(n) &= \frac{1}{2\pi} \left[\int_{-\omega_{c_1}}^{\omega_{c_1}} e^{j\omega n} d\omega + \int_{\omega_{c_2}}^{\pi} e^{j\omega n} d\omega + \int_{-\pi}^{-\omega_{c_2}} e^{j\omega n} d\omega \right] \\ &= \begin{cases} 1 + \dfrac{\omega_{c_1} - \omega_{c_2}}{\pi}, & \text{para } n = 0 \\ \dfrac{1}{\pi n} \left[\text{sen}(\omega_{c_1} n) - \text{sen}(\omega_{c_2} n) \right], & \text{para } n \neq 0. \end{cases} \end{aligned} \quad (5.8)$$

Novamente, essa resposta ao impulso só é válida para fase nula. Para fase linear não-nula, a discussão que se seguiu à equação (5.5) se aplica aqui (veja o Exercício 5.1).

Seguindo raciocínio análogo, podem-se achar facilmente as respostas de módulo dos filtros passa-altas e passa-faixa ideais, representadas nas Figuras 5.1b e 5.1c, respectivamente. A Tabela 5.1 (Seção 5.2.4) contém as respostas de módulo ideais e respectivas respostas ao impulso de filtros passa-baixas, passa-altas, passa-faixa e rejeita-faixa.

5.2.2 Diferenciadores

Um diferenciador ideal no tempo discreto é um sistema linear que, ao receber em sua entrada amostras de um sinal no tempo contínuo com largura de faixa limitada, apresenta em sua saída amostras da derivada do sinal no tempo contínuo. Mais precisamente, dado um sinal $x_a(t)$ no tempo contínuo, com largura de faixa limitada ao intervalo $[-\frac{\pi}{T}, \frac{\pi}{T})$, quando sua versão amostrada correspondente $x(n) = x_a(nT)$ é posta à entrada de um diferenciador ideal, produz um sinal de saída $y(n)$ tal que

$$y(n) = \left. \frac{dx_a(t)}{dt} \right|_{t=nT}. \quad (5.9)$$

Se a transformada de Fourier de um sinal no tempo contínuo é denotada por $X_a(j\Omega)$, temos que a transformada de Fourier de sua derivada é $j\Omega X_a(j\Omega)$, como se pode deduzir da equação (2.206). Portanto, um diferenciador ideal no tempo discreto se caracteriza, a menos de uma constante multiplicativa, por uma

5.2 Características ideais de filtros-padrão

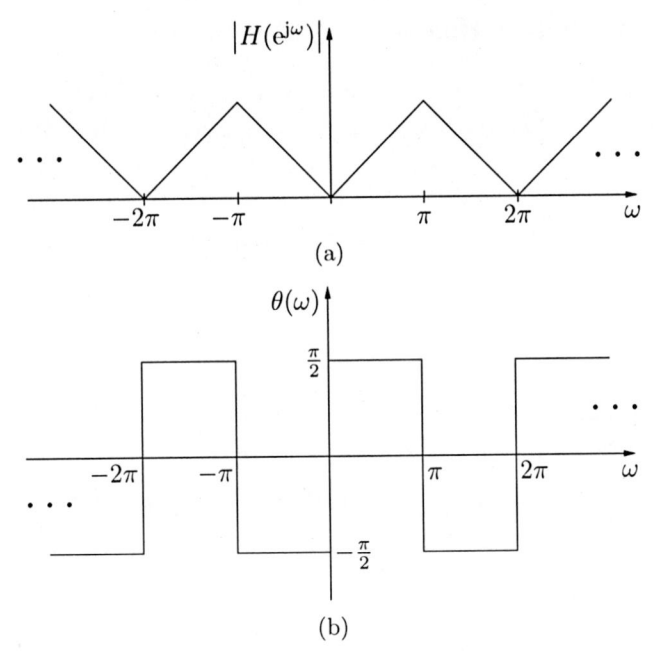

Figura 5.2 Características de um diferenciador ideal no tempo discreto: (a) resposta de módulo; (b) resposta de fase.

resposta na frequência da forma

$$H(e^{j\omega}) = j\omega, \text{ para } -\pi \leq \omega < \pi. \tag{5.10}$$

As respostas de módulo e de fase de um diferenciador são mostradas na Figura 5.2.

Usando a equação (5.3), a resposta ao impulso correspondente é dada por

$$h(n) = \frac{1}{2\pi}\int_{-\pi}^{\pi} j\omega e^{j\omega n} d\omega = \begin{cases} 0, & \text{para } n = 0 \\ \frac{1}{2\pi}\left[e^{j\omega n}\left(\frac{\omega}{n} - \frac{1}{jn^2}\right)\right]\Big|_{-\pi}^{\pi} = \frac{(-1)^n}{n}, & \text{para } n \neq 0. \end{cases} \tag{5.11}$$

Deve-se notar, comparando a equação (5.10) com a equação (4.16), que se um diferenciador deve ser aproximado por um filtro FIR com fase linear, deve-se usar necessariamente uma forma do Tipo III ou do Tipo IV. De fato, usando uma argumentação similar à que se seguiu à equação (5.5), podemos ver que a equação (5.11) só pode ser usada no caso de filtros do Tipo III. Para filtros do Tipo IV, temos que fazer uma derivação similar à da equação (5.6) (veja o Exercício 5.1).

5.2.3 Transformadores de Hilbert

O transformador de Hilbert é um sistema que, quando alimentado com a parte real de um sinal complexo cuja transformada de Fourier é nula para $-\pi \leq \omega < 0$, produz em sua saída a parte imaginária do sinal complexo. Em outras palavras, seja $x(n)$ a transformada de Fourier inversa de $X(\mathrm{e}^{\mathrm{j}\omega})$, tal que $X(\mathrm{e}^{\mathrm{j}\omega}) = 0$, $-\pi \leq \omega < 0$. As partes real e imaginária de $x(n)$, $x_\mathrm{R}(n)$ e $x_\mathrm{I}(n)$, são definidas como

$$\left. \begin{aligned} \mathrm{Re}\{x(n)\} &= \frac{x(n) + x^*(n)}{2} \\ \mathrm{Im}\{x(n)\} &= \frac{x(n) - x^*(n)}{2\mathrm{j}} \end{aligned} \right\}. \tag{5.12}$$

Logo, suas respectivas transformadas de Fourier, $X_\mathrm{R}(\mathrm{e}^{\mathrm{j}\omega}) = \mathcal{F}\{\mathrm{Re}\{x(n)\}\}$ e $X_\mathrm{I}(\mathrm{e}^{\mathrm{j}\omega}) = \mathcal{F}\{\mathrm{Im}\{x(n)\}\}$, são

$$\left. \begin{aligned} X_\mathrm{R}(\mathrm{e}^{\mathrm{j}\omega}) &= \frac{X(\mathrm{e}^{\mathrm{j}\omega}) + X^*(\mathrm{e}^{-\mathrm{j}\omega})}{2} \\ X_\mathrm{I}(\mathrm{e}^{\mathrm{j}\omega}) &= \frac{X(\mathrm{e}^{\mathrm{j}\omega}) - X^*(\mathrm{e}^{-\mathrm{j}\omega})}{2\mathrm{j}} \end{aligned} \right\}. \tag{5.13}$$

Para $-\pi \leq \omega < 0$, como $X(\mathrm{e}^{\mathrm{j}\omega}) = 0$, temos que

$$\left. \begin{aligned} X_\mathrm{R}(\mathrm{e}^{\mathrm{j}\omega}) &= \frac{X^*(\mathrm{e}^{-\mathrm{j}\omega})}{2} \\ X_\mathrm{I}(\mathrm{e}^{\mathrm{j}\omega}) &= \mathrm{j}\frac{X^*(\mathrm{e}^{-\mathrm{j}\omega})}{2} \end{aligned} \right\}, \tag{5.14}$$

e para $0 \leq \omega < \pi$, como $X^*(\mathrm{e}^{-\mathrm{j}\omega}) = 0$, temos também que

$$\left. \begin{aligned} X_\mathrm{R}(\mathrm{e}^{\mathrm{j}\omega}) &= \frac{X(\mathrm{e}^{\mathrm{j}\omega})}{2} \\ X_\mathrm{I}(\mathrm{e}^{\mathrm{j}\omega}) &= -\mathrm{j}\frac{X(\mathrm{e}^{\mathrm{j}\omega})}{2} \end{aligned} \right\}. \tag{5.15}$$

Pelas equações (5.14) e (5.15), podemos concluir facilmente que

$$\left. \begin{aligned} X_\mathrm{I}(\mathrm{e}^{\mathrm{j}\omega}) &= -\mathrm{j}X_\mathrm{R}(\mathrm{e}^{\mathrm{j}\omega}), \quad \text{para } 0 \leq \omega < \pi \\ X_\mathrm{I}(\mathrm{e}^{\mathrm{j}\omega}) &= \mathrm{j}X_\mathrm{R}(\mathrm{e}^{\mathrm{j}\omega}), \quad \text{para } -\pi \leq \omega < 0 \end{aligned} \right\}. \tag{5.16}$$

Essas equações fornecem uma relação entre as transformadas de Fourier das partes real e imaginária de um sinal cuja transformada de Fourier é nula para $-\pi \leq \omega < 0$. Logo, isso implica que o transformador de Hilbert ideal tem a

5.2 Características ideais de filtros-padrão

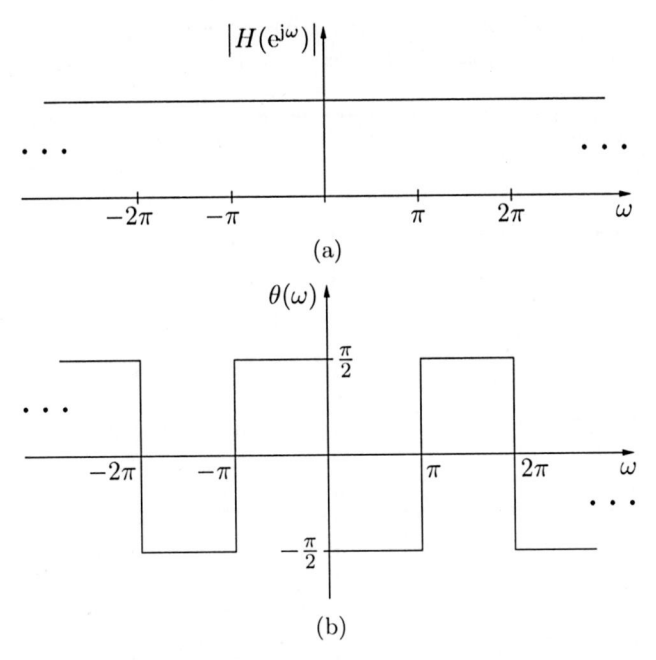

Figura 5.3 Características de um transformador de Hilbert ideal: (a) resposta de módulo; (b) resposta de fase.

seguinte função de transferência:

$$H(e^{j\omega}) = \begin{cases} -j, & \text{para } 0 \leq \omega < \pi \\ j, & \text{para } -\pi \leq \omega < 0. \end{cases} \quad (5.17)$$

As componentes de módulo e fase dessa resposta na frequência são mostradas na Figura 5.3.

Usando a equação (5.3), a resposta ao impulso correspondente do transformador de Hilbert ideal é dada por

$$h(n) = \frac{1}{2\pi} \left[\int_0^\pi -je^{j\omega n} d\omega + \int_{-\pi}^0 je^{j\omega n} d\omega \right]$$

$$= \begin{cases} 0, & \text{para } n = 0 \\ \dfrac{1}{\pi n}[1-(-1)^n], & \text{para } n \neq 0. \end{cases} \quad (5.18)$$

Examinando a equação (5.17) e comparando-a com a equação (4.16), concluímos que, como no caso do diferenciador, um transformador de Hilbert tem que ser aproximado, quando se usa um filtro FIR com fase linear, por uma estrutura do Tipo III ou do Tipo IV (veja a discussão que se segue às equações (5.5), (5.8), e (5.11), bem como o Exercício 5.1).

Tabela 5.1 *Características ideais na frequência e respostas ao impulso correspondentes para filtros passa-baixas, passa-altas, passa-faixa e rejeita-faixa, diferenciadores e transformadores de Hilbert.*

Tipo de filtro	Resposta de módulo $\|H(e^{j\omega})\|$	Resposta ao impulso $h(n)$
Passa-baixas	$\begin{cases} 1, \text{ para } 0 \leq \|\omega\| \leq \omega_c \\ 0, \text{ para } \omega_c < \|\omega\| \leq \pi \end{cases}$	$\begin{cases} \dfrac{\omega_c}{\pi}, & \text{para } n = 0 \\ \dfrac{1}{\pi n} \text{sen}(\omega_c n), & \text{para } n \neq 0 \end{cases}$
Passa-altas	$\begin{cases} 0, \text{ para } 0 \leq \|\omega\| < \omega_c \\ 1, \text{ para } \omega_c \leq \|\omega\| \leq \pi \end{cases}$	$\begin{cases} 1 - \dfrac{\omega_c}{\pi}, & \text{para } n = 0 \\ -\dfrac{1}{\pi n} \text{sen}(\omega_c n), & \text{para } n \neq 0 \end{cases}$
Passa-faixa	$\begin{cases} 0, \text{ para } 0 \leq \|\omega\| < \omega_{c_1} \\ 1, \text{ para } \omega_{c_1} \leq \|\omega\| \leq \omega_{c_2} \\ 0, \text{ para } \omega_{c_2} < \|\omega\| \leq \pi \end{cases}$	$\begin{cases} \dfrac{(\omega_{c_2} - \omega_{c_1})}{\pi}, & \text{para } n = 0 \\ \dfrac{1}{\pi n}\left[\text{sen}(\omega_{c_2} n) - \text{sen}(\omega_{c_1} n)\right], & \text{para } n \neq 0 \end{cases}$
Rejeita-faixa	$\begin{cases} 1, \text{ para } 0 \leq \|\omega\| \leq \omega_{c_1} \\ 0, \text{ para } \omega_{c_1} < \|\omega\| < \omega_{c_2} \\ 1, \text{ para } \omega_{c_2} \leq \|\omega\| \leq \pi \end{cases}$	$\begin{cases} 1 - \dfrac{(\omega_{c_2} - \omega_{c_1})}{\pi}, & \text{para } n = 0 \\ \dfrac{1}{\pi n}\left[\text{sen}(\omega_{c_1} n) - \text{sen}(\omega_{c_2} n)\right], & \text{para } n \neq 0 \end{cases}$
Tipo de filtro	Resposta na frequência $H(e^{j\omega})$	Resposta ao impulso $h(n)$
Diferenciador	$j\omega, \quad \text{para } -\pi \leq \omega < \pi$	$\begin{cases} 0, & \text{para } n = 0 \\ \dfrac{(-1)^n}{n}, & \text{para } n \neq 0 \end{cases}$
Transformador de Hilbert	$\begin{cases} -j, \text{ para } 0 \leq \omega < \pi \\ j, \text{ para } -\pi \leq \omega < 0 \end{cases}$	$\begin{cases} 0, & \text{para } n = 0 \\ \dfrac{1}{\pi n}\left[1 - (-1)^n\right], & \text{para } n \neq 0 \end{cases}$

Uma interpretação interessante dos transformadores de Hilbert resulta da equação (5.17): toda senoide de frequência positiva $e^{j\omega_0}$ apresentada à entrada de um transformador de Hilbert tem sua fase deslocada de $-\pi/2$ na saída, enquanto que toda senoide de frequência negativa $e^{-j\omega_0}$ tem sua fase deslocada de $+\pi/2$ na saída, como se vê na Figura 5.3b. Isso equivale a deslocar a fase de toda função seno ou cosseno de $-\pi/2$. Portanto, um transformador de Hilbert ideal converte toda componente cosseno de um sinal num seno, e toda componente seno num cosseno.

5.2.4 Resumo

A Tabela 5.1 resume as respostas na frequência ideais e as respostas ao impulso correspondentes dos filtros passa-baixas, passa-altas, passa-faixa e rejeita-faixa básicos, assim como para os diferenciadores e transformadores de Hilbert. Examinando essa tabela, notamos que as respostas ao impulso correspondentes a todos esses filtros ideais não são diretamente realizáveis, já que elas têm duração infinita e são não-causais. No restante deste capítulo, lidamos com o problema da aproximação de respostas na frequência ideais como aquelas vistas nesta seção por respostas ao impulso de duração finita.

5.3 Aproximação para filtros FIR por amostragem na frequência

Em geral, o problema do projeto de filtros FIR é encontrar uma resposta ao impulso $h(n)$ de duração finita cuja transformada de Fourier $H(e^{j\omega})$ aproxime suficientemente bem uma dada resposta na frequência. Uma forma de atingir esse objetivo é notar, como foi visto na Seção 3.2, que a DFT de uma sequência $h(n)$ de comprimento N corresponde a amostras de sua transformada de Fourier nas frequências $\omega = 2\pi k/N$, isto é,

$$H(e^{j\omega}) = \sum_{n=0}^{N-1} h(n)e^{-j\omega n}, \qquad (5.19)$$

e então,

$$H(e^{j2\pi k/N}) = \sum_{n=0}^{N-1} h(n)e^{-j2\pi kn/N}, \text{ para } k = 0, 1, \ldots, N-1. \qquad (5.20)$$

Assim, é natural que se pense em projetar um filtro FIR de comprimento N encontrando $h(n)$ cuja DFT corresponda exatamente às amostras da resposta na frequência desejada. Em outras palavras, $h(n)$ pode ser determinada amostrando-se a resposta na frequência desejada nos N pontos $e^{(j2\pi/N)k}$ e encontrando-se sua DFT inversa, dada pela equação (3.16). Esse método é geralmente chamado de abordagem por amostragem na frequência (Gold & Jordan, 1969; Rabiner et al., 1970; Rabiner & Gold, 1975).

Mais precisamente, se a resposta na frequência desejada é dada por $D(\omega)$, é preciso achar primeiro

$$A(k)e^{j\theta(k)} = D\left(\frac{\omega_s k}{N}\right), \text{ para } k = 0, 1, \ldots, N-1, \qquad (5.21)$$

onde $A(k)$ e $\theta(k)$ são amostras das respostas desejadas de amplitude e fase, respectivamente. Se queremos que o filtro resultante tenha fase linear, $h(n)$ tem que estar numa das formas dadas na Seção 4.2.3. Em cada forma, as funções $A(k)$ e $\theta(k)$ apresentam propriedades particulares. A seguir resumimos os resultados dados em Antoniou (1993) para esses quatro casos.[1]

- Tipo I: Ordem M par e resposta ao impulso simétrica. Nesse caso, as respostas de fase e amplitude têm que satisfazer

$$\theta(k) = -\frac{\pi k M}{M+1}, \text{ para } 0 \leq k \leq M \quad (5.22)$$

$$A(k) = A(M - k + 1), \text{ para } 1 \leq k \leq M/2 \quad (5.23)$$

e, então, a resposta ao impulso é dada por

$$h(n) = \frac{1}{M+1}\left[A(0) + 2\sum_{k=1}^{M/2}(-1)^k A(k)\cos\frac{\pi k(1+2n)}{M+1}\right] \quad (5.24)$$

para $n = 0, 1, \ldots, M$.

- Tipo II: Ordem M ímpar e resposta ao impulso simétrica. As respostas de fase e amplitude, nesse caso, tornam-se

$$\theta(k) = \begin{cases} -\dfrac{\pi k M}{M+1}, & \text{para } 0 \leq k \leq (M-1)/2 \\ \pi - \dfrac{\pi k M}{M+1}, & \text{para } (M+3)/2 \leq k \leq M \end{cases} \quad (5.25)$$

$$A(k) = A(M - k + 1), \text{ para } 1 \leq k \leq (M+1)/2 \quad (5.26)$$

$$A\left(\frac{M+1}{2}\right) = 0, \quad (5.27)$$

e a resposta ao impulso é

$$h(n) = \frac{1}{M+1}\left[A(0) + 2\sum_{k=1}^{(M-1)/2}(-1)^k A(k)\cos\frac{\pi k(1+2n)}{M+1}\right] \quad (5.28)$$

para $n = 0, 1, \ldots, M$.

---

[1] Para manter a consistência com a notação da Seção 4.2.3, na discussão seguinte utilizaremos a ordem do filtro $M = N - 1$ em vez do comprimento do filtro N.

5.3 Aproximação para filtros FIR por amostragem na frequência

- Tipo III: Ordem M par e resposta ao impulso antissimétrica. As respostas de fase e amplitude são tais que

$$\theta(k) = \frac{(1+2r)\pi}{2} - \frac{\pi k M}{M+1}, \text{ para } r \in \mathbb{Z} \text{ e } 0 \le k \le M \quad (5.29)$$

$$A(k) = A(M-k+1), \text{ para } 1 \le k \le M/2 \quad (5.30)$$

$$A(0) = 0, \quad (5.31)$$

e a resposta ao impulso é dada por

$$h(n) = \frac{2}{M+1} \sum_{k=1}^{M/2} (-1)^{k+1} A(k) \operatorname{sen} \frac{\pi k(1+2n)}{M+1} \quad (5.32)$$

para $n = 0, 1, \ldots, M$.

- Tipo IV: Ordem M ímpar e resposta ao impulso antissimétrica. Nesse caso, as respostas de fase e amplitude são da forma

$$\theta(k) = \begin{cases} \dfrac{\pi}{2} - \dfrac{\pi k M}{M+1}, & \text{para } 1 \le k \le (M-1)/2 \\ -\dfrac{\pi}{2} - \dfrac{\pi k M}{M+1}, & \text{para } (M+1)/2 \le k \le M \end{cases} \quad (5.33)$$

$$A(k) = A(M-k+1), \quad \text{para } 1 \le k \le M \quad (5.34)$$

$$A(0) = 0, \quad (5.35)$$

e a resposta ao impulso se torna, então,

$$h(n) = \frac{1}{M+1} \left[(-1)^{(M+1)/2+n} A\left(\frac{M+1}{2}\right) \right.$$
$$\left. + 2 \sum_{k=1}^{(M-1)/2} (-1)^k A(k) \operatorname{sen} \frac{\pi k(1+2n)}{M+1} \right] \quad (5.36)$$

para $n = 0, 1, \ldots, M$.

Os resultados vistos estão resumidos na Tabela 5.2.

Tabela 5.2 *Respostas ao impulso para filtros FIR com fase linear usando a abordagem por amostragem na frequência.*

Filtro	Resposta ao impulso $h(n)$, para $n = 0, \ldots, M$	Restrição
Tipo I	$\dfrac{1}{M+1}\left[A(0) + 2\displaystyle\sum_{k=1}^{M/2}(-1)^k A(k)\cos\dfrac{\pi k(1+2n)}{M+1}\right]$	
Tipo II	$\dfrac{1}{M+1}\left[A(0) + 2\displaystyle\sum_{k=1}^{(M-1)/2}(-1)^k A(k)\cos\dfrac{\pi k(1+2n)}{M+1}\right]$	$A\left(\dfrac{M+1}{2}\right)=0$
Tipo III	$\dfrac{2}{M+1}\displaystyle\sum_{k=1}^{M/2}(-1)^{k+1} A(k)\,\text{sen}\,\dfrac{\pi k(1+2n)}{M+1}$	$A(0)=0$
Tipo IV	$\dfrac{1}{M+1}\bigg[(-1)^{(M+1)/2+n} A\left(\dfrac{M+1}{2}\right)$ $+2\displaystyle\sum_{k=1}^{(M-1)/2}(-1)^k A(k)\,\text{sen}\,\dfrac{\pi k(1+2n)}{M+1}\bigg]$	$A(0)=0$

EXEMPLO 5.1

Projete um filtro passa-baixas que satisfaça as especificações a seguir, usando o método da amostragem na frequência:[2]

$$\left.\begin{array}{l} M = 52 \\ \Omega_\text{p} = 4{,}0 \text{ rad/s} \\ \Omega_\text{r} = 4{,}2 \text{ rad/s} \\ \Omega_\text{s} = 10{,}0 \text{ rad/s} \end{array}\right\}. \qquad (5.37)$$

SOLUÇÃO

Dividimos o intervalo $[0, \Omega_\text{s}]$ em $(M + 1) = 53$ sub-intervalos de mesmo comprimento $\Omega_\text{s}/(M + 1)$, cada um começando em $\Omega_k = [\Omega_\text{s}/(M + 1)]k$, com $k = 0, 1, \ldots, M$. De acordo com as especificações prescritas, Ω_p e Ω_r se situam próximas aos extremos

$$k_\text{p} = \left\lfloor (M+1) \times \frac{\Omega_\text{p}}{\Omega_\text{s}} \right\rfloor = \left\lfloor 53 \times \frac{4}{10} \right\rfloor = 21 \qquad (5.38)$$

$$k_\text{r} = \left\lfloor (M+1) \times \frac{\Omega_\text{r}}{\Omega_\text{s}} \right\rfloor = \left\lfloor 53 \times \frac{4{,}2}{10} \right\rfloor = 22. \qquad (5.39)$$

---

[2] Note que neste texto, em geral, a variável Ω representa uma frequência analógica e a variável ω, uma frequência digital.

5.3 Aproximação para filtros FIR por amostragem na frequência

Tabela 5.3 *Coeficientes de $h(0)$ a $h(26)$ do filtro passa-baixas projetado pelo método da amostragem na frequência.*

$h(0) = -0,0055$	$h(7) = -0,0202$	$h(14) = -0,0213$	$h(21) = 0,0114$
$h(1) = 0,0147$	$h(8) = 0,0204$	$h(15) = 0,0073$	$h(22) = -0,0560$
$h(2) = -0,0190$	$h(9) = -0,0135$	$h(16) = 0,0118$	$h(23) = 0,1044$
$h(3) = 0,0169$	$h(10) = 0,0014$	$h(17) = -0,0301$	$h(24) = -0,1478$
$h(4) = -0,0089$	$h(11) = 0,0124$	$h(18) = 0,0413$	$h(25) = 0,1779$
$h(5) = -0,0024$	$h(12) = -0,0231$	$h(19) = -0,0396$	$h(26) = 0,8113$
$h(6) = 0,0133$	$h(13) = 0,0268$	$h(20) = 0,0218$	

Assim, podemos atribuir

$$A(k) = \begin{cases} 1, & \text{para } 0 \leq k \leq k_\mathrm{p} \\ 0, & \text{para } k_\mathrm{r} \leq k \leq M/2 \end{cases} \quad (5.40)$$

e então empregar a seguinte sequência de comandos em MATLAB, que implementa a primeira linha da Tabela 5.2 para projetar um filtro passa-baixas do Tipo I pelo método da amostragem na frequência:

```
M = 52; N = M+1;
Omega_p = 4; Omega_r = 4.2; Omega_s = 10;
kp = floor(N*Omega_p/Omega_s);
kr = floor(N*Omega_r/Omega_s);
A = [ones(1,kp+1) zeros(1,M/2-kr+1)];
k = 1:M/2;
for n=0:M,
   h(n+1) = A(1) + 2*sum((-1).^k.*A(k+1).
      *cos(pi.*k*(1+2*n)/N));
end;
h = h./N;
```

Com isso, chegamos ao conjunto de coeficientes mostrado na Tabela 5.3; esta só contém metade dos coeficientes do filtro, uma vez que a outra metade pode ser obtida pela simetria $h(n) = h(52 - n)$.

A resposta de módulo correspondente é mostrada na Figura 5.4. △

Examinando-se a resposta de módulo mostrada na Figura 5.4, nota-se que ocorre uma quantidade considerável de ondulação tanto na faixa de passagem quanto na faixa de rejeição, principal razão pela qual este método não encontrou

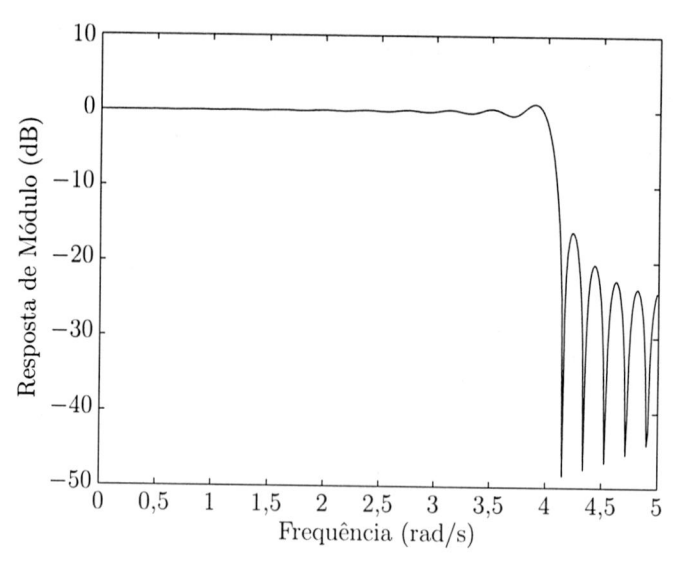

Figura 5.4 Resposta de módulo do filtro passa-baixas projetado pelo método da amostragem na frequência.

muita aplicação no projeto de filtros. Não chega a ser um resultado surpreendente, porque as equações deduzidas nesta seção só garantem que a transformada de Fourier de $h(n)$ e a resposta desejada na frequência $D(\omega)$ (expressa como função das frequências digitais, isto é, $\omega = 2\pi\Omega/\Omega_s = \Omega T$) coincidem nas $M+1$ frequências distintas $2\pi k/(M+1)$, para $k = 0, 1, \ldots, M$, onde M é a ordem do filtro. Nas outras frequências, como ilustra a Figura 5.5, não há qualquer restrição sobre a resposta de módulo e, como consequência, não há qualquer controle sobre a ondulação δ.

Uma explicação interessante para esse resultado decorre da expressão da transformada de Fourier inversa da resposta na frequência desejada, $D(\omega)$, a qual, pela equação (5.3), é dada por

$$h(n) = \frac{1}{2\pi}\int_{-\pi}^{\pi} D(\omega)e^{j\omega n}d\omega = \frac{1}{2\pi}\int_{0}^{2\pi} D(\omega)e^{j\omega n}d\omega. \qquad (5.41)$$

Se tentamos aproximar essa integral por um somatório ao longo das frequências discretas $2\pi k/N$, substituindo $\omega \to 2\pi k/N$ e $d\omega \to 2\pi/N$, chegamos a uma aproximação de $h(n)$ dada por

$$d(n) = \frac{1}{2\pi}\sum_{n=0}^{N-1} D\left(\frac{2\pi k}{N}\right)e^{-j2\pi kn/N}\frac{2\pi}{N} = \frac{1}{N}\sum_{n=0}^{N-1} D\left(\frac{2\pi k}{N}\right)e^{-j2\pi kn/N}. \qquad (5.42)$$

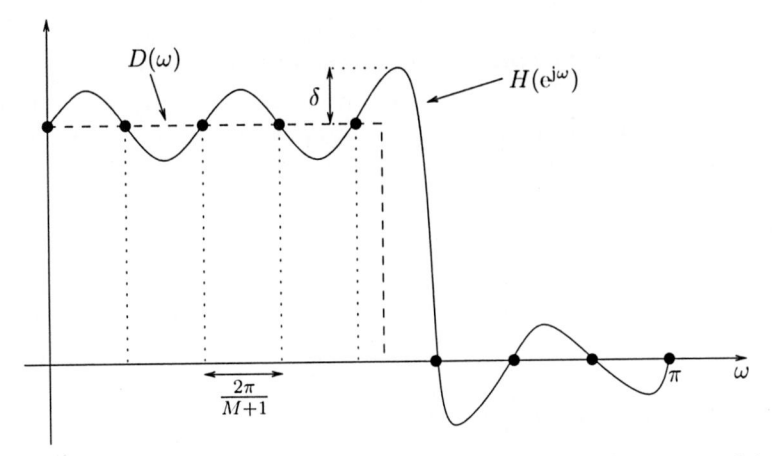

5.3 Aproximação para filtros FIR por amostragem na frequência

Figura 5.5 A resposta de módulo desejada e a transformada de Fourier de $h(n)$ coincidem somente nas frequências $2\pi k/(M+1)$, quando se usa o método da amostragem na frequência.

Pela equação (3.16), vemos que $d(n)$ representa a IDFT da sequência $D(2\pi k/N)$ para $k = 0, 1, \ldots, N-1$. Contudo, considerando que o argumento da integral na equação (5.41) é $D(\omega)e^{j\omega n}$, a resolução da amostragem para uma boa aproximação deveria ser da ordem de 10% do período da senoide $e^{j\omega n}$. Isso requereria um intervalo de amostragem da ordem de $2\pi/(10N)$. Na equação (5.42), estamos aproximando a integral usando uma amostragem com resolução de $2\pi/N$, e tal aproximação só seria válida para valores de $n \leq N/10$. Claramente, isso não é suficiente na maioria dos casos práticos, o que explica os elevados valores da ondulação observada na Figura 5.4.

Uma situação importante, entretanto, na qual o método da amostragem na frequência fornece resultados exatos ocorre quando a resposta na frequência desejada $D(\omega)$ é composta de uma soma de senoides igualmente espaçadas na frequência. Tal resultado é formalmente enunciado no seguinte teorema.

TEOREMA 5.1
Se a resposta na frequência desejada $D(\omega)$ é uma soma finita de senoides complexas igualmente espaçadas na frequência, isto é,

$$D(\omega) = \sum_{n=N_0}^{N_1} a(n)e^{-j\omega n}, \tag{5.43}$$

então o método da amostragem na frequência fornece resultados exatos, exceto por um termo de atraso de grupo constante, contanto que o comprimento da resposta ao impulso, N, satisfaça $N \geq N_1 - N_0 + 1$.

◊

PROVA

Essencialmente, o teorema afirma que a transformada de Fourier da resposta ao impulso, $h(n)$, dada pelo método da amostragem na frequência é idêntica à resposta na frequência desejada, $D(\omega)$, exceto por um termo de atraso de grupo constante. Em outras palavras, o teorema anterior é equivalente a

$$\mathcal{F}\left\{\text{IDFT}\left[D\left(\frac{2\pi k}{N}\right)\right]\right\} = D(\omega), \tag{5.44}$$

onde $\mathcal{F}\{\cdot\}$ é a transformada de Fourier. A prova fica mais simples se reescrevemos a equação (5.44) como

$$D\left(\frac{2\pi k}{N}\right) = \text{DFT}\left\{\mathcal{F}^{-1}\left[D(\omega)\right]\right\} \tag{5.45}$$

para $k = 0, 1, \ldots, N-1$.

Para uma resposta na frequência desejada na forma da equação (5.43), a transformada de Fourier inversa é dada por

$$d(n) = \begin{cases} 0, & \text{para } n < N_0 \\ a(n), & \text{para } n = N_0, N_0+1, \ldots, N_1 \\ 0, & \text{para } n > N_1. \end{cases} \tag{5.46}$$

A DFT com comprimento N, $H(k)$, do sinal de comprimento N composto pelas amostras não-nulas de $d(n)$ é, então, igual à DFT com comprimento N de $a(n)$, adequadamente deslocada no tempo para o intervalo $n \in [0, N-1]$. Portanto, se $N \geq N_1 - N_0 + 1$, temos que

$$\begin{aligned} H(k) &= \text{DFT}\left[a(n' + N_0)\right] \\ &= \sum_{n'=0}^{N-1} a(n' + N_0) e^{-j(2\pi k/N)n'} \\ &= \sum_{n'=0}^{N-1} d(n' + N_0) e^{-j(2\pi k/N)n'} \\ &= \sum_{n=N_0}^{N+N_0-1} d(n) e^{-j(2\pi k/N)(n-N_0)} \\ &= e^{j(2\pi k/N)N_0} \sum_{n=N_0}^{N_1} d(n) e^{-j(2\pi k/N)n} \\ &= e^{j(2\pi k/N)N_0} D\left(\frac{2\pi k}{N}\right) \end{aligned} \tag{5.47}$$

para $k = 0, 1, \ldots, N-1$, e isso completa a prova.

□

Esse resultado é muito útil sempre que a resposta na frequência desejada, $D(\omega)$, é da forma descrita pela equação (5.43), como é o caso dos métodos de aproximação discutidos nas Seções 5.5 e 5.6.2.

5.4 Aproximação de filtros FIR com funções-janela

Para todos os filtros ideais analisados na Seção 5.2, as respostas ao impulso obtidas através da equação (5.3) têm duração infinita, levando a filtros não-realizáveis. Uma maneira direta de contornar essa limitação é definir uma sequência auxiliar $h'(n)$ de comprimento finito que resulte num filtro de ordem M da forma

$$h'(n) = \begin{cases} h(n), & \text{para } |n| \leq M/2 \\ 0, & \text{para } |n| > M/2, \end{cases} \quad (5.48)$$

supondo M par. A função de transferência resultante é escrita como

$$H'(z) = h(0) + \sum_{n=1}^{M/2} \left[h(-n)z^n + h(n)z^{-n} \right]. \quad (5.49)$$

Essa função ainda é não-causal, mas pode ser feita causal através de sua multiplicação por $z^{-M/2}$, sem distorcer a resposta de módulo nem a propriedade da fase linear do filtro. O exemplo a seguir destaca alguns dos impactos que o truncamento da resposta ao impulso nas equações (5.48) e (5.49) tem sobre a resposta na frequência do filtro.

EXEMPLO 5.2
Projete um filtro rejeita-faixa que satisfaça as especificações a seguir:

$$\left. \begin{array}{l} M = 50 \\ \Omega_{c_1} = \pi/4 \text{ rad/s} \\ \Omega_{c_2} = \pi/2 \text{ rad/s} \\ \Omega_s = 2\pi \text{ rad/s} \end{array} \right\}. \quad (5.50)$$

SOLUÇÃO
Aplicando as equações (5.48) e (5.49) à equação correspondente a filtros rejeita-faixa da Tabela 5.1, podemos usar a sequência de comandos

```
M = 50;
wc1 = pi/4; wc2 = pi/2; ws = 2*pi;
n = 1:M/2;
h0 = 1 - (wc2 - wc1)/pi;
haux = (sin(wc1.*n) - sin(wc2.*n))./(pi.*n);
h = [fliplr(haux) h0 haux];
```

Tabela 5.4 *Coeficientes do filtro rejeita-faixa de $h(0)$ a $h(25)$.*

$h(0) = -0,0037$	$h(7) = 0,0177$	$h(14) = 0,0494$	$h(21) = 0,0000$
$h(1) = 0,0000$	$h(8) = -0,0055$	$h(15) = 0,0318$	$h(22) = 0,1811$
$h(2) = 0,0041$	$h(9) = 0,0000$	$h(16) = -0,0104$	$h(23) = 0,1592$
$h(3) = -0,0145$	$h(10) = 0,0062$	$h(17) = 0,0000$	$h(24) = -0,0932$
$h(4) = -0,0259$	$h(11) = -0.0227$	$h(18) = 0.0133$	$h(25) = 0,7500$
$h(5) = 0,0000$	$h(12) = -0,0418$	$h(19) = -0,0531$	
$h(6) = 0,0286$	$h(13) = 0,0000$	$h(20) = -0,1087$	

para obter para o filtro os coeficientes listados na Tabela 5.4 (que contém somente metade dos coeficientes do filtro, já que os demais podem ser encontrados fazendo-se $h(n) = h(50 - n)$). A resposta de módulo resultante é representada na Figura 5.6.   △

A ondulação que se vê próxima às extremidades das faixas de passagem na Figura 5.6 se deve à convergência lenta da série de Fourier $h(n)$ quando aproxima funções que apresentam descontinuidades, como é o caso das respostas ideais vistas na Figura 5.1. Isso faz com que apareçam ondulações de elevada amplitude na resposta de módulo próximo às extremidades sempre que uma sequência $h(n)$ é truncada para gerar um filtro de comprimento finito. Essas ondulações são comumente chamadas de oscilações de Gibbs. Pode-se mostrar que as oscilações de Gibbs possuem a propriedade de suas amplitudes não se reduzirem ainda que a ordem M do filtro seja dramaticamente aumentada (Oppenheim *et al.*, 1983; Kreider *et al.*, 1966). Isso limita severamente a utilidade prática das equações (5.48) e (5.49) no projeto de filtros FIR, porque o desvio máximo de sua resposta de módulo em relação à ideal não pode ser minimizado pelo aumento da ordem do filtro.

Embora não possamos remover as ondulações introduzidas pela convergência pobre da série de Fourier, ainda podemos tentar controlar sua amplitude multiplicando a resposta ao impulso $h(n)$ por uma função-janela $w(n)$. A janela $w(n)$ tem que ser projetada de forma a introduzir um mínimo de desvio em relação à resposta na frequência ideal. Os coeficientes da resposta ao impulso resultante $h'(n)$ se tornam

$$h'(n) = h(n)w(n). \tag{5.51}$$

No domínio da frequência, tal multiplicação corresponde à convolução periódica entre as respostas na frequência do filtro ideal, $H(e^{j\omega})$, e da função-

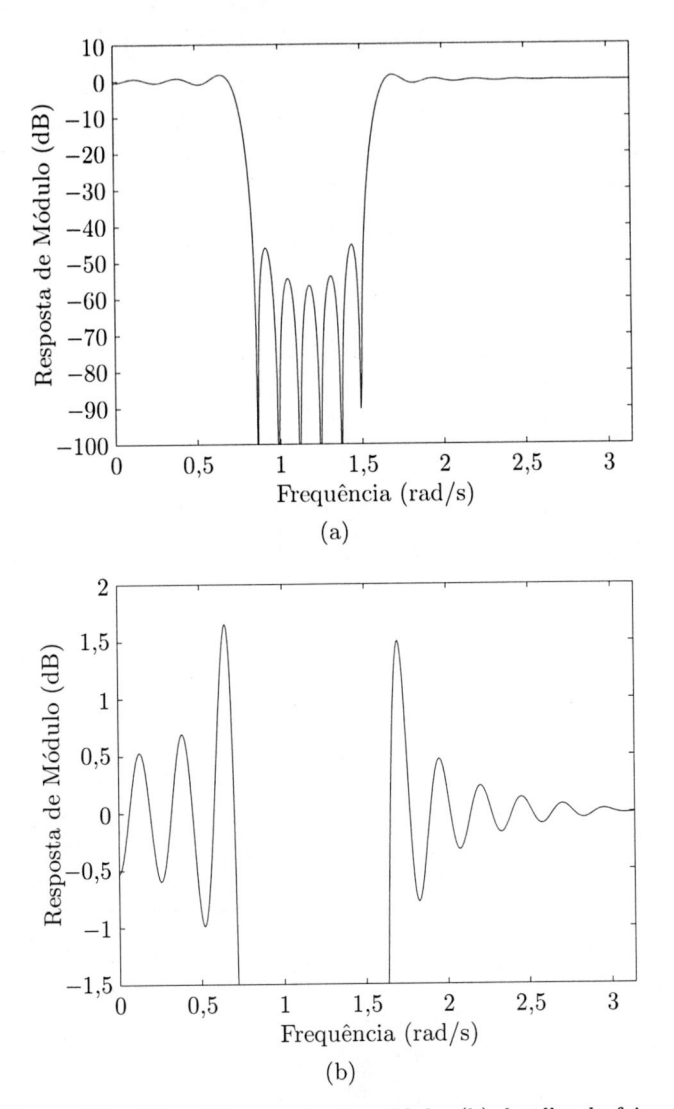

5.4 Aproximação de filtros FIR com funções-janela

Figura 5.6 Filtro rejeita-faixa: (a) resposta de módulo; (b) detalhe da faixa de passagem.

-janela, $W(e^{j\omega})$, isto é,

$$H'(e^{j\omega}) = \frac{1}{2\pi} \int_{-\pi}^{\pi} H(e^{j\omega'}) W(e^{j(\omega-\omega')}) d\omega'. \tag{5.52}$$

Podemos inferir, então, que uma boa janela é uma sequência de comprimento finito cuja resposta na frequência, quando convoluída com uma resposta na frequência ideal, produz a menor distorção possível. Essa mínima distorção ocorreria quando a resposta na frequência da janela tivesse uma forma próxima à de um impulso concentrado em torno de $\omega = 0$, como representado na

322 Aproximações para filtros FIR

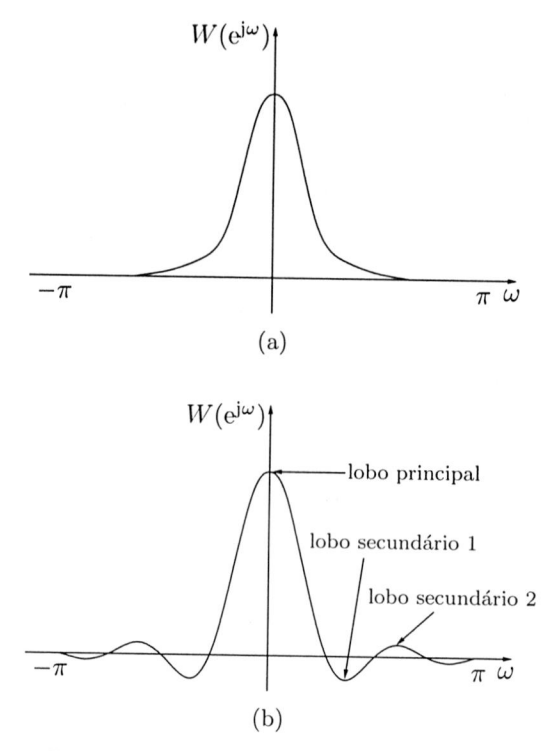

Figura 5.7 Respostas de módulo de uma função-janela: (a) caso ideal; (b) caso prático.

Figura 5.7a. Contudo, sinais com faixa de frequência limitada não podem ser limitados no tempo, o que contradiz nosso principal requisito. Isso significa que devemos encontrar uma janela de comprimento finito cuja resposta na frequência tenha a maior parte de sua energia concentrada em torno de $\omega = 0$. Além disso, a fim de evitar as oscilações na resposta de módulo do filtro, os lobos laterais da resposta na frequência da janela devem decair rapidamente à medida que $|\omega|$ aumenta (Kaiser, 1974; Rabiner & Gold, 1975; Rabiner et al., 1975; Antoniou, 1993).

Em geral, uma função-janela prática é como mostra a Figura 5.7b. O efeito do lobo secundário é introduzir uma ondulação maior próxima às extremidades da faixa. Pela equação (5.52), vemos que a largura do lobo principal determina a largura da faixa de transição do filtro resultante. Com base nesses fatos, uma função-janela prática tem que apresentar uma resposta de módulo assim caracterizada:

- A razão da amplitude do lobo principal para a amplitude do lobo secundário tem que ser tão grande quanto possível.
- A energia tem que decair rapidamente à medida que $|\omega|$ aumenta de 0 a π.

5.4 Aproximação de filtros FIR com funções-janela

Podemos, agora, prosseguir realizando um estudo aprofundado das funções-janela mais usadas no projeto de filtros FIR.

5.4.1 Janela retangular

O simples truncamento da resposta ao impulso, conforme descrito na equação (5.48), pode ser interpretado como o produto entre a sequência ideal $h(n)$ e uma janela retangular definida por

$$w_r(n) = \begin{cases} 1, & \text{para } |n| \leq M/2 \\ 0, & \text{para } |n| > M/2. \end{cases} \quad (5.53)$$

Note que se desejamos truncar as respostas ao impulso da Tabela 5.1 usando essa equação e ainda manter a propriedade de fase linear, as sequências truncadas resultantes têm que ser simétricas ou antissimétricas em torno de $n = 0$. Isso implica que, para esses casos, M teria que ser par (filtros do Tipo I ou do Tipo III, como foi visto na Seção 4.2.3). Para o caso de M ímpar (filtros do Tipo II ou do Tipo IV—veja o Exercício 5.1), a solução é deslocar $h(n)$ de tal forma a torná-la causal e aplicar-lhe uma janela diferente de zero de $n = 0$ a $n = M - 1$. Essa solução, entretanto, não é comumente usada na prática.

Pela equação (5.53), a resposta na frequência de uma janela retangular é dada por

$$W_r(e^{j\omega}) = \sum_{n=-M/2}^{M/2} e^{-j\omega n}$$

$$= \frac{e^{j\omega M/2} - e^{-j\omega M/2} e^{-j\omega}}{1 - e^{-j\omega}}$$

$$= e^{-j\omega/2} \frac{e^{j\omega(M+1)/2} - e^{-j\omega(M+1)/2}}{1 - e^{-j\omega}}$$

$$= \frac{\text{sen}\,[\omega(M+1)/2]}{\text{sen}\,(\omega/2)}. \quad (5.54)$$

5.4.2 Janelas triangulares

O principal problema associado com a janela retangular é a presença de ondulações próximas às extremidades de faixa do filtro resultante, que são causadas pela existência de lobos laterais na resposta na frequência da janela. Tal problema se deve à descontinuidade inerente à janela retangular no domínio do tempo. Uma forma de se reduzir essa descontinuidade é empregar uma janela de forma triangular, que apresentará apenas pequenas descontinuidades próximas às suas extremidades. A janela triangular padrão é definida como

$$w_t(n) = \begin{cases} -\dfrac{2|n|}{M+2} + 1, & \text{para } |n| \leq M/2 \\ 0, & \text{para } |n| > M/2. \end{cases} \quad (5.55)$$

Uma pequena variante dessa janela é a chamada janela de Bartlett, definida por

$$w_{tB}(n) = \begin{cases} -\dfrac{2|n|}{M} + 1, & \text{para } |n| \leq M/2 \\ 0, & \text{para } |n| > M/2. \end{cases} \quad (5.56)$$

Claramente, essas duas funções-janela de forma triangular se relacionam diretamente, sendo a sua única diferença o fato de que a janela de Bartlett apresenta um elemento nulo em cada uma de suas extremidades. Desse modo, uma janela de Bartlett de ordem M pode ser obtida pela justaposição de um zero a cada extremidade de uma janela triangular padrão de ordem $M-2$.

Em alguns casos, é necessária uma redução ainda maior dos lobos laterais, e então devem ser usadas funções-janela mais complexas, como as descritas nas próximas seções.

5.4.3 Janelas de Hamming e de Hann

A janela de Hamming generalizada é definida como

$$w_H(n) = \begin{cases} \alpha + (1-\alpha)\cos\dfrac{2\pi n}{M}, & \text{para } |n| \leq M/2 \\ 0, & \text{para } |n| > M/2, \end{cases} \quad (5.57)$$

com $0 \leq \alpha \leq 1$. Essa janela generalizada é chamada de janela de Hamming quando $\alpha = 0{,}54$, e quando $\alpha = 0{,}5$ é conhecida como janela de Hann ou Hanning.

A resposta na frequência para a janela de Hamming generalizada pode ser expressa com base na resposta na frequência da janela retangular. Primeiramente, escrevemos a equação (5.57) como

$$w_H(n) = w_r(n) \left[\alpha + (1-\alpha)\cos\dfrac{2\pi n}{M} \right]. \quad (5.58)$$

Transformando essa equação para o domínio da frequência, claramente a resposta na frequência da janela de Hamming generalizada resulta da convolução periódica entre $W_r(e^{j\omega})$ e três funções-impulso, na forma

$$W_H(e^{j\omega}) = W_r(e^{j\omega}) * \left[\alpha\delta(\omega) + \left(\dfrac{1-\alpha}{2}\right)\delta\left(\omega - \dfrac{2\pi}{M}\right) + \left(\dfrac{1-\alpha}{2}\right)\delta\left(\omega + \dfrac{2\pi}{M}\right) \right] \quad (5.59)$$

5.4 Aproximação de filtros FIR com funções-janela

e, então,

$$W_{\mathrm{H}}(e^{j\omega}) = \alpha W_{\mathrm{r}}(e^{j\omega}) + \left(\frac{1-\alpha}{2}\right) W_{\mathrm{r}}\left(e^{j(\omega-2\pi/M)}\right) + \left(\frac{1-\alpha}{2}\right) W_{\mathrm{r}}\left(e^{j(\omega+2\pi/M)}\right). \tag{5.60}$$

Nessa equação, vê-se claramente que $W_{\mathrm{H}}(e^{j\omega})$ é composta de três versões do espectro da janela retangular $W_{\mathrm{r}}(e^{j\omega})$: a componente principal, $\alpha W_{\mathrm{r}}(e^{j\omega})$, centrada em $\omega = 0$, e duas adicionais com amplitudes menores, centradas em $\omega = \pm 2\pi/M$, que reduzem os lobos secundários da componente principal. A Figura 5.8 ilustra isso.

As principais características da janela de Hamming generalizada são as seguintes:

- Todas as três componentes de $W_{\mathrm{r}}(e^{j\omega})$ têm zeros próximos a $\omega = \pm 4\pi/(M+1)$. Assim, a largura total do lobo principal é $8\pi/(M+1)$.

- Quando $\alpha = 0{,}54$, a energia total do lobo principal é aproximadamente 99,96% da energia total da janela.

- A faixa de transição da janela de Hamming é mais larga que a faixa de transição da janela retangular, devido ao seu lobo principal mais largo.

- A razão entre as amplitudes dos lobos principal e secundário da janela de Hamming é muito maior que para a janela retangular.

- A atenuação na faixa de rejeição para a janela de Hamming é maior que a atenuação para a janela retangular.

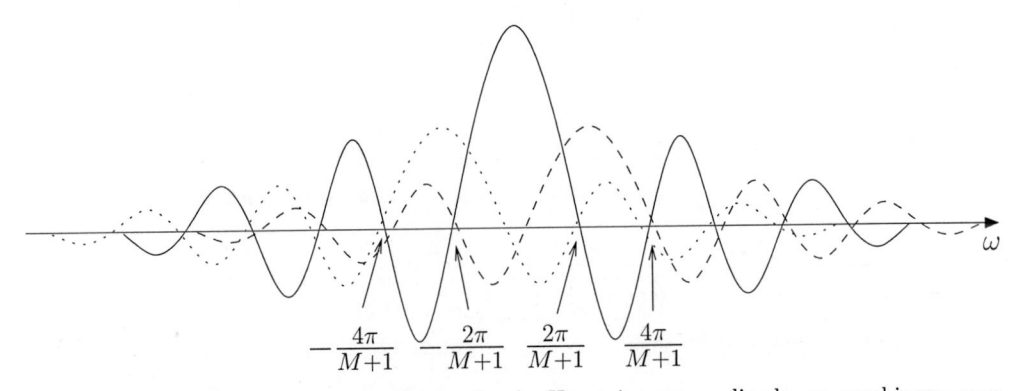

Figura 5.8 As três componentes da janela de Hamming generalizada se combinam para reduzir os lobos secundários resultantes. (Em linha cheia: $\alpha W_{\mathrm{r}}(e^{j\omega})$; em linha tracejada: $[(1-\alpha)/2]W_{\mathrm{r}}(e^{j(\omega-2\pi/M)})$; em linha pontilhada: $[(1-\alpha)/2]W_{\mathrm{r}}(e^{j(\omega+2\pi/M)})$)

5.4.4 Janela de Blackman

A janela de Blackman é definida como

$$w_B(n) = \begin{cases} 0{,}42 + 0{,}5\cos\dfrac{2\pi n}{M} + 0{,}08\cos\dfrac{4\pi n}{M}, & \text{para } |n| \leq M/2 \\ 0, & \text{para } |n| > M/2. \end{cases} \quad (5.61)$$

Comparada com a função-janela de Hamming, a janela de Blackman introduz um segundo termo cossenoidal a fim de reduzir ainda mais os efeitos dos lobos secundários de $W_r(e^{j\omega})$. A janela de Blackman é assim caracterizada:

- A largura do lobo principal é aproximadamente $12\pi/(M+1)$, maior que para as janelas anteriores.
- As ondulações na faixa de passagem são menores que nas janelas anteriores.
- A atenuação na faixa de rejeição é maior que nas janelas anteriores.

EXEMPLO 5.3

Projete um filtro rejeita-faixa que satisfaça as especificações a seguir usando as janelas retangular, de Hamming, de Hann e de Blackman:

$$\left. \begin{array}{l} M = 80 \\ \Omega_{c_1} = 2000 \text{ rad/s} \\ \Omega_{c_2} = 4000 \text{ rad/s} \\ \Omega_s = 10\,000 \text{ rad/s} \end{array} \right\}. \quad (5.62)$$

SOLUÇÃO

Desta vez, as especificações do filtro são dadas na frequência analógica. Portanto, temos primeiro que normalizar Ω_{c_1} e Ω_{c_2} antes de empregar uma sequência de comandos similar à utilizada no Exemplo 5.2 para obter a resposta ao impulso usando a janela retangular:

```
M = 80;
Omega_c1 = 2000; Omega_c2 = 4000; Omega_s = 10000;
wc1 = Omega_c1*2*pi/Omega_s;  wc2 = Omega_c2*2*pi/Omega_s;
n = 1:M/2;
h0 = 1 - (wc2 - wc1)/pi;
haux = (sin(wc1.*n) - sin(wc2.*n))./(pi.*n);
h = [fliplr(haux) h0 haux];
```

Para as outras três janelas, $h(n)$ tem que ser multiplicada amostra a amostra pela janela correspondente, obtida respectivamente pelo comando `hamming(M+1);` ou `hanning(M+1);` ou `blackman(M+1);` do MATLAB. As respostas ao impulso

5.4 Aproximação de filtros FIR com funções-janela

Tabela 5.5 *Coeficientes de $h(0)$ a $h(40)$ do filtro projetado usando a janela retangular.*

$h(0) = 0{,}0000$	$h(11) = -0{,}0040$	$h(22) = -0{,}0272$	$h(33) = 0{,}0700$
$h(1) = -0{,}0030$	$h(12) = -0{,}0175$	$h(23) = 0{,}0288$	$h(34) = 0{,}0193$
$h(2) = -0{,}0129$	$h(13) = 0{,}0181$	$h(24) = 0{,}0072$	$h(35) = 0{,}0000$
$h(3) = 0{,}0132$	$h(14) = 0{,}0044$	$h(25) = 0{,}0000$	$h(36) = -0{,}0289$
$h(4) = 0{,}0032$	$h(15) = 0{,}0000$	$h(26) = -0{,}0083$	$h(37) = -0{,}1633$
$h(5) = 0{,}0000$	$h(16) = -0{,}0048$	$h(27) = -0{,}0377$	$h(38) = 0{,}2449$
$h(6) = -0{,}0034$	$h(17) = -0{,}0213$	$h(28) = 0{,}0408$	$h(39) = 0{,}1156$
$h(7) = -0{,}0148$	$h(18) = 0{,}0223$	$h(29) = 0{,}0105$	$h(40) = 0{,}6000$
$h(8) = 0{,}0153$	$h(19) = 0{,}0055$	$h(30) = 0{,}0000$	
$h(9) = 0{,}0037$	$h(20) = 0{,}0000$	$h(31) = -0{,}0128$	
$h(10) = 0{,}0000$	$h(21) = -0{,}0061$	$h(32) = -0{,}0612$	

Tabela 5.6 *Coeficientes de $h(0)$ a $h(40)$ do filtro projetado usando a janela de Hamming.*

$h(0) = 0{,}0000$	$h(11) = -0{,}0010$	$h(22) = -0{,}0167$	$h(33) = 0{,}0652$
$h(1) = -0{,}0002$	$h(12) = -0{,}0047$	$h(23) = 0{,}0187$	$h(34) = 0{,}0183$
$h(2) = -0{,}0011$	$h(13) = 0{,}0054$	$h(24) = 0{,}0049$	$h(35) = 0{,}0000$
$h(3) = 0{,}0012$	$h(14) = 0{,}0015$	$h(25) = 0{,}0000$	$h(36) = -0{,}0283$
$h(4) = 0{,}0003$	$h(15) = 0{,}0000$	$h(26) = -0{,}0062$	$h(37) = -0{,}1612$
$h(5) = 0{,}0000$	$h(16) = -0{,}0019$	$h(27) = -0{,}0294$	$h(38) = 0{,}2435$
$h(6) = -0{,}0004$	$h(17) = -0{,}0092$	$h(28) = 0{,}0331$	$h(39) = 0{,}1155$
$h(7) = -0{,}0022$	$h(18) = 0{,}0104$	$h(29) = 0{,}0088$	$h(40) = 0{,}6000$
$h(8) = 0{,}0026$	$h(19) = 0{,}0028$	$h(30) = 0{,}0000$	
$h(9) = 0{,}0007$	$h(20) = 0{,}0000$	$h(31) = -0{,}0114$	
$h(10) = 0{,}0000$	$h(21) = -0{,}0035$	$h(32) = -0{,}0558$	

resultantes são mostradas nas Tabelas 5.5–5.8, nas quais só são mostrados os coeficientes do filtro para $0 \leq n \leq 40$, uma vez que os demais coeficientes podem ser obtidos fazendo-se $h(n) = h(80 - n)$.

As respostas de módulo associadas às quatro respostas ao impulso listadas nas Tabelas 5.5–5.8 são representadas na Figura 5.9. O leitor deve observar o compromisso entre a largura da faixa de transição e as ondulações nas faixas de passagem e de rejeição quando se vai da janela retangular para a janela de Blackman, isto é, à medida que diminui a ondulação, aumenta a largura da faixa de transição. △

Tabela 5.7 *Coeficientes de $h(0)$ a $h(40)$ do filtro projetado usando a janela de Hann.*

$h(0) = 0,0000$	$h(11) = -0,0008$	$h(22) = -0,0162$	$h(33) = 0,0651$
$h(1) = -0,0000$	$h(12) = -0,0040$	$h(23) = 0,0182$	$h(34) = 0,0183$
$h(2) = -0,0002$	$h(13) = 0,0047$	$h(24) = 0,0048$	$h(35) = 0,0000$
$h(3) = 0,0003$	$h(14) = 0,0013$	$h(25) = 0,0000$	$h(36) = -0,0282$
$h(4) = 0,0001$	$h(15) = 0,0000$	$h(26) = -0,0061$	$h(37) = -0,1611$
$h(5) = 0,0000$	$h(16) = -0,0018$	$h(27) = -0,0291$	$h(38) = 0,2435$
$h(6) = -0,0002$	$h(17) = -0,0086$	$h(28) = 0,0328$	$h(39) = 0,1155$
$h(7) = -0,0014$	$h(18) = 0,0099$	$h(29) = 0,0088$	$h(40) = 0,6000$
$h(8) = 0,0017$	$h(19) = 0,0026$	$h(30) = 0,0000$	
$h(9) = 0,0005$	$h(20) = 0,0000$	$h(31) = -0,0114$	
$h(10) = 0,0000$	$h(21) = -0,0034$	$h(32) = -0,0557$	

Tabela 5.8 *Coeficientes de $h(0)$ a $h(40)$ do filtro projetado usando a janela de Blackman.*

$h(0) = 0,0000$	$h(11) = -0,0003$	$h(22) = -0,0115$	$h(33) = 0,0618$
$h(1) = -0,0000$	$h(12) = -0,0018$	$h(23) = 0,0134$	$h(34) = 0,0176$
$h(2) = -0,0000$	$h(13) = 0,0022$	$h(24) = 0,0037$	$h(35) = 0,0000$
$h(3) = 0,0001$	$h(14) = 0,0006$	$h(25) = 0,0000$	$h(36) = -0,0278$
$h(4) = 0,0000$	$h(15) = 0,0000$	$h(26) = -0,0050$	$h(37) = -0,1596$
$h(5) = 0,0000$	$h(16) = -0,0010$	$h(27) = -0,0243$	$h(38) = 0,2424$
$h(6) = -0,0001$	$h(17) = -0,0049$	$h(28) = 0,0281$	$h(39) = 0,1153$
$h(7) = -0,0004$	$h(18) = 0,0059$	$h(29) = 0,0077$	$h(40) = 0,6000$
$h(8) = 0,0006$	$h(19) = 0,0017$	$h(30) = 0,0000$	
$h(9) = 0,0002$	$h(20) = 0,0000$	$h(31) = -0,0104$	
$h(10) = 0,0000$	$h(21) = -0,0023$	$h(32) = -0,0520$	

5.4.5 Janela de Kaiser

Todas as funções-janela vistas até agora nos permitem controlar a faixa de transição através de uma escolha apropriada da ordem M do filtro. Entretanto, nenhum controle se tem sobre as ondulações da faixas de passagem e de transição, o que faz com que essas janelas tenham pouca utilidade quando se projetam filtros com especificações genéricas prescritas na frequência, como por exemplo as mostradas na Figura 5.10. Tais problemas são contornados com as janelas de Kaiser e de Dolph–Chebyshev, apresentadas nesta e na próxima seções.

Como foi visto anteriormente nesta seção, a janela ideal deve ser uma função de duração finita tal que a maior parte de sua energia espectral se concentre em torno de $|\omega| = 0$, decaindo rapidamente com o aumento de $|\omega|$. Há uma família de

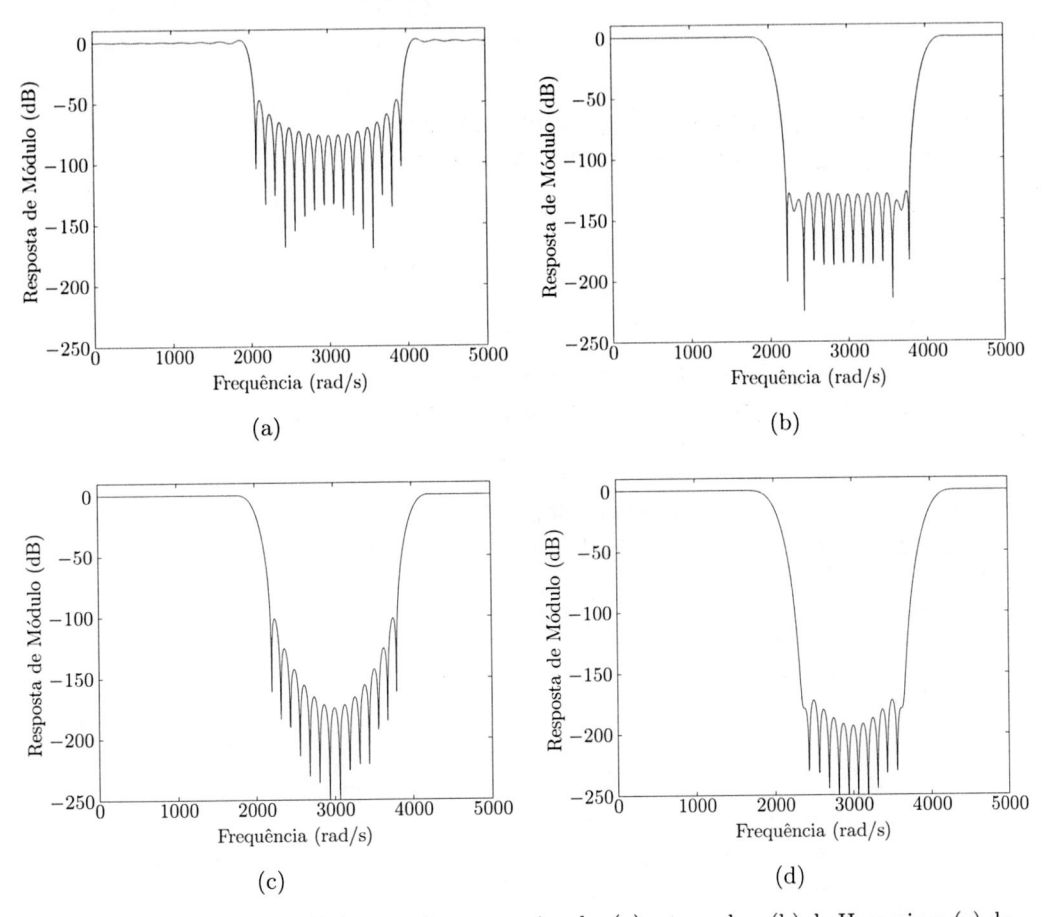

5.4 Aproximação de filtros FIR com funções-janela

Figura 5.9 Resposta de módulo quando se usa a janela: (a) retangular; (b) de Hamming; (c) de Hann; (d) de Blackman.

funções do tempo contínuo, chamadas funções esferoidais prolatas (Kaiser, 1974), que são ótimas no atendimento a essas propriedades. Tais funções, embora muito difíceis de serem implementadas na prática, podem ser aproximadas como

$$w(t) = \begin{cases} \dfrac{I_0\left[\beta\sqrt{1-(\frac{t}{\tau})^2}\right]}{I_0(\beta)}, & \text{para } |t| \leq \tau \\ 0, & \text{para } |t| > \tau, \end{cases} \qquad (5.63)$$

onde β é um parâmetro da janela e $I_0(x)$ é a função de Bessel modificada de primeira classe de ordem zero, que pode ser eficientemente determinada através de sua expansão em série, dada por

$$I_0(x) = 1 + \sum_{k=1}^{\infty} \left[\dfrac{(\frac{x}{2})^k}{k!}\right]^2. \qquad (5.64)$$

Aproximações para filtros FIR

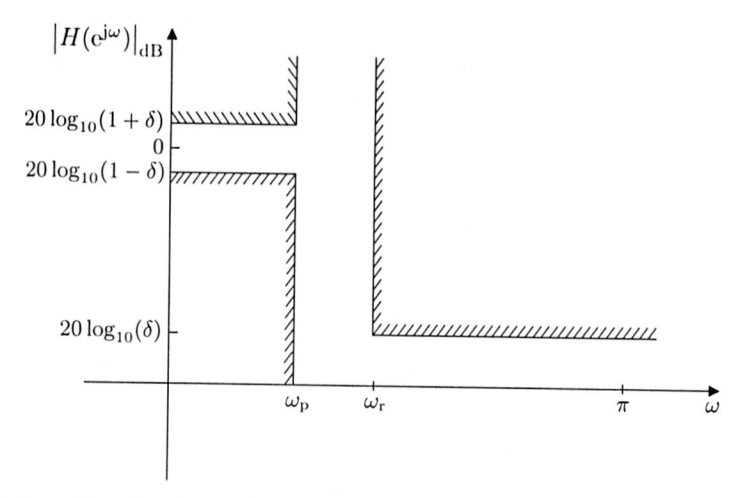

Figura 5.10 Especificações típicas de um filtro passa-baixas. As especificações estão descritas em termos da frequência digital $\omega = 2\pi\Omega/\Omega_s = \Omega T$.

A transformada de Fourier de $w(t)$ é dada por

$$W(j\Omega) = \frac{2\tau \operatorname{sen}\left[\beta\sqrt{(\frac{\Omega}{\Omega_a})^2 - 1}\right]}{\beta I_0(\beta)\sqrt{(\frac{\Omega}{\Omega_a})^2 - 1}}. \tag{5.65}$$

com $\Omega_a = \beta/\tau$. A janela de Kaiser é derivada da equação (5.63) por meio da transformação para o domínio do tempo discreto que resulta de $\tau \to (M/2)T$ e $t \to nT$. A janela é, então, descrita por

$$w_K(n) = \begin{cases} \dfrac{I_0\left[\beta\sqrt{1 - (\frac{2n}{M})^2}\right]}{I_0(\beta)}, & \text{para } |n| \leq M/2 \\ 0, & \text{para } |n| > M/2. \end{cases} \tag{5.66}$$

Como as funções dadas pela equação (5.65) tendem a ser altamente concentradas em torno de $|\Omega| = 0$, podemos assumir que $W(j\Omega) \approx 0$, para $|\Omega| \geq \Omega_s/2$. Portanto, pela equação (2.219), podemos aproximar a resposta na frequência para a janela de Kaiser por

$$W_K(e^{j\omega}) \approx \frac{1}{T} W\left(\frac{j\omega}{T}\right), \tag{5.67}$$

onde $W(j\Omega)$ é dada pela equação (5.65) com τ substituído por $(M/2)T$. Isso resulta em

$$W_K(e^{j\omega}) \approx \frac{M \operatorname{sen}\left[\beta\sqrt{(\frac{\omega}{\omega_a})^2 - 1}\right]}{\beta I_0(\beta)\sqrt{(\frac{\omega}{\omega_a})^2 - 1}}, \tag{5.68}$$

onde $\omega_a = \Omega_a T$ e $\beta = \Omega_a \tau = (\omega_a/T)(M/2)T = \omega_a M/2$.

5.4 Aproximação de filtros FIR com funções-janela

A principal vantagem de janela de Kaiser aparece no projeto de filtros digitais FIR com especificações prescritas genéricas, como aquelas representadas na Figura 5.10. Em tal aplicação, o parâmetro β é usado para controlar tanto a largura do lobo principal quanto a razão entre os lobos principal e secundário.

O procedimento completo para projetar filtros FIR usando a janela de Kaiser é como se segue:

(i) A partir da resposta na frequência ideal que o filtro deve aproximar, determine a resposta ao impulso $h(n)$ usando a Tabela 5.1. Se o filtro é passa-baixas ou passa-altas, deve-se fazer $\Omega_c = (\Omega_p + \Omega_r)/2$. O caso dos filtros passa-faixa e rejeita-faixa é discutido mais tarde nesta seção.

(ii) Dadas a máxima ondulação na faixa de passagem em dB, A_p, e a mínima atenuação na faixa de rejeição em dB, A_r, determine as ondulações correspondentes

$$\delta_p = \frac{10^{0,05 A_p} - 1}{10^{0,05 A_p} + 1} \tag{5.69}$$

$$\delta_r = 10^{-0,05 A_r}. \tag{5.70}$$

(iii) Tal como as outras janelas, a janela de Kaiser só pode ser usada para projetar filtros que apresentam ondulações iguais nas faixas de passagem e de rejeição. Portanto, a fim de satisfazer as especificações prescritas, deve-se usar $\delta = \min\{\delta_p, \delta_r\}$.

(iv) Calcule a ondulação na faixa de passagem e a atenuação na faixa de rejeição resultantes em dB, usando

$$A_p = 20 \log \frac{1 + \delta}{1 - \delta} \tag{5.71}$$

$$A_r = -20 \log \delta. \tag{5.72}$$

(v) Dadas as extremidades das faixas de passagem e de rejeição, Ω_p e Ω_r, respectivamente, calcule a faixa de transição $B_t = (\Omega_r - \Omega_p)$.

(vi) Calcule β usando

$$\beta = \begin{cases} 0, & \text{para } A_r \leq 21 \\ 0{,}5842(A_r - 21)^{0,4} + 0{,}078\,86(A_r - 21), & \text{para } 21 < A_r \leq 50 \\ 0{,}1102(A_r - 8{,}7), & \text{para } 50 < A_r. \end{cases} \tag{5.73}$$

Essa fórmula empírica foi obtida por (Kaiser, 1974) com base no comportamento da função $W(j\Omega)$ da equação (5.65).

(vii) Definindo o comprimento normalizado da janela, D, como

$$D = \frac{B_t M}{\Omega_s}, \tag{5.74}$$

onde Ω_s é a frequência de amostragem, temos que D se relaciona com A_r pela seguinte fórmula empírica:

$$D = \begin{cases} 0{,}9222, & \text{para } A_r \leq 21 \\ \dfrac{(A_r - 7{,}95)}{14{,}36}, & \text{para } 21 < A_r. \end{cases} \quad (5.75)$$

(viii) Tendo calculado D através da equação (5.75), podemos usar a equação (5.74) para determinar a ordem M do filtro como o menor número par que satisfaz

$$M \geq \frac{\Omega_s D}{B_t}. \quad (5.76)$$

É preciso ter em mente que B_t precisa estar nas mesmas unidades que Ω_s.

(ix) Com M e β determinados, calculamos a janela $w_K(n)$ usando a equação (5.66). Agora, estamos prontos para formar a sequência $h'(n) = w_K(n)h(n)$, onde $h(n)$ é a resposta ao impulso do filtro ideal calculada no passo (i).

(x) A função de transferência projetada é, então, dada por

$$H(z) = z^{-M/2}\mathcal{Z}\{h'(n)\}. \quad (5.77)$$

O procedimento visto se aplica a filtros passa-baixas (veja a Figura 5.10), bem como a filtros passa-altas. Se o filtro é passa-faixa ou rejeita-faixa, temos que incluir no passo (i) o seguinte:

1. Calcule a faixa de transição mais estreita

$$B_t = \pm \min\{|\Omega_{r_1} - \Omega_{p_1}|, |\Omega_{p_2} - \Omega_{r_2}|\}. \quad (5.78)$$

Note que B_t é negativa para filtros passa-faixa e positiva para filtros rejeita-faixa.

2. Determine as duas frequências centrais como

$$\Omega_{c_1} = \left(\Omega_{p_1} + \frac{B_t}{2}\right) \quad (5.79)$$

$$\Omega_{c_2} = \left(\Omega_{p_2} - \frac{B_t}{2}\right). \quad (5.80)$$

Uma especificação típica de módulo para um filtro rejeita-faixa é representada na Figura 5.11.

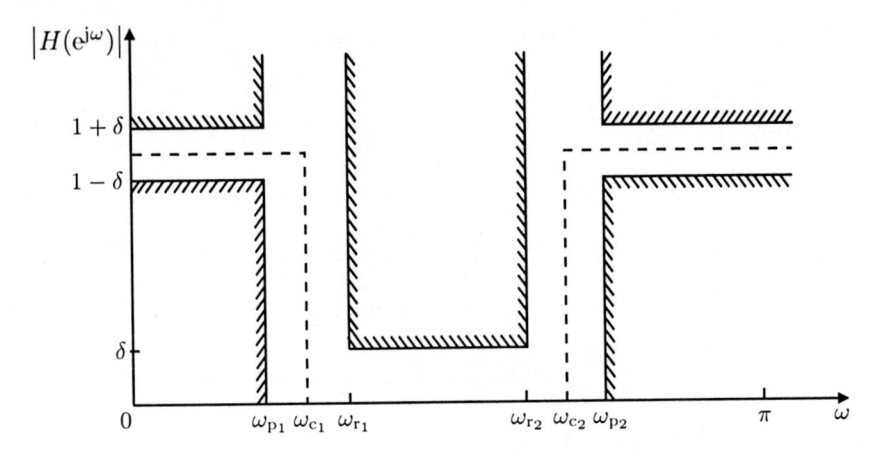

5.4 Aproximação de filtros FIR com funções-janela

Figura 5.11 Especificação típica de um filtro rejeita-faixa.

EXEMPLO 5.4
Projete um filtro rejeita-faixa que satisfaça as especificações a seguir, usando a janela de Kaiser:

$$\left.\begin{array}{l} A_\mathrm{p} = 1{,}0 \text{ dB} \\ A_\mathrm{r} = 45 \text{ dB} \\ \Omega_{\mathrm{p}_1} = 800 \text{ Hz} \\ \Omega_{\mathrm{r}_1} = 950 \text{ Hz} \\ \Omega_{\mathrm{r}_2} = 1050 \text{ Hz} \\ \Omega_{\mathrm{p}_2} = 1200 \text{ Hz} \\ \Omega_\mathrm{s} = 6000 \text{ Hz} \end{array}\right\}. \quad (5.81)$$

SOLUÇÃO
Seguindo o procedimento descrito anteriormente, o filtro resultante é obtido como se segue (observe que naquele procedimento, os parâmetros da janela de Kaiser dependem somente das razões entre as frequências analógicas da especificação do filtro e a frequência de amostragem; portanto, as frequências podem ser introduzidas nas fórmulas em hertz, desde que a frequência de amostragem Ω_s também esteja em hertz):

(i) Das equações (5.78)–(5.80), temos que

$$B_\mathrm{t} = +\min\{(950 - 800), (1200 - 1050)\} = 150 \text{ Hz} \quad (5.82)$$
$$\Omega_{\mathrm{c}_1} = 800 + 75 = 875 \text{ Hz} \quad (5.83)$$
$$\Omega_{\mathrm{c}_2} = 1200 - 75 = 1125 \text{ Hz}. \quad (5.84)$$

(ii) Das equações (5.69) e (5.70),

$$\delta_p = \frac{10^{0,05} - 1}{10^{0,05} + 1} = 0,0575 \qquad (5.85)$$

$$\delta_r = 10^{-0,05 \times 45} = 0,00562. \qquad (5.86)$$

(iii) Então, $\delta = \min\{0,0575, 0,00562\} = 0,00562$.
(iv) Das equações (5.71) e (5.72),

$$A_p = 20 \log \frac{1 + 0,00562}{1 - 0,00562} = 0,0977 \text{ dB} \qquad (5.87)$$

$$A_r = -20 \log 0,00562 = 45 \text{ dB}. \qquad (5.88)$$

(v) B_t já foi calculada como 150 Hz no passo (i).
(vi) Da equação (5.73), já que $A_r = 45$ dB, então

$$\beta = 0,5842(45 - 21)^{0,4} + 0,07886(45 - 21) = 3,9754327. \qquad (5.89)$$

(vii) Da equação (5.75), como $A_r = 45$ dB, então

$$D = \frac{(45 - 7,95)}{14,36} = 2,5800835. \qquad (5.90)$$

(viii) Uma vez que o período de amostragem é $T = 1/6000$ s, temos pela equação (5.76) que

$$M \geq \frac{6000 \times 2,5800835}{150} = 103,20334 \quad \Rightarrow \quad M = 104. \qquad (5.91)$$

Esse procedimento completo é implementado por uma sequência de comandos simples em MATLAB:

```
Ap = 1; Ar = 45;
Omega_p1 = 800; Omega_r1 = 950;
Omega_r2 = 1050; Omega_p2 = 1200;
Omega_s = 6000;
delta_p = (10^(0.05*Ap) - 1)/(10^(0.05*Ap) + 1);
delta_r = 10^(-0.05*Ar);
F = [Omega_p1 Omega_r1 Omega_r2 Omega_p2];
A = [1 0 1];
ripples = [delta_p delta_r delta_p];
[M,Wn,beta,FILTYPE] = kaiserord(F,A,ripples,Omega_s);
```

5.4 Aproximação de filtros FIR com funções-janela

Isso fornece como saídas `beta = 3,9754` e `M = 104`, como fora determinado anteriormente. Nessa pequena sequência, os vetores auxiliares `A` e `ripples` especificam o ganho desejado e a ondulação admitida, respectivamente, em cada faixa do filtro.

Os coeficientes da janela de Kaiser são determinados por

`kaiser_win = kaiser(M+1,beta);`

e são mostrados na Figura 5.12 juntamente com a resposta de módulo associada.

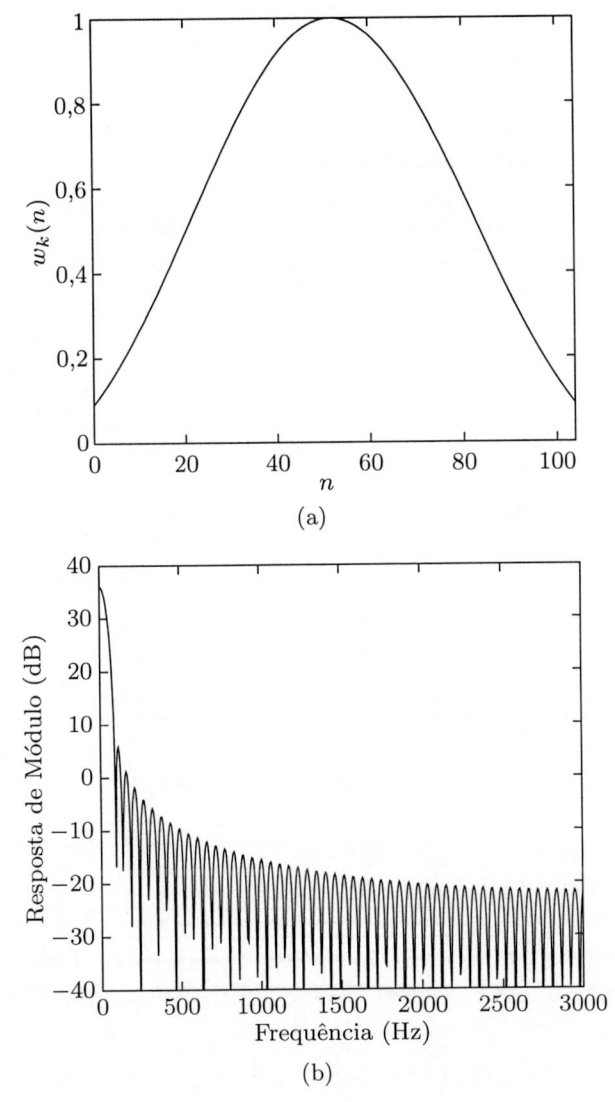

Figura 5.12 Janela de Kaiser: (a) função-janela; (b) resposta de módulo.

Tabela 5.9 *Características do filtro projetado.*

Ω_{c_1}	875 Hz
Ω_{c_2}	1125 Hz
Ω_{p_1}	800 Hz
Ω_{r_1}	950 Hz
Ω_{r_2}	1050 Hz
Ω_{p_2}	1200 Hz
δ_p	0,0575
δ_r	0,005 62
B_t	150 Hz
D	2,580 083 5
β	3,975 432 7
M	104

Tabela 5.10 *Coeficientes de $h(0)$ a $h(52)$ do filtro projetado usando a janela de Kaiser.*

$h(0) = 0,0003$	$h(14) = -0,0028$	$h(28) = 0,0000$	$h(42) = 0,0288$
$h(1) = 0,0005$	$h(15) = 0,0032$	$h(29) = -0,0013$	$h(43) = 0,0621$
$h(2) = 0,0002$	$h(16) = 0,0070$	$h(30) = 0,0027$	$h(44) = 0,0331$
$h(3) = -0,0001$	$h(17) = 0,0038$	$h(31) = 0,0087$	$h(45) = -0,0350$
$h(4) = -0,0000$	$h(18) = -0,0040$	$h(32) = 0,0061$	$h(46) = -0,0733$
$h(5) = 0,0001$	$h(19) = -0,0083$	$h(33) = -0,0081$	$h(47) = -0,0381$
$h(6) = -0,0003$	$h(20) = -0,0042$	$h(34) = -0,0203$	$h(48) = 0,0394$
$h(7) = -0,0011$	$h(21) = 0,0042$	$h(35) = -0,0123$	$h(49) = 0,0807$
$h(8) = -0,0008$	$h(22) = 0,0081$	$h(36) = 0,0146$	$h(50) = 0,0411$
$h(9) = 0,0011$	$h(23) = 0,0038$	$h(37) = 0,0339$	$h(51) = -0,0415$
$h(10) = 0,0028$	$h(24) = -0,0033$	$h(38) = 0,0194$	$h(52) = 0,9167$
$h(11) = 0,0018$	$h(25) = -0,0055$	$h(39) = -0,0218$	
$h(12) = -0,0021$	$h(26) = -0,0020$	$h(40) = -0,0484$	
$h(13) = -0,0050$	$h(27) = 0,0011$	$h(41) = -0,0266$	

O filtro desejado é obtido usando-se o comando fir1 no MATLAB, como por exemplo em

h = fir1(M,Wn,FILTYPE,kaiser_win,'noscale');

o *flag* noscale evita o ganho unitário no centro da primeira faixa de passagem imposto pelo MATLAB. As características do filtro projetado são resumidas na Tabela 5.9.

Os coeficientes do filtro, $h(n)$, são apresentados na Tabela 5.10. Mais uma vez, devido à simetria inerente à função-janela de Kaiser, a Tabela 5.10 mostra

5.4 Aproximação de filtros FIR com funções-janela

somente metade dos coeficientes do filtro, já que os demais coeficientes podem ser obtidos fazendo-se $h(n) = h(104 - n)$.

A resposta ao impulso do filtro é mostrada na Figura 5.13, juntamente com a resposta de módulo associada. △

5.4.6 Janela de Dolph–Chebyshev

Com base no polinômio de Chebyshev de ordem M dado por

$$C_M(x) = \begin{cases} \cos\left(M \cos^{-1} x\right), & \text{para } |x| \leq 1 \\ \cosh\left(M \cosh^{-1} x\right), & \text{para } |x| > 1, \end{cases} \quad (5.92)$$

a janela de Dolph–Chebyshev é definida como

$$w_{\text{DC}}(n) = \begin{cases} \dfrac{1}{M+1}\left[\dfrac{1}{r} + 2\sum_{i=1}^{M/2} C_M\left(x_0 \cos \dfrac{i\pi}{M+1}\right) \cos \dfrac{2ni\pi}{M+1}\right], \\ \qquad\qquad\qquad\qquad\qquad\qquad\qquad \text{para } |n| \leq M/2 \\ 0, \qquad\qquad\qquad\qquad\qquad\qquad \text{para } |n| > M/2, \end{cases} \quad (5.93)$$

onde r é a razão de ondulação, definida como

$$r = \frac{\delta_{\text{r}}}{\delta_{\text{p}}}, \quad (5.94)$$

e x_0 é dada por

$$x_0 = \cosh\left(\frac{1}{M} \cosh^{-1} \frac{1}{r}\right). \quad (5.95)$$

O procedimento para projeto de filtros FIR usando a janela de Dolph–Chebyshev apresentado a seguir é muito similar ao usado para a janela de Kaiser:

(i) Execute os passos (i) e (ii) do procedimento para a janela de Kaiser.
(ii) Determine r pela equação (5.94).
(iii) Execute os passos (iii)–(v) e (vii)–(viii) do procedimento para a janela de Kaiser para determinar a ordem M do filtro. No passo (vii), contudo, como a atenuação na banda de rejeição que se pode obter com a janela de Dolph–Chebyshev é tipicamente de 1 a 4 dB maior que a obtida com a janela de Kaiser, deve-se calcular D para a janela de Dolph–Chebyshev usando-se a equação (5.75) com A_{r} substituído por $A_{\text{r}} + 2{,}5$ (Saramäki, 1993). Com essa

Aproximações para filtros FIR

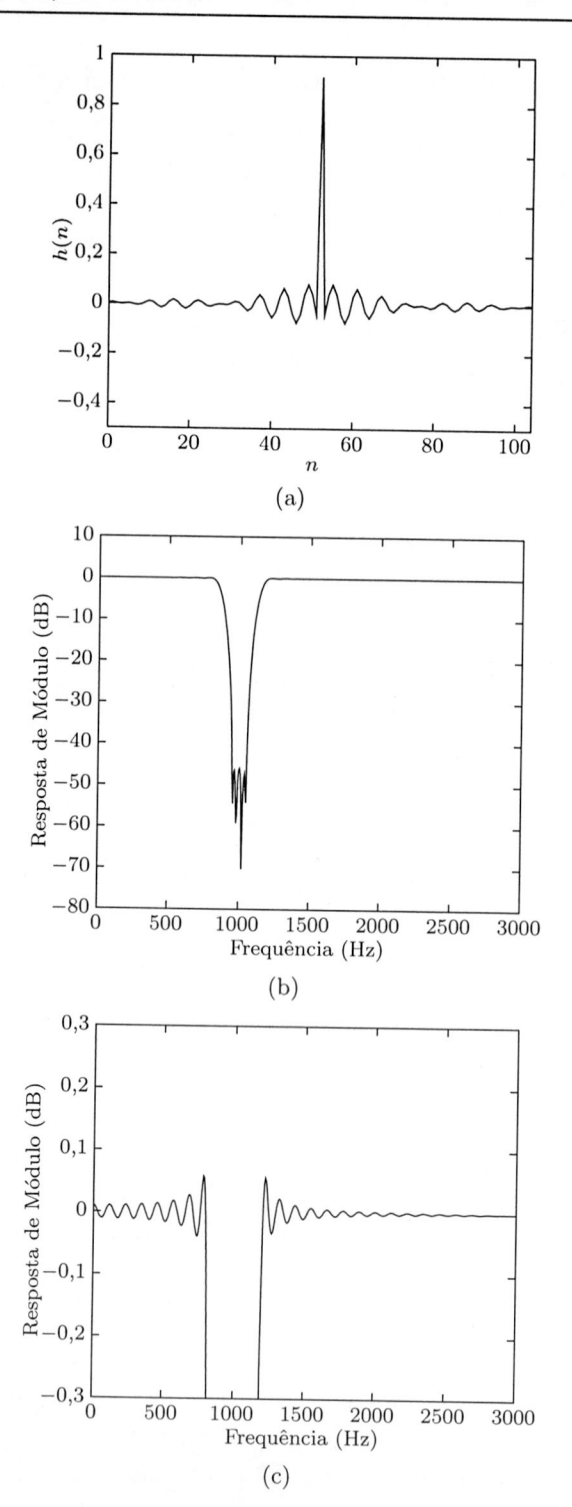

Figura 5.13 Filtro rejeita-faixa resultante: (a) resposta ao impulso; (b) resposta de módulo; (c) detalhe da faixa de passagem.

aproximação, a valor M da ordem pode não resultar preciso, e podem ser necessárias pequenas correções ao final da rotina de projeto para satisfazer completamente as especificações prescritas.

(iv) Com r e M determinados, calcule x_0 pela equação (5.95) e, então, calcule os coeficientes da janela através da equação (5.93).

(v) Agora estamos prontos para formar a sequência $h'(n) = w_{\text{DC}}(n)h(n)$, onde $h(n)$ é a resposta ao impulso do filtro ideal calculada no passo (i) do procedimento para uso da janela de Kaiser, na Seção (5.4.5).

(vi) Execute o passo (x) do procedimento para a janela de Kaiser para determinar o filtro FIR resultante.

Em termos gerais, a janela de Dolph–Chebyshev assim se caracteriza:

- A largura do lobo principal e, consequentemente, a faixa de transição do filtro pode ser controlada pela variação de M.
- A razão de ondulação é controlada através de um parâmetro independente r.
- Todos os lobos secundários têm a mesma amplitude. Portanto, a faixa de rejeição do filtro resultante tem ondulação constante (é *equiripple*, em inglês).

5.5 Aproximação maximamente plana para filtros FIR

Aproximações maximamente planas devem ser empregadas quando um sinal precisa ser preservado com erro mínimo em torno da frequência zero ou quando é necessária uma resposta na frequência monotônica. Filtros FIR com resposta na frequência maximamente plana em $\omega = 0$ e $\omega = \pi$ foram apresentados pela primeira vez em Herrmann (1971). Consideramos aqui, seguindo a literatura consagrada sobre o assunto (Herrmann, 1971; Vaidyanathan, 1984, 1985), o filtro passa-baixas FIR do Tipo I, que tem ordem M par e resposta ao impulso simétrica.

Nesse caso, a resposta na frequência do filtro FIR maximamente plano é determinada de forma que $H(e^{j\omega}) - 1$ tem $2L$ zeros em $\omega = 0$ e $H(e^{j\omega})$ tem $2K$ zeros em $\omega = \pi$. Para atingir uma resposta maximamente plana, a ordem M do filtro tem que satisfazer $M = 2K + 2L - 2$. Logo, as primeiras $2L - 1$ derivadas de $H(e^{j\omega})$ são nulas em $\omega = 0$ e as primeiras $2K - 1$ derivadas de $H(e^{j\omega})$ são nulas em $\omega = \pi$. Se essas duas condições são satisfeitas, $H(e^{j\omega})$ pode ser escrita (Herrmann, 1971) como

$$H(e^{j\omega}) = \left(\cos\frac{\omega}{2}\right)^{2K} \sum_{n=0}^{L-1} d(n) \left(\text{sen}\frac{\omega}{2}\right)^{2n}$$

$$= \left(\frac{1 + \cos\omega}{2}\right)^{K} \sum_{n=0}^{L-1} d(n) \left(\frac{1 - \cos\omega}{2}\right)^{n} \qquad (5.96)$$

ou como

$$H(e^{j\omega}) = 1 - \left(\operatorname{sen}\frac{\omega}{2}\right)^{2L}\sum_{n=0}^{K-1}\hat{d}(n)\left(\cos\frac{\omega}{2}\right)^{2n}$$

$$= 1 - \left(\frac{1-\cos\omega}{2}\right)^{L}\sum_{n=0}^{K-1}\hat{d}(n)\left(\frac{1+\cos\omega}{2}\right)^{n}, \quad (5.97)$$

onde os coeficientes $d(n)$ ou $\hat{d}(n)$ são dados, respectivamente, por

$$d(n) = \frac{(K-1+n)!}{(K-1)!n!} \quad (5.98)$$

$$\hat{d}(n) = \frac{(L-1+n)!}{(L-1)!n!}. \quad (5.99)$$

Observe que pelas equações (5.96) e (5.98), $H(e^{j\omega})$ é real e positiva. Portanto, para os filtros maximamente planos, $|H(e^{j\omega})| = H(e^{j\omega})$. Das equações anteriores também é fácil ver que $H(e^{j\omega})$ pode ser expressa como uma soma de exponenciais complexas, com frequências indo de $(-K - L + 1)\omega$ a $(K + L - 1)\omega$ em incrementos de ω. Assim, pelo Teorema 5.1, pode-se afirmar que $h(n)$ pode ser exatamente recuperada amostrando-se $H(e^{j\omega})$ em $2K + 2L - 1 = M + 1$ pontos igualmente espaçados localizados nas frequências $\omega = 2\pi n/(M+1)$, para $n = 0, 1, \ldots, M$, e obtendo-se a respectiva IDFT, como na abordagem por amostragem na frequência.

Obtém-se, entretanto, uma implementação mais eficiente expressando-se a função de transferência como (Vaidyanathan, 1984)

$$H(z) = \left(\frac{1+z^{-1}}{2}\right)^{2K}\sum_{n=0}^{L-1}(-1)^{n}d(n)z^{-(L-1-n)}\left(\frac{1-z^{-1}}{2}\right)^{2n} \quad (5.100)$$

ou

$$H(z) = z^{-\frac{M}{2}} - (-1)^{L}\left(\frac{1-z^{-1}}{2}\right)^{2L}\sum_{n=0}^{K-1}\hat{d}(n)z^{-(K-1-n)}\left(\frac{1+z^{-1}}{2}\right)^{2n}. \quad (5.101)$$

Essas equações requerem um número significativamente menor de multiplicadores que a implementação na forma direta. A desvantagem desses projetos é a ampla faixa dinâmica necessária para representar as sequências $d(n)$ e $\hat{d}(n)$. Isso pode ser evitado por uma implementação eficiente desses coeficientes em cascata, como é discutido em Vaidyanathan (1984), utilizando as seguintes relações:

$$d(n+1) = d(n)\frac{K+n}{n+1} \quad (5.102)$$

$$\hat{d}(n+1) = \hat{d}(n)\frac{L+n}{n+1}. \quad (5.103)$$

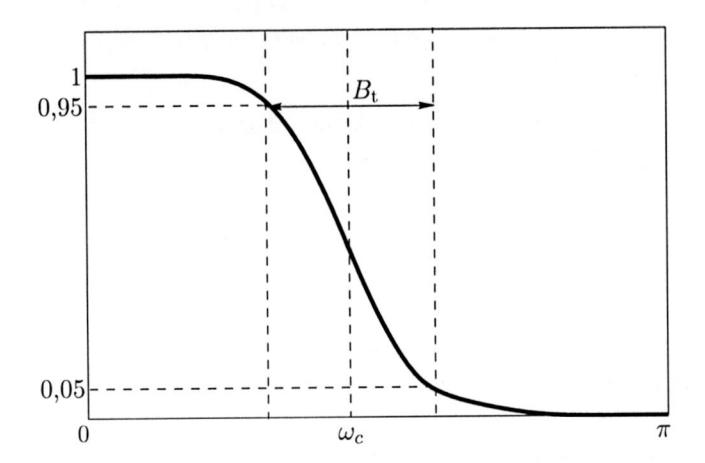

5.5 Aproximação maximamente plana para filtros FIR

Figura 5.14 Especificação típica de filtro passa-baixas FIR maximamente plano.

No procedimento descrito, os únicos parâmetros de projeto para filtros FIR maximamente planos são os valores de K e L. Dada uma resposta de módulo desejada, como a que se vê na Figura 5.14, a faixa de transição é definida como a região em que a resposta de módulo varia de 0,95 a 0,05, e a frequência central normalizada é o centro dessa faixa, isto é, $\omega_c = (\omega_p+\omega_r)/2$. Se a faixa de transição é de B_t rad/amostra, precisamos calcular os seguintes parâmetros:

$$M_1 = \left(\frac{\pi}{B_t}\right)^2 \tag{5.104}$$

$$\rho = \frac{1 + \cos\omega_c}{2}. \tag{5.105}$$

Então, para todos os valores inteiros de M_p na faixa $M_1 \leq M_p \leq 2M_1$, calculamos K_p como o inteiro mais próximo de ρM_p. Então, escolhemos K_p^* e M_p^* respectivamente como os valores de K_p e M_p para os quais K_p/M_p mais se aproxima de ρ. Os valores desejados de K, L e M são dados por

$$K = K_p^* \tag{5.106}$$

$$L = M_p^* - K_p^* \tag{5.107}$$

$$M = 2K + 2L - 2 = 2M_p^* - 2. \tag{5.108}$$

EXEMPLO 5.5

Projete um filtro passa-baixas maximamente plano que satisfaça as especificações a seguir:

$$\left.\begin{array}{l} \Omega_c = 0{,}3\pi \text{ rad/s} \\ B_t = 0{,}2\pi \text{ rad/s} \\ \Omega_s = 2\pi \text{ rad/s} \end{array}\right\} \tag{5.109}$$

Tabela 5.11 *Coeficientes de d(0) a d(5) do filtro passa-baixas projetado para resposta maximamente plana.*

$d(0) = 1$
$d(1) = 27$
$d(2) = 378$
$d(3) = 3654$
$d(4) = 27\,405$
$d(5) = 169\,911$
$d(6) = 906\,192$

SOLUÇÃO
Pode-se utilizar a sequência de comandos

```
Omega_c = 0.3*pi; Bt = 0.2*pi; Omega_s = 2*pi;
M1 = (pi/Bt)^2;
rho = (1 + cos(Omega_c))/2;
Mp = ceil(M1):floor(2*M1);
Kp = round(rho*Mp);
rho_p = Kp./Mp;
[value,index] = min(abs(rho_p - rho));
K = Kp(index); L = Mp(index)-Kp(index); M = 2*Mp(index)-2;
```

para obter os valores de $K = 27$, $L = 7$ e $M = 66$. Os coeficientes resultantes $d(n)$ podem ser determinados como na equação (5.102):

```
d(1) = 1;
for i = 0:L-2,
    d(i+2) = d(i+1)*(K+i)/(i+1);
end;
```

e são mostrados na Tabela 5.11. Note que nesse caso, embora a ordem do filtro seja $M = 66$, há apenas $L = 7$ coeficientes não-nulos $d(n)$.

A resposta de módulo correspondente pode ser determinada por

```
omega = 2*pi.*(0:M)/(M+1);
i = (0:L-1)';
for k = 0:M,
    H(k+1) = d*sin(omega(k+1)/2).^(2*i);
end;
H = H.*cos(omega./2).^(2*K);
```

o resultado é representado na Figura 5.15. △

5.6 Aproximação de filtros FIR por otimização

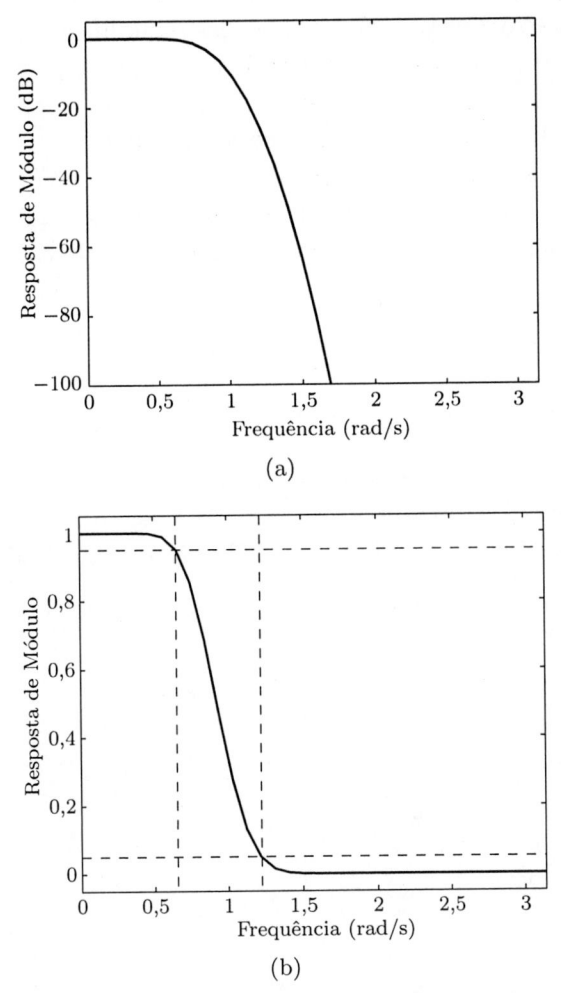

Figura 5.15 Resposta de módulo do filtro passa-baixas FIR maximamente plano: (a) em dB; (b) em escala linear.

5.6 Aproximação de filtros FIR por otimização

O método da janela visto na Seção 5.4 tem um procedimento de projeto extremamente direto para aproximar a resposta de módulo desejada. Contudo, não é eficiente para projetar, por exemplo, filtros FIR com ondulações diferentes nas faixas de passagem e de rejeição, ou filtros passa-faixa ou rejeita-faixa não-simétricos. Para preencher essa lacuna, apresentamos nessa seção vários algoritmos numéricos para projeto de filtros digitais FIR mais gerais.

Em muitos sistemas de processamento de sinais, são requeridos filtros com fase linear ou nula. Infelizmente, filtros projetados para ter fase nula são não--causais; isso pode ser um problema em aplicações que só permitem um atraso de processamento muito pequeno. Além disso, fase não-linear causa distorções no sinal processado que podem ser bem perceptíveis em aplicações como transmissão de dados, processamento de imagem e outras. Uma das maiores vantagens de se usar um sistema FIR em vez de um sistema IIR causal é que os sistemas FIR podem ser projetados com fase exatamente linear. Como se viu na Seção 4.2.3, há quatro casos distintos em que um filtro FIR apresenta fase linear. Para apresentar algoritmos gerais para o projeto de filtros FIR com fase linear, faz-se necessária uma apresentação unificada desses quatro casos. Definimos uma função auxiliar $P(\omega)$ como

$$P(\omega) = \sum_{l=0}^{L} p(l)\cos(\omega l), \tag{5.110}$$

onde $L+1$ é o número de funções-cosseno na expressão de $H(e^{j\omega})$. Com base nessa função, podemos expressar a resposta na frequência dos quatro tipos de filtros FIR com fase linear na forma (McClellan & Parks, 1973) a seguir:

- Tipo I: Ordem M par e resposta ao impulso simétrica. Pela Tabela 4.1, podemos escrever que

$$\begin{aligned} H(e^{j\omega}) &= e^{-j\omega M/2} \sum_{m=0}^{M/2} a(m)\cos(\omega m) \\ &= e^{-j\omega M/2} \sum_{l=0}^{M/2} p(l)\cos(\omega l) \\ &= e^{-j\omega M/2} P(\omega), \end{aligned} \tag{5.111}$$

com

$$a(m) = p(m), \text{ para } m = 0, 1, \ldots, L, \tag{5.112}$$

onde $L = M/2$.

- Tipo II: Ordem M ímpar e resposta ao impulso simétrica. Nesse caso, pela Tabela 4.1, temos

$$H(e^{j\omega}) = e^{-j\omega M/2} \sum_{m=1}^{(M+1)/2} b(m)\cos\left[\omega\left(m - \frac{1}{2}\right)\right]. \tag{5.113}$$

Usando-se

$$b(m) = \begin{cases} p(0) + \dfrac{1}{2}p(1), & \text{para } m = 1 \\ \dfrac{1}{2}\left[p(m-1) + p(m)\right], & \text{para } m = 2, 3, \ldots, L \\ \dfrac{1}{2}p(L), & \text{para } m = L+1, \end{cases} \tag{5.114}$$

5.6 Aproximação de filtros FIR por otimização

com $L = (M - 1)/2$, então $H(e^{j\omega})$ pode ser escrita na forma

$$H(e^{j\omega}) = e^{-j\omega M/2} \cos\frac{\omega}{2} P(\omega), \tag{5.115}$$

onde se aplicou a identidade trigonométrica

$$2\cos\frac{\omega}{2}\cos(\omega m) = \cos\left[\omega\left(m + \frac{1}{2}\right)\right] + \cos\left[\omega\left(m - \frac{1}{2}\right)\right]. \tag{5.116}$$

O desenvolvimento algébrico completo é deixado como exercício para o leitor interessado.

- Tipo III: Ordem M par e resposta ao impulso antissimétrica. Nesse caso, pela Tabela 4.1, temos

$$H(e^{j\omega}) = e^{-j[\omega(M/2)-(\pi/2)]} \sum_{m=1}^{M/2} c(m)\,\text{sen}(\omega m). \tag{5.117}$$

Então, substituindo-se

$$c(m) = \begin{cases} p(0) - \dfrac{1}{2}p(2), & \text{para } m = 1 \\[2pt] \dfrac{1}{2}\left[p(m-1) - p(m+1)\right], & \text{para } m = 2, 3, \ldots, L-1 \\[2pt] \dfrac{1}{2}p(m-1), & \text{para } m = L, L+1, \end{cases} \tag{5.118}$$

com $L = M/2 - 1$, a equação (5.117) pode ser escrita como

$$H(e^{j\omega}) = e^{-j[\omega(M/2)-(\pi/2)]} \,\text{sen}\,\omega\, P(\omega), \tag{5.119}$$

onde se aplicou a identidade

$$2\,\text{sen}\,\omega\cos(\omega m) = \text{sen}[\omega(m+1)] - \text{sen}[\omega(m-1)]. \tag{5.120}$$

Mais uma vez, a prova algébrica é deixada como exercício ao final deste capítulo.

- Tipo IV: Ordem M ímpar e resposta ao impulso antissimétrica. Temos, pela Tabela 4.1, que

$$H(e^{j\omega}) = e^{-j[\omega(M/2)-(\pi/2)]} \sum_{m=1}^{(M+1)/2} d(m)\,\text{sen}\left[\omega\left(m - \frac{1}{2}\right)\right]. \tag{5.121}$$

Substituindo-se

$$d(m) = \begin{cases} p(0) - \dfrac{1}{2}p(1), & \text{para } m = 1 \\[2pt] \dfrac{1}{2}\left[p(m-1) - p(m)\right], & \text{para } m = 2, 3, \ldots, L \\[2pt] \dfrac{1}{2}p(L), & \text{para } m = L+1, \end{cases} \tag{5.122}$$

com $L = (M - 1)/2$, então $H(e^{j\omega})$ pode ser escrita como

$$H(e^{j\omega}) = e^{-j[\omega(M/2)-\pi/2]} \operatorname{sen}\frac{\omega}{2} P(\omega), \tag{5.123}$$

onde se aplicou a identidade

$$2\operatorname{sen}\frac{\omega}{2}\cos(\omega m) = \operatorname{sen}\left[\omega\left(m+\frac{1}{2}\right)\right] - \operatorname{sen}\left[\omega\left(m-\frac{1}{2}\right)\right]. \tag{5.124}$$

Novamente, o desenvolvimento algébrico completo é deixado como exercício para o leitor.

As equações (5.111), (5.115), (5.119) e (5.123) indicam que podemos escrever a resposta na frequência para qualquer filtro FIR com fase linear como

$$H(e^{j\omega}) = e^{-j(\alpha\omega-\beta)}Q(\omega)P(\omega) = e^{-j(\alpha\omega-\beta)}A(\omega), \tag{5.125}$$

onde $A(\omega) = Q(\omega)P(\omega)$, $\alpha = M/2$ e para o:

- Tipo I: $\beta = 0$ e $Q(\omega) = 1$.
- Tipo II: $\beta = 0$ e $Q(\omega) = \cos(\omega/2)$.
- Tipo III: $\beta = \pi/2$ e $Q(\omega) = \operatorname{sen}\omega$.
- Tipo IV: $\beta = \pi/2$ e $Q(\omega) = \operatorname{sen}(\omega/2)$.

Seja $D(\omega)$ a resposta de amplitude desejada. Definimos a função de erro ponderado como

$$E(\omega) = W(\omega)(D(\omega) - A(\omega)). \tag{5.126}$$

Podemos, então, escrever $E(\omega)$ como

$$E(\omega) = W(\omega)(D(\omega) - Q(\omega)P(\omega)) = W(\omega)Q(\omega)\left(\frac{D(\omega)}{Q(\omega)} - P(\omega)\right) \tag{5.127}$$

para todo $0 \leq \omega \leq \pi$, já que $Q(\omega)$ é independente dos coeficientes para todo ω. Definindo

$$W_q(\omega) = W(\omega)Q(\omega) \tag{5.128}$$

$$D_q(\omega) = \frac{D(\omega)}{Q(\omega)}, \tag{5.129}$$

5.6 Aproximação de filtros FIR por otimização

a função-erro pode ser reescrita como

$$E(\omega) = W_q(\omega)(D_q(\omega) - P(\omega)), \tag{5.130}$$

e se pode formular o problema de otimização para aproximação de filtros FIR com fase linear como: *determinar o conjunto de coeficientes $p(l)$ que minimiza uma dada função-objetivo $E(\omega)$ do erro ponderado ao longo de um conjunto de faixas de frequência prescritas.*

Para resolver numericamente tal problema, avaliamos a função de erro ponderado num conjunto denso de frequências, com $0 \leq \omega_i \leq \pi$ para $i = 1, 2, \ldots, KM$, onde M é a ordem do filtro, obtendo uma boa aproximação discreta para $E(\omega)$. Para a maioria dos casos práticos, recomenda-se usar $8 \leq K \leq 16$. Os pontos associados com as faixas de transição podem ser descartados, e as demais frequências devem ser linearmente redistribuídas pelas faixas de passagem e de rejeição de forma a incluir suas respectivas extremidades. Logo, resulta a seguinte equação:

$$\mathbf{e} = \mathbf{W}_q \left(\mathbf{d}_q - \mathbf{U}\mathbf{p} \right), \tag{5.131}$$

onde

$$\mathbf{e} = [E(\omega_1)\ E(\omega_2)\ \cdots\ E(\omega_{\overline{KM}})]^T \tag{5.132}$$

$$\mathbf{W}_q = \text{diag}\,[W_q(\omega_1)\ W_q(\omega_2)\ \cdots\ W_q(\omega_{\overline{KM}})] \tag{5.133}$$

$$\mathbf{d}_q = [D_q(\omega_1)\ D_q(\omega_2)\ \cdots\ D_q(\omega_{\overline{KM}})]^T \tag{5.134}$$

$$\mathbf{U} = \begin{bmatrix} 1 & \cos(\omega_1) & \cos(2\omega_1) & \cdots & \cos(L\omega_1) \\ 1 & \cos(\omega_2) & \cos(2\omega_2) & \cdots & \cos(L\omega_2) \\ \vdots & \vdots & \vdots & \ddots & \vdots \\ 1 & \cos(\omega_{\overline{KM}}) & \cos(2\omega_{\overline{KM}}) & \cdots & \cos(L\omega_{\overline{KM}}) \end{bmatrix} \tag{5.135}$$

$$\mathbf{p} = [p(0)\ p(1)\ \cdots\ p(L)]^T, \tag{5.136}$$

sendo $\overline{KM} \leq KM$, já que as frequências originais na faixa de transição foram descartadas.

Para os quatro tipos de filtro padrão, a saber, passa-baixas, passa-altas, passa-faixa e rejeita-faixa, assim como para os diferenciadores e transformadores de Hilbert, as definições de $W(\omega)$ e $D(\omega)$ estão resumidas na Tabela 5.12.

É importante lembrar todas as restrições de projeto decorrentes das características dos quatro tipos de filtros com fase linear. Tais restrições são resumidas na Tabela 5.13, onde um "Sim" indica que a estrutura de filtro correspondente é adequada para implementar o filtro desejado.

Tabela 5.12 *Funções-peso e respostas de módulo ideais para filtros passa-baixas, passa-altas, passa-faixa e rejeita-faixa básicos, bem como para diferenciadores e transformadores de Hilbert.*

Tipo de filtro	Função-peso $W(\omega)$	Resposta de amplitude ideal $D(\omega)$
Passa-baixas	$\begin{cases} 1, & \text{para } 0 \leq \omega \leq \omega_p \\ \dfrac{\delta_p}{\delta_r}, & \text{para } \omega_r \leq \omega \leq \pi \end{cases}$	$\begin{cases} 1, & \text{para } 0 \leq \omega \leq \omega_p \\ 0, & \text{para } \omega_r \leq \omega \leq \pi \end{cases}$
Passa-altas	$\begin{cases} \dfrac{\delta_p}{\delta_r}, & \text{para } 0 \leq \omega \leq \omega_r \\ 1, & \text{para } \omega_p \leq \omega \leq \pi \end{cases}$	$\begin{cases} 0, & \text{para } 0 \leq \omega \leq \omega_r \\ 1, & \text{para } \omega_p \leq \omega \leq \pi \end{cases}$
Passa-faixa	$\begin{cases} \dfrac{\delta_p}{\delta_r}, & \text{para } 0 \leq \omega \leq \omega_{r_1} \\ 1, & \text{para } \omega_{p_1} \leq \omega \leq \omega_{p_2} \\ \dfrac{\delta_p}{\delta_r}, & \text{para } \omega_{r_2} \leq \omega \leq \pi \end{cases}$	$\begin{cases} 0, & \text{para } 0 \leq \omega \leq \omega_{r_1} \\ 1, & \text{para } \omega_{p_1} \leq \omega \leq \omega_{p_2} \\ 0, & \text{para } \omega_{r_2} \leq \omega \leq \pi \end{cases}$
Rejeita-faixa	$\begin{cases} 1, & \text{para } 0 \leq \omega \leq \omega_{p_1} \\ \dfrac{\delta_p}{\delta_r}, & \text{para } \omega_{r_1} \leq \omega \leq \omega_{r_2} \\ 1, & \text{para } \omega_{p_2} \leq \omega \leq \pi \end{cases}$	$\begin{cases} 1, & \text{para } 0 \leq \omega \leq \omega_{p_1} \\ 0, & \text{para } \omega_{r_1} \leq \omega \leq \omega_{r_2} \\ 1, & \text{para } \omega_{p_2} \leq \omega \leq \pi \end{cases}$
Diferenciador	$\begin{cases} \dfrac{1}{\omega}, & \text{para } 0 < \omega \leq \omega_p \\ 0, & \text{para } \omega_p < \omega \leq \pi \end{cases}$	$\omega, \quad \text{para } 0 \leq \omega \leq \pi$
Transformador de Hilbert	$\begin{cases} 0, & \text{para } 0 \leq \omega < \omega_{p_1} \\ 1, & \text{para } \omega_{p_1} \leq \omega \leq \omega_{p_2} \\ 0, & \text{para } \omega_{p_2} < \omega \leq \pi \end{cases}$	$1, \quad \text{para } 0 \leq \omega \leq \pi$

Tabela 5.13 *Adequação das estruturas de filtros FIR com fase linear à realização de filtros passa-baixas, passa-altas, passa-faixa e rejeita-faixa básicos, bem como diferenciadores e transformadores de Hilbert.*

Filtro	Tipo I	Tipo II	Tipo III	Tipo IV
Passa-baixas	Sim	Sim	Não	Não
Passa-altas	Sim	Não	Não	Sim
Passa-faixa	Sim	Sim	Sim	Sim
Rejeita-faixa	Sim	Não	Não	Não
Diferenciador	Não	Não	Sim	Sim
Transformador de Hilbert	Não	Não	Sim	Sim

5.6.1 Método dos mínimos quadrados ponderados

Na abordagem dos mínimos quadrados ponderados (WLS, do inglês *Weighted Least-Squares*), a ideia é minimizar o quadrado da energia da função-erro $E(\omega)$, isto é,

$$\min_{\mathbf{p}} \left\{ \|E(\omega)\|_2^2 \right\} = \min_{\mathbf{p}} \left\{ \int_0^\pi |E(\omega)|^2 \, d\omega \right\}. \tag{5.137}$$

Para um conjunto discreto de frequências, essa função-objetivo é aproximada por (veja as equações (5.131)–(5.136))

$$\|E(\omega)\|_2^2 \approx \frac{1}{KM} \sum_{k=1}^{KM} |E(\omega_k)|^2 = \frac{1}{KM} \mathbf{e}^T \mathbf{e}, \tag{5.138}$$

uma vez que nessas equações $\mathbf{e}$ é um vetor real. Usando a equação (5.131) e notando que $\mathbf{W}_q$ é diagonal, podemos escrever que

$$\begin{aligned}
\mathbf{e}^T \mathbf{e} &= (\mathbf{d}_q^T - \mathbf{p}^T \mathbf{U}^T) \mathbf{W}_q^T \mathbf{W}_q (\mathbf{d}_q - \mathbf{U}\mathbf{p}) \\
&= (\mathbf{d}_q^T - \mathbf{p}^T \mathbf{U}^T) \mathbf{W}_q^2 (\mathbf{d}_q - \mathbf{U}\mathbf{p}) \\
&= \mathbf{d}_q^T \mathbf{W}_q^2 \mathbf{d}_q - \mathbf{d}_q^T \mathbf{W}_q^2 \mathbf{U}\mathbf{p} - \mathbf{p}^T \mathbf{U}^T \mathbf{W}_q^2 \mathbf{d}_q + \mathbf{p}^T \mathbf{U}^T \mathbf{W}_q^2 \mathbf{U}\mathbf{p} \\
&= \mathbf{d}_q^T \mathbf{W}_q^2 \mathbf{d}_q - 2\mathbf{p}^T \mathbf{U}^T \mathbf{W}_q^2 \mathbf{d}_q + \mathbf{p}^T \mathbf{U}^T \mathbf{W}_q^2 \mathbf{U}\mathbf{p},
\end{aligned} \tag{5.139}$$

porque $\mathbf{d}_q^T \mathbf{W}_q^2 \mathbf{U}\mathbf{p} = \mathbf{p}^T \mathbf{U}^T \mathbf{W}_q^2 \mathbf{d}_q$, uma vez que esses dois termos são escalares. Chega-se à minimização desse funcional calculando-se seu vetor-gradiente em relação ao vetor de coeficientes e igualando-se esse gradiente a zero. Como

$$\nabla_\mathbf{x}\{\mathbf{A}\mathbf{x}\} = \mathbf{A}^T \tag{5.140}$$

$$\nabla_\mathbf{x}\{\mathbf{x}^T \mathbf{A} \mathbf{x}\} = (\mathbf{A} + \mathbf{A}^T)\mathbf{x}, \tag{5.141}$$

isso fornece

$$\nabla_\mathbf{p}\{\mathbf{e}^T\mathbf{e}\} = -2\mathbf{U}^T\mathbf{W}_q^2\mathbf{d}_q + 2\mathbf{U}^T\mathbf{W}_q^2\mathbf{U}\mathbf{p}^* = \mathbf{0}, \tag{5.142}$$

implicando que

$$\mathbf{p}^* = \left(\mathbf{U}^T \mathbf{W}_q^2 \mathbf{U}\right)^{-1} \mathbf{U}^T \mathbf{W}_q^2 \mathbf{d}_q. \tag{5.143}$$

Pode-se mostrar que quando a função-peso $W(\omega)$ é constante, a abordagem WLS equivale à janela retangular apresentada na seção anterior, e portanto sofre do mesmo problema das oscilações de Gibbs próximas às extremidades das faixas de frequência. Quando $W(\omega)$ não é constante, as oscilações ainda ocorrem, mas suas energias variam de uma faixa para outra.

Dentre as várias extensões e generalizações da abordagem WLS, podemos mencionar os métodos WLS com restrições e do autofiltro. O método WLS com restrições foi apresentado em Selesnick *et al.* (1996, 1998). Nesse método, o projetista especifica os valores máximo e mínimo permissíveis para a resposta de módulo desejada em cada faixa. No algoritmo proposto, as faixas de transição não são completamente especificadas, e somente suas frequências centrais precisam ser fornecidas. As faixas de transição são, então, automaticamente ajustadas para satisfazer as restrições. Em termos gerais, o método consiste num procedimento iterativo no qual em cada passo é executado um projeto WLS modificado, usando multiplicadores de Lagrange, e as restrições são subsequentemente testadas e atualizadas. Tal procedimento envolve a verificação das condições de Kuhn–Tucker (Winston, 1991), ou seja, se todos os multiplicadores resultantes são não-negativos, e a seguir executa-se uma rotina de busca que encontra as posições de todos os extremos locais em cada banda e testa se todas as restrições foram satisfeitas. Para o método do autofiltro, apresentado em Vaidyanathan (1987) e utilizado em Nguyen *et al.* (1994), a função-objetivo da equação (5.130) é reescrita numa forma diferente, e são usados resultados da álgebra linear para se encontrar o filtro ótimo para a equação resultante. Com tal procedimento, o método do autofiltro permite projetar filtros FIR com fase linear com características mais gerais, e o esquema WLS aparece como um caso especial da abordagem por autofiltro.

EXEMPLO 5.6

Projete um transformador de Hilbert de ordem $M = 5$ usando a abordagem WLS, escolhendo uma grade apropriada de apenas três frequências. Obtenha $\mathbf{p}^*$ e a função de transferência do filtro.

SOLUÇÃO

Para a ordem ímpar $M = 5$, o transformador de Hilbert FIR deve ser do Tipo IV, e o número de coeficientes de $\mathbf{p}$ é $(L+1)$, onde $L = (M-1)/2 = 2$.

De acordo com as equações (5.130) e (5.131), o erro da resposta é

$$\mathbf{e} = \begin{bmatrix} \operatorname{sen}(\omega_1/2) & 0 & 0 \\ 0 & \operatorname{sen}(\omega_2/2) & 0 \\ 0 & 0 & \operatorname{sen}(\omega_3/2) \end{bmatrix} \left\{ \begin{bmatrix} \dfrac{1}{\operatorname{sen}(\omega_1/2)} \\ \dfrac{1}{\operatorname{sen}(\omega_2/2)} \\ \dfrac{1}{\operatorname{sen}(\omega_3/2)} \end{bmatrix} - \begin{bmatrix} 1 & \cos\omega_1 & \cos(2\omega_1) \\ 1 & \cos\omega_2 & \cos(2\omega_2) \\ 1 & \cos\omega_3 & \cos(2\omega_3) \end{bmatrix} \begin{bmatrix} p(0) \\ p(1) \\ p(2) \end{bmatrix} \right\}.$$

(5.144)

5.6 Aproximação de filtros FIR por otimização

Formamos, então, a grade de frequências dentro da faixa definida na Tabela 5.12:

$$\left.\begin{array}{l}\omega_1 = \dfrac{\pi}{3} \\ \omega_2 = \dfrac{\pi}{2} \\ \omega_3 = \dfrac{2\pi}{3}\end{array}\right\}, \qquad (5.145)$$

de forma que o vetor de erro se torna

$$\mathbf{e} = \left\{ \begin{bmatrix} 1 \\ 1 \\ 1 \end{bmatrix} - \begin{bmatrix} \frac{1}{2} & 0 & 0 \\ 0 & \frac{\sqrt{2}}{2} & 0 \\ 0 & 0 & \frac{\sqrt{3}}{2} \end{bmatrix} \begin{bmatrix} 1 & \frac{1}{2} & -\frac{1}{2} \\ 1 & 0 & -1 \\ 1 & -\frac{1}{2} & -\frac{1}{2} \end{bmatrix} \begin{bmatrix} p(0) \\ p(1) \\ p(2) \end{bmatrix} \right\}. \qquad (5.146)$$

A solução WLS requer a construção da seguinte matriz:

$$\mathbf{U}^T \mathbf{W}_q^2 \mathbf{U} = \frac{1}{4} \begin{bmatrix} 1 & 1 & 1 \\ \frac{1}{2} & 0 & -\frac{1}{2} \\ -\frac{1}{2} & -1 & -\frac{1}{2} \end{bmatrix} \begin{bmatrix} 1 & 0 & 0 \\ 0 & 2 & 0 \\ 0 & 0 & 3 \end{bmatrix} \begin{bmatrix} 1 & \frac{1}{2} & -\frac{1}{2} \\ 1 & 0 & -1 \\ 1 & -\frac{1}{2} & -\frac{1}{2} \end{bmatrix} = \frac{1}{4} \begin{bmatrix} 6 & -1 & -4 \\ -1 & 1 & \frac{1}{2} \\ -4 & \frac{1}{2} & 3 \end{bmatrix}, \qquad (5.147)$$

cuja inversa é

$$\left(\mathbf{U}^T \mathbf{W}_q^2 \mathbf{U}\right)^{-1} = \frac{1}{3} \begin{bmatrix} 22 & 8 & 28 \\ 8 & 16 & 8 \\ 28 & 8 & 40 \end{bmatrix}. \qquad (5.148)$$

Então, o vetor $\mathbf{p}^*$ é calculado como a seguir:

$$\begin{aligned}\mathbf{p}^* &= \left(\mathbf{U}^T \mathbf{W}_q^2 \mathbf{U}\right)^{-1} \mathbf{U}^T \mathbf{W}_q^2 \mathbf{d}_q \\ &= \frac{1}{3} \begin{bmatrix} 22 & 8 & 28 \\ 8 & 16 & 8 \\ 28 & 8 & 40 \end{bmatrix} \begin{bmatrix} 1 & 1 & 1 \\ \frac{1}{2} & 0 & -\frac{1}{2} \\ -\frac{1}{2} & -1 & -\frac{1}{2} \end{bmatrix} \begin{bmatrix} \frac{1}{2} & 0 & 0 \\ 0 & \frac{\sqrt{2}}{2} & 0 \\ 0 & 0 & \frac{\sqrt{3}}{2} \end{bmatrix}^2 \begin{bmatrix} 2 & 0 & 0 \\ 0 & \sqrt{2} & 0 \\ 0 & 0 & \frac{2}{\sqrt{3}} \end{bmatrix} \begin{bmatrix} 1 \\ 1 \\ 1 \end{bmatrix} \\ &= \begin{bmatrix} 1,7405 \\ 0,8453 \\ 0,3263 \end{bmatrix}.\end{aligned} \qquad (5.149)$$

De acordo com as equações (5.122) e (4.28), temos, então,

$$\left.\begin{array}{l}d(1) = p(0) - \frac{1}{2}p(1) = 2h(2) = 1{,}317\,85 \\ d(2) = \frac{1}{2}(p(1) - p(2)) = 2h(1) = 0{,}2595 \\ d(3) = \frac{1}{2}p(2) = 2h(0) = 0{,}163\,15\end{array}\right\}, \qquad (5.150)$$

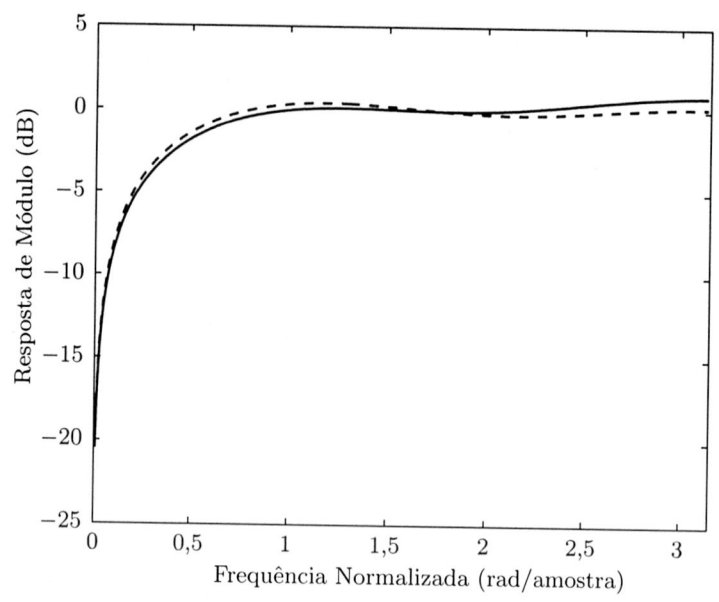

Figura 5.16 Resposta de módulo dos transformadores de Hilbert do Exemplo 5.6: $H(z)$ projetado passo-a-passo (linha contínua) e $\overline{H}(z)$ projetado com o MATLAB (linha tracejada).

e a função de transferência global é dada por

$$H(z) = 0{,}0816 + 0{,}1298z^{-1} + 0{,}6589z^{-2} - 0{,}6589z^{-3} - 0{,}1298z^{-4} - 0{,}0816z^{-5}.$$
(5.151)

Se um transformador de Hilbert de mesma ordem é projetado com o comando firls em MATLAB, que usa uma amostragem uniforme para determinar a grade de frequências, então a função de transferência resulta

$$\overline{H}(z) = -0{,}0828 - 0{,}1853z^{-1} - 0{,}6277z^{-2} + 0{,}6277z^{-3} + 0{,}1853z^{-4} + 0{,}0828z^{-5}.$$
(5.152)

Como se pode observar na Figura 5.16, $H(z)$ e $\overline{H}(z)$ têm respostas de módulo muito próximas, sendo as diferenças decorrentes da grade de frequências não--uniforme utilizada no projeto de $H(z)$ por razões didáticas. △

5.6.2 Método de Chebyshev

Na abordagem de projeto pela otimização de Chebyshev, a ideia é minimizar o máximo valor absoluto da função-erro $E(\omega)$. Matematicamente, tal esquema é

5.6 Aproximação de filtros FIR por otimização

descrito por

$$\min_{\mathbf{p}} \{\|E(\omega)\|_\infty\} = \min_{\mathbf{p}} \left\{ \max_{\omega \in F} \{|E(\omega)|\} \right\}, \qquad (5.153)$$

onde F é o conjunto de faixas de frequência prescritas. Esse problema pode ser resolvido com auxílio do seguinte importante teorema:

TEOREMA 5.2 (TEOREMA DA ALTERNÂNCIA)
Se $P(\omega)$ é uma combinação linear de $(L+1)$ funções cosseno, isto é,

$$P(\omega) = \sum_{l=0}^{L} p(l) \cos(\omega l), \qquad (5.154)$$

a condição necessária e suficiente para que $P(\omega)$ seja a aproximação de Chebyshev para uma função $D(\omega)$ contínua em F, um subconjunto compacto de $[0, \pi]$, é que a função-erro $E(\omega)$ apresente, no mínimo, $(L+2)$ frequências de extremo em F. Em outras palavras, devem existir pelo menos $(L+2)$ pontos ω_k em F, onde $\omega_0 < \omega_1 < \cdots < \omega_{L+1}$, tais que

$$E(\omega_k) = -E(\omega_{k+1}), \quad \text{para } k = 0, 1, \ldots, L \qquad (5.155)$$

e

$$|E(\omega_k)| = \max_{\omega \in F} \{|E(\omega)|\}, \quad \text{para } k = 0, 1, \ldots, L+1. \qquad (5.156)$$

$\Diamond$

Pode-se encontrar uma prova desse teorema em (Cheney, 1966).

Os extremos de $E(\omega)$ se relacionam com os extremos de $A(\omega)$, como mostra a equação (5.126). Os valores de ω para os quais $\partial A(\omega)/\partial \omega = 0$ permitem afirmar o seguinte sobre o número N_k de extremos de $A(\omega)$, para cada tipo de filtro:

- Tipo I: $N_k \leq (M+2)/2$
- Tipo II: $N_k \leq (M+1)/2$
- Tipo III: $N_k \leq M/2$
- Tipo IV: $N_k \leq (M+1)/2$.

Em geral, os extremos de $A(\omega)$ também são extremos de $E(\omega)$. Contudo, $E(\omega)$ apresenta mais extremos do que $A(\omega)$, uma vez que $E(\omega)$ também pode apresentar extremos nas extremidades das faixas de frequência que não são, em geral, extremos de $A(\omega)$. A única exceção a essa regra ocorre nas extremidades de faixa em $\omega = 0$ ou $\omega = \pi$, onde $A(\omega)$ também apresenta um extremo. Por exemplo, para um filtro rejeita-faixa do Tipo I, como mostrado na Figura 5.17, $E(\omega)$ terá até $M/2 + 5$ extremos, dos quais $M/2 + 1$ são extremos de $A(\omega)$ e os outros quatro são extremidades de faixa.

Aproximações para filtros FIR

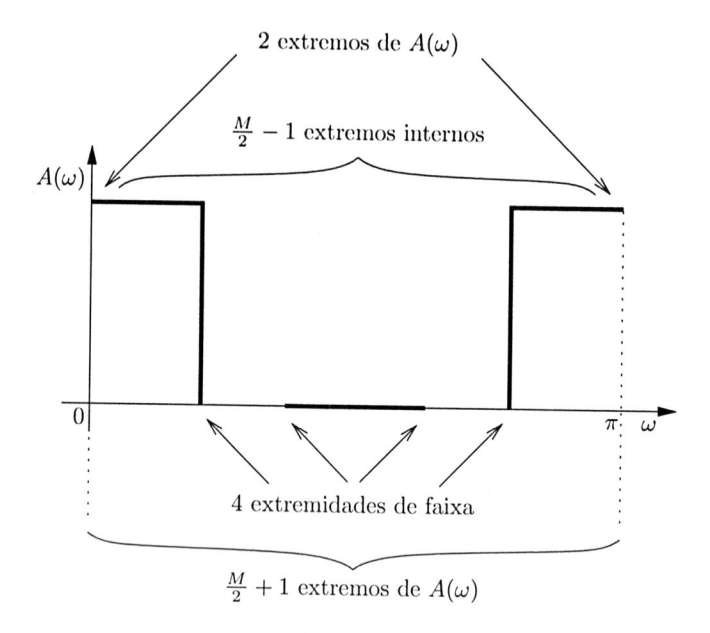

Figura 5.17 Extremos de $E(\omega)$ para um filtro rejeita-faixa.

Para resolver o problema de aproximação de Chebyshev, descrevemos brevemente o algoritmo de trocas de Remez, que procura as frequências dos extremos de $E(\omega)$ por meio dos seguintes passos:

(i) Atribua uma estimativa inicial às frequências dos extremos $\omega_0, \omega_1, \ldots, \omega_{L+1}$ selecionando $(L+2)$ frequências igualmente espaçadas nas faixas especificadas para o filtro desejado.

(ii) Encontre $P(\omega_k)$ e δ tais que

$$W_q(\omega_k)(D_q(\omega_k) - P(\omega_k)) = (-1)^k \delta, \text{ para } k = 0, 1, \ldots, L+1. \quad (5.157)$$

Essa equação pode ser escrita em forma matricial e admite que se calcule sua solução analiticamente. Tal procedimento, entretanto, é dispendioso computacionalmente (Rabiner *et al.*, 1975). Uma abordagem alternativa mais eficiente calcula δ por

$$\delta = \frac{a_0 D_q(\omega_0) + a_1 D_q(\omega_1) + \cdots + a_{L+1} D_q(\omega_{L+1})}{\dfrac{a_0}{W_q(\omega_0)} - \dfrac{a_1}{W_q(\omega_1)} + \cdots + \dfrac{(-1)^{L+1} a_{L+1}}{W_q(\omega_{L+1})}}, \quad (5.158)$$

onde

$$a_k = \prod_{i=0, i \neq k}^{L+1} \frac{1}{\cos \omega_k - \cos \omega_i}. \quad (5.159)$$

5.6 Aproximação de filtros FIR por otimização

(iii) Use o interpolador de Lagrange na forma baricêntrica para $P(\omega)$, isto é,

$$P(\omega) = \begin{cases} c_k, & \text{para } \omega = \omega_k \in \{\omega_0, \omega_1, \ldots, \omega_L\} \\ \dfrac{\displaystyle\sum_{k=0}^{L} \dfrac{\beta_k}{\cos\omega - \cos\omega_k} c_k}{\displaystyle\sum_{k=0}^{L} \dfrac{\beta_k}{\cos\omega - \cos\omega_k}}, & \text{para } \omega \neq \omega_0, \omega_1, \ldots, \omega_L, \end{cases} \quad (5.160)$$

onde

$$c_k = D_q(\omega_k) - (-1)^k \frac{\delta}{W_q(\omega_k)} \quad (5.161)$$

$$\beta_k = \prod_{i=0, i\neq k}^{L} \frac{1}{\cos\omega_k - \cos\omega_i} = a_k(\cos\omega_k - \cos\omega_{L+1}) \quad (5.162)$$

para $k = 0, 1, \ldots, L$.

(iv) Avalie $|E(\omega)|$ num conjunto denso de frequências. Se $|E(\omega)| \leq |\delta|$ para todas as frequências do conjunto, a solução ótima foi encontrada; vá para o próximo passo. Se $|E(\omega)| > |\delta|$ para algumas frequências, um novo conjunto de candidatos a extremos tem que ser escolhido para picos de $|E(\omega)|$. Dessa maneira, forçamos δ a crescer e a convergir para seu limite superior. Se houver mais que $(L+2)$ picos em $E(\omega)$, mantenha as localizações dos $(L+2)$ picos de $|E(\omega)|$ com maiores valores, certificando-se de que as extremidades das faixas são sempre mantidas, e retorne ao passo (ii).

(v) Como $P(\omega)$ é uma soma de $(L+1)$ cossenos com frequências variando de zero a L, então é também uma soma de $(2L+1)$ exponenciais complexas com frequências variando de $-L$ a L. Então, pelo Teorema 4.1, $p(l)$ pode ser recuperado amostrando-se $P(\omega)$ em $2L+1$ frequências igualmente espaçadas $\omega = 2\pi n/(2L+1)$, para $n = 0, 1, \ldots, 2L$, e calculando-se sua IDFT. A resposta ao impulso resultante segue das equações (5.112), (5.114), (5.118) ou (5.122), dependendo do tipo do filtro.

Tal algoritmo foi codificado em Fortran e publicado em McClellan *et al.* (1973). Alguns melhoramentos para acelerar a convergência global da rotina são apresentados em Antoniou (1982, 1983). A função correspondente em MATLAB é `firpm` (veja a Seção 5.8).

EXEMPLO 5.7
Projete o filtro para PCM especificado pela Figura 5.18.

Aproximações para filtros FIR

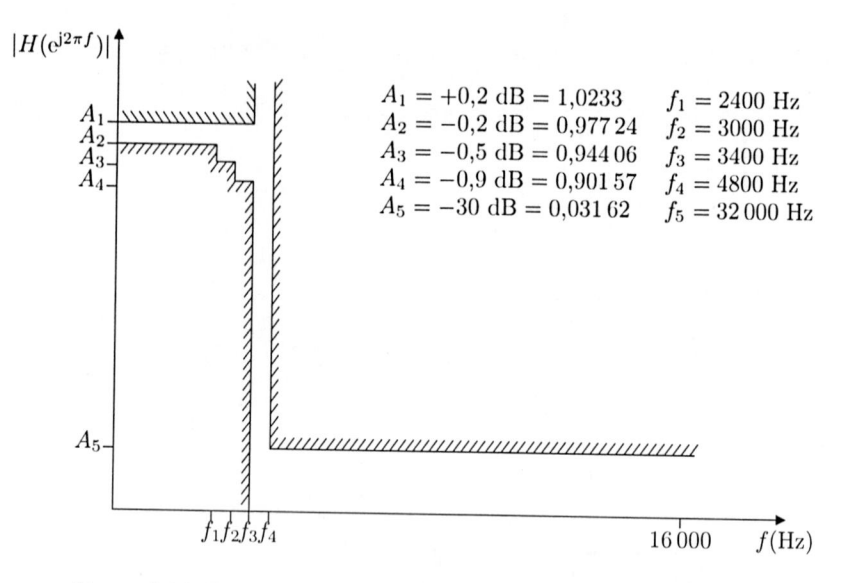

$$A_1 = +0{,}2 \text{ dB} = 1{,}0233 \quad f_1 = 2400 \text{ Hz}$$
$$A_2 = -0{,}2 \text{ dB} = 0{,}977\,24 \quad f_2 = 3000 \text{ Hz}$$
$$A_3 = -0{,}5 \text{ dB} = 0{,}944\,06 \quad f_3 = 3400 \text{ Hz}$$
$$A_4 = -0{,}9 \text{ dB} = 0{,}901\,57 \quad f_4 = 4800 \text{ Hz}$$
$$A_5 = -30 \text{ dB} = 0{,}031\,62 \quad f_5 = 32\,000 \text{ Hz}$$

Figura 5.18 Especificações de um filtro passa-baixas para PCM.

SOLUÇÃO

São empregadas duas abordagens:

- Na primeira abordagem, simplificamos as especificações e consideramos uma única faixa de passagem com peso constante e resposta de módulo ideal. Nesse caso, as especificações empregadas correspondem à seguinte descrição:

```
f3 = 3400; f4 = 4800; f5 = 32000;
Ap = 0.4; Ar = 30;
```

Pode-se estimar a ordem necessária do filtro usando-se as linhas de comando

```
F = [f3 f4];
A = [1 0];
delta_p = (10^(0.05*Ap) - 1)/(10^(0.05*Ap) + 1);
delta_r = 10^(-0.05*Ar);
ripples = [delta_p delta_r];
M = firpmord(F,A,ripples,f5);
```

o resultado obtido é $M = 32$. Entretanto, tal valor não consegue satisfazer os requisitos do filtro, obrigando o uso de $M = 34$. O filtro desejado pode, então, ser projetado por

```
wp = f3*2/f5; wr = f4*2/f5;
F1 = [0 f3 f4 f5/2]*2/f5;
A1 = [1 1 0 0];
```

5.6 Aproximação de filtros FIR por otimização

Tabela 5.14 *Coeficientes de $h(0)$ a $h(17)$ do filtro ótimo para PCM obtido pela abordagem 1.*

$h(0) = 0,0153$	$h(5) = -0,0062$	$h(10) = -0,0237$	$h(15) = 0,1569$
$h(1) = 0,0006$	$h(6) = 0,0093$	$h(11) = -0,0482$	$h(16) = 0,2294$
$h(2) = -0,0066$	$h(7) = 0,0226$	$h(12) = -0,0474$	$h(17) = 0,2572$
$h(3) = -0,0139$	$h(8) = 0,0231$	$h(13) = -0,0078$	
$h(4) = -0,0149$	$h(9) = 0,0057$	$h(14) = 0,0674$	

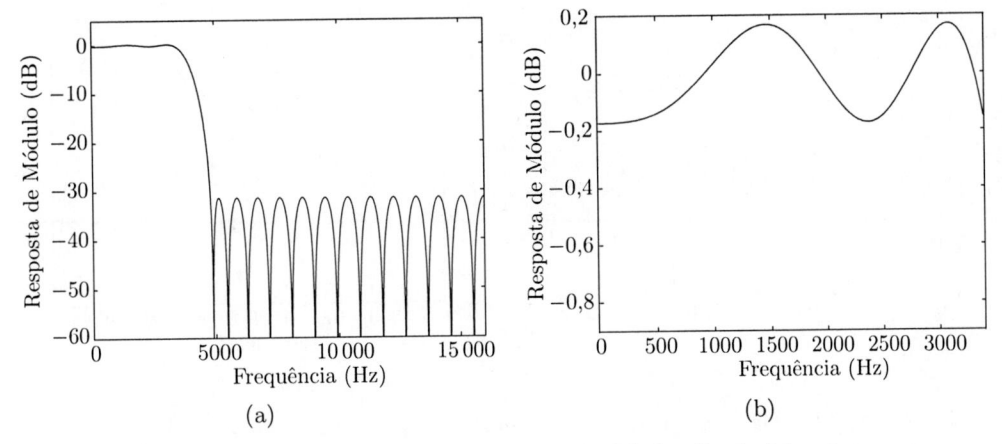

Figura 5.19 Abordagem 1: (a) resposta de módulo (b) detalhe da faixa de passagem.

```
W1 = [1 delta_p/delta_r];
h = firpm(M,F1,A1,W1);
```

os coeficientes obtidos para o filtro são dados na Tabela 5.14 para $0 \leq n \leq 17$, com $h(n) = h(34 - n)$, e a resposta de módulo associada é mostrada na Figura 5.19.

- Numa segunda abordagem, exploramos as especificações relaxadas ao longo da faixa passante e caracterizamos uma faixa adicional para o comando firpm:

```
f1 = 2400; f2 = 3000;
F2 = [0 f1 f2 f3 f4 f5/2]*2/f5;
a1 = 10^(0.05*0.2);
a4 = 10^(0.05*(-0.9));
gain = (a1+a4)/2-0.005;
A2 = [1 1 gain gain 0 0];
delta_p2 = (a1-a4)/2;
W2 = [1 delta_p/delta_p2 delta_p/delta_r];
h2 = firpm(M,F2,A2,W2);
```

Tabela 5.15 *Coeficientes de $h(0)$ a $h(14)$ do filtro ótimo para PCM obtido pela abordagem 2.*

$h(0) = -0,0186$	$h(4) = 0,0230$	$h(8) = -0,0456$	$h(12) = 0,1579$
$h(1) = -0,0099$	$h(5) = 0,0178$	$h(9) = -0,0426$	$h(13) = 0,2239$
$h(2) = 0,0010$	$h(6) = 0,0017$	$h(10) = 0,0002$	$h(14) = 0,2517$
$h(3) = 0,0114$	$h(7) = -0,0274$	$h(11) = 0,0712$	

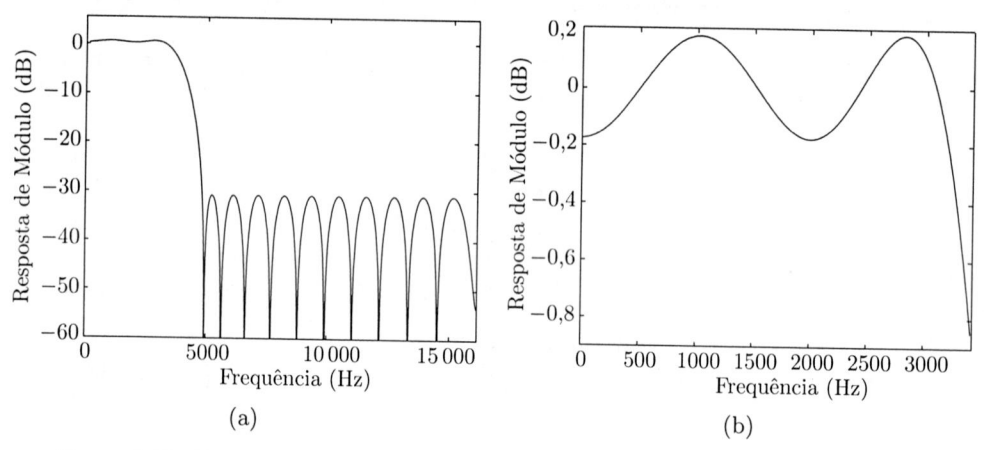

Figura 5.20 Abordagem 2: (a) resposta de módulo (b) detalhe da faixa de passagem.

Nesse caso, o filtro mais simples que se pode obter é de ordem $M = 28$. A resposta de módulo do filtro é mostrada na Figura 5.20, e seus coeficientes são listados na Tabela 5.15; esta mostra apenas metade dos coeficientes do filtro, já que por simetria os demais podem ser determinados fazendo-se $h(n) = h(28 - n)$.

△

5.6.3 Método WLS–Chebyshev

Na literatura convencional, o projeto de filtros FIR é dominado pelas abordagens de Chebyshev e WLS. Algumas aplicações que usam filtros de faixa estreita, como a multiplexação por divisão da frequência para comunicações, requerem que a atenuação mínima na faixa de rejeição e a energia total na faixa de rejeição sejam consideradas simultaneamente. Para esses casos, pode-se mostrar que as duas abordagens, de Chebyshev e WLS, são inadequadas isoladamente, já que cada uma ignora completamente uma dessas medidas em sua função-objetivo (Adams, 1991a,b). A solução para esse problema é combinar os aspectos positivos dos métodos WLS e de Chebyshev para obter um procedimento de projeto com boas

5.6 Aproximação de filtros FIR por otimização

características com relação tanto à atenuação mínima quanto à energia total na faixa de rejeição.

Em Lawson (1968), deriva-se um esquema que realiza a aproximação de Chebyshev como o limite de uma sequência especial de aproximações que minimizam a norma p (L_p) com p fixo. O caso particular em que $p = 2$ relaciona a aproximação de Chebyshev ao método WLS. O algoritmo de Lawson para norma L_2 é implementado por uma série de aproximações WLS usando uma matriz de pesos $\mathbf{W}_k$ variável, cujos elementos são calculados por (Rice & Usow, 1968)

$$W_{k+1}^2(\omega) = W_k^2(\omega) B_k(\omega), \tag{5.163}$$

onde

$$B_k(\omega) = |E_k(\omega)|. \tag{5.164}$$

A convergência do algoritmo de Lawson é lenta; na prática são requeridas, usualmente, de 10 a 15 iterações WLS para aproximar a solução de Chebyshev. Uma versão acelerada do algoritmo de Lawson foi apresentada em Lim et al. (1992). A abordagem de Lim–Lee–Chen–Yang (LLCY) se caracteriza pela atualização recursiva da matriz de pesos, de acordo com

$$W_{k+1}^2(\omega) = W_k^2(\omega) B_k^e(\omega), \tag{5.165}$$

onde $B_k^e(\omega)$ é a função envoltória de $B_k(\omega)$, composta por uma sucessão de segmentos de reta que começam e acabam em extremos consecutivos de $B_k(\omega)$. Extremidades de faixa são tratadas como frequências de extremo, e extremidades de faixas diferentes não são conectadas. Desse modo, indexando-se as frequências de extremos em uma dada iteração k como ω_J^*, para $J \in \mathbb{N}$, a função envoltória é formada como (Lim et al., 1992)

$$B_k^e(\omega) = \frac{(\omega - \omega_J^*) B_k(\omega_{J+1}^*) + (\omega_{J+1}^* - \omega) B_k(\omega_J^*)}{(\omega_{J+1}^* - \omega_J^*)}, \text{ para } \omega_J^* \leq \omega \leq \omega_{J+1}^*. \tag{5.166}$$

A Figura 5.21 representa, para uma dada iteração, o formato típico do valor absoluto de uma função de erro (curva tracejada-pontilhada) usada pelo algoritmo de Lawson para atualizar a função de pesos, e sua envoltória correspondente (curva contínua) usada pelo algoritmo LLCY.

Comparando-se os ajustes feitos pelos algoritmos de Lawson e LLCY, descritos nas equações (5.163)–(5.166) e vistos na Figura 5.21, com a função de peso constante por partes usada pelo método WLS, pode-se elaborar uma abordagem muito simples para projetar filtros digitais que realize um compromisso entre as restrições minimax e do WLS. A abordagem consiste numa modificação do procedimento de atualização da função de pesos de forma que ela se torne

Aproximações para filtros FIR

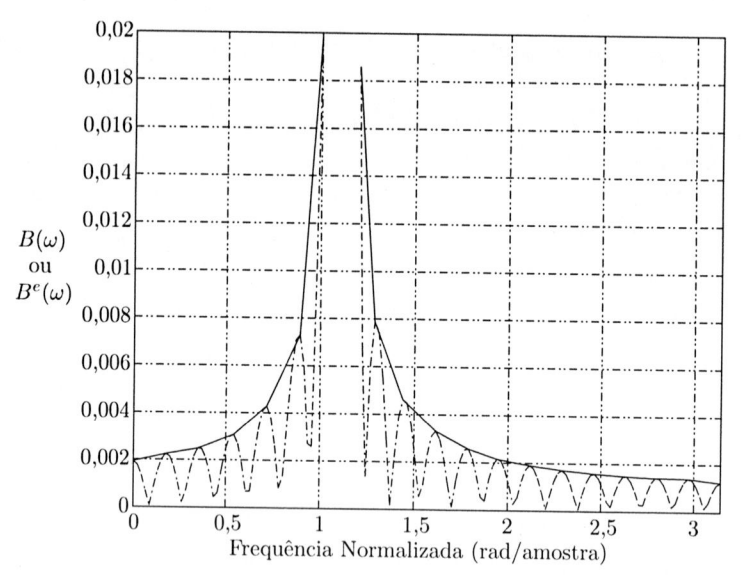

Figura 5.21 Típica função de erro absoluto $B(\omega)$ (linha tracejada-pontilhada) e envoltória correspondente $B^e(\omega)$ (curva contínua).

constante após um determinado extremo da faixa de rejeição de $B_k(\omega)$, isto é (Diniz & Netto, 1999),

$$W_{k+1}^2(\omega) = W_k^2(\omega)\beta_k(\omega), \tag{5.167}$$

onde, para o algoritmo de Lawson modificado, $\beta_k(\omega)$ é definido como

$$\beta_k(\omega) \equiv \tilde{B}_k(\omega) = \begin{cases} B_k(\omega), & \text{para } 0 \leq \omega \leq \omega_J^* \\ B_k(\omega_J^*), & \text{para } \omega_J^* < \omega \leq \pi \end{cases} \tag{5.168}$$

e para o algoritmo LLCY modificado, $\beta_k(\omega)$ é dado por

$$\beta_k(\omega) \equiv \tilde{B}_k^e(\omega) = \begin{cases} B_k^e(\omega), & \text{para } 0 \leq \omega \leq \omega_J^* \\ B_k^e(\omega_J^*), & \text{para } \omega_J^* < \omega \leq \pi, \end{cases} \tag{5.169}$$

onde ω_J^* é a J-ésima frequência de extremo da faixa de rejeição de $B(\omega) = |E(\omega)|$. Os valores de $B(\omega)$ e $B^e(\omega)$ na faixa de passagem são deixados inalterados nas equações (5.168) e (5.169) para preservar a propriedade de ondulação constante do método minimax. O parâmetro J é o único parâmetro de projeto para o esquema WLS–Chebyshev. A escolha de $J = 1$ torna o novo esquema similar a um projeto WLS com ondulação constante na faixa de passagem. Por outro lado, a escolha de J tão grande quanto possível, isto, $\omega_J^* = \pi$, transforma o método de projeto nos esquemas de Lawson e LLCY.

Um exemplo da aplicação da nova abordagem às funções genéricas vistas na Figura 5.21 é representado na Figura 5.22, onde ω_J^* foi escolhido como a quinta frequência de extremo da faixa de rejeição do filtro.

5.6 Aproximação de filtros FIR por otimização

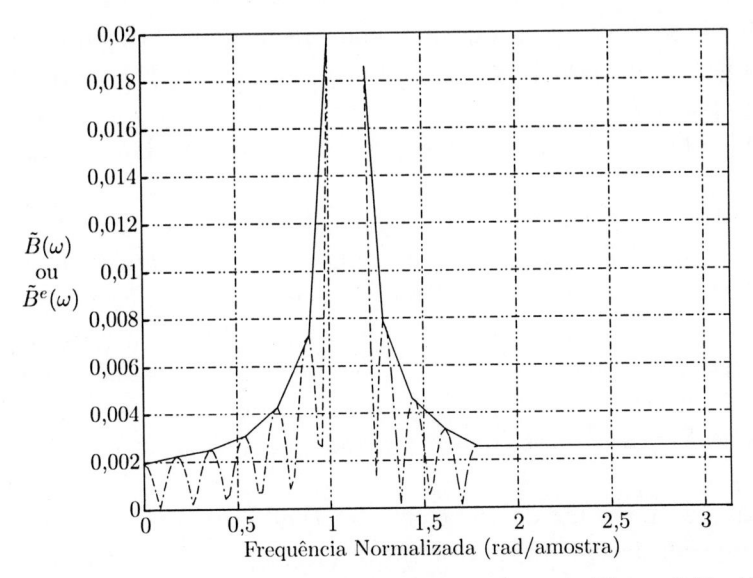

Figura 5.22 Abordagem WLS–Chebyshev aplicada às funções da Figura 5.21. Algoritmo de Lawson modificado $\tilde{B}(\omega)$ (curva tracejada-pontilhada) e algoritmo LLCY modificado $\tilde{B}^e(\omega)$ (curva contínua). As curvas coincidem para $\omega \geq \omega_5^*$.

A complexidade computacional dos algoritmos baseados em WLS, como os algoritmos aqui descritos, é da ordem de N^3, onde N é a ordem do filtro. Essa carga, contudo, pode ser muito reduzida tirando-se vantagem da estrutura interna Toeplitz+Hankel da matriz $(\mathbf{U}^T\mathbf{W}^2\mathbf{U})$, conforme é discutido em Merchant & Parks (1982), e utilizando-se um esquema eficiente para a grade de frequências de forma a minimizar o seu número, conforme é descrito em Yang & Lim (1991, 1993, 1996). Essas simplificações tornam a complexidade computacional dos algoritmos baseados em WLS comparável à da abordagem minimax. Contudo, os métodos baseados em WLS têm a vantagem adicional de serem facilmente codificados na forma de rotinas de computador.

A implementação completa do algoritmo de WLS–Chebyshev é como se segue:

(i) Estime a ordem M, selecione $8 \leq K \leq 16$, o número máximo $k_{máx}$ de iterações, o valor de J e uma pequena tolerância $\epsilon > 0$ para o erro.

(ii) Crie um conjunto de KM frequências igualmente espaçadas no intervalo $[0, \pi]$. Para filtros de fase linear, os pontos na faixa de transição devem ser descartados e os demais pontos redistribuídos no intervalo $\omega \in [0, \omega_p] \cup [\omega_r, \pi]$.

(iii) Faça $k = 0$ e forme $\mathbf{W}_q$, $\mathbf{d}_q$ e $\mathbf{U}$, conforme definem as equações (5.133)–(5.135), com base na Tabela 5.12.

(iv) Faça $k = k + 1$ e determine $\mathbf{p}^*(k)$ pela equação (5.143).

(v) Determine o vetor de erro $\mathbf{e}(k)$ conforme a equação (5.131), sempre usando $\mathbf{W}_q$ correspondente a $k = 0$.

(vi) Verifique se $k > k_{\text{máx}}$ ou se a convergência foi atingida através, por exemplo, do critério $\| \mathbf{e}(k) \| - \| \mathbf{e}(k-1) \| \leq \epsilon$. Em caso positivo, vá para o passo (x).

(vii) Calcule $\{\mathbf{B}_k\}_j = |\{\mathbf{e}(k)\}_j|$, para $j = 0, 1, \ldots, KM$, e $\mathbf{B}_k^e$ como a envoltória de $\mathbf{B}_k$.

(viii) Encontre o J-ésimo extremo da faixa de rejeição de $\mathbf{B}_k^e$. Para um filtro passa-baixas, considere o intervalo $\omega \in [\omega_r, \pi]$, começando em ω_r. Para um filtro passa-altas, procure no intervalo $\omega \in [0, \omega_r]$, começando em ω_r. Para filtros passa-faixa, considere os intervalos $\omega \in [0, \omega_{r_1}]$, começando em ω_{r_1}, e $\omega \in [\omega_{r_2}, \pi]$, começando em ω_{r_2}. Para o filtro rejeita-faixa, procure pelo extremo no intervalo $\omega \in [\omega_{r_1}, \omega_{r_2}]$, começando em ω_{r_1} e em ω_{r_2}.

(ix) Atualize $\mathbf{W}_q^2$ usando a equação (5.168) ou a equação (5.169) e volte ao passo (iv).

(x) Determine o conjunto de coeficientes $h(n)$ do filtro de fase linear e verifique se as especificações estão satisfeitas. Em caso positivo, decremente a ordem M do filtro e repita o procedimento descrito começando pelo passo (ii). O melhor filtro seria aquele obtido na iteração imediatamente anterior ao não-atendimento das especificações. Se as especificações não são satisfeitas na primeira tentativa, então incremente o valor de M e repita o procedimento mais uma vez, começando pelo passo (ii). Nesse caso, o melhor filtro seria aquele obtido quando as especificações fossem atingidas pela primeira vez.

EXEMPLO 5.8

Projete um filtro passa-faixa que satisfaça as especificações a seguir usando os métodos de WLS e de Chebyshev e discuta os resultados obtidos com a abordagem WLS–Chebyshev.

$$\left.\begin{aligned} M &= 40 \\ A_p &= 1{,}0 \text{ dB} \\ \Omega_{r_1} &= \pi/2 - 0{,}4 \text{ rad/s} \\ \Omega_{p_1} &= \pi/2 - 0{,}1 \text{ rad/s} \\ \Omega_{p_2} &= \pi/2 + 0{,}1 \text{ rad/s} \\ \Omega_{r_2} &= \pi/2 + 0{,}4 \text{ rad/s} \\ \Omega_s &= 2\pi \text{ rad/s} \end{aligned}\right\} \quad (5.170)$$

SOLUÇÃO

Como detalhado no Exemplo 5.7, o filtro de Chebyshev pode ser projetado usando-se o comando `firpm`:

```
Omega_r1 = pi/2 - 0.4; Omega_p1 = pi/2 - 0.1;
Omega_p2 = pi/2 + 0.1; Omega_r2 = pi/2 + 0.4;
```

5.6 Aproximação de filtros FIR por otimização

```
wr1 = Omega_r1/pi;  wp1 = Omega_p1/pi;
wp2 = Omega_p2/pi;  wr2 = Omega_r2/pi;
Ap = 1; Ar = 40;
delta_p = (10^(0.05*2*Ap) - 1)/(10^(0.05*2*Ap) + 1);
delta_r = 10^(-0.05*Ar);
F1 = [0 wr1 wp1 wp2 wr2 1];
A1 = [0 0 1 1 0 0];
W1 = [delta_p/delta_r 1 delta_p/delta_r];
h_cheb = firpm(M,F1,A1,W1);
```

O filtro WLS é projetado usando-se o comando `firls`, cuja sintaxe é inteiramente análoga à do comando `firpm`:

```
h_wls = firls(M,F1,A1,W1);
```

As respostas de módulo para os filtros de Chebyshev e WLS assim projetados são vistas nas Figuras 5.23a e d, que correspondem aos casos $J = 10$ e $J = 1$, respectivamente. Outros valores de J, cujas respostas de módulo também são mostradas na Figura 5.23, requerem uma sequência de comandos específica em MATLAB para implementar a abordagem WLS–Chebyshev, como já se detalhou anteriormente nesta seção.

A Tabela 5.16 mostra metade dos coeficientes do filtro para o caso em que $J = 3$. Os demais coeficientes podem ser obtidos por $h(n) = h(40-n)$. A Figura 5.24 mostra o compromisso entre a atenuação mínima e a energia total na faixa de rejeição quando J varia de 1 a 10. Observe que os dois extremos correspondem aos valores ótimos para as figuras de mérito de atenuação e de energia, e ao mesmo tempo os piores casos para energia e atenuação, respectivamente. Neste exemplo, obtém-se um bom compromisso entre as duas medidas quando $J = 3$.

△

Tabela 5.16 *Coeficientes de $h(0)$ a $h(20)$ do filtro passa-faixa projetado com o método WLS–Chebyshev com $J = 3$.*

$h(0) = -0,0035$	$h(6) = -0,0052$	$h(12) = 0,0653$	$h(18) = -0,1349$
$h(1) = -0,0000$	$h(7) = -0,0000$	$h(13) = 0,0000$	$h(19) = -0,0000$
$h(2) = 0,0043$	$h(8) = 0,0190$	$h(14) = -0,0929$	$h(20) = 0,1410$
$h(3) = 0,0000$	$h(9) = 0,0000$	$h(15) = -0,0000$	
$h(4) = -0,0020$	$h(10) = -0,0396$	$h(16) = 0,1176$	
$h(5) = 0,0000$	$h(11) = -0,0000$	$h(17) = 0,0000$	

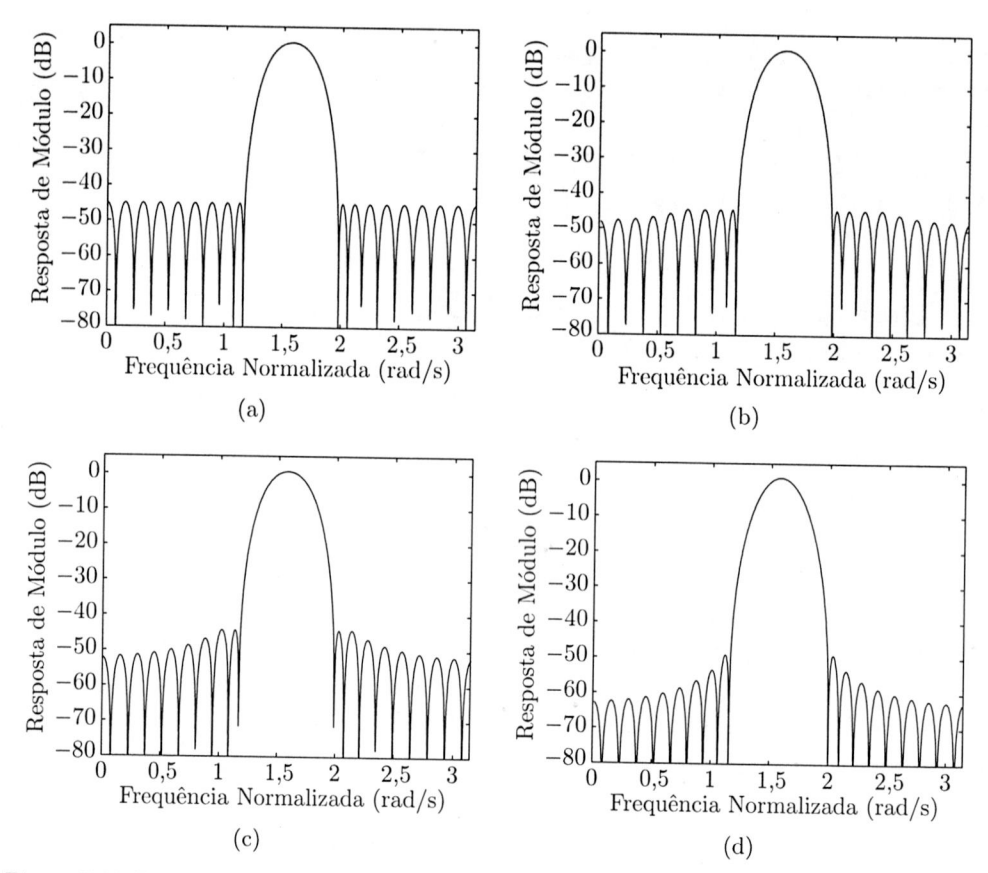

Figura 5.23 Respostas de módulo usando o método WLS–Chebyshev com: (a) $J = 10$; (b) $J = 5$; (c) $J = 3$; (d) $J = 1$.

5.7 Faça você mesmo: aproximações de filtros FIR

Experimento 5.1

O sinal de saída de um dispositivo diferenciador para uma entrada senoidal complexa é dado

$$y(t) = \frac{\mathrm{d}x(t)}{\mathrm{d}t} = \frac{\mathrm{d}e^{\mathrm{j}\Omega t}}{\mathrm{d}t} = \mathrm{j}\Omega e^{\mathrm{j}\Omega t}. \tag{5.171}$$

Portanto, o diferenciador ideal tem ganho de módulo proporcional à frequência da entrada Ω e um deslocamento de fase de $\pm\pi/2$, dependendo do sinal de Ω. Para sinais no tempo discreto, essa análise vale para frequências digitais $\omega \in [-F_s/2, F_s/2)$, como representado na Figura 5.2.

5.7 Faça você mesmo: aproximações de filtros FIR

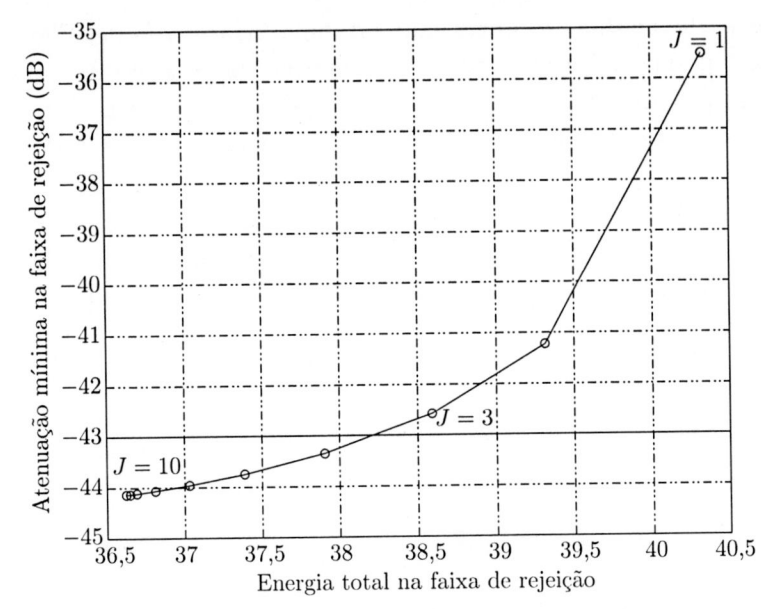

Figura 5.24 Balanço entre a atenuação mínima na faixa de rejeição e a energia total na faixa de rejeição usando o método WLS–Chebyshev.

Considere um intervalo de 1 s de um sinal cosseno gerado em MATLAB:

```
Fs = 1500; Ts = 1/Fs; t = 0:Ts:1-Ts;
fc = 200;
x = cos(2*pi*fc.*t);
```

Como já foi discutido, a saída de um diferenciador a essa entrada é

```
y1 = -2*pi*fc*sin(2*pi*fc.*t);
```

A operação de diferenciação pode ser aproximada por

$$y_2(t) \approx \frac{x(t + \Delta t) - x(t)}{\Delta t}, \tag{5.172}$$

levando, no domínio discreto, à saída

$$y_2(n) \approx \frac{\cos[2\pi f_c(n+1)T_s] - \cos(2\pi f_c n T_s)}{T_s}. \tag{5.173}$$

Essa aproximação pode ser realizada em MATLAB como

```
y2 = [0 diff(x)]/Ts;
```

no domínio z, isso corresponde à função de transferência

$$H_2(z) = (z - 1)/T_s, \tag{5.174}$$

cuja resposta de módulo é mostrada em linha tracejada na Figura 5.25a. Nesse gráfico, pode-se observar que a aproximação de primeira ordem realizada funciona muito bem para valores baixos de f_c, mas desvia-se gradualmente da resposta desejada (indicada pela linha contínua) à medida que f_c se aproxima de $F_s/2$.

Esse fato motiva o projeto de diferenciadores melhores.

Usando-se uma janela retangular, a resposta ao impulso de um diferenciador pode ser obtida diretamente da Tabela 5.1, e calculada em MATLAB, para um comprimento ímpar N, como

```
N = 45;
h3 = zeros(N,1);
for n = -(N-1)/2:(N-1)/2,
   if n ~= 0,
      h3((N+1)/2+n) = ((-1)^n)/n;
   end;
end;
```

isso produz a resposta na frequência

```
[H3,W] = freqz(h3,1);
```

Usando qualquer outra função-janela, como por exemplo a janela de Blackman, pode-se obter

```
h4 = h3.*blackman(N);
H4 = freqz(h4,1);
```

Um diferenciador também pode ser projetado com o algoritmo de Chebyshev, usando-se o comando `firpm`. Nesse caso, temos de especificar os vetores F = [0 f1 f2 1] e A = [0 pi*f1 pi*f2 0], caracterizando, assim, a resposta desejada, que deve variar de 0 a πf1 na faixa de passagem [0,f1] do diferenciador e de πf2 a 0 dentro do intervalo [f2,1]. Um exemplo de um projeto desse tipo é dado por

```
F = [0 0.9 0.91 1];
A = [0 0.9*pi 0.91*pi 0];
h5 = firpm(N-1,F,A,'differentiator');
H5 = freqz(h5,1);
```

As respostas de módulo de todos os diferenciadores aqui projetados são mostradas na Figura 5.25b.

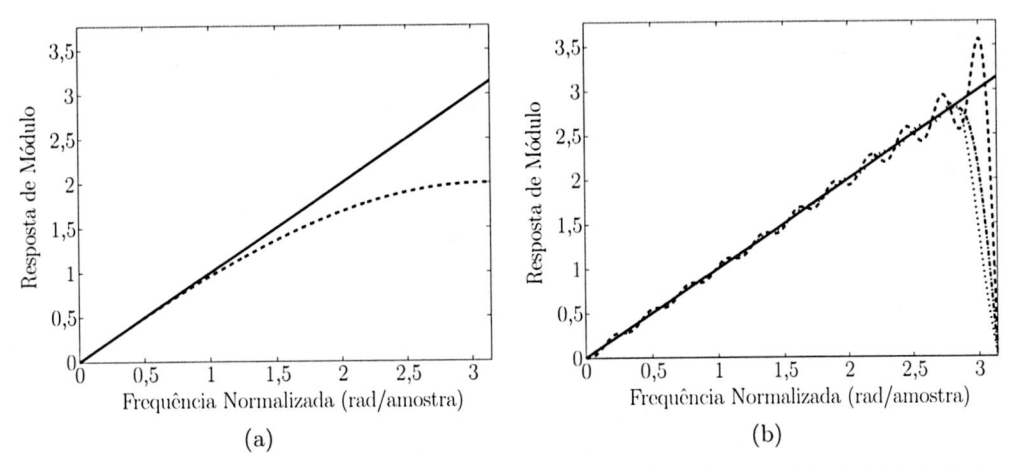

Figura 5.25 Resposta de módulo dos diferenciadores do Experimento 5.1: (a) ideal (linha contínua) e aproximação de primeira ordem (linha tracejada); (b) ideal (linha contínua), por janela retangular (linha tracejada), por janela de Blackman (linha tracejada-pontilhada) e pelo algoritmo de Chebyshev (linha pontilhada).

Experimento 5.2

Usando-se as especificações

$$\left.\begin{array}{l} N = 20 \\ \omega_p = 0{,}1 \\ \omega_r = 0{,}2 \\ \Omega_s = 2000\pi \text{ Hz} \end{array}\right\}, \tag{5.175}$$

um bom passa-baixas FIR pode ser projetado com, por exemplo, o comando MATLAB firpm, como a seguir:

```
N = 20; Freq = [0 0.1 0.2 1]; Weight = [1 1 0 0];
h = firpm(N,Freq,Weight);
```

A resposta de magnitude do filtro correspondente é representada na Figura 5.26, juntamente com a do filtro de média móvel com $N = 20$ empregado nos Experimentos 1.3 e 2.2. Dessa figura, pode-se observar claramente que o filtro firpm pode fornecer uma faixa de passagem mais plana, como desejado, capaz de preservar melhor as componentes do sinal x do Experimento 1.3, e ao mesmo tempo atenuar fortemente as componentes dentro da faixa de rejeição especificada, como mostra a Figura 5.27.

5.8 Aproximação de filtros FIR com MATLAB

O MATLAB tem as duas funções específicas descritas a seguir para executar as operações de diferenciação no tempo discreto e de transformação de Hilbert.

368 Aproximações para filtros FIR

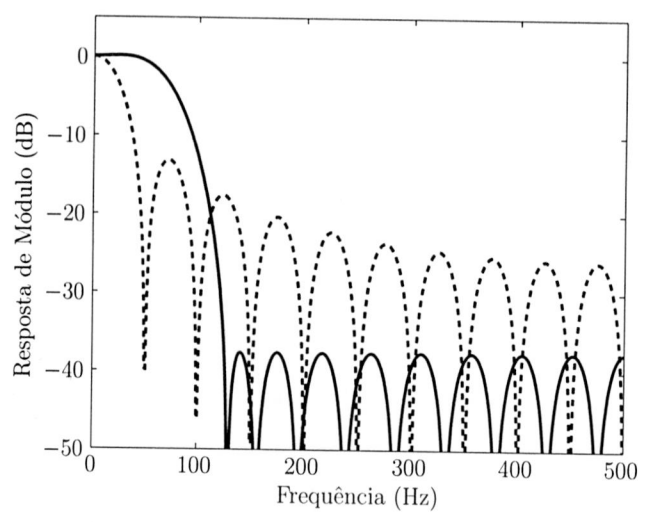

Figura 5.26 Respostas de módulo do filtro passa-baixas com $N = 20$ do Experimento 5.2: `firpm` (linha contínua) e média móvel (linha tracejada).

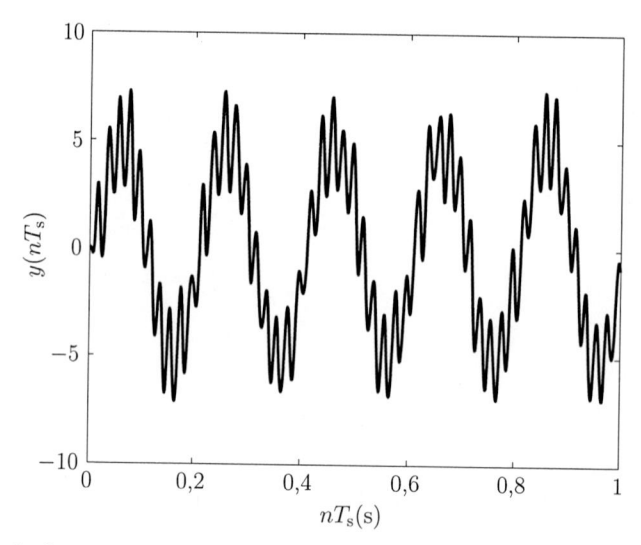

Figura 5.27 Sinal de saída do filtro projetado via `firpm` no Experimento 5.2 para as componentes senoidais ruidosas do sinal x de entrada do Experimento 1.3.

Contudo, se é requerido processamento em tempo real, tais operações têm que ser implementadas na forma de um filtro digital, cuja aproximação deve ser realizada conforme foi descrito neste capítulo.

- `diff`: Efetua a diferença entre duas posições consecutivas de um vetor. Pode ser usada para aproximar a diferenciação.

  Parâmetro de entrada: Um vetor de dados x.

Parâmetro de saída: Um vetor h com as diferenças.
Exemplo:
   x=sin(0:0.01:pi); h=diff(x)/0.01;

- `hilbert`: Efetua a transformada de Hilbert sobre a parte real de um vetor. O resultado é um vetor complexo cuja parte real são os dados originais e cuja parte imaginária é a transformada resultante.
  Parâmetro de entrada: Um vetor de dados x.
  Parâmetro de saída: Um vetor H com a transformada de Hilbert.
  Exemplo:
     x=rand(30:1); H=hilbert(x);

O MATLAB também possui uma série de comandos que são úteis para resolver o problema de aproximação de filtros FIR. Mais especificamente, os métodos baseados em janela, dos mínimos quadrados ponderados e de Chebyshev são facilmente implementados no MATLAB com o auxílio dos comandos a seguir.

Comandos do MATLAB relacionados ao método da janela

- `fir1`: Projeta filtros-padrão FIR (passa-baixas, passa-altas, passa-faixa e rejeita-faixa) usando o método da janela.
  Parâmetros de entrada:

  – A ordem M do filtro (Para filtros passa-altas e rejeita-faixa, esse valor deve ser par. Nesses casos, se for fornecido um valor ímpar, o MATLAB o incrementa de 1.);

  – Um vetor f de extremidades de faixa (Se f tem um só elemento, o filtro é passa-baixas ou passa-altas, e o valor fornecido se torna a extremidade da faixa de passagem. Se f tem dois elementos, o filtro é ou passa-faixa, quando os dois valores se tornam as extremidades da faixa de passagem, ou rejeita-faixa, quando os dois valores se tornam as extremidades da faixa de rejeição. Um f maior corresponde a filtros multifaixa.);

  – Uma cadeia de caracteres especificando o tipo de filtro-padrão (O valor predefinido indica passa-baixas ou passa-faixa, conforme a dimensão de f. 'high' indica que o filtro é passa-altas; 'stop' indica que o filtro é rejeita-faixa; 'DC-1' indica que a primeira faixa de um filtro multifaixa é de passagem; 'DC-0' indica que a primeira faixa de um filtro multifaixa é de rejeição.);

  – O tipo de janela (O tipo predefinido usado por `fir1` é a janela de Hamming. O usuário pode alterá-lo, se desejado, utilizando um dos comandos de janela vistos mais adiante.).

Parâmetro de saída: Um vetor h contendo os coeficientes do filtro.
Exemplo:
```
M=40; f=0.2;
h=fir1(M,f,'high',chebwin(M+1,30));
```

- `fir2`: Projeta filtros FIR com resposta arbitrária usando o método da janela.
  Parâmetros de entrada:
  - A ordem M do filtro;
  - Um vetor de frequências f, especificando as faixas de frequência;
  - Um vetor m com a resposta de módulo desejada, com a mesma dimensão de f;
  - Uma cadeia de caracteres especificando o tipo de janela, como no caso do comando `fir1`.

  Parâmetro de saída: Um vetor h contendo os coeficientes do filtro.

- `boxcar`: Determina a função-janela retangular.
  Parâmetro de entrada: O comprimento da janela, N=M+1.
  Parâmetro de saída: Um vetor wr contendo a janela.
  Exemplo:
  ```
  N=11; wr=boxcar(N);
  ```

- `triang`: Determina a função-janela triangular.
  Parâmetro de entrada: O comprimento da janela, N=M+1. Se esse valor é par, desaparece a relação direta entre as janelas triangular e de Bartlett.
  Parâmetro de saída: Um vetor wt contendo a janela.
  Exemplo:
  ```
  N=20; wt=triang(N);
  ```

- `bartlett`: Determina a função-janela de Bartlett.
  Parâmetro de entrada: O comprimento da janela, N=M+1.
  Parâmetro de saída: Um vetor wtB contendo a janela.
  Exemplo:
  ```
  N=10; wtB=bartlett(N);
  ```

- `hamming`: Determina a função-janela de Hamming.
  Parâmetro de entrada: O comprimento da janela, N=M+1.
  Parâmetro de saída: Um vetor wH contendo a janela.
  Exemplo:
  ```
  N=31; wH=hamming(N);
  ```

- `hanning`: Determina a função-janela de Hanning.
  Parâmetro de entrada: O comprimento da janela, N=M+1.

5.8 Aproximação de filtros FIR com MATLAB

Parâmetro de saída: Um vetor `wHn` contendo a janela.
Exemplo:
```
N=18; wHn=hanning(N);
```

- `blackman`: Determina a função-janela de Blackman.
  Parâmetro de entrada: O comprimento da janela, N=M+1.
  Parâmetro de saída: Um vetor `wB` contendo a janela.
  Exemplo:
  ```
  N=49; wB=blackman(N);
  ```

- `kaiser`: Determina a função-janela de Kaiser.
  Parâmetros de entrada:

  - O comprimento da janela, N=M+1;
  - O parâmetro auxiliar `beta`, conforme determinado na equação (5.73).

  Parâmetro de saída: Um vetor `wK` contendo a janela.
  Exemplo:
  ```
  N=23; beta=4,1;
  wK=kaiser(N,beta);
  ```

- `kaiserord`: Estima a ordem do filtro projetado com a janela de Kaiser (veja o Exercício 5.25). Esse comando é próprio para ser associado ao comando `fir1` com janela de Kaiser.
  Parâmetros de entrada:

  - Um vetor `f` com as extremidades de faixa;
  - Um vetor `a` com as amplitudes desejadas nas faixas definidas por `f`;
  - Um vetor, com a mesma dimensão de `f` e `a`, que especifica o erro máximo entre a amplitude desejada e a amplitude resultante do filtro projetado, em cada faixa;
  - A frequência de amostragem, `Fs`.

  Parâmetro de saída: A ordem da janela de Kaiser.
  Exemplo:
  ```
  f=[100 200]; a=[1 0]; err=[0.1 0.01]; Fs=800;
  M=kaiserord(f,a,err,Fs);
  ```

- `chebwin`: Determina a função-janela de Dolph–Chebyshev.
  Parâmetros de entrada:

  - O comprimento da janela, N=M+1;
  - A razão de ondulações, `r`, em dB, ou seja, $20\log(\delta_p/\delta_r)$.

  Parâmetro de saída: Um vetor `wDC` contendo a janela.

Exemplo:
```
N=51; r=20;
wDC=chebwin(N,r);
```

Comandos do Matlab relacionados ao método WLS

- `firls`: Projeta filtros FIR com fase linear usando o método WLS.
  Parâmetros de entrada:
    - A ordem do filtro, M;
    - Um vetor f com pares de pontos na frequência, normalizados entre 0 e 1;
    - Um vetor a contendo as amplitudes desejadas nos pontos especificados em f;
    - Um vetor w, com a metade da dimensão de f e a, com os pesos para cada faixa especificada em f;
    - Uma cadeia de caracteres especificando um tipo de filtro outro que não os padrões. As opções 'differentiator' e 'hilbert' podem ser usadas para designar um diferenciador ou um transformador de Hilbert, respectivamente.

  Parâmetro de saída: Um vetor h contendo os coeficientes do filtro.
  Exemplo:
  ```
  M=40; f=[0 0.4 0.6 0.9]; a=[0 1 0.5 0.5]; w=[1 2];
  h=firls(M,f,a,w);
  ```

- `fircls`: Projeta filtros FIR multifaixa com o método dos mínimos quadrados com restrições.
  Parâmetros de entrada:
    - A ordem do filtro, M;
    - Um vetor f com extremidades de faixa normalizadas na frequência, obrigatoriamente começando com 0 e terminando com 1;
    - Um vetor a descrevendo a resposta desejada de amplitude, constante por faixa (O comprimento de a é o número de faixas prescritas, isto é, `length(f) − 1.`);
    - Dois vetores, up e lo, com a mesma dimensão de a, definindo os limites superiores e inferiores para a resposta de módulo em cada faixa.

  Parâmetro de saída: Um vetor h contendo os coeficientes do filtro.
  Exemplo:
  ```
  M=40; f=[0 0.4 0.6 1]; a=[1 0 1];
  up=[1.02 0.02 1.02]; lo=[0.98 -0.02 0.98];
  h=fircls(M,f,a,up,lo);
  ```

- `fircls1`: Projeta filtros passa-baixas e passa-altas FIR com fase linear pelo método dos mínimos quadrados com restrições.
  Parâmetros de entrada:
  - A ordem do filtro, `M`;
  - A frequência normalizada extrema da faixa de passagem, `wp`;
  - A ondulação na faixa de passagem, `dp`;
  - A ondulação na faixa de rejeição, `dr`;
  - A frequência normalizada extrema da faixa de rejeição, `wr`;
  - A cadeia de caracteres `'high'`, para indicar que o filtro é passa-altas, se for o caso.

  Parâmetro de saída: Um vetor `h` contendo os coeficientes do filtro.
  Exemplo:
  ```
  M=30; wp=0.4; dp=0.1; dr=0.01; wr=0.5;
  h=fircls1(M,wp,dp,dr,wr);
  ```

Comandos do Matlab relacionados ao método ótimo de Chebyshev

- `firpm`: Projeta um filtro FIR com fase linear usando o algoritmo de Parks–McClellan (McClellan *et al.*, 1973). Versões mais antigas do MATLAB têm em seu lugar o comando `remez`.
  Parâmetros de entrada: Os mesmos do comando `firls`.
  Parâmetro de saída: Um vetor `h` contendo os coeficientes do filtro.
  Exemplo:
  ```
  M=40; f=[0 0.4 0.6 0.9]; a=[0 1 0.5 0.5]; w=[1 2];
  h=firpm(M,f,a,w);
  ```

- `cfirpm`: Generaliza o comando `firpm` para filtros FIR complexos e de fase não-linear. Versões mais antigas do MATLAB têm em seu lugar o comando `cremez`.
  Parâmetros de entrada: Há diversas possibilidades de se usar o comando `cfirpm`. Uma delas é similar à dos comandos `firpm` e `firls` (veja o exemplo a seguir), onde `f`, para o comando `cfirpm`, deve ser especificado no intervalo de -1 a 1.
  Parâmetro de saída: Um vetor `h` contendo os coeficientes do filtro.
  Exemplo:
  ```
  M=30; f=[-1 -0.4 0.6 0.9]; a=[0 1 0.5 0.5]; w=[2 1];
  h=cfirpm(M,f,a,w);
  ```

- `firpmord`: Estima a ordem do filtro projetado pelo método de Chebyshev (veja o Exercício 5.26). Versões mais antigas do MATLAB têm em seu lugar o comando `remezord`. Esse comando é talhado para o uso com o comando `firpm`.

Parâmetros de entrada:

- Um vetor `f` com as extremidades de faixa;
- Um vetor `a` com as amplitudes desejadas nas faixas definidas em `f` (O comprimento de `f`, nesse caso, é duas vezes o comprimento de `a` menos 2.);
- Um vetor, com a mesma dimensão de `a`, que especifica o erro máximo entre a amplitude desejada e a amplitude resultante do filtro projetado, em cada faixa;
- A frequência de amostragem, `Fs`.

Parâmetro de saída: A ordem `M` do filtro.

Exemplo:
```
f=[400 500]; a=[1 0]; err=[0.1 0.01]; Fs=2000;
M=firpmord(f,a,err,Fs);
```

Em sua versão 5.0 e posteriores, o MATLAB fornece uma ferramenta para projeto de filtros juntamente com o *toolbox* Signal Processing. Tal ferramenta é chamada pelo comando `sptool` e apresenta ao usuário uma interface gráfica extremamente amigável para o projeto de filtros. Dessa maneira, definir as especificações do filtro se torna uma tarefa muito simples, e analisar as características do filtro resultante também é imediato.

5.9 Resumo

O projeto de filtros FIR é um assunto muito extenso e poderia ser, por si só, tema de um livro-texto completo. Dentre os métodos estudados no presente capítulo para o projeto de filtros FIR, focalizamos as abordagens pela amostragem na frequência, baseada em janelas, maximamente plana, por mínimos quadrados ponderados (WLS), de Chebyshev e WLS–Chebyshev.

A amostragem na frequência consiste em realizar a DFT inversa de um conjunto de amostras da resposta desejada na frequência. Sua implementação é muito simples, mas os resultados tendem a ser pobres, especialmente quando estão envolvidas faixas de transição muito estreitas. A despeito dessa desvantagem, o método da amostragem na frequência é muito útil quando a resposta desejada na frequência é composta de uma soma de senoides complexas.

O método da janela consiste em truncar a resposta ao impulso associada a uma dada resposta desejada de módulo através do uso do que se pode chamar de

5.9 Resumo

função-janela. Em geral, funções-janela simples como a retangular, a triangular, a de Blackman e outras não permitem a realização de projetos que satisfaçam especificações prescritas genéricas. Funções-janela mais sofisticadas como a de Dolph–Chebyshev e a de Kaiser são capazes de controlar simultaneamente as ondulações da faixa de passagem e da faixa de rejeição, permitindo, assim, que se projetem filtros FIR que satisfaçam especificações prescritas genéricas. O tópico de funções-janela é muito extenso. Outras funções-janela, diferentes das vistas aqui, podem ser encontradas, por exemplo, em Nuttall (1981), Webster (1985), Ha & Pearce (1989), Adams (1991b), Yang & Ke (1992), Saramäki (1993) e Kay & Smith (1999).

O projeto de filtros maximamente planos gera filtros FIR passa-baixas e passa-altas com faixa de passagem e faixa de rejeição extremamente planas. O método é muito simples, embora só seja adequado para filtros de ordem baixa, porque os coeficientes do filtro tendem a apresentar faixa dinâmica muito ampla à medida que sua ordem aumenta.

Além disso, foi apresentado um sistema unificado para o estudo de métodos numéricos de projeto de filtros FIR. Nesse contexto, apresentamos os esquemas WLS, de Chebyshev (ou minimax) e WLS–Chebyshev. O primeiro método minimiza a energia total da faixa de rejeição para um dado nível de energia na faixa de passagem. O segundo método, que é comumente implementado com o algoritmo de troca de Remez, é capaz de minimizar o erro máximo entre as respostas projetada e desejada. Há dois casos interessantes em que a solução ótima para esse problema tem forma fechada: quando a faixa de passagem tem ondulação fixa e a faixa de rejeição é monotonicamente decrescente, ou quando a faixa de passagem é monotonicamente decrescente e a faixa de rejeição tem ondulação fixa. O leitor interessado pode consultar (Saramäki, 1993) para investigar mais profundamente esse assunto. O método WLS–Chebyshev foi apresentado como um método numérico capaz de combinar os bons desempenhos dos métodos WLS e de Chebyshev quanto ao nível de energia total e ao nível mínimo de atenuação na faixa de rejeição, respectivamente.

Finalmente, o problema do projeto de filtros FIR foi analisado usando o MATLAB como ferramenta. Mostrou-se que o MATLAB apresenta uma série de comandos para o projeto de filtros FIR. Embora o método WLS–Chebyshev não faça parte de nenhum *toolbox* do MATLAB, fornecemos uma descrição sua em pseudocódigo (Seção 5.6.3), de forma a permitir sua fácil implementação usando qualquer versão do MATLAB. Deve ser enfatizado que o MATLAB inclui uma interface gráfica extremamente poderosa que permite que se realizem diversos projetos de filtros com apenas alguns cliques do *mouse*.

5.10 Exercícios

5.1 Escreva uma tabela equivalente à Tabela 5.1 supondo que as respostas ao impulso ideais têm um termo adicional de fase $-(M/2)\omega$, para M ímpar.

5.2 Assuma que um sinal periódico tem quatro componentes senoidais nas frequências ω_0, $2\omega_0$, $4\omega_0$ e $6\omega_0$. Projete um filtro não-recursivo, tão simples quanto possível, que elimine somente as componentes com $2\omega_0$, $4\omega_0$ e $6\omega_0$.

5.3 Dado um filtro FIR passa-baixas com função de transferência $H(z)$, descreva o que ocorre com a resposta na frequência do filtro quando:

(a) z é substituído por $-z$;
(b) z é substituído por z^{-1};
(c) z é substituído por z^2.

5.4 Filtros complementares são aqueles cujas respostas na frequência somadas resultam num atraso. Dado um filro FIR de fase linear com ordem M cuja função de transferência é $H(z)$, deduza as condições sobre L e M para que o filtro resultante mostrado na Figura 5.28 seja complementar a $H(z)$.

5.5 Determine a relação entre L, M e N que garante que o filtro resultante da Figura 5.29 tem fase linear.

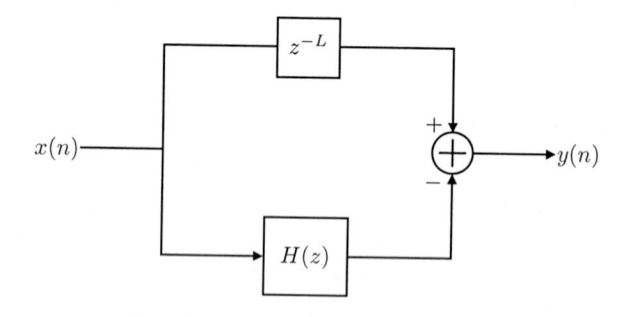

Figura 5.28 Diagrama de blocos do filtro complementar.

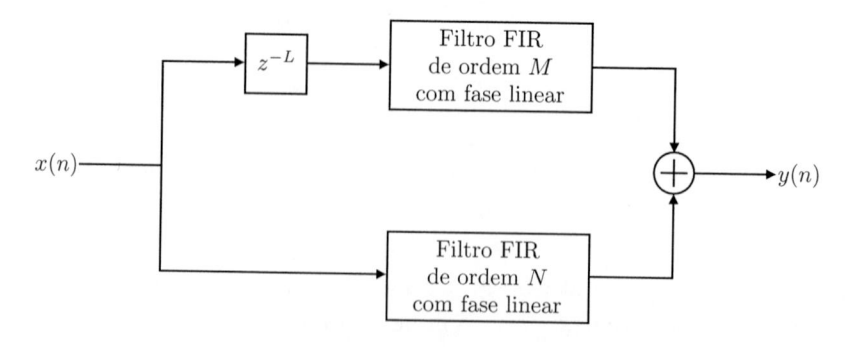

Figura 5.29 Diagrama de blocos do filtro com fase linear.

5.10 Exercícios

5.6 Projete um filtro passa-altas que satisfaça a especificação a seguir, usando o método da amostragem na frequência:

$M = 40$;
$\Omega_r = 1{,}0$ rad/s;
$\Omega_p = 1{,}5$ rad/s;
$\Omega_s = 5{,}0$ rad/s.

5.7 Represente graficamente e compare as características da janela de Hamming e suas respectivas respostas de módulo para $M = 5, 10, 15$ e 20.

5.8 Represente graficamente e compare as funções-janela retangular, triangular, de Bartlett, de Hamming, de Hann e de Blackman e suas respectivas respostas de módulo para $M = 20$.

5.9 Determine a resposta ao impulso ideal associada à resposta de módulo mostrada na Figura 5.30, e calcule of filtros práticos correspondentes de ordens $M = 10, 20$ e 30 usando a janela de Hamming.

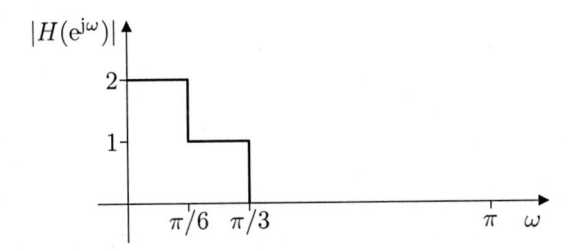

Figura 5.30 Resposta de módulo ideal do Exercício 5.9.

5.10 Para a resposta de módulo mostrada na Figura 5.31, onde $\omega_s = 2\pi$ denota a frequência de amostragem:

(a) Determine a resposta ao impulso ideal associada.
(b) Projete um filtro FIR de quarta ordem usando a janela triangular com $\omega_c = \pi/4$.

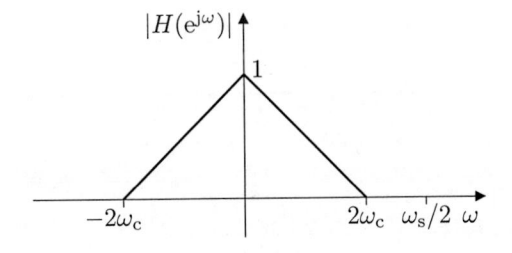

Figura 5.31 Resposta de módulo ideal do Exercício 5.10.

5.11 Para a resposta de módulo mostrada na Figura 5.32:

(a) Determine a resposta ao impulso ideal associada.

(b) Projete um filtro FIR de quarta ordem usando a janela de Hann.

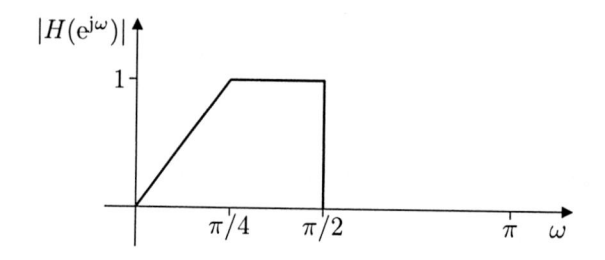

Figura 5.32 Resposta de módulo ideal do Exercício 5.11.

5.12 Projete um filtro passa-faixa que satisfaça a especificação a seguir usando a janela de Hamming, a janela de Hann e a janela de Blackman:

$M = 10$;
$\Omega_{c_1} = 1{,}125$ rad/s;
$\Omega_{c_2} = 2{,}5$ rad/s;
$\Omega_s = 10$ rad/s.

5.13 Represente graficamente as características da função-janela de Kaiser e sua respectiva resposta de módulo para $M = 20$ e diferentes valores de β.

5.14 Projete os seguintes filtros usando a janela de Kaiser:

(a) $A_p = 1{,}0$ dB;
$A_r = 40$ dB;
$\Omega_p = 1000$ rad/s;
$\Omega_r = 1200$ rad/s;
$\Omega_s = 5000$ rad/s.

(b) $A_p = 1{,}0$ dB;
$A_r = 40$ dB;
$\Omega_r = 1000$ rad/s;
$\Omega_p = 1200$ rad/s;
$\Omega_s = 5000$ rad/s.

(c) $A_p = 1{,}0$ dB;
$A_r = 50$ dB;
$\Omega_{r_1} = 800$ rad/s;
$\Omega_{p_1} = 1000$ rad/s;
$\Omega_{p_2} = 1100$ rad/s;
$\Omega_{r_2} = 1400$ rad/s;
$\Omega_s = 10\,000$ rad/s.

5.15 Descreva um procedimento completo para o projeto de diferenciadores usando a janela de Kaiser.

5.16 Repita o Exercício 5.14(a) usando a janela de Dolph–Chebyshev. Compare as larguras das bandas de transição e os níveis de atenuação na faixa de rejeição para os dois filtros resultantes.

5.17 Projete um filtro passa-baixas maximamente plano que satisfaça a especificação a seguir:

$\omega_c = 0{,}4\pi$ rad/amostra

$B_t = 0{,}2\pi$ rad/amostra,

onde B_t é a faixa de transição tal como definida na Seção 5.5. Encontre também os coeficientes da forma direta $h(n)$, para $n = 0, 1, \ldots, M$, e os coeficientes alternativos $\hat{d}(n)$, para $n = 0, 1, \ldots, (K-1)$.

5.18 (a) Mostre que filtros FIR com fase linear do Tipo II podem ser postos na forma da equação (5.115) pela substituição da equação (5.114) na equação (5.113).

(b) Mostre que filtros FIR com fase linear do Tipo III podem ser postos na forma da equação (5.119) pela substituição da equação (5.118) na equação (5.117).

(c) Mostre que filtros FIR com fase linear do Tipo IV podem ser postos na forma da equação (5.123) pela substituição da equação (5.122) na equação (5.121).

5.19 Projete três filtros de faixa estreita centrados respectivamente nas frequências 770 Hz, 852 Hz e 941 Hz, que satisfaçam as especificações a seguir, usando a abordagem minimax:

$M = 98$;

$\Omega_s = 2\pi \times 5$ kHz.

5.20 Usando a abordagem minimax, projete um filtro passa-faixa para detecção de um tom com uma frequência central de 700 Hz, dado que a frequência de amostragem é 8000 Hz e a ordem é 95. Use os seguintes parâmetros para as faixas:

- faixa 1
  - extremidades: 0 e 555,2 Hz
  - objetivo: 0
  - peso: 1;
- faixa 2
  - extremidades: 699,5 Hz e 700,5 Hz
  - objetivo: 1
  - peso: 1;

- faixa 3
  - extremidades: 844,8 Hz e 4000 Hz
  - objetivo: 0
  - peso: 1.

5.21 Projete transformadores de Hilbert de ordens $M = 38, 68$ e 98 usando uma estrutura do Tipo IV e o método da janela de Hamming.

5.22 Projete um transformador de Hilbert de ordem $M = 98$ usando uma estrutura do Tipo IV e os métodos das janelas triangular, de Hann e de Blackman.

5.23 Projete um transformador de Hilbert de ordem $M = 98$ usando uma estrutura do Tipo IV e o método de Chebyshev, e compare seus resultados com os do Exercício 5.22.

5.24 Determine a saída do transformador de Hilbert projetado no Exercício 5.23 para o sinal de entrada x determinado por

```
Fs = 1500; Ts = 1/Fs; t = 0:Ts:1-Ts;
fc1 = 200; fc2 = 300;
x = cos(2*pi*fc1.*t) + sin(2*pi*fc2.*t);
```

5.25 A seguinte expressão estima a ordem de um filtro passa-baixas projetado com a abordagem minimax (Rabiner *et al.*, 1975). Projete uma série de filtros passa-baixas e verifique a validade desta estimativa (Ω_s é a frequência de amostragem):

$$M \approx \frac{D_\infty(\delta_p, \delta_r) - f(\delta_p, \delta_r)(\Delta F)^2}{\Delta F} + 1,$$

onde

$$D_\infty(\delta_p, \delta_r) = \{0{,}005\,309[\log_{10}(\delta_p)]^2 + 0{,}071\,140[\log_{10}(\delta_p)] - 0{,}4761\}\log_{10}(\delta_r)$$
$$- \{0{,}002\,660[\log_{10}(\delta_p)]^2 + 0{,}594\,100[\log_{10}(\delta_p)] + 0{,}4278\}$$

$$\Delta F = \frac{\Omega_r - \Omega_p}{\Omega_s}$$

$$f(\delta_p, \delta_r) = 11{,}012 + 0{,}512\,44[\log_{10}(\delta_p) - \log_{10}(\delta_r)].$$

5.26 Repita o Exercício 5.25 com a seguinte estimativa de ordem (Kaiser, 1974):

$$M \approx \frac{-20\log_{10}\left(\sqrt{\delta_p \delta_r}\right) - 13}{2{,}3237\,(\omega_r - \omega_p)} + 1,$$

onde ω_p e ω_r são respectivamente as extremidades das faixas de passagem e de rejeição. Qual estimativa tende a ser mais acurada?

5.10 Exercícios

5.27 Efetue o projeto algébrico de um filtro FIR passa-altas tal que

$$\omega_p = \frac{\omega_s}{8}$$
$$\delta_p = 8\delta_r,$$

usando o algoritmo WLS com uma grade de frequências de somente dois pontos.

5.28 Projete um fitro passa-faixa que satisfaça a especificação a seguir usando os métodos WLS e de Chebyshev. Discuta o compromisso entre a atenuação mínima e energia total na faixa de rejeição quando se usa o esquema WLS–Chebyshev.

$M = 50$;
$\Omega_{r_1} = 100$ rad/s;
$\Omega_{p_1} = 150$ rad/s;
$\Omega_{p_2} = 200$ rad/s;
$\Omega_{r_2} = 300$ rad/s;
$\Omega_s = 1000$ rad/s.

5.29 Projete um filtro de ordem $M = 8$ com *notch* na frequência $\omega_0 = \pi/5$ usando a abordagem WLS.

Dica: Note que um zero na frequência ω_0 requer um par de zeros em $e^{\pm j\omega_0}$, o que implica que $P(\omega)$ na equação (5.125) tem obrigatoriamente um fator da forma $\cos(\omega) - \cos(\omega_0)$. Absorva esse fator em $Q(\omega)$ e prossiga projetando um filtro com resposta de amplitude plana, evitando a frequência ω_0 ao definir a grade densa de frequências que leva às equações de (5.131) a (5.136).

5.30 Use o comando `filter` em MATLAB para diferenciar o sinal x definido no Experimento 5.1 com os sistemas lá projetados para esse propósito. Compare seus resultados com a saída teórica $y_1(t)$. Não se esqueça de normalizar seu sinal de saída por T_s, como se vê na equação (5.173), e de compensar o atraso de grupo de $M/2$ amostras introduzido pela estrutura FIR.

5.31 Repita o Experimento 5.1 com um sinal de entrada definido por

```
Fs = 1500; Ts = 1/Fs; t = 0:Ts:1-Ts;
fc1 = 200; fc2 = 700;
x = cos(2*pi*fc1.*t) + cos(2*pi*fc2.*t);
```

e compare os resultados obtidos com cada sistema diferenciador, verificando o que ocorre com cada componente senoidal em x.

5.32 Modifique os valores de `Fs`, do comprimento temporal total e de `fc` no Experimento 5.1, um parâmetro por vez, e verifique suas influências individuais sobre o sinal de saída fornecido por um sistema diferenciador. Valide sua análise diferenciando o sinal x do Experimento 5.1 usando os sistemas projetados.

5.33 Modifique as especificações do Experimento 5.2 e projete o filtro correspondente usando o comando `firpm`. Analise a resposta de módulo resultante e o sinal de saída para a entrada x definida no Experimento 1.3.

6 Aproximações para filtros IIR

6.1 Introdução

Este capítulo trata dos métodos de projeto em que uma resposta na frequência desejada é aproximada por uma função de transferência que consiste numa razão de polinômios. Em geral, esse tipo de função de transferência resulta numa resposta ao impulso com duração infinita. Portanto, os sistemas aproximados neste capítulo são comumente chamados de filtros com resposta ao impulso de duração infinita (IIR).

Em geral, filtros IIR são capazes de aproximar uma resposta na frequência prescrita com um número de multiplicações menor que os filtros FIR. Por esse motivo, filtros IIR podem ser mais adequados a algumas aplicações práticas, especialmente aquelas envolvendo processamento de sinais em tempo real.

Na Seção 6.2, estudamos os métodos clássicos para aproximação de filtros analógicos, a saber, as aproximações de Butterworth, de Chebyshev e elíptica. Esses métodos são os mais amplamente usados para aproximar especificações de módulo prescritas. Eles se originaram no domínio do tempo contínuo, e o seu uso no domínio do tempo discreto requer uma transformação apropriada.

Então, tratamos na Seção 6.3 de duas abordagens para transformar uma função de transferência no tempo contínuo numa função de transferência no tempo discreto: os métodos de invariância ao impulso e da transformação bilinear.

A Seção 6.4 trata dos métodos de transformação na frequência no domínio do tempo discreto. Esses métodos permitem mapear um dado tipo de filtro em outro, por exemplo, transformar um dado filtro passa-baixas num filtro passa-faixa desejado.

Em aplicações em que são impostas especificações de módulo e fase, podemos aproximar as especificações desejadas de módulo por uma das funções de transferência clássicas e projetar um equalizador de fase para atingir as especificações de fase. Alternativamente, podemos conduzir o projeto inteiramente no domínio digital, usando métodos de otimização para projetar funções de transferência que satisfaçam simultaneamente as especificações de módulo e de fase. A Seção 6.5 cobre um procedimento para aproximar uma dada resposta na frequência iterativamente, empregando um algoritmo de otimização não-linear.

Na Seção 6.6, abordamos as situações em que um filtro digital IIR precisa apresentar uma resposta ao impulso similar a uma dada sequência no tempo discreto. Esse problema é comumente conhecido como aproximação no domínio do tempo.

Finalmente, apresentamos alguns experimentos práticos com filtros IIR na seção 'Faça você mesmo', e na Seção 6.8 a utilização do MATLAB para aproximação de filtros IIR é brevemente discutida.

6.2 Aproximações para filtros analógicos

Esta seção cobre as aproximações clássicas para filtros analógicos passa-baixas normalizados.[1] Os outros tipos de filtros, como os passa-baixas, passa-altas, passa-faixa e rejeita-faixa desnormalizados, são obtidos a partir do protótipo passa-baixas normalizado através de transformações na frequência, que também são discutidas nesta seção.

6.2.1 Especificação de um filtro passa-baixas analógico

Um passo importante no projeto de um filtro analógico é a definição das especificações desejadas de módulo e/ou de fase a serem satisfeitas pela resposta na frequência do filtro. Usualmente, um filtro analógico clássico é especificado através de uma região do plano $\Omega \times H(j\Omega)^2$ onde sua resposta na frequência tem que estar contida. Isso é ilustrado na Figura 6.1 para um filtro passa-baixas. Nessa figura, Ω_p e Ω_r denotam, respectivamente, as frequências das extremidades da faixa de passagem e da faixa de rejeição. A região na frequência entre Ω_p e Ω_r é a chamada faixa de transição, para a qual não é fornecida qualquer especificação. Além disso, as ondulações máximas na faixa de passagem e na faixa de rejeição são denotadas por δ_p e δ_r, respectivamente.

Alternativamente, as especificações podem ser dadas em decibéis (dB), como mostra a Figura 6.2a, no caso de especificações de ganho. A Figura 6.2b mostra o mesmo filtro especificado em termos de atenuação, em vez de ganho. As relações entre os parâmetros dessas três representações são dadas na Tabela 6.1.

Por razões históricas, neste capítulo trabalhamos com especificações na forma de atenuação em dB. Usando as relações dadas na Tabela 6.1, os leitores devem ser capazes de transformar qualquer outro formato num conjunto de parâmetros que caracterize a atenuação em dB.

---

[1] Filtros normalizados são obtidos a partir dos filtros convencionais através de um simples escalamento da variável de frequência. O filtro original é, então, determinado revertendo-se a transformação previamente aplicada. Nesta seção, para evitar qualquer confusão, uma frequência analógica normalizada será sempre denotada por uma "linha", como Ω'.

[2] Note, mais uma vez, que Ω usualmente se refere à frequência analógica e ω, à frequência digital.

6.2 Aproximações para filtros analógicos

Tabela 6.1 *Relações entre os parâmetros para as especificações na forma de ondulação, ganho em dB e atenuação em dB.*

	Ondulação	Ganho (dB)	Atenuação (dB)
Faixa de passagem	δ_p	$G_p = 20\log_{10}(1-\delta_p)$	$A_p = -G_p$
Faixa de rejeição	δ_r	$G_r = 20\log_{10}\delta_r$	$A_r = -G_r$

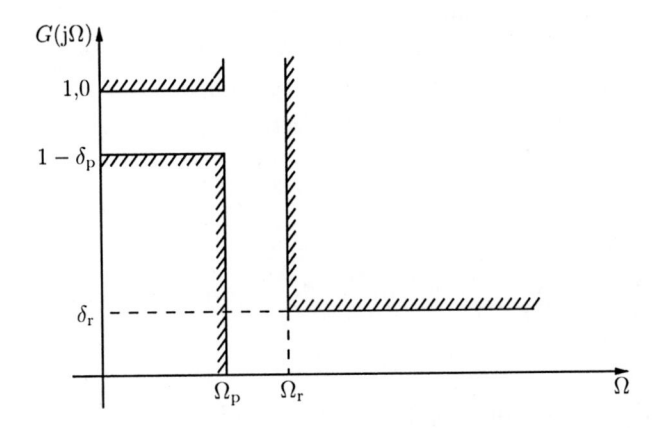

Figura 6.1 Especificações de ganho típicas para um filtro passa-baixas.

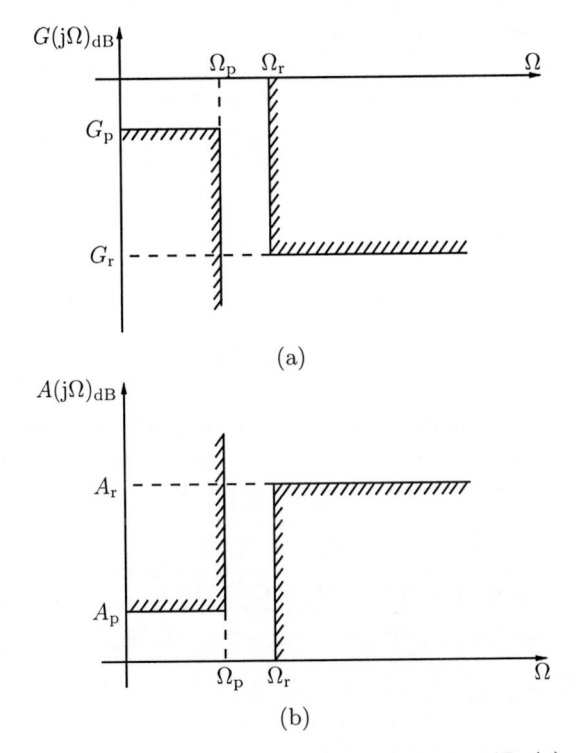

Figura 6.2 Especificações típicas para um filtro passa-baixas em dB: (a) ganho; (b) atenuação.

6.2.2 Aproximação de Butterworth

Usualmente, a atenuação de um filtro passa-baixas normalizado (ou seja, em que $\Omega'_p = 1$) do tipo só-polos é expressa por uma equação do seguinte tipo:

$$|A(j\Omega')|^2 = 1 + |E(j\Omega')|^2, \tag{6.1}$$

onde $A(s')$ é a função de atenuação desejada e $E(s')$ é um polinômio que tem módulo reduzido em baixas frequências e elevado em altas frequências.

A aproximação de Butterworth se caracteriza por uma resposta de módulo maximamente plana em $\Omega' = 0$. A fim de obedecer essa propriedade, escolhemos $E(j\Omega')$ como

$$E(j\Omega') = \epsilon \left(j\Omega'\right)^n, \tag{6.2}$$

onde ϵ é uma constante e n é a ordem do filtro. A equação (6.1) se torna, então,

$$|A(j\Omega')|^2 = 1 + \epsilon^2 \left(\Omega'\right)^{2n}, \tag{6.3}$$

resultando no fato de as primeiras $(2n-1)$ derivadas da função de atenuação em $\Omega' = 0$ serem iguais a zero, como se deseja na aproximação de Butterworth.

A escolha do parâmetro ϵ depende da máxima atenuação A_p permitida na faixa de passagem. Desse modo, como

$$A_{dB}(\Omega') = 20 \log_{10} |A(j\Omega')| = 10 \log_{10} \left[1 + \epsilon^2 \left(\Omega'\right)^{2n}\right] \tag{6.4}$$

em $\Omega' = \Omega'_p = 1$, precisamos ter

$$A_p = A_{dB}(1) = 10 \log_{10} \left(1 + \epsilon^2\right) \tag{6.5}$$

e, então,

$$\epsilon = \sqrt{10^{0,1A_p} - 1}. \tag{6.6}$$

Para determinar a ordem requerida para que o filtro atinja a especificação de atenuação A_r na faixa de rejeição, em $\Omega' = \Omega'_r$ precisamos ter

$$A_r = A_{dB}(\Omega'_r) = 10 \log_{10} \left[1 + \epsilon^2 \left(\Omega'_r\right)^{2n}\right]. \tag{6.7}$$

Portanto, n deve ser o menor inteiro tal que

$$n \geq \frac{\log_{10} \left(\frac{10^{0,1A_r} - 1}{\epsilon^2}\right)}{2 \log_{10} \Omega'_r}, \tag{6.8}$$

com ϵ de acordo com a equação (6.6).

6.2 Aproximações para filtros analógicos

Com n e ϵ disponíveis, resta encontrar a função de transferência $A(s')$. Podemos fatorar $|A(j\Omega')|^2$ na equação (6.3) como

$$|A(j\Omega')|^2 = A(-j\Omega')A(j\Omega') = 1 + \epsilon^2 \Omega'^{2n} = 1 + \epsilon^2[-(j\Omega')^2]^n. \quad (6.9)$$

Usando a continuação analítica para variáveis complexas (Churchill, 1975), isto é, substituindo $j\Omega'$ por s', temos que

$$A(s')A(-s') = 1 + \epsilon^2(-s'^2)^n. \quad (6.10)$$

Para determinar $A(s')$, temos, então, que encontrar as raízes de $[1+\epsilon^2(-s'^2)^n]$ e escolher quais delas pertencem a $A(s')$ e quais pertencem a $A(-s')$. As soluções de

$$1 + \epsilon^2(-s'^2)^n = 0 \quad (6.11)$$

são

$$s_i = \epsilon^{-1/n} e^{j(\pi/2)[(2i+n+1)/n]}, \quad (6.12)$$

com $i = 1, 2, \ldots, 2n$. Essas $2n$ raízes se localizam em posições igualmente espaçadas sobre a circunferência de raio $\epsilon^{-1/n}$ centrada na origem do plano s. A fim de obtermos um filtro estável, escolhemos as n raízes p_i localizadas na metade esquerda do plano s para pertencerem ao polinômio $A(s')$. Como resultado, a função de transferência normalizada é obtida como

$$H'(s') = \frac{H'_0}{A(s')} = \frac{H'_0}{\prod_{i=1}^{n}(s' - p_i)}, \quad (6.13)$$

onde H'_0 é escolhido de forma que $|H'(j0)| = 1$, e portanto

$$H'_0 = \prod_{i=1}^{n}(-p_i). \quad (6.14)$$

Uma característica importante da aproximação de Butterworth é que sua atenuação aumenta monotonicamente com a frequência. Além disso, ela aumenta muito lentamente na faixa de passagem e rapidamente na faixa de rejeição. Na aproximação de Butterworth, para aumentar a atenuação, é preciso aumentar a ordem do filtro. Entretanto, sacrificando-se sua monotonicidade, pode-se obter maior atenuação na faixa de rejeição com filtros de mesma ordem. Um exemplo clássico dessas aproximações é a de Chebyshev.

6.2.3 Aproximação de Chebyshev

A função de atenuação de um filtro passa-baixas normalizado de Chebyshev é caracterizada por

$$|A(j\Omega')|^2 = 1 + \epsilon^2 C_n^2(\Omega'), \tag{6.15}$$

onde $C_n(\Omega')$ é uma função de Chebyshev de ordem n, que pode ser escrita em sua forma trigonométrica como

$$C_n(\Omega') = \begin{cases} \cos(n \cos^{-1} \Omega'), & 0 \leq \Omega' \leq 1 \\ \cosh(n \cosh^{-1} \Omega'), & \Omega' > 1. \end{cases} \tag{6.16}$$

Essas funções $C_n(\Omega')$ têm as seguintes propriedades:

$$\left. \begin{array}{ll} 0 \leq C_n^2(\Omega') \leq 1, & 0 \leq \Omega' \leq 1 \\ C_n^2(\Omega') > 1, & \Omega' > 1. \end{array} \right\}. \tag{6.17}$$

Como consequência, para a função de atenuação definida na equação (6.15), a faixa de passagem se localiza na faixa de frequências $0 \leq \Omega' \leq \Omega'_p = 1$ e a faixa de rejeição fica na faixa $\Omega' \geq \Omega'_r > 1$, como desejado, enquanto que o parâmetro ϵ mais uma vez determina a ondulação máxima permitida na faixa de passagem.

As funções de Chebyshev definidas acima também podem ser expressas em forma polinomial como

$$\begin{aligned} C_{n+1}(\Omega') + C_{n-1}(\Omega') &= \cos[(n+1)\cos^{-1}\Omega'] + \cos[(n-1)\cos^{-1}\Omega'] \\ &= 2\cos(\cos^{-1}\Omega')\cos(n\cos^{-1}\Omega') \\ &= 2\Omega' C_n(\Omega'), \end{aligned} \tag{6.18}$$

com $C_0(\Omega') = 1$ e $C_1(\Omega') = \Omega'$. Podemos, então, gerar polinômios de Chebyshev de ordens mais altas através da relação recursiva acima, ou seja,

$$C_2(\Omega') = 2\Omega'^2 - 1$$
$$C_3(\Omega') = 4\Omega'^3 - 3\Omega'$$
$$\vdots$$
$$C_{n+1}(\Omega') = 2\Omega' C_n(\Omega') - C_{n-1}(\Omega'). \tag{6.19}$$

A Figura 6.3 representa as funções de Chebyshev para diversos valores de n.

6.2 Aproximações para filtros analógicos

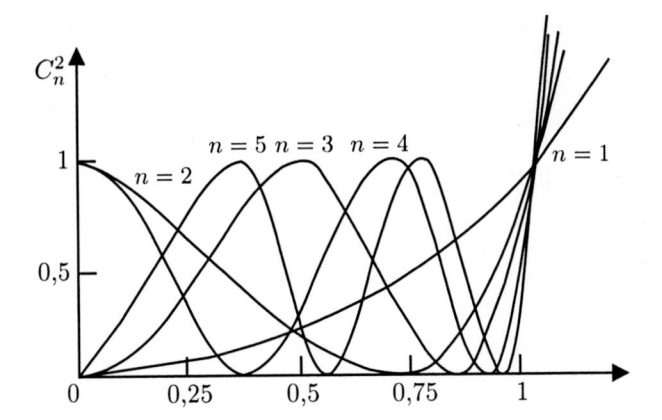

Figura 6.3 Funções de Chebyshev para $n = 1, 2, \ldots, 5$.

Como $C_n(\Omega') = 1$ em $\Omega' = 1$, temos que

$$A_\text{p} = A_\text{dB}(1) = 10\log_{10}(1 + \epsilon^2) \tag{6.20}$$

e, então,

$$\epsilon = \sqrt{10^{0,1 A_\text{p}} - 1}. \tag{6.21}$$

Pelas equações (6.15) e (6.16), quando $\Omega' = \Omega'_r$, encontramos

$$A_\text{r} = A_\text{dB}(\Omega'_r) = 10\log_{10}\left[1 + \epsilon^2 \cosh^2\left(n \cosh^{-1} \Omega'_r\right)\right], \tag{6.22}$$

e assim a ordem do filtro passa-baixas normalizado de Chebyshev que satisfaz a atenuação requerida na faixa de rejeição é o menor número inteiro que satisfaz

$$n \geq \frac{\cosh^{-1} \sqrt{\frac{10^{0,1 A_\text{r}} - 1}{\epsilon^2}}}{\cosh^{-1} \Omega'_r}. \tag{6.23}$$

Similarmente ao caso de Butterworth (veja a equação (6.9)), podemos agora continuar o processo de aproximação avaliando os zeros de $A(s')A(-s')$, com $s' = \text{j}\Omega'$. Como nunca pode ocorrer atenuação nula na faixa de rejeição, esses zeros estão na região da faixa de passagem, $0 \leq \Omega' \leq 1$, e assim, pela equação (6.16), temos que

$$\cos\left(n \cos^{-1} \frac{s'}{\text{j}}\right) = \pm \frac{\text{j}}{\epsilon}. \tag{6.24}$$

A equação acima pode ser resolvida para s' definindo-se uma variável complexa p como

$$p = x_1 + \text{j}x_2 = \cos^{-1} \frac{s'}{\text{j}}. \tag{6.25}$$

Substituindo-se este valor de p na equação (6.24), chegamos a

$$\cos[n(x_1 + \mathrm{j}x_2)] = \cos(nx_1)\cosh(nx_2) - \mathrm{j}\,\mathrm{sen}(nx_1)\,\mathrm{senh}(nx_2) = \pm\frac{\mathrm{j}}{\epsilon}. \tag{6.26}$$

Igualando as partes reais dos dois lados da equação acima, podemos deduzir que

$$\cos(nx_1)\cosh(nx_2) = 0, \tag{6.27}$$

e considerando que

$$\cosh(nx_2) \geq 1, \qquad \forall n, x_2, \tag{6.28}$$

temos, então, que

$$\cos(nx_1) = 0, \tag{6.29}$$

que resulta nas seguintes $2n$ soluções:

$$x_{1i} = \frac{2i+1}{2n}\pi \tag{6.30}$$

para $i = 0, 1, \ldots, 2n-1$. Agora, igualando-se as partes imaginárias dos dois lados da equação (6.26) e usando-se os valores de x_{1i} obtidos na equação (6.30), segue que

$$\mathrm{sen}(nx_{1i}) = \pm 1 \tag{6.31}$$

$$x_2 = \frac{1}{n}\mathrm{senh}^{-1}\frac{1}{\epsilon}. \tag{6.32}$$

Uma vez que, de acordo com as equações (6.24) e (6.25), os zeros de $A(s')A(-s')$ são dados por

$$s'_i = \sigma'_i \pm \mathrm{j}\Omega'_i = \mathrm{j}\cos(x_{1i} + \mathrm{j}x_2) = \mathrm{sen}\,x_{1i}\,\mathrm{senh}\,x_2 + \mathrm{j}\cos x_{1i}\cosh x_2 \tag{6.33}$$

para $i = 0, 1, \ldots, 2n-1$, temos, pelas equações (6.30) e (6.32), que

$$\sigma_i = \pm \mathrm{sen}\left[\frac{\pi}{2}\left(\frac{2i+1}{n}\right)\right]\mathrm{senh}\left(\frac{1}{n}\mathrm{senh}^{-1}\frac{1}{\epsilon}\right) \tag{6.34}$$

$$\Omega_i = \cos\left[\frac{\pi}{2}\left(\frac{2i+1}{n}\right)\right]\cosh\left(\frac{1}{n}\mathrm{senh}^{-1}\frac{1}{\epsilon}\right). \tag{6.35}$$

Os zeros calculados pertencem a $A(s')A(-s')$. Analogamente ao caso de Butterworth, associamos os n zeros p_i cujas partes reais são negativas a $A(s')$, a fim de garantir a estabilidade do filtro.

6.2 Aproximações para filtros analógicos

As equações acima indicam que os zeros de uma aproximação de Chebyshev são posicionados sobre uma elipse no plano s, já que a equação (6.34) implica a seguinte relação:

$$\left\{\frac{\sigma_i}{\operatorname{senh}[(1/n)\operatorname{senh}^{-1}(1/\epsilon)]}\right\}^2 + \left\{\frac{\Omega_i}{\cosh[(1/n)\operatorname{senh}^{-1}(1/\epsilon)]}\right\}^2 = 1. \quad (6.36)$$

A função de transferência do filtro de Chebyshev é, então, dada por

$$H'(s') = \frac{H'_0}{A(s')} = \frac{H'_0}{\prod_{i=1}^{n}(s' - p_i)}, \quad (6.37)$$

onde H'_0 é escolhida de forma que $A(s')$ satisfaça a equação (6.15), ou seja (veja também a Figura 6.3),

$$H'_0 = \begin{cases} \prod_{i=1}^{n}(-p_i), & \text{para } n \text{ ímpar} \\ 10^{-0,05 A_\text{p}} \prod_{i=1}^{n}(-p_i), & \text{para } n \text{ par.} \end{cases} \quad (6.38)$$

É interessante notar que no caso de Butterworth a resposta na frequência é monótona tanto na faixa de passagem quanto na faixa de rejeição, e é maximamente plana em $\Omega = 0$. No caso dos filtros de Chebyshev, para as mesmas ordens de filtro, a característica suave das faixas de passagem é trocada por faixas de transição mais íngremes. De fato, para uma dada especificação prescrita, filtros de Chebyshev usualmente requerem funções de transferência de ordens mais baixas que filtros de Butterworth, devido à sua característica de ondulação constante na faixa de passagem.

6.2.4 Aproximação elíptica

As duas aproximações discutidas até então, a saber, as aproximações passa-baixas de Butterworth e de Chebyshev, levam a funções de transferência em que o numerador é uma constante e o denominador é um polinômio em s. Esses filtros são chamados de filtros só-polos, porque todos os seus zeros se localizam no infinito. Ao passarmos dos filtros de Butterworth aos filtros de Chebyshev, trocamos monotonicidade e máxima planura na faixa de passagem por maior atenuação na faixa de rejeição. Nesse ponto, é natural nos perguntarmos se também podemos trocar a monotonicidade na banda de rejeição exibida pelos filtros de Butterworth e de Chebyshev por uma faixa de transição ainda mais íngreme sem elevarmos a ordem do filtro. De fato, é esse o caso, pois aproximações com zeros finitos podem ter faixas de transição com inclinações muito acentuadas.

Na prática, há aproximações para funções de transferência com zeros finitos que exibem a característica de ondulação constante nas faixas de passagem e de transição, com a vantagem de seus coeficientes poderem ser calculados por fórmulas fechadas. Esses filtros são usualmente chamados de filtros elípticos, pois suas equações em forma fechada são derivadas com base em funções elípticas, mas também são conhecidos como filtros de Cauer ou de Zolotarev (Daniels, 1974).

Esta seção cobre a aproximação elíptica para filtros passa-baixas. (As derivações não estão detalhadas aqui, por estarem fora do escopo deste livro.) No que se segue, descrevemos um algoritmo para calcular os coeficientes dos filtros elípticos que se baseia no procedimento descrito no livro de referência (Antoniou, 1993).

Considere a seguinte função de transferência de um filtro passa-baixas:

$$|H(j\Omega')| = \frac{1}{\sqrt{1 + R_n^2(\Omega')}}, \qquad (6.39)$$

onde

$$R_n(\Omega') = \begin{cases} C_e \prod_{i=1}^{n/2} \left[\dfrac{\Omega'^2 - (\Omega_r'^2/\Omega_i'^2)^2}{\Omega'^2 - \Omega_i'^2} \right], & \text{para } n \text{ par} \\[2ex] C_o \Omega' \prod_{i=1}^{(n-1)/2} \left[\dfrac{\Omega'^2 - (\Omega_r'^2/\Omega_i'^2)^2}{\Omega'^2 - \Omega_i'^2} \right], & \text{para } n \text{ ímpar.} \end{cases} \qquad (6.40)$$

O cálculo de $R_n(\Omega')$ requer o uso de algumas funções elípticas.

Todas as frequências na equação (6.39) estão normalizadas. O procedimento de normalização para a aproximação elíptica é bem diferente do empregado para filtros de Butterworth e de Chebyshev. Aqui, o fator de normalização da frequência é dado por

$$\Omega_c = \sqrt{\Omega_p \Omega_r}. \qquad (6.41)$$

Desse modo, temos que

$$\Omega'_p = \frac{\Omega_p}{\Omega_c} = \sqrt{\frac{\Omega_p}{\Omega_r}} \qquad (6.42)$$

$$\Omega'_r = \frac{\Omega_r}{\Omega_c} = \sqrt{\frac{\Omega_r}{\Omega_p}}. \qquad (6.43)$$

Definindo

$$k = \frac{\Omega'_p}{\Omega'_r} = \frac{1}{\Omega_r'^2} \qquad (6.44)$$

6.2 Aproximações para filtros analógicos

$$q_0 = \frac{1}{2}\left[\frac{1-(1-k^2)^{1/4}}{1+(1-k^2)^{1/4}}\right] \qquad (6.45)$$

$$q = q_0 + 2q_0^5 + 15q_0^9 + 150q_0^{13} \qquad (6.46)$$

$$\epsilon = \sqrt{\frac{10^{0,1A_p}-1}{10^{0,1A_r}-1}}, \qquad (6.47)$$

as especificações são satisfeitas se a ordem n do filtro é escolhida através da seguinte relação:

$$n \geq \frac{\log_{10}(16/\epsilon^2)}{\log_{10}(1/q)}. \qquad (6.48)$$

De posse da ordem n do filtro, podemos determinar os seguintes parâmetros antes de prosseguir com o cálculo dos coeficientes do filtro:

$$\Theta = \frac{1}{2n}\ln\frac{10^{0,05A_p}+1}{10^{0,05A_p}-1} \qquad (6.49)$$

$$\sigma = \left|\frac{2q^{1/4}\sum_{j=0}^{\infty}(-1)^j q^{j(j+1)}\operatorname{senh}[(2j+1)\Theta]}{1+2\sum_{j=1}^{\infty}(-1)^j q^{j^2}\cosh(2j\Theta)}\right| \qquad (6.50)$$

$$W = \sqrt{(1+k\sigma^2)\left(1+\frac{\sigma^2}{k}\right)}. \qquad (6.51)$$

Além disso, para $i = 1, 2, \ldots, l$, onde $l = n/2$ para n par e $l = (n-1)/2$ para n ímpar, calculamos

$$\Omega_i' = \frac{2q^{1/4}\sum_{j=0}^{\infty}(-1)^j q^{j(j+1)}\operatorname{sen}[(2j+1)\pi u/n]}{1+2\sum_{j=1}^{\infty}(-1)^j q^{j^2}\cos(2j\pi u/n)} \qquad (6.52)$$

$$V_i = \sqrt{(1-k\Omega_i'^2)\left(1-\frac{\Omega_i'^2}{k}\right)}, \qquad (6.53)$$

onde

$$\left.\begin{array}{ll} u = i, & \text{para } n \text{ ímpar} \\ u = i - \frac{1}{2}, & \text{para } n \text{ par} \end{array}\right\}. \qquad (6.54)$$

Os somatórios infinitos das equações (6.50) e (6.52) convergem de forma extremamente rápida, e somente dois ou três termos são suficientes para que se atinja um resultado muito acurado.

A função de transferência de um filtro passa-baixas normalizado elíptico pode ser escrita como

$$H'(s') = \frac{H'_0}{(s'+\sigma)^m} \prod_{i=1}^{l} \frac{s'^2 + b_{2i}}{s'^2 + a_{1i}s' + a_{2i}}, \qquad (6.55)$$

onde

$$\left.\begin{array}{l} m = 0 \text{ e } l = n/2, \quad \text{para } n \text{ par} \\ m = 1 \text{ e } l = (n-1)/2, \quad \text{para } n \text{ ímpar} \end{array}\right\}. \qquad (6.56)$$

Os coeficientes dessa função de transferência são calculados com base nos parâmetros obtidos através das equações (6.44)–(6.53):

$$b_{2i} = \frac{1}{\Omega_i'^2} \qquad (6.57)$$

$$a_{2i} = \frac{(\sigma V_i)^2 + (\Omega_i' W)^2}{(1 + \sigma^2 \Omega_i'^2)^2} \qquad (6.58)$$

$$a_{1i} = \frac{2\sigma V_i}{1 + \sigma^2 \Omega_i'^2} \qquad (6.59)$$

$$H'_0 = \begin{cases} \sigma \prod_{i=1}^{l} \dfrac{a_{2i}}{b_{2i}}, & \text{para } n \text{ ímpar} \\ 10^{-0,05 A_p} \sigma \prod_{i=1}^{l} \dfrac{a_{2i}}{b_{2i}}, & \text{para } n \text{ par.} \end{cases} \qquad (6.60)$$

Seguindo esse procedimento, a atenuação mínima na banda de rejeição é ligeiramente melhor que o valor especificado, sendo dada precisamente por

$$A_r = 10 \log_{10} \left(\frac{10^{0,1 A_p} - 1}{16 q^n} + 1 \right). \qquad (6.61)$$

6.2.5 Transformações na frequência

Os métodos de aproximação apresentados até então se destinam ao projeto de filtros passa-baixas normalizados. Nesta seção, abordamos a questão da transformação da função de transferência de um filtro passa-baixas, passa-altas, passa-faixa simétrico ou rejeita-faixa simétrico na função de transferência de um filtro passa-baixas normalizado e vice-versa. O procedimento utilizado aqui,

6.2 Aproximações para filtros analógicos

chamado de técnica da transformação na frequência, consiste em substituir no filtro passa-baixas normalizado a variável s' por uma função apropriada de s. No que se segue, fazemos uma análise detalhada da transformação passa-baixas normalizado $\leftrightarrow$ passa-faixa. As análises das outras transformações são similares, e suas expressões são resumidas mais adiante na Tabela 6.2.

A função de transferência $H'(s')$ de um passa-baixas normalizado pode ser transformada na função de transferência de um passa-faixa simétrico aplicando-se a seguinte transformação de variáveis:

$$s' \leftrightarrow \frac{1}{a}\frac{s^2 + \Omega_0^2}{Bs}, \qquad (6.62)$$

onde Ω_0 é a frequência central do filtro passa-faixa, B é a largura da sua faixa de passagem e a é um parâmetro de nomalização que depende do tipo do filtro, como se vê a seguir:

$$\Omega_0 = \sqrt{\Omega_{p_1}\Omega_{p_2}} \qquad (6.63)$$

$$B = \Omega_{p_2} - \Omega_{p_1} \qquad (6.64)$$

$$a = \frac{1}{\Omega'_p} = \begin{cases} 1, & \text{para qualquer filtro de Butterworth ou de Chebyshev} \\[6pt] \sqrt{\dfrac{\Omega_r}{\Omega_p}}, & \text{para um filtro passa-baixas elíptico} \\[6pt] \sqrt{\dfrac{\Omega_p}{\Omega_r}}, & \text{para um filtro passa-altas elíptico} \\[6pt] \sqrt{\dfrac{\Omega_{r_2} - \Omega_{r_1}}{\Omega_{p_2} - \Omega_{p_1}}}, & \text{para um filtro passa-faixa elíptico} \\[6pt] \sqrt{\dfrac{\Omega_{p_2} - \Omega_{p_1}}{\Omega_{r_2} - \Omega_{r_1}}}, & \text{para um filtro rejeita-faixa elíptico.} \end{cases} \qquad (6.65)$$

O valor de a é diferente da unidade para os filtros elípticos porque nesse caso a normalização não é $\Omega'_p = 1$, mas $\sqrt{\Omega'_p \Omega'_r} = 1$ (veja as equações (6.41)–(6.43)).

A transformação na frequência da equação (6.62) tem as seguintes propriedades:

- A frequência $s' = j0$ é transformada em $s = \pm j\Omega_0$.
- Qualquer frequência complexa $s' = -j\Omega'$ que corresponda a uma atenuação igual a A_{dB} no filtro passa-baixas normalizado é transformada em duas

frequências distintas,

$$\Omega_1 = -\frac{1}{2}aB\Omega' + \sqrt{\frac{1}{4}a^2B^2\Omega'^2 + \Omega_0^2} \qquad (6.66)$$

$$\overline{\Omega}_1 = -\frac{1}{2}aB\Omega' - \sqrt{\frac{1}{4}a^2B^2\Omega'^2 + \Omega_0^2}, \qquad (6.67)$$

onde Ω_1 é uma frequência positiva e $\overline{\Omega}_1$ é uma frequência negativa, ambas correspondendo à atenuação A_{dB}.

Da mesma forma, a frequência complexa $s' = \mathrm{j}\Omega'$, que também corresponde a uma atenuação de A_{dB}, é transformada em duas frequências com o mesmo nível de atenuação, isto é,

$$\Omega_2 = \frac{1}{2}aB\Omega' + \sqrt{\frac{1}{4}a^2B^2\Omega'^2 + \Omega_0^2} \qquad (6.68)$$

$$\overline{\Omega}_2 = \frac{1}{2}aB\Omega' - \sqrt{\frac{1}{4}a^2B^2\Omega'^2 + \Omega_0^2}, \qquad (6.69)$$

e pode-se ver que $\overline{\Omega}_1 = -\Omega_2$ e $\overline{\Omega}_2 = -\Omega_1$.

São as frequências positivas Ω_1 e Ω_2 que estamos interessados em analisar. Elas podem ser expressas numa única equação como a seguir:

$$\Omega_{1,2} = \mp\frac{1}{2}aB\Omega' + \sqrt{\frac{1}{4}a^2B^2\Omega'^2 + \Omega_0^2}, \qquad (6.70)$$

da qual obtemos

$$\Omega_2 - \Omega_1 = aB\Omega' \qquad (6.71)$$

$$\Omega_1\Omega_2 = \Omega_0^2. \qquad (6.72)$$

Essas relações indicam que nesse tipo de transformação, para cada frequência com atenuação A_{dB}, há uma outra frequência geometricamente simétrica em relação à frequência central Ω_0, com a mesma atenuação.

- Pelo exposto anteriormente, a frequência de corte Ω'_{p} do filtro passa-baixas normalizado é mapeada nas frequências

$$\Omega_{\mathrm{p}_{1,2}} = \mp\frac{1}{2}aB\Omega'_{\mathrm{p}} + \sqrt{\frac{1}{4}a^2B^2\Omega'^{2}_{\mathrm{p}} + \Omega_0^2} \qquad (6.73)$$

tais que

$$\Omega_{\mathrm{p}_2} - \Omega_{\mathrm{p}_1} = aB\Omega'_{\mathrm{p}} \qquad (6.74)$$

$$\Omega_{\mathrm{p}_1}\Omega_{\mathrm{p}_2} = \Omega_0^2. \qquad (6.75)$$

6.2 Aproximações para filtros analógicos

- Similarmente, a frequência Ω'_r da extremidade da faixa de rejeição do protótipo passa-baixas normalizado é transformada nas frequências

$$\Omega_{r_{1,2}} = \mp\frac{1}{2}aB\Omega'_r + \sqrt{\frac{1}{4}a^2B^2\Omega'^2_r + \Omega_0^2} \qquad (6.76)$$

tais que

$$\Omega_{r_2} - \Omega_{r_1} = aB\Omega'_r \qquad (6.77)$$

$$\Omega_{r_1}\Omega_{r_2} = \Omega_0^2. \qquad (6.78)$$

A análise acima leva à conclusão de que essa transformação passa-baixas normalizado ↔ passa-faixa funciona para filtros passa-faixa que sejam geometricamente simétricos em relação à frequência central. Contudo, na prática as especificações de filtros passa-faixa não são, usualmente, geometricamente simétricas. Felizmente, podemos gerar especificações passa-faixa geometricamente simétricas que satisfaçam os requisitos de atenuação mínima na faixa de rejeição através do seguinte procedimento (veja a Figura 6.4):

(i) Calcule $\Omega_0^2 = \Omega_{p_1}\Omega_{p_2}$.
(ii) Calcule $\overline{\Omega}_{r_1} = \Omega_0^2/\Omega_{r_2}$; se $\overline{\Omega}_{r_1} > \Omega_{r_1}$, substitua Ω_{r_1} por $\overline{\Omega}_{r_1}$, conforme ilustra a Figura 6.4.
(iii) Se $\overline{\Omega}_{r_1} \leq \Omega_{r_1}$, então calcule $\overline{\Omega}_{r_2} = \Omega_0^2/\Omega_{r_1}$ e substitua Ω_{r_2} por $\overline{\Omega}_{r_2}$.
(iv) Se $A_{r_1} \neq A_{r_2}$, escolha $A_r = \max\{A_{r_1}, A_{r_2}\}$.

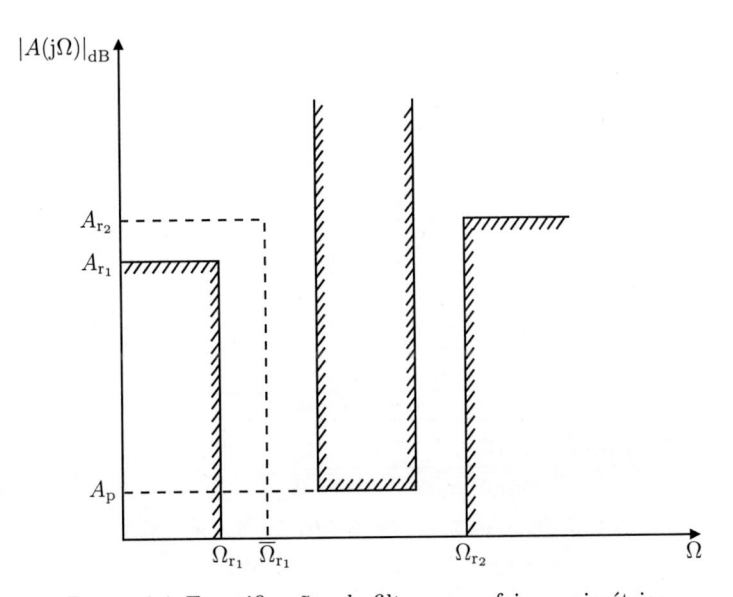

Figura 6.4 Especificações de filtro passa-faixa assimétrico.

Tabela 6.2 *Transformações na frequência analógica.*

Transformação	Normalização	Desnormalização
passa-baixas(Ω) $\leftrightarrow$ passa-baixas(Ω')	$\Omega'_\mathrm{p} = \dfrac{1}{a}$	$s' \leftrightarrow \dfrac{1}{a}\dfrac{s}{\Omega_\mathrm{p}}$
	$\Omega'_\mathrm{r} = \dfrac{1}{a}\dfrac{\Omega_\mathrm{r}}{\Omega_\mathrm{p}}$	
passa-altas(Ω) $\leftrightarrow$ passa-baixas(Ω')	$\Omega'_\mathrm{p} = \dfrac{1}{a}$	$s' \leftrightarrow \dfrac{1}{a}\dfrac{\Omega_\mathrm{p}}{s}$
	$\Omega'_\mathrm{r} = \dfrac{1}{a}\dfrac{\Omega_\mathrm{p}}{\Omega_\mathrm{r}}$	
passa-faixa(Ω) $\leftrightarrow$ passa-baixas(Ω')	$\Omega'_\mathrm{p} = \dfrac{1}{a}$	$s' \leftrightarrow \dfrac{1}{a}\dfrac{s^2 + \Omega_0^2}{Bs}$
	$\Omega'_\mathrm{r} = \dfrac{1}{a}\dfrac{\Omega_{\mathrm{r}_2} - \Omega_{\mathrm{r}_1}}{\Omega_{\mathrm{p}_2} - \Omega_{\mathrm{p}_1}}$	
rejeita-faixa(Ω) $\leftrightarrow$ passa-baixas(Ω')	$\Omega'_\mathrm{p} = \dfrac{1}{a}$	$s' \leftrightarrow \dfrac{1}{a}\dfrac{Bs}{s^2 + \Omega_0^2}$
	$\Omega'_\mathrm{r} = \dfrac{1}{a}\dfrac{\Omega_{\mathrm{p}_2} - \Omega_{\mathrm{p}_1}}{\Omega_{\mathrm{r}_2} - \Omega_{\mathrm{r}_1}}$	

Uma vez estando disponíveis as especificações do filtro passa-faixa geometricamente simétrico, precisamos determinar as frequências normalizadas Ω'_p e Ω'_r a fim de termos o filtro passa-baixas normalizado correspondente completamente especificado. De acordo com as equações (6.74) e (6.77), elas podem ser calculadas como a seguir:

$$\Omega'_\mathrm{p} = \frac{1}{a} \tag{6.79}$$

$$\Omega'_\mathrm{r} = \frac{1}{a}\frac{\Omega_{\mathrm{r}_2} - \Omega_{\mathrm{r}_1}}{\Omega_{\mathrm{p}_2} - \Omega_{\mathrm{p}_1}}. \tag{6.80}$$

Convém notar que as especificações dos filtros rejeita-faixa também têm que ser geometricamente simétricas. Nesse caso, entretanto, a fim de satisfazer os requisitos de atenuação mínima na faixa de rejeição, as extremidades da faixa de rejeição devem ser preservadas, enquanto que as extremidades da faixa de passagem é que devem ser modificadas de forma análoga ao procedimento descrito anteriormente.

Um resumo de todos os tipos de transformação, incluindo a respectiva correspondência entre as frequências de interesse no protótipo passa-baixas e as especificações do filtro desejado, é mostrado na Tabela 6.2.

O procedimento geral para aproximar um filtro analógico convencional usando transformações na frequência pode ser resumido como se segue:

6.2 Aproximações para filtros analógicos

(i) Determine as especificações para o filtro passa-baixas, passa-altas, passa--faixa ou rejeita-faixa analógico.
(ii) Quando projetando um filtro passa-faixa ou rejeita-faixa, garanta que as especificações são geometricamente simétricas, seguindo o procedimento apropriado descrito anteriormente nesta seção.
(iii) Determine as especificações do passa-baixas normalizado correspondente ao filtro desejado, de acordo com as relações vistas na Tabela 6.2.
(iv) Realize a aproximação do filtro usando o método de Butterworth, de Chebyshev ou elíptico.
(v) Desnormalize o protótipo usando as transformações na frequência dadas no lado direito da Tabela 6.2.

Às vezes, a aproximação de filtros analógicos pode apresentar mau condicionamento numérico, especialmente quando o filtro desejado tem faixa de transição e/ou de passagem estreita. Nesse caso, existem técnicas de projeto que empregam variáveis transformadas (Daniels, 1974; Sedra & Brackett, 1978), capazes de melhorar o condicionamento numérico pela separação das raízes dos polinômios envolvidos.

EXEMPLO 6.1

Projete um filtro passa-faixa que satisfaça as especificações abaixo usando os métodos de aproximação de Butterworth, de Chebyshev e elíptico:

$$\left.\begin{array}{l} A_p = 1{,}0 \text{ dB} \\ A_r = 40 \text{ dB} \\ \Omega_{r_1} = 1394\pi \text{ rad/s} \\ \Omega_{p_1} = 1510\pi \text{ rad/s} \\ \Omega_{p_2} = 1570\pi \text{ rad/s} \\ \Omega_{r_2} = 1704\pi \text{ rad/s} \end{array}\right\}. \tag{6.81}$$

SOLUÇÃO

Uma vez que $\Omega_{p_1}\Omega_{p_2} \neq \Omega_{r_1}\Omega_{r_2}$, o primeiro passo do projeto é determinar o filtro passa-faixa geometricamente simétrico, seguindo o procedimento descrito anteriormente nesta seção. Desse modo, obtemos

$$\Omega_{r_2} = \overline{\Omega}_{r_2} = \frac{\Omega_0^2}{\Omega_{r_1}} = 1700{,}6456\pi \text{ rad/s}. \tag{6.82}$$

Buscando as especificações passa-baixas correspondentes com base nas transformações da Tabela 6.2, temos

$$\Omega'_p = \frac{1}{a} \tag{6.83}$$

$$\Omega'_r = \frac{1}{a}\frac{\overline{\Omega}_{r_2} - \Omega_{r_1}}{\Omega_{p_2} - \Omega_{p_1}} = \frac{1}{a}5{,}1108, \tag{6.84}$$

onde

$$a = \begin{cases} 1, & \text{para os filtros de Butterworth e de Chebyshev} \\ 2{,}2607, & \text{para o filtro elíptico.} \end{cases} \quad (6.85)$$

- Aproximação de Butterworth: Das especificações acima, podemos calcular ϵ pela equação (6.6) e, de posse de ϵ, a ordem mínima requerida para que o filtro satisfaça as especificações, através da equação (6.8):

$$\epsilon = 0{,}5088 \quad (6.86)$$

$$n = 4. \quad (6.87)$$

Pela equação (6.12), quando $n = 4$ os zeros do polinômio de Butterworth normalizado são dados por

$$\left.\begin{aligned} s'_{1,2} &= -1{,}0939 \pm \mathrm{j}0{,}4531 \\ s'_{3,4} &= -0{,}4531 \pm \mathrm{j}1{,}0939 \\ s'_{5,6} &= 1{,}0939 \pm \mathrm{j}0{,}4531 \\ s'_{7,8} &= 0{,}4531 \pm \mathrm{j}1{,}0939 \end{aligned}\right\}. \quad (6.88)$$

Selecionando aqueles com parte real negativa para polos de $H'(s')$, essa função de transferência normalizada se torna

$$H'(s') = 1{,}9652 \frac{1}{s'^4 + 3{,}0940 s'^3 + 4{,}7863 s'^2 + 4{,}3373 s' + 1{,}9652}. \quad (6.89)$$

O projeto se completa com a aplicação da transformação de passa-baixas para passa-faixa da Tabela 6.2. A função de transferência passa-faixa resultante é, então, dada por

$$H(s) = H_0 \frac{s^4}{a_8 s^8 + a_7 s^7 + a_6 s^6 + a_5 s^5 + a_4 s^4 + a_3 s^3 + a_2 s^2 + a_1 s + a_0}. \quad (6.90)$$

Os coeficientes e polos do filtro são listados na Tabela 6.3.
A Figura 6.5 representa a resposta na frequência do filtro passa-faixa de Butterworth projetado.

- Aproximação de Chebyshev: Das especificações normalizadas das equações (6.81) e (6.82), pode-se calcular ϵ e n, com base nas equações (6.21) e (6.23), respectivamente, resultando em

$$\epsilon = 0{,}5088 \quad (6.91)$$

$$n = 3. \quad (6.92)$$

6.2 Aproximações para filtros analógicos

Tabela 6.3 *Características do filtro passa-faixa de Butterworth.*
Constante de ganho: $H_0 = 2{,}4809 \times 10^9$

Coeficientes do denominador	Polos do filtro
$a_0 = 2{,}9971 \times 10^{29}$	$p_1 = -41{,}7936 + \text{j}4734{,}9493$
$a_1 = 7{,}4704 \times 10^{24}$	$p_2 = -41{,}7936 - \text{j}4734{,}9493$
$a_2 = 5{,}1331 \times 10^{22}$	$p_3 = -102{,}1852 + \text{j}4793{,}5209$
$a_3 = 9{,}5851 \times 10^{17}$	$p_4 = -102{,}1852 - \text{j}4793{,}5209$
$a_4 = 3{,}2927 \times 10^{15}$	$p_5 = -104{,}0058 + \text{j}4878{,}9280$
$a_5 = 4{,}0966 \times 10^{10}$	$p_6 = -104{,}0058 - \text{j}4878{,}9280$
$a_6 = 9{,}3762 \times 10^{7}$	$p_7 = -43{,}6135 + \text{j}4941{,}1402$
$a_7 = 5{,}8320 \times 10^{2}$	$p_8 = -43{,}6135 - \text{j}4941{,}1402$
$a_8 = 1{,}0$	

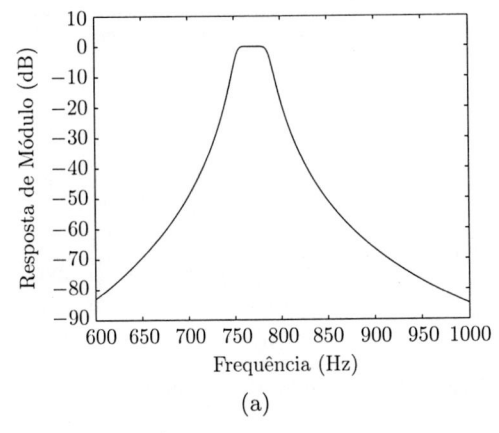

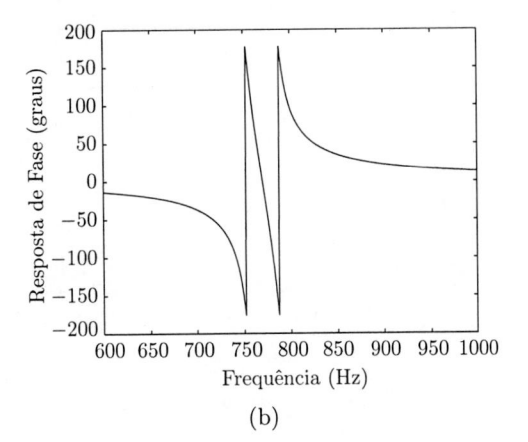

Figura 6.5 Filtro passa-faixa de Butterworth: (a) resposta de módulo; (b) resposta de fase.

Então, pelas equações (6.24)–(6.35), temos que os polos da função de transferência normalizada são:

$$\left.\begin{array}{l} s'_{1,2} = -0{,}2471 \mp \text{j}0{,}9660 \\ s'_3 = -0{,}4942 - \text{j}0{,}0 \end{array}\right\}. \tag{6.93}$$

Isso implica que o filtro passa-baixas normalizado tem a seguinte função de transferência:

$$H'(s') = 0{,}4913 \frac{1}{s'^3 + 0{,}9883 s'^2 + 1{,}2384 s' + 0{,}4913}. \tag{6.94}$$

O projeto desnormalizado é obtido pela aplicação da transformação de passa--baixas para passa-faixa. A função de transferência resultante é da forma

Tabela 6.4 *Características do filtro passa-faixa de Chebyshev.*
Constante de ganho: $H_0 = 3{,}2905 \times 10^6$

Coeficientes do denominador	Polos do filtro
$a_0 = 1{,}2809 \times 10^{22}$	$p_1 = -22{,}8490 + \mathrm{j}4746{,}8921$
$a_1 = 1{,}0199 \times 10^{17}$	$p_2 = -22{,}8490 - \mathrm{j}4746{,}8921$
$a_2 = 1{,}6434 \times 10^{15}$	$p_3 = -46{,}5745 + \mathrm{j}4836{,}9104$
$a_3 = 8{,}7212 \times 10^{9}$	$p_4 = -46{,}5745 - \mathrm{j}4836{,}9104$
$a_4 = 7{,}0238 \times 10^{7}$	$p_5 = -23{,}7255 + \mathrm{j}4928{,}9785$
$a_5 = 1{,}8630 \times 10^{2}$	$p_6 = -23{,}7255 - \mathrm{j}4928{,}9785$
$a_6 = 1{,}0$	

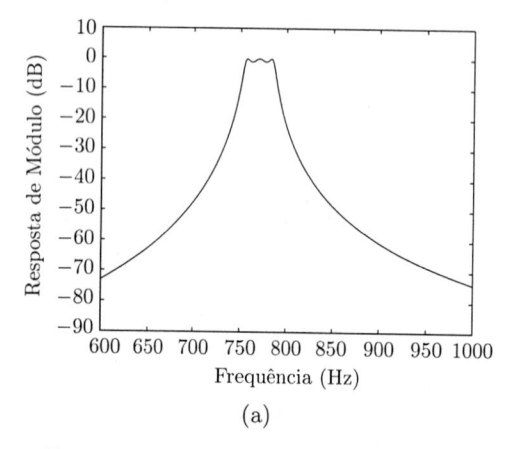

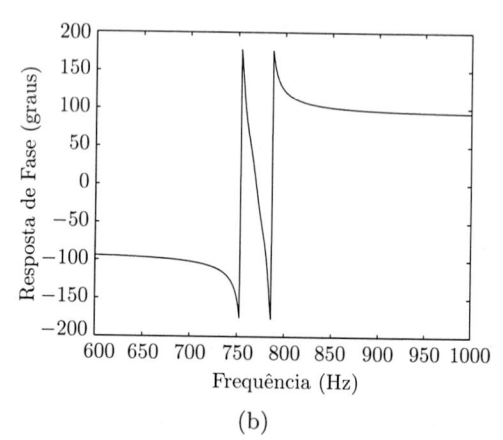

Figura 6.6 Filtro passa-faixa de Chebyshev: (a) resposta de módulo; (b) resposta de fase.

$$H(s) = H_0 \frac{s^3}{a_6 s^6 + a_5 s^5 + a_4 s^4 + a_3 s^3 + a_2 s^2 + a_1 s + a_0}. \quad (6.95)$$

Todos os coeficientes e polos do filtro estão listados na Tabela 6.4.
A Figura 6.6 representa a resposta na frequência do filtro passa-faixa de Chebyshev resultante.

- Aproximação elíptica: Pela equação (6.85), para essa aproximação elíptica, temos que $a = 2{,}2607$ e, então, as especificações normalizadas são

$$\Omega'_\mathrm{p} = 0{,}4423 \quad (6.96)$$

$$\Omega'_\mathrm{r} = 2{,}2607. \quad (6.97)$$

De acordo com a equação (6.48), a ordem mínima requerida para que a aproximação elíptica satisfaça as especificações é $n = 3$. Portanto, pelas

Tabela 6.5 *Características do filtro passa-faixa elíptico.*
Constante de ganho: $H_0 = 2{,}7113 \times 10^6$

Coeficientes do numerador	Coeficientes do denominador
$b_0 = 0{,}0$	$a_0 = 1{,}2809 \times 10^{22}$
$b_1 = 5{,}4746 \times 10^{14}$	$a_1 = 1{,}0175 \times 10^{17}$
$b_2 = 0{,}0$	$a_2 = 1{,}6434 \times 10^{15}$
$b_3 = 4{,}8027 \times 10^7$	$a_3 = 8{,}7008 \times 10^9$
$b_4 = 0{,}0$	$a_4 = 7{,}0238 \times 10^7$
$b_5 = 1{,}0$	$a_5 = 1{,}8586 \times 10^2$
$b_6 = 0{,}0$	$a_6 = 1{,}0$
Zeros do filtro	Polos do filtro
$z_1 = +j4314{,}0061$	$p_1 = -22{,}4617 + j4746{,}6791$
$z_2 = -j4314{,}0061$	$p_2 = -22{,}4617 - j4746{,}6791$
$z_3 = +j5423{,}6991$	$p_3 = -47{,}1428 + j4836{,}9049$
$z_4 = -j5423{,}6991$	$p_4 = -47{,}1428 - j4836{,}9049$
$z_5 = 0{,}0$	$p_5 = -23{,}3254 + j4929{,}2035$
	$p_6 = -23{,}3254 - j4929{,}2035$

equações (6.55)–(6.60), o filtro passa-baixas normalizado tem função de transferência

$$H'(s') = 6{,}3627 \times 10^{-3} \frac{s'^2 + 6{,}7814}{s'^3 + 0{,}4362 s'^2 + 0{,}2426 s' + 0{,}0431}. \quad (6.98)$$

O projeto do passa-faixa desnormalizado é, então, obtido pela aplicação da transformação de passa-baixas para passa-faixa dada na Tabela 6.2, com $a = 2{,}2607$. A função de transferência passa-faixa resultante é dada por

$$H(s) = H_0 \frac{b_5 s^5 + b_3 s^3 + b_1 s}{a_6 s^6 + a_5 s^5 + a_4 s^4 + a_3 s^3 + a_2 s^2 + a_1 s + a_0}. \quad (6.99)$$

Todos os coeficientes, zeros e polos do filtro estão listados na Tabela 6.5. A Figura 6.7 representa a resposta na frequência do filtro passa-faixa elíptico resultante.

△

6.3 Transformações do tempo contínuo no tempo discreto

Como foi mencionado no início deste capítulo, um procedimento clássico para projeto de filtros digitais IIR é primeiro projetar um protótipo analógico e

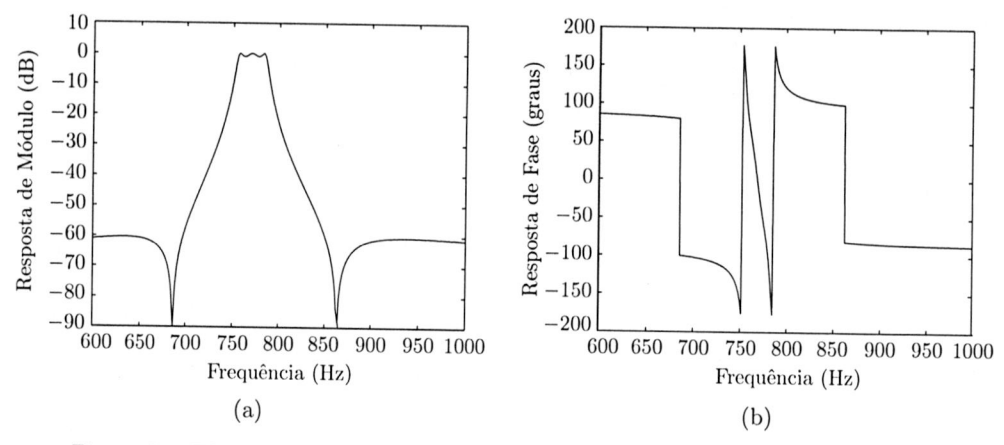

Figura 6.7 Filtro passa-faixa elíptico: (a) resposta de módulo; (b) resposta de fase.

então transformá-lo num filtro digital. Nesta seção, estudamos dois métodos para efetuar essa transformação, a saber, o método da invariância ao impulso e o método da transformação bilinear.

6.3.1 Método da invariância ao impulso

O modo mais intuitivo de se implementar uma operação de filtragem digital tendo como ponto de partida um protótipo analógico é a digitalização direta da operação de convolução, como se segue. A saída $y_a(t)$ de um filtro analógico com resposta ao impulso $h_a(t)$ excitado por um sinal $x_a(t)$ é

$$y_a(t) = \int_{-\infty}^{\infty} x_a(\tau) h_a(t - \tau) \mathrm{d}\tau. \tag{6.100}$$

Uma forma possível de se implementar essa operação no domínio do tempo discreto é dividir o eixo temporal em intervalos de tamanho T, substituindo a integral por um somatório de áreas de retângulos com base T e altura $x_a(mT)h_a(t-mT)$, para todos os inteiros m. A equação (6.100), então, se torna

$$y_a(t) = \sum_{m=-\infty}^{\infty} x_a(mT) h_a(t - mT) T \tag{6.101}$$

A versão amostrada de $y_a(t)$ é obtida substituindo-se t por nT, e resulta em

$$y_a(nT) = \sum_{m=-\infty}^{\infty} x_a(mT) h_a(nT - mT) T. \tag{6.102}$$

6.3 Transformações do tempo contínuo no tempo discreto

Claramente, isso equivale a obter as amostras $y_a(nT)$ de $y_a(t)$ por meio da filtragem das amostras $x_a(nT)$ pelo filtro digital cuja resposta ao impulso é $h(n) = h_a(nT)$, ou seja, a resposta ao impulso do filtro digital equivalente seria uma versão da resposta ao impulso do filtro analógico amostrada com a mesma taxa de amostragem que os sinais de entrada e saída.

Grosso modo, se o critério de Nyquist é satisfeito pela resposta ao impulso do filtro durante a operação de amostragem, o protótipo no tempo discreto tem a mesma resposta na frequência que o protótipo no tempo contínuo. Além disso, uma versão amostrada de uma resposta ao impulso analógica estável é, naturalmente, estável. Essas são as principais propriedades desse método para geração de filtros IIR, chamado de método da invariância ao impulso. No que se segue, analisamos mais precisamente essas propriedades para caracterizar melhor os principais pontos fortes e as limitações do método.

Podemos começar investigando as propriedades no domínio da frequência do filtro digital cuja resposta ao impulso é $h(n) = h_a(nT)$. Pela equação (6.102), a transformada de Fourier no tempo discreto de $h(n)$ é

$$H(e^{j\Omega T}) = \frac{1}{T} \sum_{l=-\infty}^{\infty} H_a(j\Omega + j\Omega_s l), \qquad (6.103)$$

onde $H_a(s)$, com $s = \sigma + j\Omega$, é a função de transferência analógica e $\Omega_s = 2\pi/T$ é a frequência de amostragem, ou seja, a resposta na frequência digital é igual à analógica replicada a intervalos $l\Omega_s$. Uma consequência importante desse fato é que se $H_a(j\Omega)$ tiver muita energia para $\Omega > \Omega_s/2$, haverá *aliasing* e, portanto, a resposta na frequência digital será uma versão severamente distorcida da analógica.

Outro modo de enxergar isso é que a resposta na frequência digital é obtida enrolando-se a resposta na frequência analógica, para $-\infty < \Omega < \infty$, sobre a circunferência unitária do plano $z = e^{sT}$, com cada intervalo $[\sigma + j(l-1/2)\Omega_s, \sigma + j(l+1/2)\Omega_s)$, para todo inteiro l, correspondendo a uma volta completa sobre a circunferência. Isso limita a utilidade do método da invariância ao impulso ao projeto de funções de transferência cujas respostas de módulo decresçam monotonicamente nas altas frequências. Por exemplo, seu uso é estritamente proibido no projeto direto de filtros passa-altas, rejeita-faixa e até mesmo passa-baixas e passa-faixa elípticos, e outros métodos devem ser considerados para realizar o projeto desses filtros.

Também se pode inferir a estabilidade do filtro digital a partir da estabilidade do protótipo analógico pela análise da equação (6.103). De fato, com base nessa equação, podemos interpretar o método da invariância ao impulso como o mapeamento do domínio s no domínio z de tal forma que cada fatia do plano s dada pelo intervalo $[\sigma + j(l - \frac{1}{2})\Omega_s, \sigma + j(l + \frac{1}{2})\Omega_s)$, para todo inteiro l, com

$\sigma = \text{Re}\{s\}$, é mapeada na mesma região do plano z. Além disso, a metade esquerda do plano s, isto é, onde $\sigma < 0$, é mapeada no interior do círculo unitário, implicando que se a função de transferência analógica é estável (tem todos os seus polos na metade esquerda do plano s), então a função de transferência digital também é estável (tem todos os seus polos no interior do círculo unitário do plano z).

Na prática, a transformação pela invariância ao impulso não é implementada por meio da equação (6.103), já que se pode deduzir um procedimento mais simples da expansão de uma função $H_a(s)$ de ordem N na forma

$$H_a(s) = \sum_{l=1}^{N} \frac{r_l}{s - p_l}, \qquad (6.104)$$

onde se assume que $H_a(s)$ não tem polos múltiplos. A resposta ao impulso correspondente é dada por

$$h_a(t) = \sum_{l=1}^{N} r_l e^{p_l t} u(t), \qquad (6.105)$$

onde $u(t)$ é a função-degrau unitário. Se agora amostramos a resposta ao impulso, a sequência resultante é

$$h_d(n) = h_a(nT) = \sum_{l=1}^{N} r_l e^{p_l nT} u(nT), \qquad (6.106)$$

e a função de transferência correspondente no tempo discreto é dada por

$$H_d(z) = \sum_{l=1}^{N} \frac{r_l z}{z - e^{p_l T}}. \qquad (6.107)$$

Essa equação mostra que um polo $s = p_l$ do filtro no tempo contínuo corresponde a um polo do filtro no tempo discreto em $z = e^{p_l T}$. Desse modo, se p_l tem parte real negativa, então $e^{p_l T}$ se situa no interior do círculo unitário, gerando um filtro digital estável quando se usa o método da invariância ao impulso.

A fim de obter o mesmo ganho na faixa de passagem para os filtros no tempo contínuo e no tempo discreto, para um dado valor do período de amostragem T, devemos usar a seguinte expressão para $H_d(z)$:

$$H_d(z) = \sum_{l=1}^{N} T \frac{r_l z}{z - e^{p_l T}}, \qquad (6.108)$$

que corresponde a

$$h_d(n) = T h_a(nT). \qquad (6.109)$$

6.3 Transformações do tempo contínuo no tempo discreto

Logo, o método completo da invariância ao impulso consiste em escrever a função de transferência analógica $H_\mathrm{a}(s)$ na forma da equação (6.104), determinar os polos p_l e seus resíduos correspondentes r_l, e gerar $H_\mathrm{d}(z)$ de acordo com a equação (6.108).

EXEMPLO 6.2

Transforme a função de transferência passa-baixas no tempo contínuo dada por

$$H(s) = \frac{1}{s^2 + s + 1} \qquad (6.110)$$

numa função de transferência no tempo discreto usando o método da invariância ao impulso com $\Omega_\mathrm{s} = 10$ rad/s. Represente graficamente as respostas de módulo analógica e digital.

SOLUÇÃO

Uma função de transferência passa-baixas de segunda ordem pode ser escrita como

$$H(s) = \frac{\Omega_0^2}{s^2 + (\Omega_0/Q)s + \Omega_0^2}$$

$$= \frac{\Omega_0^2}{\sqrt{\Omega_0^2/Q^2 - 4\Omega_0^2}} \left(\frac{1}{s + \frac{\Omega_0}{2Q} - \sqrt{\frac{\Omega_0^2}{4Q^2} - \Omega_0^2}} - \frac{1}{s + \frac{\Omega_0}{2Q} + \sqrt{\frac{\Omega_0^2}{4Q^2} - \Omega_0^2}} \right). \qquad (6.111)$$

Seus polos se situam em

$$p_1 = p_2^* = -\frac{\Omega_0}{2Q} + \mathrm{j}\sqrt{\Omega_0^2 - \frac{\Omega_0^2}{4Q^2}}, \qquad (6.112)$$

e os resíduos correspondentes são dados por

$$r_1 = r_2^* = \frac{-\mathrm{j}\Omega_0^2}{\sqrt{4\Omega_0^2 - (\Omega_0^2/Q^2)}}. \qquad (6.113)$$

Aplicando-se o método da invariância ao impulso com $T = 2\pi/10$, a função de transferência resultante é dada por

$$H(z) = \frac{2\mathrm{j}Tr_1 \operatorname{sen}(\operatorname{Im}\{p_1\}T)\mathrm{e}^{\operatorname{Re}\{p_1\}T} z}{z^2 - 2\cos(\operatorname{Im}\{p_1\}T)\mathrm{e}^{\operatorname{Re}\{p_1\}T} z + \mathrm{e}^{2\operatorname{Re}\{p_1\}T}}$$

$$= \frac{0{,}27433103 z}{z^2 - 1{,}24982552 z + 0{,}53348809}. \qquad (6.114)$$

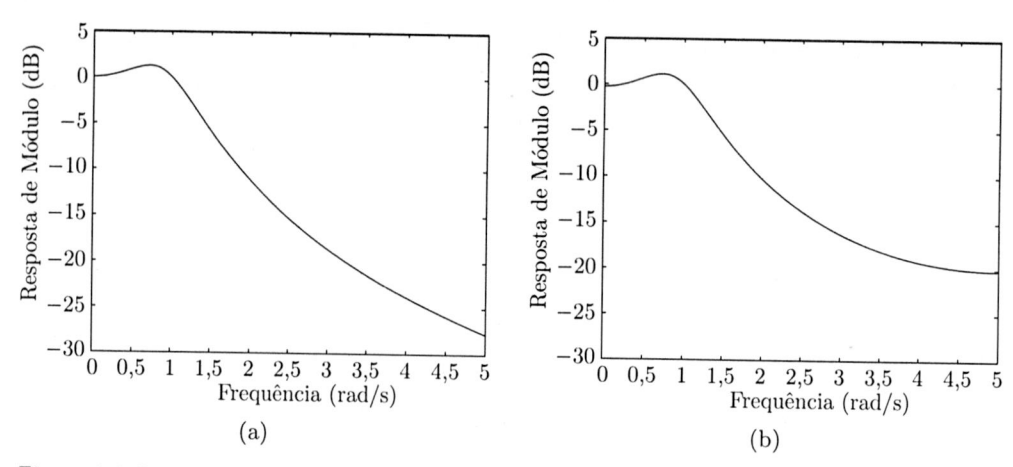

Figura 6.8 Respostas de módulo obtidas com o método da invariância ao impulso: (a) filtro no tempo contínuo; (b) filtro no tempo discreto.

As respostas de módulo correspondentes às funções de transferência analógica e digital são representadas na Figura 6.8. Como se pode ver, as respostas na frequência são similares, exceto pela atenuação na faixa de rejeição do filtro no domínio discreto, limitada devido ao efeito de *aliasing*. △

Devemos enfatizar novamente que o método da invariância ao impulso só é útil para protótipos analógicos cujas respostas na frequência decresçam monotonicamente nas altas frequências, o que limita consideravelmente sua aplicabilidade. Na próxima seção, analisamos o método da transformação bilinear, que contorna algumas das limitações do método da invariância ao impulso.

6.3.2 Método da Transformação Bilinear

O método da transformação bilinear, assim como o método da invariância ao impulso, consiste basicamente em mapear a metade esquerda do plano s no interior do círculo unitário do plano z. A principal diferença entre eles é que no método da transformação bilinear todo o espectro analógico de frequências $-\infty < \Omega < \infty$ é acomodado em uma volta sobre a circunferência unitária em $-\pi \leq \omega < \pi$, enquanto que no método da invariância ao impulso a resposta na frequência analógica é enrolada indefinidamente sobre a circunferência unitária. A principal vantagem do método da transformação bilinear é que o *aliasing* é evitado, mantendo, assim, as características da resposta de módulo da função de transferência no tempo contínuo ao gerar a função de transferência no tempo discreto.

6.3 Transformações do tempo contínuo no tempo discreto

Tabela 6.6 *Correspondência entre pontos-chave dos planos s e z usando o método da transformação bilinear.*

plano s	$\rightarrow$	plano z
$\sigma \pm j\Omega$	$\rightarrow$	$re^{\pm j\omega}$
$j0$	$\rightarrow$	1
$j\infty$	$\rightarrow$	-1
$\sigma > 0$	$\rightarrow$	$r > 1$
$\sigma = 0$	$\rightarrow$	$r = 1$
$\sigma < 0$	$\rightarrow$	$r < 1$
$j\Omega$	$\rightarrow$	$e^{j\omega}$
$-\infty < \Omega < \infty$	$\rightarrow$	$-\pi < \omega < \pi$

O mapeamento bilinear é derivado considerando-se, inicialmente, os pontos-chave do plano s e analisando-se seus pontos correspondentes no plano z após a transformação. A metade esquerda do plano s deve ser mapeada de forma única no interior do círculo unitário do plano z e assim por diante, como mostra a Tabela 6.6.

A fim de satisfazer o segundo e o terceiro requisitos da Tabela 6.6, a transformação bilinear precisa ter a seguinte forma:

$$s \rightarrow k \frac{f_1(z) - 1}{f_2(z) + 1}, \tag{6.115}$$

onde $f_1(1) = 1$ e $f_2(-1) = -1$.

Condições suficientes para que o mapeamento satisfaça os três últimos requisitos podem ser determinadas como se segue:

$$s = \sigma + j\Omega = k \frac{(\operatorname{Re}\{f_1(z)\} - 1) + j\operatorname{Im}\{f_1(z)\}}{(\operatorname{Re}\{f_2(z)\} + 1) + j\operatorname{Im}\{f_2(z)\}}. \tag{6.116}$$

Igualando as partes reais dos dois lados da equação acima, temos que

$$\sigma = k \frac{(\operatorname{Re}\{f_1(z)\} - 1)(\operatorname{Re}\{f_2(z)\} + 1) + \operatorname{Im}\{f_1(z)\}\operatorname{Im}\{f_2(z)\}}{(\operatorname{Re}\{f_2(z)\} + 1)^2 + (\operatorname{Im}\{f_2(z)\})^2}, \tag{6.117}$$

e uma vez que $\sigma = 0$ implica $r = 1$, vale a seguinte relação:

$$\frac{\operatorname{Re}\{f_1(e^{j\omega})\} - 1}{\operatorname{Im}\{f_1(e^{j\omega})\}} = -\frac{\operatorname{Im}\{f_2(e^{j\omega})\}}{\operatorname{Re}\{f_2(e^{j\omega})\} + 1}. \tag{6.118}$$

A condição $\sigma < 0$ equivale a

$$\frac{\text{Re}\{f_1(re^{j\omega})\} - 1}{\text{Im}\{f_1(re^{j\omega})\}} < -\frac{\text{Im}\{f_2(re^{j\omega})\}}{\text{Re}\{f_2(re^{j\omega})\} + 1}, \quad r < 1. \tag{6.119}$$

As duas últimas linhas da Tabela 6.6 mostram a correspondência entre a frequência analógica e o círculo unitário do plano z.

Se queremos que as ordens dos sistemas no tempo discreto e no tempo contínuo permaneçam iguais após a transformação, então $f_1(z)$ e $f_2(z)$ têm que ser polinômios de primeira ordem. Além disso, se desejamos satisfazer as condições impostas pela equação (6.115), temos que escolher $f_1(z) = f_2(z) = z$. Verifica-se diretamente que tanto a equação (6.118) quanto a desigualdade (6.119) são automaticamente satisfeitas com essa escolha de $f_1(z)$ e $f_2(z)$.

A transformação bilinear é dada, então, por

$$s \to k\frac{z-1}{z+1}, \tag{6.120}$$

que, para $s = j\Omega$ e $z = e^{j\omega}$, equivale a

$$j\Omega \to k\frac{e^{j\omega} - 1}{e^{j\omega} + 1} = k\frac{e^{j\omega/2} - e^{-j\omega/2}}{e^{j\omega/2} + e^{-j\omega/2}} = jk\frac{\text{sen}(\omega/2)}{\cos(\omega/2)} = jk\,\text{tg}\,\frac{\omega}{2}, \tag{6.121}$$

isto é,

$$\Omega \to k\,\text{tg}\,\frac{\omega}{2}. \tag{6.122}$$

Para baixas frequências, $\text{tg}(\omega/2) \approx \omega/2$. Então, para manter a resposta de módulo do filtro digital aproximadamente igual à do filtro-protótipo analógico nas baixas frequências, devemos ter $\Omega = \omega\Omega_s/(2\pi)$ nas baixas frequências, e portanto escolher $k = \Omega_s/\pi = 2/T$. Por conseguinte, a transformação bilinear de uma função de transferência no tempo contínuo numa função de transferência no tempo discreto é implementada através do seguinte mapeamento:

$$H(z) = H_a(s)\big|_{s=\frac{2}{T}\frac{z-1}{z+1}}; \tag{6.123}$$

portanto, a transformação bilinear mapeia frequências analógicas em frequências digitais como abaixo:

$$\Omega \to \frac{2}{T}\,\text{tg}\,\frac{\omega}{2}. \tag{6.124}$$

6.3 Transformações do tempo contínuo no tempo discreto

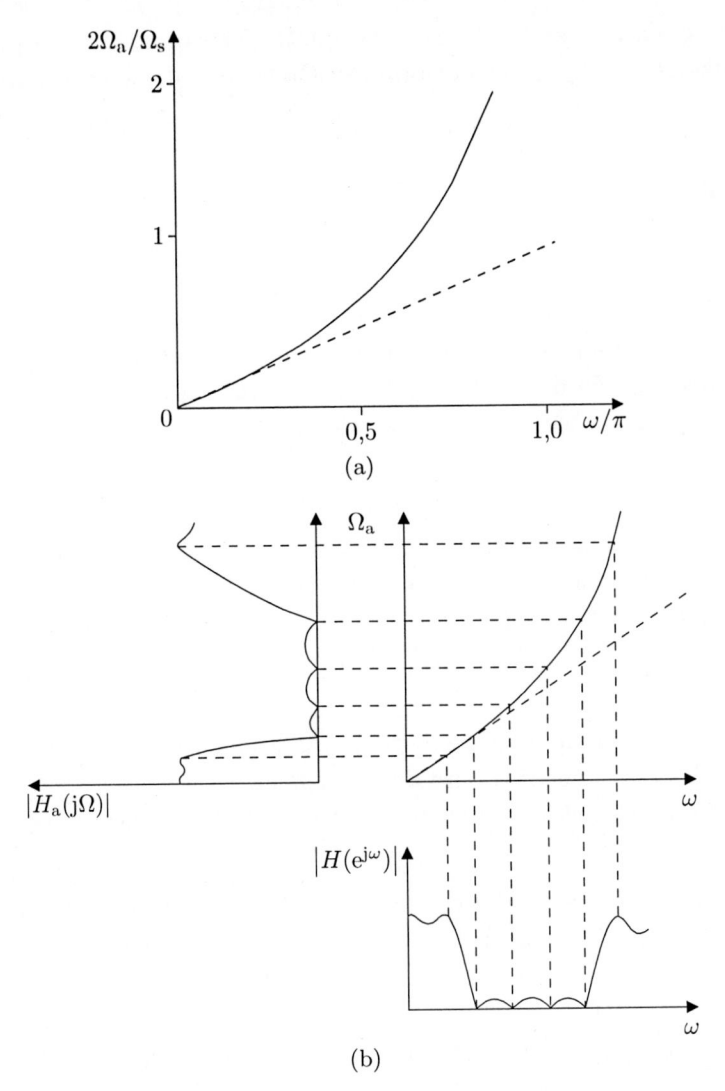

Figura 6.9 Método da transformação bilinear. (a) Relação entre as frequências analógicas e digitais. (b) Efeito de *warping* na resposta de módulo de um filtro rejeita-faixa.

Para altas frequências, essa relação é altamente não-linear, como pode ser visto na Figura 6.9a, provocando uma grande distorção da resposta na frequência do filtro digital quando comparada à do protótipo analógico. A distorção na resposta de módulo, também conhecida como efeito de *warping* (empenamento, em inglês), pode ser visualizada no exemplo da Figura 6.9b.

A distorção causada pela transformação bilinear pode ser compensada deslocando-se adequadamente (pré-distorcendo-se) as frequências dadas nas especificações antes de se projetar efetivamente o filtro analógico. Por exemplo, suponha que desejamos projetar um filtro digital passa-baixas com frequência de corte ω_p e extremidade da faixa de rejeição em ω_r. As especificações pré-distorcidas Ω_{a_p} e Ω_{a_r} do protótipo passa-baixas analógico são dadas, então, por

$$\Omega_{a_p} = \frac{2}{T} \operatorname{tg} \frac{\omega_p}{2} \tag{6.125}$$

$$\Omega_{a_r} = \frac{2}{T} \operatorname{tg} \frac{\omega_r}{2}. \tag{6.126}$$

Seguindo a mesma linha de raciocínio, devemos aplicar a pré-distorção em tantas frequências quantas sejam de interesse na especificação do filtro digital. Se essas frequências são dadas por ω_i, para $i = 1, 2, \ldots, n$, então as frequências a incluir nas especificações do filtro analógico são

$$\Omega_{a_i} = \frac{2}{T} \operatorname{tg} \frac{\omega_i}{2}, \tag{6.127}$$

para $i = 1, 2, \ldots, n$.

Assim, o procedimento de projeto usando o método da transformação bilinear pode ser resumido como se segue:

(i) Pré-distorça todas as frequências ω_i com especificações prescritas, obtendo Ω_{a_i}, para $i = 1, 2, \ldots, n$.

(ii) Gere $H_a(s)$ seguindo o procedimento dado na Seção 6.2.5, de forma a satisfazer as especificações para as frequências Ω_{a_i}.

(iii) Obtenha $H_d(z)$ substituindo s por $(2/T)[(z-1)/(z+1)]$ em $H_a(s)$.

Com a transformação bilinear, podemos projetar filtros digitais de Butterworth, de Chebyshev e elípticos partindo do protótipo analógico correspondente. O método da transformação bilinear gera filtros estáveis digitais, contanto que o filtro-protótipo analógico seja estável. Usando o procedimento de pré-distorção, o método preserva as características de módulo do protótipo, mas introduz distorções na resposta de fase.

EXEMPLO 6.3

Projete um filtro digital passa-faixa elíptico que satisfaça as seguintes especificações:

$$\left. \begin{array}{l} A_p = 0{,}5 \text{ dB} \\ A_r = 65 \text{ dB} \\ \Omega_{r_1} = 850 \text{ rad/s} \\ \Omega_{p_1} = 980 \text{ rad/s} \\ \Omega_{p_2} = 1020 \text{ rad/s} \\ \Omega_{r_2} = 1150 \text{ rad/s} \\ \Omega_s = 10\,000 \text{ rad/s} \end{array} \right\}. \tag{6.128}$$

6.3 Transformações do tempo contínuo no tempo discreto 413

SOLUÇÃO

Primeiramente, temos que normalizar as frequências dadas para a faixa de frequências digitais usando a expressão $\omega = \Omega(2\pi/\Omega_s)$. Como $\Omega_s = 10\,000$ rad/s, temos que

$$\left.\begin{array}{l}\omega_{r_1} = 0{,}5341 \text{ rad/amostra} \\ \omega_{p_1} = 0{,}6158 \text{ rad/amostra} \\ \omega_{p_2} = 0{,}6409 \text{ rad/amostra} \\ \omega_{r_2} = 0{,}7226 \text{ rad/amostra}\end{array}\right\}. \quad (6.129)$$

Então, aplicando a equação (6.127), as frequências pré-distorcidas se tornam

$$\left.\begin{array}{l}\Omega_{a_{r_1}} = 870{,}7973 \text{ rad/s} \\ \Omega_{a_{p_1}} = 1012{,}1848 \text{ rad/s} \\ \Omega_{a_{p_2}} = 1056{,}4085 \text{ rad/s} \\ \Omega_{a_{r_2}} = 1202{,}7928 \text{ rad/s}\end{array}\right\}. \quad (6.130)$$

Fazendo $\Omega_{a_{r_1}} = 888{,}9982$ rad/s para obter um filtro geometricamente simétrico, pela Tabela 6.2 temos que

$$\Omega_0 = 1034{,}0603 \text{ rad/s} \quad (6.131)$$
$$B = 44{,}2237 \text{ rad/s} \quad (6.132)$$
$$a = 2{,}6638 \quad (6.133)$$
$$\Omega'_p = 0{,}3754 \quad (6.134)$$
$$\Omega'_r = 2{,}6638. \quad (6.135)$$

A ordem requerida para que o filtro analógico passa-baixas normalizado satisfaça as especificações é $n = 3$, e a função de transferência normalizada resultante é

$$H'(s') = 4{,}0426 \times 10^{-3} \frac{s'^2 + 9{,}4372}{s'^3 + 0{,}4696 s'^2 + 0{,}2162 s' + 0{,}0382}. \quad (6.136)$$

O projeto desnormalizado é, então, obtido pela aplicação da transformação de passa-baixas para passa-faixa dada na Tabela 6.2, com $a = 2{,}6638$. Após aplicar-se a transformação bilinear, a função de transferência digital passa-faixa resultante se torna

$$H(z) = H_0 \frac{b_6 z^6 + b_5 z^5 + b_4 z^4 + b_3 z^3 + b_2 z^2 + b_1 z + b_0}{a_6 z^6 + a_5 z^5 + a_4 z^4 + a_3 z^3 + a_2 z^2 + a_1 z + a_0}, \quad (6.137)$$

Tabela 6.7 *Características do filtro digital passa-faixa elíptico.*
Constante de ganho: $H_0 = 1{,}3461 \times 10^{-4}$

Coeficientes do numerador	Coeficientes do denominador
$b_0 = -1{,}0$	$a_0 = 0{,}9691$
$b_1 = 3{,}2025$	$a_1 = -4{,}7285$
$b_2 = -3{,}5492$	$a_2 = 10{,}6285$
$b_3 = 0{,}0$	$a_3 = -13{,}7261$
$b_4 = 3{,}5492$	$a_4 = 10{,}7405$
$b_5 = -3{,}2025$	$a_5 = -4{,}8287$
$b_6 = 1{,}0$	$a_6 = 1{,}0$

Zeros do filtro	Polos do filtro
$z_1 = 0{,}7399 + \mathrm{j}0{,}6727$	$p_1 = 0{,}7982 + \mathrm{j}0{,}5958$
$z_2 = 0{,}7399 - \mathrm{j}0{,}6727$	$p_2 = 0{,}7982 - \mathrm{j}0{,}5958$
$z_3 = 0{,}8613 + \mathrm{j}0{,}5081$	$p_3 = 0{,}8134 + \mathrm{j}0{,}5751$
$z_4 = 0{,}8613 - \mathrm{j}0{,}5081$	$p_4 = 0{,}8134 - \mathrm{j}0{,}5751$
$z_5 = 1{,}0 + \mathrm{j}0{,}0$	$p_5 = 0{,}8027 + \mathrm{j}0{,}5830$
$z_6 = -1{,}0 + \mathrm{j}0{,}0$	$p_6 = 0{,}8027 - \mathrm{j}0{,}5830$

cujos coeficientes estão todos listados na Tabela 6.7, juntamente com os zeros e polos do filtro.

A Figura 6.10 representa a resposta na frequência do filtro digital passa-faixa elíptico resultante. △

Pela discussão anterior, podemos observar que ao fazermos o mapeamento $s \to z$ optando seja pelo método da invariância ao impulso, seja pelo método da transformação bilinear, estamos essencialmente enrolando o eixo das frequências no tempo contínuo em torno da circunferência unitária do domínio z. A propósito, qualquer resposta na frequência digital é periódica, e o intervalo $-\Omega_s/2 \leq \Omega < \Omega_s/2$ ou, equivalentemente, $-\pi \leq \omega < \pi$, é o seu período fundamental. Devemos ter em mente que nas expressões desenvolvidas nesta seção as frequências analógicas desenroladas Ω se relacionam com as frequências digitais ω, que são restritas ao intervalo $-\pi \leq \omega < \pi$. Portanto, todas as especificações digitais devem ser normalizadas para o intervalo $[-\pi, \pi)$ através da expressão

$$\omega = \Omega \frac{2\pi}{\Omega_s}. \tag{6.138}$$

Na discussão a seguir, assumimos que $\Omega_s = 2\pi$ rad/s, a menos que se especifique de outra forma.

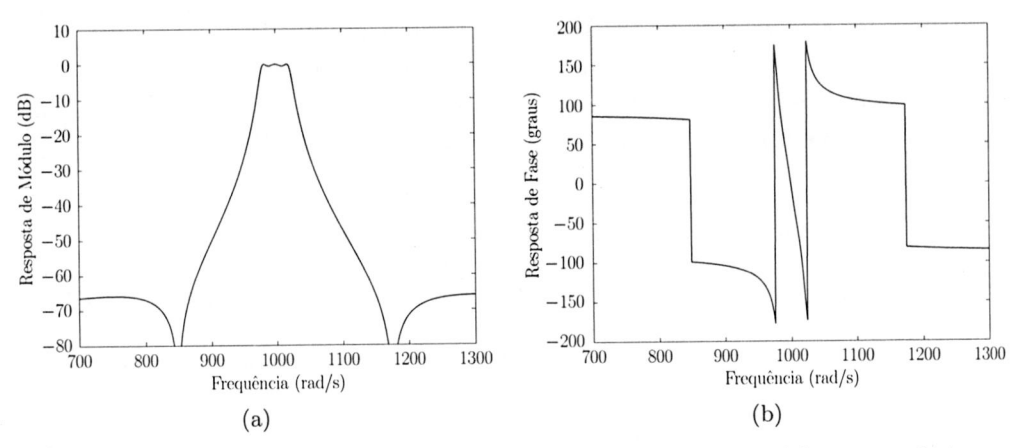

Figura 6.10 Filtro digital passa-faixa elíptico: (a) resposta de módulo; (b) resposta de fase.

6.4 Transformação na frequência no domínio do tempo discreto

Usualmente, na aproximação de um filtro no tempo contínuo, começamos projetando um filtro passa-baixas normalizado e, então, através de uma transformação na frequência, obtemos o filtro com a resposta de módulo especificada. No projeto de filtros digitais, também podemos começar projetando um filtro passa-baixas digital para, então, aplicarmos uma transformação na frequência no domínio do tempo discreto.

O procedimento consiste em substituir a variável z por uma função $g(z)$ apropriada para gerar a resposta de módulo desejada. A função $g(z)$ precisa atender algumas restrições para ser uma transformação válida (Constantinides, 1970), a saber:

- A função $g(z)$ tem que ser uma razão de polinômios, uma vez que a função de transferência do filtro tem que continuar sendo uma razão de polinômios após a transformação.

- O mapeamento $z \rightarrow g(z)$ precisa ser tal que a estabilidade do filtro seja preservada, isto é, filtros estáveis gerem filtros transformados estáveis e filtros instáveis gerem filtros transformados instáveis. Isso equivale a dizer que a transformação mapeia o interior do círculo unitário no interior do círculo unitário e o exterior do círculo unitário no exterior do círculo unitário.

Pode-se mostrar que uma função $g(z)$ que satisfaz as condições acima é da forma

$$g(z) = \pm \left[\prod_{i=1}^{n} \frac{(z - \alpha_i)}{(1 - z\alpha_i^*)} \frac{(z - \alpha_i^*)}{(1 - z\alpha_i)} \right] \left(\prod_{i=n+1}^{m} \frac{z - \alpha_i}{1 - z\alpha_i} \right), \qquad (6.139)$$

onde α_i^* é o complexo conjugado de α_i e α_i é real para $n+1 \leq i \leq m$.

Nas Seções de 6.4.1 a 6.4.4, analisamos casos especiais de $g(z)$ que geram transformações de passa-baixas em passa-baixas, de passa-baixas em passa-altas, de passa-baixas em passa-faixa e de passa-baixas em rejeita-faixa.

6.4.1 Transformação de passa-baixas em passa-baixas

Uma condição que deve ser necessariamente satisfeita por uma transformação de passa-baixas em passa-baixas é que a resposta de módulo mantenha seus valores originais em $\omega = 0$ e $\omega = \pi$ após a transformação. Portanto, devemos ter

$$g(1) = 1 \tag{6.140}$$

$$g(-1) = -1. \tag{6.141}$$

Outra condição necessária é que a resposta na frequência entre $\omega = 0$ e $\omega = \pi$ deve sofrer apenas distorção, ou seja, uma volta completa em torno do círculo unitário em z tem que corresponder a uma volta completa em torno do círculo unitário em $g(z)$.

Uma possível função $g(z)$ na forma da equação (6.139) que satisfaz essas condições é

$$g(z) = \frac{z - \alpha}{1 - \alpha z}, \tag{6.142}$$

onde α é um valor real tal que $|\alpha| < 1$.

Assumindo que a frequência da extremidade da faixa de passagem do filtro passa-baixas original é dada por ω_p e que desejamos transformar o filtro original num filtro passa-baixas com frequência de corte em ω_{p_1}, isto é, $g(e^{j\omega_{p_1}}) = e^{j\omega_p}$, tem que valer a seguinte relação:

$$e^{j\omega_p} = \frac{e^{j\omega_{p_1}} - \alpha}{1 - \alpha e^{j\omega_{p_1}}}, \tag{6.143}$$

e então

$$\alpha = \frac{e^{-j[(\omega_p - \omega_{p_1})/2]} - e^{j[(\omega_p - \omega_{p_1})/2]}}{e^{-j[(\omega_p + \omega_{p_1})/2]} - e^{j[(\omega_p + \omega_{p_1})/2]}} = \frac{\operatorname{sen}[(\omega_p - \omega_{p_1})/2]}{\operatorname{sen}[(\omega_p + \omega_{p_1})/2]}. \tag{6.144}$$

A transformação desejada é, então, implementada substituindo-se z por $g(z)$ dada pela equação (6.142), com α calculado conforme a equação (6.144).

6.4.2 Transformação de passa-baixas em passa-altas

Se ω_{p_1} é a extremidade da faixa de passagem do filtro passa-altas e ω_p é a frequência de corte do filtro passa-baixas, a função de transformação de passa-

-baixas em passa-altas é dada por

$$g(z) = -\frac{z + \alpha}{\alpha z + 1}, \qquad (6.145)$$

onde

$$\alpha = -\frac{\cos\left[(\omega_p + \omega_{p_1})/2\right]}{\cos\left[(\omega_p - \omega_{p_1})/2\right]}. \qquad (6.146)$$

6.4.3 Transformação de passa-baixas em passa-faixa

A transformação de passa-baixas em passa-faixa é obtida se ocorrem os seguintes mapeamentos:

$$g(1) = -1 \qquad (6.147)$$

$$g(\mathrm{e}^{-\mathrm{j}\omega_{p_1}}) = \mathrm{e}^{\mathrm{j}\omega_p} \qquad (6.148)$$

$$g(\mathrm{e}^{\mathrm{j}\omega_{p_2}}) = \mathrm{e}^{\mathrm{j}\omega_p} \qquad (6.149)$$

$$g(-1) = -1, \qquad (6.150)$$

onde ω_{p_1} e ω_{p_2} são as extremidades da faixa de passagem do filtro passa-faixa e ω_p é a extremidade da faixa de passagem do filtro passa-baixas. Como o filtro passa-faixa tem duas extremidades, precisamos de uma função $g(z)$ de segunda ordem para realizar a transformação de passa-baixas em passa-faixa. Após alguma manipulação, pode-se inferir que a transformação requerida e seus parâmetros são dados por (Constantinides, 1970)

$$g(z) = -\frac{z^2 + \alpha_1 z + \alpha_2}{\alpha_2 z^2 + \alpha_1 z + 1}, \qquad (6.151)$$

com

$$\alpha_1 = -\frac{2\alpha k}{k + 1} \qquad (6.152)$$

$$\alpha_2 = \frac{k - 1}{k + 1}, \qquad (6.153)$$

onde

$$\alpha = \frac{\cos\left[(\omega_{p_2} + \omega_{p_1})/2\right]}{\cos\left[(\omega_{p_2} - \omega_{p_1})/2\right]} \qquad (6.154)$$

$$k = \cotg\left[(\omega_{p_2} - \omega_{p_1})/2\right] \tg(\omega_p/2). \qquad (6.155)$$

6.4.4 Transformação de passa-baixas em rejeita-faixa

A função $g(z)$ que realiza a transformação de passa-baixas em rejeita-faixa é dada por

$$g(z) = \frac{z^2 + \alpha_1 z + \alpha_2}{\alpha_2 z^2 + \alpha_1 z + 1}, \qquad (6.156)$$

com

$$\alpha_1 = -\frac{2\alpha}{k+1} \qquad (6.157)$$

$$\alpha_2 = \frac{1-k}{1+k}, \qquad (6.158)$$

onde

$$\alpha = \frac{\cos\left[(\omega_{p_2} + \omega_{p_1})/2\right]}{\cos\left[(\omega_{p_2} - \omega_{p_1})/2\right]} \qquad (6.159)$$

$$k = \operatorname{tg}\left[(\omega_{p_2} - \omega_{p_1})/2\right] \operatorname{tg}(\omega_p/2). \qquad (6.160)$$

6.4.5 Projeto de filtro com corte variável

Uma aplicação interessante das transformações na frequência, proposta originalmente em Constantinides (1970), é no projeto de filtros passa-baixas e passa-altas com frequência de corte variável em que esta é diretamente controlável por um único parâmetro α. Esse método pode ser melhor compreendido através do Exemplo 6.4.

EXEMPLO 6.4

Considere o filtro passa-baixas com *notch* (zero na resposta de módulo)

$$H(z) = 0{,}004 \frac{z^2 - \sqrt{2}z + 1}{z^2 - 1{,}8z + 0{,}96}, \qquad (6.161)$$

cujos zeros se localizam em $z = (\sqrt{2}/2)(1 \pm j)$. Transforme esse filtro num passa-altas com *notch* na frequência $\omega_{p_1} = \pi/6$ rad/amostra. Represente graficamente as respostas de módulo antes e depois da transformação na frequência.

SOLUÇÃO

Usando a transformação de passa-baixas em passa-altas dada na equação (6.145), a função de transferência passa-altas é da forma

$$H(z) = H_0 \frac{(\alpha^2 + \sqrt{2}\alpha + 1)(z^2 + 1) + (\sqrt{2}\alpha^2 + 4\alpha + \sqrt{2})z}{(0{,}96\alpha^2 + 1{,}8\alpha + 1)z^2 + (1{,}8\alpha^2 + 3{,}92\alpha + 1{,}8)z + \alpha^2 + 1{,}8\alpha + 0{,}96}, \qquad (6.162)$$

6.5 Aproximação de módulo e fase

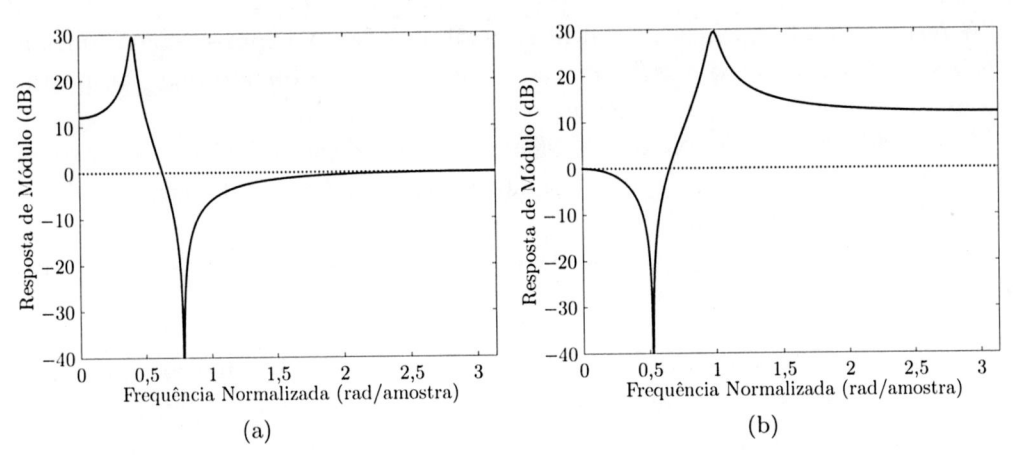

Figura 6.11 Respostas de módulo dos filtros com *notch*: (a) filtro passa-baixas com *notch*; (b) filtro passa-altas com *notch*.

com $H_0 = 0{,}004$. O parâmetro α pode controlar a posição dos zeros do filtro passa-altas com *notch*. Por exemplo, como no caso que acabamos de mostrar o zero original está localizado em $\omega_{\mathrm{p}} = \pi/4$ rad/amostra e o zero desejado está localizado em $\omega_{\mathrm{p}_1} = \pi/6$ rad/amostra, o parâmetro α deve ser, de acordo com a equação (6.146), igual a

$$\alpha = -\frac{\cos\left[(\frac{\pi}{4} + \frac{\pi}{6})/2\right]}{\cos\left[(\frac{\pi}{4} - \frac{\pi}{6})/2\right]} = -0{,}8002. \tag{6.163}$$

As respostas de módulo correspondentes às funções de transferência passa-baixas e passa-altas podem ser vistas na Figura 6.11. Observe que a nova função de transferência tem, de fato, um zero na posição desejada. △

6.5 Aproximação de módulo e fase

Nesta seção, discutimos a aproximação de filtros digitais IIR usando técnicas de otimização cujo objetivo é a aproximação simultânea das respostas de módulo e fase. A mesma abordagem é útil no projeto de filtros no tempo contínuo e filtros digitais FIR. Contudo, no caso dos filtros FIR, existem abordagens mais eficientes, como vimos nas Seções 5.6.2 e 5.6.3.

6.5.1 Princípios básicos

Suponha que $H(z)$ é a função de transferência de um filtro digital IIR. Então, $H(\mathrm{e}^{\mathrm{j}\omega})$ é função dos coeficientes do filtro, que são usualmente agrupados num único vetor $\boldsymbol{\gamma}$, e da variável independente $\theta = \omega$.

A resposta na frequência de um filtro digital pode ser expressa como função dos parâmetros do filtro γ e θ, ou seja, como $F(\gamma, \theta)$, enquanto que a resposta na frequência desejada é geralmente denotada como $f(\theta)$.

A especificação completa do problema de otimização associado envolve: a definição de uma função-objetivo (também conhecida como função-custo), a determinação da forma da função de transferência $H(z)$ e de seus coeficientes γ e os métodos de solução para o problema de otimização. Esses três itens serão discutidos em detalhe abaixo.

- *Escolha da função-objetivo*: Um tipo de função-objetivo muito usado no projeto de filtros é a norma L_p ponderada, definida como (Deczky, 1972)

$$\|L(\gamma)\|_p = \left(\int_0^\pi W(\theta) |F(\gamma, \theta) - f(\theta)|^p d\theta \right)^{\frac{1}{p}}, \qquad (6.164)$$

onde $W(\theta) > 0$ é a chamada função-peso.

Em geral, problemas baseados na minimização da norma L_p para diferentes valores de p levam a soluções diferentes. Uma escolha apropriada para o valor de p depende do tipo de erro considerado aceitável para a aplicação dada. Por exemplo, quando desejamos minimizar o valor quadrático médio do erro entre as respostas desejada e projetada, devemos escolher $p = 2$. Outro problema é a minimização do desvio máximo entre a especificação desejada e o filtro projetado, na forma de uma busca no espaço de parâmetros. Esse caso, que é conhecido como o critério de Chebyshev ou minimax, corresponde a $p \to \infty$. Esse importante resultado derivado da teoria da otimização pode ser enunciado mais formalmente como (Deczky, 1972):

TEOREMA 6.1
Para um dado espaço P de coeficientes e um dado espaço de ângulos X_θ, há uma única aproximação minimax ótima $F(\gamma_\infty^*, \theta)$ para $f(\theta)$. Além disso, se a melhor aproximação L_p para a função $f(\theta)$ é denotada por $F(\gamma_p^*, \theta)$, então pode ser demonstrado que

$$\lim_{p \to \infty} \gamma_p^* = \gamma_\infty^*. \qquad (6.165)$$

◊

Esse resultado mostra que podemos usar qualquer programa de otimização baseado na norma L_p para encontrar a solução minimax (ou uma solução aproximadamente minimax), calculando progressivamente a solução ótima para L_p com, por exemplo, $p = 2, 4, 6$ e assim por diante, indefinidamente.

6.5 Aproximação de módulo e fase

Especificamente, o critério minimax para uma função da frequência contínua é melhor definido como

$$\|L(\gamma^*)\|_\infty = \min_{\gamma \in P}\{\max_{\theta \in X_\theta}\{W(\theta)|F(\gamma,\theta) - f(\theta)|\}\}. \qquad (6.166)$$

Na prática, devido ao elevado custo computacional, é mais conveniente usar uma função-objetivo simplificada dada por

$$L_{2p}(\gamma) = \sum_{k=1}^{K} W(\theta_k)\left(F(\gamma,\theta_k) - f(\theta_k)\right)^{2p} \qquad (6.167)$$

onde, ao minimizar $L_{2p}(\gamma)$, também minimizamos $\|L(\gamma)\|_{2p}$. Nesse caso, a solução mimimax é obtida pela minimização de $L_{2p}(\gamma)$, para $p = 1, 2, 3$ e assim por diante, indefinidamente.

Os pontos θ_k são os ângulos escolhidos para se amostrar as respostas na frequência desejada e do protótipo. Esses pontos, dispostos sobre a circunferência unitária, não precisam ser regularmente espaçados. De fato, geralmente escolhemos θ_k tais que as regiões em que a função-erro tem mais variações sejam mais densamente amostradas.

O tipo de projeto de filtros descrito aqui pode ser aplicado a uma ampla classe de problemas, em particular ao projeto de filtros com resposta de módulo arbitrária, de equalizadores de fase e de filtros com especificações simultâneas das respostas de módulo e fase. As últimas classes são ilustradas abaixo.

– *Equalizador de fase*: A função de transferência de um equalizador de fase é (veja a equação (4.105) na Seção 4.7.1)

$$H_1(z) = \prod_{i=1}^{M} \frac{a_{2i}z^2 + a_{1i}z + 1}{z^2 + a_{1i}z + a_{2i}}. \qquad (6.168)$$

Como seu módulo é unitário, a função-objetivo se torna

$$L_{2p}\tau(\gamma,\tau_0) = \sum_{k=1}^{K} W(\theta_k)\left(\tau_1(\gamma,\theta_k) - \tau_s(\theta_k) + \tau_0\right)^{2p}, \qquad (6.169)$$

onde τ_s é o atraso de grupo do filtro digital original, $\tau_1(\gamma,\theta_k)$ é o atraso de grupo do equalizador e τ_0 é um atraso constante cujo valor minimiza $\sum_{k=1}^{K}(\tau_s(\theta_k) - \tau_0)^{2p}$.

– *Aproximação simultânea das respostas de módulo e fase*: Para esse tipo de aproximação, a função-objetivo pode ser dada por

$$L_{2p,2q}M, \tau(\boldsymbol{\gamma}, \tau_0) = \delta \sum_{k=1}^{K} W_M(\theta_k) \left(M(\boldsymbol{\gamma}, \theta_k) - f(\theta_k)\right)^{2p}$$

$$+ (1-\delta) \sum_{r=1}^{R} W_\tau(\theta_k) \left(\tau(\boldsymbol{\gamma}, \theta_r) + \tau(\theta_r) - \tau_0\right)^{2p}, \quad (6.170)$$

onde $0 \leq \delta \leq 1$ e $\tau(\theta_r)$ é o atraso de grupo que desejamos equalizar.

Usualmente, na aproximação simultânea das respostas de módulo e atraso de grupo, o numerador de $H(z)$ é forçado a ter zeros sobre a circunferência unitária ou em pares recíprocos, de forma que o atraso de grupo seja função apenas dos polos de $H(z)$. O papel dos zeros seria, então, modelar a resposta de módulo.

- *Escolha da forma da função de transferência*: Uma das maneiras mais convenientes de descrever um filtro IIR $H(z)$ é a decomposição na forma cascata, por permitir testar e controlar facilmente a estabilidade do filtro. Nesse caso, o vetor de coeficientes $\boldsymbol{\gamma}$, conforme a equação (4.32), é da forma

$$\boldsymbol{\gamma} = (\gamma'_{11}, \gamma'_{21}, m_{11}, m_{21}, \ldots, \gamma'_{1i}, \gamma'_{2i}, m_{1i}, m_{2i}, \ldots, H_0). \quad (6.171)$$

Infelizmente, as expressões para o módulo e o atraso de grupo de $H(z)$ como função dos coeficientes das seções de segunda ordem são muito complicadas. O mesmo se aplica às expressões das derivadas parciais de $H(z)$ em relação aos coeficientes, que também são requeridas pelo algoritmo de otimização.

Uma solução alternativa é usar como parâmetros os polos e zeros das seções de segunda ordem representados em coordenadas polares. Nesse caso, o vetor de coeficientes $\boldsymbol{\gamma}$ se torna

$$\boldsymbol{\gamma} = (r_{z1}, \phi_{z1}, r_{p1}, \phi_{p1}, \ldots, r_{zi}, \phi_{zi}, r_{pi}, \phi_{pi}, \ldots, k_0), \quad (6.172)$$

e as respostas de módulo e atraso de grupo são expressas como

$$M(\boldsymbol{\gamma}, \omega) = k_0 \prod_{i=1}^{m} \left\{ \frac{\left[1 - 2r_{zi}\cos(\omega - \phi_{zi}) + r_{zi}^2\right]^{1/2}}{\left[1 - 2r_{pi}\cos(\omega - \phi_{pi}) + r_{pi}^2\right]^{1/2}} \right.$$

$$\left. \times \frac{\left[1 - 2r_{zi}\cos(\omega + \phi_{zi}) + r_{zi}^2\right]^{1/2}}{\left[1 - 2r_{pi}\cos(\omega + \phi_{pi}) + r_{pi}^2\right]^{1/2}} \right\} \quad (6.173)$$

6.5 Aproximação de módulo e fase

$$\tau(\gamma,\omega) = \sum_{i=1}^{N} \left[\frac{1 - r_{\text{p}i}\cos(\omega - \phi_{\text{p}i})}{1 - 2r_{\text{p}i}\cos(\omega - \phi_{\text{p}i}) + r_{\text{p}i}^2} + \frac{1 - r_{\text{p}i}\cos(\omega + \phi_{\text{p}i})}{1 - 2r_{\text{p}i}\cos(\omega + \phi_{\text{p}i}) + r_{\text{p}i}^2} \right.$$

$$\left. - \frac{1 - r_{\text{z}i}\cos(\omega - \phi_{\text{z}i})}{1 - 2r_{\text{z}i}\cos(\omega - \phi_{\text{z}i}) + r_{\text{z}i}^2} - \frac{1 - r_{\text{z}i}\cos(\omega + \phi_{\text{z}i})}{1 - 2r_{\text{z}i}\cos(\omega + \phi_{\text{z}i}) + r_{\text{z}i}^2} \right], \quad (6.174)$$

respectivamente.

Num problema de otimização como esse, as derivadas de primeira e segunda ordem devem ser determinadas em forma fechada para acelerar o processo de convergência. De fato, o uso de aproximações numéricas para calcular tais derivadas tornaria o procedimento de otimização complexo demais. As derivadas parciais do módulo e do atraso de grupo em relação aos raios e ângulos dos polos e zeros, que são requeridas pelo processo de otimização, são dadas abaixo:

$$\frac{\partial M}{\partial r_{\text{z}i}} = M(\gamma,\omega) \left[\frac{r_{\text{z}i} - \cos(\omega - \phi_{\text{z}i})}{1 - 2r_{\text{z}i}\cos(\omega - \phi_{\text{z}i}) + r_{\text{z}i}^2} + \frac{r_{\text{z}i} - \cos(\omega + \phi_{\text{z}i})}{1 - 2r_{\text{z}i}\cos(\omega + \phi_{\text{z}i}) + r_{\text{z}i}^2} \right]$$
(6.175)

$$\frac{\partial M}{\partial \phi_{\text{z}i}} = -M(\gamma,\omega) \left[\frac{r_{\text{z}i}\operatorname{sen}(\omega - \phi_{\text{z}i})}{1 - 2r_{\text{z}i}\cos(\omega + \phi_{\text{z}i}) + r_{\text{z}i}^2} - \frac{r_{\text{z}i}\operatorname{sen}(\omega + \phi_{\text{z}i})}{1 - 2r_{\text{z}i}\cos(\omega + \phi_{\text{z}i}) + r_{\text{z}i}^2} \right]$$
(6.176)

$$\frac{\partial \tau}{\partial r_{\text{p}i}} = \left\{ \frac{(1 + r_{\text{p}i}^2)\cos(\omega - \phi_{\text{p}i}) - 2r_{\text{p}i}}{\left[1 - 2r_{\text{p}i}\cos(\omega - \phi_{\text{p}i}) + r_{\text{p}i}^2\right]^2} + \frac{(1 + r_{\text{p}i}^2)\cos(\omega + \phi_{\text{p}i}) - 2r_{\text{p}i}}{\left[1 - 2r_{\text{p}i}\cos(\omega + \phi_{\text{p}i}) + r_{\text{p}i}^2\right]^2} \right\}$$
(6.177)

$$\frac{\partial \tau}{\partial \phi_{\text{p}i}} = \left\{ \frac{r_{\text{p}i}(1 - r_{\text{p}i}^2)\operatorname{sen}(\omega - \phi_{\text{p}i})}{\left[1 - 2r_{\text{p}i}\cos(\omega - \phi_{\text{p}i}) + r_{\text{p}i}^2\right]^2} - \frac{r_{\text{p}i}(1 - r_{\text{p}i}^2)\operatorname{sen}(\omega + \phi_{\text{p}i})}{\left[1 - 2r_{\text{p}i}\cos(\omega + \phi_{\text{p}i}) + r_{\text{p}i}^2\right]^2} \right\}.$$
(6.178)

Também precisamos de $\partial M/\partial r_{\text{p}i}$, $\partial M/\partial \phi_{\text{p}i}$, $\partial \tau/\partial r_{\text{z}i}$ e $\partial \tau/\partial \phi_{\text{z}i}$, que são similares às expressões que acabamos de escrever. Essas derivadas fazem parte das expressões das derivadas parciais da função-objetivo em relação aos polos e zeros, que são as derivadas usadas nos algoritmos de otimização empregados. Estas últimas são:

$$\frac{\partial L_{2p}M(\gamma)}{\partial r_{\text{z}i}} = \sum_{k=1}^{K} 2pW_M(\theta_k)\frac{\partial M}{\partial r_{\text{z}i}} \left(M(\gamma,\theta_k) - f(\theta_k)\right)^{2p-1} \quad (6.179)$$

e

$$\frac{\partial L_{2p}\tau(\gamma)}{\partial r_{zi}} = \sum_{k=1}^{K} 2pW_\tau(\theta_k)\frac{\partial \tau}{\partial r_{zi}}\left(\tau(\gamma,\theta_k) - f(\theta_k)\right)^{2p-1}. \quad (6.180)$$

Analogamente, precisamos das expressões para $\partial L_{2p}M(\gamma)/\partial \phi_{zi}$, $\partial L_{2p}M(\gamma)/\partial r_{pi}$, $\partial L_{2p}M(\gamma)/\partial \phi_{pi}$, $\partial L_{2p}\tau(\gamma)/\partial \phi_{zi}$, $\partial L_{2p}\tau(\gamma)/\partial r_{pi}$ e $\partial L_{2p}\tau(\gamma)/\partial \phi_{pi}$, que são similares às expressões dadas anteriormente.

É importante notar que estamos interessados somente na geração de filtros estáveis. Como estamos efetuando a busca do mínimo de uma função de erro no espaço de parâmetros Γ, a região em que os parâmetros ótimos devem ser procurados é um subespaço restrito $\Gamma_s = \{\gamma \mid r_{pi} < 1, \ \forall i\}$.

- *Escolha do procedimento de otimização*: Há vários métodos de otimização adequados para resolver o problema da aproximação de filtros. A escolha do melhor método depende muito da experiência do projetista em lidar com esse problema e dos recursos computacionais disponíveis. Os algoritmos de otimização utilizados são tais que convergirão somente se a função tiver um mínimo local no interior do subespaço Γ_s, e não na fronteira de Γ_s. No presente caso, isso não é motivo para preocupação, porque o módulo e o atraso de grupo dos filtros digitais se tornam elevados quando um polo se aproxima da circunferência unitária (Deczky, 1972) e, como consequência, não há mínimo local correspondente a polos na circunferência unitária. Desse modo, se começamos a busca a partir do interior de Γ_s, isto é, com todos os polos no interior do círculo unitário, e restringimos nossa busca ao subespaço Γ_s, será alcançado, certamente, um mínimo local que não se localiza na fronteira de Γ_s.

Devido à importância dessa etapa para o estabelecimento de um procedimento para o projeto de filtros digitais IIR, para preservar a completude e a clareza da apresentação, sua discussão é deixada para a próxima seção, devotada exclusivamente a ela.

6.5.2 Método para minimização de uma função multivariável

Uma função $F(\mathbf{x})$ de n variáveis pode ser aproximada por uma função quadrática numa pequena região em torno de um dado ponto de operação. Por exemplo, numa região próxima ao ponto $\mathbf{x}_k$, podemos escrever que

$$F(\mathbf{x}_k + \boldsymbol{\delta}_k) \approx F(\mathbf{x}_k) + \mathbf{g}^T(\mathbf{x}_k)\boldsymbol{\delta}_k + \frac{1}{2}\boldsymbol{\delta}_k^T \mathbf{H}(\mathbf{x}_k)\boldsymbol{\delta}_k, \quad (6.181)$$

6.5 Aproximação de módulo e fase

onde

$$\mathbf{g}^{\mathrm{T}}(\mathbf{x}_k) = \left[\frac{\partial F}{\partial x_1}, \frac{\partial F}{\partial x_2}, \ldots, \frac{\partial F}{\partial x_n}\right] \qquad (6.182)$$

é o vetor-gradiente de $F(\mathbf{x})$ no ponto de operação $\mathbf{x}_k$ e $\mathbf{H}(\mathbf{x}_k)$ é a matriz hessiana de $F(\mathbf{x})$, definida como

$$\mathbf{H}(\mathbf{x}_k) = \begin{bmatrix} \frac{\partial^2 F}{\partial x_1^2} & \frac{\partial^2 F}{\partial x_1 \partial x_2} & \cdots & \frac{\partial^2 F}{\partial x_1 \partial x_n} \\ \frac{\partial^2 F}{\partial x_2 \partial x_1} & \frac{\partial^2 F}{\partial x_2^2} & \cdots & \frac{\partial^2 F}{\partial x_2 \partial x_n} \\ \vdots & \vdots & \ddots & \vdots \\ \frac{\partial^2 F}{\partial x_n \partial x_1} & \frac{\partial^2 F}{\partial x_n \partial x_2} & \cdots & \frac{\partial^2 F}{\partial x_n^2} \end{bmatrix}. \qquad (6.183)$$

Claramente, se $F(\mathbf{x})$ é uma função quadrática, o lado direito da equação (6.181) é minimizado quando

$$\boldsymbol{\delta}_k = -\mathbf{H}^{-1}(\mathbf{x}_k)\mathbf{g}(\mathbf{x}_k). \qquad (6.184)$$

Contudo, se a função $F(\mathbf{x})$ não é quadrática e o ponto de operação está muito afastado do mínimo local, podemos elaborar um algoritmo que procure iterativamente o mínimo na direção de $\boldsymbol{\delta}_k$ na forma

$$\mathbf{x}_{k+1} = \mathbf{x}_k + \boldsymbol{\delta}_k = \mathbf{x}_k - \alpha_k \mathbf{H}^{-1}(\mathbf{x}_k)\mathbf{g}(\mathbf{x}_k), \qquad (6.185)$$

onde o fator de convergência α_k é um escalar que minimiza, na k-ésima iteração, $F(\mathbf{x}_k+\boldsymbol{\delta}_k)$ na direção de $\boldsymbol{\delta}_k$. Há diversos procedimentos para se determinar o valor de α_k (Fletcher, 1980; Luenberger, 1984), os quais podem ser divididos em duas classes: buscas exatas e inexatas. Como regra prática, deve-se usar uma busca linear inexata quando o ponto de operação está afastado de um mínimo local, porque nessas condições é apropriado trocar acurácia por resultados mais rápidos. Entretanto, quando os parâmetros se aproximam de um mínimo, a acurácia se torna um aspecto importante, e a melhor escolha é uma busca linear exata.

O procedimento de otimização descrito anteriormente é genericamente conhecido como o método de Newton. Os principais problemas relacionados com esse método são a necessidade do cálculo das derivadas de segunda ordem da função-objetivo $F(\mathbf{x})$ em relação aos parâmetros em $\mathbf{x}$ e a necessidade da inversão da matriz hessiana.

Devido a essas duas razões, os métodos mais usados para a solução da aproximação simultânea de módulo e fase são os métodos chamados de quasi--Newton (Fletcher, 1980; Luenberger, 1984). Esses métodos se caracterizam por tentarem construir a inversa da matriz hessiana, ou uma aproximação para ela, usando os dados obtidos durante o processo de otimização. A aproximação atualizada da hessiana inversa é usada em cada passo do algoritmo para definir a próxima direção para a busca do mínimo da função-objetivo.

Uma estrutura geral para um algoritmo de otimização adequado ao projeto de filtros digitais é dada abaixo, onde $\mathbf{P}_k$ é usada como uma estimativa da hessiana inversa.

(i) Predefinições do algoritmo:
Dê ao contador de iterações o valor $k = 0$.
Escolha o vetor inicial $\mathbf{x}_0$ correspondente a um filtro estável.
Use a identidade como primeira estimativa da hessiana inversa, isto é, $\mathbf{P}_k = \mathbf{I}$.
Calcule $F_0 = F(\mathbf{x}_0)$.

(ii) Verificação de convergência:
Verifique se a convergência foi atingida, usando um critério apropriado. Por exemplo, um possível critério seria verificar se $F_k < \epsilon$, onde ϵ é um limiar de erro predefinido. Um critério alternativo é verificar que $\| \mathbf{x}_k - \mathbf{x}_{k-1} \|^2 < \epsilon'$. Se o algoritmo convergiu, vá para o passo (iv); em caso contrário, prossiga para o passo (iii).

(iii) Iteração do algoritmo:
Calcule $\mathbf{g}_k = \mathbf{g}(\mathbf{x}_k)$.
Faça $\mathbf{s}_k = -\mathbf{P}_k \mathbf{g}_k$.
Calcule α_k que minimize $F(\mathbf{x})$ na direção de $\mathbf{s}_k$.
Faça $\boldsymbol{\delta}_k = \alpha_k \mathbf{s}_k$.
Atualize o vetor de coeficientes, $\mathbf{x}_{k+1} = \mathbf{x}_k + \boldsymbol{\delta}_k$.
Calcule $F_{k+1} = F(\mathbf{x}_{k+1})$.
Atualize $\mathbf{P}_k$, gerando $\mathbf{P}_{k+1}$ (veja a discussão abaixo).
Incremente k e retorne ao passo (ii).

(iv) Saída de dados:
Mostre $\mathbf{x}^* = \mathbf{x}_k$ e $F^* = F(\mathbf{x}^*)$.

Devemos observar que a forma de atualização da matriz $\mathbf{P}_k$, que é uma estimativa da hessiana inversa, foi omitida do algoritmo acima. De fato, o que distingue os diferentes métodos quasi-Newton é apenas o modo com que $\mathbf{P}_k$ é atualizada. O método quasi-Newton mais conhecido é o método de Davidson–Fletcher–Powell (Fletcher, 1980; Luenberger, 1984), utilizado em Deczky (1972). Esse algoritmo atualiza $\mathbf{P}_k$ da forma abaixo:

$$\mathbf{P}_{k+1} = \mathbf{P}_k + \frac{\boldsymbol{\delta}_k \boldsymbol{\delta}_k^T}{\boldsymbol{\delta}_k^T \Delta \mathbf{g}_k} - \frac{\mathbf{P}_k \Delta \mathbf{g}_k \Delta \mathbf{g}_k^T \mathbf{P}_k}{\Delta \mathbf{g}_k^T \mathbf{P}_k \Delta \mathbf{g}_k}, \tag{6.186}$$

onde $\Delta \mathbf{g}_k = \mathbf{g}_k - \mathbf{g}_{k-1}$.

6.5 Aproximação de módulo e fase

Contudo, nossa experiência tem mostrado que o método de Broyden–Fletcher–Goldfarb–Shannon (BFGS) (Fletcher, 1980) é mais eficiente. Esse algoritmo atualiza $\mathbf{P}_k$ da forma

$$\mathbf{P}_{k+1} = \mathbf{P}_k + \left(1 + \frac{\Delta \mathbf{g}_k^T \mathbf{P}_k \Delta \mathbf{g}_k}{\Delta \mathbf{g}_k^T \boldsymbol{\delta}_k}\right) \frac{\boldsymbol{\delta}_k \boldsymbol{\delta}_k^T}{\Delta \mathbf{g}_k^T \boldsymbol{\delta}_k} - \frac{\boldsymbol{\delta}_k \Delta \mathbf{g}_k^T \mathbf{P}_k + \mathbf{P}_k \Delta \mathbf{g}_k \boldsymbol{\delta}_k^T}{\Delta \mathbf{g}_k^T \boldsymbol{\delta}_k}, \qquad (6.187)$$

com $\Delta \mathbf{g}_k$ definido como anteriormente.

É importante notar que, em geral, os projetistas de filtros não precisam implementar uma rotina de otimização, uma vez que podem empregar rotinas de otimização já disponíveis em numerosos pacotes computacionais. O que os projetistas têm que fazer é expressar a função-objetivo e o problema de otimização numa forma que possa servir de entrada para a rotina de otimização escolhida.

6.5.3 Métodos alternativos

Além da equalização de fase, alguns métodos foram propostos para a aproximação simultânea de módulo e atraso de grupo (Charalambous & Antoniou, 1980; Saramäki & Neüvo, 1984; Cortelazzo & Lightner, 1984).

O trabalho de Charalambous & Antoniou (1980) apresenta um algoritmo rápido para equalização de fase satisfazendo um critério minimax.

O trabalho descrito em Saramäki & Neüvo (1984) enfatiza o projeto de filtros digitais com número reduzido de multiplicações. Emprega um filtro IIR só-polos em cascata com um filtro FIR de fase linear. O filtro da seção IIR é projetado sob a restrição de manter o atraso de grupo com ondulação constante, enquanto que o filtro FIR é projetado de forma que o filtro global atenda às especificações desejadas para a resposta de módulo. O trabalho não aborda qualquer aspecto relativo à velocidade de convergência do algoritmo envolvido. A redução no número de multiplicadores resulta do balanço apropriado entre as ordens dos filtros IIR e FIR. O problema dessa abordagem parece ser a faixa dinâmica larga dos sinais internos aos filtros IIR e FIR, que pode requerer coeficientes muito acurados para sua implementação.

O trabalho de Cortelazzo & Lightner (1984) apresenta um procedimento sistemático para a aproximação simultânea de módulo e atraso de grupo com base no conceito da otimização multicritério. O procedimento de otimização busca uma solução que satisfaça o critério minimax. No trabalho, a metodologia é discutida, mas não é feita qualquer referência à eficiência dos algoritmos de otimização. De fato, apenas exemplos de ordem baixa são apresentados, devido ao elevado tempo de cálculo requerido para que se atinja uma solução, indicando que tal metodologia será útil somente quando for proposto um algoritmo mais eficiente.

Tabela 6.8 *Características do filtro passa-faixa original.*
Constante de ganho: $H_0 = 0{,}0588$

Zeros do filtro ($r_{z_i}; \phi_{z_i}$(rad))		Polos do filtro ($r_{p_i}; \phi_{p_i}$(rad))	
$r_{z_1} = 1{,}0;$	$\phi_{z_1} = 0{,}1740$	$r_{p_1} = 0{,}8182;$	$\phi_{p_1} = 0{,}3030$
$r_{z_2} = 1{,}0;$	$\phi_{z_2} = -0{,}1740$	$r_{p_2} = 0{,}8182;$	$\phi_{p_2} = -0{,}3030$
$r_{z_3} = 0{,}7927;$	$\phi_{z_3} = 0{,}5622$	$r_{p_3} = 0{,}8391;$	$\phi_{p_3} = 0{,}4837$
$r_{z_4} = 0{,}7927;$	$\phi_{z_4} = -0{,}5622$	$r_{p_4} = 0{,}8391;$	$\phi_{p_4} = -0{,}4837$
$r_{z_5} = 1{,}0;$	$\phi_{z_5} = 0{,}9022$	$r_{p_5} = 0{,}8346;$	$\phi_{p_5} = 0{,}6398$
$r_{z_6} = 1{,}0;$	$\phi_{z_6} = -0{,}9022$	$r_{p_6} = 0{,}8346;$	$\phi_{p_6} = -0{,}6398$
$r_{z_7} = 1{,}0;$	$\phi_{z_7} = 2{,}6605$	$r_{p_7} = 0{,}8176;$	$\phi_{p_7} = 0{,}8053$
$r_{z_8} = 1{,}0;$	$\phi_{z_8} = -2{,}6605$	$r_{p_8} = 0{,}8176;$	$\phi_{p_8} = -0{,}8053$

Nos últimos anos, tem havido bastante esforço nesse campo para encontrar métodos específicos talhados para o projeto de filtros digitais IIR que satisfaçam simultaneamente especificações de módulo e fase. Em Holford & Agathoklis (1996), por exemplo, são projetados filtros IIR com fase quase linear na faixa de passagem pela aplicação de uma técnica chamada de redução de modelo de um filtro-protótipo FIR no espaço de estados. Esse tipo de projeto leva a filtros com alta seletividade na resposta de módulo, ao mesmo tempo mantendo a resposta de fase quase linear. Outra abordagem generaliza os projetos tradicionais com especificações prescritas de módulo e fase baseados em normas L_p ou em funções-objetivo minimax para o projeto de filtros com faixas de passagem de ondulação constante e faixas de rejeição com picos restritos (Sullivan & Adams, 1998; Lu, 1999).

EXEMPLO 6.5

Projete um filtro passa-faixa que satisfaça as especificações abaixo:

$$\left.\begin{array}{ll} M(\omega) = 1, & \text{para } 0{,}2\pi < \omega < 0{,}5\pi \\ M(\omega) = 0, & \text{para } 0 < \omega < 0{,}1\pi \text{ e } 0{,}6\pi < \omega < \pi \\ \tau(\omega) = L, & \text{para } 0{,}2\pi < \omega < 0{,}5\pi \end{array}\right\}, \qquad (6.188)$$

onde L é constante.

SOLUÇÃO

Como se trata de uma aproximação simultânea de módulo e fase, a função-objetivo é dada pela equação (6.170), com as expressões para módulo e atraso de grupo e suas respectivas derivadas fornecidas pelas equações (6.173)–(6.180). Podemos iniciar o projeto com uma função de transferência de oitava ordem cujas características são dadas na Tabela 6.8.

Esse filtro inicial é projetado com o objetivo de aproximar as especificações de módulo desejadas, e seu atraso de grupo médio na faixa de passagem é

6.6 Aproximação no domínio do tempo

Tabela 6.9 *Características do filtro passa-faixa resultante.*
Constante de ganho: $H_0 = 0{,}0588$

Zeros do filtro ($r_{z_i}; \phi_{z_i}$(rad))		Polos do filtro ($r_{p_i}; \phi_{p_i}$(rad))	
$r_{z_1} = 1{,}0;$	$\phi_{z_1} = 0{,}1232$	$r_{p_1} = 0{,}0;$	$\phi_{p_1} = 0{,}0$
$r_{z_2} = 1{,}0;$	$\phi_{z_2} = -0{,}1232$	$r_{p_2} = 0{,}0;$	$\phi_{p_2} = 0{,}0$
$r_{z_3} = 0{,}7748;$	$\phi_{z_3} = 0{,}5545$	$r_{p_3} = 0{,}9072;$	$\phi_{p_3} = 0{,}2443$
$r_{z_4} = 0{,}7748;$	$\phi_{z_4} = -0{,}5545$	$r_{p_4} = 0{,}9072;$	$\phi_{p_4} = -0{,}2443$
$r_{z_5} = 1{,}2907;$	$\phi_{z_5} = 0{,}5545$	$r_{p_5} = 0{,}8654;$	$\phi_{p_5} = 0{,}4335$
$r_{z_6} = 1{,}2907;$	$\phi_{z_6} = -0{,}5545$	$r_{p_6} = 0{,}8654;$	$\phi_{p_6} = -0{,}4335$
$r_{z_7} = 1{,}0;$	$\phi_{z_7} = 1{,}0006$	$r_{p_7} = 0{,}8740;$	$\phi_{p_7} = 0{,}6583$
$r_{z_8} = 1{,}0;$	$\phi_{z_8} = -1{,}0006$	$r_{p_8} = 0{,}8740;$	$\phi_{p_8} = -0{,}6583$
$r_{z_9} = 1{,}0;$	$\phi_{z_9} = 2{,}0920$	$r_{p_9} = 0{,}9152;$	$\phi_{p_9} = 0{,}8604$
$r_{z_{10}} = 1{,}0;$	$\phi_{z_{10}} = -2{,}0920$	$r_{p_{10}} = 0{,}9152;$	$\phi_{p_{10}} = -0{,}8604$

utilizado como uma estimativa inicial para o valor de L. A fim de resolver esse problema de otimização, usamos um programa quasi-Newton baseado no método BFGS. Mantendo a ordem do filtro inicial em $n = 8$, executamos 100 iterações sem obter melhoras perceptíveis. Então, aumentamos as ordens do numerador e do denominador em duas unidades, isto é, fizemos $n = 10$, e após poucas iterações, atingimos a solução descrita na Tabela 6.9.

A Figura 6.12 ilustra a resposta na frequência resultante. As atenuações nas primeiras extremidades da faixa de rejeição são de 18,09 dB e 18,71 dB, respectivamente. As atenuações nas segundas extremidades valem 18,06 dB e 19,12 dB, respectivamente. As atenuações nas extremidades da faixa de passagem são de 0,69 dB e 0,71 dB e os dois picos da faixa de passagem têm ganhos iguais a 0,50 dB e 0,41 dB, enquanto que o ponto mínimo da faixa de passagem atinge 0,14 dB. Os valores do atraso de grupo no início, no mínimo e no final da faixa de passagem valem 14,02 s, 12,09 s e 14,38 s, respectivamente. △

6.6 Aproximação no domínio do tempo

Em algumas aplicações, são dadas ao projetista do filtro especificações no domínio do tempo. Nesses casos, o objetivo é projetar uma função de transferência $H(z)$ tal que a resposta ao impulso $h(n)$ correspondente seja a mais próxima possível de uma sequência $g(n)$ dada, para $n = 0, 1, \ldots, K - 1$, onde

$$H(z) = \frac{b_0 + b_1 z^{-1} + \cdots + b_M z^{-M}}{1 + a_1 z^{-1} + \cdots + a_N z^{-N}} = h(0) + h(1)z^{-1} + h(2)z^{-2} + \cdots . \quad (6.189)$$

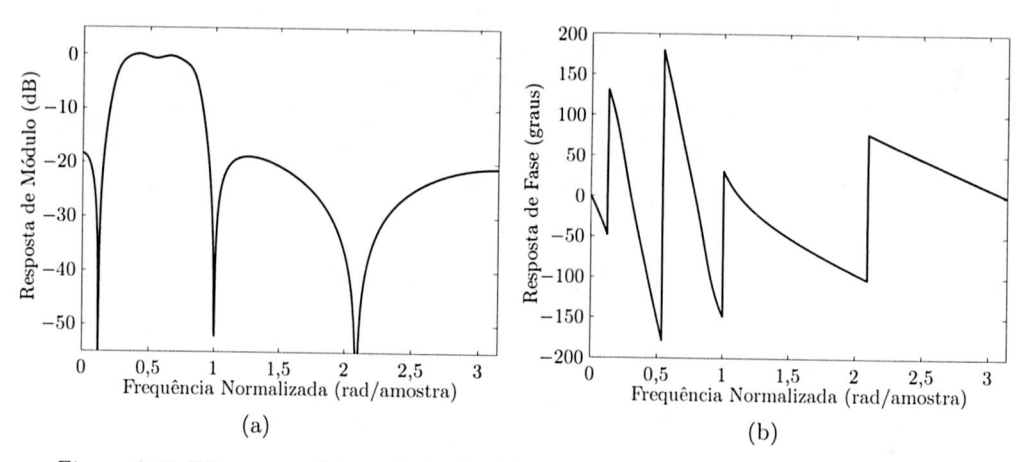

Figura 6.12 Filtro passa-faixa otimizado: (a) resposta de módulo; (b) resposta de fase.

Como $H(z)$ tem $(M+N+1)$ coeficientes, se $K = (M+N+1)$ existe ao menos uma função de transferência disponível que satisfaça as especificações. Essa solução pode ser obtida através de otimização, como se vê a seguir.

Igualando

$$H(z) = g(0) + g(1)z^{-1} + \cdots + g(M+N)z^{-(M+N)} + \cdots \qquad (6.190)$$

e tornando os produtos de transformadas z convoluções no domínio do tempo, podemos escrever, pelas equações (6.189) e (6.190), que

$$\sum_{n=0}^{N} a_n g(i-n) = \begin{cases} b_i, & \text{para } i = 0, 1, \ldots, M \\ 0, & \text{para } i > M. \end{cases} \qquad (6.191)$$

Agora, assumindo que $g(n) = 0$ para todo $n < 0$, essa equação pode ser reescrita na forma matricial como

$$\begin{bmatrix} b_0 \\ b_1 \\ b_2 \\ \vdots \\ b_M \\ 0 \\ \vdots \\ 0 \end{bmatrix} = \begin{bmatrix} g(0) & 0 & 0 & \cdots & 0 \\ g(1) & g(0) & 0 & \cdots & 0 \\ g(2) & g(1) & g(0) & \cdots & 0 \\ \vdots & \vdots & \vdots & \ddots & \vdots \\ g(M) & g(M-1) & g(M-2) & \cdots & g(M-N) \\ \vdots & \vdots & \vdots & \ddots & \vdots \\ g(M+N) & g(M+N-1) & g(M+N-2) & \cdots & g(M) \end{bmatrix} \begin{bmatrix} 1 \\ a_1 \\ a_2 \\ \vdots \\ \vdots \\ \vdots \\ a_N \end{bmatrix}, \qquad (6.192)$$

6.6 Aproximação no domínio do tempo

que pode ser particionada como

$$\begin{bmatrix} b_0 \\ b_1 \\ b_2 \\ \vdots \\ b_M \end{bmatrix} = \begin{bmatrix} g(0) & 0 & 0 & \cdots & 0 \\ g(1) & g(0) & 0 & \cdots & 0 \\ g(2) & g(1) & g(0) & \cdots & 0 \\ \vdots & \vdots & \vdots & \ddots & \vdots \\ g(M) & g(M-1) & g(M-2) & \cdots & g(M-N) \end{bmatrix} \begin{bmatrix} 1 \\ a_1 \\ a_2 \\ \vdots \\ a_N \end{bmatrix} \quad (6.193)$$

$$\begin{bmatrix} 0 \\ 0 \\ \vdots \\ 0 \end{bmatrix} = \begin{bmatrix} g(M+1) & \cdots & g(M-N+1) \\ \vdots & \ddots & \vdots \\ g(K-1) & \cdots & g(K-N-1) \end{bmatrix} \begin{bmatrix} 1 \\ a_1 \\ a_2 \\ \vdots \\ a_N \end{bmatrix} \quad (6.194)$$

ou, em forma mais compacta, como

$$\begin{bmatrix} \mathbf{b} \\ \mathbf{0} \end{bmatrix} = \begin{bmatrix} \mathbf{G}_1 \\ \mathbf{g}_2 & \mathbf{G}_3 \end{bmatrix} \begin{bmatrix} 1 \\ \mathbf{a} \end{bmatrix}, \quad (6.195)$$

onde $\mathbf{g}_2$ é um vetor-coluna e $\mathbf{G}_3$ é uma matriz $N \times N$. Se $\mathbf{G}_3$ é não-singular, os coeficientes $\mathbf{a}$ são dados por

$$\mathbf{a} = -\mathbf{G}_3^{-1}\mathbf{g}_2. \quad (6.196)$$

Se $\mathbf{G}_3$ é singular com posto $R < N$, há infinitas soluções, uma das quais é obtida forçando-se as primeiras $(N - R)$ posições de $\mathbf{a}$ a serem nulas.

Com $\mathbf{a}$ disponível, $\mathbf{b}$ pode ser calculada como

$$\mathbf{b} = \mathbf{G}_1 \begin{bmatrix} 1 \\ \mathbf{a} \end{bmatrix}. \quad (6.197)$$

As principais diferenças entre os filtros projetados com diferentes valores de M e N, mantendo-se $K = (M+N+1)$ constante, estão nos valores de $h(k)$ para $k > K$.

6.6.1 Abordagem aproximada

Uma solução em geral satisfatória é obtida substituindo-se o vetor nulo na equação (6.195) por um vetor $\hat{\boldsymbol{\epsilon}}$ cuja magnitude deve ser minimizada. Desse modo, a equação (6.195) se torna

$$\begin{bmatrix} \mathbf{b} \\ \hat{\boldsymbol{\epsilon}} \end{bmatrix} = \begin{bmatrix} \mathbf{G}_1 \\ \mathbf{g}_2 & \mathbf{G}_3 \end{bmatrix} \begin{bmatrix} 1 \\ \mathbf{a} \end{bmatrix}. \quad (6.198)$$

Dada a sequência $g(n)$ prescrita e os valores de N e M, temos que achar um vetor **a** tal que $(\hat{\boldsymbol{\epsilon}}^T \hat{\boldsymbol{\epsilon}})$ seja minimizado, com

$$\hat{\boldsymbol{\epsilon}} = \mathbf{g}_2 + \mathbf{G}_3 \mathbf{a}. \tag{6.199}$$

O valor de **a** que minimiza $(\hat{\boldsymbol{\epsilon}}^T \hat{\boldsymbol{\epsilon}})$ é a solução da equação normal (Evans & Fischel, 1973)

$$\mathbf{G}_3^T \mathbf{G}_3 \mathbf{a} = -\mathbf{G}_3^T \mathbf{g}_2. \tag{6.200}$$

Se o posto de $\mathbf{G}_3$ é N, então o posto de $\mathbf{G}_3^T \mathbf{G}_3$ também é N e, portanto, a solução é única, sendo dada por

$$\mathbf{a} = -(\mathbf{G}_3^T \mathbf{G}_3)^{-1} \mathbf{G}_3^T \mathbf{g}_2. \tag{6.201}$$

Por outro lado, se o posto de $\mathbf{G}_3$ é $R < N$, devemos forçar $a_i = 0$ para $i = 0, 1, \ldots, R-1$, como antes, e redefinir o problema, como é descrito em Burrus & Parks (1970).

É importante destacar que o procedimento acima não leva ao erro quadrático mínimo nas amostras especificadas. De fato, o erro quadrático é dado por

$$\mathbf{e}^T \mathbf{e} = \sum_{n=0}^{K} [g(n) - h(n)]^2, \tag{6.202}$$

onde $g(n)$ e $h(n)$ são, respectivamente, as respostas ao impulso desejada e obtida.

A fim de obter **b** e **a** que minimizem $\mathbf{e}^T\mathbf{e}$, precisamos de um processo iterativo, como o proposto em Evans & Fischel (1973). A aproximação no domínio do tempo também pode ser formulada como um problema de identificação de sistema, tal como exposto em Jackson (1996).

EXEMPLO 6.6

Projete um filtro digital caracterizado por $M = 3$ e $N = 4$ tal que sua resposta ao impulso aproxime a seguinte sequência:

$$g(n) = \frac{1}{3}\left[\frac{1}{4^{n+1}} + e^{-n-1} + \frac{1}{(n+2)}\right]u(n), \tag{6.203}$$

para $n = 0, 1, \ldots, 7$.

SOLUÇÃO

Usando $M = 3$ e $N = 4$, obtêm-se

$$\mathbf{G}_1 = \begin{bmatrix} g(0) & 0 & 0 & 0 & 0 \\ g(1) & g(0) & 0 & 0 & 0 \\ g(2) & g(1) & g(0) & 0 & 0 \\ g(3) & g(2) & g(1) & g(0) & 0 \end{bmatrix} \tag{6.204}$$

6.6 Aproximação no domínio do tempo

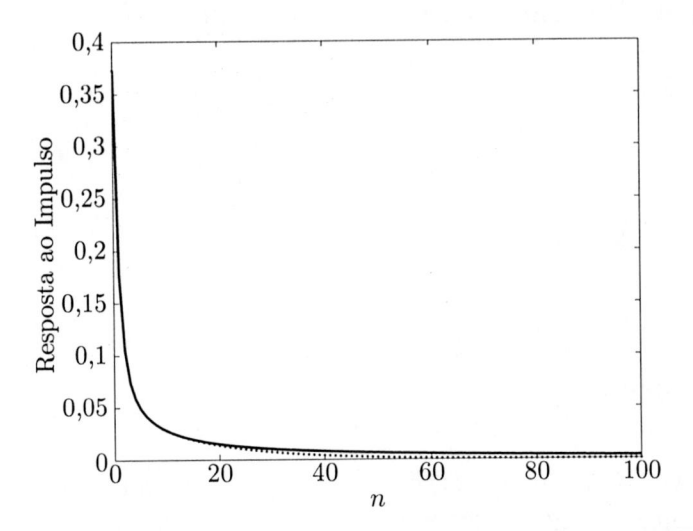

Figura 6.13 Respostas ao impulso: desejada (linha contínua) e obtida (linha pontilhada).

$$\mathbf{g}_2 = \begin{bmatrix} g(4) & g(5) & g(6) & g(7) \end{bmatrix}^\mathrm{T} \qquad (6.205)$$

$$\mathbf{G}_3 = \begin{bmatrix} g(3) & g(2) & g(1) & g(0) \\ g(4) & g(3) & g(2) & g(1) \\ g(5) & g(4) & g(3) & g(2) \\ g(6) & g(5) & g(4) & g(3) \end{bmatrix}. \qquad (6.206)$$

Como $\mathbf{G}_3$ é não-singular, podemos usar as equações (6.199) e (6.197) para determinar a função de transferência

$$H(z) = \frac{0{,}3726z^3 - 0{,}6446z^2 + 0{,}3312z - 0{,}0466}{z^4 - 2{,}2050z^3 + 1{,}6545z^2 - 0{,}4877z + 0{,}0473}, \qquad (6.207)$$

que produz exatamente a resposta ao impulso desejada para $n = 0, 1, \ldots, 7$.

A resposta ao impulso correspondente à função de transferência acima é representada na Figura 6.13, juntamente com a resposta ao impulso prescrita. Como se pode ver, as respostas são as mesmas nas primeiras iterações, tornando-se diferentes para $n > 7$, como esperado, porque temos apenas oito coeficientes para ajustar. △

6.7 Faça você mesmo: aproximações de filtros IIR

Experimento 6.1

O filtro rejeita-faixa elíptico especificado no Exemplo 6.3 pode ser facilmente projetado em MATLAB como se segue:

```
Ap = 0.5; Ar = 65;
wr1 = 850/5000; wr2 = 1150/5000;
wp1 = 980/5000; wp2 = 1020/5000;
wp = [wp1 wp2]; wr = [wr1 wr2];
[n,wn] = ellipord(wp,wr,Ap,Ar);
[b,a] = ellip(n,Ap,Ar,wp);
```

Nessa sequência, os comandos `ellipord` e `ellip` requerem uma normalização na frequência tal que $\overline{\Omega}_s = 2$, o que explica todas as divisões por $\Omega_s/2 = 5000$.

Filtros de Butterworth ou Chebyshev podem ser similarmente projetados usando-se os comandos `butterord-butter` ou `chebyord-cheby`, respectivamente.

A resposta de atraso de grupo, determinada com o comando `grpdelay` para o filtro elíptico é vista na Figura 6.14. Essa figura indica que duas frequências similares dentro da faixa de passagem do filtro podem sofrer atrasos bastante diferentes. Por exemplo, as frequências $f_1 = 980$ rad/s e $f_2 = 990$ rad/s são atrasadas de aproximadamente 300 e 150 amostras, respectivamente, o que corresponde a uma diferença de cerca de

$$\Delta t = \frac{300 - 150}{F_s} = \frac{150}{\Omega_s/2\pi} = 94 \text{ ms.}$$

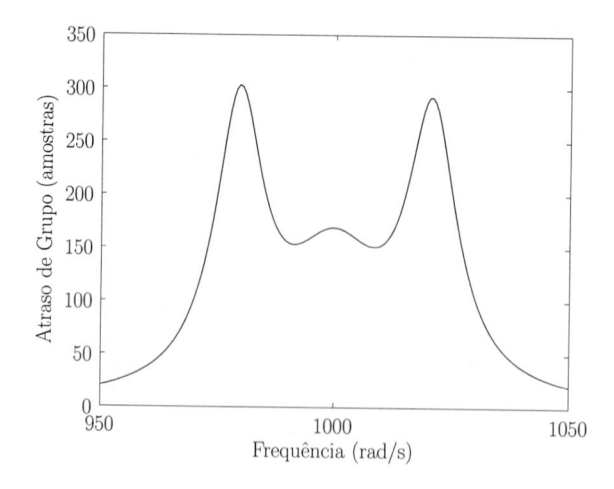

Figura 6.14 Resposta de atraso de grupo na faixa de passagem do filtro elíptico.

6.7 Faça você mesmo: aproximações de filtros IIR

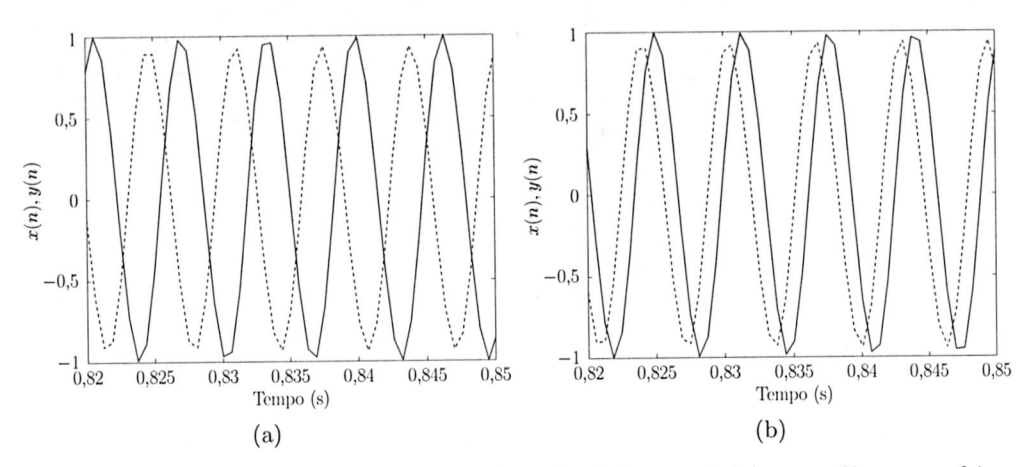

Figura 6.15 Sinais de entrada (linha contínua) e saída (linha tracejada) para o filtro passa-faixa elíptico: (a) $f_1 = 980$ rad/s; (b) $f_2 = 990$ rad/s.

A Figura 6.15 compara os sinais de entrada e saída para cada frequência, f_1 e f_2, como determinado pela seguinte sequência de comandos:

```
Fs = 10000/(2*pi); Ts = 1/Fs; time = 0:Ts:(1-Ts);
f1 = 980; f2 = 990;
x1 = cos(f1.*time); y1 = filter(b,a,x1);
x2 = cos(f2.*time); y2 = filter(b,a,x2);
```

Quando o sinal de entrada apresenta um conteúdo espectral mais rico, essa diferença de atraso pode causar severa distorção no sinal de saída. Em tais casos, pode-se empregar um equalizador de atraso; alternativamente, o projetista pode optar por um filtro FIR com fase perfeitamente linear.

Experimento 6.2

Considere a função de transferência analógica do filtro passa-baixas normalizado de Chebyshev do Exemplo 6.1, repetido aqui por conveniência:

$$H_\mathrm{a}(s) = 0{,}4913 \frac{1}{s^3 + 0{,}9883s^2 + 1{,}2384s + 0{,}4913}. \tag{6.208}$$

A função de transferência no tempo discreto correspondente $H(z)$ obtida pelo método da transformação bilinear com $F_\mathrm{s} = 2$ Hz pode ser determinada em MATLAB usando-se as linhas de comando

```
b = [0.4913]; a = [1 0.9883 1.2384 0.4913]; Fs = 2;
[bd,ad] = bilinear(b,a,Fs);
```

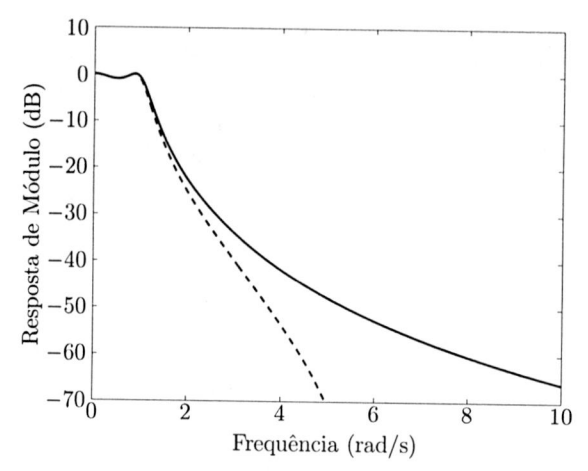

Figura 6.16 Respostas de módulo na frequência, analógica (linha contínua) e digital (linha tracejada), relacionadas pelo método da transformação bilinear com $F_s = 2$ Hz.

as variáveis bd e ad recebem, respectivamente, os coeficientes do numerador e do denominador de

$$H(z) = \frac{0{,}0058(z^3 + 3z^2 + 3z + 1)}{z^3 - 2{,}3621z^2 + 2{,}0257z - 0{,}6175}. \tag{6.209}$$

As respostas de módulo de $H_a(s)$ e $H(z)$ são mostradas na Figura 6.16.

É interessante o fato de que a transformação bilinear pode ser implementada como um mapeamento entre os coeficientes das duas funções de transferência. Se escrevemos

$$H_a(s) = \frac{\hat{b}_N s^n + \hat{b}^{N-1} s^{N-1} + \cdots + \hat{b}_1 s + \hat{b}_0}{\hat{a}_N s^n + \hat{a}^{N-1} s^{N-1} + \cdots + \hat{a}_1 s + \hat{a}_0} \tag{6.210}$$

$$H(z) = \frac{b_N z^n + b^{N-1} z^{N-1} + \cdots + b_1 z + b_0}{a_N z^n + a^{N-1} z^{N-1} + \cdots + a_1 z + a_0} \tag{6.211}$$

e definimos os vetores de coeficientes

$$\hat{\mathbf{a}} = [\hat{a}_N \ \hat{a}_{N-1} \ \ldots \ \hat{a}_0]^T; \quad \hat{\mathbf{b}} = \begin{bmatrix} \hat{b}_N & \hat{b}_{N-1} & \ldots & \hat{b}_0 \end{bmatrix}^T \tag{6.212}$$

$$\mathbf{a} = [a_N \ a_{N-1} \ \ldots \ a_0]^T; \quad \mathbf{b} = [b_N \ b_{N-1} \ \ldots \ b_0]^T, \tag{6.213}$$

então podemos escrever que (Pšenička *et al.*, 2002):

$$\mathbf{a} = \mathbf{P}_{N+1} \Delta_{N+1} \hat{\mathbf{a}} \tag{6.214}$$

$$\mathbf{b} = \mathbf{P}_{N+1} \Delta_{N+1} \hat{\mathbf{b}}, \tag{6.215}$$

6.7 Faça você mesmo: aproximações de filtros IIR

onde

$$\Delta_{N+1} = \text{diag}\left[\left(\frac{2}{T}\right)^N, \left(\frac{2}{T}\right)^{N-1}, \ldots, \frac{2}{T}, 1\right] \quad (6.216)$$

e $\mathbf{P}_{N+1}$ é uma matriz de Pascal $(N+1) \times (N+1)$ com as seguintes propriedades:

- Todos os elementos da primeira linha são iguais a 1.
- Os elementos da primeira coluna são determinados por

$$P_{i,1} = (-1)^{i-1} \frac{N!}{(N-i+1)!(i-1)!} \quad (6.217)$$

para $i = 1, 2, \ldots, (N+1)$.
- Os demais elementos são dados por

$$P_{i,j} = P_{i-1,j} + P_{i-1,j-1} + P_{i,j-1} \quad (6.218)$$

para $i, j = 2, 3, \ldots, (N+1)$.

Nesse experimento, como $F_s = 2$ e $N = 3$, obtemos

$$\mathbf{P}_{N+1} = \begin{bmatrix} 1 & 1 & 1 & 1 \\ -3 & -1 & 1 & 3 \\ 3 & -1 & -1 & 3 \\ -1 & 1 & -1 & 1 \end{bmatrix}, \quad \Delta_{N+1} = \begin{bmatrix} 4^3 & 0 & 0 & 0 \\ 0 & 4^2 & 0 & 0 \\ 0 & 0 & 4 & 0 \\ 0 & 0 & 0 & 1 \end{bmatrix}, \quad (6.219)$$

de forma que

$$\begin{bmatrix} a_3 \\ a_2 \\ a_1 \\ a_0 \end{bmatrix} = \begin{bmatrix} 64 & 16 & 4 & 1 \\ -192 & -16 & 4 & 3 \\ 192 & -16 & -4 & 3 \\ -64 & 16 & -4 & 1 \end{bmatrix} \begin{bmatrix} 1 \\ 0{,}9883 \\ 1{,}2384 \\ 0{,}4913 \end{bmatrix} = \begin{bmatrix} 85{,}2577 \\ -201{,}3853 \\ 172{,}7075 \\ -52{,}6495 \end{bmatrix} \quad (6.220)$$

$$\begin{bmatrix} b_3 \\ b_2 \\ b_1 \\ b_0 \end{bmatrix} = \begin{bmatrix} 64 & 16 & 4 & 1 \\ -192 & -16 & 4 & 3 \\ 192 & -16 & -4 & 3 \\ -64 & 16 & -4 & 1 \end{bmatrix} \begin{bmatrix} 0 \\ 0 \\ 0 \\ 0{,}4913 \end{bmatrix} = \begin{bmatrix} 0{,}4913 \\ 1{,}4739 \\ 1{,}4739 \\ 0{,}4913 \end{bmatrix}, \quad (6.221)$$

que correspondem à mesma função de transferência no tempo discreto que antes, após a devida normalização para forçar $a_N = 1$.

6.8 Aproximação de filtros IIR com MATLAB

- `butter`: Projeta filtros de Butterworth analógicos e digitais.
  Parâmetros de entrada:

  - A ordem n do filtro;
  - A frequência de corte normalizada (entre 0 e 1) do filtro, `wp`, que é a frequência em que a resposta de módulo assume o valor de -3 dB (Se esse parâmetro é um vetor de dois elementos [w1,w2], então o comando retorna um filtro digital passa-faixa de ordem $2n$ com faixa de passagem especificada w1 $\leq \omega \leq$ w2.);
  - O tipo do filtro, especificado por uma cadeia de caracteres (Se nenhum parâmetro é fornecido, trata-se de um passa-baixas com frequência de corte `wp` ou de um passa-faixa com faixa de passagem w1 $\leq \omega \leq$ w2. As opções são 'high' para um filtro passa-altas com frequência de corte `wp` e 'stop' para um filtro rejeita-faixa de ordem $2n$ com faixa de rejeição w1 $\leq \omega \leq$ w2.);
  - Para filtros analógicos, acrescenta-se a cadeia 's'.

  Há três possibilidades para os parâmetros de saída. A escolha é automática, dependendo do número de parâmetros requeridos:

  - Parâmetros da forma direta, [b,a], onde b é o vetor de coeficientes do numerador e a é o vetor de coeficientes do denominador;
  - Parâmetros zero-polo, [z,p,k], onde z é o conjunto de zeros do filtro, p é o conjunto de polos do filtro e k é a constante de ganho;
  - Parâmetros no espaço de estados, [A,B,C,D].

  Exemplo (filtro passa-altas digital na forma direta):
  n=11; wp=0,2;
  [b,a]=butter(n,wp,'high');

- `buttord`: Seleciona a ordem de filtros Butterworth.
  Parâmetros de entrada:

  - Frequência da extremidade da faixa de passagem, ω_p;
  - Frequência da extremidade da faixa de rejeição, ω_r;
  - Ondulação na faixa de passagem em dB, A_p;
  - Atenuação na faixa de rejeição em dB, A_r;
  - Para filtros analógicos, acrescenta-se a cadeia 's'.

  Parâmetros de saída:

  - A ordem n do filtro;

6.8 Aproximação de filtros IIR com MATLAB

- A frequência de corte de filtros passa-baixas ou passa-altas, ou um par de frequências correspondentes às extremidades da faixa de passagem ou da faixa de rejeição para filtros passa-faixa e rejeita-faixa, respectivamente.

  Exemplo:
  ```
  wp=0.1; wr=0.15; Ap=1; Ar=20;
  [n,wn]=buttord(wp,wr,Ap,Ar);
  ```

- **buttap**: Determina o protótipo analógico de um filtro passa-baixas de Butterworth.
  Parâmetro de entrada: A ordem n do filtro.
  Parâmetros de saída: Os parâmetros zero-polo [z,p,k], onde z é o conjunto de zeros do filtro, p é o conjunto de polos do filtro e k é a constante de ganho.
  Exemplo:
  ```
  n=9; [z,p,k]=buttap(n);
  ```

- **cheby1**: Projeta filtros analógicos e digitais de Chebyshev.
  A respeito dos parâmetros de entrada e de saída e para um exemplo similar, veja o comando **butter**.

- **cheb1ord**: Seleciona a ordem de filtros de Chebyshev.
  A respeito dos parâmetros de entrada e de saída e para um exemplo similar, veja o comando **buttord**.

- **cheb1ap**: Determina o protótipo analógico de um filtro passa-baixas de Chebyshev.
  A respeito dos parâmetros de entrada e de saída, ver o comando **buttap**. Adicionalmente, a ondulação da faixa de passagem precisa ser fornecida.
  Exemplo:
  ```
  n=9; Ap=1.5;
  [z,p,k]=cheb1ap(n,Ap);
  ```

- **cheby2**: Projeta filtros analógicos e digitais de Chebyshev inversos (veja o Exercício 6.19).
  A respeito dos parâmetros de entrada e de saída e para um exemplo similar, ver o comando **butter**.

- **cheb2ord**: Seleciona a ordem de filtros de Chebyshev inversos.
  A respeito dos parâmetros de entrada e de saída e para um exemplo similar, ver o comando **buttord**.

- **cheb2ap**: Determina o protótipo analógico de um filtro passa-baixas de Chebyshev inverso.
  A respeito dos parâmetros de entrada e de saída, ver o comando **buttap**.

Adicionalmente, o nível de atenuação na faixa de rejeição precisa ser fornecido.
Exemplo:
```
n=11; Ar=30;
[z,p,k]=cheb2ap(n,Ar);
```

- `ellip`: Projeta filtros analógicos e digitais elípticos.
  Parâmetros de entrada:
  - A ordem n do filtro;
  - A ondulação desejada na faixa de passagem em dB, `Ap`, e a atenuação mínima desejada na faixa de rejeição em dB, `Ar`.
  - A frequência de corte normalizada $0 <$ `wp` < 1, que é a frequência em que a resposta de módulo assume o valor `Ap` dB (Se esse parâmetro é um vetor de dois elementos [`w1`, `w2`], então o comando retorna um filtro digital de ordem $2n$ com faixa especificada `w1` $\leq \omega \leq$ `w2`.);
  - O tipo do filtro, especificado por uma cadeia de caracteres (Se nenhum parâmetro é fornecido, trata-se de um passa-baixas com frequência de corte `wp` ou de um passa-faixa com faixa de passagem `w1` $\leq \omega \leq$ `w2`. As opções são `'high'` para um filtro passa-altas com frequência de corte `wp` e `'stop'` para um filtro rejeita-faixa de ordem $2n$ com faixa de rejeição `w1` $\leq \omega \leq$ `w2`.);
  - Para filtros analógicos, acrescenta-se a cadeia `'s'`.

  Parâmetros de saída: Os mesmos vistos para o comando `butter`.
  Exemplo:
  ```
  n=5; Ap=1; Ar=25; wp=0.2;
  [b,a]=ellip(n,Ap,Ar,wp);
  ```

- `ellipord`: Seleciona a ordem de filtros elípticos.
  A respeito dos parâmetros de entrada e de saída e para um exemplo similar, ver o comando `buttord`.

- `ellipap`: Determina o protótipo analógico de um filtro passa-baixas elíptico. A respeito dos parâmetros de entrada e de saída, ver o comando `buttap`. Adicionalmente, os níveis de ondulação na faixa de passagem e de atenuação na faixa de rejeição precisam ser fornecidos.
  Exemplo:
  ```
  n=9; Ap=1.5; Ar=30;
  [z,p,k]=ellipap(n,Ap,Ar);
  ```

- `lp2lp`: Transforma um filtro-protótipo analógico passa-baixas normalizado com frequência de corte de 1 rad/s num filtro passa-baixas com frequência de corte dada.

6.8 Aproximação de filtros IIR com MATLAB

Parâmetros de entrada:

- Coeficientes da forma direta, b,a, onde b é o vetor de coeficientes do numerador e a é o vetor de coeficientes do denominador; ou parâmetros no espaço de estados, [A,B,C,D];
- Frequência de corte normalizada desejada em rad/s.

Parâmetros de saída: Os coeficientes da forma direta bt,at; ou os parâmetros do espaço de estados, [At,Bt,Ct,Dt].
Exemplo (filtro na forma direta):
```
n=9; [z,p,k]=buttap(n);
b=poly(z)*k; a=poly(p); wp=0.3;
[bt,at]=lp2lp(b,a,wp);
```

- lp2hp: Transforma um filtro-protótipo analógico passa-baixas normalizado com frequência de corte de 1 rad/s num filtro passa-altas com frequência de corte dada.
A respeito dos parâmetros de entrada e de saída, ver o comando lp2lp.
Exemplo:
```
n=9; [z,p,k]=buttap(n);
b=poly(z)*k; a=poly(p); wp=1.3;
[bt,at]=lp2hp(b,a,wp);
```

- lp2bp: Transforma um filtro-protótipo analógico passa-baixas normalizado com frequência de corte de 1 rad/s num filtro passa-faixa com frequência central e largura da faixa de passagem dadas.
A respeito dos parâmetros de entrada e de saída, ver o comando lp2lp, observando que em vez da frequência de corte, é preciso especificar a frequência central e a largura da faixa de passagem desejadas.
Exemplo:
```
n=9; [z,p,k]=buttap(n);
b=poly(z)*k; a=poly(p); wc=1; Bw=0.2;
[bt,at]=lp2bp(b,a,wc,Bw);
```

- lp2bs: Transforma um filtro-protótipo analógico passa-baixas normalizado com frequência de corte de 1 rad/s num filtro rejeita-faixa com frequência central e largura da faixa de rejeição dadas.
A respeito dos parâmetros de entrada e de saída e para um exemplo similar, ver o comando lp2bp. Contudo, em vez da largura da faixa de passagem, deve-se especificar a largura da faixa de rejeição.

- impinvar: Mapeia o plano analógico s no plano digital z usando o método da invariância ao impulso. Transforma, portanto, filtros analógicos em seus

equivalentes no tempo discreto cuja resposta ao impulso é igual à resposta ao impulso analógica escalada por um fator $1/F_s$.
Parâmetros de entrada:

- Coeficientes da forma direta, b,a, onde b é o vetor de coeficientes do numerador e a é o vetor de coeficientes do denominador;
- O fator de escalamento F_s, cujo valor, se não fornecido, é considerado igual a 1 Hz.

Parâmetros de saída: Os coeficientes da forma direta, bt e at.
Exemplo:
```
n=9; [z,p,k]=buttap(n); b=poly(z)*k; a=poly(p); Fs=5;
[bt,at]=impinvar(b,a,Fs);
```

- bilinear: Mapeia o plano analógico s no plano digital z usando a transformação bilinear. Transforma, portanto, filtros analógicos em seus equivalentes no tempo discreto. Esse comando requer que a ordem do denominador seja maior ou igual à ordem do numerador.
Parâmetros de entrada:

  - Coeficientes da forma direta, b,a, onde b é o vetor de coeficientes do numerador e a é o vetor de coeficientes do denominador; ou parâmetros zero-polo, [z,p,k], onde z é o conjunto de zeros do filtro, p é o conjunto de polos do filtro e k é a constante de ganho; ou parâmetros no espaço de estados, [A,B,C,D];
  - A frequência de amostragem em Hz;
  - A frequência, em Hz, na qual a resposta na frequência permanece inalterada após a transformação.

  Parâmetros de saída: Os coeficientes da forma direta, bt,at; os parâmetros zero-polo, [z,p,k]; ou os parâmetros no espaço de estados, [At,Bt,Ct,Dt].
  Exemplo (filtro na forma direta com pré-distorção):
```
n=9; [z,p,k]=buttap(n);
b=poly(z)*k; a=poly(p); Fs=5; Fp=2;
[bt,at]=bilinear(b,a,Fs,Fp);
```

- invfreqz: Realiza o projeto de um filtro digital usando uma dada resposta na frequência. Por *default*, esse comando minimiza um funcional quadrático (erro de equação) que pode levar a soluções instáveis. Quando é fornecido pelo usuário o número máximo de iterações ou uma tolerância, é efetuada a minimização de um funcional do erro de saída similar ao dado na Seção 6.5.1, usando-se a solução do erro de equação como estimativa inicial.

Parâmetros de entrada:

- Um vetor com a resposta na frequência complexa desejada e o vetor de frequências correspondente;
- As ordens desejadas do numerador e do denominador;
- Um vetor com os pesos para cada frequência especificada;
- Um número máximo de iterações para que o algoritmo numérico atinja a convergência. Esse parâmetro força a minimização de um funcional do erro de saída;
- Uma tolerância para verificação da convergência. Esse parâmetro força a minimização de um funcional do erro de saída.

Parâmetro de saída: Os coeficientes da forma direta, bt,at.

Exemplo (filtro digital de Butterworth com $n = 2$ e $\omega_p = 0{,}2$):

```
n=2; b=[0.0675 0.1349 0.0675];
a=[1.0000 -1.1430 0.4128];    [h,w]=freqz(b,a,64);
[bt,at]=invfreqz(h,w,n,n);
```

- invfreqs: Realiza o projeto de um filtro analógico usando uma dada resposta na frequência.

  A respeito dos parâmetros de entrada e de saída, e para um exemplo similar, ver o comando invfreqz.

- Conforme foi mencionado no Capítulo 5, o MATLAB fornece o comando sptool, que integra a maioria dos comandos acima numa interface única que simplifica muito o projeto de filtros digitais IIR convencionais, usando diversos métodos discutidos anteriormente.

- O leitor interessado também pode se reportar à literatura de MATLAB a respeito dos comandos lpc, maxflat, prony, stmcb e yulewalk, próprios para procedimentos mais específicos de projeto de filtros digitais IIR.

6.9 Resumo

Neste capítulo, cobrimos os métodos clássicos para aproximação de filtros analógicos, assim como dois métodos para transformar uma função de transferência no tempo contínuo numa função de transferência no tempo discreto. Foram abordados os métodos de transformação por invariância ao impulso e bilinear. Embora existam outros métodos de transformação, os apresentados neste capítulo são os mais usados em processamento digital de sinais.

Também foram abordados métodos de transformação no domínio do tempo discreto. Mostrou-se que algumas dessas transformações são úteis no projeto de filtros com frequência de corte variável.

Foi estudada a aproximação simultânea de módulo e fase, e foi descrito um procedimento de otimização.

Em seguida, foi apresentado o problema de aproximação no domínio do tempo, e foram brevemente discutidos alguns métodos que minimizam o erro quadrático médio entre a resposta ao impulso prescrita e a resultante.

Finalmente, foram apresentados experimentos práticos para o projeto de filtros IIR numa seção 'Faça você mesmo', seguida de um resumo de comandos relacionados em MATLAB.

6.10 Exercícios

6.1 Determine as especificações normalizadas para o filtro passa-baixas analógico de Chebyshev correspondente ao filtro passa-altas com especificações:

$A_p = 0{,}2$ dB;
$A_r = 50$ dB;
$\Omega_r = 400$ Hz;
$\Omega_p = 440$ Hz.

6.2 Determine as especificações normalizadas para o filtro passa-baixas analógico elíptico correspondente ao filtro passa-faixa com especificações:

$A_p = 2$ dB;
$A_r = 40$ dB;
$\Omega_{r_1} = 400$ Hz;
$\Omega_{p_1} = 500$ Hz;
$\Omega_{p_2} = 600$ Hz;
$\Omega_{r_2} = 700$ Hz.

6.3 Projete um filtro analógico elíptico que satisfaça as seguintes especificações:

$A_p = 1{,}0$ dB;
$A_r = 40$ dB;
$\Omega_p = 1000$ Hz;
$\Omega_r = 1209$ Hz.

6.10 Exercícios

6.4 Projete um filtro passa-baixas de Butterworth que satisfaça as seguintes especificações:

$A_p = 0{,}5$ dB;
$A_r = 40$ dB;
$\Omega_p = 100$ Hz;
$\Omega_r = 150$ Hz;
$\Omega_s = 500$ Hz.

6.5 Projete um filtro rejeita-faixa elíptico que satiafaça as seguintes especificações:

$A_p = 0{,}5$ dB;
$A_r = 60$ dB;
$\Omega_{p_1} = 40$ Hz;
$\Omega_{r_1} = 50$ Hz;
$\Omega_{r_2} = 70$ Hz;
$\Omega_{p_2} = 80$ Hz;
$\Omega_s = 240$ Hz.

6.6 Projete filtros passa-altas de Butterworth, de Chebyshev e elíptico que satisfaçam as seguintes especificações:

$A_p = 1{,}0$ dB;
$A_r = 40$ dB;
$\Omega_r = 5912{,}5$ rad/s;
$\Omega_p = 7539{,}8$ rad/s;
$\Omega_s = 50\,265{,}5$ rad/s.

6.7 Projete três filtros passa-faixa digitais, o primeiro com frequência central em 770 Hz, o segundo em 852 Hz e o terceiro em 941 Hz. Para o primeiro filtro, as extremidades das faixas de rejeição estão nas frequências 697 e 852 Hz; para o segundo, em 770 e 941 Hz; para o terceiro, em 852 e 1209 Hz. Nos três filtros, a atenuação mínima na faixa de rejeição é 40 dB. Use $\Omega_s = 8$ kHz.

6.8 Represente graficamente a constelação de zeros e polos para os três filtros projetados no Exercício 6.7, e visualize a resposta de módulo resultante em cada caso.

6.9 Crie em MATLAB um sinal de entrada composto de três componentes senoidais, nas frequências 770 Hz, 852 Hz e 941 Hz, com $\Omega_s = 8$ kHz. Use os três filtros projetados no Exercício 6.7 para isolar cada componente num sinal diferente.

6.10 A função de transferência

$$H(s) = \frac{\kappa}{(s^2 + 1{,}4256s + 1{,}23313)(s + 0{,}6265)}$$

corresponde a um filtro passa-baixas normalizado de Chebyshev com ondulação na faixa de passagem $A_\mathrm{p} = 0{,}5$ dB.

(a) Determine κ para que o ganho do filtro em DC seja unitário.
(b) Projete um filtro passa-altas digital com frequência de corte $\omega_\mathrm{p} = \pi/3$ rad/s, frequência de amostragem $\omega_\mathrm{s} = \pi$ rad/s e ondulação na faixa de passagem 0,5 dB, usando a transformação bilinear.
(c) Sugira uma possível realização para a função de transferência resultante.

6.11 Transforme a função de transferência passa-altas no tempo contínuo dada por

$$H(s) = \frac{s^2}{s^2 + s + 1}$$

numa função de transferência no tempo discreto usando o método da invariância ao impulso com $\Omega_\mathrm{s} = 10$ rad/s. Represente graficamente as respostas de módulo analógica e digital resultantes.

6.12 Repita o Exercício 6.11 usando o método da transformação bilinear e compare os resultados dos dois exercícios.

6.13 Dada a função de transferência analógica

$$H(s) = \frac{1}{(s^2 + 0{,}767\,22s + 1{,}338\,63)(s + 0{,}767\,22)},$$

projete funções de transferência correspondentes a filtros no tempo discreto usando os métodos de invariância ao impulso e transformação bilinear. Escolha $\Omega_\mathrm{s} = 12$ rad/s. Compare as duas respostas na frequência resultantes com a do filtro analógico original.

6.14 Repita o Exercício 6.13 usando $\Omega_\mathrm{s} = 24$ rad/s e compare os resultados alcançados em cada caso.

6.15 Repita o Exercício 6.13 usando os comandos `impinvar` e `bilinear` em MATLAB.

6.16 Determine a função de transferência analógica original correspondente a

$$H(z) = \frac{4z}{z - \mathrm{e}^{-0{,}4}} - \frac{z}{z - \mathrm{e}^{-0{,}8}},$$

assumindo que o método utilizado para o mapeamento analógico-digital, com $T = 4$, foi:

(a) invariância ao impulso;
(b) transformação bilinear.

6.17 Determine a função de transferência analógica original correspondente a

$$H(z) = \frac{2z^2 - \left(e^{-0,2} + e^{-0,4}\right)z}{\left(z - e^{-0,2}\right)\left(z - e^{0,4}\right)},$$

assumindo que o método utilizado para o mapeamento analógico-digital, com $T = 2$, foi:

(a) invariância ao impulso;
(b) transformação bilinear.

6.18 Projete um filtro digital correspondente ao filtro do Exercício 6.3, com $\Omega_s = 8$ kHz. Então, transforme o filtro projetado num filtro passa-altas que satisfaça as especificações do Exercício 6.6, usando a transformação na frequência da Seção 6.4.

6.19 Este exercício descreve a aproximação de Chebyshev inverso. O fator de atenuação de um filtro passa-baixas de Chebyshev inverso é caracterizado como

$$|A(j\Omega')|^2 = 1 + E(j\Omega')E(-j\Omega')$$

$$E(s')E(-s') = \frac{\epsilon'^2}{C_n^2(j/s')},$$

onde $C_n(\Omega')$ é uma função de Chebyshev de ordem n e

$$\epsilon' = \sqrt{10^{0,1A_r} - 1}.$$

A aproximação de Chebyshev inverso é maximamente plana em $\Omega' = 0$ e tem um conjunto de zeros de transmissão na faixa de rejeição, localizados nos inversos das raízes do polinômio de Chebyshev correspondente. Usando essas equações, a extremidade da faixa de rejeição é posicionada em $\Omega'_r = 1$ rad/s, e tal propriedade deve ser considerada quando se aplica desnormalização.

(a) Desenvolva expressões para a extremidade da faixa de passagem, para os zeros de transmissão e para os polos de um filtro normalizado de ordem n.
(b) Projete o filtro do Exercício 6.6 usando a aproximação de Chebyshev inverso.

6.20 Mostre que as transformações de passa-baixas para passa-faixa e de passa-baixas para rejeita-faixa propostas na Seção 6.4 são válidas

6.21 Aplique a transformação de passa-baixas para passa-altas ao filtro projetado no Exercício 6.4 e represente graficamente a resposta de módulo resultante.

6.22 Revisite o Exemplo 6.4, agora forçando o zero do passa-altas em $\omega_{p_1} = 2\pi/3$. Represente graficamente as respostas de módulo antes e depois da transformação.

6.23 Dada a função de tranferência do passa-baixas normalizado

$$H(z) = 0{,}06\frac{z^2 + \sqrt{2}z + 1}{z^2 - 1{,}18z + 0{,}94},$$

descreva sua transformação na frequência para um filtro passa-faixa com zeros em $\pi/6$ e $2\pi/3$.

6.24 Projete um equalizador de fase para o filtro elíptico do Exercício 6.6 com a mesma ordem que o filtro.

6.25 Projete um filtro passa-baixas que satisfaça as seguintes especificações:

$M(\Omega T) = 1{,}0$, para $0{,}0\Omega_s < \Omega < 0{,}1\Omega_s$;
$M(\Omega T) = 0{,}5$, para $0{,}2\Omega_s < \Omega < 0{,}5\Omega_s$;
$\tau(\Omega T) = 4{,}0$, para $0{,}0\Omega_s < \Omega < 0{,}1\Omega_s$.

6.26 A resposta ao impulso desejada para um filtro é dada por $g(n) = 1/2^n$. Projete um filtro recursivo tal que sua resposta ao impulso $h(n)$ iguale $g(n)$ para $n = 0, 1, \ldots, 5$.

6.27 Represente graficamente e compare as respostas de módulo associadas às respostas ao impulso ideal e aproximada do Exercício 6.26.

6.28 Projete um filtro com 10 coeficientes tal que sua resposta ao impulso aproxime a seguinte sequência:

$$g(n) = \left(\frac{1}{6^n} + 10^{-n} + \frac{0{,}05}{n+2}\right) u(n).$$

Escolha alguns valores-chave para M e N, e discuta qual escolha produz o menor erro quadrático médio após a décima amostra.

6.29 Compare as respostas de módulo associadas aos filtros projetados no Exercício 6.28 para diversos valores de M e N.

6.30 Repita o Experimento 6.2 usando $F_s = 10$ Hz. Compare a resposta de módulo da função de transferência no tempo discreto resultante com a obtida no experimento.

6.31 Determine a matriz de Pascal $\mathbf{P}_{N+1}$ definida no Experimento 6.2 para $N = 4$ e $N = 5$.

6.32 Projete um filtro digital IIR para reduzir a quantidade do ruído nas duas componentes senoidais do Experimento 1.3. Avalie o atendimento de suas especificações processando x_noisy, tal como definido no experimento, com o filtro projetado e verificando a razão sinal-ruído na saída.

7 Estimação espectral

7.1 Introdução

Nos capítulos anteriores, fomos apresentados a algumas técnicas para projeto de filtros digitais FIR e IIR. Algumas dessas técnicas também podem ser usadas em outras aplicações relacionadas à área de processamento digital de sinais, em geral. No presente capítulo, consideramos o problema prático recorrente de se estimar a densidade espectral de potência (PSD) de um dado sinal no tempo discreto, $y(n)$. Esse problema aparece em várias aplicações, como sistemas de radar/sonar, transcrição automática de música, modelagem de fala e assim por diante. Frequentemente, é resolvido estimando-se inicialmente a função de autocorrelação com os dados disponíveis, à qual se aplica em seguida uma transformada de Fourier para obter a descrição espectral desejada do processo associado, como sugerido pelo teorema de Wiener–Khinchin, descrito mais adiante neste capítulo.

Há diversos algoritmos para realizar a estimação espectral. Cada um tem características diferentes com respeito à complexidade computacional, à precisão, à resolução na frequência ou a outros aspectos estatísticos. Podemos classificar todos os algoritmos como métodos paramétricos ou não-paramétricos. Métodos não-paramétricos não assumem nenhuma estrutura particular por trás dos dados disponíveis, enquanto que esquemas paramétricos consideram que o processo associado segue algum padrão caracterizável por um conjunto específico de parâmetros pertencentes a um dado modelo. Em geral, abordagens paramétricas tendem a ser mais simples e mais acuradas, mas dependem do conhecimento a priori de alguma informação sobre o problema em questão.

Este capítulo é organizado como se segue. A Seção 7.2 apresenta os conceitos básicos de teoria da estimação que são usados para caracterizar os métodos não--paramétricos apresentados na Seção 7.3, incluindo o algoritmo do periodograma, com suas muitas variações, e o método da variância mínima, que se baseia na ideia de se estimar o espectro de potência em torno de qualquer frequência prescrita como numa operação de *zoom*. A Seção 7.4 apresenta a teoria geral de modelagem de sistemas, caracterizando a função de autocorrelação para diferentes classes das chamadas equações de Yule–Walker. A Seção 7.5 enfoca a estimação da PSD para sistemas autorregressivos, incluindo os métodos chamados da covariância, da autocorrelação e de Burg. A Seção 7.6 mapeia o método da predição linear no problema mais geral de encontrar uma relação determinística entre dois sinais estocásticos, cuja solução é chamada de filtro de Wiener. A solução de Wiener encontra aplicações que vão muito além da estimação espectral. Algumas discussões sobre métodos mais avançados de estimação espectral não cobertos neste livro são apresentadas na Seção 7.7. O capítulo se encerra com uma seção 'Faça você mesmo' que descreve a estimação da PSD de um sinal sintético.

7.2 Teoria da estimação

O problema de estimação é geralmente classificado em dois grupos: referimo-nos ao problema da estimação clássica quando tentamos determinar o valor de uma constante fixa (determinística) desconhecida; se tentamos estimar alguma estatística de um parâmetro aleatório, então referimo-nos ao problema da estimação bayesiana.

Considere o problema da estimação clássica. Seja Θ um parâmetro real a ser estimado a partir do conjunto de dados disponível $\mathbf{y} = \{y(0), y(1), \ldots, y(L-1)\}$, associado ao processo aleatório $\{Y\}$.

A polarização (em inglês, *bias*) $B(\hat{\Theta})$ de um estimador $\hat{\Theta}$ de um parâmetro determinístico Θ é definido como

$$B(\hat{\Theta}) = E\{\hat{\Theta}\} - \Theta. \tag{7.1}$$

Se $B(\hat{\Theta}) = 0$, então diz-se que o estimador $\hat{\Theta}$ é não-polarizado; do contrário, ele é chamado polarizado. Outras características importantes de um estimador são sua variância, seu desvio padrão e seu erro quadrático médio (MSE, do inglês *Mean Squared Error*), definidas respectivamente como

$$\text{var}\{\hat{\Theta}\} = E\left\{\left(\hat{\Theta} - E\{\hat{\Theta}\}\right)^2\right\}, \tag{7.2}$$

$$\sigma_{\hat{\Theta}} = \sqrt{\text{var}\{\hat{\Theta}\}} \tag{7.3}$$

e

$$\text{MSE}\{\hat{\Theta}\} = E\left\{\left(\hat{\Theta} - \Theta\right)^2\right\}. \tag{7.4}$$

É imediato mostrar que

$$\text{MSE}\{\hat{\Theta}\} = \text{var}\{\hat{\Theta}\} + B^2(\hat{\Theta}), \tag{7.5}$$

de forma que para um estimador não-polarizado temos

$$\text{MSE}\{\hat{\Theta}\} = \text{var}\{\hat{\Theta}\}. \tag{7.6}$$

7.3 Estimação espectral não-paramétrica

Um estimador $\hat{\Theta}$ é chamado consistente quando converge (em probabilidade) para o valor verdadeiro do parâmetro, ou seja,

$$\lim_{L\to\infty} \text{Prob}\{|\hat{\Theta} - \Theta| > \epsilon\} = 0, \tag{7.7}$$

sendo ϵ um pequeno valor positivo, com a variância associada também convergindo para zero. A consistência avalia o desempenho do estimador no caso limite de um L suficientemente elevado, e é uma característica desejável para um estimador.

Em geral, nossa meta é um estimador não-polarizado de variância reduzida, ou, equivalentemente, com MSE reduzido, embora haja outro ponto de vista, segundo o qual permitir uma pequena polarização a fim de obter o MSE mínimo pode ser melhor que chegar ao estimador não-polarizado de variância mínima (Kay & Eldar, 2008). Na prática, entretanto, podemos reduzir a polarização ao custo de aumentar a variância, e vice-versa. A forma natural de reduzir ambas simultaneamente é aumentar a quantidade de dados L. Pode-se mostrar que a variância de qualquer estimador não-polarizado é limitada inferiormente pelo chamado limite inferior de Cramer–Rao (Van Trees, 1968), dado por

$$\text{var}\{\hat{\Theta}\} \geq \frac{1}{E\left\{(\partial \ln p(\mathbf{y}, \Theta)/\partial \Theta)^2\right\}}, \tag{7.8}$$

onde $p(\mathbf{y}, \Theta)$ é a densidade de probabilidade das observações $\mathbf{y}$, incluindo sua dependência de Θ, também conhecida como função de verossimilhança (em inglês, *likelihood*) de Θ. Diz-se que um estimador não-polarizado é eficiente se sua variância atinge o limite de Cramer–Rao. Nesse sentido, dizemos que o estimador usa todos os dados disponíveis de maneira eficiente. Deve-se ressaltar que não podemos sempre garantir a existência de um estimador eficiente para um problema específico.

7.3 Estimação espectral não-paramétrica

A estimação espectral não-paramétrica se serve do teorema de Wiener–Khinchin, que estabelece que a transformada de Fourier da função de autocorrelação de um processo aleatório WSS corresponde à PSD desse processo. Esta seção explica como estimar a PSD ou a sequência de autocorrelação de um processo WSS ergódico $\{Y\}$ a partir de um número limitado de dados medidos. Note que tal estimador é na verdade um processo aleatório $\{P\}$, diferente do processo aleatório original $\{Y\}$. Na prática, sempre que realizamos uma estimação, calculamos uma realização desse processo aleatório $\{P\}$ (a estimativa) usando a realização disponível do processo aleatório $\{Y\}$. Para enfatizar isso, usaremos letras minúsculas $y(n)$ para representar as amostras do processo $\{Y\}$ e também o próprio processo, com alguma liberdade de notação. Adicionalmente, como é sempre interessante analisar as características estatísticas (polarização, variância etc.) do processo estimador $\{P\}$, isso será feito em cada caso.

7.3.1 Periodograma

O estimador por periodograma da PSD de um dado processo $\{Y\}$ é definido como

$$\hat{\Gamma}_{Y,\mathrm{P}}(\mathrm{e}^{\mathrm{j}\omega}) = \frac{1}{L}\left|\sum_{n=0}^{L-1} y(n)\mathrm{e}^{-\mathrm{j}\omega n}\right|^2, \qquad (7.9)$$

onde o subscrito P se origina do nome do estimador. Isso é equivalente a aplicar uma janela retangular sobre o intevalo $0 \leq n \leq (L-1)$ do sinal $y(n)$, elevar ao quadrado o módulo da transformada de Fourier da sequência truncada e normalizar o resultado por um fator L, para obter uma medida da densidade espectral de potência. Para $y(n)$ real, um simples desenvolvimento algébrico da equação (7.9) fornece

$$\begin{aligned}
\hat{\Gamma}_{Y,\mathrm{P}}(\mathrm{e}^{\mathrm{j}\omega}) &= \frac{1}{L}\left(\sum_{m=0}^{L-1} y(m)\mathrm{e}^{-\mathrm{j}\omega m}\right)\left(\sum_{n=0}^{L-1} y(n)\mathrm{e}^{\mathrm{j}\omega n}\right) \\
&= \frac{1}{L}\sum_{m=0}^{L-1}\sum_{n=0}^{L-1} y(m)y(n)\mathrm{e}^{-\mathrm{j}\omega(m-n)} \\
&= \frac{1}{L}\Big[y(0)y(L-1)\mathrm{e}^{-\mathrm{j}\omega(-L+1)} \\
&\quad + (y(0)y(L-2) + y(1)y(L-1))\,\mathrm{e}^{-\mathrm{j}\omega(-L+2)} \\
&\quad + \cdots + \left(y^2(0) + y^2(1) + \cdots + y^2(L-1)\right)\mathrm{e}^{-\mathrm{j}\omega(0)} + \cdots \\
&\quad + (y(L-1)y(1) + y(L-2)y(0))\,\mathrm{e}^{-\mathrm{j}\omega(L-2)} \\
&\quad + y(L-1)y(0)\mathrm{e}^{-\mathrm{j}\omega(L-1)}\Big] \\
&= \sum_{\nu=-L+1}^{L-1} \hat{R}_{Y,\mathrm{b}}(\nu)\mathrm{e}^{-\mathrm{j}\omega\nu}, \qquad (7.10)
\end{aligned}$$

com

$$\hat{R}_{Y,\mathrm{b}}(\nu) = \frac{1}{L}\sum_{n=0}^{L-1-|\nu|} y(n)y(n+|\nu|) \qquad (7.11)$$

7.3 Estimação espectral não-paramétrica

para $\nu = -(L-1), -(L-2), \ldots, 0, \ldots, (L-2), (L-1)$, e o subscrito b indicando que o estimador é polarizado (do inglês *biased*). Portanto, podemos interpretar que o estimador por periodograma se baseia no teorema de Wiener–Khinchin aplicado à função de autocorrelação dada pela equação (7.11).

Tomando-se o valor esperado da equação (7.11) e considerando que $\{Y\}$ é WSS, obtemos

$$E\left\{\hat{R}_{Y,b}(\nu)\right\} = \frac{1}{L} \sum_{n=0}^{L-1-|\nu|} E\left\{y(n)y(n+|\nu|)\right\} = \frac{L-|\nu|}{L} R_Y(\nu). \tag{7.12}$$

Assim, o estimador da autocorrelação associado ao método do periodograma é, na média, o resultado de se multiplicar pela janela de Bartlett

$$w_B(\nu) = \begin{cases} \frac{L-|\nu|}{L}, & \text{se } |\nu| \leq (L-1) \\ 0, & \text{em caso contrário} \end{cases} \tag{7.13}$$

a verdadeira função de autocorrelação $R_Y(\nu)$. No domínio da frequência, a PSD obtida pela média do periodograma se torna a convolução da verdadeira função de PSD com a transformada de Fourier $W_B(e^{j\omega})$ da janela de Bartlett, isto é,

$$E\{\hat{\Gamma}_{Y,P}(e^{j\omega})\} = \frac{1}{2\pi} \int_{-\pi}^{\pi} W_B(e^{j(\omega-\psi)}) \Gamma_Y(e^{j\psi}) \, d\psi, \tag{7.14}$$

onde

$$W_B(e^{j\omega}) = \frac{1}{L} \left[\frac{\operatorname{sen}(\omega L/2)}{\operatorname{sen}(\omega/2)}\right]^2. \tag{7.15}$$

Uma característica importante do periodograma, tal como definido na equação (7.9), é que ele pode ser prontamente implementado com o algoritmo de FFT apresentado na Seção 3.5. Para L finito, o estimador da autocorrelação $\hat{R}_{Y,b}(\nu)$ definido na equação (7.11) é claramente polarizado para $\nu \neq 0$, e sua polarização cresce com o aumento de $|\nu|$. Além disso, $\hat{R}_{Y,b}(\nu)$ se torna zero para todos os intervalos de tempo $|\nu| > (L-1)$. A variância de $\hat{R}_{Y,b}(\nu)$ também tende a crescer com o aumento de $|\nu|$, já que a média é calculada sobre um número progressivamente menor de valores de n.

Se o processo $\{Y\}$ é de ruído branco, tal que $\Gamma_Y(e^{j\omega}) = \sigma_Y^2$, o estimador por periodograma é não-polarizado até para L finito, uma vez que

$$E\{\hat{\Gamma}_{Y,P}(e^{j\omega})\} = \frac{\sigma_Y^2}{2\pi} \int_{-\pi}^{\pi} W_B(e^{j(\omega-\psi)}) \, d\psi = \sigma_Y^2 w_B(0) = \sigma_Y^2 = \Gamma_Y(e^{j\omega}). \tag{7.16}$$

Em geral, no entanto, pode-se verificar que o estimador de PSD por periodograma é polarizado para L finito, não-polarizado para o caso limite em que $L \to \infty$ e apresenta variância constante, independente do valor de L (Kay, 1988), constituindo-se, assim, num estimador não-consistente.

7.3.2 Variações do periodograma

Um conjunto grande de dados pode ser particionado em L/K blocos de comprimento K cada, produzindo várias estimativas, cuja média pode ser calculada para reduzir a variância associada ao algoritmo do periodograma. Essa abordagem, contudo, reduz a quantidade de dados usados em cada estimativa, reduzindo com isso sua resolução espectral. Isso quer dizer que o método da média de periodogramas troca variância por resolução no estimador de PSD resultante.

Outra variação do estimador padrão por periodograma utiliza uma janela não--retangular sobre o conjunto completo de dados $\{y(0), y(1), \ldots, y(L-1)\}$ que está sendo processado. Isso enfatiza a amplitude dos picos da PSD, permitindo detectar melhor componentes senoidais em $\{Y\}$, mas também alarga esses picos, o que pode levar picos vizinhos a aparecerem como um único pico.

Pode-se evitar a polarização no estimador de autocorrelação por periodograma usando $(L - |\nu|)$ em vez de L no denominador da equação (7.11), o que leva ao estimador de autocorrelação

$$\hat{R}_{Y,\text{u}}(\nu) = \frac{1}{L - |\nu|} \sum_{n=0}^{L-1-|\nu|} y(n)y(n + |\nu|), \tag{7.17}$$

tal que

$$E\left\{\hat{R}_{Y,\text{u}}(\nu)\right\} = \frac{1}{L - |\nu|} \sum_{n=0}^{L-1-|\nu|} E\left\{y(n)y(n + |\nu|)\right\} = R_Y(\nu), \tag{7.18}$$

onde o subscrito u indica que o estimador é não-polarizado (do inglês *unbiased*). A substituição de $\hat{R}_{Y,\text{b}}(\nu)$ por $\hat{R}_{Y,\text{u}}(\nu)$ na última linha da equação (7.10), contudo, pode levar a valores negativos na função de PSD estimada (Kay, 1988). Isso pode ser contornado introduzindo-se uma função-janela $w(n)$, de comprimento $(2K + 1)$, sendo $K < L$, no cálculo do novo estimador de PSD:

$$\hat{\Gamma}_{Y,\text{BT}}(e^{j\omega}) = \sum_{\nu=-K}^{K} w(\nu)\hat{R}_{Y,\text{u}}(\nu)e^{-j\omega\nu}, \tag{7.19}$$

que constitui o chamado estimador espectral de Blackman–Tukey (BT). A escolha de $K \ll L$ remove as amostras mais ruidosas da função de autocorrelação do cálculo de $\hat{\Gamma}_{Y,\text{BT}}(e^{j\omega})$, reduzindo assim a variância do estimador resultante, ao custo de um ligeiro aumento na polarização originado do fato de estarmos usando menos dados.

Na tentativa de evitar valores negativos na PSD estimada, a literatura associada apresenta diversas funções-janela $w(n)$ para o estimador espectral BT, que levam a diversos balanços entre polarização e variância.

7.3 Estimação espectral não-paramétrica

EXEMPLO 7.1

Considere um sinal $y(n)$ formado por três componentes senoidais dadas por

$$y(n) = \text{sen}\left(2\pi\frac{f_1}{f_s}n\right) + \text{sen}\left(2\pi\frac{f_2}{f_s}n\right) + 5\,\text{sen}\left(2\pi\frac{f_3}{f_s}n\right), \qquad (7.20)$$

com $f_1 = 45$ Hz, $f_2 = 55$ Hz e $f_3 = 75$ Hz, amostrado a $f_s = 400$ amostras/s durante um intervalo de tempo de 200 ms. Use os métodos periodograma, média de periodogramas, periodograma com janelamento de dados e de BT para estimar a função de PSD desse sinal, conhecendo suas amostras em $0 \leq n < 80$.

SOLUÇÃO

Os quatro métodos baseados em periodograma descritos nesta seção foram implementados para estimar a PSD do sinal fornecido $y(n)$. As estimativas de PSD resultantes são mostradas na Figura 7.1, numa faixa de frequências normalizada, onde as linhas pontilhadas verticais indicam as frequências das três componentes senoidais. Mais detalhes sobre o uso desses métodos com auxílio do MATLAB podem ser encontrados na seção 'Faça você mesmo' ao final deste capítulo. Neste exemplo, o número de amostras é $L = 80$ e, onde requerido, $K = 20$. Na Figura 7.1a, verifica-se que o método padrão (equações (7.10) e (7.11)) realiza uma estimação levemente polarizada, uma vez que os picos de 45 e 55 Hz estão ligeiramente deslocados, os lobos laterais do pico de 75 Hz quase mascarando o pico de 55 Hz. A estimativa pela média dos quatro periodogramas de tamanho $K = 20$ é mostrada na Figura 7.1b, onde se observa claramente a redução da variância resultante acompanhada de uma perda de resolução espectral. Pode-se mostrar que a média de periodogramas é assintoticamente não-polarizada. Entretanto, devido a o número de amostras utilizadas em cada periodograma ser menor que $L = 80$, há uma perda de resolução (da ordem de $L/K = 4$, como esperado). No caso em pauta, um periodograma que use todo o conjunto de dados tem uma resolução menor que $2\pi/L$, o que corresponde a uma resolução de 5 Hz na frequência. Usar $K = 20$, entretanto, altera a resolução por um fator de quatro, para uma resolução de 20 Hz, o que explica por que o pico de 55 Hz não pode mais ser observado na Figura 7.1b. A estimativa de PSD que aplica uma janela de Hamming aos dados antes de calcular a função de autocorrelação é capaz de evitar o efeito de mascaramento, como se vê na Figura 7.1c, mas também alarga o lobo principal de cada pico, dessa vez quase misturando os picos de 45 e 55 Hz num único pico. Finalmente, a Figura 7.1d representa a estimativa da PSD através do método de Blackman–Tukey, dado pela equação (7.19), usando uma janela de Hamming diretamente sobre a função de autocorrelação estimada, ilustrando o excelente compromisso polarização–variância que esta técnica pode atingir. △

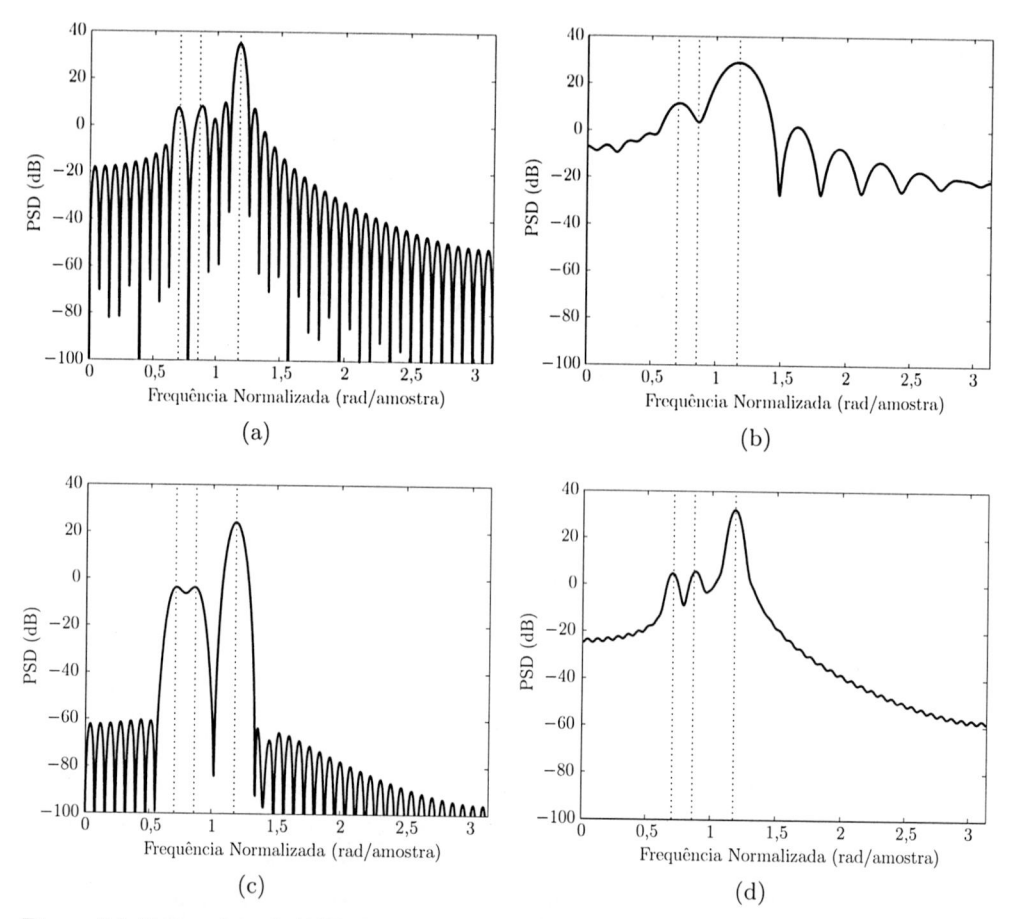

Figura 7.1 Estimativas de PSD pelos métodos baseados em periodograma, com as frequências normalizadas verdadeiras indicadas por linhas pontilhadas verticais: (a) periodograma padrão; (b) média de periodogramas; (c) periodograma com janelamento de dados; (d) método BT.

7.3.3 Estimador espectral de variância mínima

Nesta seção derivamos ainda outro método para estimar o espectro de um dado sinal com base na estimação da potência do sinal em frequências arbitrárias.

Os métodos não-paramétricos de estimação espectral apresentados até então se baseiam no periodograma, descrito na equação (7.9). Esta equação indica que uma janela retangular posicionada no intervalo de tempo $0 \leq n \leq (L-1)$ é aplicada ao sinal $y(n)$ e a transformada de Fourier do resultado é calculada, tomando-se uma versão escalada do quadrado de seu módulo.

A abordagem de variância mínima estima o espectro na frequência ω_c filtrando o sinal com um filtro passa-faixa estreito centrado em ω_c e estimando a potência na saída do filtro. Este deve ser otimizado para entregar o mínimo de energia fora da faixa de passagem. Supondo que a resposta ao impulso do filtro centrado

7.3 Estimação espectral não-paramétrica

em ω_c seja $w^*_{\omega_c}(n)$ e tenha comprimento L, a saída do filtro é

$$y_{\text{MV},\omega_c}(n) = \sum_{l=0}^{L-1} w^*_{\omega_c}(l) y(n-l), \qquad (7.21)$$

onde o subscrito MV se refere a variância mínima (do inglês *minimum variance*). O leitor deve observar que a fim de derivar o estimador espectral MV, permitimos $w_{\omega_c}(n)$ complexa. Portanto, a potência na saída do filtro é

$$E\{|y_{\text{MV},\omega_c}(n)|^2\} = R_{\text{MV},\omega_c}(0) = \frac{1}{2\pi} \int_{-\pi}^{\pi} |W^*_{\omega_c}(e^{-j\omega})|^2 \Gamma_Y(e^{j\omega}) d\omega, \qquad (7.22)$$

onde $W^*_{\omega_c}(e^{-j\omega})$ é a transformada de Fourier da resposta ao impulso $w^*_{\omega_c}(n)$ do filtro passa-faixa centrado na frequência ω_c. Se a faixa de passagem $\Delta\omega$ do filtro é suficientemente estreita e tem ganho unitário, então a equação (7.22) pode ser escrita como

$$E\{|y_{\text{MV},\omega_c}(n)|^2\} \approx \frac{\Delta\omega}{2\pi} \Gamma_Y(e^{j\omega_c}), \qquad (7.23)$$

o que implica que a potência de $y_{\text{MV},\omega_c}(n)$ é aproximadamente proporcional à PSD de $y(n)$ em torno da frequência ω_c.

Nossa meta é fazer uma estimação acurada de $\Gamma_Y(e^{j\omega_c})$ para qualquer valor de ω_c projetando inteligentemente o filtro apropriado. A ideia chave é minimizar a potência de $y_{\text{MV},\omega_c}(n)$ sobre toda a faixa de frequências $-\pi \leq \omega < \pi$, mantendo ao mesmo tempo unitário o ganho do filtro na frequência central arbitrária ω_c. Dessa forma, estamos em condições de reduzir ao máximo as contribuições da potência de frequências distantes da frequência central. Portanto, o objetivo do estimador espectral de variância mínima é minimizar

$$\xi_{\omega_c} = E\{|y_{\text{MV},\omega_c}(n)|^2\} \qquad (7.24)$$

com a restrição

$$\sum_{l=0}^{L-1} w^*_l e^{-j\omega_c l} = 1 \qquad (7.25)$$

para uma dada $-\pi \leq \omega_c < \pi$, onde fizemos $w_{\omega_c}(l) = w_l$ para simplificar a notação. Definindo-se os vetores auxiliares

$$\mathbf{y}(n) = [y(n)\ y(n-1)\ \cdots\ y(n-L+1)]^T \qquad (7.26)$$

$$\mathbf{w} = [w_0\ w_1\ \cdots\ w_{L-1}]^T \qquad (7.27)$$

$$\mathbf{e}(e^{j\omega_c}) = \left[1\ e^{-j\omega_c}\ e^{-j2\omega_c}\ \cdots\ e^{-j(L-1)\omega_c}\right]^T, \qquad (7.28)$$

é possível incorporar a restrição à função-objetivo usando um multiplicador de Lagrange λ para gerar um problema equivalente que pode ser enunciado como a minimização de

$$\bar{\xi}_{\omega_c} = E\{\mathbf{w}^{*T}\mathbf{y}(n)\mathbf{y}^{*T}(n)\mathbf{w}\} + \lambda(\mathbf{w}^{*T}\mathbf{e}(e^{j\omega_c}) - 1), \quad (7.29)$$

onde $[\cdot]^{*T}$ indica conjugação complexa e transposição.

O gradiente de $\bar{\xi}_{\omega_c}$ com relação a $\mathbf{w}^*$ resulta igual a[1]

$$\nabla_{\mathbf{w}^*}\bar{\xi}_{\omega_c} = \mathbf{R}_Y\mathbf{w} + \lambda\mathbf{e}(e^{j\omega_c}), \quad (7.30)$$

onde $\mathbf{R}_Y = E[\mathbf{y}(n)\mathbf{y}^{*T}(n)]$. Para uma matriz definida positiva $\mathbf{R}_Y$, o valor de $\mathbf{w}$ que satisfaz $\nabla_{\mathbf{w}^*}\bar{\xi}_{\omega_c} = \mathbf{0}$ é único e caracteriza um mínimo de $\bar{\xi}_{\omega_c}$. Se denotamos essa solução ótima por $\widetilde{\mathbf{w}}$, temos que

$$\mathbf{R}_Y\widetilde{\mathbf{w}} + \lambda\mathbf{e}(e^{j\omega_c}) = \mathbf{0}. \quad (7.31)$$

Pré-multiplicando essa equação por $\mathbf{e}^{*T}(e^{j\omega_c})\mathbf{R}_Y^{-1}$, segue que

$$\mathbf{e}^{*T}(e^{j\omega_c})\widetilde{\mathbf{w}} + \lambda\mathbf{e}^{*T}(e^{j\omega_c})\mathbf{R}_Y^{-1}\mathbf{e}(e^{j\omega_c}) = \mathbf{0} \quad (7.32)$$

e, então,

$$\lambda = -\frac{1}{\mathbf{e}^{*T}(e^{j\omega_c})\mathbf{R}_Y^{-1}\mathbf{e}(e^{j\omega_c})}, \quad (7.33)$$

considerando que a restrição da equação (7.25) é satisfeita por $\widetilde{\mathbf{w}}$.

Portanto, de acordo com a equação (7.31), a solução de variância mínima é dada por

$$\widetilde{\mathbf{w}} = \frac{1}{\mathbf{e}^{*T}(e^{j\omega_c})\mathbf{R}_Y^{-1}\mathbf{e}(e^{j\omega_c})}\mathbf{R}_Y^{-1}\mathbf{e}(e^{j\omega_c}). \quad (7.34)$$

Para essa solução, o valor mínimo da função-objetivo original se torna

$$\begin{aligned}\xi_{\omega_c\min} &= \min\left\{E\{|y_{\mathrm{MV},\omega_c}(n)|^2\}\right\} \\ &= E\{\widetilde{\mathbf{w}}^{*T}\mathbf{y}(n)\mathbf{y}^{*T}(n)\widetilde{\mathbf{w}}\} \\ &= \frac{1}{\mathbf{e}^{*T}(e^{j\omega_c})\mathbf{R}_Y^{-1}\mathbf{e}(e^{j\omega_c})}.\end{aligned} \quad (7.35)$$

---

[1] Numa função real de variáveis complexas w e w^*, pode-se tratar essas variáveis como independentes, e o ponto estacionário pode ser encontrado igualando-se a zero a derivada da função com respeito a w^*. No caso em que a igualdade da restrição é função de w, a diferenciação deve ser efetuada com respeito a w, não w^*.

Essa solução é válida para qualquer $\omega = \omega_c$, de forma que, de acordo com a relação (7.23), obtém-se

$$\hat{\Gamma}_{Y,\mathrm{MV}}(e^{j\omega}) = \frac{2\pi}{\Delta\omega}\xi_{\omega\mathrm{mín}} = \frac{2\pi}{\Delta\omega\left(\mathbf{e}^{*\mathrm{T}}(e^{j\omega})\mathbf{R}_Y^{-1}\mathbf{e}(e^{j\omega})\right)}. \quad (7.36)$$

Dado que L é o comprimento da janela, pode-se aproximar a largura de faixa da janela por

$$\Delta\omega \approx \frac{2\pi}{L} \quad (7.37)$$

e o estimador espectral de variância mínima é determinado por

$$\hat{\Gamma}_{Y,\mathrm{MV}}(e^{j\omega}) \approx \frac{L}{\mathbf{e}^{*\mathrm{T}}(e^{j\omega})\mathbf{R}_Y^{-1}\mathbf{e}(e^{j\omega})}. \quad (7.38)$$

EXEMPLO 7.2
Repita o Exemplo 7.1 usando o método MV e comente os resultados.

SOLUÇÃO
O método MV foi implementado usando o comprimento dos dados $L = 80$ e a função de autocorrelação polarizada dada pela equação (7.11), similarmente ao que se fez no Exemplo 7.1. A estimativa resultante da PSD pelo método MV é mostrada na Figura 7.2, onde observamos um comportamento extremamente suave, característico da solução de variância pequena, com picos agudos correspondentes às três componentes senoidais. Entretanto, ainda se pode notar alguma polarização significativa nas frequências estimadas para as senoides de baixa potência em 45 e 55 Hz. △

7.4 Teoria da modelagem

Em muitas aplicações podem-se usar modelos em forma fechada para representar um dado processo estocástico. Em tais casos, o periodograma não é o método escolhido, já que não traz em si nenhum modelo estrutural sobre o processo. Esta seção descreve algumas ferramentas clássicas de modelagem utilizáveis em aplicações que admitem estimação paramétrica.

7.4.1 Modelos por função de transferência racional

O problema de modelagem se refere a encontrar uma descrição compacta (usualmente na forma de uma relação entrada-saída) para um dado processo.

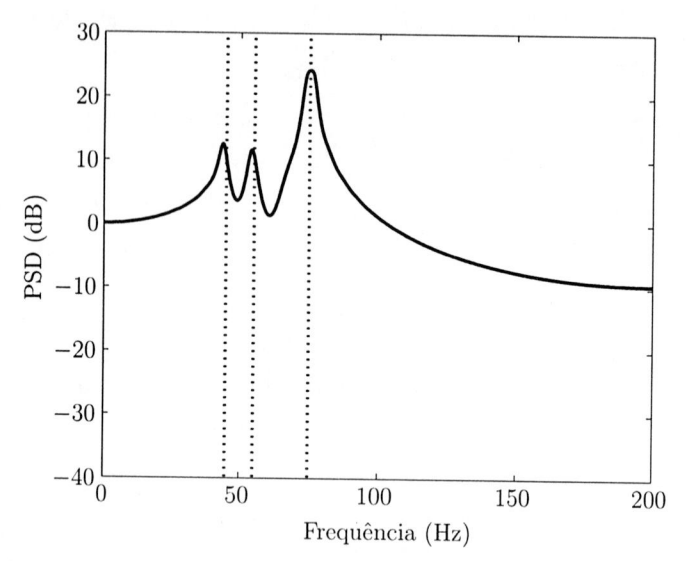

Figura 7.2 Estimativa de PSD pelo método MV com as frequências verdadeiras indicadas por linhas pontilhadas verticais.

O chamado teorema da decomposição de Wold enuncia que qualquer processo WSS pode ser expresso como a soma de um processo aleatório com um processo determinístico. A componente determinística pode ser perfeitamente determinada para todo $n \geq 0$ com base no conhecimento de seu passado infinito para $n < 0$.

O conceito clássico de modelagem por sistemas consiste em descrever um processo WSS como o sinal obtido na saída de um sistema linear causal invariante no tempo que recebe ruído branco em sua entrada. Desse modo, o problema de modelagem é usualmente resolvido num procedimento em duas etapas. A primeira consiste em escolher um modelo particular entrada–saída que pareça adequar-se aos dados disponíveis. Então, num segundo estágio, determinamos os valores dos parâmetros do modelo particular previamente escolhido que melhor expliquem os dados.

No contexto de modelagem, filtros FIR, caracterizados por uma relação entrada–saída

$$y(n) = b_0 x(n) + b_1 x(n-1) + \cdots + b_M x(n-M), \tag{7.39}$$

são comumente chamados de sistemas de média móvel (MA, do inglês *moving-average*), uma vez que sua saída pode ser vista como uma média ponderada das amostras de entrada ocorridas no intervalo $n, (n-1), \ldots, (n-M)$ que se desloca com n.

7.4 Teoria da modelagem

Modelos autorregressivos (AR, do inglês *auto-regressive*) se caracterizam por uma relação entrada–saída puramente recursiva, descrita por

$$y(n) = x(n) - a_1 y(n-1) - a_2 y(n-2) - \cdots - a_N y(n-N). \tag{7.40}$$

Combinando os dois modelos anteriores, obtemos o chamado modelo autorregressivo com média móvel (ARMA, do inglês *auto-regressive moving average*, descrito por

$$\begin{aligned} y(n) =\ & b_0 x(n) + b_1 x(n-1) + \cdots + b_M x(n-M) \\ & - a_1 y(n-1) - a_2 y(n-2) - \cdots - a_N y(n-N), \end{aligned} \tag{7.41}$$

o qual associamos a um filtro IIR genérico.

Levando as equações (7.39), (7.40) e (7.41) ao domínio da transformada z, observamos que os modelos MA, AR e ARMA são respectivamente associados às seguintes funções de transferência:

$$\begin{aligned} H_{\text{MA}}(z) &= b_0 + b_1 z^{-1} + \cdots + b_M z^{-M} \\ &= \frac{b_0 z^M + b_1 z^{M-1} + \cdots + b_M}{z^M} \end{aligned} \tag{7.42}$$

$$\begin{aligned} H_{\text{AR}}(z) &= \frac{1}{1 + a_1 z^{-1} + a_2 z^{-2} + \cdots + a_N z^{-N}} \\ &= \frac{z^N}{z^N + a_1 z^{N-1} + a_2 z^{N-2} + \cdots + a_N} \end{aligned} \tag{7.43}$$

$$\begin{aligned} H_{\text{ARMA}}(z) &= \frac{b_0 + b_1 z^{-1} + \cdots + b_M z^{-M}}{1 + a_1 z^{-1} + a_2 z^{-2} + \cdots + a_N z^{-N}} \\ &= z^{N-M} \frac{b_0 z^M + b_1 z^{M-1} + \cdots + b_M}{z^N + a_1 z^{N-1} + a_2 z^{N-2} + \cdots + a_N}. \end{aligned} \tag{7.44}$$

A nomenclatura MA, AR e ARMA se originou na área de modelagem de sistemas e controle, em que geralmente se supõe que o sinal de entrada é ruído branco. A menos dessa hipótese, podemos prontamente trocar modelos MA ou ARMA por filtros FIR ou IIR, respectivamente, e modelos AR podem ser considerados casos especiais dos filtros IIR. Na literatura associada, sistemas MA e AR também costumam ser referenciados como só-zeros e só-polos, respectivamente. Observe que esses nomes são um tanto equivocados, já que parecem indicar a ausência de polos e zeros, nos respectivos casos. Na verdade, como mostram as equações (7.39) e (7.40), esses modelos apresentam seus respectivos polos e zeros na origem do plano complexo.

TEOREMA 7.1 (TEOREMA DA DECOMPOSIÇÃO DE SISTEMAS)
Qualquer sistema ARMA estável pode ser decomposto num sistema ARMA estável de fase mínima em cascata com um sistema passa-tudo.

Além disso, qualquer sistema ARMA estável de fase mínima pode ser aproximado por um sistema AR de ordem infinita (Oppenheim & Schafer, 1989).

◊

PROVA
Um sistema de fase mínima é o que tem todos os seus zeros e polos no interior do círculo unitário. Considere, agora, a constelação de zeros e polos para uma função de transferência estável genérica $H(z)$. Nesse caso, todos os polos estão no interior do círculo unitário e os zeros podem estar em quaisquer lugares do plano complexo. Para cada zero z_i fora do círculo unitário, multiplique $H(z)$ por um fator $[1 - (1/z_i)z^{-1}]/[1 - (1/z_i)z^{-1}]$, que corresponde a um par zero-polo no interior do círculo unitário. O pareamento do zero z_i com o polo seu recíproco $1/z_i$ forma um sistema passa-tudo. O termo $1 - (1/z_i)z^{-1}$ no numerador corresponde a um zero no interior do círculo unitário. Portanto, a função de transferência original pode ser escrita como a cascata de um sistema passa-tudo (combinando as contribuições de ganho constante de todos os zeros originais no exterior do círculo unitário e seus correspondentes polos recíprocos) e um sistema ARMA estável de fase mínima (que inclui todos os polos e zeros de fase mínima originais e os novos zeros de fase mínima introduzidos).

Vamos considerar agora somente as funções de transferência ARMA estáveis de fase mínima

$$H(z) = b_0 \frac{\prod_{i=1}^{M}(1 - z_i z^{-1})}{\prod_{j=1}^{N}(1 - p_j z^{-1})} \qquad (7.45)$$

com todos os $|z_i| < 1$ e $|p_j| < 1$.

Representar somente os polos do sistema ARMA com um sistema AR é trivial. Por outro lado, para cada zero tal que $|z_i| < 1$, usando a fórmula da soma dos termos de uma série geométrica infinita, podemos escrever que

$$1 - z_i z^{-1} = \frac{1}{1 + \frac{z_i z^{-1}}{1 - z_i z^{-1}}} = \frac{1}{1 + \sum_{k=1}^{\infty} z_i^k z^{-k}}. \qquad (7.46)$$

Assim, cada zero de fase mínima também pode ser modelado como um sistema AR com ordem infinita e da mesma forma, o modelo ARMA completo. Também

7.4 Teoria da modelagem

se pode demonstrar que o efeito do zero de fase mínima pode ser aproximado com precisão arbitrária se truncamos esse somatório com um número suficiente de termos. Isso pode ser verificado no Exemplo 7.3 a seguir.

□

Esse resultado indica que a equivalência vista entre ARMA estável de fase mínima e AR, a menos de um fator passa-tudo, se aplica a um conjunto extenso de sistemas lineares. Um resultado similar se aplica entre sistemas ARMA estáveis de fase mínima e modelos MA; sua demonstração é deixada como exercício no final do capítulo, para o leitor interessado. As equivalências ARMA–AR e ARMA–MA indicam que não precisamos estar certos acerca do modelo a empregar numa determinada aplicação. Como se viu, o preço a pagar por empregar um modelo MA ou AR em lugar de um modelo ARMA é que podemos ser forçados a trabalhar com um modelo de ordem elevada.

EXEMPLO 7.3
Aproxime o sistema ARMA

$$H(z) = \frac{1 + 0{,}3z^{-1}}{1 - 0{,}9z^{-1}} \tag{7.47}$$

por um modelo AR de ordem N.

SOLUÇÃO
Como o filtro ARMA é de fase mínima, usando a equação (7.46) podemos escrever que

$$H(z) = \frac{1}{(1 - 0{,}9z^{-1})\left[1 + \sum_{k=1}^{\infty}(-0{,}3)^k z^{-k}\right]}$$

$$= \frac{1}{1 + \left[\sum_{k=1}^{\infty}(-0{,}3)^k z^{-k}\right] - 0{,}9z^{-1} - 0{,}9\left[\sum_{k=1}^{\infty}(-0{,}3)^k z^{-(k+1)}\right]}$$

$$= \frac{1}{1 + \left[\sum_{k=1}^{\infty}(-0{,}3)^k z^{-k}\right] - 0{,}9\left[\sum_{k=0}^{\infty}(-0{,}3)^k z^{-(k+1)}\right]}$$

$$= \frac{1}{1 + \left[\sum_{k=1}^{\infty}(-0{,}3)^k z^{-k}\right] - 0{,}9\left[\sum_{k'=1}^{\infty}\frac{(-0{,}3)^{k'}}{(-0{,}3)} z^{-k'}\right]}$$

$$= \cfrac{1}{1+\left[\sum_{k=1}^{\infty}(-0{,}3)^k z^{-k}\right]+3\left[\sum_{k'=1}^{\infty}(-0{,}3)^{k'} z^{-k'}\right]}$$

$$= \cfrac{1}{1+4\sum_{k=1}^{\infty}(-0{,}3)^k z^{-k}}, \tag{7.48}$$

que corresponde a um sistema AR de ordem infinita com coeficientes do denominador

$$a_i = 4(-0{,}3)^i \Rightarrow \begin{cases} a_1 = -1{,}2 \\ a_2 = 0{,}36 \\ a_3 = -0{,}108 \\ \vdots \end{cases} \tag{7.49}$$

Truncando o último somatório da equação (7.48), obtemos uma aproximação AR de ordem finita

$$H(z) \approx \cfrac{1}{1+4\sum_{k=1}^{N}(-0{,}3)^k z^{-k}}. \tag{7.50}$$

A Figura 7.3 representa graficamente a resposta de módulo do sistema ARMA original e de suas aproximações AR correspondentes para $N = 1, 2$ e 3. Para $N \geq 4$, a resposta de módulo já se torna muito similar à do sistema original. △

7.4.2 Equações de Yule–Walker

Para o modelo MA, multiplicando a equação (7.39) por $y(n-\nu)$ e tomando o valor esperado do resultado, obtemos

$$E\{y(n)y(n-\nu)\} = E\left\{\sum_{j=0}^{M} b_j x(n-j) y(n-\nu)\right\}$$

$$= \sum_{j=0}^{M} b_j E\{x(n-j) y(n-\nu)\}. \tag{7.51}$$

O termo geral $E\{x(n-j)y(n-\nu)\}$ se torna nulo para $\nu > j$, uma vez que para um sistema causal a saída no instante $(n-\nu)$ é independente da entrada futura $x(n-j)$, e então

$$E\{x(n-j)y(n-\nu)\} = E\{x(n-j)\}E\{y(n-\nu)\} = 0, \tag{7.52}$$

7.4 Teoria da modelagem

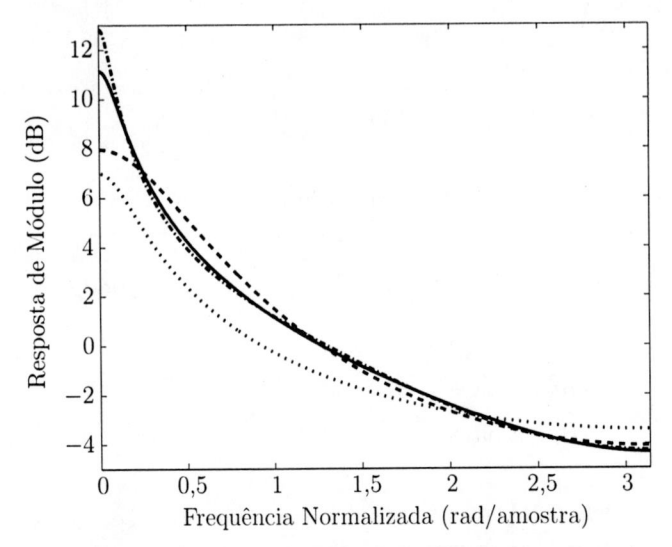

Figura 7.3 Respostas de módulo do sistema ARMA original (linha contínua) e de aproximações AR com ordens $N = 1$ (linha pontilhada), $N = 2$ (linha tracejada) e $N = 3$ (linha tracejada-pontilhada).

supondo que $x(n)$ é ruído branco de média zero. Para $\nu \leq j$, entretanto, obtemos

$$E\{x(n-j)y(n-\nu)\} = E\left\{x(n-j)\sum_{l=0}^{M} b_l x(n-l-\nu)\right\}$$

$$= \sum_{l=0}^{M} b_l E\{x(n-j)x(n-l-\nu)\}$$

$$= b_{j-\nu}\sigma_X^2, \qquad (7.53)$$

supondo que $x(n)$ é ruído branco com média zero e variância σ_X^2. Substituindo a equação (7.53) na equação (7.51), é possível mostrar que para o modelo MA,

$$R_Y(\nu) = \begin{cases} \left(\sum_{j=\nu}^{M} b_j b_{j-\nu}\right)\sigma_X^2, & \text{para } \nu = 0, 1, \ldots, M \\ 0, & \text{para } \nu > M. \end{cases} \qquad (7.54)$$

Para o modelo AR, multiplicando a equação (7.40) por $y(n-\nu)$ e tomando o valor esperado do resultado, obtemos

$$E\{y(n)y(n-\nu)\} = E\{x(n)y(n-\nu)\} - E\left\{\sum_{i=1}^{N} a_i y(n-i)y(n-\nu)\right\}$$

$$= E\{x(n)y(n-\nu)\} - \sum_{i=1}^{N} a_i E\{y(n-i)y(n-\nu)\}, \qquad (7.55)$$

e então

$$R_Y(\nu) = \begin{cases} \sigma_X^2 - \sum_{i=1}^{N} a_i R_Y(\nu - i), & \text{para } \nu = 0 \\ -\sum_{i=1}^{N} a_i R_Y(\nu - i), & \text{para } \nu > 0, \end{cases} \qquad (7.56)$$

uma vez que para um modelo AR causal cuja saída tem média zero, temos que (veja o Exercício 7.13)

$$E\{x(n)y(n-\nu)\} = \begin{cases} \sigma_X^2, & \text{para } \nu = 0 \\ 0, & \text{para } \nu > 0. \end{cases} \qquad (7.57)$$

Para o modelo geral ARMA, uma relação similar pode ser determinada (Kay, 1988):

$$R_Y(\nu) = \begin{cases} \left(\sum_{j=\nu}^{M} b_j h(j-\nu)\right) \sigma_X^2 - \sum_{i=1}^{N} a_i R_Y(\nu - i), & \text{para } \nu = 0, 1, \ldots, M \\ -\sum_{i=1}^{N} a_i R_Y(\nu - i), & \text{para } \nu > M, \end{cases} \qquad (7.58)$$

onde $h(n)$ é a resposta ao impulso correspondente ao modelo ARMA.

As equações (7.54), (7.56) e (7.58) relacionando a função de autocorrelação da saída aos coeficientes do modelo são as chamadas equações de Yule–Walker para os modelos MA, AR e ARMA, respectivamente.

EXEMPLO 7.4
Determine $R_Y(\nu)$ para o sistema AR

$$H(z) = \frac{1}{1 - 0{,}9z^{-1}} \qquad (7.59)$$

assumindo que a entrada é ruído branco de média zero e variância unitária.

SOLUÇÃO
Para o sistema AR dado, usamos $N = 1$ na equação (7.56), recaindo nas seguintes relações para a função de autocorrelação da saída:

$$R_Y(\nu) = \begin{cases} \sigma_X^2 - a_1 R_Y(\nu - 1), & \text{para } \nu = 0 \\ -a_1 R_Y(\nu - 1), & \text{para } \nu > 0, \end{cases} \qquad (7.60)$$

7.5 Estimação espectral paramétrica

tais que, para $\nu = 0, 1$,

$$\left. \begin{array}{l} R_Y(0) = \sigma_X^2 - a_1 R_Y(-1) \\ R_Y(1) = -a_1 R_Y(0) \end{array} \right\}. \tag{7.61}$$

Como $R_Y(-1) = R_Y(1)$, temos que

$$R_Y(0) = \frac{\sigma_X^2}{1 - (-a_1)^2}, \tag{7.62}$$

e então,

$$R_Y(\nu) = \frac{\sigma_X^2 (-a_1)^{|\nu|}}{1 - (-a_1)^2}, \tag{7.63}$$

que, para $\sigma_X^2 = 1$ e $a_1 = -0{,}9$, é representada na Figura 7.4. $\triangle$

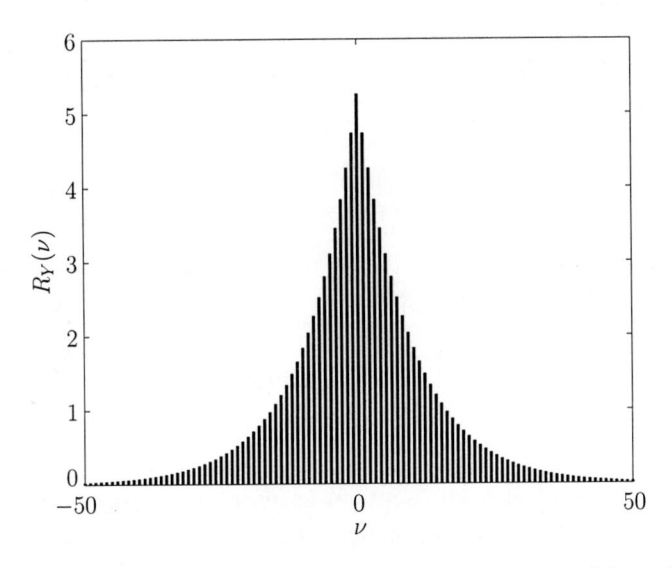

Figura 7.4 Função de autocorrelação para a saída do sistema AR $H(z) = 1/(1 - 0{,}9z^{-1})$.

7.5 Estimação espectral paramétrica

Os estimadores espectrais baseados em periodograma efetuam uma estimação primária da função de autocorrelação, de acordo com o teorema de Wiener–Khinchin. Nesse caso, a estimação da autocorrelação fica restrita ao intervalo de tempo determinado pela quantidade de dados disponíveis. Fora de tal intervalo, as estimativas se tornam nulas, levando a uma estimação polarizada da PSD.

Usando estimação espectral paramétrica, inicialmente modelamos o processo aleatório sob análise e a estimação resultante da PSD é feita pelo espectro de potência do modelo. O modelo MA também força que a autocorrelação estimada se torne nula para intervalos de tempo grandes, como indicado pelas equações de Yule–Walker (7.54).

Portanto, a estimação de PSD baseada em modelos MA apresenta propriedades similares às dos métodos baseados em periodograma. Empregando um modelo AR ou ARMA, entretanto, não impomos qualquer restrição de anulação à função de autocorrelação resultante. De fato, para esses tipos de modelo, a função de autocorrelação é automaticamente ajustada para melhor explicar o comportamento estatístico dos dados disponíveis. O resultado é uma estimação de PSD com melhores propriedades estatísticas. Além disso, métodos não-paramétricos para estimação de PSD requerem grandes quantidades de dados, enquanto que os métodos paramétricos são mais apropriados para aplicações em que o comprimento dos dados é reduzido.

Dentre os três tipos de modelos vistos anteriormente, o modelo AR apresenta características interessantes que se enquadram muito bem ao problema de modelagem por sistema, a saber:

- Não força a função de autocorrelação a se tornar zero para intervalos de tempo grandes, ao contrário do modelo MA.
- A menos de uma componente passa-tudo, pode ser usado para modelar qualquer sistema ARMA estável, como indicado pelo teorema da decomposição de sistemas.
- Suas equações de Yule–Walker consistem numa relação linear entre os valores da autocorrelação e os coeficientes do modelo, diferentemente do modelo geral ARMA.
- O sistema linear resultante apresenta uma estrutura especial para o qual um algoritmo numérico simplificado fornece a solução.

Todos esses aspectos em conjunto justificam a ampla aceitação da modelagem AR na prática, em particular para o problema da estimação de PSD.

7.5.1 Predição linear

Esta seção descreve a abordagem clássica, comumente referenciada como predição linear (LP, do inglês *linear prediction*), para estimação dos parâmetros de um modelo AR para um conjunto de dados particular. Há várias formas de se apresentar o problema de predição linear. Seguimos aqui a que consideramos mais didática. Mais adiante, mostraremos que o seguinte desenvolvimento algébrico é

7.5 Estimação espectral paramétrica

associado ao problema de modelagem AR com uma interessante interpretação no domínio da frequência.

Considere conhecido um conjunto de dados no tempo $\{y(0), y(1), \ldots, y(L-1)\}$ de um processo particular. Esses dados podem vir de medidas de cotações de ações, alguma população de bactérias, ou um sinal de fala, por exemplo. A ideia por trás do problema de predição linear é estimar o valor de $y(n)$ como uma combinação linear de N amostras passadas do processo, isto é,

$$\hat{y}(n) = \hat{a}_1 y(n-1) + \hat{a}_2 y(n-2) + \cdots + \hat{a}_N y(n-N) = \sum_{i=1}^{N} \hat{a}_i y(n-i), \qquad (7.64)$$

onde $\hat{a}_i$, para $i = 1, 2, \ldots, N$, são os chamados coeficientes de predição linear e N é a ordem do modelo de predição linear. Comparando a estimação por predição linear com o valor verdadeiro do sinal, podemos formar o erro de estimação

$$e(n) = y(n) - \hat{y}(n), \qquad (7.65)$$

e o MSE associado é dado por

$$\xi = E\{e^2(n)\}, \qquad (7.66)$$

que, pelas equações (7.64) e (7.65), constitui uma função quadrática dos coeficientes de predição linear $\hat{a}_i$. Pode-se, então, determinar que

$$\frac{\partial \xi}{\partial \hat{a}_i} = \frac{\partial E\{e^2(n)\}}{\partial \hat{a}_i}$$

$$= E\left\{\frac{\partial e^2(n)}{\partial \hat{a}_i}\right\}$$

$$= E\left\{2e(n)\frac{\partial e(n)}{\partial \hat{a}_i}\right\}$$

$$= E\left\{2e(n)\frac{\partial}{\partial \hat{a}_i}\left(y(n) - \sum_{j=1}^{N} \hat{a}_j y(n-j)\right)\right\}$$

$$= -2E\{e(n)y(n-i)\} \qquad (7.67)$$

e, substituindo $e(n)$ por sua expressão dada na equação (7.65), segue que

$$\frac{\partial \xi}{\partial \hat{a}_i} = -2E\left\{\left(y(n) - \sum_{j=1}^{N} \hat{a}_j y(n-j)\right) y(n-i)\right\}$$

$$= -2\left\{ E\left\{y(n)y(n-i)\right\} - \sum_{j=1}^{N} \hat{a}_j E\left\{y(n-j)y(n-i)\right\} \right\}$$

$$= -2R_Y(i) + 2\sum_{j=1}^{N} \hat{a}_j R_Y(i-j), \qquad (7.68)$$

supondo-se que o processo $\{Y\}$ é WSS.

Formando o vetor-gradiente $\nabla_{\hat{\mathbf{a}}}\xi$ com relação ao vetor dos coeficientes de predição linear $\hat{\mathbf{a}} = [\hat{a}_1 \ \hat{a}_2 \ \cdots \ \hat{a}_N]^T$ e igualando-o a zero, estamos aptos a determinar o ponto estacionário do MSE $\hat{\mathbf{a}}^\star$ como a solução do seguinte sistema linear:

$$\begin{bmatrix} R_Y(0) & R_Y(-1) & \cdots & R_Y(1-N) \\ R_Y(1) & R_Y(0) & \cdots & R_Y(2-N) \\ \vdots & \vdots & \ddots & \vdots \\ R_Y(N-1) & R_Y(N-2) & \cdots & R_Y(0) \end{bmatrix} \begin{bmatrix} \hat{a}_1^\star \\ \hat{a}_2^\star \\ \vdots \\ \hat{a}_N^\star \end{bmatrix} = \begin{bmatrix} R_Y(1) \\ R_Y(2) \\ \vdots \\ R_Y(N) \end{bmatrix}, \qquad (7.69)$$

que é a chamada equação de Wiener–Hopf, escrita sinteticamente como

$$\mathbf{R}_Y \hat{\mathbf{a}}^\star = \mathbf{p}_Y, \qquad (7.70)$$

onde $\mathbf{R}_Y$ é a matriz de autocorrelação do processo $\{Y\}$ e $\mathbf{p}_Y$ é o vetor do lado direito da equação (7.69).

Usando a equação (7.68), podemos determinar as segundas derivadas do MSE como

$$\frac{\partial^2 \xi}{\partial \hat{a}_i \partial \hat{a}_k} = \frac{\partial}{\partial \hat{a}_k}\left(\frac{\partial \xi}{\partial \hat{a}_i}\right)$$

$$= \frac{\partial\left(-2R_Y(i) + 2\sum_{j=1}^{N} \hat{a}_j R_Y(i-j)\right)}{\partial \hat{a}_k}$$

$$= 2R_Y(i-k), \qquad (7.71)$$

de forma que a matriz hessiana do MSE é dada por

$$\mathbf{H} = \left[\frac{\partial^2 \xi}{\partial \hat{a}_i \partial \hat{a}_k}\right]_{i,k} = [2R_Y(i-k)]_{i,k} = 2\mathbf{R}_Y, \qquad (7.72)$$

que, em geral, é positiva definida. Isso indica que o ponto estacionário $\hat{\mathbf{a}}^\star$, tal como definido pela equação (7.70), é associado ao mínimo global do MSE.

7.5 Estimação espectral paramétrica

Analisando as equações (7.64) e (7.65) no domínio da transformada z, obtemos para um dado sinal $y(n)$

$$E(z) = \left(1 - \hat{a}_1 z^{-1} - \hat{a}_2 z^{-2} - \cdots - \hat{a}_N z^{-N}\right) Y(z), \qquad (7.73)$$

ou, de forma equivalente,

$$H(z) = \frac{Y(z)}{E(z)} = \frac{1}{1 - \hat{a}_1 z^{-1} - \hat{a}_2 z^{-2} - \cdots - \hat{a}_N z^{-N}}. \qquad (7.74)$$

Se a ordem N do modelo é suficientemente alta, então podemos atingir a melhor predição possível e o processo de erro $\{E\}$ se torna ruído branco. Logo, o problema de predição linear corresponde a uma modelagem AR de $y(n)$ tendo o sinal $e(n)$ como entrada. De fato, a equação de Wiener–Hopf (7.69) pode ser obtida diretamente das equações de Yule–Walker AR, considerando-se $e(n) \equiv x(n)$ e fazendo-se $-a_i = \hat{a}_i$ na equação (7.56), para $\nu = 1, 2, \ldots, N$. Modelagem AR e predição linear podem ser vistas como um par de problemas inversos: dado um sistema AR, é possível inferir a autocorrelação do processo de saída usando-se as equações de Yule–Walker. No contexto de predição linear, dadas as amostras da autocorrelação, podemos estimar o sistema AR que melhor se ajusta a elas no sentido do MSE mínimo.

EXEMPLO 7.5
Determine o preditor linear de segunda ordem para o processo WSS caracterizado por

$$R_Y(\nu) = 4(0{,}5)^{|\nu|}. \qquad (7.75)$$

SOLUÇÃO
Da equação (7.75), temos

$$\left.\begin{array}{l} R_Y(0) = 4 \\ R_Y(1) = 2 \\ R_Y(2) = 1 \end{array}\right\}, \qquad (7.76)$$

que resultam na equação de Wiener–Hopf

$$\begin{bmatrix} 4 & 2 \\ 2 & 4 \end{bmatrix} \begin{bmatrix} \hat{a}_1^\star \\ \hat{a}_2^\star \end{bmatrix} = \begin{bmatrix} 2 \\ 1 \end{bmatrix}. \qquad (7.77)$$

A solução dessa equação é dada por $\hat{a}_1^\star = 0{,}5$ e $\hat{a}_2^\star = 0$.

A solução obtida corresponde, na verdade, ao sistema AR de primeira ordem

$$H(z) = \frac{1}{1 - 0{,}5z^{-1}}, \qquad (7.78)$$

cuja função de autocorrelação, dada pela equação (7.63), é da forma

$$R_Y(\nu) = \frac{\sigma_X^2 (\hat{a}_1^\star)^{|\nu|}}{1 - (\hat{a}_1^\star)^2} = \frac{\sigma_X^2 (0{,}5)^{|\nu|}}{1 - 0{,}5^2} = \frac{4\sigma_X^2 (0{,}5)^{|\nu|}}{3}, \qquad (7.79)$$

sendo, nesse caso, σ_X^2 determinada por

$$\sigma_X^2 = R_Y(0)(1 - (\hat{a}_1^\star)^2) = 4(1 - 0{,}5^2) = 3, \qquad (7.80)$$

tornando a equação (7.79) igual à equação (7.75), como esperado. △

Uma interpretação interessante do problema de predição linear no domínio da frequência decorre do desenvolvimento:

$$E\{e^2(n)\} = R_E(0) = \frac{1}{2\pi} \int_{-\pi}^{\pi} \Gamma_E(e^{j\omega}) d\omega = \frac{1}{2\pi} \int_{-\pi}^{\pi} \frac{\Gamma_Y(e^{j\omega})}{|H(e^{j\omega})|^2} d\omega. \qquad (7.81)$$

Para um processo particular, $\Gamma_Y(e^{j\omega})$ é uma função fixa não-negativa e para um sistema AR, $|H(e^{j\omega})|^2$ é uma função estritamente positiva. Com isso, a última integral da equação (7.81) equivale à área sob a curva definida pela razão entre essas duas funções. O melhor que podemos fazer para minimizar essa área e, consequentemente, minimizar o MSE correspondente, é escolher os coeficientes de predição linear $\hat{a}_i$ de forma que o denominador $|H(e^{j\omega})|^2$ se torne elevado onde o numerador é elevado e reduzido onde o numerador é reduzido. Esse procedimento leva a um processo de erro que se aproxima de um ruído branco. Assim sendo, a solução ótima no sentido do MSE é tal que $|H(e^{j\omega})|^2$ segue a forma de $\Gamma_Y(e^{j\omega})$ tão de perto quanto possível, considerando o número limitado N de variáveis. Na prática, a solução da predição linear é tal que o espectro de potência da saída do sistema AR se torna uma versão suavizada da PSD do processo $\{Y\}$, e é o nível de aproximação requerido pela aplicação em questão que determina o valor ótimo a ser usado para a ordem N.

As implementações da equação de Wiener–Hopf diferem quanto ao algoritmo para estimação da função de autocorrelação. Cada variação do método de estimação resulta num modelo AR ligeiramente diferente, como descrevem as próximas seções.

7.5.2 Método da covariância

No método da covariância, o conjunto de dados é janelado e o erro de estimação é minimizado apenas dentro do intervalo da janela. Dessa forma, somente uma parte dos dados disponíveis é utilizada para se estimar a função de autocorrelação. E isso fornece uma função de autocorrelação diferente para cada posição k da janela, desconsiderando a hipótese usual de estacionariedade no sentido amplo, tal que

$$\hat{R}_{Y,m}(\mu,\nu) = \frac{1}{K} \sum_{n=k}^{K+k-1} y(n-\mu)y(n-\nu), \qquad (7.82)$$

onde $K < N$ é o comprimento da janela e o subscrito m indica que o estimador foi modificado. O valor de K deve permitir que se desloque a janela de dados $N-k$ vezes sobre o conjunto completo de dados. Essa estimação tem a vantagem de ser não-polarizada, uma vez que

$$\begin{aligned} E\left\{\hat{R}_{Y,m}(\mu,\nu)\right\} &= E\left\{\frac{1}{K} \sum_{n=k}^{K+k-1} y(n-\mu)y(n-\nu)\right\} \\ &= \frac{1}{K} \sum_{n=k}^{K+k-1} E\{y(n-\mu)y(n-\nu)\} \\ &= R_Y(\mu,\nu), \end{aligned} \qquad (7.83)$$

que apresenta baixa variância para valores elevados de $(\mu - \nu)$, uma vez que todos os valores da autocorrelação são obtidos por uma média do mesmo número K de termos não-nulos. Esse estimador modificado resulta numa equação de Wiener–Hopf na forma

$$\begin{bmatrix} R_Y(1,1) & R_Y(1,2) & \cdots & R_Y(1,N) \\ R_Y(2,1) & R_Y(2,2) & \cdots & R_Y(2,N) \\ \vdots & \vdots & \ddots & \vdots \\ R_Y(N,1) & R_Y(N,2) & \cdots & R_Y(N,N) \end{bmatrix} \begin{bmatrix} \hat{a}_1^\star \\ \hat{a}_2^\star \\ \vdots \\ \hat{a}_N^\star \end{bmatrix} = \begin{bmatrix} R_Y(1,0) \\ R_Y(2,0) \\ \vdots \\ R_Y(N,0) \end{bmatrix}, \qquad (7.84)$$

em cuja implementação prática utilizamos $\hat{R}_{Y,m}(\mu,\nu)$ em vez dos valores ideais $R_Y(\mu,\nu)$. Observe que a matriz de autocorrelação é simétrica e não-Toeplitz, podendo ser invertida usando-se as chamadas decomposições de Cholesky ou LU (do inglês *lower–upper*) (Strang, 1980). O modelo AR obtido pelo método da covariância não é garantidamente estável (veja o Exercício 7.18), mas em problemas práticos geralmente levam a polos estáveis e estimação não-polarizada da PSD (Kay, 1988).

7.5.3 Método da autocorrelação

No método da autocorrelação para modelagem AR, o problema de predição linear (7.69) é resolvido usando-se a estimação polarizada da autocorrelação $\hat{R}_{Y,b}(\nu)$, definida na equação (7.11). Pode-se mostrar que o modelo AR resultante é garantidamente estável, mas a estimação de PSD associada é polarizada e de baixa resolução (Kay, 1988). A estimação de autocorrelação não-polarizada $\hat{R}_{Y,u}(\nu)$ que usa todos os dados disponíveis, definida na equação (7.17), leva a uma matriz de autocorrelação mal-condicionada, que provoca uma variância elevada na estimação final da PSD.

Devido à simetria par da estimação $\hat{R}_{Y,b}(\nu)$, a matriz de autocorrelação correspondente é simétrica, Toeplitz e positiva definida, de forma que se pode usar a chamada recursão de Levinson–Durbin, descrita na Seção 7.5.4, para invertê-la e resolver o sistema de equações lineares associado.

EXEMPLO 7.6

Considere o sinal de saída $y(n)$ do um filtro FIR projetado por janela de Hamming no Exemplo 5.3, detalhado na Tabela 5.6, ao receber em sua entrada ruído branco de média zero e variância unitária. Encontre o modelo AR de ordem N para esse sinal usando o método da autocorrelação para diferentes valores de N.

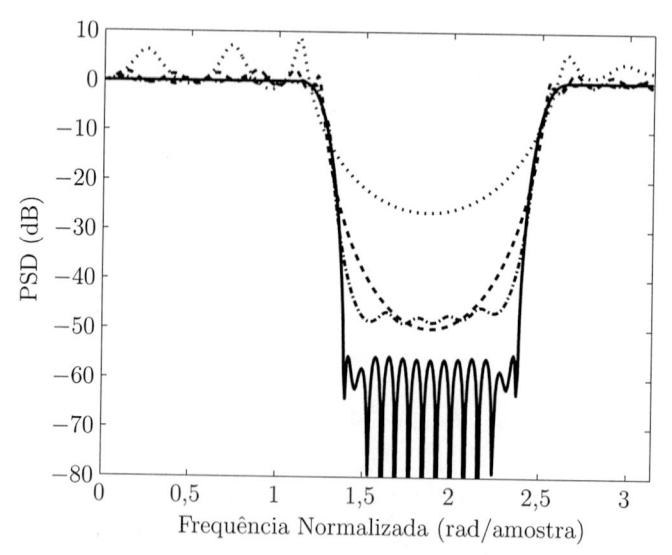

Figura 7.5 Resposta de potência para o sistema MA original (linha contínua) e suas respectivas aproximações usando aproximações AR obtidas pelo método da autocorrelação: $N = 10$ (linha pontilhada), $N = 20$ (linha tracejada) e $N = 50$ (linha tracejada–pontilhada).

7.5 Estimação espectral paramétrica

SOLUÇÃO

Esse problema constitui um interessante desafio para o modelo AR, uma vez que se espera que ele aproxime um sistema com todos os zeros sobre a circunferência unitária e todos os polos na origem do plano complexo. A aplicação do método da autocorrelação como descrito nesta seção com $N = 10, 20$ e 50 resulta nos espectros de potência AR mostrados na Figura 7.5 juntamente com a resposta FIR original (em linha contínua). Nessa figura, todos os espectros AR foram normalizados para 0 dB em $\omega = 0$. Os resultados indicam claramente que valores elevados de N produzem modelos AR com respostas de potência mais próximas da ideal. △

7.5.4 Algoritmo de Levinson–Durbin

Podemos gerar a versão estendida da equação de Wiener–Hopf (7.69) pela incorporação da equação AR de Yule–Walker (7.56) para $\nu = 0$ à forma padrão, obtendo

$$\begin{bmatrix} R_Y(0) & R_Y(-1) & R_Y(-2) & \cdots & R_Y(-N) \\ R_Y(1) & R_Y(0) & R_Y(-1) & \cdots & R_Y(1-N) \\ R_Y(2) & R_Y(1) & R_Y(0) & \cdots & R_Y(2-N) \\ \vdots & \vdots & \vdots & \ddots & \vdots \\ R_Y(N) & R_Y(N-1) & R_Y(N-2) & \cdots & R_Y(0) \end{bmatrix} \begin{bmatrix} 1 \\ -\hat{a}^\star_{1,[N]} \\ -\hat{a}^\star_{2,[N]} \\ \vdots \\ -\hat{a}^\star_{N,[N]} \end{bmatrix} = \begin{bmatrix} \sigma^2_{X,[N]} \\ 0 \\ 0 \\ \vdots \\ 0 \end{bmatrix}, \quad (7.85)$$

onde o sub-índice $[N]$ indica que a variável está associada ao modelo de ordem N. Nesse caso, devemos observar que o valor de $R_Y(\nu)$ é independente da ordem do modelo, enquanto que o erro de estimação é altamente dependente de N, assim como sua variância σ^2_X. Usando-se a notação matricial apresentada na equação (7.70), a equação de Wiener–Hopf estendida também pode ser escrita em forma compacta como

$$\mathbf{R}_{Y,[N+1]} \begin{bmatrix} 1 \\ -\hat{\mathbf{a}}^\star_{[N]} \end{bmatrix} = \begin{bmatrix} \sigma^2_{X,[N]} \\ \mathbf{0} \end{bmatrix}. \quad (7.86)$$

O algoritmo de Levinson–Durbin determina os coeficientes LP do modelo de ordem N a partir do modelo de ordem $(N-1)$. Essa recursão é inicializada para o modelo de primeira ordem, e então iterada até a ordem desejada N. Para obter as relações de recursão em ordem, seguindo a abordagem descrita em Deller et al. (2000), considere a atualização do modelo AR de segunda ordem para o de terceira ordem, supondo uma matriz de autocorrelação simétrica na equação (7.85), tal que $R_Y(\nu) = R_Y(-\nu)$, para todo ν.

Suponha, inicialmente, que podemos expressar o vetor de coeficientes estendido de terceira ordem da equação (7.86) como

$$\begin{bmatrix} 1 \\ -\hat{\mathbf{a}}^{\star}_{[3]} \end{bmatrix} = \begin{bmatrix} 1 \\ -\hat{a}^{\star}_{1,[3]} \\ -\hat{a}^{\star}_{2,[3]} \\ -\hat{a}^{\star}_{3,[3]} \end{bmatrix} = \begin{bmatrix} 1 \\ -\hat{a}^{\star}_{1,[2]} \\ -\hat{a}^{\star}_{2,[2]} \\ 0 \end{bmatrix} - k_3 \begin{bmatrix} 0 \\ -\hat{a}^{\star}_{2,[2]} \\ -\hat{a}^{\star}_{1,[2]} \\ 1 \end{bmatrix}, \qquad (7.87)$$

onde k_3 é um parâmetro auxiliar a ser determinado. Usando essa expressão, a equação de Wiener–Hopf estendida para $N = 3$ se torna

$$\mathbf{R}_{Y,[4]} \begin{bmatrix} 1 \\ -\hat{a}^{\star}_{1,[3]} \\ -\hat{a}^{\star}_{2,[3]} \\ -\hat{a}^{\star}_{3,[3]} \end{bmatrix} = \begin{bmatrix} & & & R_Y(-3) \\ & \mathbf{R}_{Y,[3]} & & R_Y(-2) \\ & & & R_Y(-1) \\ R_Y(3) & R_Y(2) & R_Y(1) & R_Y(0) \end{bmatrix} \begin{bmatrix} 1 \\ -\hat{a}^{\star}_{1,[2]} \\ -\hat{a}^{\star}_{2,[2]} \\ 0 \end{bmatrix}$$

$$- k_3 \begin{bmatrix} R_Y(0) & R_Y(-1) & R_Y(-2) & R_Y(-3) \\ R_Y(1) & & & \\ R_Y(2) & & \mathbf{R}_{Y,[3]} & \\ R_Y(3) & & & \end{bmatrix} \begin{bmatrix} 0 \\ -\hat{a}^{\star}_{2,[2]} \\ -\hat{a}^{\star}_{1,[2]} \\ 1 \end{bmatrix}$$

$$= \begin{bmatrix} \mathbf{R}_{Y,[3]} \begin{bmatrix} 1 \\ -\hat{a}^{\star}_{1,[2]} \\ -\hat{a}^{\star}_{2,[2]} \end{bmatrix} \\ q_{[2]} \end{bmatrix} - k_3 \begin{bmatrix} q_{[2]} \\ \mathbf{R}_{Y,[3]} \begin{bmatrix} -\hat{a}^{\star}_{2,[2]} \\ -\hat{a}^{\star}_{1,[2]} \\ 1 \end{bmatrix} \end{bmatrix}$$

$$= \begin{bmatrix} \sigma^2_{X,[3]} \\ 0 \\ 0 \\ 0 \end{bmatrix}, \qquad (7.88)$$

com

$$q_{[2]} = R_Y(3) - R_Y(2)\hat{a}^{\star}_{1,[2]} - R_Y(1)\hat{a}^{\star}_{2,[2]}$$

$$= R_Y(-3) - R_Y(-2)\hat{a}^{\star}_{1,[2]} - R_Y(-1)\hat{a}^{\star}_{2,[2]}. \qquad (7.89)$$

Então, podemos escrever que

$$\begin{bmatrix} \sigma^2_{X,[2]} \\ 0 \\ 0 \\ q_{[2]} \end{bmatrix} - k_3 \begin{bmatrix} q_{[2]} \\ 0 \\ 0 \\ \sigma^2_{X,[2]} \end{bmatrix} = \begin{bmatrix} \sigma^2_{X,[3]} \\ 0 \\ 0 \\ 0 \end{bmatrix}, \qquad (7.90)$$

7.5 Estimação espectral paramétrica

ou, de forma equivalente,

$$\left.\begin{array}{l}\sigma^2_{X,[2]} - k_3 q_{[2]} = \sigma^2_{X,[3]} \\ q_{[2]} - k_3 \sigma^2_{X,[2]} = 0\end{array}\right\}. \tag{7.91}$$

Resolvendo esse sistema, obtemos

$$k_3 = \frac{q_{[2]}}{\sigma^2_{X,[2]}} = \frac{R_Y(3) - R_Y(2)\hat{a}^\star_{1,[2]} - R_Y(1)\hat{a}^\star_{2,[2]}}{\sigma^2_{X,[2]}} \tag{7.92}$$

$$\sigma^2_{X,[3]} = (1 - k_3^2)\sigma^2_{X,[2]} \tag{7.93}$$

e, pela equação (7.87):

$$\left.\begin{array}{l}\hat{a}^\star_{1,[3]} = \hat{a}^\star_{1,[2]} - k_3 \hat{a}^\star_{2,[2]} \\ \hat{a}^\star_{2,[3]} = \hat{a}^\star_{2,[2]} - k_3 \hat{a}^\star_{1,[2]} \\ \hat{a}^\star_{3,[3]} = k_3\end{array}\right\}. \tag{7.94}$$

As equações (7.92), (7.93) e (7.94) ilustram que o modelo AR de terceira ordem pode ser determinado a partir dos parâmetros de segunda ordem $q_{[2]}$, $\sigma^2_{X,[2]}$, $\hat{a}^\star_{1,[2]}$ e $\hat{a}^\star_{2,[2]}$. Generalizando essa recursão, obtemos o algoritmo iterativo de Levinson-Durbin, com complexidade computacional da ordem de N^2, descrito por:

(i) Para um dado conjunto de dados, determine $R_Y(0), R_Y(1), \ldots, R_Y(N)$.
(ii) Faça $\sigma^2_{X,[0]} = R_Y(0)$.
(iii) Para $i = 1, 2, \ldots, N$, calcule:

$$k_i = \frac{R_Y(i) - \sum_{j=1}^{i-1} \hat{a}^\star_{j,[i-1]} R_Y(i-j)}{\sigma^2_{X,[i-1]}} \tag{7.95}$$

$$\sigma^2_{X,[i]} = \left(1 - k_i^2\right)\sigma^2_{X,[i-1]} \tag{7.96}$$

$$\hat{a}^\star_{j,[i]} = \begin{cases}\hat{a}^\star_{j,[i-1]} - k_i \hat{a}^\star_{i-j,[i-1]}, & \text{para } j = 1, 2, \ldots, (i-1) \\ k_i, & \text{para } j = i.\end{cases} \tag{7.97}$$

Os parâmetros auxiliares k_i, para $i = 1, 2, \ldots, N$, são conhecidos como coeficientes de reflexão, e constituem uma descrição alternativa aos coeficientes LP $\hat{a}^\star_{i,[N]}$ para um modelo AR de ordem N.

7.5.5 Método de Burg

O modelo LP dado na equação (7.64) emprega N amostras passadas do sinal disponível para estimar a amostra atual $y(n)$. O erro de estimação entre $y(n)$ e o estimador LP ótimo também é conhecido como erro de predição progressiva (em inglês *forward prediction*) de ordem N e é denotado por

$$x_{\text{f},[N]}(n) = y(n) - \sum_{i=1}^{N} \hat{a}_{i,[N]}^{\star} y(n-i). \tag{7.98}$$

Se alimentamos o modelo LP com uma versão revertida no tempo do processo $\{Y\}$, então amostras futuras são combinadas para formar uma estimativa de $y(n-N)$. Como $R_Y(\nu)$ é uma função par, as equações de Wiener–Hopf correspondentes e, consequentemente, o modelo LP ótimo permanecem os mesmos. Nesse caso, o erro entre a amostra passada $y(n-N)$ e sua estimativa LP é referenciado como erro de predição retrógrada de ordem N e denotado por

$$x_{\text{b},[N]}(n) = y(n-N) - \sum_{i=1}^{N} \hat{a}_{i,[N]}^{\star} y(n-N+i). \tag{7.99}$$

Aplicando a recursão na ordem de Levinson–Durbin descrita na equação (7.97) aos coeficientes LP ótimos da equação (7.98), temos que

$$\begin{aligned}
x_{\text{f},[N]}(n) &= y(n) - \left(\sum_{i=1}^{N-1} \hat{a}_{i,[N]}^{\star} y(n-i) \right) - \hat{a}_{N,[N]}^{\star} y(n-N) \\
&= y(n) - \left(\sum_{i=1}^{N-1} \hat{a}_{i,[N-1]}^{\star} y(n-i) \right) \\
&\quad + \left(\sum_{i=1}^{N-1} k_N \hat{a}_{N-i,[N-1]} y(n-i) \right) - k_N y(n-N) \\
&= x_{\text{f},[N-1]}(n) - k_N \left[y(n-N) - \left(\sum_{j=1}^{N-1} \hat{a}_{j,[N-1]}^{\star} y(n+j-N) \right) \right] \\
&= x_{\text{f},[N-1]}(n) - k_N x_{\text{b},[N-1]}(n-1). \tag{7.100}
\end{aligned}$$

Um desenvolvimento similar para o erro de estimação retrógrada definido na equação (7.99), resulta em

$$x_{\text{b},[N]}(n) = y(n-N) - \left(\sum_{i=1}^{N-1} \hat{a}_{i,[N]}^{\star} y(n-N+i) \right) - \hat{a}_{N,[N]}^{\star} y(n)$$

7.5 Estimação espectral paramétrica

$$= y(n-N) - \left(\sum_{i=1}^{N-1} \hat{a}_{i,[N-1]}^* y(n-N+i)\right)$$

$$+ \left(\sum_{i=1}^{N-1} k_N \hat{a}_{N-i,[N-1]}^* y(n-N+i)\right) - k_N y(n)$$

$$= x_{b,[N-1]}(n-1) - k_N \left[y(n) - \left(\sum_{j=1}^{N-1} \hat{a}_{j,[N-1]}^* y(n-j)\right)\right]$$

$$= x_{b,[N-1]}(n-1) - k_N x_{f,[N-1]}(n). \tag{7.101}$$

Podemos definir, então, o valor médio entre as potências dos erros das predições progressiva e retrógrada relativos ao modelo LP de ordem i como

$$\xi_{B,[i]} = \frac{\xi_{f,[i]} + \xi_{b,[i]}}{2}, \tag{7.102}$$

onde

$$\xi_{f,[i]} = \frac{1}{L-i} \sum_{n=i}^{L-1} x_{f,[i]}^2(n) \tag{7.103}$$

$$\xi_{b,[i]} = \frac{1}{L-i} \sum_{n=i}^{L-1} x_{b,[i]}^2(n). \tag{7.104}$$

O método de Burg determina os coeficientes de reflexão k_i que minimizam $\xi_{B,[i]}$. Diferenciando $\xi_{f,[i]}$ em relação a k_i, obtemos

$$\frac{\partial \xi_{f,[i]}}{\partial k_i} = \frac{2}{L-i} \sum_{n=i}^{L-1} x_{f,[i]}(n) \frac{\partial x_{f,[i]}(n)}{\partial k_i}$$

$$= \frac{2}{L-i} \sum_{n=i}^{L-1} x_{f,[i]}(n) \frac{\partial \left(x_{f,[i-1]}(n) - k_i x_{b,[i-1]}(n-1)\right)}{\partial k_i}$$

$$= -\frac{2}{L-i} \sum_{n=i}^{L-1} x_{f,[i]}(n) x_{b,[i-1]}(n-1). \tag{7.105}$$

Analogamente, a diferenciação de $\xi_{b,[i]}$ em relação a k_i resulta em

$$\frac{\partial \xi_{b,[i]}}{\partial k_i} = \frac{2}{L-i} \sum_{n=i}^{L-1} x_{b,[i]}(n) \frac{\partial x_{b,[i]}(n)}{\partial k_i}$$

$$= \frac{2}{L-i} \sum_{n=i}^{L-1} x_{\text{b},[i]}(n) \frac{\partial \left(x_{\text{b},[i-1]}(n-1) - k_i x_{\text{f},[i-1]}(n)\right)}{\partial k_i}$$

$$= -\frac{2}{L-i} \sum_{n=i}^{L-1} x_{\text{b},[i]}(n) x_{\text{f},[i-1]}(n). \tag{7.106}$$

Portanto, de acordo com as equações (7.100), (7.101), (7.105) e (7.106), podemos escrever que

$$\frac{\partial \xi_{\text{B},[i]}}{\partial k_i} = \frac{(\partial \xi_{\text{f},[i]}/\partial k_i) + (\partial \xi_{\text{b},[i]}/\partial k_i)}{2}$$

$$= -\frac{1}{L-i} \sum_{n=i}^{L-1} \left[\left(x_{\text{f},[i-1]}(n) - k_i x_{\text{b},[i-1]}(n-1)\right) x_{\text{b},[i-1]}(n-1) \right]$$

$$- \frac{1}{L-i} \sum_{n=i}^{L-1} \left[\left(x_{\text{b},[i-1]}(n-1) - k_i x_{\text{f},[i-1]}(n)\right) x_{\text{f},[i-1]}(n) \right]. \tag{7.107}$$

Igualando esse resultado a zero, chegamos a

$$k_i = \frac{2 \sum_{n=i}^{L-1} x_{\text{f},[i-1]}(n) x_{\text{b},[i-1]}(n-1)}{\sum_{n=i}^{L-1} \left(x_{\text{b},[i-1]}^2(n-1) + x_{\text{f},[i-1]}^2(n)\right)}, \tag{7.108}$$

que é o coeficiente de reflexão fornecido pelo método de Burg. Essa estimativa é empregada nas recursões de Levinson–Durbin da equação (7.97) para se determinar o modelo LP correspondente e a estimação PSD desejada.

É lugar comum, na literatura de estimação espectral, associar-se o método de Burg com a estimação de PSD de máxima entropia (veja o Exercício 1.32). Como menciona o exercício, maximizar a entropia de uma variável aleatória equivale a maximizar sua incerteza. Portanto, essa condição seria a condição menos restritiva sobre a extrapolação da autocorrelação associada para qualquer intervalo temporal ν. Entretanto, tal propriedade é intrínseca ao modelo AR para processos gaussianos e, portanto, deveria ser associada a todos os métodos de modelagem AR descritos na Seção 7.5 (Kay, 1988; Cover & Thomas, 2006). Nesse sentido, o principal atributo do método de Burg é fornecer para o sistema um modelo baseado diretamente nos coeficientes de reflexão k_i da forma treliça, dados pela equação (7.108), em lugar dos coeficientes LP padrão, que caracterizam um modelo AR na forma direta.

7.5 Estimação espectral paramétrica

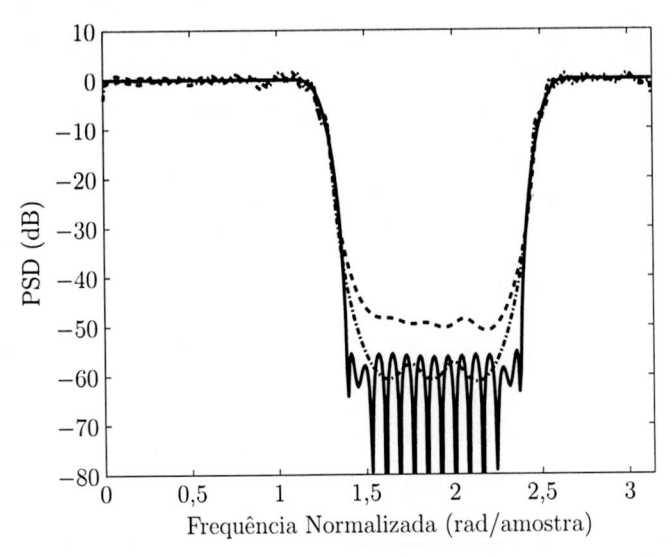

Figura 7.6 Resposta de potência para o sistema MA original (linha contínua) e para suas respectivas aproximações AR de ordem $N = 40$: métodos da autocorrelação (linha tracejada) e de Burg e da covariância (linha tracejada–pontilhada).

EXEMPLO 7.7
Encontre um modelo AR para o mesmo processo descrito no Exemplo 7.6 usando os métodos da covariância, da autocorrelação e de Burg com $N = 40$.

SOLUÇÃO
As estimativas de PSD fornecidas pelos métodos da autocorrelação (em linha tracejada) e de Burg (em linha tracejada–pontilhada) para $N = 40$ são mostradas na Figura 7.6. A estimativa de PSD fornecida pelo método da covariância é indistinguível da fornecida pelo método de Burg, a qual, por sua vez, devido à estimação não-polarizada da função de autocorrelação, é superior à fornecida pelo método da autocorrelação. △

7.5.6 Relação entre o algoritmo de Levinson–Durbin e uma estrutura em treliça

Nesta seção descrevemos como os parâmetros da recursão de Levinson–Durbin podem ser relacionados com uma estrutura de filtro digital conhecida como estrutura em treliça. As estruturas em treliça serão mais discutidas na Seção 12.2.

As equações (7.100) e (7.101)

$$\left. \begin{array}{l} x_{f,[N]}(n) = x_{f,[N-1]}(n) - k_N x_{b,[N-1]}(n-1) \\ x_{b,[N]}(n) = x_{b,[N-1]}(n-1) - k_N x_{f,[N-1]}(n) \end{array} \right\}, \quad (7.109)$$

repetidas aqui para conveniência do leitor, relacionam os erros de estimação de ordem N com os de ordem $(N-1)$. Tomando-se essas relações no domínio z, obtemos

$$\left.\begin{aligned} X_{\mathrm{f},[N]}(z) &= X_{\mathrm{f},[N-1]}(z) - k_N z^{-1} X_{\mathrm{b},[N-1]}(z) \\ X_{\mathrm{b},[N]}(z) &= z^{-1} X_{\mathrm{b},[N-1]}(z) - k_N X_{\mathrm{f},[N-1]}(z) \end{aligned}\right\}, \qquad (7.110)$$

que podem ser prontamente associadas com a célula básica de filtro digital representada na Figura 7.7. Concatenando várias dessas células, chega-se à estrutura em treliça com dois multiplicadores vista na Figura 7.8. Essa estrutura pode ser útil, por exemplo, quando se deseja estimar os erros de predição para modelos de diversas ordens, auxiliando na obtenção de um bom compromisso entre complexidade e desempenho do modelo AR.

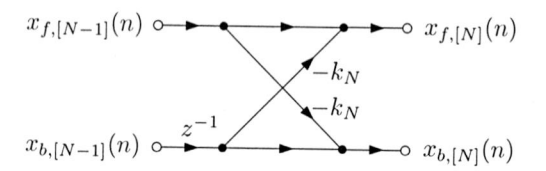

Figura 7.7 Célula básica equivalente à recursão de Levinson–Durbin de um nível.

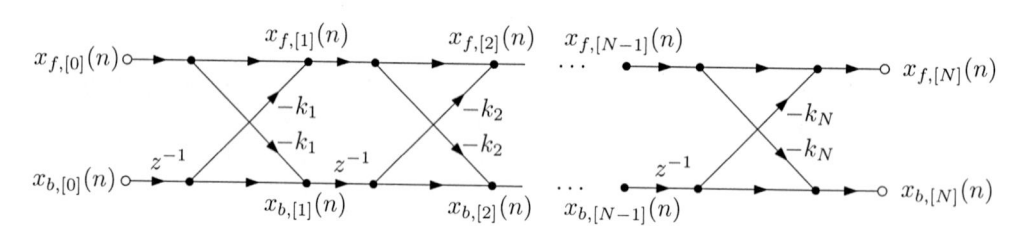

Figura 7.8 Estrutura em treliça de dois multiplicadores equivalente à recursão de Levinson–Durbin de N níveis.

7.6 Filtro de Wiener

Nesta seção, generalizamos o problema da predição linear para o caso em que desejamos caracterizar a relação estocástica entre dois processos representados por suas respectivas realizações $y(n)$ e $x(n)$. O modelo linear resultante é comumente chamado de filtro de Wiener. Nesse contexto, suponha que se possa determinar uma estimativa $\hat{y}(n)$ de $y(n)$ através de uma combinação linear de

7.6 Filtro de Wiener

amostras de $x(n)$, isto é,

$$\hat{y}(n) = \hat{w}_0 x(n) + \hat{w}_1 x(n-1) + \cdots + \hat{w}_M x(n-M)$$
$$= \sum_{i=0}^{M} \hat{w}_i x(n-i), \quad (7.111)$$

onde $\hat{w}_i$, para $i = 0, 1, \ldots, M$, são chamados de coeficientes do filtro de Wiener, e M é a ordem do filtro.

O sinal de erro, nesse caso, é dado por

$$e(n) = y(n) - \hat{y}(n) \quad (7.112)$$

e o MSE associado é dado por

$$\xi = E\{e^2(n)\}. \quad (7.113)$$

Da mesma forma que para o caso da predição linear, a equação (7.113) representa uma função quadrática dos coeficientes do filtro de Wiener $\hat{w}_i$. É possível, então, deduzir que

$$\frac{\partial \xi}{\partial \hat{w}_i} = \frac{\partial E\{e^2(n)\}}{\partial \hat{w}_i}$$
$$= E\left\{\frac{\partial e^2(n)}{\partial \hat{w}_i}\right\}$$
$$= E\left\{2e(n)\frac{\partial e(n)}{\partial \hat{w}_i}\right\}$$
$$= -2E\{e(n)x(n-i)\}; \quad (7.114)$$

substituindo-se $e(n)$ de acordo com as equações (7.111) e (7.112), segue que

$$\frac{\partial \xi}{\partial \hat{w}_i} = -2E\left\{\left(y(n) - \sum_{j=0}^{M} \hat{w}_j x(n-j)\right)x(n-i)\right\}$$
$$= -2\left\{E\{y(n)x(n-i)\} - \sum_{j=0}^{M} \hat{w}_j E\{x(n-j)x(n-i)\}\right\}$$
$$= -2p_{YX}(i) + 2\sum_{j=0}^{M} \hat{w}_j R_X(i-j), \quad (7.115)$$

onde $p_{YX}(i)$ é a correlação cruzada entre $y(n)$ e $x(n-i)$, supondo-se que os processos $\{Y\}$ e $\{X\}$ são conjuntamente WSS. Formando-se o vetor-gradiente $\nabla_{\hat{\mathbf{w}}}\xi$ em relação aos coeficientes do filtro de Wiener $\hat{\mathbf{w}} = [\hat{w}_0 \ \hat{w}_1 \ \cdots \ \hat{w}_M]^T$ e igualando-se o resultado a zero, é possível calcular o ponto estacionário do MSE $\hat{\mathbf{w}}^\star$ resolvendo-se o sistema

$$\begin{bmatrix} R_X(0) & R_X(-1) & \cdots & R_X(-M) \\ R_X(1) & R_X(0) & \cdots & R_X(-M+1) \\ \vdots & \vdots & \ddots & \vdots \\ R_X(M) & R_X(M-1) & \cdots & R_X(0) \end{bmatrix} \begin{bmatrix} \hat{w}_0^\star \\ \hat{w}_1^\star \\ \vdots \\ \hat{w}_M^\star \end{bmatrix} = \begin{bmatrix} p_{YX}(0) \\ p_{YX}(1) \\ \vdots \\ p_{YX}(M) \end{bmatrix}, \quad (7.116)$$

ou seja,

$$\hat{\mathbf{w}}^\star = \mathbf{R}_X^{-1} \mathbf{p}_{YX}, \quad (7.117)$$

onde $\mathbf{R}_X$ é a matriz de autocorrelação do processo $\{X\}$ e $\mathbf{p}_{YX}$ é o vetor de correlação cruzada do lado direito da equação (7.116).

O MSE mínimo que resulta da solução de Wiener é dado por (veja o Exercício 7.30)

$$\xi_{\text{mín}} = E\{y^2(n)\} - \mathbf{p}_{YX}^T \mathbf{R}_X^{-1} \mathbf{p}_{YX}. \quad (7.118)$$

EXEMPLO 7.8

Sejam $y(n)$ e $v(n)$ realizações de dois processos AR de primeira ordem caracterizados por

$$y(n) = \alpha_1 w_1(n) + 0{,}8 y(n-1) \quad (7.119)$$

$$v(n) = \alpha_2 w_2(n) - 0{,}8 v(n-1), \quad (7.120)$$

onde $w_1(n)$ e $w_2(n)$ são sinais de ruído branco descorrelacionados. Suponha que $y(n)$, $v(n)$, $w_1(n)$ e $w_2(n)$ têm todos variância unitária. Determine o filtro de Wiener de segunda ordem para os processos mutuamente WSS $\{Y\}$ e $\{X\}$, sendo

$$x(n) = \frac{1}{2} y(n) + \frac{\sqrt{3}}{2} v(n). \quad (7.121)$$

SOLUÇÃO

Pela equação (7.63), como $\sigma_{W_1}^2 = \sigma_{W_2}^2 = 1$, as autocorrelações de $y(n)$ e $v(n)$ são

$$E\{y(n)y(n-m)\} = \alpha_1^2 \frac{(0{,}8)^{|m|}}{1 - 0{,}8^2} \quad (7.122)$$

$$E\{v(n)v(n-m)\} = \alpha_2^2 \frac{(-0{,}8)^{|m|}}{1 - 0{,}8^2}, \quad (7.123)$$

e como $\sigma_Y^2 = \sigma_V^2 = 1$, têm-se $\alpha_1^2 = \alpha_2^2 = (1 - 0{,}8^2)$. Além disso, uma vez que $w_1(n)$ e $w_2(n)$ são descorrelacionados, $y(n)$ e $v(n)$ também o serão, e então

$$R_X(0) = \left(\frac{1}{2}\right)^2 R_Y(0) + \left(\frac{\sqrt{3}}{2}\right)^2 R_V(0) = \frac{1}{4} + \frac{3}{4} = 1 \tag{7.124}$$

$$R_X(1) = \left(\frac{1}{2}\right)^2 R_Y(1) + \left(\frac{\sqrt{3}}{2}\right)^2 R_V(1) = \frac{1}{4}(0{,}8) + \frac{3}{4}(-0{,}8) = -0{,}4 \tag{7.125}$$

$$R_{YX}(0) = \frac{1}{2}R_Y(0) = 0{,}5 \tag{7.126}$$

$$R_{YX}(1) = \frac{1}{2}R_Y(1) = 0{,}4. \tag{7.127}$$

Portanto, como descreve a equação (7.116), os coeficientes do filtro de Wiener são a solução de

$$\begin{bmatrix} 1 & -0{,}4 \\ -0{,}4 & 1 \end{bmatrix} \hat{\mathbf{w}}^* = \begin{bmatrix} 0{,}5 \\ 0{,}4 \end{bmatrix}, \tag{7.128}$$

que corresponde ao filtro de Wiener

$$W(z) = \frac{11}{14} + \frac{10}{14}z^{-1}. \tag{7.129}$$

$\triangle$

O filtro de Wiener determina a melhor relação linear em forma fechada, no sentido do MSE, entre as realizações $y(n)$ e $x(n)$ de dois processos conjuntamente WSS. Nesse contexto, o problema de predição linear pode ser visto como um caso especial em que $y(n)$ representa uma futura amostra $x(n+1)$ do outro processo. Por sua generalidade, o filtro de Wiener encontra larga aplicação numa série de problemas, como identificação de sistemas, equalização de canal e cancelamento de ruído, além, naturalmente, da predição linear.

7.7 Outros métodos para estimação espectral

A lista de métodos para estimação de PSD é quase sem fim. O material incluído neste capítulo representa talvez somente a ponta de um imenso *iceberg*, aliás muito bem tratada por excelentes livros-texto como Kay (1988), Hayes (1996) e Stoica & Moses (1997).

Para modelagem AR, por exemplo, podemos modificar o método de Burg incorporando uma função-janela à estimativa do coeficiente de reflexão dada pela equação (7.108). O resultado é uma estimação da PSD menos sujeita à polarização motivada pela dependência da fase das componentes senoidais do sinal de entrada (Kay, 1988). Outra técnica, também baseada no algoritmo de Levinson–Durbin, se deve a Itakura & Saito (1971), e emprega uma estimativa do coeficiente de reflexão dada por

$$k_i = \frac{2\sum_{n=i}^{L-1} x_{f,[i-1]}(n) x_{b,[i-1]}(n-1)}{\sqrt{\left(\sum_{n=i}^{L-1} x_{b,[i-1]}^2(n-1)\right)\left(\sum_{n=i}^{L-1} x_{f,[i-1]}^2(n)\right)}}. \qquad (7.130)$$

Alternativamente, a mesma ideia de combinar os erros das predições progressiva e retrógrada pode ser aplicada diretamente aos coeficientes LP, originando uma versão modificada do método da covariância. Em geral, todas essas três modificações da modelagem AR produzem poucas diferenças na estimação de PSD resultante e, portanto, podem ser vistas como apenas variações interessantes dos métodos aqui descritos.

Como mencionado anteriormente, este capítulo enfocou modelos AR devido à simplicidade dos algoritmos associados, à sua capacidade de modelar sistemas ARMA e à excelente qualidade das estimações de PSD obtidas com eles. Algoritmos para modelos ARMA e MA existem e podem ser efetivamente utilizados quando o espectro em questão apresenta um número significativo de zeros. Nesses casos, trabalhando diretamente com modelos ARMA ou MA evitamos as ordens elevadas requeridas para aproximar tais funções por sistemas AR. O preço a ser pago é na complexidade computacional dos algoritmos de modelagem ARMA e MA, os quais ainda podem convergir para soluções localmente ótimas, devido às equações altamente não-lineares associadas a tais classes de modelos.

O problema de estimação de PSD pode ser particularizado para diversos tipos de processo aleatório. O caso prático de senoides imersas em ruído é de interesse crucial, pois se relaciona com vários sistemas de comunicações ou de radar/sonar. Os algoritmos especializados para esse tipo de problema, incluindo o de Prony, o MUSIC e os métodos de subespaço, são classificados como paramétricos, já que assumem uma estrutura particular para os dados sob análise. Devido a sua complexidade, esses métodos não são cobertos nesse livro, e o leitor é mais uma vez direcionado para a vasta literatura nesse tema, onde poderá encontrar mais sobre eles.

7.8 Faça você mesmo: estimação espectral

Há um outro grupo muito importante de métodos que podem ser empregados para estimação de PSD. Os chamados algoritmos adaptativos são, geralmente, utilizados nas situações em que se requer operação em tempo real, ou quando não se dispõe com antecedência de uma quantidade significativa de dados, ou ainda quando o processo apresenta propriedades estatísticas não-estacionárias. Filtros adaptativos ajustam repetidamente os coeficientes de sua função de transferência, gerando um modelo variante no tempo com uma função de PSD associada. Mais uma vez, essa classe de algoritmos para estimação de PSD constituem um assunto muito amplo, cuja literatura associada pode ser consultada pelo leitor interessado (Widrow & Stearns, 1985; Haykin, 1996; Diniz, 2008).

7.8 Faça você mesmo: estimação espectral

Experimento 7.1

Neste experimento, consideramos um processo ARMA $\{Z\}$ gerado pela aplicação de ruído branco gaussiano de média zero e variância unitária a um filtro com função de transferência

$$H(z) = \frac{z^2 - \sqrt{3}z + 1}{10(z^2 + 1{,}8z + 0{,}96)}. \tag{7.131}$$

Essa função de transferência possui zeros sobre a circunferência unitária com ângulos $\pm 0{,}5236$ radianos e seus polos se encontram nos ângulos $\pm 2{,}7352$ radianos com raio $0{,}9798$. A resposta de potência correspondente é mostrada na Figura 7.9.

Suponha que esse processo ARMA seja corrompido por uma componente senoidal $s(n)$ de frequência $f_1 = f_s/8$, com $f_s = 1024$ Hz, de forma que se podem simular 250 ms do sinal medido $y(n)$ em MATLAB por

```
fs = 1024; Ts = 1/fs; t = 0:Ts:(0.25-Ts); L = length(t);
f1 = 128; s = sin(2*pi*f1.*t);
x = randn(1,L); x = x-mean(x); x = x./sqrt(var(x));
b = [1 -sqrt(3) 1.0]; a = 10*[1 1.8 0.96]; z = filter(b,a,x);
y = z + s;
```

Nesse caso, a PSD associada ao processo $\{Y\}$ incorpora uma função delta com área $0{,}5$ em $f = f_1$ ao espectro de $\{Z\}$ visto na Figura 7.9.

A estimativa da PSD $\hat{\Gamma}_{Y,P}$ através do algoritmo do periodograma com base numa FFT de L_f pontos, com $L_f = 2048$, pode ser determinada por

```
Ry = xcorr(y,'biased');
Gamma_Y_P = 10*log10(abs(fft(Ry,Lf)));
```

Estimação espectral

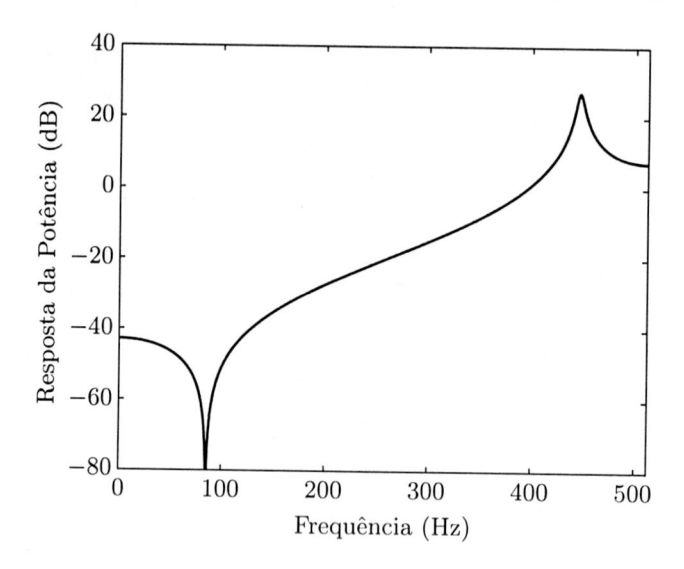

Figura 7.9 Resposta de potência associada a $H(z)$ no Experimento 7.1.

A PSD estimada é mostrada na Figura 7.10a, onde se pode observar que tanto a frequência da senoide quanto a frequência de ressonância do filtro, indicadas por linhas verticais pontilhadas, aparecem em suas devidas posições.

Dividindo os dados em $n_b = 4$ blocos de comprimento L/n_b, podemos obter diferentes estimativas por periodograma, cuja média pode ser calculada para gerar a estimativa de PSD $\hat{\Gamma}_{Y,AP}$, usando-se a sequência de comandos

```
YBlock = reshape(y,L/nb,nb);
RYBlock = zeros(2*L/nb-1,nb);
for i = 1:nb,
   RYBlock(:,i) = xcorr(YBlock(:,i),'biased');
end;
Gamma_Y_AP = 10*log10(mean(abs(fft(RYBlock,LRy)')));
```

O resultado, como se vê na Figura 7.10b, é uma estimativa suavizada com menor capacidade de discriminar a componente senoidal.

Outra variação do periodograma usa dados janelados, como se faz em

```
w = hamming(L)'; wy = w.*y;
Rwy = xcorr(wy,'biased');
Gamma_WY = 10*log10(abs(fft(Rwy,Lf)));
```

A estimativa da PSD correspondente é mostrada na Figura 7.10c. Desse gráfico, observa-se que o principal efeito da operação de janelamento dos dados é discriminar a senoide com menor resolução e tornar a curva um pouco mais suave, se comparada com a estimativa realizada pelo periodograma padrão.

7.8 Faça você mesmo: estimação espectral

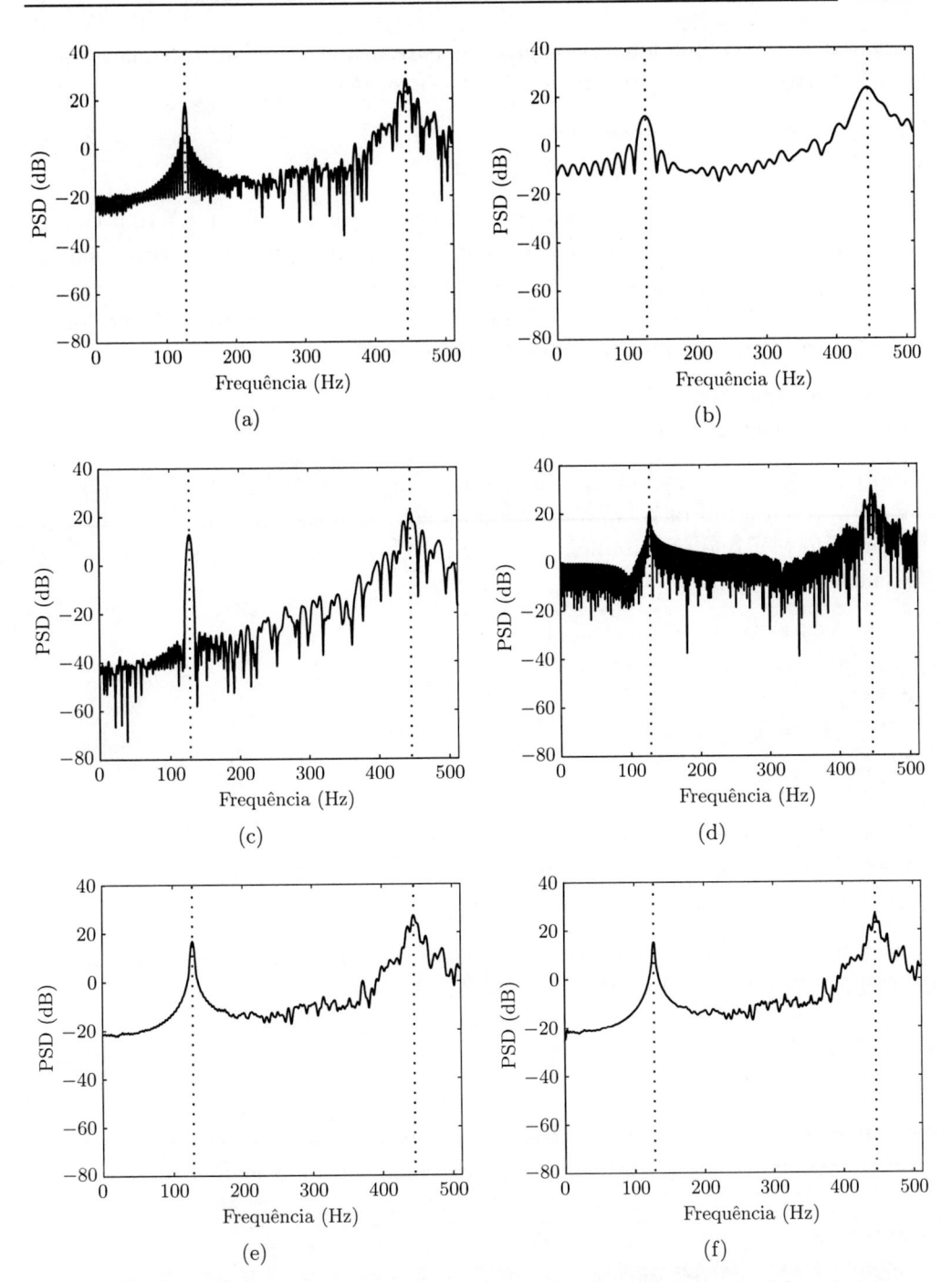

Figura 7.10 Estimativas de PSD por métodos baseados no periodograma: (a) periodograma padrão; (b) média de periodogramas; (c) periodograma com janelamento de dados; (d) periodograma com janelamento de dados e autocorrelação não-polarizada; (e) esquema BT; (f) método da variância mínima.

Usando-se um estimador não-polarizado para a função de autocorrelação dos dados janelados, como se faz em

```
Rwyu = xcorr(wy,'unbiased');
Gamma_WYU = 10*log10(abs(fft(Rwyu,Lf)));
```

obtém-se como resultado a estimativa da PSD que se vê na Figura 7.10d. Como esperado, essa abordagem produz um pico agudo na vizinhança da frequência senoidal, com elevada variância ao longo de todo o espectro.

Usando-se a função de autocorrelação R_Y associada ao método do periodograma padrão, pode-se implementar o estimador BT fazendo-se

```
RyBT = hamming(2*L-1)'.*Ry;
Gamma_BT = 10*log10(abs(fft(RyBT,Lf)));
```

Como pode ser visto na Figura 7.10e, a PSD para o estimador BT é bastante suave e apresenta um pico largo associado à componente senoidal.

O método MV pode ser implementado em MATLAB de acordo com a seguinte sequência de comandos:

```
wy = y' - mean(y);
wy_pad = [zeros(L-1,1);wy;zeros(L-1,1)]';
for i=1:L,
    XU(:,i) = wy_pad(L-i+1:3*L-1-i);
end;
Rwy = XU'*XU/(L-1);
[eigvec,eigval] = eig(Rwy);
U = abs(fft(eigvec,LRy)).^2; V = diag(inv(eigval + eps));
Gamma_MV = 10*log10(L)-10*log10(U*V);
```

Essa implementação segue o procedimento descrito em Hayes (1996), que realiza a decomposição espectral de $\mathbf{R}_Y^{-1}$ (Diniz, 2008) como

$$\mathbf{R}_Y^{-1} = \sum_{l=0}^{L-1} \frac{\mathbf{q}_l \mathbf{q}_l^{*\mathrm{T}}}{\lambda_l}, \qquad (7.132)$$

onde $\mathbf{q}_l$ e λ_l, para $l = 1, 2, \ldots, L$, são os autovetores e autovalores de $\mathbf{R}_Y$, respectivamente. Como resultado, podemos reescrever a equação (7.38) como

$$\Gamma_{Y,\mathrm{MV}}(e^{j\omega}) = \frac{L}{\sum_{l=0}^{L-1} |\mathbf{e}^{*\mathrm{T}}(e^{j\omega})\mathbf{q}_l|^2/\lambda_l}. \qquad (7.133)$$

Os termos $\mathbf{e}^{*\mathrm{T}}(e^{j\omega})\mathbf{q}_l$ representam a DFT do l-ésimo autovetor. Na sequência de comandos anterior, a matriz $\mathbf{U}$ armazena os termos $|\mathrm{FFT}[\mathbf{q}_l]|^2$ e a matriz

7.8 Faça você mesmo: estimação espectral

diagonal $\mathbf{V}$ armazena os inversos dos autovalores de $\mathbf{R}_Y^{-1}$, sendo eps um fator de condicionamento para evitar divisões por zero. Usando-se o método MV, a estimativa de PSD para uma única rodada dos dados gravados é representada na Figura 7.10f; podemos observar uma forte similaridade, nesse caso, com a estimativa BT. △

Experimento 7.2

Neste experimento investigamos o desempenho de alguns métodos paramétricos para estimar a PSD do sinal aleatório usado no Experimento 7.1.

Para o algoritmo da autocorrelação com ordem N, pode-se utilizar a sequência de comandos:

```
Ry = xcorr(y,N,'biased');
Ryy = toeplitz(Ry(N+1:2*N));
pyy = Ry(N+2:2*N+1);
a = inv(Ryy)*pyy';
H_AC_dB = 20*log10(abs(freqz(1,[1; -a],LRy/2+1)));
```

com L_{R_y} definida como no Experimento 7.1, para tornar a estimativa de PSD compatível com o vetor de frequências lá definido. Essa sequência de comandos equivale a

```
[b,E] = lpc(y,N);
```

com b = [1; -a].

Para outras abordagens paramétricas, podemos recorrer a uma poderosa ferramenta de análise espectral em MATLAB, cujo uso é exemplificado aqui para o algoritmo de Burg:

```
h = spectrum.burg(N,'UserDefined');
set(hopts,'NFFT',LRy);
HBurg = psd(h,y,hopts);
```

Em versões mais recentes do MATLAB, a especificação do número de pontos da FFT é feita diretamente no comando psd. Portanto, as linhas anteriores são substituídas por

```
h = spectrum.burg(N);
HBurg = psd(h,y,'NFFT',LRy);
```

Em qualquer caso, a escala em dB pode ser forçada fazendo-se

```
HBurg_dB = 10*log10(abs(HBurg.Data));
```

Mais detalhes sobre o comando spectrum podem ser encontrados na Seção 7.9.

492 Estimação espectral

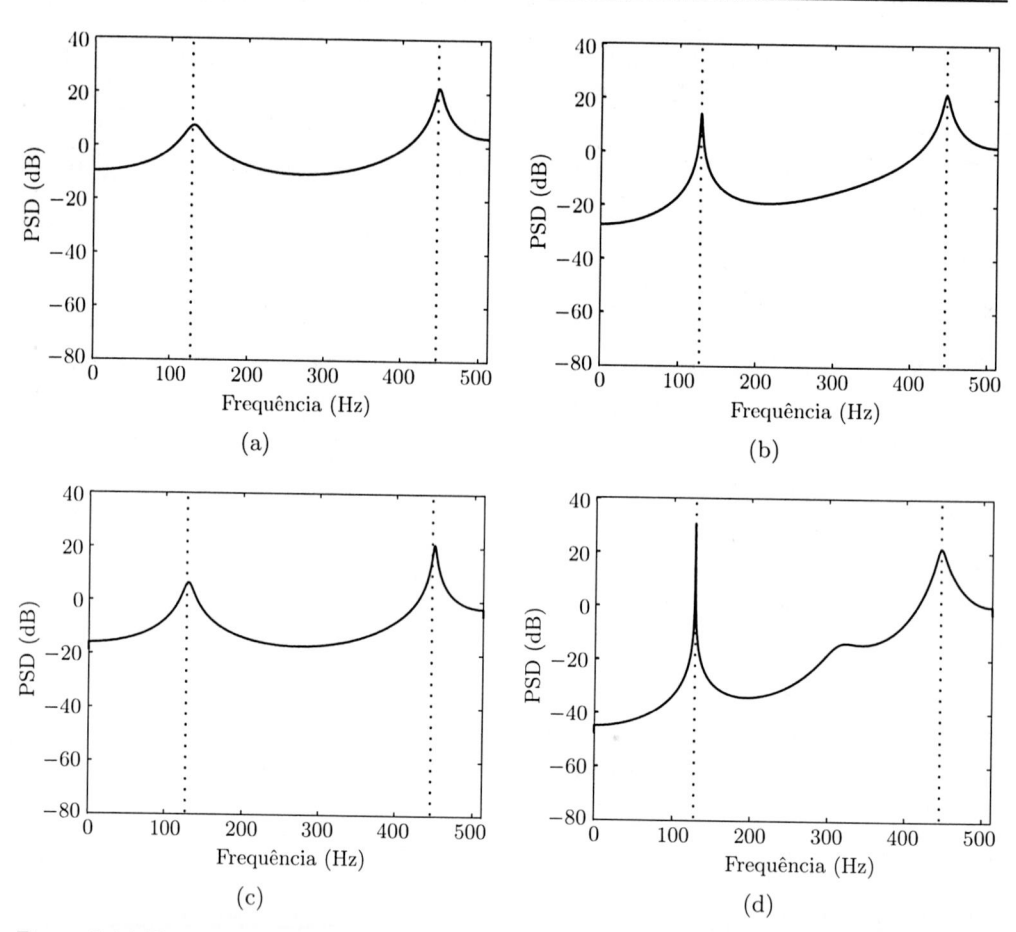

Figura 7.11 Estimativas de PSD pelos métodos AR quando $f_1 = f_s/8$: (a) autocorrelação com $N = 4$; (b) autocorrelação com $N = 8$; (c) algoritmo de Burg com $N = 4$; (d) algoritmo de Burg com $N = 8$.

A Figura 7.11 mostra as PSDs estimadas pelos métodos da autocorrelação e de Burg para $N = 4$ e $N = 8$ em cada caso, indicando o bom desempenho atingido por ambos os métodos, especialmente para valores mais elevados de N.

Se, no entanto, movemos a frequência f_2 da senoide para mais perto das frequências dos polos do modelo ARMA fazendo, por exemplo,

```
f2 = 3.3*fs/8;  s2 = sin(2*pi*f2.*t);
y2 = z + s2;
```

então as estimativas de PSD resultantes dos dois métodos com $N = 8$ e $N = 24$ são as mostradas na Figura 7.12. Desses gráficos, nota-se claramente que nesse caso ambos os modelos requerem que a ordem N do modelo seja muito alta para discriminarem satisfatoriamente os dois picos da PSD.

7.8 Faça você mesmo: estimação espectral

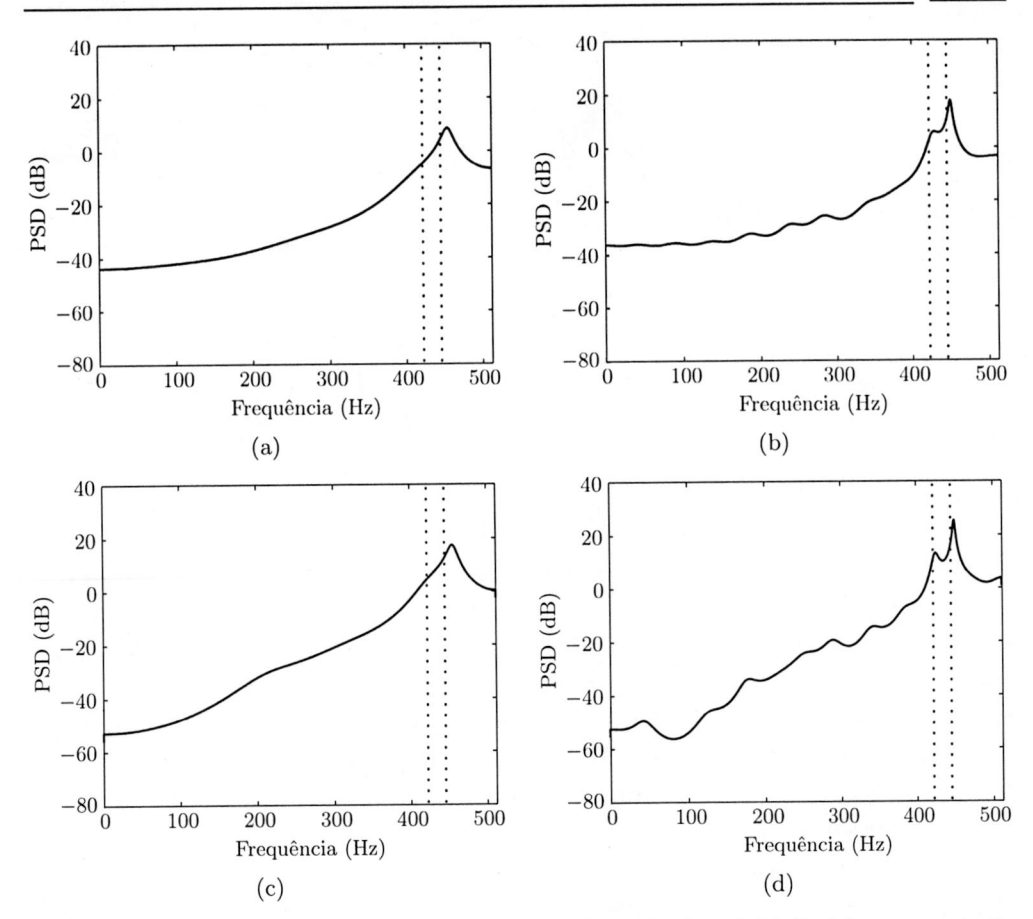

Figura 7.12 Estimativas de PSD pelos métodos AR quando $f_2 = 3{,}3f_s/8$: (a) autocorrelação com $N = 8$; (b) autocorrelação com $N = 24$; (c) algoritmo de Burg com $N = 8$; (d) algoritmo de Burg com $N = 24$.

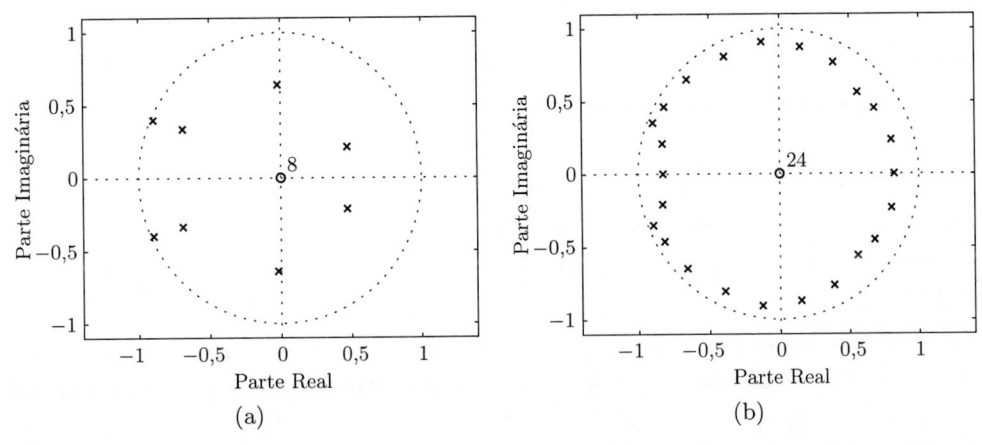

Figura 7.13 Diagrama de polos e zeros para os modelos AR gerados no Experimento 7.2 pelo algoritmo da autocorrelação: (a) $N = 8$; (b) $N = 24$.

494 Estimação espectral

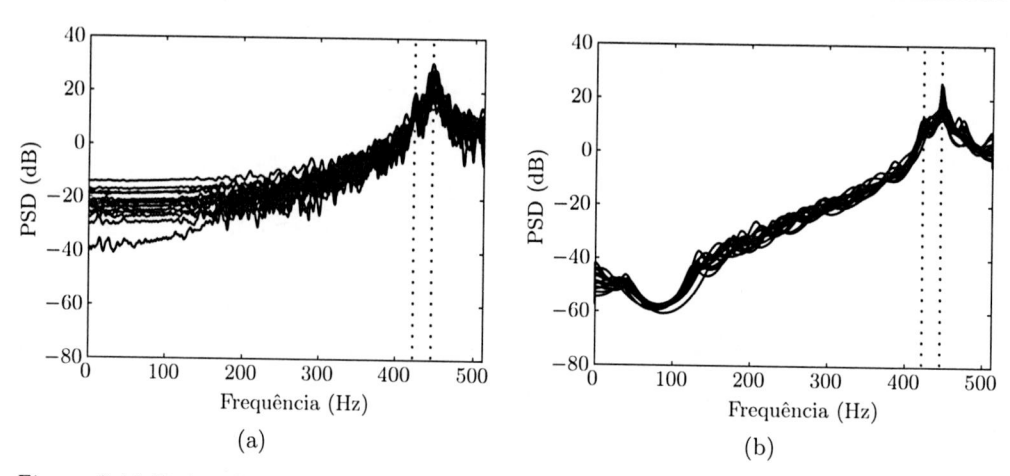

Figura 7.14 Estimativas de PSD do Experimento 7.2 para 15 rodadas independentes: (a) periodograma BT; (b) método de Burg com $N = 24$.

A Figura 7.13 mostra as constelações de polos e zeros para o modelo AR gerado pelo método da autocorrelação com $N = 8$ e $N = 24$. Em ambos os casos se pode observar que as estimativas AR posicionam alguns polos mais proximamente à circunferência unitária na faixa de frequências em que o sinal de entrada tem maior potência, como esperado. Embora esse fenômeno tenha acontecido em ambos os casos, com $N = 8$ o número de polos disponíveis não foi bastante para detectar a presença da senoide.

A Figura 7.14 mostra estimativas de PSD para 15 rodadas independentes sobrepostas usando os métodos não-paramétrico BT e paramétrico de Burg (com $N = 24$). Como se pode observar dos gráficos múltiplos, o resultado do método não-paramétrico, embora capaz de localizar melhor a senoide, exibe variância muito maior que o método paramétrico. △

7.9 Estimação espectral com MATLAB

A principal ferramenta em MATLAB para estimação espectral é o comando `spectrum`. A seguir, damos uma descrição desse comando juntamente com outros comandos auxiliares para estimação espectral do *toolbox* Spectral Estimation do MATLAB.

- `aryule`: Determina os coeficientes de predição linear de ordem N para um processo $\{X\}$ resolvendo as equações de Yule–Walker usando o algoritmo de Levinson–Durbin.
  Parâmetros de entrada:
  - Vetor x da realização do processo;

7.9 Estimação espectral com MATLAB

- Ordem N do modelo.

Parâmetros de saída:

- Vetor a contendo os coeficientes do denominador do modelo AR de ordem N;
- Potência E do erro de estimação;
- Vetor K contendo os coeficientes de reflexão.

Exemplo:
```
x=filter(1,[1 1 0.8],randn(1000,1));
N=2;
[a,E,K] = aryule(x,N);
```

- **levinson**: Resolve a equação de Wiener–Hopf usando o algoritmo de Levinson–Durbin.

Parâmetros de entrada:

- Vetor Rx contendo amostras da função de autocorrelação do sinal x, começando com intervalo de tempo 0;
- Ordem N do modelo.

Parâmetros de saída: Os mesmos do comando aryule.

Exemplo:
```
x=filter(1,[1 1 0.8],randn(1000,1));
N=2;
Rx=xcorr(x,N);
[a,E,K]=levinson(Rx(N+1:2*N+1),N);
```
essa sequência é equivalente a [a,E]=lpc(x,N); ou [a,E,K]=aryule(x,N);.

- **lpc**: Determina os coeficientes de predição linear de ordem N para um processo $\{X\}$ usando o algoritmo da autocorrelação. Seu uso é bastante similar ao do comando aryule.

- **spectrum**: Efetua a estimação espectral de um dado processo usando algoritmos como o periodograma (periodogram), o periodograma com janelamento de dados (welch), o método da autocorrelação (yulear), o método da covariância (cov) e o método de Burg (burg). Para especificar o método desejado, é preciso acrescentar a devida cadeia de caracteres (indicada entre parênteses, em cada caso) ao comando spectrum. Uma vez obtida a estimativa, a função de PSD correspondente é determinada através do comando psd, como exemplificado a seguir.

Parâmetro de entrada: Para algoritmos não-paramétricos, não é requerido argumento de entrada, enquanto que para métodos paramétricos deve-se fornecer a ordem N do modelo.

Parâmetro de saída: A estimativa h.

Exemplo (método do periodograma):

```
x=filter(1,[1 1 0.8],randn(1000,1));
hp=spectrum.periodogram;
PSDp=psd(hp,x);
plot(PSDp);
```

Exemplo (método de Burg):

```
N=4;
hb=spectrum.burg(N);
PSDb=psd(hb,x);
plot(PSDb);
```

Se se deseja especificar o comprimento da FFT, a cadeia de caracteres 'UserDefined' deve ser incluída como argumento de entrada, e os comandos auxiliares psdopts e set devem ser utilizados, como exemplificado na seção 'Faça você mesmo' deste capítulo.

7.10 Resumo

Este capítulo expandiu o escopo do processamento digital de sinais para além do projeto de filtros. Com esse propósito, foi abordado o problema de estimação do espectro de potência de um dado processo aleatório. Foi estabelecida a base para o problema de estimação, e foi apresentado o método não-paramétrico do periodograma, com diversas variações. A ideia da função-janela foi aplicada no contexto de suavização dos dados ou da função da autocorrelação para fornecer melhores (com menos polarização ou variância reduzida) estimativas de PSD. Este capítulo também tratou do método não-paramétrico de variância mínima, que, em geral, resulta em estimativas suaves da PSD. O problema de modelagem, nos quais filtros digitais desempenham um papel essencial, foi então apresentado como a ferramenta básica para se efetuar estimação espectral paramétrica. Nossa apresentação enfocou a modelagem AR, devido à sua capacidade genérica de emular sistemas MA e ARMA. Foram apresentados diversos métodos para determinação do modelo AR com diferentes características de convergência, incluídos o da covariância, o da autocorrelação e o de Burg. A estimativa resultante de PSD pode então ser determinada como a resposta espectral de potência do modelo AR obtido.

7.11 Exercícios

O capítulo abordou brevemente o importante tópico da filtragem de Wiener, em que a saída do filtro ótimo produz uma estimativa do sinal de referência pela filtragem de outro sinal, relacionado com a referência. A função-objetivo minimizada pela solução ótima é o MSE entre os sinais estimado e de referência. O capítulo concluiu com alguns experimentos reprodutíveis que permitem que o leitor teste seu aprendizado através da implementação dos conceitos estudados.

7.11 Exercícios

7.1 Use o algoritmo do periodograma para estimar a PSD de uma sequência de ruído branco de comprimento L gerada pelo comando `randn` em MATLAB. Faça a média dos resultados para N realizações do ruído branco e verifique as influências de L e N na estimativa resultante.

7.2 Use o algoritmo do periodograma para estimar a PSD de $L = 1024$ amostras do seguinte sinal:

$$x(n) = \cos \frac{2\pi}{20} n + x_1(n),$$

onde

$$x_1(n) = -0{,}9 x_1(n-1) + x_2(n),$$

sendo $x_2(n)$ ruído branco gaussiano com variância $\sigma^2_{X_2} = 0{,}19$.

7.3 Use o algoritmo do periodograma para estimar a PSD do seguinte sinal:

$$x(n) = \cos \frac{2\pi}{4} n + x_1(n),$$

onde

$$x_1(n) = -0{,}9 x_1(n-1) + x_2(n),$$

sendo $x_2(n)$ ruído branco gaussiano com variância $\sigma^2_{X_2} = 0{,}19$. Nesse caso, use $L = 512$, $L = 1024$ e $L = 2048$ e compare os resultados obtidos em cada caso.

7.4 Um processo AR $\{Y\}$ é gerado pela aplicação de ruído branco gaussiano com variância σ^2_X a um filtro de primeira ordem com função de transferência

$$H(z) = \frac{z}{z-a}.$$

Esse processo tem uma matriz de autocorrelação

$$\mathbf{R}_Y = \frac{\sigma_X^2}{1-a^2} \begin{bmatrix} 1 & a & \cdots & a^7 \\ a & 1 & \cdots & a^6 \\ \vdots & \vdots & \ddots & \vdots \\ a^7 & a^6 & \cdots & 1 \end{bmatrix},$$

da qual se pode obter a inversa

$$\mathbf{R}_Y^{-1} = \frac{1}{\sigma_X^2} \begin{bmatrix} 1 & -a & \cdots & 0 & 0 \\ -a & 1+a^2 & \cdots & 0 & 0 \\ 0 & -a & \cdots & 0 & 0 \\ \vdots & \vdots & \ddots & \vdots & \vdots \\ 0 & 0 & \cdots & 1+a^2 & -a \\ 0 & 0 & \cdots & -a & 1 \end{bmatrix}.$$

Para esse sinal, calcule uma solução em forma fechada para seu estimador de variância mínima e comente o que ocorre na solução à medida que L se aproxima de infinito.

7.5 No Exercício 7.4, considere $a = 0{,}8$ e represente graficamente a solução de variância mínima para janelas de comprimento igual a $L = 4$, $L = 10$ e $L = 50$. Compare a PSD estimada em cada caso com a PSD verdadeira e comente os resultados.

7.6 Use o método de variância mínima para estimar a PSD de $L = 256$ amostras do seguinte sinal:

$$y(n) = \operatorname{sen} \frac{\pi}{2} n + x_1(n),$$

onde

$$x_1(n) = -0{,}8 x_1(n-1) + x_2(n),$$

sendo $x_2(n)$ ruído branco gaussiano com variância $\sigma_{X_2}^2 = 0{,}36$.

7.7 Mostre que qualquer sistema ARMA estável pode ser escrito como um modelo MA.

7.8 (a) Use o comando `roots` em MATLAB para determinar a localização dos polos da aproximação AR com $N = 1, 2, 3$ e 4 para o sistema ARMA dado no Exemplo 7.3.

(b) Encontre a resposta ao impulso AR para cada valor de N no item anterior e compare seus resultados com a resposta ao impulso do sistema ARMA original.

7.11 Exercícios

7.9 Encontre uma aproximação AR de ordem N para o sistema ARMA

$$H(z) = \frac{1 - 1{,}5z^{-1}}{1 + 0{,}5z^{-1}}$$

e compare a resposta de módulo resultante com a do sistema ARMA original. Observe que nesse caso o sistema ARMA apresenta um zero fora da circunferência unitária.

7.10 Dados dois processos AR de primeira ordem gerados pelo mesmo ruído branco de média zero e variância unitária e cujos polos se situam respectivamente em a_1 e $-a_1$, com $|a_1| < 1$, calcule a função de correlação cruzada entre esses processos AR.

7.11 Encontre uma aproximação AR de ordem N para o sitema ARMA

$$H(z) = \frac{(1 - 0{,}8z^{-1})(1 - 0{,}9z^{-1})}{(1 - 0{,}5z^{-1})(1 + 0{,}5z^{-1})}$$

e compare a resposta de módulo resultante com a do sistema ARMA original.

7.12 (a) Encontre uma aproximação MA de ordem M para o sistema ARMA dado no Exemplo 7.3.

(b) Use o comando `roots` em MATLAB para determinar a localização dos zeros da aproximação MA para $M = 1, 2, 3$ e 4.

(c) Encontre a resposta ao impulso MA para cada valor de M e compare seus resultados com a resposta ao impulso do sistema ARMA original.

7.13 Mostre que para um sistema AR causal com entrada $x(n)$ de média zero e saída $y(n)$:

$$E\{x(n)y(n - \nu)\} = \begin{cases} \sigma_X^2, & \text{para } \nu = 0 \\ 0, & \text{para } \nu > 0. \end{cases}$$

7.14 Resolva as equações de Yule–Walker para um sistema AR de segunda ordem

$$H(z) = \frac{1}{1 + a_1 z^{-1} + a_2 z^{-2}},$$

determinando $R_Y(\nu)$ quando se aplica ruído branco de variância σ_X^2 à sua entrada.

7.15 Resolva as equações de Yule–Walker fornecidas pela equação (7.58) para o sistema ARMA dado no Exemplo 7.3, assumindo ruído branco de variância unitária na entrada.

7.16 Determine o preditor de segunda ordem ótimo no sentido do MSE mínimo para o processo de saída de um sistema MA

$$H(z) = 1 + 2z^{-1} + 3z^{-2}$$

com ruído branco de variância unitária na entrada.

7.17 Mostre que o método da autocorrelação fornece um sistema AR cujos polos não se situam fora da circunferência unitária centrada na origem do plano z.

7.18 Mostre por um simples exemplo numérico que o método da covariância pode fornecer um sistema AR com polos fora da circunferência unitária centrada na origem do plano z.

7.19 Dados dois processos AR de primeira ordem gerados pelo mesmo ruído branco de média zero e variância unitária e cujos polos se situam, respectivamente, em $z = 0{,}8$ e $z = -0{,}8$, gere um novo processo somando as saídas desses processos AR. Estime o modelo AR de quarta ordem para o processo resultante usando o método da predição linear e comente os resultados.

7.20 Dado um processo MA gerado pela aplicação de ruído branco de variância unitária a um sistema descrito por

$$H(z) = 0{,}921 - 1{,}6252 z^{-1} + z^{-2},$$

estime o modelo AR de terceira ordem para o processo resultante usando o método da predição linear e comente os resultados.

7.21 Use o método da covariância para estimar a PSD, a partir de $L = 1024$ amostras, do seguinte sinal:

$$x(n) = \cos \frac{2\pi}{L} n + x_1(n),$$

onde

$$x_1(n) = a x_1(n-1) + x_2(n),$$

sendo $x_2(n)$ ruído branco gaussiano com variância $1 - a^2$. Escolha

(a) $a = -0{,}9$ e $N = 4$;
(b) $a = -0{,}9$ e $N = 20$;
(c) $a = 0{,}9$ e $N = 4$.

Comente os resultados.

7.22 Estime a PSD do sinal

$$x(n) = e^{j(2\pi/8)n} + x_1(n)$$

se $x_1(n)$ é ruído branco gaussiano com variância unitária.

7.23 Resolva o Exercício 7.21 estimando os parâmetros AR pelo método da autocorrelação.

7.24 Avalie o número de operações em ponto flutuante (somas, subtrações, multiplicações e divisões) requeridas por uma recursão de Levinson–Durbin de nível N como descreve a Seção 7.5.3.

7.11 Exercícios

7.25 Verifique que os coeficientes de reflexão de Burg dados na equação (7.108) produzem o valor mínimo de $\xi_{B,[i]}$ definido na equação (7.102).

7.26 Resolva o Exercício 7.21 estimando os parâmetros AR usando as recursões de Levinson–Durbin com os coeficientes de reflexão de Burg.

7.27 Mostre que os coeficientes de reflexão de Burg fornecidos pela equação (7.108) são tais que $|k_i| < 1$, para $i = 1, 2, \ldots, N$. Mostre também que a potência do erro de predição progressiva $\xi_{f,[i]}$ constitui uma sequência decrescente com respeito à ordem do sistema $i = 1, 2, \ldots, N$.

7.28 Determine expressões em forma fechada para os coeficientes de reflexão de Levinson–Durbin k_1, k_2 e k_3 como funções de $R_Y(\nu)$.

7.29 Estime a PSD da saída do sistema ARMA do Exercício 7.11 para ruído branco de variância unitária na entrada. Use o método do periodograma padrão e o método da autocorrelação com $N = 1, 2, 3$ e 4 e compare os resultados obtidos em cada caso.

7.30 Mostre que o valor do MSE mínimo atingido pela solução de Wiener é dada pela equação (7.118).

7.31 Um processo aleatório $x(n)$ é gerado pela aplicação de ruído branco $w(n)$ com variância unitária à entrada de um sistema descrito pela seguinte função de transferência:

$$H(z) = \frac{1}{z^2 - 0{,}36}.$$

Calcule o filtro de Wiener de segunda ordem que relaciona $x(n)$ com a saída $y(n)$ do filtro

$$H_1(z) = \frac{1}{z + 0{,}6}$$

quando $H_1(z)$ recebe $w(n)$ em sua entrada.

8 Sistemas multitaxa

8.1 Introdução

Em muitas aplicações de processamento digital de sinais é necessário coexistirem diferentes taxas de amostragem dentro de um mesmo sistema. Um exemplo bastante comum é quando dois subsistemas que operam a diferentes taxas de amostragem precisam comunicar-se e as taxas de amostragem têm que ser compatibilizadas. Outro caso é quando um sinal digital de largura espectral ampla é decomposto em diversos canais de faixa estreita não-sobrepostos a fim de ser transmitido. Nesse caso, cada canal de faixa estreita pode ter sua taxa de amostragem reduzida até que seu limite de Nyquist seja atingido, economizando, assim, na largura da faixa de transmissão.

Aqui, descrevemos tais sistemas, que são chamados de uma forma geral de sistemas multitaxa. Sistemas multitaxa são usados em diversas aplicações, que vão do projeto de filtros digitais até a codificação e compressão de sinais, e têm estado presentes de forma cada vez mais frequente em sistemas digitais modernos.

Primeiramente, estudamos as operações básicas de decimação e interpolação, e mostramos como se podem implementar mudanças de taxa de amostragem racionais arbitrárias com elas. Então, descrevemos propriedades inerentes aos sistemas multitaxa, a saber, suas propriedades válidas de inversão e as identidades nobres. Com essas propriedades apresentadas, o próximo passo é apresentar as decomposições polifásicas e os modelos comutadores, que são ferramentas-chave em sistemas multitaxa. O projeto de filtros de decimação e interpolação também é abordado. Um passo adiante é dado ao lidar com as técnicas que usam decimação e interpolação para atingir um conjunto de especificações prescritas para um filtro. Além disso, são apresentadas algumas formas úteis de se representar sistemas de entrada única e saída única (SISO, do inglês *single-input, single-output*) na forma de blocos. Os efeitos de sistemas multitaxa sobre sinais aleatórios também são discutidos nesse capítulo. Finalmente, experimentos em MATLAB e funções relacionadas que auxiliam no projeto e na implementação de sistemas multitaxa são brevemente descritos.

8.2 Princípios básicos

Intuitivamente, qualquer mudança de taxa de amostragem pode ser efetuada recuperando-se o sinal analógico de largura espectral limitada $x_a(t)$ a partir de suas amostras $x(m)$ e então, realizando-se sua reamostragem com uma taxa de amostragem diferente, logo gerando uma versão discreta diferente do sinal, $x'(n)$. É claro que o sinal analógico intermediário $x_a(t)$ tem que ser filtrado de forma a poder ser reamostrado sem que ocorra *aliasing*. Um modo possível de se realizar isso é descrito aqui.

Suponha que temos um sinal digital $x(m)$ que foi gerado a partir de um sinal analógico $x_a(t)$ com período de amostragem T_1, ou seja, $x(m) = x_a(mT_1)$, para $m \in \mathbb{Z}$. Para evitar *aliasing* no processo, supõe-se que $x_a(t)$ é limitado espectralmente a $[-\pi/T_1, \pi/T_1)$. Portanto, substituindo cada amostra do sinal por um impulso proporcional a ele, temos que o sinal analógico equivalente é

$$x_i(t) = \sum_{m=-\infty}^{\infty} x(m)\delta(t - mT_1), \tag{8.1}$$

cujo espectro é periódico com período $2\pi/T_1$. A fim de se recuperar o sinal analógico original $x_a(t)$ a partir de $x_i(t)$, as repetições do espectro têm que ser descartadas. Portanto, como se viu na Seção 1.6, $x_i(t)$ precisa ser filtrado com um filtro $h(t)$ cuja resposta na frequência ideal $H(\mathrm{j}\omega)$ é

$$H(\mathrm{j}\omega) = \begin{cases} 1, & \omega \in [-\pi/T_1, \pi/T_1) \\ 0, & \text{em caso contrário,} \end{cases} \tag{8.2}$$

e então

$$x_a(t) = x_i(t) * h(t) = \frac{1}{T_1} \sum_{m=-\infty}^{\infty} x(m) \operatorname{sinc}\left[\frac{\pi}{T_1}(t - mT_1)\right]. \tag{8.3}$$

Então, reamostrando $x_a(t)$ com período T_2 para gerar o sinal digital $x'(n) = x_a(nT_2)$ para $n \in \mathbb{Z}$, temos que

$$x'(n) = \frac{1}{T_1} \sum_{m=-\infty}^{\infty} x(m) \operatorname{sinc}\left[\frac{\pi}{T_1}(nT_2 - mT_1)\right]. \tag{8.4}$$

Essa é a equação geral que rege as mudanças de taxa de amostragem. Observe que não há qualquer restrição sobre os valores de T_1 e T_2. É claro que se $T_2 > T_1$ e se deve evitar o *aliasing*, o filtro da equação (8.2) tem que ter resposta na frequência nula para $\omega \notin [-\pi/T_2, \pi/T_2)$. Como foi visto na Seção 1.6, como a equação (8.4) consiste de um somatório infinito envolvendo a função sinc, ela não é prática. Em geral, para mudanças de taxa racionais, que cobrem a maioria

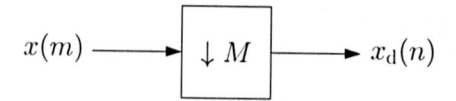

$$x(m) \longrightarrow \boxed{\downarrow M} \longrightarrow x_\mathrm{d}(n)$$

Figura 8.1 Diagrama de bloco representando a decimação por um fator M.

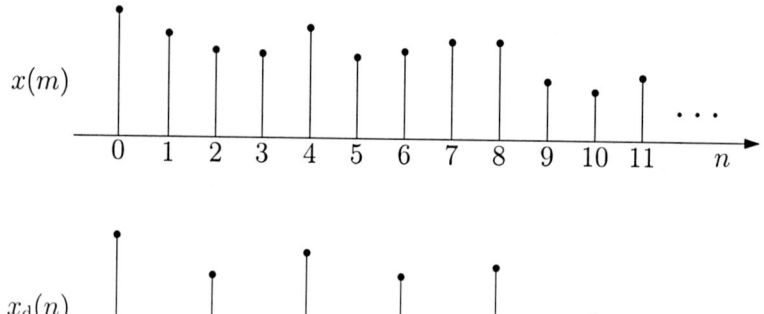

Figura 8.2 Decimação por 2. $x(m) = \ldots x(0)\ x(1)\ x(2)\ x(3)\ x(4)\ \ldots$; $x_\mathrm{d}(n) = \ldots x(0)\ x(2)\ x(4)\ x(6)\ x(8)\ \ldots$

dos casos de interesse, podem-se derivar expressões que trabalham somente no domínio do tempo discreto. Isso é coberto nas próximas seções, onde três casos especiais são considerados: decimação por um fator inteiro M, interpolação por um fator inteiro L e mudança de taxa de amostragem por um fator racional L/M.

8.3   Decimação

Decimar ou subamostrar um sinal digital $x(m)$ por um fator M é o mesmo que reduzir sua taxa de amostragem em M vezes. Isso equivale a manter somente uma a cada M amostras do sinal. Essa operação é representada como se vê na Figura 8.1 e exemplificada na Figura 8.2 para o caso em que $M = 2$.

A relação entre o sinal decimado e o sinal original é, portanto, direta:

$$x_\mathrm{d}(n) = x(nM). \tag{8.5}$$

No domínio da frequência, se o espectro de $x(m)$ é $X(\mathrm{e}^{\mathrm{j}\omega})$, o espectro do sinal decimado, $X_\mathrm{d}(\mathrm{e}^{\mathrm{j}\omega})$, torna-se

$$X_\mathrm{d}(\mathrm{e}^{\mathrm{j}\omega}) = \frac{1}{M} \sum_{k=0}^{M-1} X(\mathrm{e}^{\mathrm{j}(\omega - 2\pi k)/M}). \tag{8.6}$$

8.3 Decimação

Tal resultado pode ser obtido definindo-se, em primeiro lugar, $x'(m)$ como

$$x'(m) = \begin{cases} x(m), & m = nM, n \in \mathbb{Z} \\ 0, & \text{em caso contrário,} \end{cases} \qquad (8.7)$$

que também pode ser escrito como

$$x'(m) = x(m) \sum_{n=-\infty}^{\infty} \delta(m - nM). \qquad (8.8)$$

Então, a transformada de Fourier $X_{\mathrm{d}}(\mathrm{e}^{\mathrm{j}\omega})$ é dada por

$$\begin{aligned} X_{\mathrm{d}}(\mathrm{e}^{\mathrm{j}\omega}) &= \sum_{n=-\infty}^{\infty} x_{\mathrm{d}}(n) \mathrm{e}^{-\mathrm{j}\omega n} \\ &= \sum_{n=-\infty}^{\infty} x(nM) \mathrm{e}^{-\mathrm{j}\omega n} \\ &= \sum_{n=-\infty}^{\infty} x'(nM) \mathrm{e}^{-\mathrm{j}\omega n} \\ &= \sum_{l=-\infty}^{\infty} x'(l) \mathrm{e}^{-\mathrm{j}(\omega/M)l} \\ &= X'(\mathrm{e}^{\mathrm{j}\omega/M}). \end{aligned} \qquad (8.9)$$

Porém, pela equação (8.8) (veja também a equação (2.237) e o Exercício 2.15):

$$\begin{aligned} X'(\mathrm{e}^{\mathrm{j}\omega}) &= \frac{1}{2\pi} X(\mathrm{e}^{\mathrm{j}\omega}) \circledast \mathcal{F}\left\{ \sum_{n=-\infty}^{\infty} \delta(m - nM) \right\} \\ &= \frac{1}{2\pi} X(\mathrm{e}^{\mathrm{j}\omega}) \circledast \frac{2\pi}{M} \sum_{k=0}^{M-1} \delta\left(\omega - \frac{2\pi k}{M}\right) \\ &= \frac{1}{M} \sum_{k=0}^{M-1} X(\mathrm{e}^{\mathrm{j}(\omega - 2\pi k/M)}). \end{aligned} \qquad (8.10)$$

Então, pela equação (8.9),

$$X_{\mathrm{d}}(\mathrm{e}^{\mathrm{j}\omega}) = X'(\mathrm{e}^{\mathrm{j}\omega/M}) = \frac{1}{M} \sum_{k=0}^{M-1} X(\mathrm{e}^{\mathrm{j}(\omega - 2\pi k)/M}), \qquad (8.11)$$

que é o mesmo que a equação (8.6).

Conforme ilustra a Figura 8.3 para $M = 2$, a equação (8.6) significa que o espectro de $x_{\mathrm{d}}(n)$ é composto de cópias do espectro de $x(m)$ expandidas por M

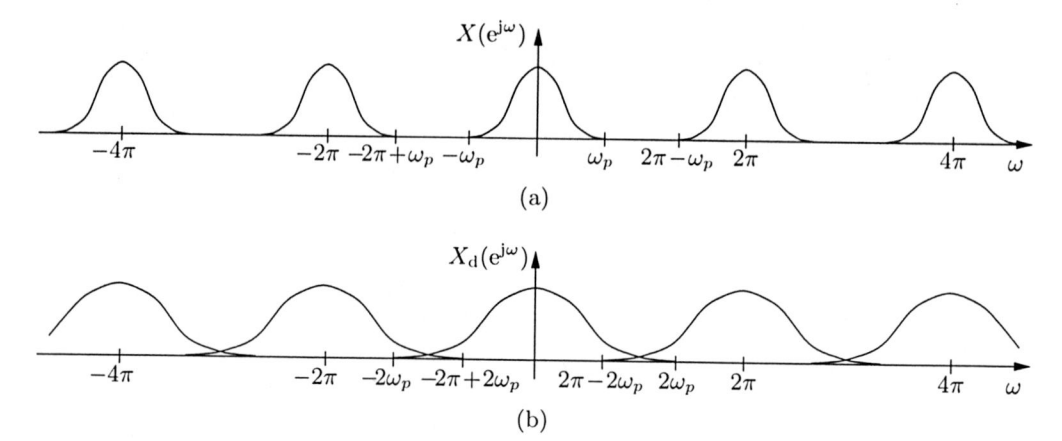

Figura 8.3 (a) Espectro do sinal digital original. (b) Espectro do sinal decimado por um fator de 2.

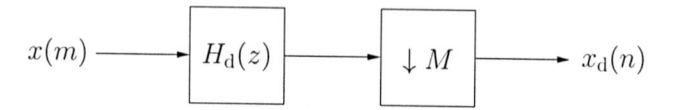

Figura 8.4 Operação geral de decimação.

e depois repetidas com período 2π (que equivalem a cópias do espectro de $x(m)$ repetidas com período $2\pi/M$ e depois expandidas por M). Isso implica que, a fim de se evitar *aliasing* após a decimação, a largura de faixa do sinal $x(m)$ tem que ser limitada ao intervalo $[-\pi/M, \pi/M]$. Portanto, a operação de decimação é geralmente precedida de um filtro passa-baixas (veja a Figura 8.4) que aproxima a seguinte resposta na frequência:

$$H_{\mathrm{d}}(e^{j\omega}) = \begin{cases} 1, & \omega \in [-\pi/M, \pi/M] \\ 0, & \text{em caso contrário.} \end{cases} \quad (8.12)$$

Se incluímos, então, a operação de filtragem, o sinal decimado é obtido pela retenção de uma a cada M amostras da convolução do sinal $x(m)$ com a resposta ao impulso $h_{\mathrm{d}}(m)$ do filtro, isto é,

$$x_{\mathrm{d}}(n) = \sum_{m=-\infty}^{\infty} x(m) h_{\mathrm{d}}(nM - m). \quad (8.13)$$

Alguns fatos importantes sobre a operação de decimação têm que ser destacados (Crochiere & Rabiner, 1983):

- Ela é variante no tempo, isto é, se o sinal de entrada $x(m)$ é deslocado, o sinal de saída não será, em geral, uma versão deslocada da saída que se obteria com

8.3 Decimação

$x(m)$ aplicado à entrada. Mais precisamente, seja $\mathcal{D}_M$ o operador decimador-por-M. Se $x_\mathrm{d}(n) = \mathcal{D}_M\{x(m)\}$, então, em geral, $\mathcal{D}_M\{x(m-k)\} \neq x_\mathrm{d}(n-l)$ para algum l, a menos que $k = rM$, quando então $\mathcal{D}_M\{x(m-k)\} = x_\mathrm{d}(n-r)$. Por causa dessa propriedade, a decimação é classificada como uma operação periodicamente invariante no tempo.

- Com referência à equação (8.13), pode-se ver que se o filtro $H_\mathrm{d}(z)$ é FIR, suas saídas só precisam ser calculadas a cada M amostras, o que implica que a complexidade de sua implementação é M vezes menor que a de uma operação usual de filtragem (Peled & Liu, 1985). Isso não é válido, em geral, para filtros IIR, porque em tais casos precisa-se de saídas passadas contíguas para se calcular a saída atual, a menos que a função de transferência seja do tipo $H(z) = \frac{N(z)}{D(z^M)}$ (Martinez & Parks, 1979; Ansari & Liu, 1983).
- Se a faixa de frequências de interesse para o sinal $x(m)$ é $[-\omega_\mathrm{p}, \omega_\mathrm{p})$, com $\omega_p < \pi/M$, podemos permitir que ocorra *aliasing* fora dessa faixa. Portanto, as restrições sobre o filtro podem ser relaxadas, levando às seguintes especificações para $H_\mathrm{d}(z)$:

$$H_\mathrm{d}(e^{j\omega}) = \begin{cases} 1, & \omega \in [-\omega_\mathrm{p}, \omega_\mathrm{p}) \\ 0, & \omega \in [-2\pi k/M - \omega_\mathrm{p}, -2\pi k/M + \omega_\mathrm{p}) \\ & \cup\, [2\pi k/M - \omega_\mathrm{p}, 2\pi k/M + \omega_\mathrm{p}),\ k = 1, 2, \ldots, M-1. \end{cases} \quad (8.14)$$

O filtro de decimação pode ser implementado eficientemente usando-se os métodos de aproximação ótima descritos no Capítulo 5. Para isso, é preciso definir os seguintes parâmetros:

$$\left.\begin{array}{l} \delta_\mathrm{p} : \text{ondulação na faixa de passagem} \\ \delta_\mathrm{r} : \text{atenuação na faixa de rejeição} \\ \omega_\mathrm{p} : \text{frequência de corte da faixa de passagem} \\ \omega_{\mathrm{r}_1} = 2\pi/M - \omega_\mathrm{p} : \text{primeira extremidade da faixa de rejeição} \end{array}\right\}. \quad (8.15)$$

Contudo, em geral é mais eficiente projetar um filtro multifaixa de acordo com a equação (8.14), como ilustram a Figura 8.5 e o exemplo a seguir.

EXEMPLO 8.1
Um sinal que só carrega informação útil na faixa $0 \leq \omega < 0{,}1\omega_\mathrm{s}$ precisa ser decimado por um fator $M = 4$. Projete um filtro de decimação com fase linear que satisfaça as seguintes especificações:

$$\left.\begin{array}{l} \delta_\mathrm{p} = 0{,}001 \\ \delta_\mathrm{r} = 5 \times 10^{-5} \\ \Omega_\mathrm{s} = 20000 \text{ Hz} \end{array}\right\}. \quad (8.16)$$

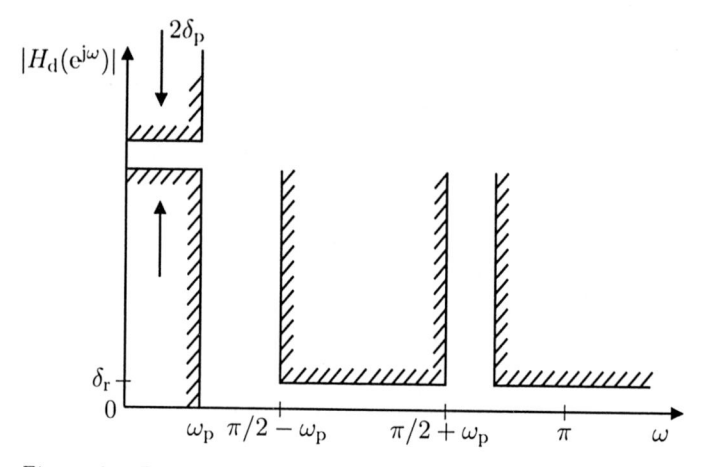

Figura 8.5 Especificações de um filtro de decimação por $M = 4$.

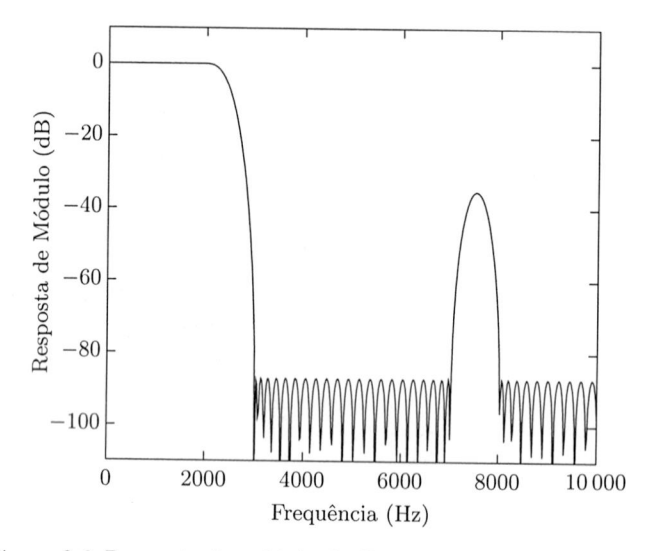

Figura 8.6 Resposta de módulo do filtro de decimação por $M = 4$.

SOLUÇÃO

De acordo com as especificações, as extremidades das faixas de rejeição do filtro de decimação devem estar localizadas em $(\Omega_s/4 - \Omega_s/10)$ e $(\Omega_s/4 + \Omega_s/10)$ na primeira faixa de rejeição e em $(\Omega_s/2 - \Omega_s/10)$ na segunda faixa de rejeição. Como resultado, existe uma faixa de transição cuja resposta não precisa ser restringida entre $(\Omega_s/4 + \Omega_s/10)$ e $(\Omega_s/2 - \Omega_s/10)$. Projetando o filtro usando a abordagem de Chebyshev da Seção 5.6.2, encontramos que a ordem necessária para que as especificações sejam satisfeitas é 85. A resposta de módulo resultante desse filtro é mostrada na Figura 8.6, onde se pode observar que entre 7000 e 8000 Hz situa-se uma banda de transição, como esperado.

8.4 Interpolação

Tabela 8.1 *Coeficientes de $h(0)$ a $h(42)$ da resposta ao impulso do filtro de decimação.*

$h(0) = 3,8208\text{E}-06$	$h(15) = 2,5170\text{E}-03$	$h(30) = -2,9906\text{E}-03$
$h(1) = -1,5078\text{E}-04$	$h(16) = 3,7016\text{E}-03$	$h(31) = 1,2798\text{E}-02$
$h(2) = -2,4488\text{E}-04$	$h(17) = 2,0456\text{E}-03$	$h(32) = 2,5575\text{E}-02$
$h(3) = -3,4356\text{E}-04$	$h(18) = -5,8022\text{E}-04$	$h(33) = 2,3561\text{E}-02$
$h(4) = -3,7883\text{E}-04$	$h(19) = -4,0164\text{E}-03$	$h(34) = 7,6551\text{E}-03$
$h(5) = 1,4857\text{E}-06$	$h(20) = -6,3092\text{E}-03$	$h(35) = -1,9703\text{E}-02$
$h(6) = 3,5092\text{E}-04$	$h(21) = -4,1002\text{E}-03$	$h(36) = -4,4867\text{E}-02$
$h(7) = 7,4044\text{E}-04$	$h(22) = 1,8340\text{E}-04$	$h(37) = -4,7659\text{E}-02$
$h(8) = 9,4756\text{E}-04$	$h(23) = 6,0511\text{E}-03$	$h(38) = -2,0785\text{E}-02$
$h(9) = 2,5364\text{E}-04$	$h(24) = 1,0189\text{E}-02$	$h(39) = 3,9424\text{E}-02$
$h(10) = -5,2335\text{E}-04$	$h(25) = 7,5145\text{E}-03$	$h(40) = 1,1942\text{E}-01$
$h(11) = -1,4509\text{E}-03$	$h(26) = 8,3120\text{E}-04$	$h(41) = 1,9216\text{E}-01$
$h(12) = -1,9966\text{E}-03$	$h(27) = -8,8128\text{E}-03$	$h(42) = 2,3804\text{E}-01$
$h(13) = -8,6587\text{E}-04$	$h(28) = -1,6037\text{E}-02$	
$h(14) = 6,3635\text{E}-04$	$h(29) = -1,3217\text{E}-02$	

A Tabela 8.1 mostra os coeficientes do filtro; como o filtro tem fase linear, somente metade de seus coeficientes são incluídos. △

8.4 Interpolação

Interpolar ou aumentar a taxa de amostragem de um sinal $x(m)$ por um fator L é incluir $L-1$ zeros entre cada duas amostras suas. Essa operação é representada na Figura 8.7.

$$x(m) \longrightarrow \boxed{\uparrow L} \longrightarrow \hat{x}_\text{i}(n)$$

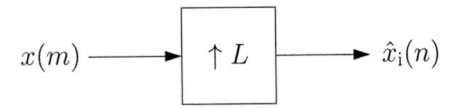

Figura 8.7 Interpolação por um fator L.

Então, o sinal interpolado é dado por

$$\hat{x}_\text{i}(n) = \begin{cases} x(n/L), & n = mL, \, m \in \mathbb{Z} \\ 0, & \text{em caso contrário.} \end{cases} \qquad (8.17)$$

A operação de interpolação é exemplificada na Figura 8.8 para o caso de $L=2$.

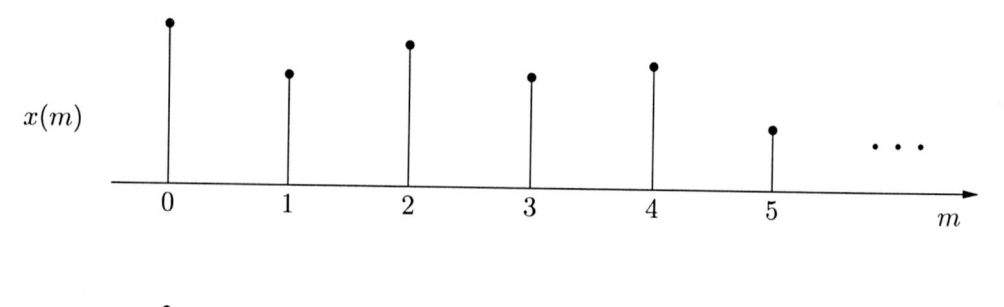

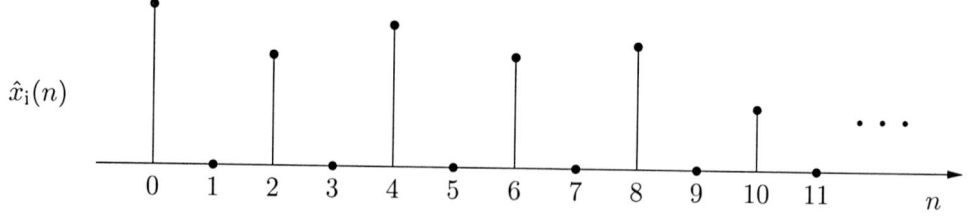

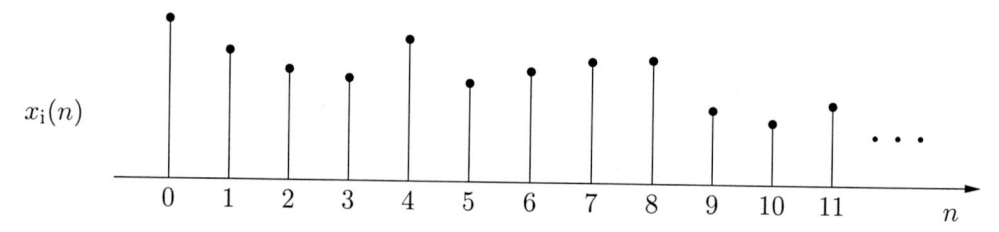

Figura 8.8 Interpolação por 2. $x(m)$: sinal original; $\hat{x}_i(n)$: sinal com zeros inseridos entre cada duas amostras; $x_i(n)$: sinal interpolado após ter sido filtrado por $H_i(z)$. ($x(m) = \ldots x(0)\ x(1)\ x(2)\ x(3)\ x(4)\ x(5)\ x(6)\ \ldots$; $\hat{x}_i(n) = \ldots x(0)\ 0\ x(1)\ 0\ x(2)\ 0\ x(3)\ \ldots$; $x_i(n) = \ldots x_i(0)\ x_i(1)\ x_i(2)\ x_i(3)\ x_i(4)\ x_i(5)\ x_i(6)\ \ldots$)

No domínio da frequência, se o espectro do sinal $x(m)$ é $X(e^{j\omega})$, conclui-se diretamente que o espectro do sinal interpolado, $\hat{X}_i(e^{j\omega})$, torna-se (Crochiere & Rabiner, 1983)

$$\hat{X}_i(e^{j\omega}) = X(e^{j\omega L}). \tag{8.18}$$

A Figura 8.9 mostra o espectro dos sinais $x(m)$ e $\hat{x}_i(n)$ para um fator de interpolação igual a L.

Como o espectro do sinal digital original é periódico com período 2π, o espectro do sinal interpolado tem período $2\pi/L$. Portanto, a fim de se obter uma versão interpolada suave de $x(m)$, o espectro do sinal interpolado tem de ser uma única versão comprimida (isto é, sem quaisquer repetições espectrais) de $X(e^{j\omega})$ na faixa $[-\pi, \pi)$. Isso pode ser obtido pela eliminação das repetições do espectro de $\hat{x}_i(n)$ situadas fora do intervalo $[-\pi/L, \pi/L)$. Logo, a operação de interpolação é geralmente seguida de um filtro passa-baixas (veja a Figura 8.10) que aproxima

8.4 Interpolação

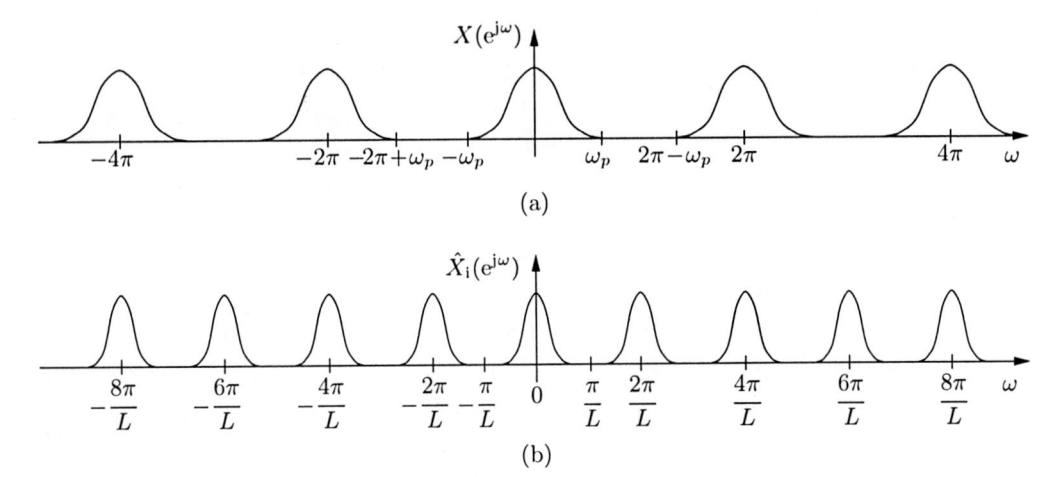

Figura 8.9 (a) Espectro do sinal digital original. (b) Espectro do sinal interpolado por um fator de L.

Figura 8.10 Operação geral de interpolação.

a seguinte resposta na frequência:

$$H_i(e^{j\omega}) = \begin{cases} L, & \omega \in [-\pi/L, \pi/L] \\ 0, & \text{em caso contrário.} \end{cases} \quad (8.19)$$

A operação de interpolação é, assim, equivalente à convolução da resposta ao impulso do filtro de interpolação, $h_i(n)$, com o sinal $\hat{x}_i(n)$ definido na equação (8.17). Considerando que as únicas amostras não-nulas de $\hat{x}_i(n)$ são aquelas cujo índice é múltiplo de L, a equação (8.17) pode ser reescrita como

$$\hat{x}_i(kL) = \begin{cases} x(k), & k \in \mathbb{Z} \\ 0, & \text{em caso contrário.} \end{cases} \quad (8.20)$$

Com o auxílio da equação acima, é fácil perceber que no domínio do tempo, o sinal interpolado filtrado se torna

$$x_i(n) = \sum_{m=-\infty}^{\infty} \hat{x}_i(m) h(n-m) = \sum_{k=-\infty}^{\infty} x(k) h(n-kL). \quad (8.21)$$

Alguns fatos importantes sobre a operação de interpolação devem ser destacados (Crochiere & Rabiner, 1983):

- Ao contrário da operação de decimação, a interpolação não envolve perda de informação. Mais precisamente, se $\mathcal{I}_L$ é o operador interpolador-por-L, as equações (8.5) e (8.20) implicam que $\mathcal{D}_L\{\mathcal{I}_L\{x(m)\}\} = x(m)$, ou seja, a operação de interpolação é inversível. Entretanto, $\mathcal{I}_L\{x(m-k)\} = x_\text{i}(n-kL)$, o que significa que a interpolação é inerentemente variante no tempo.
- Com referência à equação (8.21), pode-se ver que o cálculo da saída do filtro $H_\text{i}(z)$ usa somente uma de cada L amostras do sinal de entrada, porque as outras são nulas. Isso significa que a complexidade de sua implementação pode ser L vezes mais baixa do que a de uma operação usual de filtragem.
- Se o sinal $x(m)$ é limitado em faixa ao intervalo $[-\omega_\text{p}, \omega_\text{p})$, as repetições do espectro só aparecerão numa vizinhança de raio ω_p/L em torno das frequências $2\pi k/L$, $k = 1, 2, \ldots, L-1$. Portanto, as restrições impostas ao filtro podem ser relaxadas, como no caso da decimação, levando a

$$H_\text{i}(e^{j\omega}) = \begin{cases} L, & \omega \in [-\omega_\text{p}/L, \omega_\text{p}/L] \\ 0, & \omega \in [-(2\pi k + \omega_\text{p})/L, -(2\pi k - \omega_\text{p})/L] \\ & \cup [(2\pi k - \omega_\text{p})/L, (2\pi k + \omega_\text{p})/L), \ k = 1, 2, \ldots, L-1. \end{cases}$$
(8.22)

Pode-se entender o fator de ganho L nas equações (8.19) e (8.22) observando-se que, já que estamos mantendo uma a cada L amostras do sinal, o valor médio do sinal decresce por um fator igual a L, e portanto o ganho do filtro de interpolação tem que ser de L para compensar essa perda.

8.4.1 Exemplos de interpoladores

Supondo $L = 2$, dois exemplos usuais podem ser elaborados, como mostra a Figura 8.11:

- Retentor de ordem zero: $x(2n+1) = x(2n)$. Pela equação (8.21), equivale a termos $h(0) = h(1) = 1$, isto é, $H_\text{i}(z) = 1 + z^{-1}$.
- Interpolador linear (retentor de primeira ordem): $x(2n+1) = [x(2n) + x(2n+2)]/2$. Pela equação (8.21), equivale a termos $h(-1) = 1/2$, $h(0) = 1$ e $h(1) = 1/2$, isto é, $H_\text{i}(z) = (z + 2 + z^{-1})/2$.

Outro exemplo interessante de interpolador são os filtros de L-ésima faixa. Eles são filtros que, quando usados como interpoladores por L, mantêm as amostras originais do sinal a ser interpolado. Isso pode ser enunciado mais precisamente fazendo-se referência à equação (8.21). Lá, ao se decimar por L o sinal interpolado $x_\text{i}(n)$ gerado com o filtro de L-ésima faixa, espera-se obter o sinal $x(m)$. Isso equivale a dizer que

$$x_\text{i}(mL) = x(m).$$
(8.23)

8.5 Mudanças de taxa de amostragem racionais

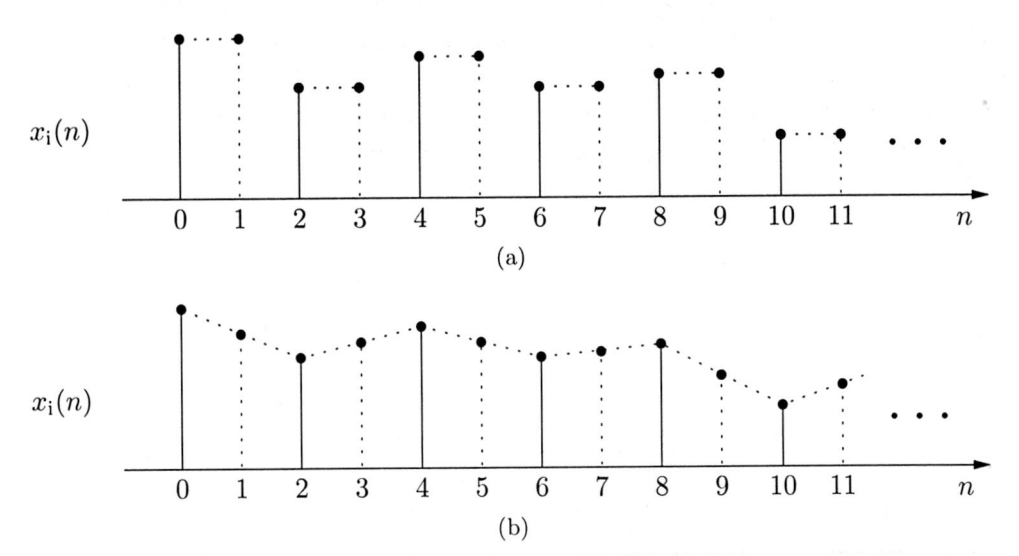

Figura 8.11 Exemplos de interpoladores: (a) retentor de ordem zero; (b) interpolador linear.

Nesse caso, a equação (8.21) se torna

$$x_i(mL) = \sum_{k=-\infty}^{\infty} x(k)h(mL - kL) = x(m). \tag{8.24}$$

Isso só acontece se

$$h(mL - kL) = \begin{cases} 1, & m = k \\ 0, & m \neq k, \end{cases} \tag{8.25}$$

ou seja, as amostras de $h(n)$ que são múltiplas de L são nulas, exceto $h(0)$, que deve ser igual a 1.

Note que os retentores de ordem zero e de primeira ordem costumam ser chamados de filtros de meia faixa, já que, em conjunto com seu filtro complementar, podem dividir o sinal em duas metades espectrais.

8.5 Mudanças de taxa de amostragem racionais

Uma mudança de taxa de amostragem por um fator racional L/M pode ser implementada pela cascata de um interpolador por um fator L com um decimador por um fator M, como representa a Figura 8.12.

Uma vez que $H(z)$ é um filtro de interpolação, sua frequência de corte tem que ser menor que π/L. Contudo, como ele também é um filtro de decimação, sua frequência de corte também tem que ser menor que π/M. Portanto, ele deve

```
x(m) ──▶ [ ↑L ] ──▶ [ H(z) ] ──▶ [ ↓M ] ──▶ x_c(n)
```

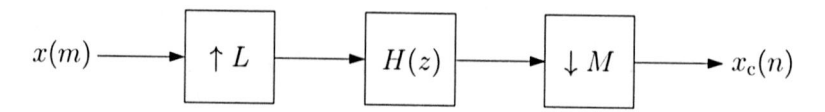

Figura 8.12 Mudança de taxa de amostragem por um fator $\frac{L}{M}$.

aproximar a seguinte resposta na frequência:

$$H(e^{j\omega}) = \begin{cases} L, & \omega \in [-\min\{\pi/L, \pi/M\}, \min\{\pi/L, \pi/M\}) \\ 0, & \text{em caso contrário.} \end{cases} \quad (8.26)$$

De forma similar aos casos da decimação e da interpolação, as especificações de $H(z)$ podem ser relaxadas se a faixa de passagem do sinal é menor que ω_p. As especificações relaxadas resultam da cascata das especificações da equação (8.22) com as especificações da equação (8.14) com ω_p substituído por ω_p/L. Já que podemos assumir que L e M são primos entre si sem perda de generalidade, isso resulta em

$$H(e^{j\omega}) = \begin{cases} L, & \omega \in [-\min\{\omega_p/L, \pi/M\}, \min\{\omega_p/L, \pi/M\}) \\ 0, & \omega \in [-2\pi + \min\{2\pi/L - \omega_p/L, 2\pi/M - \omega_p/L\}, \\ & \quad -\min\{2\pi/L - \omega_p/L, 2\pi/M - \omega_p/L\}) \\ & \cup [\min\{2\pi/L - \omega_p/L, 2\pi/M - \omega_p/L\}, \\ & \quad 2\pi - \min\{2\pi/L - \omega_p/L, 2\pi/M - \omega_p/L\}). \end{cases} \quad (8.27)$$

8.6 Operações inversas

Nessa altura, surge uma questão natural: os operadores decimador-por-M ($\mathcal{D}_M$) e interpolador-por-M ($\mathcal{I}_M$) são operadores inversos um do outro? Em outras palavras, $\mathcal{D}_M\mathcal{I}_M = \mathcal{I}_M\mathcal{D}_M =$ identidade?

É fácil verificar que $\mathcal{D}_M\mathcal{I}_M =$ identidade, porque os $(M-1)$ zeros inseridos entre amostras contíguas pela operação de interpolação são removidos pela operação de decimação, desde que os operadores estejam devidamente alinhados, do contrário o resultado será um sinal nulo.

Por outro lado, $\mathcal{I}_M\mathcal{D}_M$ não resulta, em geral, no operador identidade. A operação de decimação remove $(M-1)$ de cada M amostras do sinal e a operação de interpolação insere $(M-1)$ zeros entre amostras; assim sendo, sua cascata equivale a substituir $(M-1)$ de cada M amostras do sinal por zeros. Entretanto, se a operação de decimação por M é precedida por um filtro que limita a faixa do sinal ao intervalo $[-\pi/M, \pi/M)$ (veja a equação (8.12)) e a operação de interpolação é seguida pelo mesmo filtro (conforme ilustra a Figura 8.13), então $\mathcal{I}_M\mathcal{D}_M$ se torna o operador identidade. Isso pode ser confirmado facilmente

8.6 Operações inversas

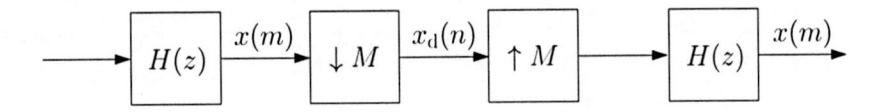

```
──▶[ H(z) ]──x(m)──▶[ ↓M ]──x_d(n)──▶[ ↑M ]──▶[ H(z) ]──x(m)──▶
```

Figura 8.13 Decimação seguida de interpolação.

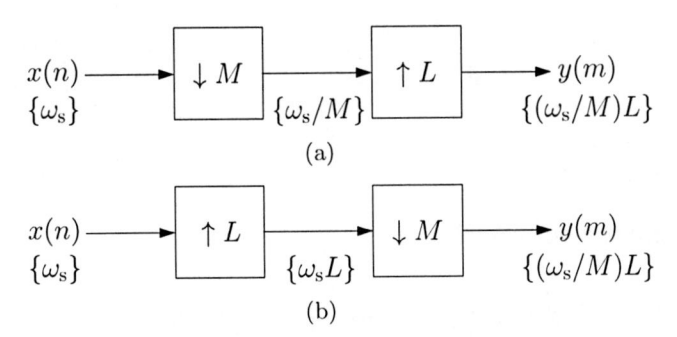

```
x(n) ───▶[ ↓M ]───▶[ ↑L ]───▶ y(m)
{ω_s}         {ω_s/M}        {(ω_s/M)L}
                  (a)

x(n) ───▶[ ↑L ]───▶[ ↓M ]───▶ y(m)
{ω_s}         {ω_s L}         {(ω_s/M)L}
                  (b)
```

Figura 8.14 Operações em cascata: (a) decimação/interpolação; (b) interpolação/decimação.

no domínio da frequência, pois o filtro limitador de faixa evita a ocorrência de *aliasing* após a decimação, o que faz a operação de decimação permanecer inversível. Após a interpolação por M, há imagens do espectro do sinal nos intervalos $[\pi k/M, \pi(k+1)/M)$, para $k = -M, -M+1, \ldots, M-1$. Entretanto, o segundo filtro limitador de faixa preserva somente a imagem contida no intervalo $[-\pi/M, \pi/M)$, que corresponde ao espectro do sinal original.

Discutimos, agora, sob quais condições as operações de decimação e interpolação são comutativas, isto é, quando é que a conexão $\mathcal{I}_L \mathcal{D}_M$, representada na Figura 8.14a, equivale à conexão $\mathcal{D}_M \mathcal{I}_L$, mostrada na Figura 8.14b. Já vimos anteriormente que quando $M = L$ elas não são equivalentes. De fato, usualmente tais interconexões não são equivalentes, a menos que M e L sejam números primos entre si. Na conexão da Figura 8.14a, o sinal de saída é dado por

$$y(m) = \begin{cases} x(mM/L), & m = kL, k \in \mathbb{Z} \\ 0, & \text{em caso contrário,} \end{cases} \quad (8.28)$$

enquanto que na conexão da Figura 8.14b, o sinal de saída é dado por (veja o Exercício 8.2)

$$y(m) = \begin{cases} x(mM/L), & mM = kL, k \in \mathbb{Z} \\ 0, & \text{em caso contrário.} \end{cases} \quad (8.29)$$

Observe que a condição da equação (8.28), $m = kL$, $k \in \mathbb{Z}$, implica a condição da equação (8.29): $mM = kML = k'L$, $k' \in \mathbb{Z}$. Por outro lado, a condição da equação (8.29), $mM = kL$, $k \in \mathbb{Z}$, só implica que $m = k'L$, $k' \in \mathbb{Z}$ se M e L não têm múltiplo comum, ou seja, se são primos entre si.

```
x(m) → [↓M] → [H(z)] → y(n)   ≡   x(m) → [H(z^M)] → [↓M] → y(n)
```

(a)

```
x(m) → [H(z)] → [↑M] → y(n)   ≡   x(m) → [↑M] → [H(z^M)] → y(n)
```

(b)

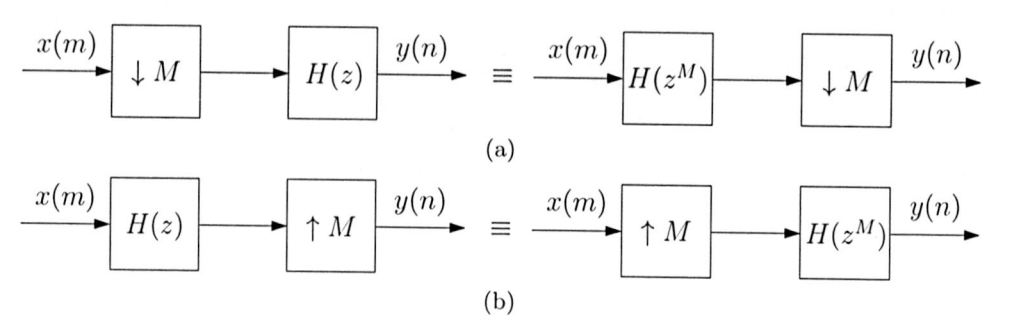

Figura 8.15 Identidades nobres: (a) decimação; (b) interpolação.

8.7 Identidades nobres

As identidades nobres são representadas na Figura 8.15. Elas se relacionam com a comutação entre a filtragem e as operações de decimação ou interpolação, e são muito úteis na análise de sistemas multitaxa e bancos de filtros.

A identidade da Figura 8.15a significa que decimar um sinal por M e depois filtrá-lo com $H(z)$ equivale a filtrar o sinal com $H(z^M)$ e depois decimar o resultado por M. Um filtro $H(z^M)$ tem resposta ao impulso igual à resposta ao impulso de $H(z)$ com $(M-1)$ zeros inseridos entre amostras adjacentes. Matematicamente, essa igualdade pode ser enunciada como

$$\mathcal{D}_M\{X(z)\}H(z) = \mathcal{D}_M\{X(z)H(z^M)\}, \tag{8.30}$$

onde $\mathcal{D}_M$ é o operador decimação-por-M.

A identidade da Figura 8.15b significa que filtrar um sinal com $H(z)$ e depois interpolar o resultado por M equivale a interpolar o sinal por M e depois filtrá-lo com $H(z^M)$. Matematicamente, essa igualdade pode ser enunciada como

$$\mathcal{I}_M\{X(z)H(z)\} = \mathcal{I}_M\{X(z)\}H(z^M), \tag{8.31}$$

onde $\mathcal{I}_M$ é o operador interpolação-por-M.

Para provar a identidade da Figura 8.15a, começa-se reescrevendo no domínio z a equação (8.6), que dá a transformada de Fourier do sinal decimado $x_\text{d}(n)$ como função da transformada de Fourier do sinal de entrada $x(m)$:

$$X_\text{d}(z) = \frac{1}{M}\sum_{k=0}^{M-1} X\left(z^{1/M}e^{-j2\pi k/M}\right). \tag{8.32}$$

Para o decimador seguido pelo filtro $H(z)$, temos que

$$Y(z) = H(z)X_\text{d}(z) = \frac{1}{M}H(z)\sum_{k=0}^{M-1} X\left(z^{1/M}e^{-j2\pi k/M}\right). \tag{8.33}$$

Para o filtro $H(z^M)$ seguido pelo decimador, se $U(z) = X(z)H(z^M)$, então temos, da equação (8.32), que

$$Y(z) = \frac{1}{M} \sum_{k=0}^{M-1} U\left(z^{1/M} e^{-j2\pi k/M}\right)$$

$$= \frac{1}{M} \sum_{k=0}^{M-1} X\left(z^{1/M} e^{-j2\pi k/M}\right) H\left(z e^{-j2\pi Mk/M}\right)$$

$$= \frac{1}{M} \sum_{k=0}^{M-1} X\left(z^{1/M} e^{-j2\pi k/M}\right) H(z), \tag{8.34}$$

que é a mesma expressão da equação (8.33), e com isso a identidade está provada.

A prova da identidade da Figura 8.15b é direta, uma vez que $H(z)$ seguida de um interpolador fornece $Y(z) = H(z^M)X(z^M)$, que é a mesma expressão obtida para um interpolador seguido de $H(z^M)$.

8.8 Decomposições polifásicas

A transformada z $H(z)$ da resposta ao impulso $h(m)$ de um filtro pode ser escrita como

$$H(z) = \sum_{k=-\infty}^{\infty} h(k) z^{-k}$$

$$= \sum_{l=-\infty}^{\infty} h(Ml) z^{-Ml} + \sum_{l=-\infty}^{\infty} h(Ml+1) z^{-(Ml+1)} + \cdots$$

$$+ \sum_{l=-\infty}^{\infty} h(Ml+M-1) z^{-(Ml+M-1)}$$

$$= \sum_{l=-\infty}^{\infty} h(Ml) z^{-Ml} + z^{-1} \sum_{l=-\infty}^{\infty} h(Ml+1) z^{-Ml} + \cdots$$

$$+ z^{-M+1} \sum_{l=-\infty}^{\infty} h(Ml+M-1) z^{-Ml}$$

$$= \sum_{j=0}^{M-1} z^{-j} E_j(z^M). \tag{8.35}$$

A equação (8.35) representa a decomposição polifásica (Vaidyanathan, 1993) do filtro $H(z)$ e

$$E_j(z) = \sum_{l=-\infty}^{\infty} h(Ml+j) z^{-l} \tag{8.36}$$

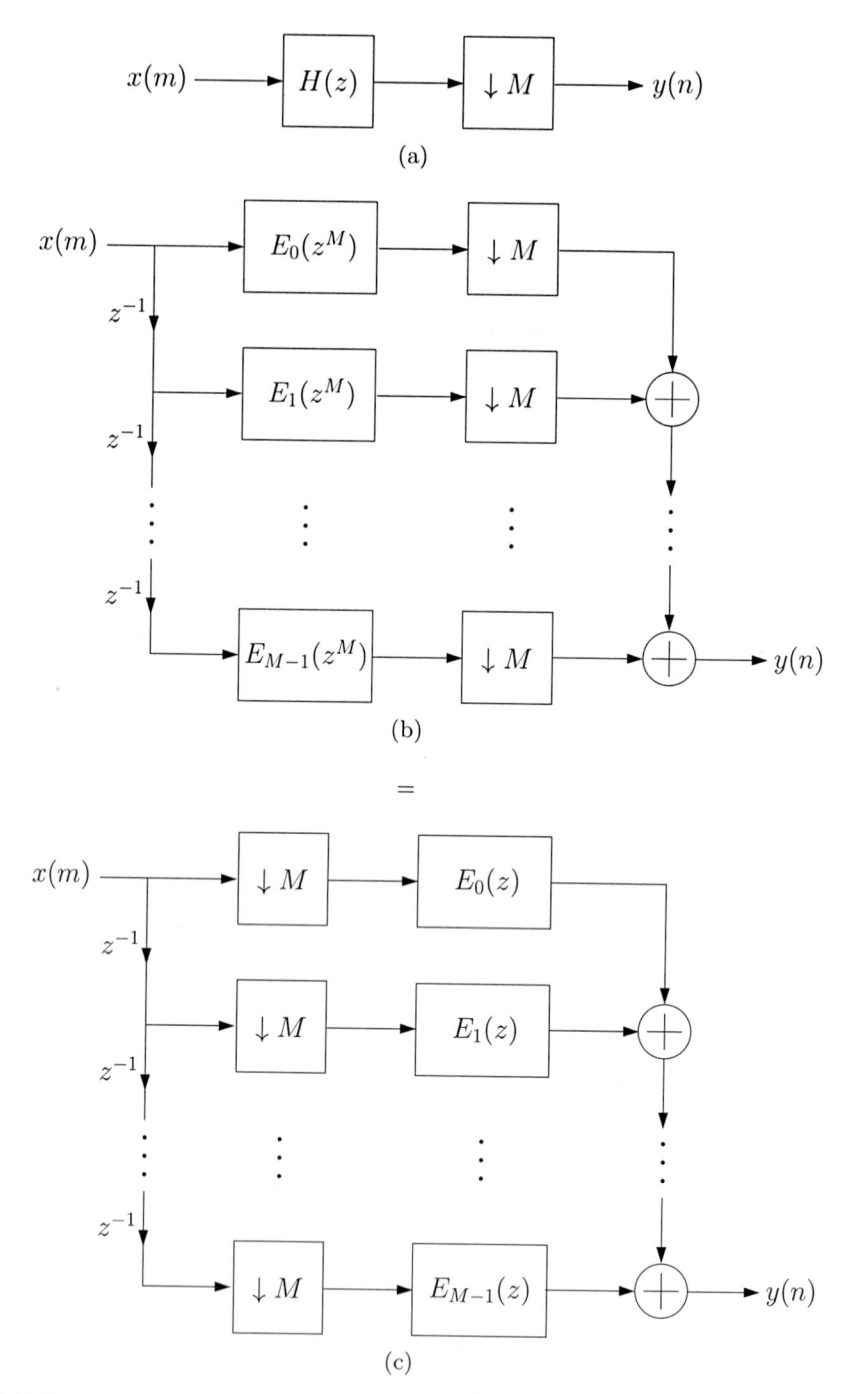

Figura 8.16 Representações para decimação por um fator M: (a) convencional; (b) usando decomposição polifásica; (c) usando decomposição polifásica e identidade nobre.

8.8 Decomposições polifásicas

são chamadas componentes polifásicas de $H(z)$. Em tal decomposição, o filtro $H(z)$ é espalhado em M filtros: a resposta ao impulso do primeiro contém cada amostra de $h(m)$ com índice múltiplo de M, a resposta ao impulso do segundo contém cada amostra com índice 1 unidade acima de um múltiplo de M, e assim por diante.

Vamos agora analisar a operação básica de filtragem seguida por decimação representada na Figura 8.16a. Usando a decomposição polifásica, tal processamento pode ser visualizado como na Figura 8.16b; aplicando a identidade nobre à equação (8.30) chegamos à Figura 8.16c, que fornece uma interpretação interessante e útil da operação representada na Figura 8.16a. Na verdade, a Figura 8.16c mostra que a operação global é equivalente a filtrar as amostras de $x(m)$ cujos índices são iguais a um inteiro k mais um múltiplo de M com um filtro cuja resposta ao impulso é composta somente das amostras de $h(m)$ cujos índices são iguais ao mesmo inteiro k mais um múltiplo de M, para $k = 0, 1, \ldots, M-1$.

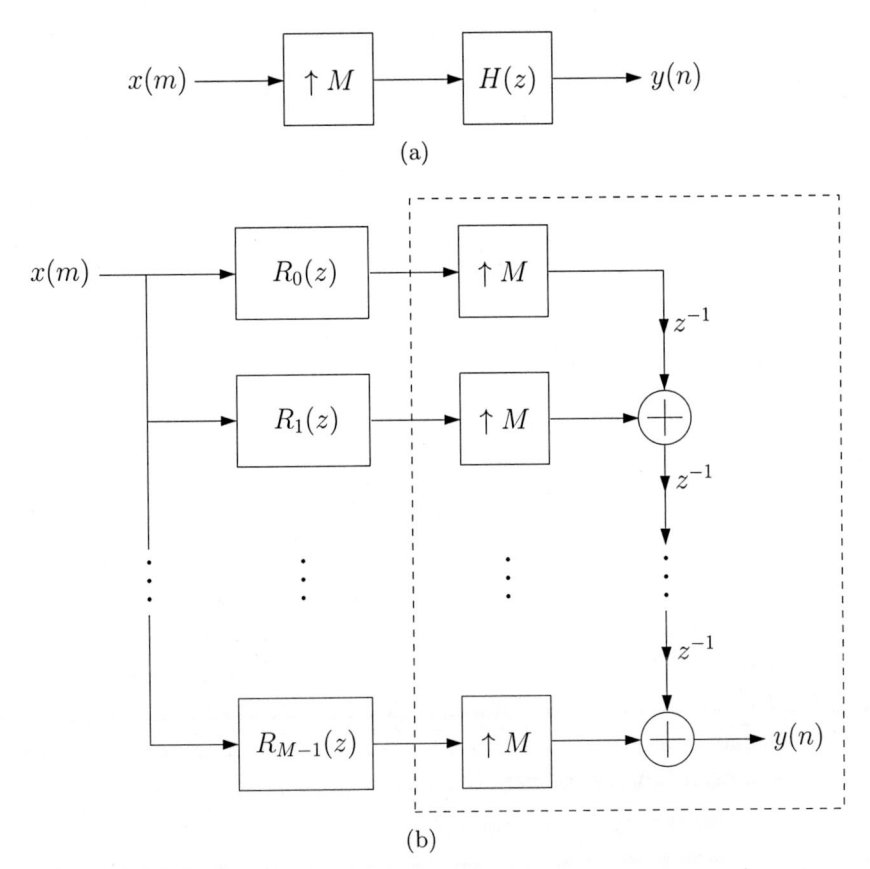

Figura 8.17 Representação para interpolação por um fator M: (a) convencional; (b) usando decomposição polifásica e identidade nobre.

As decomposições polifásicas também propiciam interpretações úteis para a operação de interpolação seguida de filtragem, como ilustrado na Figura 8.17. Entretanto, nesse caso, em geral se emprega uma variação da equação (8.35). Definindo-se $R_j(z) = E_{M-1-j}(z)$, a decomposição polifásica se torna

$$H(z) = \sum_{j=0}^{M-1} z^{-(M-1-j)} R_j(z^M). \tag{8.37}$$

Com base nessa equação e aplicando a identidade nobre da equação (8.31), a operação completa pode ser representada como ilustra a Figura 8.17b.

8.9 Modelos comutadores

As operações descritas respectivamente na entrada da Figura 8.16c e na saída da Figura 8.17b também podem ser interpretadas em termos de chaves rotatórias. Essas interpretações são referenciadas como modelos comutadores. Neles, os decimadores e atrasos são substituídos por chaves, como ilustra a Figura 8.18 (Vaidyanathan, 1993).

Na Figura 8.18a, o modelo com decimadores e atrasos é não-causal, contendo avanços em vez de atrasos. Entretanto, em sistemas em tempo real operações não-causais precisam ser evitadas. Nesses casos, o modelo causal da Figura 8.19 é geralmente preferido.

A operação representada na Figura 8.19 é usualmente referenciada como conversor serial-paralelo. Ela pode ser expressa em notação matricial como

$$\mathbf{x}(m) = \begin{bmatrix} x(mM) & x(mM-1) & \cdots & x(mM-M+1) \end{bmatrix}^T. \tag{8.38}$$

Sua operação inversa é mostrada na Figura 8.18b, e é usualmente referenciada como conversor paralelo-serial.

Observe que cada $\mathbf{x}(m)$ é um bloco de M amostras consecutivas de $x(n)$. De acordo com a equação (8.38), esses blocos não se sobrepõem, uma vez que não existe amostra comum entre $\mathbf{x}(m)$ e $\mathbf{x}(m-1)$. Além disso, a última amostra de $\mathbf{x}(m)$ sucede a primeira amostra de $\mathbf{x}(m-1)$. Isso implica que de fato a equação (8.38) representa o espalhamento de $x(n)$ em blocos de comprimento M sem sobreposição. Similarmente, a operação inversa da Figura 8.18b equivale a pôr os blocos lado a lado, recobrando assim o sinal $x(n)$.

Se generalizamos a equação (8.38) para

$$\mathbf{x}_L^M(m) = \begin{bmatrix} x(mM) & x(mM-1) & \cdots & x(mM-L+1) \end{bmatrix}^T, \tag{8.39}$$

8.9 Modelos comutadores

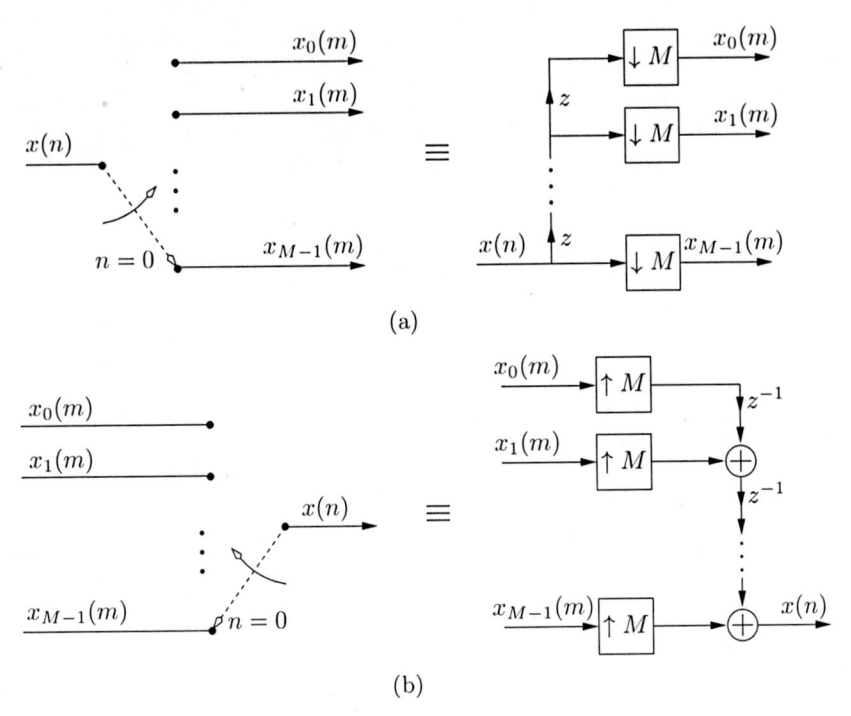

Figura 8.18 Modelos comutadores para: (a) decimação; (b) interpolação.

onde $L > M$, então encontramos uma sobreposição entre as amostras de $\mathbf{x}_L^M(m)$ e $\mathbf{x}_L^M(m-1)$. As últimas $(L-M)$ amostras de $\mathbf{x}_L^M(m)$ são iguais às primeiras $(L-M)$ amostras de $\mathbf{x}_L^M(m-1)$, isto é, dividimos o sinal $x(n)$ em blocos com sobreposição. Observe que nesse caso dos blocos com sobreposição, o lado direito da Figura 8.19 se torna a Figura 8.20a.

Podemos expressar essa operação mais precisamente se definirmos um operador atraso unitário $\mathcal{D}\{\cdot\}$ que, aplicado a um bloco $\mathbf{x}_L^M(m)$ produz

$$\mathcal{D}\{\mathbf{x}_L^M(m)\} = \begin{bmatrix} x(mM-1) & x(mM-2) & \cdots & x(mM-L) \end{bmatrix}^{\mathrm{T}}. \tag{8.40}$$

Observe que essa operação de atraso desloca o início de um bloco de uma amostra, e portanto $\mathcal{D}\{\mathbf{x}_L^M(m)\} \neq \mathbf{x}_L^M(m-1)$. Na verdade,

$$\mathcal{D}^M\{\mathbf{x}_L^M(m)\} = \mathbf{x}_L^M(m-1). \tag{8.41}$$

Usando essa definição, podemos mapear a divisão em blocos sem sobreposição numa divisão em blocos com sobreposição para $M < L < 2M$ como segue:

$$\mathbf{x}_L^M(m) = \begin{bmatrix} \mathbf{I}_M \\ \mathcal{D}^M \mathbf{I}_{L-M} & \mathbf{0} \end{bmatrix} \mathbf{x}_M^M(m) = \begin{bmatrix} \mathbf{I}_{L-M} & & \mathbf{0} \\ \mathbf{0} & \mathbf{I}_{2M-L} & \\ \mathcal{D}^M \mathbf{I}_{L-M} & & \mathbf{0} \end{bmatrix} \mathbf{x}_M^M(m), \tag{8.42}$$

onde $\mathbf{I}_M$ é a matriz-identidade $M \times M$.

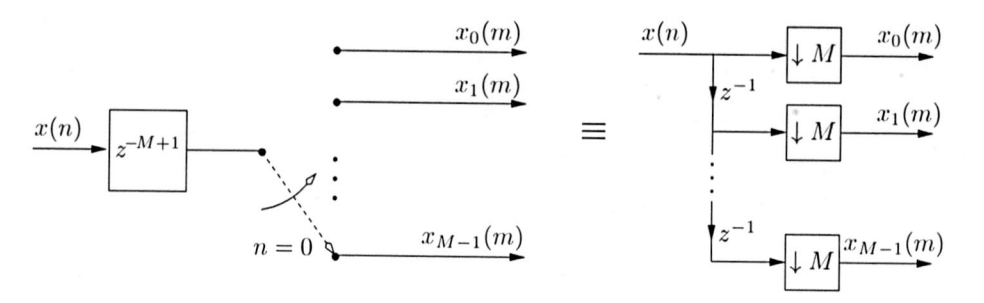

Figura 8.19 Modelo comutador causal para decimação.

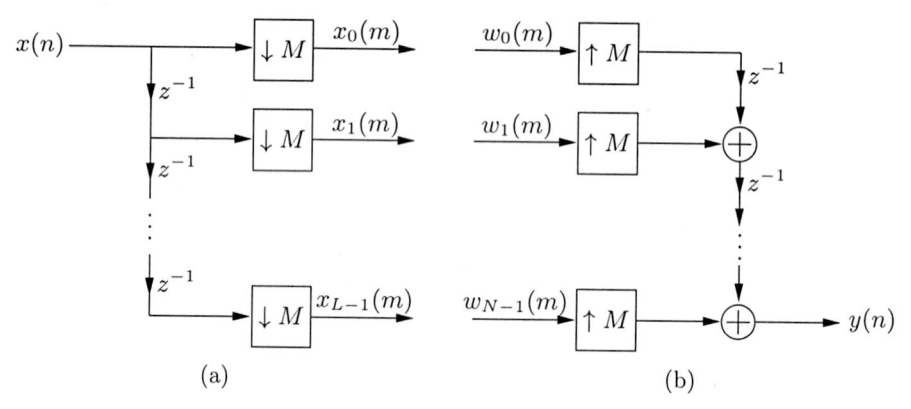

Figura 8.20 Modelos comutadores para: (a) divisão em blocos com sobreposição ($L > M$); (b) geração de um sinal pela soma de blocos com sobreposição ($N > M$).

Logo, se consideramos o sinal original $x(n)$ em forma vetorial como a concatenação dos blocos sem sobreposição $\mathbf{x}_M^M(m)$, ou seja, se

$$\mathbf{x} = \begin{bmatrix} \cdots & \mathbf{x}_M^{M^T}(m+1) & \mathbf{x}_M^{M^T}(m) & \mathbf{x}_M^{M^T}(m-1) & \cdots \end{bmatrix}^T, \qquad (8.43)$$

então podemos expressar a conversão serial-paralelo no caso com sobreposição como

$$\mathbf{x}_L^M(m) = \begin{bmatrix} \ddots & \vdots & \vdots & \vdots & \vdots & \cdots \\ \cdots & 0 & 0 & 0 & 0 & \cdots \\ \cdots & 0 & \mathbf{I}_{L-M} & 0 & 0 & \cdots \\ \cdots & 0 & 0 & \mathbf{I}_{2M-L} & 0 & \cdots \\ \cdots & 0 & \mathcal{D}^M \mathbf{I}_{L-M} & 0 & 0 & \cdots \\ \cdots & 0 & 0 & 0 & 0 & \cdots \\ \cdots & \vdots & \vdots & \vdots & \vdots & \ddots \end{bmatrix} \underbrace{\begin{bmatrix} \vdots \\ \mathbf{x}_M^M(m+1) \\ \mathbf{x}_M^M(m) \\ \mathbf{x}_M^M(m-1) \\ \vdots \end{bmatrix}}_{\mathbf{x}}. \qquad (8.44)$$

Similarmente, se aumentamos o número de ramos na Figura 8.18b para $N > M$, obtemos a Figura 8.20b. Podemos ver que isso equivale a gerar um sinal pela

8.9 Modelos comutadores

soma de blocos com sobreposição. As últimas $(N-M)$ amostras de $\mathbf{x}_N^M(m)$ são somadas às primeiras $(N-M)$ amostras de $\mathbf{x}_N^M(m-1)$. Mais precisamente, essa operação é equivalente a se gerar um bloco $\mathbf{y}_M^M(m)$ a partir de $\mathbf{w}_N^M(m)$ através de

$$\mathbf{y}_M^M(m) = \begin{bmatrix} \mathbf{0} & \mathbf{I}_M \\ \mathcal{D}^M \mathbf{I}_{N-M} & \end{bmatrix} \mathbf{w}_N^M(m)$$

$$= \begin{bmatrix} \mathbf{0} & \mathbf{I}_{2M-N} & \mathbf{0} \\ \mathcal{D}^M \mathbf{I}_{N-M} & \mathbf{0} & \mathbf{I}_{N-M} \end{bmatrix} \mathbf{w}_N^M(m). \qquad (8.45)$$

Logo, se consideramos o sinal de saída $y(n)$ em forma vetorial como a concatenação de blocos sem sobreposição $\mathbf{y}_M^M(m)$ na forma

$$\mathbf{y} = \begin{bmatrix} \cdots & \mathbf{y}_M^{M\mathrm{T}}(m+1) & \mathbf{y}_M^{M\mathrm{T}}(m) & \mathbf{y}_M^{M\mathrm{T}}(m-1) & \cdots \end{bmatrix}^{\mathrm{T}}, \qquad (8.46)$$

então substituindo a equação (8.45) na equação (8.46) podemos expressar a conversão paralelo-serial no caso com sobreposição como

$$\mathbf{y} = \begin{bmatrix} \vdots \\ \mathbf{y}_M^M(m+1) \\ \mathbf{y}_M^M(m) \\ \mathbf{y}_M^M(m-1) \\ \vdots \end{bmatrix}$$

$$= \begin{bmatrix} \ddots & \vdots & \vdots & \vdots & \vdots & \vdots & \vdots & \vdots & \cdots \\ \cdots & \mathbf{0} & \mathbf{I}_{2M-N} & \mathbf{0} & \mathbf{0} & \mathbf{0} & \mathbf{0} & \mathbf{0} & \cdots \\ \cdots & \mathcal{D}^M \mathbf{I}_{N-M} & \mathbf{0} & \mathbf{I}_{N-M} & \mathbf{0} & \mathbf{0} & \mathbf{0} & \mathbf{0} & \cdots \\ \cdots & \mathbf{0} & \mathbf{0} & \mathbf{0} & \mathbf{I}_{2M-N} & \mathbf{0} & \mathbf{0} & \mathbf{0} & \cdots \\ \cdots & \mathbf{0} & \mathbf{0} & \mathcal{D}^M \mathbf{I}_{N-M} & \mathbf{0} & \mathbf{I}_{N-M} & \mathbf{0} & \mathbf{0} & \cdots \\ \cdots & \mathbf{0} & \mathbf{0} & \mathbf{0} & \mathbf{0} & \mathbf{0} & \mathbf{I}_{2M-N} & \mathbf{0} & \cdots \\ \cdots & \mathbf{0} & \mathbf{0} & \mathbf{0} & \mathbf{0} & \mathcal{D}^M \mathbf{I}_{N-M} & \mathbf{0} & \mathbf{I}_{N-M} & \cdots \\ \cdots & \vdots & \vdots & \vdots & \vdots & \vdots & \vdots & \vdots & \ddots \end{bmatrix}$$

$$\times \begin{bmatrix} \vdots \\ \mathbf{w}_N^M(m+1) \\ \mathbf{w}_N^M(m) \\ \mathbf{w}_N^M(m-1) \\ \vdots \end{bmatrix}. \qquad (8.47)$$

$x(n)$ $\{\Omega_s\}$ → [$H_d(z)$] → [↓ M] $\{\Omega_s/M\}$ → [↑ M] → [$H_i(z)$] → $y(n)$ $\{\Omega_s\}$

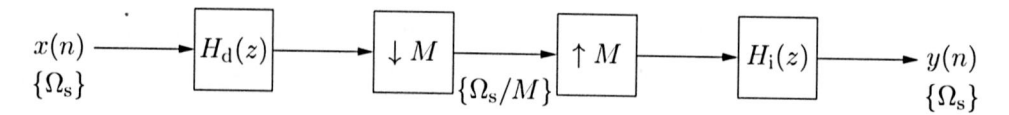

Figura 8.21 Filtro usando decimação e interpolação.

8.10 Decimação e interpolação na implementação eficiente de filtros

No Capítulo 12, serão analisadas estruturas eficientes para filtros FIR. Nesta seção, mostramos de que forma os conceitos de decimação e interpolação podem ser usados para gerar implementações de filtros FIR eficientes sob o ponto de vista do número de multiplicações por amostra de saída. Primeiramente, tratamos da implementação eficiente de um filtro FIR de faixa estreita. Em seguida, damos uma breve introdução à abordagem por mascaramento da resposta na frequência, que será tratada em detalhe na Seção 12.7.3.

8.10.1 Filtros FIR de faixa estreita

Considere o sistema da Figura 8.21, que consiste na cascata de um decimador e um interpolador por M.

Pelas equações (8.6) e (8.18), pode-se inferir facilmente a relação entre as transformadas de Fourier de $y(n)$ e $x(n)$, que é

$$Y(e^{j\omega}) = \frac{H_i(e^{j\omega})}{M} \sum_{k=0}^{M-1} \left[X(e^{j(\omega-2\pi k/M)}) H_d(e^{j(\omega-2\pi k/M)}) \right]. \tag{8.48}$$

Supondo que tanto o filtro de decimação $H_d(z)$ quanto o filtro de interpolação $H_i(z)$ foram corretamente projetados, as repetições do espectro na equação acima são canceladas, levando à seguinte relação:

$$\frac{Y(e^{j\omega})}{X(e^{j\omega})} = \frac{H_d(e^{j\omega}) H_i(e^{j\omega})}{M} = H(e^{j\omega}). \tag{8.49}$$

Esse resultado mostra que a cascata das operações de decimação e interpolação de mesma ordem M equivale à cascata dos filtros de decimação e interpolação, contanto que ambas as larguras de faixa sejam menores que π/M. À primeira vista, essa estrutura é inteiramente equivalente à cascata de dois filtros, não apresentando qualquer vantagem especial. Contudo, deve-se ter em mente que na implementação da operação de decimação, o número de multiplicações sofre uma redução pelo fator M, e o mesmo vale para a operação de interpolação. Portanto, essa estrutura pode ser responsável por uma dramática redução no número total de multiplicações. Na verdade, essa redução aumenta com o valor

8.10 Decimação e interpolação na implementação eficiente de filtros

de M, e devemos escolher o M mais alto possível que ainda mantenha a largura de faixa do filtro desejado menor que π/M.

Se desejamos projetar um filtro com ondulação na faixa de passagem igual a δ_p e ondulação na faixa de rejeição igual a δ_r, basta projetar os filtros de interpolação e decimação, cada um deles com ondulação na faixa de passagem igual a $\frac{\delta_\mathrm{p}}{2}$ e ondulação na faixa de rejeição igual a δ_r. Essa especificação se justifica pelo fato de que, se assumimos que o efeito do *aliasing* causado pela decimação é deprezível, a única tarefa do filtro de interpolação é eliminar as repetições no espectro causadas pelo interpolador. Supondo que a resposta do filtro passa-baixas de decimação na faixa de passagem tem módulo próximo de 1, suas repetições terão todas esse mesmo ganho. Assim sendo, o filtro de interpolação precisa atenuar as repetições indesejadas ao nível prescrito para a atenuação na faixa de rejeição.

EXEMPLO 8.2

Usando os conceitos de decimação e interpolação, projete um filtro passa-baixas que satisfaça as seguintes especificações:

$$\left.\begin{aligned}\delta_\mathrm{p} &= 0{,}001 \\ \delta_\mathrm{r} &= 1 \times 10^{-3} \\ \Omega_\mathrm{p} &= 0{,}025\Omega_\mathrm{s} \\ \Omega_\mathrm{r} &= 0{,}045\Omega_\mathrm{s} \\ \Omega_\mathrm{s} &= 2\pi \text{ rad/s}\end{aligned}\right\}. \qquad (8.50)$$

SOLUÇÃO

Com o conjunto de especificações dado, o maior valor possível para M é 11. Usando o método de Chebyshev (minimax), $H_\mathrm{d}(z)$ e $H_\mathrm{i}(z)$ podem ser feitos idênticos e precisam ter ordem, no mínimo, igual a 177 cada um. A resposta de módulo para a cascata de $H_\mathrm{d}(z)$ com o decimador, o interpolador e $H_\mathrm{i}(z)$ é mostrada na Figura 8.22, e os coeficientes correspondentes são dados na Tabela 8.2. Novamente, somente metade dos coeficientes são listados, uma vez que os filtros têm fase linear. Como o leitor pode observar, a cascata desses dois filtros satisfaz as especificações do problema, e na maior parte da faixa de rejeição a atenuação é muito maior que a prescrita, abrindo espaço para redução adicional da complexidade.

Com a abordagem convencional, também usando o método minimax, o número total de multiplicações por amostra seria 87 (já que seria requerido um filtro de ordem 173 com fase linear). Usando decimação e interpolação, o número total de multiplicações por amostra de saída é somente 178/11 (89/11 para a decimação e 89/11 para a interpolação), uma redução significativa na complexidade global. Na verdade, podem ser atingidas reduções ainda maiores na complexidade, se o

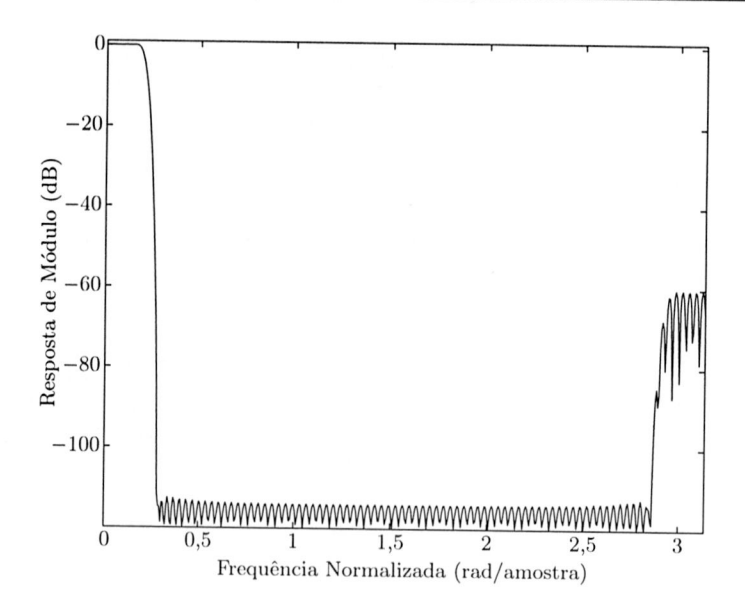

Figura 8.22 Resposta de módulo dos filtros de interpolação e decimação.

decimador e o interpolador da Figura 8.21 forem compostos por diversos estágios de decimação seguidos por diversos estágios de interpolação. △

Embora tenhamos exemplificado somente o projeto de um passa-baixas, o procedimento da Figura 8.21 também pode ser usado para projetar filtros passa-faixa de faixa estreita. Tudo que temos que fazer é escolher M tal que a faixa de passagem e a faixa de transição do filtro desejado estejam contidas num intervalo da forma $[i\pi/M, (i+1)\pi/M)$, para um único valor de i (Crochiere & Rabiner, 1983). Nesses casos, os filtros de interpolação e decimação são passa-faixa (ver a Seção 9.2.1). Filtros passa-altas e rejeita-faixa podem ser implementados com base nos projetos de filtros passa-baixas e passa-faixa.

8.10.2 Filtros FIR de faixa larga com faixas de transição estreitas

Outra aplicação interessante da interpolação é no projeto de filtros de corte abrupto com baixa complexidade computacional, usando a abordagem chamada de mascaramento da resposta na frequência (Lim, 1986), que usa o fato de que um filtro interpolado tem uma faixa de transição L vezes mais estreita que o filtro-protótipo. O processo completo é esboçado na Figura 8.23 e exemplificado a seguir, para uma razão de interpolação $L = 4$.

Suponha, por exemplo, que queremos projetar um filtro passa-baixas normalizado com $\omega_p = 5\pi/8$ e $\omega_r = 11\pi/16$, tal que a largura de sua faixa de transição seja $\pi/16$. Usando a abordagem do mascaramento da resposta na frequência,

8.10 Decimação e interpolação na implementação eficiente de filtros

Tabela 8.2 *Coeficientes de $h(0)$ a $h(88)$ dos filtros de interpolação e decimação.*

$h(0)$ =	5,3448E−04	$h(30)$ =	8,0055E−04	$h(60)$ =	5,1321E−04
$h(1)$ =	8,1971E−05	$h(31)$ =	4,6245E−04	$h(61)$ =	−1,4963E−03
$h(2)$ =	6,9925E−05	$h(32)$ =	5,4968E−05	$h(62)$ =	−3,6515E−03
$h(3)$ =	4,4127E−05	$h(33)$ =	−4,0663E−04	$h(63)$ =	−5,8547E−03
$h(4)$ =	4,6053E−06	$h(34)$ =	−9,0159E−04	$h(64)$ =	−7,9954E−03
$h(5)$ =	−4,7963E−05	$h(35)$ =	−1,4053E−03	$h(65)$ =	−9,9540E−03
$h(6)$ =	−1,1146E−04	$h(36)$ =	−1,8894E−03	$h(66)$ =	−1,1607E−02
$h(7)$ =	−1,8289E−04	$h(37)$ =	−2,3239E−03	$h(67)$ =	−1,2831E−02
$h(8)$ =	−2,5796E−04	$h(38)$ =	−2,6777E−03	$h(68)$ =	−1,3510E−02
$h(9)$ =	−3,3170E−04	$h(39)$ =	−2,9218E−03	$h(69)$ =	−1,3539E−02
$h(10)$ =	−3,9818E−04	$h(40)$ =	−3,0295E−03	$h(70)$ =	−1,2831E−02
$h(11)$ =	−4,5128E−04	$h(41)$ =	−2,9798E−03	$h(71)$ =	−1,1320E−02
$h(12)$ =	−4,8464E−04	$h(42)$ =	−2,7575E−03	$h(72)$ =	−8,9673E−03
$h(13)$ =	−4,9255E−04	$h(43)$ =	−2,3572E−03	$h(73)$ =	−5,7634E−03
$h(14)$ =	−4,6997E−04	$h(44)$ =	−1,7801E−03	$h(74)$ =	−1,7298E−03
$h(15)$ =	−4,1343E−04	$h(45)$ =	−1,0415E−03	$h(75)$ =	3,0794E−03
$h(16)$ =	−3,2098E−04	$h(46)$ =	−1,6455E−04	$h(76)$ =	8,5785E−03
$h(17)$ =	−1,9311E−04	$h(47)$ =	8,1790E−04	$h(77)$ =	1,4651E−02
$h(18)$ =	−3,2495E−05	$h(48)$ =	1,8613E−03	$h(78)$ =	2,1156E−02
$h(19)$ =	1,5538E−04	$h(49)$ =	2,9146E−03	$h(79)$ =	2,7927E−02
$h(20)$ =	3,6273E−04	$h(50)$ =	3,9205E−03	$h(80)$ =	3,4782E−02
$h(21)$ =	5,7917E−04	$h(51)$ =	4,8191E−03	$h(81)$ =	4,1531E−02
$h(22)$ =	7,9256E−04	$h(52)$ =	5,5495E−03	$h(82)$ =	4,7975E−02
$h(23)$ =	9,8902E−04	$h(53)$ =	6,0542E−03	$h(83)$ =	5,3925E−02
$h(24)$ =	1,1542E−03	$h(54)$ =	6,2813E−03	$h(84)$ =	5,9197E−02
$h(25)$ =	1,2735E−03	$h(55)$ =	6,1893E−03	$h(85)$ =	6,3630E−02
$h(26)$ =	5,7490E−03	$h(56)$ =	1,3336E−03	$h(86)$ =	6,7084E−02
$h(27)$ =	1,3229E−03	$h(57)$ =	4,9473E−03	$h(87)$ =	6,9450E−02
$h(28)$ =	1,2330E−03	$h(58)$ =	3,7883E−03	$h(88)$ =	7,0652E−02
$h(29)$ =	1,0589E−03	$h(59)$ =	2,2958E−03		

projetamos esse filtro começando por um protótipo passa-baixas de meia faixa (ou seja, com $\omega_p = \pi/2$) e uma faixa de transição quatro vezes mais larga que a desejada, nesse caso $\pi/4$. Portanto, a complexidade da implementação desse filtro-protótipo é muito menor que a que requereria o original. A partir desse protótipo, o filtro complementar $H_2(z)$ é gerado com um simples atraso e uma subtração, como

$$H_2(z) = z^{-D} - H_1(z). \tag{8.51}$$

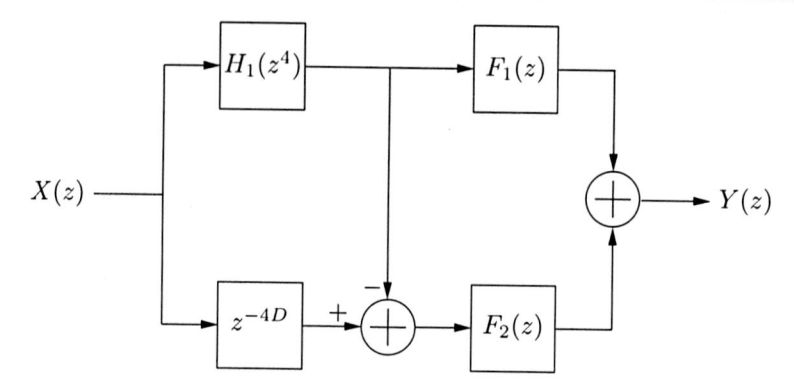

Figura 8.23 Projeto de filtro com a abordagem por mascaramento da resposta na frequência usando interpolação.

Na Figura 8.23, $H_2(z)$ representaria a função de transferência entre $X(z^{-4})$ e a saída do somatório que se segue ao atraso z^{-4D}.

As respostas de módulo de $H_1(z)$ e $H_2(z)$ são ilustradas na Figura 8.24a. Após a interpolação, suas respostas se relacionam conforme mostra a Figura 8.24b. Os filtros $F_1(z)$ e $F_2(z)$ são, então, utilizados para selecionar as partes do espectro interpolado de $H_1(z)$ e $H_2(z)$ que serão usadas para compor a resposta desejada do filtro, $F(z) = Y(z)/X(z)$. É interessante notar que $F_1(z)$ e $F_2(z)$, além de serem filtros de interpolação, podem apresentar faixas de transição largas e, portanto, complexidade computacional muito baixa. Como se pode ver na Figura 8.24c, pode-se gerar filtros com faixa de passagem larga e corte abrupto com baixa complexidade computacional.

8.11 Filtragem em blocos com sobreposição

Nesta seção usamos a divisão do sinal em blocos com sobreposição representada nas Figuras 8.20a e 8.20b para analisar as operações de filtragem realizadas sobre blocos de um sinal, quer sem sobreposição, quer com sobreposição. Referenciamos o conjunto dessas operações como filtragem em blocos com sobreposição. Começamos esta seção descrevendo formas de se representar operações em blocos, enfatizando as restrições que as operações realizadas sobre os blocos precisam satisfazer para que o sistema seja linear e invariante no tempo. Discutimos, então, implementações de filtros FIR em paralelo usando filtragem em blocos com sobreposição. Terminamos esta seção descrevendo dois métodos rápidos para filtragem FIR de Vetterli (1988), Mou & Duhamel (1991) e Lin & Mitra (1996), usando o arcabouço de filtragem em blocos com sobreposição. Os conceitos discutidos nesta seção têm aplicação em comunicações digitais baseadas em blocos, assim como na implementação em paralelo de sistemas para processamento digital de sinais.

8.11 Filtragem em blocos com sobreposição

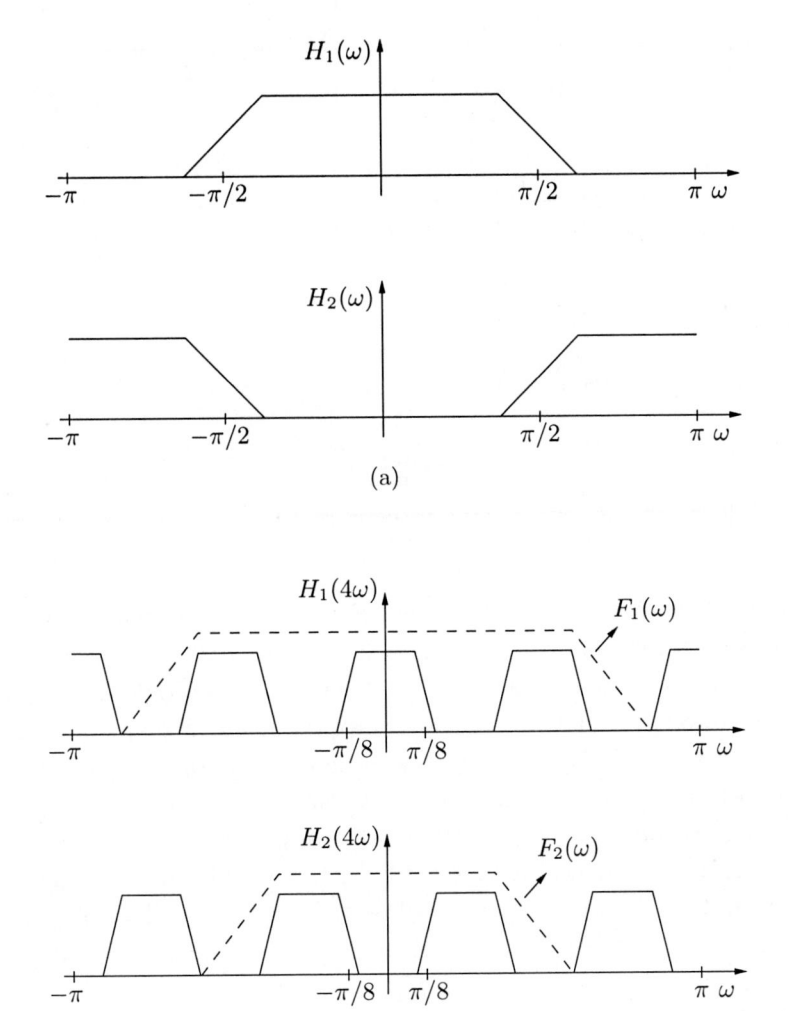

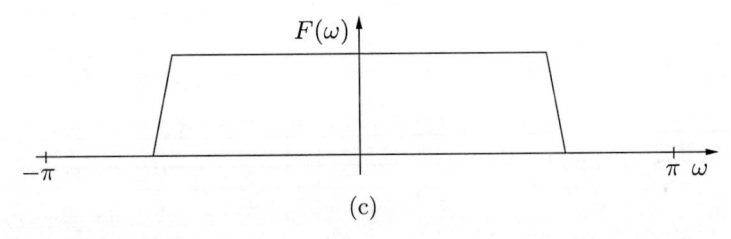

Figura 8.24 (a) Filtro-protótipo $H_1(z)$ de meia faixa e seu filtro complementar, $H_2(z)$.
(b) Respostas na frequência de $H_1(z)$ e $H_2(z)$ após sua interpolação por um fator $L = 4$.
(c) Resposta na frequência do filtro equivalente, $F(z)$.

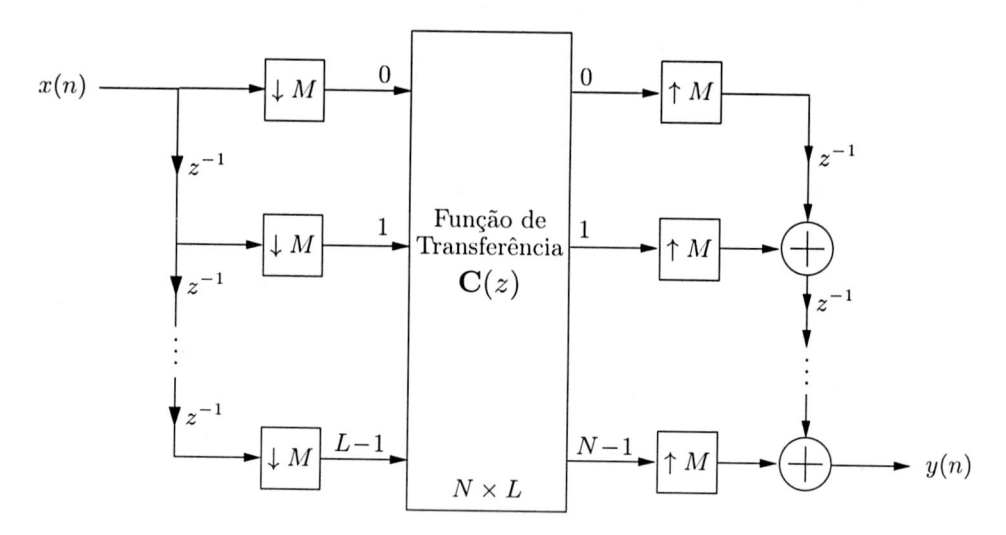

Figura 8.25 Representação em multitaxa de um filtro digital em blocos com sobreposição.

Considere o sistema representado na Figura 8.25. Fazendo referência às Figuras 8.20a e 8.20b, podemos ver que na Figura 8.25 o sinal de entrada é dividido em blocos de comprimento L com uma sobreposição de $L - M$ amostras. Após o processamento, cada bloco de comprimento L é mapeado num bloco de comprimento N. O sinal de saída é gerado somando-se esses blocos com uma sobreposição de $N - M$ amostras. A matriz $N \times L$ $\mathbf{C}(z)$ representa o mapeamento linear de um bloco de entrada de comprimento L num bloco de saída de comprimento N. Seu elemento $C_{ij}(z)$ descreve uma operação de filtragem linear invariante no tempo executada sobre a sequência de elementos j de cada bloco da entrada a fim de gerar a sequência de elementos i de cada bloco da saída.

Um exemplo amplamente utilizado de filtragem em blocos com sobreposição é o método de sobreposição-e-soma analisado na Seção 3.4.2. Mapeando a Figura 3.4 na Figura 8.25, podemos ver que para o método de sobreposição-e-soma o fator de decimação é N e os comprimentos dos blocos de entrada e de saída são ambos iguais a $N + L - 1$. O processamento realizado por $\mathbf{C}(z)$ é a convolução circular com $h(n)$.

É usual fazer referência à matriz $\mathbf{C}(z)$ como um sistema de entradas múltiplas e saídas múltiplas (MIMO, do inglês *multiple-input, multiple-output*). Similarmente, o sistema global da Figura 8.25, que mapeia $x(n)$ em $y(n)$, é geralmente referenciado como um sistema SISO (do inglês *single-input, single-output*).

É importante observar que no esquema de filtragem em blocos com sobreposição representado na Figura 8.25 há uma operação de decimação por M. Portanto, pode ocorrer *aliasing* no processo. Nesse caso, pode não ser possível

8.11 Filtragem em blocos com sobreposição

descrever a relação entre a entrada e a saída como uma operação de filtragem linear. Dependendo dos valores relativos do fator de decimação M, do fator de sobreposição na entrada $(L - M)$ e do fator de sobreposição na saída $(N - M)$, a matriz $\mathbf{C}(z)$ tem que satisfazer diferentes condições para garantir que a relação entrada–saída seja livre de *aliasing*. Na Seção 8.11.1, analisamos tais condições para o caso de entrada e saída sem sobreposição. Em seguida, na Seção 8.11.2, analisamos o caso mais geral de entrada e saída com sobreposição.

8.11.1 Caso sem sobreposição

No caso sem sobreposição, os blocos não se sobrepõem na entrada nem no estágio de reconstrução da saída. Isso ocorre quando $L = M = N$.

Nossa meta é usar o esquema da Figura 8.25 para implementar um sistema invariante ao deslocamento. Pode-se expressar a relação entrada–saída de um tal sistema no domínio da transformada z como

$$Y(z) = \frac{1}{M} \begin{bmatrix} z^{-(N-1)} & \cdots & z^{-1} & 1 \end{bmatrix} \mathbf{C}(z^M) \sum_{i=0}^{M-1} \begin{bmatrix} 1 \\ (zW_M^i)^{-1} \\ \vdots \\ (zW_M^i)^{-(L-1)} \end{bmatrix} X(zW_M^i). \quad (8.52)$$

Essa prova é deixada como exercício para o leitor interessado. Observe que no somatório do lado direito, o termo para $i = 0$ é a componente invariante ao deslocamento, enquanto todos os outros termos se devem ao *aliasing*. Lembre-se de que no caso sem sobreposição, que estamos analisando, temos $L = M = N$.

Se queremos que o sistema da equação (8.52) seja invariante ao deslocamento, então os termos de *aliasing* do somatório têm que ser nulos. Pode-se mostrar (Vaidyanathan, 1993) que isso acontece se e somente se a matriz $\mathbf{C}(z)$ é pseudocirculante, isto é,

$$\mathbf{C}(z) = \begin{bmatrix} C_{00}(z) & C_{01}(z) & \cdots & C_{0\,M-1}(z) \\ C_{10}(z) & C_{11}(z) & \cdots & C_{1\,M-1}(z) \\ \vdots & \vdots & \ddots & \vdots \\ C_{M-1\,0}(z) & C_{M-1\,1}(z) & \cdots & C_{M-1\,M-1}(z) \end{bmatrix}$$

$$= \begin{bmatrix} E_0(z) & E_1(z) & \cdots & E_{M-2}(z) & E_{M-1}(z) \\ z^{-1}E_{M-1}(z) & E_0(z) & \cdots & E_{M-3}(z) & E_{M-2}(z) \\ z^{-1}E_{M-2}(z) & z^{-1}E_{M-1}(z) & \cdots & E_{M-4}(z) & E_{M-3}(z) \\ \vdots & \vdots & \ddots & \vdots & \vdots \\ z^{-1}E_1(z) & z^{-1}E_2(z) & \cdots & z^{-1}E_{M-1}(z) & E_0(z) \end{bmatrix}. \quad (8.53)$$

Vale a pena notar que nos referimos a esta matriz como pseudocirculante devido à presença dos termos de atraso z^{-1} na parte tringular inferior de $\mathbf{C}(z)$. Se eles não estivessem presentes, $\mathbf{C}(z)$ seria uma matriz circulante.

Estas são duas propriedades importantes das matrizes pseudocirculantes (Vaidyanathan, 1993):

- Um produto de matrizes pseudocirculantes é também pseudocirculante. Isso implica que é possível explorar a decomposição de uma matriz pseudocirculantes numa decomposição de matrizes do mesmo tipo.
- Se uma matriz $\mathbf{C}(z)$ é pseudocirculante e inversível, então sua inversa também é pseudocirculante.

Nesse caso, a função de transferência global se torna (Vaidyanathan, 1993)

$$H(z) = z^{-M+1}[E_0(z^M) + z^{-1}E_1(z^M) + \cdots + z^{-(M-1)}E_{M-1}(z^M)], \qquad (8.54)$$

ou seja, no caso sem sobreposição as componentes polifásicas da função de transferência global correspondem às funções $E_i(z)$ da equação (8.53).

No exemplo a seguir, consideramos o caso de uma filtragem digital em blocos 2×2 para ilustrar o importante requisito da pseudocircularidade para a invariância ao deslocamento.

EXEMPLO 8.3
Suponha que na Figura 8.25 $L = M = N = 2$ e demonstre que a função de transferência SISO é invariante no tempo quando a função de transferência $\mathbf{C}(z)$ é pseudocirculante.

SOLUÇÃO
O sinal de saída pode ser descrito através de suas componentes polifásicas como

$$Y(z) = [z^{-1} \ 1] \begin{bmatrix} Y_0(z^2) \\ Y_1(z^2) \end{bmatrix}, \qquad (8.55)$$

onde, como se pode observar pela comparação da Figura 8.25 com as Figuras 8.16 e 8.17, as componentes polifásicas de $Y(z)$, denotadas por $Y_i(z)$, para $i = 1, 2$, são as saídas da matriz $\mathbf{C}(z)$ quando suas entradas são as componentes polifásicas decimadas do sinal de entrada. Portanto, essas componentes polifásicas podem ser expressas como

$$Y_0(z) = \frac{1}{2}[X_0(z^{1/2}) + X_0(z^{1/2}W_2)]C_{00}(z) + \frac{1}{2}[X_1(z^{1/2}) + X_1(z^{1/2}W_2)]C_{01}(z) \qquad (8.56)$$

8.11 Filtragem em blocos com sobreposição

e

$$Y_1(z) = \frac{1}{2}[X_0(z^{1/2}) + X_0(z^{1/2}W_2)]C_{10}(z) + \frac{1}{2}[X_1(z^{1/2}) + X_1(z^{1/2}W_2)]C_{11}(z), \tag{8.57}$$

respectivamente.

A saída do filtro pode, então, ser descrita como

$$\begin{aligned}Y(z) &= z^{-1}Y_0(z^2) + Y_1(z^2) \\ &= \frac{z^{-1}}{2}\left[(X_0(z) + X_0(zW_2))C_{00}(z^2) + (X_1(z) + X_1(zW_2))C_{01}(z^2)\right] \\ &\quad + \frac{1}{2}\left[(X_0(z) + X_0(zW_2))C_{10}(z^2) + (X_1(z) + X_1(zW_2))C_{11}(z^2)\right] \\ &= \frac{1}{2}\left[z^{-1}C_{00}(z^2)X_0(z) + z^{-1}C_{01}(z^2)X_1(z) + C_{10}(z^2)X_0(z) + C_{11}(z^2)X_1(z)\right] \\ &\quad + \frac{1}{2}\left[z^{-1}C_{00}(z^2)X_0(zW_2) + z^{-1}C_{01}(z^2)X_1(zW_2)\right. \\ &\quad \left. + C_{10}(z^2)X_0(zW_2) + C_{11}(z^2)X_1(zW_2)\right] \\ &= \frac{1}{2}\left[\left(z^{-1}C_{00}(z^2) + C_{10}(z^2)\right)X_0(z) + \left(z^{-1}C_{01}(z^2) + C_{11}(z^2)\right)X_1(z)\right] \\ &\quad + \frac{1}{2}\left[\left(z^{-1}C_{00}(z^2) + C_{10}(z^2)\right)X_0(zW_2) + \left(z^{-1}C_{01}(z^2) + C_{11}(z^2)\right)X_1(zW_2)\right] \\ &= \frac{1}{2}\left[\left(z^{-1}C_{00}(z^2) + C_{10}(z^2)\right)(X_0(z) + X_0(-z)) \right. \\ &\quad \left. + \left(z^{-1}C_{01}(z^2) + C_{11}(z^2)\right)(X_1(z) + X_1(-z))\right]. \tag{8.58}\end{aligned}$$

Conforme a equação (8.6), as componentes polifásicas do sinal de entrada podem ser expressas como

$$\begin{aligned}X_0(z) &= \frac{1}{2}\left[X(z) + X(-z)\right] \\ X_1(z) &= \frac{z^{-1}}{2}\left[X(z) - X(-z)\right],\end{aligned} \tag{8.59}$$

o que implica que

$$\begin{aligned}X_0(z) + X_0(-z) &= X(z) + X(-z) \\ X_1(z) + X_1(-z) &= z^{-1}\left[X(z) - X(-z)\right].\end{aligned} \tag{8.60}$$

Como resultado, a transformada z do sinal de saída pode ser expressa como

$$Y(z) = \frac{1}{2}\left[\left(z^{-1}C_{00}(z^2) + C_{10}(z^2)\right)(X(z) + X(-z))\right.$$
$$\left. + z^{-1}\left(z^{-1}C_{01}(z^2) + C_{11}(z^2)\right)(X(z) - X(-z))\right]. \tag{8.61}$$

Se escolhemos $C_{00}(z) = C_{11}(z) = E_0(z)$ e $C_{01}(z) = zC_{10}(z) = E_1(z)$ (veja a equação (8.53)), então

$$Y(z) = \left[z^{-1}(C_{00}(z^2) + C_{11}(z^2)) + C_{10}(z^2) + z^{-2}C_{01}(z^2)\right]X(z)$$
$$= z^{-1}\left[E_0(z^2) + z^{-1}E_1(z^2)\right]X(z), \tag{8.62}$$

que não tem componente de *aliasing*, o que significa que a função de transferência entre a entrada e a saída é invariante no tempo. Observe que a equação (8.62) é da mesma forma da equação (8.54). Para uma prova do caso geral de representações em blocos $M \times M$ o leitor deve consultar Vaidyanathan (1993). △

8.11.2 Entrada e saída com sobreposição

Agora discutimos formas mais gerais de se implementar a filtragem em blocos com sobreposição. Para esse fim, começaremos do caso sem sobreposição analisado na Seção 8.11.1. Lá, a implementação se baseia numa matriz pseudocirculante $\mathbf{C}(z)$. Partindo de tais implementações, usamos as implementações matriciais dos conversores serial-paralelo e paralelo-serial com sobreposição das equações (8.42)–(8.47) a fim de gerar a partir da matriz $M \times M$ $\mathbf{C}(z)$ (que implementa um sistema sem sobreposição) uma implementação que corresponda à fatoração

$$\mathbf{C}(z) = \mathbf{P}_N^M(z)\hat{\mathbf{C}}(z)\mathbf{S}_L^M(z). \tag{8.63}$$

Nesse caso, $\hat{\mathbf{C}}(z)$ é uma matriz $N \times L$ que implementa um sistema com sobreposição, enquanto $\mathbf{S}_L^M(z)$ e $\mathbf{P}_N^M(z)$ correspondem aos conversores serial-paralelo e paralelo-serial das equações (8.42) e (8.45), respectivamente.

A fim de derivarmos uma expressão para as matrizes $\mathbf{S}_L^M(z)$ e $\mathbf{P}_N^M(z)$ a partir das equações (8.42) e (8.45), temos que definir primeiro a transformada z de um bloco de sinal como na equação (8.39), isto é,

$$\mathbf{X}_L^M(z) = \sum_{m=-\infty}^{\infty} \mathbf{x}_L^M(m)z^{-m}. \tag{8.64}$$

8.11 Filtragem em blocos com sobreposição

Aplicando, ainda, a definição anterior à equação (8.41), temos que

$$\mathcal{Z}\{\mathcal{D}^M\{\mathbf{x}_L^M(m)\}\} = \mathcal{Z}\{\mathbf{x}_L^M(m-1)\} = z^{-1}\mathbf{X}_L^M(z). \tag{8.65}$$

Portanto, no domínio da transformada z, para $L < 2M$ e $N < 2M$, as equações (8.42) e (8.45) se tornam

$$\mathbf{X}_L^M(z) = \begin{bmatrix} \mathbf{I}_{L-M} & 0 \\ 0 & \mathbf{I}_{2M-L} \\ z^{-1}\mathbf{I}_{L-M} & 0 \end{bmatrix} \mathbf{X}_M^M(z) \tag{8.66}$$

e

$$\mathbf{Y}_M^M(z) = \begin{bmatrix} 0 & \mathbf{I}_{2M-N} & 0 \\ z^{-1}\mathbf{I}_{N-M} & 0 & \mathbf{I}_{N-M} \end{bmatrix} \mathbf{W}_N^M(z), \tag{8.67}$$

respectivamente.

Uma vez que $\mathbf{C}(z)$ representa o processamento em blocos sem sobreposição e $\hat{\mathbf{C}}(z)$ representa o processamento em blocos com sobreposição, temos que

$$\mathbf{Y}_M^M(z) = \mathbf{C}(z)\mathbf{X}_M^M(z) \tag{8.68}$$

$$\mathbf{W}_N^M(z) = \hat{\mathbf{C}}(z)\mathbf{X}_L^M(z). \tag{8.69}$$

Portanto, pelas equações (8.63), (8.66), (8.67), (8.68) e (8.69), concluímos que as matrizes $\mathbf{S}_L^M(z)$ e $\mathbf{P}_N^M(z)$ obedecem as seguintes formas gerais:

$$\mathbf{S}_L^M(z) = \begin{bmatrix} \mathbf{I}_{L-M} & 0 \\ 0 & \mathbf{I}_{2M-L} \\ z^{-1}\mathbf{I}_{L-M} & 0 \end{bmatrix} \tag{8.70}$$

$$\mathbf{P}_N^M(z) = \begin{bmatrix} 0 & \mathbf{I}_{2M-N} & 0 \\ z^{-1}\mathbf{I}_{N-M} & 0 & \mathbf{I}_{N-M} \end{bmatrix}. \tag{8.71}$$

Ilustramos o uso dessas matrizes com um par de exemplos práticos.

EXEMPLO 8.4

Para o caso em que $L = M = 4$ e $N = 7$, implemente a função de transferência

$$H(z) = z^{-3}[E_0(z^4) + z^{-1}E_1(z^4) + z^{-2}E_2(z^4) + z^{-3}E_3(z^4)] \tag{8.72}$$

na forma em blocos, observando que a sobreposição só é aplicada na saída.

SOLUÇÃO
Devemos escolher a matriz $\hat{\mathbf{C}}(z)$ como

$$\hat{\mathbf{C}}(z) = \begin{bmatrix} E_3(z) & 0 & 0 & 0 \\ E_2(z) & E_3(z) & 0 & 0 \\ E_1(z) & E_2(z) & E_3(z) & 0 \\ E_0(z) & E_1(z) & E_2(z) & E_3(z) \\ 0 & E_0(z) & E_1(z) & E_2(z) \\ 0 & 0 & E_0(z) & E_1(z) \\ 0 & 0 & 0 & E_0(z) \end{bmatrix}. \tag{8.73}$$

Feita essa escolha, pelas equações (8.70) e (8.71), temos respectivamente que

$$\mathbf{S}_4^4(z) = \mathbf{I}_4 \tag{8.74}$$

e

$$\mathbf{P}_7^4(z) = \begin{bmatrix} \mathbf{0} & \mathbf{I}_1 & \mathbf{0} \\ z^{-1}\mathbf{I}_3 & \mathbf{0} & \mathbf{I}_3 \end{bmatrix} = \begin{bmatrix} 0 & 0 & 0 & 1 & 0 & 0 & 0 \\ z^{-1} & 0 & 0 & 0 & 1 & 0 & 0 \\ 0 & z^{-1} & 0 & 0 & 0 & 1 & 0 \\ 0 & 0 & z^{-1} & 0 & 0 & 0 & 1 \end{bmatrix}. \tag{8.75}$$

Observe que $\mathbf{S}_4^4(z)$ é uma matriz-identidade porque não há sobreposição entre blocos da entrada. Com tais escolhas, temos $\mathbf{C}(z) = \mathbf{P}_7^4(z)\hat{\mathbf{C}}(z)\mathbf{S}_4^4(z) = \mathbf{P}_7^4(z)\hat{\mathbf{C}}(z)$, de forma que

$$\mathbf{C}(z) = \begin{bmatrix} E_0(z) & E_1(z) & E_2(z) & E_3(z) \\ z^{-1}E_3(z) & E_0(z) & E_1(z) & E_2(z) \\ z^{-1}E_2(z) & z^{-1}E_3(z) & E_0(z) & E_1(z) \\ z^{-1}E_1(z) & z^{-1}E_2(z) & z^{-1}E_3(z) & E_0(z) \end{bmatrix}, \tag{8.76}$$

que é uma matriz pseudocirculante que representa a função de transferência global do filtro digital em blocos de acordo com a equação (8.52). △

No algoritmo apresentado no Exemplo 8.4, os blocos de entrada não têm sobreposição, enquanto que os blocos de saída têm. Generalizamos, agora, esse algoritmo para blocos de entrada de tamanho $L = M$ e blocos de saída de tamanho $N = 2M - 1$. A matriz de transferência em blocos correspondente

8.11 Filtragem em blocos com sobreposição

$\hat{\mathbf{C}}(z)$, de dimensões $(2M-1) \times M$, deve ter a forma

$$\hat{\mathbf{C}}(z) = \begin{bmatrix} E_{M-1}(z) & 0 & \cdots & 0 \\ E_{M-2}(z) & E_{M-1}(z) & \cdots & 0 \\ \vdots & \vdots & \ddots & \vdots \\ E_0(z) & E_1(z) & \cdots & E_{M-1}(z) \\ 0 & E_0(z) & \cdots & E_{M-2}(z) \\ \vdots & \vdots & \ddots & \vdots \\ 0 & 0 & \cdots & E_0(z) \end{bmatrix} \quad (8.77)$$

para que o produto $\hat{\mathbf{P}}_{2M-1}^M(z)\hat{\mathbf{C}}(z)\mathbf{I}_M$ resulte numa matriz pseudocirculante.

EXEMPLO 8.5
Consideramos, agora, a implementação da função de transferência do Exemplo 8.4 para $L=7$ e $N=M=4$. Observe que a sobreposição só é aplicada na entrada.

SOLUÇÃO
Devemos escolher

$$\hat{\mathbf{C}}(z) = \begin{bmatrix} E_0(z) & E_1(z) & E_2(z) & E_3(z) & 0 & 0 & 0 \\ 0 & E_0(z) & E_1(z) & E_2(z) & E_3(z) & 0 & 0 \\ 0 & 0 & E_0(z) & E_1(z) & E_2(z) & E_3(z) & 0 \\ 0 & 0 & 0 & E_0(z) & E_1(z) & E_2(z) & E_3(z) \end{bmatrix}. \quad (8.78)$$

Feita essa escolha, pelas equações (8.70) e (8.71) temos que

$$\hat{\mathbf{S}}_7^4(z) = \begin{bmatrix} \mathbf{I}_3 & \mathbf{0} \\ \mathbf{0} & \mathbf{I}_1 \\ z^{-1}\mathbf{I}_3 & \mathbf{0} \end{bmatrix} = \begin{bmatrix} 1 & 0 & 0 & 0 \\ 0 & 1 & 0 & 0 \\ 0 & 0 & 1 & 0 \\ 0 & 0 & 0 & 1 \\ z^{-1} & 0 & 0 & 0 \\ 0 & z^{-1} & 0 & 0 \\ 0 & 0 & z^{-1} & 0 \end{bmatrix} \quad (8.79)$$

$$\hat{\mathbf{P}}_4^4(z) = \mathbf{I}_4. \quad (8.80)$$

Esse caso leva à mesma $\mathbf{C}(z)$ que o Exemplo 8.4. △

Na estrutura do Exemplo 8.5, os blocos de entrada têm sobreposição, enquanto que os blocos de saída não têm. Essa estrutura também pode ser generalizada para $M=N$ e $L=2M-1$ empregando-se a matriz de funções de transferência em blocos $\hat{\mathbf{C}}(z)$ de dimensões $M \times (2M - 1)$ dada por

$$\hat{\mathbf{C}}(z) = \begin{bmatrix} E_0(z) & E_1(z) & \cdots & E_{M-1}(z) & & \cdots & 0 \\ 0 & E_0(z) & \cdots & E_{M-2}(z) & E_{M-1}(z) & \cdots & 0 \\ \vdots & \vdots & \ddots & \vdots & \vdots & \ddots & \vdots \\ 0 & 0 & \cdots & E_0(z) & E_1(z) & \cdots & E_{M-1}(z) \end{bmatrix}. \qquad (8.81)$$

É possível gerar várias estruturas alternativas para escolhas de L, M e N diferentes das discutidas aqui. Para cada caso, é requerida uma forma distinta de $\hat{\mathbf{C}}(z)$ para a geração apropriada de uma estrutura invariante ao deslocamento. Contudo, determinar a $\hat{\mathbf{C}}(z)$ correta a fim de se atingir isso não é trivial. É importante enfatizar o fato de que um sistema SISO implementado em blocos não é, em geral, linear e invariante no tempo. Porém, se o sistema pode ser descrito por uma matriz de funções de transferência $\mathbf{C}(z)$ (o que significa que é um sistema MIMO linear e invariante no tempo), então o sistema SISO correspondente é necessariamente linear e periodicamente variante no tempo com período correspondente ao tamanho do bloco. Se, além disso, $\mathbf{C}(z)$ é pseudocirculante, então o sistema SISO também é linear e invariante no tempo.

8.11.3 Estrutura de convolução rápida I

Sob a inspiração da implementação em blocos com sobreposição, é possível derivar-se a estrutura mostrada na Figura 8.26. Essa configuração é chamada de estrutura I, e corresponde ao caso em que $L = M = 2$ e $N = 3$. Tal estrutura foi derivada pela decomposição da matriz $\hat{\mathbf{C}}(z)$ (veja o Exemplo 8.4) como se segue:

$$\begin{bmatrix} E_1(z) & 0 \\ E_0(z) & E_1(z) \\ 0 & E_0(z) \end{bmatrix} = \begin{bmatrix} 1 & 0 & 0 \\ -1 & 1 & -1 \\ 0 & 0 & 1 \end{bmatrix} \begin{bmatrix} E_1(z) & 0 & 0 \\ 0 & E_0(z) + E_1(z) & 0 \\ 0 & 0 & E_0(z) \end{bmatrix} \begin{bmatrix} 1 & 0 \\ 1 & 1 \\ 0 & 1 \end{bmatrix}. \qquad (8.82)$$

Na equação (8.82), cada polinômio $E_i(z)$, para $i = 0, 1$, é uma componente polifásica de $H(z)$ e, portanto, corresponde a uma operação de filtragem por um filtro FIR de cerca de metade do comprimento do filtro original $H(z)$. Essa estrutura, então, mostra como implementar uma filtragem FIR de uma dada ordem através de três filtros com metade dessa ordem e operando à metade da taxa. Isso pode ser feito recursivamente, desde que cada filtro FIR com metade da ordem possa ser novamente decomposto em três subfiltros. A cada nova decomposição aplicada, o número de multiplicações por amostra é reduzido, enquanto que a latência (atraso) da resposta aumenta. Para obter mais detalhes sobre isso, o leitor deve consultar Vetterli (1988) e Mou & Duhamel (1991).

8.11 Filtragem em blocos com sobreposição

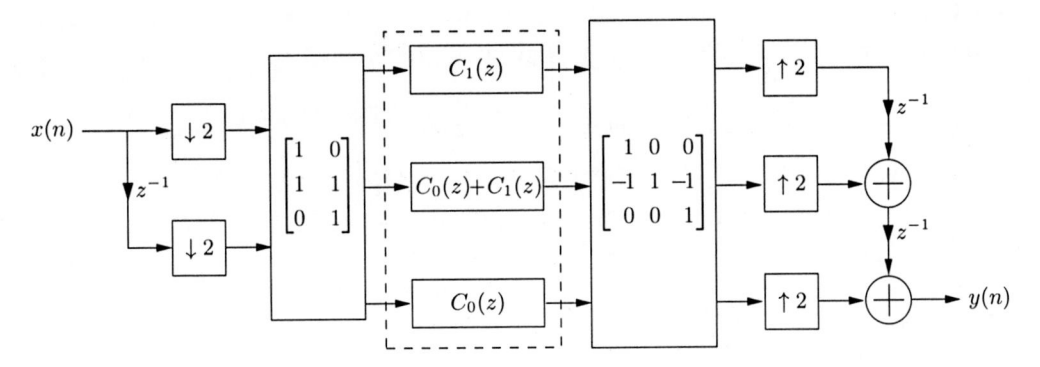

Figura 8.26 Estrutura com sobreposição I para convolução rápida. $C_i(z) = E_i(z)$, $i = 0, 1$.

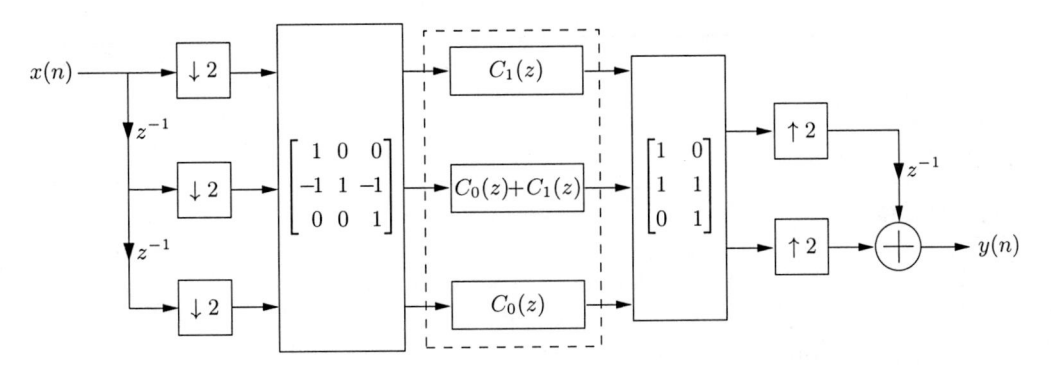

Figura 8.27 Estrutura com sobreposição II para convolução rápida. $C_i(z) = E_i(z)$, $i = 0, 1$.

8.11.4 Estrutura de convolução rápida II

A Figura 8.27 mostra a estrutura II, que é exatamente a transposta da estrutura em blocos com sobreposição I. Note que na transposição de sistemas multitaxa, decimadores se tornam interpoladores e vice-versa.

EXEMPLO 8.6
Determine se a matriz de funções de transferência a seguir pode ser a representação em blocos de um sistema linear e invariante no tempo:

$$\mathbf{C}(z) = \begin{bmatrix} 1+z^{-1} & -1/2a \\ 2a & 0 \end{bmatrix} \begin{bmatrix} 1 & 0 \\ 0 & 1+2bz^{-1}+z^{-2} \end{bmatrix} \begin{bmatrix} 1 & (1+z^{-1})/2a \\ 0 & 1 \end{bmatrix}. \tag{8.83}$$

SOLUÇÃO

Comecemos calculando $\mathbf{C}(z)$ para avaliar suas propriedades:

$$\mathbf{C}(z) = \begin{bmatrix} 1+z^{-1} & -(1/2a)-(b/a)z^{-1}-(1/2a)z^{-2} \\ 2a & 0 \end{bmatrix} \begin{bmatrix} 1 & (1/2a)(1+z^{-1}) \\ 0 & 1 \end{bmatrix}$$

$$= \begin{bmatrix} 1+z^{-1} & -(1/2a)-(b/a)z^{-1}-(1/2a)z^{-2}+(1/2a)(1+2z^{-1}+z^{-2}) \\ 2a & 1+z^{-1} \end{bmatrix}$$

$$= \begin{bmatrix} 1+z^{-1} & (1-b/a) \\ 2a & 1+z^{-1} \end{bmatrix}. \tag{8.84}$$

Para que a matriz anterior represente um sistema linear e invariante no tempo, tem que ser pseudocirculante. Então, a seguinte condição tem que ser satisfeita:

$$\frac{1-b}{a} = 2a \quad \Rightarrow \quad b = 1 - 2a^2 \tag{8.85}$$

△

EXEMPLO 8.7

(a) Proponha uma implementação em blocos para uma função de transferência linear e invariante no tempo usando as matrizes $\mathbf{S}_L^M(z)$ e $\mathbf{P}_N^M(z)$ das equações (8.70) e (8.71) de forma que os blocos de entrada e de saída tenham sobreposições dadas por $L = 4$ e $N = 3$, respectivamente. O número de subcanais é $M = 2$.

(b) Implemente a função de transferência a seguir com a estrutura proposta e desenhe a realização completa:

$$H(z) = z^{-4} + z^{-3} + 2z^{-2} + 4z^{-1}. \tag{8.86}$$

SOLUÇÃO

(a) Para esse caso, $N = 3$, $M = 2$ e $L = 4$. Portanto:

$$\mathbf{S}_4^2(z) = \begin{bmatrix} 1 & 0 \\ 0 & 1 \\ z^{-1} & 0 \\ 0 & z^{-1} \end{bmatrix} \tag{8.87}$$

$$\mathbf{P}_3^2(z) = \begin{bmatrix} 0 & 1 & 0 \\ z^{-1} & 0 & 1 \end{bmatrix}. \tag{8.88}$$

8.11 Filtragem em blocos com sobreposição

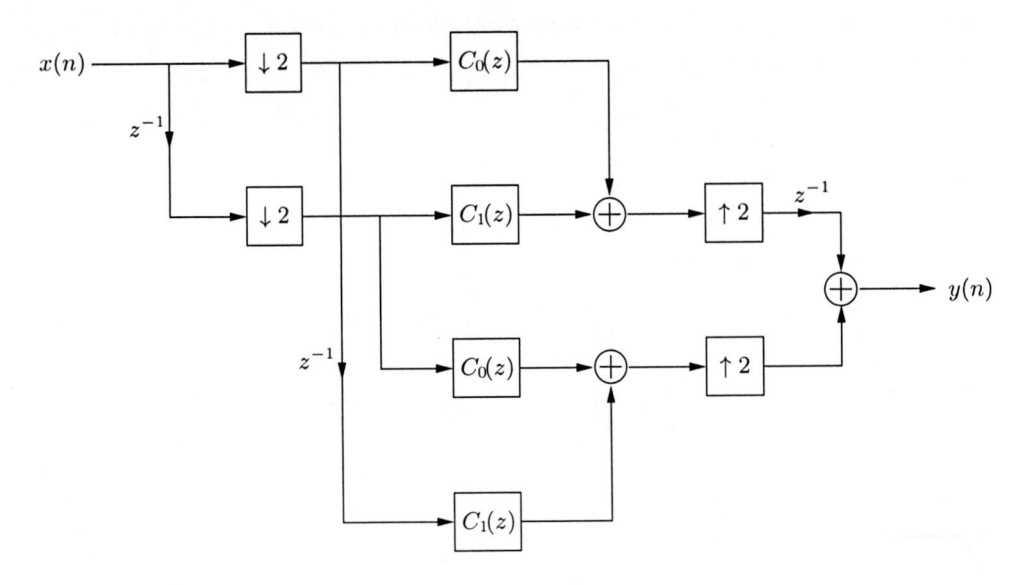

Figura 8.28 Realização da equação (8.91). $C_i(z) = E_i(z)$, $i = 0, 1$.

Uma possível solução simples para $\hat{\mathbf{C}}(z)$ e que leva a um atraso global mínimo é dada por

$$\hat{\mathbf{C}}(z) = \begin{bmatrix} 0 & 0 & 0 & 0 \\ E_0(z) & E_1(z) & 0 & 0 \\ 0 & E_0(z) & E_1(z) & 0 \end{bmatrix}. \tag{8.89}$$

Pós-multiplicando a matriz $\hat{\mathbf{C}}(z)$ por $\mathbf{S}_4^2(z)$, segue que

$$\hat{\mathbf{C}}(z)\mathbf{S}_4^2(z) = \begin{bmatrix} 0 & 0 \\ E_0(z) & E_1(z) \\ z^{-1}E_1(z) & E_0(z) \end{bmatrix}. \tag{8.90}$$

Pré-multiplicando a matriz resultante por $\mathbf{P}_3^2(z)$, temos

$$\mathbf{C}(z) = \mathbf{P}_3^2(z)\hat{\mathbf{C}}(z)\mathbf{S}_4^2(z) = \begin{bmatrix} E_0(z) & E_1(z) \\ z^{-1}E_1(z) & E_0(z) \end{bmatrix}, \tag{8.91}$$

que é pseudocirculante.

A Figura 8.28 representa a estrutura resultante. Observe que, uma vez que a primeira linha de $\hat{\mathbf{C}}(z)$ na equação (8.89) tem somente zeros, a estrutura tem entrada com e saída sem sobreposição.

(b) Como o *aliasing* está cancelado, a função de transferência SISO descrito na forma em blocos é dado por

$$H(z) = \begin{bmatrix} z^{-1} & 1 \end{bmatrix} \mathbf{C}(z^2) \begin{bmatrix} 1 \\ z^{-1} \end{bmatrix}$$

$$= \begin{bmatrix} z^{-1} & 1 \end{bmatrix} \begin{bmatrix} E_0(z^2) + z^{-1}E_1(z^2) \\ z^{-1}E_0(z^2) + z^{-2}E_1(z^2) \end{bmatrix}$$

$$= 2z^{-1}\left[E_0(z^2) + z^{-1}E_1(z^2)\right]. \qquad (8.92)$$

Pela expressão acima com a equação (8.86), $E_0(z)$ e $E_1(z)$ se tornam

$$E_0(z) = 2 + \frac{z^{-1}}{2} \qquad (8.93)$$

$$E_1(z) = 1 + \frac{z^{-1}}{2}. \qquad (8.94)$$

△

8.12 Sinais aleatórios em sistemas multitaxa

Os efeitos do processamento multitaxa sobre sinais aleatórios são o tópico desta seção. Um conceito importante geralmente associado com a mudança de taxa de sinais estocásticos é o dos processos cicloestacionários (Stark & Woods, 2002). Um processo aleatório real $\{X\}$ é cicloestacionário no sentido amplo (WSCS, do inglês *wide-sense cyclostationary*) com período M se sua média e sua função de autocorrelação satisfazem

$$E\{X(n)\} = E\{X(n + kM)\} \qquad (8.95)$$

e

$$R_X(n,k) = R_X(n+M, k+M) = E\{X(n+M)X(k+M)\} \qquad (8.96)$$

para todo n e todo k.

Essas definições enunciam que a média e a função de autocorrelação são periódicas com período M. Muito frequentemente, essa propriedade aparece em aplicações práticas, exemplos das quais são amostragem em sistemas de comunicações, modulação, multiplexação e interação de processos WSS com sistemas multitaxa.

Assumamos, agora, que o conversor serial-paralelo da Figura 8.19 retém M amostras consecutivas de um processo WSCS sem sobreposição (veja a

8.12 Sinais aleatórios em sistemas multitaxa

equação (8.39)), como segue:

$$\mathbf{X}_M^M(m) = [X(mM) X(mM-1) \cdots X(mM-M+1)]^\mathrm{T}. \tag{8.97}$$

Para um dado vetor de entrada aleatório, a matriz de autocorrelação é definida como

$$\mathbf{R}_{\mathbf{X}_M^M}(m) = E\{\mathbf{X}_M^M(m)\mathbf{X}_M^{M^\mathrm{T}}(m)\}. \tag{8.98}$$

Como se observará, as características da matriz de autocorrelação desempenham um papel chave no entendimento dos efeitos do processamento multitaxa sobre sinais aleatórios. Note que se o processo de entrada é WSCS com período M, o vetor de bloco $\mathbf{X}_M^M(m)$ é WSS, ou seja, a matriz $\mathbf{R}_{\mathbf{X}_M^M}(m)$ independe de m.

Assumamos, agora, que um vetor WSS $M \times 1$ $\mathbf{X}_M^M(m)$ é apresentado como entrada a uma matriz de funções de transferência $\mathbf{C}(z)$ de dimensões $N \times M$; então, a PSD do vetor de saída será dada por

$$\mathbf{\Gamma}_U(z) = \mathbf{C}(z)\mathbf{\Gamma}_{\mathbf{X}_M^M}(z)\mathbf{C}^\mathrm{T}(z^{-1}), \tag{8.99}$$

onde

$$\mathbf{\Gamma}_{\mathbf{X}_M^M}(z) = \sum_{\nu=-\infty}^{\infty} \mathbf{R}_{\mathbf{X}_M^M}(\nu) z^{-\nu} \tag{8.100}$$

é a PSD do vetor com o sinal de entrada. As expressões em (8.99) e (8.100) são generalizações M-dimensionais da equação (7.9).

Uma propriedade muito importante da formulação da matriz de PSD é que se o processo que é apresentado como entrada ao conversor serial-paralelo é WSS, então a matriz de PSD $\mathbf{\Gamma}_{\mathbf{X}_M^M}(z)$ é pseudocirculante (veja o Exercício 8.35 e Sathe & Vaidyanathan (1993)). Reversamente, no caso em que o vetor $\mathbf{X}_M^M(m)$ entregue na saída por um conversor serial-paralelo é WSS e sua matriz de PSD é pseudocirculante, então o processo apresentado à entrada do conversor serial--paralelo é WSS.

8.12.1 Sinais aleatórios interpolados

Se um processo aleatório WSS é aplicado na entrada de um interpolador, como na Figura 8.7, então o processo aleatório $\hat{X}(n)$ na saída é WSCS com período L. O vetor com seu bloco de saída é dado por

$$\begin{aligned}
\hat{\mathbf{X}}_L^L(m) &= [\hat{X}(mL)\ \hat{X}(mL-1)\ \cdots\ \hat{X}(mL-L+1)]^\mathrm{T} \\
&= [\hat{X}(mL)\ 0\ \cdots\ 0]^\mathrm{T} \tag{8.101} \\
&= [X(m)\ 0\ \cdots\ 0]^\mathrm{T}. \tag{8.102}
\end{aligned}$$

Então, sua matriz de autocorrelação é

$$\mathbf{R}_{\hat{\mathbf{X}}_L^L}(m) = E\{\hat{\mathbf{X}}_L^L(m)\hat{\mathbf{X}}_L^{L^T}(m)\}$$

$$= \begin{bmatrix} E\{\hat{X}^2(mL)\} & 0 & \cdots & 0 \\ 0 & 0 & \cdots & 0 \\ \vdots & \vdots & \ddots & \vdots \\ 0 & 0 & \cdots & 0 \end{bmatrix} \tag{8.103}$$

$$= \begin{bmatrix} E\{X^2(m)\} & 0 & \cdots & 0 \\ 0 & 0 & \cdots & 0 \\ \vdots & \vdots & \ddots & \vdots \\ 0 & 0 & \cdots & 0 \end{bmatrix}. \tag{8.104}$$

Como $X(m)$ é WSS, então $E\{X^2(m)\}$ é constante para todo m e, portanto, a matriz de autocorrelação não é função de m, ou seja, o vetor $\hat{\mathbf{X}}_L^L(m)$ é WSS. Isso implica que não representado em blocos, $\hat{X}(n)$ é WSCS com período L.

8.12.2 Sinais aleatórios decimados

Consideremos, agora, o caso em que um processo aleatório é aplicado na entrada de um decimador, como na Figura 8.1. Nesse caso, o processo aleatório decimado $X_d(n)$ resulta da retenção de cada M-ésima amostra do processo aleatório de entrada denotado por $X(nM)$. Se assumimos o caso geral em que o sinal de entrada é WSCS com período N, o processo decimado também será WSCS, mas com um período P. A fim de determinarmos o valor de P, analisamos as propriedades da função de autocorrelação do sinal decimado, isto é:

$$R_{X_d}(n, l) = E\{X_d(n)X_d(l)\}$$
$$= E\{X(nM)X(lM)\}. \tag{8.105}$$

Se o sinal de saída é WSCS com período P, então

$$R_{X_d}(n+P, l+P) = E\{X_d(n+P)X_d(l+P)\}$$
$$= E\{X((n+P)M)X((l+P)M)\}. \tag{8.106}$$

Considerando que supusemos que o processo de entrada era WSCS com período N, a igualdade de (8.106) vale se $PM = iN$ para algum inteiro i. Portanto, o período P deve ser

$$P = \frac{N}{\text{MDC}(M, N)}, \tag{8.107}$$

onde MDC($\cdot$) denota o máximo divisor comum de dois números inteiros.

Vale a pena mencionar algumas escolhas especiais para M e N:

- Se $N = 1$, então $P = 1$, o que significa que se a entrada do decimador é WSS, então a saída também é WSS.
- Se N e M são números primos, então $P = N$.
- Se $N = M$, então $P = 1$, indicando que um sinal cicloestacionário, quando decimado por seu período de cicloestacionariedade, torna-se WSS.

8.13 Faça você mesmo: sistemas multitaxa

Experimento 8.1

Considere um sinal senoidal $s(t)$ de frequência $f_1 = 0{,}01$ Hz corrompido por ruído e amostrado a $F_s = 1$ amostra/s durante um intervalo de 10 min. Suponha que a componente de ruído é a saída do filtro

$$H_1(z) = \frac{1}{12} \sum_{i=0}^{11} (-1)^i z^{-i} \tag{8.108}$$

para ruído branco gaussiano de média zero e variância unitária na entrada, de forma que

```
Fs = 1; Ts = 1/Fs; duration = 600;
time = 0:Ts:(duration-Ts); Ntime = length(time);
s = sin(2*pi*f1*time);
w = randn(1,Ntime); w = w-mean(w); w = w./sqrt(w*w');
h1 = [1 -1 1 -1 1 -1 1 -1 1 -1 1 -1]./12;
wh1 = filter(h1,1,w);
x = s+wh1;
```

a Figura 8.29 ilustra essa situação nos domínios do tempo e da frequência. Por essa figura, percebe-se a característica 'passa-altas' da componente de ruído, a ela atribuída por $H_1(z)$.

A fim de simplificarmos o armazenamento ou a transmissão do sinal, podemos decimar $x(n)$ por $M = 10$ após realizarmos uma filtragem passa-baixas apropriada para minimização da distorção por *aliasing*, como a seguir:

```
ordh2 = 20; h2 = ones(1,ordh2+1)./(ordh2+1);
xh2 = filter(h2,1,x);
M = 10; xdec = xh2(1:M:Ntime);
```

isso resulta no sinal x_{dec}, caracterizado na Figura 8.30.

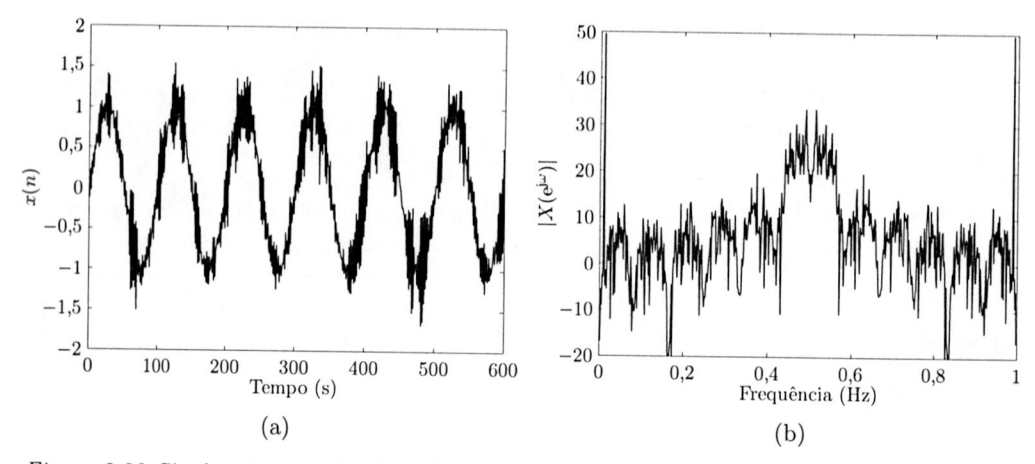

Figura 8.29 Sinal s corrompido por ruído: (a) domínio do tempo; (b) domínio da frequência.

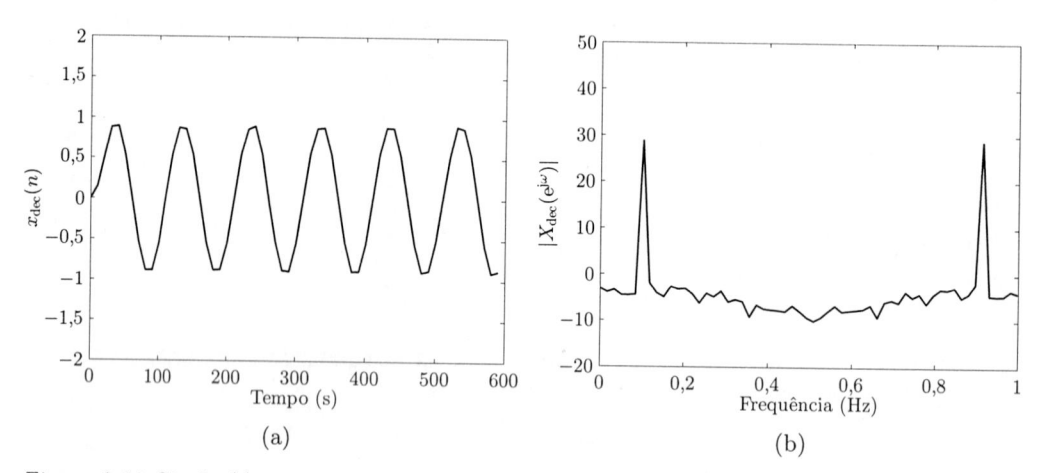

Figura 8.30 Sinal $s(t)$ corrompido por ruído, amostrado e depois filtrado e decimado por 10: (a) domínio do tempo; (b) domínio da frequência.

A taxa de amostragem pode ser expandida de volta ao seu valor original pela introdução de $M-1$ zeros entre cada duas amostras consecutivas de x_{dec}, o que em MATLAB pode ser executado por

```
xaux = [xdec; zeros(M-1,Ntime/M)];
xaux2 = reshape(xaux,1,Ntime);
```

Esse procedimento causa repetições espectrais que precisam ser removidas por uma filtragem passa-baixas apropriada como em

```
h3 = firpm(30,[0 0.01 0.09 0.5]*2,[1 1 0 0]);
xdec_int = filter(M*h3,1,xaux2);
```

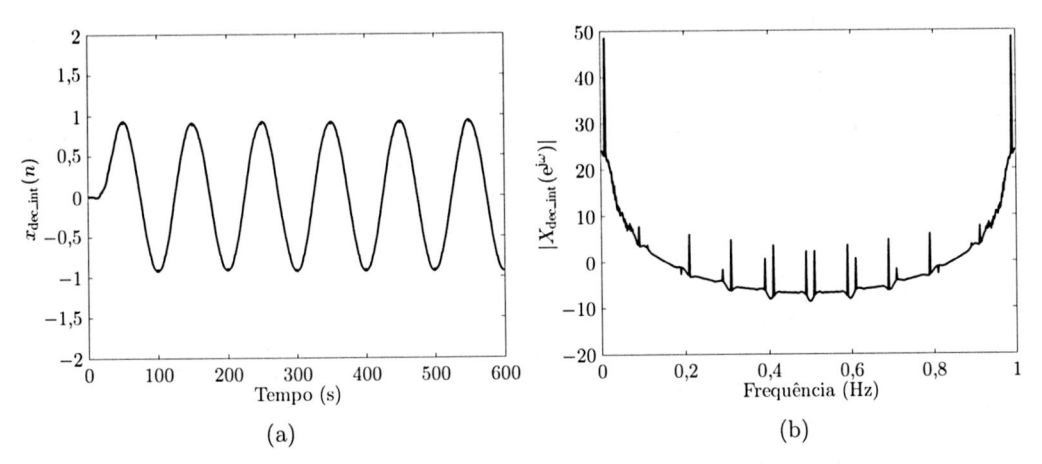

Figura 8.31 Sinal decimado da Figura 8.30 interpolado por 10 e filtrado: (a) domínio do tempo; (b) domínio da frequência.

A Figura 8.31 representa o sinal filtrado e sua representação espectral correspondente, que pode ser prontamente comparada com a do sinal $x_{h_2}(n)$, antes da operação de decimação.

Na última etapa deste experimento se pode usar um filtro passa-faixa em vez de um filtro $h_3(n)$ passa-baixas para gerar uma versão modulada do sinal original. Esse tipo de processamento é empregado no Experimento 11.1 (que o leitor é aconselhado a ler) para modular um sinal sem multiplicá-lo explicitamente por uma portadora senoidal de alta frequência.

Todas as operações de mudança de taxa realizadas no presente experimento podem ser executadas automaticamente com os comandos `decimate` e `interp` em MATLAB, os quais já incluem o correspondente estágio de filtragem passa-baixas.

△

8.14 Sistemas multitaxa com MATLAB

As funções descritas abaixo são parte do *toolbox* Signal Processing do MATLAB.

- `upfirdn`: Superamostra, processa com um filtro especificado e subamostra um vetor.

  Parâmetros de entrada:

  – O vetor `x` contendo o sinal de entrada;
  – O filtro `h` a ser aplicado após a interpolação;
  – O fator `p` de interpolação e o fator `q` de decimação.

  Parâmetro de saída: O vetor `y` contendo o sinal filtrado.

Exemplo 1 (subamostragem de um sinal por um fator de 3):
```
x=rand(100,1); h=[1]; p=1; q=3;
y=upfirdn(x,h,p,q);
```
Exemplo 2 (mudança da taxa de amostragem por um fator $\frac{5}{4}$ usando um filtro h):
```
x=rand(100,1); h=[1 2 3 4 5 4 3 2 1]/5; p=5; q=4;
y=upfirdn(x,h,p,q);
```

- `decimate`: Subamostra após uma filtragem passa-baixas.
  Parâmetros de entrada:
  - O vetor x contendo o sinal de entrada;
  - O fator r de decimação;
  - A ordem n do filtro passa-baixas;
  - O tipo do filtro passa-baixas. O predefinido é um filtro passa-baixas Chebyshev com frequência de corte $0,8\frac{f_s}{2r}$. 'FIR' especifica filtragem FIR.

  Parâmetro de saída: O vetor y contendo o sinal subamostrado.
  Exemplo 1 (subamostragem de um sinal por um fator de 3 usando um filtro passa-baixas Chebyshev de 10ª ordem):
  ```
  x=rand(100,1); r=3; n=10;
  y=decimate(x,r,10);
  ```
  Exemplo 2 (subamostragem de um sinal por um fator de 5 usando um filtro passa-baixas FIR de 50ª ordem):
  ```
  x=rand(1000,1); r=5; n=50;
  y=decimate(x,r,50,'FIR');
  ```

- `interp`: Interpola um sinal.
  Parâmetros de entrada:
  - O vetor x contendo o sinal de entrada;
  - O fator r de interpolação;
  - O número l de valores de amostras originais usados para calcular cada amostra interpolada;
  - A largura de faixa `alpha` do sinal original.

  Parâmetros de saída:
  - O vetor y contendo o sinal interpolado;
  - O vetor b contendo os coeficientes do filtro de interpolação.

  Exemplo 1 (interpolação de um sinal por um fator de 3 usando um filtro FIR de ordem 12):
  ```
  x=rand(100,1); r=3; l=4;
  y=interp(x,r,l);
  ```

8.14 Sistemas multitaxa com MATLAB

Exemplo 2 (interpolação de um sinal limitado em faixa a um quarto da frequência de amostragem por um fator de 4 usando um filtro FIR de ordem 12):
```
x=rand(100,1); r=4; l=3; alpha=0.5;
y=interp(x,r,l,alpha);
```

- `resample`: Muda a taxa de amostragem de um sinal.
  Parâmetros de entrada:
  - O vetor `x` contendo o sinal de entrada;
  - O fator `p` de interpolação;
  - O fator `q` de decimação;
  - O número `n`, que controla o número de valores de amostras originais usados para calcular cada amostra de saída (Esse número é igual a `2*n*max(1,q/p)`.);
  - O filtro `b` usado para filtrar o sinal de entrada ou, alternativamente, o parâmetro `beta` da janela de Kaiser usada para projetar o filtro;
  - A largura de faixa `alpha` do sinal original.

  Parâmetros de saída:
  - O vetor `y` contendo o sinal reamostrado;
  - O vetor `b` contendo os coeficientes do filtro de interpolação.

  Exemplo 1 (mudança da taxa de amostragem de um sinal por um fator de $\frac{5}{4}$):
  ```
  x=rand(100,1); p=5; q=4;
  y=resample(x,p,q);
  ```
  Exemplo 2 (mudança da taxa de amostragem de um sinal por um fator de $\frac{2}{3}$ usando, para cada amostra da saída, 12 amostras do sinal de entrada original e empregando um filtro FIR projetado através de uma janela de Kaiser com `beta=5`):
  ```
  x=rand(500,1); p=2; q=3; n=4; beta=5;
  [y,b]=resample(x,p,q,n,beta);
  ```

- `intfilt`: Projeto de filtro FIR por interpolação e decimação.
  Parâmetros de entrada:
  - O fator `r` de interpolação ou decimação;
  - O fator `l`, igual a `(n+2)/r`, onde `n` é a ordem do filtro;
  - A fração `alpha` da frequência de amostragem correspondente à largura de faixa do filtro;
  - Em casos onde se deseja realizar interpolação Lagrangiana, são fornecidos a ordem `n` do filtro e o parâmetro `'lagrange'`, respectivamente, no lugar de `l` e `alpha`.

Parâmetro de saída: O vetor b contendo os coeficientes do filtro.
Exemplo 1:
```
r=2; l=3; alpha=0.4;
b=intfilt(r,l,alpha);
```
Exemplo 2 (Interpolador Lagrangiano de 5ª ordem para uma sequência com dois zeros entre cada duas amostras não-nulas):
```
r=3; n=5;
b=intfilt(r,n,'lagrange');
```

8.15 Resumo

Neste capítulo, estudamos os conceitos de decimação e interpolação sob um ponto de vista de processamento digital de sinais. Foram apresentados modelos adequados para a representação das operações de decimação e interpolação.

Foram estudadas as especificações dos filtros necessários nos processos de decimação e interpolação e foram mencionadas várias alternativas de projeto para tais filtros. Também apresentamos o uso de interpoladores e decimadores no projeto de filtros digitais.

O capítulo também tratou da implementação em blocos de filtros digitais lançando mão do arcabouço da segmentação em blocos com sobreposição. Além disso, discutimos brevemente os efeitos de mudanças de taxa em sinais aleatórios.

Por fim, foram apresentados experimentos e funções auxiliares no projeto e na implementação de sistemas multitaxa com MATLAB.

Embora esse assunto se estenda muito além do que discutimos aqui, espera-se que o material apresentado seja suficiente para a solução de muitos problemas práticos. Para material mais aprofundado, o leitor é aconselhado a recorrer a um dos excelentes livros sobre o assunto, por exemplo, Crochiere & Rabiner (1983) e Vaidyanathan (1993).

8.16 Exercícios

8.1 Deduza as duas indentidades nobres (equações (8.30) e (8.31)) usando um argumento no domínio do tempo.

8.2 Prove as equações (8.28) e (8.29).

8.3 A sequência

$$x = 0{,}125; 0{,}25; 0{,}5; 1; 2; 4$$

é filtrada por um filtro cuja função de transferência é

$$H(z) = \frac{1}{3}(1 + z^{-1} + z^{-2})$$

e o resultado é decimado por 2. A saída é, então, superamostrada por 2 e filtrada pelo mesmo $H(z)$. Gere a sequência resultante e interprete o resultado.

8.4 Mostre que a decimação é uma operação variante no tempo, mas periodicamente invariante no tempo, e que a interpolação é uma operação invariante no tempo.

8.5 Projete dois filtros de interpolação, um passa-baixas e outro multifaixa (equação (8.22)), com especificações

$\delta_p = 0{,}0002$;
$\delta_r = 0{,}0001$;
$\Omega_s = 10000$ rad/s;
$L = 10$.

Cosidere que estamos interessados na informação no intervalo $0 \leq \Omega \leq 0{,}2\Omega_s$. Compare a eficiência computacional dos filtros resultantes.

8.6 Deduza pela equação (8.37) a equivalência das Figuras 8.17a e 8.17b.

8.7 Mostre a estrutura da decomposição polifásica dada pela equação (8.35) para um filtro FIR cuja resposta ao impulso é

$$h(n) = 0{,}25; 0{,}5; 0{,}5; 1; 1; 0{,}5; 0{,}5; 0{,}25$$

para $n = 0, 1, \ldots, 7$. Tente minimizar o número de multiplicações.

8.8 Mostre a estrutura da decomposição polifásica dada pela equação (8.37) para um filtro FIR cuja resposta ao impulso é

$$h(n) = -0{,}375; 0{,}25; -0{,}5; 1; -1; 0{,}5; -0{,}25; 0{,}375$$

para $n = 0, 1, \ldots, 7$. Tente minimizar o número de multiplicações.

8.9 Mostre as estruturas das decomposições polifásicas dadas pelas equações (8.35) e (8.37) para um filtro FIR cuja resposta ao impulso é

$$h(n) = a, b, c, d, e, -d, -c, -b, -a$$

para $n = 0, 1, \ldots, 8$, minimizando o número de multiplicações.

8.10 Mostre que a componente polifásica 0 de um filtro de L-ésima faixa é constante no domínio da frequência.

8.11 Prove que dado um filtro de fase linear cuja resposta ao impulso tem comprimento ML, suas M componentes polifásicas (Equação (8.35)) devem satisfazer

$$E_j(z) = \pm z^{-(L-1)} E_{M-1-j}(z^{-1}).$$

8.12 Mostre uma estrutura FIR eficiente para decimação e outra para interpolação, com base nas considerações feitas nas Seções 8.3 e 8.4, respectivamente.

8.13 Repita o Exercício 8.12 para o caso de um filtro IIR.

8.14 Mostre através de um exemplo que é mais eficiente implementar um decimador por 50 através de vários estágios de decimação que através de apenas um. Use a fórmula para estimação da ordem de um filtro FIR passa-baixas apresentada no Exercício 5.25.

8.15 Projete um filtro passa-baixas usando um estágio de decimação/interpolação que satisfaça as seguintes especificações:

$\delta_p = 0{,}001;$
$\delta_r \leq 0{,}0001;$
$\Omega_p = 0{,}01\Omega_s;$
$\Omega_r = 0{,}02\Omega_s;$
$\Omega_s = 1 \text{ rad/s}.$

Repita o problema usando dois estágios de decimação/interpolação e compare a complexidade computacional dos resultados.

8.16 Projete o filtro passa-faixa para detecção de um tom com frequência central em 700 Hz definido no Exercício 5.20, usando o conceito de decimação/interpolação. Compare seus resultados com os obtidos naquele exercício.

8.17 Projete um filtro que satisfaça as especificações da Seção 8.10.2 usando a abordagem por mascaramento da resposta na frequência.

8.18 No conversor serial-paralelo da Figura 8.25 (veja também a Figura 8.19), considere que $M = 2$ e $L = 3$ e que o sinal de entrada é uma sequência dada por

$x(n) = 0, 0, a, b, c, d, e, f, g, h, i, 0, 0$

para $n = 0, 1, \ldots, 12$. Determine as sequências de saída.

8.19 No conversor paralelo-serial da Figura 8.25 (veja também a Figura 8.18), considere que $M = 2$ e $N = 4$ e que os sinais de entrada são dados por

$x_1(n) = 0, 0, a;$
$x_2(n) = b, c, d;$

8.16 Exercícios

$x_3(n) = e, f, g;$

$x_4(n) = h, i, 0.$

Determine a sequência de saída.

8.20 No Exercício 8.7, é possível obter-se uma solução com sobreposição e de atraso não-mínimo escolhendo

$$\mathbf{C}_l(z) = \begin{bmatrix} D_0(z) & R_1(z) & 0 & 0 \\ 0 & R_0(z) & R_1(z) & 0 \\ 0 & 0 & R_0(z) & D_1(z) \end{bmatrix}.$$

Derive a solução correspondente e represente a estrutura resultante.

8.21 Dada a matriz

$$\mathbf{C}(z) = \begin{bmatrix} R_0(z) & R_1(z) & R_2(z) \\ z^{-1}R_2(z) & R_0(z) & R_1(z) \\ z^{-1}R_1(z) & z^{-1}R_2(z) & R_0(z) \end{bmatrix},$$

verifique se $\mathbf{C}^2(z)$ é pseudocirculante.

8.22 Dada a matriz

$$\mathbf{C}(z) = \begin{bmatrix} R_0(z) & R_1(z) \\ z^{-1}R_1(z) & R_0(z) \end{bmatrix},$$

mostre que sua inversa é pseudocirculante.

8.23 Suponha que você quer implementar um filtro FIR de comprimento 16 usando a estrutura de convolução rápida da Figura 8.27, descrita pela equação (8.82). Calcule o atraso e o número de multiplicações por amostra para decomposições na faixa de 3 a 81 subfiltros.

8.24 Implemente a função de transferência a seguir usando a estrutura de convolução rápida da Figura 8.27 com os subfiltros de comprimento unitário:

$$H(z) = 1 + z^{-1} + 2z^{-2} + 4z^{-3}.$$

8.25 Implemente a função de transferência a seguir usando a estrutura de convolução rápida da Figura 8.27 com os subfiltros de comprimento unitário:

$$H(z) = 0{,}25 + 0{,}5z^{-1} - 0{,}5z^{-2} - 0{,}25z^{-3}.$$

8.26 Projete um filtro que satisfaça as seguintes especificações usando a abordagem minimax e mostre suas submatrizes de filtragem em blocos com sobreposição para $M = L = 4$ e $N = 2$:

$\delta_\mathrm{p} = 0{,}01;$

$\delta_r = 0{,}005;$

$\Omega_p = 0{,}05\Omega_s;$

$\Omega_r = 0{,}1\Omega_s;$

$\Omega_s = 2\pi \text{ rad/s}.$

8.27 Projete o filtro do Exercício 8.26 com a abordagem minimax e mostre suas submatrizes de filtragem em blocos com sobreposição para $M = N = 4$ e $L = 2$.

8.28 Projete o filtro do Exercício 8.26 com a abordagem WLS e derive sua estrutura com sobreposição I da Figura 8.26.

8.29 Projete o filtro do Exercício 8.26 com a abordagem WLS e derive sua estrutura com sobreposição II da Figura 8.27.

8.30 Projete um filtro que satisfaça as seguintes especificações com as abordagens minimax e WLS e mostre suas implementações empregando a estrutura com sobreposição I da Figura 8.26:

$\delta_p = 0{,}01;$

$\delta_r = 0{,}05;$

$\Omega_p = 0{,}8 \dfrac{\Omega_s}{2};$

$\Omega_r = 0{,}6 \dfrac{\Omega_s}{2};$

$\Omega_s = 2\pi \text{ rad/s}.$

8.31 Projete um filtro que satisfaça as seguintes especificações com a abordagem minimax e mostre suas submatrizes de filtragem em blocos com sobreposição para $M = L = 2$ e $N = 1$:

$\delta_p = 0{,}01;$

$\delta_r = 0{,}01;$

$\Omega_{p_1} = 0{,}48 \dfrac{\Omega_s}{2};$

$\Omega_{p_2} = 0{,}55 \dfrac{\Omega_s}{2};$

$\Omega_{r_1} = 0{,}4 \dfrac{\Omega_s}{2};$

$\Omega_{r_2} = 0{,}6 \dfrac{\Omega_s}{2};$

$\Omega_s = 2\pi \text{ rad/s}.$

8.16 Exercícios

8.32 Resolva o Exercício 8.31 usando a abordagem de projeto WLS.

8.33 Descreva o método de sobreposição-e-soma da Seção 3.4.3 usando o arcabouço de filtragem em blocos com sobreposição visto na Figura 8.25. Especifique a matriz $\mathbf{C}(z)$ em função da resposta ao impulso $h(n)$ do filtro, de seu comprimento e do comprimento dos blocos de entrada.

8.34 Prove a equação (8.52). *Dica*: Use as identidades nobres.

8.35 Mostre que para uma realização de um processo WSS $\{X\}$ aplicado como entrada a um conversor serial-paralelo, a matriz de PSD $\mathbf{\Gamma}_X(z)$ é pseudocirculante.

8.36 Consideremos o caso em que um vetor $\{\mathbf{X}(n)\}$ representa um processo WSS $M \times 1$, e que

$$Y_i(n) = W_i(n)X_i(n)$$

para $i = 0, 1, \ldots, M-1$. Mostre que $\{\mathbf{Y}(n)\}$ é WSS se e somente se $W_i(n) = \kappa_i e^{j\phi_i n}$ sendo κ_i uma constante possivelmente complexa e ϕ_i uma constante real. Esse resultado indica que a única dependência temporal entre $Y_i(n)$ e $X_i(n)$ se dá no expoente.

(a) Mostre que se você aplicar um processo de entrada WSCS com período N a um sistema linear periodicamente variante no tempo com período N, o processo de saída também será WSCS com período N.

9 Bancos de filtros

9.1 Introdução

No capítulo anterior, tratamos de sistemas multitaxa em geral, isto é, sistemas em que várias taxas de amostragem coexistem. Foram estudadas as operações de decimação e de interpolação e as mudanças de taxa de amostragem, assim como algumas técnicas para projeto de filtros usando conceitos de multitaxa.

Em numerosas aplicações, é necessário analisar um sinal digital em diversas faixas de frequência. Depois dessa decomposição, o sinal passa a ser representado por mais amostras do que no estágio original. Entretanto, podemos tentar decimar cada faixa, obtendo ao final um sinal digital decomposto em diversas faixas de frequência sem elevar o número total de amostras. A questão é se é possível recuperar exatamente o sinal original a partir das faixas decimadas. Sistemas que decompõem e reagrupam os sinais são genericamente chamados de bancos de filtros.

Neste capítulo, inicialmente lidamos com bancos de filtros, mostrando diversas formas em que um sinal pode ser decomposto em faixas de frequência criticamente decimadas, e recuperados a partir delas com erro mínimo. Começamos com uma análise de bancos de filtros de M faixas, dando as condições para que eles permitam reconstrução perfeita. Então, efetuamos as análises dos bancos de filtros no domínio da frequência e no domínio do tempo, seguindo-se uma discussão sobre ortogonalidade. Também tratamos de bancos de filtros de duas faixas com reconstrução perfeita, e apresentamos os projetos específicos para filtros espelhados em quadratura (QMF, do inglês *quadrature mirror filters*) e em quadratura conjugados (CQF, do inglês *conjugate quadrature filters*). Em seguida, passamos aos bancos de filtros de M faixas, analisando transformadas em blocos, bancos de filtros modulados por cossenos e transformadas com sobreposição. Concluímos o capítulo com uma seção 'Faça você mesmo', seguida por uma breve descrição de funções do *toolbox* Wavelet do MATLAB que são úteis para o projeto e a implementação de bancos de filtros.

9.2 Bancos de filtros

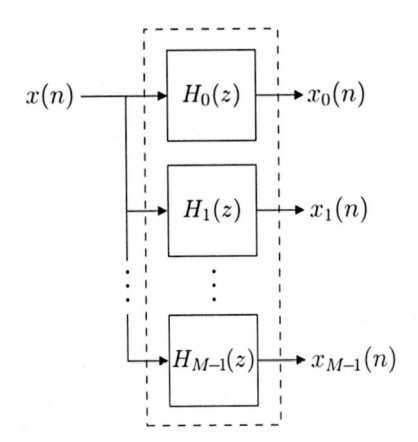

Figura 9.1 Decomposição de um sinal digital em M faixas de frequência.

9.2 Bancos de filtros

Em algumas aplicações, tais como análise, transmissão e codificação de sinais, um sinal digital $x(n)$ é decomposto em várias faixas de frequência, como mostra a Figura 9.1.

Nesses casos, o sinal em cada uma das faixas $x_k(n)$, para $k = 0, 1, \ldots, M-1$, tem no mínimo o mesmo número de amostras que o sinal original $x(n)$. Isso implica que após a decomposição em M faixas, o sinal é representado com, no mínimo, M vezes mais amostras que o original. Entretanto, há muitos casos em que essa expansão do número de amostras é altamente indesejável. Um deles é a transmissão de sinais (Vetterli & Kovačević, 1995), onde mais amostras significam maior largura de faixa e, consequentemente, custos de transmissão mais altos.

No caso usual em que o sinal é uniformemente espalhado no domínio da frequência, ou seja, cada uma das faixas de frequência $x_k(n)$ tem a mesma largura, surge uma questão natural: já que cada faixa de frequência tem largura M vezes menor que a do sinal original, não poderiam as faixas $x_k(n)$ ser decimadas por um fator de M (ser criticamente decimadas) sem destruir a informação original do sinal? Se isso fosse possível, então teríamos um sinal digital decomposto em várias faixas de frequência com o mesmo número global de amostras de sua versão original.

Nas Seções 9.2.1 e 9.2.2, analisamos o problema geral de decimar um sinal passa-faixa e efetuar a operação inversa correspondente.

9.2.1 Decimação de um sinal passa-faixa

Como foi visto na Seção 8.3, equação (8.6), se o sinal de entrada $x(m)$ é passa-baixas e limitado em faixa a $[-\pi/M, \pi/M)$, pode-se evitar o *aliasing* após

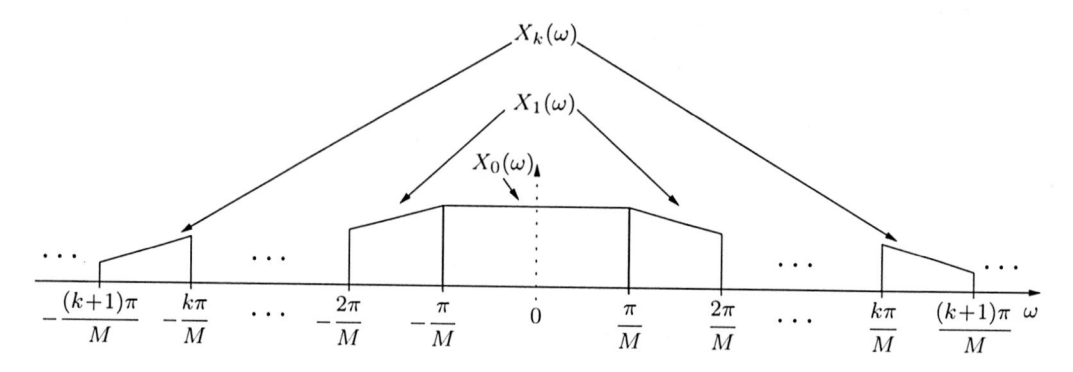

Figura 9.2 Espalhamento uniforme de um sinal em M faixas reais.

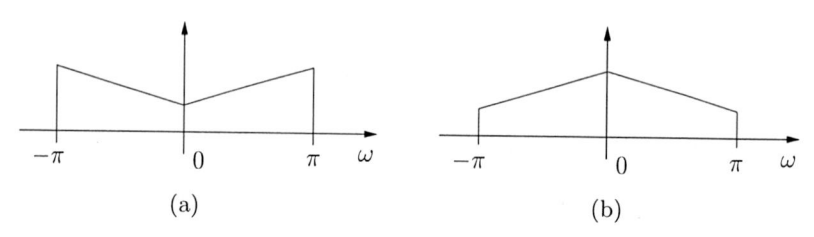

(a)   (b)

Figura 9.3 Espectro da faixa k decimada por um fator M: (a) k ímpar; (b) k par.

a decimação por um fator M. Contudo, se um sinal é espalhado em M faixas uniformes de frequência real usando-se o esquema da Figura 9.2, a k-ésima faixa ficará confinada a $[-(k+1)\pi/M, -k\pi/M) \cup [k\pi/M, (k+1)\pi/M)$ (veja a Seção 2.4.7). Isso implica que a faixa k, para $k \neq 0$, não está necessariamente confinada ao intervalo $[-\pi/M, \pi/M)$. Contudo, examinando-se a equação (8.6), pode-se ver que o *aliasing* ainda é evitado nesse caso. A única diferença é que após a decimação, o espectro contido em $[-(k+1)\pi/M, -k\pi/M)$ é mapeado em $[0, \pi)$ se k é ímpar ou em $[-\pi, 0)$ se k é par. Da mesma forma, o espectro contido no intervalo $[k\pi/M, (k+1)\pi/M)$ é mapeado em $[-\pi, 0)$ se k é ímpar ou em $[0, \pi)$ se k é par (Crochiere & Rabiner, 1983). Então, a faixa decimada k da Figura 9.2 será como mostram as Figuras 9.3a e 9.3b, para k ímpar e par, respectivamente. Ao longo deste livro, convencionamos que o intervalo de um ciclo na frequência é fechado à esquerda e aberto à direita; coerentemente, estamos preservando a convenção para as respectivas subfaixas do banco de filtros. Observe que se adotássemos intervalos fechados nas duas extremidades, ambas $\omega = 2l\pi/M$ e $\omega = -2l\pi/M$ do sinal original seriam mapeadas em $\omega = 0$ no sinal decimado. Portanto, para permitir a reconstrução perfeita de sinais contendo componentes da forma $A_l \cos[(2l\pi/M)n]$, os filtros ideais precisariam ter metade do ganho da faixa passante em $\omega = \pm 2l\pi/M$ (veja o Exercício 9.1).

9.2 Bancos de filtros

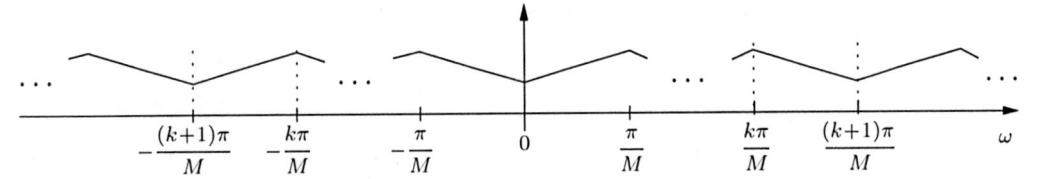

Figura 9.4 Espectro da faixa k após sua decimação e interpolação por um fator M para k ímpar.

9.2.2 Decimação inversa de um sinal passa-faixa

Acabamos de constatar que um sinal passa-faixa pode ser decimado por M sem *aliasing*, contanto que seu espectro esteja confinado a $[-(k+1)\pi/M, -k\pi/M) \cup [k\pi/M, (k+1)\pi/M)$. Nesse ponto, seria natural perguntarmos se o sinal passa-faixa original poderia ser recuperado de sua versão decimada por uma operação de interpolação. O caso de sinais passa-baixas foi examinado na Seção 8.5. Aqui, analisamos o caso passa-faixa.

O espectro de um sinal passa-faixa decimado é mostrado na Figura 9.3. Após sua interpolação por M, o espectro para k ímpar será como se vê na Figura 9.4.

Se queremos recuperar a faixa k, como na Figura 9.2, basta preservar a região do espectro da Figura 9.4 situada em $[-(k+1)\pi/M, -k\pi/M) \cup [k\pi/M, (k+1)\pi/M)$. Para k par, o procedimento é inteiramente análogo.

Como conclusão geral, o processo de decimar e interpolar um passa-faixa é similar ao caso de um sinal passa-baixas, que se vê na Figura 8.13, com a diferença de que para o caso passa-faixa, $H(z)$ tem que ser um filtro passa-faixa com faixa de passagem $[-(k+1)\pi/M, -k\pi/M) \cup [k\pi/M, (k+1)\pi/M)$.

9.2.3 Bancos de filtros criticamente decimados de M faixas

Fica claro da discussão precedente que se um sinal $x(m)$ é decomposto em M canais passa-faixa sem sobreposição B_k, com $k = 0, 1, \ldots, M-1$, tais que $\bigcup_{k=0}^{M-1} B_k = [-\pi, \pi)$, então ele pode ser recuperado simplesmente pela soma desses M canais. Entretanto, como se conjecturou acima, a recuperação exata do sinal original pode não ser possível se cada canal é decimado por M.

Nas Seções 9.2.1 e 9.2.2, examinamos uma forma de recuperar o sinal passa-faixa a partir de sua versão decimada. Na verdade, tudo de que se precisa são interpolações seguidas de filtros com faixa de passagem $[-(k+1)\pi/M, -k\pi/M) \cup [k\pi/M, (k+1)\pi/M)$.

Todo esse processo de decompor um sinal e restaurá-lo a partir das faixas de frequência é mostrado na Figura 9.5. Geralmente nos referimos a ele como um banco de filtros de M faixas. Os sinais $u_k(m)$ ocupam faixas de frequência distintas, coletivamente chamadas de subfaixas (em inglês, *sub-bands*). Se o

560 Bancos de filtros

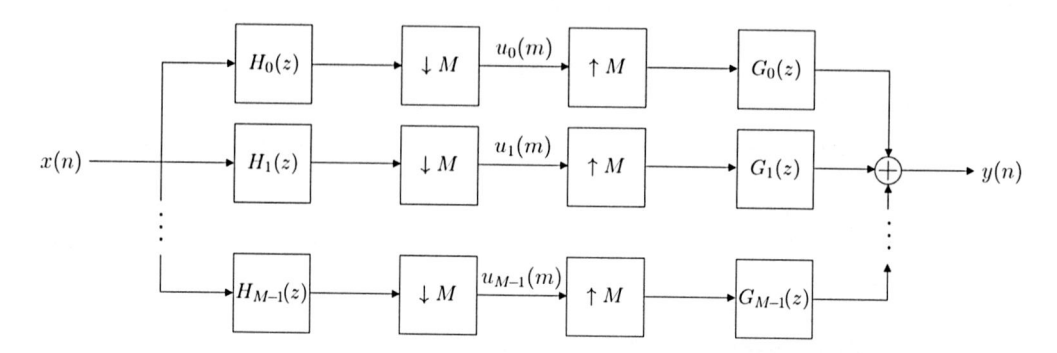

Figura 9.5 Diagrama de blocos de um banco de filtros de M faixas.

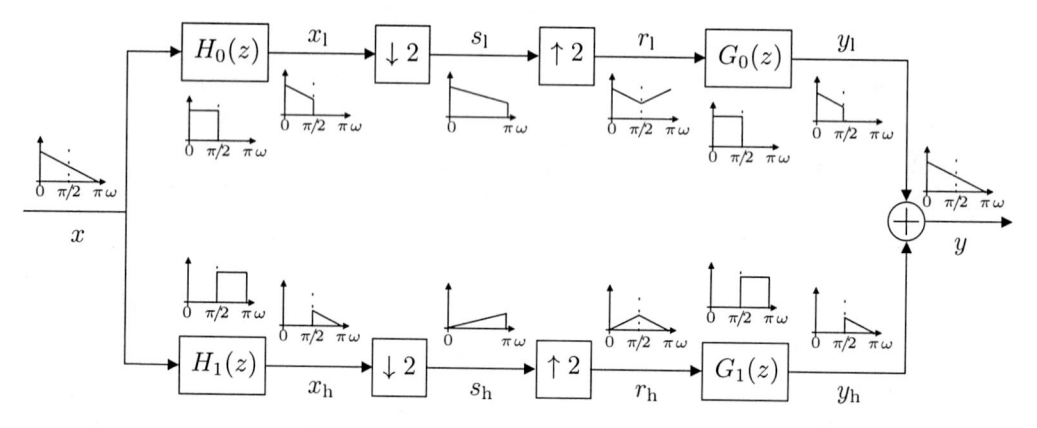

Figura 9.6 Um banco de filtros de 2 faixas com reconstrução perfeita usando filtros ideais.

sinal de entrada pode ser exatamente recuperado a partir de suas subfaixas, a estrutura é chamada de banco de filtros de M faixas com reconstrução perfeita. A Figura 9.6 representa um filtro com reconstrução perfeita para o caso de 2 faixas.

Contudo, os filtros requeridos pelo banco de filtros de M faixas com reconstrução perfeita descrito acima não são realizáveis, ou seja, eles só podem, no máximo, ser aproximados (veja o Capítulo 5). Portanto, numa primeira análise, o sinal original só seria aproximadamente recuperável a partir de suas faixas de frequência decimadas.

A Figura 9.7 representa um banco de filtros de 2 faixas usando filtros realizáveis. Pode-se ver que, uma vez que os filtros $H_0(z)$ e $H_1(z)$ não são ideais, as subfaixas $s_l(m)$ e $s_h(m)$ têm *aliasing*. Em outras palavras, os sinais $x_l(n)$ e $x_h(n)$ não podem ser corretamente recuperados a partir de $s_l(m)$ e $s_h(m)$, respectivamente. Não obstante, examinando de perto a Figura 9.7, pode-se ver que, uma vez que $y_l(n)$ e $y_h(n)$ são somados a fim de se obter $y(n)$, as componentes de *aliasing* de $y_l(n)$ podem ser combinadas com as de $y_h(n)$.

9.3 Reconstrução perfeita

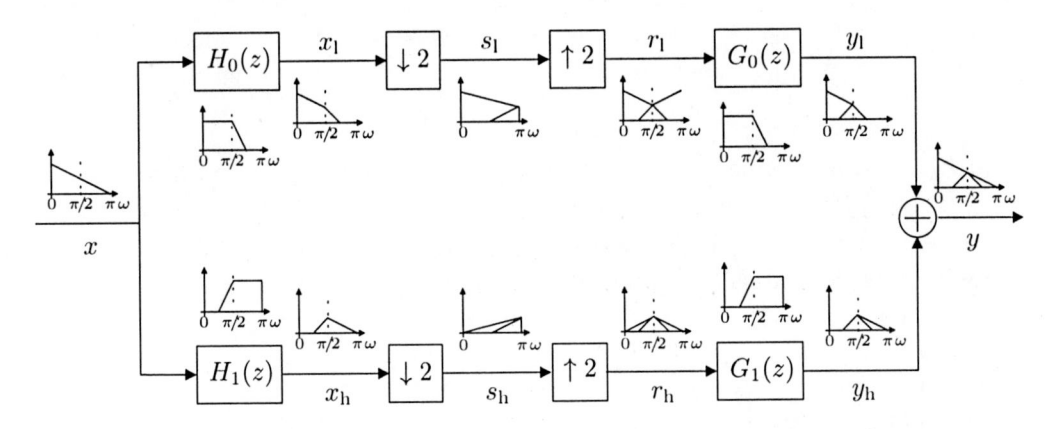

Figura 9.7 Banco de filtros de 2 faixas usando filtros realizáveis.

Desse modo, em princípio, não há razão para essas componentes de *aliasing* não poderem ser forçadas a se cancelar mutuamente, tornando $y(n)$ igual a $x(n)$. Nesse caso, o sinal original poderia ser recuperado a partir das componentes de suas subfaixas. Esse expediente pode ser usado não só para o caso de 2 faixas, mas também para o caso geral de M faixas (Vaidyanathan, 1993).[1]

Num banco de filtros de M faixas como mostra a Figura 9.5, os filtros $H_k(z)$ e $G_k(z)$ são usualmente chamados de filtros de análise e filtros de síntese do banco de filtros, respectivamente. No restante deste capítulo, examinaremos métodos para projetar os filtros de análise $H_k(z)$ e os filtros de síntese $G_k(z)$ de forma a obter ou, ao menos, aproximar arbitrariamente a reconstrução perfeita.

9.3 Reconstrução perfeita

9.3.1 Bancos de filtros de M faixas em termos de suas componentes polifásicas

Como veremos a seguir, as decomposições polifásicas podem fornecer uma valiosa visualização das propriedades dos bancos de filtros de M canais. Substituindo cada um dos filtros $H_k(z)$ e $G_k(z)$ por suas representações em componentes polifásicas, de acordo com as equações (8.35) e (8.37), temos que

$$H_k(z) = \sum_{j=0}^{M-1} z^{-j} E_{kj}(z^M) \tag{9.1}$$

---

[1] Examinando a Figura 9.7, pode-se ter a impressão de que o *aliasing* não pode ser perfeitamente cancelado, porque somente quantidades não-negativas parecem estar sendo somadas. Entretanto, só os módulos dos sinais são ali mostrados, e nas adições do espectro a fase deve ser, obviamente, considerada juntamente com o módulo.

$$G_k(z) = \sum_{j=0}^{M-1} z^{-(M-1-j)} R_{jk}(z^M), \qquad (9.2)$$

onde $E_{kj}(z)$ é a j-ésima componente polifásica de $H_k(z)$ e $R_{jk}(z)$ é a j-ésima componente polifásica de $G_k(z)$. Definindo as matrizes $\mathbf{E}(z)$ e $\mathbf{R}(z)$ como as matrizes que contêm como elementos $E_{ij}(z)$ e $R_{ij}(z)$ para $i, j = 0, 1, \ldots, M-1$, temos que as decomposições polifásicas das equações (9.1) e (9.2) podem ser expressas como

$$\begin{bmatrix} H_0(z) \\ H_1(z) \\ \vdots \\ H_{M-1}(z) \end{bmatrix} = \mathbf{E}(z^M) \begin{bmatrix} 1 \\ z^{-1} \\ \vdots \\ z^{-(M-1)} \end{bmatrix} \qquad (9.3)$$

$$\begin{bmatrix} G_0(z) \\ G_1(z) \\ \vdots \\ G_{M-1}(z) \end{bmatrix} = \mathbf{R}^{\mathrm{T}}(z^M) \begin{bmatrix} z^{-(M-1)} \\ z^{-(M-2)} \\ \vdots \\ 1 \end{bmatrix}. \qquad (9.4)$$

Portanto, o banco de filtros de M faixas da Figura 9.5 pode ser representado como na Figura 9.8a (Vaidyanathan, 1993), que se converte na Figura 9.8b pela aplicação das identidades nobres.

Em processamento de sinais é geralmente vantajoso espalhar uma sequência por várias faixas de frequência antes de processá-la. Como ilustra a Figura 9.9, os filtros de análise $H_i(z)$, para $i = 0, 1, \ldots, M-1$, compreendem um filtro passa-baixas $H_0(z)$, diversos filtros passa-faixa $H_i(z)$, para $i = 1, 2, \ldots, M-2$, e um filtro passa-altas $H_{M-1}(z)$. Idealmente, esses filtros têm faixas de passagem que não se sobrepõem.

Como a largura de faixa da saída de cada filtro de análise é M vezes menor que a do sinal original, podemos decimar cada $x_i(k)$ por um fator L menor que ou igual a M e ainda evitar o *aliasing*. Além disso, para $L \leq M$ é possível reter toda a informação contida no sinal de entrada projetando adequadamente os filtros de análise em conjunto com os filtros de síntese $G_i(z)$, para $i = 0, 1, \ldots, M-1$. Por outro lado, se $L > M$ ocorre perda de informação devido ao *aliasing*, que não permite a recuperação do sinal original. Quando $L = M$, referimo-nos ao banco de filtros como maximamente ou criticamente decimado. Com $L < M$, o banco de filtros é chamado superamostrado (ou não-criticamente amostrado), uma vez que o conjunto de subfaixas compreende mais amostras que o sinal de entrada.

9.3 Reconstrução perfeita

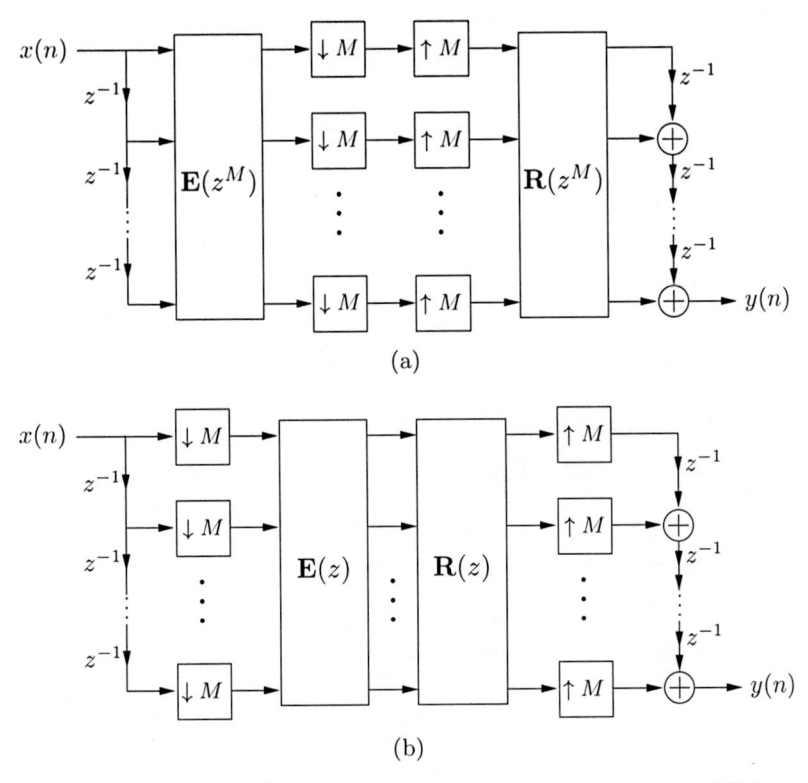

Figura 9.8 Banco de filtros de M faixas em termos de suas componentes polifásicas: (a) antes da aplicação das identidades nobres; (b) após a aplicação das identidades nobres.

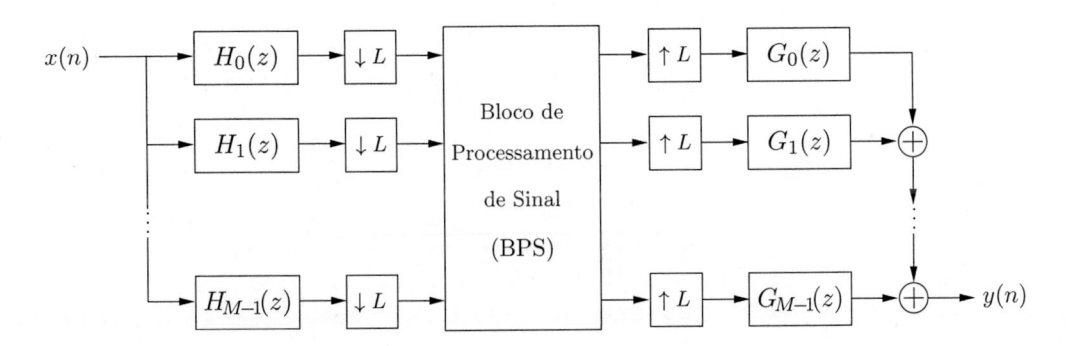

Figura 9.9 Processamento de sinais em subfaixas.

9.3.2 Bancos de filtros de M faixas com reconstrução perfeita

Na Figura 9.8b, se $\mathbf{R}(z)\mathbf{E}(z) = \mathbf{I}$, onde $\mathbf{I}$ é a matriz-identidade, o banco de filtros de M faixas se torna o sistema mostrado na Figura 9.10.

Substituindo os decimadores e interpoladores na Figura 9.10 pelos modelos comutadores das Figuras 8.19 e 8.18b, respectivamente, chegamos ao esquema representado na Figura 9.11, que equivale claramente a um simples atraso. Portanto, a condição $\mathbf{R}(z)\mathbf{E}(z) = \mathbf{I}$ garante reconstrução perfeita para o banco de filtros de M faixas (Vaidyanathan, 1993). Deve ser observado que se $\mathbf{R}(z)\mathbf{E}(z)$ é igual a um simples atraso, ainda vale a reconstrução perfeita. Assim sendo, a condição mais fraca

$$\mathbf{R}(z)\mathbf{E}(z) = z^{-\Delta}\mathbf{I} \tag{9.5}$$

é suficiente para reconstrução perfeita. Então, no caso geral dado pela equação (9.5), o atraso total introduzido por um banco de filtros com reconstrução perfeita é

$$\Delta_{\text{total}} = M\Delta + M - 1, \tag{9.6}$$

onde $M\Delta$ é o atraso originado pelas matrizes polifásicas e o termo $(M-1)$ responde pelo atraso introduzido pelo comutador.

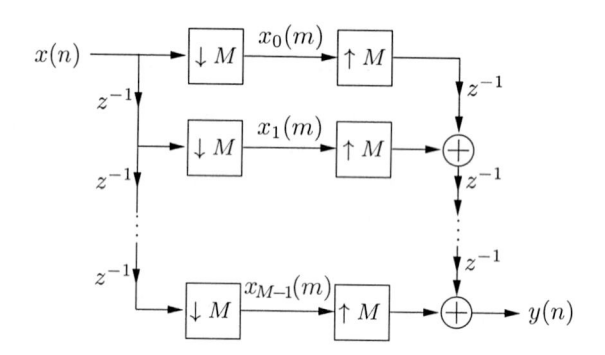

Figura 9.10 Sistema equivalente ao banco de filtros de M faixas quando $\mathbf{R}(z)\mathbf{E}(z) = \mathbf{I}$.

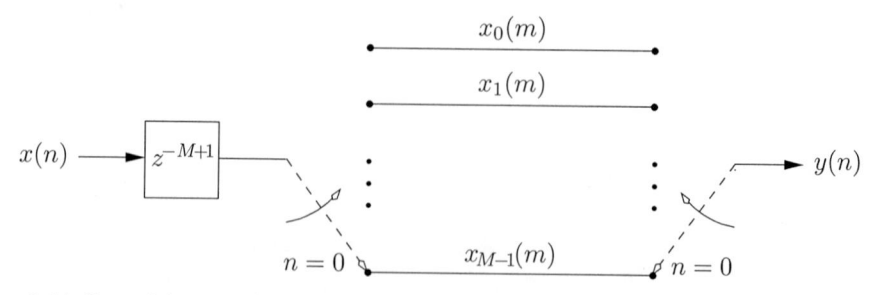

Figura 9.11 O modelo comutador de um banco de filtros de M faixas quando $\mathbf{R}(z)\mathbf{E}(z) = \mathbf{I}$ equivale a um simples atraso.

9.3 Reconstrução perfeita

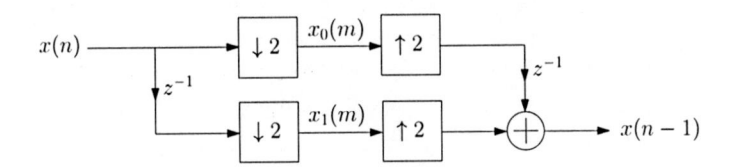

Figura 9.12 Atraso unitário de duas faixas.

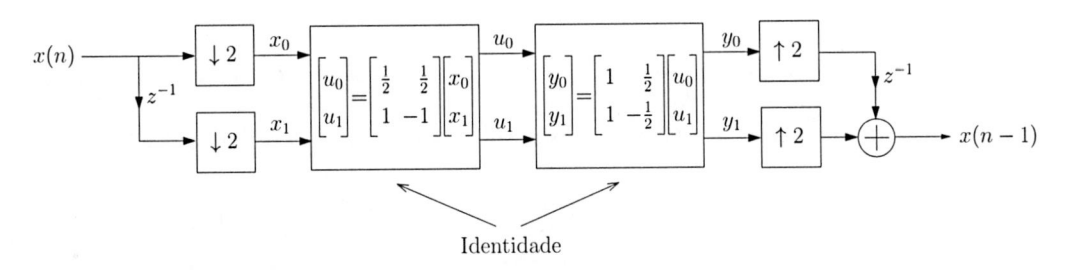

Figura 9.13 Atraso unitário de duas faixas incluindo matrizes inversas.

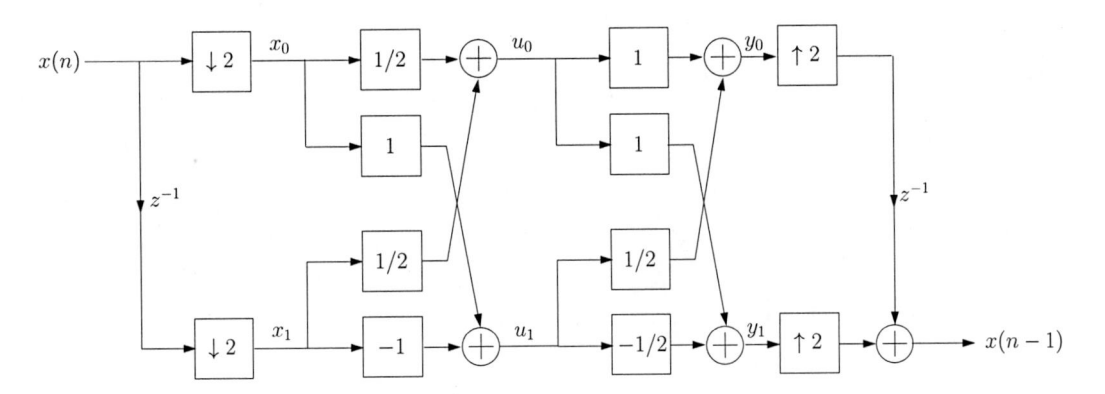

Figura 9.14 Atraso unitário de duas faixas com realização explícita dos produtos matriciais.

Ilustremos, agora, como se pode construir um banco de filtros com reconstrução perfeita simples. Para o caso de duas faixas, a estrutura da Figura 9.12 equivale a um atraso unitário. Isso implica que a estrutura da Figura 9.13 também equivale a um atraso unitário, já que as matrizes inseridas no processamento em taxa mais baixa são inversas uma da outra.

Expandindo-se as operações matriciais, obtemos a realização do atraso unitário mostrada na Figura 9.14. Agora, espalhando os decimadores e rearranjando os blocos de ganho, obtemos a implementação da Figura 9.15. Como os ganhos e os interpoladores/decimadores comutam, a estrutura da Figura 9.15 equivale à da Figura 9.16.

Bancos de filtros

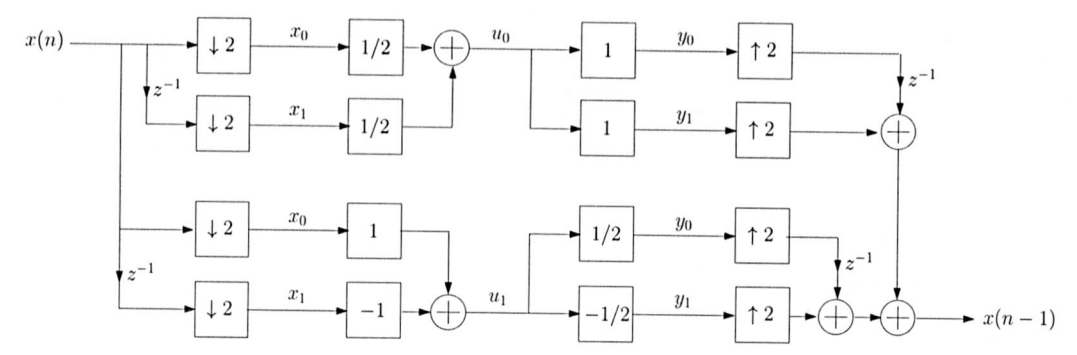

Figura 9.15 Atraso unitário de duas faixas após serem espalhados os decimadores e interpoladores.

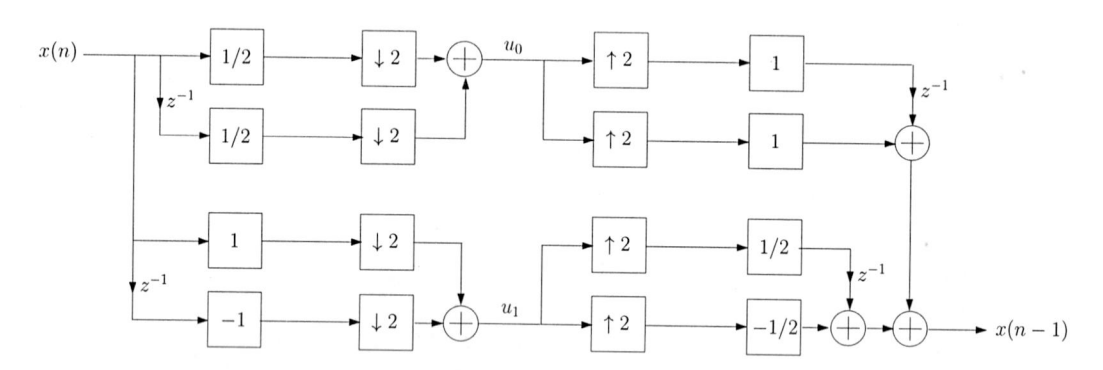

Figura 9.16 Atraso unitário de duas faixas após serem movidos os decimadores e interpoladores.

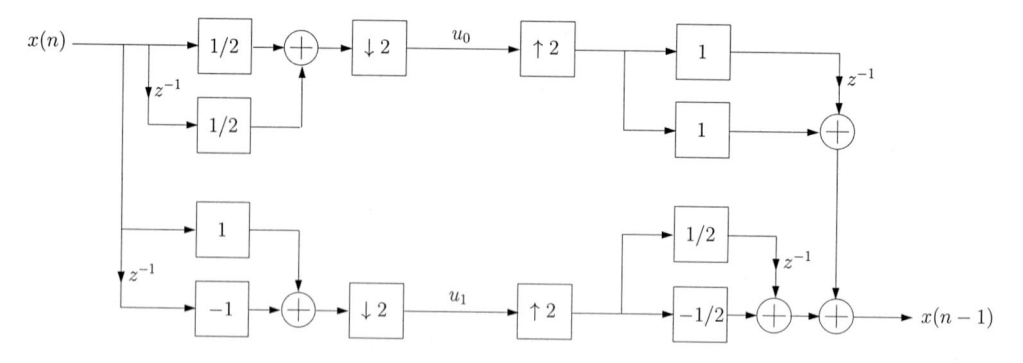

Figura 9.17 Atraso unitário de duas faixas após serem integrados decimadores e interpoladores.

9.3 Reconstrução perfeita

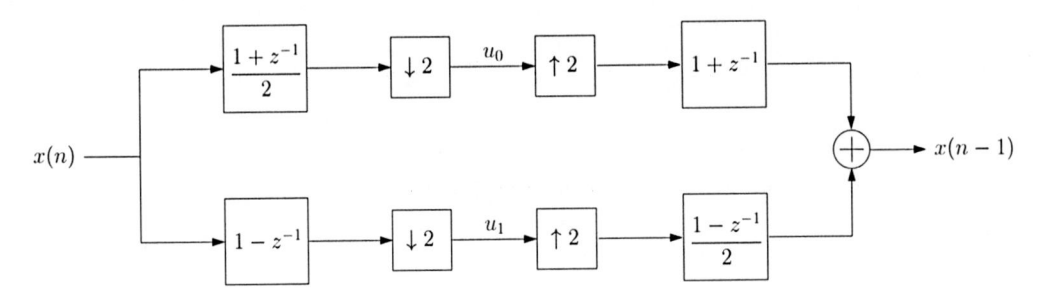

Figura 9.18 Banco de filtros de duas faixas com reconstrução perfeita.

Integrando decimadores/interpoladores, chegamos à realização do atraso unitário mostrada na Figura 9.17, por sua vez equivalente ao banco de filtros da Figura 9.18.

O Exemplo 9.1 revisita este banco de filtros com reconstrução perfeita empregando o arcabouço da decomposição polifásica. Será verificado nesse exemplo que se pode alcançar reconstrução perfeita com filtros de análise e síntese passa-baixas/passa-altas bem distantes de ideais.

EXEMPLO 9.1
Sejam $M = 2$ e

$$\mathbf{E}(z) = \begin{bmatrix} \frac{1}{2} & \frac{1}{2} \\ 1 & -1 \end{bmatrix} \tag{9.7}$$

$$\mathbf{R}(z) = \begin{bmatrix} 1 & \frac{1}{2} \\ 1 & -\frac{1}{2} \end{bmatrix}. \tag{9.8}$$

Mostre que essas matrizes caracterizam um banco de filtros com reconstrução perfeita, e encontre os filtros de análise e de síntese e suas componentes polifásicas correspondentes.

SOLUÇÃO
Claramente, $\mathbf{R}(z)\mathbf{E}(z) = \mathbf{I}$, e o sistema permite reconstrução perfeita. As componentes polifásicas $E_{kj}(z)$, dos filtros de análise $H_k(z)$, e as componentes polifásicas $R_{jk}(z)$, dos filtros de síntese $G_k(z)$, são, então,

$$E_{00}(z) = \frac{1}{2}, \quad E_{01}(z) = \frac{1}{2}, \quad E_{10}(z) = 1, \quad E_{11}(z) = -1 \tag{9.9}$$

$$R_{00}(z) = 1, \quad R_{01}(z) = \frac{1}{2}, \quad R_{10}(z) = 1, \quad R_{11}(z) = -\frac{1}{2}. \tag{9.10}$$

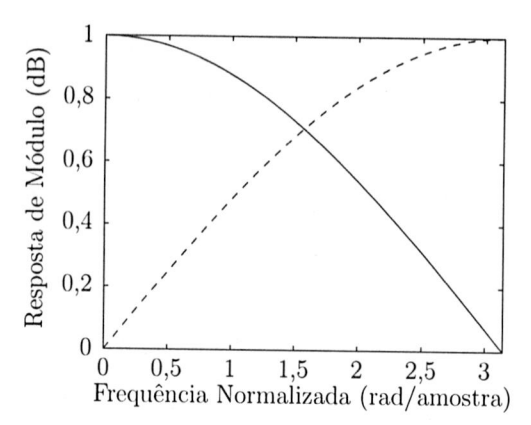

Figura 9.19 Respostas de módulo dos filtros descritos pelas equações (9.11) e (9.12): $H_0(z)$ (linha contínua); $H_1(z)$ (linha tracejada).

Pelas equações (9.9) e (9.1), podemos encontrar $H_k(z)$, e pelas equações (9.10) e (9.2), podemos encontrar $G_k(z)$. Eles são

$$H_0(z) = \frac{1}{2}(1 + z^{-1}) \tag{9.11}$$

$$H_1(z) = 1 - z^{-1} \tag{9.12}$$

$$G_0(z) = 1 + z^{-1} \tag{9.13}$$

$$G_1(z) = -\frac{1}{2}(1 - z^{-1}). \tag{9.14}$$

Este banco de filtros é conhecido como banco de filtros de Haar. As respostas de módulo normalizadas de $H_0(z)$ e $H_1(z)$ são representadas na Figura 9.19. Pelas equações (9.11)–(9.14), vemos que a resposta de módulo de $G_k(z)$ é igual à de $H_k(z)$ para $k = 0,1$ (exceto por uma constante de ganho). Observa-se que a reconstrução perfeita pode ser obtida com filtros que estão longe de ser ideais. Em outras palavras, apesar de cada subfaixa ter uma elevada parcela de *aliasing*, ainda se pode recuperar exatamente o sinal original na saída. △

EXEMPLO 9.2

Repita o Exemplo 9.1 para o caso em que

$$\mathbf{E}(z) = \begin{bmatrix} -\frac{1}{8} + \frac{3}{4}z^{-1} - \frac{1}{8}z^{-2} & \frac{1}{4} + \frac{1}{4}z^{-1} \\ \frac{1}{2} + \frac{1}{2}z^{-1} & -1 \end{bmatrix} \tag{9.15}$$

$$\mathbf{R}(z) = \begin{bmatrix} 1 & \frac{1}{4} + \frac{1}{4}z^{-1} \\ \frac{1}{2} + \frac{1}{2}z^{-1} & \frac{1}{8} - \frac{3}{4}z^{-1} + \frac{1}{8}z^{-2} \end{bmatrix}. \tag{9.16}$$

9.3 Reconstrução perfeita

SOLUÇÃO

Uma vez que

$$\mathbf{R}(z)\mathbf{E}(z) = \begin{bmatrix} z^{-1} & 0 \\ 0 & z^{-1} \end{bmatrix} = z^{-1}\mathbf{I}, \quad (9.17)$$

então o banco de filtros tem reconstrução perfeita. Pelas equações (9.15) e (9.16), as componentes polifásicas $E_{kj}(z)$, dos filtros de análise $H_k(z)$, e $R_{jk}(z)$, dos filtros de síntese $G_k(z)$, são

$$\left. \begin{array}{l} E_{00}(z) = -\dfrac{1}{8} + \dfrac{3}{4}z^{-1} - \dfrac{1}{8}z^{-2} \\[4pt] E_{01}(z) = \dfrac{1}{4} + \dfrac{1}{4}z^{-1} \\[4pt] E_{10}(z) = \dfrac{1}{2} + \dfrac{1}{2}z^{-1} \\[4pt] E_{11}(z) = -1 \end{array} \right\} \quad (9.18)$$

$$\left. \begin{array}{l} R_{00}(z) = 1 \\[4pt] R_{01}(z) = \dfrac{1}{4} + \dfrac{1}{4}z^{-1} \\[4pt] R_{10}(z) = \dfrac{1}{2} + \dfrac{1}{2}z^{-1} \\[4pt] R_{11}(z) = \dfrac{1}{8} - \dfrac{3}{4}z^{-1} + \dfrac{1}{8}z^{-2} \end{array} \right\}. \quad (9.19)$$

Através das equações (9.18) e (9.1), podemos encontrar $H_k(z)$ e pelas equações (9.19) e (9.2), podemos encontrar $G_k(z)$. Eles são

$$H_0(z) = -\frac{1}{8} + \frac{1}{4}z^{-1} + \frac{3}{4}z^{-2} + \frac{1}{4}z^{-3} - \frac{1}{8}z^{-4} \quad (9.20)$$

$$H_1(z) = \frac{1}{2} - z^{-1} + \frac{1}{2}z^{-2} \quad (9.21)$$

$$G_0(z) = \frac{1}{2} + z^{-1} + \frac{1}{2}z^{-2} \quad (9.22)$$

$$G_1(z) = \frac{1}{8} + \frac{1}{4}z^{-1} - \frac{3}{4}z^{-2} + \frac{1}{4}z^{-3} + \frac{1}{8}z^{-4}. \quad (9.23)$$

As respostas de módulo dos filtros de análise são representadas na Figura 9.20.

△

570 Bancos de filtros

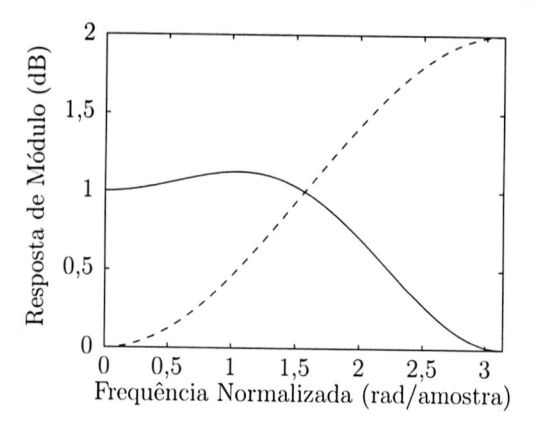

Figura 9.20 Respostas de módulo dos filtros descritos pelas equações (9.20) e (9.21): $H_0(z)$ (linha contínua); $H_1(z)$ (linha tracejada).

EXEMPLO 9.3
Se os filtros de análise de um banco de filtro com reconstrução perfeita são dados por

$$\left. \begin{array}{l} H_0(z) = 1 + z^{-1} + \frac{1}{2}z^{-2} \\ H_1(z) = 1 - z^{-1} + \frac{1}{2}z^{-2} \end{array} \right\}, \qquad (9.24)$$

determine seus filtros de síntese.

SOLUÇÃO
Pela equação (9.24), podemos escrever os filtros de análise passa-baixas e passa-altas como

$$\begin{bmatrix} H_0(z) \\ H_1(z) \end{bmatrix} = \underbrace{\begin{bmatrix} 1 + \frac{1}{2}z^{-2} & 1 \\ 1 + \frac{1}{2}z^{-2} & -1 \end{bmatrix}}_{\mathbf{E}(z^2)} \begin{bmatrix} 1 \\ z^{-1} \end{bmatrix}, \qquad (9.25)$$

e então a matriz de análise polifásica é

$$\mathbf{E}(z) = \begin{bmatrix} 1 + \frac{1}{2}z^{-1} & 1 \\ 1 + \frac{1}{2}z^{-1} & -1 \end{bmatrix} = \begin{bmatrix} 1 & 1 \\ 1 & -1 \end{bmatrix} \begin{bmatrix} 1 + \frac{1}{2}z^{-1} & 0 \\ 0 & 1 \end{bmatrix}. \qquad (9.26)$$

Portanto, uma vez que o banco de filtros tem reconstrução perfeita, precisamos ter $\mathbf{R}(z) = z^{-\Delta}\mathbf{E}^{-1}(z)$, o que leva a

$$\mathbf{R}(z) = z^{-\Delta} \begin{bmatrix} \frac{1}{1 + \frac{1}{2}z^{-1}} & 0 \\ 0 & 1 \end{bmatrix} \begin{bmatrix} \frac{1}{2} & \frac{1}{2} \\ \frac{1}{2} & -\frac{1}{2} \end{bmatrix} = \frac{z^{-\Delta}}{2} \begin{bmatrix} \frac{1}{1 + \frac{1}{2}z^{-1}} & \frac{1}{1 + \frac{1}{2}z^{-1}} \\ 1 & -1 \end{bmatrix}. \qquad (9.27)$$

9.3 Reconstrução perfeita

Então, pela equação (9.4), os filtros de síntese são

$$\begin{bmatrix} G_0(z) \\ G_1(z) \end{bmatrix} = \mathbf{R}^{\mathrm{T}}(z) \begin{bmatrix} z^{-1} \\ 1 \end{bmatrix} = \frac{z^{-\Delta}}{2} \begin{bmatrix} \frac{1}{1+\frac{1}{2}z^{-2}} & 1 \\ \frac{1}{1+\frac{1}{2}z^{-2}} & -1 \end{bmatrix} \begin{bmatrix} z^{-1} \\ 1 \end{bmatrix}, \qquad (9.28)$$

isto é,

$$\left. \begin{aligned} G_0(z) &= z^{-\Delta} \frac{1 + z^{-1} + \frac{1}{2}z^{-2}}{2 + z^{-2}} \\ G_1(z) &= z^{-\Delta} \frac{-1 + z^{-1} - \frac{1}{2}z^{-2}}{2 + z^{-2}} \end{aligned} \right\}, \qquad (9.29)$$

que correspondem a filtros IIR estáveis. Observe que nesse caso a solução FIR não é possível. △

EXEMPLO 9.4
Suponha que os filtros de análise de um banco de filtros de três faixas com reconstrução perfeita sejam dados por

$$\left. \begin{aligned} H_0(z) &= z^{-2} + 6z^{-1} + 4 \\ H_1(z) &= z^{-1} + 2 \\ H_2(z) &= 1 \end{aligned} \right\}. \qquad (9.30)$$

Determine seus filtros de síntese.

SOLUÇÃO
Pelas equações (9.1) e (9.3), a descrição polifásica dos filtros de análise fornecidos é

$$\begin{bmatrix} H_0(z) \\ H_1(z) \\ H_2(z) \end{bmatrix} = \underbrace{\begin{bmatrix} 4 & 6 & 1 \\ 2 & 1 & 0 \\ 1 & 0 & 0 \end{bmatrix}}_{\mathbf{E}(z^3)} \begin{bmatrix} 1 \\ z^{-1} \\ z^{-2} \end{bmatrix}. \qquad (9.31)$$

Podemos obter reconstrução perfeita se $\mathbf{R}(z)\mathbf{E}(z) = \mathbf{I}$. Logo,

$$\mathbf{R}(z) = \mathbf{E}^{-1}(z) = \begin{bmatrix} 4 & 6 & 1 \\ 2 & 1 & 0 \\ 1 & 0 & 0 \end{bmatrix}^{-1} = \begin{bmatrix} 0 & 0 & 1 \\ 0 & 1 & -2 \\ 1 & -6 & 8 \end{bmatrix}. \qquad (9.32)$$

Bancos de filtros

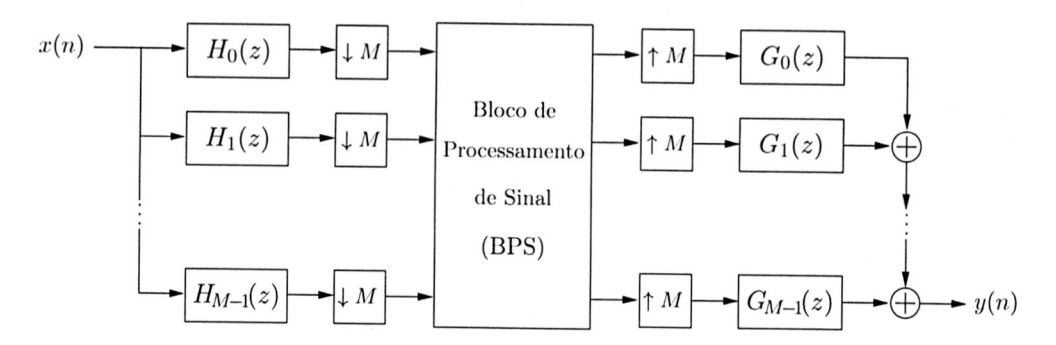

Figura 9.21 Banco de filtros de M faixas.

Pela equação (9.4), segue que

$$\begin{bmatrix} G_0(z) \\ G_1(z) \\ G_2(z) \end{bmatrix} = \mathbf{R}^{\mathrm{T}}(z^3) \begin{bmatrix} z^{-2} \\ z^{-1} \\ 1 \end{bmatrix} = \begin{bmatrix} 0 & 0 & 1 \\ 0 & 1 & -6 \\ 1 & -2 & 8 \end{bmatrix} \begin{bmatrix} z^{-2} \\ z^{-1} \\ 1 \end{bmatrix}. \qquad (9.33)$$

Portanto, as funções de transferência dos subfiltros de síntese são dadas por

$$\left. \begin{aligned} G_0(z) &= 1 \\ G_1(z) &= z^{-1} - 6 \\ G_2(z) &= z^{-2} - 2z^{-1} + 8 \end{aligned} \right\}. \qquad (9.34)$$

Observamos que os filtros de síntese são todos FIR. Isso só foi possível porque o determinante da matriz polifásica do filtro de análise era proporcional a um atraso puro (igual a 1, nesse caso). △

9.4 Análise de bancos de filtros de M faixas

Bancos de filtros de M faixas transformam o sinal de entrada em M sinais. Esse conjunto de M sinais pode ser visto como um sinal vetorial, do qual cada amostra no tempo compreende uma amostra de cada faixa. A Figura 9.21 representa esse sinal vetorial sendo submetido a algum tipo de processamento pelo "bloco de processamento de sinal". Tal processamento pode consistir, por exemplo, em quantização, filtragem ou outros tipos de transformação de sinal.

Usando esse conceito, a análise do banco de filtros de M faixas pode ser realizada de três diferentes, mas equivalentes, formas:

- *Usando a decomposição polifásica das equações (9.3) e (9.4)*: Como se viu na Seção 9.3, quando a decomposição polifásica é utilizada nos filtros de análise e de síntese, as matrizes polifásicas resultantes são muito úteis para estabelecer condições para que os bancos de filtros tenham reconstrução perfeita.

9.4 Análise de bancos de filtros de M faixas

- *Usando a representação por matriz de modulação*: Representando-se os sinais das subfaixas no domínio da frequência é possível descrever a relação entrada–saída de um banco de filtros. Essa representação leva à chamada representação por matriz de modulação, que é particularmente eficaz em expor os efeitos de *aliasing* gerados pelos decimadores. Embora essa formulação seja útil no projeto de bancos de filtros sem *aliasing*, não é a formulação mais simples para fins de projeto.
- *Usando a análise no domínio do tempo*: Nesta alternativa, representa-se a relação entrada–saída dos bancos de filtros no domínio do tempo em termos das respostas ao impulso dos subfiltros de análise e de síntese. Essa representação é eficaz em expor as propriedades dos bancos de filtros com reconstrução perfeita na forma de bases definidoras de espaços vetoriais. As operações de análise são vistas como projeções do sinal em bases de um espaço vetorial, enquanto que as operações de síntese são vistas como expansões do sinal naquelas bases. Nesse caso, propriedades como a ortogonalidade e a biortogonalidade entram em jogo e fornecem visualizações úteis na análise e no projeto de bancos de filtros.

Nas Seções 9.4.1 e 9.4.2, analisamos a matriz de modulação e as representações no domínio do tempo de bancos de filtros.

9.4.1 Representação por matriz de modulação

Derivamos, agora, a expressão para a função de transferência global de um banco de filtros de M faixas supondo que o bloco de processamento é a identidade. Começamos observando que, de acordo com a equação (8.6), o sinal decimado $X_\mathrm{d}(z)$ é a soma de $X(z^{1/M})$ e suas $(M-1)$ componentes com *aliasing* $X(z^{1/M}\mathrm{e}^{-\mathrm{j}(2\pi/M)k})$, para $k = 1, 2, \ldots, M-1$, isto é:

$$X_\mathrm{d}(z) = \frac{1}{M}\sum_{k=0}^{M-1} X(z^{1/M}\mathrm{e}^{-\mathrm{j}(2\pi/M)k}) = \frac{1}{M}\sum_{k=0}^{M-1} X(z^{1/M}W_M^k), \tag{9.35}$$

onde $W_M = \mathrm{e}^{-\mathrm{j}2\pi/M}$.

Usando a equação anterior, podemos expressar as saídas decimadas dos filtros de análise da Figura 9.5, $U_k(z)$, para $k = 0, 1, \ldots, M-1$, como

$$\begin{aligned}U_k(z) &= \frac{1}{M}\sum_{l=0}^{M-1} X(z^{1/M}W_M^l)H_k(z^{1/M}W_M^l) \\ &= \frac{1}{M}\mathbf{x}_\mathrm{m}^\mathrm{T}(z^{1/M})\begin{bmatrix} H_k(z^{1/M}) \\ H_k(z^{1/M}W_M) \\ \vdots \\ H_k(z^{1/M}W_M^{M-1}) \end{bmatrix},\end{aligned} \tag{9.36}$$

onde

$$\mathbf{x}_{\mathrm{m}}(z^{1/M}) = \begin{bmatrix} X(z^{1/M}) & X(z^{1/M}W_M) & \cdots & X(z^{1/M}W_M^{M-1}) \end{bmatrix}^{\mathrm{T}}. \tag{9.37}$$

Agora, podemos definir o vetor auxiliar

$$\mathbf{U}^{\mathrm{T}}(z) = \begin{bmatrix} U_0(z) & U_1(z) & \cdots & U_{M-1}(z) \end{bmatrix} = \frac{1}{M}\mathbf{x}_{\mathrm{m}}^{\mathrm{T}}(z^{1/M})\mathbf{H}_{\mathrm{m}}(z^{1/M}), \tag{9.38}$$

com

$$\mathbf{H}_{\mathrm{m}}(z^{1/M}) = \begin{bmatrix} H_0(z^{1/M}) & H_1(z^{1/M}) & \cdots & H_{M-1}(z^{1/M}) \\ H_0(z^{1/M}W_M) & H_1(z^{1/M}W_M) & \cdots & H_{M-1}(z^{1/M}W_M) \\ \vdots & \vdots & \ddots & \vdots \\ H_0(z^{1/M}W_M^{M-1}) & H_1(z^{1/M}W_M^{M-1}) & \cdots & H_{M-1}(z^{1/M}W_M^{M-1}) \end{bmatrix}. \tag{9.39}$$

Novamente recorrendo à Figura 9.5, aplicando as identidades nobres, vemos que a saída do banco de filtros em função dos sinais nas subfaixas, $U_k(z)$, é dada por

$$Y(z) = \sum_{k=0}^{M-1} U_k(z^M)G_k(z) = \mathbf{U}^{\mathrm{T}}(z^M)\mathbf{g}(z), \tag{9.40}$$

onde

$$\mathbf{g}(z) = \begin{bmatrix} G_0(z) & G_1(z) & \cdots & G_{M-1}(z) \end{bmatrix}^{\mathrm{T}}. \tag{9.41}$$

Então, pelas equações (9.38) e (9.40), podemos expressar a relação entrada–saída de um banco de filtros de M faixas como

$$Y(z) = \frac{1}{M}\mathbf{x}_{\mathrm{m}}^{\mathrm{T}}(z)\mathbf{H}_{\mathrm{m}}(z)\mathbf{g}(z). \tag{9.42}$$

Como $Y(z)$ é um escalar, temos que $\mathbf{x}_{\mathrm{m}}^{\mathrm{T}}(z)\mathbf{H}_{\mathrm{m}}(z)\mathbf{g}(z) = \mathbf{g}^{\mathrm{T}}(z)\mathbf{H}_{\mathrm{m}}^{\mathrm{T}}(z)\mathbf{x}_{\mathrm{m}}(z)$, e então

$$\begin{aligned} Y(z) &= \frac{1}{M}\mathbf{g}^{\mathrm{T}}(z)\mathbf{H}_{\mathrm{m}}^{\mathrm{T}}(z)\mathbf{x}_{\mathrm{m}}(z) \\ &= \frac{1}{M}\begin{bmatrix} G_0(z) & G_1(z) & \cdots & G_{M-1}(z) \end{bmatrix} \\ &\quad \times \begin{bmatrix} H_0(z) & H_0(zW_M) & \cdots & H_0(zW_M^{M-1}) \\ H_1(z) & H_1(zW_M) & \cdots & H_1(zW_M^{M-1}) \\ \vdots & \vdots & \ddots & \vdots \\ H_{M-1}(z) & H_{M-1}(zW_M) & \cdots & H_{M-1}(zW_M^{M-1}) \end{bmatrix} \begin{bmatrix} X(z) \\ X(zW_M) \\ \vdots \\ X(zW_M^{M-1}) \end{bmatrix}. \end{aligned} \tag{9.43}$$

9.4 Análise de bancos de filtros de M faixas

As equações (9.42) e (9.43) são geralmente referenciadas como a representação por matriz de modulação para o banco de filtros.

Pela equação (9.43), vemos que se

$$\mathbf{g}^T(z)\mathbf{H}_m^T(z) = \begin{bmatrix} B(z) & 0 & \cdots & 0 \end{bmatrix}, \tag{9.44}$$

então o *aliasing* é cancelado, já que

$$Y(z) = \frac{1}{M}\begin{bmatrix} B(z) & 0 & \cdots & 0 \end{bmatrix}\begin{bmatrix} X(z) \\ X(zW_M) \\ \vdots \\ X(zW_M^{M-1}) \end{bmatrix} = \frac{1}{M}B(z)X(z). \tag{9.45}$$

Além disso, também se pode inferir que se $B(z) = Mcz^{-\Delta}$, então a saída do banco de filtros é simplesmente uma versão atrasada da entrada escalada por uma constante c, ou seja, o banco tem reconstrução perfeita.

EXEMPLO 9.5

Encontre as condições para reconstrução perfeita para todos os bancos de filtros de duas faixas usando a abordagem por matriz de modulação.

SOLUÇÃO

Para o caso de duas faixas, pelas equações (9.44) e (9.43), a reconstrução perfeita requer, como $W_2 = -1$, que

$$\begin{bmatrix} G_0(z) & G_1(z) \end{bmatrix}\begin{bmatrix} H_0(z) & H_0(-z) \\ H_1(z) & H_1(-z) \end{bmatrix} = \begin{bmatrix} 2cz^{-\Delta} & 0 \end{bmatrix}, \tag{9.46}$$

o que implica

$$\left.\begin{array}{l} H_0(z)G_0(z) + H_1(z)G_1(z) = 2cz^{-\Delta} \\ H_0(-z)G_0(z) + H_1(-z)G_1(z) = 0 \end{array}\right\}. \tag{9.47}$$

Essa equação garante que a saída do banco de filtros será igual à entrada atrasada de Δ e escalada por uma constante c. △

9.4.2 Análise no domínio do tempo

Efetuaremos a análise no domínio do tempo usando os sinais em forma matricial. Com referência às Figuras 9.5 e 9.22, temos que os sinais $x_k(m)$ nas saídas dos filtros de análise podem ser expressos como

$$x_k(n) = x(n) * h_k(n) = \sum_{l=-\infty}^{\infty} h_k(n-l)x(l), \tag{9.48}$$

Bancos de filtros

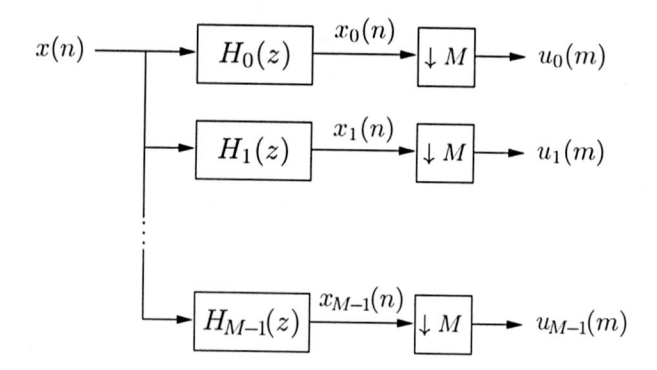

Figura 9.22 Banco de filtros de análise.

onde $h_k(n)$ denota a resposta ao impulso do k-ésimo filtro de análise $H_k(z)$, para $k = 0, 1, \ldots, M - 1$.

Como o sinal $u_k(m)$ na subfaixa k é o sinal $x_k(n)$ decimado por um fator M, pela equação anterior pode ser escrito como

$$u_k(m) = \sum_{n=-\infty}^{\infty} h_k(mM - n)x(n). \tag{9.49}$$

Se a partir da resposta ao impulso do k-ésimo filtro de análise $h_k(n)$ definimos um vetor auxiliar que corresponde a essa resposta ao impulso revertida no tempo e deslocada de mM amostras, como

$$\tilde{\mathbf{h}}_k(m) = \begin{bmatrix} \cdots & h_k(mM) & h_k(mM-1) & h_k(mM-2) & \cdots & h_k(mM-n) & \cdots \end{bmatrix}^T, \tag{9.50}$$

tal que a n-ésima componente de $\tilde{\mathbf{h}}_k^T(m)$ seja dada por

$$[\tilde{\mathbf{h}}_k^T(m)]_n = h_k(mM - n), \tag{9.51}$$

então a equação (9.49) pode ser escrita como

$$u_k(m) = \sum_{n=-\infty}^{\infty} [\tilde{\mathbf{h}}_k(m)]_n x(n). \tag{9.52}$$

Assim, o sinal na sub-banda k pode ser expresso pelo produto interno

$$u_k(m) = \tilde{\mathbf{h}}_k^T(m)\mathbf{x}, \tag{9.53}$$

onde

$$\mathbf{x} = \begin{bmatrix} \cdots & x(0) & x(1) & x(2) & \cdots & x(n) & \cdots \end{bmatrix}^T. \tag{9.54}$$

9.4 Análise de bancos de filtros de M faixas

Portanto, o sinal na sub-banda k em forma matricial é

$$\mathbf{u}_k = \begin{bmatrix} \vdots \\ u_k(0) \\ u_k(1) \\ u_k(2) \\ \vdots \\ u_k(m) \\ \vdots \end{bmatrix} = \begin{bmatrix} \vdots \\ \tilde{\mathbf{h}}_k^T(0) \\ \tilde{\mathbf{h}}_k^T(1) \\ \tilde{\mathbf{h}}_k^T(2) \\ \vdots \\ \tilde{\mathbf{h}}_k^T(m) \\ \vdots \end{bmatrix} \mathbf{x} = \mathbf{H}_k \mathbf{x}, \tag{9.55}$$

que pode ser expandida em

$$\mathbf{u}_k = \underbrace{\begin{bmatrix} \cdots & \vdots & \vdots & \vdots & \vdots & \vdots & \cdots \\ \cdots & h_k(0) & h_k(-1) & h_k(-2) & \cdots & h_k(-l) & \cdots \\ \cdots & h_k(M) & h_k(M-1) & h_k(M-2) & \cdots & h_k(M-l) & \cdots \\ \cdots & h_k(2M) & h_k(2M-1) & h_k(2M-2) & \cdots & h_k(2M-l) & \cdots \\ \cdots & \vdots & \vdots & \vdots & \vdots & \vdots & \cdots \\ \cdots & h_k(mM) & h_k(mM-1) & h_k(mM-2) & \cdots & h_k(mM-l) & \cdots \\ \cdots & \vdots & \vdots & \vdots & \vdots & \vdots & \cdots \end{bmatrix}}_{\mathbf{H}_k} \underbrace{\begin{bmatrix} \vdots \\ x(0) \\ x(1) \\ x(2) \\ \vdots \\ x(n) \\ \vdots \end{bmatrix}}_{\mathbf{x}}.$$
$$\tag{9.56}$$

Agora, definindo o vetor com as saídas das M sub-bandas na amostra m como

$$\mathbf{u}(m) = \begin{bmatrix} u_0(m) & u_1(m) & \cdots & u_{M-1}(m) \end{bmatrix}^T, \tag{9.57}$$

temos, pela equação (9.52), que

$$\mathbf{u}(m) = \begin{bmatrix} u_0(m) \\ u_1(m) \\ \vdots \\ u_{M-1}(m) \end{bmatrix}$$

$$= \begin{bmatrix} \tilde{\mathbf{h}}_0^T(m) \\ \tilde{\mathbf{h}}_1^T(m) \\ \vdots \\ \tilde{\mathbf{h}}_{M-1}^T(m) \end{bmatrix} \mathbf{x}, \tag{9.58}$$

ou, equivalentemente,

$\mathbf{u}(m) =$

$$\underbrace{\begin{bmatrix} \cdots & h_0(mM) & h_0(mM-1) & h_0(mM-2) & \cdots & h_0(mM-l) & \cdots \\ \cdots & h_1(mM) & h_1(mM-1) & h_1(mM-2) & \cdots & h_1(mM-l) & \cdots \\ \cdots & \vdots & \vdots & \vdots & \vdots & \vdots & \cdots \\ \cdots & h_{M-1}(mM) & h_{M-1}(mM-1) & h_{M-1}(mM-2) & \cdots & h_{M-1}(mM-l) & \cdots \end{bmatrix}}_{\mathbf{H}(m)} \underbrace{\begin{bmatrix} \vdots \\ x(0) \\ x(1) \\ x(2) \\ \vdots \\ x(l) \\ \vdots \end{bmatrix}}_{\mathbf{x}}.$$

(9.59)

Portanto, a expressão completa da equação no domínio do tempo (9.58) pode ser escrita como

$$\underbrace{\begin{bmatrix} \vdots \\ \mathbf{u}(0) \\ \mathbf{u}(1) \\ \mathbf{u}(2) \\ \vdots \\ \mathbf{u}(m) \\ \vdots \end{bmatrix}}_{\mathcal{U}} = \underbrace{\begin{bmatrix} \vdots \\ \mathbf{H}(0) \\ \mathbf{H}(1) \\ \mathbf{H}(2) \\ \vdots \\ \mathbf{H}(m) \\ \vdots \end{bmatrix}}_{\mathcal{H}} \mathbf{x},$$

(9.60)

ou seja,

$$\mathcal{U} = \mathcal{H}\mathbf{x}.$$

(9.61)

Observe que, pela equação (9.59), a matriz $\mathbf{H}(m)$ consiste da matriz $\mathbf{H}(0)$ deslocada mM colunas para a direita. Então, a matriz $\mathcal{H}$ consiste de uma concatenação de submatrizes deslocadas convenientemente.

9.4 Análise de bancos de filtros de M faixas

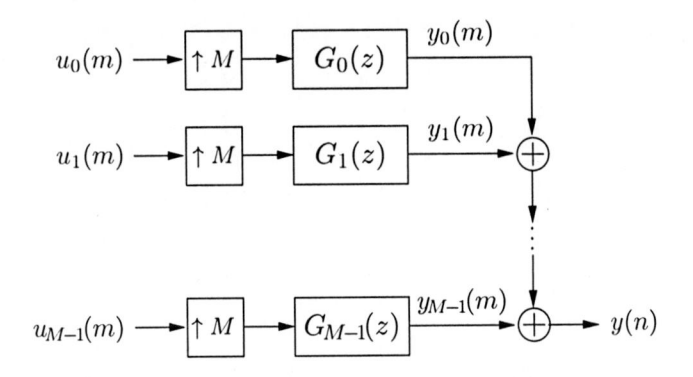

Figura 9.23 Banco de filtros de síntese.

Para a operação de síntese, referir-nos-emos à Figura 9.23. Pela equação (8.21), os sinais $y_k(n)$ são

$$y_k(n) = \sum_{m=-\infty}^{\infty} g_k(n-mM)u_k(m). \tag{9.62}$$

Se a partir da resposta ao impulso do k-ésimo filtro de síntese $g_k(n)$ definimos um vetor que corresponde a essa resposta ao impulso deslocada de mM amostras, como

$$\mathbf{g}_k(m) = \begin{bmatrix} \vdots \\ g_k(-mM) \\ g_k(1-mM) \\ g_k(2-mM) \\ \vdots \\ g_k(n-mM) \\ \vdots \end{bmatrix}, \tag{9.63}$$

tal que $[\mathbf{g}_k(m)]_n = g_k(n-mM)$, então a equação (9.62) pode ser escrita como

$$y_k(n) = \sum_{m=-\infty}^{\infty} [\mathbf{g}_k(m)]_n u_k(m). \tag{9.64}$$

Assim, em forma matricial temos que

$$\mathbf{y}_k = \sum_{m=-\infty}^{\infty} \mathbf{g}_k(m) u_k(m)$$

580 Bancos de filtros

$$= \begin{bmatrix} \cdots & \mathbf{g}_k(0) & \mathbf{g}_k(1) & \mathbf{g}_k(2) & \cdots & \mathbf{g}_k(m) & \cdots \end{bmatrix} \begin{bmatrix} \vdots \\ u_k(0) \\ u_k(1) \\ u_k(2) \\ \vdots \\ u_k(m) \\ \vdots \end{bmatrix}. \qquad (9.65)$$

Usando a definição da matriz $\mathcal{U}$ na equação (9.60), a equação anterior pode ser reescrita como

$$\mathbf{y}_k = \begin{bmatrix} \cdots & 0 & \cdots & \mathbf{g}_k(0) & \cdots & 0 & \cdots & \mathbf{g}_k(1) & \cdots & 0 & \cdots & \mathbf{g}_k(m) & \cdots & 0 & \cdots \end{bmatrix} \underbrace{\begin{bmatrix} \vdots \\ u_0(0) \\ u_1(0) \\ \vdots \\ u_k(0) \\ \vdots \\ u_{M-1}(0) \\ u_0(1) \\ u_1(1) \\ \vdots \\ u_k(1) \\ \vdots \\ u_{M-1}(1) \\ \vdots \\ u_0(m) \\ u_1(m) \\ \vdots \\ u_k(m) \\ \vdots \\ u_{M-1}(m) \\ \vdots \end{bmatrix}}_{\mathcal{U}}.$$

(9.66)

9.4 Análise de bancos de filtros de M faixas

Pela Figura 9.23, como

$$y(n) = \sum_{k=0}^{M-1} y_k(n), \qquad (9.67)$$

em forma matricial temos que

$$\mathbf{y} = \sum_{k=0}^{M-1} \mathbf{y}_k. \qquad (9.68)$$

A equação anterior em conjunto com a equação (9.66) implicam que

$$\mathbf{y} = \mathcal{G}\mathcal{U}, \qquad (9.69)$$

onde

$$\mathcal{G} = \begin{bmatrix} \cdots & \mathbf{g}_0(0) & \cdots & \mathbf{g}_{M-1}(0) & \mathbf{g}_0(1) & \cdots & \mathbf{g}_{M-1}(1) & \cdots & \mathbf{g}_0(m) & \cdots & \mathbf{g}_{M-1}(m) & \cdots \end{bmatrix}$$

$$= \begin{bmatrix} \ddots & \vdots & & \vdots & \vdots & & \vdots & & \vdots & & \vdots & \\ \cdots & g_0(0) & \cdots & g_{M-1}(0) & g_0(-M) & \cdots & g_{M-1}(-M) & \cdots & g_0(-mM) & \cdots & g_{M-1}(-mM) & \cdots \\ \cdots & g_0(1) & \cdots & g_{M-1}(1) & g_0(1-M) & \cdots & g_{M-1}(1-M) & \cdots & g_0(1-mM) & \cdots & g_{M-1}(1-mM) & \cdots \\ \cdots & g_0(2) & \cdots & g_{M-1}(2) & g_0(2-M) & \cdots & g_{M-1}(2-M) & \cdots & g_0(2-mM) & \cdots & g_{M-1}(2-mM) & \cdots \\ \cdots & \vdots & & \vdots & \vdots & & \vdots & & \vdots & & \vdots & \\ \cdots & g_0(n) & \cdots & g_{M-1}(n) & g_0(n-M) & \cdots & g_{M-1}(n-M) & \cdots & g_0(n-mM) & \cdots & g_{M-1}(n-mM) & \cdots \\ \cdots & \vdots & & \vdots & \vdots & & \vdots & & \vdots & & \vdots & \ddots \end{bmatrix}.$$

$$(9.70)$$

A estrutura de $\mathcal{G}$ fica mais evidente se definimos

$$\mathbf{G}(m) = \begin{bmatrix} \mathbf{g}_0(m) & \mathbf{g}_1(m) & \cdots & \mathbf{g}_{M-1}(m) \end{bmatrix}$$

$$= \begin{bmatrix} \vdots & \vdots & & \vdots \\ g_0(-mM) & g_1(-mM) & \cdots & g_{M-1}(-mM) \\ g_0(1-mM) & g_1(1-mM) & \cdots & g_{M-1}(1-mM) \\ g_0(2-mM) & g_1(2-mM) & \cdots & g_{M-1}(2-mM) \\ \vdots & \vdots & & \vdots \\ g_0(n-mM) & g_1(n-mM) & \cdots & g_{M-1}(n-mM) \\ \vdots & \vdots & & \vdots \end{bmatrix}. \qquad (9.71)$$

Usando essa definição, $\mathcal{G}$ da equação (9.70) pode ser expressa como

$$\mathcal{G} = \begin{bmatrix} \cdots & \mathbf{G}(0) & \mathbf{G}(1) & \mathbf{G}(2) & \cdots & \mathbf{G}(m) & \cdots \end{bmatrix}, \qquad (9.72)$$

e portanto a equação (9.69) pode ser reescrita como

$$\mathbf{y} = \underbrace{\begin{bmatrix} \cdots & \mathbf{G}(0) & \mathbf{G}(1) & \mathbf{G}(2) & \cdots & \mathbf{G}(m) & \cdots \end{bmatrix}}_{\mathcal{G}} \underbrace{\begin{bmatrix} \vdots \\ \mathbf{u}(0) \\ \mathbf{u}(1) \\ \mathbf{u}(2) \\ \vdots \\ \mathbf{u}(m) \\ \vdots \end{bmatrix}}_{\mathcal{U}}. \tag{9.73}$$

Observe que, pela equação (9.71), a matriz $\mathbf{G}(m)$ consiste da matriz $\mathbf{G}(0)$ deslocada mM linhas para cima. Então, da mesma forma que a matriz $\mathcal{H}$ da equação (9.60), pela equação (9.72) a matriz $\mathcal{G}$ consiste de uma concatenação de submatrizes convenientemente deslocadas.

Para resumir o que foi visto até agora, tomamos as equações (9.58), (9.61), (9.69) e (9.73), e expressamos as operações de análise e síntese num banco de filtros como

$$\left. \begin{aligned} \mathbf{u}(m) &= \mathbf{H}(m)\mathbf{x}, \quad \text{para } m = \ldots, 0, 1, 2, \ldots \\ \mathbf{y} &= \sum_{m=-\infty}^{\infty} \mathbf{G}(m)\mathbf{u}(m) \end{aligned} \right\}, \tag{9.74}$$

ou

$$\left. \begin{aligned} \mathcal{U} &= \mathcal{H}\mathbf{x} \\ \mathbf{y} &= \mathcal{G}\mathcal{U} \end{aligned} \right\}. \tag{9.75}$$

Se o banco de filtros tem reconstrução perfeita e atraso nulo, então temos que $\mathbf{x} = \mathbf{y}$. Portanto, pela equação (9.75), temos que $\mathcal{H}$ e $\mathcal{G}$ têm que satisfazer as seguintes restrições:

$$\mathcal{G}\mathcal{H} = \mathcal{H}\mathcal{G} = \mathbf{I}. \tag{9.76}$$

Observe que se o banco de filtros tem atraso igual a Δ, então $\mathcal{G}\mathcal{H}$ corresponde a um atraso de Δ e $\mathcal{H}\mathcal{G}$ corresponde a um avanço de Δ.

EXEMPLO 9.6

Para o banco de filtros de duas faixas com reconstrução perfeita do exemplo 9.2 (equações (9.20), (9.21), (9.22) e (9.23)), temos que

$$\left. \begin{aligned} H_0(z) &= -\tfrac{1}{8} + \tfrac{1}{4}z^{-1} + \tfrac{3}{4}z^{-2} + \tfrac{1}{4}z^{-3} - \tfrac{1}{8}z^{-4} \\ H_1(z) &= \tfrac{1}{2} - z^{-1} + \tfrac{1}{2}z^{-2} \end{aligned} \right\} \tag{9.77}$$

9.4 Análise de bancos de filtros de M faixas

$$\left.\begin{array}{l}G_0(z) = \frac{1}{2} + z^{-1} + \frac{1}{2}z^{-2}\\ G_1(z) = \frac{1}{8} + \frac{1}{4}z^{-1} - \frac{3}{4}z^{-2} + \frac{1}{4}z^{-3} + \frac{1}{8}z^{-4}\end{array}\right\}. \tag{9.78}$$

Descreva as matrizes $\mathcal{H}$ e $\mathcal{G}$.

SOLUÇÃO

As respostas ao impulso dos filtros de análise e de síntese são (mostrando-se apenas as amostras não-nulas)

$$\left.\begin{array}{l}h_0(0) = -\frac{1}{8}, \quad h_0(1) = \frac{1}{4}, \quad h_0(2) = \frac{3}{4}, \quad h_0(3) = \frac{1}{4}, \quad h_0(4) = -\frac{1}{8}\\ h_1(0) = \frac{1}{2}, \quad h_1(1) = -1, \quad h_1(2) = \frac{1}{2}\end{array}\right\} \tag{9.79}$$

$$\left.\begin{array}{l}g_0(0) = \frac{1}{2}, \quad g_0(1) = 1, \quad g_0(2) = \frac{1}{2}\\ g_1(0) = \frac{1}{8}, \quad g_1(1) = \frac{1}{4}, \quad g_1(2) = -\frac{3}{4}, \quad g_1(3) = \frac{1}{4}, \quad g_1(4) = \frac{1}{8}\end{array}\right\}. \tag{9.80}$$

Como o número de faixas é $M = 2$, pelas equações (9.58) e (9.60), temos que a matriz $\mathcal{H}$ é

$$\mathcal{H} = \begin{bmatrix}
\ddots & \vdots & \vdots & \vdots & \vdots & \vdots & \vdots & \vdots & \cdots\\
\cdots & h_0(1) & h_0(0) & 0 & 0 & 0 & 0 & 0 & \cdots\\
\cdots & h_1(1) & h_1(0) & 0 & 0 & 0 & 0 & 0 & \cdots\\
\cdots & h_0(3) & h_0(2) & h_0(1) & h_0(0) & 0 & 0 & 0 & \cdots\\
\cdots & 0 & h_1(2) & h_1(1) & h_1(0) & 0 & 0 & 0 & \cdots\\
\cdots & 0 & h_0(4) & h_0(3) & h_0(2) & h_0(1) & h_0(0) & 0 & \cdots\\
\cdots & 0 & 0 & 0 & h_1(2) & h_1(1) & h_1(0) & 0 & \cdots\\
\cdots & 0 & 0 & 0 & h_0(4) & h_0(3) & h_0(2) & h_0(1) & \cdots\\
\cdots & 0 & 0 & 0 & 0 & 0 & h_1(2) & h_1(1) & \cdots\\
\cdots & \vdots & \vdots & \vdots & \vdots & \vdots & \vdots & \vdots & \ddots
\end{bmatrix}$$

$$= \begin{bmatrix}
\ddots & \vdots & \vdots & \vdots & \vdots & \vdots & \vdots & \vdots & \cdots\\
\cdots & \frac{1}{4} & -\frac{1}{8} & 0 & 0 & 0 & 0 & 0 & \cdots\\
\cdots & -1 & \frac{1}{2} & 0 & 0 & 0 & 0 & 0 & \cdots\\
\cdots & \frac{1}{4} & \frac{3}{4} & \frac{1}{4} & -\frac{1}{8} & 0 & 0 & 0 & \cdots\\
\cdots & 0 & \frac{1}{2} & -1 & \frac{1}{2} & 0 & 0 & 0 & \cdots\\
\cdots & 0 & -\frac{1}{8} & \frac{1}{4} & \frac{3}{4} & \frac{1}{4} & -\frac{1}{8} & 0 & \cdots\\
\cdots & 0 & 0 & 0 & \frac{1}{2} & -1 & \frac{1}{2} & 0 & \cdots\\
\cdots & 0 & 0 & 0 & -\frac{1}{8} & \frac{1}{4} & \frac{3}{4} & \frac{1}{4} & \cdots\\
\cdots & 0 & 0 & 0 & 0 & 0 & \frac{1}{2} & -1 & \cdots\\
\cdots & \vdots & \vdots & \vdots & \vdots & \vdots & \vdots & \vdots & \ddots
\end{bmatrix}, \tag{9.81}$$

e pelas equações (9.71) e (9.72) temos que a matriz $\mathcal{G}$ é

$$\mathcal{G} = \begin{bmatrix}
\ddots & \vdots & \vdots & \vdots & \vdots & \vdots & \vdots & \vdots & \vdots & \cdots \\
\cdots & 0 & 0 & 0 & 0 & 0 & 0 & g_0(0) & g_1(0) & \cdots \\
\cdots & 0 & 0 & 0 & 0 & 0 & 0 & g_0(1) & g_1(1) & \cdots \\
\cdots & 0 & 0 & 0 & 0 & g_0(0) & g_1(0) & g_0(2) & g_1(2) & \cdots \\
\cdots & 0 & 0 & 0 & 0 & g_0(1) & g_1(1) & 0 & g_1(3) & \cdots \\
\cdots & 0 & 0 & g_0(0) & g_1(0) & g_0(2) & g_1(2) & 0 & g_1(4) & \cdots \\
\cdots & 0 & 0 & g_0(1) & g_1(1) & 0 & g_1(3) & 0 & 0 & \cdots \\
\cdots & g_0(0) & g_1(0) & g_0(2) & g_1(2) & 0 & g_1(4) & 0 & 0 & \cdots \\
\cdots & g_0(1) & g_1(1) & 0 & g_1(3) & 0 & 0 & 0 & 0 & \cdots \\
\cdots & \vdots & \vdots & \vdots & \vdots & \vdots & \vdots & \vdots & \vdots & \ddots
\end{bmatrix}$$

$$= \begin{bmatrix}
\ddots & \vdots & \vdots & \vdots & \vdots & \vdots & \vdots & \vdots & \cdots \\
\cdots & 0 & 0 & 0 & 0 & 0 & \frac{1}{2} & \frac{1}{8} & \cdots \\
\cdots & 0 & 0 & 0 & 0 & 0 & 1 & \frac{1}{4} & \cdots \\
\cdots & 0 & 0 & 0 & \frac{1}{2} & \frac{1}{8} & \frac{1}{2} & -\frac{3}{4} & \cdots \\
\cdots & 0 & 0 & 0 & 1 & \frac{1}{4} & 0 & \frac{1}{4} & \cdots \\
\cdots & 0 & 0 & \frac{1}{2} & \frac{1}{8} & \frac{1}{2} & -\frac{3}{4} & 0 & \frac{1}{8} & \cdots \\
\cdots & 0 & 0 & 1 & \frac{1}{4} & 0 & \frac{1}{4} & 0 & 0 & \cdots \\
\cdots & \frac{1}{2} & \frac{1}{8} & \frac{1}{2} & -\frac{3}{4} & 0 & \frac{1}{8} & 0 & 0 & \cdots \\
\cdots & 1 & \frac{1}{4} & 0 & \frac{1}{4} & 0 & 0 & 0 & 0 & \cdots \\
\cdots & \vdots & \vdots & \vdots & \vdots & \vdots & \vdots & \vdots & \vdots & \ddots
\end{bmatrix} \quad (9.82)$$

Os leitores são aconselhados a verificar por si mesmos que $\mathcal{HG} = \mathcal{GH} = \mathbf{I}$.

$\triangle$

9.4.3 Ortogonalidade e biortogonalidade em bancos de filtros

Na Seção 9.4.2, equação (9.76), vimos que a condição para reconstrução perfeita é

$$\mathcal{HG} = \mathbf{I}. \quad (9.83)$$

Usando as expressões para $\mathcal{H}$ e $\mathcal{G}$ dadas nas equações (9.60) e (9.72), a equação anterior se torna

9.4 Análise de bancos de filtros de M faixas

$$\begin{bmatrix} \vdots \\ \mathbf{H}(r) \\ \mathbf{H}(r+1) \\ \vdots \\ \mathbf{H}(r+m) \\ \vdots \end{bmatrix} \begin{bmatrix} \cdots & \mathbf{G}(0) & \mathbf{G}(1) & \cdots & \mathbf{G}(m) & \cdots \end{bmatrix} = \mathbf{I}. \tag{9.84}$$

Observe que r é um valor inteiro usado para enfatizar que não estamos especificando o número de linhas ou o índice da primeira linha da matriz $\mathcal{H}$. Isso fornece

$$\begin{bmatrix} \ddots & \vdots & \vdots & \cdots & \vdots & \cdots \\ \cdots & \mathbf{H}(r)\mathbf{G}(0) & \mathbf{H}(r)\mathbf{G}(1) & \cdots & \mathbf{H}(r)\mathbf{G}(m) & \cdots \\ \cdots & \mathbf{H}(r+1)\mathbf{G}(0) & \mathbf{H}(r+1)\mathbf{G}(1) & \cdots & \mathbf{H}(r+1)\mathbf{G}(m) & \cdots \\ \cdots & \vdots & \vdots & \ddots & \vdots & \cdots \\ \cdots & \mathbf{H}(r+m)\mathbf{G}(0) & \mathbf{H}(r+m)\mathbf{G}(1) & \cdots & \mathbf{H}(r+m)\mathbf{G}(m) & \cdots \\ \cdots & \vdots & \vdots & \cdots & \vdots & \ddots \end{bmatrix} = \mathbf{I}. \tag{9.85}$$

Uma vez que, pelas equações (9.58) e (9.71), $\mathbf{H}(k)$ tem M linhas e $\mathbf{G}(l)$ tem M colunas, a equação anterior implica que existe um inteiro r tal que

$$\mathbf{H}(r+k)\mathbf{G}(l) = \delta(k-l)\mathbf{I}_M. \tag{9.86}$$

Agora, expressando $\mathbf{H}(r+k)$ em função de suas linhas $\tilde{\mathbf{h}}_i^T(r+k)$ (equação (9.58)) e $\mathbf{G}(l)$ em função de suas colunas $\mathbf{g}_j(l)$ (equação (9.71)), temos que a equação (9.86) se torna

$$\begin{aligned} \mathbf{H}(r+k)\mathbf{G}(l) &= \begin{bmatrix} \tilde{\mathbf{h}}_0^T(r+k) \\ \tilde{\mathbf{h}}_1^T(r+k) \\ \vdots \\ \tilde{\mathbf{h}}_{M-1}^T(r+k) \end{bmatrix} \begin{bmatrix} \mathbf{g}_0(l) & \mathbf{g}_1(l) & \cdots & \mathbf{g}_{M-1}(l) \end{bmatrix} \\ &= \begin{bmatrix} \tilde{\mathbf{h}}_0^T(r+k)\mathbf{g}_0(l) & \tilde{\mathbf{h}}_0^T(r+k)\mathbf{g}_1(l) & \cdots & \tilde{\mathbf{h}}_0^T(r+k)\mathbf{g}_{M-1}(l) \\ \tilde{\mathbf{h}}_1^T(r+k)\mathbf{g}_0(l) & \tilde{\mathbf{h}}_1^T(r+k)\mathbf{g}_1(l) & \cdots & \tilde{\mathbf{h}}_1^T(r+k)\mathbf{g}_{M-1}(l) \\ \vdots & \vdots & \ddots & \vdots \\ \tilde{\mathbf{h}}_{M-1}^T(r+k)\mathbf{g}_0(l) & \tilde{\mathbf{h}}_{M-1}^T(r+k)\mathbf{g}_1(l) & \cdots & \tilde{\mathbf{h}}_{M-1}^T(r+k)\mathbf{g}_{M-1}(l) \end{bmatrix} \\ &= \delta(k-l)\mathbf{I}_M, \end{aligned} \tag{9.87}$$

e a equação (9.87) equivale a

$$\tilde{\mathbf{h}}_i^T(r+k)\mathbf{g}_j(l) = \delta(k-l)\delta(i-j). \tag{9.88}$$

Isso significa que para $k \neq l$ ou $i \neq j$, os vetores $\tilde{\mathbf{h}}_i^T(r+k)$ e $\mathbf{g}_j^*(l)$ são ortogonais (veja o Capítulo 3, equação (3.190) para uma definição de ortogonalidade). Se $k = l$ e $i = j$, então seu produto interno deve ser 1. Como $\tilde{\mathbf{h}}_i^T(k)$ são as linhas de $\mathcal{H}$ e $\mathbf{g}_j(l)$ são as colunas de $\mathcal{G}$, então a reconstrução perfeita implica que as linhas de $\mathcal{H}$ são ortogonais às colunas de $\mathcal{G}^*$, exceto nos casos em que a $(r+m)$-ésima linha de $\mathcal{H}$ não deve ser ortogonal à m-ésima coluna de $\mathcal{G}^*$, para todo m. Geralmente, referimo-nos às linhas de $\mathcal{H}$ e colunas de $\mathcal{G}^*$ como sendo biortogonais.

No caso em que $\mathcal{H} = \mathcal{G}^{*T}$, tem que existir um inteiro r tal que $\tilde{\mathbf{h}}_i(r+m) = \mathbf{g}_i^*(m)$, o que implica que, para $i = 0, 1, \ldots, M - 1$ e $m \in \mathbb{Z}$, existe um inteiro s tal que

$$h_i(rM + mM - n - s) = g_i^*(n - mM), \tag{9.89}$$

onde o inteiro s é usado para enfatizar que não estamos especificando o número de colunas ou o índice da primeira coluna da matriz $\mathcal{H}$. Isso fornece

$$h_i(rM - n - s) = g_i^*(n). \tag{9.90}$$

Então, a equação (9.88) se torna

$$\mathbf{g}_i^{*T}(k)\mathbf{g}_j(l) = \delta(k-l)\delta(i-j), \tag{9.91}$$

o que significa que as colunas de $\mathcal{G}$ (ou as linhas de $\mathcal{H}$) são ortogonais umas às outras. Nesse caso, diz-se que o banco de filtros é ortogonal, e a condição para reconstrução perfeita é

$$\mathcal{H}\mathcal{H}^{*T} = \mathcal{H}^{*T}\mathcal{H} = \mathbf{I}, \tag{9.92}$$

ou

$$\mathcal{G}\mathcal{G}^{*T} = \mathcal{G}^{*T}\mathcal{G} = \mathbf{I}, \tag{9.93}$$

e o par da equação (9.75) se torna

$$\left. \begin{array}{l} \mathcal{U} = \mathcal{H}\mathbf{x} \\ \mathbf{x} = \mathcal{H}^{*T}\mathcal{U} \end{array} \right\}. \tag{9.94}$$

Comparando o par anterior de equações com as equações (3.180) e (3.181) do Capítulo 3, vemos que o banco de filtros ortogonal com reconstrução perfeita pode ser visto como uma transformada unitária que mapeia o sinal $\mathbf{x}$ nos coeficientes $\mathcal{U}$ de uma transformada.

9.4 Análise de bancos de filtros de M faixas

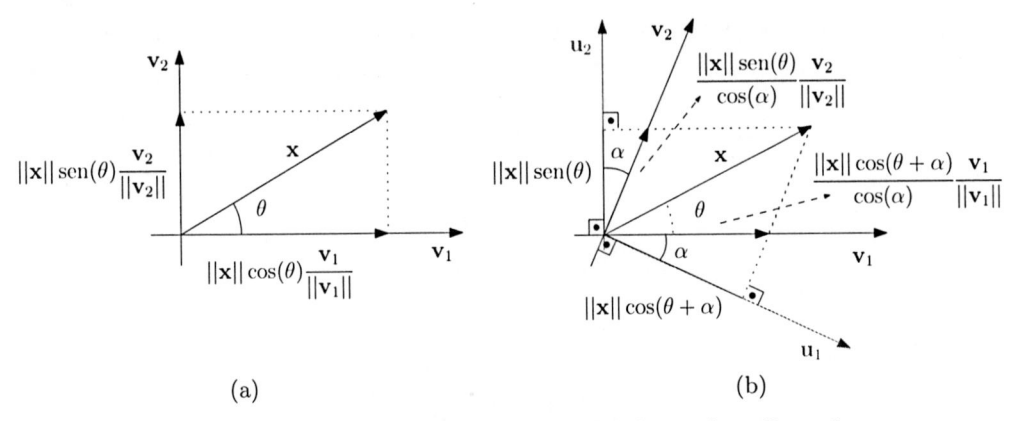

Figura 9.24 Ortogonalidade e biortogonalidade em duas dimensões.

A interpretação de um banco de filtros ortogonais como equivalendo a uma transformada unitária fornece uma interessante visualização dos bancos de filtros biortogonais. Usando as notações das equações (3.196) e (3.197), podemos dizer que se

$$\mathcal{U} = \mathcal{H}\mathbf{x}, \tag{9.95}$$

então o k-ésimo elemento de $\mathcal{U}$ pode ser visto como o produto interno entre o complexo conjugado da k-ésima linha de $\mathcal{H}$ e $\mathbf{x}$. Da mesma forma, pela equação (3.198), podemos dizer que se

$$\mathbf{x} = \mathcal{G}\mathcal{U}, \tag{9.96}$$

então o vetor $\mathbf{x}$ pode ser visto como uma combinação linear das colunas de $\mathcal{G}$ na qual o peso da k-ésima coluna é o k-ésimo elemento de $\mathcal{U}$. Portanto, num banco de filtros biortogonal os filtros de análise projetam o sinal nas linhas de $\mathcal{H}^*$. Os filtros de síntese tomam essas projeções e as utilizam para ponderar as colunas de $\mathcal{G}$ a fim de recuperar o sinal de entrada.

Essa interpretação da ortogonalidade e da biortogonalidade é ilustrada na Figura 9.24 para o caso bidimensional. A Figura 9.24a mostra o caso em que $\mathbf{v}_1$ e $\mathbf{v}_2$ são vetores ortogonais de norma unitária. Podem-se calcular as coordenadas do vetor $\mathbf{x}$ transformado projetando-o sobre $\mathbf{v}_1$ e $\mathbf{v}_2$. Ele pode ser recuperado de volta pela adição vetorial das duas projeções, isto é,

$$\begin{aligned}\mathbf{x} &= \|\mathbf{x}\|\cos(\theta)\frac{\mathbf{v}_1}{\|\mathbf{v}_1\|} + \|\mathbf{x}\|\operatorname{sen}(\theta)\frac{\mathbf{v}_2}{\|\mathbf{v}_2\|} \\ &= \left\langle \mathbf{x}, \frac{\mathbf{v}_1}{\|\mathbf{v}_1\|}\right\rangle \frac{\mathbf{v}_1}{\|\mathbf{v}_1\|} + \left\langle \mathbf{x}, \frac{\mathbf{v}_2}{\|\mathbf{v}_2\|}\right\rangle \frac{\mathbf{v}_2}{\|\mathbf{v}_2\|}.\end{aligned} \tag{9.97}$$

A Figura 9.24b mostra os casos biortogonais, em que se deseja expressar um vetor $\mathbf{x}$ como combinação linear de dois vetores $\mathbf{v}_1$ e $\mathbf{v}_2$ que não são ortogonais.

Isso pode ser feito construindo-se o paralelogramo com lados paralelos a $\mathbf{v}_1$ e $\mathbf{v}_2$. Mas um lado paralelo a $\mathbf{v}_1$ é ortogonal a um vetor $\mathbf{u}_2$ que também é ortogonal a $\mathbf{v}_1$, e um lado paralelo a $\mathbf{v}_2$ é ortogonal a um vetor $\mathbf{u}_1$ que também é ortogonal a $\mathbf{v}_2$. Então, com o auxílio da Figura 9.24b, podemos ver que para encontrar o comprimento do lado do paralelogramo que tem a mesma direção de $\mathbf{v}_1$, nós projetamos $\mathbf{x}$ sobre $\mathbf{u}_1$ e dividimos o resultado pelo cosseno do ângulo entre $\mathbf{v}_1$ e $\mathbf{u}_1$. Similarmente, para encontrar o comprimento do lado do paralelogramo que tem a mesma direção de $\mathbf{v}_2$, nós projetamos $\mathbf{x}$ sobre $\mathbf{u}_2$ e o dividimos o resultado pelo cosseno do ângulo entre $\mathbf{v}_2$ e $\mathbf{u}_2$. Em suma, a operação de análise é efetuada pelas projeções sobre $\mathbf{u}_1$ e $\mathbf{u}_2$, enquanto a síntese é efetuada pela combinação linear dos vetores $\mathbf{v}_1$ e $\mathbf{v}_2$, sendo $\mathbf{u}_1$ ortogonal a $\mathbf{v}_2$ e $\mathbf{u}_2$ ortogonal a $\mathbf{v}_1$. Matematicamente, as operações acima são expressas como

$$\mathbf{x} = \frac{\|\mathbf{x}\|\cos(\theta+\alpha)}{\cos(\alpha)}\frac{\mathbf{v}_1}{\|\mathbf{v}_1\|} + \frac{\|\mathbf{x}\|\operatorname{sen}(\theta)}{\cos(\alpha)}\frac{\mathbf{v}_2}{\|\mathbf{v}_2\|}. \tag{9.98}$$

Como

$$\left.\begin{array}{l} \cos(\alpha) = \left\langle \frac{\mathbf{v}_1}{\|\mathbf{v}_1\|}, \frac{\mathbf{u}_1}{\|\mathbf{u}_1\|} \right\rangle = \left\langle \frac{\mathbf{v}_2}{\|\mathbf{v}_2\|}, \frac{\mathbf{u}_2}{\|\mathbf{u}_2\|} \right\rangle \\ \|\mathbf{x}\|\cos(\alpha+\theta) = \left\langle \mathbf{x}, \frac{\mathbf{u}_1}{\|\mathbf{u}_1\|} \right\rangle \\ \|\mathbf{x}\|\operatorname{sen}(\theta) = \left\langle \mathbf{x}, \frac{\mathbf{u}_2}{\|\mathbf{u}_2\|} \right\rangle \end{array}\right\}, \tag{9.99}$$

a equação (9.98) se torna

$$\begin{aligned} \mathbf{x} &= \frac{\left\langle \mathbf{x}, \frac{\mathbf{u}_1}{\|\mathbf{u}_1\|} \right\rangle}{\left\langle \frac{\mathbf{v}_1}{\|\mathbf{v}_1\|}, \frac{\mathbf{u}_1}{\|\mathbf{u}_1\|} \right\rangle} \frac{\mathbf{v}_1}{\|\mathbf{v}_1\|} + \frac{\left\langle \mathbf{x}, \frac{\mathbf{u}_2}{\|\mathbf{u}_2\|} \right\rangle}{\left\langle \frac{\mathbf{v}_2}{\|\mathbf{v}_2\|}, \frac{\mathbf{u}_2}{\|\mathbf{u}_2\|} \right\rangle} \frac{\mathbf{v}_2}{\|\mathbf{v}_2\|} \\ &= \frac{\langle \mathbf{x}, \mathbf{u}_1 \rangle}{\langle \mathbf{v}_1, \mathbf{u}_1 \rangle} \mathbf{v}_1 + \frac{\langle \mathbf{x}, \mathbf{u}_2 \rangle}{\langle \mathbf{v}_2, \mathbf{u}_2 \rangle} \mathbf{v}_2. \end{aligned} \tag{9.100}$$

Na equação anterior, pode-se ver claramente que as coordenadas na base não--ortogonal composta de $\mathbf{v}_1$ e $\mathbf{v}_2$ são dadas por $\langle \mathbf{x}, \mathbf{u}_1 \rangle / \langle \mathbf{v}_1, \mathbf{u}_1 \rangle$ e $\langle \mathbf{x}, \mathbf{u}_2 \rangle / \langle \mathbf{v}_2, \mathbf{u}_2 \rangle$, sendo $\mathbf{u}_1$ ortogonal a $\mathbf{v}_2$ e $\mathbf{u}_2$ ortogonal a $\mathbf{v}_1$.

Ortogonalidade no domínio da transformada z

Para um banco de filtros ortogonal, temos, pela equação (9.90), que existem inteiros r e s tais que os bancos de filtros de análise e de síntese satisfazem

$$g_i(n) = h_i^*(rM - n - s), \quad \text{para} \quad i = 0, 1, \ldots, M-1. \tag{9.101}$$

9.4 Análise de bancos de filtros de M faixas

No domínio da transformada z, para $i = 0, 1, \ldots, M - 1$, isso implica que

$$\begin{aligned}
G_i(z) &= \sum_{n=-\infty}^{\infty} g_i(n) z^{-n} \\
&= \sum_{n=-\infty}^{\infty} h_i^*(rM - n - s) z^{-n} \\
&= \sum_{t=-\infty}^{\infty} h_i^*(t) z^{t+s-rM} \\
&= z^{-rM+s} \sum_{t=-\infty}^{\infty} h_i^*(t) z^t \\
&= z^{-rM+s} \left(\sum_{t=-\infty}^{\infty} h_i(t) (z^*)^t \right)^* \\
&= z^{-rM+s} H_i^*((z^*)^{-1}).
\end{aligned} \qquad (9.102)$$

Muito frequentemente os filtros têm coeficientes reais. Nesse caso, a ortogonalidade do banco de filtros exige que existem inteiros r e s tais que

$$G_i(z) = z^{-rM+s} H_i(z^{-1}), \quad \text{para} \quad i = 0, 1, \ldots, M - 1. \qquad (9.103)$$

Voltando ao caso geral complexo, a equação (9.102) pode ser expressa em forma matricial como

$$\begin{bmatrix} G_0(z) \\ G_1(z) \\ \vdots \\ G_{M-1}(z) \end{bmatrix} = z^{-rM+s} \begin{bmatrix} H_0^*((z^*)^{-1}) \\ H_1^*((z^*)^{-1}) \\ \vdots \\ H_{M-1}^*((z^*)^{-1}) \end{bmatrix}. \qquad (9.104)$$

Substituindo na equação anterior as formas de decomposição polifásica das equações (9.3) e (9.4), temos que

$$\begin{aligned}
\mathbf{R}^T(z^M) \begin{bmatrix} z^{-(M-1)} \\ z^{-(M-2)} \\ \vdots \\ 1 \end{bmatrix} &= z^{-rM+s} \left\{ \mathbf{E}((z^*)^{-M}) \begin{bmatrix} 1 \\ z^* \\ \vdots \\ (z^*)^{(M-1)} \end{bmatrix} \right\}^* \\
&= z^{-rM+s} \mathbf{E}^*((z^*)^{-M}) \begin{bmatrix} 1 \\ z \\ \vdots \\ z^{M-1} \end{bmatrix}
\end{aligned}$$

$$= z^{(-rM+s+M-1)} \mathbf{E}^*((z^*)^{-M}) \begin{bmatrix} z^{-(M-1)} \\ z^{-(M-2)} \\ \vdots \\ 1 \end{bmatrix}. \quad (9.105)$$

Pela equação anterior, concluímos que para bancos de filtros ortogonais,

$$\mathbf{R}^T(z^M) = z^{-rM+s+M-1} \mathbf{E}^*((z^*)^{-M}). \quad (9.106)$$

Se escolhemos uma matriz $\mathcal{H}$ tal que $s = 1$, a equação (9.106) se torna

$$\mathbf{R}^T(z^M) = z^{-rM+M} \mathbf{E}^*((z^*)^{-M}) \quad (9.107)$$

e então podemos escrever

$$\mathbf{R}^T(z) = z^{-r+1} \mathbf{E}^*((z^*)^{-1}). \quad (9.108)$$

Como a condição para reconstrução perfeita é $\mathbf{R}(z)\mathbf{E}(z) = z^{-\Delta}\mathbf{I}_M$, temos que

$$\mathbf{E}^{*T}((z^*)^{-1})\mathbf{E}(z) = z^{r-1-\Delta}\mathbf{I}_M. \quad (9.109)$$

Escolhendo $\mathcal{H}$ tal que $r = \Delta + 1$, podemos ver que uma condição suficiente para que o banco de filtros com reconstrução perfeita seja ortogonal é

$$\mathbf{E}^{*T}((z^*)^{-1})\mathbf{E}(z) = \mathbf{I}_M. \quad (9.110)$$

Uma matriz $\mathbf{E}(z)$ que satisfaça essa condição é referenciada como uma matriz paraunitária. E por isso, o banco de filtros ortogonal com reconstrução perfeita associado também é referenciado como um banco de filtros paraunitário (Vaidyanathan, 1993). Se os filtros têm coeficientes reais, a equação (9.110) é simplificada para

$$\mathbf{E}^T(z^{-1})\mathbf{E}(z) = \mathbf{I}_M. \quad (9.111)$$

9.4.4 Transmultiplexadores

Se dois bancos de filtros idênticos de M canais com atraso nulo e reconstrução perfeita, como o da Figura 9.5, são conectados em cascata, temos que o sinal correspondente a $u_k(m)$ num banco de filtros é idêntico ao sinal análogo no outro banco de filtros, para cada $k = 0, 1, \ldots, M - 1$. Portanto, com os mesmos filtros da Figura 9.5, pode-se construir um transmultiplexador com reconstrução perfeita, como o da Figura 9.25, que pode combinar os M sinais $u_k(m)$ num único sinal $y(n)$ e, então, recuperar os sinais $v_k(m)$, que são idênticos a $u_k(m)$ (Vaidyanathan, 1993). Uma aplicação importante desses sistemas é na

9.5 Bancos de filtros genéricos de 2 faixas com reconstrução perfeita

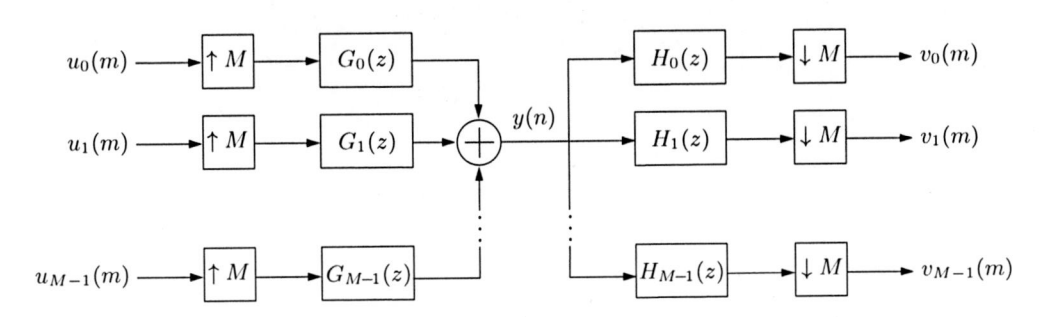

Figura 9.25 Transmultiplexador de M canais.

multiplexação de M sinais de forma que eles possam ser facilmente recuperados sem qualquer interferência cruzada. O que é muito interessante nesse caso é que os filtros não precisam ser fortemente seletivos para que esse tipo de transmultiplexador funcione.[2] Essa é a base das interpretações generalizadas de sistemas digitais de acesso múltiplo tais como TDMA (do inglês *Time-Division Multiple Access*), FDMA (do inglês *Frequency-Division Multiple Access*) e CDMA (do inglês *Code-Division Multiple Access*) (Hettling *et al.*, 1999, Capítulo 1).

9.5 Bancos de filtros genéricos de 2 faixas com reconstrução perfeita

O caso geral de bancos de filtros de 2 faixas é mostrado na Figura 9.26.

Representando os filtros $H_0(z)$, $H_1(z)$, $G_0(z)$ e $G_1(z)$ em função de suas componentes polifásicas, usando as equações (9.1) e (9.2), temos que

$$H_0(z) = E_{00}(z^2) + z^{-1}E_{01}(z^2) \tag{9.112}$$
$$H_1(z) = E_{10}(z^2) + z^{-1}E_{11}(z^2) \tag{9.113}$$
$$G_0(z) = z^{-1}R_{00}(z^2) + R_{01}(z^2) \tag{9.114}$$
$$G_1(z) = z^{-1}R_{10}(z^2) + R_{11}(z^2). \tag{9.115}$$

Então, as matrizes $\mathbf{E}(z)$ e $\mathbf{R}(z)$ da Figura 9.8b são

$$\mathbf{E}(z) = \begin{bmatrix} E_{00}(z) & E_{01}(z) \\ E_{10}(z) & E_{11}(z) \end{bmatrix} \tag{9.116}$$

$$\mathbf{R}(z) = \begin{bmatrix} R_{00}(z) & R_{10}(z) \\ R_{01}(z) & R_{11}(z) \end{bmatrix}. \tag{9.117}$$

---

[2] Se os bancos de filtros não são de atraso nulo, esse tipo de transmultiplexador ainda funciona. Pode-se mostrar que os sinais $v_k(m)$ são iguais a versões atrasadas de $u_k(m)$, contanto que um atraso adequado seja incluído entre os bancos de filtros.

Bancos de filtros

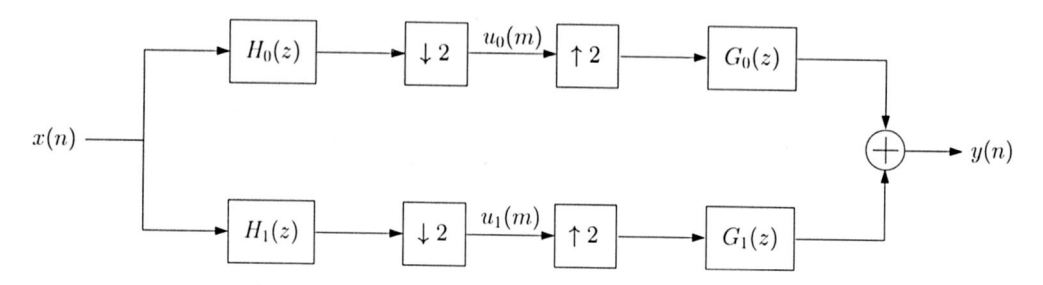

Figura 9.26 Banco de filtros de 2 faixas.

Se $\mathbf{R}(z)\mathbf{E}(z) = \mathbf{I}$, temos reconstrução perfeita, como representam as Figuras 9.10 e 9.11. De fato, pela Figura 9.11, vemos que o sinal de saída $y(n)$ será igual a $x(n)$ atrasado de $(M-1)$ amostras, o que para um banco de filtros de 2 faixas corresponde a somente uma amostra. No caso geral, temos $\mathbf{R}(z)\mathbf{E}(z) = \mathbf{I}z^{-\Delta}$, fazendo que o sinal de saída $y(n)$ do banco de filtros de 2 faixas seja igual a $x(n)$ atrasado de $(2\Delta + 1)$ amostras. Portanto, o banco de filtros de 2 faixas será equivalente a um atraso de $(2\Delta + 1)$ amostras, se

$$\mathbf{R}(z) = z^{-\Delta}\mathbf{E}^{-1}(z). \tag{9.118}$$

Pelas equações (9.116) e (9.117), isso implica que

$$\begin{bmatrix} R_{00}(z) & R_{10}(z) \\ R_{01}(z) & R_{11}(z) \end{bmatrix} = \frac{z^{-\Delta}}{E_{00}(z)E_{11}(z) - E_{01}(z)E_{10}(z)} \begin{bmatrix} E_{11}(z) & -E_{01}(z) \\ -E_{10}(z) & E_{00}(z) \end{bmatrix}. \tag{9.119}$$

Esse resultado é suficiente para o projeto de bancos de filtros IIR, contanto que as restrições de estabilidade sejam levadas em conta. Contudo, se desejamos que os filtros sejam FIR, como ocorre frequentemente, o termo no denominador tem que ser proporcional a um atraso puro, isto é,

$$E_{00}(z)E_{11}(z) - E_{01}(z)E_{10}(z) = cz^{-l}. \tag{9.120}$$

Pelas equações (9.112)–(9.115), podemos expressar as componentes polifásicas em função dos filtros $H_k(z)$ e $G_k(z)$, como

$$\begin{aligned} E_{00}(z^2) &= \frac{H_0(z) + H_0(-z)}{2}, & E_{01}(z^2) &= \frac{H_0(z) - H_0(-z)}{2z^{-1}} \\ E_{10}(z^2) &= \frac{H_1(z) + H_1(-z)}{2}, & E_{11}(z^2) &= \frac{H_1(z) - H_1(-z)}{2z^{-1}} \end{aligned} \tag{9.121}$$

$$\begin{aligned} R_{00}(z^2) &= \frac{G_0(z) - G_0(-z)}{2z^{-1}}, & R_{01}(z^2) &= \frac{G_0(z) + G_0(-z)}{2} \\ R_{10}(z^2) &= \frac{G_1(z) - G_1(-z)}{2z^{-1}}, & R_{11}(z^2) &= \frac{G_1(z) + G_1(-z)}{2}. \end{aligned} \tag{9.122}$$

9.5 Bancos de filtros genéricos de 2 faixas com reconstrução perfeita

Substituindo a equação (9.121) na equação (9.120), temos que

$$H_0(-z)H_1(z) - H_0(z)H_1(-z) = 2cz^{-2l-1}. \tag{9.123}$$

Agora, substituindo a equação (9.120) na equação (9.119) e calculando os $G_k(z)$ pelas equações (9.114) e (9.115), chegamos a

$$G_0(z) = -\frac{z^{2(l-\Delta)}}{c}H_1(-z) \tag{9.124}$$

$$G_1(z) = \frac{z^{2(l-\Delta)}}{c}H_0(-z). \tag{9.125}$$

O leitor pode verificar que, qualquer que seja o valor de l, a função de transferência global do banco de filtros consiste em um atraso $\Delta_{\text{total}} = 2\Delta + 1$.

As equações (9.123)–(9.125) sugerem um possível método para o projeto de bancos de filtros de 2 faixas com reconstrução perfeita. O procedimento de projeto é dado a seguir (Vetterli & Kovačević, 1995):

(i) Encontre um polinômio $P(z)$ tal que $P(-z) - P(z) = 2cz^{-2l-1}$.
(ii) Fatore $P(z)$ em dois fatores, $H_0(z)$ e $H_1(-z)$. Deve-se ter o cuidado de garantir que $H_0(z)$ e $H_1(-z)$ sejam filtros passa-baixas.
(iii) Encontre $G_0(z)$ e $G_1(z)$ usando as equações (9.124) e (9.125).

Alguns pontos importantes devem ser observados nesse caso:

- Se o atraso Δ é nulo, então certamente alguns dos filtros são não-causais: para l negativo, ou $H_0(z)$ ou $H_1(z)$ tem de ser não-causal (veja a equação (9.123)); para l positivo, ou $G_0(z)$ ou $G_1(z)$ tem de ser não-causal. Portanto, um banco de filtros com reconstrução perfeita causal terá necessariamente atraso não-nulo.
- As respostas de módulo $|G_0(e^{j\omega})|$ e $|H_1(e^{j\omega})|$ são imagens espelhadas uma da outra em torno de $\omega = \pi/2$ (equação (9.124)). O mesmo acontece entre $|H_0(e^{j\omega})|$ e $|G_1(e^{j\omega})|$ (veja a equação (9.125)).

Além disso, se se deseja que o banco de filtros seja composto de filtros com fase linear, basta encontrar um filtro-produto $P(z)$ com fase linear e realizar sua decomposição em fatores com fase linear (vale lembrar que se z_0 é um zero de um filtro FIR com fase linear, então z_0^{-1} também é). Nesse caso, temos algumas restrições adicionais sobre os filtros. Como vimos acima,

$$P(z) - P(-z) = 2cz^{-2l-1}. \tag{9.126}$$

Isso implica que todos os termos de potência ímpar do polinômio $P(z)$, exceto z^{-2l-1}, são nulos. Além disso, um polinômio $P(z)$ com fase linear deve ser ou simétrico ou antissimétrico (veja a Seção 4.2.3), com o termo central dado por cz^{-2l-1}. Portanto, se $P(z)$ tem mais de dois termos, e considerando que seu primeiro termo é az^0, então seu último termo deve ser $\pm az^{-4l-2}$. Logo, sua ordem é $(4l+2)$. Levando isso em consideração, temos dois casos:

(a) *Ambos os filtros têm ordem par.* Nesse caso, $H_0(z)$ e $H_1(-z)$ devem ser filtros ou do Tipo I ou do Tipo III (veja a Seção 4.2.3). Contudo, como um filtro do Tipo III deve ter zeros em $\omega = 0$ e $\omega = \pi$ e $P(z)$ tem que ser um filtro passa-baixas, então ambos, $H_0(z)$ e $H_1(-z)$, são filtros do Tipo I, e da mesma forma $H_1(z)$ (veja o Exercício 4.3). Além disso, como a soma de suas ordens é $(4l+2)$, a ordem de um é um múltiplo de 4, e a ordem do outro não é (isto é, suas ordens diferem por um múltiplo ímpar de 2).

(b) *Ambos os filtros têm ordem ímpar.* Nesse caso, $H_0(z)$ e $H_1(-z)$ devem ser filtros ou do Tipo II ou do Tipo IV. Contudo, como um filtro do Tipo IV deve ter um zero em $\omega = 0$ e $P(z)$ tem que ser um filtro passa-baixas, então ambos, $H_0(z)$ e $H_1(-z)$, são filtros do Tipo II, e $H_1(z)$ é do Tipo IV (veja o Exercício 4.3). Além disso, se as ordens de $H_0(z)$ e $H_1(z)$ são $(2k_0+1)$ e $(2k_1+1)$, respectivamente, então, como sua soma é igual a $(4l+2)$, temos que

$$(2k_0+1) + (2k_1+1) = 4l+2 \quad \Rightarrow \quad k_0 = 2l - k_1, \qquad (9.127)$$

e portanto a diferença de suas ordens é

$$\begin{aligned}(2k_0+1) - (2k_1+1) &= 4l - 2k_1 + 1 - 2k_1 - 1 \\ &= 4l - 2k_1 - 2k_1 \\ &= 4(l - k_1),\end{aligned} \qquad (9.128)$$

que é um múltiplo de 4.

No caso em que $P(z)$ tem somente dois termos, como ele é de fase linear, temos que a equação (9.126) implica que

$$P(z) = cz^{-2l-1} \pm cz^{-2r} = cz^{-2r}(z^{-2l+2r-1} \pm 1). \qquad (9.129)$$

Logo, $P(z)$ tem ordem ímpar igual a $|2l - 2r + 1|$ e todos os seus zeros sobre a circunferência unitária. Temos, então, dois casos:

(a) $H_0(z)$ *tem ordem par e* $H_1(z)$ *tem ordem ímpar.* Então, o fato de $P(z)$ ser um filtro passa-baixas implica que $H_0(z)$ é do Tipo I e $H_1(-z)$ é do Tipo II, e portanto $H_1(z)$ é do Tipo IV (veja o Exercício 4.3).

(b) $H_0(z)$ *tem ordem ímpar e* $H_1(z)$ *tem ordem par.* Então, nesse caso, $H_0(z)$ é do Tipo II e $H_1(-z)$ é do Tipo I, e portanto $H_1(z)$ também é do Tipo I (veja o Exercício 4.3).

9.5 Bancos de filtros genéricos de 2 faixas com reconstrução perfeita

Esse último caso é de pouco interesse prático, uma vez que os filtros $H_0(z)$ e $H_1(z)$ resultantes tendem a apresentar baixa seletividade em frequência.

EXEMPLO 9.7

Um possível filtro-produto $P(z)$ que satisfaz $P(z) - P(-z) = 2z^{-2l-1}$ é

$$P(z) = \frac{1}{16}(-1 + 9z^{-2} + 16z^{-3} + 9z^{-4} - z^{-6}) = \frac{1}{16}(1 + z^{-1})^4(-1 + 4z^{-1} - z^{-2}). \tag{9.130}$$

Encontre duas fatorações possíveis de $P(z)$ e represente graficamente a resposta de módulo de seus filtros de análise correspondentes.

SOLUÇÃO

Podemos ver pela resposta de módulo da Figura 9.27a que $P(z)$ é um filtro passa-baixas.

Uma possível fatoração de $P(z)$ resulta no banco de filtros a seguir, que é o mesmo do Exemplo 9.2. Esse banco de filtros é o popular banco de filtros simétricos de núcleo curto (em inglês, *short-kernel*) (Le Gall & Tabatabai, 1988; Vetterli & Kovačević, 1995):

$$H_0(z) = \frac{1}{8}(-1 + 2z^{-1} + 6z^{-2} + 2z^{-3} - z^{-4}) \tag{9.131}$$

$$H_1(z) = \frac{1}{2}(1 - 2z^{-1} + z^{-2}) \tag{9.132}$$

$$G_0(z) = \frac{1}{2}(1 + 2z^{-1} + z^{-2}) \tag{9.133}$$

$$G_1(z) = \frac{1}{8}(1 + 2z^{-1} - 6z^{-2} + 2z^{-3} + z^{-4}). \tag{9.134}$$

As respostas de módulo dos filtros de análise são representadas na Figura 9.27b.

Outra fatoração possível é mostrada a seguir:

$$H_0(z) = \frac{1}{4}(-1 + 3z^{-1} + 3z^{-2} - z^{-3}) \tag{9.135}$$

$$H_1(z) = \frac{1}{4}(1 - 3z^{-1} + 3z^{-2} - z^{-3}) \tag{9.136}$$

$$G_0(z) = \frac{1}{4}(1 + 3z^{-1} + 3z^{-2} + z^{-3}) \tag{9.137}$$

$$G_1(z) = \frac{1}{4}(1 + 3z^{-1} - 3z^{-2} - z^{-3}). \tag{9.138}$$

As respostas de módulo correspondentes aos filtros de análise nesse caso são representadas na Figura 9.27c. △

Nas duas seções seguintes, examinamos alguns casos particulares de projeto de bancos de filtros de duas faixas que se tornaram populares na literatura técnica.

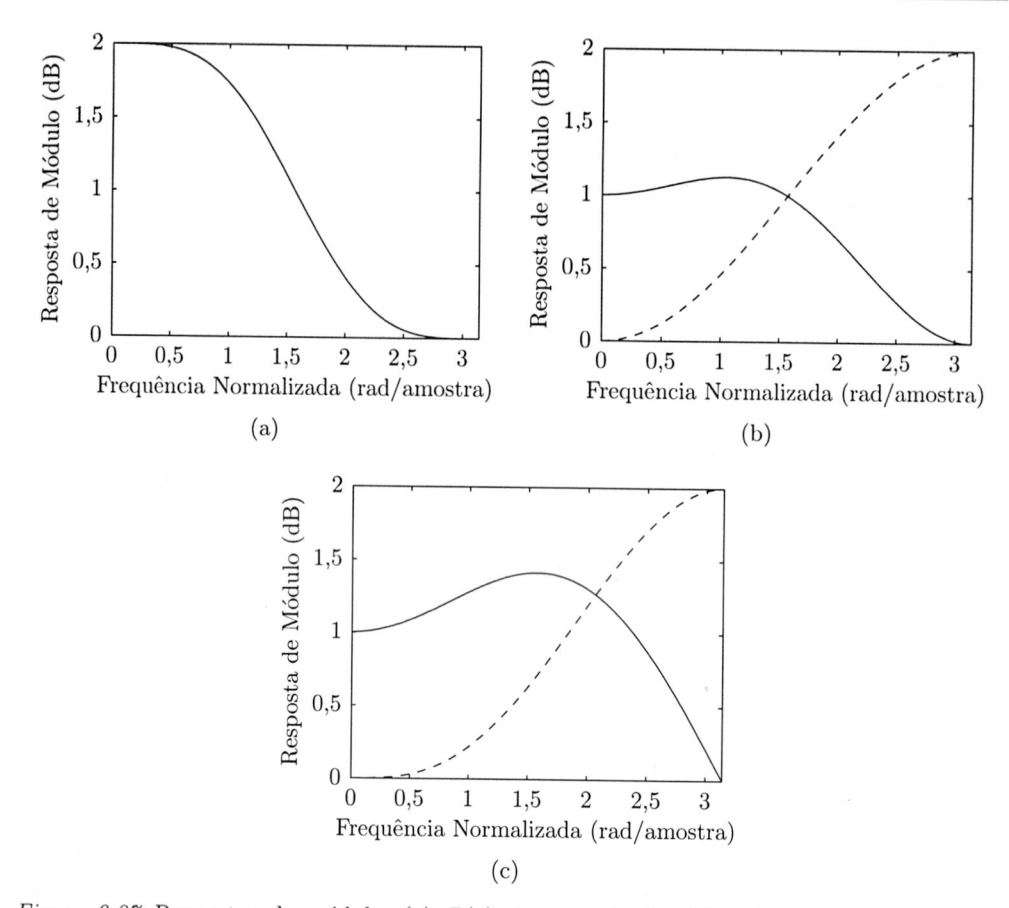

Figura 9.27 Respostas de módulo: (a) $P(z)$ da equação (9.130); (b) fatores $H_0(z)$ (linha contínua) e $H_1(z)$ (linha tracejada) das equações (9.131) e (9.132); (c) fatores $H_0(z)$ (linha contínua) e $H_1(z)$ (linha tracejada) das equações (9.135) e (9.136).

9.6 Bancos de QMF

Uma das primeiras abordagens propostas para o projeto de bancos de filtros FIR de 2 faixas é o chamado banco de filtros espelhados em quadratura (QMF, do inglês *Quadrature Mirror Filters*) (Croisier *et al.*, 1976), em que o filtro de análise passa-altas é projetado de forma a alternar os sinais da resposta ao impulso do filtro passa-baixas, isto é,

$$H_1(z) = H_0(-z). \tag{9.139}$$

Observe que estamos assumindo que os filtros têm coeficientes reais. Para essa escolha dos filtros de análise, a resposta de módulo do filtro passa-altas, $|H_1(e^{j\omega})|$, é a imagem espelhada da resposta de módulo do filtro passa-baixas, $|H_0(e^{j\omega})|$, em relação à frequência de quadratura, $\frac{\pi}{2}$. Daí vem o nome QMF.

9.6 Bancos de QMF

Os bancos de QMF são projetados para evitar *aliasing* estruturalmente e ao mesmo tempo manter a restrição da equação (9.139). O filtro $H_0(z)$ é projetado, então, de forma que o banco de filtros chegue suficientemente perto da reconstrução perfeita. A derivação de suas equações de projeto se inicia pela representação da matriz de modulação da Seção 9.4.1, equação (9.42), para $M = 2$ faixas:

$$Y(z) = \frac{1}{2} \begin{bmatrix} X(z) & X(-z) \end{bmatrix} \begin{bmatrix} H_0(z) & H_1(z) \\ H_0(-z) & H_1(-z) \end{bmatrix} \begin{bmatrix} G_0(z) \\ G_1(z) \end{bmatrix}. \tag{9.140}$$

O efeito de *aliasing* é representado pelos termos que contêm $X(-z)$. Uma possível solução para evitar o *aliasing* é escolher os filtros de síntese de forma que

$$G_0(z) = H_1(-z) \tag{9.141}$$
$$G_1(z) = -H_0(-z). \tag{9.142}$$

Essa escolha mantém os filtros $G_0(z)$ e $G_1(z)$ como filtros passa-baixas e passa-altas, respectivamente, como desejado. Além disso, o *aliasing* agora é cancelado pelos filtros de síntese, em vez de ser totalmente evitado localmente pelos filtros de análise, relaxando, assim, as especificações destes (veja a Seção 9.2.3).

A função de transferência global do banco de filtros, após a eliminação da componente de *aliasing*, é dada por

$$H(z) = \frac{1}{2}(H_0(z)G_0(z) + H_1(z)G_1(z)) = \frac{1}{2}(H_0(z)H_1(-z) - H_1(z)H_0(-z)), \tag{9.143}$$

onde na segunda igualdade empregamos as restrições para eliminação de *aliasing* das equações (9.141) e (9.142).

No projeto original do banco de QMF, a condição para eliminação de *aliasing* é combinada com a escolha do filtro passa-baixas por alternância de sinal dada na equação (9.139). Nesse caso, a função de transferência global é dada por

$$H(z) = \frac{1}{2}(H_0^2(z) - H_0^2(-z)). \tag{9.144}$$

A expressão acima pode ser reescrita numa forma mais conveniente empregando-se a decomposição polifásica do filtro passa-baixas, $H_0(z) = E_{00}(z^2) + z^{-1}E_{01}(z^2)$, como se vê a seguir:

$$\begin{aligned} H(z) &= \frac{1}{2}(H_0(z) + H_0(-z))(H_0(z) - H_0(-z)) \\ &= 2z^{-1}E_{00}(z^2)E_{01}(z^2). \end{aligned} \tag{9.145}$$

Como foi mostrado acima, a abordagem de projeto de bancos de filtros de duas faixas por QMF consiste em projetar o filtro passa-baixas $H_0(z)$. A equação anterior também indica que a reconstrução perfeita só é atingível se as componentes polifásicas do filtro passa-baixas (isto é, $E_{00}(z)$ e $E_{01}(z)$) são atrasos simples. Essa restrição limita a seletividade dos filtros gerados.

Portanto, para o projeto de QMF usualmente adotamos uma solução aproximada escolhendo $H_0(z)$ como um filtro passa-baixas FIR com fase linear de ordem N. Isso elimina qualquer distorção de fase da função de transferência global $H(z)$, que nesse caso também terá fase linear. Para um filtro de ordem N do Tipo I ou do Tipo II (veja a Seção 4.2.3, equação (4.16)), a função de transferência do banco de filtros da equação (9.144) pode, então, ser reescrita como

$$H(e^{j\omega}) = \frac{1}{2}\left(B_0^2(\omega)e^{-j\omega N} - B_0^2(\omega - \pi)e^{-j(\omega-\pi)N}\right)$$
$$= \frac{e^{-j\omega N}}{2}\left(\left|H_0(e^{j\omega})\right|^2 - e^{j\pi N}\left|H_0(e^{j(\omega-\pi)})\right|^2\right)$$
$$= \frac{e^{-j\omega N}}{2}\left(\left|H_0(e^{j\omega})\right|^2 - (-1)^N\left|H_0(e^{j(\omega-\pi)})\right|^2\right). \tag{9.146}$$

Vemos pela equação anterior que para N par, $H(e^{j\pi/2}) = 0$, o que é indesejável. Portanto, a ordem dos QMF tem que ser ímpar. Nesse caso, a equação (9.146) se torna

$$H(e^{j\omega}) = \frac{e^{-j\omega N}}{2}\left(\left|H_0(e^{j\omega})\right|^2 + \left|H_0(e^{j(\omega-\pi)})\right|^2\right)$$
$$= \frac{e^{-j\omega N}}{2}\left(\left|H_0(e^{j\omega})\right|^2 + \left|H_1(e^{j\omega})\right|^2\right). \tag{9.147}$$

O procedimento de projeto prossegue com a minimização da seguinte função-objetivo através de um algoritmo de otimização:

$$\xi = \delta\int_{\omega_s}^{\pi}\left|H_0(e^{j\omega})\right|^2 d\omega + (1-\delta)\int_0^{\pi}\left|H(e^{j\omega}) - \frac{e^{-j\omega N}}{2}\right|^2 d\omega, \tag{9.148}$$

onde ω_s é a extremidade da faixa de rejeição, usualmente escolhida ligeiramente acima de $0{,}5\pi$. O parâmetro $0 < \delta < 1$ permite um balanço entre a atenuação do filtro passa-baixas na faixa de rejeição e a distorção de amplitude do banco de filtros. Embora essa função-objetivo tenha mínimos locais, um bom ponto de partida para os coeficientes do filtro passa-baixas e um algoritmo de otimização não-linear adequado conduzem a bons resultados, isto é, bancos de filtros com baixa distorção de amplitude e boa seletividade nos filtros. Usualmente, um

9.6 Bancos de QMF

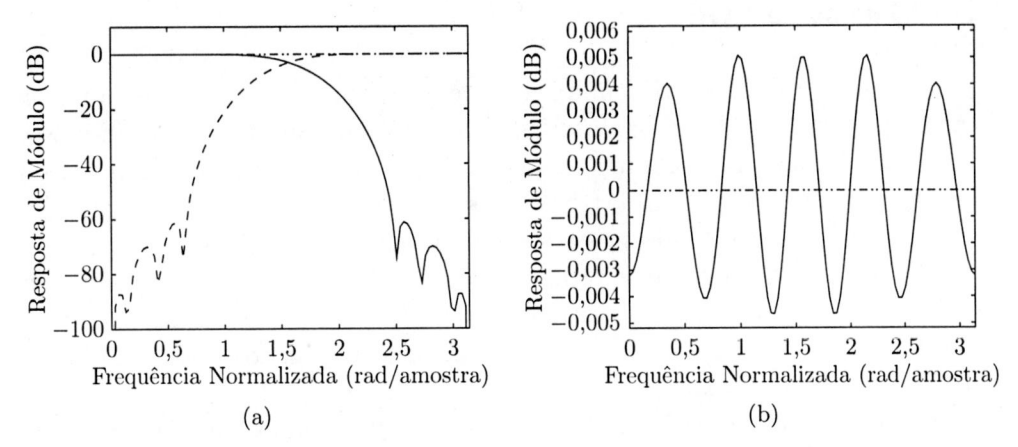

Figura 9.28 Projeto de QMF de ordem $N = 15$: (a) resposta de módulo dos filtros de análise (linha contínua – $H_0(z)$; linha tracejada – $H_1(z)$); (b) resposta de módulo global.

simples projeto baseado em janela fornece um bom ponto de partida para o filtro passa-baixas. De um modo geral, a simplicidade do projeto dos bancos de QMF os torna muito usados, na prática. A Figura 9.28a representa as respostas de módulo dos filtros de análise de um banco de QMF com ordem $N = 15$, e a Figura 9.28b representa a resposta de módulo do banco de filtros completo. Johnston (1980) foi dos primeiros a fornecer coeficientes de QMF para diversos projetos. Por esse trabalho pioneiro, os bancos de QMF são usualmente chamados de bancos de filtros de Johnston.

O nome "bancos de QMF" também é usado para denotar bancos de filtros criticamente decimados de M faixas. Para o projeto de bancos de QMF de M faixas há duas abordagens bastante usadas, a saber os bancos de QMF com reconstrução perfeita e os bancos de pseudo-QMF. Os projetos de bancos de QMF com reconstrução perfeita requerem o uso de programas sofisticados de otimização não-linear, porque a função-objetivo é uma função altamente não-linear dos parâmetros do filtro (Vaidyanathan, 1993). Em particular, para um número elevado de subfaixas, o número de parâmetros se torna excessivamente grande. Em compensação, os projetos de pseudo-QMF consistem em projetar um filtro protótipo e obter os subfiltros de análise do banco pela modulação do protótipo. Como consequência, os bancos de pseudo-QMF têm um procedimento de projeto extremamente eficiente. Os bancos de pseudo-QMF também são conhecidos como bancos de filtros modulados por cossenos, já que são gerados pela aplicação de uma modulação por cossenos a um filtro protótipo passa-baixas. Há bancos de filtros modulados por cossenos que exibem reconstrução perfeita (Koilpillai & Vaidyanathan, 1992; Nguyen & Koilpillai, 1996), e o procedimento para seu projeto é dado na Seção 9.9.

9.7 Bancos de CQF

O projeto de bancos de QMF, em que o filtro passa-altas é determinado a partir do protótipo passa-baixas pela alternância dos sinais de sua resposta ao impulso, é bastante simples, mas elimina a possibilidade de se obter a reconstrução perfeita, exceto em poucos casos triviais. Em Smith & Barnwell (1986), contudo, foi descoberto que revertendo-se a resposta ao impulso e alternando-se os sinais do filtro passa-baixas, podem-se projetar bancos de filtros exibindo reconstrução perfeita e com subfiltros mais seletivos. Os filtros resultantes se tornaram conhecidos como bancos de filtros em quadratura conjugados (CQF, do inglês *conjugate quadrature filters*).

Fazendo referência à Seção 9.4.3, o banco de CQF é um exemplo de banco de filtros ortogonal. Seu projeto pode ser deduzido da condição de ortogonalidade da equação (9.103), que para o caso de duas faixas, é

$$G_i(z) = z^{-2r+s} H_i(z^{-1}), \quad \text{para} \quad i = 0, 1. \tag{9.149}$$

As condições para reconstrução perfeita para o caso de duas faixas são dadas pelas equações (9.124) e (9.125):

$$G_0(z) = -\frac{z^{2(l-\Delta)}}{c} H_1(-z) \tag{9.150}$$

$$G_1(z) = \frac{z^{2(l-\Delta)}}{c} H_0(-z), \tag{9.151}$$

onde $2\Delta + 1$ é o atraso total do banco de filtros e l pode ser qualquer inteiro. Usando a equação (9.149), essas condições se tornam

$$z^{-2r+s} H_0(z^{-1}) = -\frac{z^{2(l-\Delta)}}{c} H_1(-z) \tag{9.152}$$

$$z^{-2r+s} H_1(z^{-1}) = \frac{z^{2(l-\Delta)}}{c} H_0(-z). \tag{9.153}$$

Da equação (9.152), temos que

$$(-z)^{2r-s} H_0(-z) = -\frac{(-z)^{-2(l-\Delta)}}{c} H_1(z^{-1}) \tag{9.154}$$

e, então,

$$H_1(z^{-1}) = -c(-z)^{[2(l-\Delta)+2r-s]} H_0(-z). \tag{9.155}$$

Substituindo $H_1(z^{-1})$ da equação (9.155) na equação (9.153), obtemos

$$z^{-2r+s} \left[-c(-z)^{[2(l-\Delta)+2r-s]} H_0(-z) \right] = \frac{z^{2(l-\Delta)}}{c} H_0(-z) \tag{9.156}$$

9.7 Bancos de CQF

ou, equivalentemente,

$$-c^2(-1)^{[2(l-\Delta)+2r-s]}\left[z^{2(l-\Delta)}H_0(-z)\right] = z^{2(l-\Delta)}H_0(-z) \tag{9.157}$$

e, então,

$$c^2 = -(-1)^{-[2(l-\Delta)+2r-s]} = -(-1)^s. \tag{9.158}$$

Portanto, para que o banco de filtros de duas faixas com reconstrução perfeita seja ortogonal devemos ter s ímpar e $c = \pm 1$. Então, como para s ímpar $[2(l-\Delta)+2r-s]$ também é ímpar, a equação (9.155) implica que

$$H_1(z) = cz^{-[2(l-\Delta)+2r-s]}H_0(-z^{-1}). \tag{9.159}$$

No projeto de CQF, usualmente são feitas as seguintes escolhas:

- $c = -1$;
- a ordem do filtro passa-baixas é o número ímpar

$$N = 2(l-\Delta) + 2r - s. \tag{9.160}$$

Observe que, como visto na Seção 9.4.3, equações (9.103)–(9.110), para que a ortogonalidade implique a paraunitariedade da matriz $\mathbf{E}(z)$, podemos fazer $s = 1$. Por outro lado, como se pode deduzir da equação (9.158), no banco de CQF é suficiente que s seja ímpar. Contudo, vemos pela equação (9.160) que para qualquer valor de N podemos encontrar um valor para r tal que $s = 1$. Portanto, temos que para os bancos de CQF a matriz polifásica $\mathbf{E}(z)$ é sempre paraunitária. Isso é uma propriedade importante dos bancos de CQF.

Com tais escolhas de projeto, temos que o filtro passa-altas de análise é dado por

$$H_1(z) = -z^{-N}H_0(-z^{-1}). \tag{9.161}$$

Como a resconstrução perfeita também requer que a equação (9.123) seja válida, precisamos ter

$$\begin{aligned}
-2z^{-2l-1} &= H_0(-z)H_1(z) - H_0(z)H_1(-z) \\
&= H_0(-z)(-z^{-N})H_0(-z^{-1}) - H_0(z)[-(-z)^{-N}]H_0(z^{-1}) \\
&= -z^{-N}\left[H_0(-z)H_0(-z^{-1}) + H_0(z)H_0(z^{-1})\right].
\end{aligned} \tag{9.162}$$

Definindo

$$P(z) = H_0(z)H_0(z^{-1}), \tag{9.163}$$

a condição para reconstrução perfeita da equação (9.162) se torna

$$P(z) + P(-z) = 2z^{N-2l-1}. \tag{9.164}$$

Da definição de $P(z)$ na equação (9.163), vemos que $P(z) = P(z^{-1})$. Portanto, pela equação (9.164) temos

$$\begin{aligned} 2z^{N-2l-1} &= P(z) + P(-z) \\ &= P(z^{-1}) + P(-z^{-1}) \\ &= 2z^{-N+2l+1}, \end{aligned} \tag{9.165}$$

o que implica que devemos escolher l tal que $N = 2l + 1$. Essa restrição faz com que a condição para reconstrução perfeita seja

$$P(z) + P(-z) = 2. \tag{9.166}$$

Além disso, os filtros de síntese das equações (9.150) e (9.151) se tornam

$$G_0(z) = z^{[2(l-\Delta)-N]} H_0(z^{-1}) = z^{-(2\Delta+1)} H_0(z^{-1}) \tag{9.167}$$

$$G_1(z) = -z^{2(l-\Delta)} H_0(-z) = -z^{(N-2\Delta-1)} H_0(-z). \tag{9.168}$$

Se $p(n)$ é a transformada z inversa de $P(z)$, então a equação (9.166) equivale a

$$p(n)[1 + (-1)^n] = 2\delta(n). \tag{9.169}$$

A partir das equações (9.161), (9.163), (9.166), (9.167) e (9.168), pode-se elaborar um procedimento de projeto para bancos de CQF que consiste nos seguintes passos:

(i) Observando que $p(n) = 0$ para n par, exceto para $n = 0$, começamos projetando um filtro de meia faixa (ou seja, um filtro tal que $(\omega_p + \omega_r)/2 = \pi/2$) com ordem $2N$ e a mesma ondulação δ_{hb} nas faixas de passagem e de rejeição (veja a Figura 5.10). A resposta ao impulso do filtro de meia faixa resultante terá amostras nulas para todo n, exceto para $n = 0$. Esse filtro pode ser projetado, por exemplo, usando-se a abordagem padrão de Chebyshev para filtros FIR (veja a Seção 5.6.2), como se segue:

1. Projete um transformador de Hilbert de atraso nulo $H_h(z)$ com ordem $2N$. Como sua ordem é par, este tem que ser um filtro FIR do Tipo III (veja a Seção 4.2.3). Sua ondulação na faixa de passagem tem que ser menor que $\pm\delta_{hb}/2$ e a largura de suas faixas de transição em torno de $\omega = 0$ e $\omega = \pi$ deve ser ω_r.

9.7 Bancos de CQF

2. A partir do transformador de Hilbert, crie o filtro $P(z)$ tal que (veja o Exercício 9.15)

$$P(z) = 1 + \frac{\delta_{\text{hb}}}{2} - jH_{\text{h}}(-jz). \tag{9.170}$$

Observe que o termo $-jH_{\text{h}}(-jz)$ corresponde a um filtro de atraso nulo com ganho igual a $(1 \pm \delta_{\text{hb}}/2)$, para $-\pi/2 \leq \omega < \pi/2$, e ganho igual a $-(1 \pm \delta_{\text{hb}}/2)$, para $(-\pi \leq \omega < -\pi/2) \cup (\pi/2 \leq |\omega| < \pi)$. Adicionando $(1 + \delta_{\text{hb}}/2)$ à sua resposta na frequência, obtemos um filtro passa-baixas de atraso nulo com ganho 2, ondulação δ_{hb} na faixa de passagem e um ganho não-negativo a faixa de rejeição que vai de zero a δ_{hb}. Isso é necessário porque, pela equação (9.163), $P(e^{j\omega})$ tem que ser não-negativo para todo ω, já que corresponde ao módulo de $H_0(e^{j\omega})$ ao quadrado. Como regra prática, para simplificar o procedimento de projeto, a atenuação em dB na faixa de rejeição do filtro de meia banda deve ser pelo menos duas vezes a atenuação desejada na faixa de rejeição mais 6 dB (Vaidyanathan, 1993).

(ii) A seguir, a abordagem usual é decompor $P(z) = H_0(z)H_0(z^{-1})$ de forma que $H_0(z)$ tenha ou fase aproximadamente linear ou fase mínima. A fim de obtermos fase aproximadamente linear, podemos selecionar os zeros de $H_0(z)$ alternadamente dentro e fora da circunferência unitária, à medida que a frequência aumenta. A fase mínima se obtém quando todos os zeros se encontram no interior ou no contorno do círculo unitário do plano z.

Se quiséssemos que o banco de filtros fosse composto de filtros de fase linear, teríamos que encontrar um filtro-produto $P(z)$ com fase linear e decompô-lo em fatores com fase linear, como foi visto na Seção 9.5. Entretanto, os únicos bancos de filtros com fase linear de duas faixas que satisfazem a equação (9.169) são compostos de filtros com fase linear triviais tais como os descritos pelas equações (9.11)–(9.14). Portanto, em geral não faz sentido procurar por fatores de $P(z)$ com fase linear. É por isso que no passo (ii) acima a abordagem usual é procurar ou por fatores de $P(z)$ com fase mínima ou aproximadamente linear.

EXEMPLO 9.8

Projete um banco de filtros com reconstrução perfeita para o qual o filtro que desempenha o papel de passa-baixas de análise é dado por:

$$H(z) = -z^{-3} + z^{-2} + z^{-1} + 1. \tag{9.171}$$

SOLUÇÃO

Neste exemplo não há qualquer restrição particular imposta sobre o filtro passa-altas de análise de forma que podemos buscar um projeto de CQF.

O projeto de CQF só é possível se as equações (9.163) e (9.166) são válidas. Como

$$H(z)H(z^{-1}) = (-z^{-3} + z^{-2} + z^{-1} + 1)(-z^3 + z^2 + z + 1)$$
$$= -z^3 + z + 4 + z^{-1} - z^{-3}, \qquad (9.172)$$

temos que

$$H(z)H(z^{-1}) + H(-z)H(-z^{-1}) = 8. \qquad (9.173)$$

Portanto, se escolhemos

$$H_0(z) = \frac{1}{2}H(z), \qquad (9.174)$$

temos que $H_0(z)H_0(z^{-1}) + H_0(-z)H_0(-z^{-1}) = 2$, e é possível fazer um projeto de CQF com $H_0(z)$ dado igual ao seu filtro passa-baixas de análise. Para essa escolha de $H_0(z)$, a ordem do banco de CQF é $N = 3$. Portanto, supondo um atraso global de $2\Delta + 1 = 3$ amostras, pelas equações (9.161), (9.167) e (9.168), o banco de filtros se torna

$$\left.\begin{aligned}
H_0(z) &= \frac{1}{2}H(z) = \frac{1}{2}(-z^{-3} + z^{-2} + z^{-1} + 1) \\
H_1(z) &= -z^{-3}H_0(-z^{-1}) = \frac{1}{2}(-z^{-3} + z^{-2} - z^{-1} - 1) \\
G_0(z) &= z^{-3}H_0(z^{-1}) = \frac{1}{2}(z^{-3} + z^{-2} + z^{-1} - 1) \\
G_1(z) &= -H_0(-z) = \frac{1}{2}(-z^{-3} - z^{-2} + z^{-1} - 1)
\end{aligned}\right\}. \qquad (9.175)$$

Uma forma alternativa de se projetar um banco de CQF é usar o fato de que a matriz polifásica de análise é paraunitária. Usando $H_0(z)$ e $H_1(z)$ da equação (9.175), vemos pela equação (9.121) que

$$\left.\begin{aligned}
E_{00}(z^2) &= \frac{1}{2}(z^{-2} + 1) \\
E_{01}(z^2) &= \frac{1}{2}(-z^{-2} + 1) \\
E_{10}(z^2) &= \frac{1}{2}(z^{-2} - 1) \\
E_{11}(z^2) &= \frac{1}{2}(-z^{-2} - 1)
\end{aligned}\right\} \qquad (9.176)$$

e, portanto, a matriz polifásica de análise é

$$\mathbf{E}(z) = \frac{1}{2}\begin{bmatrix} 1 + z^{-1} & 1 - z^{-1} \\ -1 + z^{-1} & -1 - z^{-1} \end{bmatrix}, \qquad (9.177)$$

tal que

$$\mathbf{E}^{*^T}((z^*)^{-1}) = \frac{1}{2}\begin{bmatrix} 1+z & -1+z \\ 1-z & -1-z \end{bmatrix}. \qquad (9.178)$$

Assim,

$$\mathbf{E}^{*^T}((z^*)^{-1})\mathbf{E}(z) = \frac{1}{4}\begin{bmatrix} 1+z & -1+z \\ 1-z & -1-z \end{bmatrix}\begin{bmatrix} 1+z^{-1} & 1-z^{-1} \\ -1+z^{-1} & -1-z^{-1} \end{bmatrix}$$

$$= \begin{bmatrix} 1 & 0 \\ 0 & 1 \end{bmatrix}, \qquad (9.179)$$

e a matriz $\mathbf{E}(z)$ é paraunitária, o que implica que é possível ter um banco de CQF com os filtros de análise dados. Pela equação (9.118):

$$\mathbf{R}(z) = z^{-\Delta}\mathbf{E}^{-1}(z), \qquad (9.180)$$

onde $\Delta = 1$, já que o atraso global $(2\Delta + 1)$ nesse exemplo foi escolhido igual à ordem do filtro $N = 3$.

Logo, a paraunitariedade de $\mathbf{E}(z)$ implica que a equação anterior é

$$\mathbf{R}(z) = z^{-1}\mathbf{E}^{*^T}((z^*)^{-1}) = \frac{1}{2}\begin{bmatrix} z^{-1}+1 & -z^{-1}+1 \\ z^{-1}-1 & -z^{-1}-1 \end{bmatrix}, \qquad (9.181)$$

o que implica que os filtros de síntese são

$$\begin{bmatrix} G_0(z) \\ G_1(z) \end{bmatrix} = \mathbf{R}^T(z^2)\begin{bmatrix} z^{-1} \\ 1 \end{bmatrix}$$

$$= \frac{1}{2}\begin{bmatrix} z^{-2}+1 & z^{-2}-1 \\ -z^{-2}+1 & -z^{-2}-1 \end{bmatrix}\begin{bmatrix} z^{-1} \\ 1 \end{bmatrix}$$

$$= \frac{1}{2}\begin{bmatrix} z^{-3}+z^{-2}+z^{-1}-1 \\ -z^{-3}-z^{-2}+z^{-1}-1 \end{bmatrix}, \qquad (9.182)$$

as mesmas da equação (9.175). △

9.8 Transformadas em blocos

Talvez o exemplo mais popular de bancos de filtros de M faixas com reconstrução perfeita sejam as transformadas em blocos (veja as transformadas discretas no Capítulo 3). Por exemplo, a transformada de cossenos discreta (DCT) realiza

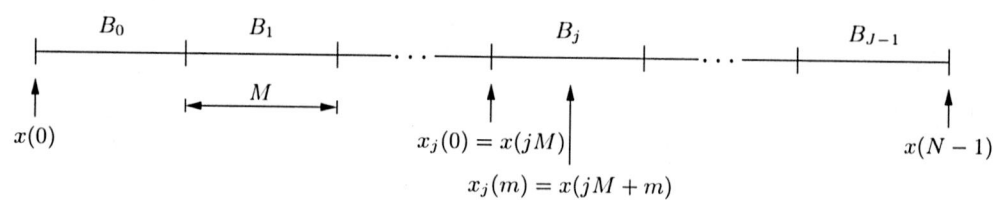

Figura 9.29 Divisão de um sinal de comprimento N em J blocos de comprimento M sem sobreposição.

essencialmente o mesmo trabalho que um banco de filtros: divide o sinal em várias componentes frequenciais. A principal diferença é que, dado um sinal de comprimento N, a DCT o divide em N canais de frequência, enquanto que um banco de filtros o divide em M canais, com $M < N$. Entretanto, em muitas aplicações, quer-se dividir um sinal de comprimento N em J blocos, cada um com comprimento M, e aplicar a transformação a cada um separadamente. Isso é feito, por exemplo, no padrão MPEG2, utilizado para transmissão digital de vídeo (Le Gall, 1992; Whitaker, 1999). Nele, em vez de se transmitirem os píxeis individuais de uma sequência de vídeo, cada quadro é primeiro dividido em blocos de dimensões 8×8. Então, aplica-se uma DCT a cada bloco, e os coeficientes da DCT é que são transmitidos. Nesta seção, mostramos que essas transformadas em blocos equivalem a bancos de filtros de M faixas.

Considere um sinal $x(n)$, para $n = 0, 1, \ldots, N - 1$, dividido em J blocos B_j, com $j = 0, 1, \ldots, J - 1$, cada um deles com comprimento M. O bloco B_j consiste, então, no sinal $x_j(m)$, dado por

$$x_j(m) = x(jM + m), \tag{9.183}$$

para $j = 0, 1, \ldots, J - 1$ e $m = 0, 1, \ldots, M - 1$. Isso está representado na Figura 9.29.

Suponha que $y_j(k)$, para $k = 0, 1, \ldots, M - 1$ e $j = 0, 1, \ldots, J - 1$, é a transformada de um bloco $x_j(m)$, sendo as transformadas direta e inversa descritas por

$$y_j(k) = \sum_{m=0}^{M-1} c_k(m) x_j(m) \tag{9.184}$$

e

$$x_j(m) = \sum_{k=0}^{M-1} c_k^*(m) y_j(k), \tag{9.185}$$

onde $c_k^*(m)$, para $m = 0, 1, \ldots, M - 1$, é a k-ésima função-base da transformada ou, alternativamente, a k-ésima linha da matriz da transformada. Podemos,

9.8 Transformadas em blocos

então, reagrupar as transformadas dos blocos em sequência de acordo com k, isto é, agrupando todos os $y_j(0)$, todos os $y_j(1)$ e assim por diante. Isso equivale a criar M sinais $u_k(j) = y_j(k)$, para $j = 0, 1, \ldots, J - 1$ e $k = 0, 1, \ldots, M - 1$. Como $x_j(m) = x(Mj + m)$, pelas equações (9.184) e (9.185), temos que

$$u_k(j) = \sum_{m=0}^{M-1} c_k(m)x(Mj + m) \qquad (9.186)$$

$$x(Mj + m) = \sum_{k=0}^{M-1} c_k^*(m)u_k(j). \qquad (9.187)$$

Pela equação (9.186), podemos interpretar $u_k(j)$ como a convolução de $x(n)$ com $c_k(-n)$ amostrada nos pontos Mj. Isso é o mesmo que filtrar $x(n)$ com um filtro cuja resposta ao impulso é $c_k(-n)$ e decimar sua saída por M.

Similarmente, se definimos $u_k^{(i)}(j)$ como o sinal $u_k(j)$ interpolado por M, temos que $u_k^{(i)}(Mj + n) = 0$, para $n = 1, 2, \ldots, M - 1$ (veja a equação (8.17)). Isso implica que

$$c_k^*(m)u_k(j) = \sum_{n=0}^{M-1} c_k^*(m - n)u_k^{(i)}(Mj + n). \qquad (9.188)$$

Essa expressão permite interpretar $c_k^*(m)u_k(j)$ como sendo o resultado da interpolação de $u_k(j)$ por M seguida da filtragem por um filtro cuja resposta ao impulso é $c_k^*(m)$.

Substituindo a equação (9.188) na equação (9.187), chegamos à seguinte expressão:

$$x(Mj + m) = \sum_{k=0}^{M-1} \sum_{n=0}^{M-1} c_k^*(m - n)u_k^{(i)}(Mj + n). \qquad (9.189)$$

Portanto, pelas equações (9.186) e (9.189), as operações correspondentes às transformadas em blocos direta e inversa podem ser interpretadas como na Figura 9.30. Comparando-a com a Figura 9.5, podemos ver que a transformada em blocos equivale a um banco de filtros com reconstrução perfeita tendo as respostas ao impulso dos filtros de análise e síntese da k-ésima faixa iguais a $c_k(-m)$ e $c_k^*(m)$, respectivamente.

EXEMPLO 9.9

Como foi visto no Capítulo 3, os coeficientes da DCT de comprimento M são dados por

$$c_k(m) = \alpha(k)\cos\left[\frac{\pi(2m + 1)k}{2M}\right], \quad \text{para } m = 0, 1, \ldots, M - 1, \qquad (9.190)$$

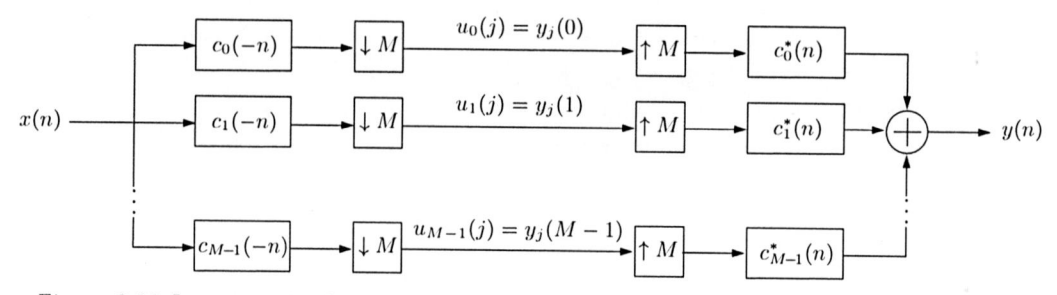

Figura 9.30 Interpretação das transformadas em blocos direta e inversa como um banco de filtros com reconstrução perfeita.

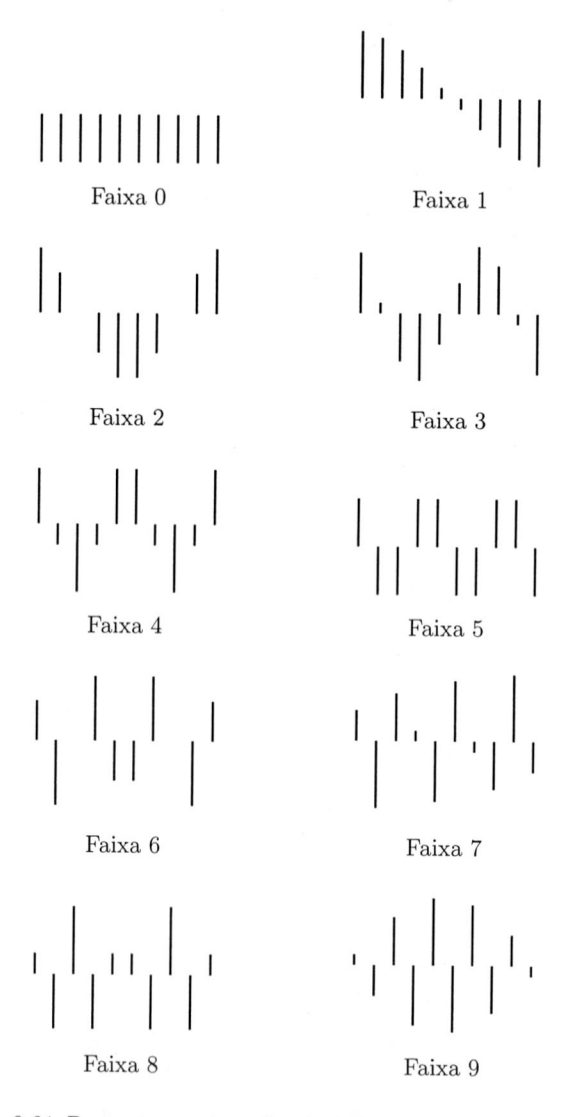

Figura 9.31 Respostas ao impulso dos filtros da DCT de 10 faixas.

9.8 Transformadas em blocos

onde $\alpha(0) = \sqrt{\frac{1}{M}}$ e $\alpha(k) = \sqrt{\frac{2}{M}}$, para $k = 1, 2, \ldots, M - 1$. Represente graficamente as respostas ao impulso e de módulo dos filtros de análise correspondentes à DCT de comprimento 10. Determine, ainda, se o banco de filtros tem ou não fase linear.

SOLUÇÃO

Como se pode ver na Figura 9.30, as respostas ao impulso $h_k(n)$ dos filtros de análise para o banco de filtros da DCT de comprimento 10 são dados por

$$h_k(n) = c_k(-n) = \alpha(k) \cos\left[\frac{\pi(1 - 2n)k}{20}\right], \quad \text{para } k, n = 0, 1, \ldots, 9. \quad (9.191)$$

Essas respostas ao impulso são representadas na Figura 9.31 para cada faixa k, e as respostas de módulo correspondentes são representadas na Figura 9.32. Pela equação (9.191), podemos ver ainda que $c_k(m) = (-1)^k c_k(9 - m)$ e, portanto, o banco de filtros tem fase linear. Isso também implica que as respostas de módulo dos filtros de análise e de síntese sejam as mesmas. △

Uma forma alternativa de descrever as transformadas em blocos como bancos de filtros é redesenhá-las como representa a Figura 9.33. Observe que nesse caso o bloco de M amostras desliza sobre o sinal. Entretanto, como a transformada é calculada para blocos sem sobreposição, então as saídas do banco de análise da Figura 9.33 devem ser decimadas por M. Isso leva à representação das transformadas direta e inversa na forma do banco de filtros causal da Figura 9.34. (Observe que há um atraso de $(M - 1)$ amostras nessa implementação causal da transformada).

Com referência à Figura 9.8b, vemos que a matriz da transformada $\mathbf{T}$ corresponde às matrizes polifásicas, como se segue:

$$\left.\begin{array}{l}\mathbf{E}(z^M) = \mathbf{T} \\ \mathbf{R}(z^M) = \mathbf{T}^{*\mathrm{T}}\end{array}\right\}. \quad (9.192)$$

Portanto, concluímos que as componentes polifásicas do banco de filtros correspondente a uma transformação do sinal são constantes. Observe, ainda, que a matriz da transformada $\mathbf{T}$ é tal que $\mathbf{T}_{km} = c_k(M - 1 - m)$. Isso ocorre porque na configuração do banco de filtros que se vê na Figura 9.34, o bloco é apresentado a $\mathbf{T}$ na ordem reversa, comparada com a da operação de transformação padrão do sinal. Então, temos que

$$\left.\begin{array}{l}E_{km}(z^M) = c_k(M - 1 - m) \\ R_{mk}(z^M) = c_k^*(M - 1 - m)\end{array}\right\}. \quad (9.193)$$

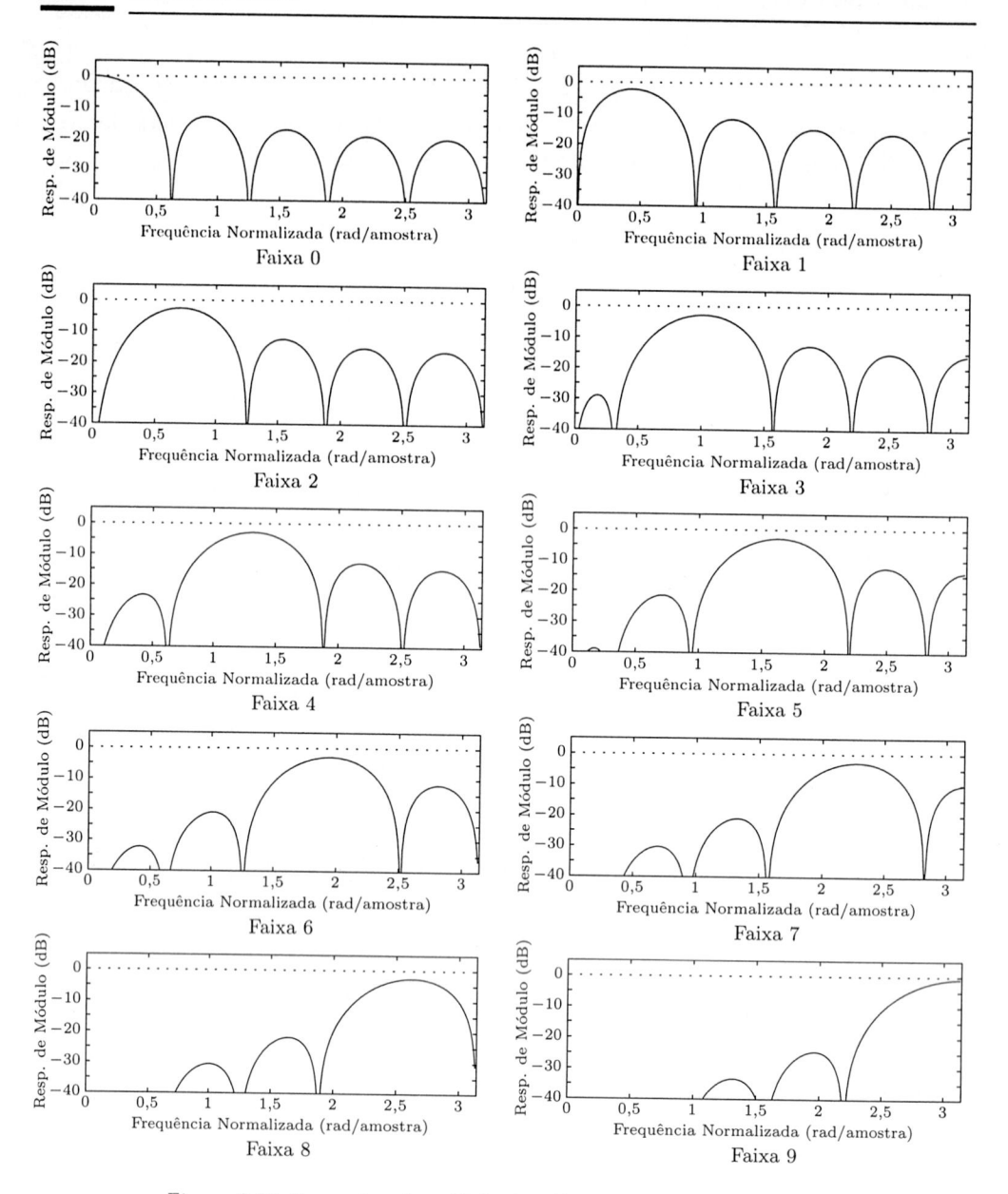

Figura 9.32 Respostas de módulo dos filtros da DCT de 10 faixas.

Logo, das equações (9.1) e (9.2), concluímos que

$$\left.\begin{array}{l}h_k(m) = c_k(M-1-m)\\ g_k(m) = c_k^*(m)\end{array}\right\}. \qquad (9.194)$$

Observe que na equação (9.194), o banco de análise é atrasado de $(M-1)$ amostras se comparado com o mostrado na Figura 9.30. Isso explica o atraso de $(M-1)$ amostras na Figura 9.34.

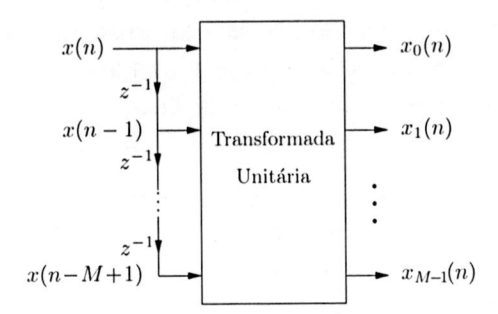

Figura 9.33 Banco de filtros de análise de uma transformada unitária.

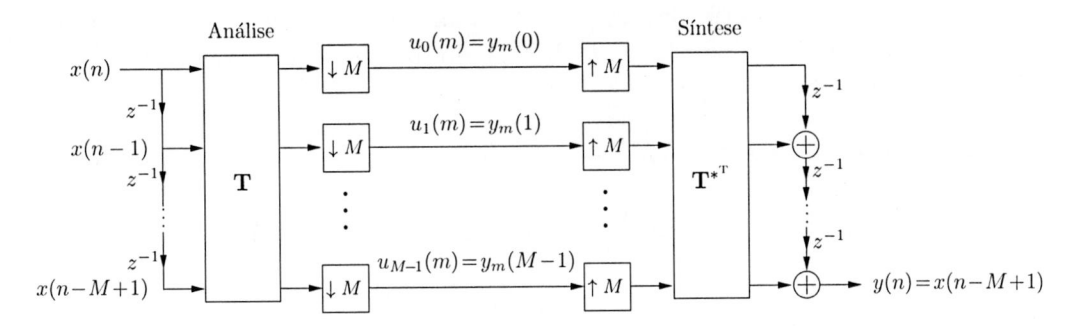

Figura 9.34 Banco de filtros de uma transformada unitária.

9.9 Bancos de filtros modulados por cossenos

Os bancos de filtros modulados por cossenos (em inglês *Cosine-Modulated Filter Banks*) são uma escolha atraente para o projeto e a implementação de bancos de filtros com um número elevado de subfaixas. Suas principais características favoráveis são:

- Procedimento de projeto simples, consistindo na geração de um protótipo passa-baixas cuja resposta ao impulso satisfaça algumas restrições exigidas para que se obtenha reconstrução perfeita.
- Implementação de baixo custo, medido em termos do número de multiplicações, uma vez que os filtros de análise e síntese do banco recaem num tipo de DCT, a qual admite implementação rápida e pode compartilhar o custo de implementação do protótipo com cada subfiltro.

No projeto do banco de filtros modulados por cossenos, começamos encontrando um filtro protótipo passa-baixas $H(z)$ de ordem N com fase linear, extremidade da faixa de passagem $\omega_{\mathrm{p}} = \pi/(2M) - \rho$ e extremidade da faixa de rejeição $\omega_{\mathrm{r}} = \pi/(2M) + \rho$, onde 2ρ é a largura da faixa de transição. Por conveniência, assumimos que o comprimento $(N+1)$ é um múltiplo par do número M de subfaixas, isto é, $N = (2LM - 1)$. Embora o comprimento real do protótipo possa ser arbitrário, essa hipótese simplifica muito a análise.[3]

Dado o filtro-protótipo, podemos gerar versões suas moduladas por cossenos a fim de obtermos os filtros de análise e síntese do banco, como se vê a seguir:

$$h_m(n) = 2h(n)\cos\left[(2m+1)\frac{\pi}{2M}\left(n - \frac{N}{2}\right) + (-1)^m\frac{\pi}{4}\right] \quad (9.195)$$

$$g_m(n) = 2h(n)\cos\left[(2m+1)\frac{\pi}{2M}\left(n - \frac{N}{2}\right) - (-1)^m\frac{\pi}{4}\right], \quad (9.196)$$

para $n = 0, 1, \ldots, N$ e $m = 0, 1, \ldots, M - 1$, com $N = (2LM - 1)$. Devemos observar que na equação (9.195) o termo que multiplica $h(n)$ se relaciona com o elemento (m, n) de uma matriz $\mathbf{C}$ ($M \times 2LM$), do tipo DCT (Sorensen & Burrus, 1993), dado por

$$c_{m,n} = 2\cos\left[(2m+1)\frac{\pi}{2M}\left(n - \frac{N}{2}\right) + (-1)^m\frac{\pi}{4}\right]. \quad (9.197)$$

O filtro protótipo pode ser decomposto em $2M$ componentes polifásicas, como a seguir:

$$H(z) = \sum_{l=0}^{L-1}\sum_{j=0}^{2M-1} h(2lM + j)z^{-(2lM+j)} = \sum_{j=0}^{2M-1} z^{-j}E_j(z^{2M}), \quad (9.198)$$

onde $E_j(z) = \sum_{l=0}^{L-1} h(2lM+j)z^{-l}$ são as componentes polifásicas do filtro $H(z)$. Com essa formulação, os filtros de análise do banco podem ser descritos como

$$H_m(z) = \sum_{n=0}^{N} h_m(n)z^{-n}$$

$$= \sum_{n=0}^{2LM-1} c_{m,n}h(n)z^{-n}$$

$$= \sum_{l=0}^{L-1}\sum_{j=0}^{2M-1} c_{m,2lM+j}h(2lM+j)z^{-(2lM+j)}. \quad (9.199)$$

Essa expressão pode ser ainda mais simplificada se exploramos a seguinte propriedade:

$$\cos\left\{(2m+1)\frac{\pi}{2M}\left[(n+2kM) - \frac{N}{2}\right] + \phi\right\}$$

$$= (-1)^k\cos\left[(2m+1)\frac{\pi}{2M}\left(n - \frac{N}{2}\right) + \phi\right], \quad (9.200)$$

---

[3] Também vale a pena mencionar que o filtro protótipo não precisa ter fase linear. De fato, descrevemos aqui somente um tipo particular de banco de filtros modulados por cossenos, mas existem muitos outros.

9.9 Bancos de filtros modulados por cossenos

que leva a

$$c_{m,n+2kM} = (-1)^k c_{m,n}; \qquad (9.201)$$

portanto, substituindo n por j e k por l, obtemos

$$c_{m,j+2lM} = (-1)^l c_{m,j}. \qquad (9.202)$$

Com essa relação, após alguma manipulação, podemos reescrever a equação (9.199) como

$$H_m(z) = \sum_{j=0}^{2M-1} c_{m,j} z^{-j} \sum_{l=0}^{L-1} (-1)^l h(2lM+j) z^{-2lM} = \sum_{j=0}^{2M-1} c_{m,j} z^{-j} E_j(-z^{2M}), \qquad (9.203)$$

que pode ser reescrita em forma compacta como

$$\mathbf{e}(z) = \begin{bmatrix} H_0(z) \\ H_1(z) \\ \vdots \\ H_{M-1}(z) \end{bmatrix} = \begin{bmatrix} \mathbf{C}_1 & \mathbf{C}_2 \end{bmatrix} \begin{bmatrix} E_0(-z^{2M}) \\ z^{-1} E_1(-z^{2M}) \\ \vdots \\ z^{-(2M-1)} E_{2M-1}(-z^{2M}) \end{bmatrix}, \qquad (9.204)$$

onde $\mathbf{C}_1$ e $\mathbf{C}_2$ são matrizes $M \times M$ cujos elementos (m,j) são $c_{m,j}$ e $c_{m,j+M}$, respectivamente, para $m = 0, 1, \ldots, M-1$ e $j = 0, 1, \ldots, M-1$.

Agora, definindo $\mathbf{d}(z) = [1 \ z^{-1} \ \cdots \ z^{-M+1}]^{\mathrm{T}}$, a equação (9.204) pode ser expressa numa forma conveniente, como

$$\begin{aligned}
\mathbf{e}(z) &= \begin{bmatrix} \mathbf{C}_1 & \mathbf{C}_2 \end{bmatrix} \begin{bmatrix} E_0(-z^{2M}) & & & 0 \\ & E_1(-z^{2M}) & & \\ & & \ddots & \\ 0 & & & E_{2M-1}(-z^{2M}) \end{bmatrix} \begin{bmatrix} \mathbf{d}(z) \\ z^{-M} \mathbf{d}(z) \end{bmatrix} \\
&= \left\{ \mathbf{C}_1 \begin{bmatrix} E_0(-z^{2M}) & & & 0 \\ & E_1(-z^{2M}) & & \\ & & \ddots & \\ 0 & & & E_{M-1}(-z^{2M}) \end{bmatrix} \right. \\
&\quad \left. + z^{-M} \mathbf{C}_2 \begin{bmatrix} E_M(-z^{2M}) & & & 0 \\ & E_{M+1}(-z^{2M}) & & \\ & & \ddots & \\ 0 & & & E_{2M-1}(-z^{2M}) \end{bmatrix} \right\} \mathbf{d}(z) \\
&= \mathbf{E}(z^M) \mathbf{d}(z), \qquad (9.205)
\end{aligned}$$

onde $\mathbf{E}(z)$ é a matriz polifásica, como na equação (9.3).

Para obtermos reconstrução perfeita num banco de filtros de M faixas, devemos ter $\mathbf{E}(z)\mathbf{R}(z) = \mathbf{R}(z)\mathbf{E}(z) = \mathbf{I}z^{-\Delta}$. Entretanto, é sabido (veja Vaidyanathan (1993)) que a matriz polifásica dos filtros de análise do banco pode ser projetada para ser paraunitária ou sem perdas, isto é, de forma que $\mathbf{E}^{\mathrm{T}}(z^{-1})\mathbf{E}(z) = \mathbf{I}$, onde $\mathbf{I}$ é uma matriz-identidade de dimensão M (supondo que os coeficientes do banco de filtros sejam reais). Nesse caso, os filtros de síntese podem ser obtidos facilmente a partir dos filtros de análise usando a equação (9.196) ou

$$\mathbf{R}(z) = z^{-\Delta}\mathbf{E}^{-1}(z)$$
$$= z^{-\Delta}\mathbf{E}^{\mathrm{T}}(z^{-1}). \tag{9.206}$$

Só resta mostrar quais restrições devem ser impostas ao filtro protótipo para que a matriz polifásica dos filtros de análise do banco se torne paraunitária. O resultado desejado é o seguinte:

PROPRIEDADE 9.1
A matriz polifásica dos filtros de análise do banco se torna paraunitária para um filtro protótipo de coeficientes reais se e somente se

$$E_j(z^{-1})E_j(z) + E_{j+M}(z^{-1})E_{j+M}(z) = \frac{1}{2M}, \tag{9.207}$$

para $j = 0, 1, \ldots, M - 1$. Se o filtro protótipo tem fase linear, essas restrições podem ser reduzidas à metade, porque elas só são únicas para $j = 0, 1, \ldots, (M-1)/2$, no caso de M ímpar, ou para $j = 0, 1, \ldots, M/2 - 1$, no caso de M par.

PROVA
Para provar o resultado desejado, precisamos das seguintes propriedades relativas às matrizes $\mathbf{C}_1$ e $\mathbf{C}_2$:

$$\mathbf{C}_1^{\mathrm{T}}\mathbf{C}_1 = 2M[\mathbf{I} + (-1)^{L-1}\mathbf{J}] \tag{9.208}$$

$$\mathbf{C}_2^{\mathrm{T}}\mathbf{C}_2 = 2M[\mathbf{I} - (-1)^{L-1}\mathbf{J}] \tag{9.209}$$

$$\mathbf{C}_1^{\mathrm{T}}\mathbf{C}_2 = \mathbf{C}_2^{\mathrm{T}}\mathbf{C}_1 = \mathbf{0}, \tag{9.210}$$

onde $\mathbf{I}$ é a matriz-identidade, $\mathbf{J}$ é a matriz-identidade reversa e $\mathbf{0}$ é uma matriz com todos os seus elementos nulos. Todas essas matrizes são quadradas e de ordem M. Esses resultados são amplamente discutidos na literatura e podem ser encontrados, por exemplo, em Vaidyanathan (1993).

9.9 Bancos de filtros modulados por cossenos

De posse das equações (9.208)–(9.210), é fácil mostrar que

$$\mathbf{E}^T(z^{-1})\mathbf{E}(z) =$$
$$\begin{bmatrix} E_0(-z^{-2}) & & & 0 \\ & E_1(-z^{-2}) & & \\ & & \ddots & \\ 0 & & & E_{M-1}(-z^{-2}) \end{bmatrix} \mathbf{C}_1^T \mathbf{C}_1 \begin{bmatrix} E_0(-z^2) & & & 0 \\ & E_1(-z^2) & & \\ & & \ddots & \\ 0 & & & E_{M-1}(-z^2) \end{bmatrix}$$
$$+ \begin{bmatrix} E_M(-z^{-2}) & & & 0 \\ & E_{M+1}(-z^{-2}) & & \\ & & \ddots & \\ 0 & & & E_{2M-1}(-z^{-2}) \end{bmatrix} \mathbf{C}_2^T \mathbf{C}_2 \begin{bmatrix} E_M(-z^2) & & & 0 \\ & E_{M+1}(-z^2) & & \\ & & \ddots & \\ 0 & & & E_{2M-1}(-z^2) \end{bmatrix}.$$
(9.211)

Como o protótipo é um filtro de fase linear, pode-se mostrar, após alguma manipulação, que

$$\begin{bmatrix} E_0(-z^{-2}) & & & 0 \\ & E_1(-z^{-2}) & & \\ & & \ddots & \\ 0 & & & E_{M-1}(-z^{-2}) \end{bmatrix} \mathbf{J} \begin{bmatrix} E_0(-z^2) & & & 0 \\ & E_1(-z^2) & & \\ & & \ddots & \\ 0 & & & E_{M-1}(-z^2) \end{bmatrix}$$
$$= \begin{bmatrix} E_M(-z^{-2}) & & & 0 \\ & E_{M+1}(-z^{-2}) & & \\ & & \ddots & \\ 0 & & & E_{2M-1}(-z^{-2}) \end{bmatrix} \mathbf{J} \begin{bmatrix} E_M(-z^2) & & & 0 \\ & E_{M+1}(-z^2) & & \\ & & \ddots & \\ 0 & & & E_{2M-1}(-z^2) \end{bmatrix}.$$
(9.212)

Esse resultado permite algumas simplificações na equação (9.211), após termos utilizado as expressões para $\mathbf{C}_1^T\mathbf{C}_1$ e $\mathbf{C}_2^T\mathbf{C}_2$ dadas nas equações (9.208) e (9.209), produzindo

$$\mathbf{E}^T(z^{-1})\mathbf{E}(z) = 2M \left\{ \begin{bmatrix} E_0(-z^{-2}) & & & 0 \\ & E_1(-z^{-2}) & & \\ & & \ddots & \\ 0 & & & E_{M-1}(-z^{-2}) \end{bmatrix} \begin{bmatrix} E_0(-z^2) & & & 0 \\ & E_1(-z^2) & & \\ & & \ddots & \\ 0 & & & E_{M-1}(-z^2) \end{bmatrix} \right.$$
$$\left. + \begin{bmatrix} E_M(-z^{-2}) & & & 0 \\ & E_{M+1}(-z^{-2}) & & \\ & & \ddots & \\ 0 & & & E_{2M-1}(-z^{-2}) \end{bmatrix} \begin{bmatrix} E_M(-z^2) & & & 0 \\ & E_{M+1}(-z^2) & & \\ & & \ddots & \\ 0 & & & E_{2M-1}(-z^2) \end{bmatrix} \right\}.$$
(9.213)

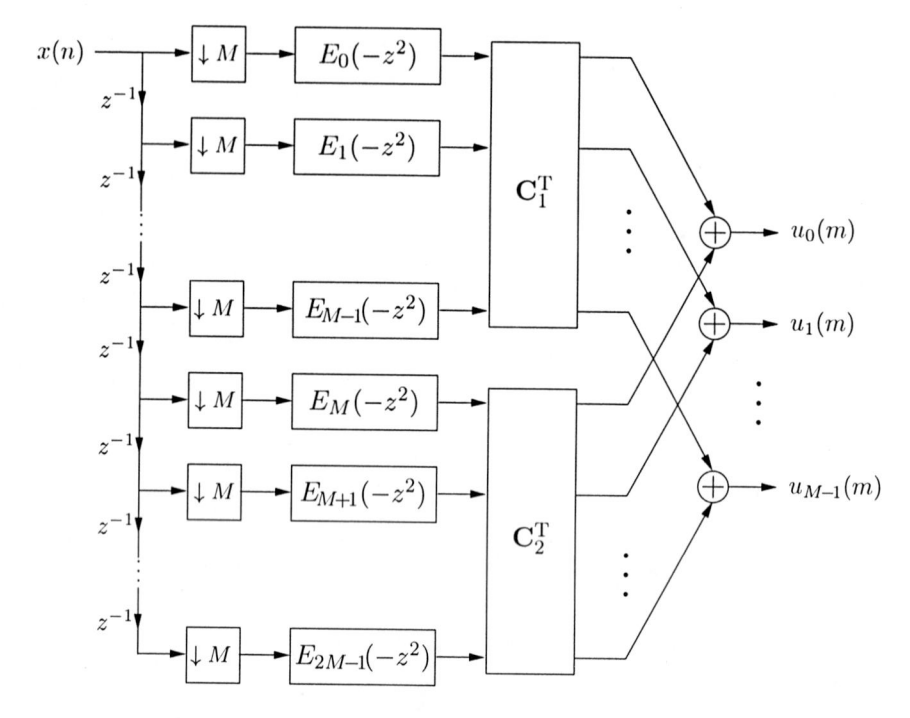

Figura 9.35 Banco de filtros modulados por cossenos.

Se a matriz acima é igual à matriz-identidade, obtemos reconstrução perfeita. Isso equivale a requerer que as componentes polifásicas do filtro-protótipo tenham potências complementares duas a duas, o que é exatamente o resultado da equação (9.207). De fato, esta última propriedade pode ser explorada para reduzir ainda mais a complexidade computacional desses bancos de filtros, implementando-se os pares complementares em potência por realizações em *lattice* (grade, em inglês), que são estruturas especialmente talhadas para essa tarefa, como descrito em Vaidyanathan (1993).

□

A equação (9.204) sugere a estrutura da Figura 9.35 para a implementação do banco de filtros modulados por cossenos.

Essa estrutura pode ser implementada usando-se a DCT-IV, que é representada pela matriz $\mathbf{C}_M^{IV}$, como foi descrito na Seção 3.6.4 (Sorensen & Burrus, 1993), notando-se que as matrizes $\mathbf{C}_1$ e $\mathbf{C}_2$ podem ser expressas como a seguir (Vaidyanathan, 1993):

$$\mathbf{C}_1 = \sqrt{M}(-1)^{\frac{L}{2}}\mathbf{C}_M^{IV}(\mathbf{I} - \mathbf{J}) \qquad (9.214)$$

$$\mathbf{C}_2 = -\sqrt{M}(-1)^{\frac{L}{2}}\mathbf{C}_M^{IV}(\mathbf{I} + \mathbf{J}) \qquad (9.215)$$

9.9 Bancos de filtros modulados por cossenos

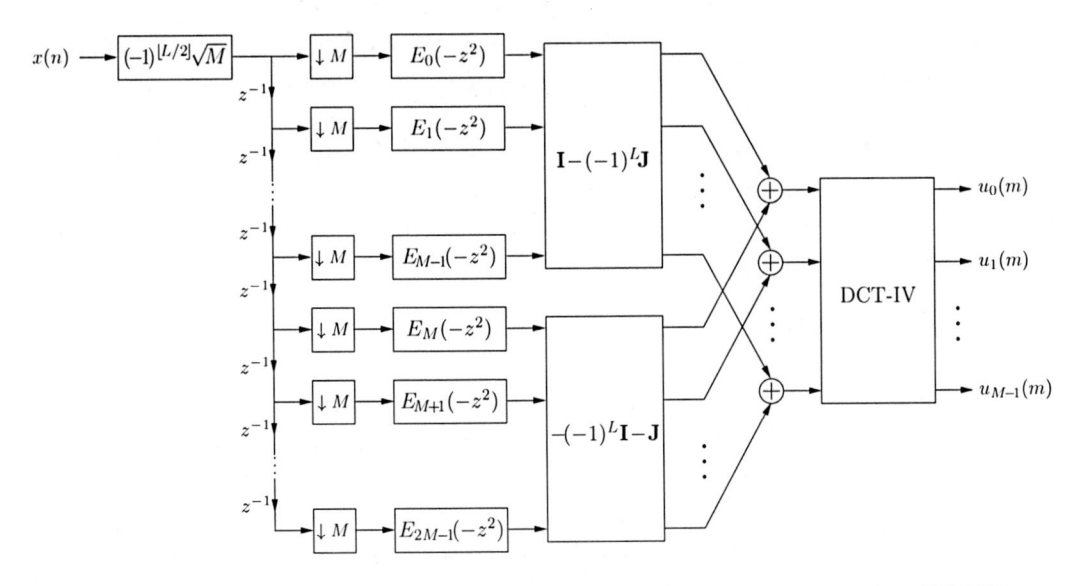

Figura 9.36 Implementação do banco de filtros modulados por cossenos usando a DCT-IV.

para L par, e

$$\mathbf{C}_1 = \sqrt{M}(-1)^{\frac{L-1}{2}} \mathbf{C}_M^{IV}(\mathbf{I} + \mathbf{J}) \tag{9.216}$$

$$\mathbf{C}_2 = \sqrt{M}(-1)^{\frac{L-1}{2}} \mathbf{C}_M^{IV}(\mathbf{I} - \mathbf{J}) \tag{9.217}$$

para L ímpar, onde, de acordo com a equação (3.219) e a Tabela 3.1,

$$\{\mathbf{C}_M^{IV}\}_{m,n} = \sqrt{\frac{2}{M}} \cos\left[(2m+1)\left(n+\frac{1}{2}\right)\frac{\pi}{2M}\right]. \tag{9.218}$$

As equações (9.214)–(9.217) podem ser postas na seguinte forma:

$$\mathbf{C}_1 = \sqrt{M}(-1)^{\lfloor \frac{L}{2} \rfloor} \mathbf{C}_M^{IV}[\mathbf{I} - (-1)^L \mathbf{J}] \tag{9.219}$$

$$\mathbf{C}_2 = -\sqrt{M}(-1)^{\lfloor \frac{L}{2} \rfloor} \mathbf{C}_M^{IV}[(-1)^L \mathbf{I} + \mathbf{J}], \tag{9.220}$$

onde $\lfloor x \rfloor$ representa o maior inteiro menor que ou igual a x.

Da equação (9.204) e das equações acima, decorre imediatamente a estrutura da Figura 9.36. Uma de suas principais vantagens é poder aproveitar os algoritmos para implementação rápida da DCT-IV.

9.9.1 O problema de otimização no projeto de bancos de filtros modulados por cossenos

O procedimento para projetar o filtro protótipo requer a definição de uma função-objetivo apropriada que imponha não somente a forma da seletividade em frequência, mas também s restrições para garantir reconstrução perfeita. Usualmente, o ponto de partida é o estabelecimento de uma função-objetivo relacionada com a resposta de módulo do filtro desejado, a qual deve ser minimizada no sentido dos mínimos quadrados ou minimax de Chebyshev. Uma vez que a determinação do filtro protótipo de um banco de filtros modulados por cossenos requer o projeto de um filtro passa-baixas, a função-objetivo global deve incluir um termo definido como

$$\min_{\mathbf{h}} \{E_{\mathrm{p}}(\omega)\} = \min_{\mathbf{h}} \left\{ \int_{\Omega_{\mathrm{r}}}^{\pi} |H(\mathrm{e}^{\mathrm{j}\omega})|^p \mathrm{d}\omega \right\}, \tag{9.221}$$

onde $H(\mathrm{e}^{\mathrm{j}\omega})$ é a resposta na frequência do filtro protótipo, $\mathbf{h}$ é o vetor de coeficientes do filtro protótipo, Ω_{r} é a frequência da extremidade da faixa de rejeição, e usualmente $p = 2$ ou $p = \infty$. As soluções para esse problema de otimização podem ser encontradas no Capítulo 5. Infelizmente, esses algoritmos padronizados para projeto de filtros FIR não podem ser utilizados para resolver o problema de projeto do filtro protótipo, devido às restrições não-lineares requeridas para garantir a reconstrução perfeita, dadas na equação (9.207). Em tais casos, os coeficientes do filtro protótipo devem ser projetados pela minimização de uma função-objetivo modificada $\hat{E}_{\mathrm{p}}(\omega)$, a qual combina a função-objetivo original $E_{\mathrm{p}}(\omega)$ com um conjunto de restrições ponderadas e é descrita como

$$\hat{E}_{\mathrm{p}}(\omega) = E_{\mathrm{p}}(\omega) + \boldsymbol{\lambda}^{\mathrm{T}} \mathbf{c}(\mathbf{h}), \tag{9.222}$$

onde $\boldsymbol{\lambda}$ é o vetor com os pesos das restrições e $\mathbf{c}(\mathbf{h})$ é o vetor que impõe as restrições. Os vetores são definidos como

$$\boldsymbol{\lambda} = [\lambda_0 \ \lambda_1 \ \cdots \ \lambda_{N_{\mathrm{c}}-1}]^{\mathrm{T}} \tag{9.223}$$
$$\mathbf{c}(\mathbf{h}) = [c_0(\mathbf{h}) \ c_1(\mathbf{h}) \ \cdots \ c_{N_{\mathrm{c}}-1}(\mathbf{h})]^{\mathrm{T}}, \tag{9.224}$$

onde N_{c} é o número total de restrições.

Por exemplo, as restrições da equação (9.207) podem ser descritas no domínio do tempo usando-se a notação do MATLAB como se segue:

$$\mathtt{conv}(\hat{\mathbf{e}}_j, \hat{\mathbf{e}}_j \mathbf{J}) + \mathtt{conv}(\hat{\mathbf{e}}_{j+M}, \hat{\mathbf{e}}_{j+M} \mathbf{J}) - \frac{1}{2M} \mathtt{dt}(i) = 0 \tag{9.225}$$

para $j = 0, 1, \ldots, M - 1$, onde $\hat{\mathbf{e}}_j$ é um vetor-linha contendo os $L = (N+1)/2M$ coeficientes da componente polifásica $E_j(z)$, conforme define a equação (9.198), $\mathbf{J}$ é a matriz identidade reversa e $\mathtt{dt}(i)$ na presente discussão representa uma sequência com $(L-1)$ zeros seguidos por um impulso unitário em $i = 0$ e $(L-1)$ zeros adicionais, ou seja, em MATLAB

$$\mathtt{dt}(i) = [\mathtt{zeros}(L-1, 1); \ 1; \ \mathtt{zeros}(L-1, 1)]. \tag{9.226}$$

9.9 Bancos de filtros modulados por cossenos

Esse conjunto de restrições deve ser incorporado ao processo de otimização adequadamente.

Esse problema de otimização pode ser resolvido usando-se algoritmos de programação quadrática (QP) (Antoniou & Lu, 2007), os quais podem requerer informações sobre a primeira e a segunda derivadas de $E_p(\omega)$, se possível, para simplificar a implementação e acelerar a convergência. Os pesos das restrições devem ser escolhidos de antemão quando se usa um método de otimização por QP. Outra solução é empregar um algoritmo sequencial de programação quadrática (SQP), o qual determina otimamente os pesos das restrições com base no método dos multiplicadores de Lagrange com as condições de Kuhn–Tucker (veja Antoniou & Lu (2007)). O problema de minimização também pode ser resolvido utilizando-se a técnica descrita na Seção 6.5.2. A minimização de $\hat{E}_p(\omega)$ da equação (9.222) usando o método WLS–Chebyshev foi proposta com sucesso por Furtado, Jr. et al. (2005a), levando a um método de projeto bastante simples. Existem outros métodos eficientes para projetar bancos de filtros modulados por cossenos disponíveis, tais como o de Lu et al. (2004), baseado numa abordagem por programação cônica (veja Antoniou & Lu (2007)), e o método proposto por Kha et al. (2009), que se baseia em otimização convexa (veja Boyd & Vandenberghe (2004)). Na verdade, pode-se realizar o projeto de bancos de filtros modulados por cossenos altamente sofisticados adaptando-se e aplicando-se a abordagem por mascaramento da resposta na frequência da Seção 12.7.3 para o projeto do filtro protótipo, a fim de se reduzir o número de parâmetros distintos—ver Diniz et al. (2004) e Furtado, Jr. et al. (2003); Furtado, Jr. et al. (2005a,b).

EXEMPLO 9.10
Projete um banco de filtros com $M = 10$ subfaixas usando o método da modulação por cossenos com $L = 3$.

SOLUÇÃO
Para o projeto do filtro protótipo de fase linear, recorremos ao método de projeto por mínimos quadrados descrito no Capítulo 5, usando como objetivo a minimização da energia na faixa de rejeição do filtro. Isso foi obtido pela amostragem da função de erro apenas nas frequências $\omega_i > \omega_p$. As restrições para reconstrução perfeita das equações (9.207) e (9.225) foram tratadas usando-se o método proposto em Furtado, Jr. et al. (2005a).

O comprimento do filtro protótipo resultante é $(N + 1) = 2LM = 60$, e a atenuação mínima na faixa de rejeição obtida foi $A_r \approx 40$ dB, como mostrado na Figura 9.37. A resposta ao impulso do filtro é representada na Figura 9.38, e os valores de seus coeficientes são listados na Tabela 9.1. Como o filtro protótipo tem fase linear, a tabela só mostra metade dos coeficientes.

Tabela 9.1 *Coeficientes de $h(0)$ a $h(29)$ do filtro protótipo para o banco de filtros modulados por cossenos.*

$h(0) = -8{,}1483\text{E}-04$	$h(10) = -4{,}0655\text{E}-03$	$h(20) = 2{,}5850\text{E}-02$
$h(1) = -9{,}0356\text{E}-04$	$h(11) = -3{,}6256\text{E}-03$	$h(21) = 3{,}1419\text{E}-02$
$h(2) = -8{,}8926\text{E}-04$	$h(12) = -2{,}7854\text{E}-03$	$h(22) = 3{,}7012\text{E}-02$
$h(3) = -7{,}0418\text{E}-04$	$h(13) = -1{,}5731\text{E}-03$	$h(23) = 4{,}2454\text{E}-02$
$h(4) = -2{,}5612\text{E}-04$	$h(14) = -3{,}4745\text{E}-04$	$h(24) = 4{,}7570\text{E}-02$
$h(5) = -2{,}4480\text{E}-03$	$h(15) = 3{,}3209\text{E}-03$	$h(25) = 5{,}2153\text{E}-02$
$h(6) = -3{,}0413\text{E}-03$	$h(16) = 6{,}7943\text{E}-03$	$h(26) = 5{,}6030\text{E}-02$
$h(7) = -3{,}4742\text{E}-03$	$h(17) = 1{,}0882\text{E}-02$	$h(27) = 5{,}9085\text{E}-02$
$h(8) = -3{,}8572\text{E}-03$	$h(18) = 1{,}5477\text{E}-02$	$h(28) = 6{,}1192\text{E}-02$
$h(9) = -4{,}1105\text{E}-03$	$h(19) = 2{,}0509\text{E}-02$	$h(29) = 6{,}2266\text{E}-02$

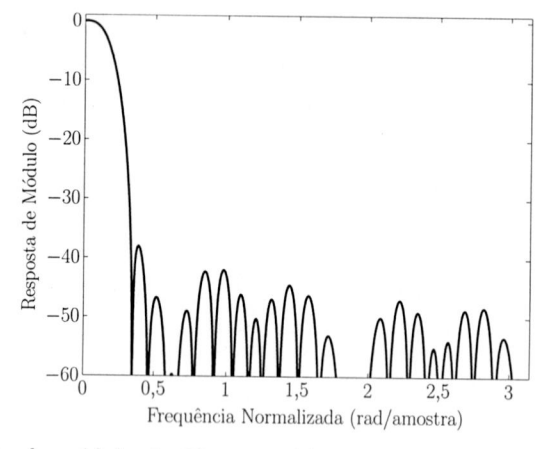

Figura 9.37 Resposta de módulo do filtro protótipo para o banco de filtros modulados por cossenos.

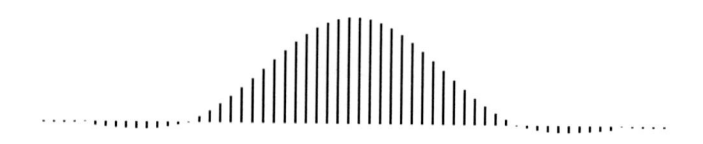

Figura 9.38 Resposta ao impulso do filtro protótipo.

Como ilustração, verifiquemos um subconjunto das restrições da equação (9.225) para o caso $j = 0$:

$$\hat{\mathbf{e}}_0 = [h(0) \ h(20) \ h(40)]$$
$$= [-8{,}1483\text{E}-04 \ \ 2{,}5850\text{E}-02 \ \ 2{,}0509\text{E}-02] \tag{9.227}$$

$$\hat{\mathbf{e}}_{10} = [h(10) \ h(30) \ h(50)]$$
$$= [-4{,}0655\text{E}{-}03 \ \ 6{,}2266\text{E}{-}02 \ \ -4{,}1105\text{E}{-}03], \tag{9.228}$$

fornecendo

$$\text{conv}(\hat{\mathbf{e}}_0, \hat{\mathbf{e}}_0\mathbf{J}) + \text{conv}(\hat{\mathbf{e}}_{10}, \hat{\mathbf{e}}_{10}\mathbf{J}) = [0 \ 0 \ 0{,}05 \ 0 \ 0]^{\text{T}}$$
$$= \frac{1}{2M}\text{dt}(i) = 0{,}05\text{dt}(i), \tag{9.229}$$

que é o resultado esperado.

Aplicando a modulação por cossenos ao filtro protótipo através das equações (9.195) e (9.196), obtemos os coeficientes dos filtros de análise e de síntese que compõem o banco de filtros. As respostas ao impulso dos filtros de análise resultantes, cada um de comprimento 60, para o banco com $M = 10$ subfaixas são mostradas na Figura 9.39, e suas respostas de módulo normalizadas na Figura 9.40. △

Os bancos de filtros discutidos nesta seção têm como desvantagem a fase não-linear característica de seus filtros de análise, apesar de seu filtro protótipo ter fase linear. Esse problema é solucionado pelos bancos de filtros descritos na próxima seção.

9.10 Transformadas com sobreposição

As transformadas ortogonais com sobreposição (LOT, do inglês *Lapped Orthogonal Transform*) foram propostas originalmente como transformadas em blocos cujas funções da base se estendiam além dos limites do bloco, isto é, em que as funções da base correspondentes a blocos vizinhos se sobrepunham. Sua principal meta era reduzir os efeitos de blocos que geralmente resultam da quantização dos coeficientes das transformadas em blocos, como é o caso da DCT. Efeitos de blocos são descontinuidades que aparecem nas fronteiras dos blocos. Eles ocorrem porque cada bloco é transformado e quantizado independentemente dos outros, e esse tipo de distorção é particularmente perturbador em imagens (Malvar, 1992). Se se permite que as funções se sobreponham, os efeitos de blocos são significativamente reduzidos.

Como as transformadas em blocos equivalem a bancos de filtros de M faixas com reconstrução perfeita, uma ideia seria substituir a DCT por um banco de filtros modulados por cossenos. Contudo, os filtros de análise dos bancos de filtros modulados por cossenos discutidos na seção anterior apresentam fase não-linear, uma característica indesejável em aplicações tais como codificação de imagens. Bancos de filtros baseados em LOT são interessantes porque resultam em filtros

622 Bancos de filtros

Faixa 0

Faixa 1

Faixa 2

Faixa 3

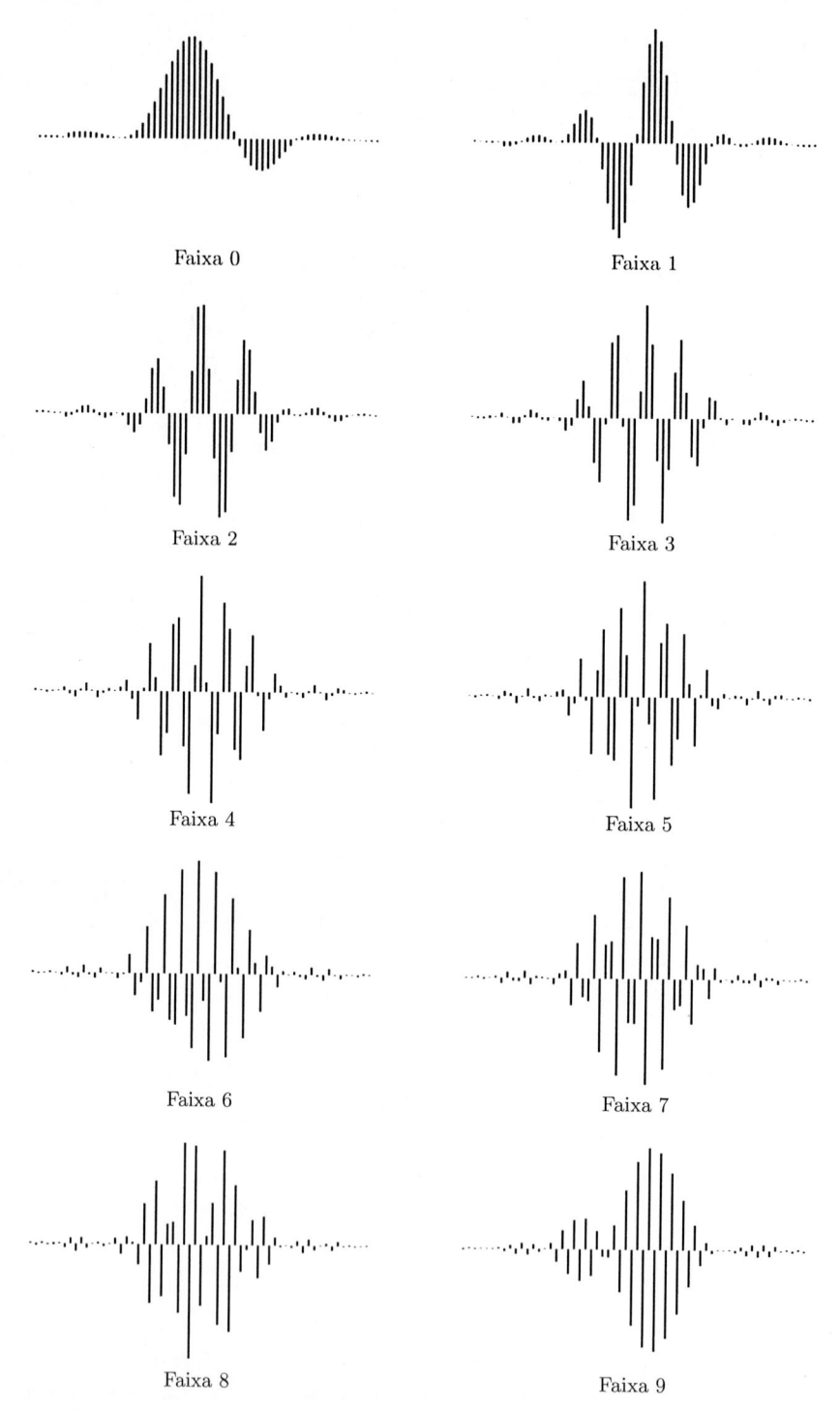

Faixa 4

Faixa 5

Faixa 6

Faixa 7

Faixa 8

Faixa 9

Figura 9.39 Respostas ao impulso dos filtros de análise de um banco de filtros modulados por cossenos de comprimento 60 com 10 faixas.

9.10 Transformadas com sobreposição

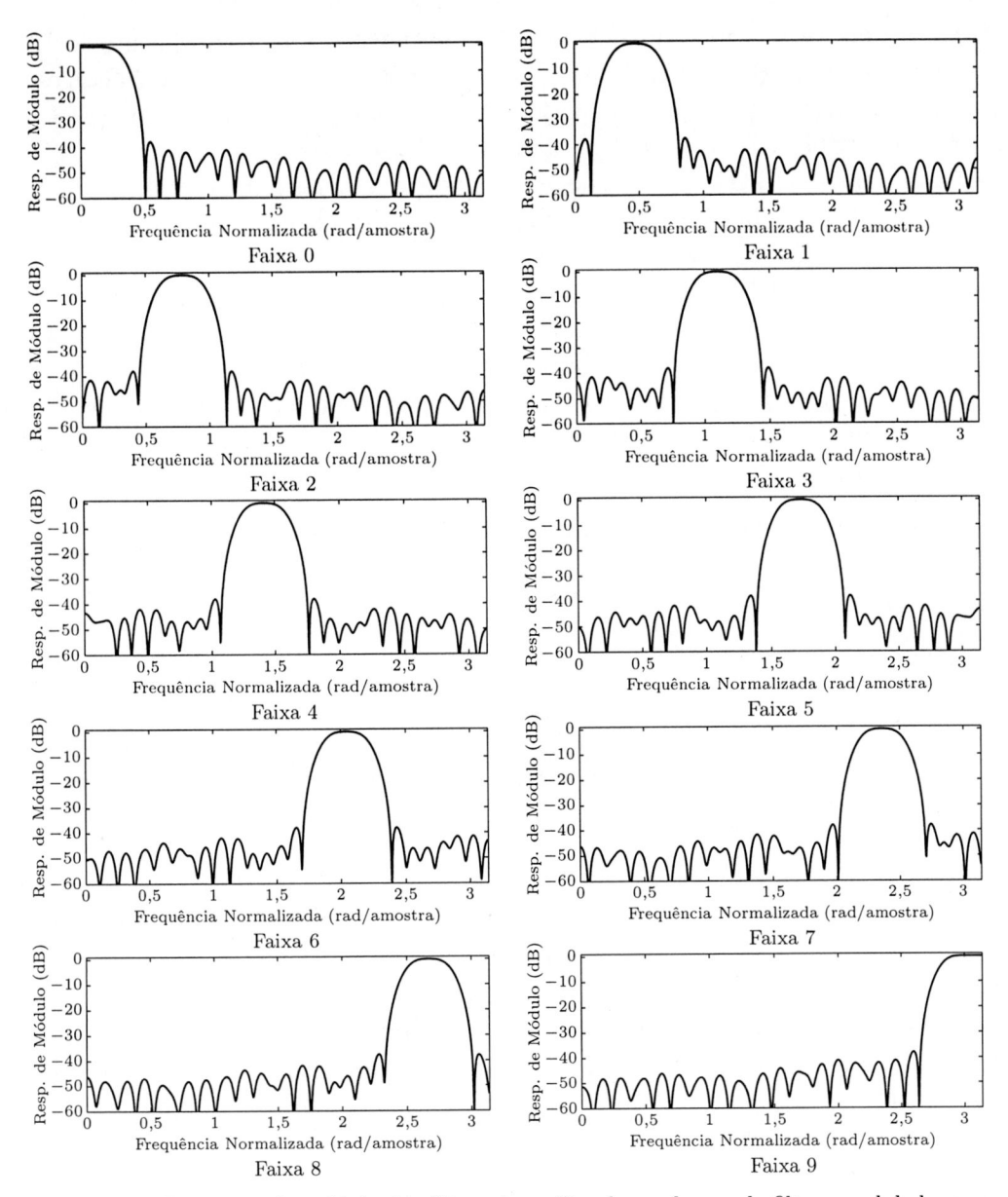

Figura 9.40 Respostas de módulo dos filtros de análise de um banco de filtros modulados por cossenos de comprimento 60 com 10 faixas.

de análise com fase linear e admitem implementação rápida. Os bancos de filtros baseados em LOT são membros da família dos bancos paraunitários de filtros FIR com fase linear, com reconstrução perfeita. Embora haja numerosos projetos possíveis para bancos de filtros com fase linear com reconstrução perfeita, o projeto baseado em LOT é simples de ser obtido e implementado. O termo

LOT se aplica aos casos em que os filtros de análise têm comprimento $2M$. Existem generalizações da LOT para filtros de análise e de síntese mais longos (com comprimento LM): as transformadas com sobreposição estendidas (ELT, do inglês *Extended Lapped Transforms*), propostas em Malvar (1992), e as LOT generalizadas (GenLOT), propostas em De Queiroz et al. (1996). A ELT é um banco de filtros modulados por cossenos, e não produz filtros de análise com fase linear. A GenLOT é uma boa escolha quando são requeridos filtros de análise longos com alta seletividade juntamente com fase linear.

Começamos esta seção discutindo brevemente o banco de filtros da LOT, em que os filtros de análise e de síntese têm comprimento $2M$.

Mais uma vez, como no caso dos bancos de filtros modulados por cossenos, os filtros de análise da LOT são dados por

$$\mathbf{e}(z) = \begin{bmatrix} H_0(z) \\ H_1(z) \\ \vdots \\ H_{M-1}(z) \end{bmatrix} = \begin{bmatrix} \hat{\mathbf{C}}_1 & \hat{\mathbf{C}}_2 \end{bmatrix} \begin{bmatrix} 1 \\ z^{-1} \\ \vdots \\ z^{-(2M-1)} \end{bmatrix} \tag{9.230}$$

ou, como na equação (9.205),

$$\mathbf{e}(z) = \begin{bmatrix} H_0(z) \\ H_1(z) \\ \vdots \\ H_{M-1}(z) \end{bmatrix} = (\hat{\mathbf{C}}_1 + z^{-M}\hat{\mathbf{C}}_2)\mathbf{d}(z) = \mathbf{E}(z^M)\mathbf{d}(z), \tag{9.231}$$

onde $\hat{\mathbf{C}}_1$ e $\hat{\mathbf{C}}_2$ são matrizes $M \times M$ do tipo DCT e $\mathbf{E}(z)$ é a matriz polifásica dos filtros de análise do banco. Observe que se $\hat{\mathbf{C}}_1$ é aplicada a um bloco de comprimento M, então, devido ao termo z^{-M}, a matriz $\hat{\mathbf{C}}_2$ é aplicada o bloco de comprimento M anterior. Em outras palavras, é como se fossem necessários dois blocos adjacentes para se computar a transformada de um dado bloco, ou seja, há uma sobreposição entre blocos no cálculo da transformada. A condição para reconstrução perfeita com matrizes polifásicas paraunitárias é que

$$\mathbf{R}(z) = z^{-\Delta}\mathbf{E}^{-1}(z) = z^{-\Delta}\mathbf{E}^T(z^{-1}). \tag{9.232}$$

Temos, então, o seguinte resultado.

PROPRIEDADE 9.2
A matriz polifásica dos filtros de análise do banco se torna paraunitária, para um filtro-protótipo de coeficientes reais, se as seguintes condições são satisfeitas:

$$\hat{\mathbf{C}}_1\hat{\mathbf{C}}_1^T + \hat{\mathbf{C}}_2\hat{\mathbf{C}}_2^T = \mathbf{I} \tag{9.233}$$

$$\hat{\mathbf{C}}_1\hat{\mathbf{C}}_2^T = \hat{\mathbf{C}}_2\hat{\mathbf{C}}_1^T = \mathbf{0}. \tag{9.234}$$

9.10 Transformadas com sobreposição

PROVA
Pela equação (9.231), temos que

$$\mathbf{E}(z) = \hat{\mathbf{C}}_1 + z^{-1}\hat{\mathbf{C}}_2. \qquad (9.235)$$

A reconstrução perfeita requer que $\mathbf{E}(z)\mathbf{E}^T(z^{-1}) = \mathbf{I}$. Portanto,

$$(\hat{\mathbf{C}}_1 + z^{-1}\hat{\mathbf{C}}_2)(\hat{\mathbf{C}}_1^T + z\hat{\mathbf{C}}_2^T) = \hat{\mathbf{C}}_1\hat{\mathbf{C}}_1^T + \hat{\mathbf{C}}_2\hat{\mathbf{C}}_2^T + z\hat{\mathbf{C}}_1\hat{\mathbf{C}}_2^T + z^{-1}\hat{\mathbf{C}}_2\hat{\mathbf{C}}_1^T = \mathbf{I}, \qquad (9.236)$$

e as equações (9.233) e (9.234) seguem diretamente.

□

A equação (9.233) implica que as linhas de $\hat{\mathbf{C}} = \begin{bmatrix} \hat{\mathbf{C}}_1 & \hat{\mathbf{C}}_2 \end{bmatrix}$ são ortogonais. Por sua vez, a equação (9.234) implica que as linhas de $\hat{\mathbf{C}}_1$ são ortogonais às linhas de $\hat{\mathbf{C}}_2$, o que é o mesmo que dizer que as caudas sobrepostas das funções de base da LOT são ortogonais.

Uma construção simples para as matrizes acima, baseada na DCT, que leva a filtros com fase linear pode ser obtida escolhendo-se

$$\hat{\mathbf{C}}_1 = \frac{1}{2}\begin{bmatrix} \mathbf{C}_e - \mathbf{C}_o \\ \mathbf{C}_e - \mathbf{C}_o \end{bmatrix} \qquad (9.237)$$

$$\hat{\mathbf{C}}_2 = \frac{1}{2}\begin{bmatrix} (\mathbf{C}_e - \mathbf{C}_o)\mathbf{J} \\ -(\mathbf{C}_e - \mathbf{C}_o)\mathbf{J} \end{bmatrix} = \frac{1}{2}\begin{bmatrix} \mathbf{C}_e + \mathbf{C}_o \\ -\mathbf{C}_e - \mathbf{C}_o \end{bmatrix}, \qquad (9.238)$$

onde $\mathbf{C}_e$ e $\mathbf{C}_o$ são matrizes $\frac{M}{2} \times M$ consistindo nas partes par e ímpar da base da DCT de comprimento M, respectivamente (veja a equação (9.190)). Observe que $\mathbf{C}_e\mathbf{J} = \mathbf{C}_e$ e $\mathbf{C}_o\mathbf{J} = -\mathbf{C}_o$, porque as funções-base pares são simétricas e as ímpares são antissimétricas. O leitor pode verificar facilmente que a escolha acima satisfaz as relações (9.233) e (9.234). Com isso, podemos construir uma LOT inicial cuja matriz polifásica, como na equação (9.235), é dada por

$$\mathbf{E}(z) = \frac{1}{2}\begin{bmatrix} \mathbf{C}_e - \mathbf{C}_o + z^{-1}(\mathbf{C}_e - \mathbf{C}_o)\mathbf{J} \\ \mathbf{C}_e - \mathbf{C}_o - z^{-1}(\mathbf{C}_e - \mathbf{C}_o)\mathbf{J} \end{bmatrix} = \frac{1}{2}\begin{bmatrix} \mathbf{I} & z^{-1}\mathbf{I} \\ \mathbf{I} & -z^{-1}\mathbf{I} \end{bmatrix}\begin{bmatrix} \mathbf{I} & -\mathbf{I} \\ \mathbf{I} & \mathbf{I} \end{bmatrix}\begin{bmatrix} \mathbf{C}_e \\ \mathbf{C}_o \end{bmatrix}. \qquad (9.239)$$

Essa expressão sugere a estrutura da Figura 9.41 para a implementação do banco de filtros da LOT. Tal estrutura consiste na implementação das componentes polifásicas do filtro protótipo usando uma matriz baseada na DCT seguida por várias matrizes ortogonais $\mathbf{T}_0, \mathbf{T}_1, \ldots, \mathbf{T}_{M/2-2}$, que são discutidas a seguir. Na verdade, podemos pré-multiplicar o lado direito da equação (9.239) por uma

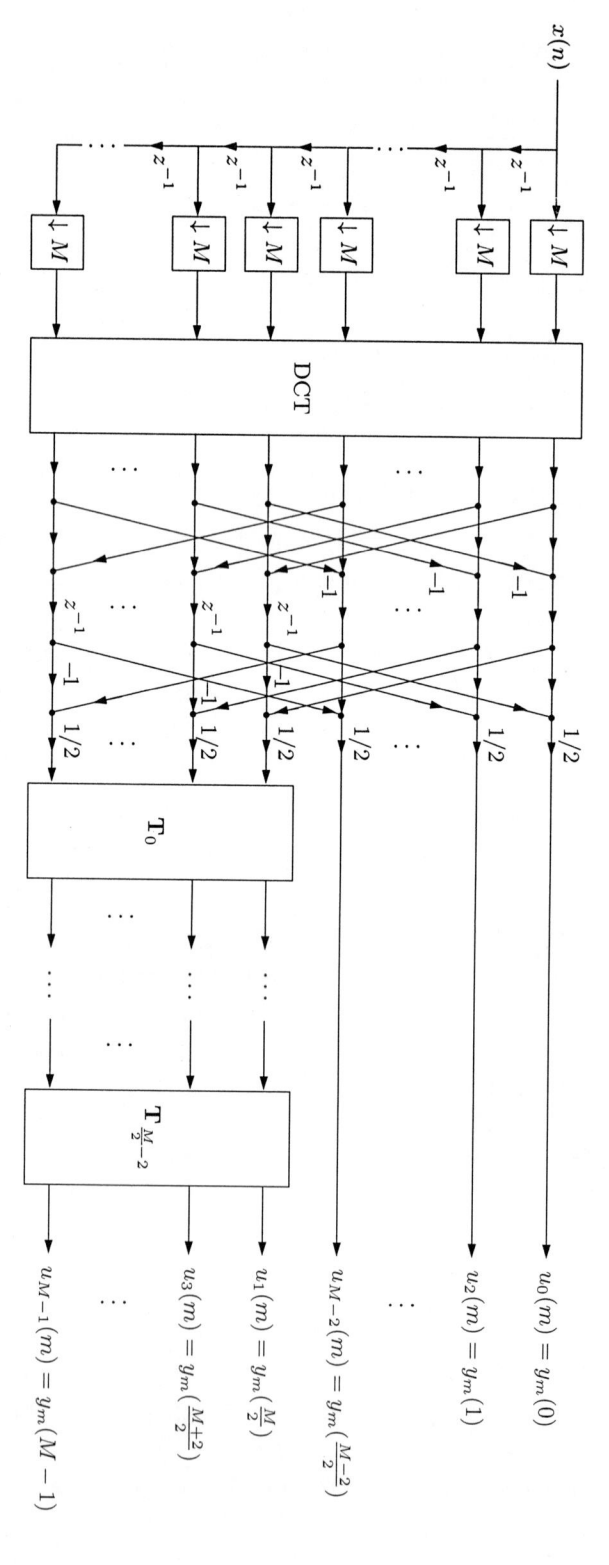

Figura 9.41 Implementação da transformada ortogonal com sobreposição.

9.10 Transformadas com sobreposição

matriz ortogonal $\mathbf{L}_1$ e ainda manter as condições para reconstrução perfeita.[4] A matriz polifásica é, então, dada por

$$\mathbf{E}(z) = \frac{1}{2}\mathbf{L}_1 \begin{bmatrix} \mathbf{I} & z^{-1}\mathbf{I} \\ \mathbf{I} & -z^{-1}\mathbf{I} \end{bmatrix} \begin{bmatrix} \mathbf{I} & -\mathbf{I} \\ \mathbf{I} & \mathbf{I} \end{bmatrix} \begin{bmatrix} \mathbf{C}_e \\ \mathbf{C}_o \end{bmatrix}. \qquad (9.240)$$

A construção básica da LOT apresentada acima equivale à proposta em Malvar (1992), que utiliza uma formulação por transformada de blocos para gerar transformadas com sobreposição. Observe que, na formulação por transformada de blocos, a equação (9.230) equivale a uma transformada de blocos cuja matriz de transformação $\mathbf{L}_{\text{LOT}}$ é igual a $\begin{bmatrix} \hat{\mathbf{C}}_1 & \hat{\mathbf{C}}_2 \end{bmatrix}$. Com referência à Figura 9.29, é importante ressaltar que, como a matriz de transformação $\mathbf{L}_{\text{LOT}}$ tem dimensões $M \times 2M$, para se calcularem os coeficientes $y_j(k)$ da transformada de um bloco B_j, são necessárias as amostras $x_j(m)$ e $x_{j+1}(m)$ dos blocos B_j e B_{j+1}, respectivamente. O termo 'transformada com sobreposição' decorre do fato de que o bloco B_{j+1} é necessário ao cálculo de $y_j(k)$ e $y_{j+1}(k)$, ou seja, as transformadas dos dois blocos se sobrepõem. Isso é expresso formalmente pela seguinte equação:

$$\begin{bmatrix} y_j(0) \\ \vdots \\ y_j(M-1) \end{bmatrix} = \mathbf{L}_{\text{LOT}} \begin{bmatrix} x_j(0) \\ \vdots \\ x_j(M-1) \\ x_{j+1}(0) \\ \vdots \\ x_{j+1}(M-1) \end{bmatrix}$$

$$= \begin{bmatrix} \hat{\mathbf{C}}_1 & \hat{\mathbf{C}}_2 \end{bmatrix} \begin{bmatrix} x_j(0) \\ \vdots \\ x_j(M-1) \\ x_{j+1}(0) \\ \vdots \\ x_{j+1}(M-1) \end{bmatrix}$$

$$= \hat{\mathbf{C}}_1 \begin{bmatrix} x_j(0) \\ \vdots \\ x_j(M-1) \end{bmatrix} + \hat{\mathbf{C}}_2 \begin{bmatrix} x_{j+1}(0) \\ \vdots \\ x_{j+1}(M-1) \end{bmatrix}. \qquad (9.241)$$

---

[4] Pode-se ver facilmente que as equações (9.233) e (9.234) permanecem válidas se $\hat{\mathbf{C}}_1$ e $\hat{\mathbf{C}}_2$ são pré-multiplicadas por uma matriz ortogonal. Entretanto, $\mathbf{L}_1$ não deve destruir a simetria ou a antissimetria da resposta ao impulso dos filtros de análise.

A formulação de Malvar para a LOT difere um pouco daquela expressa pelas equações (9.230)–(9.240). Na verdade, Malvar começa com uma matriz ortogonal baseada na DCT com a seguinte forma:

$$\mathbf{L}_0 = \frac{1}{2} \begin{bmatrix} \mathbf{C}_e - \mathbf{C}_o & (\mathbf{C}_e - \mathbf{C}_o)\mathbf{J} \\ \mathbf{C}_e - \mathbf{C}_o & -(\mathbf{C}_e - \mathbf{C}_o)\mathbf{J} \end{bmatrix}. \tag{9.242}$$

A escolha não é aleatória. Primeiramente, ela satisfaz as condições das equações (9.233) e (9.234). Além disso, a primeira metade das funções de base é de funções simétricas, enquanto a segunda é de funções antissimétricas, mantendo, desse modo, a fase linear, como desejado. A escolha de $\mathbf{L}_0$ com base na DCT é a chave para a geração de um algoritmo de implementação rápida. Começando com $\mathbf{L}_0$, podemos gerar uma família de filtros de análise mais seletivos, da seguinte forma:

$$\mathbf{L}_{\text{LOT}} = \begin{bmatrix} \hat{\mathbf{C}}_1 & \hat{\mathbf{C}}_2 \end{bmatrix} = \mathbf{L}_1 \mathbf{L}_0, \tag{9.243}$$

onde a matriz $\mathbf{L}_1$ deve ser ortogonal e também permitir implementação rápida. Usualmente, a matriz $\mathbf{L}_1$ é da forma

$$\mathbf{L}_1 = \begin{bmatrix} \mathbf{I} & \mathbf{0} \\ \mathbf{0} & \mathbf{L}_2 \end{bmatrix}, \tag{9.244}$$

onde $\mathbf{L}_2$ é uma matriz quadrada de dimensão $\frac{M}{2}$ consistindo de um conjunto de rotações no plano. Mais especificamente,

$$\mathbf{L}_2 = \mathbf{T}_{\frac{M}{2}-2} \cdots \mathbf{T}_1 \mathbf{T}_0, \tag{9.245}$$

onde

$$\mathbf{T}_i = \begin{bmatrix} \mathbf{I}_i & 0 & 0 \\ 0 & \mathbf{Y}(\theta_i) & 0 \\ 0 & 0 & \mathbf{I}_{M/2-2-i} \end{bmatrix} \tag{9.246}$$

e

$$\mathbf{Y}(\theta_i) = \begin{bmatrix} \cos\theta_i & -\operatorname{sen}\theta_i \\ \operatorname{sen}\theta_i & \cos\theta_i \end{bmatrix}. \tag{9.247}$$

Os ângulos de rotação θ_i são otimizados para maximizar o ganho de codificação, quando se usa o banco de filtros nos codificadores em subfaixas, ou com o fim de aumentar a seletividade dos filtros de análise e síntese (Malvar, 1992). Como na multiplicação por $\mathbf{T}_i$ somente as amostras i e $i+1$ são modificadas, um diagrama de fluxo de sinal que a implementa é como se vê na Figura 9.42.

9.10 Transformadas com sobreposição

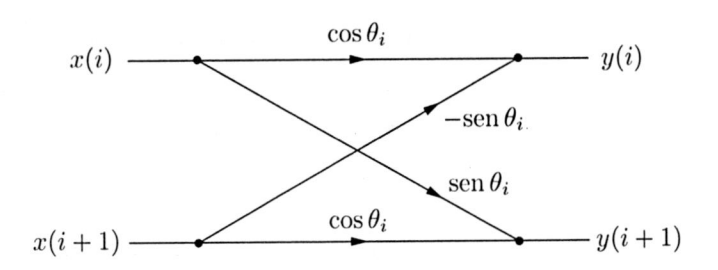

Figura 9.42 Implementação da multiplicação por $\mathbf{T}_i$.

Fazendo referência à Figura 9.41 e à equação (9.244), pode-se ver que na equação (9.243) as linhas da matriz $\mathbf{L}_{\text{LOT}}$ não são organizadas na ordem das frequências—na verdade, as primeiras $M/2$ linhas correspondem às faixas pares e as últimas $M/2$ linhas correspondem às faixas ímpares.

Uma implementação simples de LOT rápida que não admite qualquer tipo de otimização consiste em, no lugar de implementar $\mathbf{L}_2$ como uma cascata de rotações $\mathbf{T}_i$, implementá-la como uma cascata de matrizes quadradas de dimensão $\hat{M} = M/2$ composta de DCTs do Tipo II e do Tipo IV (Malvar, 1992) (veja a Seção 3.6.4), cujos elementos são, pela equação (3.219) e pela Tabela 3.1,

$$c_{l,n} = \alpha_{\hat{M}}(l)\sqrt{\frac{2}{\hat{M}}} \cos\left[(2l+1)\frac{\pi}{2\hat{M}}(n)\right] \quad (9.248)$$

e

$$c_{l,n} = \sqrt{\frac{2}{\hat{M}}} \cos\left[(2l+1)\frac{\pi}{2\hat{M}}\left(n+\frac{1}{2}\right)\right], \quad (9.249)$$

respectivamente, onde $\alpha_{\hat{M}}(l) = 1/\sqrt{2}$ para $l = 0$ ou $l = \hat{M}$, e $\alpha_{\hat{M}}(l) = 1$ em caso contrário. A implementação é rápida porque as DCTs dos Tipos II e IV têm algoritmos rápidos.

EXEMPLO 9.11
Projete um banco de filtros com $M = 10$ subfaixas usando a LOT rápida.

SOLUÇÃO
O comprimento dos filtros de análise e de síntese deve ser $(N+1) = 2M = 20$. Portanto, usamos como base para este projeto uma matriz de DCT de ordem $M = 10$, cujas funções de base são dadas pela equação (9.190) no Exemplo 9.9 como

$$c_k(m) = \alpha(k)\cos\left[\frac{\pi(2m+1)k}{20}\right], \quad (9.250)$$

onde $\alpha(0) = \sqrt{1/20}$ e $\alpha(k) = \sqrt{1/10}$, para $k = 1, 2, \ldots, 9$.

Bancos de filtros

Tabela 9.2 *Coeficientes de $h(0)$ a $h(9)$ do filtro de análise da faixa 0 da LOT rápida.*

$h(0) = -6{,}2740\text{E}-02$	$h(4) = 1{,}2313\text{E}-01$	$h(7) = 3{,}1623\text{E}-01$
$h(1) = -4{,}1121\text{E}-02$	$h(5) = 1{,}9309\text{E}-01$	$h(8) = 3{,}5735\text{E}-01$
$h(2) = -2{,}7756\text{E}-17$	$h(6) = 2{,}5963\text{E}-01$	$h(9) = 3{,}7897\text{E}-01$
$h(3) =5{,}6599\text{E}-02$		

Portanto, as matrizes $M/2 \times M$ $\mathbf{C}_e$ e $\mathbf{C}_o$ são

$$\mathbf{C}_e = \begin{bmatrix} c_0(0) & c_0(1) & c_0(2) & c_0(3) & c_0(4) & c_0(5) & c_0(6) & c_0(7) & c_0(8) & c_0(9) \\ c_2(0) & c_2(1) & c_2(2) & c_2(3) & c_2(4) & c_2(5) & c_2(6) & c_2(7) & c_2(8) & c_2(9) \\ c_4(0) & c_4(1) & c_4(2) & c_4(3) & c_4(4) & c_4(5) & c_4(6) & c_4(7) & c_4(8) & c_4(9) \\ c_6(0) & c_6(1) & c_6(2) & c_6(3) & c_6(4) & c_6(5) & c_6(6) & c_6(7) & c_6(8) & c_6(9) \\ c_8(0) & c_8(1) & c_8(2) & c_8(3) & c_8(4) & c_8(5) & c_8(6) & c_8(7) & c_8(8) & c_8(9) \end{bmatrix} \tag{9.251}$$

$$\mathbf{C}_o = \begin{bmatrix} c_1(0) & c_1(1) & c_1(2) & c_1(3) & c_1(4) & c_1(5) & c_1(6) & c_1(7) & c_1(8) & c_1(9) \\ c_3(0) & c_3(1) & c_3(2) & c_3(3) & c_3(4) & c_3(5) & c_3(6) & c_3(7) & c_3(8) & c_3(9) \\ c_5(0) & c_5(1) & c_5(2) & c_5(3) & c_5(4) & c_5(5) & c_5(6) & c_5(7) & c_5(8) & c_5(9) \\ c_7(0) & c_7(1) & c_7(2) & c_7(3) & c_7(4) & c_7(5) & c_7(6) & c_7(7) & c_7(8) & c_7(9) \\ c_9(0) & c_9(1) & c_9(2) & c_9(3) & c_9(4) & c_9(5) & c_9(6) & c_9(7) & c_9(8) & c_9(9) \end{bmatrix} \tag{9.252}$$

e a matriz $\mathbf{L}_0$ pode ser construída usando-se a equação (9.242). Para o projeto da LOT rápida, usamos uma matriz $\mathbf{L}_1$ fatorável composta pela cascata de uma transformada $\mathbf{C}^{\text{II}}$ e uma transformada $\mathbf{C}^{\text{IV}}$ transposta em sua porção inferior, para permitir implementação rápida, ou seja,

$$\mathbf{L}_1 = \begin{bmatrix} \mathbf{I} & \mathbf{0} \\ \mathbf{0} & \mathbf{L}_2 \end{bmatrix} = \begin{bmatrix} \mathbf{I} & \mathbf{0} \\ \mathbf{0} & \mathbf{C}^{\text{II}} \end{bmatrix} \begin{bmatrix} \mathbf{I} & \mathbf{0} \\ \mathbf{0} & \mathbf{C}^{\text{IV}^T} \end{bmatrix}, \tag{9.253}$$

onde $\mathbf{C}^{\text{II}}$ e $\mathbf{C}^{\text{IV}}$ são matrizes quadradas de dimensão $M/2 = 5$, definidas na equação (3.219) e na Tabela 3.1.

As respostas ao impulso dos filtros de análise resultantes, determinadas pela equação (9.230) com $\hat{\mathbf{C}}_1$ e $\hat{\mathbf{C}}_2$ definidas conforme as equações (9.237) e (9.238), respectivamente, são mostradas na Figura 9.43. Os coeficientes dos filtros de análise são dados pelas linhas de $\mathbf{L}_{\text{LOT}}$, que é definida na equação (9.243). Os coeficientes do primeiro filtro de análise são listados na Tabela 9.2. Novamente, devido à propriedade da fase linear, somente metade dos coeficientes são mostrados.

9.10 Transformadas com sobreposição

A Figura 9.44 representa as respostas de módulo normalizadas dos filtros de análise do banco de filtros da LOT rápida. As respostas ao impulso e de módulo dos filtros de análise são mostradas nas Figuras 9.43 e 9.44 na ordem crescente da posição do pico da resposta de módulo. △

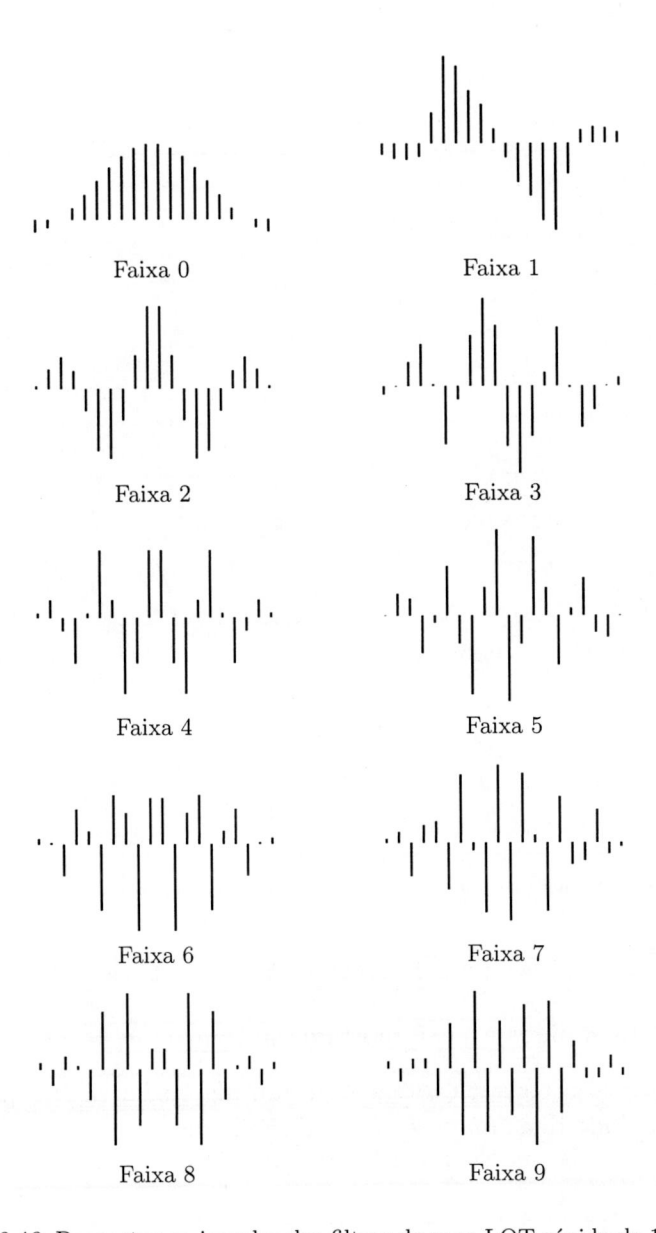

Figura 9.43 Respostas ao impulso dos filtros de uma LOT rápida de 10 faixas.

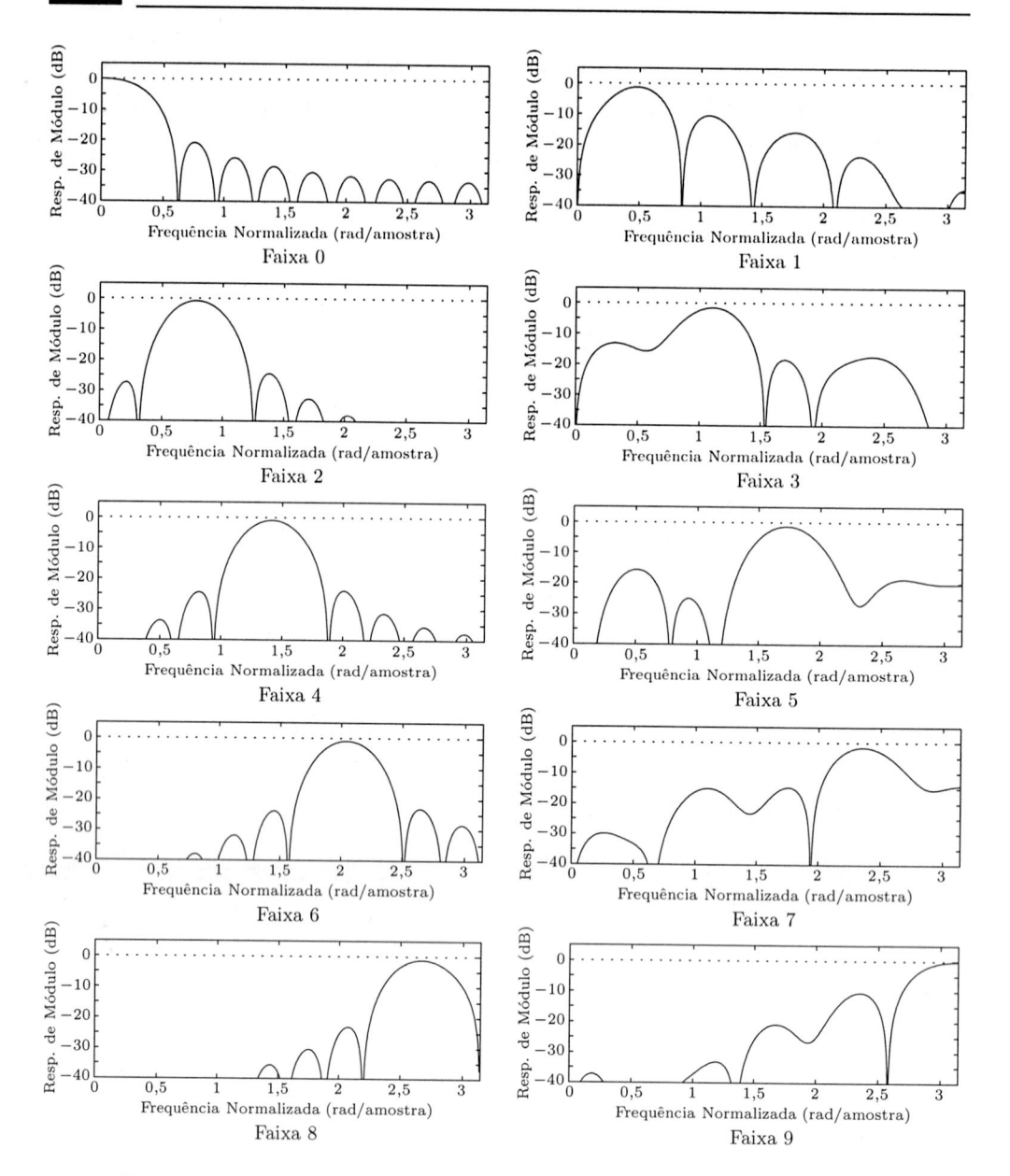

Figura 9.44 Respostas de módulo dos filtros de uma LOT rápida de 10 faixas.

9.10.1 Algoritmos rápidos e LOT biortogonal

Apresentamos agora a construção geral de um algoritmo rápido para a LOT. Começamos definindo duas matrizes $\hat{\mathbf{C}}_3$ e $\hat{\mathbf{C}}_4$ tais que

$$\hat{\mathbf{C}}_1 = \hat{\mathbf{C}}_3 \hat{\mathbf{C}}_4 \tag{9.254}$$

$$\hat{\mathbf{C}}_2 = (\mathbf{I} - \hat{\mathbf{C}}_3)\hat{\mathbf{C}}_4. \tag{9.255}$$

9.10 Transformadas com sobreposição

Usando essas relações, é imediato mostrar, usando a equação (9.235), que as componentes polifásicas do filtro de análise podem ser escritas como

$$\mathbf{E}(z) = [\hat{\mathbf{C}}_3 + z^{-1}(\mathbf{I} - \hat{\mathbf{C}}_3)]\hat{\mathbf{C}}_4. \tag{9.256}$$

A solução inicial para a matriz da LOT discutida anteriormente pode ser analisada à luz dessa formulação geral. A equação (9.256) sugere a implementação da Figura 9.45. Após algumas manipulações, as matrizes da descrição polifásica anteriores correspondentes à matriz da LOT dada pela equação (9.242) são dadas por

$$\hat{\mathbf{C}}_3 = \frac{1}{2}\begin{bmatrix} \mathbf{I} & \mathbf{I} \\ \mathbf{I} & \mathbf{I} \end{bmatrix} \tag{9.257}$$

$$\hat{\mathbf{C}}_4 = \frac{1}{2}\begin{bmatrix} \mathbf{C}_e - \mathbf{C}_o + (\mathbf{C}_e - \mathbf{C}_o)\mathbf{J} \\ \mathbf{C}_e - \mathbf{C}_o - (\mathbf{C}_e - \mathbf{C}_o)\mathbf{J} \end{bmatrix} = \begin{bmatrix} \mathbf{C}_e \\ -\mathbf{C}_o \end{bmatrix}. \tag{9.258}$$

Pode-se ver que na LOT dada pelas equações (9.257) e (9.258), as matrizes $\hat{\mathbf{C}}_3$ e $\hat{\mathbf{C}}_4$ têm algoritmos para implementação rápida, e a Figura 9.45 conduz à Figura 9.41. Na verdade, havendo algoritmos para implementação rápida de $\hat{\mathbf{C}}_3$ e $\hat{\mathbf{C}}_4$, a LOT terá algoritmo rápido.

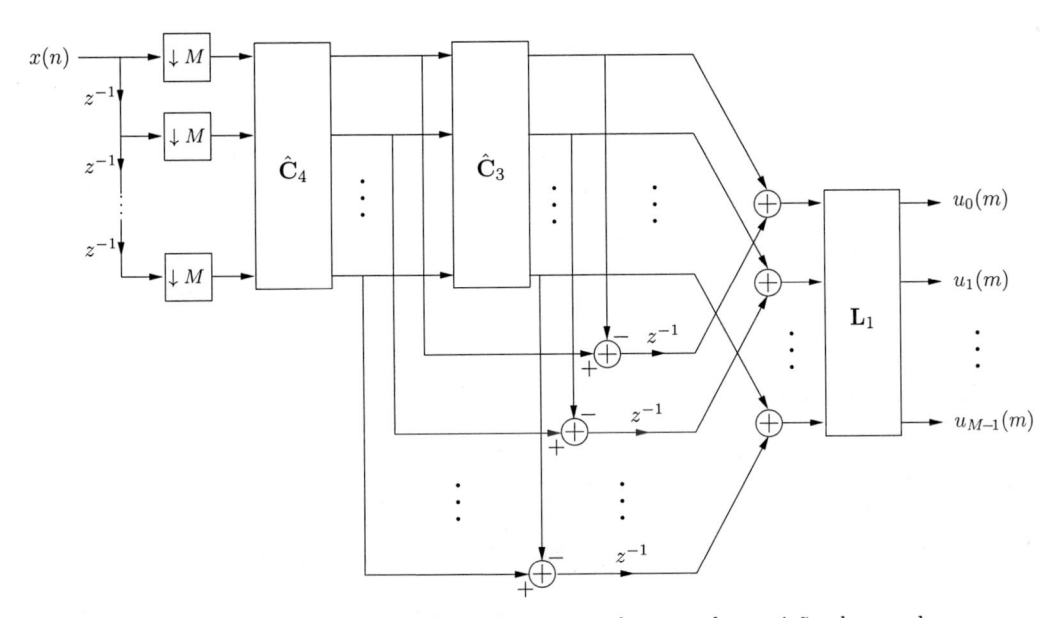

Figura 9.45 Implementação da transformada ortogonal com sobreposição de acordo com a formulação geral da equação (9.256).

Transformadas com sobreposição biortogonais podem ser construídas usando-se a formulação da equação (9.256), se $\hat{\mathbf{C}}_3$ é escolhida de forma que $\hat{\mathbf{C}}_3\hat{\mathbf{C}}_3 = \hat{\mathbf{C}}_3$, a matriz $\hat{\mathbf{C}}_4$ é não-singular e não-ortogonal e a matriz polifásica $\mathbf{R}(z)$ é tal que

$$\mathbf{R}(z) = \hat{\mathbf{C}}_4^{-1}[z^{-1}\hat{\mathbf{C}}_3 + (\mathbf{I} - \hat{\mathbf{C}}_3)]. \tag{9.259}$$

EXEMPLO 9.12

Mostre a estrutura da transformada com sobreposição de duas faixas que realiza o banco de filtros cujo filtro passa-baixas de análise é

$$H_0(z) = -z^{-3} + 3z^{-2} + 3z^{-1} - 1, \tag{9.260}$$

especificando o valor de cada coeficiente da estrutura. Determine o filtro passa-altas de análise correspondente.

SOLUÇÃO

Como $M = 2$, a matriz de DCT terá a seguinte forma:

$$\begin{bmatrix} \mathbf{C}_e \\ \mathbf{C}_o \end{bmatrix} = \begin{bmatrix} 1/\sqrt{2} & 1/\sqrt{2} \\ \cos(\pi/4) & \cos(3\pi/4) \end{bmatrix} = \frac{1}{\sqrt{2}} \begin{bmatrix} 1 & 1 \\ 1 & -1 \end{bmatrix}, \tag{9.261}$$

de forma que

$$\mathbf{C}_e = \begin{bmatrix} 1/\sqrt{2} & 1/\sqrt{2} \end{bmatrix}; \quad \mathbf{C}_o = \begin{bmatrix} 1/\sqrt{2} & -1/\sqrt{2} \end{bmatrix}. \tag{9.262}$$

Uma vez que o banco de filtros da transformada com sobreposição tem duas faixas e a estrutura desejada precisa ter fase linear, então não existe solução ortogonal não-trivial para esse caso particular, isto é, $\mathbf{E}^T(z^{-1}) \neq \mathbf{E}^{-1}(z)$.

Uma opção é procurar soluções biortogonais como as dadas pelas equações (9.256) e (9.259), o que exige que $\hat{\mathbf{C}}_4$ seja escolhida como uma matriz não-ortogonal genérica 2×2. Outra opção é usar uma matriz $\hat{\mathbf{C}}_4$ ortogonal e aplicar uma matriz não-ortogonal $\mathbf{P}$ na entrada da Figura 9.45 para obter reconstrução perfeita. Nesse caso, podemos escolher $\hat{\mathbf{C}}_3$ e $\hat{\mathbf{C}}_4$ conforme as equações (9.257) e (9.258), respectivamente, ou seja:

$$\hat{\mathbf{C}}_3 = \frac{1}{2}\begin{bmatrix} 1 & 1 \\ 1 & 1 \end{bmatrix} \tag{9.263}$$

$$\hat{\mathbf{C}}_4 = \frac{1}{\sqrt{2}}\begin{bmatrix} 1 & 1 \\ -1 & 1 \end{bmatrix}, \tag{9.264}$$

9.10 Transformadas com sobreposição

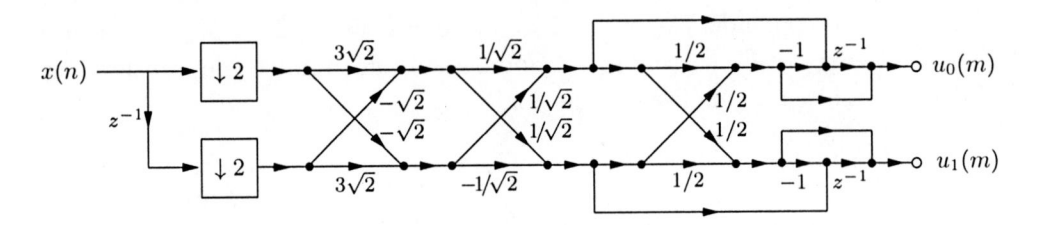

Figura 9.46 Implementação da transformada com sobreposição.

de forma que

$$\hat{\mathbf{C}}_3\hat{\mathbf{C}}_3 = \frac{1}{4}\begin{bmatrix} 2 & 2 \\ 2 & 2 \end{bmatrix} = \hat{\mathbf{C}}_3. \tag{9.265}$$

A fim de se obter uma solução biortogonal, a matriz

$$\hat{\mathbf{P}} = \begin{bmatrix} \hat{p}_{00} & \hat{p}_{01} \\ \hat{p}_{10} & \hat{p}_{11} \end{bmatrix} \tag{9.266}$$

é aplicada antes de $\hat{\mathbf{C}}_4$ no diagrama de blocos do filtro de análise, pós--multiplicando $\hat{\mathbf{C}}_4$, como se segue:

$$\begin{aligned}
\mathbf{E}(z) &= \left[\hat{\mathbf{C}}_3 + z^{-1}(\mathbf{I} - \hat{\mathbf{C}}_3)\right]\hat{\mathbf{C}}_4\hat{\mathbf{P}} \\
&= \left(\frac{1}{2}\begin{bmatrix} 1 & 1 \\ 1 & 1 \end{bmatrix} + z^{-1}\frac{1}{2}\begin{bmatrix} 1 & -1 \\ -1 & 1 \end{bmatrix}\right)\left(\frac{1}{\sqrt{2}}\begin{bmatrix} 1 & 1 \\ -1 & 1 \end{bmatrix}\begin{bmatrix} \hat{p}_{00} & \hat{p}_{01} \\ \hat{p}_{10} & \hat{p}_{11} \end{bmatrix}\right) \\
&= \frac{1}{2\sqrt{2}}\left(\begin{bmatrix} 0 & 2 \\ 0 & 2 \end{bmatrix} + z^{-1}\begin{bmatrix} 2 & 0 \\ -2 & 0 \end{bmatrix}\right)\begin{bmatrix} \hat{p}_{00} & \hat{p}_{01} \\ \hat{p}_{10} & \hat{p}_{11} \end{bmatrix} \\
&= \frac{1}{\sqrt{2}}\begin{bmatrix} z^{-1} & 1 \\ -z^{-1} & 1 \end{bmatrix}\begin{bmatrix} \hat{p}_{00} & \hat{p}_{01} \\ \hat{p}_{10} & \hat{p}_{11} \end{bmatrix} \\
&= \frac{1}{\sqrt{2}}\begin{bmatrix} \hat{p}_{00}z^{-1} + \hat{p}_{10} & \hat{p}_{01}z^{-1} + \hat{p}_{11} \\ -\hat{p}_{00}z^{-1} + \hat{p}_{10} & -\hat{p}_{01}z^{-1} + \hat{p}_{11} \end{bmatrix}. \tag{9.267}
\end{aligned}$$

Como as componentes polifásicas de $H_0(z)$ devem ser $E_{00}(z) = -1 + 3z^{-1}$ e $E_{01}(z) = 3 - z^{-1}$, a equação anterior implica que

$$\frac{1}{\sqrt{2}}\begin{bmatrix} \hat{p}_{00}z^{-1} + \hat{p}_{10} & \hat{p}_{01}z^{-1} + \hat{p}_{11} \\ -\hat{p}_{00}z^{-1} + \hat{p}_{10} & -\hat{p}_{01}z^{-1} + \hat{p}_{11} \end{bmatrix} = \begin{bmatrix} -1 + 3z^{-1} & 3 - z^{-1} \\ E_{10}(z) & E_{11}(z) \end{bmatrix}, \tag{9.268}$$

de forma que escolhendo $\hat{p}_{00} = 3\sqrt{2} = \hat{p}_{11}$ e $\hat{p}_{01} = -\sqrt{2} = \hat{p}_{10}$, chega-se a $E_{10}(z) = -1 - 3z^{-1}$ e $E_{11}(z) = 3 + z^{-1}$. Como resultado, a função de transferência do filtro passa-altas de análise é dada por

$$H_1(z) = -1 + 3z^{-1} - 3z^{-2} + z^{-3}. \tag{9.269}$$

A estrutura resultante é representada na Figura 9.46. △

9.10.2 LOT generalizada

A formulação descrita na seção anterior pode ser estendida para a obtenção das transformadas com sobreposição generalizadas em suas formas ortogonal e biortogonal. Essas transformadas permitem a sobreposição de múltiplos blocos de comprimento M. A abordagem descrita aqui segue de perto a de De Queiroz et al. (1996).

As transformadas com sobreposição generalizadas (GenLOT) também podem ser construídas se as matrizes polifásicas forem projetadas como

$$\mathbf{E}(z) = \prod_{j=1}^{L} \left\{ \begin{bmatrix} \mathbf{L}_{3,j} & \mathbf{0} \\ \mathbf{0} & \mathbf{L}_{2,j} \end{bmatrix} [\hat{\mathbf{C}}_{3,j} + z^{-1}(\mathbf{I} - \hat{\mathbf{C}}_{3,j})] \right\} \hat{\mathbf{C}}_4 \tag{9.270}$$

$$\mathbf{R}(z) = \hat{\mathbf{C}}_4^{-1} \prod_{j=1}^{L} \left\{ [z^{-1}\hat{\mathbf{C}}_{3,j} + (\mathbf{I} - \hat{\mathbf{C}}_{3,j})] \begin{bmatrix} \mathbf{L}_{3,j}^{-1} & \mathbf{0} \\ \mathbf{0} & \mathbf{L}_{2,j}^{-1} \end{bmatrix} \right\}. \tag{9.271}$$

GenLOTs biortogonais são obtidas escolhendo-se $\hat{\mathbf{C}}_{3,j}$ tal que $\hat{\mathbf{C}}_{3,j}\hat{\mathbf{C}}_{3,j} = \hat{\mathbf{C}}_{3,j}$. As condições para reconstrução perfeita seguem diretamente das definições dadas nas equações (9.270) e (9.271).

Para se obter a GenLOT é necessário ainda que $\hat{\mathbf{C}}_4^T \hat{\mathbf{C}}_4 = \mathbf{I}$, $\mathbf{L}_{3,j}^T \mathbf{L}_{3,j} = \mathbf{I}$ e $\mathbf{L}_{2,j}^T \mathbf{L}_{2,j} = \mathbf{I}$. Se escolhemos $\hat{\mathbf{C}}_3$ e $\hat{\mathbf{C}}_4$ conforme as equações (9.257) e (9.258), então temos uma GenLOT válida com algoritmo rápido na seguinte forma:

$$\mathbf{E}(z) = \prod_{j=1}^{L} \left(\frac{1}{2} \begin{bmatrix} \mathbf{L}_{3,j} & \mathbf{0} \\ \mathbf{0} & \mathbf{L}_{2,j} \end{bmatrix} \begin{bmatrix} \mathbf{I} + z^{-1}\mathbf{I} & \mathbf{I} - z^{-1}\mathbf{I} \\ \mathbf{I} - z^{-1}\mathbf{I} & \mathbf{I} + z^{-1}\mathbf{I} \end{bmatrix} \right) \hat{\mathbf{C}}_4$$

$$= \prod_{j=1}^{L} \left(\frac{1}{2} \begin{bmatrix} \mathbf{L}_{3,j} & \mathbf{0} \\ \mathbf{0} & \mathbf{L}_{2,j} \end{bmatrix} \begin{bmatrix} \mathbf{I} & \mathbf{I} \\ \mathbf{I} & -\mathbf{I} \end{bmatrix} \begin{bmatrix} \mathbf{I} & \mathbf{0} \\ \mathbf{0} & z^{-1}\mathbf{I} \end{bmatrix} \begin{bmatrix} \mathbf{I} & \mathbf{I} \\ \mathbf{I} & -\mathbf{I} \end{bmatrix} \right) \hat{\mathbf{C}}_4$$

$$= \prod_{j=1}^{L} (\mathbf{K}_j) \hat{\mathbf{C}}_4. \tag{9.272}$$

Se, para obtermos um algoritmo rápido, fixamos $\hat{\mathbf{C}}_4$ como na equação (9.258), os graus de liberdade para se projetar o banco de filtros são as escolhas das matrizes

9.10 Transformadas com sobreposição

$\mathbf{L}_{3,j}$ e $\mathbf{L}_{2,j}$, que devem ser obrigatoriamente matrizes reais e ortogonais para que se chegue a uma GenLOT válida. A eficiência em termos de complexidade computacional é altamente dependente de quão rapidamente podemos calcular essas matrizes.

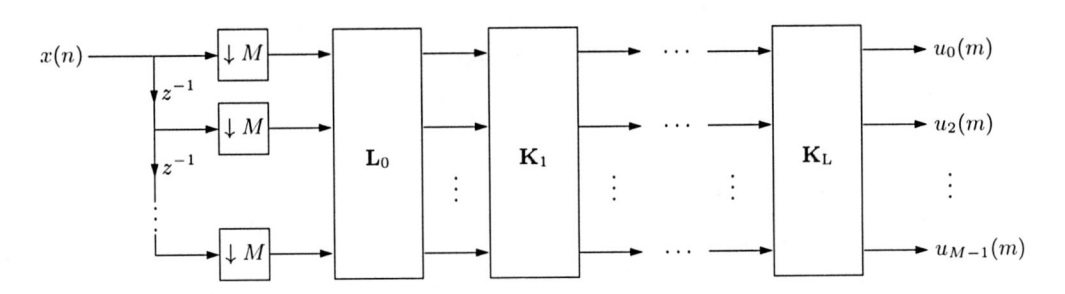

Figura 9.47 Implementação da GenLOT.

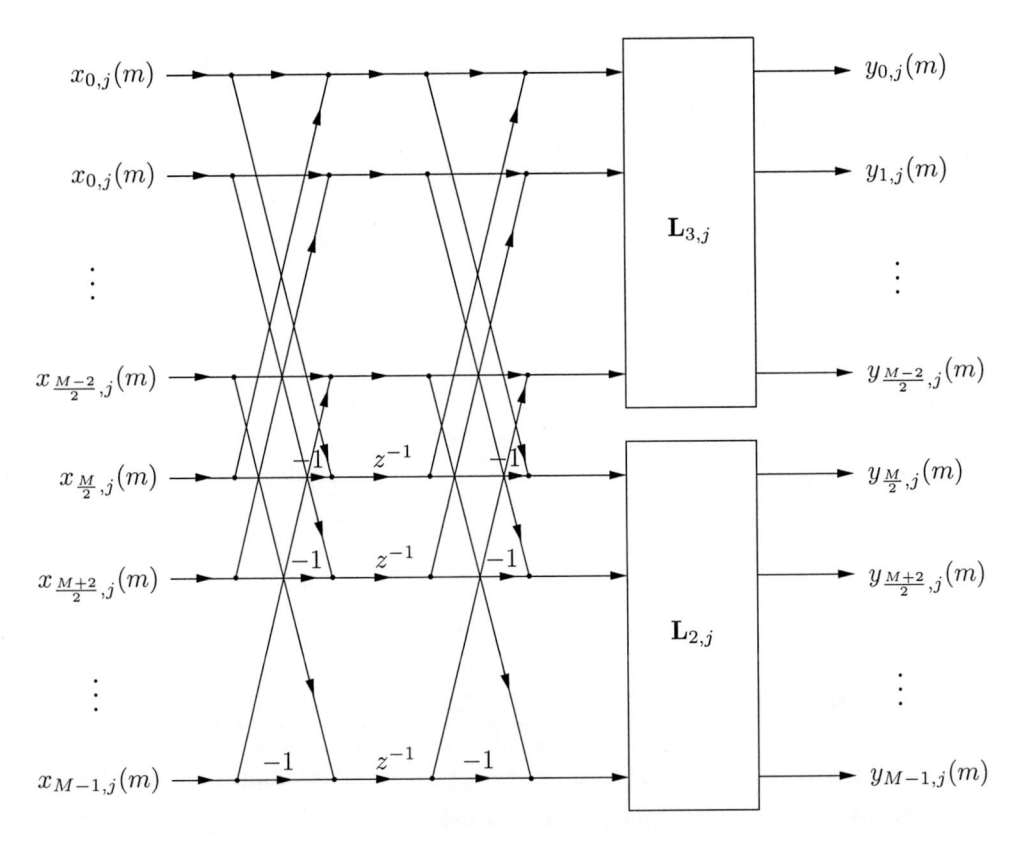

Figura 9.48 Implementação dos blocos componentes da GenLOT, $\mathbf{K}_j$.

A equação (9.272) sugere a estrutura da Figura 9.47 para a implementação do banco de filtros da GenLOT. Essa estrutura consiste na implementação da matriz $\mathbf{L}_0$ em cascata com um conjunto de blocos similares, denotados como $\mathbf{K}_j$. A estrutura para implementação de cada $\mathbf{K}_j$ é representada na Figura 9.48.

Na formulação apresentada aqui, os comprimentos dos subfiltros são forçados a ser múltiplos do número de subfaixas. Uma formulação mais geral para o projeto de subfiltros com comprimentos arbitrários é proposta em Tran *et al.* (2000).

Faixa 0

Faixa 1

Faixa 2

Faixa 3

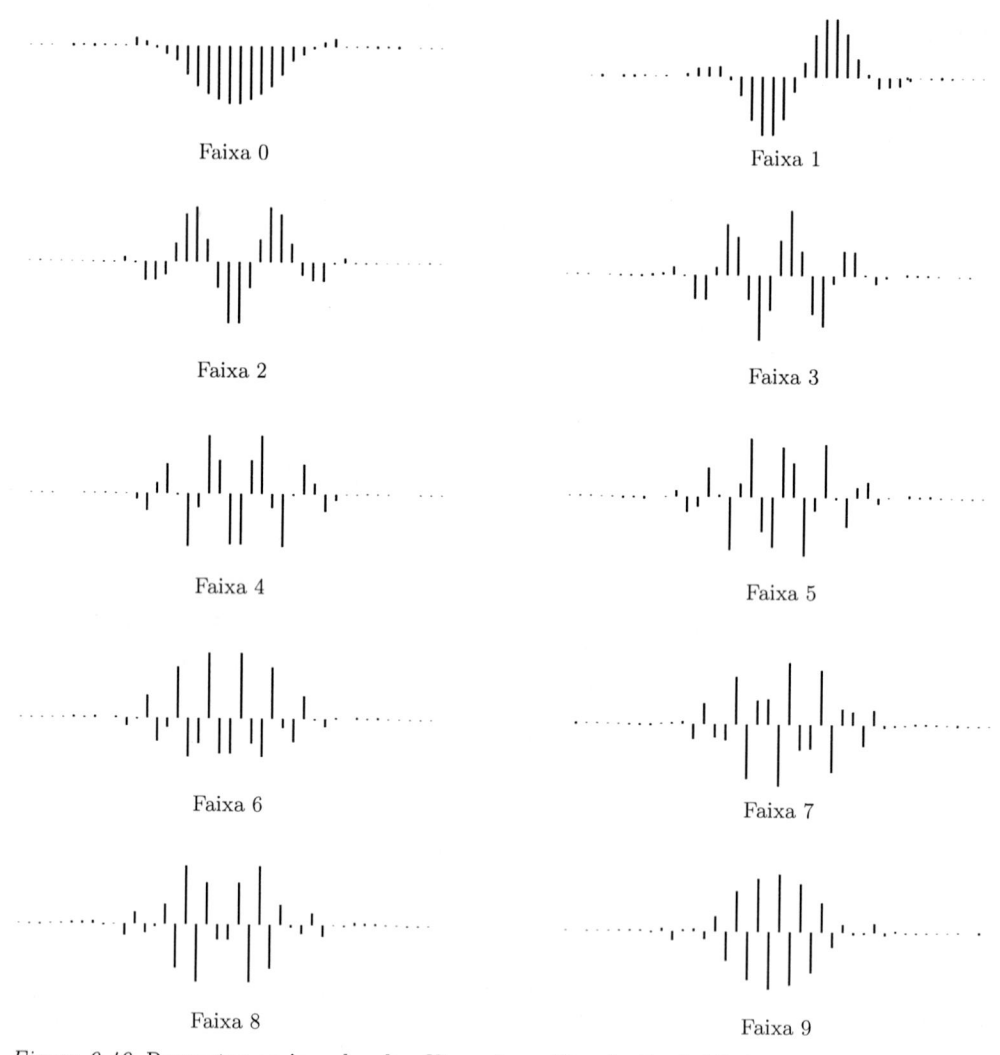

Faixa 4

Faixa 5

Faixa 6

Faixa 7

Faixa 8

Faixa 9

Figura 9.49 Respostas ao impulso dos filtros de análise da GenLOT de comprimento 40 com 10 faixas.

9.10 Transformadas com sobreposição

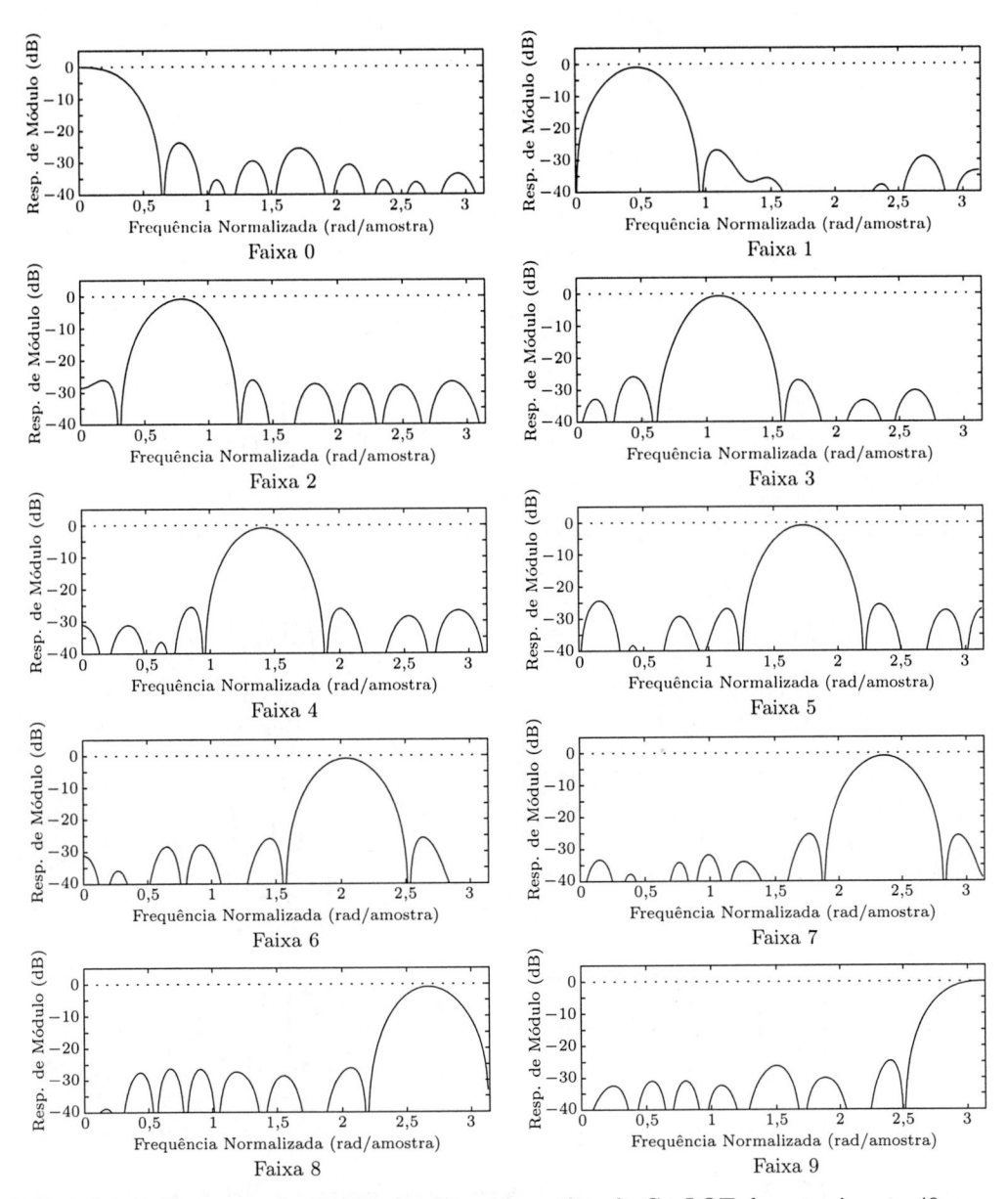

Figura 9.50 Respostas de módulo dos filtros de análise da GenLOT de comprimento 40 com 10 faixas.

As respostas ao impulso e de módulo normalizadas de uma GenLOT ortogonal de comprimento 40 com $M = 10$ subfaixas são mostradas nas Figuras 9.49 e 9.50, respectivamente. A Tabela 9.3 lista os coeficientes do primeiro filtro de análise. Novamente, devido à propriedade da fase linear, somente metade dos coeficientes são mostrados.

Tabela 9.3 *Coeficientes de $h(0)$ a $h(19)$ do filtro de análise da faixa 0 da GenLOT.*

$h(0) = -0,000734$	$h(7) = 0,006070$	$h(14) = -0,096310$
$h(1) = -0,001258$	$h(8) = 0,004306$	$h(15) = -0,191556$
$h(2) = 0,000765$	$h(9) = 0,003363$	$h(16) = -0,268528$
$h(3) = 0,000017$	$h(10) = 0,053932$	$h(17) = -0,318912$
$h(4) = 0,000543$	$h(11) = 0,030540$	$h(18) = -0,354847$
$h(5) = 0,005950$	$h(12) = -0,013838$	$h(19) = -0,383546$
$h(6) = 0,000566$	$h(13) = -0,055293$	

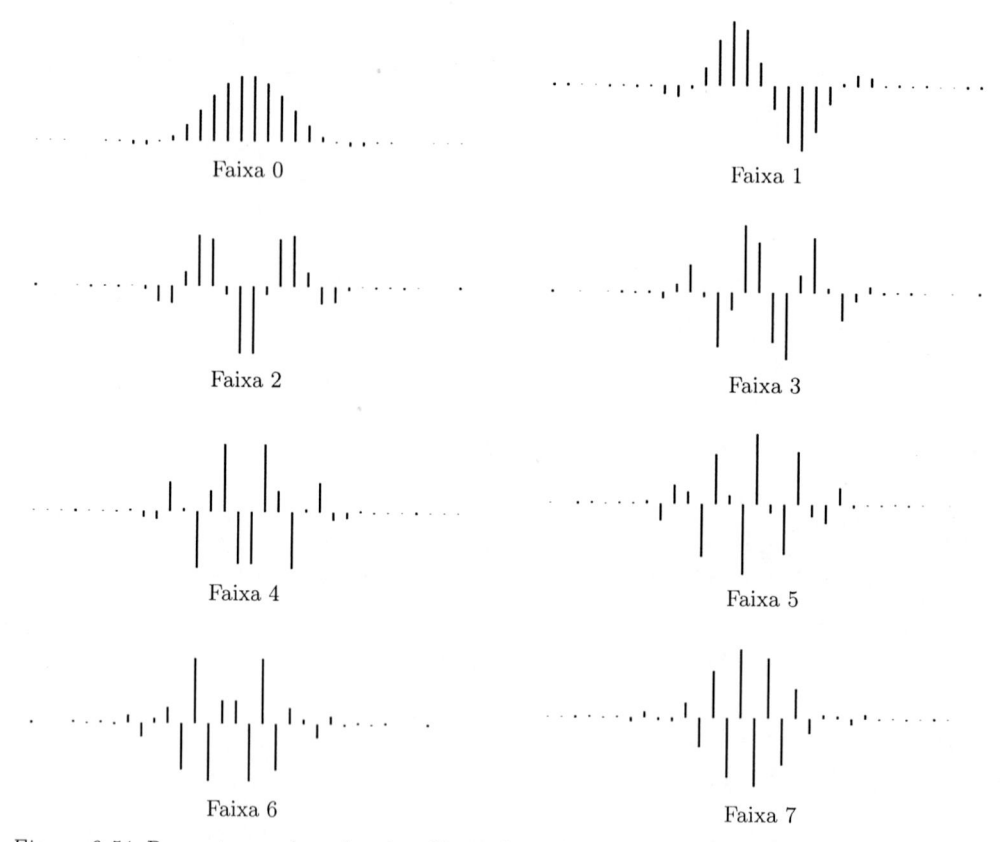

Faixa 0   Faixa 1

Faixa 2   Faixa 3

Faixa 4   Faixa 5

Faixa 6   Faixa 7

Figura 9.51 Respostas ao impulso dos filtros de análise do banco de filtros da transformada biortogonal com sobreposição de comprimento 32 com oito faixas.

As Figuras 9.51–9.54 caracterizam uma transformada biortogonal com sobreposição de comprimento 32 e fase linear com $M = 8$ subfaixas. Nesse caso, os coeficientes do primeiro filtro de análise e do primeiro filtro de síntese são listados na Tabela 9.4. As Figuras 9.51 e 9.52 caracterizam os filtros de análise nos domínios do tempo e da frequência, respectivamente. Descrições similares para os filtros de síntese são mostradas nas Figuras 9.53 e 9.54.

9.11 Faça você mesmo: bancos de filtros

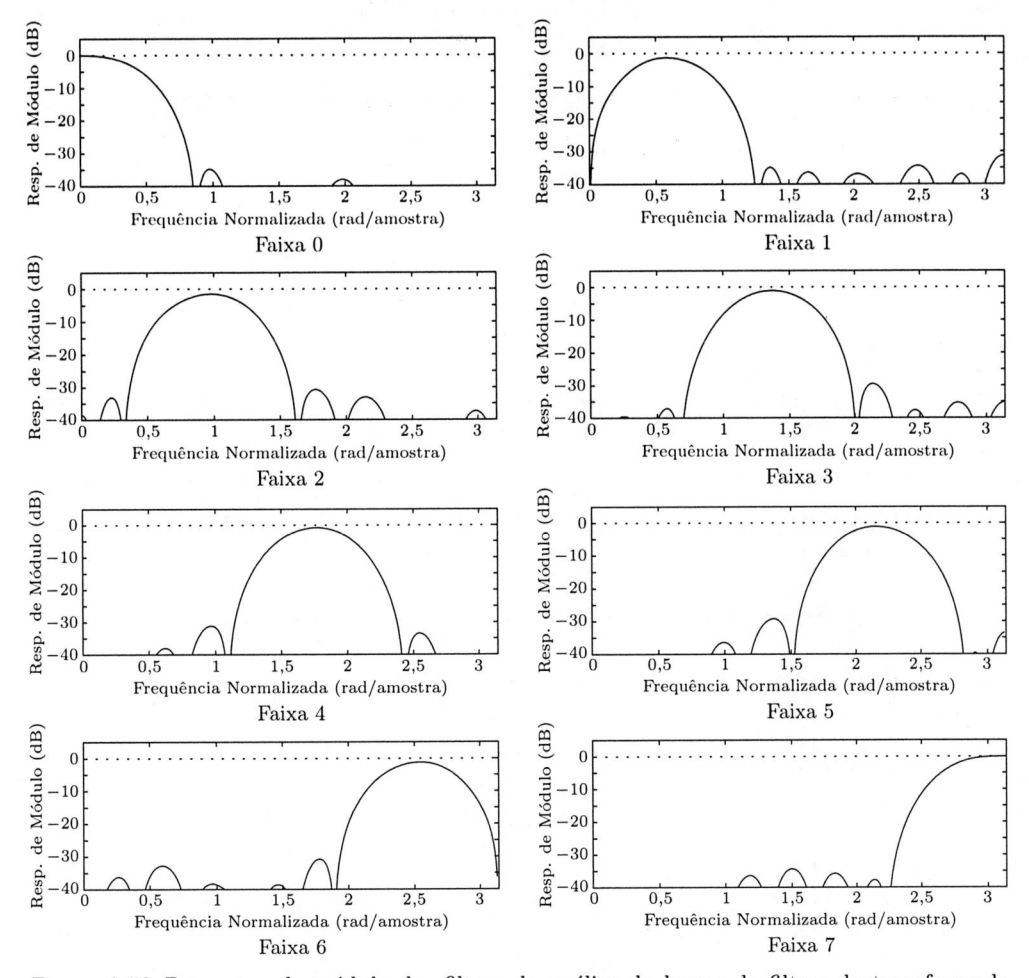

Figura 9.52 Respostas de módulo dos filtros de análise do banco de filtros da transformada biortogonal com sobreposição de comprimento 32 com oito faixas.

9.11 Faça você mesmo: bancos de filtros

Experimento 9.1

Aqui projetaremos um banco de CQF de terceira ordem. Começamos projetando o filtro-produto $P(z)$ usando um transformador de Hilbert como na equação (9.170):

$$P(z) = \frac{1}{2}\left(1 + \frac{\delta_{\text{hb}}}{2} - jH_{\text{h}}(-jz)\right). \tag{9.273}$$

Bancos de filtros

Tabela 9.4 *Coeficientes de $h(0)$ a $h(15)$ dos filtros de análise e de síntese da faixa 0 da transformada biortogonal com sobreposição.*

Filtro de Análise		
$h(0) = 0{,}000541$	$h(6) = -0{,}005038$	$h(11) = 0{,}104544$
$h(1) = -0{,}000688$	$h(7) = -0{,}023957$	$h(12) = 0{,}198344$
$h(2) = -0{,}001211$	$h(8) = -0{,}026804$	$h(13) = 0{,}293486$
$h(3) = -0{,}000078$	$h(9) = -0{,}005171$	$h(14) = 0{,}369851$
$h(4) = -0{,}000030$	$h(10) = 0{,}032177$	$h(15) = 0{,}415475$
$h(5) = -0{,}003864$		

Filtro de síntese		
$h(0) = 0{,}000329$	$h(6) = -0{,}011460$	$h(11) = 0{,}125759$
$h(1) = -0{,}000320$	$h(7) = -0{,}027239$	$h(12) = 0{,}255542$
$h(2) = -0{,}001866$	$h(8) = -0{,}036142$	$h(13) = 0{,}359832$
$h(3) = -0{,}000146$	$h(9) = -0{,}023722$	$h(14) = 0{,}408991$
$h(4) = -0{,}004627$	$h(10) = 0{,}019328$	$h(15) = 0{,}425663$
$h(5) = -0{,}004590$		

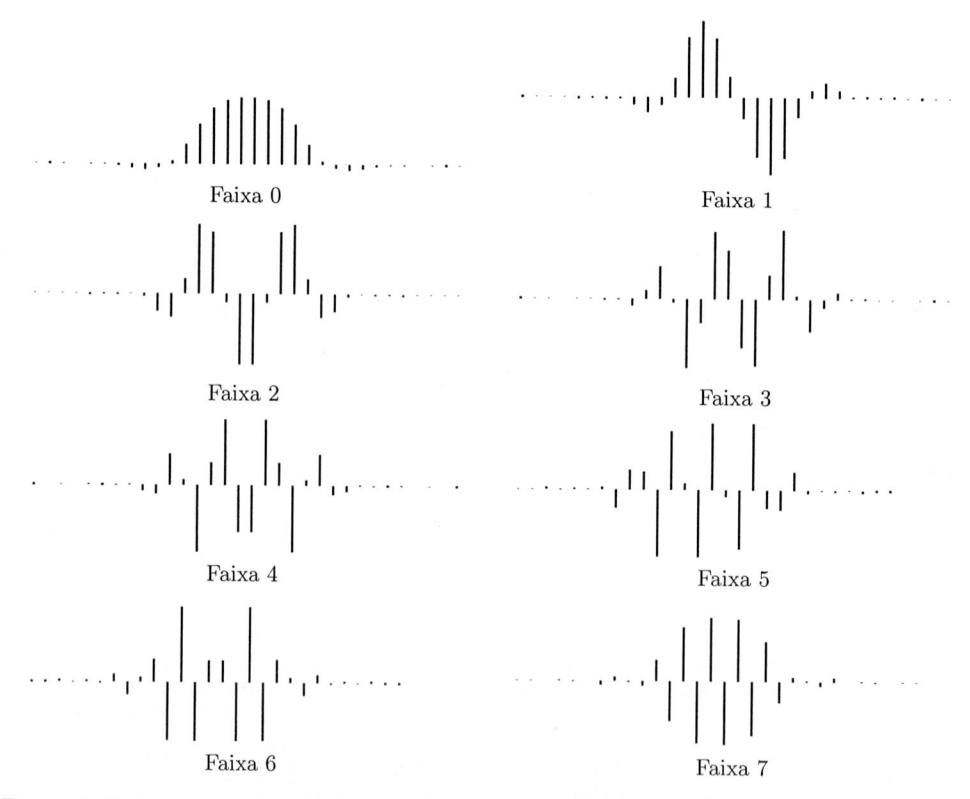

Figura 9.53 Respostas ao impulso dos filtros de síntese do banco de filtros da transformada biortogonal com sobreposição de comprimento 32 com oito faixas.

9.11 Faça você mesmo: bancos de filtros

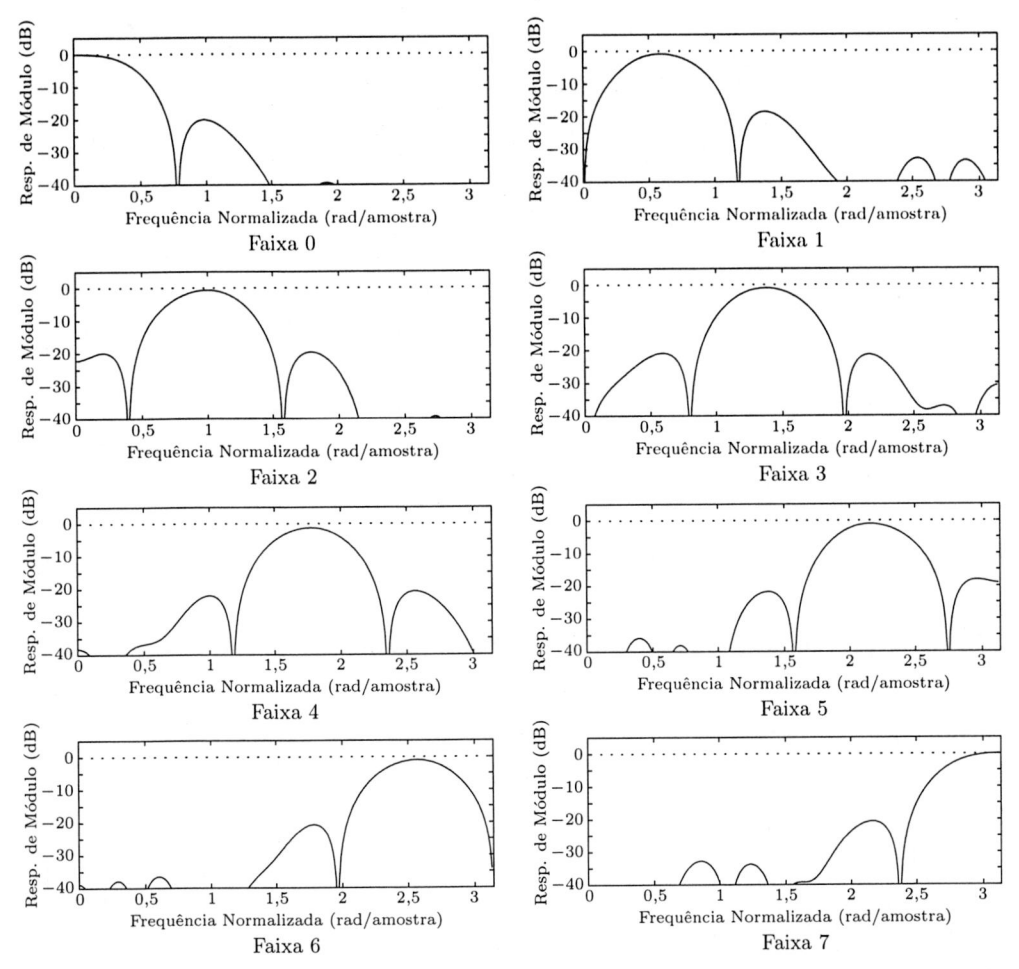

Figura 9.54 Respostas ao impulso dos filtros de síntese do banco de filtros da transformada biortogonal com sobreposição de comprimento 32 com oito faixas.

Pela equação (5.18), a resposta ao impulso de um transformador de Hilbert ideal é

$$h(n) = \begin{cases} 0, & \text{para } n = 0 \\ \dfrac{1}{\pi n}\left[1 - (-1)^n\right], & \text{para } n \neq 0. \end{cases} \quad (9.274)$$

Como o banco de CQF deve ter ordem 3, então o filtro-produto $P(z)$ deve ter ordem 6, assim como o transformador de Hilbert. Aplicando uma janela retangular à resposta ao impulso ideal, a função de transferência de um transformador de Hilbert de sexta ordem é

$$H_{\text{h}}(z) = \frac{2}{\pi}\left(-\frac{1}{3}z^3 - z + z^{-1} + \frac{1}{3}z^{-3}\right). \quad (9.275)$$

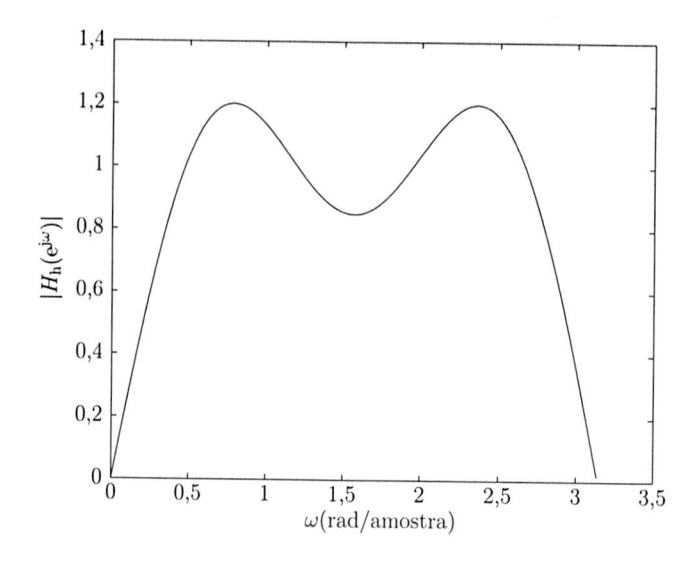

Figura 9.55 Resposta de módulo do transformador de Hilbert de ordem 6 do Experimento 9.1.

Podemos representar graficamente sua resposta de módulo usando os comandos em MATLAB

```
hh = (2/pi)*[-1/3 0 -1 0 1 0 1/3];
[Hh,w] = freqz(hh);
plot(w,abs(Hh));
```

e obter a Figura 9.55.

Observamos na Figura 9.55 que a resposta de módulo do transformador de Hilbert tem dois máximos. Podemos calculá-los em MATLAB usando os comandos

```
maxHh = max(abs(Hh));
freqmax = w(find(abs(Hh)==maxHh))/pi;
```

obtemos dessa forma o valor `maxHh = 1.2004` para os máximos, nas frequências $\pi/4$ e $3\pi/4$. Alternativamente, podemos calculá-los de forma analítica, a partir de $H_h(e^{j\omega})$, como

$$H_h(e^{j\omega}) = \frac{2}{\pi}\left(-\frac{1}{3}e^{j3\omega} - e^{j\omega} + e^{-j\omega} + \frac{1}{3}e^{-j3\omega}\right) = -\frac{4j}{\pi}\left(\frac{1}{3}\operatorname{sen}3\omega + \operatorname{sen}\omega\right). \tag{9.276}$$

Nos máximos, devemos ter

$$\frac{dH_h(e^{j\omega})}{d\omega} = -\frac{4j}{\pi}\left(\cos 3\omega + \cos\omega\right)$$

$$= -\frac{4j}{\pi}\left(4\cos^3\omega - 3\cos\omega + \cos\omega\right)$$

9.11 Faça você mesmo: bancos de filtros

$$= -\frac{4j}{\pi} \cos\omega \left(4\cos^2\omega - 2\right)$$
$$= 0 \qquad (9.277)$$

e, então,

$$\begin{cases} \cos\omega = 0 \\ \cos\omega = \pm\dfrac{\sqrt{2}}{2} \end{cases} \Rightarrow \begin{cases} \omega = \dfrac{\pi}{2} + k\pi, & k \in \mathbb{Z} \\ \omega = \pm\dfrac{\pi}{4} + k\pi, & k \in \mathbb{Z}. \end{cases} \qquad (9.278)$$

Como

$$\left.\begin{array}{l} H_h(e^{j\pi/2}) = -\dfrac{4j}{\pi}\left(\dfrac{1}{3}\operatorname{sen}\dfrac{3\pi}{2} + \operatorname{sen}\dfrac{\pi}{2}\right) = -\dfrac{8j}{3\pi} \\[2mm] H_h(e^{j\pi/4}) = -\dfrac{4j}{\pi}\left(\dfrac{1}{3}\operatorname{sen}\dfrac{3\pi}{4} + \operatorname{sen}\dfrac{\pi}{4}\right) = -\dfrac{8\sqrt{2}j}{3\pi} \\[2mm] H_h(e^{j3\pi/4}) = -\dfrac{4j}{\pi}\left(\dfrac{1}{3}\operatorname{sen}\dfrac{9\pi}{4} + \operatorname{sen}\dfrac{3\pi}{4}\right) = -\dfrac{8\sqrt{2}j}{3\pi} \end{array}\right\}, \qquad (9.279)$$

confirmamos que os máximos de $|H_h(e^{j\omega})|$ ocorrem em $\omega = \pi/4$ e $\omega = 3\pi/4$, atingindo o valor $8\sqrt{2}/3\pi \approx 1{,}2004$.

Portanto, uma vez que $P(e^{j\omega})$ tem que ser não-negativo, o valor de $\delta_{hb}/2$ na equação (9.273) deve ser tal que

$$1 + \frac{\delta_{hb}}{2} = \frac{8\sqrt{2}}{3\pi}. \qquad (9.280)$$

Com esse valor, o filtro-produto $P(z)$ se torna

$$P(z) = \frac{1}{2}\left(\frac{8\sqrt{2}}{3\pi} - jH_h(-jz)\right)$$
$$= \frac{4\sqrt{2}}{3\pi} - j\frac{1}{\pi}\left[-\frac{1}{3}(-jz)^3 - (-jz) + (-jz)^{-1} + \frac{1}{3}(-jz)^{-3}\right]$$
$$= \frac{1}{3\pi}\left(-z^3 + 3z + 4\sqrt{2} + 3z^{-1} - z^{-3}\right). \qquad (9.281)$$

Contudo, para esse filtro-produto $P(z)$, temos que

$$P(z) + P(-z) = \frac{8\sqrt{2}}{3\pi} \neq 2. \qquad (9.282)$$

Portanto, como para o banco de CQF precisamos ter, pela equação (9.166), $P(z) + P(-z) = 2$, então o filtro-produto tem que ser normalizado por $3\pi/4\sqrt{2}$, o que fornece

$$P(z) = \frac{1}{4\sqrt{2}}\left(-z^3 + 3z + 4\sqrt{2} + 3z^{-1} - z^{-3}\right). \qquad (9.283)$$

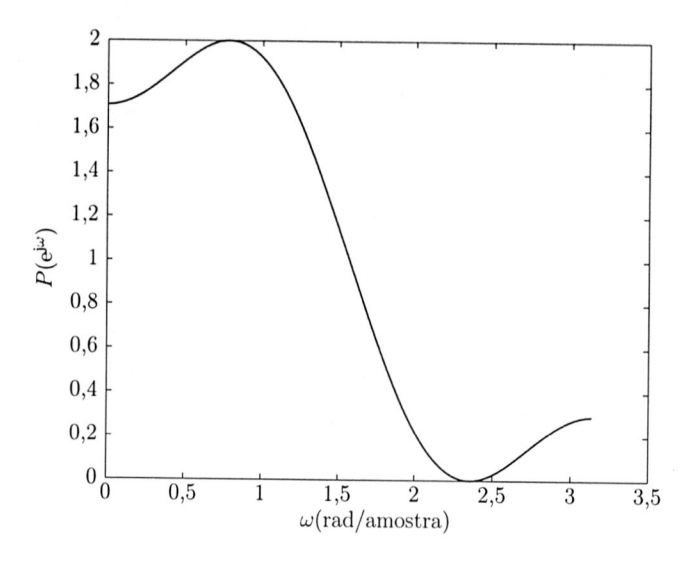

Figura 9.56 Gráfico da resposta na frequência do filtro-produto $P(e^{j\omega})$ do Experimento 9.1.

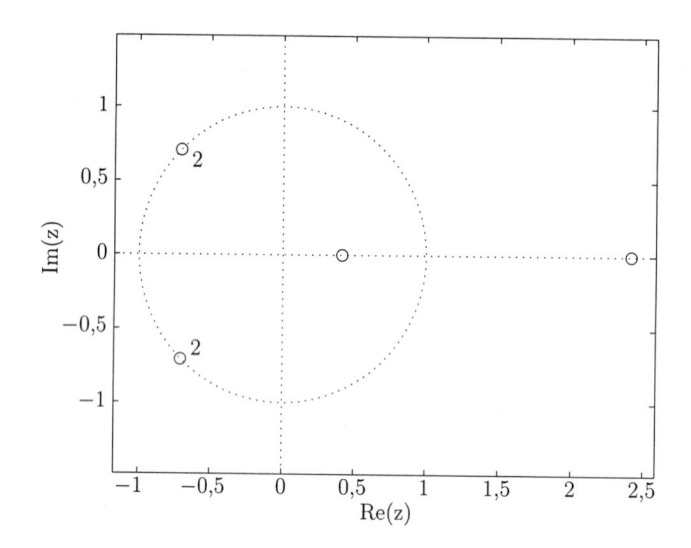

Figura 9.57 Zeros do filtro-produto $P(z)$ do Experimento 9.1.

A resposta na frequência correspondente $P(e^{j\omega})$ pode ser representada graficamente em MATLAB como se segue (observe que, como $P(z)$ é simétrico, então $P(e^{j\omega})$ é real):

```
p = (1/4*sqrt(2))*[-1 0 3 4*sqrt(2) 3 0 -1];
[P,w] = freqz(p);
plot(w,abs(P));
```

o resultado é mostrado na Figura 9.56.

9.11 Faça você mesmo: bancos de filtros

Agora, temos que fatorar $P(z)$ como $H_0(z)H_0(z^{-1})$. Uma forma de fazer isso é encontrar os de $P(z)$ usando a função `tf2zpk` do MATLAB:

```
p = (1/(4*sqrt(2)))*[-1 0 3 4*sqrt(2) 3 0 -1];
[zi pi k] = tf2zpk(p,1);
```

esta indica que temos um zero duplo em $e^{j3\pi/4}$, outro zero duplo em $e^{-j3\pi/4}$, um zero em $(\sqrt{2}+1)$ e um zero em $(\sqrt{2}-1)$, como representado graficamente na Figura 9.57.

Portanto, $P(z)$ pode ser expresso como

$$P(z) = -\frac{1}{4\sqrt{2}}z^{-3}(z-e^{j3\pi/4})^2(z-e^{-j3\pi/4})^2(z-\sqrt{2}-1)(z-\sqrt{2}+1). \quad (9.284)$$

Agrupando os pares de polos complexos conjugados, temos

$$\begin{aligned}
P(z) &= -\frac{1}{4\sqrt{2}}z^{-3}(z^2+\sqrt{2}z+1)^2(z-\sqrt{2}-1)(z-\sqrt{2}+1)\\
&= -\frac{1}{4\sqrt{2}}(1+\sqrt{2}z^{-1}+z^{-2})(z^2+\sqrt{2}z+1)[1-(\sqrt{2}+1)z^{-1}](z-\sqrt{2}+1)\\
&= -\frac{1-\sqrt{2}}{4\sqrt{2}}(1+\sqrt{2}z^{-1}+z^{-2})(1+\sqrt{2}z+z^2)[1-(\sqrt{2}+1)z^{-1}]\left(1+\frac{z}{1-\sqrt{2}}\right)\\
&= \frac{\sqrt{2}-1}{4\sqrt{2}}(1+\sqrt{2}z^{-1}+z^{-2})(1+\sqrt{2}z+z^2)[1-(\sqrt{2}+1)z^{-1}][1-(1+\sqrt{2})z].
\end{aligned} \quad (9.285)$$

Como $P(z) = H_0(z)H_0(z^{-1})$, podemos escolher

$$\begin{aligned}
H_0(z) &= \sqrt{\frac{\sqrt{2}-1}{4\sqrt{2}}}(1+\sqrt{2}z^{-1}+z^{-2})[1-(\sqrt{2}+1)z^{-1}]\\
&= \sqrt{\frac{\sqrt{2}-1}{4\sqrt{2}}}\left[1-z^{-1}-(1+\sqrt{2})z^{-2}-(1+\sqrt{2})z^{-3}\right].
\end{aligned} \quad (9.286)$$

Supondo um atraso global de $(2\Delta+1) = N = 3$ amostras, os filtros passa-altas de análise, passa-baixas de síntese e passa-altas de síntese pelas equações (9.161), (9.167) e (9.168), são

$$\left.\begin{aligned}
H_1(z) &= -z^{-3}H_0(-z^{-1})\\
G_0(z) &= z^{-3}H_0(z^{-1})\\
G_1(z) &= -H_0(-z)
\end{aligned}\right\}, \quad (9.287)$$

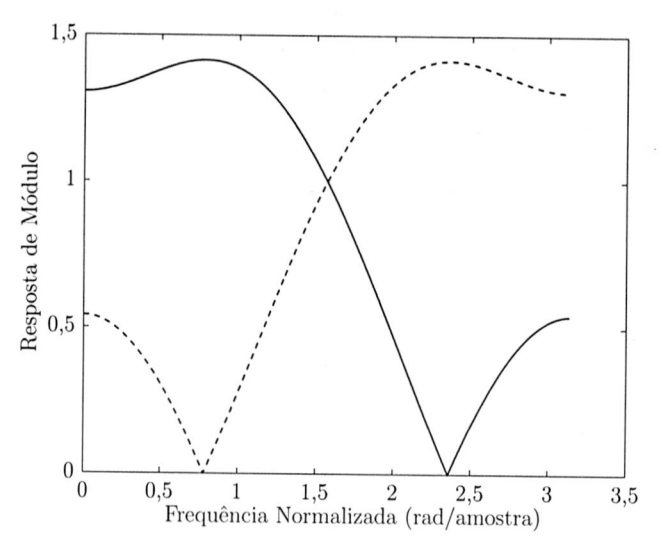

Figura 9.58 Respostas de módulo dos filtros passa-baixas e passa-altas dos bancos e análise e de síntese do Experimento 9.1: $H_0(z)$ ou $G_0(z)$ (linha contínua); $H_1(z)$ ou $G_1(z)$ (linha tracejada).

que correspondem a um banco de CQF descrito por

$$\left.\begin{aligned}H_0(z) &= \sqrt{\frac{\sqrt{2}-1}{4\sqrt{2}}}\left[1 - z^{-1} - (1+\sqrt{2})z^{-2} - (1+\sqrt{2})z^{-3}\right] \\ H_1(z) &= \sqrt{\frac{\sqrt{2}-1}{4\sqrt{2}}}\left[-(1+\sqrt{2}) + (1+\sqrt{2})z^{-1} - z^{-2} - z^{-3}\right] \\ G_0(z) &= \sqrt{\frac{\sqrt{2}-1}{4\sqrt{2}}}\left[-(1+\sqrt{2}) - (1+\sqrt{2})z^{-1} - z^{-2} + z^{-3}\right] \\ G_1(z) &= \sqrt{\frac{\sqrt{2}-1}{4\sqrt{2}}}\left[-1 - z^{-1} + (1+\sqrt{2})z^{-2} - (1+\sqrt{2})z^{-3}\right]\end{aligned}\right\}. \quad (9.288)$$

As respostas de módulo dos filtros passa-baixas e passa-altas dos bancos de análise e de síntese podem ser representados graficamente usando-se os comandos MATLAB a seguir, e são representadas na Figura 9.58.

```
c = sqrt((sqrt(2)-1)/(4*sqrt(2)));
h0 = c*[1 -1 -(1+sqrt(2)) -(1+sqrt(2))];
[H0,w] = freqz(h0);
plot(w,abs(H0)); hold;
h1 = c*[-(1+sqrt(2)) (1+sqrt(2)) -1 -1];
[H1,w] = freqz(h1);
plot(w,abs(H1));
```

9.11 Faça você mesmo: bancos de filtros

Experimento 9.2

Projete um banco de filtros com $M = 10$ subfaixas usando a LOT.

Como a LOT a ser projetada tem $M = 10$, como no Exemplo 9.11, a matriz $\mathbf{L}_0$ pode ser construída usando-se a equação (9.242) com as matrizes $\mathbf{C}_e$ e $\mathbf{C}_o$ definidas nas equações (9.251) e (9.252), respectivamente. Uma sequência de comandos em MATLAB para calcular $\mathbf{L}_0$ é dada a seguir:

```
C = dctmtx(10);
Ce = C([1:2:9],:); Co = C([2:2:10],:);
I = eye(10); J = fliplr(I);
L0 = 0.5*[Ce-Co (Ce-Co)*J; Ce-Co -(Ce-Co)*J];
```

A fim de completarmos o projeto, temos de calcular $\mathbf{L}_{\text{LOT}} = \mathbf{L}_1 \mathbf{L}_0$. Portanto, temos que encontrar a matriz $\mathbf{L}_1$, que é uma matriz ortogonal como descreve a equação (9.244), onde $\mathbf{L}_2$ é determinada por $((M/2)-1) = 4$ ângulos de rotação θ_i, para $i = 0, 1, 2, 3$, como se segue:

$$\mathbf{L}_2 = \mathbf{T}_3 \mathbf{T}_2 \mathbf{T}_1 \mathbf{T}_0, \tag{9.289}$$

onde

$$\mathbf{T}_i = \begin{bmatrix} \mathbf{I}_i & 0 & 0 \\ 0 & \mathbf{Y}(\theta_i) & 0 \\ 0 & 0 & \mathbf{I}_{3-i} \end{bmatrix}, \quad i = 0, 1, 2, 3 \tag{9.290}$$

e

$$\mathbf{Y}(\theta_i) = \begin{bmatrix} \cos\theta_i & -\sen\theta_i \\ \sen\theta_i & \cos\theta_i \end{bmatrix}. \tag{9.291}$$

O código em MATLAB para calcular $\mathbf{L}_{\text{LOT}}$, dados $\mathbf{L}_0$ e os ângulos de rotação θ_0, θ_1, θ_2 e θ_3 num vetor t, é

```
function y = LOT(t,L0)
Y = zeros(2,2,3); T = zeros(5,5,3); L2 = eye(5);
for i=1:4
   Y(:,:,i) = [cos(t(i)), -sin(t(i)) ; sin(t(i)), cos(t(i))];
   T(:,:,i) = [eye(i-1), zeros(i-1,2), zeros(i-1,4-i);
       zeros(2,i-1), Y(:,:,i), zeros(2,4-i);
       zeros(4-i,i-1), zeros(4-i,2), eye(4-i)];
   L2 = T(:,:,i)*L2;
end;
L1 = [eye(5), zeros(5,5); zeros(5,5), L2];
y = L1*L0;
```

Portanto, esses quatro ângulos de rotação devem ser tais que um dado critério de otimização seja satisfeito. Este pode ser, por exemplo, que a soma da energia nas faixas de rejeição de todas as subfaixas seja mínima. Neste experimento nós os escolhemos de forma que se obtenha a máxima compactação de energia nos coeficientes da transformada, ou seja, que o máximo de energia seja concentrado no menor número de coeficientes da transformada. Para se obter isso, assume-se que o sinal de entrada seja uma realização do processo autorregressivo (AR) gerado pela filtragem de ruído branco por um filtro digital passa-baixas de primeira ordem com um único polo em $z = 0{,}9$.

Do Exercício 1.31, temos que se um processo WSS $\{X\}$ com autocorrelação $R_X(n)$ é apresentado à entrada de um sistema linear com resposta ao impulso $h(n)$, então a autocorrelação $R_Y(n)$ na saída é

$$R_Y(n) = \sum_{k=-\infty}^{\infty} \sum_{r=-\infty}^{\infty} R_X(n-k)h(k+r)h(r). \tag{9.292}$$

Portanto, como a PSD do ruído branco é $R_X(n) = \sigma^2 \delta(n)$ e a resposta ao impulso de um filtro digital estável com um polo em $z = \rho$ é $h(n) = \rho^n u(n)$, temos que a PSD de um processo AR $\{W\}$ com um polo em $z = \rho$ é

$$\begin{aligned}
R_W(n) &= \sum_{k=-\infty}^{\infty} \sum_{r=-\infty}^{\infty} \sigma^2 \delta(n-k) h(k+r) h(r) \\
&= \sigma^2 \sum_{r=-\infty}^{\infty} h(n+r) h(r) \\
&= \sigma^2 \sum_{r=-\infty}^{\infty} \rho^{n+r} u(n+r) \rho^r u(r) \\
&= \sigma^2 \rho^n \sum_{r=-\infty}^{\infty} \rho^{2r} u(n+r) u(r) \\
&= \sigma^2 \rho^n \sum_{r=\max\{-n,0\}}^{\infty} \rho^{2r} \\
&= \sigma^2 \frac{\rho^{n+2\max\{-n,0\}}}{1-\rho^2} \\
&= \frac{\sigma^2}{1-\rho^2} \rho^{|n|}. \tag{9.293}
\end{aligned}$$

Então, a autocorrelação na saída do k-ésimo filtro de análise $h_k(n)$ quando um processo AR com um polo em $z = \rho$ é aplicado em sua entrada, pelas equações (9.292) e (9.293), é

9.11 Faça você mesmo: bancos de filtros

$$R_{Y_k}(n) = \sum_{l=-\infty}^{\infty} \sum_{r=-\infty}^{\infty} R_W(n-l)h_k(l+r)h_k(r)$$

$$= \sum_{l=-\infty}^{\infty} \sum_{r=-\infty}^{\infty} \frac{\sigma^2}{1-\rho^2}\rho^{|n-l|}h_k(l+r)h_k(r)$$

$$= \frac{\sigma^2}{1-\rho^2} \sum_{s=-\infty}^{\infty} \sum_{r=-\infty}^{\infty} \rho^{|n-s+r|}h_k(s)h_k(r) \qquad (9.294)$$

e, consequentemente, sua variância é

$$\sigma_{Y_k}^2 = R_{Y_k}(0) = \frac{\sigma^2}{1-\rho^2} \sum_{s=-\infty}^{\infty} \sum_{r=-\infty}^{\infty} \rho^{|s-r|}h_k(s)h_k(r). \qquad (9.295)$$

Para um processo estacionário, a variância será igual à variância de sua saída decimada. Como nesse caso os filtros de análise têm comprimento $M = 20$ e $\rho = 0{,}9$, temos que a variância da saída decimada do k-ésimo filtro de análise é

$$\sigma_k^2 = \frac{\sigma^2}{1-\rho^2} \sum_{s=0}^{19} \sum_{r=0}^{19} 0{,}9^{|s-r|}h_k(s)h_k(r). \qquad (9.296)$$

Pode-se mostrar que uma boa medida da concentração de energia na saída de um banco de filtros ortogonal de M faixas é dada pelo ganho de codificação (Jayant & Noll, 1984)

$$G = \frac{\frac{1}{M}\sum_{k=0}^{M-1}\sigma_k^2}{\prod_{k=0}^{M-1}(\sigma_k^2)^{1/M}}. \qquad (9.297)$$

Um código em MATLAB ara calcular o ganho de codificação de uma dada matriz de LOT $\mathbf{L}_{\text{LOT}}$ quando o polo do modelo AR é igual a rho é

```
function y = CG(Llot,rho)
sigma = zeros(1,10);
for k=1:10,
   for s=1:20,
      for r=1:20,
         sigma(k) = sigma(k) + rho^(abs(s-r))
                    *Llot(k,s)*Llot(k,r);
      end;
   end;
end;
y = (sum(sigma.^2/10)/(prod(sigma.^2)^(1/10));
```

Tabela 9.5 *Coeficientes de $h(0)$ a $h(9)$ do filtro de análise da faixa 0 da LOT.*

$h(0) = -0{,}0627$	$h(4) = 0{,}1231$	$h(7) = 0{,}3162$
$h(1) = 0{,}0411$	$h(5) = 0{,}1931$	$h(8) = 0{,}3573$
$h(2) = 0{,}0000$	$h(6) = 0{,}2596$	$h(9) = 0{,}3790$
$h(3) = 0{,}0566$		

Faixa 0

Faixa 1

Faixa 2

Faixa 3

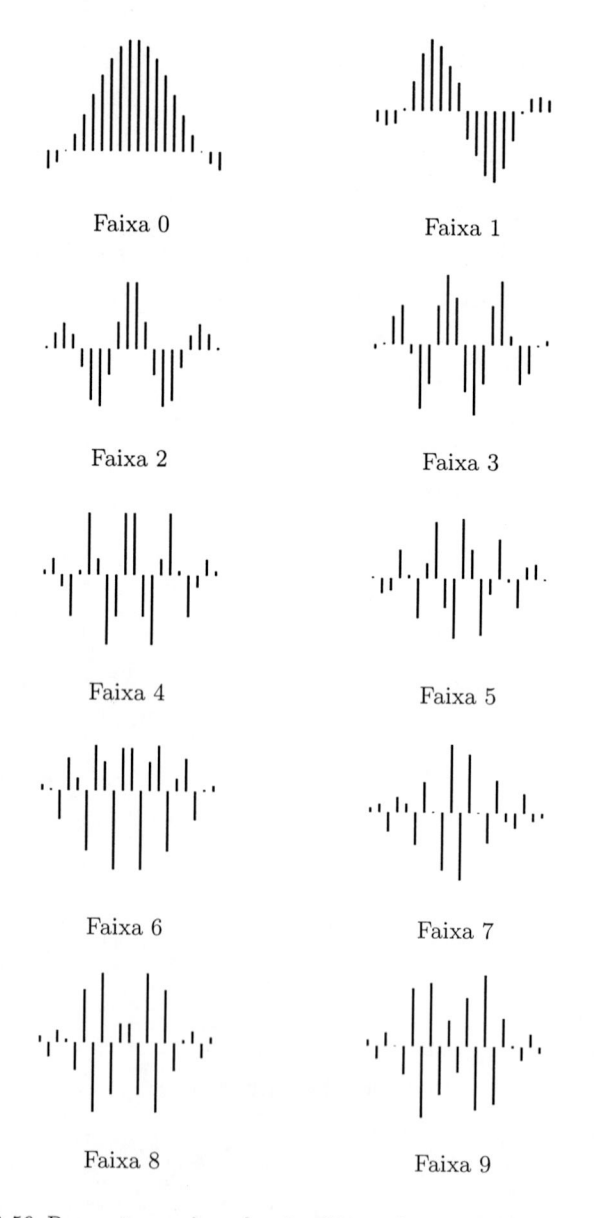

Faixa 4

Faixa 5

Faixa 6

Faixa 7

Faixa 8

Faixa 9

Figura 9.59 Respostas ao impulso dos filtros de uma LOT de 10 faixas.

Agora, devemos encontrar o vetor $\mathbf{t} = [\theta_0, \theta_1, \theta_2, \theta_3]$ que maximiza o ganho de codificação, ou seja, resulta no máximo valor de CG(LOT(t,L0),0.9). Isso pode ser feito usando-se a rotina de otimização fminsearch ou fminunc do *toolbox* Optimization do MATLAB. O código correspondente pode ser como se segue:

```
function [coding_gain,tf] = LOTtest(t)
tf = fminsearch(@LotCG,t);
coding_gain = 1/LotCG(tf);
```

Executando as rotinas anteriores para rho = 0.9 com o ponto inicial t = [0 0 0 0], obtemos

```
coding_gain = 133.7581
tf = [0.4648 0.5926 -1.1191 -0.0912]
```

As respostas ao impulso dos filtros de análise resultantes são mostradas na Figura 9.59. Os coeficientes do primeiro filtro de análise são listados na Tabela 9.5. Observe que a LOT tem fase linear, e portanto a tabela mostra somente a primeira metade dos coeficientes.

A Figura 9.60 representa as respostas de módulo normalizadas dos filtros de análise para um banco de LOT com $M = 10$ subfaixas. As respostas ao impulso e de módulo dos filtros são mostradas em ordem crescente da frequência de pico.

△

9.12 Bancos de filtros com MATLAB

As funções descritas abaixo são do *toolbox* Wavelet do MATLAB.

- dyaddown: Subamostragem diádica.
  Parâmetros de entrada:

  - O vetor ou a matriz de entrada x;
  - O inteiro evenodd (se evenodd é par, a saída corresponde às amostras de índice par da entrada; se evenodd é ímpar, a saída corresponde às amostras de índice ímpar da entrada);
  - O parâmetro 'type', quando x é uma matriz (se 'type'='c', somente as linhas são subamostradas; se 'type'='r', somente as colunas são subamostradas; se 'type'='m', tanto linhas quanto colunas são subamostradas).

  Parâmetro de saída: O vetor ou a matriz y contendo o sinal subamostrado.
  Exemplo:
  ```
  x=[1.0 2.7 2.4 5.0]; evenodd=1;
  y=dyaddown(x,evenodd);
  ```

Bancos de filtros

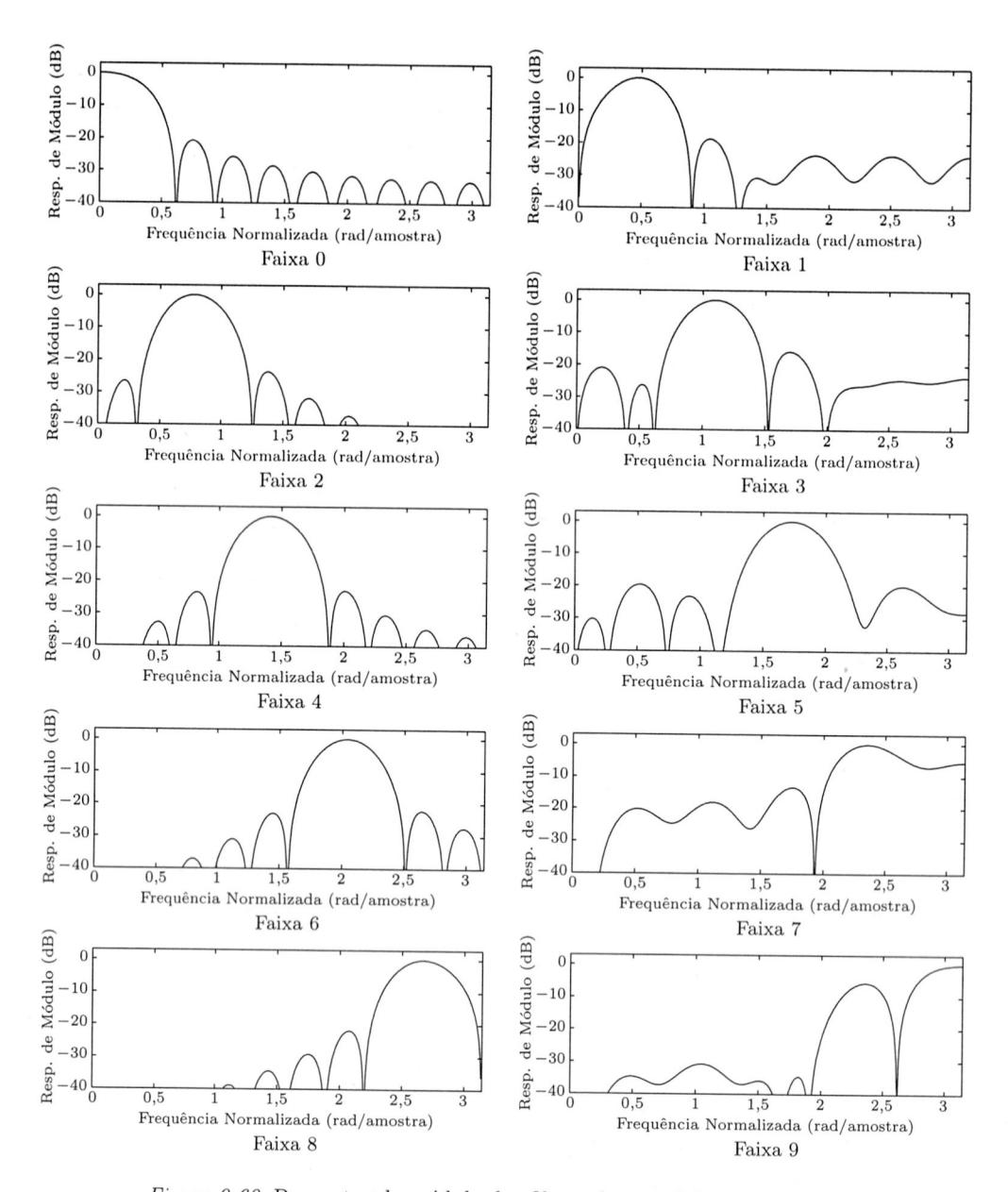

Figura 9.60 Respostas de módulo dos filtros de uma LOT de 10 faixas.

- dyadup: Superamostragem diádica.

Para uma lista completa dos parâmetros de entrada e saída, veja o comando dyadown.

Exemplo:
```
x=[0.97 -2.1 ; 3.7 -0.03]; evenodd=0;
y=dyadup(x,'m',evenodd);
```

- qmf: Gera um filtro espelhado em quadratura a partir da entrada.
  Parâmetros de entrada:

  – O vetor ou a matriz de entrada x;
  – O inteiro p (Se p é par, a saída corresponde a x na ordem reversa com os sinais dos elementos de índice par trocados. Se p é ímpar, a saída corresponde a x na ordem reversa com os sinais dos elementos de índice ímpar trocados).

  Parâmetro de saída: O vetor y contendo os coeficientes do filtro de saída.
  Exemplo:
  ```
  y=qmf(x,0);
  ```

9.13 Resumo

Neste capítulo, discutimos o conceito dos bancos de filtros. Eles são usados em diversas aplicações de processamento digital de sinais, por exemplo, em análise, codificação e transmissão de sinais. Foram considerados vários exemplos de bancos de filtros, incluindo os bancos de QMF, de CQF, de filtros modulados por cossenos e biortogonais com reconstrução perfeita.

Foram discutidas várias ferramentas para análise de sinais no contexto dos bancos de filtros, com especial ênfase nas transformadas de blocos e nas transformadas com sobreposição. Também foram descritas funções do *toolbox* Wavelet do MATLAB.

Este capítulo inclui uma cobertura extensa de um tópico muito amplo, na qual tentamos selecionar técnicas largamente utilizadas na prática. Espera-se que seu estudo prepare o leitor para acompanhar sem dificuldade a literatura mais avançada nesse assunto.

9.14 Exercícios

9.1 Mostre que para um banco de filtros de M faixas cujos filtros de análise e síntese são ideais, se se adota a convenção de fechar as duas extremidades de cada ciclo da frequência na representação de Fourier para sequências (veja o final do primeiro parágrafo da Seção 9.2.1), a reconstrução perfeita exige que as respectivas respostas na frequência sejam

$$\left.\begin{array}{l} H_0(e^{j\omega}) = M, \quad |\omega| \in [0, \pi/M] \\ H_{2k-1}(e^{j\omega}) = \begin{cases} M, & |\omega| \in ((2k-1)\pi/M, 2k\pi/M) \\ \dfrac{M}{2}, & |\omega| = 2k\pi/M \end{cases} \\ H_{2k}(e^{j\omega}) = \begin{cases} M, & |\omega| \in (2k\pi/M, (2k+1)\pi/M) \\ \dfrac{M}{2}, & |\omega| = 2k\pi/M \end{cases} \end{array}\right\} \text{ para } k \neq 0.$$

Dica: Considere signais do tipo $A_l \cos[(2l\pi/M)n]$, para $l \in \mathbb{Z}$.

9.2 Mostre que um banco de filtros com fase linear causais com reconstrução perfeita tem que ser tal que $H_0(z)H_1(-z)$ tenha um número ímpar de coeficientes e todas as suas potências ímpares de z exceto uma tenham coeficientes iguais a zero.

9.3 Prove, usando um argumento no domínio da frequência, que o sistema representado na Figura 9.10 tem uma função de transferência igual a z^{-M+1}.

9.4 Encontre as matrizes $\mathbf{E}(z)$ e $\mathbf{R}(z)$ para o banco de filtros descrito pelas equações (9.131)–(9.134), e verifique que seu produto é igual a um atraso puro.

9.5 Modifique os filtros de análise e síntese causais do banco das equações (9.131)–(9.134) de forma que este constitua um banco de filtros com reconstrução perfeita de atraso nulo. Faça o mesmo para o banco de filtros das equações (9.135)–(9.138). Sugira um método geral para transformar qualquer banco de filtros causais com reconstrução perfeita num banco de filtros com atraso nulo.

9.6 Usando a relação deduzida no Exercício 10.2, projete um banco de filtros com fase linear de duas faixas com reconstrução perfeita tal que o filtro passa-baixas de análise tenha função de transferência igual a $(1+z^{-1})^5$ e o filtro passa-altas de análise tenha ordem 5 e um zero em $z = 1$. Represente graficamente as respostas na frequência dos filtros e comente quão "bom" é esse banco de filtros.

9.7 Projete um banco de filtros com 64 coeficientes, de duas faixas, de Johnston.

9.8 Projete um banco de filtros com pelo menos 60 dB de atenuação na faixa de rejeição, de duas faixas, de Johnston.

9.9 Considere um banco de filtros com reconstrução perfeita que satisfaça a condição de QMF, $H_1(z) = H_0(-z)$, e tenha o seguinte filtro passa-baixas de análise:

$$H_0(z) = z^{-5} + 5z^{-3} + z^{-2} + 6z^{-1} + 4.$$

Projete os filtros de síntese estáveis.

9.14 Exercícios

9.10 Repita o Exercício 9.9 para o filtro passa-baixas de análise igual a

$$H_0(z) = \frac{1}{4}z^{-5} + z^{-3} + z^{-2} + z^{-1} + 2.$$

9.11 Repita o Exercício 9.9 para o filtro passa-baixas de análise igual a

$$H_0(z) = z^{-3} - z^{-2} + z^{-1} + 1.$$

9.12 Projete um banco de CQF com pelo menos 55 dB de atenuação na faixa de rejeição.

9.13 Dado o filtro passa-baixas de análise de um banco de filtros FIR de duas faixas com reconstrução perfeita

$$H_0(z) = z^{-3} + az^{-2} + bz^{-1} + 2,$$

determine os filtros de análise e síntese, e discuta a classe de banco de filtros à qual eles pertencem. Deduza a relação entre a e b, supondo que são não-nulos, para que se atinja reconstrução perfeita.

9.14 Projete um banco de QMF de duas faixas que satisfaça as seguintes especificações:

$\delta_p = 0{,}1;$

$\delta_r = 0{,}05;$

$\Omega_p = 0{,}4\dfrac{\Omega_s}{2};$

$\Omega_r = 0{,}6\dfrac{\Omega_s}{2};$

$\Omega_s = 2\pi \text{ rad/s}.$

9.15 Mostre que um filtro de meia faixa pode ser projetado a partir de um transformador de Hilbert como se segue:

$$h(n) = 0{,}5\left[\delta(n) + (-1)^{(n-1)/2}h_\text{h}(n)\right],$$

onde $h(n)$ é a resposta ao impulso do filtro de meia faixa e $h_\text{h}(n)$ é a resposta ao impulso do transformador de Hilbert. Note que $h_\text{h}(n) = 0$ para n par (veja a equação (5.18)). Mostre também que sua transformada z é igual a

$$H(z) = 0{,}5\left[1 - \mathrm{j}H_\text{h}(-\mathrm{j}z)\right].$$

9.16 Projete um banco de filtros de duas faixas com reconstrução perfeita, usando o projeto por CQF, que satisfaça as seguintes especificações:

$\delta_p = 0{,}05;$

$\delta_r = 0{,}05;$

$\Omega_p = 0{,}45 \dfrac{\Omega_s}{2};$

$\Omega_r = 0{,}55 \dfrac{\Omega_s}{2};$

$\Omega_s = 2\pi \text{ rad/s}.$

9.17 Projete um banco de filtros de seis faixas com reconstrução perfeita usando o banco de filtros modulados por cossenos com pelo menos 40 dB de atenuação na faixa de rejeição e no máximo 0,5 dB de ondulação na faixa de passagem. Tente usar $\rho = \pi/8M$.

9.18 Projete um banco de filtros com reconstrução perfeita de 10 subfaixas usando o banco de filtros modulados por cossenos com pelo menos 40 dB de atenuação na faixa de rejeição e no máximo 0,5 dB de ondulação na faixa de passagem. tente usar $\rho = \pi/6M$.

9.19 Projete um banco de filtros com reconstrução perfeita de 10 subfaixas usando o banco de filtros modulados por cossenos com pelo menos 35 dB de atenuação na faixa de rejeição e no máximo 1 dB de ondulação na faixa de passagem. Tente usar $\rho = \pi/8M$.

9.20 Represente em detalhe a estrutura de um banco de filtros modulados por cossenos utilizando $M = 2$ faixas.

9.21 Projete um banco de filtros modulados por cossenos com pelo menos 40 dB de atenuação na faixa de rejeição, com $M = 5$ subfaixas.

9.22 Projete um banco de filtros modulados por cossenos com pelo menos 20 dB de atenuação na faixa de rejeição, com $M = 15$ subfaixas.

9.23 Expresse a DFT como um banco de filtros de M faixas. Represente graficamente as respostas de módulo dos filtros de análise para $M = 8$.

9.24 Mostre que $\hat{\mathbf{C}}_1$ e $\hat{\mathbf{C}}_2$ definidas pelas equações (9.237) e (9.238) satisfazem as equações (9.233) e (9.234).

9.25 Projete o banco de filtros baseado na LOT rápida com pelo menos oito subfaixas.

9.26 Prove a relação da equação (9.210).

9.27 Mostre que as relações das equações (9.256)–(9.258) são válidas.

9.28 É possível encontrar uma solução ortogonal para o Exemplo 9.12? Calcule $\mathbf{E}^{-1}(z)$ para a prova.

9.29 No Exemplo 9.12, podemos tentar generalizar a realização ortogonal da LOT permitindo que a matriz $\mathbf{L}_1$ da Figura 9.45 seja uma matriz completa e projetando um filtro biortogonal simples. Isso resolverá o problema em questão? Justifique sua resposta.

9.30 Proponha uma estrutura alternativa mais simples que a da Figura 9.46 no Exemplo 9.12. A estrutura simplificada deve ser baseada na equação (9.267).

9.14 Exercícios

9.31 Projete uma transformada biortogonal com sobreposição de fase linear com $M = 6$ subfaixas, objetivando minimizar a ondulação na faixa de rejeição dos subfiltros.

9.32 Projete uma transformada biortogonal com sobreposição de fase linear com $M = 10$ subfaixas.

9.33 Projete uma transformada biortogonal com sobreposição de fase linear e comprimento 16 com $M = 8$ subfaixas, objetivando minimizar a ondulação na faixa de rejeição dos subfiltros.

9.34 Projete uma GenLOT com $M = 10$ subfaixas cujos filtros tenham pelo menos 25 dB de atenuação na faixa de rejeição.

9.35 Projete uma GenLOT com $M = 8$ subfaixas cujos filtros tenham pelo menos 25 dB de atenuação na faixa de rejeição.

9.36 Projete uma GenLOT com $M = 6$ subfaixas cujos filtros tenham pelo menos 20 dB de atenuação na faixa de rejeição.

9.37 Mostre que se um banco de filtros tem filtros de análise e de síntese com fase linear e os mesmos comprimentos $N = LM$, então são válidas as seguintes relações para as matrizes polifásicas:

$$\mathbf{E}(z) = z^{-L+1}\mathbf{D}\mathbf{E}(z^{-1})\mathbf{J}$$
$$\mathbf{R}(z) = z^{-L+1}\mathbf{J}\mathbf{R}(z^{-1})\mathbf{D},$$

onde $\mathbf{D}$ é uma matriz diagonal cujos elementos não-nulos são 1 se o filtro correspondente é simétrico e -1 em caso contrário.

9.38 Considere um banco de filtros com fase linear de M faixas com reconstrução perfeita cujos filtros de análise e de síntese têm todos o mesmo comprimento $N = LM$. Mostre que para uma matriz $\mathbf{E}_1(z)$ correspondente a um banco de filtros de fase linear, fazer $\mathbf{E}(z) = \mathbf{E}_2(z)\mathbf{E}_1(z)$ também resulta num banco de filtros de fase linear com reconstrução perfeita se

$$\mathbf{E}_2(z) = z^{-L}\mathbf{D}\mathbf{E}_2(z^{-1})\mathbf{D},$$

onde $\mathbf{D}$ é uma matriz diagonal cujos elementos não-nulos são 1 ou -1, como descrito no Exercício 9.37, e L é a ordem de $\mathbf{E}_2(z)$. Mostre também que

$$\mathbf{E}_{2,i} = \mathbf{D}\mathbf{E}_{2,L-i}\mathbf{D}.$$

10 Transformadas de *wavelets*

10.1 Introdução

No Capítulo 9, lidamos com bancos e filtros, que são importantes em diversas aplicações. Neste capítulo, são consideradas as transformadas de *wavelets*. Elas se originam da área de análise funcional e suscitam grande interesse na comunidade de processamento de sinais, por sua capacidade de representar e analisar sinais com resoluções variáveis no tempo e na frequência. Sua implementação digital pode ser vista como um caso especial de bancos de filtros criticamente decimados. As decomposições em multirresolução são, então, apresentadas como uma aplicação das transformadas de *wavelets*. Exploram-se, a seguir, os conceitos de regularidade e de número de momentos desvanecentes de uma transformada de *wavelets*. São apresentadas transformadas de *wavelets* bidimensionais, com ênfase em processamento de imagem. Trata-se também das transformadas de *wavelets* de sinais de duração finita. Encerramos o capítulo com uma seção 'Faça você mesmo', seguida de uma breve descrição de funções do *toolbox* Wavelet do MATLAB úteis na implementação de *wavelets*.

10.2 Transformadas de *wavelets*

Transformadas de *wavelets* são um desenvolvimento relativamente recente em análise funcional que tem atraído muita atenção da comunidade de processamento de sinais (Daubechies, 1991). A transformada de *wavelets* de uma função pertencente ao espaço das funções quadraticamente integráveis, $\mathcal{L}^2\{\mathbb{R}\}$, é sua decomposição numa base formada por expansões/compressões e translações de uma única função-mãe $\psi(t)$, chamada de *wavelet*.

As aplicações das transformadas de *wavelets* abrange da física quântica à codificação de sinais. Pode-se mostrar que para sinais digitais a transformada de *wavelets* é um caso especial dos bancos de filtros criticamente decimados (Vetterli & Herley, 1992). Na verdade, sua implementação numérica se apoia fortemente nessa abordagem. Na sequência, fazemos uma breve introdução às transformadas de *wavelets*, enfatizando sua relação com bancos de filtros. Na literatura há uma

10.2 Transformadas de *wavelets*

fartura de bom material analisando as transformadas de *wavelets* sob diferentes pontos de vista. São exemplos Daubechies (1991), Vetterli & Kovačević (1995), Strang & Nguyen (1996), e Mallat (1999).

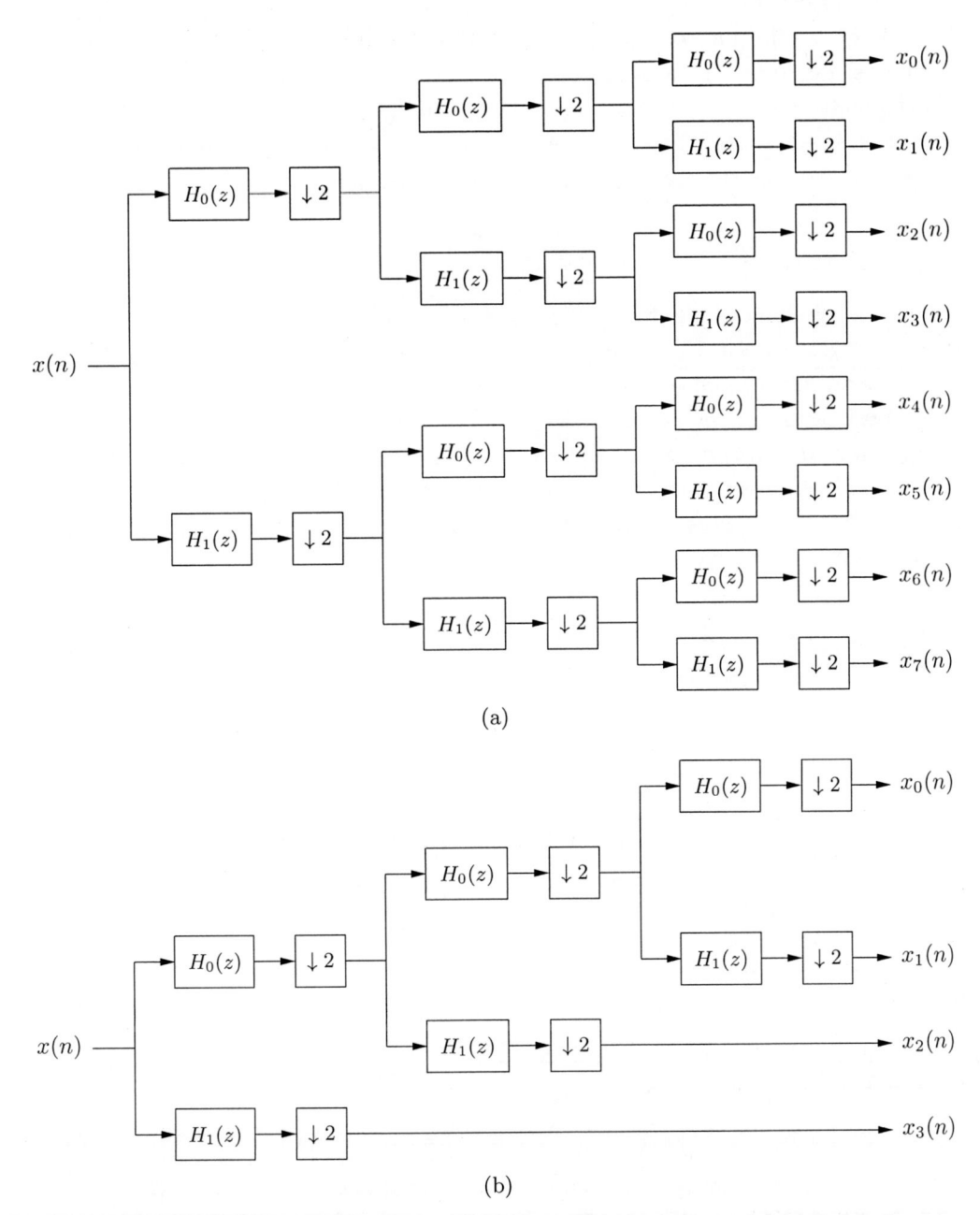

Figura 10.1 Decomposições hierárquicas: (a) em oito faixas uniformes; (b) em faixas de uma oitava sucessivas, com três estágios.

10.2.1 Bancos de filtros hierárquicos

A cascata de bancos de filtros de duas faixas pode produzir muitos tipos diferentes de decomposições criticamente decimadas. Por exemplo, pode-se fazer uma decomposição em 2^k faixas uniformes, como representa a Figura 10.1a para $k = 3$. Outra forma comum de decomposição hierárquica é a decomposição em faixas de uma oitava sucessivas, na qual apenas cada meia faixa inferior é novamente decomposta. Na Figura 10.1b, pode-se ver uma decomposição em oitavas sucessivas com três estágios[1]. Nessas figuras, o banco de síntese não é desenhado, por ser inteiramente análogo ao banco de análise.

10.2.2 *Wavelets*

Considere os bancos de filtros de análise e síntese organizados em oitavas sucessivas da Figura 10.2, em que meias faixas inferiores são recursivamente decompostas num canal passa-baixas e um canal passa-altas. Nesse arcabouço, no $(S+1)$-ésimo estágio de decomposição, com $S \geq 0$, a saída do canal passa-baixas é $x_{S,n}$ e a saída do canal passa-altas é $c_{S,n}$.

Aplicando as identidades nobres à Figura 10.2, chegamos à Figura 10.3. Após $(S + 1)$ estágios, e antes da decimação por um fator de $2^{(S+1)}$, as transformadas z dos canais passa-baixas e passa-altas de análise, $H_{\text{low}}^{(S)}(z)$ e $H_{\text{high}}^{(S)}(z)$, são

$$H_{\text{low}}^{(S)}(z) = \frac{X_S(z)}{X(z)} = \prod_{k=0}^{S} H_0(z^{2^k}) \tag{10.1}$$

e

$$H_{\text{high}}^{(S)}(z) = \frac{C_S(z)}{X(z)} = H_1(z^{2^S}) H_{\text{low}}^{(S-1)}(z), \tag{10.2}$$

respectivamente. Para os canais de síntese, os resultados são análogos, ou seja,

$$G_{\text{low}}^{(S)}(z) = \prod_{k=0}^{S} G_0(z^{2^k}) \tag{10.3}$$

$$G_{\text{high}}^{(S)}(z) = G_1(z^{2^S}) G_{\text{low}}^{(S-1)}(z). \tag{10.4}$$

Se $H_0(z)$ tem zeros suficientes em $z = -1$, pode-se mostrar (Vetterli & Kovačević, 1995; Strang & Nguyen, 1996; Mallat, 1999) que a envoltória da resposta ao impulso dos filtros da equação (10.2) tem a mesma forma para todo S. Em outras palavras, essa envoltória pode ser representada por expansões/compressões de uma única função $\psi(t)$, como se vê na Figura 10.4 para o banco de filtros de análise.

---

[1] Evidentemente, a meia faixa inferior resultante da última decomposição não corresponde a uma oitava.

10.2 Transformadas de wavelets

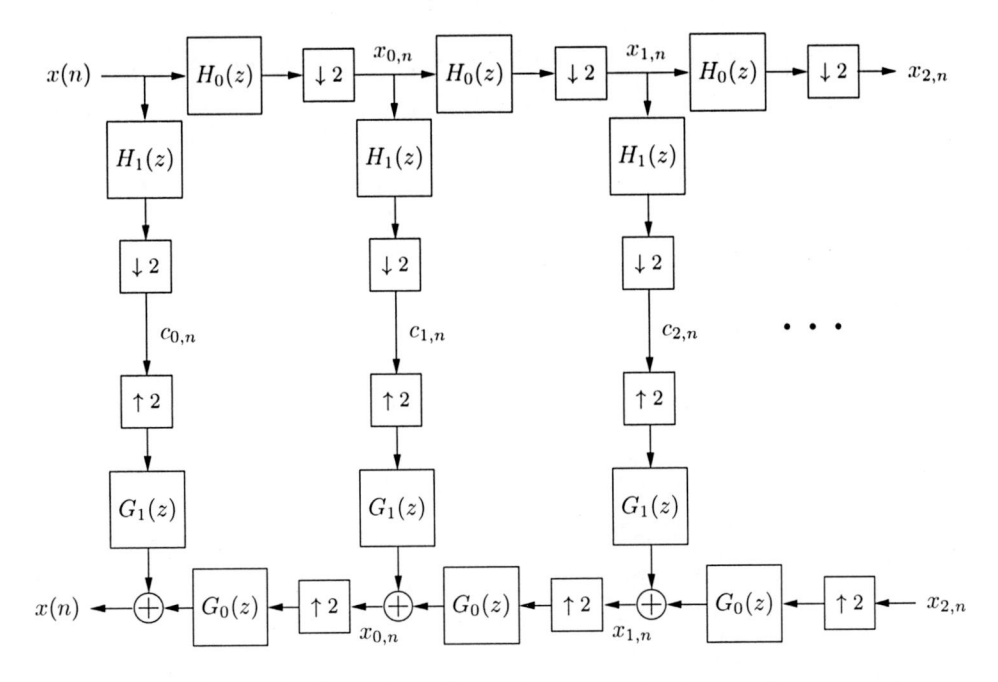

Figura 10.2 Bancos de filtros de análise e síntese organizados em oitavas sucessivas.

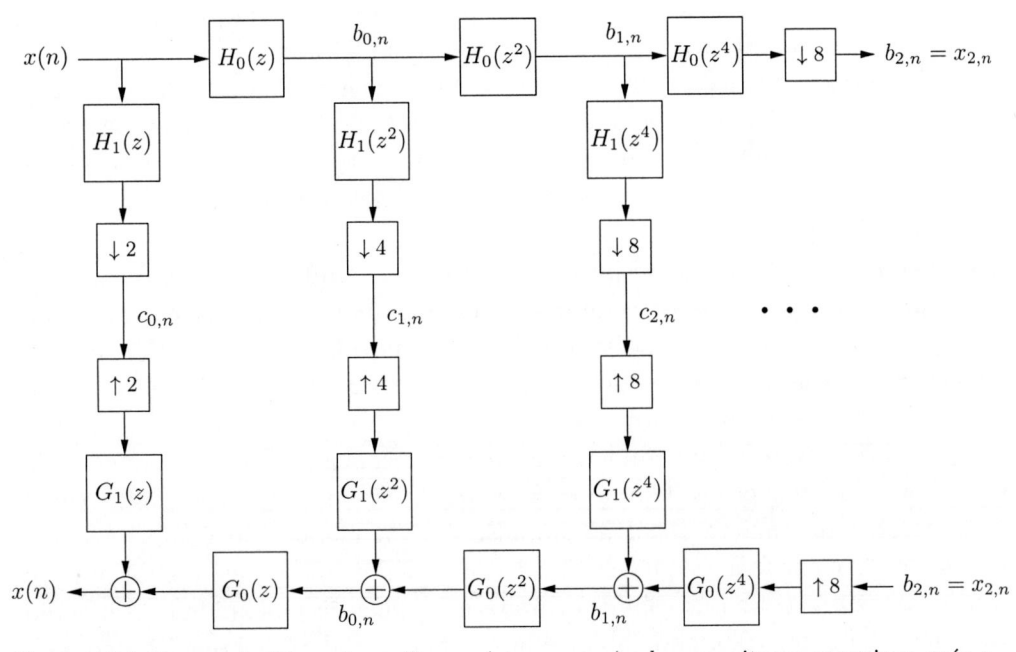

Figura 10.3 Bancos de filtros de análise e síntese organizados em oitavas sucessivas após a aplicação das identidades nobres.

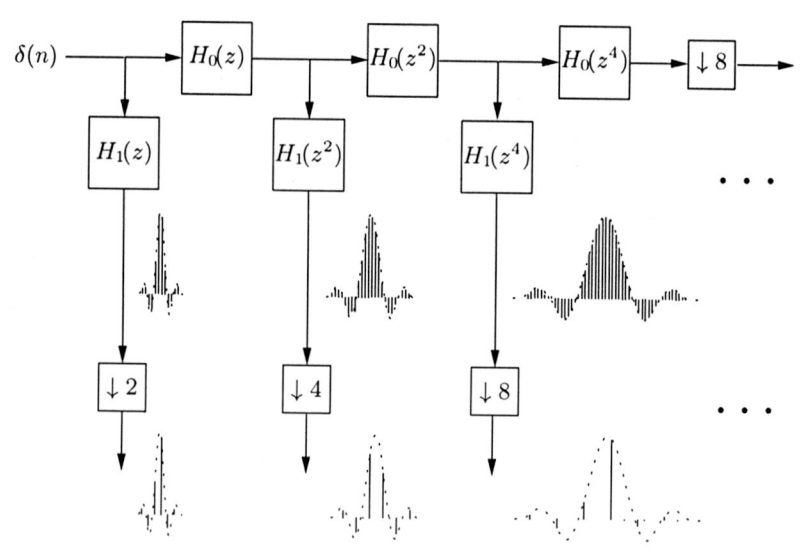

Figura 10.4 As respostas ao impulso dos filtros da equação (10.2) têm o mesmo formato para todos os estágios.

Na verdade, nessa configuração as envoltórias antes e depois dos decimadores são as mesmas. Entretanto, deve-se observar que após a decimação, não podemos nos referir a respostas ao impulso na forma usual, porque a operação de decimação não é invariante no tempo (veja a Seção 8.3).

Se Ω_s é a taxa de amostragem da entrada do sistema na Figura 10.4, então esse sistema tem a mesma saída que o da Figura 10.5, onde as caixas representam filtros no tempo contínuo com respostas ao impulso iguais às envoltórias dos sinais da Figura 10.4. Observe que nesse caso, amostrar com frequência Ω_s/k equivale a decimar por k.

Podemos observar que as respostas ao impulso dos filtros no tempo contínuo da Figura 10.5 são expansões/compressões de uma única função-mãe $\psi(t)$, sendo a frequência mais alta de amostragem $\Omega_s/2$, como mencionado anteriormente. Então, cada canal acrescentado à direita tem uma resposta ao impulso com o dobro do comprimento e é amostrado com uma frequência duas vezes menor que o anterior. Não há impedimento a adicionar canais também à esquerda do canal que tem frequência de amostragem $\Omega_s/2$. Nesses casos, cada novo canal à esquerda tem uma resposta ao impulso com a metade do comprimento e é amostrado com uma frequência duas vezes menor que o canal à direita. Se continuamos a acrescentar canais à direita e à esquerda indefinidamente, então chegamos à Figura 10.6, onde a entrada é $x(t)$ e a saída é referenciada como a transformada de *wavelets* de $x(t)$. A função-mãe $\psi(t)$ é chamada de *wavelet* ou, mais especificamente, de *wavelet* de análise (Daubechies, 1988; Mallat, 1999).

10.2 Transformadas de wavelets

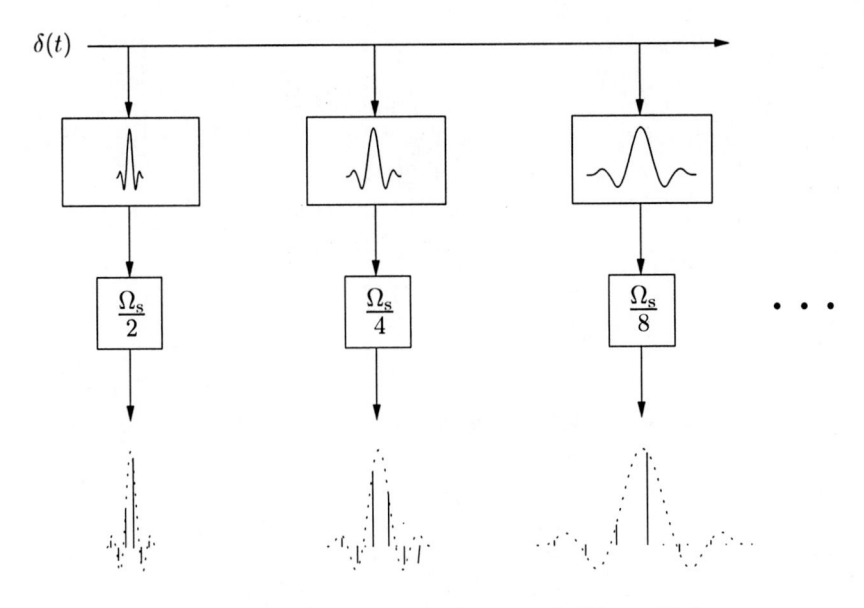

Figura 10.5 Sistema equivalente ao da Figura 10.4.

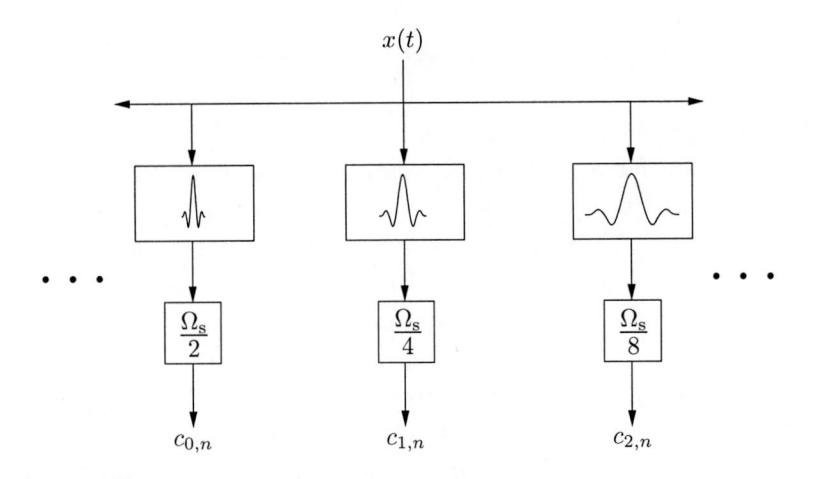

Figura 10.6 Transformada de *wavelets* de um sinal no tempo contínuo $x(t)$.

Assumindo, sem perda de generalidade, que $\Omega_s = 2\pi$ (ou seja, que $T_s = 1$), é imediato derivar a partir da Figura 10.6 que a transformada de *wavelets* de um sinal $x(t)$ é dada por[2]

$$c_{m,n} = \int_{-\infty}^{\infty} 2^{-m/2} \psi^*(2^{-m}t - n) x(t) \mathrm{d}t. \tag{10.5}$$

---

[2] Na verdade, nessa expressão, as respostas ao impulso dos filtros são expansões/compressões de $\psi^*(-t)$. Além disso, a constante $2^{-m/2}$ é incluída porque se $\psi(t)$ tem energia unitária, o que se pode assumir sem perda de generalidade, $2^{-m/2}\psi(2^{-m}t - n)$ também terá.

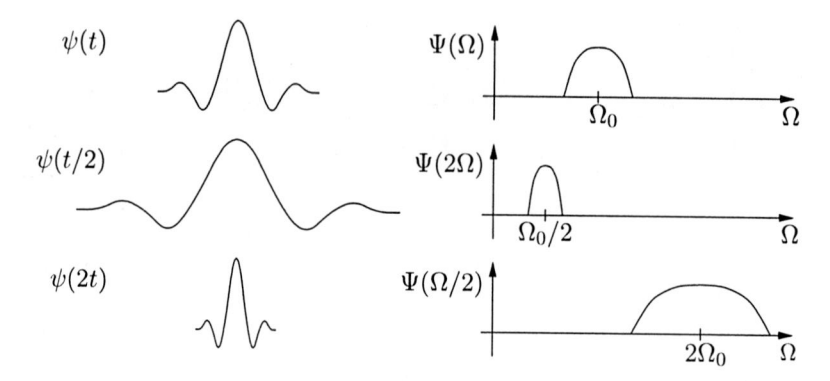

Figura 10.7 Expansões/compressões da *wavelet* nos domínios do tempo e da frequência.

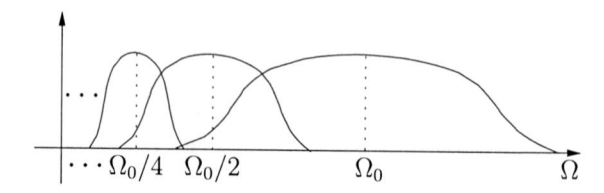

Figura 10.8 Transformada de *wavelets* no domínio da frequência.

Pelas Figuras 10.3–10.6 e pela equação (10.2), pode-se ver que a *wavelet* $\psi(t)$ é uma função passa-faixa, pois cada canal é uma cascata de diversos filtros passa-baixas e um filtro passa-altas com faixas de passagem sobrepostas. Além disso, quando a *wavelet* é expandida no tempo por dois, sua faixa de passagem decresce por dois, como se vê na Figura 10.7. Portanto, a decomposição descrita na Figura 10.6 e na equação (10.5) é, no domínio da frequência, como mostra a Figura 10.8.

De maneira similar, as envoltórias nas respostas ao impulso dos filtros de síntese equivalentes após a interpolação (veja a Figura 10.3 e a equação (10.4)) são expansões/compressões de uma única função-mãe $\overline{\psi}(t)$. Usando um raciocínio similar ao que levou às Figuras 10.4–10.6, pode-se obter o sinal no tempo contínuo $x(t)$ a partir dos coeficientes $c_{m,n}$ das *wavelets* como (Vetterli & Kovačević, 1995; Mallat, 1999)

$$x(t) = \sum_{m=-\infty}^{\infty} \sum_{n=-\infty}^{\infty} c_{m,n} 2^{-m/2} \overline{\psi}(2^{-m}t - n). \tag{10.6}$$

As equações (10.5) e (10.6) representam, respectivamente, as transformadas de *wavelets* direta e inversa de um sinal no tempo contínuo $x(t)$. A transformada de *wavelets* do sinal no tempo discreto $x(n)$ é simplesmente a decomposição em oitavas sucessivas das Figuras 10.2 e 10.3. Uma questão que se indaga

10.2 Transformadas de *wavelets*

naturalmente nesse ponto é a seguinte: Como se relacionam o sinal no tempo contínuo $x(t)$ e o sinal no tempo discreto $x(n)$ quando ambos geram os mesmos coeficientes das *wavelets*? Além disso, como as *wavelets* de análise e de síntese podem ser derivadas dos coeficientes dos bancos de filtros e vice-versa? Essas questões podem ser respondidas usando-se o conceito de funções de escalamento, vistas na Seção 10.2.3.

10.2.3 Funções de escalamento

Examinando a Figura 10.6 e as equações (10.5) e (10.6), observamos que a faixa dos valores de m associados com a "largura" dos filtros vai de $-\infty$ a $+\infty$. Uma vez que todos os sinais encontrados na prática são de alguma forma limitados em faixa, podemos assumir, sem perda de generalidade, que as saídas dos filtros respostas ao impulso $\psi(2^{-m}t)$ são nulas para $m < 0$. Portanto, na prática, m só pode variar de 0 a $+\infty$. Examinando as Figuras 10.2–10.4, observamos que $m \to +\infty$ significa que os canais passa-baixas serão decompostos indefinidamente. Contudo, na prática, o número de estágios de decomposição é finito e após $S+1$ estágios, temos um canal passa-altas, S canais passa-faixa e um canal passa-baixas. Portanto, se restringimos o número de estágios de decomposição nas Figuras 10.2–10.6 e preservamos o último canal passa-baixas, então podemos modificar a equação (10.6) de forma que m assuma apenas um número finito de valores. Isso pode ser feito observando-se que se $H_0(z)$ tem zeros suficientes em $z = -1$, as envoltórias dos canais passa-baixas de análise da equação (10.1) também serão expansões/compressões de uma única função $\phi(t)$, que é chamada de função de escalamento de análise. Da mesma forma, as envoltórias dos canais passa-baixas de síntese são expansões/compressões da função de escalamento de síntese $\overline{\phi}(t)$ (Vetterli & Kovačević, 1995; Mallat, 1999). Portanto, se fazemos uma decomposição de $(S+1)$ estágios, a equação (10.6) se torna

$$x(t) = \sum_{m=0}^{S} \sum_{n=-\infty}^{\infty} c_{m,n} 2^{-m/2} \overline{\psi}(2^{-m}t - n) + \sum_{n=-\infty}^{\infty} x_{S,n} 2^{-S/2} \overline{\phi}(2^{-S}t - n), \qquad (10.7)$$

onde

$$x_{S,n} = \int_{-\infty}^{\infty} 2^{-S/2} \phi^*(2^{-S}t - n) x(t) \mathrm{d}t. \qquad (10.8)$$

Assim, a transformada de *wavelets* é, na prática, descrita como nas equações (10.5), (10.7) e (10.8). Os somatórios em n dependerão, em geral, dos suportes (regiões em que as funções são não-nulas) do sinal, das *wavelets* e das funções de escalamento (Daubechies, 1988; Mallat, 1999).

10.3 Relação entre $x(t)$ e $x(n)$

A equação (10.8) mostra como calcular os coeficientes do canal passa-baixas após uma transformada de *wavelets* de $(S+1)$ estágios. Na Figura 10.2, $x_{S,n}$ é a saída do filtro passa-baixas $H_0(z)$ após $(S+1)$ estágios. Uma vez que na Figura 10.3 o sinal no tempo discreto $x(n)$ pode ser visto como a saída de um filtro passa-baixas após "zero" estágio, podemos dizer que $x(n)$ seria igual a uma sequência $x_{-1,n}$. Em outras palavras, a equivalência das saídas do banco de filtros em oitavas sucessivas da Figura 10.2 e a transformada de *wavelets* dada pelas equações (10.5) e (10.6) ocorre somente se a entrada de sinal digital do banco de filtros da Figura 10.2 é igual a $x_{-1,n}$. Pela equação (10.8), isso significa

$$x(n) = \int_{-\infty}^{\infty} \sqrt{2}\phi^*(2t-n)x(t)\mathrm{d}t. \tag{10.9}$$

Essa equação pode ser interpretada como o sinal $x(t)$ sendo discretizado após passar por um filtro limitador de faixa com resposta ao impulso $\sqrt{2}\phi(-2t)$ para então originar $x(n)$. Portanto, uma possível forma de se calcular a transformada de *wavelets* de um sinal no tempo contínuo $x(t)$ é representada na Figura 10.9, na qual $x(t)$ passa por um filtro cuja resposta ao impulso é o reverso da função de escalamento contraída por 2 e é amostrado com $T_\mathrm{s} = 1$ ou, equivalentemente, $\Omega_\mathrm{s} = 2\pi$. O sinal digital resultante é, então, a entrada do banco de filtros em oitavas sucessivas da Figura 10.2, cujos coeficientes serão fornecidos pelas equações (10.125) e (10.127), como determinado mais adiante na Seção 10.6. Nesse ponto, é importante observar que estritamente falando, a transformada de *wavelets* só é definida para sinais no tempo contínuo. Contudo, é prática comum referenciar-se à transformada de *wavelets* de um sinal no tempo discreto $x(n)$ como a saída do banco de filtros da Figura 10.2 (Vetterli & Kovačević, 1995). Deve-se também notar que para que os sinais de saída nas Figuras 10.4 e 10.5 sejam inteiramente equivalentes, o sinal de entrada da Figura 10.4 não pode ser o impulso no tempo discreto, mas a resposta ao impulso amostrada do filtro $\sqrt{2}\phi(-2t)$, que nada mais é que o reverso da versão amostrada da função de escalamento contraída no tempo por 2.

10.4 Transformadas de *wavelets* e análise tempo-frequencial

Na análise tempo-frequencial se está interessado em saber como o conteúdo frequencial de um sinal varia no tempo. Transformadas de *wavelets* são uma ferramenta poderosa para esse propósito, e nesta seção abordamos a transformada de *wavelets* sob o ponto de vista da análise tempo-frequencial. Para

10.4 Transformadas de *wavelets* e análise tempo-frequencial

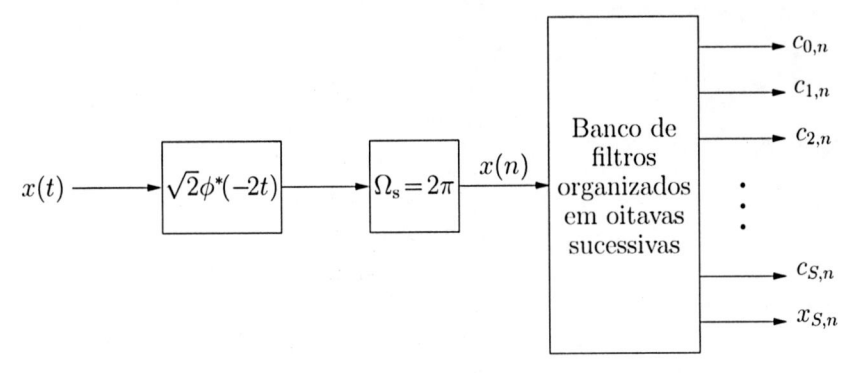

Figura 10.9 Forma prática de se calcular a transformada de *wavelets* de um sinal no tempo contínuo.

isso, primeiramente analisamos a transformada de Fourier de curta duração, ressaltando suas limitações à luz do princípio da incerteza. Apresentamos, então, a transformada de *wavelets* no tempo contínuo como uma forma de superar algumas das limitações da transformada de Fourier de curta duração. Finalmente, chegamos à transformada de *wavelets* pela amostragem da transformada de *wavelets* no tempo contínuo.

10.4.1 A transformada de Fourier de curta duração

Uma forma comum de se representar um sinal é através da decomposição em suas componentes frequenciais. Uma solução clássica para se fazer isso é pela transformada de Fourier $X(\Omega)$ de uma função $x(t)$, definida como

$$X(\Omega) = \int_{-\infty}^{\infty} x(t) e^{-j\Omega t} dt. \tag{10.10}$$

A transformada de Fourier calcula o conteúdo frequencial de um sinal levando em consideração sua duração completa, de $t = -\infty$ a $t = \infty$. Contudo, às vezes é interessante calcular o conteúdo frequencial de um sinal apenas numa certa região temporal. Por exemplo, se alguém fala "O bebê quer a bola", pode-se estar interessado em analisar somente o artigo "a", e não a frase como um todo. Claramente, a transformada de Fourier não é apropriada para uma análise desse tipo, já que sempre levará em conta a duração completa do sinal. Portanto, é desejável dispor de uma ferramenta para analisar o conteúdo frequencial local de um sinal. A transformada de Fourier de curta duração (STFT, do inglês *short-time Fourier Transform*), uma generalização da transformada de Fourier, é uma ferramenta com essa característica. Ela pode ser definida como (Gabor, 1946)

$$X_F(\Omega_0, b) = \int_{-\infty}^{\infty} x(t) g(t-b) e^{-j\Omega_0 t} dt. \tag{10.11}$$

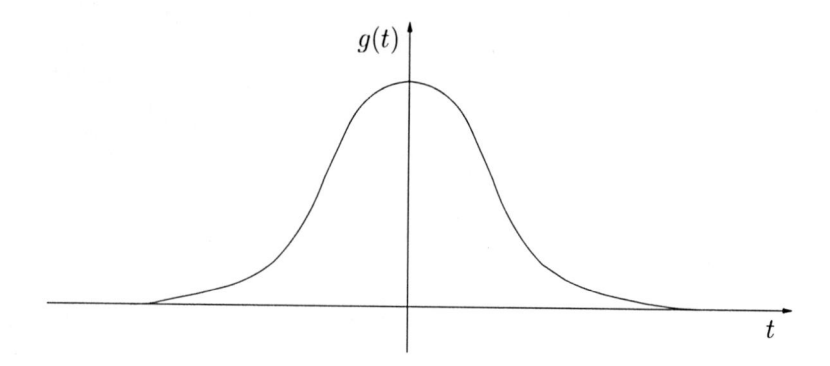

Figura 10.10 Função janela típica para a STFT.

A STFT equivale à transformada de Fourier da função janelada $x(t)g(t-b)$. A função janela $g(t)$ é, em geral, "concentrada" em torno de $t=0$, e seu propósito é isolar os valores da função $x(t)$ em torno de $t=b$ antes do cálculo da transformada de Fourier. A Figura 10.10 mostra uma janela $g(t)$ típica. A STFT tem duas variáveis independentes: a frequência Ω e a localização temporal b da janela de dados. Para cada valor de b, a STFT fornece o conteúdo espectral $X_F(\Omega, b)$ de $x(t)$ em torno de $t=b$.

A STFT também tem uma interpretação dual. Se $G(\Omega)$ é a transformada de Fourier de $g(t)$, então pode-se usar o teorema de Parseval para mostrar que a equação (10.11) equivale a (Poularikas & Seely, 1988)

$$X_F(\Omega_0, b) = \frac{1}{2\pi} \int_{-\infty}^{\infty} X(\Omega) G(\Omega - \Omega_0) e^{-j\Omega b} d\Omega. \tag{10.12}$$

Portanto, para cada Ω_0, a STFT também informa como evoluem no tempo as componentes frequenciais de $x(t)$ em torno de $\Omega = \Omega_0$ (filtradas por $G(\Omega - \Omega_0)$).

Além de se concentrar em torno de $t=0$, a função janela $g(t)$ em geral é escolhida de forma que $G(\Omega)$ também se concentre em torno de $\Omega = 0$. Uma escolha comum para $g(t)$ é uma função gaussiana, que é concentrada em torno da origem, tanto no domínio do tempo quanto no da frequência. Boas estimativas das "larguras" de $g(t)$ e de $G(\Omega)$ podem ser feitas, respectivamente, por seus desvios padrões σ_b e σ_Ω. As respectivas variâncias são dadas por (Mallat, 1989a)

$$\sigma_b^2 = \frac{\int_{-\infty}^{\infty} t^2 |g(t)|^2 dt}{\int_{-\infty}^{\infty} |g(t)|^2 dt} \tag{10.13}$$

$$\sigma_\Omega^2 = \frac{\int_0^{\infty} \Omega^2 |G(\Omega)|^2 d\Omega}{\int_0^{\infty} |G(\Omega)|^2 d\Omega}. \tag{10.14}$$

10.4 Transformadas de *wavelets* e análise tempo-frequencial

Examinando-se a equação (10.11), pode-se observar que o cálculo de $X_F(\Omega_0, b)$ depende principalmente dos valores de $x(t)$ no intervalo $t \in [b - \sigma_b, b + \sigma_b]$. Alternativamente, a equação (10.12) mostra que $X_F(\Omega_0, b)$ depende principalmente dos valores de $X(\Omega)$ no intervalo $[\Omega - \sigma_\Omega, \Omega + \sigma_\Omega]$. Isso equivale a dizer que a STFT analisa fatias do sinal com duração $2\sigma_b$ através de filtros de largura constante igual a $2\sigma_\Omega$.

Disso se conclui que quanto menor é σ_b, melhor um evento pode ser localizado no domínio do tempo ou, em outras palavras, melhor é a resolução temporal da STFT. Alternativamente, quanto menor é σ_Ω, melhor é a resolução frequencial da STFT. Isso implica que as resoluções da STFT no tempo e na frequência dependem somente de $g(t)$ e, portanto, são fixas, independentes do ponto particular (b, Ω) no espaço tempo–frequência, como ilustra a Figura 10.11.

É importante destacar que as medidas das resoluções no tempo e na frequência definidas nas equações (10.13) e (10.14) não podem ser arbitrariamente pequenas, como se enuncia a seguir (Vetterli & Kovačević (1995); Mallat (1999)).

PROPRIEDADE 10.1 (Princípio da Incerteza)
Para qualquer $g(t)$ que decai mais rapidamente que $1/\sqrt{t}$ para $t \to \pm\infty$, tem-se

$$\sigma_\Omega^2 \sigma_b^2 \geq \frac{1}{4}. \tag{10.15}$$

Esse resultado implica que há uma resolução máxima que pode ser conjuntamente atingida na frequência e no tempo por qualquer transformada linear. A igualdade ocorre para sinais gaussianos, ou seja, para

$$g(t) = \alpha e^{-\kappa t^2}. \tag{10.16}$$

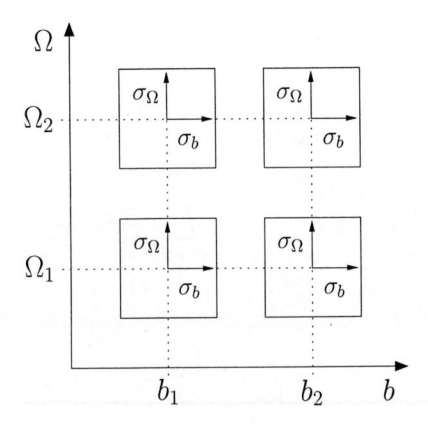

Figura 10.11 Células de resolução da STFT no plano tempo × frequência.

PROVA

Usando-se a desigualdade de Schwartz (Steele, 2004):

$$\left|\int_{-\infty}^{\infty} tg(t)\frac{\mathrm{d}g(t)}{\mathrm{d}t}\mathrm{d}t\right|^2 \leq \int_{-\infty}^{\infty} |tg(t)|^2 \mathrm{d}t \int_{-\infty}^{\infty} \left|\frac{\mathrm{d}g(t)}{\mathrm{d}t}\right|^2 \mathrm{d}t. \tag{10.17}$$

Como a transformada de Fourier de $\mathrm{d}g(t)/\mathrm{d}t$ é $j\Omega G(\Omega)$, pode-se aplicar o teorema de Parseval na terceira integral para obter

$$\int_{-\infty}^{\infty} \left|\frac{\mathrm{d}g(t)}{\mathrm{d}t}\right|^2 \mathrm{d}t = \frac{1}{2\pi}\int_{-\infty}^{\infty} |\Omega G(\Omega)|^2 \mathrm{d}\Omega; \tag{10.18}$$

portanto, a inequação (10.17) se torna

$$\left|\int_{-\infty}^{\infty} tg(t)\frac{\mathrm{d}g(t)}{\mathrm{d}t}\mathrm{d}t\right|^2 \leq \frac{1}{2\pi}\int_{-\infty}^{\infty} |tg(t)|^2 \mathrm{d}t \int_{-\infty}^{\infty} |\Omega G(\Omega)|^2 \mathrm{d}\Omega. \tag{10.19}$$

Como

$$2g(t)\frac{\mathrm{d}g(t)}{\mathrm{d}t} = \frac{\mathrm{d}[g^2(t)]}{\mathrm{d}t} \tag{10.20}$$

temos que

$$\begin{aligned}\int_{-\infty}^{\infty} tg(t)\frac{\mathrm{d}g(t)}{\mathrm{d}t}\mathrm{d}t &= \frac{1}{2}\int_{-\infty}^{\infty} t\frac{\mathrm{d}[g^2(t)]}{\mathrm{d}t}\mathrm{d}t \\ &= \frac{1}{2}tg^2(t)\Big|_{-\infty}^{\infty} - \frac{1}{2}\int_{-\infty}^{\infty} g^2(t)\mathrm{d}t.\end{aligned} \tag{10.21}$$

Uma vez que, por hipótese, $g(t)$ decai mais rapidamente que $1/\sqrt{t}$ para $t \to \pm\infty$, temos que

$$\lim_{t \to \pm\infty} tg^2(t) = 0 \tag{10.22}$$

e, então, supondo $g(t)$ real, a equação (10.21) se torna

$$\int_{-\infty}^{\infty} tg(t)\frac{\mathrm{d}g(t)}{\mathrm{d}t}\mathrm{d}t = -\frac{1}{2}\int_{-\infty}^{\infty} g^2(t)\mathrm{d}t = -\frac{1}{2}\int_{-\infty}^{\infty} |g(t)|^2 \mathrm{d}t. \tag{10.23}$$

Substituindo a equação anterior na inequação (10.19), obtemos

$$\left|\frac{1}{2}\int_{-\infty}^{\infty} |g(t)|^2 \mathrm{d}t\right|^2 \leq \frac{1}{2\pi}\int_{-\infty}^{\infty} |tg(t)|^2 \mathrm{d}t \int_{-\infty}^{\infty} |\Omega G(\Omega)|^2 \mathrm{d}\Omega. \tag{10.24}$$

10.4 Transformadas de *wavelets* e análise tempo-frequencial

Usando novamente o teorema de Parseval, temos que

$$\int_{-\infty}^{\infty} |g(t)|^2 \mathrm{d}t = \frac{1}{2\pi} \int_{-\infty}^{\infty} |G(\Omega)|^2 \, \mathrm{d}\Omega; \tag{10.25}$$

portanto,

$$\left| \int_{-\infty}^{\infty} |g(t)|^2 \mathrm{d}t \right|^2 = \frac{1}{2\pi} \int_{-\infty}^{\infty} |G(\Omega)|^2 \, \mathrm{d}\Omega \int_{-\infty}^{\infty} |g(t)|^2 \mathrm{d}t. \tag{10.26}$$

Substituindo a expressão anterior na inequação (10.24), concluímos que

$$\frac{1}{8\pi} \int_{-\infty}^{\infty} |g(t)|^2 \mathrm{d}t \int_{-\infty}^{\infty} |G(\Omega)|^2 \mathrm{d}\Omega \le \frac{1}{2\pi} \int_{-\infty}^{\infty} |tg(t)|^2 \mathrm{d}t \int_{-\infty}^{\infty} |\Omega G(\Omega)|^2 \, \mathrm{d}\Omega; \tag{10.27}$$

portanto,

$$\left(\frac{\int_{-\infty}^{\infty} |t|^2 |g(t)|^2 \mathrm{d}t}{\int_{-\infty}^{\infty} |g(t)|^2 \mathrm{d}t} \right) \left(\frac{\int_{-\infty}^{\infty} |\Omega|^2 |G(\Omega)|^2 \mathrm{d}\Omega}{\int_{-\infty}^{\infty} |G(\Omega)|^2 \mathrm{d}\Omega} \right) \ge \frac{1}{4}, \tag{10.28}$$

o que, pelas definições das equações (10.13) e (10.14), fornece o resultado desejado.

Se $g(t)$ é uma gaussiana, ou seja,

$$g(t) = \alpha \mathrm{e}^{-\kappa t^2}, \tag{10.29}$$

então temos que

$$G(\Omega) = \alpha \sqrt{\frac{\pi}{\kappa}} \mathrm{e}^{-\Omega^2/4\kappa} \tag{10.30}$$

e, então,

$$g^2(t) = \alpha^2 \mathrm{e}^{-2\kappa t^2}; \qquad G^2(\Omega) = \alpha^2 \frac{\pi}{\kappa} \mathrm{e}^{-\Omega^2/2\kappa}. \tag{10.31}$$

Como $g^2(t)$ e $G^2(\Omega)$ ainda são gaussianas, então $\sigma_b^2 = 1/4\kappa$ e $\sigma_\Omega^2 = \kappa$, de forma que

$$\sigma_b^2 \sigma_\Omega^2 = \frac{1}{4}. \tag{10.32}$$

Portanto, para a função janela gaussiana, a relação (10.15) vale com o sinal de igualdade, indicando que se atinge o melhor compromisso tempo–frequência possível.

□

Observe que os requisitos para a janela nesse caso são diferentes dos da Seção 5.4. Lá, desejamos que $g(t)$ seja maximamente concentrada no domínio da frequência, ao mesmo tempo apresentando ondulações com a menor amplitude possível. Isso porque naquele caso estamos interessados apenas nas propriedades no domínio da frequência, enquanto que da STFT queremos o melhor compromisso entre as representações nos domínios do tempo e da frequência.

Em alguns casos, as resoluções temporal e frequencial fixas da STFT se tornam uma grave desvantagem. Isso acontece normalmente com sinais altamente não-estacionários, que apresentam eventos de durações muito diferentes, requerendo graus variados de resolução. Em contrapartida, uma vez fixada a função $g(t)$, as resoluções no tempo e na frequência a ela associadas também são fixadas, e somente eventos de duração comparável à de $g(t)$ podem ser convenientemente analisados. Portanto, é desejável ter uma transformada com janelas de diferentes durações, de tal forma que possa se adaptar aos eventos a serem analisados. Transformadas de *wavelets* são uma classe de transformadas que possuem exatamente essa propriedade.

10.4.2 A transformada de *wavelets* contínua

A transformada de *wavelets* contínua (Rioul & Vetterli, 1991) de um sinal $x(t)$ pertencente ao espaço das funções quadraticamente integráveis em $\mathbb{R}$, $L^2\{\mathbb{R}\}$, é sua decomposição num conjunto de funções de base formado por compressões/expansões e translações de uma função-mãe $\psi(t)$. Portanto, definindo-se as funções da base $\psi_{a,b}(t)$ como

$$\psi_{a,b}(t) = \frac{1}{\sqrt{a}}\psi\left(\frac{t-b}{a}\right), \tag{10.33}$$

a transformada de *wavelets* contínua pode ser escrita como (Daubechies, 1991)

$$X_W(a,b) = \int_{-\infty}^{\infty} x(t)\psi_{a,b}^*(t)\mathrm{d}t, \tag{10.34}$$

onde "*" denota conjugação complexa. Ao longo de toda esta discussão, as *wavelets* serão supostas reais, e portanto $\psi(t) = \psi^*(t)$.

Alternativamente, se a transformada de Fourier de $\psi_{a,b}(t)$ é $\Psi_{a,b}(\omega)$, então a equação (10.34) pode ser reescrita no domínio da frequência, usando o teorema de Parseval, como

$$X_W(a,b) = \frac{1}{2\pi}\int_{-\infty}^{\infty}\Psi_{a,b}^*(\Omega)X(\Omega)\mathrm{d}\Omega. \tag{10.35}$$

10.4 Transformadas de *wavelets* e análise tempo-frequencial

Pode-se mostrar que $x(t)$ é recuperável a partir de sua transformada de *wavelets* $X_W(a,b)$ usando-se a seguinte expressão (Daubechies, 1991):

$$x(t) = C_\psi^{-1} \int_0^\infty \frac{da}{a^2} \int_{-\infty}^\infty X_W(a,b)\psi_{a,b}(t)db, \qquad (10.36)$$

onde a constante C_ψ é tal que

$$C_\psi = 2\pi \int_0^\infty \frac{|\Psi(\Omega)|^2}{|\Omega|}d\Omega = 2\pi \int_{-\infty}^0 \frac{|\Psi(\Omega)|^2}{|\Omega|}d\Omega < \infty. \qquad (10.37)$$

Se $\psi(t)$ é contínua, então a equação (10.37) só pode ser satisfeita se (Daubechies, 1991)

$$\int_{-\infty}^\infty \psi(t)dt = 0. \qquad (10.38)$$

A equação acima equivale a $\Psi(0) = 0$, o que implica que $\psi(t)$ realiza uma filtragem passa-faixa.

O fator a é chamado de *escala* da função de base. Quanto maior é a escala, mais larga no domínio do tempo e, portanto, mais estreita no domínio da frequência é a função de base. Ao contrário, quanto menor é a escala a, mais estreita no domínio do tempo e mais larga no domínio da frequência é a função de base. A Figura 10.7 ilustra esse ponto. Disso, pode-se inferir que na transformada de *wavelets*, as resoluções no tempo e na frequência variam, e há um balanço entre as duas. Para sermos mais precisos, observamos primeiro, pela equação (10.38), que $\psi(t)$ tem que ser passa-faixa. Supondo que $\psi(t)$ é real, então $\Psi(\Omega)$ é conjugada simétrica. Agora, sejam t_0 e Ω_0 tais que

$$\int_{-\infty}^\infty (t - t_0)|\psi(t)|^2 dt = 0 \qquad (10.39)$$

$$\int_0^\infty (\Omega - \Omega_0)|\Psi(\Omega)|^2 d\Omega = 0. \qquad (10.40)$$

Podemos definir, similarmente às equações (10.13) e (10.14), as variâncias de $\psi(t)$ e das frequências positivas de sua transformada de Fourier $\Psi(\omega)$ como (Mallat, 1989a)

$$\sigma_b^2 = \frac{\int_{-\infty}^\infty (t-t_0)^2 |\psi(t)|^2 dt}{\int_{-\infty}^\infty |\psi(t)|^2 dt} \qquad (10.41)$$

$$\sigma_\Omega^2 = \frac{\int_0^\infty (\Omega - \Omega_0)^2 |\Psi(\Omega)|^2 d\Omega}{\int_0^\infty |\Psi(\Omega)|^2 d\Omega}. \qquad (10.42)$$

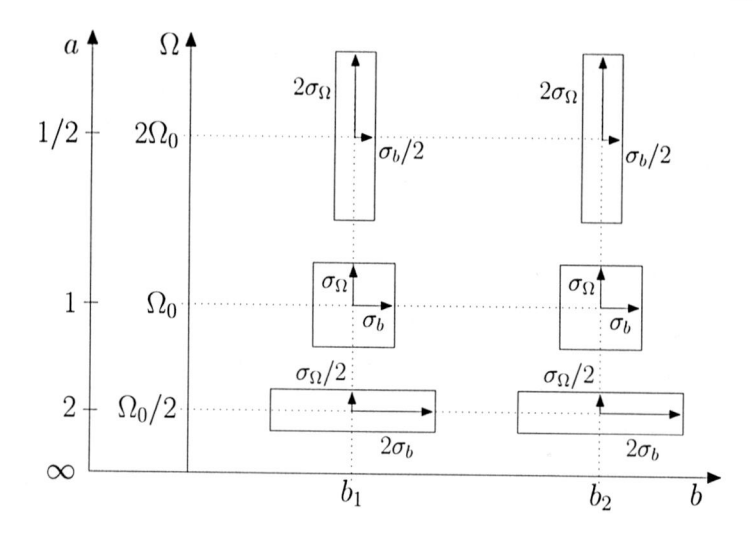

Figura 10.12 Células de resolução da transformada de *wavelets* no plano tempo × frequência.

Observe que $\psi(t)$ usualmente é escolhida tal que $t_0 = 0$.

As equações vistas implicam que os desvios padrões de $\psi_{a,b}(t)$ e de sua transformada de Fourier são $a\sigma_b$ e σ_Ω/a, respectivamente. Ainda, a frequência central de $\Psi_{a,b}(\Omega)$ é Ω_0/a. Portanto, pela equação (10.34), a transformada de *wavelets* $X_W(a,b)$ depende principalmente dos valores de $x(t)$ no intervalo temporal $t \in [b - a\sigma_b, b + a\sigma_b]$. Pela equação (10.35), $X_W(a,b)$ depende principalmente dos valores de $X(\Omega)$ no intervalo frequencial $\Omega \in [(\Omega_0/a) - (\sigma_\Omega/a), (\Omega_0/a) + (\sigma_\Omega/a)]$. Isso implica que para a grande (isto é, baixas frequências), a transformada de *wavelets* tem baixa resolução temporal e alta resolução frequencial. Ao contrário, para valores pequenos de a (que correspondem a frequências elevadas), a transformada de *wavelets* tem alta resolução temporal e baixa resolução frequencial. Isso pode ser ilustrado pelas células de resolução da Figura 10.12, onde se pode observar que o princípio da incerteza da relação (10.15) ainda vale.

Da análise acima, pode-se ver que a transformada de *wavelets* é adequada para analisar sinais que apresentam eventos de durações diferentes. Para cada duração de evento, há uma escala a na qual este será melhor analisado ou representado. Isso é particularmente útil no processamento de imagens, que é extensamente explorado na Seção 10.9.

Há outra forma de se interpretar o fato de que a transformada de *wavelets* depende principalmente dos valores de $X(\Omega)$ no intervalo $[(\Omega_0/a) - (\sigma_\Omega/a), (\Omega_0/a) + (\sigma_\Omega/a)]$. Como $\psi(t)$ pode ser vista como a resposta ao impulso de um filtro passa-faixa, isso equivale a dizer que a *wavelet* $\psi_{a,b}(t)$ é a resposta ao impulso de um filtro passa-faixa com frequência central Ω_0/a e largura de faixa $2\sigma_\Omega/a$. Logo, as funções $\psi_{a,b}(t)$ representam um conjunto de filtros passa-faixa cujo fator de qualidade Q (definido como a razão entre a frequência central Ω_0 e a largura de

10.4 Transformadas de *wavelets* e análise tempo-frequencial

faixa $2\sigma_\Omega$ do filtro) independe do fator de escala a. Portanto, uma transformada de *wavelets* equivale à análise de um sinal no domínio da frequência usando filtros passa-faixa com frequências centrais variáveis de acordo com a escala a, mas com Q constante.

10.4.3 Amostrando a transformada de *wavelets* contínua: a transformada de *wavelets* discreta

Como pode ser visto pela equação (10.34), a transformada de *wavelets* mapeia uma função unidimensional numa função bidimensional. Esse aumento de dimensionalidade a torna extremamente redundante. Parece natural, então, que o sinal original possa ser recuperado a partir de uma transformada de *wavelets* calculada somente numa grade discreta. De fato é esse o caso, e Daubechies (1990) fez extensa investigação desse problema.

Examinando as células de resolução da Figura 10.12, vemos que quando a escala a aumenta, a frequência central e a largura das células de resolução na direção das frequências se reduzem, e assim mais células de resolução são necessárias para cobrir aquela região do plano $\Omega \times b$. Portanto, uma escolha natural para a discretização de a seria $a = a_0^m$, com $a_0 > 1$ e $m \in \mathbb{Z}$. Como a discretização de b corresponde a uma amostragem no tempo, sua frequência de amostragem tem que ser proporcional à largura de faixa do sinal a ser amostrado, por sua vez é inversamente proporcional à escala a. Portanto, é intuitivo escolher $b = nb_0 a_0^m$. Com tais escolhas de a e b, a transformada de *wavelets* discreta $X_{\mathrm{W}}(m,n)$ de $x(t)$ se torna

$$X_{\mathrm{W}}(m,n) = a_0^{-m/2} \int_{-\infty}^{\infty} \psi_{m,n}^*(t) x(t) \mathrm{d}t \tag{10.43}$$

$$\psi_{m,n}(t) = a_0^{-m/2} \psi(a_0^{-m} t - nb_0). \tag{10.44}$$

Se $a_0 = 2$ e $b_0 = 1$, então existem escolhas de $\psi(t)$ tais que as funções $\psi_{m,n}(t)$, para $m, n \in \mathbb{Z}$, formem uma base ortonormal do espaço das funções quadraticamente integráveis em $\mathbb{R}$, $L^2\{\mathbb{R}\}$ (Daubechies, 1990). Isso implica que qualquer função $x(t) \in L^2\{\mathbb{R}\}$ pode ser expressa como

$$x(t) = \sum_{m=-\infty}^{\infty} \sum_{n=-\infty}^{\infty} c_{m,n} \psi_{m,n}(t) \tag{10.45}$$

$$c_{m,n} = \int_{-\infty}^{\infty} \psi_{m,n}^*(t) x(t) \mathrm{d}t. \tag{10.46}$$

Os $c_{m,n}$ são os coeficientes da transformada de *wavelets* de $x(t)$. Observe que as equações acima são iguais às equações (10.5) e (10.6), no caso em que $\overline{\psi}(t) = \psi(t)$. Isso ocorre porque o diagrama representado na Figura 10.6 implementa

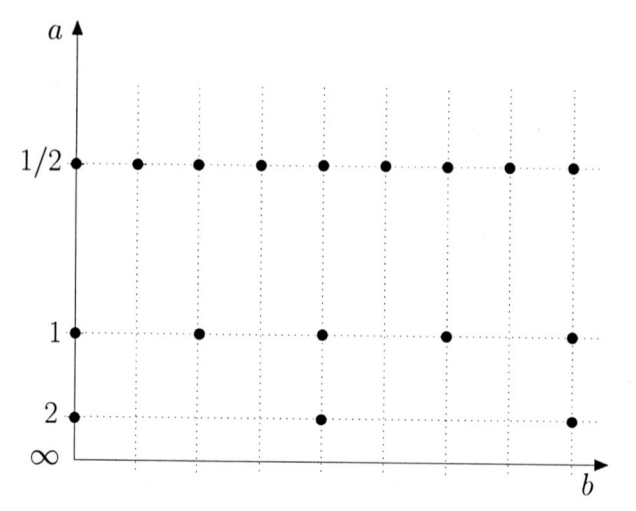

Figura 10.13 Discretização da transformada de *wavelets* das equações (10.43) e (10.44) para $a_0 = 2$ e $b_0 = 1$.

exatamente a discretização da transformada de *wavelets* contínua, dada nas equações (10.43) e (10.44) quando $a_0 = 2$ e $b_0 = 1$. Isso implica que as amostras de uma transformada de *wavelets* contínua podem ser calculadas usando-se o esquema da Figura 10.9, se as envoltórias dos bancos de filtros iterados da Figura 10.4 corresponderem a compressões/expansões e translações de $\psi(t)$.

É interessante observar que nessa discretização da transformada de *wavelets*, para qualquer incremento de m, o valor de a dobra, o que implica dobrar a largura no domínio do tempo e reduzir à metade a largura no domínio da frequência. A grade de amostragem equivalente é mostrada na Figura 10.13. Fazendo referência à equação (10.35), isso equivale a ter um sinal analisado em canais de frequência com larguras de uma oitava, como ilustra a Figura 10.8.

Se $x(t)$ é igual a $\psi_{k,l}(t)$, então a equação (10.45) se torna

$$\psi_{k,l}(t) = \sum_{m=-\infty}^{\infty} \sum_{n=-\infty}^{\infty} c_{m,n} \psi_{m,n}(t). \tag{10.47}$$

Para que essa equação seja válida, é preciso que se tenha $c_{m,n} = \delta(m-k)\delta(n-l)$. Nesse caso, a equação (10.46) implica que

$$\int_{-\infty}^{\infty} \psi_{m,n}^*(t) \psi_{k,l}(t) \mathrm{d}t = \delta(m-k)\delta(n-l). \tag{10.48}$$

Isso equivale a dizer que as funções $\psi_{m,n}(t)$, para todos os $m, n \in \mathbb{Z}$, são ortonormais (Kolmogorov & Fomin, 1962). Como foi detalhado na Seção 3.6.2, a ortonormalidade é usualmente expressa, usando-se a notação de produto interno, como

$$\langle \psi_{k,l}(t), \psi_{m,n}(t) \rangle = \delta(m-k)\delta(n-l), \qquad (10.49)$$

onde o produto interno $\langle g(t), f(t) \rangle$ entre as duas funções $f(t)$ e $g(t)$ se define como

$$\langle g(t), f(t) \rangle = \int_{-\infty}^{\infty} f^*(t) g(t) \mathrm{d}t. \qquad (10.50)$$

Uma vez que as equações (10.45) e (10.46) são válidas para qualquer função $x(t) \in L^2\{\mathbb{R}\}$, então pode-se dizer que as funções $\psi_{m,n}(t)$, para todos os $m, n \in \mathbb{Z}$, formam uma base ortonormal de $L^2\{\mathbb{R}\}$.

Outras escolhas de a_0 podem levar a outras bases ortonormais. Por exemplo, Kovačević (1991) descreveu algumas transformadas de *wavelets* discretas que usam valores fracionários de a_0. Contudo, restringiremos nossa apresentação aos casos diádicos, ou seja, às transformadas de *wavelets* em que $a_0 = 2$ e $b_0 = 1$.

A transformada de *wavelets* definida pelas equações (10.5) e (10.6), a saber,

$$x(t) = \sum_{m=-\infty}^{\infty} \sum_{n=-\infty}^{\infty} c_{m,n} \overline{\psi}_{m,n}(t) \qquad (10.51)$$

$$c_{m,n} = \int_{-\infty}^{\infty} x(t) \psi_{m,n}^*(t) \mathrm{d}t, \qquad (10.52)$$

onde

$$\psi_{m,n}(t) = 2^{-m/2} \psi(2^{-m} t - n) \qquad (10.53)$$

$$\overline{\psi}_{m,n}(t) = 2^{-m/2} \overline{\psi}(2^{-m} t - n), \qquad (10.54)$$

não é ortogonal. Nesse caso, referimo-nos a ela como uma transformada de *wavelets* biortogonal (consulte a Seção 9.4.3 para uma discussão sobre ortogonalidade e biortogonalidade).

Transformadas de *wavelets* biortogonais são caracterizadas por duas *wavelets*: a *wavelet* de análise $\psi(t)$ e a *wavelet* de síntese $\overline{\psi}(t)$ (Cohen et al., 1992; Vetterli & Herley, 1992). As equações (10.51)–(10.54) indicam que qualquer função $x(t) \in L^2\{\mathbb{R}\}$ pode ser decomposta como uma combinação linear de compressões/expansões e translações da *wavelet* de síntese $\overline{\psi}(t)$. Os pesos da combinação podem ser calculados através do produto interno de $x(t)$ com compressões/expansões e translações da *wavelet* de análise $\psi(t)$.

As funções $\psi_{m,n}(t)$ não formam um conjunto ortogonal, nem as funções $\overline{\psi}_{m,n}(t)$. Contudo, as funções $\psi_{m,n}(t)$ são ortogonais às funções $\overline{\psi}_{m,n}(t)$ (veja a Figura 9.24 e as equações (9.97)–(9.100)). Isso quer dizer que

$$\langle \psi_{m,n}(t), \overline{\psi}_{k,l}(t) \rangle = \delta(m-k)\delta(n-l). \qquad (10.55)$$

10.5 Representação em multirresolução

O conceito de representação de um sinal em multirresolução (Mallat, 1989b) permite que se tirem interessantes conclusões sobre transformadas de *wavelets*, bem como uma compreensão mais profunda de sua conexão com bancos de filtros.

Suponha uma função $\phi(t)$ tal que o conjunto $\phi(t-n)$, para todo $n \in \mathbb{Z}$, seja ortonormal. Defina V_0 como o espaço gerado por esse conjunto. Analogamente, defina V_m como o espaço gerado por $2^{-m/2}\phi(2^{-m}t - n)$.

Suponha também que $\phi(t)$ seja a solução da seguinte equação de diferenças de duas escalas contíguas (Daubechies, 1988):

$$\phi(t) = \sum_{n=-\infty}^{\infty} c_n \sqrt{2}\phi(2t - n). \tag{10.56}$$

Como a ortonormalidade do conjunto $\phi(t-n)$ ao longo de t implica a ortonormalidade do conjunto $\sqrt{2}\phi(2t-n)$, temos que c_n se relaciona com $\phi(t)$ pela seguinte equação:

$$c_n = \int_{-\infty}^{\infty} \phi(t)\sqrt{2}\phi^*(2t-n)\mathrm{d}t. \tag{10.57}$$

Da equação (10.56), segue imediatamente por indução que se $i, j \in \mathbb{Z}$, com $i > j$, existem constantes α_n^{ij} tais que

$$\phi(2^{-i}t) = \sum_{n=-\infty}^{\infty} \alpha_n^{ij} \phi(2^{-j}t - n). \tag{10.58}$$

Isso significa que as funções que geram o espaço V_i também estão em V_j. Isso implica que $V_i \subset V_j$, para $i > j$. Então, por indução,

$$\cdots \supset V_{-2} \supset V_{-1} \supset V_0 \supset V_1 \supset \cdots. \tag{10.59}$$

Interpretando V_0 como o espaço das funções na escala[3] 2^0, V_{-1} pode ser interpretado como o espaço das funções na escala mais alta 2^1, o qual contém V_0; V_1 pode ser interpretado como o espaço das funções na escala mais baixa 2^{-1}, o qual está contido em V_0. Assim, para m crescente, V_m podem ser vistos como espaços de escala decrescente.

A função $\phi(t)$ na equação (10.56) também precisa ser tal que

$$\bigcup_{j=-\infty}^{\infty} V_j = L^2\{\mathbb{R}\} \tag{10.60}$$

$$\bigcap_{j=-\infty}^{\infty} V_j = \{0\}. \tag{10.61}$$

---
[3] Deve-se ter em mente que a escala é proporcional à resolução temporal.

10.5 Representação em multirresolução

Definindo agora W_j como o complemento ortogonal de V_j em V_{j-1} (Kolmogorov & Fomin, 1962):

$$W_j \perp V_j \quad \text{e} \quad W_j \oplus V_j = V_{j-1}, \tag{10.62}$$

onde $\oplus$ denota a operação de soma ortogonal, que corresponde ao fechamento linear de dois espaços ortogonais. Nesse contexto, W_j pode ser visto como a quantidade de "detalhe" adicionado quando se passa da resolução de V_j para a resolução de V_{j-1}. Essa hierarquia de espaços é representada na Figura 10.14.

Pelas equações (10.59) e (10.62), qualquer função $g(t) \in W_0$ também pertence a V_{-1}, o que também se vê na Figura 10.14. Portanto, tais $g(t)$ podem ser expressas como

$$g(t) = \sum_{n=-\infty}^{\infty} d_n \sqrt{2} \phi(2t - n). \tag{10.63}$$

Se definimos $\psi(t) \in V_{-1}$ como

$$\psi(t) = \sum_{n=-\infty}^{\infty} (-1)^n c_{1-n} \sqrt{2} \phi(2t - n), \tag{10.64}$$

onde c_n seguem a equação (10.56), então pode-se mostrar que $\psi(t) \in W_0$ e $\psi(t-n)$, para todo $n \in \mathbb{Z}$, formam uma base ortonormal para W_0 (Daubechies, 1988; Mallat, 1989b) (veja o Exercício 10.5). Generalizando, $2^{-m/2}\psi(2^{-m}t - n)$, para todo $n \in \mathbb{Z}$ formam uma base ortonormal para W_m.

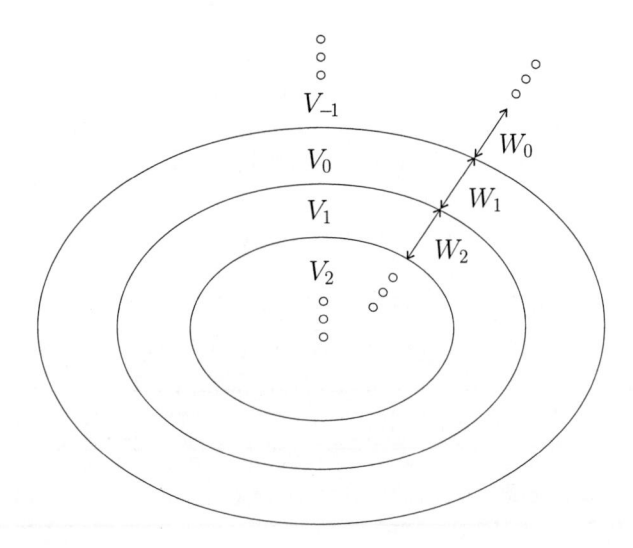

Figura 10.14 Representação geométrica de espaços com multirresolução.

Pela equação (10.62), isso implica que as funções $\psi(t-n)$ são ortogonais às funções $\phi(t-m)$. Resumindo as condições de ortogonalidade, temos:

$$\langle \phi(t-m), \phi(t-n)\rangle = \delta(m-n) \tag{10.65}$$
$$\langle \psi(t-m), \psi(t-n)\rangle = \delta(m-n) \tag{10.66}$$
$$\langle \psi(t-m), \phi(t-n)\rangle = 0. \tag{10.67}$$

A partir das equações (10.60)–(10.62) podemos derivar que

$$\cdots \oplus W_{-2} \oplus W_{-1} \oplus W_0 \oplus W_1 \cdots = L^2\{\mathbb{R}\}. \tag{10.68}$$

Logo, as funções $\psi_{m,n}(t) = 2^{-m/2}\psi(2^{-m}t-n)$, para todos os $m,n \in \mathbb{Z}$, constituem uma base ortonormal de $L^2\{\mathbb{R}\}$. Isso equivale a dizer que qualquer $f(t) \in L^2\{\mathbb{R}\}$ pode ser escrita como

$$f(t) = \sum_{m=-\infty}^{\infty} \sum_{n=-\infty}^{\infty} \alpha_{m,n} \psi_{m,n}(t) \tag{10.69}$$

e

$$\alpha_{m,n} = \int_{-\infty}^{\infty} \psi_{m,n}^*(t) f(t) \mathrm{d}t. \tag{10.70}$$

Essas equações são iguais às equações (10.45) e (10.46), respectivamente, indicando que representam uma transformada de *wavelets* discreta de $f(t)$ com função-mãe $\psi(t)$. Os coeficientes da transformada de *wavelets* $\alpha_{m,n}$ correspondem à projeção de $f(t)$ sobre um "espaço de detalhe" W_m com escala 2^{-m}. Portanto, uma transformada de *wavelets* realiza a decomposição de um sinal em espaços de diferentes resoluções. Na literatura, decomposições desse tipo são genericamente referenciadas como decomposições em multirresolução (Mallat, 1989b). Isso é outra forma de enunciar a propriedade de as transformadas de *wavelets* poderem representar convenientemente eventos de durações diferentes, isto é, com diferentes resoluções, como discutido na Seção 10.4.2.

No domínio da frequência, as decomposições em multirresolução podem ser compreendidas da seguinte maneira: V_0 é o espaço gerado por $\phi(t-n)$ e V_{-1} é o espaço gerado por $\sqrt{2}\phi(2t-n)$, que tem o dobro da largura de faixa de $\phi(t-n)$. Portanto, V_{-1} também contém as funções com o dobro do conteúdo espectral de V_0, o que significa o dobro de resolução temporal. W_0 é composto das funções que estão em V_{-1} mas não em V_0 e, portanto, está contido na região passa-faixa entre as faixas de passagem de $\phi(t-n)$ e $\sqrt{2}\phi(2t-n)$, que corresponde à faixa de passagem de $\psi(t-n)$. Esse raciocínio em termos espectrais é tornado mais claro na Figura 10.15.

10.5 Representação em multirresolução

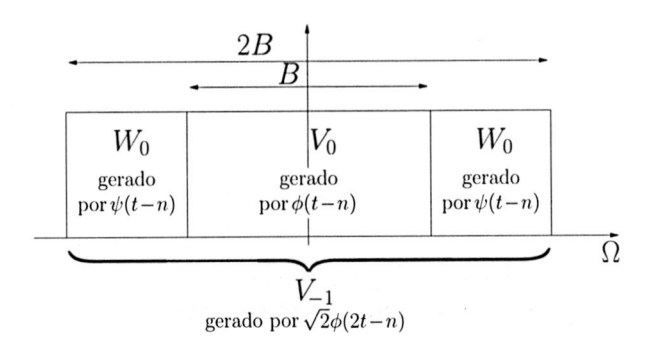

Figura 10.15 Decomposição em multirresolução no domínio da frequência.

Observe que a função $\phi(t)$ é a mesma função de escalamento definida na Seção 10.2.3. Ela é geralmente referenciada como a função de escalamento da representação em multirresolução, enquanto $\psi(t)$ é referenciada como sua *wavelet*.

Apesar de possuírem boas propriedades, transformadas de *wavelets* ortogonais têm uma importante limitação. Como vimos na Seção 9.7, bancos de filtros ortogonais não podem ter fase linear. Como as *wavelets* são as envoltórias das respostas ao impulso dos bancos de filtros iterados (veja as Figuras 10.2–10.6), a *wavelet* $\psi(t)$ não pode, ao mesmo tempo, ser ortogonal e gerar a resposta ao impulso de um filtro com fase linear (Vetterli & Herley, 1992). Isso é particularmente significativo em aplicações a processamento de imagens, porque a fase de um sinal de imagem carrega informação muito importante (Field, 1993). Logo, é vantajoso usar as transformadas de *wavelets* biortogonais descritas nas equações (10.51)–(10.55), que podem possuir fase linear. A seguir, analisamos a representação em multirresolução biortogonal.

10.5.1 Representação em multirresolução biortogonal

Sejam $\psi(t)$ e $\overline{\psi}(t)$ as *wavelets* de análise e de síntese, respectivamente, e sejam $\phi(t)$ e $\overline{\phi}(t)$ as correspondentes funções de escalamento de análise e de síntese, respectivamente. Analogamente ao caso ortogonal, sejam $\phi(t)$ e $\overline{\phi}(t)$ tais que

$$\phi(t) = \sum_{n=-\infty}^{\infty} c_n \sqrt{2} \phi(2t - n) \tag{10.71}$$

$$\overline{\phi}(t) = \sum_{n=-\infty}^{\infty} \overline{c}_n \sqrt{2} \overline{\phi}(2t - n). \tag{10.72}$$

Supondo também que

$$\langle 2^{-m/2} \phi(2^{-m}t - n), 2^{-m/2} \overline{\phi}(2^{-m}t - k) \rangle = \delta(n - k), \tag{10.73}$$

temos

$$c_n = \int_{-\infty}^{\infty} \phi(t)\sqrt{2}\widetilde{\phi}^*(2t-n)\mathrm{d}t \qquad (10.74)$$

$$\overline{c}_n = \int_{-\infty}^{\infty} \overline{\phi}(t)\sqrt{2}\phi^*(2t-n)\mathrm{d}t. \qquad (10.75)$$

As funções $\phi(t)$ e $\overline{\phi}(t)$ definidas dessa forma geram duas hierarquias de subespaços como a da equação (10.59) (Cohen *et al.*, 1992):

$$\phi(t): \quad \cdots \supset V_{-2} \supset V_{-1} \supset V_0 \supset V_1 \cdots \qquad (10.76)$$

$$\overline{\phi}(t): \quad \cdots \supset \overline{V}_{-2} \supset \overline{V}_{-1} \supset \overline{V}_0 \supset \overline{V}_1 \cdots \qquad (10.77)$$

Suponha também que, para V_j e $\overline{V}_j$,

$$\bigcup_{j=-\infty}^{\infty} V_j = L^2\{\mathbb{R}\} \qquad (10.78)$$

$$\bigcap_{j=-\infty}^{\infty} V_j = \{0\} \qquad (10.79)$$

$$\bigcup_{j=-\infty}^{\infty} \overline{V}_j = L^2\{\mathbb{R}\} \qquad (10.80)$$

$$\bigcap_{j=-\infty}^{\infty} \overline{V}_j = \{0\}. \qquad (10.81)$$

Definindo W_j e $\overline{W}_j$ tais que

$$V_{j-1} = V_j + W_j \qquad (10.82)$$

$$\overline{V}_{j-1} = \overline{V}_j + \overline{W}_j \qquad (10.83)$$

$$W_j \perp \overline{V}_j \quad \text{e} \quad \overline{W}_j \perp V_j. \qquad (10.84)$$

Aqui, $A + B$ denota o fechamento linear de A e B, ou o subespaço gerado por todas as combinações lineares das funções em A e B (Kolmogorov & Fomin, 1962). Deve-se observar que o fechamento linear + das equações (10.82) e (10.83) difere da operação de soma ortogonal $\oplus$ da equação (10.62), porque na representação em multirresolução biortogonal considerada nesta seção V_j e W_j não são ortogonais entre si.

Novamente, W_j pode ser interpretada como a quantidade de "detalhe" adicionado quando se passa da escala de V_j para a escala de V_{j-1}, e $\overline{W}_j$ é a quantidade de "detalhe" adicionado quando se passa da escala de $\overline{V}_j$ para a escala de $\overline{V}_{j-1}$. Contudo, diferentemente do caso ortogonal, W_j num conjunto de espaços é ortogonal somente a $\overline{V}_j$ no outro conjunto de espaços, não a V_j.

10.6 Transformadas de *wavelets* e bancos de filtros

Sejam $\psi(t)$ e $\overline{\psi}(t)$ as *wavelets*-mãe que originarão as bases para W_j e $\overline{W}_j$, respectivamente. Como pelas equações (10.82) e (10.83), $W_j \in V_{j-1}$ e $\overline{W}_j \in \overline{V}_{j-1}$, $\psi(t)$ e $\overline{\psi}(t)$ podem ser expressas como

$$\psi(t) = \sum_{n=-\infty}^{\infty} d_n \sqrt{2}\phi(2t - n) \tag{10.85}$$

$$\overline{\psi}(t) = \sum_{n=-\infty}^{\infty} \overline{d}_n \sqrt{2}\overline{\phi}(2t - n), \tag{10.86}$$

onde, pela equação (10.73),

$$d_n = \int_{-\infty}^{\infty} \psi(t)\sqrt{2}\overline{\phi}^*(2t - n)\mathrm{d}t \tag{10.87}$$

$$\overline{d}_n = \int_{-\infty}^{\infty} \overline{\psi}(t)\sqrt{2}\phi^*(2t - n)\mathrm{d}t. \tag{10.88}$$

As funções $\phi(t)$, $\overline{\phi}(t)$, $\psi(t)$ e $\overline{\psi}(t)$ assim definidas satisfazem as seguintes condições de biortogonalidade:

$$\langle \phi(t), \overline{\phi}(t-m) \rangle = \delta(m) \tag{10.89}$$
$$\langle \psi(t), \overline{\psi}(t-m) \rangle = \delta(m) \tag{10.90}$$
$$\langle \phi(t), \overline{\psi}(t-m) \rangle = 0 \tag{10.91}$$
$$\langle \psi(t), \overline{\phi}(t-m) \rangle = 0. \tag{10.92}$$

A partir das equações (10.76)–(10.83), também obtemos que

$$\cdots + \overline{W}_{-2} + \overline{W}_{-1} + \overline{W}_0 + \overline{W}_1 + \cdots = L^2\{\mathbb{R}\}. \tag{10.93}$$

Essa equação em conjunto com as equações (10.51) e (10.53) implicam que, como no caso ortogonal, uma transformada de *wavelets* envolve a projeção de uma função sobre espaços de detalhe $\overline{W}_j$ (Cohen *et al.*, 1992).

Na próxima seção, usamos o conceito de decomposição em multirresolução para apresentar como as transformadas de *wavelets* de sinais digitais podem ser calculadas, bem como sua relação com os bancos de filtros de duas faixas com reconstrução perfeita descritos na Seção 9.5.

10.6 Transformadas de *wavelets* e bancos de filtros

No mundo real, toda função é medida com resolução finita. Sem qualquer perda de generalidade, podemos assumir que $\overline{V}_0$ é essa resolução.[4]

---
[4] Uma vez que as transformadas de *wavelets* ortogonais são um caso particular das transformadas de *wavelets* biortogonais, somente o caso biortogonal será analisado aqui.

Como $\overline{V}_j$ é o espaço gerado pelas funções $2^{-j/2}\overline{\phi}(2^{-j}t - n)$, a projeção $x_j(t)$ de $x(t)$ sobre $\overline{V}_j$ é igual a

$$x_j(t) = \sum_{n=-\infty}^{\infty} x_{j,n} 2^{-j/2}\overline{\phi}(2^{-j}t - n) \tag{10.94}$$

$$x_{j,n} = \int_{-\infty}^{\infty} x(t) 2^{-j/2} \phi^*(2^{-j}t - n) \mathrm{d}t. \tag{10.95}$$

A equação (10.95) pode ser interpretada como a obtenção dos coeficientes $x_{j,n}$ pelo processamento de $x(t)$ por um filtro no tempo contínuo com resposta ao impulso $2^{-j/2}\phi(-2^{-j}t)$ seguido da amostragem do resultado nos instantes $t_n = 2^j n$. Com referência à Figura 10.15, o processo de filtragem serviria para reduzir a largura de faixa de $x(t)$ e, consequentemente, sua resolução temporal. Portanto, a função resultante $x_j(t)$, tendo resolução limitada, admite ser representada sem ambiguidade pelos coeficientes $x_{j,n}$.

Como, pela equação (10.71), $\phi(t) = \sum_{k=-\infty}^{\infty} c_k \sqrt{2} \phi(2t - k)$, temos

$$2^{-j/2}\phi(2^{-j}t - n) = \sum_{k=-\infty}^{\infty} c_k 2^{(1-j)/2} \phi(2^{1-j}t - 2n - k), \tag{10.96}$$

que, substituída na equação (10.95), resulta em

$$x_{j,n} = \int_{-\infty}^{\infty} x(t) \sum_{k=-\infty}^{\infty} c_k^* 2^{(1-j)/2} \phi^*(2^{1-j}t - 2n - k) \mathrm{d}t$$

$$= \sum_{k=-\infty}^{\infty} c_k^* \int_{-\infty}^{\infty} x(t) 2^{(1-j)/2} \phi^*(2^{1-j}t - 2n - k) \mathrm{d}t. \tag{10.97}$$

A comparação da expressão acima com a equação (10.95) implica que

$$x_{j,n} = \sum_{k=-\infty}^{\infty} c_k^* x_{j-1, 2n+k}. \tag{10.98}$$

Definindo-se

$$h_0(k) = c_{-k}^*, \tag{10.99}$$

a equação (10.98) pode ser reescrita como

$$x_{j,n} = \sum_{k=-\infty}^{\infty} h_0(k) x_{j-1, 2n-k}. \tag{10.100}$$

Essa equação significa que os coeficientes $x_{j,n}$ da aproximação de $x(t)$ na escala 2^{-j} podem ser obtidos a partir dos coeficientes $x_{j-1,n}$ da aproximação de $x(t)$

10.6 Transformadas de *wavelets* e bancos de filtros

na escala mais alta 2^{1-j}, processando-os com um filtro digital com resposta ao impulso $h_0(k)$, com $k \in \mathbb{Z}$, e sub-amostrando o resultado pelo fator 2, como detalhado na equação (8.13) e representado na Figura 10.2. Esse resultado não causa surpresa: uma vez que a resolução temporal do espaço V_j é metade da do espaço V_{j-1}, então V_j deve ter, grosso modo, metade do conteúdo espectral de V_{j-1} (como determina a operação de filtragem por $h_0(k)$); portanto, deve ser representável por uma transformada não-redundante com somente metade do número de coeficientes (como resulta da operação de decimação por 2).

Como $\overline{W}_j$ é o espaço gerado pelas funções $2^{-j/2}\overline{\psi}(2^{-j}t - n)$, a projeção $\check{x}_j(t)$ de $x(t)$ sobre $\overline{W}_j$ é igual a

$$\check{x}_j(t) = \sum_{n=-\infty}^{\infty} \check{x}_{j,n} 2^{-j/2}\overline{\psi}(2^{-j}t - n) \tag{10.101}$$

$$\check{x}_{j,n} = \int_{-\infty}^{\infty} x(t) 2^{-j/2} \psi^*(2^{-j}t - n) \mathrm{d}t. \tag{10.102}$$

Similarmente à equação (10.95), a equação (10.102) pode ser interpretada como a obtenção dos coeficientes $\check{x}_{j,n}$ pelo processamento de $x(t)$ por um filtro no tempo contínuo com resposta ao impulso $2^{-j/2}\psi(-2^{-j}t)$ seguido da amostragem do resultado nos instantes $t_n = 2^j n$.

Como, pela equação (10.85), $\psi(t) = \sum_{k=-\infty}^{\infty} d_k \sqrt{2}\phi(2t - k)$, temos

$$2^{-j/2}\psi(2^{-j}t - n) = \sum_{k=-\infty}^{\infty} d_k 2^{(1-j)/2} \phi(2^{1-j}t - 2n - k), \tag{10.103}$$

que, quando substituída na equação (10.102), resulta em

$$\check{x}_{j,n} = \int_{-\infty}^{\infty} x(t) \sum_{k=-\infty}^{\infty} d_k^* 2^{(1-j)/2} \phi^*(2^{1-j}t - 2n - k) \mathrm{d}t$$

$$= \sum_{k=-\infty}^{\infty} d_k^* \int_{-\infty}^{\infty} x(t) 2^{(1-j)/2} \phi^*(2^{1-j}t - 2n - k) \mathrm{d}t. \tag{10.104}$$

Comparando essa expressão com a equação (10.102), temos que

$$\check{x}_{j,n} = \sum_{k=-\infty}^{\infty} d_k^* x_{j-1, 2n+k}. \tag{10.105}$$

Definindo-se

$$h_1(k) = d_{-k}^*, \tag{10.106}$$

a equação (10.105) pode ser reescrita como

$$\check{x}_{j,n} = \sum_{k=-\infty}^{\infty} h_1(k) x_{j-1, 2n-k}. \tag{10.107}$$

Essa relação indica que os coeficientes do sinal de detalhe $\check{x}_j(t)$ podem ser obtidos a partir dos coeficientes de $x_{j-1}(t)$ pela sua filtragem com $h_1(k)$ e sub-amostrando o resultado pelo fator 2, como detalhado na equação (8.13) e também ilustrado na Figura 10.2.

As equações (10.100) e (10.107) mostram como passar da escala 2^{1-j} para a escala inferior 2^{-j}. Assumindo que a representação digital de $x(t)$ é dada pelos coeficientes $x_{-1,n}$ (veja a Seção 10.3), temos que a transformada de *wavelets* discreta de $x(t)$, isto é, os coeficientes $\check{x}_{j,n}$, podem ser calculados recursivamente pelas equações (10.100) e (10.107). Isso é novamente ilustrado na Figura 10.2, onde $\check{x}_{j,n} = c_{j,n}$.

Agora, vamos tratar do problema da passagem da escala 2^{-j} para a escala superior 2^{1-j}, com o auxílio do sinal de detalhe. Conseguir efetuar isso equivale a conseguir recuperar a representação digital do sinal a partir dos seus coeficientes das *wavelets*.

Pela equação (10.83), a projeção $x_{j-1}(t)$ de $x(t)$ sobre $\overline{V}_{j-1}$ pode ser decomposta na soma da projeção $x_j(t)$ de $x(t)$ sobre $\overline{V}_j$ com a soma da projeção $\check{x}_j(t)$ de $x(t)$ sobre o espaço de detalhe $\overline{W}_j$, isto é,

$$x_{j-1}(t) = x_j(t) + \check{x}_j(t). \tag{10.108}$$

Então, substituindo as equações (10.94) e (10.101) na equação (10.108), temos

$$x_{j-1}(t) = \sum_{k=-\infty}^{\infty} x_{j,k} 2^{-j/2}\overline{\phi}(2^{-j}t - k) + \sum_{k=-\infty}^{\infty} \check{x}_{j,k} 2^{-j/2}\overline{\psi}(2^{-j}t - k). \tag{10.109}$$

Contudo, como

$$x_{j-1}(t) = \sum_{l=-\infty}^{\infty} x_{j-1,l} 2^{(1-j)/2}\overline{\phi}(2^{1-j}t - l), \tag{10.110}$$

recorrendo à equação (10.75) e então à equação (10.109), temos que

$$x_{j-1,l} = \int_{-\infty}^{\infty} x_{j-1}(t) 2^{(1-j)/2} \phi^*(2^{1-j}t - l) \mathrm{d}t$$

$$= \sum_{k=-\infty}^{\infty} x_{j,k} \int_{-\infty}^{\infty} 2^{-j/2}\overline{\phi}(2^{-j}t - k) 2^{(1-j)/2} \phi^*(2^{1-j}t - l) \mathrm{d}t$$

$$+ \sum_{k=-\infty}^{\infty} \check{x}_{j,k} \int_{-\infty}^{\infty} 2^{-j/2}\overline{\psi}(2^{-j}t - k) 2^{(1-j)/2} \phi^*(2^{1-j}t - l) \mathrm{d}t. \tag{10.111}$$

Das equações (10.72) e (10.86):

$$2^{-j/2}\overline{\phi}(2^{-j}t - k) = \sum_{n=-\infty}^{\infty} \overline{c}_n 2^{(1-j)/2}\overline{\phi}(2^{1-j}t - 2k - n) \tag{10.112}$$

10.6 Transformadas de *wavelets* e bancos de filtros

$$2^{-j/2}\overline{\psi}(2^{-j}t - k) = \sum_{n=-\infty}^{\infty} \overline{d}_n 2^{(1-j)/2}\overline{\phi}(2^{1-j}t - 2k - n). \tag{10.113}$$

Substituindo essas equações na equação (10.111), temos

$$x_{j-1,l} = \sum_{k=-\infty}^{\infty} x_{j,k} \int_{-\infty}^{\infty} \sum_{n=-\infty}^{\infty} \overline{c}_n 2^{(1-j)/2}\overline{\phi}(2^{1-j}t - 2k - n) 2^{(1-j)/2}\phi^*(2^{1-j}t - l) \mathrm{d}t$$

$$+ \sum_{k=-\infty}^{\infty} \check{x}_{j,k} \int_{-\infty}^{\infty} \sum_{n=-\infty}^{\infty} \overline{d}_n 2^{(1-j)/2}\overline{\phi}(2^{1-j}t - 2k - n) 2^{(1-j)/2}\phi^*(2^{1-j}t - l) \mathrm{d}t.$$

$$\tag{10.114}$$

Pela equação (10.89):

$$\langle 2^{(1-j)/2}\phi(2^{1-j}t - n), 2^{(1-j)/2}\overline{\phi}(2^{1-j}t - m)\rangle = \delta(m - n). \tag{10.115}$$

A equação (10.114), então, se torna

$$x_{j-1,l} = \sum_{k=-\infty}^{\infty} x_{j,k} \sum_{n=-\infty}^{\infty} \overline{c}_n \delta(2k + n - l) + \sum_{k=-\infty}^{\infty} \check{x}_{j,k} \sum_{n=-\infty}^{\infty} \overline{d}_n \delta(2k + n - l)$$

$$= \sum_{k=-\infty}^{\infty} x_{j,k}\overline{c}_{l-2k} + \sum_{k=-\infty}^{\infty} \check{x}_{j,k}\overline{d}_{l-2k}. \tag{10.116}$$

Definindo-se

$$\overline{c}_n = g_0(n) \tag{10.117}$$

$$\overline{d}_n = g_1(n), \tag{10.118}$$

a equação (10.116) pode ser reescrita como

$$x_{j-1,l} = \sum_{k=-\infty}^{\infty} x_{j,k} g_0(l - 2k) + \sum_{k=-\infty}^{\infty} \check{x}_{j,k} g_1(l - 2k). \tag{10.119}$$

Essa equação significa que os coeficientes da aproximação $x_{j-1,l}$ de um sinal na escala 2^{1-j} podem ser obtidos a partir dos coeficientes da aproximação do sinal numa escala inferior 2^{-j} e os coeficientes do sinal de detalhe correspondente. Para isso, basta superamostrar os coeficientes de aproximação $x_{j,k}$ por um fator 2, processá-los por um filtro digital com resposta ao impulso $g_0(k)$ e somar o resultado com os coeficientes do sinal de detalhe, $\check{x}_{j,k}$, superamostrado por um fator 2 e processado por um filtro digital com resposta ao impulso $g_1(k)$, como detalhado na equação (10.119) e apresentado na Figura 10.2.

Resumindo as equações (10.99), (10.100), (10.106), (10.107), (10.118) e (10.119), temos

$$\left.\begin{array}{l} c_n^* = h_0(-n) \\ d_n^* = h_1(-n) \\ \overline{c}_n = g_0(n) \\ \overline{d}_n = g_1(n) \\ x_{j,n} = \displaystyle\sum_{k=-\infty}^{\infty} h_0(k) x_{j-1,2n-k} \\ \check{x}_{j,n} = \displaystyle\sum_{k=-\infty}^{\infty} h_1(k) x_{j-1,2n-k} \\ x_{j-1,n} = \displaystyle\sum_{k=-\infty}^{\infty} x_{j,k} g_0(n-2k) + \displaystyle\sum_{k=-\infty}^{\infty} \check{x}_{j,k} g_1(n-2k) \end{array}\right\} \qquad (10.120)$$

Por meio dessas expressões, as equações (10.71)–(10.75) e (10.85)–(10.88) se tornam

$$\phi(t) = \sum_{n=-\infty}^{\infty} h_0^*(n) \sqrt{2} \phi(2t+n) \qquad (10.121)$$

$$\overline{\phi}(t) = \sum_{n=-\infty}^{\infty} g_0(n) \sqrt{2}\, \overline{\phi}(2t-n) \qquad (10.122)$$

$$\psi(t) = \sum_{n=-\infty}^{\infty} h_1^*(n) \sqrt{2} \phi(2t+n) \qquad (10.123)$$

$$\overline{\psi}(t) = \sum_{n=-\infty}^{\infty} g_1(n) \sqrt{2}\, \overline{\phi}(2t-n). \qquad (10.124)$$

Portanto, os coeficientes dos filtros podem ser obtidos a partir das *wavelets* e funções de escalamento por meio das seguintes expressões:

$$h_0(n) = \int_{-\infty}^{\infty} \phi^*(t) \sqrt{2}\, \overline{\phi}(2t+n) \mathrm{d}t \qquad (10.125)$$

$$g_0(n) = \int_{-\infty}^{\infty} \overline{\phi}(t) \sqrt{2} \phi^*(2t-n) \mathrm{d}t \qquad (10.126)$$

$$h_1(n) = \int_{-\infty}^{\infty} \psi^*(t) \sqrt{2}\, \overline{\phi}(2t+n) \mathrm{d}t \qquad (10.127)$$

$$g_1(n) = \int_{-\infty}^{\infty} \overline{\psi}(t) \sqrt{2} \phi^*(2t-n) \mathrm{d}t \qquad (10.128)$$

Por essas equações, podemos confirmar que no caso ortogonal, quando $\phi(t) = \overline{\phi}(t)$ e $\psi(t) = \overline{\psi}(t)$, temos que $h_0(n) = g_0^*(-n)$ e $h_1(n) = g_1^*(-n)$. Observe que isso é similar à condição para ortogonalidade dos bancos de filtros da equação (9.90).

10.6 Transformadas de *wavelets* e bancos de filtros

As transformadas de Fourier de *wavelets*, funções de escalamento e filtros podem ser relacionadas (Vetterli & Kovačević, 1995; Mallat, 1999) calculando-se as transformadas de Fourier das equações (10.121)–(10.124). No caso da equação (10.121), temos que

$$\Phi(\Omega) = \sum_{n=-\infty}^{\infty} h_0^*(n) \frac{\sqrt{2}}{2} e^{j(\Omega/2)n} \Phi\left(\frac{\Omega}{2}\right)$$

$$= \frac{1}{\sqrt{2}} \Phi\left(\frac{\Omega}{2}\right) \sum_{n=-\infty}^{\infty} h_0^*(n) e^{j(\Omega/2)n}$$

$$= \frac{1}{\sqrt{2}} \Phi\left(\frac{\Omega}{2}\right) H_0^*(e^{j\Omega/2}) \qquad (10.129)$$

Analogamente, calculando-se as transformadas de Fourier das equações (10.122)–(10.124), temos

$$\overline{\Phi}(\Omega) = \frac{1}{\sqrt{2}} \overline{\Phi}\left(\frac{\Omega}{2}\right) G_0(e^{j\Omega/2}) \qquad (10.130)$$

$$\Psi(\Omega) = \frac{1}{\sqrt{2}} \Phi\left(\frac{\Omega}{2}\right) H_1^*(e^{j\Omega/2}) \qquad (10.131)$$

$$\overline{\Psi}(\Omega) = \frac{1}{\sqrt{2}} \overline{\Phi}\left(\frac{\Omega}{2}\right) G_1(e^{j\Omega/2}) \qquad (10.132)$$

e, então, resolvendo as recursões das equações (10.129)–(10.132), chegamos a

$$\Phi(\Omega) = \prod_{n=1}^{\infty} \frac{1}{\sqrt{2}} H_0^*(e^{j\Omega/2^n}) \qquad (10.133)$$

$$\overline{\Phi}(\Omega) = \prod_{n=1}^{\infty} \frac{1}{\sqrt{2}} G_0(e^{j\Omega/2^n}) \qquad (10.134)$$

$$\Psi(\Omega) = \frac{1}{\sqrt{2}} H_1^*(e^{j\Omega/2}) \prod_{n=2}^{\infty} \frac{1}{\sqrt{2}} H_0^*(e^{j\Omega/2^n}) \qquad (10.135)$$

$$\overline{\Psi}(\Omega) = \frac{1}{\sqrt{2}} G_1(e^{j\Omega/2}) \prod_{n=2}^{\infty} \frac{1}{\sqrt{2}} G_0(e^{j\Omega/2^n}). \qquad (10.136)$$

É importante observar que para que uma transformada de *wavelets* seja definida, o banco de filtros correspondente precisa ter reconstrução perfeita. Além disso, é interessante notar a similaridade das equações acima com as equações (10.1)–(10.4) para os filtros iterados do banco de filtros em oitavas sucessivas.

10.6.1 Relações entre os coeficientes dos filtros

Substituindo as equações (10.121) e (10.122) na equação (10.89), temos

$$\left\langle \sum_{k=-\infty}^{\infty} h_0^*(k)\sqrt{2}\phi(2t+k), \sum_{n=-\infty}^{\infty} g_0(n)\sqrt{2}\widetilde{\phi}(2t-2m-n) \right\rangle = \delta(m) \qquad (10.137)$$

e, então,

$$\sum_{k=-\infty}^{\infty}\sum_{n=-\infty}^{\infty} h_0(k)g_0(n)\left\langle \sqrt{2}\phi(2t+k), \sqrt{2}\widetilde{\phi}(2t-2m-n) \right\rangle = \delta(m), \qquad (10.138)$$

levando a

$$\sum_{k=-\infty}^{\infty}\sum_{n=-\infty}^{\infty} h_0(k)g_0(n)\delta(k+2m+n) = \delta(m). \qquad (10.139)$$

Isso implica que

$$\sum_{n=-\infty}^{\infty} h_0(-2m-n)g_0(n) = \delta(m), \qquad (10.140)$$

que é o mesmo que escrever

$$(h_0 * g_0)(-2m) = \delta(m), \qquad (10.141)$$

onde $*$ denota a operação de convolução entre duas sequências no tempo discreto.

A equação (10.141) significa que todos os elementos de $(h_0 * g_0)$ com índice par são iguais a zero, exceto o de índice zero, que é igual a 1. Isso equivale a dizer que as potências pares de $H_0(z)G_0(z)$ são iguais a zero, exceto z^0, que tem coeficiente igual a 1. Isso implica que

$$H_0(z)G_0(z) + H_0(-z)G_0(-z) = 2. \qquad (10.142)$$

Agora, substituindo as equações (10.123) e (10.124) na equação (10.90), temos

$$\left\langle \sum_{k=-\infty}^{\infty} h_1^*(k)\sqrt{2}\phi(2t+k), \sum_{n=-\infty}^{\infty} g_1(n)\sqrt{2}\widetilde{\phi}(2t-2m-n) \right\rangle = \delta(m)$$

$$\Rightarrow \sum_{k=-\infty}^{\infty}\sum_{n=-\infty}^{\infty} h_1(k)g_1(n)\left\langle \sqrt{2}\phi(2t+k), \sqrt{2}\widetilde{\phi}(2t-2m-n) \right\rangle = \delta(m)$$

$$\Rightarrow \sum_{k=-\infty}^{\infty}\sum_{n=-\infty}^{\infty} h_1(k)g_1(n)\delta(k+2m+n) = \delta(m). \qquad (10.143)$$

10.6 Transformadas de *wavelets* e bancos de filtros

Isso implica que

$$\sum_{n=-\infty}^{\infty} h_1(-2m-n)g_1(n) = \delta(m), \qquad (10.144)$$

o que pode ser reescrito como

$$(h_1 * g_1)(-2m) = \delta(m). \qquad (10.145)$$

A equação (10.145) significa que todas as potências pares de $H_1(z)G_1(z)$ são iguais a zero, exceto z^0, que tem coeficiente igual a 1, ou seja,

$$H_1(z)G_1(z) + H_1(-z)G_1(-z) = 2. \qquad (10.146)$$

Substituindo as equações (10.121) e (10.124) na equação (10.91), temos

$$\left\langle \sum_{k=-\infty}^{\infty} h_0^*(k)\sqrt{2}\phi(2t+k), \sum_{n=-\infty}^{\infty} g_1(n)\sqrt{2}\overline{\phi}(2t-2m-n) \right\rangle = 0$$

$$\Rightarrow \sum_{k=-\infty}^{\infty}\sum_{n=-\infty}^{\infty} h_0(k)g_1(n) \left\langle \sqrt{2}\phi(2t+k), \sqrt{2}\overline{\phi}(2t-2m-n) \right\rangle = 0$$

$$\Rightarrow \sum_{k=-\infty}^{\infty}\sum_{n=-\infty}^{\infty} h_0(k)g_1(n)\delta(k+2m+n) = 0. \qquad (10.147)$$

isso implica que

$$\sum_{n=-\infty}^{\infty} h_0(-2m-n)g_1(n) = 0, \qquad (10.148)$$

que pode ser reescrita como

$$(h_0 * g_1)(-2m) = 0. \qquad (10.149)$$

Isso equivale a dizer que todas as potências pares de $H_0(z)G_1(z)$ são iguais a zero, ou seja,

$$H_0(z)G_1(z) + H_0(-z)G_1(-z) = 0. \qquad (10.150)$$

Por fim, substituindo as equações (10.122) e (10.123) na equação (10.92), temos

$$\left\langle \sum_{k=-\infty}^{\infty} h_1^*(k)\sqrt{2}\phi(2t+k), \sum_{n=-\infty}^{\infty} g_0(n)\sqrt{2}\overline{\phi}(2t-2m-n) \right\rangle = 0$$

$$\Rightarrow \sum_{k=-\infty}^{\infty}\sum_{n=-\infty}^{\infty} h_1(k)g_0(n) \left\langle \sqrt{2}\phi(2t+k), \sqrt{2}\overline{\phi}(2t-2m-n) \right\rangle = 0$$

$$\Rightarrow \sum_{k=-\infty}^{\infty}\sum_{n=-\infty}^{\infty} h_1(k)g_0(n)\delta(k+2m+n) = 0. \qquad (10.151)$$

Isso implica que

$$\sum_{n=-\infty}^{\infty} h_1(-2m-n)g_0(n) = 0, \qquad (10.152)$$

o que pode ser reescrito como

$$(h_1 * g_0)(-2m) = 0. \qquad (10.153)$$

Isso equivale a dizer que todas as potências pares de $H_1(z)G_0(z)$ são iguais a zero, ou seja,

$$H_1(z)G_0(z) + H_1(-z)G_0(-z) = 0. \qquad (10.154)$$

Resumindo, as equações (10.142), (10.146), (10.150) e (10.154) formam o seguinte sistema de equações:

$$H_0(z)G_0(z) + H_0(-z)G_0(-z) = 2 \qquad (10.155)$$
$$H_1(z)G_0(z) + H_1(-z)G_0(-z) = 0 \qquad (10.156)$$
$$H_0(z)G_1(z) + H_0(-z)G_1(-z) = 0 \qquad (10.157)$$
$$H_1(z)G_1(z) + H_1(-z)G_1(-z) = 2, \qquad (10.158)$$

que pode ser escrito em forma matricial como

$$\begin{bmatrix} H_0(z) & H_0(-z) \\ H_1(z) & H_1(-z) \end{bmatrix} \begin{bmatrix} G_0(z) \\ G_0(-z) \end{bmatrix} = \begin{bmatrix} 2 \\ 0 \end{bmatrix} \qquad (10.159)$$

$$\begin{bmatrix} H_0(z) & H_0(-z) \\ H_1(z) & H_1(-z) \end{bmatrix} \begin{bmatrix} G_1(z) \\ G_1(-z) \end{bmatrix} = \begin{bmatrix} 0 \\ 2 \end{bmatrix}. \qquad (10.160)$$

Então, pela equação (10.159), temos

$$\begin{bmatrix} G_0(z) \\ G_0(-z) \end{bmatrix} = \frac{1}{H_0(z)H_1(-z) - H_0(-z)H_1(z)} \begin{bmatrix} H_1(-z) & -H_0(-z) \\ -H_1(z) & H_0(z) \end{bmatrix} \begin{bmatrix} 2 \\ 0 \end{bmatrix} \qquad (10.161)$$

e pela equação (10.160), temos

$$\begin{bmatrix} G_1(z) \\ G_1(-z) \end{bmatrix} = \frac{1}{H_0(z)H_1(-z) - H_0(-z)H_1(z)} \begin{bmatrix} H_1(-z) & -H_0(-z) \\ -H_1(z) & H_0(z) \end{bmatrix} \begin{bmatrix} 0 \\ 2 \end{bmatrix}. \qquad (10.162)$$

Se desejamos obter filtros com fase linear, então devemos buscar filtros FIR, como se discutiu extensamente na Seção 9.5. Se as soluções para $G_0(z)$ e $G_1(z)$ das equações (10.161) e (10.162) têm que ser FIR, então a condição

$$H_0(z)H_1(-z) - H_0(-z)H_1(z) = cz^{-r} \qquad (10.163)$$

10.6 Transformadas de *wavelets* e bancos de filtros

tem que ser satisfeita (Vetterli, 1986; Vetterli & Le Gall, 1989), o que, pela equação (10.161), leva a

$$G_0(z) = \frac{2}{c} z^r H_1(-z) \qquad (10.164)$$

$$G_0(-z) = \frac{2}{c} z^r (-H_1(z)). \qquad (10.165)$$

Comparando a equação (10.164) com a equação (10.165), concluímos que

$$(-1)^r = -1 \Rightarrow r = 2l+1, \text{ com } l \in \mathbb{Z}. \qquad (10.166)$$

A equação (10.164) se torna, então,

$$G_0(z) = \frac{2}{c} z^{2l+1} H_1(-z). \qquad (10.167)$$

Agora, pela equação (10.162), temos

$$G_1(z) = \frac{2}{c} z^{2l+1} (-H_0(-z)) \qquad (10.168)$$

$$G_1(-z) = \frac{2}{c} z^{2l+1} H_0(z). \qquad (10.169)$$

Portanto, as condições que têm que ser satisfeitas pelos filtros $H_0(z)$, $H_1(z)$, $G_0(z)$, e $G_1(z)$, dadas pelas equações (10.142), (10.167) e (10.168), podem ser resumidas como

$$H_0(z)G_0(z) + H_0(-z)G_0(-z) = 2 \qquad (10.170)$$

$$G_0(z) = \frac{2}{c} z^{2l+1} H_1(-z) \qquad (10.171)$$

$$G_1(z) = -\frac{2}{c} z^{2l+1} H_0(-z). \qquad (10.172)$$

Observe que essas equações são muito similares às equações (9.123), (9.124) e (9.125). Uma diferença importante é que na presente derivação, o atraso global foi forçado a ser zero pela biortonormalidade da transformada de *wavelets*. Na verdade, as equações (10.171) e (10.172) podem ser obtidas fazendo-se $\Delta = -1/2$ nas equações (9.124) e (9.125), correspondendo a um atraso global de $(2\Delta + 1) = 0$.

Naturalmente, tais condições são válidas para sistemas puramente ortogonais, que são um caso especial dos biortogonais. Como vimos anteriormente nesta seção, para *wavelets* ortogonais tem-se que $\phi(t) = \overline{\phi}(t)$ e $\psi(t) = \overline{\psi}(t)$, e então,

$$h_0(n) = g_0^*(-n) \qquad (10.173)$$
$$h_1(n) = g_1^*(-n). \qquad (10.174)$$

No domínio da transformada z, as condições acima correspondem a

$$G_0(z) = H_0^*((z^{-1})^*) \qquad (10.175)$$

$$G_1(z) = H_1^*((z^{-1})^*), \qquad (10.176)$$

o que faz com que as condições dadas pelas equações de (10.170) a (10.172) se tornem

$$H_0(z)H_0^*((z^{-1})^*) + H_0(-z)H_0^*(-(z^{-1})^*) = 2 \qquad (10.177)$$

$$H_0^*((z^{-1})^*) = z^{2l+1}H_1(-z). \qquad (10.178)$$

Substituindo z por $e^{j\omega}$, a equação (10.177) pode ser reescrita como

$$\left|H_0(e^{j\omega})\right|^2 + \left|H_0(e^{j(\omega+\pi)})\right|^2 = 2. \qquad (10.179)$$

Esta é a condição de complementaridade de potência que aparece no projeto dos bancos de CQF, como foi detalhado na Seção 9.7. Isso não deve causar surpresa, já que os bancos de CQF são ortogonais e, portanto, geram transformadas de *wavelets* ortogonais.

10.7 Regularidade

Pelas equações (10.133)–(10.136), pode-se ver que as *wavelets* e funções de escalamento são obtidas dos coeficientes do banco de filtros através de produtos infinitos. Portanto, para que uma *wavelet* seja definida, esses produtos infinitos têm que convergir. Em outras palavras, não se define necessariamente uma transformada de *wavelets* para todo banco de filtros com reconstrução perfeita de duas faixas. Na verdade, há casos em que a envoltória das respostas ao impulso dos filtros equivalentes das equações (10.1)–(10.4) não é a mesma para todo S (Vetterli & Kovačević, 1995; Mallat, 1999).

A regularidade de uma *wavelet* ou função de escalamento é, grosso modo, o número de derivadas contínuas que ela tem, e dá uma medida da convergência dos produtos nas equações (10.133)–(10.136). Para podermos definir regularidade mais formalmente, precisamos primeiro definir o seguinte conceito (Rioul, 1992; Mallat, 1999):

DEFINIÇÃO 10.1
Uma função $f(t)$ é Lipschitz contínua de ordem α, com $0 < \alpha \leq 1$, se para todos os $x, h \in \mathbb{R}$, temos

$$|f(x+h) - f(x)| \leq ch^\alpha, \qquad (10.180)$$

onde c é uma constante.

10.7 Regularidade

Usando esta definição, temos o conceito de regularidade.

DEFINIÇÃO 10.2
A regularidade de Hölder de uma função de escalamento $\phi(t)$ tal que $d^N\phi(t)/dt^N$ é Lipschitz contínua de ordem α, é $r = (N + \alpha)$, onde N é inteiro e $0 < \alpha \leq 1$ (Rioul, 1992; Mallat, 1999).

Pode-se mostrar que para uma função de escalamento $\phi(t)$ ser regular, $H_0(z)$ tem que possuir zeros suficientes em $z = -1$. Além disso, supondo que $\phi(t)$ gerada por $H_0(z)$ como descreve a equação (10.133), tem regularidade r, se tomamos

$$H_0'(z) = \left(\frac{1+z^{-1}}{2}\right) H_0(z), \qquad (10.181)$$

então $\phi'(t)$ gerada por $H_0'(z)$ terá regularidade $(r+1)$ (Rioul, 1992; Mallat, 1999).

A regularidade de uma *wavelet*, analogamente definida, é a mesma da função de escalamento correspondente (Rioul, 1992).

10.7.1 Restrições adicionais impostas ao banco de filtros devido à condição de regularidade

Se $\phi(t)$ e $\overline{\phi}(t)$ são regulares, então os produtos das equações (10.133) e (10.134) têm que convergir. Usando $\Omega = 0$ na equação (10.129), temos

$$\Phi(0) = \frac{1}{\sqrt{2}} H_0^*(1)\Phi(0) \Rightarrow H_0(1) = \sqrt{2} \qquad (10.182)$$

e então, pela equação (10.133), chegamos a

$$\Phi(0) = 1. \qquad (10.183)$$

Analogamente, usando $\Omega = 0$ na equação (10.130), temos

$$G_0(1) = \sqrt{2}, \qquad (10.184)$$

que, substituída na equação (10.134), exige que

$$\overline{\Phi}(0) = 1. \qquad (10.185)$$

Outra condição pode ser imposta pela substituição das equações (10.182) e (10.184) na equação (10.170) para $z = 1$, que leva a

$$H_0(-1)G_0(-1) = 0, \qquad (10.186)$$

indicando que o produto $H_0(z)G_0(z)$ tem que ter um zero em $z = -1$.

No caso ortogonal, como, pela equação (10.175), $G_0(z) = H_0^*((z^{-1})^*)$, pode-se concluir que a simples convergência do produto da equação (10.133) força a presença de um zero em $z = -1$. Por outro lado, no caso biortogonal, a equação (10.186) impõe uma condição mais fraca, pela qual somente um, $H_0(z)$ ou $G_0(z)$, precisa ter um zero em $z = -1$. A seguir, entretanto, veremos que restrições adicionais forçam que ambas, $H_0(z)$ e $G_0(z)$, apresentem um zero em $z = -1$ mesmo no caso biortogonal.

Como foi visto na equação (10.38), uma *wavelet* $\psi(t)$ tem que apresentar uma resposta passa-faixa de tal forma que sua transformada de Fourier em $\Omega = 0$ seja zero, ou seja, $\Psi(0) = 0$. Logo, substituindo $\Omega = 0$ nas equações (10.131) e (10.132), temos

$$\Psi(0) = \frac{1}{\sqrt{2}} H_1^*(1)\Phi(0) = 0 \tag{10.187}$$

$$\overline{\Psi}(0) = \frac{1}{\sqrt{2}} G_1(1)\overline{\Phi}(0) = 0. \tag{10.188}$$

Como $\Phi(0) = \overline{\Phi}(0) = 1$, então ambas $H_1(1)$ e $G_1(1)$ têm que ser nulas.

Resumindo todos os resultados desta seção, para uma *wavelet* regular, os filtros têm que satisfazer as seguintes condições adicionais:

$$H_0(-1) = 0 \tag{10.189}$$

$$G_0(-1) = 0 \tag{10.190}$$

$$H_0(1) = \sqrt{2} \tag{10.191}$$

$$G_0(1) = \sqrt{2}. \tag{10.192}$$

As equações (10.189) e (10.190) implicam que os filtros $H_0(z)$, $H_1(z)$, $G_0(z)$ e $G_1(z)$ têm que ser normalizados para que possam gerar uma transformada de *wavelets*. É preciso lembrar que na derivação da transformada de *wavelets* a partir do banco de filtros em oitavas sucessivas na Seção 10.2.2, supôs-se que os filtros passa-baixas tinham zeros suficientes em $z = -1$. Na verdade, o que se queria dizer é que as *wavelets* tinham que ser regulares.

É interessante observar que as condições $H_0(1) = \sqrt{2}$ e $H_0(-1) = 0$ implicam, de certa forma, que $H_0(z)$ é um filtro passa-baixas, o mesmo sendo verdade para $G_0(z)$. Isso, em conjunto com as equações (10.171) e (10.172), implica que $H_1(z)$ e $G_1(z)$ são filtros passa-altas.

Portanto, fazendo novamente referência à Figura 10.2, uma transformada de *wavelets* pode ser vista como um sistema de análise e síntese em oitavas sucessivas, no qual cada faixa de frequências é recursivamente dividida em metades passa-baixas e passa-altas. Isso implica que no domínio da frequência, uma transformada de *wavelets* equivale à decomposição na frequência representada na Figura 10.8.

10.7.2 Uma estimação prática da regularidade

Há várias abordagens para se estimar a regularidade de uma função de escalamento ou de uma *wavelet*. Acham-se exemplos em Daubechies (1988), Rioul (1992) e Villemoes (1992). A forma aqui apresentada é a proposta em Rioul (1992).

A seguir, descrevemos como estimar a regularidade da *wavelet* e da função de escalamento de síntese. A regularidade da *wavelet* e da função de escalamento de análise se obtém substituindo-se $G_0(z)$ por $H_0(z)$.

Supondo que $G_0(z)$ tenha ao menos $(N+1)$ zeros em $z = -1$, define-se uma função auxiliar $F_N(z)$ tal que

$$G_0(z) = G_0(1) \left(\frac{1+z}{2} \right)^N F_N(z). \tag{10.193}$$

Seja $(f_N^j)_n$ a sequência cuja transformada z $F_N^j(z)$ é dada pela seguinte expressão:

$$F_N^j(z) = \prod_{k=1}^{j} F_N(z^{2^{k-1}}). \tag{10.194}$$

Defina α_N^j tal que

$$2^{-j\alpha_N^j} = \max_{0 \leq n \leq 2^{j}-1} \left\{ \sum_{k=-\infty}^{\infty} \left| (f_N^j)_{n+k2^j} \right| \right\}. \tag{10.195}$$

Então, a regularidade de Hölder da *wavelet* e da função de escalamento de síntese é

$$r = N + \alpha_N, \quad \text{onde } \alpha_N = \lim_{j \to \infty} \alpha_N^j. \tag{10.196}$$

As principais vantagens deste estimador são poder ser facilmente implementado num computador digital e convergir razoavelmente rápido.

A Figura 10.16 mostra exemplos de *wavelets* com diferentes regularidades. Por exemplo, a Figura 10.16a corresponde à *wavelet* de análise gerada pelo banco de filtros descrito pelas equações (9.135)–(9.138), e a Figura 10.16b corresponde à *wavelet* de análise gerada pelo banco de filtros descrito pelas equações (9.131)–(9.134). Por essas figuras, observamos que valores elevados de regularidade correspondem a *wavelets* mais suaves, como descrito anteriormente.

10.7.3 Número de momentos desvanecentes

A presença de zeros em $z = -1$ em $H_0(z)$ e $G_0(z)$ leva a uma interessante propriedade das respectivas *wavelets* $\overline{\psi}(t)$ e $\psi(t)$ quanto ao número de seus momentos desvanecentes (Antonini *et al.*, 1992; Daubechies, 1993).

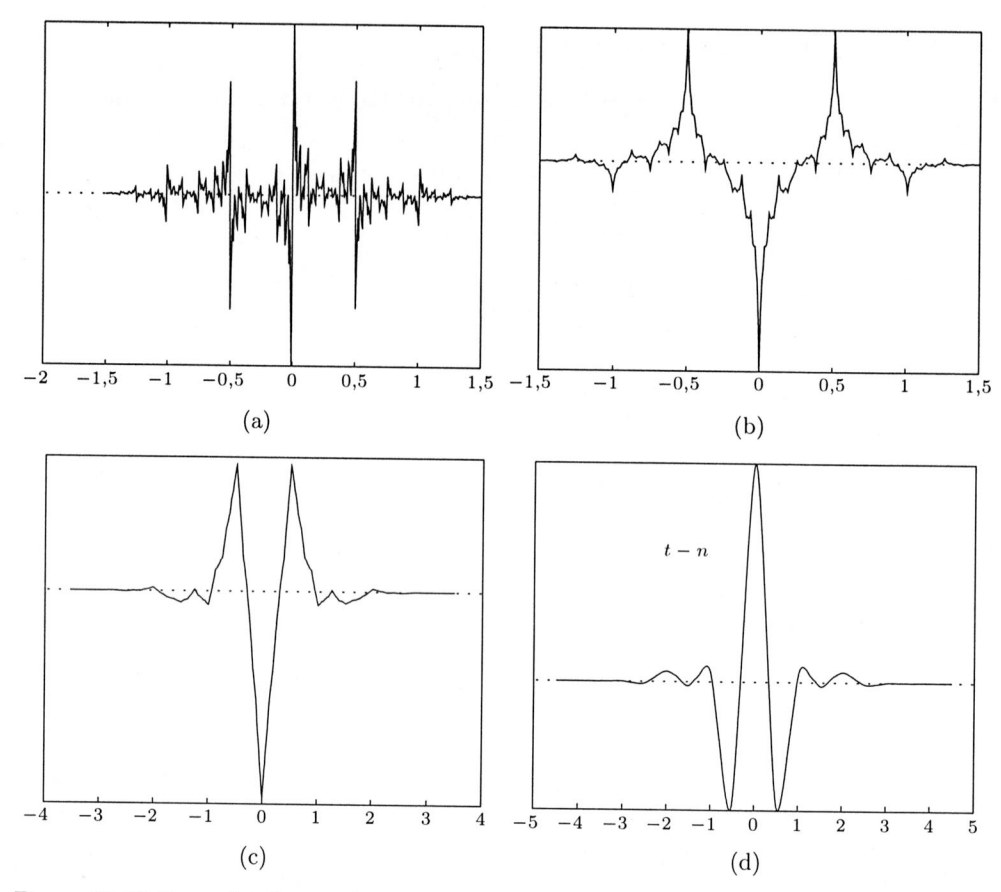

Figura 10.16 Exemplos de *wavelets* com diferentes regularidades. (a) regularidade $= -1$; (b) regularidade $= 0$; (c) regularidade $= 1$; (d) regularidade $= 2$.

Suponha que $H_0(z)$ tem N zeros em $z = -1$ ou, equivalentemente, que $H_0(e^{j\omega})$ tem N zeros em $\omega = \pi$. Pela equação (10.172), isso implica que $G_1(z)$ tem N zeros em $z = 1$. Assim, $G_1(e^{j\omega})$ tem N zeros em $\omega = 0$, e então

$$\frac{d^n G_1(e^{j\omega})}{d\omega^n}\bigg|_{\omega=0} = 0, \quad \text{para } n = 0, 1, \ldots, N-1. \tag{10.197}$$

Pela equação (10.132), tem-se

$$\frac{d\overline{\Psi}(\Omega)}{d\Omega} = \frac{1}{2\sqrt{2}}\left[\frac{dG_1(e^{j\Omega/2})}{d\Omega}\overline{\Phi}\left(\frac{\Omega}{2}\right) + G_1(e^{j\Omega/2})\frac{d\overline{\Phi}(\Omega/2)}{d\Omega}\right]; \tag{10.198}$$

e segue-se que

$$\frac{d^n \overline{\Psi}(\Omega)}{d\Omega^n}\bigg|_{\Omega=0} = 0, \quad \text{para } n = 0, 1, \ldots, N-1. \tag{10.199}$$

Pela definição,

$$\overline{\Psi}(\Omega) = \int_{-\infty}^{\infty} \overline{\psi}(t) e^{-j\Omega t} dt, \qquad (10.200)$$

de forma que

$$\frac{d^n \overline{\Psi}(\Omega)}{d\Omega^n} = \int_{-\infty}^{\infty} \overline{\psi}(t)(-jt)^n e^{-j\Omega t} dt = (-j)^n \int_{-\infty}^{\infty} t^n \overline{\psi}(t) e^{-j\Omega t} dt. \qquad (10.201)$$

Portanto, as condições (10.199) correspondem a

$$\int_{-\infty}^{\infty} t^n \overline{\psi}(t) dt = 0, \quad \text{para } n = 0, 1, \ldots, N-1, \qquad (10.202)$$

o que equivale a exigir que a *wavelet* de síntese $\overline{\psi}(t)$ tenha N momentos desvanecentes.

Aplicando um raciocínio similar, pode-se concluir que se $G_0(z)$ tem N zeros em $z = -1$, então a *wavelet* de análise $\psi(t)$ tem N momentos desvanecentes. Com referência à equação (10.52), isso quer dizer que os coeficientes das *wavelets* de qualquer função polinomial de grau menor que ou igual a N são nulos. Ainda, com referência à equação (10.102), isso implica que os coeficientes $\check{x}_{j,n}$ de um tal polinômio são iguais a zero; portanto, a função polinomial $x(t)$ é representada somente pelos coeficientes passa-baixas $x_{j,n}$, descritos pela equação (10.95).

Se a função $x(t)$ é analítica, então ela pode ser expandida em uma série de Taylor como se segue (Apostol, 1967):

$$x(t) = \sum_{k=0}^{\infty} \frac{1}{k!} \left. \frac{d^k x(t)}{dt^k} \right|_{t=t_0} (t - t_0)^k. \qquad (10.203)$$

Portanto, se a *wavelet* de análise tem N momentos desvanecentes, somente os termos da expansão para $k > N$ gerarão coeficientes não nulos para as *wavelets*. Se tais termos são desprezíveis, então os coeficientes das *wavelets* $\check{x}_{j,n}$ serão muito pequenos. Essa propriedade pode ser útil em aplicações de compressão de sinais, porque tais funções podem ser representadas por um pequeno número de coeficientes $x_{j,n}$ (equação (10.95)) significativos e $\check{x}_{i,n}$ desprezíveis para $i \leq j$ (equação (10.102)) (Antonini *et al.*, 1992).

10.8 Exemplos de *wavelets*

Todo banco de filtros com reconstrução perfeita de duas faixas com $H_0(z)$ e zeros suficientes em $z = -1$ possui *wavelets* e funções de escalamento de análise e de síntese correspondentes. Por exemplo, o banco de filtros descrito pelas

Transformadas de *wavelets*

$$\underbrace{}_{\text{Função de Escala}} \quad \underbrace{}_{\text{Wavelet}}$$

Função de Escala   Wavelet

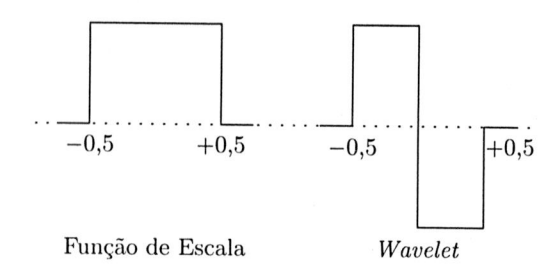

Figura 10.17 Wavelet e função de escalamento de Haar.

equações (9.11)–(9.14) normalizadas para que a equação (9.161) seja satisfeita gera a chamada *wavelet* de Haar. Esta é a única *wavelet* ortogonal que apresenta fase linear (Vetterli & Kovačević, 1995; Mallat, 1999). As funções de escalamento e *wavelets* correspondentes são mostradas na Figura 10.17.

As *wavelets* e funções de escalamento correspondentes ao banco de filtros simétricos de núcleo curto, descrito pelas equações (9.131)–(9.134), são representadas na Figura 10.18.

Um bom exemplo de *wavelet* ortogonal é a *wavelet* de Daubechies com filtros de comprimento 4. É também um exemplo dos bancos de CQF, vistos na Seção 9.7. Os filtros são (Daubechies, 1988)

$$H_0(z) = +0{,}482\,9629 + 0{,}836\,5163z^{-1} + 0{,}224\,1439z^{-2} - 0{,}129\,4095z^{-3} \quad (10.204)$$

$$H_1(z) = -0{,}129\,4095 - 0{,}224\,1439z^{-1} + 0{,}836\,5163z^{-2} - 0{,}482\,9629z^{-3} \quad (10.205)$$

$$G_0(z) = -0{,}129\,4095 + 0{,}224\,1439z^{-1} + 0{,}836\,5163z^{-2} + 0{,}482\,9629z^{-3} \quad (10.206)$$

$$G_1(z) = -0{,}482\,9629 + 0{,}836\,5163z^{-1} - 0{,}224\,1439z^{-2} - 0{,}129\,4095z^{-3}.$$

$$(10.207)$$

Como se trata de uma transformada de *wavelets* ortogonal, as funções de escalamento e *wavelets* de análise são iguais às de síntese. Isso pode ser visto na Figura 10.19. É importante observar que, ao contrário das *wavelets* biortogonais da Figura 10.18, essas *wavelets* ortogonais não são simétricas e, portanto, não têm fase linear.

A Figura 10.20 mostra as funções de base de uma *wavelet* de Daubechies de comprimento 4 em diversas escalas e com diversos deslocamentos.

Ao se implementar uma transformada de *wavelets* usando o esquema da Figura 10.2, é essencial que o atraso introduzido por cada estágio de análise e de síntese seja compensado. A falta desse procedimento pode resultar na perda da propriedade da reconstrução perfeita.

10.8 Exemplos de *wavelets*

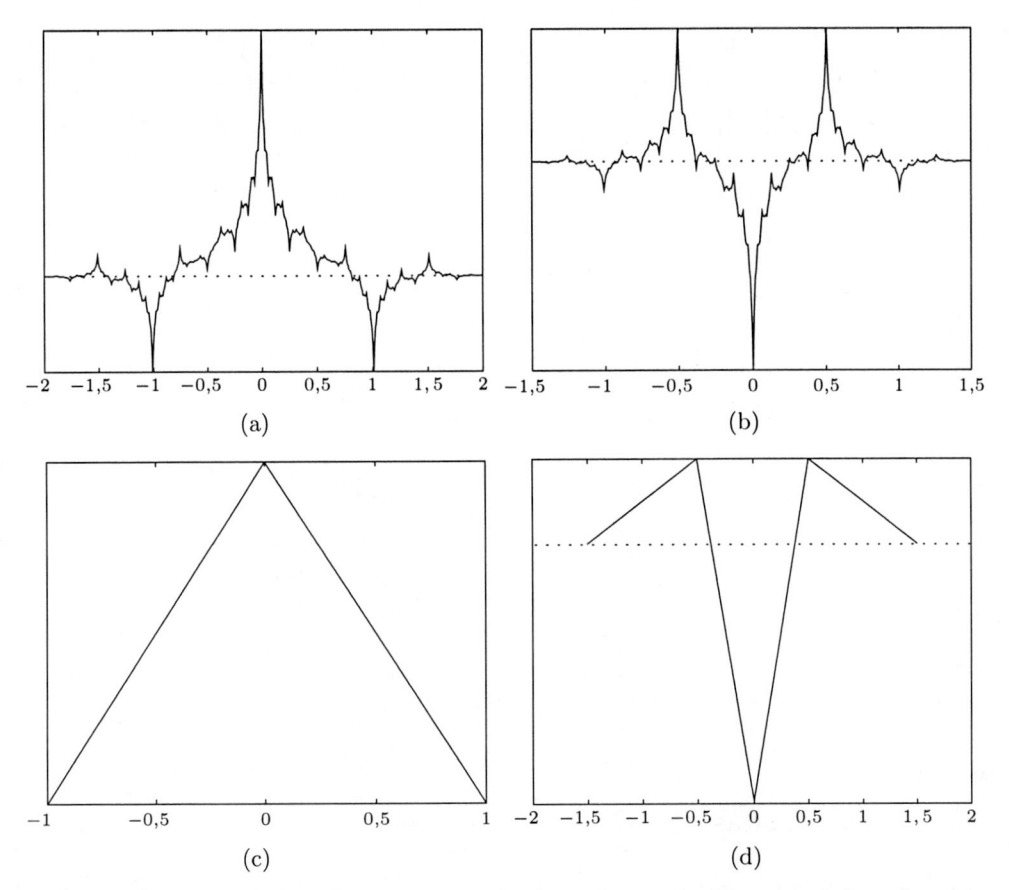

Figura 10.18 Transformada de *wavelets* associada ao banco de filtros simétricos de núcleo curto (equações (9.131)–(9.134)): (a) função de escalamento de análise; (b) *wavelet* de análise; (c) função de escalamento de síntese; (d) *wavelet* de síntese.

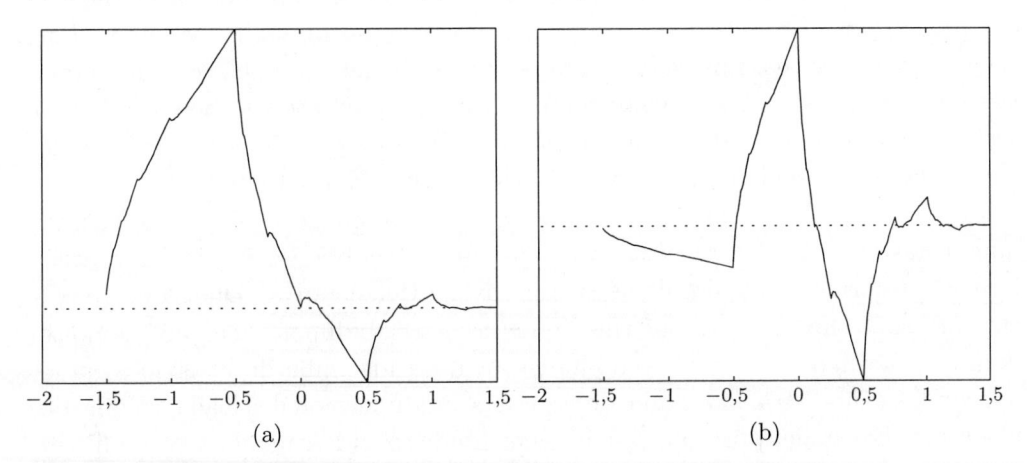

Figura 10.19 Transformada de *wavelets* de Daubechies de comprimento 4 (equações (10.204)–(10.207)): (a) função de escalamento; (b) *wavelet*.

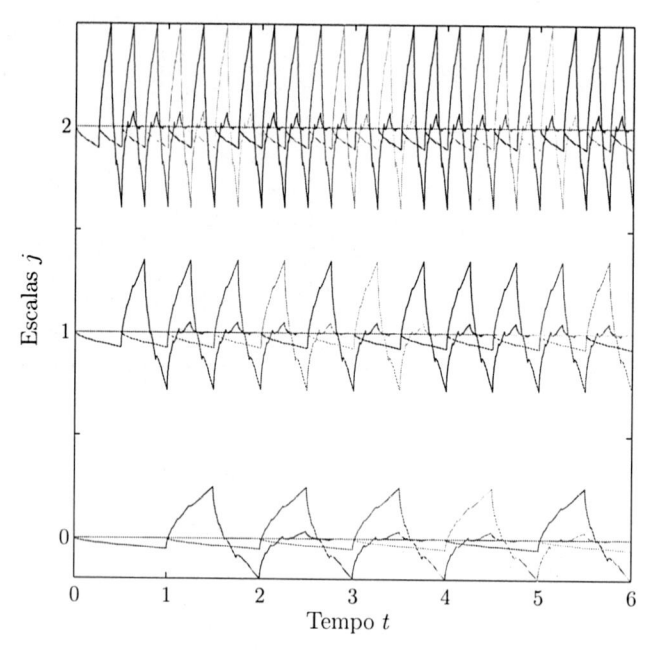

Figura 10.20 Funções de base de uma transformada de *wavelets* de Daubechies de comprimento 4, mostradas em diversas escalas com diversos deslocamentos.

10.9 Transformadas de *wavelets* de imagens

Uma aplicação em que as transformadas de *wavelets* são extremamente usadas é o processamento de imagem. Os graus variáveis de resolução no tempo e na frequência propiciados por suas funções de base são bem talhados para imagens em geral, já que estas tendem a ter características de tamanhos variados. Por exemplo, na figura de uma casa com uma pessoa à janela, a função de base numa larga escala analisará convenientemente a casa como um todo. A pessoa à janela será melhor analisada numa escala menor, e os olhos da pessoa numa escala ainda menor. Essa propriedade de imagens é ilustrada na Figura 10.21.

Para aplicação de transformadas de *wavelets* a imagens, é preciso definir uma transformada de *wavelets* bidimensional. Isso pode ser feito de várias formas. A forma mais simples é a separável (Mersereau & Dudgeon, 1984), em que se computa a transformada de *wavelets* bidimensional aplicando-se uma transformada de *wavelets* unidimensional a cada linha da imagem e então aplicando-se uma transformada de *wavelets* unidimensional a cada coluna do resultado. Ela pode, portanto, ser implementada usando-se os bancos de filtros descritos nas equações (10.125)–(10.128) nas direções horizontal e vertical de uma imagem. Mais precisamente, as transformadas z bidimensionais dos bancos

10.9 Transformadas de *wavelets* de imagens

Figura 10.21 Imagem mostrando características de diferentes tamanhos.

de filtros de análise e de síntese, $H_{ij}(z_1, z_2)$ e $G_{ij}(z_1, z_2)$, respectivamente, são definidas como (Vetterli & Kovačević, 1995; Mallat, 1999):

$$H_{00}(z_1, z_2) = H_0(z_1)H_0(z_2) \tag{10.208}$$

$$H_{01}(z_1, z_2) = H_0(z_1)H_1(z_2) \tag{10.209}$$

$$H_{10}(z_1, z_2) = H_1(z_1)H_0(z_2) \tag{10.210}$$

$$H_{11}(z_1, z_2) = H_1(z_1)H_1(z_2) \tag{10.211}$$

$$G_{00}(z_1, z_2) = G_0(z_1)G_0(z_2) \tag{10.212}$$

$$G_{01}(z_1, z_2) = G_0(z_1)G_1(z_2) \tag{10.213}$$

$$G_{10}(z_1, z_2) = G_1(z_1)G_0(z_2) \tag{10.214}$$

$$G_{11}(z_1, z_2) = G_1(z_1)G_1(z_2). \tag{10.215}$$

Nesse contexto, observe que a variável z_1 corresponde à filtragem das linhas das imagens e z_2 à filtragem de suas colunas.

Se esses bancos de filtros são aplicados recursivamente à subfaixa que resulta da filtragem passa-baixas e sub-amostragem nas direções horizontal e vertical, então obtemos uma decomposição bidimensional em subfaixas em oitavas sucessivas. A Figura 10.22 representa o processo de geração de uma transformada de *wavelets* de dois estágios, ou seja, a decomposição em subfaixas que separa uma oitava.

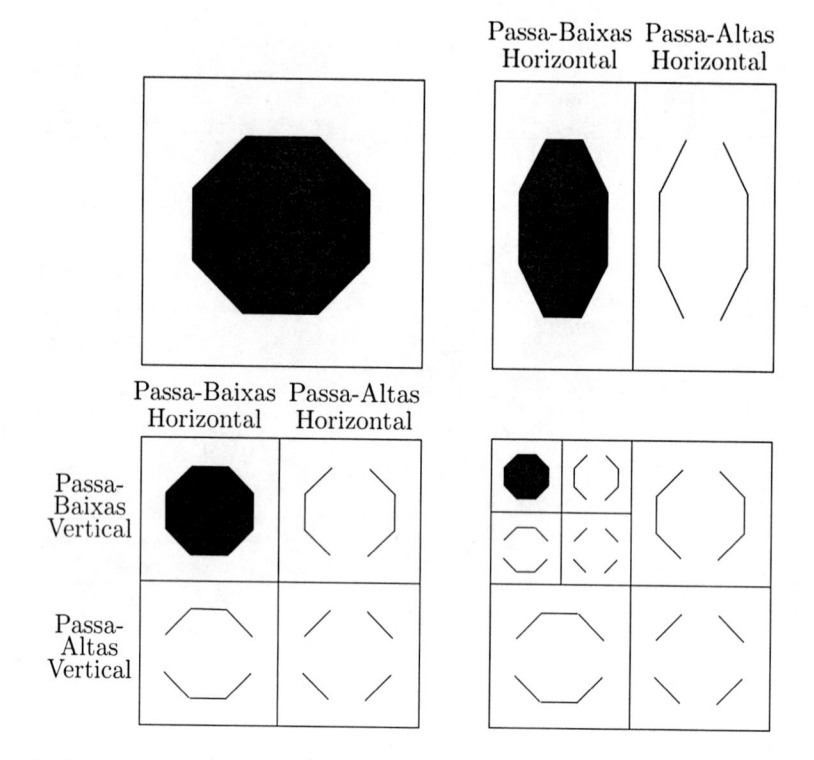

Figura 10.22 Processo de geração da transformada de *wavelets* de dois estágios de uma imagem.

Portanto, a transformada de *wavelets* bidimensional separável é definida por uma função de escalamento e três *wavelets*, para os casos de análise e síntese. As *wavelets* de análise são, então (Mallat, 1989b),

$$\phi_{00}(x_1, x_2) = \phi(x_1)\phi(x_2) \tag{10.216}$$
$$\psi_{01}(x_1, x_2) = \phi(x_1)\psi(x_2) \tag{10.217}$$
$$\psi_{10}(x_1, x_2) = \psi(x_1)\phi(x_2) \tag{10.218}$$
$$\psi_{11}(x_1, x_2) = \psi(x_1)\psi(x_2), \tag{10.219}$$

onde x_1 corresponde à direção horizontal e x_2 à direção vertical. Similarmente, as *wavelets* de síntese são

$$\overline{\phi}_{00}(x_1, x_2) = \overline{\phi}(x_1)\overline{\phi}(x_2) \tag{10.220}$$
$$\overline{\psi}_{01}(x_1, x_2) = \overline{\phi}(x_1)\overline{\psi}(x_2) \tag{10.221}$$
$$\overline{\psi}_{10}(x_1, x_2) = \overline{\psi}(x_1)\overline{\phi}(x_2) \tag{10.222}$$
$$\overline{\psi}_{11}(x_1, x_2) = \overline{\psi}(x_1)\overline{\psi}(x_2). \tag{10.223}$$

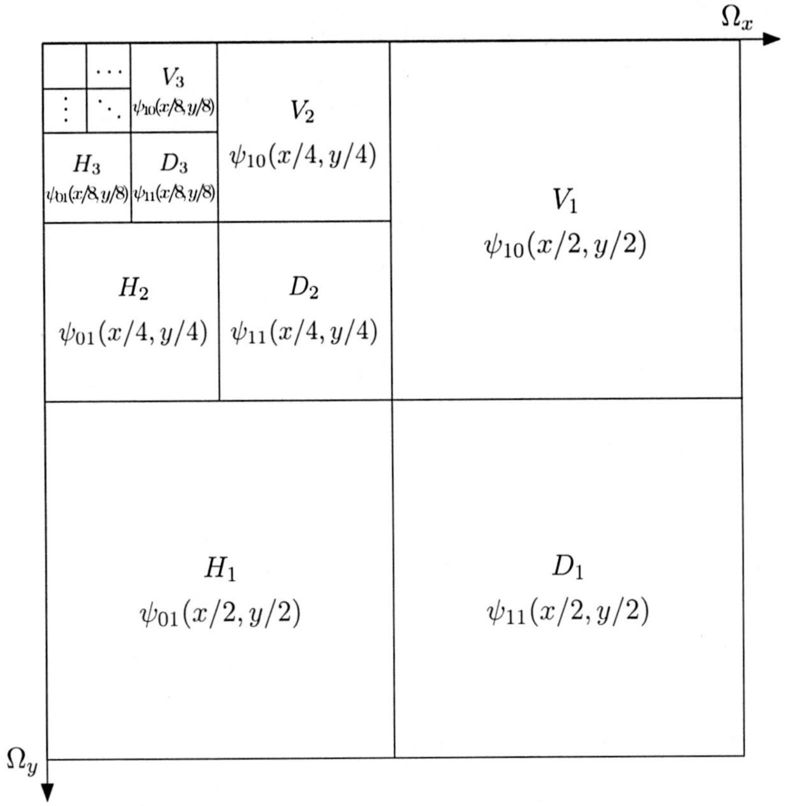

10.9 Transformadas de wavelets de imagens

Figura 10.23 Decomposição frequencial obtida com uma transformada de wavelets bidimensional separável.

As funções de escalamento $\phi_{00}(x_1, x_2)$ e $\overline{\phi}_{00}(x_1, x_2)$ são respostas ao impulso de filtros bidimensionais que são passa-baixas em ambas as direções, vertical e horizontal. As *wavelets* $\psi_{01}(x_1, x_2)$ e $\overline{\psi}_{01}(x_1, x_2)$ são respostas ao impulso de filtros bidimensionais que são passa-baixas na direção horizontal e passa-altas na direção vertical. Isso leva a coeficientes das *wavelets* principalmente relacionados com informação da imagem na direção horizontal. Similarmente, os coeficientes correspondentes às *wavelets* $\psi_{10}(x_1, x_2)$ e $\overline{\psi}_{10}(x_1, x_2)$ são relacionados com informação da imagem na direção vertical, e os coeficientes correspondentes às *wavelets* $\psi_{11}(x_1, x_2)$ e $\overline{\psi}_{11}(x_1, x_2)$ são relacionados com informação da imagem na direção diagonal. A decomposição frequencial obtida através de uma transformada de *wavelets* dessa natureza é representada esquematicamente na Figura 10.23, onde H_i corresponde a coeficientes na direção horizontal na escala i (*wavelet* $\psi_{01}(x_1/2^i, x_2/2^i)$). Analogamente, V_i (*wavelet* $\psi_{10}(x_1/2^i, x_2/2^i)$) e D_i (*wavelet* $\psi_{11}(x_1/2^i, x_2/2^i)$) correspondem respectivamente às direções vertical e diagonal.

O mesmo raciocínio pode ser estendido a múltiplas dimensões, ou seja, uma transformada de *wavelets* unidimensional pode ser aplicada a cada dimensão, gerando transformadas transformadas de *wavelets* multidimensionais separáveis.

A direcionalidade das subfaixas de uma transformada de *wavelets* é representada esquematicamente na Figura 10.22, onde as faixas horizontais, verticais e diagonais podem ser claramente identificadas. A imagem original do octógono e sua transformada de *wavelets* são mostradas na Figura 10.24. Observe que, além das orientações predominantemente horizontal, vertical e diagonal, as subfaixas com orientações similares tendem a ser similares entre si.

A Figura 10.25 mostra a transformada de *wavelets* da imagem mostrada na Figura 10.21. No gráfico superior, cada escala foi normalizada para ocupar a faixa dinâmica completa. No gráfico inferior, mostra-se o valor absoluto numa escala logarítmica. Podemos observar que as escalas menores (faixas de alta frequência) tendem a representar detalhes mais localizados no espaço, enquanto escalas maiores (faixas de baixa frequência) tendem a representar somente objetos maiores e, portanto, com pior localização espacial. Também podemos observar a direcionalidade das faixas, bem como a similaridade entre faixas de mesma orientação. Além disso, examinando as faixas numa escala logarítmica na Figura 10.25b, podemos ver que transformada de *wavelets* é muito eficaz em concentrar a energia de uma imagem num pequeno número de coeficientes. Esta é uma das principais razões pelas quais tem sido utilizada com sucesso em esquemas de compressão de imagem (Taubman & Marcelin, 2001; Sayood, 2005).

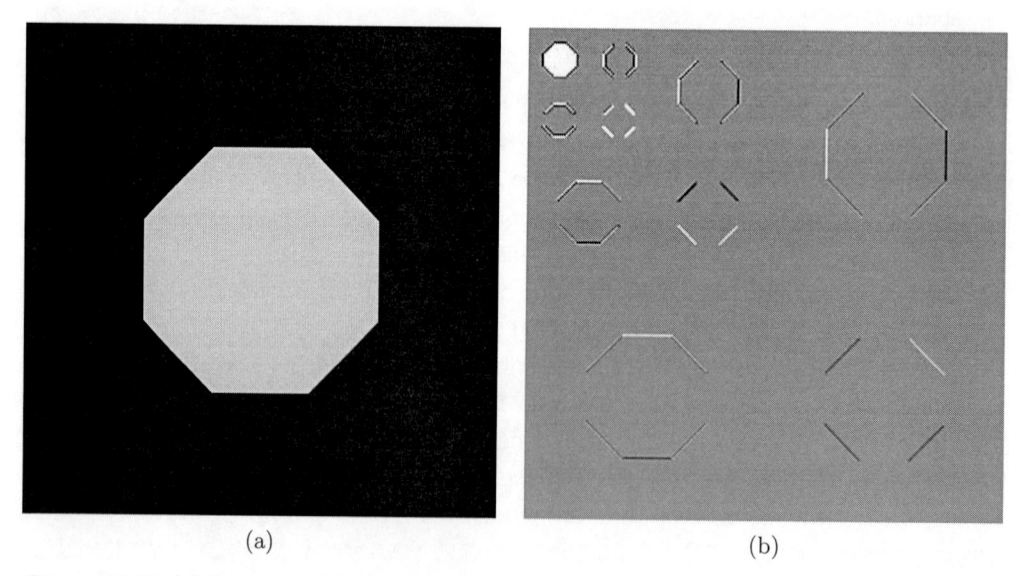

Figura 10.24 (a) Imagem original do octógono; (b) transformada de *wavelets* correspondente.

10.9 Transformadas de *wavelets* de imagens

(a)

(b)

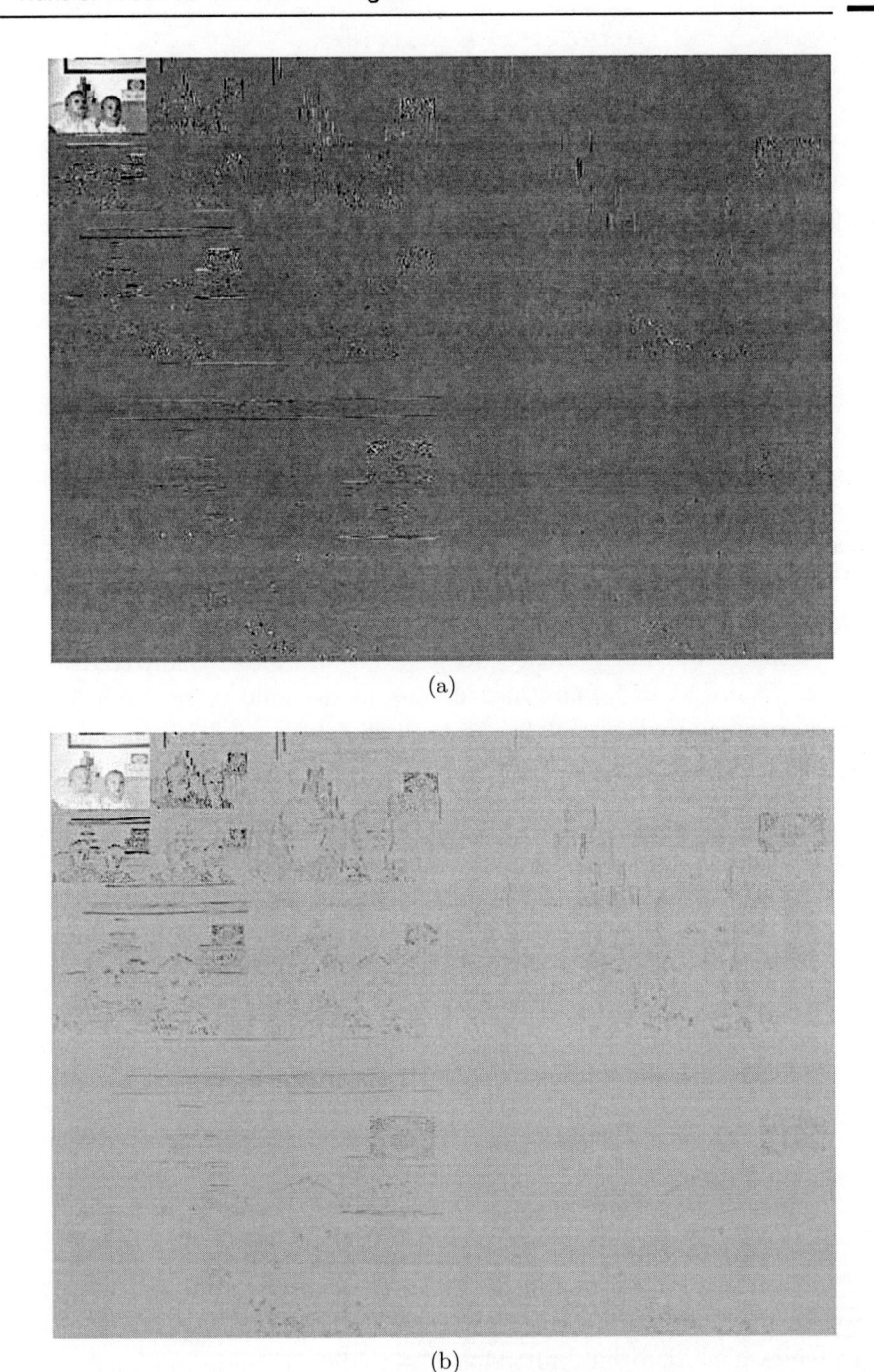

Figura 10.25 Tranformada de *wavelets* da imagem da Figura 10.21: (a) cada escala foi ajustada coerentemente com a faixa dinâmica completa; (b) para a faixa de frequências mais baixas, é representado o logaritmo do valor absoluto dos coeficientes mais 1, e para as demais faixas é representado o dobro desse logaritmo, com o cinza correspondendo a zero. Observe que muitos coeficientes de *wavelets* são muito próximos de zero.

10.10 Transformada de *wavelets* de sinais com comprimento finito

Geralmente, os sinais que se deseja filtrar têm comprimento finito. Foi visto um exemplo na Seção 10.9, em que computamos transformadas de *wavelets* de imagens que eram, por sua natureza, de comprimento finito. Um problema decorrente de considerarmos sinais de comprimento finito é que um sinal de comprimento N, quando filtrado por um filtro FIR cuja resposta ao impulso tem comprimento K, produz um sinal de comprimento $(N + K - 1)$ na saída. Como visto anteriormente, em transformadas de *wavelets* um banco de filtros de duas faixas é aplicado recursivamente ao canal passa-baixas do estágio anterior. Portanto, os comprimentos dos sinais crescem a cada estágio de decomposição. Como consequência, o número de amostras de uma transformada de *wavelets* tende a ser maior que o número de amostras do sinal. Isso é particularmente inconveniente quando se usam transformadas de *wavelets* para gerar representações compactas, como é o caso, por exemplo, do padrão JPEG2000 para compressão de imagens (Taubman & Marcelin, 2001). Portanto, é altamente desejável solucionar o problema do aumento do número de amostras da transformada de *wavelets*. Nesta seção, analisamos extensões de sinal como uma forma de calcular transformadas de *wavelets* que tenham tantos coeficientes quantas são as amostras do sinal.

10.10.1 Extensão periódica de sinal

A forma mais direta de se evitar o aumento do comprimento de um sinal quando ele é filtrado é considerá-lo periódico. Assim ocorre porque quando se filtra um sinal periódico de período N, o sinal filtrado também tem período N. Então, para um sinal periódico, basta saber os resultados para um período, e assim o comprimento efetivo do sinal não aumenta após a filtragem. A extensão periódica de um sinal $x(n)$ de comprimento N é

$$x'(n) = x(n \bmod N). \tag{10.224}$$

Essa extensão periódica é ilustrada no topo da Figura 10.26.

Ao se computar a transformada de *wavelets*, realiza-se uma subamostragem de cada faixa por um fator de dois. Portanto, para que tal esquema funcione, é importante que, além de o sinal filtrado ser periódico de período N, suas versões subamostradas também sejam periódicas. Em outras palavras, suas componentes polifásicas par e ímpar

$$e'_0(l) = x'(2l) \tag{10.225}$$

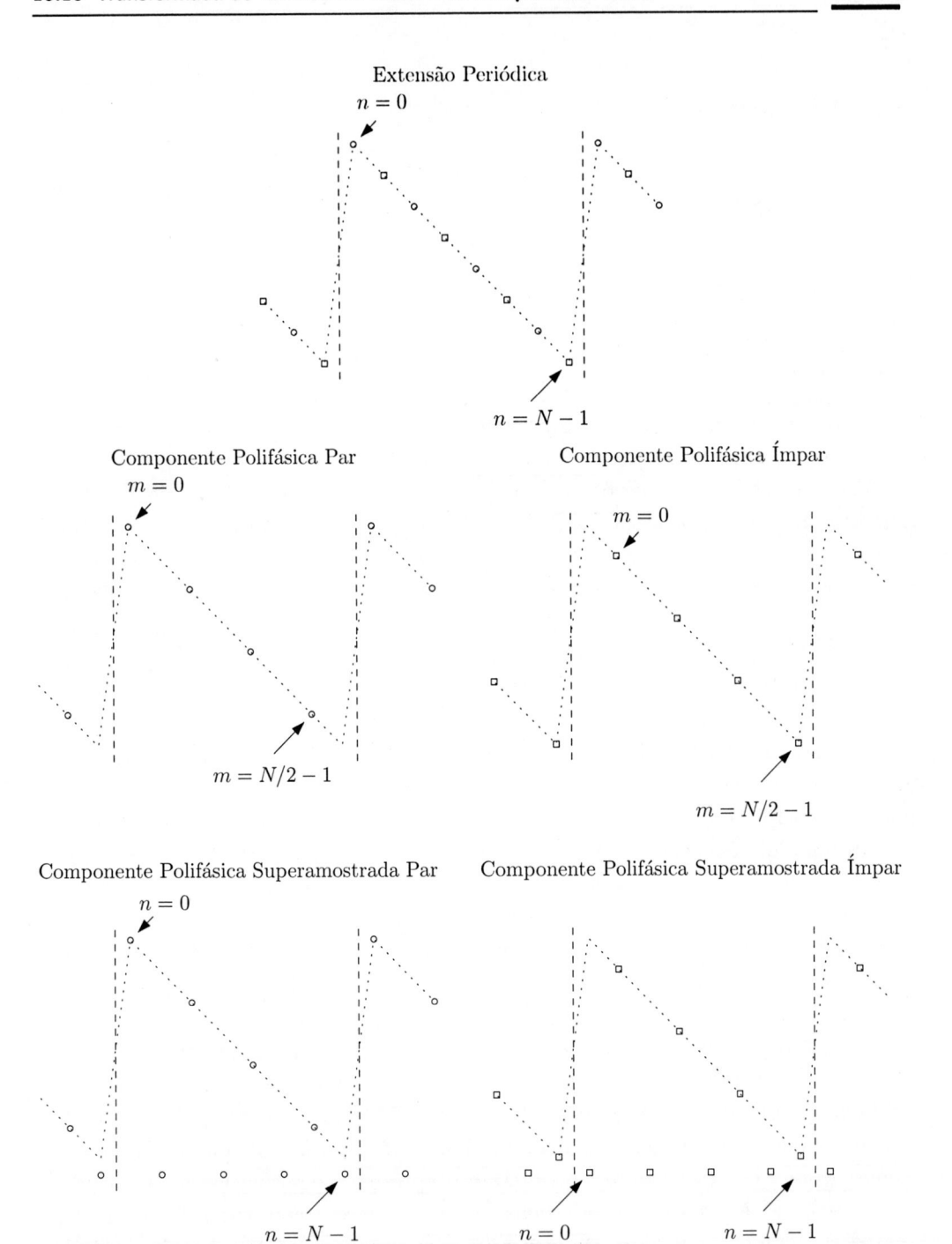

10.10 Transformada de *wavelets* de sinais com comprimento finito

Figura 10.26 De cima para baixo: extensão periódica de um sinal, suas componentes polifásicas par e ímpar e suas versões superamostradas.

e

$$e'_1(l) = x'(2l+1),\qquad(10.226)$$

respectivamente, também têm que ser periódicas de período N. Pela equação (10.224), se N é par, então temos que

$$e'_0\left(l+\frac{N}{2}\right) = x'(2l+N) = x'(2l) = e'_0(l)\qquad(10.227)$$

$$e'_1\left(l+\frac{N}{2}\right) = x'(2l+N+1) = x'(2l+1) = e'_1(l);\qquad(10.228)$$

portanto, concluímos que as componentes polifásicas são periódicas de período $N/2$. Como uma subfaixa é uma componente polifásica filtrada, então as subfaixas também são periódicas de período $N/2$, e logo o número total de amostras nas duas subfaixas também é igual a N. Isso é ilustrado na segunda linha da Figura 10.26. Observe que se o número de amostras N é ímpar, então as componentes polifásicas são periódicas apenas de período N, e logo o número total de amostras nas subfaixas é $2N$ (veja o Exercício 10.4). Isso é ineficiente, e é uma das principais razões pelas quais raramente são usadas extensões periódicas de sinais de comprimento ímpar. Por isso, nesta seção nos restringiremos a extensões de sinais de comprimento par.

Na parte de síntese do processamento, as subfaixas são superamostradas e filtradas. Como se pode ver na base da Figura 10.26, as componentes polifásicas superamostradas também são periódicas. Portanto, qualquer que seja a componente escolhida durante a subamostragem, o sinal resultante da síntese também é periódico de período N, tendo somente N amostras independentes.

Uma desvantagem da extensão periódica pode ser percebida examinando-se novamente o topo da Figura 10.26, que mostra o sinal original periodicamente estendido. Vemos que a extensão periódica terá, em geral, descontinuidades em torno de $n = 0$ e $n = N - 1$ e que não são parte do sinal original. Essas descontinuidades tendem a aparecer com energia elevada nas faixas de detalhe de sua transformada de *wavelets* (veja o Experimento 10.1), o que é bastante indesejável em muitas aplicações. Por exemplo, como vimos na Figura 10.25, a transformada de *wavelets* tem sua energia concentrada num número relativamente pequeno de coeficientes, produzindo representações compactas. Contudo, se são utilizadas extensões periódicas, então as descontinuidades introduzidas aparecerão como coeficientes de alta energia nas faixas de detalhe, diminuindo assim a compactação de energia própria da transformada de *wavelets*. Portanto, sempre que possível, é preferível utilizar extensões simétricas, detalhadas na Seção 10.10.2.

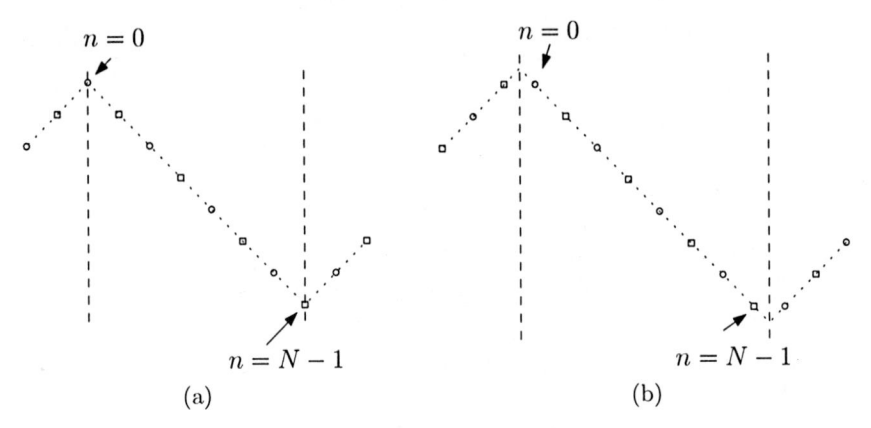

10.10 Transformada de *wavelets* de sinais com comprimento finito

Figura 10.27 (a) Simetria de amostra inteira; (b) simetria de meia amostra.

10.10.2 Extensões simétricas de sinal

Uma forma comumente usada de extensão de sinal é a extensão simétrica que evita as descontinuidades que surgem quando se realiza a extensão periódica. Sinais no tempo discreto têm dois tipos de simetria: simetria de amostra inteira e simetria de meia amostra. Na simetria de amostra inteira, o eixo de simetria passa por uma amostra, enquanto na simetria de meia amostra ele passa entre duas amostras. Matematicamente, um sinal $x(n)$ é simétrico de amostra inteira em torno de $n = K$ se

$$x(K - n) = x(K + n), \quad \text{para todo } n \in \mathbb{Z}. \tag{10.229}$$

Por outro lado, um sinal é simétrico de meia amostra em torno da "amostra" $K - 1/2$, com $K \in \mathbb{Z}$, se

$$x(K - 1 - n) = x(K + n), \quad \text{para todo } n \in \mathbb{Z}. \tag{10.230}$$

Exemplos das simetrias de amostra inteira e de meia amostra são representados nas Figuras 10.27a e 10.27b, respectivamente.

Pela equação (10.229), se um sinal $x(n)$ de comprimento N é estendido simetricamente por simetria de amostra inteira em torno de $n = 0$ e de $n = N-1$, o sinal resultante $x'(n)$ é um sinal periódico de período $2N - 2$, dado por

$$x'(n) = \begin{cases} x(n), & 0 \leq n \leq N-1 \\ x(-n), & -N+1 \leq n \leq 0 \\ x(2N-2-n), & N-1 \leq n \leq 2N-2. \end{cases} \tag{10.231}$$

Da mesma forma, pela equação (10.230), se um sinal $x(n)$ de comprimento N é estendido simetricamente por simetria de meia amostra em torno de $n = 0$ e de $n = N - 1$, o sinal resultante $x'(n)$ é um sinal periódico de período $2N$ tal que

$$x'(n) = \begin{cases} x(n), & 0 \leq n \leq N - 1 \\ x(-n - 1), & -N \leq n \leq -1 \\ x(2N - 1 - n), & N \leq n \leq 2N - 1. \end{cases} \quad (10.232)$$

Se as j-ésimas componentes polifásicas de $x(n)$ e $x'(n)$ são $e_j(l)$ e $e'_j(l)$, respectivamente, então temos, pela equação (10.231), que para simetria de amostra inteira (como na extensão periódica, vamos nos restringir ao caso em que N é par),

$$e'_0(l) = \begin{cases} x(2l) = e_0(l), & 0 \leq l \leq (N/2) - 1 \\ x(-2l) = e_0(-l), & -(N/2) + 1 \leq l \leq 0 \\ x(2N - 2 - n) = e_0(N - 1 - l), & (N/2) - 1 \leq l \leq N - 1 \end{cases} \quad (10.233)$$

$$e'_1(l) = \begin{cases} x(2l + 1) = e_1(l), & 0 \leq l \leq (N/2) - 1 \\ x(-2l - 1) = e_1(-l), & -N/2 \leq l \leq -1 \\ x(2N - 2l - 3) = e_1(N - 2 - l), & (N/2) - 1 \leq l \leq N - 2. \end{cases} \quad (10.234)$$

Portanto, essas equações, com o auxílio das equações (10.229)–(10.232), implicam que para sinais que são estendidos por simetria de amostra inteira, a componente polifásica $e'_0(l)$ é simétrica de amostra inteira em torno de zero e simétrica de meia amostra em torno de $(N/2)-1$. Da mesma forma, a componente polifásica ímpar $e'_1(l)$ é simétrica de meia amostra em torno de zero e simétrica de amostra inteira em torno de $(N/2)-1$. Essa situação é ilustrada na Figura 10.28.

Por outro lado, temos, pela equação (10.232), que para simetria de meia amostra (novamente, com N restrito a ser par),

$$e'_0(l) = \begin{cases} x(2l) = e_0(l), & 0 \leq l \leq (N/2) - 1 \\ x(-2l - 1) = e_1(-l - 1), & -N/2 \leq l \leq -1 \\ x(2N - 1 - n) = e_1(N - 1 - l), & N/2 \leq l \leq N - 1 \end{cases} \quad (10.235)$$

$$e'_1(l) = \begin{cases} x(2l + 1) = e_1(l), & 0 \leq l \leq (N/2) - 1 \\ x(-2l - 2) = e_0(-l - 1), & -N/2 \leq l \leq -1 \\ x(2N - 2l - 2) = e_0(N - 1 - l), & N/2 \leq l \leq N - 1. \end{cases} \quad (10.236)$$

Portanto, essas equações implicam que para sinais que são estendidos por simetria de meia amostra, nenhuma de suas componentes é simétrica, como ilustra a Figura 10.29.

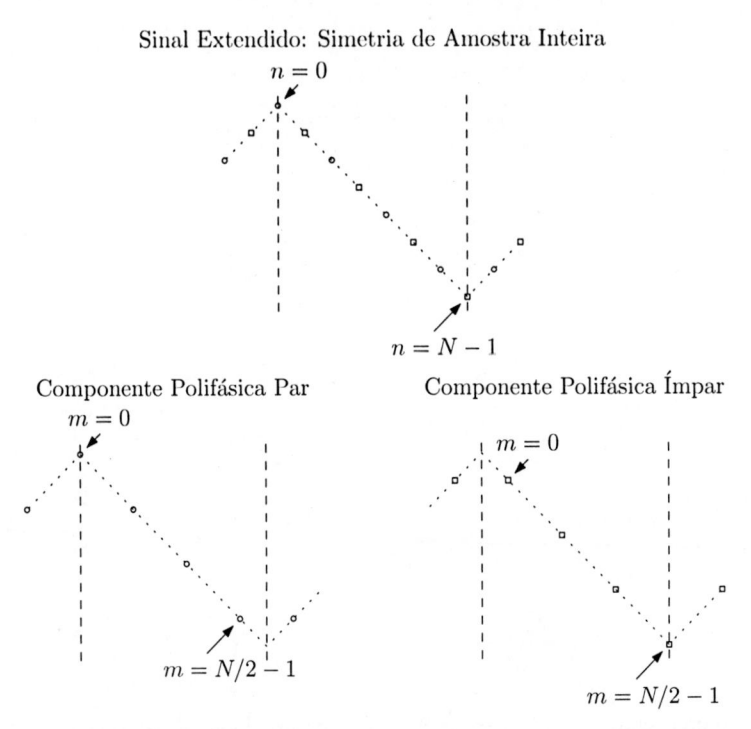

10.10 Transformada de *wavelets* de sinais com comprimento finito

Figura 10.28 Acima: sinal de comprimento N estendido por simetria de amostra inteira em torno de zero e em torno de $N-1$; abaixo: componentes polifásicas correspondentes.

Para que uma extensão simétrica seja utilizável no cálculo de uma transformada de *wavelets*, três condições têm que ser satisfeitas:

(a) O sinal tem que permanecer simétrico após passar pelos filtros de análise.
(b) O sinal filtrado pelos filtros de análise tem que permanecer simétrico após sua subamostragem por um fator de 2.
(c) O sinal superamostrado tem que ser simétrico antes de passar pelo filtro de síntese.

A condição (a) acima exige que os filtros de análise tenham fase linear, uma vez que eles são os únicos que não destroem a simetria dos sinais aplicados à sua entrada. Como foi visto na Seção 4.2.3, filtros de fase linear podem ter atrasos inteiros (ordem par) ou inteiros mais $1/2$ (ordem ímpar). É importante observar que um sinal com simetria de amostra inteira, quando atrasado de um número inteiro de amostras, permanece simétrico de amostra inteira. Por outro lado, um sinal com simetria de amostra inteira se torna simétrico de meia amostra quando atrasado de meia amostra. Da mesma forma, um sinal com simetria de meia amostra se torna simétrico de amostra inteira quando atrasado de meia amostra.

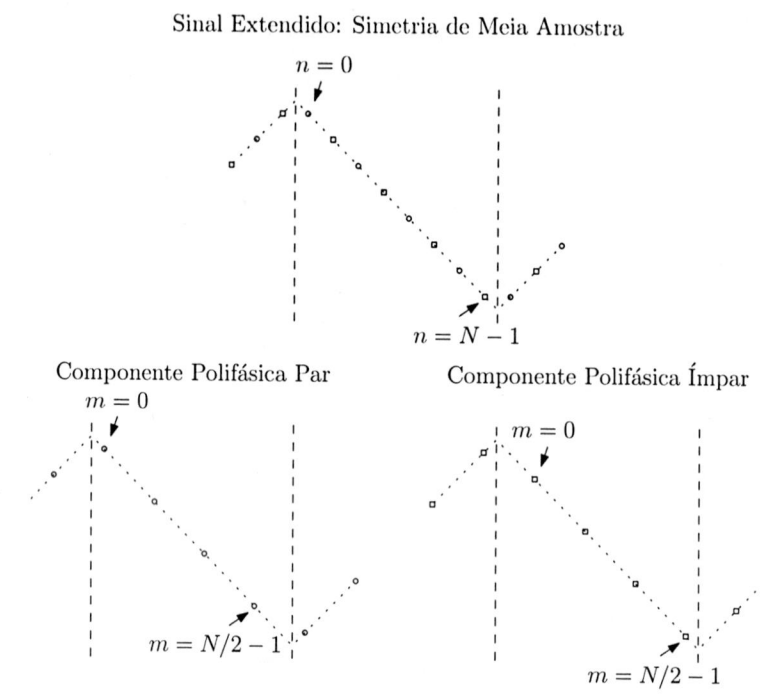

Figura 10.29 Acima: sinal de comprimento N estendido por simetria de meia amostra em torno de zero e em torno de $N-1$; abaixo: componentes polifásicas correspondentes.

A condição (b) exige que os sinais na saída dos filtros de análise sejam simétricos de amostra inteira em torno de zero e de $N-1$. É assim porque, como visto anteriormente e ilustrado nas Figuras 10.28 e 10.29, as componentes polifásicas de sinais simétricos de meia amostra não são simétricas. Portanto, como a saída de um filtro de análise tem que ser simétrica de amostra inteira, temos dois casos, dependendo da ordem dos filtros de análise: se seu atraso é inteiro (ordem par), então o sinal tem que ser estendido por simetria de amostra inteira; se seu atraso é inteiro mais $1/2$ (ordem ímpar), então o sinal tem que ser estendido por simetria de meia amostra.

A condição (c) é automaticamente satisfeita se os sinais subamostrados apresentados aos interpoladores são simétricos. Isso é ilustrado na Figura 10.30. Observe que para ambas as componentes polifásicas, a simetria de suas versões interpoladas é de amostra inteira.

Das restrições de projeto para os bancos de filtros com fase linear de duas faixas, apresentadas na Seção 9.5 (após a equação (9.126)), temos que bancos de filtros com fase linear de duas faixas devem ter ou todos os filtros com ordens pares ou todos os filtros com ordens ímpares. A Tabela 10.1 resume como as extensões simétricas em cada estágio do processamento pelo banco de filtros de duas faixas devem ser feitas nos dois casos. Observe que mais uma

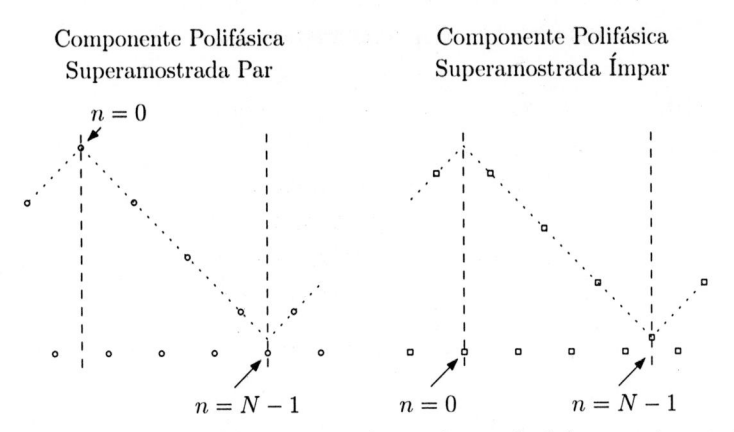

10.10 Transformada de *wavelets* de sinais com comprimento finito

Figura 10.30 As componentes polifásicas par e ímpar de um sinal de comprimento N estendido por simetria de amostra inteira em $n = 0$ e $n = N-1$, após a superamostragem. Pode-se observar que ambas são simétricas de amostra inteira.

Tabela 10.1 *Tipos de extensão simétrica nos processos de análise e de síntese para bancos de filtros de ordem par e de ordem ímpar.*

Estágio do processo de filtragem	Simetria	
	Ordem par	Ordem ímpar
Antes do filtro de análise	inteira (0) / inteira ($N-1$)	meia (0) / meia ($N-1$)
Após o filtro de análise	inteira (0) / inteira ($N-1$)	inteira (0) / inteira ($N-1$)
Componente polifásica par	inteira (0) / meia (($N/2$) -1)	inteira (0) / meia (($N/2$) -1)
Componente polifásica ímpar	meia (0) / inteira (($N/2$) -1)	meia (0) / inteira (($N/2$) -1)
Após superamostragem	inteira (0) / inteira ($N-1$)	inteira (0) / inteira ($N-1$)
Após a síntese	inteira (0) / inteira ($N-1$)	meia (0) / meia ($N-1$)

vez nos restringimos ao caso em que o comprimento N do sinal é par (veja o Exercício 10.8).

É importante observar que nas transformadas de *wavelets* temos que aplicar bancos de filtros de duas faixas recursivamente aos canais passa-baixas. No caso de ordem par, por exemplo, se tomamos a componente polifásica par como o sinal após a subamostragem, então ele é simétrico de amostra inteira em torno de zero e simétrico de meia amostra em torno de $(N/2) - 1$. Embora este seja o sinal que temos de superamostrar para realizar a etapa de síntese, para que possamos decompô-lo novamente temos que gerar um sinal ligeiramente diferente. Por exemplo, se vamos usar um banco de filtros de ordem par no próximo estágio, primeiramente temos de gerar a partir dele um sinal que seja simétrico de amostra inteira nas duas extremidades. Conseguimos isso tomando primeiro suas amostras de $m = 0$ a $m = (N/2) - 1$ e estendendo-as usando simetria de amostra inteira em ambas as extremidades.

10.11 Faça você mesmo: transformadas de *wavelets*

Experimento 10.1

Aqui, vemos de que forma as *wavelets* podem ser usadas para analisar sinais não-estacionários. Começamos gerando um sinal composto de uma sequência de cinco senoides de diferentes frequências, corrompidas por picos. O começo de cada senoide é especificado na variável pos_sin e os períodos correspondentes são definidos em T_sin. Para os picos, as amplitudes e instantes de ocorrência são dados pelas variáveis amp_imp e pos_imp, respectivamente. Segue-se o código em MATLAB para gerar o sinal:

```
N = 2000; t = [0:N];
x = zeros(size(t));
pos_sin = [0 600 1080 1380 1680 2000];
T_sin = [100 40 20 10 5];
for i = 1:5,
  m = 1 + pos_sin(i); n = pos_sin(i+1);
  x(m:n) = sin(2*pi*t(1:n-m+1)/T_sin(i));
end;
amp_imp = [3 -2 2 2.5 -2.5];
pos_imp = [200 372 1324 1343 1802];
T_imp = [5 25 5 5 5];
for i = 1:5,
  m = 1 + pos_imp(i); n = 1 + pos_imp(i) + fix(T_imp(i)/2);
  x(m:n) = x(m:n) + amp_imp(i)*sin(2*pi*t(1:n-m+1)/T_imp(i)).^2;
end;
```

O sinal resultante x tem (N+1) = 2001 amostras, e as senoides têm, na sequência de aparecimento, períodos de 100, 40, 20, 10 e 5 amostras. Os picos consistem de um período de uma onda senoidal elevada ao quadrado. Quatro deles têm duração de três amostras e outro (o segundo a ocorrer) tem duração de 23 amostras. O terceiro e o quarto picos são muito próximos, distando apenas 19 amostras entre si. O sinal é representado na Figura 10.31.

Nesse experimento, decompomos os sinais com a *wavelet* bior4.4, que é a *wavelet* biortogonal de fase linear usada no padrão JPEG2000 para compressão de imagens (Taubman & Marcelin, 2001), também conhecida como *wavelet* 9–7. Os coeficientes dos filtros de análise e de síntese são mostrados na Tabela 10.2.

Para carregar os filtros de análise e de síntese usamos o comando em MATLAB

```
[Lo_D,Hi_D,Lo_R,Hi_R] = wfilters('bior4.4');
```

então, calculamos uma transformada de *wavelets* de cinco estágios usando

```
[C,S] = wavedec(x,5,Lo_D,Hi_D);
```

10.11 Faça você mesmo: transformadas de wavelets

Tabela 10.2 *Coeficientes dos filtros de análise e de síntese da* wavelet *9-7 (*bior4.4*).*

$h_0(0) = 0{,}0378$	$h_1(0) = -0{,}0645$	$g_0(0) = -0{,}0645$	$g_1(0) = -0{,}0378$
$h_0(1) = -0{,}0238$	$h_1(1) = 0{,}0407$	$g_0(1) = -0{,}0407$	$g_1(1) = -0{,}0238$
$h_0(2) = -0{,}1106$	$h_1(2) = 0{,}4181$	$g_0(2) = 0{,}4181$	$g_1(2) = 0{,}1106$
$h_0(3) = 0{,}3774$	$h_1(3) = -0{,}7885$	$g_0(3) = 0{,}7885$	$g_1(3) = 0{,}3774$
$h_0(4) = 0{,}8527$	$h_1(4) = 0{,}4181$	$g_0(4) = 0{,}4181$	$g_1(4) = -0{,}8527$
$h_0(5) = 0{,}3774$	$h_1(5) = 0{,}0407$	$g_0(5) = -0{,}0407$	$g_1(5) = 0{,}3774$
$h_0(6) = -0{,}1106$	$h_1(6) = -0{,}0645$	$g_0(6) = -0{,}0645$	$g_1(6) = 0{,}1106$
$h_0(7) = -0{,}0238$			$g_1(7) = -0{,}0238$
$h_0(8) = 0{,}0378$			$g_1(8) = -0{,}0378$

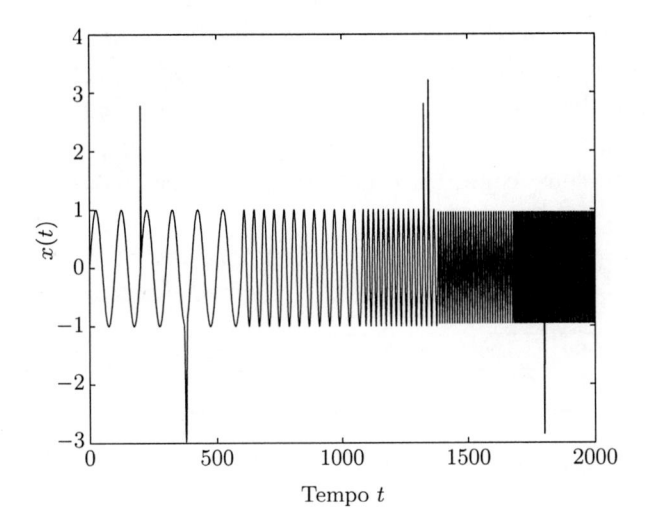

Figura 10.31 Sinal para o Experimento 10.1.

Seguindo esta abordagem, o vetor C armazena os coeficientes das *wavelets* e o vetor S armazena os comprimentos das sequências nas subfaixas. Calculamos os detalhes das subfaixas usando o comando detcoef, e os coeficientes de aproximação (canais passa-baixas para cada escala) usando o comando appcoef, como a seguir:

```
D1 = detcoef(C,S,1);
D2 = detcoef(C,S,2);
D3 = detcoef(C,S,3);
D4 = detcoef(C,S,4);
D5 = detcoef(C,S,5);
A1 = appcoef(C,S,Lo_R,Hi_R,1);
A2 = appcoef(C,S,Lo_R,Hi_R,2);
```

```
A3 = appcoef(C,S,Lo_R,Hi_R,3);
A4 = appcoef(C,S,Lo_R,Hi_R,4);
A5 = appcoef(C,S,Lo_R,Hi_R,5);
```

Os gráficos dos canais de detalhe são mostrados na Figura 10.32, e os gráficos dos canais de aproximação são mostrados na Figura 10.33. Observe que a escala de amostras foi normalizada para facilitar a comparação ao longo do eixo temporal.

Pela observação da Figura 10.32, podemos ver que o canal de detalhe em frequências mais altas (segundo gráfico de cima para baixo) contém essencialmente os picos com duração de três amostras. O pico mais largo não aparece nessa faixa, uma vez que esta não tem resolução frequencial suficientemente alta para isso. Observe que, embora um pouco da senoide com período de cinco amostras ainda esteja presente, aplicando-se um simples limiar nesse canal, pode-se obter um sinal composto apenas dos picos de curta duração, e suas localizações podem ser facilmente determinadas. Além disso, embora haja traços desses picos até o quarto canal de detalhe, os dois picos mais próximos entre si só podem ser distinguidos um do outro até o segundo canal. Ainda, o pico mais largo só pode ser detectado do terceiro canal em diante. Dessas observações, podemos ver que

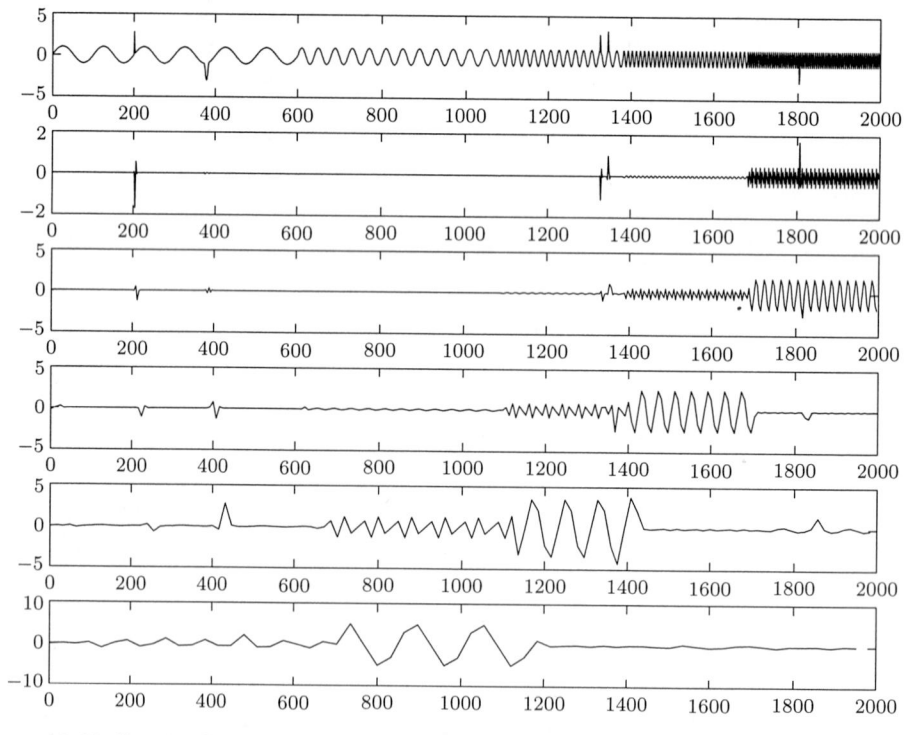

Figura 10.32 Canais de detalhe para o sinal do Experimento 10.1. O gráfico superior corresponde ao sinal original, e os canais de detalhe são mostrados de cima para baixo em ordem crescente de escala (decrescente de frequência).

10.11 Faça você mesmo: transformadas de *wavelets*

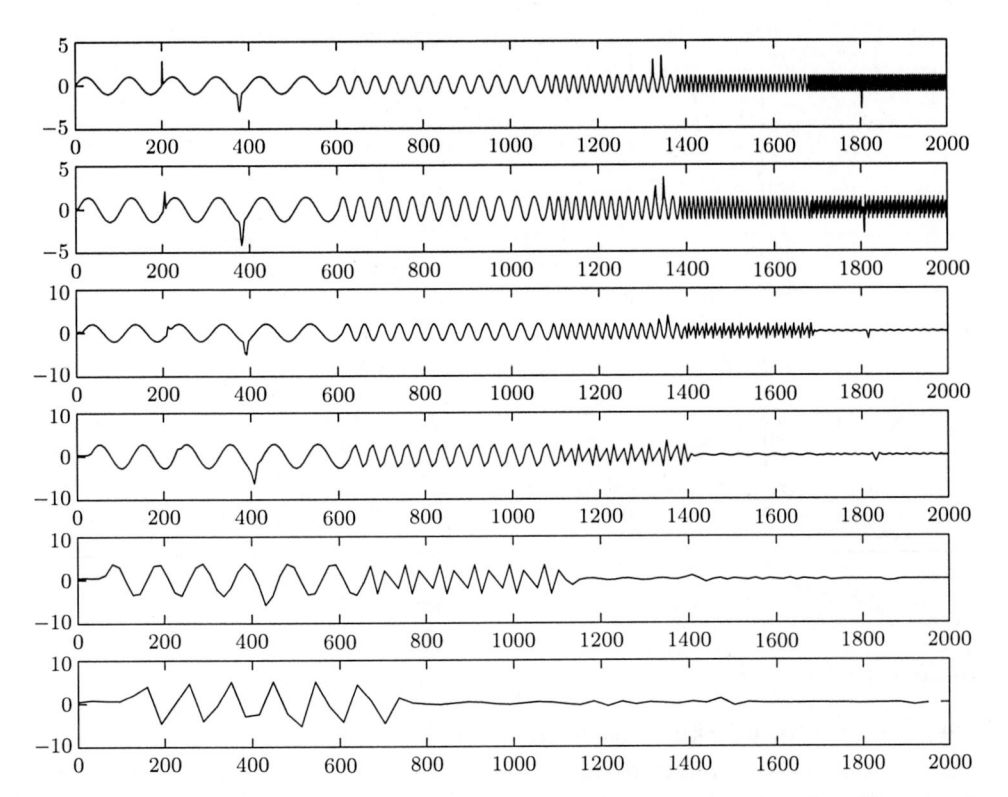

Figura 10.33 Canais de aproximação para o sinal do Experimento 10.1. O gráfico superior corresponde ao sinal original, e os canais de detalhe são mostrados de cima para baixo em ordem crescente de escala (decrescente de frequência).

a transformada de *wavelets* é eficaz na detecção de fenômenos transitórios. Uma boa forma de realizar isso é olhar a correlação entre canais. Todos os picos do sinal tendem a aparecer ao menos em três canais consecutivos. Observe também que cada canal mostra predominantemente uma senoide, o que enfatiza a natureza passa-faixa dos canais de detalhe.

A Figura 10.33 mostra os canais de aproximação. Ali, podem-se ver os níveis decrescentes de detalhes presentes nesses canais à medida que a escala aumenta (a faixa de frequências decresce). Isso enfatiza a natureza passa-baixas de tais canais.

O leitor é encorajado a experimentar diferentes *wavelets* com esse sinal, e também um número diferente de estágios de decomposição. O *toolbox* Wavelet do MATLAB fornece diversos outros sinais que podem ser usados para o processamento. Usualmente, eles estão sob o diretório `wavedemo` daquele *toolbox*. Usando tais sinais, o leitor pode praticar com as transformadas de *wavelets*. Isso o ajudará a desenvolver um bom sentimento acerca dessa importante ferramenta para processamento de sinais.

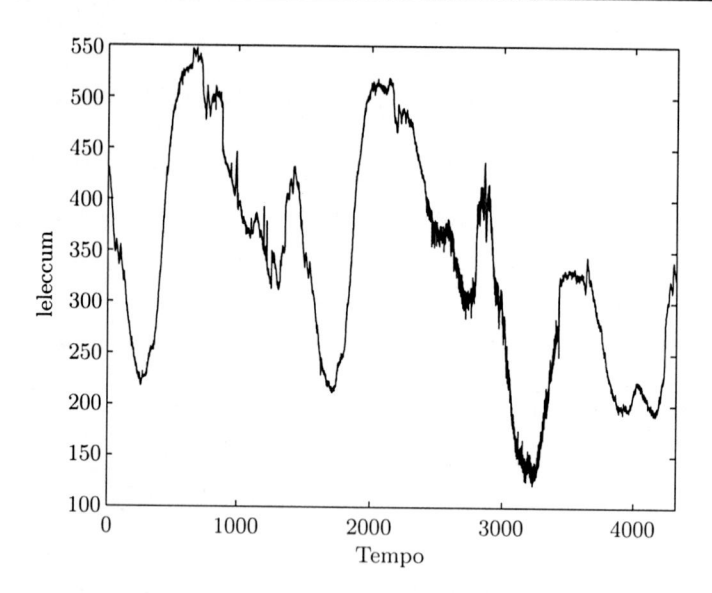

Figura 10.34 Sinal para o Experimento 10.2.

Experimento 10.2

Neste experimento, investigamos o uso da análise por *wavelets* para realizar a eliminação do ruído de um dado sinal. Usamos como exemplo o sinal `leleccum` do *toolbox* Wavelet do MATLAB. Ele pode ser carregado com o comando

```
load leleccum;
```

que cria uma variável `leleccum` de comprimento 4320 como mostra a Figura 10.34.

Esse sinal é corrompido por ruído. Transformadas de *wavelets* podem ser usadas com sucesso para realizar eliminação do ruído de sinais. Como usualmente o ruído é de faixa larga, a simples filtragem passa-baixas do sinal corrompido não é a forma mais efetiva de reduzir o ruído. Comecemos calculando uma transformada de *wavelets* de cinco estágios do sinal, usando o banco de filtros ortogonal Daubechies-4. Seus filtros de análise e de síntese são mostrados na Tabela 10.3.

Para carregar os filtros de análise e de síntese, usamos o comando em MATLAB

```
[Lo_D,Hi_D,Lo_R,Hi_R] = wfilters('db4');
```

então, calculamos a transformada de *wavelets* de cinco estágios usando

```
[C,S] = wavedec(leleccum,5,Lo_D,Hi_D);
```

Os canais de detalhe e o quinto nível de aproximação podem ser calculados usando-se os seguintes comandos:

10.11 Faça você mesmo: transformadas de wavelets

Tabela 10.3 *Coeficientes dos filtros de análise e de síntese da* wavelet *Daubechies 4* (**db4**).

$h_0(0) = -0,0106$	$h_1(0) = -0,2304$	$g_0(0) = 0,2304$	$g_1(0) = -0,0106$
$h_0(1) = 0,0329$	$h_1(1) = 0,7148$	$g_0(1) = 0,7148$	$g_1(1) = -0,0329$
$h_0(2) = 0,0308$	$h_1(2) = -0,6309$	$g_0(2) = 0,6309$	$g_1(2) = 0,0308$
$h_0(3) = -0,1870$	$h_1(3) = -0,0280$	$g_0(3) = -0,0280$	$g_1(3) = 0,1870$
$h_0(4) = -0,0280$	$h_1(4) = 0,1870$	$g_0(4) = -0,1870$	$g_1(4) = -0,0280$
$h_0(5) = 0,6309$	$h_1(5) = 0,0308$	$g_0(5) = 0,0308$	$g_1(5) = -0,6309$
$h_0(6) = 0,7148$	$h_1(6) = -0,0329$	$g_0(6) = 0,0329$	$g_1(6) = 0,7148$
$h_0(7) = 0,2304$	$h_1(7) = -0,0106$	$g_0(7) = -0,0106$	$g_1(7) = -0,2304$

```
A5 = appcoef(C,S,Lo_R,Hi_R,5);
D1 = detcoef(C,S,1);
D2 = detcoef(C,S,2);
D3 = detcoef(C,S,3);
D4 = detcoef(C,S,4);
D5 = detcoef(C,S,5);
```

Os resultados desses comandos são representados graficamente do lado esquerdo da Figura 10.35, em ordem crescente de escala de cima para baixo. O gráfico inferior corresponde ao canal de aproximação do quinto estágio. Examinando-se esses gráficos, pode-se ver que se aplicarmos aos coeficientes um limiar de módulo em torno de 20, então os coeficientes de ruído serão, em sua maioria, anulados. Podemos realizar isso usando os comandos

```
Ct = zeros(size(C));
Ct(find(abs(C)>20)) = C(find(abs(C)>20));
xt = waverec(Ct,S,Lo_R,Hi_R);
```

Os canais reconstruídos podem ser calculados por

```
At5 = appcoef(Ct,S,Lo_R,Hi_R,5);
Dt1 = detcoef(Ct,S,1);
Dt2 = detcoef(Ct,S,2);
Dt3 = detcoef(Ct,S,3);
Dt4 = detcoef(Ct,S,4);
Dt5 = detcoef(Ct,S,5);
```

O lado direito da Figura 10.35 mostra os canais após a aplicação do limiar. A Figura 10.36 mostra, por fim, o sinal após a eliminação de ruído. Pode-se ver que a *wavelet* é capaz de realizar uma eliminação efetiva de ruído. Observe que se por um lado o processo de aplicação de limiar zera a maioria dos coeficientes do ruído, também zera alguns coeficientes do sinal. Portanto, na eliminação de ruído por

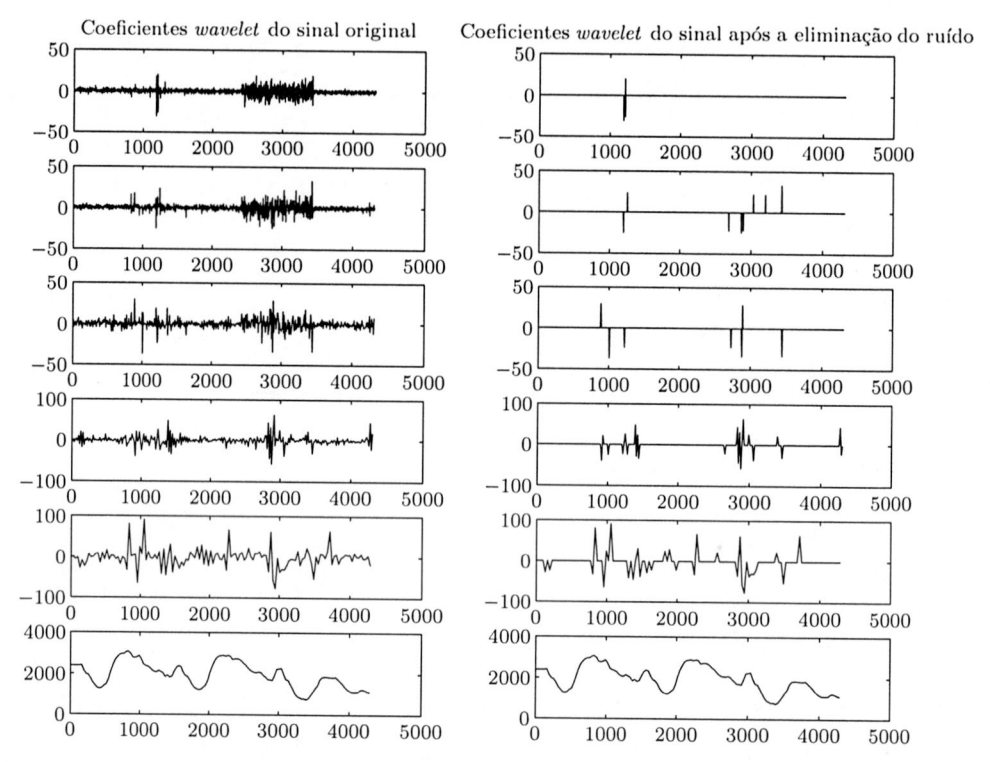

Figura 10.35 Canal do quinto estágio de aproximação e canais de detalhe para o sinal do Experimento 10.2. Os canais de detalhe são mostrados de baixo para cima em ordem crescente de escala. O gráfico inferior corresponde ao canal de aproximação. Esquerda: sinal original; direita: sinal após eliminação de ruído.

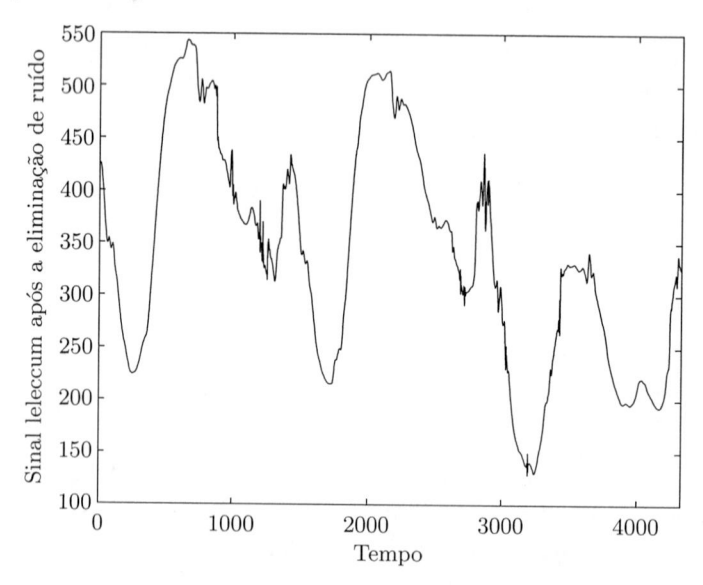

Figura 10.36 Sinal do Experimento 10.2 após a eliminação de ruído.

wavelets, encontrar um limiar que faz o balanço adequado entre a eliminação de ruído e a qualidade do sinal reconstruído é uma questão importante. O leitor é encorajado a explorar mais este experimento escolhendo diferentes valores de limiar, bem como diferentes *wavelets*. No *toolbox* Wavelet do MATLAB há diversos sinais corrompidos por ruído. São exemplos os sinais `cnoislop`, `ex1nfix`, `ex2nfix`, `ex3nfix`, `heavysin`, `mishmash`, `nbumpr1`, `nelec`, `ndoppr1`, `noischir`, `wnoislop` e `wntrsin`. O leitor também é encorajado a experimentá-los.

10.12 *Wavelets* com MATLAB

As funções descritas abaixo são do *toolbox* Wavelet do MATLAB. Esse *toolbox* inclui muitas *wavelets* pré-determinadas, divididas em famílias. Por exemplo, dentre outras temos as famílias de Daubechies, biortogonal, Coiflet e das Symmlet (Mallat, 1999). A maioria das funções requer que a família de *wavelets* desejada seja especificada. As funções que envolvem o cálculo direto de transformadas de *wavelets* também permitem a especificação dos coeficientes dos filtros do banco.

- `waveinfo`: Dá informação sobre famílias de *wavelets*.
  Parâmetro de entrada: o nome `wfname` da família de *wavelets*. Use o comando `waveinfo` sem parâmetros para ver uma lista de nomes e uma breve descrição das famílias de *wavelets* disponíveis.
  Exemplo:

  ```
  wfname='coif'; waveinfo('wfname');
  ```

- `wfilters`: Calcula os coeficientes dos filtros de análise e de síntese dada uma transformada de *wavelets*.
  Parâmetro de entrada: O nome `wname` da transformada de *wavelets*. Os nomes disponíveis são:
  - Daubechies: 'db1' ou 'haar', 'db2',...,'db50'
  - Coiflet: 'coif1',...,'coif5'
  - Symmlet: 'sym2',...,'sym8'
  - Biorthogonal: 'bior1.1', 'bior1.3', 'bior1.5',
                   'bior2.2', 'bior2.4', 'bior2.6', 'bior2.8',
                   'bior3.1', 'bior3.3', 'bior3.5', 'bior3.7',
                   'bior3.9', 'bior4.4', 'bior5.5', 'bior6.8'.

  Parâmetros de saída:
  - Um vetor `Lo_D` contendo os coeficientes do filtro passa-baixas de decomposição;
  - Um vetor `Hi_D` contendo os coeficientes do filtro passa-altas de decomposição;

- Um vetor `Lo_R` contendo os coeficientes do filtro passa-baixas de reconstrução;
- Um vetor `Hi_R` contendo os coeficientes do filtro passa-altas de reconstrução.

Exemplo:

```
wname='db5';
[Lo_D,Hi_D,Lo_R,Hi_R]=wfilters(wname);
```

- `dbwavf`: Calcula os coeficientes da equação de diferenças de duas escalas contíguas (veja a equação (10.56)), dada uma transformada de *wavelets* da família de Daubechies.

  Parâmetro de entrada: O nome `wname` da transformada de *wavelets* da família de Daubechies. Veja a lista da função `wfilters` para uma lista dos nomes disponíveis.

  Parâmetro de saída: Um vetor `F` contendo os coeficientes da equação de diferenças de duas escalas contíguas.

  Exemplo:

  ```
  wname='db5';
  F=dbwavf(wname);
  ```

- As funções `coifwavf` e `symwavf` são equivalentes à função `dbwavf` para as famílias Coiflet e Symmlet, respectivamente. Por favor, consulte a documentação do *toolbox* Wavelet do MATLAB para detalhes.

- `orthfilt`: Calcula os coeficientes dos filtros de análise e de síntese dados os coeficientes da equação de diferenças de duas escalas contíguas de uma *wavelet* ortogonal (veja a equação (10.56)).

  Parâmetro de entrada: Um vetor `W` contendo os coeficientes da equação de diferenças de duas escalas contíguas.

  Parâmetros de saída: Veja o comando `wfilters`.

  Exemplo:

  ```
  wname='coif4'; W=coifwavf(wname);
  [Lo_D,Hi_D,Lo_R,Hi_R]=orthfilt(W);
  ```

- `biorwavf`: Calcula os coeficientes das equações de diferenças de duas escalas contíguas de análise e de síntese (veja a equação (10.56)), dada uma transformada de *wavelets* da família biortogonal.

  Parâmetro de entrada: O nome `wname` da transformada de *wavelets* da família biortogonal. Veja a descrição da função `wfilters` para uma lista dos nomes disponíveis.

Parâmetros de saída:

- Um vetor `RF` contendo os coeficientes da equação de diferenças de duas escalas contíguas de síntese;
- Um vetor `DF` contendo os coeficientes da equação de diferenças de duas escalas contíguas de análise.

Exemplo:

```
wname='bior2.2';
[RF,DF]=biorwavf(wname);
```

- `biorfilt`: Calcula os coeficientes dos filtros de análise e de síntese dados os coeficientes das equações de diferenças de duas escalas contíguas de análise e de síntese de uma *wavelet* biortogonal (veja a equação (10.56)).

Parâmetros de entrada:

- Um vetor `DF` contendo os coeficientes da equação de diferenças de duas escalas contíguas de análise;
- Um vetor `RF` contendo os coeficientes da equação de diferenças de duas escalas contíguas de síntese.

Parâmetros de saída: Veja o comando `wfilters`.

Exemplo:

```
wname='bior3.5'; [RF,DF]=biorwavf(wname);
[Lo_D,Hi_D,Lo_R,Hi_R]=biorfilt(DF,RF);
```

- `dwt`: Um estágio de decomposição de uma transformada de *wavelets* unidimensional.

Parâmetros de entrada:

- Um vetor `x` contendo o sinal de entrada;
- Um vetor `Lo_D` contendo os coeficientes do filtro passa-baixas de análise;
- Um vetor `Hi_D` contendo os coeficientes do filtro passa-altas de análise;
- Opcionalmente (em vez de `Lo_D` e `Hi_D`), o nome `wname` da transformada de *wavelets*. Veja a descrição da função `wfilters` para uma lista dos nomes disponíveis.

Parâmetros de saída:

- Um vetor `cA` contendo os coeficientes de aproximação (canal passa-baixas);
- Um vetor `cD` contendo os coeficientes de detalhe (canal passa-altas).

Exemplo:

```
Lo_D=[-0.0625 0.0625 0.5 0.5 0.0625 -0.0625];
Hi_D=[-0.5 0.5];
```

```
load leleccum; x=leleccum;
[cA,cD]=dwt(x,Lo_D,Hi_D);
```

- **idwt**: Um estágio de reconstrução de uma transformada de *wavelets* unidimensional.
  Parâmetros de entrada:

  - Um vetor `cA` contendo os coeficientes de aproximação (canal passa-baixas);
  - Um vetor `cD` contendo os coeficientes de detalhe (canal passa-altas);
  - Um vetor `Lo_D` contendo os coeficientes do filtro passa-baixas de análise;
  - Um vetor `Hi_D` contendo os coeficientes do filtro passa-altas de análise;
  - Opcionalmente (em vez de `Lo_D` e `Hi_D`), o nome `wname` da transformada de *wavelets*. Veja a descrição da função `wfilters` para uma lista dos nomes disponíveis.

  Parâmetro de saída: Um vetor `x` contendo o sinal de saída.
  Exemplo:

  ```
  x=idwt(cA,cD,'bior2.2');
  ```

- **dwtmode**: Define o tipo de extensão de sinal nas suas bordas para os cálculos da transformada de *wavelets*.
  Parâmetros de entrada:

  - `'zpd'` define o modo de extensão como preenchimento com zeros (modo padrão);
  - `'sym'` define o modo de extensão como simétrico (replicação do valor da borda—simetria de meia amostra);
  - `'symw'` define o modo de extensão como simétrico (simetria de amostra inteira);
  - `'asym'` define o modo de extensão como antissimétrico (replicação do valor da borda—simetria de meia amostra);
  - `'asymw'` define o modo de extensão como antissimétrico (simetria de amostra inteira);
  - `'spd'` define o modo de extensão como preenchimento suave (interpolação de primeira derivada nas bordas);
  - `'spd0'` define o modo de extensão como preenchimento suave de ordem zero (extensão constante nas bordas);
  - `'ppd'` define o modo de extensão como preenchimento periódico (extensão periódica nas bordas);
  - `'per'` é similar a `'ppd'`, e produz a decomposição de menor comprimento.

Exemplo:

```
dwtmode('sym'); load leleccum; x=leleccum;
[cA,cD]=dwt(x,'bior1.3');
```

- `wavedec`: Efetua múltiplos estágios de decomposição de uma transformada de *wavelets* unidimensional.

  Parâmetros de entrada:
  - Um vetor `x` contendo o sinal de entrada;
  - O número de estágios `n`;
  - Um vetor `Lo_D` contendo os coeficientes do filtro passa-baixas de análise;
  - Um vetor `Hi_D` contendo os coeficientes do filtro passa-altas de análise;
  - Opcionalmente (em vez de `Lo_D` e `Hi_D`), o nome `wname` da transformada de *wavelets*. Veja a descrição da função `wfilters` para uma lista dos nomes disponíveis.

  Parâmetros de saída:
  - Um vetor `c` contendo a decomposição em *wavelets* completa;
  - Um vetor `l` contendo o número de elementos em cada faixa contidos no vetor `c`.

  Exemplo:

  ```
  load sumsin; x=sumsin; n=3;
  [c,l]=wavedec(x,n,'dB1');
  indx1=1+l(1)+l(2); indx2=indx1+l(3)-1;
  plot(c(indx1:indx2)); %Plots 2nd stage coefficients
  plot(c(1:l(1))); %Plots lowpass coefficients
  ```

- `waverec`: Efetua múltiplos estágios de reconstrução de uma transformada de *wavelets* unidimensional.

  Parâmetros de entrada:
  - Um vetor `c` contendo a decomposição em *wavelets* completa;
  - Um vetor `l` contendo o número de elementos em cada faixa contidos no vetor `c`;
  - Um vetor `Lo_D` contendo os coeficientes do filtro passa-baixas de análise;
  - Um vetor `Hi_D` contendo os coeficientes do filtro passa-altas de análise;
  - Opcionalmente (em vez de `Lo_D` e `Hi_D`), o nome `wname` da transformada de *wavelets*. Veja a descrição da função `wfilters` para uma lista dos nomes disponíveis.

  Parâmetro de saída: Um vetor `x` contendo o sinal de saída.

Exemplo:

```
x=waverec(c,l,'dB1');
```

- **upwlev**: Efetua um estágio de reconstrução de uma decomposição em múltiplos estágios de uma transformada de *wavelets* unidimensional.
  Parâmetros de entrada: Veja a função `waverec`.
  Parâmetros de saída:

  - O vetor `nc` contendo a decomposição em *wavelets* completa após um estágio de reconstrução;
  - O vetor `nl` contendo o número de elementos em cada faixa contidos no vetor `nc`.

  Exemplo:

  ```
  [nc,nl]=upwlev(c,l,'dB1');
  ```

- **appcoef**: Extrai coeficientes de aproximação unidimensionais.
  Parâmetros de entrada:

  - Um vetor `c` contendo a decomposição em *wavelets* completa;
  - Um vetor `l` contendo o número de elementos em cada faixa contidos no vetor `c`;
  - O número de estágios `n`;
  - Um vetor `Lo_D` contendo os coeficientes do filtro passa-baixas de análise;
  - Um vetor `Hi_D` contendo os coeficientes do filtro passa-altas de análise;
  - Opcionalmente (em vez de `Lo_D` e `Hi_D`), o nome `wname` da transformada de *wavelets*. Veja a descrição da função `wfilters` para uma lista dos nomes disponíveis.

  Parâmetro de saída: O vetor `a` contendo os coeficientes de aproximação para o número de estágios fornecido.
  Exemplo:

  ```
  A=appcoef(c,l,'bior4.4',3);
  ```

- **detcoef**: Extrai coeficientes de detalhe unidimensionais.
  Parâmetros de entrada:

  - Um vetor `c` contendo a decomposição em *wavelets* completa;
  - Um vetor `l` contendo o número de elementos em cada faixa contidos no vetor `c`;
  - O número de estágios `n`;

  Parâmetros de saída:

  - O vetor `d` contendo os coeficientes de detalhe para o número de estágios fornecido.

Exemplo:

```
D=detcoef(c,1,3);
```

- O leitor interessado pode também consultar a documentação do MATLAB a respeito dos comandos upcoef e wrcoef, bem como dos comandos appcoef2, detcoef2, dwt2, idwt2, upcoef2, upwlev2, wavedec2, waverec2 e wrcoef2, aplicáveis a sinais bidimensionais.

- wavefun: Gera aproximações de *wavelets* e funções de escalamento dada uma transformada de *wavelets*.
  Parâmetros de entrada:

  – O nome wname da transformada de *wavelets* (veja a descrição da função wfilters para uma lista dos nomes disponíveis);
  – O número iter de iterações a serem utilizadas na aproximação.

  Parâmetros de saída:

  – Um vetor phi1 contendo a função de escalamento de análise;
  – Um vetor psi1 contendo a *wavelet* de análise;
  – Um vetor phi2 contendo a função de escalamento de síntese (não fornecido no caso de *wavelet* ortogonal);
  – Um vetor psi2 contendo a *wavelet* de síntese (não fornecido no caso de *wavelet* ortogonal);
  – Uma grade xval contendo 2^{iter} pontos.

  Exemplo:
  ```
  iter=7; wname='dB5';
  [phi,psi,xval]=wavefun(wname,iter);
  plot(xval,psi);
  ```

- O *toolbox* Wavelet do MATLAB disponibiliza o comando wavemenu, que integra a maioria dos comandos anteriores numa interface gráfica para usuário.

- O comando wavedemo faz um *tour* através da maioria dos comandos. Para informação adicional, tecle 'help *comando*' ou consulte o manual de referência do *toolbox* Wavelet.

10.13 Resumo

Neste capítulo, discutimos o assunto das transformadas de *wavelets*. Começamos com bancos de filtros hierárquicos e a partir deles apresentamos as transformadas de *wavelets*. Então, analisamos a STFT e a transformada de *wavelets* contínua.

Em seguida, foram definidas decomposições em multirresolução e foram desenvolvidas condições para o projeto de transformadas de *wavelets*. Também analisamos os conceitos de regularidade e número de momentos desvanecentes, e fizemos uma breve introdução às transformadas de *wavelets* de imagens. Terminamos o capítulo com uma discussão do cálculo de transformadas de *wavelets* de sinais de comprimento finito, seguida de uma seção prática 'Faça você mesmo'. Além disso, foram descritas funções do *toolbox* Wavelet do MATLAB, permitindo que se tire o máximo de vantagem dessa importante ferramenta para processamento digital de sinais.

10.14 Exercícios

10.1 Deduza as equações (10.1)–(10.4).

10.2 Considere um banco de filtros com fase linear de duas faixas cujo filtro-produto $P(z) = H_0(z)H_1(-z)$ de ordem $(4M-2)$ pode ser expresso como

$$P(z) = z^{-2M+1} + \sum_{k=0}^{M-1} a_{2k}\left(z^{-2k} + z^{-4M+2+2k}\right).$$

Mostre que um tal $P(z)$:

(a) Só pode ter no máximo $2M$ zeros em $z = -1$.

(b) Tem exatamente $2M$ zeros em $z = -1$ desde que seus coeficientes satisfaçam o seguinte conjunto de M equações:

$$\sum_{k=0}^{M-1} a_{2k}(2M-1-2k)^{2n} = \frac{1}{2}\delta(n), \quad n = 0, 1, \ldots, M-1.$$

Use o fato de que uma raiz polinomial tem multiplicidade p se também é raiz das primeiras $p-1$ derivadas do polinômio.

10.3 Calcule as *wavelets* e funções de escalamento de análise e de síntese correspondentes aos filtros de análise da Tabela 10.4.
Dica: Referencie-se à Figura 10.4 e use as funções `dyadup` e `conv` em MATLAB para calcular as respostas ao impulso iteradas.

10.4 Mostre que as subfaixas de uma decomposição em duas faixas de um sinal periódico com período ímpar N têm $2N$ amostras independentes.
Dica: Comece mostrando que as componentes polifásicas de um sinal periódico com período ímpar N também têm período N.

10.5 Mostre que $\psi(t)$ tal como definida na equação (10.64) é ortogonal a $\phi(t-n)$ e que $\psi(t-n)$, para $n \in \mathbb{Z}$, é uma base ortogonal para W_0 (Vetterli & Kovačević (1995); Mallat (1999)).

Tabela 10.4 *Coeficientes dos filtros passa-baixas e passa-altas de análise correspondentes à wavelet dos Exercícios 10.3, 10.11 e 10.14.*

$h_0(0) = -0,0234$	$h_1(0) = -0,0502$
$h_0(1) = -0,0528$	$h_1(1) = -0,1128$
$h_0(2) = 0,7833$	$h_1(2) = 0,6444$
$h_0(3) = 0,7833$	$h_1(3) = -0,6444$
$h_0(4) = -0,0528$	$h_1(4) = 0,1128$
$h_0(5) = -0,0234$	$h_1(5) = 0,0502$

10.6 Para um banco de filtros de duas faixas com reconstrução perfeita, assuma que o filtro de análise $H_0(z)$ e o filtro de síntese $G_0(z)$ satisfazem a condição da equação (10.142) e que esses filtros foram projetados para gerar uma *wavelet* de forma a terem zeros suficientes em $z = -1$.

(a) Mostre que um banco de filtros composto por um filtro passa-baixas de análise cuja resposta ao impulso é

$$\hat{h}_0(n) = \frac{1}{2}[h_0(n) + h_0(n-1)]$$

e por um filtro passa-baixas de síntese cuja resposta ao impulso é

$$\frac{1}{2}\hat{g}_0(n) = \left[g_0(n) - \frac{1}{2}\hat{g}_0(n-1)\right]$$

ainda representa um banco de filtros com reconstrução perfeita.

(b) Mostre que esse procedimento afeta o número de zeros de $\hat{H}_0(z)$ e de $\hat{G}_0(z)$ em $z = -1$.

10.7 Aplique a técnica conhecida como *balanceamento*, descrita no Exercício 10.6, aos filtros das equações (10.204) e (10.205) e comente os resultados observados.

10.8 Desenvolva uma tabela similar à Tabela 10.1 para calcular extensões simétricas de sinais de comprimento ímpar. Observe que nesse caso, para ordem ímpar os canais passa-baixas e passa-altas podem não ter comprimentos iguais.

10.9 Quantização de transformadas de *wavelets*: Use o sinal gerado no Experimento 10.1 e calcule sua transformada de *wavelets* de N estágios com as *wavelets* bior4.4 e db4. Use $N = 3$, $N = 6$, e $N = 8$. Quantize seus coeficientes usando vários tamanhos do passo de quantização q. Use para obter o valor quantizado de x a função q*round(x/q). Então, reconstrua o sinal a partir das faixas quantizadas passa-baixas e de detalhes e observe o resultado. Repita este exercício para o sinal leleccum usado no Experimento 10.2.

10.10 Repita o Exercício 10.9, desta vez usando como entrada a imagem `cameraman.tif` do *toolbox* Image Processing do MATLAB. Observe de que forma o aumento do tamanho do passo de quantização afeta a qualidade da imagem reconstruída.

Dica: Leia a imagem usando o comando `imread`, com o cuidado de converter a matriz lida do tipo `uint8` para o tipo `double`. Então, use o comando `wavedec2` para calcular a decomposição em *wavelets*, dados os filtros de análise e de síntese. Para reconstruir a imagem após a quantização, use o comando `waverec2`. Para apresentar uma imagem, use o comando `imshow`.

10.11 Repita o Exercício 10.10 usando o banco de filtros cujos filtros de análise e de síntese estão listados na Tabela 10.4. Compare os resultados com os obtidos no Exercício 10.10 para os mesmos tamanhos do passo de quantização.

10.12 Repita os Exercícios 10.10 e 10.11, desta vez comparando os resultados obtidos do uso de extensões periódicas e simétricas. Referencie-se à função `dwtmode` do MATLAB, que define o tipo de extensão de sinal usada no cálculo das transformadas de *wavelets*.

10.13 Desenvolva um programa em MATLAB para calcular a regularidade de uma *wavelet* e de uma função de escalamento, dados seus filtros passa-baixas e passa-altas correspondentes.

Dica: Referencie-se à Figura 10.4 e use as funções `dyadup` e `conv` em MATLAB para calcular a resposta ao impulso iterada da equação (10.194). Lembre-se de que é preciso primeiramente fatorar as funções de transferência dos filtros de análise e de síntese de acordo com a equação (10.193). Para esse fim, podem ser usadas as funções `zp2tf` e `tf2zp`. Você também pode usar o fato de que os filtros de análise e de síntese das *wavelets* `db4` e `bior4.4` têm quatro zeros em $z = -1$. Experimente as *wavelets* usadas nos Experimentos 10.1 e 10.2, bem como as *wavelets* do *toolbox* Wavelet do MATLAB (veja o comando `wfilters` em MATLAB, na Seção 10.12).

10.14 Calcule o número de momentos desvanecentes das *wavelets* de análise e de síntese do Exercício 10.3, usando, por exemplo, a função `tf2zp` em MATLAB.

10.15 Calcule a STFT do sinal gerado no Experimento 10.1 e compare-a com sua transformada de *wavelets* obtida no Experimento 10.1, usando o comando `spectrogram` em MATLAB. Descreva as diferenças entre as representações de senoides e impulsos nos dois casos.

10.16 Se se deseja calcular a transformada de *wavelets* de um sinal no tempo contínuo, então é preciso assumir que sua representação no tempo discreto é derivada de acordo com a equação (10.9) e a Figura 10.9. Contudo, a

10.14 Exercícios

representação digital de um sinal é geralmente obtida pelo seu processamento por um filtro limitador de faixa seguido de sua amostragem na ou acima da frequência de Nyquist. Supondo que o sinal contínuo, para ser amostrado, é processado por um filtro arbitrariamente próximo do ideal, encontre a expressão do erro quadrático médio cometido no cálculo da transformada de *wavelets*. Discuta as implicações desse resultado na acurácia das operações de processamento de sinal realizadas no domínio da transformada de *wavelets*.

11 Processamento digital de sinais em precisão finita

11.1 Introdução

Esse capítulo começa abordando alguns métodos de implementação de algoritmos e estruturas para filtragem digital. A implementação de qualquer bloco componente de processamento digital de sinais pode ser feita através de uma rotina de *software* num computador pessoal simples. Nesse caso, a principal preocupação do projetista se torna a descrição do filtro desejado como um algoritmo eficiente que possa ser convertido facilmente numa peça de *software*. Nesses casos, preocupações quanto ao *hardware* tendem a não ser críticas, exceto por alguns detalhes como tamanho da memória, velocidade de processamento e entrada e saída de dados.

Outra estratégia de implementação se baseia em *hardware* específico, especialmente talhado para a aplicação em questão. Nesses casos, a arquitetura do sistema tem que ser projetada dentro das restrições de velocidade a custo mínimo. Esta forma de implementação se justifica principalmente em aplicações que requerem alta velocidade de processamento ou na produção em larga escala. As quatro principais formas de implementação de um dado sistema num *hardware* apropriado são:

- O desenvolvimento de uma arquitetura específica usando componentes eletrônicos e circuitos integrados comerciais básicos (Jackson *et al.*, 1968; Peled & Liu, 1974, 1985; Freeny, 1975; Rabiner & Gold, 1975; Wanhammar, 1981).
- O uso de dispositivos lógicos programáveis (PLDs, do inglês *programmable logic devices*), tais como arranjos de portas programáveis por campo (FPGAs, do inglês *field-programmable gate arrays*), que representam um estágio de integração intermediário entre *hardware* discreto e circuitos integrados completamente dedicados ou processadores digitais de sinais (DSPs, do inglês *digital signal processors*) (Skahill, 1996).
- O projeto de um circuito integrado dedicado para a aplicação em questão usando ferramentas automáticas computacionais para o projeto para integração em muito larga escala (VLSI, do inglês *very large scale integration*). A tecnologia VLSI permite que vários sistemas básicos de processamento sejam

11.1 Introdução

integrados numa única pastilha de silício. A meta principal no projeto de circuitos integrados para aplicação específica (ASICs, do inglês *application-specific integrated circuits*) é obter um projeto resultante que satisfaça especificações muito estritas com respeito a, por exemplo, área da pastilha, consumo de potência, testabilidade e custo global de produção (Skahill, 1996). Esses requisitos geralmente são alcançados com o auxílio de sistemas computacionais para projeto automático.

- O uso de um DSP de uso geral disponível comercialmente para implementar o sistema desejado. O sistema de *hardware* completo também tem que incluir memória externa, interfaces de entrada e saída de dados e às vezes conversores analógico-digitais e digital-analógicos. Há diversos DSPs comerciais disponíveis atualmente, os quais incluem características tais como operação em ponto fixo ou ponto flutuante, faixas variadas de preço e de velocidade de relógio, memória interna e multiplicadores muito rápidos (Analog Devices, Inc., 2004a,b, 2005, 2009; Texas Instruments, 2006, 2008; Freescale Semiconductor, 2007). Em resumo, os DSPs se destinam a lidar com tarefas de processamento de sinais que requeiram cálculos matemáticos intensivos. Como exemplo, a maioria dos telefones celulares inclui um DSP.

O estado da arte da implementação de sistemas para processamento digital de sinais ultrapassa o escopo deste livro. Em vez disso, abordaremos alguns conceitos fundamentais relacionados à implementação em *hardware*.

Este capítulo começa discutindo as representações numéricas binárias mais usadas em processamento digital de sinais. Em seguida, introduzimos os elementos básicos necessários à implementação de sistemas para processamento digital de sinais, em particular os filtros digitais extensamente cobertos neste livro. É apresentada a aritmética distribuída como uma alternativa de projeto para filtros digitais, que elimina a necessidade de elementos multiplicadores. Esses conceitos de implementação extremamente básicos ilustram questões relativas à implementação em *hardware* de sistemas para processamento digital de sinais.

É certo que, na prática, um sistema para processamento digital de sinais é implementado ou por *software* num computador digital, ou usando-se um DSP de uso geral, ou usando *hardware* dedicado para a aplicação de interesse. Os erros de quantização são inerentes a todos os casos, devido à aritmética de precisão finita. Esses erros são dos seguintes tipos:

- Erros devidos à quantização dos sinais de entrada num conjunto de níveis discretos, tais como os introduzidos pelo conversor analógico-digital.
- Erros na resposta na frequência de filtros ou em coeficientes de transformadas devidos à representação de constantes multiplicativas com comprimento de palavra finito.

- Erros gerados quando dados internos, como saídas de multiplicadores, são quantizados antes ou depois das adições subsequentes.

Todos esses tipos de erro dependem do tipo da aritmética utilizada na implementação. Se uma rotina de processamento digital de sinal é implementada num computador de uso geral, como a aritmética de ponto flutuante está, em geral, disponível, este tipo de aritmética é a escolha mais natural. Por outro lado, se um bloco componente é implementado em algum *hardware* de uso especial ou num DSP, então a aritmética de ponto fixo pode ser a melhor escolha, por ser menos custosa em termos de *hardware* e mais simples de se projetar. Uma implementação em ponto fixo usualmente implica, ainda, uma boa economia em termos de área de pastilha.

Para uma dada aplicação, os efeitos de quantização são fatores-chave a serem considerados quando se avalia o desempenho de um algoritmo de processamento digital de sinais. Neste capítulo, são apresentados os diversos efeitos de quantização, juntamente com as formulações mais usadas para suas análises. Em particular, os efeitos da quantização de produtos e de coeficientes são discutidos com algum detalhe, juntamente com as técnicas para escalar os sinais internos a fim de se evitar *overflows* frequentes. O capítulo também discute estratégias para eliminar ciclos-limite granulares de entrada zero e de entrada constante e para evitar oscilações sustentadas por *overflow*. A seção 'Faça você mesmo' ilustra alguns aspectos de precisão finita num exemplo prático.

11.2 Representação numérica binária

11.2.1 Representações de ponto fixo

Na maioria dos casos em que sistemas para processamento digital de sinais são implementados usando aritmética de ponto fixo, os números são representados em um dos seguintes formatos: sinal-módulo, complemento-a-um e complemento-a-dois. Essas representações são descritas nesta seção, onde se assume implicitamente que todos os números foram previamente escalados para o intervalo $x \in (-1, 1)$.

A fim de esclarecer as definições dos três tipos de representação numérica dados a seguir, associamos a todo número positivo x tal que $x < 2$ uma função que fonece sua representação em base 2, $\mathcal{B}(x)$, definida por

$$\mathcal{B}(x) = x_0.x_1x_2\cdots x_n \tag{11.1}$$

e

$$x = \mathcal{B}^{-1}(x_0.x_1x_2\cdots x_n) = x_0 + x_1 2^{-1} + x_2 2^{-2} + \cdots + x_n 2^{-n}. \tag{11.2}$$

11.2 Representação numérica binária

Representação em sinal-módulo

A representação em sinal-módulo de um dado número consiste de um bit de sinal seguido por um número binário representando seu módulo, ou seja,

$$[x]_\mathrm{M} = s_x.x_1 x_2 x_3 \cdots x_n, \tag{11.3}$$

onde s_x é o bit de sinal e $x_1 x_2 x_3 \cdots x_n$ representa o módulo do número em base 2, isto é, em formato binário. Aqui, usamos $s_x = 0$ para números positivos e $s_x = 1$ Para números negativos. Isso significa que o número x é dado por

$$x = \begin{cases} \mathcal{B}^{-1}(0.x_1 x_2 \cdots x_n) = x_1 2^{-1} + x_2 2^{-2} + \cdots + x_n 2^{-n}, & \text{para } s_x = 0 \\ -\mathcal{B}^{-1}(0.x_1 x_2 \cdots x_n) = -(x_1 2^{-1} + x_2 2^{-2} + \cdots + x_n 2^{-n}), & \text{para } s_x = 1. \end{cases}$$
$$\tag{11.4}$$

Representação em complemento-a-um

A representação em complemento-a-um de um número é dada por

$$[x]_{1\mathrm{c}} = \begin{cases} \mathcal{B}(x), & \text{se } x \geq 0 \\ \mathcal{B}(2 - 2^{-n} - |x|), & \text{se } x < 0, \end{cases} \tag{11.5}$$

onde $\mathcal{B}$ é definida pelas equações (11.1) e (11.2). Observe que no caso de números positivos, as representações em complemento-a-um e em sinal-módulo são idênticas. Contudo, para números negativos, o complemento-a-um é gerado pela troca de todos os 0s para 1s e de todos os 1s para 0s na representação em sinal-módulo de seu valor absoluto. Como antes, $s_x = 0$ para números positivos e $s_x = 1$ para números negativos.

Representação em complemento-a-dois

A representação em complemento-a-dois de um número é dada por

$$[x]_{2\mathrm{c}} = \begin{cases} \mathcal{B}(x), & \text{se } x \geq 0 \\ \mathcal{B}(2 - |x|), & \text{se } x < 0, \end{cases} \tag{11.6}$$

onde $\mathcal{B}$ é definida pelas equações (11.1) e 11.2). Novamente, para números positivos, a representação em complemento-a-dois é idêntica à representação em sinal-módulo. A representação de um número negativo em complemento-a-dois pode ser obtida adicionando-se 1 ao bit menos significativo do número representado em complemento-a-um. Então, como no caso do complemento-a-um, $s_x = 0$ para números positivos e $s_x = 1$ para números negativos.

Se a representação em complemento-a-dois de um número x é dada por

$$[x]_{2\mathrm{c}} = s_x.x_1 x_2 \cdots x_n, \tag{11.7}$$

então, pela equação (11.6), temos que

- para $s_x = 0$, então

$$x = \mathcal{B}^{-1}([x]_{2c}) = \mathcal{B}^{-1}(0.x_1x_2\cdots x_n) = x_1 2^{-1} + x_2 2^{-2} + \cdots + x_n 2^{-n}; \quad (11.8)$$

- para $s_x = 1$, então

$$2 - |x| = 2 + x = \mathcal{B}^{-1}([x]_{2c}) = \mathcal{B}^{-1}(s_x.x_1x_2\cdots x_n) \quad (11.9)$$

e com isso,

$$\begin{aligned} x &= -2 + \mathcal{B}^{-1}(1.x_1x_2\cdots x_n) \\ &= -2 + 1 + x_1 2^{-1} + x_2 2^{-2} + \cdots + x_n 2^{-n} \\ &= -1 + x_1 2^{-1} + x_2 2^{-2} + \cdots + x_n 2^{-n}. \end{aligned} \quad (11.10)$$

Pelas equações (11.8) e (11.10), temos que x pode ser expresso de forma geral como

$$x = -s_x + x_1 2^{-1} + x_2 2^{-2} + \cdots + x_n 2^{-n}. \quad (11.11)$$

Essa notação curta é muito útil para apresentar a operação de multiplicação de números binários representados no formato complemento-a-dois, tratada na Seção 11.3.1.

As representações em complemento-a-um e em complemento-a-dois são mais eficientes para a implementação de adições, enquanto que a representação em sinal-módulo é mais eficiente para a implementação de multiplicações (Hwang, 1979). De uma forma geral, o código binário mais usado é a representação em complemento-a-dois.

EXEMPLO 11.1

Represente o número $-0,1875$ usando 8 bits (incluído o bit de sinal) nas representações de complemento-a-um e complemento-a-dois.

SOLUÇÃO

Primeiramente obtemos a representação binária padrão para o valor absoluto do número, usando o seguinte procedimento. Multiplique 0,1875 por 2 e associe ao resultado um bit 0 se o produto for menor que 1,0, ou um bit 1 se o resultado for maior que ou igual a 1,0. Neste último caso, subtraia 1,0 do produto, para trazer o resultado parcial novamente a menos de 1,0. Repita esse processo sequencialmente para cada bit requerido, produzindo, nesse caso, os seguintes cálculos:

11.2 Representação numérica binária

$$\begin{array}{ll}
\text{Multiplicação por 2} & \text{Bit} \\
\hline
0{,}1875 \times 2 = 0{,}375 & 0 \\
0{,}375 \times 2 = 0{,}75 & 0 \\
0{,}75 \times 2 = 1{,}5 & 1 \\
0{,}5 \times 2 = 1{,}0 & 1 \\
0{,}0 \times 2 = 0 & 0 \\
0{,}0 \times 2 = 0 & 0 \\
0{,}0 \times 2 = 0 & 0
\end{array} \Bigg\}. \qquad (11.12)$$

Portanto, a representação binária de 0,1875 é 0.0011000. Trocando-se todos os bits 0 por bits 1 e vice-versa, obtemos a representação em complemento-a-um 1.1100111 de −0,1875.

A representação em complemento-a-dois pode ser obtida adicionando-se 1 ao bit menos significativo da representação em complemento-a-um, o que produz 1.1101000. △

11.2.2 Representação em potências de dois com sinal

Uma representação alternativa para um número que consiste de somas e subtrações ponderadas é referenciada como representação em dígitos com sinal (SD, do inglês *signed-digit*). O principal caso particular da SD é o das potências de dois com sinal (SPT, do inglês *signed power-of-two*), também conhecido como código SD de raiz 2. A representação SPT permite que uma multiplicação seja efetuada como uma sequência muito simples de deslocamentos, adições e subtrações, o que é muito atrativo sob o ponto de vista de implementação em *hardware* (Hwang, 1979). Um dado número x é representado em SPT como

$$x = x_0 + x_1 2^{-1} + x_2 2^{-2} + \cdots + x_n 2^{-n}, \qquad (11.13)$$

onde $x_i \in \{-1, 0, 1\} = \{\bar{1}, 0, 1\}$. Observe que não é necessário nenhum dígito de sinal no formato SPT. Por exemplo, o número −0,1875 pode ser representado no formato SPT como

$$x_0 x_1 x_2 x_3 x_4 = \begin{cases} 000\bar{1}\bar{1} \\ 00\bar{1}01 \\ 00\bar{1}1\bar{1} \\ 0\bar{1}101 \\ 0\bar{1}11\bar{1}. \end{cases} \qquad (11.14)$$

Como a representação SPT de um número não é única, as representações com um número máximo de dígitos 0, que também podem não ser únicas, são desejáveis sob o ponto de vista computacional. Se além disso evitamos dois dígitos não-nulos consecutivos, chega-se à chamada representação SD canônica (CSD, do inglês *canonic SD*), que se pode mostrar que é única (Hwang, 1979). Por exemplo, a segunda representação SPT no conjunto (11.14) é o código CSD correspondente a $-0,1875$.

Dada a representação de um número em complemento-a-dois com $(n+1)$ bits $[x]_{2c} = s_x.x_1x_2\cdots x_n$, ela pode ser transformada numa representação CSD $[x']_{\text{CSD}} = x'_0 x'_1 \cdots x'_n$ por meio do seguinte algoritmo.

(i) Inicialização. Defina os valores das variáveis auxiliares $x_{-1} = s_x$ e $x_{n+1} = \delta_{n+1} = 0$.

(ii) Para $i = n, (n-1), \ldots, 0$ determine, na sequência:

$$\theta_i = x_i \oplus x_{i+1} \tag{11.15}$$

$$\delta_i = \overline{\delta_{i+1}} \times \theta_i \tag{11.16}$$

$$x'_i = (1 - 2x_{i-1})\delta_i, \tag{11.17}$$

onde $\overline{[\cdot]}$, $\times$, e $\oplus$ representam as operações de complemento binário, E e OU exclusivo, respectivamente.

A principal vantagem da representação SPT sobre o complemento-a-dois é que a inclusão de SD leva a uma redução do número de dígitos não-nulos, simplificando as operações aritméticas subsequentes. Usando-se a representação CSD, por exemplo, o número de dígitos não-nulos tende a $(3n + 4)/9$ à medida que n aumenta (Reitwiesner, 1960; Yu, 2003). A propriedade de redução de *hardware* da representação CSD tem sido explorada em várias abordagens especializadas de projeto de filtros, tais como as de Horng *et al.* (1991) e Yu & Lim (2002).

11.2.3 Representação de ponto flutuante

Usando representação de ponto flutuante, um número é representado como

$$x = x_m 2^c, \tag{11.18}$$

onde x_m é a mantisssa e c é o expoente do número, com $1/2 \leq |x_m| < 1$.

Por exemplo, o número $-0,1875$ pode ser representado em ponto flutuante por 1.0100000×2^{-2}, onde a mantissa está representada em complemento-a-dois.

Quando comparada com representações de ponto fixo, a principal vantagem da representação de ponto flutuante é sua ampla faixa dinâmica. Sua principal desvantagem é que sua implementação é mais complexa. Por exemplo, em aritmética de ponto flutuante, a mantissa tem que ser quantizada após tanto multiplicações quanto adições, enquanto que em aritmética de ponto fixo, isso só é necessário após multiplicações. Neste texto, lidamos com ambos os sistemas de representação. Contudo, o foco é sobre aritmética de ponto fixo, uma vez que é a mais sujeita a erros, requerendo, por isso, maior atenção.

11.3 Elementos básicos

11.3.1 Propriedades da representação em complemento-a-dois

Como a representação em complemento-a-dois é vital para o entendimento das operações aritméticas descritas nas próximas seções, aqui suplementamos a introdução feita na Seção 11.2 com algumas propriedades da representação em complemento-a-dois.

Começamos repetindo a equação (11.11), que afirma que se a representação em complemento-a-dois de x é dada por

$$[x]_{2c} = s_x.x_1x_2\cdots x_n, \tag{11.19}$$

então o valor de x é determinado por

$$x = -s_x + x_1 2^{-1} + x_2 2^{-2} + \cdots + x_n 2^{-n}. \tag{11.20}$$

Uma das vantagens da representação em complemento-a-dois é que se A e B estão representados em complemento-a-dois, então $C = A - B$ em complemento-a-dois pode ser calculado simplesmente pela soma de A com o complemento-a-dois de B. Ainda, dado x como na equação (11.20), temos que

$$\frac{x}{2} = -s_x 2^{-1} + x_1 2^{-2} + x_2 2^{-3} + \cdots + x_n 2^{-n-1}, \tag{11.21}$$

e como $-s_x 2^{-1} = -s_x + s_x 2^{-1}$, então a equação (11.21) pode ser reescrita como

$$\frac{x}{2} = -s_x + s_x 2^{-1} + x_1 2^{-2} + x_2 2^{-3} + \cdots + x_n 2^{-n-1}, \tag{11.22}$$

ou seja, a representação em complemento-a-dois de $x/2$ é dada por

$$\left[\frac{x}{2}\right]_{2c} = s_x.s_x x_1 x_2 \cdots x_n. \tag{11.23}$$

Essa propriedade implica que dividir um número representado em complemento-a-dois por 2 equivale a deslocar todos os seus bits uma posição à direita, com o cuidado de repetir o bit de sinal. Essa propriedade é muito importante no desenvolvimento do algoritmo de multiplicação, que envolve multiplicações por 2^{-j}.

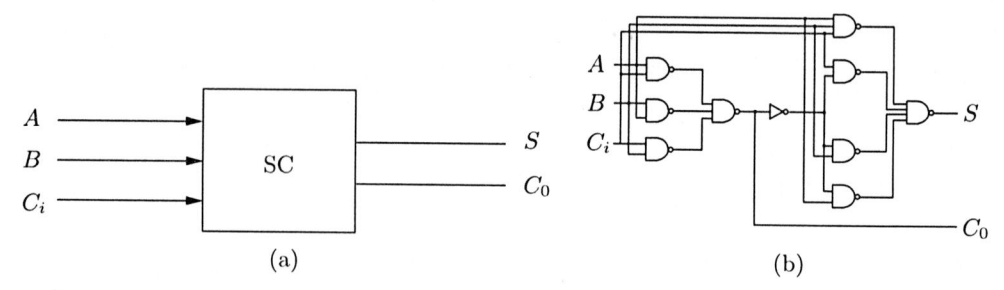

Figura 11.1 Somador completo: (a) símbolo; (b) circuito lógico.

11.3.2 Somador serial

Pode-se chegar a uma implementação muito econômica de filtros digitais por meio do uso da chamada aritmética serial. Tal abordagem executa uma determinada operação processando os bits que representam os números binários um a um, serialmente. O resultado global dessa abordagem tende a ser muito eficiente em termos do *hardware* requerido, do consumo de potência, da modularidade e da facilidade de interconexão entre células. A principal desvantagem, claramente, está na velocidade de processamento, que tende a ser muito baixa quando comparada com a de outras abordagens.

Um elemento básico importante para a implementação de todos os sistemas de processamento de sinais é o somador completo, cujos símbolo e respectivo circuito lógico são mostrados na Figura 11.1. Esse sistema apresenta dois terminais de saída: um igual à soma dos dois bits de entrada A e B e outro, usualmente referenciado como bit de vai-um, que corresponde ao possível bit extra gerado pela operação de adição. Um terceiro terminal C_i de entrada é usado para permitir que o bit de vai-um de uma adição prévia seja levado em conta na corrente adição.

Uma implementação simples de um somador serial para aritmética em complemento-a-dois, baseada no somador completo, é ilustrada na Figura 11.2a. Nesse sistema, as duas palavras de entrada A e B têm que ser injetadas serialmente no somador, começando pelo bit menos significativo. Um flip-flop do tipo D (indicado por um D) é usado para armazenar o bit de vai-um de uma dada adição de 1 bit, armazenando-o para ser usado na adição correspondente ao próximo bit mais significativo. Um sinal de *reset* é usado para limpar esse flip-flop do tipo D antes de começar a adição de outros dois números, forçando a entrada de vai-um a zero no início da soma.

A Figura 11.2b representa o subtrator serial para aritmética em complemento-a-dois. Essa estrutura se baseia no fato de que $A-B$ pode ser calculada somando-se A com o complemento-a-dois de B, que pode ser determinado invertendo-se B e somando-se 1 ao bit menos significativo do resultado. A representação de B

11.3 Elementos básicos

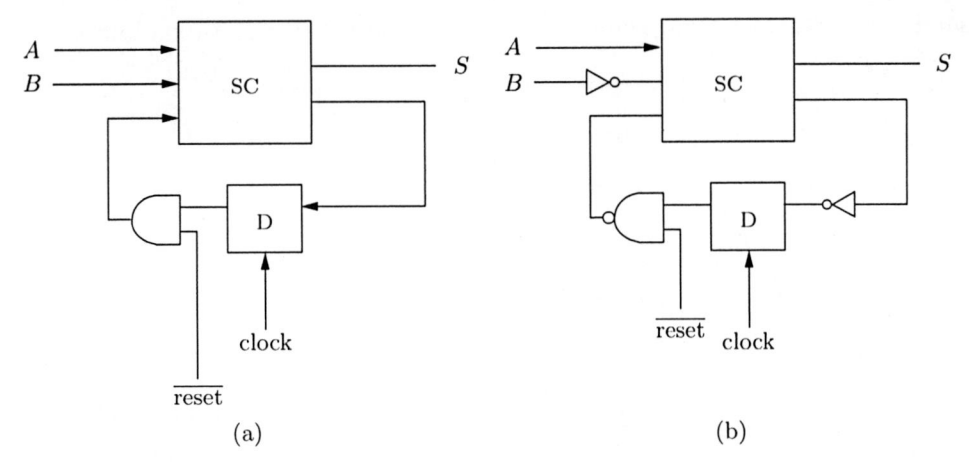

Figura 11.2 Implementações seriais utilizando o somador completo como bloco básico: (a) somador; (b) subtrator.

em complemento-a-dois é comumente obtida com um inversor na entrada de B e a substituição da porta E por uma porta NE na entrada de vai-um. Então, no início da soma, o sinal de `reset` é acionado, e a entrada de vai-um se torna 1. Um inversor extra tem que ser aplicado na saída de vai-um porque com o uso da porta NE, a saída de vai-um realimentada para o flip-flop do tipo D tem que ser invertida.

11.3.3 Multiplicador serial

O elemento básico mais complexo para processamento digital de sinais é o multiplicador. Em geral, o produto de dois números é determinado como a soma de produtos parciais, da forma como se faz no algoritmo usual de multiplicação. Naturalmente, produtos parciais envolvendo um bit 0 não precisam ser efetuadas ou levadas em conta. Por essa razão, há diversos projetos de filtros na literatura que buscam representar todos os coeficientes como uma soma do menor número possível de bits não-nulos (Pope, 1985; Ulbrich, 1985).

Sejam A e B dois números de m e n bits, respectivamente, que podem ser representados usando aritmética em complemento-a-dois como

$$[A]_{2c} = s_A.a_1 a_2 \cdots a_m \qquad (11.24)$$
$$[B]_{2c} = s_B.b_1 b_2 \cdots b_n; \qquad (11.25)$$

pela equação (11.20), A e B são dados por

$$A = -s_A + a_1 2^{-1} + a_2 2^{-2} + \cdots + a_m 2^{-m} \qquad (11.26)$$
$$B = -s_B + b_1 2^{-1} + b_2 2^{-2} + \cdots + b_n 2^{-n}. \qquad (11.27)$$

Usando aritmética em complemento-a-dois, o produto $P = AB$ é dado por

$$P = (-s_A + a_1 2^{-1} + \cdots + a_m 2^{-m})(-s_B + b_1 2^{-1} + \cdots + b_n 2^{-n})$$
$$= (-s_A + a_1 2^{-1} + \cdots + a_m 2^{-m})b_n 2^{-n}$$
$$+ (-s_A + a_1 2^{-1} + \cdots + a_m 2^{-m})b_{n-1} 2^{-n+1}$$
$$\vdots$$
$$+ (-s_A + a_1 2^{-1} + \cdots + a_m 2^{-m})b_1 2^{-1}$$
$$- (-s_A + a_1 2^{-1} + \cdots + a_m 2^{-m})s_B. \qquad (11.28)$$

Podemos efetuar essa multiplicação passo a passo somando primeiramente os termos multiplicados por b_n e b_{n-1}, tomando o resultado e somando-o ao termo multiplicado por b_{n-2}, e assim por diante. Vamos desenvolver esse raciocínio um pouco mais. A soma dos primeiros dois termos pode ser escrita como

$$C = b_n 2^{-n} A + b_{n-1} 2^{-n+1} A$$
$$= (-s_A + a_1 2^{-1} + \cdots + a_m 2^{-m})b_n 2^{-n}$$
$$+ (-s_A + a_1 2^{-1} + \cdots + a_m 2^{-m})b_{n-1} 2^{-n+1}$$
$$= 2^{-n+1}[b_n 2^{-1}(-s_A + a_1 2^{-1} + \cdots + a_m 2^{-m})$$
$$+ b_{n-1}(-s_A + a_1 2^{-1} + \cdots + a_m 2^{-m})]. \qquad (11.29)$$

Pela equação (11.22), a equação anterior se torna

$$C = 2^{-n+1} \left[b_n(-s_A + s_A 2^{-1} + a_1 2^{-2} + \cdots + a_m 2^{-m-1}) \right.$$
$$\left. + b_{n-1}(-s_A + a_1 2^{-1} + \cdots + a_m 2^{-m}) \right], \qquad (11.30)$$

que pode ser representada na forma do algoritmo de multiplicação como

	(	s_A	s_A	a_1	...	a_{m-1}	a_m	)	×	b_n
+	(		s_A	a_1	a_2	...	a_m		)	×	b_{n-1},
	s_C	c_1	c_2	c_3	...	c_{m+1}	c_{m+2}			

ou seja,

$$C = 2^{-n+2}(-s_C + c_1 2^{-1} + c_2 2^{-2} + c_3 2^{-3} + \cdots + c_{m+1} 2^{-m-1} + c_{m+2} 2^{-m-2}). \qquad (11.31)$$

Observe que a soma de dois números positivos é sempre positiva, e a soma de dois números negativos é sempre negativa. Portanto, $s_C = s_A$. Na verdade, como na aritmética em complemento-a-dois o sinal tem que ser estendido, a representação mais compacta para a soma acima seria

11.3 Elementos básicos

$$
\begin{array}{r}
(\quad \cdots \quad s_A \quad s_A \quad s_A \quad s_A \quad a_1 \quad \cdots \quad a_{m-1} \quad a_m \quad) \times b_n \\
+ (\quad \cdots \quad s_A \quad s_A \quad s_A \quad s_A \quad a_1 \quad a_2 \quad \cdots \quad a_m \quad\quad\quad\quad) \times b_{n-1} \\
\hline
\cdots \quad s_A \quad s_A \quad c_1 \quad c_2 \quad c_3 \quad \cdots \quad c_{m+1} \quad c_{m+2}
\end{array}
$$

Na próxima etapa, C deve ser adicionada a $b_{n-2}2^{-n+2}A$. Isso produz

$$D = (-s_A + c_1 2^{-1} + \cdots + c_{m+2}2^{-m-2})2^{-n+2}$$
$$+ (-s_A + a_1 2^{-1} + \cdots + a_m 2^{-m})b_{n-2}2^{-n+2}, \tag{11.32}$$

o que pode ser representado na forma compacta do algoritmo de multiplicação como

$$
\begin{array}{r}
(\quad \cdots \quad s_A \quad s_A \quad c_1 \quad c_2 \quad \cdots \quad c_m \quad c_{m+1} \quad c_{m+2} \quad) \\
+ (\quad \cdots \quad s_A \quad s_A \quad a_1 \quad a_2 \quad \cdots \quad a_m \quad\quad\quad\quad\quad\quad) \times b_{n-2}, \\
\hline
\cdots \quad s_A \quad d_1 \quad d_2 \quad d_3 \quad \cdots \quad d_{m+1} \quad d_{m+2} \quad d_{m+3}
\end{array}
$$

equivalendo a

$$D = 2^{-n+3}(-s_A + d_1 2^{-1} + d_2 2^{-2} + \cdots + d_{m+2}2^{-m-2} + d_{m+3}2^{-m-3}). \tag{11.33}$$

Esse processo continua até que obtemos a penúltima soma parcial Y. Se B é positivo, então s_B é 0 e o produto final Z é igual a Y, isto é,

$$Z = Y = -s_A + y_1 2^{-1} + \cdots + y_m 2^{-m} + y_{m+1}2^{-m-1} + \cdots + y_{m+n}2^{-m-n}, \tag{11.34}$$

que em complemento-a-dois se escreve

$$[Z]_{2c} = s_A.z_1 z_2 \cdots z_m z_{m+1} \cdots z_{m+n} = s_A.y_1 y_2 \cdots y_m y_{m+1} \cdots y_{m+n}. \tag{11.35}$$

Por outro lado, se B é negativo, então $s_B = 1$ e Y ainda precisa ser subtraída de $s_B A$. Isso pode ser representado como

$$
\begin{array}{r}
(\quad s_A \quad y_1 \quad y_2 \quad \cdots \quad y_m \quad y_{m+1} \quad \cdots \quad y_{m+n} \quad) \\
- (\quad s_A \quad a_1 \quad a_2 \quad \cdots \quad a_m \quad\quad\quad\quad\quad\quad\quad\quad) \times s_B. \\
\hline
s_Z \quad z_1 \quad z_2 \quad \cdots \quad z_m \quad z_{m+1} \quad \cdots \quad z_{m+n}
\end{array}
$$

A multiplicação em complemento-a-dois de precisão completa de A, com $(m+1)$ bits, por B, com $(n+1)$ bits, deve ser representada com $(m+n+1)$ bits. Se queremos representar o resultado final usando apenas o mesmo número de bits de A—isto é, $(m+1)$—, então podemos ou arredondá-lo ou truncá-lo. Para o truncamento, basta desprezar os bits $z_{m+1}, z_{m+2}, \ldots, z_{m+n}$. Para o arredondamento, temos que adicionar ao resultado antes de truncá-lo o valor $\Delta = 2^{-m-1}$, ou

$$[\Delta]_{2c} = 0.\underbrace{0 \cdots 0}_{m \text{ 0s}} 1. \tag{11.36}$$

Examinando-se a representação algorítmica da última soma parcial vista anteriormente, vê-se que adicionar Δ ao resultado equivale a somar 1 na posição $(m+1)$, que é a n-ésima posição a partir do bit mais à direita, z_{m+n}. Como não importa se esse bit é somado na última ou na primeira soma parcial, basta somá-lo durante a primeira soma parcial. Então, o arredondamento pode ser efetuado somando-se o número

$$[Q]_{2c} = 1.\underbrace{0 \cdots 0}_{(n-1)\,0s} \qquad (11.37)$$

à primeira soma parcial. Além disso, como apenas $(m+1)$ bits do produto serão mantidos, precisamos preservar os $(m+1)$ bits mais significativos de cada soma parcial.

A principal ideia por trás de um multiplicador serial é efetuar cada soma parcial usando um somador serial como o da Figura 11.1, tomando o cuidado de introduzir os atrasos apropriados entre os blocos de soma serial, para alinhar adequadamente cada soma parcial com $b_j A$. Esse esquema é representado na Figura 11.3, na qual o sinal de arredondamento Q é introduzido na primeira soma parcial, e os bits menos significativos de A e Q entram em primeiro lugar.

No esquema da Figura 11.3, dependendo dos valores dos elementos de atraso, um somador serial pode começar a executar uma soma parcial tão logo o primeiro bit da soma parcial anterior se torne disponível. Quando isso ocorre, temos o que se chama de arquitetura em *pipeline*. A principal ideia por trás do conceito de *pipelining* é usar elementos de atraso em pontos estratégicos do sistema de tal forma a permitirem que uma operação se inicie antes que a operação anterior tenha finalizado.

A Figura 11.4 mostra um multiplicador serial em *pipeline*. Nesse multiplicador, a entrada A está no formato de complemento-a-dois, ao passo que se supõe que a entrada B é positiva. Nessa figura, as células marcadas com D são flip-flops do tipo D, todos compartilhando a mesma linha de relógio (omitida por conveniência), e as células marcadas com SS representam o somador serial representado na Figura 11.2a. O elemento de travamento (*latch*, em inglês) é mostrado na Figura 11.5. Nesse caso, se o sinal de habilitação `enable` está alto, após o relógio a saída y se torna igual à entrada x; em caso contrário, a saída y mantém seu valor anterior.

Na Figura 11.4, como se supõe que B é positivo, então $s_B = 0$. Além disso, o sinal de arredondamento Q é tal que

$$[Q]_{2c} = \begin{cases} 00\cdots 00, & \text{para truncamento} \\ \cdots 01\underbrace{0\cdots 0}_{(n+1)\,0s}, & \text{para arredondamento.} \end{cases} \qquad (11.38)$$

11.3 Elementos básicos

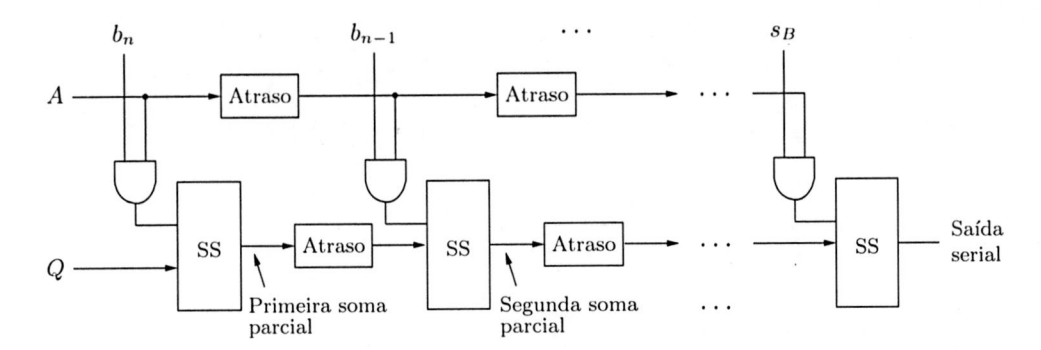

Figura 11.3 Representação esquemática de um multiplicador serial.

No caso de arredondamento, é importante observar que $[Q]_{2c}$ tem mais dois zeros à direita que na equação (11.37). É assim porque esse sinal tem que ser sincronizado com a entrada $b_n A$, que é atrasada em 2 bits antes de entrar no somador serial da primeira célula. Finalmente, o controle CT é igual a

$$\mathrm{CT} = 00\underbrace{1\cdots 1}_{m\ \mathrm{1s}}0 \qquad (11.39)$$

Deve ser observado que todos os sinais, A, B, Q e CT devem ser introduzidos da direita para a esquerda, isto é, começando pelo seu bit menos significativo. Naturalmente, o sinal de saída é gerado serialmente, começando também pelo seu bit menos significativo; seu primeiro bit é entregue após $(2n+3)$ ciclos de relógio e a palavra completa leva um total de $(2n+m+3)$ ciclos para ser calculada.

Na literatura, mostrou-se que a multiplicação de duas palavras de comprimentos $(m+1)$ e $(n+1)$, respectivamente, usando-se um multiplicador serial ou serial–paralelo leva pelo menos $(m+n+2)$ ciclos de relógio (Hwang, 1979), mesmo nos casos em que o resultado final é quantizado com $(m+1)$ bits. Usando uma arquitetura em *pipeline*, é possível determinar o produto quantizado com $(m+1)$ bits a cada $(m+1)$ ciclos de relógio.

No multiplicador serial da Figura 11.4, cada célula básica efetua uma soma parcial do algoritmo de multiplicação. À medida que o resultado da célula j é gerado, alimenta diretamente a célula $(j+1)$, indicando a natureza em *pipeline* do multiplicador. Uma explicação detalhada da operação do circuito é dada a seguir:

(i) Após o $(2j+1)$-ésimo ciclo de relógio, b_{m-j} estará na entrada do *latch* superior da célula $j+1$. O primeiro 0 do sinal de controle CT estará na entrada ct_{j+1} nesse instante, o que fará o *reset* do somador serial e habilitará o *latch* superior da célula $j+1$. Portanto, após o $(2j+2)$-ésimo ciclo de relógio, b_{m-j} estará na saída do *latch* superior, e ali permanecerá por m ciclos de relógio (o número de 1s do sinal CT).

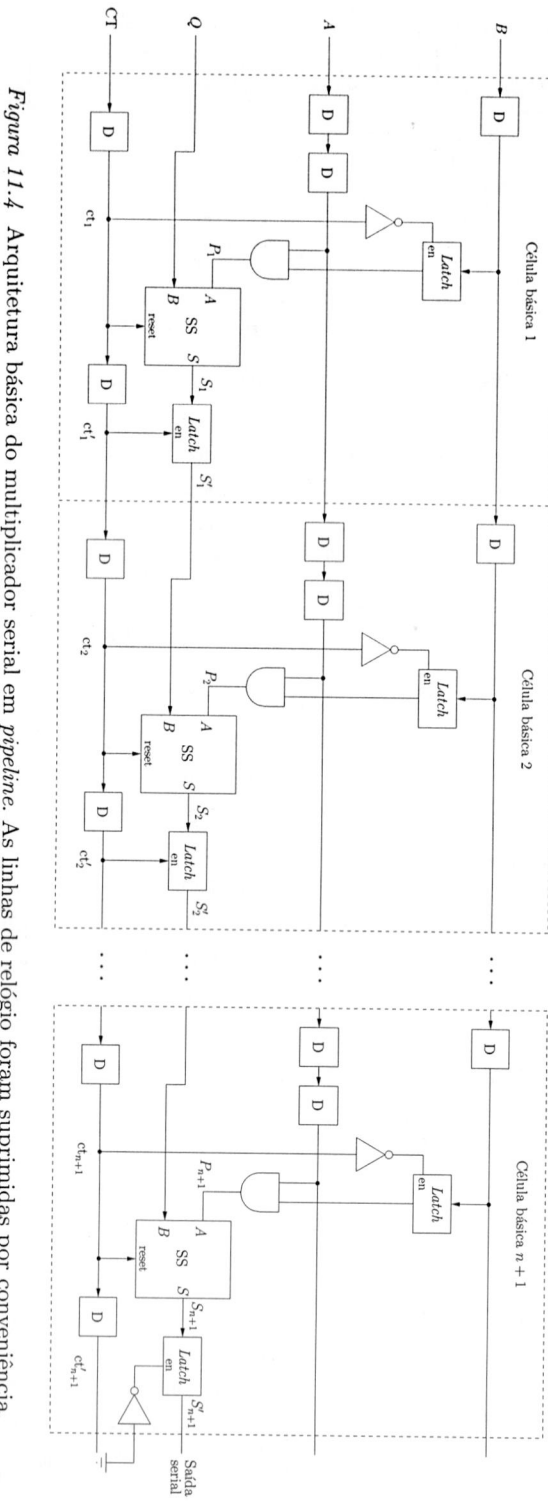

Figura 11.4 Arquitetura básica do multiplicador serial em *pipeline*. As linhas de relógio foram suprimidas por conveniência.

(ii) Após o $(2j+2)$-ésimo ciclo de relógio, a_m estará na entrada da porta E da célula $j+1$; portanto, $a_m b_{m-j}$ será a entrada P_{j+1} do somador serial. Como nesse instante o primeiro 0 do sinal de controle CT estará na entrada ct'_{j+1}, o *latch* inferior mantém seu valor. Portanto, embora o primeiro bit da $(j+1)$-ésima soma parcial esteja em S_{j+1} após o $(2j+2)$-ésimo ciclo de relógio, ele não estará em S'_{j+1} após o $(2j+3)$-ésimo ciclo de relógio, e será descartado. Como durante os próximos $m+1$ ciclos de relógio haverá um bit 1 em ct'_{j+1}, os demais $m+1$ bits da $(j+1)$-ésima soma parcial passarão de S_{j+1} para S'_{j+1}, que é apresentada à entrada da próxima célula básica.
(iii) Após o $(2j+2+k)$-ésimo ciclo de relógio, $a_{m-k} b_{m-j}$ estará na entrada P_{j+1} do somador serial da célula $j+1$. Portanto, após o $(2j+2+m)$-ésimo ciclo de relógio, $s_A b_{m-j}$ estará na entrada P_{j+1} do somador serial da célula $j+1$. Isso equivale a dizer que o último bit da $(j+1)$-ésima soma parcial estará na entrada do *latch* inferior da célula $j+1$ nesse instante. Como ct'_{j+1} ainda é 1, então, após o $(2j+3+m)$-ésimo ciclo de relógio, o último bit da soma parcial da célula $j+1$ estará na entrada do *latch* inferior da célula $j+1$. Mas daí em diante, ct'_{j+1} será 0; portanto, a saída do *latch* da célula $j+1$ manterá o último bit da $(j+1)$-ésima soma parcial. Como esse último bit representa o sinal da $(j+1)$-ésima soma parcial, realiza a extensão de sinal requerida pela aritmética em complemento-a-dois.
(iv) Como não há necessidade de efetuar extensão de sinal na última soma parcial, o *latch* inferior da última célula está sempre habilitado, como indica a Figura 11.4.
(v) Como cada célula básica exceto a última entrega apenas m bits, fora as extensões de sinal, então a saída serial da última célula conterá o produto ou truncado ou arredondado para $m+1$ bits, dependendo do sinal Q.

EXEMPLO 11.2
Verifique como o multiplicador serial em *pipeline* representado na Figura 11.4 processa o produto dos números binários $A = 1.1001$ e $B = 0.011$.

SOLUÇÃO
Temos que $m = 4$ e $n = 3$. Portanto, o multiplicador serial tem quatro células básicas. Esperamos que o bit menos significativo do produto truncado seja entregue após $(2n+3) = 9$ ciclos de relógio, e o último bit após $(2n+m+3) = 13$ ciclos de relógio. Supondo que o sinal de quantização Q seja 0, o que corresponde a um resultado truncado, temos que (a variável t indica o ciclo de relógio após o qual os valores dos sinais são validados; $t = 0$ significa o tempo imediatamente anterior ao primeiro pulso de relógio):

t	13	12	11	10	9	8	7	6	5	4	3	2	1	0
Q	0	0	0	0	0	0	0	0	0	0	0	0	0	0
P_1	0	0	0	0	0	0	0	1	1	0	0	1	0	0
S_1	0	0	0	0	0	0	0	1	1	0	0	1	0	0
ct_1'	0	0	0	0	0	0	0	1	1	1	1	0	0	0
S_1'	1	1	1	1	1	1	1	1	0	0	0	0	0	0
P_2	0	0	0	0	0	1	1	0	0	1	0	0	0	0
S_2	0	0	0	0	0	1	0	1	0	1	0	0	0	0
ct_2'	0	0	0	0	0	1	1	1	1	0	0	0	0	0
S_2'	1	1	1	1	1	0	1	0	0	0	0	0	0	0
P_3	0	0	0	0	0	0	0	0	0	0	0	0	0	0
S_3	1	1	1	1	1	0	1	0	0	0	0	0	0	0
ct_3'	0	0	0	1	1	1	1	0	0	0	0	0	0	0
S_3'	1	1	1	1	0	1	0	0	0	0	0	0	0	0
P_4	0	0	0	0	0	0	0	0	0	0	0	0	0	0
S_4	1	1	1	1	0	1	0	0	0	0	0	0	0	0
ct_4'	1	1	1	1	1	1	1	1	1	1	1	1	1	1
S_4'	1	1	1	0	1	0	0	0	0	0	0	0	0	0

O produto calculado é 1.1101.

Para arredondamento, como $n = 3$, temos, pela equação (11.38), que $[Q]_{2c} = \cdots 0010000$. Logo, a operação do multiplicador serial se dá como se segue:

t	13	12	11	10	9	8	7	6	5	4	3	2	1	0
Q	0	0	0	0	0	0	0	0	0	1	0	0	0	0
P_1	0	0	0	0	0	0	0	1	1	0	0	1	0	0
S_1	0	0	0	0	0	0	0	1	1	1	0	1	0	0
ct_1'	0	0	0	0	0	0	0	1	1	1	1	0	0	0
S_1'	1	1	1	1	1	1	1	1	1	0	0	0	0	0
P_2	0	0	0	0	0	1	1	0	0	1	0	0	0	0
S_2	0	0	0	0	0	1	0	1	1	1	0	0	0	0
ct_2'	0	0	0	0	0	1	1	1	1	0	0	0	0	0
S_2'	1	1	1	1	1	0	1	1	0	0	0	0	0	0
P_3	0	0	0	0	0	0	0	0	0	0	0	0	0	0
S_3	1	1	1	1	1	0	1	1	0	0	0	0	0	0
ct_3'	0	0	0	1	1	1	1	0	0	0	0	0	0	0
S_3'	1	1	1	1	0	1	0	0	0	0	0	0	0	0
P_4	0	0	0	0	0	0	0	0	0	0	0	0	0	0
S_4	1	1	1	1	0	1	0	0	0	0	0	0	0	0
ct_4'	1	1	1	1	1	1	1	1	1	1	1	1	1	1
S_4'	1	1	1	0	1	0	0	0	0	0	0	0	0	0

11.3 Elementos básicos

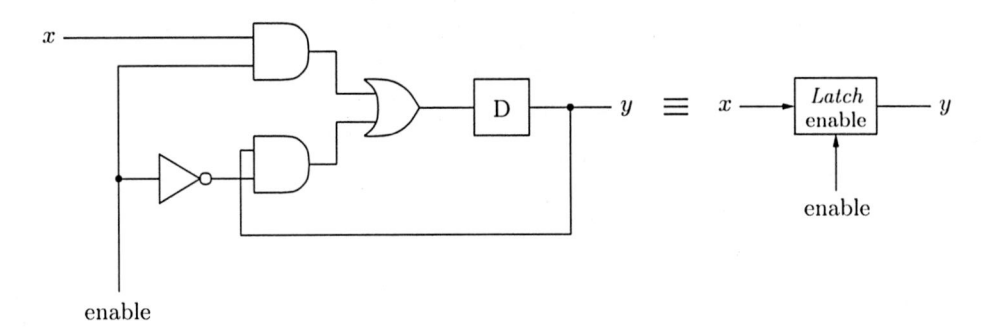

Figura 11.5 Elemento de travamento (*latch*).

Portanto, o produto arredondado também é 1.1101. △

O multiplicador geral para aritmética em complemento-a-dois (sem a restrição de positividade de um dos fatores) pode ser obtido a partir do multiplicador visto na Figura 11.4 através de uma ligeira modificação das conexões entre as duas últimas células básicas. Na verdade, da representação dada na equação (11.20), observamos que a multiplicação geral de dois números quaisquer é igual à multiplicação de um número positivo por um número em complemento-a-dois exceto pelo fato de que na última etapa temos que subtrair do resultado parcial obtido até ali o produto entre os dados e o bit de sinal do coeficiente. Então, temos que efetuar uma subtração para obter $S_{n+1} = S'_n - s_A A$. Pode-se mostrar que usando aritmética em complemento-a-dois, $X - Y = \overline{Y + \overline{X}}$, onde $\overline{X}$ representa a inversão de todos os bits de X (veja o Exercício 11.2). Portanto, na última célula, devemos inverter S'_n antes de entrar no $(n+1)$-ésimo somador serial e então inverter a saída deste. Logo, as conexões da última célula básica devem ser modificadas como mostrado na Figura 11.6. Uma implementação alternativa para a quantização por arredondamento que não usa o sinal Q consiste em forçar o sinal de vai-um no somador serial da n-ésima célula básica a 1 quando executa a adição de $a_m b_1$ com a $(n-1)$-ésima soma parcial. Outras versões do multiplicador serial em *pipeline* podem ser encontradas em Lyon (1976).

Até então, focamos em multiplicadores de precisão simples, ou seja, nos quais o produto final é quantizado, seja por truncamento, seja por arredondamento. Em muitos casos, entretanto, é desejável que o produto final apresente dupla precisão para que se evitem, por exemplo, oscilações não-lineares. Tais operações podem ser realizadas facilmente com os multiplicadores básicos vistos até agora, dobrando-se artificialmente a precisão dos dois fatores sendo multiplicados pela justaposição do número adequado de bits 0 à sua direita. Por exemplo, a multiplicação exata de duas entradas com $(n+1)$ bits é obtida dobrando-se o número de bits de cada uma pelo acréscimo de $(n+1)$ bits 0 à direita de cada uma. Naturalmente, nesse caso, precisamos de mais $(n+1)$ células básicas,

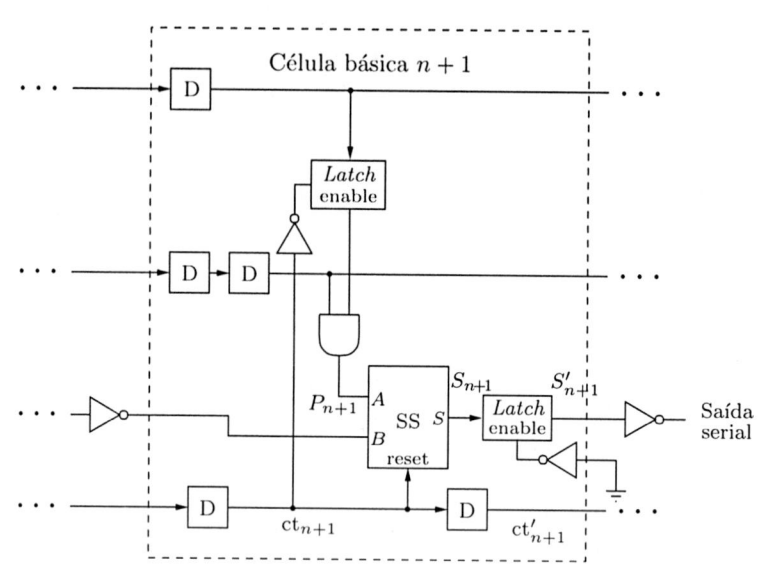

Figura 11.6 Extremidade final modificada do multiplicador geral para aritmética em complemento-a-dois.

e a operação completa leva o dobro do tempo para ser realizada como uma multiplicação básica de precisão simples.

Para representações binárias que não em complemento-a-dois, a implementação dos multiplicadores seriais correspondentes pode ser encontrada, por exemplo, em Jackson *et al.* (1968), Freeny (1975) e Wanhammar (1981, 1999).

11.3.4 Somador paralelo

Somadores paralelos podem ser construídos facilmente pela interconexão de vários somadores completos, como mostra a Figura 11.7, na qual podemos observar que o sinal de vai-um de cada célula se propaga para a próxima célula ao longo de toda a estrutura. A operação que consome mais tempo nessa realização é a propagação do sinal de vai-um, que precisa passar ao longo de todos os somadores completos para formar a soma desejada. Esse problema pode ser reduzido, como proposto em Lyon (1976), ao custo de um aumento na complexidade do *hardware*.

11.3.5 Multiplicador paralelo

Um multiplicador paralelo é usualmente implementado como uma matriz de células básicas (Freeny, 1975; Rabiner & Gold, 1975), na qual os dados internos se propagam horizontalmente, verticalmente e diagonalmente de uma forma eficiente e ordenada. Em geral, tais multiplicadores ocupam uma área grande

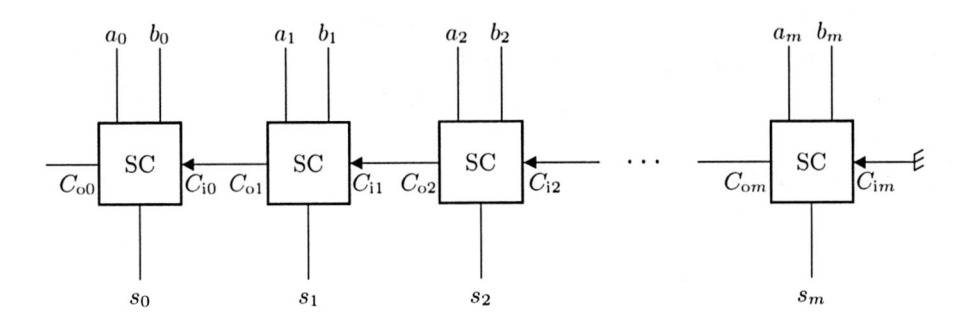

Figura 11.7 Diagrama de blocos do somador paralelo.

de silício e consomem uma potência significativa. Por essas razões, eles só são usados nos casos em que tempo é um fator preponderante no desempenho global de um dado sistema de processamento digital, como em pastilhas maiores de DSP atuais.

Como um filtro digital é composto basicamente de atrasos, somadores e multiplicadores (usando aritmética serial ou paralela), agora temos todas as ferramentas necessárias para implementar um filtro digital. A implementação é feita conectando-se apropriadamente esses elementos de acordo com uma certa realização, que deve ser escolhida dentre as descritas em outros capítulos. Se no projeto resultante a taxa de amostragem multiplicada pelo número de bits usados para representar os sinais está abaixo da velocidade de processamento atingível, então técnicas de multiplexação podem ser incorporadas para otimizar o uso dos recursos de *hardware*, como é descrito em Jackson *et al.* (1968). Há duas abordagens principais de multiplexação. Na primeira, um único filtro processa diversos sinais de entrada apropriadamente multiplexados. Na segunda, os coeficientes do filtro são multiplexados, resultando em diversas funções de transferência distintas. É sempre possível combinar ambas as abordagens, se desejado. como sugere a Figura 11.8, em que um elemento de memória armazena diversos conjuntos de coeficientes correspondentes a diferentes filtros digitais a serem multiplexados.

11.4 Implementação em aritmética distribuída

Uma abordagem alternativa para a implementação de filtros digitais, a chamada aritmética distribuída (Peled & Liu, 1974, 1985; Wanhammar, 1981), evita a implementação explícita do elemento multiplicador. Esse conceito apareceu pela primeira vez na literatura em 1974 (Peled & Liu, 1974), embora uma patente descrevendo-o tivesse sido concedida em dezembro de 1973 (Croisier *et al.*, 1973).

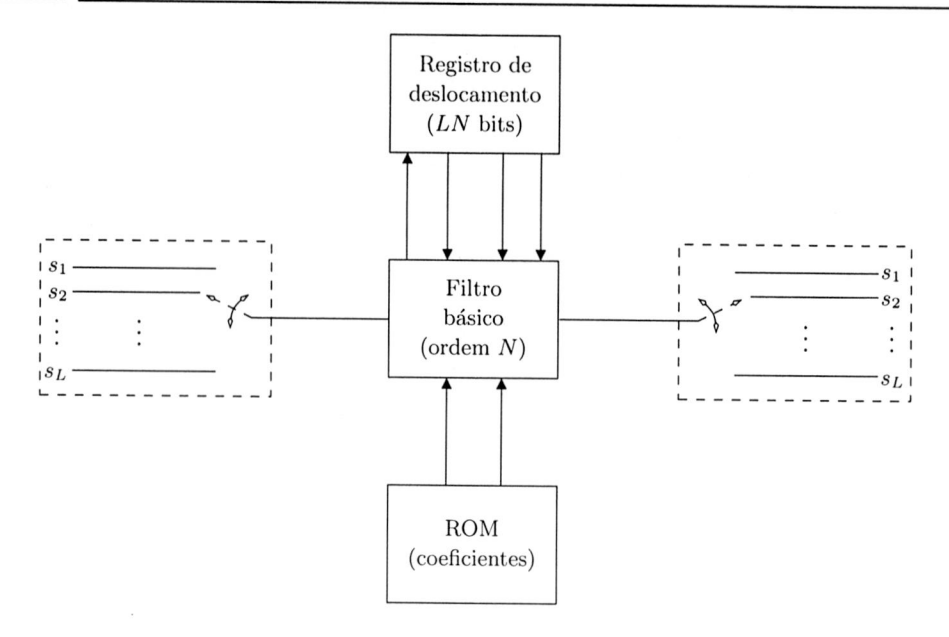

Processamento digital de sinais em precisão finita

Figura 11.8 Realização completamente multiplexada de filtros digitais.

A ideia básica por trás do conceito de aritmética distribuída é executar a soma de produtos entre coeficientes de filtros e sinais internos sem usar multiplicadores.

Por exemplo, suponha que se deseja calcular a seguinte expressão:

$$y = \sum_{i=1}^{N} c_i X_i, \tag{11.40}$$

onde c_i são os coeficientes do filtro e X_i formam um conjunto de sinais representados em complemento-a-dois com $(b+1)$ bits. Assumindo que os X_i são propriamente escalados de forma que $|X_i| < 1$, podemos reescrever a equação (11.40) como

$$y = \sum_{i=1}^{N} c_i \left(\sum_{j=1}^{b} x_{i_j} 2^{-j} - x_{i_0} \right), \tag{11.41}$$

onde x_{i_j} corresponde ao j-ésimo bit de x_i e x_{i_0} ao seu sinal. Revertendo-se a ordem do somatório, vale a seguinte relação:

$$y = \sum_{j=1}^{b} \left(\sum_{i=1}^{N} c_i x_{i_j} \right) 2^{-j} - \sum_{i=1}^{N} c_i x_{i_0}. \tag{11.42}$$

Se definimos a função $s(\cdot)$ de N variáveis binárias $z_1, z_2, \ldots, z_N$ como

$$s(z_1, z_2, \ldots, z_N) = \sum_{i=1}^{N} c_i z_i, \tag{11.43}$$

11.4 Implementação em aritmética distribuída

então a equação (11.42) pode ser escrita como

$$y = \sum_{j=1}^{b} s(x_{1_j}, x_{2_j}, \ldots, x_{N_j})2^{-j} - s(x_{1_0}, x_{2_0}, \ldots, x_{N_0}). \qquad (11.44)$$

Usando a notação $s_j = s(x_{1_j}, x_{2_j}, \ldots, x_{N_j})$, essa equação pode ser escrita como

$$y = \{\ldots[(s_b 2^{-1} + s_{b-1})2^{-1} + s_{b-2}]2^{-1} + \cdots + s_1\}2^{-1} - s_0. \qquad (11.45)$$

O valor de s_j depende do j-ésimo bit de todos os sinais que determinam y. A equação (11.45) fornece uma metodologia para o cálculo de y: primeiramente calculamos s_b; então, dividimos o resultado por 2 através de uma operação de deslocamento à direita e somamos o resultado a s_{b-1}; dividimos o resultado por 2, somamos o resultado a s_{b-2}; e assim por diante. Na última etapa, s_0 tem que ser subtraída do último resultado parcial.

De uma forma geral, a função $s(\cdot)$ na equação (11.43) pode assumir no máximo 2^N possíveis valores distintos, uma vez que todas as suas N variáveis são binárias. Logo, uma forma eficiente de se calcular $s(\cdot)$ é predeterminar todo os seus valores possíveis, os quais dependem dos valores dos coeficientes c_i, e armazená-los em uma unidade de memória cuja lógica de endereçamento tem que se basear no conteúdo sincronizado dos dados.

A implementação da equação (11.40) em aritmética distribuída é como mostra a Figura 11.9. Nessa implementação, as palavras $X_1, X_2, \ldots, X_N$ são armazenadas nos registros de deslocamento $RD_1, RD_2, \ldots, RD_N$, respectivamente, cada um com $(b+1)$ bits. As N saídas dos registros de deslocamento são usadas para endereçar uma unidade de ROM. Então, uma vez que todas as palavras estejam carregadas nos registros de deslocamento, após o j-ésimo deslocamento à direita, a ROM será endereçada com $x_{1_{b-j}} x_{2_{b-j}} \cdots x_{N_{b-j}}$ e apresentará na saída s_{b-j}. Esse valor é, então, carregado no registro A para ser somado ao resultado parcial de um outro registro, B, que armazena o valor acumulado anterior. O resultado é dividido por 2 (veja a equação (11.45)). Para cada cálculo, o registro A é carregado inicialmente com s_b e o registro B sofre *reset* para conter somente 0s. O registro C é usado para armazenar a soma final, obtida subtraindo-se s_0 da penúltima soma. Naturalmente, todos os cálculos abaixo poderiam ter sido implementados sem o registro A, cuja importância está na possibilidade de se acessar a unidade de memória simultaneamente à operação do somador/subtrator, formando, assim, uma arquitetura em *pipeline*.

Usando-se a implementação ilustrada na Figura 11.9, o intervalo de tempo completo para o cálculo de uma amostra da saída y perfaz $(b+1)$ ciclos de relógio e, portanto, depende unicamente do número de bits de cada palavra, não sendo função do número N de produtos parciais envolvidos na formação de y. A duração de cada ciclo de relógio, nesse caso, é determinada pelo máximo valor

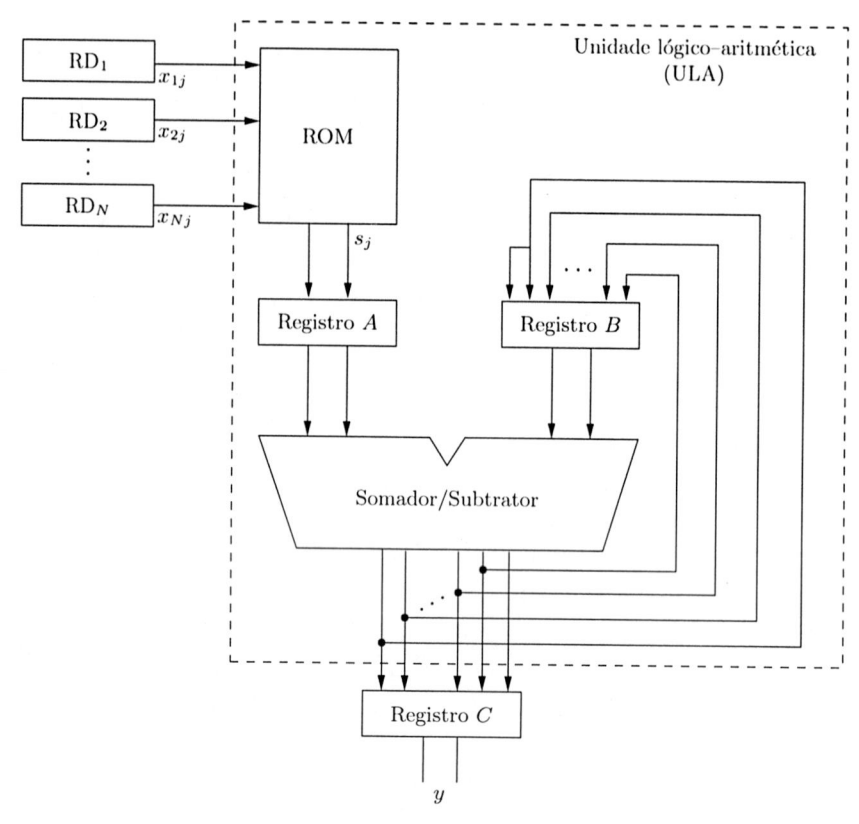

Figura 11.9 Arquitetura básica para implementar a equação (11.40) usando aritmética distribuída.

entre os tempos de acesso à memória e de cálculo de uma operação de adição ou subtração. O número b de bits usados para representar cada palavra afeta grandemente o tamanho da memória, juntamente com o número N de somas parciais, que não deve ser feito muito grande para limitar o tempo de acesso à memória. O valor de b depende basicamente da faixa dinâmica necessária para a representação de $|s_j|$ e da precisão requerida para a representação dos coeficientes c_i de forma a evitar que a quantização destes provoque efeitos muito grandes.

Podemos aumentar muito a velocidade global de processamento do cálculo de y como na equação (11.40) lendo os valores desejados de s_j em paralelo e usando diversos somadores em paralelo para determinar todas as somas parciais necessárias, como é descrito em Peled & Liu (1974).

Essa aritmética distribuída pode ser usada para implementar várias das estruturas de filtros digitais apresentadas neste livro. Por exemplo, a realização na forma direta que implementa a função de transferência de segunda ordem

$$H(z) = \frac{b_0 z^2 + b_1 z + b_2}{z^2 + a_1 z + a_2}, \tag{11.46}$$

11.4 Implementação em aritmética distribuída

que por sua vez corresponde à equação

$$y(n) = b_0 x(n) + b_1 x(n-1) + b_2 x(n-2) - a_1 y(n-1) - a_2 y(n-2), \quad (11.47)$$

pode ser mapeada na implementação que se vê na Figura 11.10, na qual os valores presentes e passados do sinal de entrada são usados em conjunto com os valores passados do sinal de saída para endereçar a unidade de memória. Em outras palavras, fazemos $X_i = x(n-i)$, para $i = 0, 1, 2$, $X_3 = y(n-1)$ e $X_4 = y(n-2)$. A função $s(\cdot)$, que determina o conteúdo da unidade de memória, é dada, então, por

$$s(z_1, z_2, z_3, z_4, z_5) = b_0 z_1 + b_1 z_2 + b_2 z_3 - a_1 z_4 - a_2 z_5. \quad (11.48)$$

Portanto, em um dado instante, a quantidade s_j é

$$s_j = b_0 x_j(n) + b_1 x_j(n-1) + b_2 x_j(n-2) - a_1 y_j(n-1) - a_2 y_j(n-2). \quad (11.49)$$

Como o número de somas parciais requeridas para se calcular y é $N = 5$, a unidade de memória nesse exemplo deve ter 32 posições de L bits, onde L é o número de bits estabelecido para se representar s_j.

Em geral, todos os coeficientes b_i e a_i na equação (11.48) já devem estar quantizados. É assim porque é mais fácil prever os efeitos da quantização na etapa de projeto do filtro (seguindo a teoria apresentada mais adiante neste capítulo) do que analisar tais efeitos após a quantização de s_j dado pela equação (11.49). Na verdade, a quantização de s_j pode até introduzir oscilações não-lineares na saída de uma dada estrutura que se tinha inicialmente mostrado ser imune a

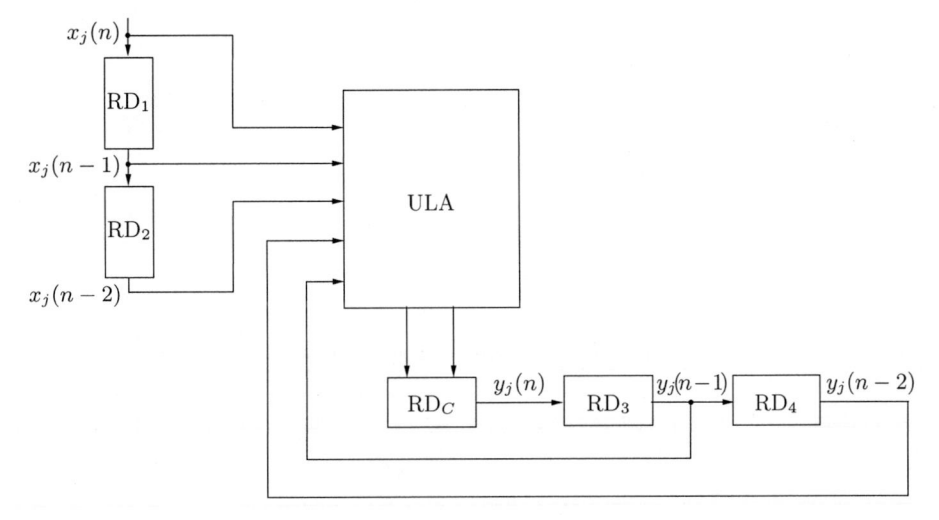

Figura 11.10 Filtro de segunda ordem na forma direta implementado com aritmética distribuída.

ciclos-limite. Ciclos-limite são tratados na Seção 11.8, e esse efeito da quantização é ilustrado no Exemplo 11.13.

Para a realização em variáveis de estado de segunda ordem descrita na Figura 13.5, a implementação em aritmética distribuída é mostrada na Figura 11.11. Nesse caso, os conteúdos das unidades de memória são gerados por

$$s_{1j} = a_{11}x_{1j}(n) + a_{12}x_{2j}(n) + b_1 x_j(n); \text{ para a ROM da ULA}_1 \qquad (11.50)$$

$$s_{2j} = a_{22}x_{2j}(n) + a_{21}x_{1j}(n) + b_2 x_j(n); \text{ para a ROM da ULA}_2 \qquad (11.51)$$

$$s_{3j} = c_1 x_{1j}(n) + c_2 x_{2j}(n) + d x_j(n); \text{ para a ROM da ULA}_3. \qquad (11.52)$$

Cada unidade de memória tem $8 \times L$ palavras, onde L é o comprimento de palavra estabelecido para os dados s_{ij}.

A implementação de filtros de ordem alta usando aritmética distribuída é simples quando são usadas as formas paralela e cascata vistas no Capítulo 4. Ambas as formas podem ser implementadas usando-se uma realização de um único bloco, cujos coeficientes são multiplexados no tempo para efetuar o cálculo de um bloco específico de segunda ordem. A versão em cascata desse tipo de

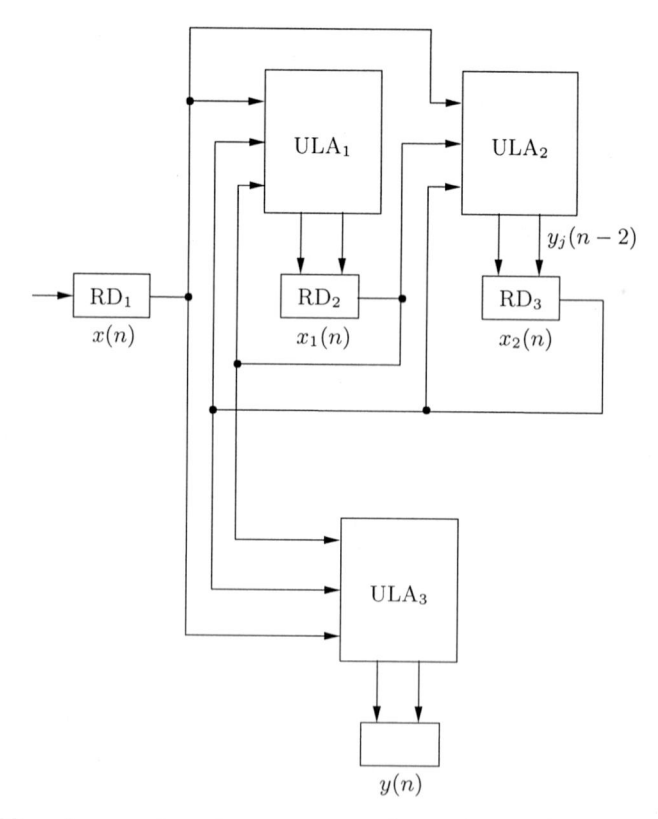

Figura 11.11 Filtro de segunda ordem no espaço de estados implementado com aritmética distribuída.

11.4 Implementação em aritmética distribuída

implementação é apresentada na Figura 11.12. Essa abordagem é muito eficiente em termos de área de pastilha e consumo de potência. Contudo, versões mais velozes são possíveis, tanto usando-se a forma paralela quanto a forma cascata. Por exemplo, a abordagem paralela rápida é representada na Figura 11.13, na

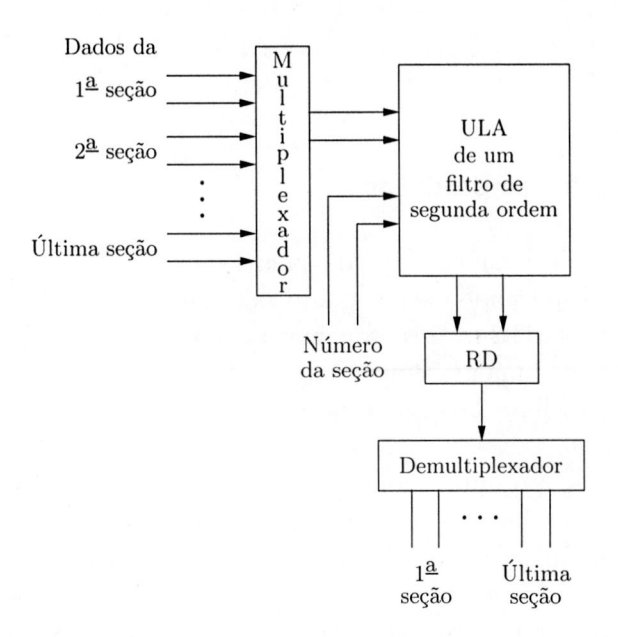

Figura 11.12 Implementação da forma cascata em aritmética distribuída.

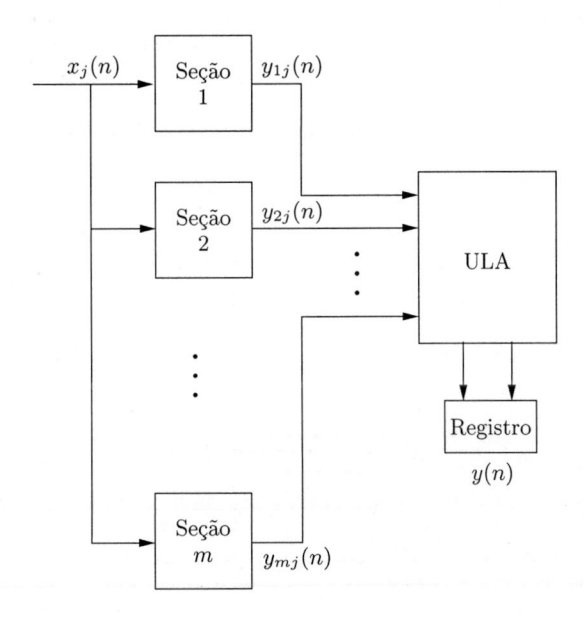

Figura 11.13 Implementação rápida da forma paralela usando aritmética distribuída.

qual todos os cálculos numéricos são efetuados em paralelo. A forma cascata rápida pode ser tornada mais eficiente se elementos de atraso são acrescentados entre os blocos, para permitir processamento em *pipeline*.

A técnica de aritmética distribuída apresentada nesta seção também pode ser utilizada para implementar outras estruturas de filtros digitais (Wanhammar, 1981), assim como processadores específicos para o cálculo da FFT (Liu & Peled, 1975).

11.5 Quantização de produtos

Um multiplicador de comprimento de palavra finito pode ser modelado em termos de um multiplicador ideal seguido por uma única fonte de ruído $e(n)$, como mostra a Figura 11.14. Três esquemas de aproximação distintos podem ser empregados depois de uma multiplicação, a saber arredondamento, truncamento e truncamento de módulo. Analisamos seus efeitos em números representados em complemento-a-dois.

A quantização de produtos por arredondamento leva a um resultado em precisão finita cujo valor é o mais próximo possível do valor verdadeiro. Se assumimos que a faixa dinâmica ao longo do filtro digital é muito maior que o valor do bit menos significativo $q = 2^{-b}$ (b corresponde a n nas equações (11.1)–(11.11)), a função de densidade de probabilidade do erro de quantização é representada na Figura 11.15a. A média ou valor esperado do erro de quantização devido ao arredondamento é zero:

$$E\{e(n)\} = 0. \tag{11.53}$$

Ainda, é fácil mostrar que a variância do ruído $e(n)$ é dada por

$$\sigma_e^2 = \frac{q^2}{12} = \frac{2^{-2b}}{12}. \tag{11.54}$$

No caso do truncamento de um número, em que o resultado é sempre menor que o valor original, a função de densidade de probabilidade é como mostra a Figura 11.15b, o valor esperado do erro de quantização é

$$E\{e(n)\} = -\frac{q}{2}, \tag{11.55}$$

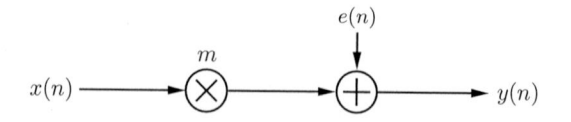

Figura 11.14 Modelo de ruído para o multiplicador.

11.5 Quantização de produtos

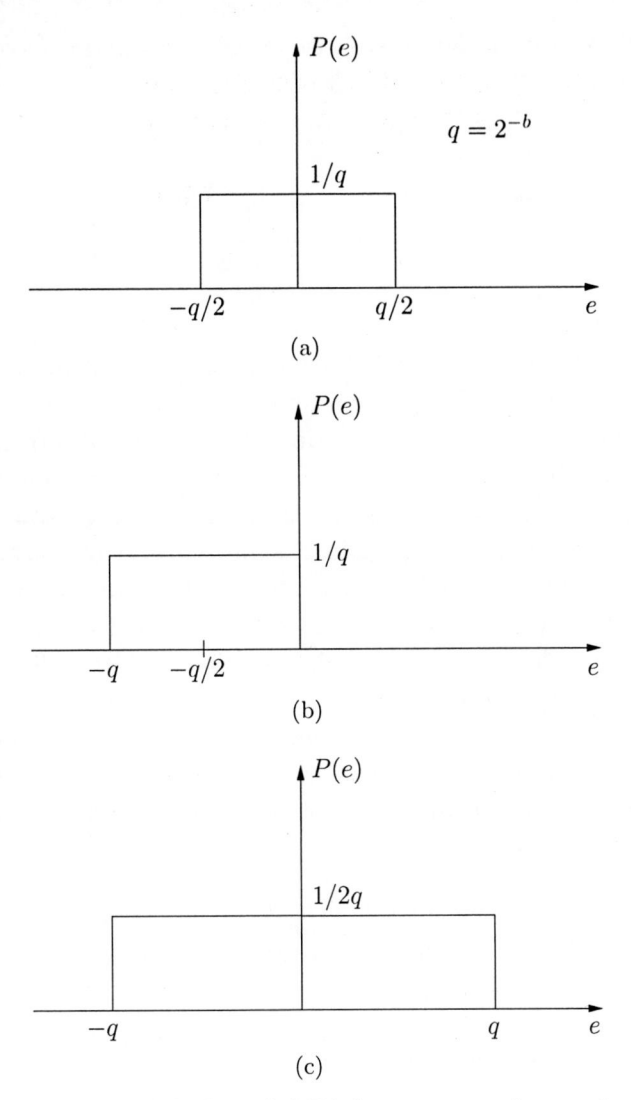

Figura 11.15 Funções de densidade de probabilidade para o erro de quantização de produtos: (a) arredondamento; (b) truncamento; (c) truncamento de módulo.

e a variância do erro vale

$$\sigma_e^2 = \frac{2^{-2b}}{12}. \tag{11.56}$$

Esse tipo de quantização não é adequado, em geral, porque os erros associados com um valor médio não-nulo, embora pequenos, tendem a se propagar ao longo do filtro, e seu efeito pode ser sentido na saída do filtro.

Se aplicamos truncamento de módulo, que necessariamente implica redução do módulo do número, então a função de densidade de probabilidade tem a forma representada na Figura 11.15c. Nesse caso, o valor médio do erro de quantização é

$$E\{e(n)\} = 0, \qquad (11.57)$$

e a variância é

$$\sigma_e^2 = \frac{2^{-2b}}{3}. \qquad (11.58)$$

Diante desses resultados, é fácil entender por que o arredondamento é a forma mais atraente de quantização, já que gera a variância de ruído mínima e ao mesmo tempo mantém o valor médio do erro de quantização igual a zero. O truncamento de módulo, além de ter uma variância de ruído quatro vezes maior que o arredondamento, leva a uma correlação mais alta entre o sinal e o erro de quantização (por exemplo, quando o sinal é positivo/negativo, o erro de quantização também é positivo/negativo), o que é uma forte desvantagem, como logo ficará claro. Contudo, a importância do truncamento de módulo não pode ser ignorada, já que ele pode eliminar ciclos-limite em filtros digitais recursivos, como será mostrado mais tarde neste capítulo.

Nesse ponto, é interessante estudar como a quantização do sinal afeta o sinal de saída. A fim de simplificar a análise dos efeitos do ruído de quantização, as seguintes hipóteses são feitas quanto aos sinais internos dos filtros (Jackson, 1969, 1970a,b):

- sua amplitude é muito maior que o erro de quantização;
- sua amplitude é pequena o suficiente para que jamais ocorra *overflow*;
- eles têm conteúdo espectral largo.

Essas hipóteses implicam que:

(i) Os erros de quantização em diferentes instantes são descorrelacionados, isto é, $e_i(n)$ é descorrelacionado de $e_i(n+l)$, para $l \neq 0$.
(ii) Erros em nós diferentes são descorrelacionados, isto é, $e_i(n)$ é descorrelacionado de $e_j(n)$, para $i \neq j$.

Das considerações acima, as contribuições de diferentes fontes de ruído podem ser levadas em conta separadamente e somadas para se determinar o erro de quantização global na saída do filtro. Entretanto, deve-se observar que (i) e (ii) não valem quando se usa truncamento de magnitude, devido à correlação a ele inerente entre o sinal e o erro de quantização. Portanto, deve-se ter em mente que para o esquema de truncamento de módulo, a análise que se segue não produz resultados acurados.

11.5 Quantização de produtos

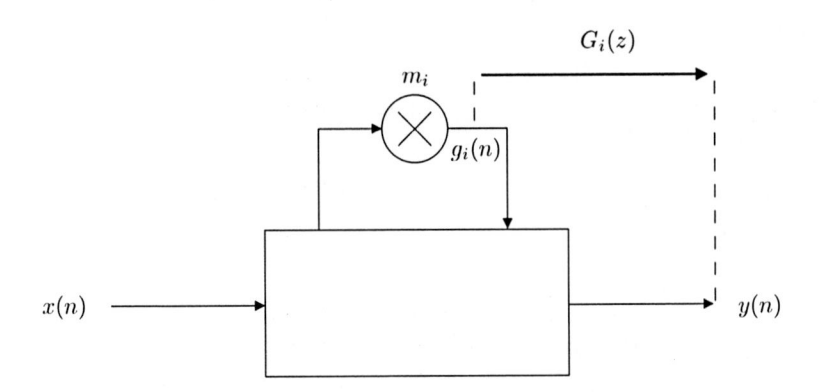

Figura 11.16 Função de transferência de ruído para um filtro digital.

Denotando a variância do erro devido à quantização de cada sinal interno por σ_e^2 e assumindo que o erro de quantização é uma realização de um processo aleatório de ruído branco, a PSD de uma dada fonte de ruído é (Papoulis, 1965)

$$\Gamma_E(e^{j\omega}) = \sigma_e^2. \tag{11.59}$$

Na equação (2.252), mostramos que, para um sistema linear cuja função de transferência é $H(z)$, se um sinal estacionário com PSD $\Gamma_X(e^{j\omega})$ é apresentado à entrada, então a PSD da saída é $\Gamma_Y(e^{j\omega}) = H(e^{j\omega})H(e^{-j\omega})\Gamma_X(e^{j\omega})$. Portanto, numa implementação de ponto fixo para um filtro digital, a PSD do ruído na saída $y(n)$ é dada por

$$\Gamma_Y(e^{j\omega}) = \sigma_e^2 \sum_{i=1}^{K} G_i(e^{j\omega})G_i(e^{-j\omega}), \tag{11.60}$$

onde K é o número de multiplicadores do filtro e $G_i(e^{j\omega})$ é a resposta na frequência associada à função de transferência $G_i(z)$ da saída $g_i(n)$ de cada multiplicador à saída do filtro, como indicado na Figura 11.16.

Uma figura de mérito comum para avaliar o desempenho de filtros digitais é a densidade espectral de potência relativa (RPSD, do inglês *relative power spectral density*) do ruído na saída, definida em decibéis como

$$\text{RPSD} = 10\log \frac{\Gamma_Y(e^{j\omega})}{\Gamma_E(e^{j\omega})} = 10\log \sum_{i=1}^{K} |G_i(e^{j\omega})|^2. \tag{11.61}$$

Essa figura elimina a dependência do ruído na saída em relação ao comprimento de palavra, assim representando uma verdadeira medida de como o ruído na saída depende da estrutura interna do filtro.

Um critério mais simples, porém útil, de desempenho para avaliar o ruído de quantização gerado em filtros digitais é o ganho de ruído, ou variância de ruído relativa, definida por

$$\frac{\sigma_y^2}{\sigma_e^2} = \frac{1}{\pi} \int_0^\pi \sum_{i=1}^{K} (G_i(z)G_i(z^{-1}))^2_{z=e^{j\omega}} \, d\omega$$

$$= \frac{1}{\pi} \int_0^\pi \sum_{i=1}^{K} |G_i(e^{j\omega})|^2 \, d\omega$$

$$= \frac{1}{\pi} \sum_{i=1}^{K} \int_0^\pi |G_i(e^{j\omega})|^2 \, d\omega$$

$$= \sum_{i=1}^{K} \|G_i(e^{j\omega})\|_2^2. \tag{11.62}$$

Outra fonte de ruído que precisa ser levada em conta em filtros digitais é o ruído de quantização gerado quando a amplitude do sinal de entrada é quantizada no processo de conversão análogo-digital. Como a quantização do sinal de entrada é similar à quantização de produtos, pode ser representada pela inclusão de uma fonte de ruído na entrada da estrutura do filtro digital.

EXEMPLO 11.3

Calcule a PSD do ruído de quantização na saída das redes mostradas na Figura 11.17, assumindo que se emprega aritmética de ponto fixo.

SOLUÇÃO

- Para a estrutura da Figura 11.17a, temos que

$$G_{m_1}(z) = G_{m_2}(z) = H(z) \tag{11.63}$$
$$G_{\gamma_0}(z) = G_{\gamma_1}(z) = G_{\gamma_2}(z) = 1, \tag{11.64}$$

onde

$$H(z) = \frac{\gamma_0 z^2 + \gamma_1 z + \gamma_2}{z^2 + m_1 z + m_2}. \tag{11.65}$$

A PSD da saída é, então,

$$\Gamma_Y(e^{j\omega}) = \sigma_e^2 \left(2H(e^{j\omega})H(e^{-j\omega}) + 3\right). \tag{11.66}$$

- No caso da estrutura mostrada na Figura 11.17b, as funções de transferência das saídas dos multiplicadores até a saída do filtro podem ser facilmente

11.5 Quantização de produtos

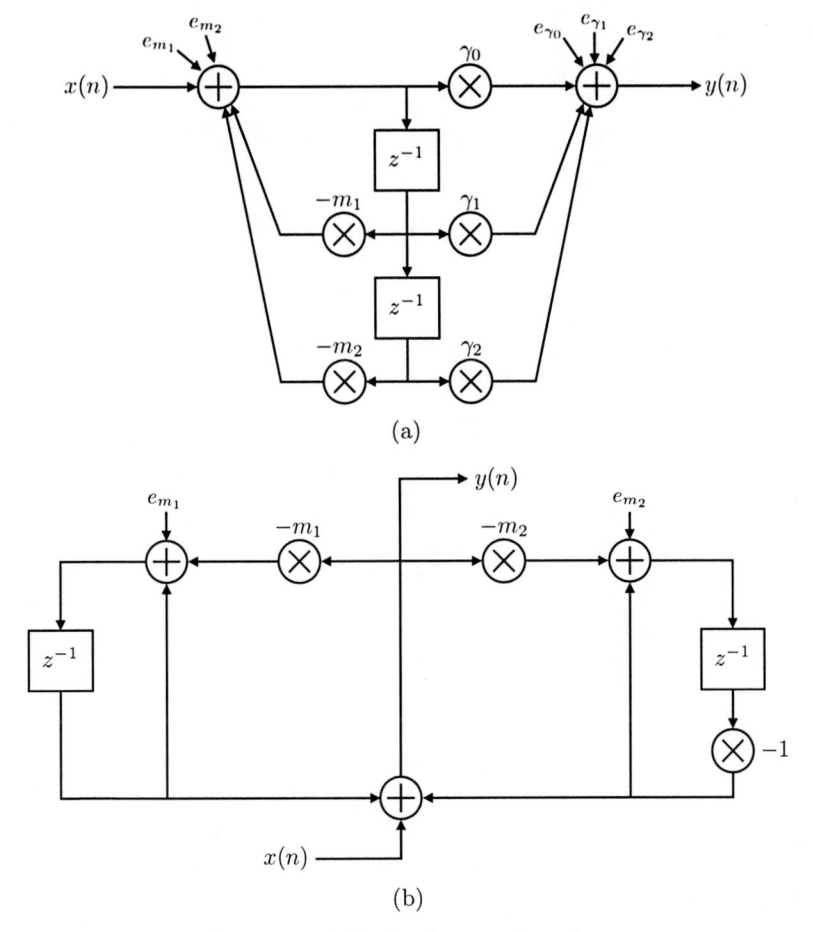

Figura 11.17 Redes de segunda ordem.

calculadas a partir dos resultados do Exercício 4.6, considerando que para $-m_1$

$$\mathbf{b} = \begin{bmatrix} 1 \\ 0 \end{bmatrix}; \quad d = 0 \tag{11.67}$$

e para $-m_2$

$$\mathbf{b} = \begin{bmatrix} 0 \\ 1 \end{bmatrix}; \quad d = 0. \tag{11.68}$$

As funções de transferência requeridas são dadas por

$$G_{m_1}(z) = \frac{z+1}{D(z)} \tag{11.69}$$

$$G_{m_2}(z) = \frac{-(z-1)}{D(z)}, \tag{11.70}$$

onde

$$D(z) = z^2 + (m_1 - m_2)z + (m_1 + m_2 - 1).\qquad(11.71)$$

A PSD na saída é dada, então, por

$$\Gamma_Y(e^{j\omega}) = \sigma_e^2 \left(G_{m_1}(e^{j\omega})G_{m_1}(e^{-j\omega}) + G_{m_2}(e^{j\omega})G_{m_2}(e^{-j\omega})\right).\qquad(11.72)$$

△

Em aritmética de ponto flutuante, os erros de quantização são introduzidos não só nos produtos, mas também nas adições. Na verdade, a soma e o produto de dois números x_1 e x_2 em precisão finita têm as seguintes características:

$$Fl\{x_1 + x_2\} = x_1 + x_2 - (x_1 + x_2)n_\mathrm{a}\qquad(11.73)$$
$$Fl\{x_1 x_2\} = x_1 x_2 - (x_1 x_2)n_\mathrm{p},\qquad(11.74)$$

onde n_a e n_p são variáveis aleatórias com média zero e independentes de quaisquer outros sinais internos e erros do filtro. Suas variâncias são dadas aproximadamente por (Smith et al., 1992)

$$\sigma_{n_\mathrm{a}}^2 \approx 0{,}165 \times 2^{-2b}\qquad(11.75)$$

e

$$\sigma_{n_\mathrm{p}}^2 \approx 0{,}180 \times 2^{-2b},\qquad(11.76)$$

respectivamente, onde b é o número de bits da representação da mantissa, não incluindo o bit de sinal. Usando-se as expressões acima, a análise do ruído de quantização para aritmética de ponto flutuante pode ser feita da mesma forma que para o caso de ponto fixo (Bomar et al., 1997).

Uma variante da aritmética de ponto flutuante é a chamada aritmética de ponto flutuante por blocos, que consiste na representação de vários números com um termo de expoente compartilhado. Ponto flutuante por blocos é um compromisso entre o *hardware* de alta complexidade da aritmética de ponto flutuante e a faixa dinâmica reduzida inerente à representação de ponto fixo. Uma análise do erro de quantização em sistemas de ponto flutuante por blocos é disponível em Kalliojärvi & Astola (1996) e Ralev & Bauer (1999).

11.6 Escalamento de sinal

É possível ocorrer *overflow* em qualquer nó interno de uma estrutura de filtro digital. No caso geral, o escalamento da entrada é frequentemente requerido

11.6 Escalamento de sinal

para reduzir a probabilidade de ocorrência de *overflow* a um nível aceitável. Particularmente nas implementações de ponto fixo, o escalamento de sinal deve ser aplicado para igualar as probabilidades de *overflow* em todos os nós internos de um filtro digital. Nesses casos, a razão sinal-ruído é maximizada.

Num filtro digital prático, contudo, uns poucos sinais internos são críticos, não devendo exceder a faixa dinâmica permitida por mais que alguns curtíssimos períodos de tempo. Para tais sinais, se ocorre *overflow* frequentemente, sérias distorções de sinal serão observadas na saída do filtro.

Se nem a representação em complemento-a-um nem a representação em complemento-a-dois são usadas, então um fato importante simplifica grandemente o escalamento para evitar distorções por *overflow*: se a soma de dois ou mais números está dentro da faixa disponível de números representáveis, então a soma completa sempre estará correta, independendo da ordem em que eles são somados, ainda que ocorra *overflow* numa operação parcial (Antoniou, 1993). Isso implica que as distorções por *overflow* devidas a adições e sinal podem ser recuperadas nas adições subsequentes. Como consequência, quando se usa aritmética de complemento-a-um ou -a-dois, só é preciso evitar *overflow* nas entradas de multiplicadores. Portanto, estas são os únicos pontos que requerem escalamento.

Nesse caso, então, para que se evitem *overflows* frequentes, devemos calcular o limite superior para o módulo de cada sinal $x_i(n)$, para todos os tipos possíveis de entradas $u(n)$ do filtro. Isso é mostrado pela análise do algoritmo de FFT com decimação no tempo no exemplo abaixo.

EXEMPLO 11.4
Faça uma análise do ruído de quantização dos algoritmos de FFT.

SOLUÇÃO
Cada algoritmo distinto de FFT requer uma análise específica dos efeitos de quantização correspondentes. Nesse exemplo, fazemos uma análise do ruído de quantização no algoritmo de FFT de raiz 2 com decimação no tempo.

A célula básica do algoritmo de FFT de raiz 2 baseado no método de decimação no tempo é mostrada na Figura 3.10 e repetida por conveniência na Figura 11.18. Pela Figura 11.18, temos que

$$|X_i(k)| \leq 2\max\{|X_{ie}(k)|, |X_{io}(k)|\} \tag{11.77}$$

$$\left|X_i\left(k + \frac{L}{2}\right)\right| \leq 2\max\{|X_{ie}(k)|, |X_{io}(k)|\}. \tag{11.78}$$

Portanto, para evitar *overflow* nessa estrutura quando se usa aritmética de ponto fixo, um fator de 1/2 deve ser empregado em cada entrada da célula,

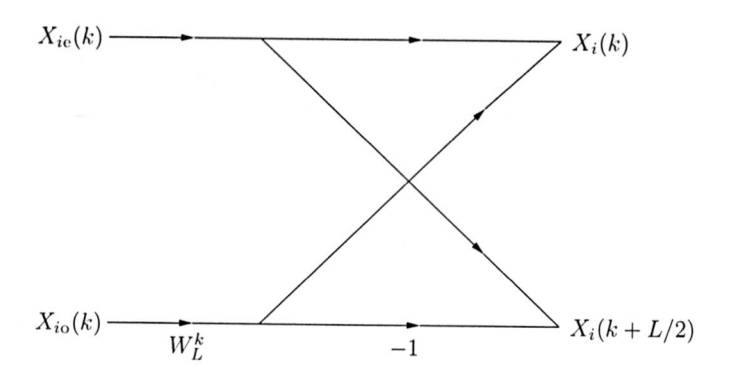

Figura 11.18 Célula básica do algoritmo de FFT de raiz 2 usando decimação no tempo.

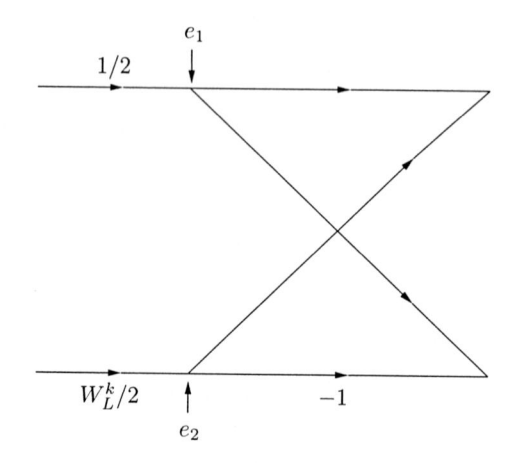

Figura 11.19 Célula básica com escalamento da entrada.

como se vê na Figura 11.19. Lá se podem discernir claramente as duas fontes de ruído que resultam respectivamente do escalamento do sinal e da multiplicação por W_L^k.

No caso, comum, de arredondamento, a variância de ruído, como fornece a equação (11.54), é igual a

$$\sigma_e^2 = \frac{2^{-2b}}{12}, \qquad (11.79)$$

onde b é o número de bits de ponto fixo. Na Figura 11.19, a fonte de ruído e_1 modela o ruído de escalamento em uma entrada da célula, que é um número complexo. Considerando que as contribuições real e imaginária do ruído sejam descorrelacionadas, temos que

$$\sigma_{e_1}^2 = 2\sigma_e^2 = \frac{2^{-2b}}{6}. \qquad (11.80)$$

11.6 Escalamento de sinal

Por sua vez, a fonte de ruído e_2 modela o ruído de escalamento devido à multiplicação de dois números complexos, que envolve quatro termos diferentes. Considerando que esses quatro termos sejam descorrelacionados, temos que

$$\sigma_{e_2}^2 = 4\sigma_e^2 = \frac{2^{-2b}}{3}. \tag{11.81}$$

Isso completa a análise do ruído numa única célula básica.

Para estendermos esses resultados para o algoritmo global de FFT, vamos assumir que todas as fontes de ruído no algoritmo são descorrelacionadas. Portanto, a variância do ruído na saída pode ser determinada pela soma de todas as variâncias de ruído individuais de todas as células básicas envolvidas.

Naturalmente, o ruído gerado no primeiro estágio aparece na saída escalado por $(1/2)^{l-1}$, onde l é o número total de estágios, e o ruído gerado no estágio k é multiplicado por $(1/2)^{l-k}$. Para determinar o número total de células, observamos que cada saída de FFT é diretamente conectada a uma célula básica do último estágio, duas do penúltimo estágio, e assim por diante, até 2^{l-1} células do primeiro estágio, cada célula apresentando duas fontes similares a e_1 e e_2, como foi discutido anteriormente.

Então, cada estágio tem 2^{l-k} células, e sua contribuição ao ruído na saída é dada por

$$2^{l-k} (1/2)^{2l-2k} \left(\sigma_{e_1}^2 + \sigma_{e_2}^2 \right). \tag{11.82}$$

Consequentemente, a variância do ruído total em cada amostra de saída da FFT é dada por

$$\sigma_o^2 = \left(\sigma_{e_1}^2 + \sigma_{e_2}^2\right) \sum_{k=1}^{l} 2^{l-k} \left(\frac{1}{2}\right)^{2l-2k} = 6\sigma_e^2 \sum_{k=1}^{l} \left(\frac{1}{2}\right)^{l-k} = 6\sigma_e^2 \left(2 - \frac{1}{2^{l-1}}\right). \tag{11.83}$$

Uma análise similar pode ser feita para outros algoritmos de FFT, de forma análoga. Para uma análise de quantização da DCT, o leitor deve referenciar-se a Yun & Lee (1995), por exemplo. △

O caso geral de análise de escalamento é ilustrado na Figura 11.20, onde $F_i(z)$ e $F_i'(z)$ representam, respectivamente, as funções de transferência antes e depois do escalamento do nó de entrada à entrada do multiplicador m_i, de tal forma que

$$F_i'(z) = \lambda F_i(z), \tag{11.84}$$

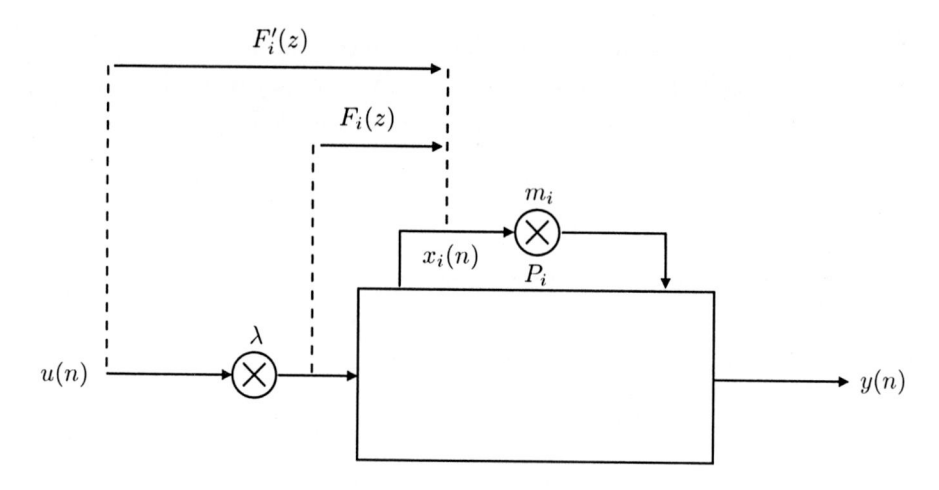

Figura 11.20 Escalamento de sinal.

o que também vale para as respostas ao impulso correspondentes, isto é,

$$f'_i(n) = \lambda f_i(n), \tag{11.85}$$

para todo n. Assumindo condições iniciais nulas, temos que

$$x_i(n) = \sum_{k=0}^{\infty} f'_i(k)u(n-k) = \lambda \sum_{k=0}^{\infty} f_i(k)u(n-k). \tag{11.86}$$

Se $u(n)$ é limitada em módulo por u_m, para todo n, então a equação anterior implica que

$$|x_i(n)| \leq u_\text{m} \sum_{k=0}^{\infty} |f'_i(k)| = u_\text{m} \lambda \sum_{k=0}^{\infty} |f_i(k)|. \tag{11.87}$$

Se queremos que o módulo do sinal $x_i(n)$ também seja limitado superiormente por u_m para todos os tipos de sequências, então o escalamento associado tem que garantir que

$$\sum_{k=0}^{\infty} |f'_i(k)| \leq 1 \tag{11.88}$$

e, portanto,

$$\lambda \leq \frac{1}{\sum_{k=0}^{\infty} |f_i(k)|}. \tag{11.89}$$

Essa é uma condição necessária e suficiente para se evitar *overflow* para qualquer sinal de entrada. Entretanto, a condição dada pelas equações (11.88) e (11.89)

11.6 Escalamento de sinal

não é útil na prática, já que não pode ser facilmente implementada. Além disso, para uma ampla classe de sinais de entrada, ela leva a um escalamento muito rigoroso. Uma estratégia de escalamento mais prática, voltada para classes mais específicas de sinais, é apresentada a seguir. Como

$$U(z) = \sum_{n=-\infty}^{\infty} u(n)z^{-n} \qquad (11.90)$$

e

$$X_i(z) = F_i'(z)U(z) = \lambda F_i(z)U(z), \qquad (11.91)$$

então, no domínio do tempo, $x_i(n)$ é dado por

$$x_i(n) = \frac{1}{2\pi \mathrm{j}} \oint_C X_i(z) z^{n-1} \mathrm{d}z, \qquad (11.92)$$

onde C está na região de convergência comum a $F_i(z)$ e $U(z)$. De forma correspondente, usando-se o domínio da frequência, $x_i(n)$ é dado por

$$x_i(n) = \frac{\lambda}{2\pi} \int_0^{2\pi} F_i(\mathrm{e}^{\mathrm{j}\omega}) U(\mathrm{e}^{\mathrm{j}\omega}) \mathrm{e}^{\mathrm{j}\omega n} \mathrm{d}\omega. \qquad (11.93)$$

Seja, agora, a norma L_p definida para qualquer função periódica $F(\mathrm{e}^{\mathrm{j}\omega})$ como a seguir:

$$\|F(\mathrm{e}^{\mathrm{j}\omega})\|_p = \left(\frac{1}{2\pi} \int_0^{2\pi} |F(\mathrm{e}^{\mathrm{j}\omega})|^p \mathrm{d}\omega \right)^{1/p} \qquad (11.94)$$

para todo $p \geq 1$, com $\int_0^{2\pi} |F(\mathrm{e}^{\mathrm{j}\omega})|^p \mathrm{d}\omega \leq \infty$.

Se $F(\mathrm{e}^{\mathrm{j}\omega})$ é contínua, então o limite da equação (11.94) quando $p \to \infty$ existe e é dado por

$$\|F(\mathrm{e}^{\mathrm{j}\omega})\|_\infty = \max_{0 \leq \omega \leq 2\pi} \{|F(\mathrm{e}^{\mathrm{j}\omega})|\}. \qquad (11.95)$$

Assumindo que $|U(\mathrm{e}^{\mathrm{j}\omega})|$ é limitada superiormente por U_m, isto é, $\|U(\mathrm{e}^{\mathrm{j}\omega})\|_\infty \leq U_\mathrm{m}$, então segue claramente da equação (11.93) que

$$|x_i(n)| \leq \frac{U_\mathrm{m} \lambda}{2\pi} \int_0^{2\pi} |F_i(\mathrm{e}^{\mathrm{j}\omega})| \mathrm{d}\omega, \qquad (11.96)$$

ou seja,

$$|x_i(n)| \leq \lambda \|F_i(\mathrm{e}^{\mathrm{j}\omega})\|_1 \|U(\mathrm{e}^{\mathrm{j}\omega})\|_\infty. \qquad (11.97)$$

Seguindo um raciocínio similar,

$$|x_i(n)| \leq \lambda \|F_i(e^{j\omega})\|_\infty \|U(e^{j\omega})\|_1. \tag{11.98}$$

Ainda, pela desigualdade de Schwartz (Jackson, 1969),

$$|x_i(n)| \leq \lambda \|F_i(e^{j\omega})\|_2 \|U(e^{j\omega})\|_2. \tag{11.99}$$

As equações (11.97)–(11.99) são casos especiais de uma relação mais geral, conhecida como desigualdade de Hölder (Jackson, 1969; Hwang, 1979). Esta afirma que se $(1/p) + (1/q) = 1$, então

$$|x_i(n)| \leq \lambda \|F_i(e^{j\omega})\|_p \|U(e^{j\omega})\|_q. \tag{11.100}$$

Se $|u(n)| \leq u_\mathrm{m}$, para todo n, e se sua transformada de Fourier existe, então existe U_m tal que $\|U(e^{j\omega})\|_q \leq U_\mathrm{m}$, para qualquer $q \geq 1$. Se queremos, então, que $|x_i(n)|$ seja limitado superiormente por U_m, para todo n, a equação (11.100) indica que um fator de escalamento apropriado deve ser tal que

$$\lambda \leq \frac{1}{\|F_i(e^{j\omega})\|_p}. \tag{11.101}$$

Na prática, quando o sinal de entrada é determinístico, os procedimentos mais comuns para determinar λ são:

- Quando $U(e^{j\omega})$ é limitado e, portanto, $\|U(e^{j\omega})\|_\infty$ pode ser precisamente determinada, pode-se usar λ como na equação (11.101), com $p = 1$.
- Quando o sinal de entrada tem energia finita, ou seja,

$$E = \sum_{n=-\infty}^{\infty} u^2(n) = \|U(e^{j\omega})\|_2^2 < \infty, \tag{11.102}$$

então λ pode ser obtido da equação (11.101) com $p = 2$.
- Se o sinal de entrada tem uma componente frequencial dominante, tal como um sinal senoidal, isso significa que ela tem um impulso no domínio da frequência. Nesse caso, nem $\|U(e^{j\omega})\|_\infty$ nem $\|U(e^{j\omega})\|_2$ são definidas, e somente a norma L_1 pode ser usada. Então, o fator de escalamento vem da equação (11.101) com $p = \infty$, que é o caso mais estrito para λ.

Para o caso de entrada aleatória, a análise acima não se aplica diretamente, já que a transformada z de $u(n)$ não é definida. Nesse caso, se $u(n)$ é estacionário, então a PSD de um sinal interno $x_i(n)$ é dada por

$$\Gamma_{X_i}(e^{j\omega}) = F_i'(e^{j\omega}) F_i'(e^{-j\omega}) \Gamma_U(e^{j\omega}) = \lambda^2 F_i(e^{j\omega}) F_i(e^{-j\omega}) \Gamma_U(e^{j\omega}), \tag{11.103}$$

11.6 Escalamento de sinal

onde $\Gamma_U(e^{j\omega})$ é a PSD do sinal de entrada. Portanto, a variância do sinal interno $x_i(n)$ é dada por

$$\begin{aligned}
\sigma_{x_i}^2 &= R_{X_i}(0) \\
&= \frac{1}{2\pi}\int_0^{2\pi} \Gamma_{X_i}(e^{j\omega})e^{j\omega\nu}d\omega \bigg|_{\nu=0} \\
&= \frac{1}{2\pi}\int_0^{2\pi} \Gamma_{X_i}(e^{j\omega})d\omega \\
&= \frac{1}{2\pi}\int_0^{2\pi} |F_i'(e^{j\omega})|^2\Gamma_U(e^{j\omega})d\omega \\
&= \frac{\lambda^2}{2\pi}\int_0^{2\pi} |F_i(e^{j\omega})|^2\Gamma_U(e^{j\omega})d\omega.
\end{aligned} \qquad (11.104)$$

Aplicando a desigualdade de Hölder (inequação (11.100)) à equação acima, temos que se $(1/p) + (1/q) = 1$, então

$$\sigma_{x_i}^2 \leq \lambda^2 \|F_i^2(e^{j\omega})\|_p \|\Gamma_U(e^{j\omega})\|_q \qquad (11.105)$$

ou, alternativamente,

$$\sigma_{x_i}^2 \leq \lambda^2 \|F_i(e^{j\omega})\|_{2p}^2 \|\Gamma_U(e^{j\omega})\|_q. \qquad (11.106)$$

Para processos aleatórios, os casos mais interessantes na prática são:

- Se consideramos $q = 1$, então $p = \infty$; observando que $\sigma_u^2 = \|\Gamma_U(e^{j\omega})\|_1$, temos, pela equação (11.106), que

$$\sigma_{x_i}^2 \leq \lambda^2 \|F_i(e^{j\omega})\|_\infty^2 \sigma_u^2 \qquad (11.107)$$

e um λ apropriado, tal que $\sigma_{x_i}^2 \leq \sigma_u^2$, é

$$\lambda = \frac{1}{\|F_i(e^{j\omega})\|_\infty}. \qquad (11.108)$$

- Se o sinal de entrada é ruído branco, $\Gamma_U(e^{j\omega}) = \sigma_u^2$, para todo ω; então, pela equação (11.103), temos

$$\sigma_{x_i}^2 = \lambda^2 \|F_i(e^{j\omega})\|_2^2 \sigma_u^2 \qquad (11.109)$$

e um λ apropriado é

$$\lambda = \frac{1}{\|F_i(e^{j\omega})\|_2}. \qquad (11.110)$$

Em implementações práticas, o uso de potências de dois para representar os coeficientes multiplicadores de escalamento é um procedimento comum, contanto que esses coeficientes satisfaçam as restrições para controlar o *overflow*. Desse modo, os multiplicadores de escalamento podem ser implementados usando-se simples operações de deslocamento.

No caso geral em que temos m multiplicadores, o seguinte escalamento único pode ser usado na entrada:

$$\lambda = \frac{1}{\max\left\{\|F_1(\mathrm{e}^{\mathrm{j}\omega})\|_p, \|F_2(\mathrm{e}^{\mathrm{j}\omega})\|_p, \ldots, \|F_m(\mathrm{e}^{\mathrm{j}\omega})\|_p\right\}}. \qquad (11.111)$$

Para realizações cascata e paralela, um multiplicador de escalamento é empregado na entrada de cada seção. Para alguns tipos de seção de segunda ordem, usadas nas realizações em cascata, o fator de escalamento de uma dada seção pode ser incorporado aos multiplicadores da saída da seção anterior. Em geral, esse procedimentro leva a uma redução do ruído de quantização na saida. No caso das seções de segunda ordem, é possível calcular as normas L_2 e L_∞ das funções de transferência internas em forma fechada (Diniz & Antoniou, 1986; Bomar & Joseph, 1987; Laakso, 1992), como se obterá no Capítulo 13.

EXEMPLO 11.5
Escale o filtro mostrado na Figura 11.21 usando a norma L_2, com vistas a uma possível implementação numa máquina de ponto fixo, e determine a variância relativa do ruído na saída do filtro escalado.

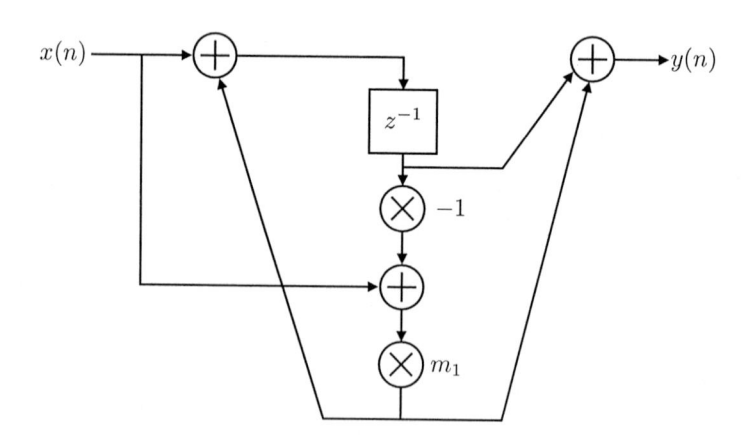

Figura 11.21 Estrutura do filtro do Exemplo 11.5.

11.6 Escalamento de sinal

SOLUÇÃO

Denotando a entrada do atraso como $s(n+1)$, pode-se inferir facilmente que

$$\left.\begin{array}{l}s(n+1) = x(n) + m_1(x(n) - s(n)) \\ y(n) = s(n) + m_1(x(n) - s(n))\end{array}\right\} \qquad (11.112)$$

ou, equivalentemente,

$$\left.\begin{array}{l}s(n+1) = -m_1 s(n) + (1 + m_1)x(n) \\ y(n) = (1 - m_1)s(n) + m_1 x(n)\end{array}\right\}, \qquad (11.113)$$

que corresponde à descrição no espaço de estados caracterizada por

$$\mathbf{A} = -m_1; \quad \mathbf{B} = (1 + m_1); \quad \mathbf{C} = (1 - m_1); \quad d = m_1. \qquad (11.114)$$

De acordo com a equação (4.53), a função de transferência para este exemplo é, então,

$$H(z) = \frac{(1 - m_1)(1 + m_1)}{(z + m_1)} + m_1 = \frac{m_1 z + 1}{z + m_1}; \qquad (11.115)$$

trata-se de uma função de transferência passa-tudo de primeira ordem, para a qual

$$\|H(z)\|_2^2 = 1. \qquad (11.116)$$

Para chegar ao escalamento, é necessário primeiramente calcular a função de transferência da entrada do filtro até a entrada do multiplicador m_1, obtida nesse caso fazendo-se $\mathbf{C} = -1$ e $d = 1$, de tal forma que

$$F_1(z) = -\frac{1 + m_1}{z + m_1} + 1 = \frac{z - 1}{z + m_1}. \qquad (11.117)$$

Para determinar o fator de escalamento, precisamos calcular

$$\|F_1(z)\|_2 = \sqrt{\frac{1}{2\pi} \int_0^{2\pi} |F_1(e^{j\omega})|^2 d\omega} = \sqrt{\frac{1}{2\pi j} \oint_C F_1(z) F_1(z^{-1}) z^{-1} dz}, \qquad (11.118)$$

onde o contorno C da integral é a circunferência unitária do plano z. Portanto, usando o teorema do resíduo, podemos escrever que

$$\|F_1(z)\|_2^2 = \sum_{\text{resíduos}} \left[F_1(z) F_1(z^{-1}) z^{-1} \right], \qquad (11.119)$$

onde os resíduos são determinados para todos os polos de $F_1(z)F_1(z^{-1})z^{-1}$ no interior de C. Neste exemplo, assumindo que $|m_1| < 1$, obtemos

$$\|F_1(z)\|_2^2 = \sum_{\text{resíduos}} \frac{(z-1)(1-z)}{(z+m_1)(1+zm_1)z}$$

$$= \frac{(-m_1-1)(1+m_1)}{(1-m_1^2)(-m_1)} - \frac{1}{m_1}$$

$$= \frac{2}{1-m_1}, \qquad (11.120)$$

levando a um fator de escalamento

$$\lambda = \sqrt{\frac{1-m_1}{2}}, \qquad (11.121)$$

que será compensado na saída do filtro por um ganho $g = \sqrt{2/(1-m_1)}$.

O cálculo da variância do ruído na saída requer a função de transferência da saída do multiplicador para a saída do filtro, que, nesse caso, pode ser obtida substituindo-se $\mathbf{B} = d = 1$ na representação no espaço de estados, de tal forma que

$$G_1(z) = \frac{1-m_1}{z+m_1} + 1 = \frac{z+1}{z+m_1}. \qquad (11.122)$$

Empregando novamente o teorema dos resíduos, obtemos

$$\|G_1(z)\|_2^2 = \sum_{\text{resíduos}} [G_1(z)G_1(z^{-1})z^{-1}]$$

$$= \sum_{\text{resíduos}} \frac{(1+z)^2}{(z+m_1)(1+zm_1)z}$$

$$= \frac{(1-m_1)^2}{(1-m_1^2)(-m_1)} + \frac{1}{m_1}$$

$$= \frac{2}{1+m_1}, \qquad (11.123)$$

de forma que

$$\frac{\sigma_y^2}{\sigma_e^2} = \|H(z)\|_2^2 g^2 + \|G_1(z)\|_2^2 g^2 + 1$$

$$= \frac{2}{1-m_1} + \frac{2}{1+m_1}\frac{2}{1-m_1} + 1$$

$$= \frac{-m_1^2 + 2m_1 + 7}{m_1^2 - 1}, \qquad (11.124)$$

já levando em consideração o multiplicador de escalamento na entrada do filtro e o ganho de compensação na saída do filtro. △

11.7 Quantização de coeficientes

Durante a etapa de aproximação, os coeficientes de um filtro digital são calculados com a alta acurácia inerente ao computador empregado no projeto. Quando esses coeficientes são quantizados nas implementações práticas, usualmente por arredondamento, as respostas no tempo e na frequência dos filtros realizados se desviam da resposta ideal. Na verdade, o filtro quantizado pode até mesmo não mais atender às especificações. A sensibilidade da resposta do filtro a erros nos coeficientes é altamente dependente do tipo de estrutura. Esse fato é uma das motivações para se considerar realizações alternativas com baixa sensibilidade, como as que são apresentadas no Capítulo 13.

Dentre os diversos critérios de sensibilidade que avaliam o efeito da quantização de ponto fixo dos coeficientes sobre a função de transferência de um filtro digital, as mais usadas são

$$_\mathrm{I}S_{m_i}^{H(z)}(z) = \frac{\partial H(z)}{\partial m_i} \tag{11.125}$$

$$_\mathrm{II}S_{m_i}^{H(z)}(z) = \frac{1}{H(z)}\frac{\partial H(z)}{\partial m_i}. \tag{11.126}$$

Para a representação de ponto flutuante, o critério de sensibilidade tem que levar em conta a variação relativa de $H(z)$ devido à variação relativa de um coeficiente multiplicador. Então, temos que usar

$$_\mathrm{III}S_{m_i}^{H(z)}(z) = \frac{m_i}{H(z)}\frac{\partial H(z)}{\partial m_i}. \tag{11.127}$$

Com essa formulação, é possível usar o valor do coeficiente multiplicador para determinar $_\mathrm{III}S_m^{H(z)}(z)$. Um exemplo simples que ilustra a importância desse fato é dado pela quantização do sistema

$$y(n) = (1+m)x(n), \quad \text{para } |m| \ll 1. \tag{11.128}$$

Usando a equação (11.125), $_\mathrm{I}S_{m_i}^{H(z)}(z) = 1$, independente do valor de m, ao passo que usando a equação (11.127), $_\mathrm{III}S_{m_i}^{H(z)}(z) = m/(m+1)$, indicando que um valor menor para o módulo de m leva a menor sensibilidade de $H(z)$ com relação a m. Isso é verdade para a representação de ponto flutuante, contanto que o número de bits no expoente seja suficiente para representar o expoente de m.

EXEMPLO 11.6

Determine as possíveis posições dos polos de uma seção de segunda ordem na forma direta com denominador

$$D(z) = z^2 + a_1 z + a_2 \tag{11.129}$$

quando os coeficientes do filtro, a_1 e a_2, são representados com 6 bits, incluído o bit de sinal, usando representação binária padrão.

Repita sua análise usando uma estrutura no espaço de estados caracterizada por $a_{11} = a_{22} = a$ e $a_{21} = -a_{12} = \zeta$, quando a e ζ são representados com 6 bits. Essa estrutura, quando os valores de ao menos dois coeficientes diferentes são dependentes de um único parâmetro, é chamada de estrutura acoplada no espaço de estados.

SOLUÇÃO

A Figura 11.22a representa os possíveis posicionamentos dos polos no primeiro quadrante no interior do círculo unitário do domínio z para a seção de segunda ordem na forma direta. Nos demais quadrantes, os posicionamentos dos polos são cópias espelhadas simétricas dos que se veem na figura. Como se pode observar, a grade de polos se torna muito esparsa próximo ao eixo real, particularmemte próximo de $z = 0$ ou $z = 1$. Isso explica a inacurácia de implementação decorrente do uso desse tipo de seção em aplicações com alta taxa de amostragem, já que esses casos geralmente requerem um filtro com polos próximos ao eixo real. O mesmo fenômeno ocorre se é requerido que os polos estejam próximos de $z = 1$ ou $z = -1$.

Para a forma acoplada, o polinômio do denominador se torna

$$D(z) = z^2 - 2az + a^2 + \zeta^2, \tag{11.130}$$

onde a representa a parte real dos polos complexos conjugados e ζ, o valor absoluto de sua parte imaginária. A análise do posicionamento dos polos para a quantização de coeficientes nessa estrutura é mostrada na Figura 11.22b, onde

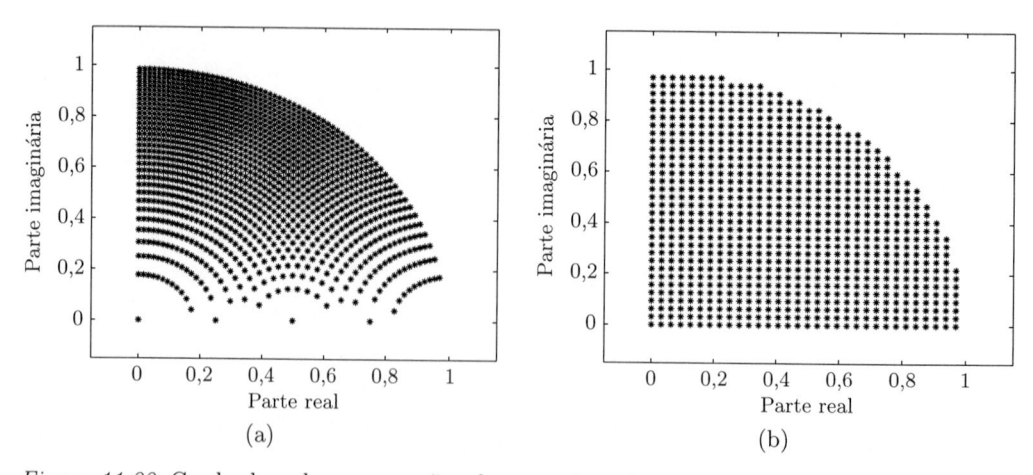

Figura 11.22 Grade de polos para seções de segunda ordem com coeficientes de 6 bits: (a) forma direta; (b) forma acoplada no espaço de estados.

observamos uma distribuição uniforme da grade por todo o quadrante. Esse resultado implica que não existe região preferencial para posicionamento dos polos nessa estrutura, o que é uma característica atraente, obtida ao custo de quatro coeficientes multiplicadores para posicionar um único par de polos complexos conjugados. △

11.7.1 Critério determinístico de sensibilidade

Na prática, geralmente se está interessado na variação do módulo da função de transferência, $|H(e^{j\omega})|$, com a quantização dos coeficientes. Levando-se em conta a contribuição de todos os multiplicadores, uma figura de mérito útil relacionada com essa variação seria

$$S(e^{j\omega}) = \sum_{i=1}^{K} \left| S_{m_i}^{|H(e^{j\omega})|}(e^{j\omega}) \right|, \qquad (11.131)$$

onde K é o número total de multiplicadores da estrutura e $S_{m_i}^{|H(e^{j\omega})|}(e^{j\omega})$ é calculada de acordo com uma das equações (11.125)–(11.127), dependendo do caso.

Entretanto, em geral, as sensibilidades de $H(e^{j\omega})$ à quantização dos coeficientes são muito mais facilmente dedutíveis que as de $|H(e^{j\omega})|$; logo, seria conveniente se a primeira pudesse ser usada no lugar da segunda. A fim de investigar essa possiblidade, escrevemos a resposta na frequência em termos de seu módulo e sua fase como

$$H(e^{j\omega}) = \left| H(e^{j\omega}) \right| e^{j\Theta(\omega)}. \qquad (11.132)$$

Então, as medidas de sensibilidade definidas nas equações (11.125)–(11.127) podem ser escritas como

$$\left| {}_{\mathrm{I}}S_{m_i}^{H(e^{j\omega})}(e^{j\omega}) \right| = \sqrt{\left({}_{\mathrm{I}}S_{m_i}^{|H(e^{j\omega})|}(e^{j\omega}) \right)^2 + |H(e^{j\omega})|^2 \left(\frac{\partial \Theta(\omega)}{\partial m_i} \right)^2} \qquad (11.133)$$

$$\left| {}_{\mathrm{II}}S_{m_i}^{H(e^{j\omega})}(e^{j\omega}) \right| = \sqrt{\left({}_{\mathrm{II}}S_{m_i}^{|H(e^{j\omega})|}(e^{j\omega}) \right)^2 + \left(\frac{\partial \Theta(\omega)}{\partial m_i} \right)^2} \qquad (11.134)$$

$$\left| {}_{\mathrm{III}}S_{m_i}^{H(e^{j\omega})}(e^{j\omega}) \right| = \sqrt{\left({}_{\mathrm{III}}S_{m_i}^{|H(e^{j\omega})|}(e^{j\omega}) \right)^2 + |m_i|^2 \left(\frac{\partial \Theta(\omega)}{\partial m_i} \right)^2}. \qquad (11.135)$$

Pelas equações (11.133)–(11.135), pode-se ver que $\left| S_{m_i}^{H(e^{j\omega})}(e^{j\omega}) \right| \geq \left| S_{m_i}^{|H(e^{j\omega})|}(e^{j\omega}) \right|$. Logo, $\left| S_{m_i}^{H(e^{j\omega})}(e^{j\omega}) \right|$ pode ser usada como uma substituta conservadora de $\left|S_{m_i}^{|H(e^{j\omega})|}(e^{j\omega})\right|$ no sentido de garantir que a variação da função de transferência estará abaixo de uma tolerância especificada.

Além disso, é sabido que a sensibilidade é mais crítica quando se implementam filtros com polos próximos à circunferência unitária e, em tais casos, para ω próxima à frequência do polo, podemos mostrar que $\left|S_{m_i}^{H(e^{j\omega})}(e^{j\omega})\right| \approx \left|S_{m_i}^{|H(e^{j\omega})|}(e^{j\omega})\right|$. Portanto, podemos reescrever a equação (11.131), chegando à seguinte figura de mérito prática de sensibilidade:

$$S(e^{j\omega}) = \sum_{i=1}^{K} \left|S_{m_i}^{H(e^{j\omega})}(e^{j\omega})\right|, \qquad (11.136)$$

na qual, dependendo do caso, $S_{m_i}^{H(e^{j\omega})}(e^{j\omega})$ é dada por uma das equações (11.125)–(11.127).

EXEMPLO 11.7

Projete um filtro passa-baixas elítpico com as seguintes especificações:

$$\left.\begin{array}{l} A_\mathrm{p} = 1{,}0 \text{ dB} \\ A_\mathrm{r} = 40 \text{ dB} \\ \omega_\mathrm{p} = 0{,}3\pi \text{ rad/amostra} \\ \omega_\mathrm{r} = 0{,}4\pi \text{ rad/amostra} \end{array}\right\}. \qquad (11.137)$$

Faça a análise de sensibilidade de ponto fixo para a estrutura na forma direta, determinando a variação sobre a resposta de módulo ideal para uma quantização da parte fracionária em 11 bits, incluído o bit de sinal.

SOLUÇÃO

Os coeficientes do filtro passa-baixas elítpico são dados na Tabela 11.1.

Para a estrutura geral na forma direta descrita por

$$H(z) = \frac{B(z)}{A(z)} = \frac{b_0 + b_1 z^{-1} + \cdots + b_N z^{-N}}{1 + a_1 z^{-1} + \cdots + a_N z^{-N}}, \qquad (11.138)$$

é fácil encontrar que as sensibilidades definidas na equação (11.125) com relação aos coeficientes do numerador e do denominador são dadas por

$$_\mathrm{I}S_{b_i}^{H(z)}(z) = \frac{z^{-i}}{A(z)} \qquad (11.139)$$

e

$$_\mathrm{I}S_{a_i}^{H(z)}(z) = -\frac{z^{-i}H(z)}{A(z)}, \qquad (11.140)$$

11.7 Quantização de coeficientes

Tabela 11.1 *Coeficientes do filtro para as especificações (11.137).*

Coeficientes do numerador	Coeficientes do denominador
$b_0 = 0{,}028\,207\,76$	$a_0 = 1{,}000\,000\,00$
$b_1 = -0{,}001\,494\,75$	$a_1 = -3{,}028\,484\,73$
$b_2 = 0{,}031\,747\,58$	$a_2 = 4{,}567\,772\,20$
$b_3 = 0{,}031\,747\,58$	$a_3 = -3{,}900\,153\,49$
$b_4 = -0{,}001\,494\,75$	$a_4 = 1{,}896\,641\,38$
$b_5 = 0{,}028\,207\,76$	$a_5 = -0{,}418\,854\,19$

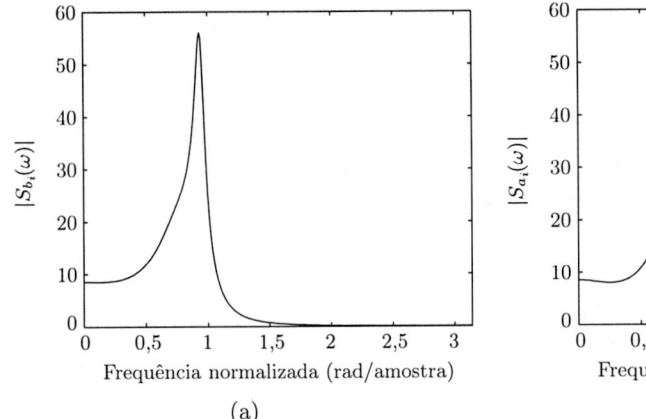

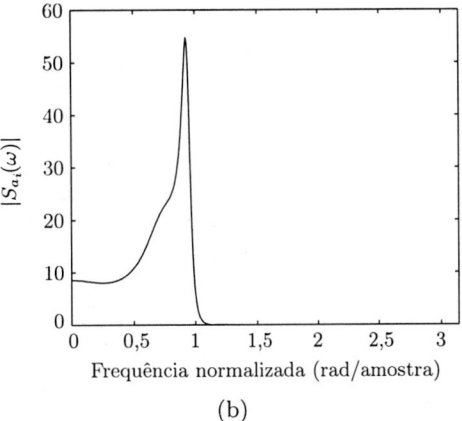

Figura 11.23 Módulos das funções de sensibilidade de $H(z)$ com relação aos: (a) coeficientes do numerador b_i; (b) coeficientes do denominador a_i.

respectivamente. Os módulos dessas funções para o filtro elíptico de quinta ordem projetado são vistos na Figura 11.23.

A figura de mérito $S(e^{j\omega})$ dada na equação (11.136) para a realização geral na forma direta pode ser escrita como

$$S(e^{j\omega}) = \frac{(N+1) + N|H(z)|}{|A(z)|}. \tag{11.141}$$

Para este exemplo, a função é representada na Figura 11.24a.

Podemos, então, estimar a variação na resposta de módulo ideal usando a aproximação

$$\Delta|H(e^{j\omega})| \approx \Delta m_i S(e^{j\omega}). \tag{11.142}$$

Para uma quantização de ponto fixo por arredondamento com 11 bits, incluído o bit de sinal, $\max\{\Delta m_i\} = 2^{-11}$. Nesse caso, a Figura 11.24b representa a

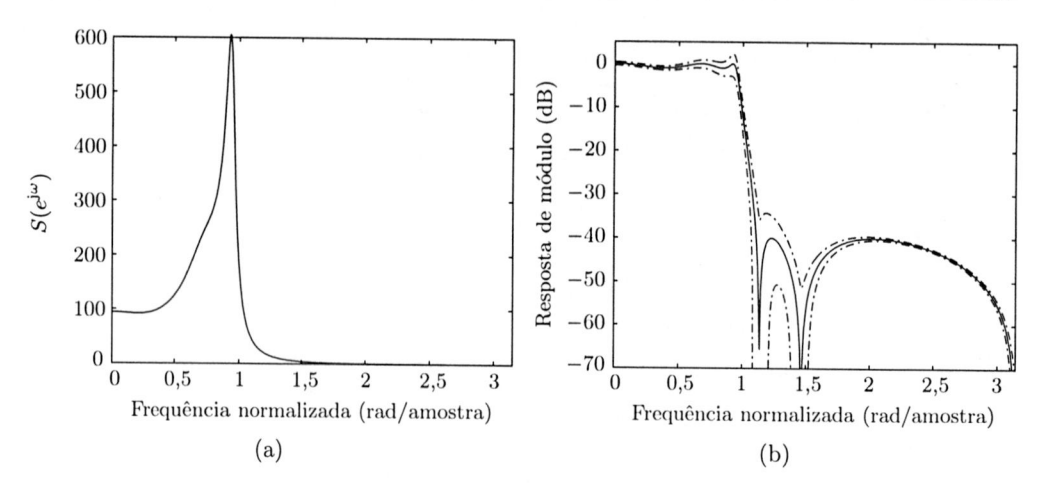

Figura 11.24 Análise de precisão finita: (a) medida de sensibilidade $S(e^{j\omega})$; (b) variação de $|H(e^{j\omega})|$ no pior caso, com quantização de ponto fixo com 11 bits.

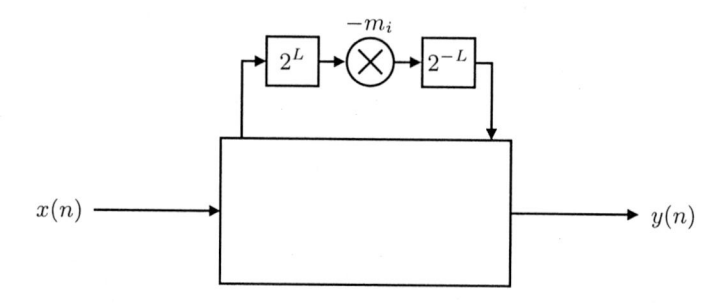

Figura 11.25 Implementação de uma multiplicação em representação de ponto pseudoflutuante.

resposta de módulo ideal de um filtro elíptico de quinta ordem que satisfaz as especificações dadas no conjunto (11.137), juntamente com as margens de pior caso devidas à quantização dos coeficientes. △

Vale a pena notar que a medida da sensibilidade dada na equação (11.136) também é útil como figura de mérito quando se usa a chamada representação de ponto pseudoflutuante, que consiste em se implementar a multiplicação entre um sinal e um coeficiente de módulo pequeno da seguinte forma, como representa a Figura 11.25:

$$[x \times m_i]_Q = [(x \times m_i \times 2^L) \times 2^{-L}]_Q, \qquad (11.143)$$

onde L é o expoente de m_i quando representado em ponto flutuante. Observe que no esquema em ponto pseudoflutuante, todas as operações são de fato efetuadas usando-se aritmética de ponto fixo.

11.7.2 Previsão estatística do comprimento de palavra

Na Seção 11.7.1, computamos o pior caso da variação da resposta na frequência de um filtro digital com a quantização dos coeficientes. Como pior caso entende-se a hipótese de que a quantização fez todos os coeficientes variarem a maior quantidade possível, e na pior direção. Entretanto, é improvável que todos os coeficientes sofram um erro de quantização de pior caso, e seus efeitos de quantização se acumulem da pior forma com relação à resposta na frequência resultante. Logo, é útil fazer uma análise estatística, mais realística, do desvio da resposta na frequência. Nesta seção, fazemos uma previsão estatística do comprimento de palavra necessário para que um filtro quantizado satisfaça uma dada especificação.

Suponha que projetamos um filtro digital com resposta na frequência $H(e^{j\omega})$ para atender uma resposta de módulo ideal $H_d(e^{j\omega})$ com uma tolerância dada por $\rho(\omega)$. Quando os coeficientes do filtro são quantizados, podemos expressar a resposta de módulo resultante como

$$|H_Q(e^{j\omega})| = |H(e^{j\omega})| + \Delta |H(e^{j\omega})|. \tag{11.144}$$

Obviamente, para um projeto útil, $|H_Q(e^{j\omega})|$ não pode se desviar de $H_d(e^{j\omega})$ por mais que uma tolerância dependente da frequência $\rho(\omega)$, ou seja,

$$|(|H_Q(e^{j\omega})| - H_d(e^{j\omega}))| = ||H(e^{j\omega})| + \Delta |H(e^{j\omega})| - H_d(e^{j\omega})| \le \rho(\omega). \tag{11.145}$$

Mais estritamente,

$$|\Delta |H(e^{j\omega})|| \le \rho(\omega) - ||H(e^{j\omega})| - H_d(e^{j\omega})|. \tag{11.146}$$

A variação na resposta de módulo do filtro digital devida a variações nos coeficientes multiplicadores m_i pode ser aproximada por

$$\Delta |H(e^{j\omega})| \approx \sum_{i=1}^{K} \frac{\partial |H(e^{j\omega})|}{\partial m_i} \Delta m_i. \tag{11.147}$$

Se consideramos que:

- os coeficientes multiplicadores são arredondados,
- os erros de quantização são estatisticamente independentes e
- todos os Δm_i são uniformemente distribuídos,

então a variância do erro em cada coeficiente, com base na equação (11.54), é dada por

$$\sigma^2_{\Delta m_i} = \sigma^2_{\Delta m} = \frac{2^{-2b}}{12}, \quad \text{para} \quad i = 1, 2, \ldots, K, \tag{11.148}$$

onde b é o número de bits, não incluído o bit de sinal.

Com as hipóteses acima, a média de $\Delta|H(\mathrm{e}^{j\omega})|$ é zero, e sua variância é dada por

$$\sigma^2_{\Delta|H(\mathrm{e}^{j\omega})|} \approx \sigma^2_{\Delta m} \sum_{i=1}^{K} \left(\frac{\partial |H(\mathrm{e}^{j\omega})|}{\partial m_i}\right)^2 = \sigma^2_{\Delta m} S^2(\mathrm{e}^{j\omega}), \tag{11.149}$$

onde $S^2(\mathrm{e}^{j\omega})$ é dada pelas equações (11.125) e (11.136).

Se assumimos ainda que $\Delta|H(\mathrm{e}^{j\omega})|$ é gaussiana (Avenhaus, 1972), podemos estimar a probabilidade de $\Delta|H(\mathrm{e}^{j\omega})|$ ser menor que ou igual a $x\sigma_{\Delta|H(\mathrm{e}^{j\omega})|}$ por

$$\Pr\left\{|\Delta H(\mathrm{e}^{j\omega})| \leq x\sigma_{\Delta|H(\mathrm{e}^{j\omega})|}\right\} = \frac{2}{\sqrt{\pi}} \int_0^{x/\sqrt{2}} \mathrm{e}^{-x'^2} \mathrm{d}x'. \tag{11.150}$$

Para garantir que a inequação (11.146) é atendida com probabilidade menor que ou igual à da inequação dada na equação (11.150), basta que

$$x\sigma_{\Delta m}S(\mathrm{e}^{j\omega}) \leq \rho(\omega) - \left||H(\mathrm{e}^{j\omega})| - H_\mathrm{d}(\mathrm{e}^{j\omega})\right|. \tag{11.151}$$

Suponha, agora, que o comprimento de palavra, incluído o bit de sinal, é dado por

$$B = I + F + 1, \tag{11.152}$$

onde I e F são os números de bits das partes inteira e fracionária, respectivamente. O valor de I depende da ordem de grandeza requerida para o módulo do coeficiente, e F pode ser estimado da equação (11.151) para garantir que a inequação (11.146) é atendida com uma probabilidade limitada pelo valor dado na equação (11.150). Para satisfazer a desigualdade em (11.151), o valor de 2^{-b} na equação (11.148) deve ser dado por

$$2^{-b} = \sqrt{12} \min_{\omega \in C} \left\{ \left| \frac{\rho(\omega) - \left||H(\mathrm{e}^{j\omega})| - H_\mathrm{d}(\mathrm{e}^{j\omega})\right|}{xS(\mathrm{e}^{j\omega})} \right| \right\}, \tag{11.153}$$

onde C é o conjunto de frequências que não pertencem às faixas de transição do filtro. Então, uma estimativa para F é

$$F \approx b = -\log_2\left(\sqrt{12} \min_{\omega \in C} \left\{ \left| \frac{\rho(\omega) - \left||H(\mathrm{e}^{j\omega})| - H_\mathrm{d}(\mathrm{e}^{j\omega})\right|}{xS(\mathrm{e}^{j\omega})} \right| \right\}\right). \tag{11.154}$$

Esse método para estimar o comprimento de palavra também é útil em procedimentos iterativos para projeto de filtros com comprimento de palavra mínimo (Avenhaus, 1972; Crochiere & Oppenheim, 1975).

Um procedimento alternativo muito usado na prática para realizar o projeto de filtros digitais com coeficientes com comprimento de palavra finito é projetar os filtros para atenderem a especificações mais apertadas, quantizar os coeficientes e verificar se as especificações prescritas ainda são atendidas. Obviamente, nesse caso o sucesso do projeto depende muito da experiência do projetista.

11.7 Quantização de coeficientes

EXEMPLO 11.8

Determine o número total de bits requeridos para que o filtro projetado no Exemplo 11.7 satisfaça as especificações a seguir, após a quantização de seus coeficientes:

$$\left.\begin{aligned} A_p &= 1,2 \text{ dB} \\ A_r &= 39 \text{ dB} \\ \omega_p &= 0,3\pi \text{ rad/amostra} \\ \omega_r &= 0,4\pi \text{ rad/amostra} \end{aligned}\right\}. \tag{11.155}$$

SOLUÇÃO

Usando as especificações da equação (11.155), determinamos

$$\delta_p = 1 - 10^{-A_p/20} = 0,1482 \tag{11.156}$$

$$\delta_r = 10^{-A_r/20} = 0,0112 \tag{11.157}$$

e definimos

$$\rho(\omega) = \begin{cases} \delta_p, & \text{para } 0 \leq \omega \leq 0,3\pi \\ \delta_r, & \text{para } 0,4\pi \leq \omega \leq \pi \end{cases} \tag{11.158}$$

$$H_d(e^{j\omega}) = \begin{cases} 1, & \text{para } 0 \leq \omega \leq 0,3\pi \\ 0, & \text{para } 0,4\pi \leq \omega \leq \pi. \end{cases} \tag{11.159}$$

Uma margem em torno de 90% é razoável, e pela equação (11.150), produz

$$\frac{x}{\sqrt{2}} = \texttt{erfinv}(0,9) = 1,1631 \Rightarrow x = 1,6449. \tag{11.160}$$

Usamos o filtro projetado no Exemplo 11.7 como $H(e^{j\omega})$, cuja função de sensibilidade $S(e^{j\omega})$ é dada pela equação (11.141) e representada na Figura 11.24a.

Com base nesses valores, podemos computar o número de bits F para a parte fracionária, usando a equação (11.154), que resulta em $F \approx 12,0993$, que arredondamos para $F = 12$ bits. Pela Tabela 11.1, observamos que $I = 3$ bits são necessários para representar a parte inteira dos coeficientes do filtro, que fica na faixa de -4 a $+4$. Portanto, o número total de bits necessários, incluído o bit de sinal, é

$$B = I + F + 1 = 16. \tag{11.161}$$

A Tabela 11.2 mostra os coeficientes do filtro após a quantização.

A Tabela 11.3 inclui as ondulações na banda passante e as atenuações na faixa de rejeição para diversos valores de F; dela se pode ver claramente que usando o valor predito $F = 12$, as especificações da equação (11.155) são atendidas, mesmo após a quantização dos coeficientes do filtro. △

Tabela 11.2 *Coeficientes quantizados do filtro para satisfazer as especificações (11.155).*

Coeficientes do numerador	Coeficientes do denominador
$b_0 = 0{,}028\,320\,31$	$a_0 = 1{,}000\,000\,00$
$b_1 = -0{,}001\,464\,84$	$a_1 = -3{,}028\,564\,45$
$b_2 = 0{,}031\,738\,28$	$a_2 = 4{,}567\,871\,09$
$b_3 = 0{,}031\,738\,28$	$a_3 = -3{,}900\,146\,48$
$b_4 = -0{,}001\,464\,84$	$a_4 = 1{,}896\,728\,52$
$b_5 = 0{,}028\,320\,31$	$a_5 = -0{,}418\,945\,31$

Tabela 11.3 *Características do filtro como função do número de bits F da parte fracionária.*

F	A_p (dB)	A_r (dB)
15	1,0100	40,0012
14	1,0188	40,0106
13	1,0174	40,0107
12	**1,1625**	**39,7525**
11	1,1689	39,7581
10	1,2996	39,7650
9	1,2015	40,0280
8	2,3785	40,2212

11.8 Ciclos-limite

Um sério problema prático que afeta a implementação de filtros digitais recursivos é a possível ocorrência de oscilações parasitas. Essas oscilações podem ser classificadas, de acordo com sua origem, como ciclos-limite granulares ou ciclos-limite por *overflow*, apresentados a seguir.

11.8.1 Ciclos-limite granulares

Qualquer filtro digital estável, se implementado com aritmética idealizada de precisão infinita, deve ter uma resposta assintoticamente decrescente quando o sinal de entrada se torna zero após um dado instante $n_0 T$. Contudo, se o filtro é implementado com aritmética de precisão finita, então os sinais de ruído gerados nos quantizadores se tornam altamente correlacionados de amostra a amostra e de fonte a fonte. Essa correlação pode causar oscilações autônomas, referenciadas como ciclos-limite granulares, originadas pelas quantizações realizadas nos bits menos significativos do sinal, como mostra o exemplo que se segue.

11.8 Ciclos-limite

Tabela 11.4 *Sinal de saída da rede mostrada na Figura 11.26:* $y(n) = Q[ay(n-1) + by(n-2) + x(n)]$.

n	$y(n)$
1	0.111
2	$Q(0.110\,001 + 0.000\,000) = 0.110$
3	$Q(0.101\,010 + 1.001\,111) = 1.111$
4	$Q(1.111\,001 + 1.010\,110) = 1.010$
5	$Q(1.010\,110 + 0.000\,111) = 1.100$
6	$Q(1.100\,100 + 0.101\,010) = 0.010$
7	$Q(0.001\,110 + 0.011\,100) = 0.101$
8	$Q(0.100\,011 + 1.110\,010) = 0.011$
9	$Q(0.010\,101 + 1.011\,101) = 1.110$
10	$Q(1.110\,010 + 1.101\,011) = 1.100$
11	$Q(1.100\,100 + 0.001\,110) = 1.110$
12	$Q(1.110\,010 + 0.011\,100) = 0.010$
13	$Q(0.001\,110 + 0.001\,110) = 0.100$
14	$Q(0.011\,100 + 1.110\,010) = 0.010$
15	$Q(0.001\,110 + 1.100\,100) = 1.110$
16	$Q(1.110\,010 + 1.110\,010) = 1.100$
17	$Q(1.100\,100 + 0.001\,110) = 1.110$
18	$Q(1.110\,010 + 0.011\,100) = 0.010$
19	$Q(0.001\,110 + 0.001\,110) = 0.100$
20	$Q(0.011\,100 + 1.110\,010) = 0.010$
21	$Q(0.001\,110 + 1.100\,100) = 1.110$
22	$Q(1.110\,010 + 1.110\,010) = 1.100$
⋮	⋮

EXEMPLO 11.9

Suponha que o filtro da Figura 11.26 tem o seguinte sinal de entrada:

$$x(n) = \begin{cases} 0.111, & \text{para } n = 1 \\ 0.000, & \text{para } n \neq 1, \end{cases} \quad (11.162)$$

onde os números estão representados em complemento-a-dois. Determine o sinal de saída no caso em que o quantizador efetua arredondamento, para $n = 1, 2, \ldots, 40$.

SOLUÇÃO

A saída no domínio do tempo, supondo que o quantizador arredonda o sinal, é dada na Tabela 11.4, onde se pode ver facilmente que é sustentada uma oscilação na saída, mesmo após a entrada se tornar zero. △

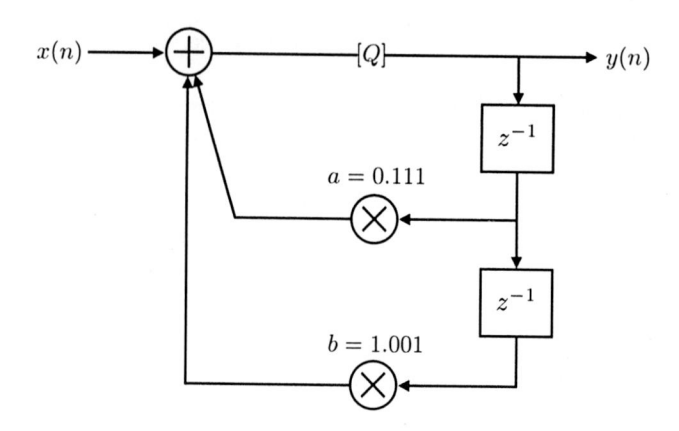

Processamento digital de sinais em precisão finita

Figura 11.26 Seção de segunda ordem com um quantizador.

Em muitas aplicações práticas em que os níveis de sinal num filtro digital podem ser constantes ou muito baixos, ainda que por curtos intervalos de tempo, os ciclos-limite são altamente indesejáveis, e devem ser eliminados ou ao menos ter seus limites de amplitude estritamente limitados.

11.8.2 Ciclos-limite por *overflow*

Ciclos-limite por *overflow* podem ocorrer quando os módulos dos sinais internos excedem a faixa dos registros disponíveis. A fim de se evitar o aumento do comprimento de palavra do sinal em filtros digitais recursivos, podem-se aplicar não-linearidades de *overflow* ao sinal. Tais não-linearidades influenciam os bits mais significativos do sinal, possivelmente causando distorção severa. Um *overflow* pode dar origem a oscilações de alta amplitude autossustentadas, conhecidas como ciclos-limite por *overflow*. *Overflows* podem ocorrer em qualquer estrutura na presença de um sinal de entrada, e o escalamento do sinal de entrada é crucial para reduzir a probabilidade de ocorrência de *overflows* a um nível aceitável.

EXEMPLO 11.10
Considere o filtro da Figura 11.27 com $a = 0{,}9606$ e $b = -0{,}9849$, no qual a não-linearidade empregada é o complemento-a-dois com quantização de 3 bits (veja a Figura 11.27). Sua expressão analítica é dada por

$$Q(x) = \frac{1}{4}[(\lceil 4x - 0{,}5 \rceil + 4) \bmod 8] - 1, \tag{11.163}$$

onde $\lceil x \rceil$ significa o menor inteiro maior que ou igual a x.

Determine o sinal de saída desse filtro com entrada zero, dadas as condições iniciais $y(-2) = 0{,}50$ e $y(-1) = -1{,}00$.

11.8 Ciclos-limite

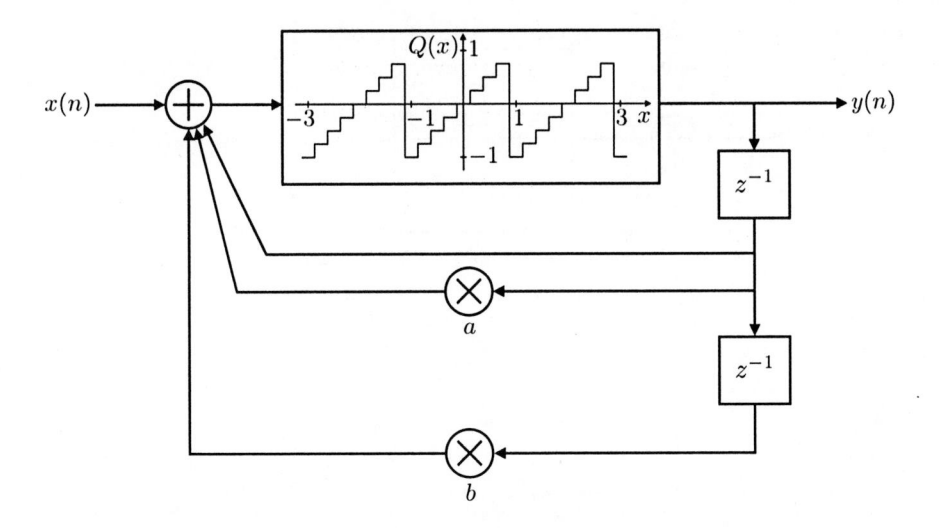

Figura 11.27 Seção de segunda ordem com um quantizador com *overflow*.

SOLUÇÃO

Com $a = 0{,}9606$, $b = -0{,}9849$, $y(-2) = 0{,}50$, e $y(-1) = -1{,}00$, temos que

$$y(0) = Q[1{,}9606(-1{,}00) - 0{,}9849(0{,}50)] = Q[-2{,}4530] = -0{,}50$$
$$y(1) = Q[1{,}9606(-0{,}50) - 0{,}9849(-1{,}00)] = Q[0{,}0046] = 0{,}00$$
$$y(2) = Q[1{,}9606(0{,}00) - 0{,}9849(-0{,}50)] = Q[0{,}4924] = 0{,}50 \qquad (11.164)$$
$$y(3) = Q[1{,}9606(0{,}50) - 0{,}9849(0{,}00)] = Q[0{,}9803] = -1{,}00$$
$$\vdots$$

Como $y(2) = y(-2)$ e $y(3) = y(-1)$, temos que, embora não exista excitação, o sinal de saída é não-nulo e periódico com período 4, indicando assim a existência de ciclos-limite por *overflow*. △

Uma estrutura de filtro digital é considerada livre de ciclos-limite por *overflow* se o erro introduzido no filtro após um *overflow* decresce no tempo, de forma que a saída do filtro não-linear (incluindo os quantizadores) converge para a saída do filtro linear ideal (Claasen *et al.*, 1975).

Na prática, um quantizador incorpora não-linearidades correspondentes tanto à quantização granular quanto ao *overflow*. A Figura 11.28 ilustra um filtro digital usando um quantizador que implementa arredondamento como quantização granular e aritmética de saturação como não-linearidade de *overflow*. Observe que embora essa não-linearidade de *overflow* seja diferente daquela representada na Figura 11.27, ambas são classificadas como *overflow*.

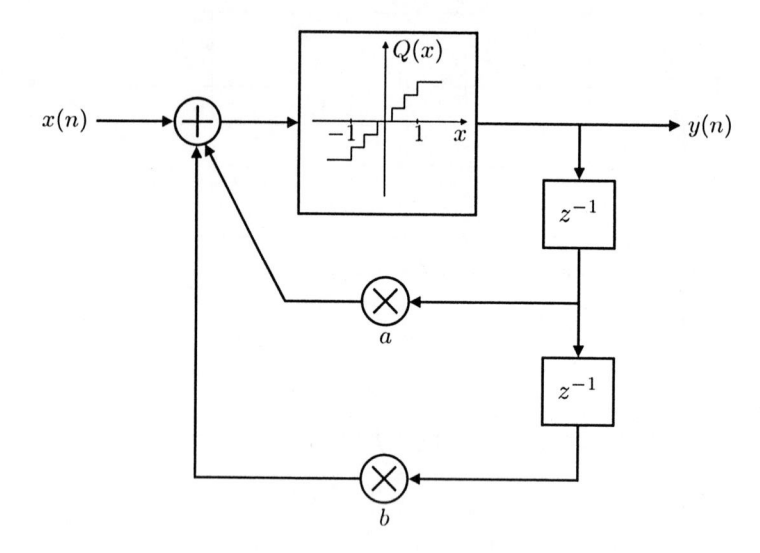

Figura 11.28 Seção de segunda ordem com quantizador com arredondamento e saturação.

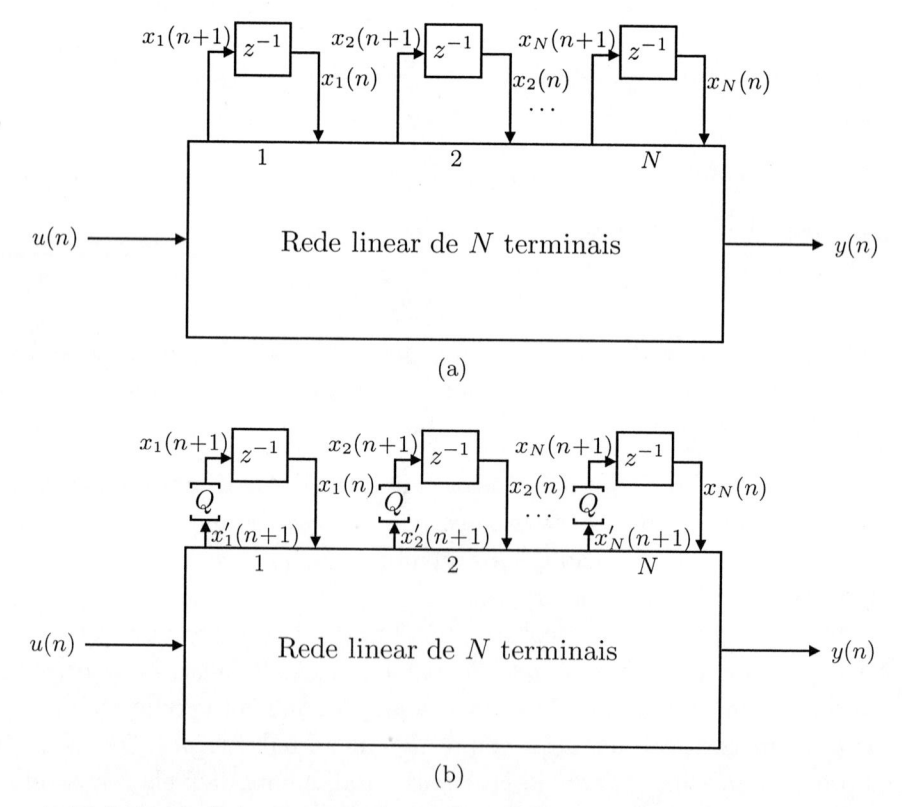

Figura 11.29 Redes de filtros digitais: (a) ideal; (b) com quantizadores nas variáveis de estado.

11.8.3 Eliminação de ciclos-limite de entrada nula

Um filtro IIR genérico pode ser representado como na Figura 11.29a, em que a rede linear de N terminais consiste de interconexões de multiplicadores e somadores. Num filtro recursivo implementado com aritmética de ponto fixo, cada laço interno contém um quantizador. Assumindo que os quantizadores estão posicionados nas entradas dos atrasos (as variáveis de estado), como mostra a Figura 11.29b, podemos descrever o filtro digital, incluindo os quantizadores, usando a seguinte formulação no espaço de estados:

$$\left. \begin{array}{l} \mathbf{x}(n+1) = [\mathbf{A}\mathbf{x}(n) + \mathbf{b}u(n)]_Q \\ y(n) = \mathbf{c}^T\mathbf{x}(n) + du(n) \end{array} \right\}, \tag{11.165}$$

onde $[x]_Q$ indica o valor quantizado de x, $\mathbf{A}$ é a matriz de estados, $\mathbf{b}$ é o vetor de entrada, $\mathbf{c}$ é o vetor de saída e d representa a conexão direta entre a entrada e a saída do filtro.

A fim de se analisar os ciclos-limite, é suficiente considerar a parte recursiva da equação de estados, dada por

$$\mathbf{x}(k+1) = [\mathbf{A}\mathbf{x}(k)]_Q = [\mathbf{x}'(k+1)]_Q, \tag{11.166}$$

onde as operações de quantização $[\cdot]_Q$ são operações lineares tais como truncamento, arredondamento ou *overflow*.

A base para a eliminação de oscilações não-lineares é dada pelo Teorema 11.1.

TEOREMA 11.1
Se um filtro digital estável tem uma matriz de estados $\mathbf{A}$ e para qualquer vetor $N \times 1$ $\hat{\mathbf{x}}$ existe uma matriz diagonal definida positiva $\mathbf{G}$ tal que

$$\hat{\mathbf{x}}^T(\mathbf{G} - \mathbf{A}^T\mathbf{G}\mathbf{A})\hat{\mathbf{x}} \geq 0, \tag{11.167}$$

então os ciclos-limite granulares de entrada nula podem ser eliminados se a quantização é realizada através de truncamento de módulo.

◊

PROVA
Considere uma função de Lyapunov não-negativa de pseudoenergia dada por (Willems, 1970)

$$p(\mathbf{x}(n)) = \mathbf{x}^T(n)\mathbf{G}\mathbf{x}(n). \tag{11.168}$$

A variação de energia numa simples iteração pode ser definida como

$$\begin{aligned} \Delta p(n+1) &= p(\mathbf{x}(n+1)) - p(\mathbf{x}(n)) \\ &= \mathbf{x}^T(n+1)\mathbf{G}\mathbf{x}(n+1) - \mathbf{x}^T(n)\mathbf{G}\mathbf{x}(n) \end{aligned}$$

$$\begin{aligned}
&= [\mathbf{x}'^{\mathrm{T}}(n+1)]_Q \mathbf{G}[\mathbf{x}'(n+1)]_Q - \mathbf{x}^{\mathrm{T}}(n)\mathbf{G}\mathbf{x}(n) \\
&= [\mathbf{A}\mathbf{x}(n)]_Q^{\mathrm{T}} \mathbf{G}[\mathbf{A}\mathbf{x}(n)]_Q - \mathbf{x}^{\mathrm{T}}(n)\mathbf{G}\mathbf{x}(n) \\
&= [\mathbf{A}\mathbf{x}(n)]^{\mathrm{T}} \mathbf{G}[\mathbf{A}\mathbf{x}(n)] - \mathbf{x}^{\mathrm{T}}(n)\mathbf{G}\mathbf{x}(n) \\
&\quad - \sum_{i=1}^{N}(x_i'^2(n+1) - x_i^2(n+1))g_i \\
&= \mathbf{x}^{\mathrm{T}}(n)[\mathbf{A}^{\mathrm{T}}\mathbf{G}\mathbf{A} - \mathbf{G}]\mathbf{x}(n) - \sum_{i=1}^{N}(x_i'^2(n+1) - x_i^2(n+1))g_i,
\end{aligned} \quad (11.169)$$

onde g_i são os elementos da diagonal de $\mathbf{G}$.

Se a quantização é realizada através de truncamento de módulo, então os erros devidos à quantização granular e de *overflow* são tais que

$$|x_i(n+1)| \leq |x_i'(n+1)| \quad (11.170)$$

para todo i e todo n. Portanto, se a inequação (11.167) vale, pela equação (11.169), temos que

$$\Delta p(n+1) \leq 0. \quad (11.171)$$

Se um filtro digital é implementado com aritmética de precisão finita, dentro de um número de amostras finito após o sinal de entrada ir a zero, o sinal de saída se tornará ou uma oscilação periódica ou zero. Oscilações periódicas com amplitude não-nula não podem ser sustentadas se $\Delta p(n+1) \leq 0$, como visto anteriormente. Portanto, as equações (11.167) e (11.170) são condições suficientes para garantir a eliminação de ciclos-limite granulares de entrada nula num filtro digital recursivo. □

Observe que a condição dada na inequação (11.167) equivale a requerer que $\mathbf{F}$, dada por

$$\mathbf{F} = (\mathbf{G} - \mathbf{A}^{\mathrm{T}}\mathbf{G}\mathbf{A}), \quad (11.172)$$

seja semidefinida positiva. Vale a pena observar ainda que qualquer matriz de estados estável $\mathbf{A}$ tem seus autovalores no interior da circunferência unitária, e sempre haverá uma matriz definida positiva e simétrica $\mathbf{G}$ tal que $\mathbf{F}$ seja simétrica e semidefinida positiva. Entretanto, se $\mathbf{G}$ não é diagonal, então o processo de quantização requerido para eliminar ciclos-limite de entrada nula é extremamente complicado (Meerkötter, 1976), já que a operação de quantização em cada quantizador é acoplada com a dos outros. Por outro lado, se existe uma matriz $\mathbf{G}$ diagonal e definida positiva tal que $\mathbf{F}$ seja semidefinida positiva, então os ciclos-limite podem ser eliminados pelo simples truncamento de módulo.

No teorema a seguir, enunciaremos condições mais específicas relativas à eliminação de ciclos-limite de entrada nula em sistemas de segunda ordem.

TEOREMA 11.2
Dada uma matriz de estados 2×2 estável $\mathbf{A}$, existe uma matriz definida positiva diagonal $\mathbf{G}$ tal que $\mathbf{F}$ seja semidefinida positiva se e somente se (Mills et al., 1978)

$$a_{12}a_{21} \geq 0 \tag{11.173}$$

ou

$$\left.\begin{array}{l} a_{12}a_{21} < 0 \\ |a_{11} - a_{22}| + \det(\mathbf{A}) \leq 1 \end{array}\right\}. \tag{11.174}$$

◊

PROVA
Seja $\mathbf{G} = (\mathbf{T}^{-1})^2$ uma matriz definida positiva diagonal, tal que $\mathbf{T}$ seja uma matriz diagonal não-singular. Portanto, podemos escrever $\mathbf{F}$ como

$$\mathbf{F} = \mathbf{T}^{-1}\mathbf{T}^{-1} - \mathbf{A}^T\mathbf{T}^{-1}\mathbf{T}^{-1}\mathbf{A} \tag{11.175}$$

e, então,

$$\begin{aligned} \mathbf{T}^T\mathbf{F}\mathbf{T} &= \mathbf{T}^T\mathbf{T}^{-1}\mathbf{T}^{-1}\mathbf{T} - \mathbf{T}^T\mathbf{A}^T\mathbf{T}^{-1}\mathbf{T}^{-1}\mathbf{A}\mathbf{T} \\ &= \mathbf{I} - (\mathbf{T}^{-1}\mathbf{A}\mathbf{T})^T(\mathbf{T}^{-1}\mathbf{A}\mathbf{T}) \\ &= \mathbf{I} - \mathbf{M}, \end{aligned} \tag{11.176}$$

com $\mathbf{M} = (\mathbf{T}^{-1}\mathbf{A}\mathbf{T})^T(\mathbf{T}^{-1}\mathbf{A}\mathbf{T})$, e já que $\mathbf{T}^T = \mathbf{T}$.

Como a matriz $(\mathbf{I} - \mathbf{M})$ é simétrica e real, seus autovalores são reais. Então, essa matriz é semidefinida positiva se e somente se seus autovalores são não-negativos (Strang, 1980) ou, equivalentemente, se e somente se seu traço e seu determinante são não-negativos. Então, temos que

$$\det\{\mathbf{I} - \mathbf{M}\} = 1 + \det\{\mathbf{M}\} - \operatorname{tr}\{\mathbf{M}\} = 1 + (\det\{\mathbf{A}\})^2 - \operatorname{tr}\{\mathbf{M}\} \tag{11.177}$$

$$\operatorname{tr}\{\mathbf{I} - \mathbf{M}\} = 2 - \operatorname{tr}\{\mathbf{M}\}. \tag{11.178}$$

Para um filtro digital estável, é fácil verificar que $\det\{\mathbf{A}\} < 1$, e portanto

$$\operatorname{tr}\{\mathbf{I} - \mathbf{M}\} > \det\{\mathbf{I} - \mathbf{M}\}. \tag{11.179}$$

Assim, a condição $\det\{\mathbf{I} - \mathbf{M}\} \geq 0$ é necessária e suficiente para garantir que $(\mathbf{I} - \mathbf{M})$ seja semidefinida positiva.

Pela definição de $\mathbf{M}$ e usando $\alpha = t_{22}/t_{11}$, então

$$\det\{\mathbf{I} - \mathbf{M}\} = 1 + (\det\{\mathbf{A}\})^2 - \left(a_{11}^2 + \alpha^2 a_{12}^2 + \frac{a_{21}^2}{\alpha^2} + a_{22}^2\right). \tag{11.180}$$

Calculando o máximo dessa equação em relação a α, obtemos um $\alpha^\star$ ótimo tal que

$$(\alpha^\star)^2 = \left|\frac{a_{21}}{a_{12}}\right| \tag{11.181}$$

e, então,

$$\begin{aligned}\det{}^\star\{\mathbf{I} - \mathbf{M}\} &= 1 + (\det\{\mathbf{A}\})^2 - (a_{11}^2 + 2|a_{12}a_{21}| + a_{22}^2)\\ &= (1 + \det\{\mathbf{A}\})^2 - (\operatorname{tr}\{\mathbf{A}\})^2 + 2(a_{12}a_{21} - |a_{12}a_{21}|),\end{aligned} \tag{11.182}$$

onde $\det{}^\star$ denota o respectivo valor máximo do determinante. Analisamos agora dois casos separados para garantir que $\det{}^\star\{\mathbf{I} - \mathbf{M}\} \geq 0$.

- Se

$$a_{12}a_{21} \geq 0, \tag{11.183}$$

então

$$\begin{aligned}\det{}^\star\{\mathbf{I} - \mathbf{M}\} &= (1 + \det\{\mathbf{A}\})^2 - (\operatorname{tr}\{\mathbf{A}\})^2\\ &= (1 + \alpha_2)^2 - (-\alpha_1)^2\\ &= (1 + \alpha_1 + \alpha_2)(1 - \alpha_1 + \alpha_2),\end{aligned} \tag{11.184}$$

onde $\alpha_1 = -\operatorname{tr}\{\mathbf{A}\}$ e $\alpha_2 = \det\{\mathbf{A}\}$ são os coeficientes do denominador do filtro. Pode-se verificar que para um filtro estável, $(1+\alpha_1+\alpha_2)(1-\alpha_1+\alpha_2) > 0$, e então a inequação (11.183) implica que $(\mathbf{I} - \mathbf{M})$ é definida positiva.

- Se

$$a_{12}a_{21} < 0, \tag{11.185}$$

então

$$\begin{aligned}\det{}^\star\{\mathbf{I} - \mathbf{M}\} &= 1 + (\det\{\mathbf{A}\})^2 - (a_{11}^2 - 2a_{12}a_{21} + a_{22}^2)\\ &= (1 - \det\{\mathbf{A}\})^2 - (a_{11} - a_{22})^2.\end{aligned} \tag{11.186}$$

Essa expressão é maior que ou igual a zero se e somente se

$$|a_{11} - a_{22}| + \det\{\mathbf{A}\} \leq 1. \tag{11.187}$$

11.8 Ciclos-limite

Portanto, ou a equação (11.183) ou as equações (11.185) e (11.187) são as condições necessárias e suficientes para a existência de uma matriz diagonal

$$\mathbf{T} = \text{diag}\{t_{11}, t_{22}\}, \tag{11.188}$$

com

$$\frac{t_{22}}{t_{11}} = \sqrt{\left|\frac{a_{21}}{a_{12}}\right|}, \tag{11.189}$$

tal que $\mathbf{F}$ seja semidefinida positiva. □

Vale a pena observar que o teorema anterior dá as condições para que a matriz $\mathbf{F}$ seja semidefinida positiva para seções de segunda ordem. No exemplo a seguir, ilustramos o processo de eliminação de ciclos-limite mostrando, sem recorrer ao Teorema 11.2, que uma dada seção de segunda ordem pode ser livre de ciclos-limite. O leitor é encorajado a aplicar o teorema para mostrar o mesmo resultado.

EXEMPLO 11.11
Examine a possibilidade de eliminar os ciclos-limite na rede da Figura 11.30 (Diniz & Antoniou, 1988).

SOLUÇÃO
A estrutura da Figura 11.30 realiza funções de transferência passa-baixas, passa-faixa e passa-altas simultaneamente (com os subscritos LP, BP e HP,

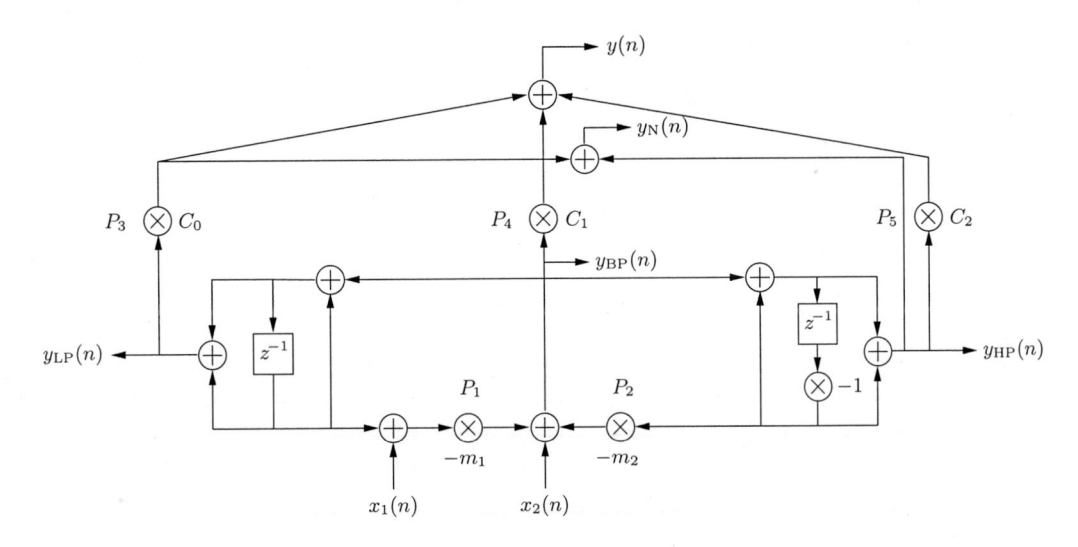

Figura 11.30 Rede de uso geral.

respectivamente). A estrutura também realiza uma função de transferência com zeros sobre a circunferência unitária, usando o número mínimo de multiplicadores. O polinômio característico da estrutura é dado por

$$D(z) = z^2 + (m_1 - m_2)z + m_1 + m_2 - 1. \tag{11.190}$$

Para garantir a estabilidade, os coeficientes multiplicadores m_1 e m_2 devem cair na faixa

$$\left.\begin{array}{l} m_1 > 0 \\ m_2 > 0 \\ m_1 + m_2 < 2 \end{array}\right\}. \tag{11.191}$$

A Figura 11.31 representa a parte recursiva da estrutura da Figura 11.30, incluindo os quantizadores.

A equação de entrada nula no espaço de estados para a estrutura da Figura 11.31 é

$$\mathbf{x}'(n+1) = \begin{bmatrix} x_1'(n+1) \\ x_2'(n+1) \end{bmatrix} = \mathbf{A} \begin{bmatrix} x_1(n) \\ x_2(n) \end{bmatrix}, \tag{11.192}$$

com

$$\mathbf{A} = \begin{bmatrix} (1 - m_1) & m_2 \\ -m_1 & (m_2 - 1) \end{bmatrix}. \tag{11.193}$$

Aplicando quantização a $\mathbf{x}'(n+1)$, encontramos

$$\mathbf{x}(n+1) = [\mathbf{x}'(n+1)]_Q = [\mathbf{A}\mathbf{x}(n)]_Q. \tag{11.194}$$

Pode ser definida uma função definida positiva

$$p(\mathbf{x}(n)) = \mathbf{x}^{\mathrm{T}}(n)\mathbf{G}\mathbf{x}(n) = \frac{x_1^2}{m_2} + \frac{x_2^2}{m_1}, \tag{11.195}$$

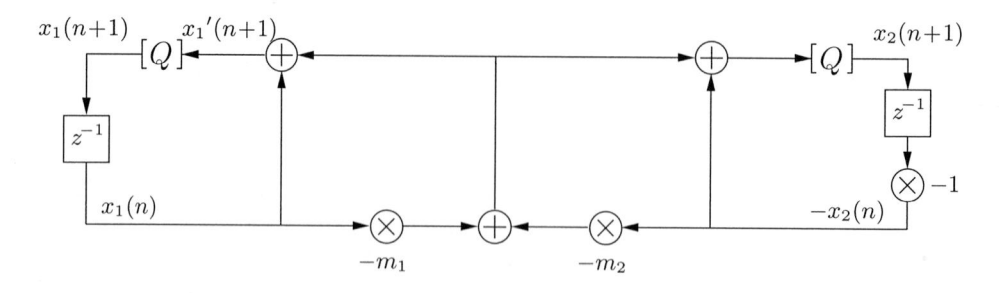

Figura 11.31 Parte recursiva da rede da Figura 11.30.

11.8 Ciclos-limite

com

$$\mathbf{G} = \begin{bmatrix} 1/m_2 & 0 \\ 0 & 1/m_1 \end{bmatrix}, \qquad (11.196)$$

a qual é definida positiva, uma vez que, pela equação (11.191), $m_1 > 0$ e $m_2 > 0$.

Então, pode-se definir um incremento de energia auxiliar

$$\begin{aligned}\Delta p_0(n+1) &= p(\mathbf{x}'(n+1)) - p(\mathbf{x}(n)) \\ &= \mathbf{x}'^T(n+1)\mathbf{G}\mathbf{x}'(n+1) - \mathbf{x}^T(n)\mathbf{G}\mathbf{x}(n) \\ &= \mathbf{x}^T(n)[\mathbf{A}^T\mathbf{G}\mathbf{A} - \mathbf{G}]\mathbf{x}(n) \\ &= (m_1 + m_2 - 2)\left(x_1(n)\sqrt{\frac{m_1}{m_2}} - x_2(n)\sqrt{\frac{m_2}{m_1}}\right)^2. \end{aligned} \qquad (11.197)$$

Como pela equação (11.191) $m_1 + m_2 < 2$, então

$$\left.\begin{aligned}\Delta p_0(n+1) &= 0, \quad \text{para } x_1(n) = x_2(n)\frac{m_2}{m_1} \\ \Delta p_0(n+1) &< 0, \quad \text{para } x_1(n) \neq x_2(n)\frac{m_2}{m_1}\end{aligned}\right\}. \qquad (11.198)$$

Agora, se é aplicado truncamento de módulo para quantizar as variáveis de estado, então $p(\mathbf{x}(n)) \leq p(\mathbf{x}'(n))$, o que implica que

$$\Delta p(\mathbf{x}(n)) = p(\mathbf{x}(n+1)) - p(\mathbf{x}(n)) \leq 0 \qquad (11.199)$$

e, portanto, $p(\mathbf{x}(n))$ é uma função de Lyapunov.

Resumindo, quando não se aplica nenhuma quantização à estrutura da Figura 11.30, não ocorrem oscilações autossustentadas se as condições de estabilidade das inequações (11.191) são satisfeitas. Se, entretanto, se aplica quantização à estrutura como mostra a Figura 11.31, então podem ocorrer oscilações. Usando truncamento de módulo, então $|x_i(n)| \leq |x'_i(n)|$, e sob essas circunstâncias $p(\mathbf{x}(n))$ decresce durante as iterações subsequentes, e finalmente as oscilações desaparecem, sendo

$$\mathbf{x}(n) = \begin{bmatrix} 0 \\ 0 \end{bmatrix} \qquad (11.200)$$

o único ponto de equilíbrio possível. △

11.8.4 Eliminação de ciclos-limite de entrada constante

Como foi visto anteriormente, as condições suficientes para eliminação de ciclos-limite de entrada nula são bem estabelecidas. Entretanto, se a entrada do sistema é constante e não-nula, então ainda podem aparecer ciclos-limite. Vale a pena observar que a resposta de um sistema linear estável a um sinal de entrada constante também deve ser um sinal constante. Em (Diniz & Antoniou, 1986), é apresentado um teorema que estabelece de que forma os ciclos-limite de entrada constante podem ser eliminados em filtros digitais nos quais os ciclos-limite de entrada nula tenham sido eliminados. Segue-se o teorema.

TEOREMA 11.3
Suponha que o filtro digital genérico da Figura 11.29b não sustente ciclos-limite de entrada nula e que

$$\left. \begin{array}{l} \mathbf{x}(n+1) = [\mathbf{A}\mathbf{x}(n) + \mathbf{B}u(n)]_Q \\ y(n) = \mathbf{C}^T\mathbf{x}(n) + du(n) \end{array} \right\}. \tag{11.201}$$

Os ciclos-limite de entrada constante também podem ser eliminados modificando-se a estrutura da Figura 11.29b da forma mostrada na Figura 11.32, onde

$$\mathbf{p} = [p_1 \ p_2 \cdots p_n]^T = (\mathbf{I} - \mathbf{A})^{-1}\mathbf{B} \tag{11.202}$$

e $\mathbf{p}u_0$ têm que ser representáveis com o comprimento de palavra da máquina, sendo u_0 um sinal de entrada constante.

$\diamond$

PROVA
Como a estrutura da Figura 11.29b é livre de ciclos-limite de entrada nula, o sistema autônomo

$$\mathbf{x}(n+1) = [\mathbf{A}\mathbf{x}(n)]_Q \tag{11.203}$$

é tal que

$$\lim_{n \to \infty} \mathbf{x}(n) = [0 \ 0 \cdots 0]^T. \tag{11.204}$$

Se $\mathbf{p}$ é como define a equação (11.202), então a estrutura modificada da Figura 11.32 é descrita por

$$\begin{aligned} \mathbf{x}(n+1) &= [\mathbf{A}\mathbf{x}(n) - \mathbf{p}u_0 + \mathbf{B}u_0]_Q + \mathbf{p}u_0 \\ &= [\mathbf{A}\mathbf{x}(n) - \mathbf{I}(\mathbf{I}-\mathbf{A})^{-1}\mathbf{B}u_0 + (\mathbf{I}-\mathbf{A})(\mathbf{I}-\mathbf{A})^{-1}\mathbf{B}u_0]_Q + \mathbf{p}u_0 \\ &= [\mathbf{A}(\mathbf{x}(n) - \mathbf{p}u_0)]_Q + \mathbf{p}u_0. \end{aligned} \tag{11.205}$$

11.8 Ciclos-limite

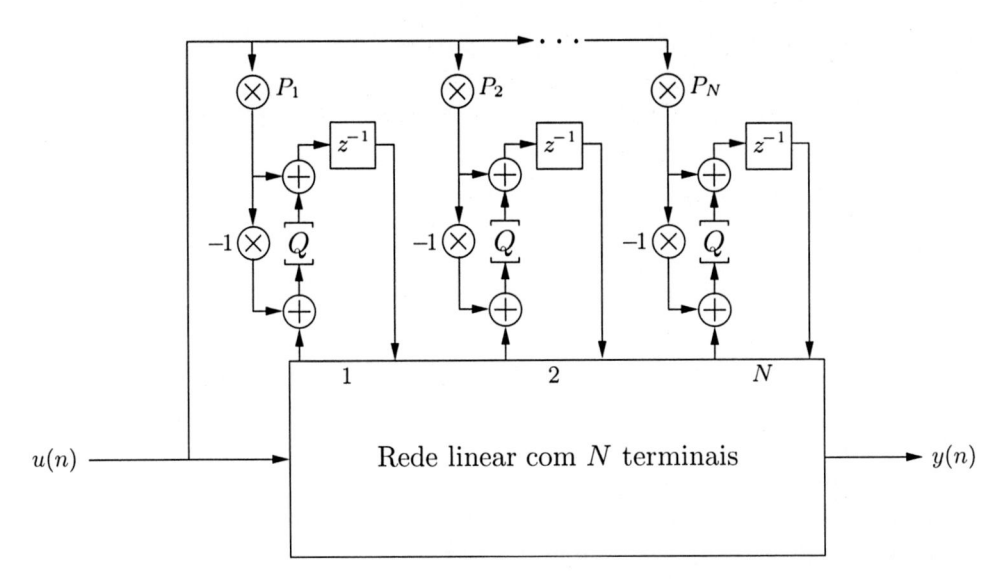

Figura 11.32 Rede de N-ésima ordem modificada para eliminação de ciclos-limite de entrada constante.

Definindo

$$\hat{\mathbf{x}}(n) = \mathbf{x}(n) - \mathbf{p}u_0, \qquad (11.206)$$

então, pela equação (11.205), podemos escrever que

$$\hat{\mathbf{x}}(n+1) = [\mathbf{A}\hat{\mathbf{x}}(n)]_Q. \qquad (11.207)$$

Isso é o mesmo que a equação (11.203), exceto pela transformação nas variáveis de estado. Assim, como $\mathbf{p}u_0$ é representável pela máquina (isto é, $\mathbf{p}u_0$ pode ser calculado exatamente com o comprimento de palavra disponível), a equação (11.207) também representa um sistema estável livre de ciclos-limite de entrada constante.
□

Se a quantização da estrutura representada na Figura 11.29b é efetuada por truncamento de módulo, então a aplicação da estratégia do Teorema 11.3 leva ao chamado arredondamento controlado, proposto em Butterweck (1975).

As restrições impostas ao se requerer que $\mathbf{p}u_0$ seja representável pela máquina reduzem o número de estruturas às quais a técnica descrita pelo Teorema 11.3 pode ser aplicada. Entretanto, há um grande número de seções de segunda ordem e estruturas de filtros de onda digitais que atendem automaticamente esses requisitos. Na verdade, foram publicados artigos em grande quantidade propondo novas estruturas livres de ciclos-limite de entrada nula (Meerkötter & Wegener, 1975; Fettweis & Meerkötter, 1975a; Diniz & Antoniou, 1988) e livres de ciclos-limite de entrada constante (Verkroost & Butterweck, 1976; Verkroost,

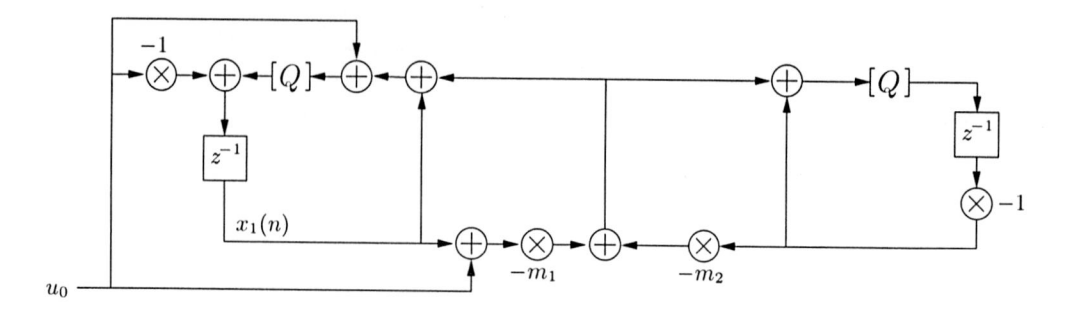

Figura 11.33 Eliminação de ciclos-limite de entrada constante na estrutura da Figura 11.30.

1977; Liu & Turner, 1983; Diniz, 1988; Sarcinelli Filho & Diniz, 1990). Contudo, os procedimentos de análise para geração dessas estruturas não são unificados, e aqui nos determinamos a prover um arcabouço unificado que levasse a um procedimento geral para geração de estruturas livres de ciclos-limite granulares.

EXEMPLO 11.12
Mostre que posicionando o sinal de entrada no ponto denotado por $x_1(n)$, a estrutura da Figura 11.30 fica livre de ciclos-limite de entrada constante.

SOLUÇÃO
A seção de segunda ordem da Figura 11.30 com uma entrada constante $x_1(n) = u_0$ pode ser descrita por

$$\mathbf{x}(n+1) = \mathbf{A}\mathbf{x}(n) + \begin{bmatrix} -m_1 \\ -m_1 \end{bmatrix} u_0 \qquad (11.208)$$

com $\mathbf{p}$ tal que

$$\mathbf{p} = \begin{bmatrix} m_1 & -m_2 \\ m_1 & 2-m_2 \end{bmatrix}^{-1} \begin{bmatrix} -m_1 \\ -m_1 \end{bmatrix} = \begin{bmatrix} -1 \\ 0 \end{bmatrix}. \qquad (11.209)$$

Portanto, $\mathbf{p}u_0$ é claramente representável pela máquina, para qualquer u_0, e os ciclos-limite de entrada constante podem ser eliminados como representa a Figura 11.33. △

EXEMPLO 11.13
Para a realização de segunda ordem por variáveis de estado dada na Figura 4.23, discuta a eliminação de ciclos-limite de entrada constante numa implementação em aritmética distribuída tal como a da Seção 11.4.

11.8 Ciclos-limite

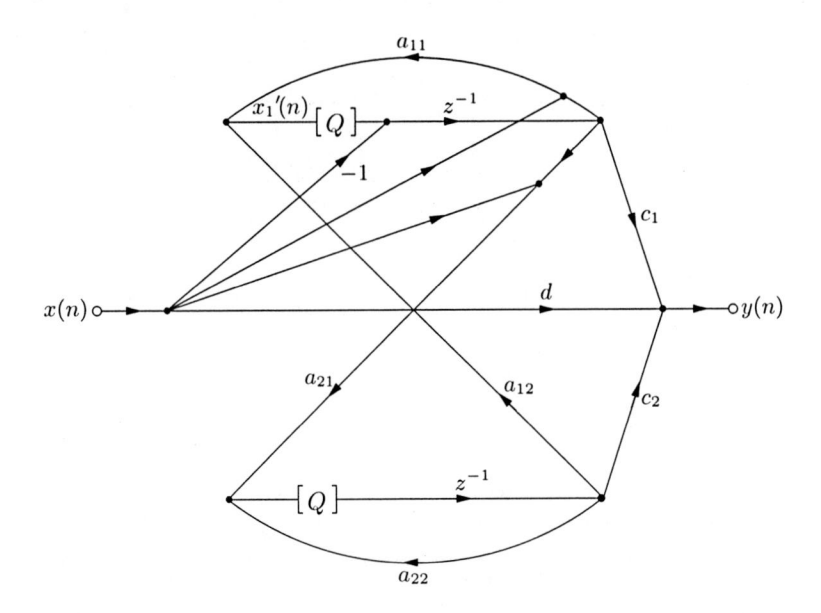

Figura 11.34 Realização no espaço de estados imune a ciclos-limite de entrada constante.

SOLUÇÃO

Numa implementação regular como a da Figura 11.11, para eliminar ciclos-limite de entrada nula na realização no espaço de estados, as variáveis de estado $x_1(n)$ e $x_2(n)$ têm que ser calculadas, respectivamente, pela ULA$_1$ e pela ULA$_2$ com precisão dupla e, então, adequadamente quantizadas antes de serem carregadas nos registros de deslocamento RD$_2$ e RD$_3$. Contudo, pode-se mostrar que nenhum cálculo em precisão dupla é necessário para se evitar ciclos-limite de entrada nula quando se implementa a realização no espaço de estados pela abordagem aritmética distribuída (De la Vega et al., 1995).

Para se eliminar ciclos-limite de entrada constante, a realização no espaço de estados mostrada na Figura 11.34 requer que a variável de estado $x_1(n)$ seja calculada pela ULA$_1$ em precisão dupla, e então adequadamente quantizada para ser subtraída do sinal e entrada. Para efetuar essa subtração, o registro A na Figura 11.9 tem que ser multiplexado com outro registro que contém o sinal de entrada $x(n)$, para garantir que o sinal que chega ao somador no instante de tempo apropriado seja a versão complementada de $x(n)$, e não um sinal vindo da memória. Nesse caso, o conteúdo da ROM da ULA$_1$ tem que ser gerado como

$$s'_{1j} = a_{11}x_{1j}(n) + a_{12}x_{2j}(n) + a_{11}x_j(n), \quad \text{para a ROM da ULA}_1, \qquad (11.210)$$

enquanto a ULA$_3$ é preenchida da forma descrita na equação (11.52) e o conteúdo da ULA$_2$ é o mesmo da equação (11.51) com b_2 substituído por a_{21}. △

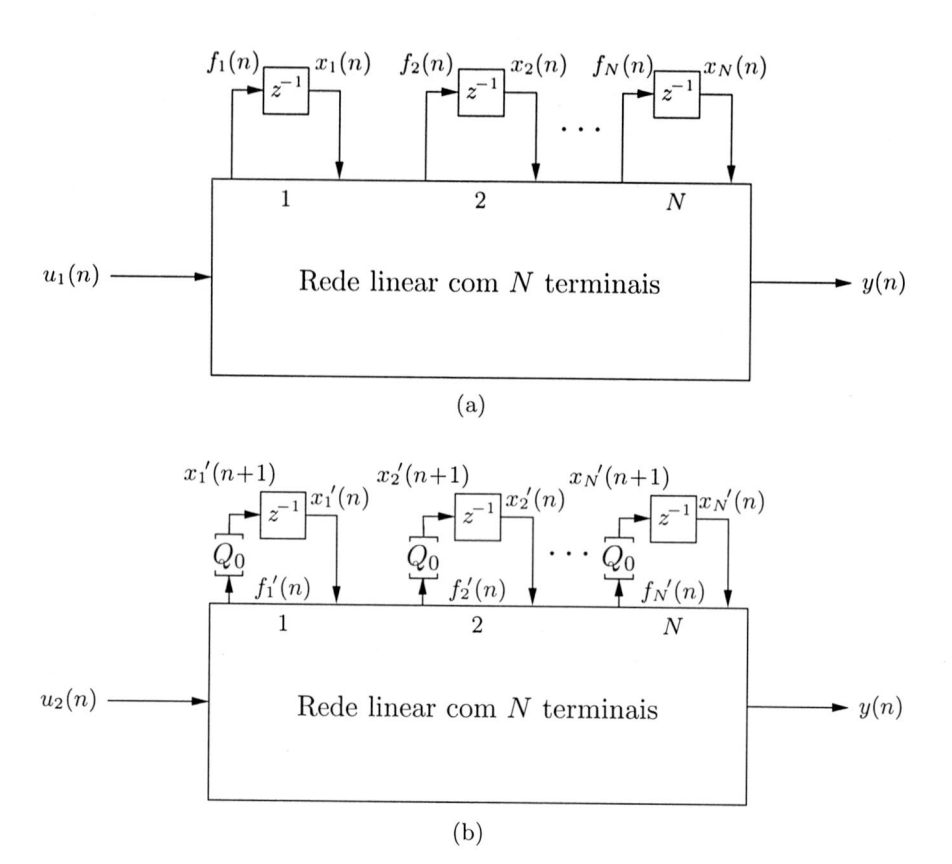

Figura 11.35 Redes genéricas para filtragem digital: (a) ideal; (b) com quantizadores nas variáveis de estado.

11.8.5 Estabilidade à resposta forçada de filtros digitais com não-linearidades de *overflow*

A análise de estabilidade da resposta forçada de filtros digitais que incluem não-linearidades para controlar *overflow* tem que ser feita considerando sinais de entrada para os quais no sistema linear ideal o nível de *overflow* nunca é atingido após um dado instante n_0. Dessa forma, podemos verificar se a saída do sistema real se recuperará após ter ocorrido um *overflow* antes do instante n_0. Embora os sinais de entrada considerados estejam numa classe particular de sinais, pode-se mostrar que se o sistema real se recupera para esses sinais, então ele também se recuperará após cada *overflow*, para qualquer sinal de entrada, se o período de recuperação for menor que o tempo entre dois *overflows* (Claasen *et al.*, 1975).

Considere o sistema linear ideal representado na Figura 11.35a e o sistema não-linear real representado na Figura 11.35b.

11.8 Ciclos-limite

O sistema linear ilustrado na Figura 11.35a é descrito pelas equações

$$\mathbf{f}(n) = \mathbf{A}\mathbf{x}(n) + \mathbf{B}u_1(n) \tag{11.211}$$

$$\mathbf{x}(n) = \mathbf{f}(n-1) \tag{11.212}$$

e o sistema não-linear ilustrado na Figura 11.35b é descrito pelas equações

$$\mathbf{f}'(n) = \mathbf{A}\mathbf{x}'(n) + \mathbf{B}u_2(n) \tag{11.213}$$

$$\mathbf{x}'(n) = [\mathbf{f}'(n-1)]_{Q_0}, \tag{11.214}$$

onde $[u]_{Q_0}$ denota a quantização de u, no caso de ocorrer um *overflow*.

Assumimos que o sinal de saída do sistema não-linear é escalado apropriadamente de forma que nenhuma oscilação devida a *oveflow* acontece se este não ocorre nas variáveis de estado.

A resposta do sistema não-linear da Figura 11.35b é estável se, quando $u_1(n) = u_2(n)$, a diferença entre as saídas do sistema linear de N terminais da Figura 11.35a, $\mathbf{f}(n)$, e as saídas do sistema linear de N terminais da Figura 11.35b, $\mathbf{f}'(n)$, tende a zero quando $n \to \infty$. Em outras palavras, se definimos um sinal de erro $\mathbf{e}(n) = \mathbf{f}'(n) - \mathbf{f}(n)$, então

$$\lim_{n \to \infty} \mathbf{e}(n) = [0\ 0\ \cdots\ 0]^{\mathrm{T}}. \tag{11.215}$$

Se a diferença entre os sinais de saída dos dois sistemas lineares de N terminais converge para zero, então isso implica que as diferenças entre as variáveis de estado dos dois sistemas também tenderão a zero. Isso pode ser deduzido das equações (11.211) e (11.213), que produzem

$$\mathbf{e}(n) = \mathbf{f}'(n) - \mathbf{f}(n) = \mathbf{A}[\mathbf{x}'(n) - \mathbf{x}(n)] = \mathbf{A}\mathbf{e}'(n), \tag{11.216}$$

onde $\mathbf{e}'(n) = \mathbf{x}'(n) - \mathbf{x}(n)$ é a diferença entre as variáveis de estado dos dois sistemas.

A equação (11.216) equivale a dizer que $\mathbf{e}(n)$ e $\mathbf{e}'(n)$ são os sinais de saída e entrada de um sistema linear de N terminais descrito pela matriz $\mathbf{A}$, que é a matriz de transição do sistema original. Então, pela equação (11.215), a estabilidade à resposta forçada do sistema da Figura 11.35 equivale à resposta à entrada nula do mesmo sistema, independendo das características da quantização $[\cdot]_{Q_0}$.

Substituindo as equações (11.212) e (11.214) na equação (11.216), temos que

$$\mathbf{e}'(n) = [\mathbf{f}'(n-1)]_{Q_0} - \mathbf{f}(n-1) = [\mathbf{e}(n-1) + \mathbf{f}(n-1)]_{Q_0} - \mathbf{f}(n-1). \tag{11.217}$$

Definindo o vetor variante no tempo $\mathbf{v}(\mathbf{e}(n), n)$ como

$$\mathbf{v}(\mathbf{e}(n), n) = [\mathbf{e}(n) + \mathbf{f}(n)]_{Q_0} - \mathbf{f}(n), \tag{11.218}$$

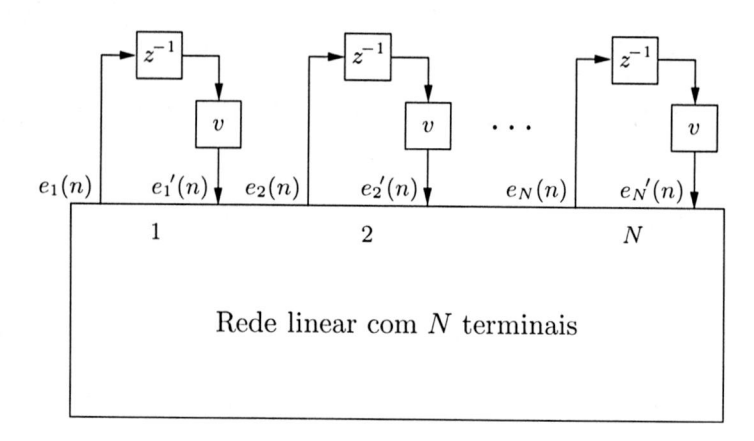

Figura 11.36 Sistema não-linear relacionando os sinais $e'(n)$ e $e(n)$.

a equação (11.217) pode ser reescrita como

$$\mathbf{e}'(n) = \mathbf{v}(\mathbf{e}(n-1), (n-1)).\tag{11.219}$$

O sistema não-linear descrito pelas equações (11.216)–(11.219) é representado na Figura 11.36.

Como vimos na Seção 11.8.3, um sistema como o da Figura 11.36 é livre de oscilações não-lineares de entrada nula se a não-linearidade $\mathbf{v}(\cdot, n)$ é equivalente ao truncamento de módulo, ou seja,

$$|\mathbf{v}(e_i(n), n)| < |e_i(n)|, \quad \text{para } i = 1, 2, \ldots, N.\tag{11.220}$$

Se assumimos que os sinais internos são tais que $|f_i(n)| \leq 1$, para $n > n_0$, então pode-se mostrar que a equação (11.220) continua válida sempre que o quantizador Q_0 tenha características de *overflow* dentro das regiões hachuradas da Figura 11.37 (veja o Exercício 11.31).

A Figura 11.37 pode ser interpretada como se segue:

- Se $-1 \leq x_i(n) \leq 1$, então não deve haver *overflow*.
- Se $1 \leq x_i(n) \leq 3$, então a não-linearidade de *overflow* deve ser tal que $2 - x_i(n) \leq Q_0(x_i(n)) \leq 1$.
- Se $-3 \leq x_i(n) \leq -1$, então a não-linearidade de *overflow* deve ser tal que $-1 \leq Q_0(x_i(n)) \leq -2 - x_i(n)$.
- Se $x_i(n) \geq 3$ ou $x_i(n) \leq -3$, então $-1 \leq Q_0(x_i(n)) \leq 1$.

É importante destacar que a não-linearidade de *overflow* do tipo saturação (equação (11.163)) satisfaz os requisitos da Figura 11.37.

Resumindo o raciocínio acima, podemos afirmar que um filtro digital livre de ciclos-limite de estado zero, de acordo com a condição da inequação (11.167), também é estável à entrada forçada, contanto que as não-linearidades de *overflow* estejam nas regiões hachuradas da Figura 11.37.

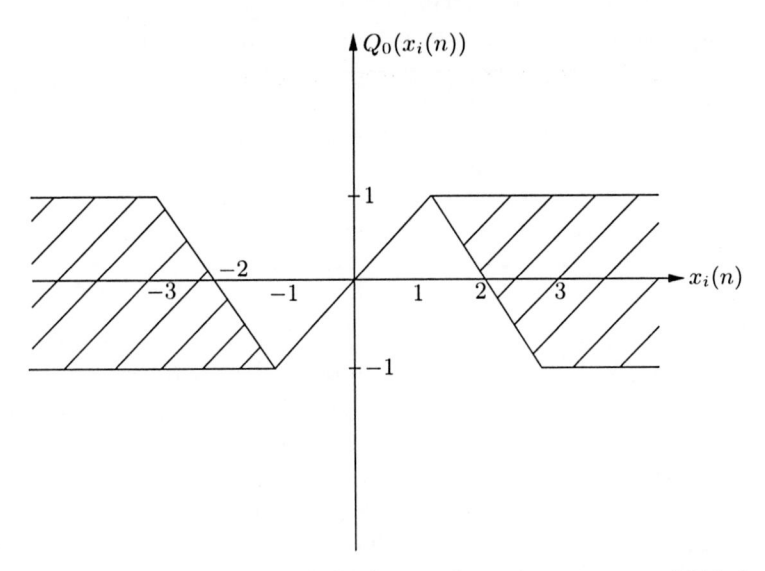

Figura 11.37 Região para a não-liearidade de *overflow* que garante estabilidade a resposta forçada em redes que satisfazem o Teorema 11.1.

11.9 Faça você mesmo: processamento digital de sinais com precisão finita

Experimento 11.1

Vamos brincar com representação digital em MATLAB. Concentramos nossos esforços aqui no caso $-1 < x < 0$, que produz diferentes representações com $(n+1)$ bits padrão, em complemento-a-um, em complemento-a-dois e CSD.

A representação binária em sinal-módulo padrão xbin de x pode ser obtida fazendo-se $s_x = 1$ e seguindo-se o procedimento indicado na equação (11.12), tal que

```
x = abs(x); xbin = [1 zeros(1,n)];
for i=2:n+1,
  x = 2*x;
  if x >= 1,
    xbin(i) = 1; x = x-1;
  end;
end;
```

A representação em complemento-a-um xbin1 de x pode ser determinada como

```
xbin1 = [1 ~xbin(2:n+1)];
```

o operador ~x determina o complemento binário de x em MATLAB.

Tabela 11.5 *Representações numéricas de $x = -0{,}6875$ com 8 bits do Experimento 11.1.*

Formato numérico	$[x]$
Binário padrão	1.1011000
Complemento-a-um	1.0100111
Complemento-a-dois	1.0101000
CSD	$\bar{1}0101000$

Para a representação em complemento-a-dois `xbin2`, temos que acrescentar 1 ao bit menos significativo de `xbin1`. Isso pode ser efetuado, por exemplo, detectando-se o último bit 0 em `xbin1`, que indica a posição final do bit de vai-um, de forma que

```
xbin2 = xbin1;
b = max(find(xbin1 == 0));
xbin2(b:n+1) = ~xbin2(b:n+1);
```

Podemos, então, obter a representação CSD `xCSD` from `xbin2`, seguindo o algoritmo descrito na Seção 11.2.2:

```
delta = zeros(1,n+2); theta = zeros(1,n+1); xCSD = theta;
x2aux = [xbin2(1) xbin2 0];
for i = n:-1:1,
   theta(i) = xor(x2aux(i+1),x2aux(i+2));
   delta(i) = and(~delta(i+1),theta(i));
   xCSD(i) = (1-2*x2aux(i))*delta(i);
end;
```

A aplicação de $n = 7$ e $x = -0{,}6875$ nas sequências de comandos anteriores resulta nas representações numéricas vistas na Tabela 11.5. △

Experimento 11.2

Considere a estrutura de filtro digital representada na Figura 11.38, cuja descrição no espaço de estados é dada por

$$\mathbf{x}(n+1) = \begin{bmatrix} (1-m_1) & -m_2 \\ m_1 & (m_2-1) \end{bmatrix} \mathbf{x}(n) + \begin{bmatrix} (2-m_1-m_2) \\ -(2-m_1-m_2) \end{bmatrix} u(n) \quad (11.221)$$

$$y(n) = \begin{bmatrix} -m_1 & -m_2 \end{bmatrix} \mathbf{x}(n) + (1-m_1-m_2)u(n). \quad (11.222)$$

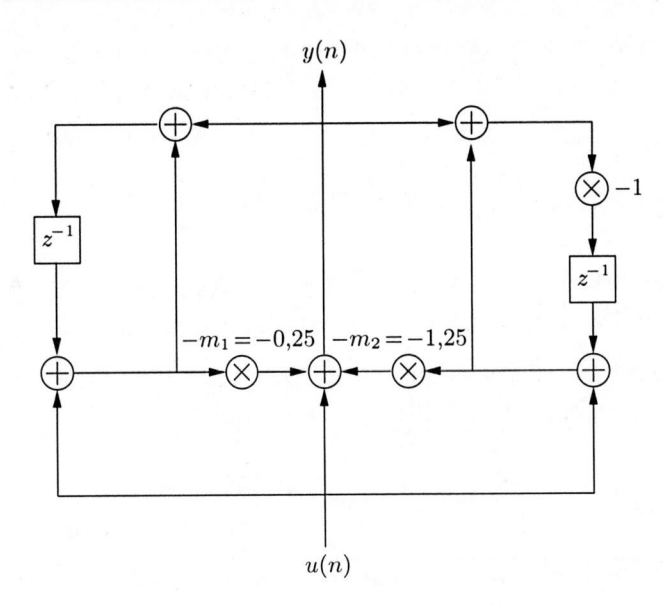

11.9 Faça você mesmo: processamento digital de sinais com precisão finita

Figura 11.38 Estrutura de filtro digital.

A função de transferência correspondente é

$$H(z) = \begin{bmatrix} -m_1 & -m_2 \end{bmatrix} \begin{bmatrix} (z-1+m_1) & m_2 \\ -m_1 & (z-m_2+1) \end{bmatrix}^{-1} \begin{bmatrix} (2-m_1-m_2) \\ -(2-m_1-m_2) \end{bmatrix}$$
$$+ (1-m_1-m_2), \tag{11.223}$$

que, após um longo desenvolvimento algébrico, se torna

$$H(z) = \frac{N(z)}{D(z)} = -\frac{(m_1+m_2-1)z^2 + (m_1-m_2)z + 1}{z^2 + (m_1-m_2)z + (m_1+m_2-1)}, \tag{11.224}$$

correspondendo a um bloco passa-tudo de segunda ordem.

A função de transferência da entrada do filtro até a entrada do multiplicador $-m_1$ é dada por

$$F_1(z) = \frac{z^2 + 2(1-m_2)z + 1}{z^2 + (m_1-m_2)z + (m_1+m_2-1)}, \tag{11.225}$$

e a função de transferência da entrada do filtro até a entrada do multiplicador $-m_2$ é

$$F_2(z) = \frac{z^2 + 2(m_1-1)z + 1}{z^2 + (m_1-m_2)z + (m_1+m_2-1)}. \tag{11.226}$$

Determinar a norma L_2 para cada função de transferência de escalamento em forma fechada envolve um cálculo bastante intensivo. Usando-se o MATLAB, contudo, isso pode ser feito numericamente por meio de uns poucos comandos, tais como

```
m1 = 0.25;  m2 = 1.25;
N1 = [1 2*(1-m2) 1];  N2 = [1 2*(m1-1) 1];
D = [1 (m1-m2) (m1+m2-1)];
np = 1000;
[F1,f] = freqz(N1,D,np);  F1_2 = sqrt((sum(abs(F1).^2))/np);
[F2,f] = freqz(N2,D,np);  F2_2 = sqrt((sum(abs(F2).^2))/np);
```

Como resultado, F1_2 e F2_2 são iguais a 1,7332 e 1,1830, respectivamente. Então, deveríamos escalar a entrada do filtro por um fator

$$\lambda = \frac{1}{\max_{i=1,2}[\|F_i(z)\|_2]} = \frac{1}{\max[1,7332, 1,1830]} = 0{,}5770 \qquad (11.227)$$

e compensar isso multiplicando a saída do filtro por $g = 1/\lambda = 1{,}7332$.

As funções de transferência das saídas de ambos os multiplicadores, $-m_1$ e $-m_2$, até a saída do filtro são expressas como

$$G_1(z) = G_2(z) = H(z), \qquad (11.228)$$

tais que

$$\|G_1(z)\|_2 = \|G_2(z)\|_2 = 1, \qquad (11.229)$$

uma vez que $H(z)$ representa um filtro passa-tudo com ganho unitário. Portanto, considerando que a operação de escalamento foi realizada como anteriormente, a variância do ruído na saída é dada por

$$\sigma_y^2 = 3g^2\sigma_e^2 + \sigma_e^2 = 10{,}0120\sigma_e^2, \qquad (11.230)$$

onde o fator 3 contabiliza as fontes de ruído no escalamento da entrada e nos multiplicadores $-m_1$ e $-m_2$. △

11.10 Processamento digital de sinais com precisão finita com MATLAB

O MATLAB inclui várias funções que lidam com representações inteiras decimais e binárias, tais como dec2bin, de2bi, num2bin e dec2binvec e suas reversas correspondentes dec2binvec, bi2de, bin2num e binvec2dec. Ainda, uma quantização genérica pode ser efetuada com o auxílio do comando quant, que pode operar em conjunto com as operações ceil, floor, round e fix. Além disso, o *toolbox* Fixedpoint do MATLAB inclui uma biblioteca completa para representação de ponto fixo, com a qual o leitor é encorajado a se familiarizar usando o comando `help` do MATLAB.

11.11 Resumo

Neste capítulo, foram discutidos alguns conceitos muito básicos de implementação de sistemas de processamento digital de sinais.

Inicialmente, foram descritos os elementos básicos de tais sistemas, e suas implementações foram apresentadas, com ênfase na aritmética de complemento-a-dois. Além disso, viu-se a chamada aritmética distribuída como uma possível alternativa para eliminar o uso de elementos multiplicadores na implementação de filtros digitais práticos.

Este capítulo também apresentou uma introdução aos efeitos do comprimento de palavra finito no desempenho de sistemas de processamento digital de sinais, levando em conta que todos os sinais e parâmetros internos desses sistemas são quantizados para um conjunto de valores discretos.

Começando pelos conceitos básicos de representação numérica binária, foram analisados com algum detalhe os efeitos da quantização dos sinais internos dos filtros digitais. Foi dado um procedimento para controlar a faixa dinâmica interna de forma a evitar *overflows*.

A Seção 11.7 apresentou algumas ferramentas para análise dos efeitos da quantização de parâmetros, tais como os coeficientes do filtro digital, sobre o funcionamento do sistema. Foram apresentadas várias formas de se medir a sensibilidade, e seus méritos foram brevemente discutidos. Além disso, apresentamos um método estatístico para predizer o comprimento de palavra dos coeficientes requerido para que um filtro satisfaça especificações prescritas.

O capítulo concluiu com o estudo dos ciclos-limite granulares e por *overflow*, que aparecem em filtos digitais recursivos. A ênfase foi em procedimentos para eliminar essas oscilações não-lineares nos filtros implementados em aritmética de ponto fixo, que em muitos casos é crucial para o projeto. Devido a limitações de espaço, não pudemos abordar muitas técnicas úteis para se eliminar ou controlar a amplitude das oscilações não-lineares. Um exemplo interessante é a técnica chamada de conformação espectral (Laakso *et al.*, 1992), que é vista em detalhe na Seção 13.2.3. Essa técnica também foi bem-sucedida na redução do ruído de quantização (Diniz & Antoniou, 1985) e na eliminação e ciclos-limite em filtros digitais implementados em aritmética de ponto flutuante (Laakso *et al.*, 1994). Há também numerosos artigos de pesquisa que lidam com a análise de diversos tipos de ciclo-limite, incluindo técnicas para determinar suas frequências e limites de amplitude (Munson *et al.*, 1984; Bauer & Wang, 1993).

11.12 Exercícios

11.1 Projete um circuito que determine de forma serial o complemento-a-dois de um número binário.

11.2 Mostre, usando a equação (11.20), que se X e Y são representados em aritmética de complemento-a-dois, então:

(a) $X - Y = \overline{X + c[Y]}$, onde $c[Y]$ é o complemento-a-dois de Y.
(b) $X - Y = \overline{Y + \overline{X}}$, onde $\overline{X}$ representa o número obtido invertendo-se todos os bits de X.

11.3 Descreva uma arquitetura para o multiplicador paralelo na qual os coeficientes sejam representados no formato de complemento-a-dois.

11.4 Descreva o circuito interno do multiplicador da Figura 11.4 para dados de entrada com 2 bits. Então, efetue a multiplicação de diversas combinações de dados, determinando os dados internos obtidos em cada etapa da operação de multiplicação.

11.5 Descreva uma implementação para o filtro digital FIR visto na Figura 4.3 que use um único multiplicador e um único somador, multiplexados no tempo.

11.6 Descreva a implementação do filtro digital FIR da Figura 4.3 usando a técnica de aritmética distribuída. Projete a arquitetura em detalhe, especificando as dimensões da unidade de memória em função da ordem do filtro.

11.7 Determine o conteúdo da unidade de memória numa implementação em aritmética distribuída da realização na forma direta do filtro digital cujos coeficientes são dados por

$b_0 = b_2 = 0{,}078\,64$
$b_1 = -0{,}148\,58$
$a_1 = -1{,}936\,83$
$a_2 = 0{,}951\,89.$

Use 8 bits para representar todos os sinais internos.

11.8 Determine o conteúdo da unidade de memória numa implementação em aritmética distribuída da realização em cascata dos três blocos de segunda ordem no espaço de estados cujos coeficientes são dados na Tabela 11.6 (fator de escalamento: $\lambda = 0{,}2832$).

11.9 Descreva o número $-0{,}832\,645$ usando os formatos complemento-a-um, complemento-a-dois e CSD.

11.10 Repita o Exercício 11.9 restringindo o comprimento de palavra a 7 bits, incluído o bit de sinal, e usando arredondamento para quantização.

Tabela 11.6 *Coeficientes da realização em cascata de três blocos de segunda ordem no espaço de estados.*

Coeficiente	Seção 1	Seção 2	Seção 3
a_{11}	0,8027	0,7988	0,8125
a_{12}	−0,5820	−0,5918	−0,5859
a_{21}	0,5834	0,5996	0,5859
a_{22}	0,8027	0,7988	0,8125
c_1	−0,0098	0,0469	−0,0859
c_2	−0,0273	−0,0137	0,0332
d	0,0098	0,1050	0,3594

11.11 Descreva o número −0,000 612 45 em representação de ponto flutuante, com a mantissa em complemento-a-dois.

11.12 Deduza a função de densidade de probabilidade do erro de quantização para as representações em sinal-módulo e em complemento-a-um. Considere os casos de arredondamento, truncamento e truncamento de módulo.

11.13 Calcule os fatores de escalamento para a borboleta de raiz 4 da Figura 3.16 usando as normas L_2 e L_∞.

11.14 Mostre que a norma L_2 da função de transferência

$$H(z) = \frac{b_1 z + b_2}{z^2 + a_1 z + a_2}$$

é

$$\|H(z)\|_2^2 = \frac{(b_1^2 + b_2^2)(1 + a_2) - 2b_1 b_2 a_1}{(1 - a_1^2 + a_2^2 + 2a_2)(1 - a_2)}.$$

11.15 Dada a função de transferência

$$H(z) = \frac{1 - (az^{-1})^{M+1}}{1 - az^{-1}}$$

calcule os fatores de escalamento usando as normas L_2 e L_∞, assumindo $|a| < 1$.

11.16 Calcule o fator de escalamento para o filtro digital da Figura 11.39, usando as normas L_2 e L_∞.

11.17 Mostre que para a realização de filtros IIR na forma direta canônica do Tipo 1 (vista na Figura 4.12), o coeficiente de escalamento é dado por

$$\lambda = \frac{1}{\left\|\frac{1}{D(z)}\right\|_p}.$$

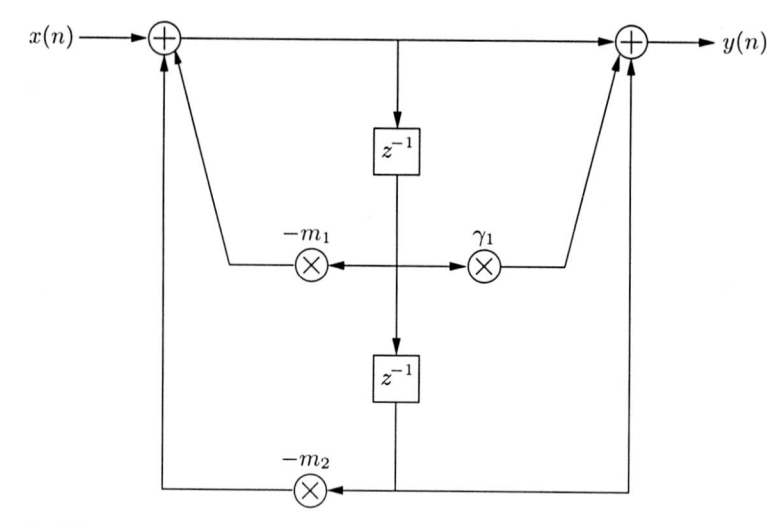

Figura 11.39 Filtro digital de segunda ordem: $m_1 = -1,933\,683$, $m_2 = 0,951\,89$, $\gamma_1 = -1,889\,37$.

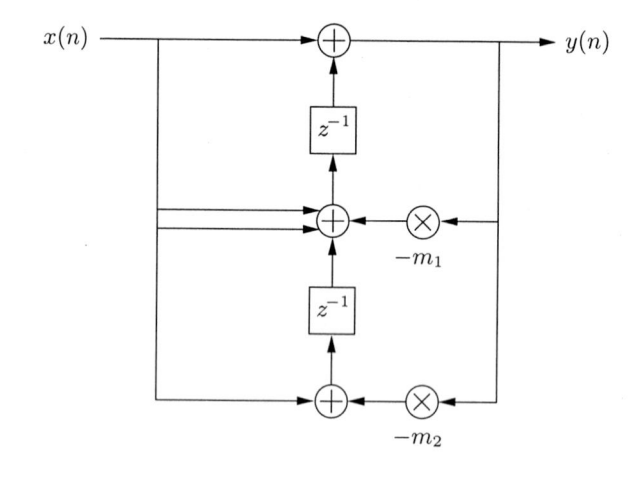

Figura 11.40 Filtro digital de segunda ordem.

11.18 Mostre que para a realização de filtros IIR na forma direta canônica do Tipo 2 (vista na Figura 4.13), o coeficiente de escalamento é dado por

$$\lambda = \frac{1}{\max\{1, \|H(z)\|_p\}}.$$

11.19 Calcule a variância relativa do ruído na saída em decibéis para o filtro da Figura 11.39 usando as aritméticas de ponto fixo e de ponto flutuante.

11.20 Calcule a RPSD do ruído na saída do filtro da Figura 11.40 usando as aritméticas de ponto fixo e de ponto flutuante.

11.21 Derive as equações (11.133)–(11.135).

11.12 Exercícios

11.22 Represente graficamente a resposta de módulo dos filtros projetados no Exercício 4.1 quando os coeficientes são quantizados com 7 bits. Compare com os resultados obtidos para os filtros originais.

11.23 Calcule o valor esperado máximo do desvio da função de transferência, dado pelo valor máximo da função de tolerância com um fator de confiança de 95%, para o filtro digital da Figura 11.39 implementado com 6 bits. Use $H(e^{j\omega}) = H_d(e^{j\omega})$ na equação (11.151).

11.24 Determine o número mínimo de bits que deve ter um multiplicador para manter uma razão sinal-ruído acima de 80 dB em sua saída. Considere que o tipo de quantização é arredondamento.

11.25 Represente graficamente a grade de polos para a estrutura da Figura 11.30 quando os coeficientes são implementados em complemento-a-dois com 6 bits, incluído o bit de sinal.

11.26 Discuta se os ciclos-limite granulares podem ser eliminados no filtro da Figura 11.40 usando-se quantizadores por truncamento de módulo nas variáveis de estado.

11.27 Verifique se é possível eliminar ciclos-limite granulares e por *overflow* na estrutura da Figura 11.17b.

11.28 Verifique se é possível eliminar ciclos-limite granulares e por *overflow* na estrutura do Exercício 4.16.

11.29 Represente graficamente as características de *overflow* da aritmética simples em complemento-a-um.

11.30 Suponha que existe uma estrutura que é livre de ciclos-limite de entrada nula quando se emprega truncamento de módulo, e que ela também é estável à entrada forçada quando se usa aritmética de saturação. Discuta se ocorrem oscilações por *overflow* quando a quantização de *overflow* é removida, com os números representados em complemento-a-dois.

11.31 Mostre que a equação (11.220) é satisfeita sempre que o quantizador tem características de *overflow* como na Figura 11.37, seguindo os passos:

(i) Expresse a desigualdade (11.220) como uma função de $f_i'(n)$, $[f_i'(n)]_{Q_0}$ e $f_i(n)$.

(ii) Determine as regiões do plano $f_i'(n) \times [f_i'(n)]_{Q_0}$, em função de $f_i(n)$, nas quais a desigualdade (11.220) se aplica.

(iii) Use o fato de que a desigualdade (11.220) tem que ser válida para todo $|f_i(n)| < 1$.

(iv) Suponha que a saída de um quantizador de *overflow* é limitada a $[-1, 1]$.

12 Estruturas FIR eficientes

12.1 Introdução

Neste capítulo, são discutidas realizações para filtros FIR alternativas às apresentadas no Capítulo 5.

Primeiramente apresentamos a realização na forma treliça (do inglês *lattice*), destacando sua aplicação no projeto de bancos de filtros com fase linear e reconstrução perfeita. Então, a estrutura polifásica é revisitada, discutindo-se sua aplicação em processamento paralelo. Também apresentamos uma realização baseada na FFT para implementação da operação de filtragem FIR no domínio da frequência. Essa forma pode ser muito eficiente em termos de complexidade computacional, e é particularmente útil em processamento *offline*, embora seja também muito usada em implementações em tempo real. Na sequência, a chamada soma móvel recursiva é descrita como uma estrutura recursiva especial para um filtro FIR muito particular, que encontra aplicação no projeto de filtros FIR de baixa complexidade computacional.

No caso dos filtros FIR, a principal preocupação é examinar métodos que reduzam o número de operações aritméticas. Esses métodos levam a realizações mais econômicas e com efeitos de quantização reduzidos. Neste capítulo, também apresentamos as abordagens por pré-filtro, por interpolação e por mascaramento da resposta na frequência para o projeto de filtros FIR passa-baixas e passa-altas com complexidade aritmética reduzida. O método do mascaramento da resposta na frequência pode ser visto como uma generalização dos outros dois esquemas, permitindo o projeto de filtros passa-faixa com faixas de passagem de larguras genéricas. Também é apresentada a abordagem por quadratura para filtros passa-faixa e rejeita-faixa.

12.2 Forma treliça

A Figura 12.1 representa o diagrama de blocos de um filtro treliça não-recursivo de ordem M, o qual é formado pela concatenação de blocos básicos da forma mostrada na Figura 12.2.

12.2 Forma treliça

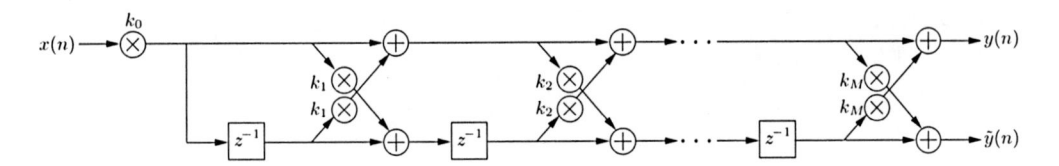

Figura 12.1 Realização de filtros digitais não-recursivos na forma treliça.

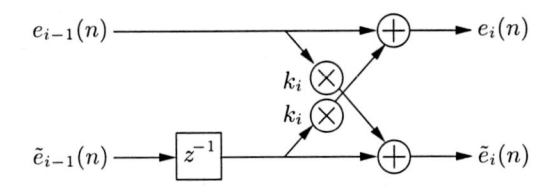

Figura 12.2 Bloco básico da forma treliça não-recursiva.

Para obtermos uma relação útil entre os parâmetros da treliça e a resposta ao impulso do filtro, temos que analisar as relações recursivas que aparecem na Figura 12.2. Essas equações são

$$e_i(n) = e_{i-1}(n) + k_i \tilde{e}_{i-1}(n-1) \tag{12.1}$$

$$\tilde{e}_i(n) = \tilde{e}_{i-1}(n-1) + k_i e_{i-1}(n), \tag{12.2}$$

para $i = 1, 2, \ldots, M$, com $e_0(n) = \tilde{e}_0(n) = k_0 x(n)$ e $e_M(n) = y(n)$. No domínio da frequência, as equações (12.1) e (12.2) se tornam

$$\begin{bmatrix} E_i(z) \\ \tilde{E}_i(z) \end{bmatrix} = \begin{bmatrix} 1 & k_i z^{-1} \\ k_i & z^{-1} \end{bmatrix} \begin{bmatrix} E_{i-1}(z) \\ \tilde{E}_{i-1}(z) \end{bmatrix}, \tag{12.3}$$

com $E_0(z) = \tilde{E}_0(z) = k_0 X(z)$ e $E_M(z) = Y(z)$.

Definindo os polinômios auxiliares

$$N_i(z) = k_0 \frac{E_i(z)}{E_0(z)} \tag{12.4}$$

$$\tilde{N}_i(z) = k_0 \frac{\tilde{E}_i(z)}{\tilde{E}_0(z)}, \tag{12.5}$$

pode-se demonstrar por indução, usando a equação (12.3), que esses polinômios obedecem as seguintes fórmulas recursivas:

$$N_i(z) = N_{i-1}(z) + k_i z^{-i} N_{i-1}(z^{-1}) \tag{12.6}$$

$$\tilde{N}_i(z) = z^{-i} N_i(z^{-1}), \tag{12.7}$$

para $i = 1, 2, \ldots, M$, com $N_0(z) = \tilde{N}_0(z) = k_0$ e $N_M(z) = H(z)$. Portanto, pelas equações (12.3) e (12.7), temos que

$$N_{i-1}(z) = \frac{1}{1-k_i^2}\left(N_i(z) - k_i z^{-i} N_i(z^{-1})\right) \tag{12.8}$$

para $i = 1, 2, \ldots, M$.

Note que a recursão da equação (12.3) implica que $N_i(z)$ tem grau i. Portanto, $N_i(z)$ pode ser expresso como

$$N_i(z) = \sum_{m=0}^{i} h'_{m,i} z^{-m}. \tag{12.9}$$

Uma vez que $N_{i-1}(z)$ tem grau $(i-1)$ e $N_i(z)$ tem grau i, o coeficiente de grau mais elevado de $N_i(z)$ na equação (12.8) tem que ser cancelado pelo coeficiente de grau mais elevado de $k_i z^{-i} N_i(z^{-1})$. Isso implica que

$$h'_{i,i} - k_i h'_{0,i} = 0. \tag{12.10}$$

Como pela equação (12.9), $h'_{0,i} = N_i(\infty)$ e pela equação (12.3), $N_i(\infty) = N_{i-1}(\infty) = \cdots = N_0(\infty) = 1$, temos que a equação (12.10) é equivalente a $h'_{i,i} = k_i$. Portanto, dada a resposta ao impulso do filtro, os k_i coeficientes são determinados calculando-se sucessivamente os polinômios $N_{i-1}(z)$ a partir de $N_i(z)$ através da equação (12.8) e fazendo-se

$$k_i = h'_{i,i}, \text{ para } i = M, \ldots, 1, 0. \tag{12.11}$$

Para determinar $N_M(z) = H(z) = \sum_{m=0}^{M} h_m z^{-m}$, a resposta ao impulso do filtro, a partir do conjunto de coeficientes k_i da treliça, temos, primeiro, que usar a equação (12.6) para calcular os polinômios auxiliares $N_i(z)$, começando por $N_0(z) = k_0$. Então, os coeficientes desejados são dados por

$$h_m = h'_{m,M}, \text{ para } m = 0, 1, \ldots, M. \tag{12.12}$$

12.2.1 Bancos de filtros usando a forma treliça

Estruturas similares à forma treliça são úteis na realização de bancos de filtros criticamente decimados. São as chamadas realizações de bancos de filtros em treliça. Como foi discutido no Capítulo 9, usando bancos de filtros ortogonais só se podem projetar bancos de filtros de duas faixas que tenham filtros de análise e síntese de fase linear triviais. Então, para um caso mais geral, a solução é empregar bancos de filtros biortogonais. Mostramos agora um exemplo dessas estruturas que implementam bancos de filtros de fase linear com reconstrução perfeita.

12.2 Forma treliça

Para que um banco de filtros de 2 faixas tenha fase linear, todos os seus filtros de análise e síntese, $H_0(z)$, $H_1(z)$, $G_0(z)$ e $G_1(z)$, precisam ter fase linear. Pela equação (4.15) da Seção 4.2.3, se supomos que todos os filtros do banco têm a mesma ordem ímpar $2M + 1$, então eles têm fase linear se

$$\left. \begin{array}{l} H_i(z) = \pm z^{-2M-1} H_i(z^{-1}) \\ G_i(z) = \pm z^{-2M-1} G_i(z^{-1}) \end{array} \right\}, \qquad (12.13)$$

para $i = 0, 1$.

A propriedade de reconstrução perfeita vale se as matrizes polifásicas de análise e síntese se relacionam pela equação (9.118) da Seção 9.5,

$$\mathbf{R}(z) = z^{-\Delta} \mathbf{E}^{-1}(z), \qquad (12.14)$$

onde as matrizes polifásicas de análise e síntese são definidas pelas equações (9.3) e (9.4) como

$$\begin{bmatrix} H_0(z) \\ H_1(z) \end{bmatrix} = \mathbf{E}(z^2) \begin{bmatrix} 1 \\ z^{-1} \end{bmatrix} \qquad (12.15)$$

$$\begin{bmatrix} G_0(z) \\ G_1(z) \end{bmatrix} = \mathbf{R}^\mathrm{T}(z^2) \begin{bmatrix} z^{-1} \\ 1 \end{bmatrix}. \qquad (12.16)$$

De acordo com as equações (9.124) e (9.125), para reconstrução perfeita os filtros de síntese com $c = -1$ devem satisfazer

$$G_0(z) = z^{2(l-\Delta)} H_1(-z) \qquad (12.17)$$

$$G_1(z) = -z^{2(l-\Delta)} H_0(-z). \qquad (12.18)$$

Lembre-se das discussões na Seção 9.5 que

$$P(z) - P(-z) = H_0(z)H_1(-z) - H_0(-z)H_1(z) = 2z^{-2l-1}. \qquad (12.19)$$

Portanto, $P(z)$ tem fase linear, e precisa ser simétrica, com termos finais de índice par (para se cancelarem em $P(z) - P(-z)$) e todos os coeficientes de índice ímpar iguais a zero, exceto o coeficiente central (de índice $2l + 1$), que deve ser igual a um. Todas essas restrições sobre $P(z)$ levam a uma das seguintes restrições sobre a ordem dos filtros de análise $H_0(z)$ e $H_1(z)$ (veja os detalhes na Seção 9.5):

- Se as ordens de ambos os filtros forem pares, devem diferir por um múltiplo ímpar de 2, e as respostas ao impulso dos filtros devem ser simétricas.
- Se ambas as ordens forem ímpares, devem diferir por um múltiplo de 4 (que inclui o caso em que os filtros têm mesma ordem), e um filtro deve ser simétrico e o outro, antissimétrico.

- Se a ordem de um filtro é par e a outra é ímpar, um filtro deve ser simétrico e o outro, antissimétrico, e o filtro $P(z)$ degenera em somente dois coeficientes não-nulos com todos os zeros sobre a circunferência unitária.

Suponha, agora, que definimos a matriz polifásica dos filtros de análise, $\mathbf{E}(z)$, como tendo a seguinte forma geral:

$$\mathbf{E}(z) = \mathcal{K}_M \begin{bmatrix} 1 & 1 \\ -1 & 1 \end{bmatrix} \left(\prod_{i=M}^{1} \begin{bmatrix} 1 & 0 \\ 0 & z^{-1} \end{bmatrix} \begin{bmatrix} 1 & k_i \\ k_i & 1 \end{bmatrix} \right) \tag{12.20}$$

com

$$\mathcal{K}_M = \frac{1}{2} \prod_{i=1}^{M} \left(\frac{1}{1-k_i^2} \right). \tag{12.21}$$

Se definimos a matriz polifásica dos filtros de síntese, $\mathbf{R}(z)$, como

$$\mathbf{R}(z) = \left(\prod_{i=1}^{M} \begin{bmatrix} 1 & -k_i \\ -k_i & 1 \end{bmatrix} \begin{bmatrix} z^{-1} & 0 \\ 0 & 1 \end{bmatrix} \right) \begin{bmatrix} 1 & -1 \\ 1 & 1 \end{bmatrix}, \tag{12.22}$$

então temos que

$$\mathbf{R}(z) = z^{-M} \mathbf{E}^{-1}(z), \tag{12.23}$$

e a reconstrução perfeita é assegurada, independentemente dos valores de k_i.

Além disso, pelas equações (12.15) e (12.16), bem como pelas equações (12.20) e (12.22), temos que

$$\left. \begin{array}{l} H_0(z) = z^{-2M-1} H_0(z^{-1}) \\ H_1(z) = -z^{-2M-1} H_1(z^{-1}) \\ G_0(z) = z^{-2M-1} G_0(z^{-1}) \\ G_1(z) = -z^{-2M-1} G_1(z^{-1}) \end{array} \right\} \tag{12.24}$$

e a propriedade de fase linear também é assegurada independentemente dos valores de k_i.

EXEMPLO 12.1

Prove por indução que a formulação da equação (12.20) leva a filtros de análise com fase linear.

SOLUÇÃO

Para $M = 1$, pelas equações (12.15) e (12.20), a expressão para o banco de filtros de análise se torna

12.2 Forma treliça

$$\begin{bmatrix} H_0(z) \\ H_1(z) \end{bmatrix}_{M=1} = \mathcal{K}_1 \begin{bmatrix} 1 & 1 \\ -1 & 1 \end{bmatrix} \begin{bmatrix} 1 & 0 \\ 0 & z^{-2} \end{bmatrix} \begin{bmatrix} 1 & \kappa_1 \\ \kappa_1 & 1 \end{bmatrix} \begin{bmatrix} 1 \\ z^{-1} \end{bmatrix}$$

$$= \mathcal{K}_1 \begin{bmatrix} 1 + \kappa_1 z^{-1} + \kappa_1 z^{-2} + z^{-3} \\ -1 - \kappa_1 z^{-1} + \kappa_1 z^{-2} + z^{-3} \end{bmatrix}. \tag{12.25}$$

Como $H_0(z)$ e $H_1(z)$ são, respectivamente, simétrica e antissimétrica, o banco de filtros tem fase linear para $M = 1$. Agora, para concluir a prova, precisamos mostrar que se o banco de filtros tem fase linear para um dado M, então também terá para $M + 1$.

Para uma estrutura treliça com $(M + 1)$ estágios, temos que

$$\begin{bmatrix} H_0(z) \\ H_1(z) \end{bmatrix}_{M+1} = \mathcal{K}_{M+1} \begin{bmatrix} 1 & 1 \\ -1 & 1 \end{bmatrix} \left(\prod_{i=M+1}^{1} \begin{bmatrix} 1 & k_i \\ k_i z^{-2} & z^{-2} \end{bmatrix} \right) \begin{bmatrix} 1 \\ z^{-1} \end{bmatrix}$$

$$= \mathcal{K}_{M+1} \begin{bmatrix} 1 & 1 \\ -1 & 1 \end{bmatrix} \begin{bmatrix} 1 & k_{M+1} \\ k_{M+1} z^{-2} & z^{-2} \end{bmatrix} \left(\prod_{i=M}^{1} \begin{bmatrix} 1 & k_i \\ k_i z^{-2} & z^{-2} \end{bmatrix} \right) \begin{bmatrix} 1 \\ z^{-1} \end{bmatrix}$$

$$= \frac{1}{1 - k_{M+1}^2} \begin{bmatrix} 1 & 1 \\ -1 & 1 \end{bmatrix} \begin{bmatrix} 1 & k_{M+1} \\ k_{M+1} z^{-2} & z^{-2} \end{bmatrix} \mathcal{K}_M \left(\prod_{i=M}^{1} \begin{bmatrix} 1 & k_i \\ k_i z^{-2} & z^{-2} \end{bmatrix} \right) \begin{bmatrix} 1 \\ z^{-1} \end{bmatrix}$$

$$= \frac{1}{1 - k_{M+1}^2} \begin{bmatrix} 1 & 1 \\ -1 & 1 \end{bmatrix} \begin{bmatrix} 1 & k_{M+1} \\ k_{M+1} z^{-2} & z^{-2} \end{bmatrix} \begin{bmatrix} 1 & 1 \\ -1 & 1 \end{bmatrix}^{-1} \begin{bmatrix} H_0(z) \\ H_1(z) \end{bmatrix}_M$$

$$= \frac{1}{2(1 - k_{M+1}^2)} \begin{bmatrix} (1 + k_{M+1})(1 + z^{-2}) & (1 - k_{M+1})(-1 + z^{-2}) \\ (1 + k_{M+1})(-1 + z^{-2}) & (1 - k_{M+1})(1 + z^{-2}) \end{bmatrix} \begin{bmatrix} H_0(z) \\ H_1(z) \end{bmatrix}_M$$

$$= \frac{1}{2} \begin{bmatrix} \dfrac{1 + z^{-2}}{1 - k_{M+1}} & \dfrac{-1 + z^{-2}}{1 + k_{M+1}} \\ \dfrac{-1 + z^{-2}}{1 - k_{M+1}} & \dfrac{1 + z^{-2}}{1 + k_{M+1}} \end{bmatrix} \begin{bmatrix} H_0(z) \\ H_1(z) \end{bmatrix}_M. \tag{12.26}$$

Assumindo que $[H_0(z)]_M$ é simétrica e que $[H_1(z)]_M$ é antissimétrica, as duas com ordem igual a $(2M + 1)$ e coeficientes similares, como na equação (12.25) para o caso $M = 1$, podemos escrever que

$$[H_0(z)]_M = z^{-2M-1} [H_0(z^{-1})]_M \tag{12.27}$$

$$[H_1(z)]_M = -z^{-2M-1} [H_1(z^{-1})]_M. \tag{12.28}$$

Portanto, para concluir a prova, temos que mostrar que $[H_0(z)]_{M+1}$ é simétrica e $[H_1(z)]_{M+1}$ é antissimétrica. Como suas ordens são iguais a $2(M + 1) + 1 = (2M + 3)$, temos que mostrar, de acordo com as equações (12.27) e (12.28), que

$$[H_0(z)]_{M+1} = z^{-2M-3} \left[H_0(z^{-1})\right]_{M+1} \qquad (12.29)$$

$$[H_1(z)]_{M+1} = -z^{-2M-3} \left[H_1(z^{-1})\right]_{M+1}. \qquad (12.30)$$

Pela equação (12.26) temos que

$$z^{-2M-3} \begin{bmatrix} H_0(z^{-1}) \\ H_1(z^{-1}) \end{bmatrix}_{M+1} = \frac{z^{-2M-3}}{2} \begin{bmatrix} \dfrac{1+z^2}{1-k_{M+1}} & \dfrac{-1+z^2}{1+k_{M+1}} \\ \dfrac{-1+z^2}{1-k_{M+1}} & \dfrac{1+z^2}{1+k_{M+1}} \end{bmatrix} \begin{bmatrix} H_0(z^{-1}) \\ H_1(z^{-1}) \end{bmatrix}_M. \qquad (12.31)$$

Substituindo $[H_0(z^{-1})]_M$ e $[H_1(z^{-1})]_M$ das equações (12.27) e (12.28) nessa equação, obtemos

$$\begin{aligned}
z^{-2M-3} \begin{bmatrix} H_0(z^{-1}) \\ H_1(z^{-1}) \end{bmatrix}_{M+1} &= \frac{z^{-2M-3}}{2} \begin{bmatrix} \dfrac{1+z^2}{1-k_{M+1}} & \dfrac{-1+z^2}{1+k_{M+1}} \\ \dfrac{-1+z^2}{1-k_{M+1}} & \dfrac{1+z^2}{1+k_{M+1}} \end{bmatrix} z^{2M+1} \begin{bmatrix} H_0(z) \\ -H_1(z) \end{bmatrix}_M \\
&= \frac{1}{2} \begin{bmatrix} \dfrac{1+z^{-2}}{1-k_{M+1}} & \dfrac{1-z^{-2}}{1+k_{M+1}} \\ \dfrac{1-z^{-2}}{1-k_{M+1}} & \dfrac{1+z^{-2}}{1+k_{M+1}} \end{bmatrix} \begin{bmatrix} H_0(z) \\ -H_1(z) \end{bmatrix}_M \\
&= \frac{1}{2} \begin{bmatrix} \dfrac{1+z^{-2}}{1-k_{M+1}} & \dfrac{-1+z^{-2}}{1+k_{M+1}} \\ -\dfrac{-1+z^{-2}}{1-k_{M+1}} & -\dfrac{1+z^{-2}}{1+k_{M+1}} \end{bmatrix} \begin{bmatrix} H_0(z) \\ H_1(z) \end{bmatrix}_M \\
&= \begin{bmatrix} H_0(z) \\ -H_1(z) \end{bmatrix}_{M+1}, \qquad (12.32)
\end{aligned}$$

onde o último passo decorre da equação (12.26).

Comparando essa equação com as equações (12.29) e (12.30), vemos que os filtros passa-baixas e passa-altas para $(M+1)$ estágios também são simétrico e antissimétrico, respectivamente, o que completa a prova por indução. △

As realizações dos filtros de análise e síntese para o caso em que o passa-baixas e o passa-altas têm ordens iguais, desenvolvido no Exemplo 12.1, são mostradas nas Figuras 12.3a e 12.3b, respectivamente.

Como se viu anteriormente, uma propriedade importante dessas realizações é que tanto reconstrução perfeita quanto fase linear são garantidas independentemente dos valores de k_i.[1] Diz-se, em geral, que elas têm reconstrução perfeita

---

[1] Há raros casos de bancos de filtros FIR com reconstrução perfeita em que as treliças correspondentes não podem ser sintetizadas porque algum coeficiente k_i teria que ser igual a 1.

12.2 Forma treliça

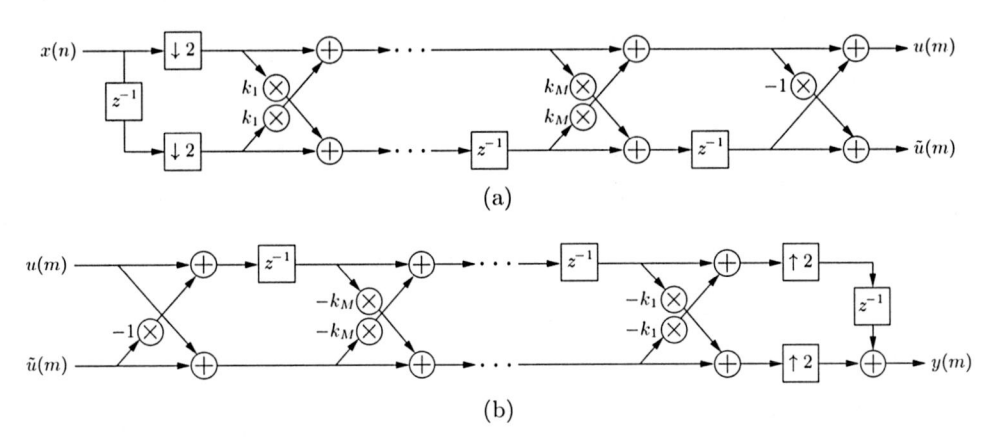

Figura 12.3 Realização de um banco de filtros com fase linear na forma treliça: (a) filtros de análise; (b) filtros de síntese.

e fase linear estruturalmente induzidas. Portanto, uma possível estratégia de projeto para esses bancos de filtros é efetuar uma otimização multivariável de k_i, para $i = 1, 2, \ldots, M$, usando uma função-objetivo escolhida.

Por exemplo, pode-se minimizar simultaneamente a norma L_2 dos desvios do filtro passa-baixas $H_0(z)$ e do filtro passa-altas $H_1(z)$ tanto na faixa de passagem quanto na faixa de rejeição, usando-se a seguinte função-objetivo:

$$\xi(k_1, k_2, \ldots, k_M) = \int_0^{\omega_p} \left(1 - |H_0(e^{j\omega})|\right)^2 d\omega + \int_{\omega_r}^{\pi} |H_0(e^{j\omega})|^2 d\omega$$

$$+ \int_{\omega_r}^{\pi} \left(1 - |H_1(e^{j\omega})|\right)^2 d\omega + \int_0^{\omega_p} |H_1(e^{j\omega})|^2 d\omega, \qquad (12.33)$$

que corresponde, essencialmente, a uma função de erro do tipo mínimos quadrados.

EXEMPLO 12.2

(a) Implemente a função de transferência a seguir usando uma estrutura treliça:

$$H_1(z) = z^{-5} + 2z^{-4} + 0{,}5z^{-3} - 0{,}5z^{-2} - 2z^{-1} - 1. \qquad (12.34)$$

(b) Determine $H_0(z)$ e os filtros de síntese obtidos.

SOLUÇÃO

(a) Usando $M = 2$ na equação (12.20), a matriz polifásica do banco de filtros de análise é dada, então, por

$$\mathbf{E}(z) = \mathcal{K}_2 \begin{bmatrix} 1 & 1 \\ -1 & 1 \end{bmatrix} \begin{bmatrix} 1 & 0 \\ 0 & z^{-1} \end{bmatrix} \begin{bmatrix} 1 & \kappa_2 \\ \kappa_2 & 1 \end{bmatrix} \begin{bmatrix} 1 & 0 \\ 0 & z^{-1} \end{bmatrix} \begin{bmatrix} 1 & \kappa_1 \\ \kappa_1 & 1 \end{bmatrix}$$

$$= \mathcal{K}_2 \begin{bmatrix} 1 & 1 \\ -1 & 1 \end{bmatrix} \begin{bmatrix} 1 & \kappa_2 \\ \kappa_2 z^{-1} & z^{-1} \end{bmatrix} \begin{bmatrix} 1 & \kappa_1 \\ \kappa_1 z^{-1} & 1 \end{bmatrix}, \qquad (12.35)$$

de forma que, pela equação (12.15), o filtro passa-altas se torna

$$H_1(z) = \mathcal{K}_2 \left[-1 - \kappa_1 z^{-1} + \kappa_2(1-\kappa_1) z^{-2} - \kappa_2(1-\kappa_1) z^{-3} + \kappa_1 z^{-4} + z^{-5} \right].$$
$$(12.36)$$

Igualando essa expressão à função de transferência dada, obtêm-se

$$\left. \begin{array}{l} \kappa_1 = 2 \\ \kappa_2 = 0{,}5 \end{array} \right\}. \qquad (12.37)$$

Observe que com essa estrutura treliça, os filtros resultantes do banco de análise são iguais aos $H_0(z)$ e $H_1(z)$ desejados a menos de uma constante, já que o valor de $\mathcal{K}_2$ tem que vir da equação (12.21), que nesse caso, fornece

$$\mathcal{K}_2 = \left(\frac{1}{2} \right) \left(\frac{1}{1-2^2} \right) \left[\frac{1}{1-(0{,}5)^2} \right] = -\frac{2}{9}. \qquad (12.38)$$

Portanto, o filtro $H_1(z)$ se torna

$$H_1(z) = -\frac{2}{9} \left(-1 - 2z^{-1} - 0{,}5z^{-2} - 0{,}5z^{-3} + 2z^{-4} + z^{-5} \right). \qquad (12.39)$$

As componentes polifásicas do filtro passa-altas do banco de análise são tais que

$$\left. \begin{array}{l} E_{10}(z) = \mathcal{K}_2 \left[-1 - \kappa_2(\kappa_1-1)z^{-1} + \kappa_1 z^{-2} \right] = -\frac{2}{9}(-1 - 0{,}5z^{-1} + 2z^{-2}) \\ E_{11}(z) = \mathcal{K}_2 \left[-\kappa_1 - \kappa_2(1-\kappa_1)z^{-1} + z^{-2} \right] = -\frac{2}{9}(-2 + 0{,}5z^{-1} + z^{-2}) \end{array} \right\},$$
$$(12.40)$$

e para o passa-baixas, temos que

$$\left. \begin{array}{l} E_{00}(z) = \mathcal{K}_2 \left[1 + \kappa_2(1+\kappa_1)z^{-1} + \kappa_1 z^{-2} \right] = -\frac{2}{9}(1 + 1{,}5z^{-1} + 2z^{-2}) \\ E_{01}(z) = \mathcal{K}_2 \left[\kappa_1 + \kappa_2(1+\kappa_1)z^{-1} + z^{-2} \right] = -\frac{2}{9}(2 + 1{,}5z^{-1} + z^{-2}) \end{array} \right\}.$$
$$(12.41)$$

(b) O filtro passa-baixas do banco de análise tem a seguinte expressão:

$$H_0(z) = E_{00}(z^2) + z^{-1} E_{01}(z^2)$$
$$= -\frac{2}{9} \left(1 + 2z^{-1} + 1{,}5z^{-2} + 1{,}5z^{-3} + 2z^{-4} + z^{-5} \right). \qquad (12.42)$$

O determinante da matriz $\mathbf{E}(z)$ tem a seguinte expressão:

$$\begin{aligned}\det[\mathbf{E}(z)] &= E_{00}(z)E_{11}(z) - E_{10}(z)E_{01}(z) \\ &= \left(\frac{2}{9}\right)^2 \left[\left(1 + 1{,}5z^{-1} + 2z^{-2}\right)\left(-2 + 0{,}5z^{-1} + z^{-2}\right) \right. \\ &\quad \left. - \left(-1 - 0{,}5z^{-1} + 2z^{-2}\right)\left(2 + 1{,}5z^{-1} + z^{-2}\right)\right] \\ &= -\frac{2}{9}z^{-2}.\end{aligned} \qquad (12.43)$$

Como resultado, pela equação (12.23), a matriz polifásica do banco de filtros de síntese é dada por

$$\begin{aligned}\mathbf{R}(z) &= \frac{z^{-2}}{\det[\mathbf{E}(z)]} \begin{bmatrix} E_{11}(z) & -E_{01}(z) \\ -E_{10}(z) & E_{00}(z) \end{bmatrix} \\ &= \begin{bmatrix} (-2 + 0{,}5z^{-1} + z^{-2}) & (-2 - 1{,}5z^{-1} - z^{-2}) \\ (1 + 0{,}5z^{-1} - 2z^{-2}) & (1 + 1{,}5z^{-1} + 2z^{-2}) \end{bmatrix},\end{aligned} \qquad (12.44)$$

e os filtros de síntese, pela equação (12.16), são

$$\left.\begin{aligned}G_0(z) &= 1 - 2z^{-1} + 0{,}5z^{-2} + 0{,}5z^{-3} - 2z^{-4} + z^{-5} \\ G_1(z) &= 1 - 2z^{-1} + 1{,}5z^{-2} - 1{,}5z^{-3} + 2z^{-4} - z^{-5}\end{aligned}\right\}. \qquad (12.45)$$

△

12.3 Forma polifásica

Uma função de transferência não-recursiva da forma

$$H(z) = \sum_{n=0}^{N-1} h(n) z^{-n}, \qquad (12.46)$$

quando $N = K\overline{N}$ (como foi visto na Seção 8.8), também pode ser expressa como

$$\begin{aligned}H(z) &= \sum_{n=0}^{\overline{N}-1} h(Kn)z^{-Kn} + \sum_{n=0}^{\overline{N}-1} h(Kn+1)z^{-Kn-1} + \cdots \\ &\quad + \sum_{n=0}^{\overline{N}-1} h(Kn+K-1)z^{-Kn-K+1} \\ &= \sum_{n=0}^{\overline{N}-1} h(Kn)z^{-Kn} + z^{-1}\sum_{n=0}^{\overline{N}-1} h(Kn+1)z^{-Kn} + \cdots \\ &\quad + z^{-K+1}\sum_{n=0}^{\overline{N}-1} h(Kn+K-1)z^{-Kn}.\end{aligned} \qquad (12.47)$$

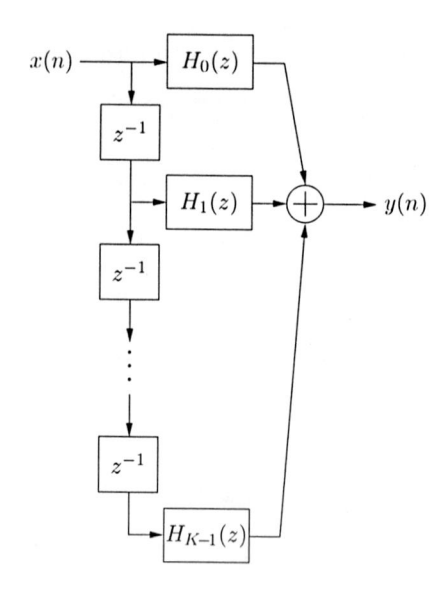

Figura 12.4 Diagrama de blocos da forma polifásica baseada na equação (12.47).

Esta última forma de escrever $H(z)$ pode ser mapeada diretamente na realização mostrada na Figura 12.4, onde cada $H_i(z)$ é dada por

$$H_i(z^K) = \sum_{n=0}^{\overline{N}-1} h(Kn+i)z^{-Kn}, \qquad (12.48)$$

para $i = 0, 1, \ldots, K-1$. Tal realização é chamada de realização polifásica, e tem um grande número de aplicações no estudo de sistemas multitaxa e de bancos de filtros (como se viu nos Capítulos 8 e 9).

12.4 Forma no domínio da frequência

A saída de um filtro FIR corresponde à convolução linear de um sinal de entrada com a resposta ao impulso do filtro $h(n)$. Portanto, pela Seção 3.4, temos que se o sinal de entrada $x(n)$ de um filtro não-recursivo é conhecido para todo n, sendo nulo para $n < 0$ e $n > L$, uma abordagem alternativa para o cálculo da saída $y(n)$ pode ser obtida usando-se a transformada de Fourier rápida (FFT). Se o comprimento do filtro é N, completando-se essas sequências com o número de zeros necessário (procedimento de preenchimento com zeros) e determinando-se as FFTs resultantes, com $(N+L)$ elementos, de $h(n)$, $x(n)$ e $y(n)$, temos que

$$\text{FFT}\{y(n)\} = \text{FFT}\{h(n)\}\text{FFT}\{x(n)\} \qquad (12.49)$$

e, então,

$$y(n) = \text{FFT}^{-1}\left\{\text{FFT}\{h(n)\}\text{FFT}\{x(n)\}\right\}. \tag{12.50}$$

Usando essa abordagem, estamos aptos a calcular a sequência $y(n)$ completa com um número de operações aritméticas por amostra de saída proporcional a $\log_2(L+N)$. No caso da avaliação direta, o número de operações é da ordem de L. Claramente, para valores elevados de L e não muito elevados de N, o método da FFT é mais eficiente.

Na abordagem acima, toda a sequência de entrada precisa estar disponível para que se possa calcular o sinal de saída. Nesse caso, se a entrada é extremamente longa, o cálculo completo de $y(n)$ pode resultar num atraso computacional grande, indesejável em diversas aplicações. Em tais situações, o sinal de entrada pode ser segmentado, e cada bloco de dados processado separadamente, usando os chamados métodos de sobreposição-e-armazenamento e de sobreposição-e-soma, como foi descrito no Capítulo 3.

12.5 Forma da soma móvel recursiva

A realização direta da função de transferência

$$H(z) = \sum_{i=0}^{M} z^{-i}, \tag{12.51}$$

onde todos os coeficientes mutiplicadores são iguais a um, requer um grande número de adições. Um modo alternativo de implementar essa função de transferência resulta da sua interpretação como a soma dos termos de uma série geométrica. Isso resulta em

$$H(z) = \frac{1 - z^{-M-1}}{1 - z^{-1}}. \tag{12.52}$$

Essa equação leva à realização da Figura 12.5, conhecida como soma móvel recursiva (RRS, do inglês *Recursive Running Sum*) (Adams & Willson, 1983).

A RRS corresponde a um filtro passa-baixas muito simples, envolvendo $(M+1)$ atrasos e somente 2 adições por amostra de saída. A faixa de passagem da RRS pode ser controlada pela escolha apropriada do valor de M, como ilustrado no Exemplo 12.3.

EXEMPLO 12.3
Determine as respostas de módulo e as constelações de polos e zeros para os blocos de RRS com $M = 5, 7, 9$.

828 Estruturas FIR eficientes

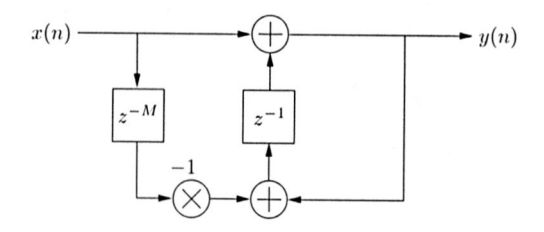

Figura 12.5 Diagrama de blocos da realização pela soma móvel recursiva (RRS).

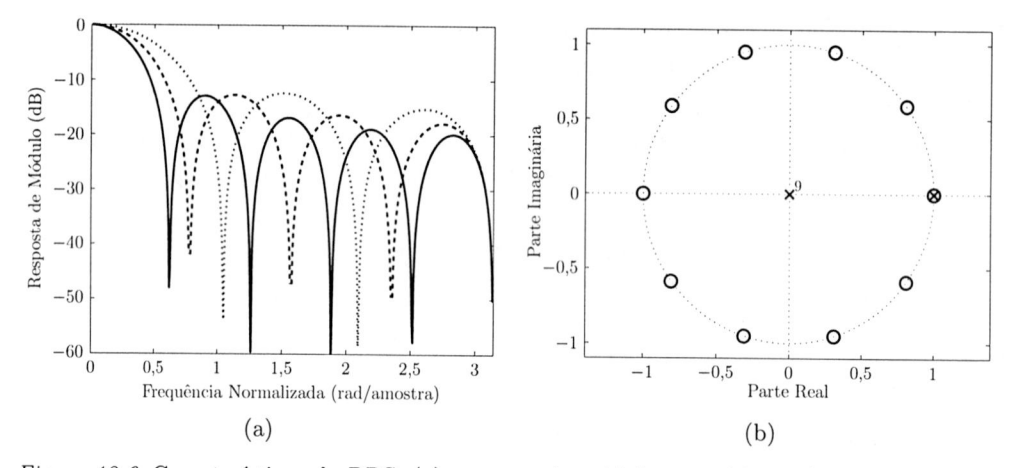

Figura 12.6 Características da RRS: (a) resposta de módulo para $M = 5$ (linha pontilhada), $M = 7$ (linha tracejada) e $M = 9$ (linha contínua); (b) constelação de polos e zeros para $M = 9$.

SOLUÇÃO
A RRS tem um polo em $z = 1$ que é cancelado por um zero na mesma posição, o que leva a um filtro FIR com realização recursiva. Examinando o polinômio do numerador do filtro RRS, seus zeros são igualmente espaçados sobre a circunferência unitária, posicionados em $z = e^{2\pi/(M+1)}$. As respostas de módulo da RRS para $M = 5, 7, 9$ são representadas na Figura 12.6a, e a constelação de polos e zeros quando $M = 9$ é vista na Figura 12.6b. △

O ganho DC da RRS é igual a $(M + 1)$. Para compensá-lo, um fator de escalamento de $1/(M + 1)$ pode ser empregado na entrada do filtro, o que gera um ruído de quantização na saída com variância em torno de $[(M + 1)q]^2/12$. Para reduzir esse efeito, pode-se eliminar o escalamento na entrada e efetuar as operações internas da RRS com faixa dinâmica mais ampla, aumentando-se apropriadamente o comprimento de palavra binário interno. Nesse caso, a variância do ruído na saída é reduzida a $q^2/12$, uma vez que o sinal só é quantizado na saída. Para garantir isso, o número de bits adicionais tem que ser o menor número inteiro maior que ou igual a $\log_2(M + 1)$.

12.6 Filtro da sinc modificada

O filtro RRS é certamente um dos passa-baixas mais usados, com implementação muito eficiente. A principal desvantagem do filtro RRS é sua reduzida atenuação na faixa de rejeição, que não pode ser aumentada de maneira direta. Uma simples, mas eficiente, extensão do RRS é o filtro da sinc modificada, proposto por Le Presti (2000) e mais amplamente discutido em Lyons (2007). O filtro da sinc modificada tem a seguinte função de transferência genérica:

$$H(z) = \frac{1}{(M+1)^3} \left[\frac{1 - bz^{-(M+1)} + bz^{-2(M+1)} - z^{-3(M+1)}}{1 - az^{-1} + az^{-2} - z^{-3}} \right]$$

$$= \frac{1}{(M+1)^3} \left[\frac{1 - 2\cos(M+1)\omega_0 z^{-(M+1)} + z^{-2(M+1)}}{1 - 2\cos\omega_0 z^{-1} + z^{-2}} \right] \left[\frac{1 - z^{-(M+1)}}{1 - z^{-1}} \right], \quad (12.53)$$

onde $a = 1 + 2\cos\omega_0$ e $b = 1 + 2\cos(M+1)\omega_0$. A Figura 12.7 mostra uma estrutura canônica (isto é, que utiliza o número mínimo de multiplicadores, atrasos e somadores) para o filtro da sinc modificada. O filtro da sinc modificada posiciona triplas de zeros igualmente espaçados sobre a circunferência unitária. A primeira tripla é posicionada em torno de DC (um zero em DC e dois em $\pm\omega_0$), e é cancelada pelos polos do filtro, gerando um filtro passa-baixas aprimorado, em comparação com o filtro RRS, desde que $\omega_0 < \pi/(M+1)$. A Figura 12.8

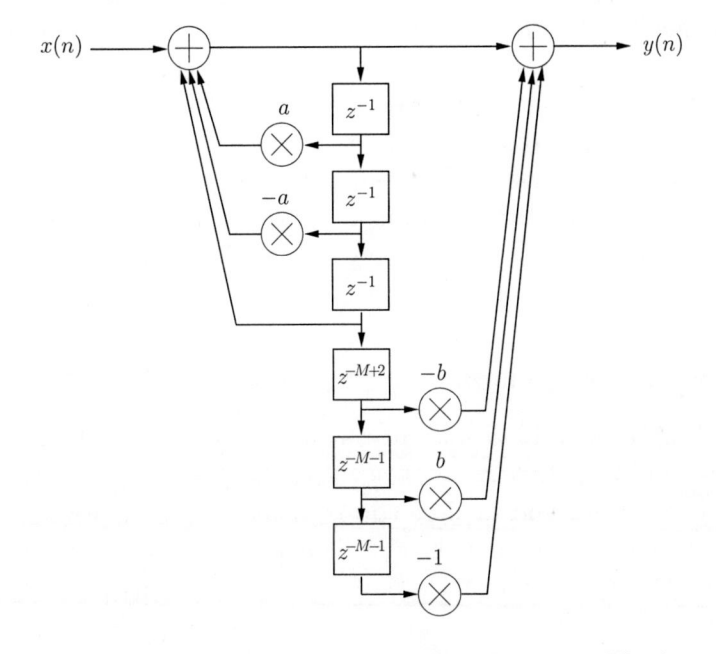

Figura 12.7 Realização canônica do filtro da sinc modificada.

830 Estruturas FIR eficientes

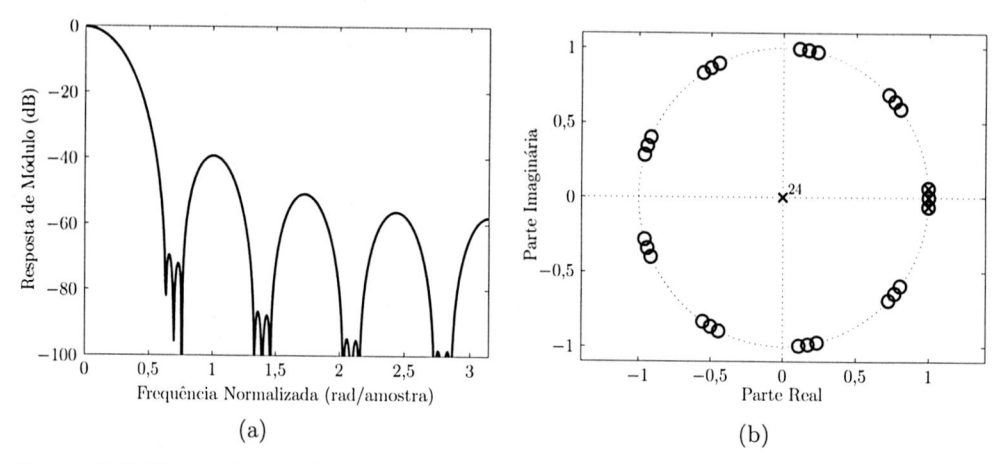

Figura 12.8 Caracterização do filtro da sinc modificada para $M = 8$ e $\omega_0 = \pi/50$: (a) resposta de módulo; (b) constelação de polos e zeros.

representa a resposta na frequência do filtro da sinc modificada para $M = 8$ e $\omega_0 = \pi/50$.

12.7 Realizações com número reduzido de operações aritméticas

A principal desvantagem dos filtros FIR é o número elevado de operações aritméticas requeridas para que eles satisfaçam especificações práticas. Entretanto, especialmente no caso dos filtros com faixas de passagem ou de transição estreitas, há uma correlação entre os valores dos coeficientes multiplicadores do filtro. Esse fato pode ser explorado com o objetivo de reduzir o número de operações aritméticas requeridas para satisfazer essas especificações (Van Gerwen *et al.*, 1975; Adams & Willson, 1983, 1984; Benvenuto *et al.*, 1984; Neüvo *et al.*, 1984; Lim, 1986; Saramäki *et al.*, 1988). Esta seção apresenta alguns dos métodos mais utilizados no projeto de filtros FIR com complexidade computacional reduzida.

12.7.1 Abordagem por pré-filtro

A principal ideia do método do pré-filtro consiste na geração de um filtro FIR simples, com número reduzido de multiplicações e adições, cuja resposta na frequência aproxime a resposta desejada o melhor possível. Então, esse filtro simples é cascateado com um equalizador de amplitude, projetado de forma que o filtro global satisfaça as especificações prescritas (Adams & Willson, 1983). A redução na complexidade computacional resulta do fato de que o pré-filtro relaxa significativamente as especificações do equalizador, que passa a ter faixas de transição mais largas a aproximar, requerendo, assim, ordem menor que o filtro original.

Várias estruturas de pré-filtros são dadas na literatura (Adams & Willson, 1984), e escolher a melhor delas para uma especificação dada não é tarefa fácil. Um filtro passa-baixas extremamente simples é o filtro RRS, visto na seção anterior. Pela equação (12.52), a resposta na frequência do filtro RRS de ordem M é dada por

$$H(e^{j\omega}) = \frac{\text{sen}\,[\omega(M+1)/2]}{\text{sen}\,(\omega/2)} e^{-j\omega M/2}. \tag{12.54}$$

Isso indica que a resposta na frequência do RRS tem várias ondulações na faixa de rejeição, com amplitudes decrescentes à medida que ω se aproxima de π. O primeiro zero da resposta na frequência do RRS ocorre em

$$\omega_{z1} = \frac{2\pi}{M+1}. \tag{12.55}$$

Usando-se o RRS como pré-filtro, esse primeiro zero tem que ser posicionado acima e o mais próximo possível da extremidade ω_r da faixa de rejeição. Para que se consiga isso, a ordem M do RRS deve ser tal que

$$M = \left\lfloor \frac{2\pi}{\omega_r} - 1 \right\rfloor, \tag{12.56}$$

onde $\lfloor x \rfloor$ representa o maior inteiro menor que ou igual a x.

Podem ser gerados pré-filtros mais eficientes pelo cascateamento de várias seções RRS. Por exemplo, se cascateamos dois pré-filtros em que o primeiro satisfaz a equação (12.56) e o segundo é projetado para cancelar as ondulações secundárias do primeiro, podemos esperar que o pré-filtro resultante tenha maior atenuação na faixa de rejeição. Isso relaxaria ainda mais as especificações para o equalizador. Em particular, a primeira ondulação da faixa de rejeição pertencente ao primeiro RRS tem que ser atenuada pelo segundo RRS sem introduzir zeros na faixa de passagem. Embora o projeto de pré-filtros pelo cascateamento de várias seções RRS seja sempre possível, a prática tem mostrado que pouco se ganha cascateando-se mais que três seções. O filtro da sinc modificada também é um pré-filtro muito eficiente.

Mostramos, agora, que a abordagem de Chebyshev (minimax) para o projeto de filtros FIR ótimos mostrada no Capítulo 5 pode ser adaptada para projetar o equalizador, modificando-se a definição da função-erro da seguinte forma:

A resposta obtida pelo cascateamento do pré-filtro com o equalizador é dada por

$$H(z) = H_p(z)H_e(z), \tag{12.57}$$

onde $H_\mathrm{p}(z)$ é a função de transferência do pré-filtro e somente os coeficientes de $H_\mathrm{e}(z)$ devem ser otimizados. A função-erro da equação (5.126) pode, então, ser reescrita como

$$|E(\omega)| = \left|W(\omega)\left(D(\omega) - H_\mathrm{p}(\mathrm{e}^{\mathrm{j}\omega})H_\mathrm{e}(\mathrm{e}^{\mathrm{j}\omega})\right)\right|$$

$$= \left|W(\omega)H_\mathrm{p}(\mathrm{e}^{\mathrm{j}\omega})\left(\frac{D(\omega)}{H_\mathrm{p}(\mathrm{e}^{\mathrm{j}\omega})} - H_\mathrm{e}(\mathrm{e}^{\mathrm{j}\omega})\right)\right|$$

$$= \left|W'(\omega)\left(D'(\omega) - H_\mathrm{e}(\mathrm{e}^{\mathrm{j}\omega})\right)\right|, \qquad (12.58)$$

onde

$$D'(\omega) = \begin{cases} \dfrac{1}{H_\mathrm{p}(\mathrm{e}^{\mathrm{j}\omega})}, & \omega \in \text{faixas de passagem} \\ 0, & \omega \in \text{faixas de rejeição} \end{cases} \qquad (12.59)$$

$$W'(\omega) = \begin{cases} |H_\mathrm{p}(\mathrm{e}^{\mathrm{j}\omega})|, & \omega \in \text{faixas de passagem} \\ \dfrac{\delta_\mathrm{p}}{\delta_\mathrm{r}}|H_\mathrm{p}(\mathrm{e}^{\mathrm{j}\omega})|, & \omega \in \text{faixas de rejeição.} \end{cases} \qquad (12.60)$$

Vale a pena mencionar que $H_\mathrm{p}(\mathrm{e}^{\mathrm{j}\omega})$ geralmente tem zeros em algumas frequências, o que causa problemas no algoritmo de otimização. Uma forma de contornar isso é substituir $|H_\mathrm{p}(\mathrm{e}^{\mathrm{j}\omega})|$ nas vizinhanças de seus zeros por um número pequeno, como 10^{-6}.

EXEMPLO 12.4

Usando o método minimax convencional e o método do pré-filtro, projete um filtro passa-altas que satisfaça as seguintes especificações:

$$\left.\begin{aligned} A_\mathrm{r} &= 40 \text{ dB} \\ \Omega_\mathrm{r} &= 6600 \text{ Hz} \\ \Omega_\mathrm{p} &= 7200 \text{ Hz} \\ \Omega_\mathrm{s} &= 16\,000 \text{ Hz} \end{aligned}\right\}. \qquad (12.61)$$

SOLUÇÃO

A abordagem por pré-filtro descrita anteriormente se aplica somente a filtros passa-baixas de faixa estreita. Entretanto, tal abordagem requer apenas uma pequena modificação para que possa ser aplicada ao projeto de filtros passa-altas de faixa estreita. A modificação consiste em projetar um filtro passa-baixas que aproxime $D(\pi - \omega)$ e então substituir z^{-1} por $-z^{-1}$ na realização. Portanto, as especificações do filtro passa-baixas são

$$\Omega'_\mathrm{p} = \frac{\Omega_\mathrm{s}}{2} - \Omega_\mathrm{p} = 8000 - 7200 = 800 \text{ Hz} \qquad (12.62)$$

12.7 Realizações com número reduzido de operações aritméticas

Tabela 12.1 *Coeficientes do equalizador de $h(0)$ a $h(17)$.*

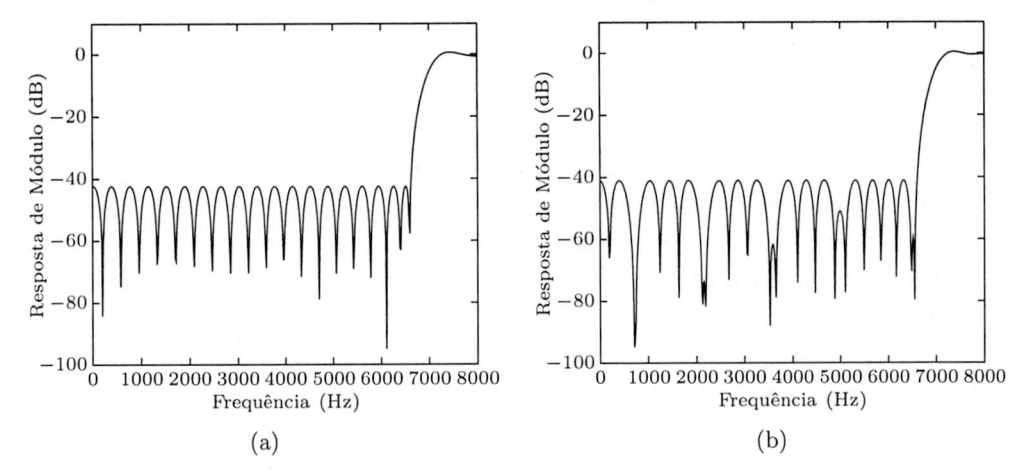

$h(0) = -5{,}7525\text{E}-03$	$h(6) = 3{,}9039\text{E}-03$	$h(12) = -2{,}9552\text{E}-03$
$h(1) = 1{,}4791\text{E}-04$	$h(7) = -5{,}3685\text{E}-03$	$h(13) = 7{,}1024\text{E}-03$
$h(2) = -1{,}4058\text{E}-03$	$h(8) = 6{,}1928\text{E}-03$	$h(14) = -1{,}1463\text{E}-02$
$h(3) = 6{,}0819\text{E}-04$	$h(9) = -5{,}9842\text{E}-03$	$h(15) = 1{,}5271\text{E}-02$
$h(4) = 6{,}3692\text{E}-04$	$h(10) = 4{,}4243\text{E}-03$	$h(16) = -1{,}7853\text{E}-02$
$h(5) = -2{,}2099\text{E}-03$	$h(11) = 9{,}1634\text{E}-04$	$h(17) = 1{,}8756\text{E}-02$

Figura 12.9 Respostas de módulo: (a) abordagem minimax na forma direta; (b) abordagem por pré-filtro.

$$\Omega'_r = \frac{\Omega_s}{2} - \Omega_r = 8000 - 6600 = 1400 \text{ Hz}. \quad (12.63)$$

Usando-se a abordagem minimax, o filtro resultante na forma direta tem ordem 42, requerendo, assim, 22 multiplicações por amostra de saída. Usando-se a abordagem por pré-filtro com um RRS de ordem 10, o equalizador resultante tem ordem 34, requerendo somente 18 multiplicações por amostra de saída. Somente metade dos coeficientes do equalizador é mostrada na Tabela 12.1, uma vez que os outros coeficientes podem ser obtidos como $h(34 - n) = h(n)$.

As respostas de módulo do filtro minimax na forma direta e do filtro composto por pré-filtro e equalizador são representadas na Figura 12.9. △

Com a abordagem por pré-filtro, também podemos projetar filtros passa-faixa centrados em $\omega_0 = \pi/2$ com as extremidades das faixas em $(\pi/2 - \omega_p/2)$, $(\pi/2 + \omega_p/2)$, $(\pi/2 - \omega_r/2)$ e $(\pi/2 + \omega_r/2)$. Isso pode ser feito observando-se que esses filtros passa-faixa podem ser obtidos de um filtro passa-baixas com as extremidades das faixas em ω_p e ω_r pela aplicação da transformação $z^{-1} \to -z^{-2}$.

Também há generalizações da abordagem por pré-filtro que permitem que se realize o projeto de filtros passa-faixa estreitos com frequência central fora de $\frac{\pi}{2}$, bem como de filtros rejeita-faixa estreitos (Neüvo et al., 1987; Cabezas & Diniz, 1990).

Graças ao número reduzido de multiplicadores, os filtros projetados pelo método do pré-filtro tendem a gerar menor ruído de quantização na saída do que os filtros minimax implementados na forma direta. Sua sensibilidade à quantização dos coeficientes também é reduzida quando comparada com a dos projetos minimax na forma direta, como mostrado em Adams & Willson (1983).

12.7.2 Abordagem por interpolação

Filtros FIR com faixas de passagem e de transição estreitas tendem a apresentar coeficientes multiplicadores adjacentes (representando amostras contíguas de suas respostas ao impulso) com amplitudes muito próximas. Isso significa que há uma correlação significativa entre esses coeficientes, o que pode ser explorado com o intuito de se reduzir a complexidade computacional. Na verdade, poderíamos pensar em remover algumas amostras da resposta ao impulso, substituindo-as por zeros, e aproximar seus valores por interpolação das amostras não-nulas restantes. Usando-se a terminologia do Capítulo 8, poderíamos decimar e então interpolar os coeficientes do filtro. Essa é a principal ideia por trás da abordagem por interpolação.

Considere um filtro inicial com respostas na frequência e ao impulso dadas por $H_i(e^{j\omega})$ e $h_i(n)$, respectivamente. Se $h_i(n)$ é interpolada por L (veja a equação (8.17)), então são inseridas $(L-1)$ amostras nulas após cada amostra de $h_i(n)$, e a sequência resultante $h'_i(n)$ é dada por

$$h'_i(n) = \begin{cases} h_i\left(\frac{n}{L}\right), & \text{para } n = kL, \text{ com } k = 0, 1, 2, \ldots \\ 0, & \text{para } n \neq kL, \end{cases} \quad (12.64)$$

A resposta na frequência correspondente, $H'_i(e^{j\omega})$, é periódica com período $2\pi/L$. Por exemplo, a Figura 12.10 ilustra a forma de $H'_i(e^{j\omega})$ gerada a partir de um filtro passa-baixas com resposta na frequência $H_i(e^{j\omega})$, usando $L = 3$.

O filtro com resposta na frequência $H'_i(e^{j\omega})$, comumente chamado de filtro interpolado, é, então, conectado em cascata com um interpolador $G(e^{j\omega})$, resultando numa função de transferência da forma

$$H(z) = H'_i(z)G(z). \quad (12.65)$$

A função do interpolador é eliminar as faixas indesejáveis de $H'_i(z)$ (veja a Figura 12.10), deixando inalterada a faixa de frequências mais baixas.

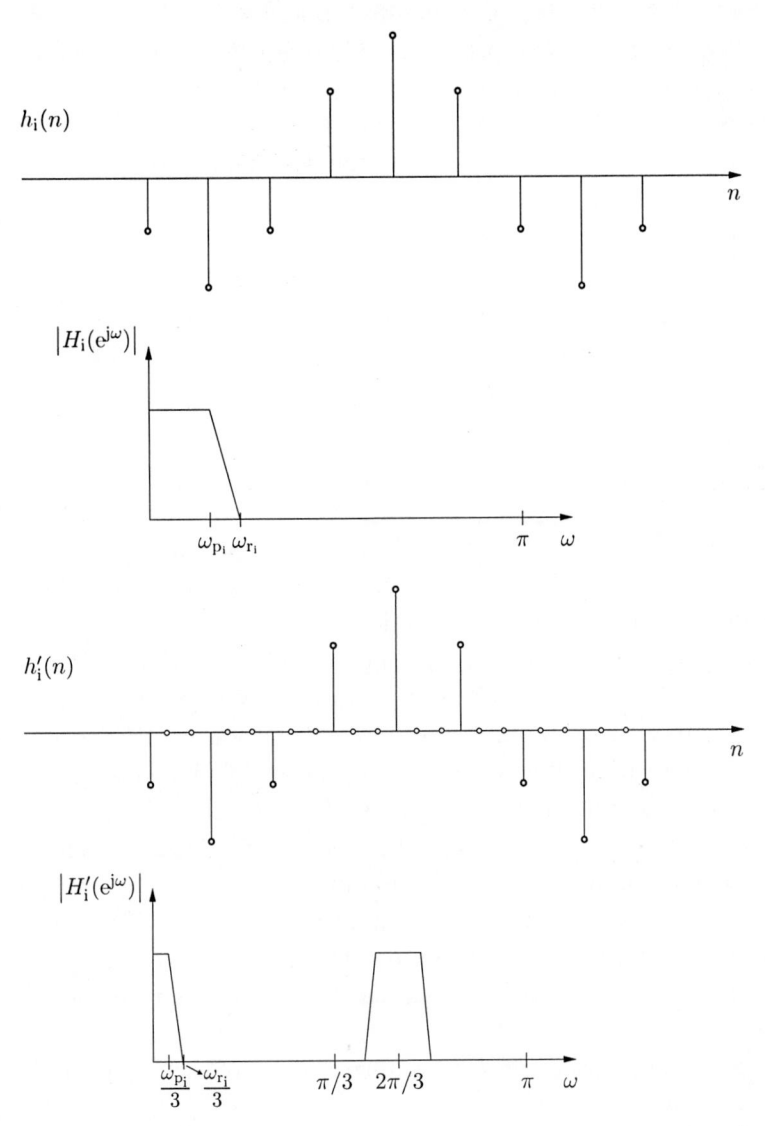

12.7 Realizações com número reduzido de operações aritméticas 835

Figura 12.10 Efeito da inserção de $(L - 1) = 2$ zeros numa resposta ao impulso no tempo discreto.

Como se pode observar, o filtro inicial tem faixas de passagem e de rejeição L vezes mais largas que as do filtro interpolado (na Figura 12.10, $L = 3$). Como consequência, o número de multiplicações no filtro inicial tende a ser aproximadamente L vezes menor que o número de multiplicações num filtro projetado diretamente pela abordagem minimax para satisfazer as especificações de faixa estreita. Uma explicação intuitiva para isso é que um filtro com faixas de passagem, de rejeição e de transição largas é mais fácil de implementar que um filtro com faixas estreitas. De fato, isso pode ser verificado analisando-se a fórmula do Exercício 5.25, que prediz a ordem requerida para que um filtro FIR satisfaça uma dada especificação.

Para filtros passa-baixas, o valor máximo de L tal que o filtro inicial satisfaça as especificações nas faixas de passagem e de rejeição é dado por

$$L_{\text{máx}} = \left\lfloor \frac{\pi}{\omega_{\text{r}}} \right\rfloor, \qquad (12.66)$$

onde ω_{r} é a frequência mais baixa da faixa de rejeição do filtro desejado. Esse valor para L garante que $\omega_{\text{r}_i} < \pi$.

Para filtros passa-altas, $L_{\text{máx}}$ é dado por

$$L_{\text{máx}} = \left\lfloor \frac{\pi}{\pi - \omega_{\text{r}}} \right\rfloor, \qquad (12.67)$$

enquanto que para filtros passa-faixa, $L_{\text{máx}}$ é o maior valor de L tal que, para algum k, $\pi k/L \leq \omega_{\text{r}_1} < \omega_{\text{r}_2} \leq \pi(k+1)/L$. Na prática, L é escolhido menor que $L_{\text{máx}}$, a fim de relaxar as especificações do interpolador.

Naturalmente, para se obter redução nos requisitos computacionais do filtro final, o interpolador tem que ser tão simples quanto possível, não exigindo um número muito elevado de multiplicações. Por exemplo, o interpolador pode ser projetado como uma cascata de subseções, cada uma das quais posiciona zeros numa faixa de passagem indesejada. Para o exemplo da Figura 12.10, se desejamos projetar um filtro passa-baixas, $G(e^{j\omega})$ deve ter zeros em $e^{\pm j\frac{2\pi}{3}}$. Alternativamente, podemos usar o método minimax para projetar o interpolador, com a faixa de passagem de $G(e^{j\omega})$ coincidindo com a faixa de passagem especificada e com as faixas de rejeição localizadas nas regiões da frequência das réplicas indesejáveis da faixa de passagem do filtro interpolado (Saramäki et al., 1988).

Uma vez escolhidos o valor de L e o interpolador, o filtro interpolado pode ser projetado para que

$$\left. \begin{array}{ll} (1 - \delta_{\text{p}}) \leq \left| H_{\text{i}}(e^{j\omega})G(e^{j\omega/L}) \right| \leq (1 + \delta_{\text{p}}), & \text{para } \omega \in [0, L\omega_{\text{p}}] \\ \left| H_{\text{i}}(e^{j\omega})G(e^{j\omega/L}) \right| \leq \delta_{\text{r}}, & \text{para } \omega \in [L\omega_{\text{r}}, \pi] \end{array} \right\}, \qquad (12.68)$$

onde se pode usar diretamente o método minimax para projetar filtros FIR ótimos.

EXEMPLO 12.5

Projete o filtro especificado no Exemplo 12.1 usando o método da interpolação.

12.7 Realizações com número reduzido de operações aritméticas

Tabela 12.2 *Coeficientes do filtro inicial, de $h(0)$ a $h(10)$.*

$h(0) = 1{,}0703\text{E}-03$	$h(4) = -2{,}8131\text{E}-03$	$h(8) = 9{,}5809\text{E}-03$
$h(1) = 7{,}3552\text{E}-04$	$h(5) = -3{,}3483\text{E}-03$	$h(9) = 1{,}4768\text{E}-02$
$h(2) = 3{,}9828\text{E}-04$	$h(6) = -1{,}2690\text{E}-03$	$h(10) = 1{,}6863\text{E}-02$
$h(3) = -1{,}2771\text{E}-03$	$h(7) = 3{,}3882\text{E}-03$	

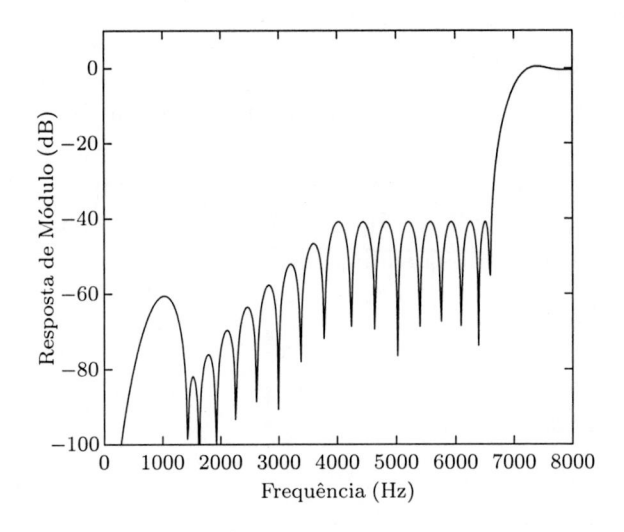

Figura 12.11 Resposta do filtro interpolado em cascata com o interpolador.

SOLUÇÃO

Usando $L = 2$, obtemos o filtro inicial com ordem 20 (requerendo, portanto, 11 multiplicações por amostra de saída) cujos coeficientes são listados na Tabela 12.2. O interpolador requerido é dado por $G(z) = (1 - z^{-1})^4$, e a resposta de módulo resultante da cascata do filtro inicial com o interpolador pode ser vista na Figura 12.11. △

Vale a pena observar que os métodos do pré-filtro e do interpolador foram descritos inicialmente como métodos eficazes para o projeto de filtros de faixa estreita dos tipos passa-baixas, passa-altas e passa-faixa. Entretanto, também podemos projetar filtros de faixa larga e filtros rejeita-faixa estreitos com o método da interpolação observando que eles podem ser obtidos a partir de um filtro de faixa estreita $H(z)$ complementar do filtro desejado, usando

$$H_{\text{FL}}(z) = z^{-M/2} - H(z), \tag{12.69}$$

onde M é a ordem, par, de $H(z)$.

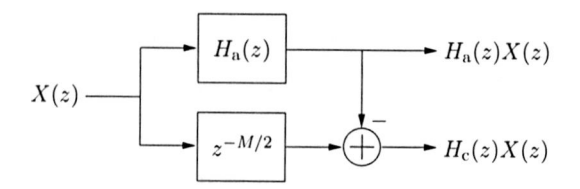

Figura 12.12 Realização do filtro complementar $H_c(z)$.

12.7.3 Abordagem por mascaramento da resposta na frequência

Outra aplicação interessante da interpolação ocorre no projeto de filtros de faixa larga com corte abrupto usando a abordagem chamada de mascaramento da resposta na frequência (Lim, 1986). Uma breve introdução a ela foi dada na Seção 8.10.2. Tal abordagem faz uso do conceito de filtros complementares, que constituem um par de filtros, $H_a(z)$ e $H_c(z)$, cujas respostas na frequência somadas resultam num atraso constante, isto é,

$$|H_a(e^{j\omega}) + H_c(e^{j\omega})| = 1. \tag{12.70}$$

Se $H_a(z)$ é um filtro FIR com fase linear de ordem M par, sua resposta na frequência pode ser escrita como

$$H_a(e^{j\omega}) = e^{-j(M/2)\omega} A(\omega), \tag{12.71}$$

onde $A(\omega)$ é uma função trigonométrica de ω, como descreve a equação (5.125), na Seção 5.6. Portanto, a resposta na frequência do filtro complementar tem que ser da forma

$$H_c(e^{j\omega}) = e^{-j(M/2)\omega} \left(1 - A(\omega)\right), \tag{12.72}$$

e as funções de transferência correspondentes são tais que

$$H_a(z) + H_c(z) = z^{-M/2}. \tag{12.73}$$

Logo, dada a realização de $H_a(z)$, seu filtro complementar $H_c(z)$ pode ser implementado facilmente subtraindo-se a saída de $H_a(z)$ da $(M/2)$-ésima versão atrasada de sua entrada, como visto na Figura 12.12. Para uma implementação eficiente de ambos os filtros, a linha de atraso com derivações de $H_a(z)$ pode ser usada para formar $H_c(z)$, como indicado na Figura 12.13, na qual é explorada ou a simetria ou a antissimetria de $H_a(z)$, já que estamos assumindo que esse filtro tem fase linear.

A estrutura geral do filtro projetado através da abordagem por mascaramento da resposta na frequência pode ser vista na Figura 12.14. A ideia básica é projetar um filtro passa-baixas de faixa larga e comprimir sua resposta

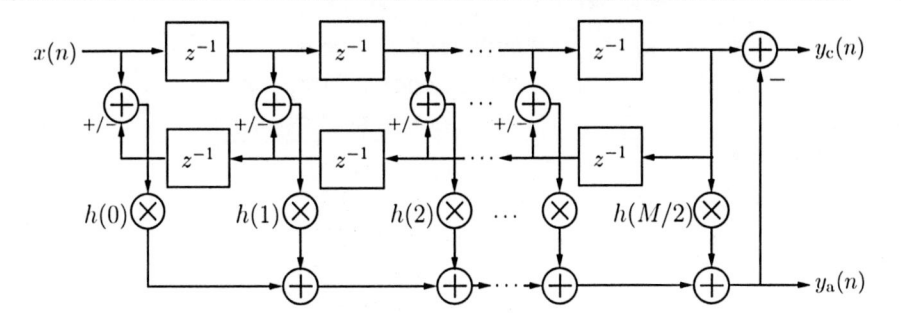

12.7 Realizações com número reduzido de operações aritméticas

Figura 12.13 Realização eficiente do filtro complementar $H_c(z)$.

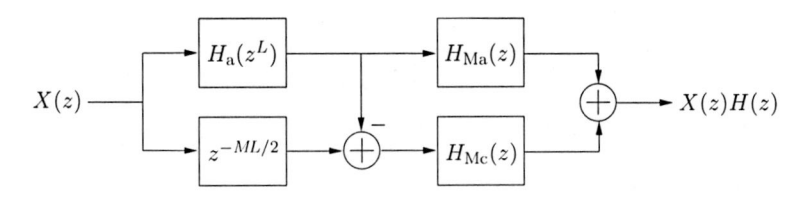

Figura 12.14 Diagrama de blocos da abordagem por mascaramento da resposta na frequência.

na frequência usando uma operação de interpolação. Um filtro complementar é obtido, seguindo-se o desenvolvimento visto acima. Então, usamos filtros mascaradores, $H_{\text{Ma}}(z)$ e $H_{\text{Mc}}(z)$, para eliminar as faixas indesejadas dos filtros interpolados e complementares, respectivamente. As saídas correspondentes são somadas para realizar a filtragem passa-baixas desejada.

Para entender o procedimento geral no domínio da frequência, considere a Figura 12.15. Suponha que $H_a(z)$ corresponde a um filtro passa-baixas de ordem M par projetado utilizando-se a abordagem minimax convencional, com a extremidade da faixa de passagem em θ e a extremidade da faixa de rejeição em ϕ, como se vê na Figura 12.15a. Podemos, então, formar $H_c(z)$, correspondente a um filtro passa-altas, sendo θ e ϕ as respectivas extremidades da faixa de passagem e da faixa de rejeição. Interpolando-se ambos os filtros por L, são gerados dois filtros complementares multifaixas, como representam as Figuras 12.15b e 12.15c, respectivamente. Nesse ponto, podemos usar os dois filtros mascaradores, $H_{\text{Ma}}(z)$ e $H_{\text{Mc}}(z)$, com características das formas mostradas nas Figuras 12.15d e 12.15e, para gerar as respostas de módulo mostradas nas Figuras 12.15f e 12.15g. Somando-se essas duas componentes, o filtro desejado resultante que se vê na Figura 12.15h pode ter uma faixa de passagem de largura arbitrária com faixa de transição arbitrariamente estreita. Na Figura 12.15, as posições das faixas de transição são ditadas pelo filtro mascarador $H_{\text{Ma}}(z)$. Um exemplo da abordagem por mascaramento da resposta na frequência em que as extremidades da faixa de transição são determinadas pelo filtro mascarador $H_{\text{Mc}}(z)$ é mostrado na Figura 12.16.

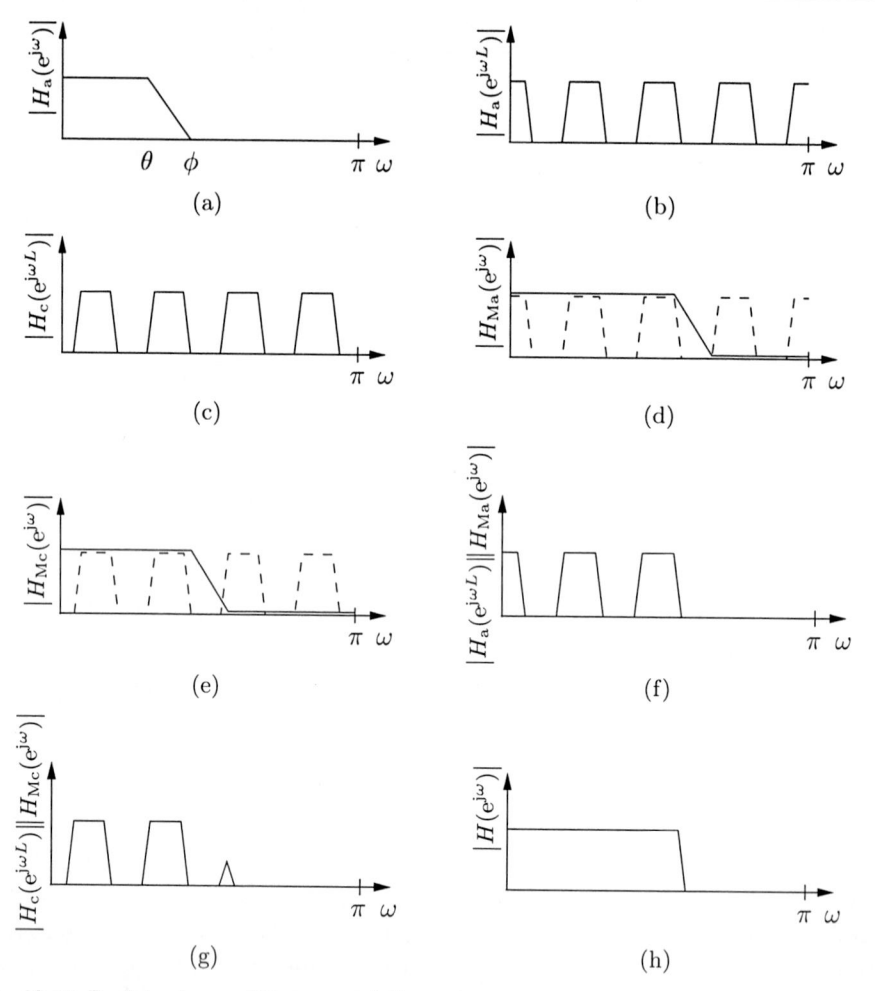

Figura 12.15 Projeto de um filtro passa-baixas por mascaramento da resposta na frequência em que a máscara $H_{\text{Ma}}(z)$ determina a faixa de passagem: (a) filtro-base; (b) filtro interpolado; (c) filtro complementar do filtro interpolado; (d) filtro mascarador $H_{\text{Ma}}(z)$; (e) filtro mascarador $H_{\text{Mc}}(z)$; (f) cascata de $H_{\text{a}}(z^L)$ com o filtro mascarador $H_{\text{Ma}}(z)$; (g) cascata de $H_{\text{c}}(z^L)$ com o filtro mascarador $H_{\text{Mc}}(z)$; (h) filtro por mascaramento da resposta na frequência.

Pela Figura 12.14, é fácil ver que o produto ML tem que ser par, a fim de se evitar um atraso de meia amostra. Isso é normalmente satisfeito forçando-se M a ser par, como acima, livrando, assim, o parâmetro L de qualquer restrição. Além disso, $H_{\text{Ma}}(z)$ e $H_{\text{Mc}}(z)$ precisam ter o mesmo atraso de grupo, de forma a se complementarem apropriadamente na faixa de passagem resultante quando somadas para formar o filtro desejado $H(z)$. Isso quer dizer que eles precisam ser ambos de ordem par ou ambos de ordem ímpar, e que pode ser preciso inserir alguns atrasos antes e depois de $H_{\text{Ma}}(z)$ ou de $H_{\text{Mc}}(z)$, se necessário, para equalizar seus atrasos de grupo.

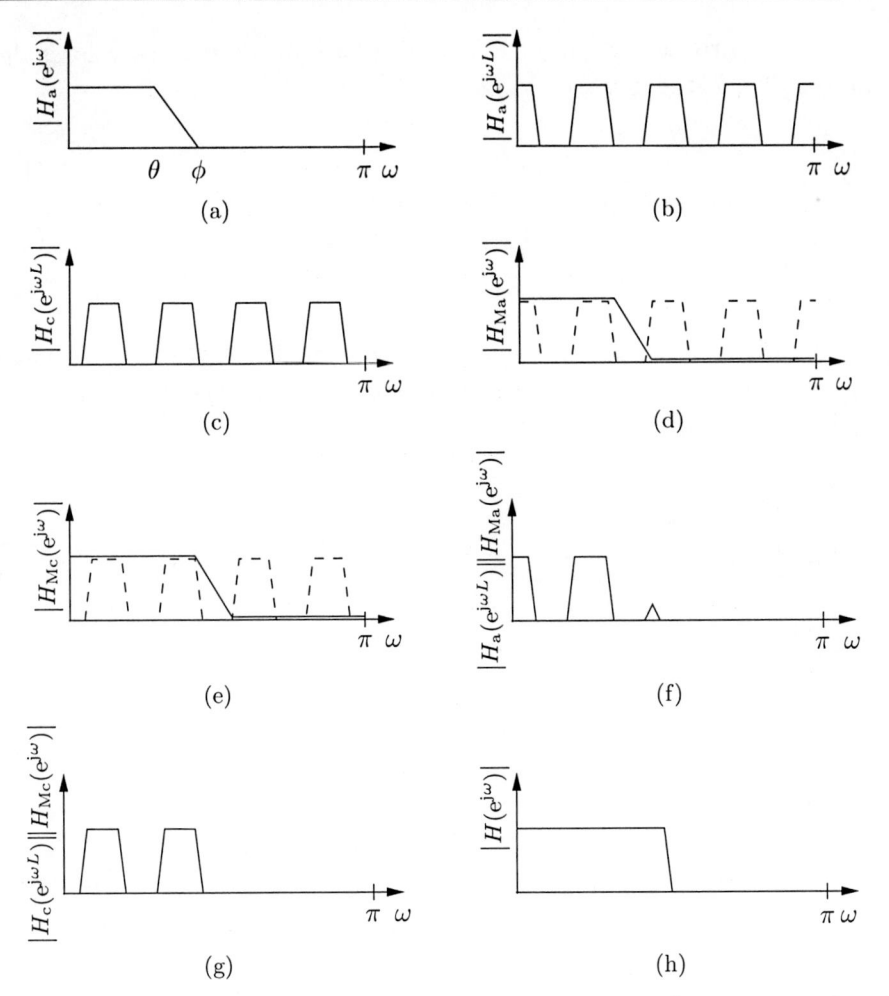

12.7 Realizações com número reduzido de operações aritméticas

Figura 12.16 Projeto de um filtro passa-baixas por mascaramento da resposta na frequência em que a máscara $H_{\text{Mc}}(z)$ determina a faixa de passagem: (a) filtro-base; (b) filtro interpolado; (c) filtro complementar do filtro interpolado; (d) filtro mascarador $H_{\text{Ma}}(z)$; (e) filtro mascarador $H_{\text{Mc}}(z)$; (f) cascata de $H_{\text{a}}(z^L)$ com o filtro mascarador $H_{\text{Ma}}(z)$; (g) cascata de $H_{\text{c}}(z^L)$ com o filtro mascarador $H_{\text{Mc}}(z)$; (h) filtro por mascaramento da resposta na frequência.

Para uma descrição completa da abordagem por mascaramento da resposta na frequência, precisamos caracterizar os filtros $H_{\text{a}}(z)$, $H_{\text{Ma}}(z)$ e $H_{\text{Mc}}(z)$. Quando a resposta de módulo resultante é determinada principalmente pelo filtro mascarador $H_{\text{a}}(z)$, como exemplificado na Figura 12.15, então podemos concluir que as extremidades das faixas desejadas são tais que

$$\omega_{\text{p}} = \frac{2m\pi + \theta}{L} \tag{12.74}$$

$$\omega_{\text{r}} = \frac{2m\pi + \phi}{L}, \tag{12.75}$$

onde m é um inteiro menor que L. Portanto, uma solução para os valores de m, θ e ϕ tal que $0 < \theta < \phi < \pi$ é dada por

$$m = \left\lfloor \frac{\omega_{\mathrm{p}} L}{2\pi} \right\rfloor \tag{12.76}$$

$$\theta = \omega_{\mathrm{p}} L - 2m\pi \tag{12.77}$$

$$\phi = \omega_{\mathrm{r}} L - 2m\pi, \tag{12.78}$$

onde $\lfloor x \rfloor$ indica o maior inteiro menor que ou igual a x. Com esses valores, pela Figura 12.15, podemos determinar as extremidades das faixas dos filtros mascaradores como sendo

$$\omega_{\mathrm{p,Ma}} = \frac{2m\pi + \theta}{L} \tag{12.79}$$

$$\omega_{\mathrm{r,Ma}} = \frac{2(m+1)\pi - \phi}{L} \tag{12.80}$$

$$\omega_{\mathrm{p,Mc}} = \frac{2m\pi - \theta}{L} \tag{12.81}$$

$$\omega_{\mathrm{r,Mc}} = \frac{2m\pi + \phi}{L}, \tag{12.82}$$

onde $\omega_{\mathrm{p,Ma}}$ e $\omega_{\mathrm{r,Ma}}$ são, respectivamente, as extremidades da faixa de passagem e da faixa de rejeição para o filtro mascarador $H_{\mathrm{Ma}}(z)$, e $\omega_{\mathrm{p,Mc}}$ e $\omega_{\mathrm{r,Mc}}$ são, respectivamente, as extremidades da faixa de passagem e da faixa de rejeição para o filtro mascarador $H_{\mathrm{Mc}}(z)$.

Quando $H_{\mathrm{Mc}}(z)$ é o filtro mascarador dominante, como se vê na Figura 12.16, temos que

$$\omega_{\mathrm{p}} = \frac{2m\pi - \phi}{L} \tag{12.83}$$

$$\omega_{\mathrm{r}} = \frac{2m\pi - \theta}{L} \tag{12.84}$$

e uma solução para m, θ e ϕ tal que $0 < \theta < \phi < \pi$ é dada por

$$m = \left\lceil \frac{\omega_{\mathrm{r}} L}{2\pi} \right\rceil \tag{12.85}$$

$$\theta = 2m\pi - \omega_{\mathrm{r}} L \tag{12.86}$$

$$\phi = 2m\pi - \omega_{\mathrm{p}} L, \tag{12.87}$$

onde $\lceil x \rceil$ indica o menor inteiro maior que ou igual a x. Nesse caso, pela Figura 12.16, as extremidades das faixas dos filtros mascaradores são dadas por

12.7 Realizações com número reduzido de operações aritméticas

$$\omega_{p,Ma} = \frac{2(m-1)\pi + \phi}{L} \tag{12.88}$$

$$\omega_{r,Ma} = \frac{2m\pi - \theta}{L} \tag{12.89}$$

$$\omega_{p,Mc} = \frac{2m\pi - \phi}{L} \tag{12.90}$$

$$\omega_{r,Mc} = \frac{2m\pi + \theta}{L}. \tag{12.91}$$

Dados os valores desejados de ω_p e ω_r, cada valor de L pode permitir uma solução tal que $\theta < \phi$, seja na forma das equações (12.76)–(12.78), seja na forma das equações (12.85)–(12.87). Na prática, a determinação do melhor L, que é aquele que minimiza o número total de multiplicações por amostra de saída, pode ser feita empiricamente com auxílio da estimação de ordem dada no Exercício 5.25.

As ondulações na faixa de passagem e os níveis de atenuação na faixa de rejeição usados no projeto de $H_a(z)$, $H_{Ma}(z)$ e $H_{Mc}(z)$ são determinados com base nas especificações do filtro desejado. Como esses filtros são conectados em cascata, suas respostas na frequência serão somadas em dB, requerendo, assim, que se reserve uma certa margem nos seus projetos. Para o filtro-base $H_a(z)$, deve-se ter em mente que a ondulação δ_p na faixa de passagem corresponde ao ganho δ_r na faixa de rejeição de seu filtro complementar $H_c(z)$, e vice-versa. Portanto, no projeto de $H_a(z)$ deve-se usar o menor valor entre δ_p e δ_r, incorporando-lhe uma margem adequada. Em geral, deve-se usar uma margem de 50% nos valores das ondulações na faixa de passagem e dos ganhos na faixa de rejeição, como no exemplo a seguir.

EXEMPLO 12.6

Projete usando o método do mascaramento da resposta na frequência um filtro passa-baixas que satisfaça as seguintes especificações:

$$\left.\begin{array}{l} A_p = 0{,}2 \text{ dB} \\ A_r = 60 \text{ dB} \\ \Omega_p = 0{,}6\pi \text{ rad/s} \\ \Omega_r = 0{,}61\pi \text{ rad/s} \\ \Omega_s = 2\pi \text{ rad/s} \end{array}\right\}. \tag{12.92}$$

Compare seu resultado com o filtro obtido pelo esquema minimax convencional.

SOLUÇÃO

A Tabela 12.3 mostra as ordens estimadas para o filtro-base e os filtros mascaradores para vários valores do fator de interpolação L. Embora esses valores

Tabela 12.3 *Características dos filtros para diversos valores do fator de interpolação L.*

L	M_{H_a}	$M_{H_{Ma}}$	$M_{H_{Mc}}$	Π	M
2	368	29	0	200	765
3	246	11	49	155	787
4	186	21	29	120	773
5	150	582	16	377	1332
6	124	29	49	103	793
7	108	28	88	115	844
8	94	147	29	137	899
9	**84**	**61**	**49**	**99**	**817**
10	76	32	582	348	1342
11	68	95	51	109	843

estejam ligeiramente subestimados, eles permitem que se tome uma decisão rápida quanto ao valor de L que minimiza o número total de multiplicações requeridas. Nessa tabela, M_{H_a} é a ordem do filtro-base $H_a(z)$, $M_{H_{Ma}}$ é a ordem do filtro mascarador $H_{Ma}(z)$ e $M_{H_{Mc}}$ é a ordem do filtro mascarador $H_{Mc}(z)$. Além disso,

$$\Pi = f(M_{H_a}) + f(M_{H_{Ma}}) + f(M_{H_{Mc}}) \tag{12.93}$$

indica o número total de multiplicações requeridas para se implementar o filtro global, onde

$$f(x) = \begin{cases} \dfrac{x+1}{2}, & \text{se } x \text{ é ímpar} \\ \dfrac{x}{2} + 1, & \text{se } x \text{ é par} \end{cases} \tag{12.94}$$

e

$$M = LM_{H_a} + \max\{M_{H_{Ma}}, M_{H_{Mc}}\} \tag{12.95}$$

é a ordem efetiva do filtro global projetado de acordo com a abordagem por mascaramento da resposta na frequência. Por essa tabela, podemos predizer que $L = 9$ deve produzir o filtro mais eficiente quanto ao número de multiplicações por amostra de saída.

Usando-se $L = 9$ nas equações (12.76)–(12.91), as extremidades das faixas correspondentes para todos os filtros são dadas por

12.7 Realizações com número reduzido de operações aritméticas

$$\left.\begin{array}{l}\theta = 0{,}5100\pi \\ \phi = 0{,}6000\pi \\ \omega_{p,Ma} = 0{,}5111\pi \\ \omega_{r,Ma} = 0{,}6100\pi \\ \omega_{p,Mc} = 0{,}6000\pi \\ \omega_{r,Mc} = 0{,}7233\pi\end{array}\right\}. \tag{12.96}$$

De acordo com as especificações do filtro, temos que $\delta_p = 0{,}0115$ e $\delta_r = 0{,}001$. Portanto, o valor de δ_r com uma margem de 50% foi usado como ondulação na faixa de passagem e ganho na faixa de rejeição para o filtro-base para gerar a Tabela 12.3, ou seja,

$$\delta_{p,a} = \delta_{r,a} = \min\{\delta_p, \delta_r\} \times 50\% = 0{,}0005, \tag{12.97}$$

correspondendo a uma ondulação de 0,0087 dB na faixa de passagem e a uma atenuação de 66,0206 dB na faixa de rejeição. Como $\delta_{p,a} = \delta_{r,a}$, os pesos relativos para as faixas de passagem e de rejeição no projeto minimax do filtro-base são ambos iguais a 1,0000.

Para os filtros mascaradores, usamos

$$\delta_{p,Ma} = \delta_{p,Mc} = \delta_p \times 50\% = 0{,}00575 \tag{12.98}$$
$$\delta_{r,Ma} = \delta_{r,Mc} = \delta_r \times 50\% = 0{,}0005, \tag{12.99}$$

correspondendo a uma ondulação de 0,0996 dB na faixa de passagem e a uma atenuação de 66,0206 dB na faixa de rejeição. Nesse caso, os pesos relativos para o projeto minimax dos filtros mascaradores foram feitos iguais a 1,0000 na faixa de passagem e 11,5124 na faixa de rejeição.

As respostas de módulo dos filtros resultantes para $L = 9$ são representadas nas Figuras 12.17 e 12.18. Nas Figuras 12.17a e 12.17b, são representados o filtro-base e seu filtro complementar, e as Figuras 12.17c e 12.17d mostram os filtros interpolados correspondentes. Da mesma forma, as Figuras 12.18a e 12.18b representam os dois filtros mascaradores $H_{Ma}(z)$ e $H_{Mc}(z)$, respectivamente, e as Figuras 12.18c e 12.18d mostram os resultados nas saídas desses filtros, que são somados para formar o filtro desejado. O filtro global por mascaramento da resposta na frequência é caracterizado na Figura 12.19, e apresenta uma ondulação na faixa de passagem $A_p = 0{,}0873$ dB e uma atenuação na faixa de rejeição $A_r = 61{,}4591$ dB.

O filtro minimax resultante tem ordem 504, requerendo, assim, 253 multiplicações por amostra de saída. Portanto, nesse caso, o projeto por mascaramento da resposta na frequência representa uma economia de cerca de 60% sobre o número de multiplicações requeridas pelo filtro minimax convencional. △

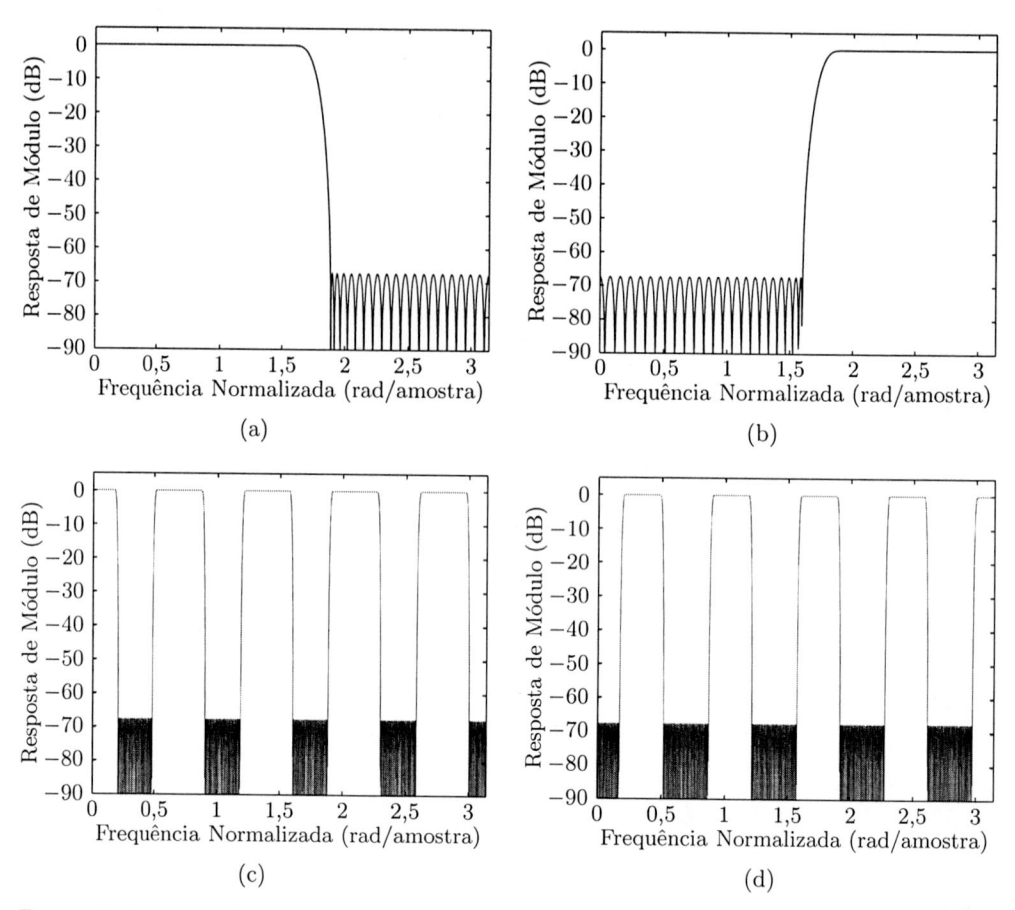

Figura 12.17 Respostas de módulo: (a) filtro-base, $H_a(z)$; (b) filtro complementar do filtro-base, $H_c(z)$; (c) filtro-base interpolado, $H_a(z^L)$; (d) filtro complementar do filtro-base interpolado, $H_c(z^L)$.

O exemplo anterior mostra que não é requerida uma margem constante ao longo de toda a faixa de frequências $\omega \in [0, \pi]$ para a ondulação. Na verdade, com a margem adotada de 50% para a ondulação, a ondulação na faixa de passagem resultou consideravelmente menor que a necessária, como se vê na Figura 12.19a, e a atenuação foi maior que a necessária ao longo da maior parte da faixa de rejeição, como se vê na Figura 12.19b. Uma análise detalhada das margens requeridas em cada faixa foi realizada em Lim (1986), onde se concluiu que:

- A margem de ondulação tem que ser da ordem de 50% no início das faixas de rejeição de cada filtro mascarador.
- Para os demais valores de frequência, a margem de ondulação pode ser escolhida em torno de 15–20%.

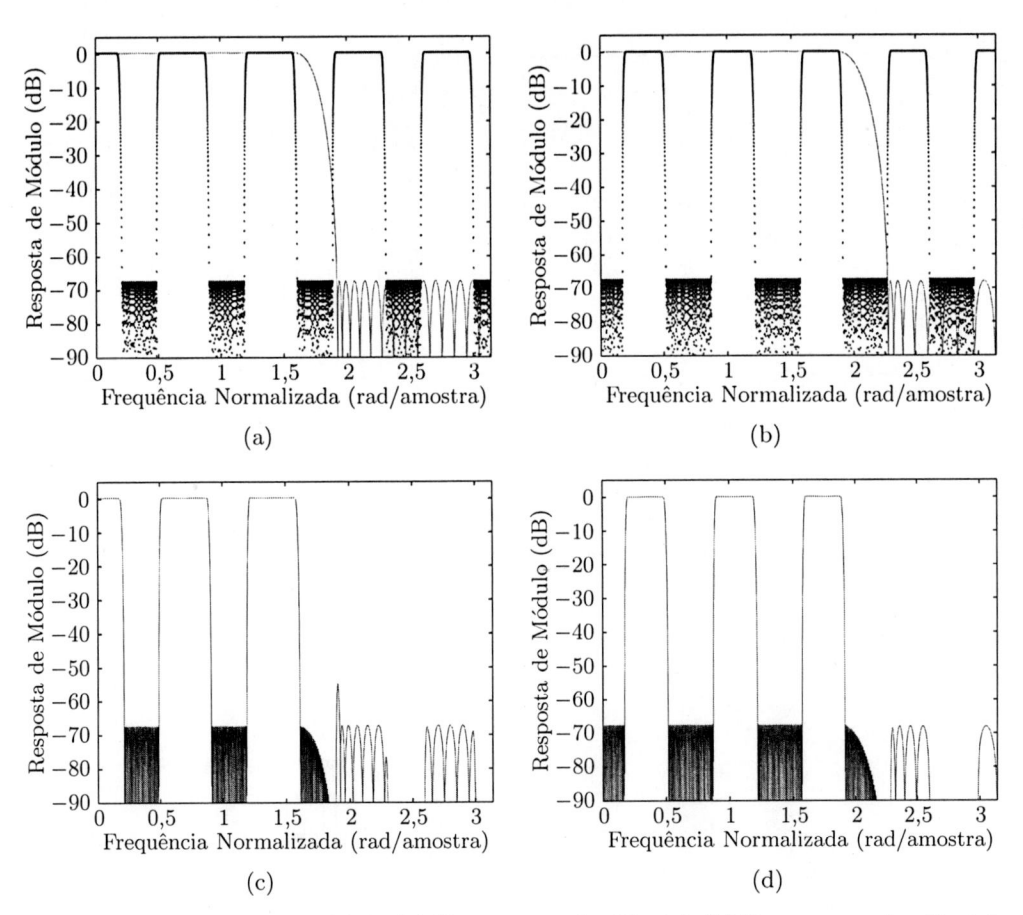

12.7 Realizações com número reduzido de operações aritméticas

Figura 12.18 Respostas de módulo: (a) filtro mascarador $H_{\text{Ma}}(z)$; (b) filtro mascarador $H_{\text{Mc}}(z)$; (c) combinação $H_{\text{a}}(z^L)H_{\text{Ma}}(z)$; (d) combinação $H_{\text{c}}(z^L)H_{\text{Mc}}(z)$.

Pode-se verificar que tal distribuição de margens de ondulação resulta num projeto mais eficiente, produzindo um filtro global com menor atraso de grupo e menos multiplicações por amostra de saída, como ilustra o próximo exemplo.

EXEMPLO 12.7
Projete o filtro passa-baixas especificado no Exemplo 12.6 usando o método do mascaramento da resposta na frequência, com uma atribuição eficiente da margem de ondulação. Compare o resultado com o filtro obtido no Exemplo 12.6.

SOLUÇÃO
O projeto segue o mesmo procedimento que antes, exceto pelo fato de os pesos relativos serem definidos como 2,5 no início das faixas de rejeição dos filtros mascaradores e como 1,0 nas demais frequências. Isso corresponde a margens proporcionais a 50% e 20% para a ondulação, respectivamente, nessas duas faixas de frequência distintas.

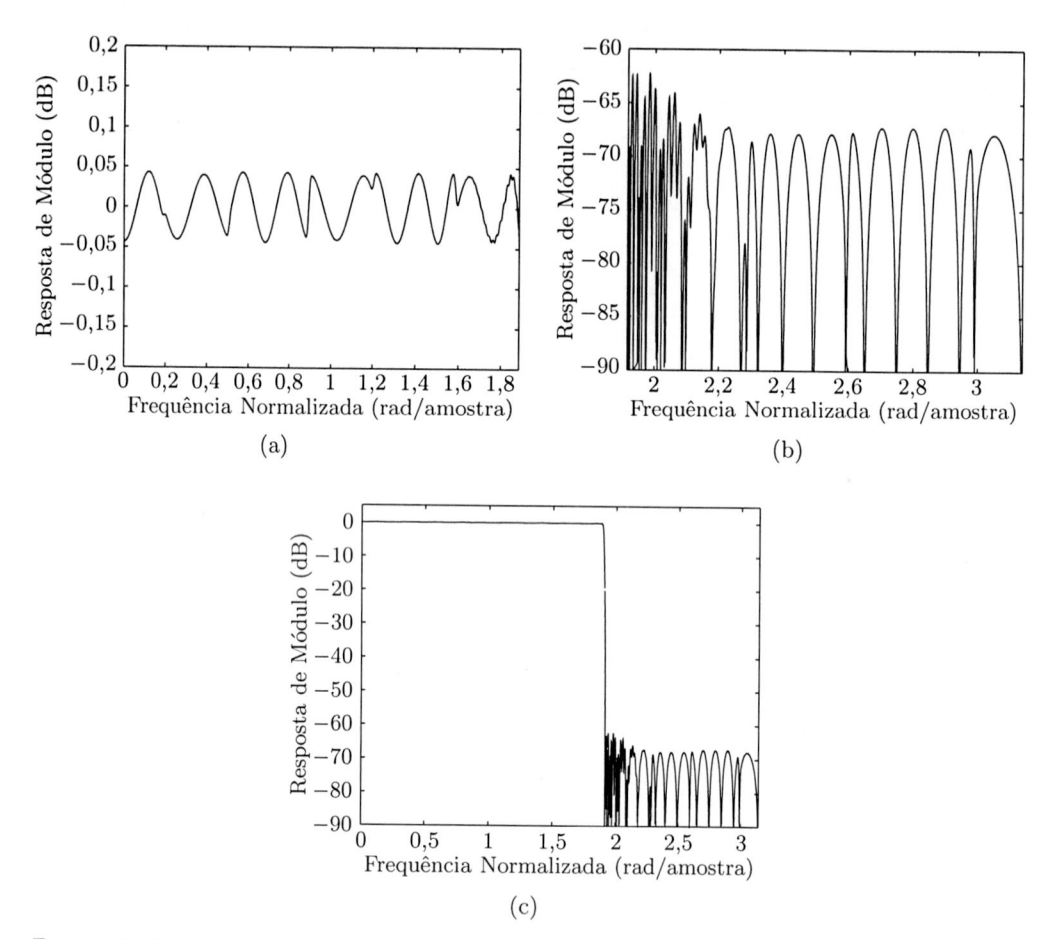

Figura 12.19 Resposta de módulo do filtro por mascaramento da resposta na frequência: (a) detalhe da faixa de passagem; (b) detalhe da faixa de rejeição; (c) resposta global.

A Tabela 12.4 mostra as características dos filtros para diversos valores do fator de interpolação L. Como no Exemplo 12.6, o número mínimo de multiplicações por amostra de saída é obtido quando $L = 9$, e as extremidades das faixas para o filtro-base e os filtros mascaradores na frequência são dadas na equação (12.96). Nesse caso, contudo, são necessárias somente 91 multiplicações, contra as 99 multiplicações do Exemplo 12.6.

As Figuras 12.20a e 12.20b representam as respostas de módulo dos dois filtros mascaradores, $H_{\text{Ma}}(z)$ e $H_{\text{Mc}}(z)$, respectivamente, e as Figuras 12.20c e 12.20d mostram as respostas de módulo que são somadas para formar o filtro desejado. Nessas figuras, podem-se ver claramente os efeitos da distribuição mais eficiente da margem de ondulação. O filtro global por mascaramento da resposta na frequência é caracterizado na Figura 12.21, e apresenta uma

12.7 Realizações com número reduzido de operações aritméticas

Tabela 12.4 *Características dos filtros para diversos valores do fator de interpolação L.*

L	M_{H_a}	$M_{H_{Ma}}$	$M_{H_{Mc}}$	Π	M
2	342	26	0	186	710
3	228	10	44	144	728
4	172	20	26	112	714
5	138	528	14	343	1218
6	116	26	44	96	740
7	100	26	80	106	780
8	88	134	26	127	838
9	**78**	**55**	**45**	**91**	**757**
10	70	30	528	317	1228
11	64	86	46	101	790

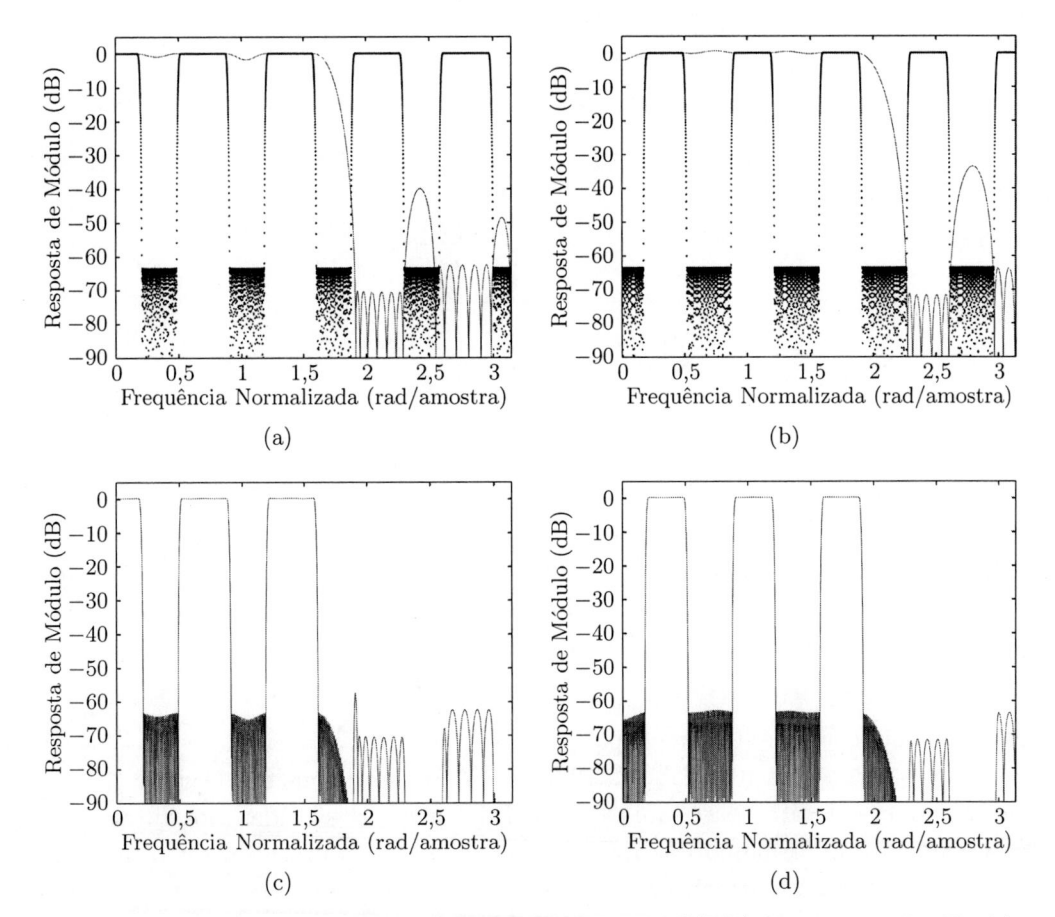

Figura 12.20 Respostas de módulo: (a) filtro mascarador $H_{Ma}(z)$; (b) filtro mascarador $H_{Mc}(z)$; (c) combinação $H_a(z^L)H_{Ma}(z)$; (d) combinação $H_c(z^L)H_{Mc}(z)$.

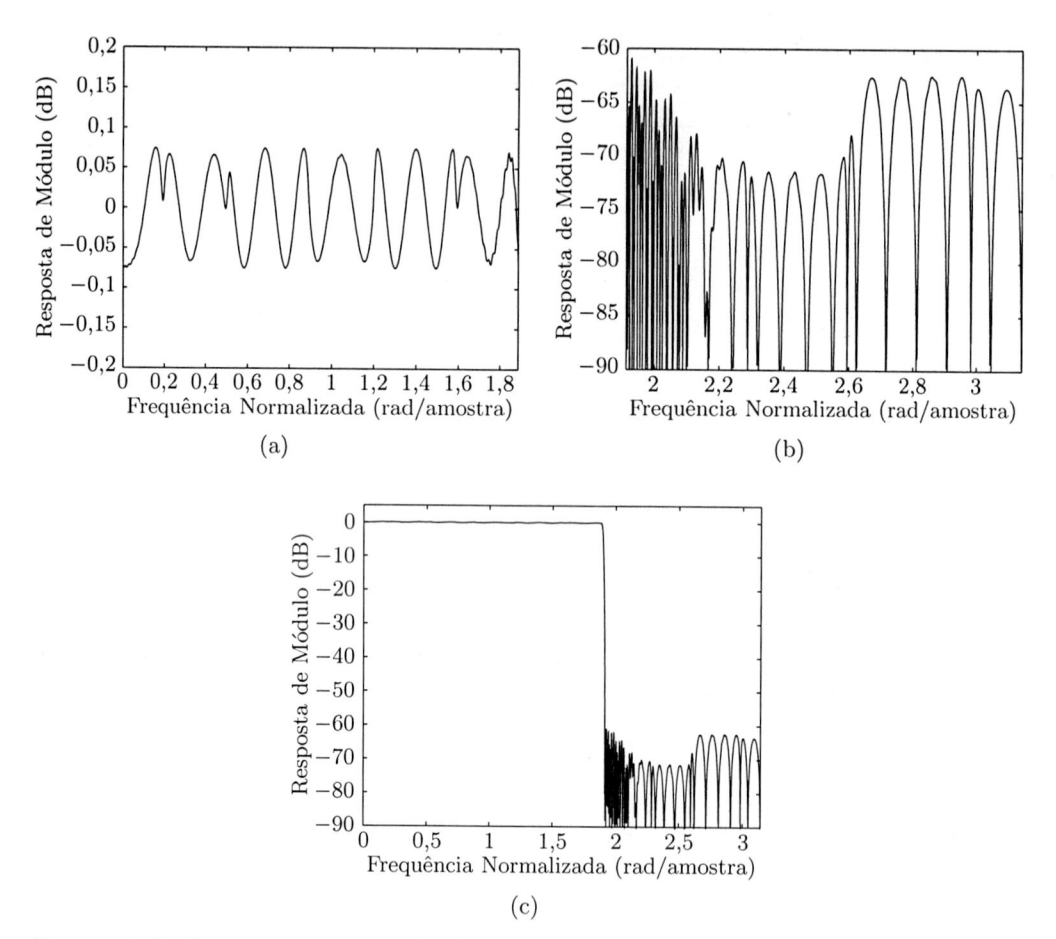

Figura 12.21 Resposta de módulo do filtro por mascaramento da resposta na frequência: (a) detalhe da faixa de passagem; (b) detalhe da faixa de rejeição; (c) resposta global.

ondulação na faixa de passagem $A_\mathrm{p} = 0{,}1502$ dB e uma atenuação na faixa de rejeição $A_\mathrm{r} = 60{,}5578$ dB. Observe como esses valores são mais próximos das especificações que os valores do filtro obtido no Exemplo 12.6.

A Tabela 12.5 apresenta a primeira metade dos coeficientes do filtro-base antes da interpolação, enquanto que os coeficientes dos filtros mascaradores $H_\mathrm{Ma}(z)$ e $H_\mathrm{Mc}(z)$ são fornecidos nas Tabelas 12.6 e 12.7, respectivamente. Deve-se notar que, como já foi dito, para uma composição suave das saídas dos filtros de mascaramento ao formar o filtro $H(z)$, esses dois filtros precisam ter o mesmo atraso de grupo. Para atingir esse objetivo nesse exemplo de projeto, temos que inserir cinco atrasos antes e cinco atrasos depois do filtro mascarador $H_\mathrm{Mc}(z)$, que tem o menor número de coeficientes. △

12.7 Realizações com número reduzido de operações aritméticas

Tabela 12.5 *Coeficientes do filtro-base $H_a(z)$, de $h_a(0)$ a $h_a(39)$.*

$h_a(0) = -3{,}7728\text{E}-04$	$h_a(14) = -1{,}7275\text{E}-03$	$h_a(28) = 7{,}7616\text{E}-03$
$h_a(1) = -2{,}7253\text{E}-04$	$h_a(15) = -4{,}3174\text{E}-03$	$h_a(29) = -2{,}6954\text{E}-02$
$h_a(2) = 6{,}7027\text{E}-04$	$h_a(16) = 3{,}9192\text{E}-03$	$h_a(30) = 5{,}0566\text{E}-04$
$h_a(3) = -1{,}1222\text{E}-04$	$h_a(17) = 4{,}0239\text{E}-03$	$h_a(31) = 3{,}5429\text{E}-02$
$h_a(4) = -8{,}2895\text{E}-04$	$h_a(18) = -6{,}5698\text{E}-03$	$h_a(32) = -1{,}4927\text{E}-02$
$h_a(5) = 4{,}1263\text{E}-04$	$h_a(19) = -2{,}5752\text{E}-03$	$h_a(33) = -4{,}3213\text{E}-02$
$h_a(6) = 1{,}1137\text{E}-03$	$h_a(20) = 9{,}3182\text{E}-03$	$h_a(34) = 3{,}9811\text{E}-02$
$h_a(7) = -1{,}0911\text{E}-03$	$h_a(21) = -3{,}4385\text{E}-04$	$h_a(35) = 4{,}9491\text{E}-02$
$h_a(8) = -1{,}1058\text{E}-03$	$h_a(22) = -1{,}1608\text{E}-02$	$h_a(36) = -9{,}0919\text{E}-02$
$h_a(9) = 1{,}9480\text{E}-03$	$h_a(23) = 4{,}9074\text{E}-03$	$h_a(37) = -5{,}3569\text{E}-02$
$h_a(10) = 7{,}4658\text{E}-04$	$h_a(24) = 1{,}2712\text{E}-02$	$h_a(38) = 3{,}1310\text{E}-01$
$h_a(11) = -2{,}9427\text{E}-03$	$h_a(25) = -1{,}1084\text{E}-02$	$h_a(39) = 5{,}5498\text{E}-01$
$h_a(12) = 1{,}7063\text{E}-04$	$h_a(26) = -1{,}1761\text{E}-02$	
$h_a(13) = 3{,}8315\text{E}-03$	$h_a(27) = 1{,}8604\text{E}-02$	

Tabela 12.6 *Coeficientes do filtro mascarador $H_{Ma}(z)$, de $h_{Ma}(0)$ a $h_{Ma}(27)$.*

$h_{Ma}(0) = 3{,}9894\text{E}-03$	$h_{Ma}(10) = -1{,}5993\text{E}-02$	$h_{Ma}(20) = 1{,}8066\text{E}-02$
$h_{Ma}(1) = 5{,}7991\text{E}-03$	$h_{Ma}(11) = -4{,}4088\text{E}-03$	$h_{Ma}(21) = -4{,}8343\text{E}-02$
$h_{Ma}(2) = 9{,}2771\text{E}-05$	$h_{Ma}(12) = 1{,}6123\text{E}-02$	$h_{Ma}(22) = -1{,}2214\text{E}-02$
$h_{Ma}(3) = -6{,}1430\text{E}-03$	$h_{Ma}(13) = 4{,}5664\text{E}-03$	$h_{Ma}(23) = 6{,}7391\text{E}-02$
$h_{Ma}(4) = -2{,}5059\text{E}-03$	$h_{Ma}(14) = -1{,}5292\text{E}-02$	$h_{Ma}(24) = -1{,}3277\text{E}-02$
$h_{Ma}(5) = 3{,}1213\text{E}-03$	$h_{Ma}(15) = 1{,}7599\text{E}-03$	$h_{Ma}(25) = -1{,}1247\text{E}-01$
$h_{Ma}(6) = -8{,}6700\text{E}-04$	$h_{Ma}(16) = 1{,}5389\text{E}-02$	$h_{Ma}(26) = 1{,}0537\text{E}-01$
$h_{Ma}(7) = -3{,}8008\text{E}-03$	$h_{Ma}(17) = -1{,}1324\text{E}-02$	$h_{Ma}(27) = 4{,}7184\text{E}-01$
$h_{Ma}(8) = 2{,}1950\text{E}-03$	$h_{Ma}(18) = -7{,}2774\text{E}-03$	
$h_{Ma}(9) = -3{,}8907\text{E}-03$	$h_{Ma}(19) = 3{,}7826\text{E}-02$	

Tabela 12.7 *Coeficientes do filtro mascarador $H_{Mc}(z)$, de $h_{Mc}(0)$ a $h_{Mc}(22)$.*

$h_{Mc}(0) = 1{,}9735\text{E}-04$	$h_{Mc}(8) = -1{,}3031\text{E}-02$	$h_{Mc}(16) = 2{,}3092\text{E}-02$
$h_{Mc}(1) = -7{,}0044\text{E}-03$	$h_{Mc}(9) = 3{,}5921\text{E}-03$	$h_{Mc}(17) = -5{,}8850\text{E}-02$
$h_{Mc}(2) = -7{,}3774\text{E}-03$	$h_{Mc}(10) = -4{,}7280\text{E}-03$	$h_{Mc}(18) = 7{,}3208\text{E}-03$
$h_{Mc}(3) = 1{,}9310\text{E}-03$	$h_{Mc}(11) = -2{,}5730\text{E}-02$	$h_{Mc}(19) = 5{,}5313\text{E}-02$
$h_{Mc}(4) = -3{,}0938\text{E}-04$	$h_{Mc}(12) = 6{,}5528\text{E}-03$	$h_{Mc}(20) = -1{,}2326\text{E}-01$
$h_{Mc}(5) = -7{,}1047\text{E}-03$	$h_{Mc}(13) = 1{,}1745\text{E}-02$	$h_{Mc}(21) = 9{,}7698\text{E}-03$
$h_{Mc}(6) = 3{,}0039\text{E}-03$	$h_{Mc}(14) = -3{,}2147\text{E}-02$	$h_{Mc}(22) = 5{,}4017\text{E}-01$
$h_{Mc}(7) = 5{,}8004\text{E}-04$	$h_{Mc}(15) = 7{,}8385\text{E}-03$	

Até então, discutimos o uso do mascaramento da resposta na frequência no projeto de filtros passa-baixas de faixa larga. O projeto de filtros passa-baixas de faixa estreita também pode ser realizado, situação em que se torna necessário apenas um filtro mascarador. Usualmente, tomamos o ramo formado pelo filtro-base $H_a(z)$ e seu filtro de mascaramento correspondente, $H_{Ma}(z)$, reduzindo muito a complexidade do filtro projetado. Nesses casos, a abordagem por mascaramento da resposta na frequência se torna similar às abordagens por pré-filtro e por interpolação, vistas nas Seções 12.7.1 e 12.7.2. O projeto de filtros passa-altas pode ser inferido a partir do projeto dos filtros passa-baixas ou ser realizado usando-se o conceito de filtros complementares, visto no início desta seção. O projeto de filtros passa-faixa e rejeita-faixa com complexidade aritmética reduzida é assunto da Seção 12.7.4.

12.7.4 Abordagem por quadratura

Nesta seção, é apresentado um método para o projeto de filtros passa-faixa e rejeita-faixa simétricos. Para filtros de faixa estreita, a chamada abordagem por quadratura utiliza um filtro-protótipo FIR da forma (Neüvo et al., 1987)

$$H_p(z) = H_a(z^L)H_M(z), \qquad (12.100)$$

onde $H_a(z)$ é o filtro-base e $H_M(z)$ é o filtro mascarador ou interpolador, que atenua as imagens espectrais indesejadas da faixa de passagem de $H_a(z^L)$, comumente chamado de filtro conformador. Esse protótipo pode ser projetado usando qualquer das abordagens vistas acima, como pré-filtro, interpolação ou uma versão simplificada de um único ramo do mascaramento da resposta na frequência. A ideia principal da abordagem por quadratura é deslocar a resposta na frequência do filtro-base para uma frequência central desejada ω_o, e então aplicar o filtro mascarador (interpolador) para eliminar todas as outras faixas de passagem indesejadas.

Considere um filtro passa-baixas $H_a(z)$ com fase linear, cuja resposta ao impulso é $h_a(n)$, de forma que

$$H_a(z) = \sum_{n=0}^{M} h_a(n) z^{-n}. \qquad (12.101)$$

Sejam a ondulação na faixa de passagem e o ganho na faixa de rejeição iguais a δ'_p e δ'_r, e as extremidades das faixas de passagem e de transição ω'_p e ω'_r, respectivamente. Se $h_a(n)$ é interpolado por um fator L e a sequência resultante é multiplicada por $e^{j\omega_o n}$, geramos uma transferência auxiliar

12.7 Realizações com número reduzido de operações aritméticas

$$H_1(z^L) = \sum_{n=0}^{M} h_a(n) e^{j\omega_o n} z^{-nL}. \qquad (12.102)$$

Isso implica que a faixa de passagem de $H_a(z)$ é comprimida por um fator L e se torna centrada em ω_o. Analogamente, usando a operação de interpolação seguida por uma modulação pela sequência $e^{-j\omega_o n}$, temos outra função auxiliar

$$H_2(z^L) = \sum_{n=0}^{M} h_a(n) e^{-j\omega_o n} z^{-nL} \qquad (12.103)$$

com a faixa de passagem comprimida correspondente centrada em $-\omega_o$. Podemos, então, usar dois filtros mascaradores, $H_{M1}(z)$ e $H_{M2}(z)$, devidamente centrados em ω_o e $-\omega_o$ para eliminar as faixas indesejadas de $H_1(z^L)$ e $H_2(z^L)$, respectivamente. A adição das duas sequências resultantes produz um filtro passa-faixa simétrico centrado em ω_o.

Claramente, embora o filtro passa-faixa global de dois ramos tenha coeficientes reais, cada ramo individualmente apresentará coeficientes complexos. Para superar esse problema, primeiramente observe que $H_1(z^L)$ e $H_2(z^L)$ têm coeficientes complexos conjugados. Se projetamos $H_{M1}(z)$ e $H_{M2}(z)$ de forma que seus coeficientes sejam complexos conjugados um do outro, então é fácil verificar que

$$\begin{aligned}
H_1(z^L) H_{M1}(z) &= \left(H_{1,R}(z^L) + jH_{1,I}(z^L) \right) \left(H_{M1,R}(z) + jH_{M1,I}(z) \right) \\
&= \left(H_{1,R}(z^L) H_{M1,R}(z) - H_{1,I}(z^L) H_{M1,I}(z) \right) \\
&\quad + j \left(H_{1,R}(z^L) H_{M1,I}(z) + H_{1,I}(z^L) H_{M1,R}(z) \right)
\end{aligned} \qquad (12.104)$$

$$\begin{aligned}
H_2(z^L) H_{M2}(z) &= \left(H_{2,R}(z^L) + jH_{2,I}(z^L) \right) \left(H_{M2,R}(z) + jH_{M2,I}(z) \right) \\
&= \left(H_{1,R}(z^L) - jH_{1,I}(z^L) \right) \left(H_{M1,R}(z) - jH_{M1,I}(z) \right) \\
&= \left(H_{1,R}(z^L) H_{M1,R}(z) - H_{1,I}(z^L) H_{M1,I}(z) \right) \\
&\quad - j \left(H_{1,R}(z^L) H_{M1,I}(z) + H_{1,I}(z^L) H_{M1,R}(z) \right),
\end{aligned} \qquad (12.105)$$

onde os subscritos R e I indicam as partes da função de transferência que têm coeficientes reais e imaginários, respectivamente. Portanto,

$$H_1(z^L) H_{M1}(z) + H_2(z^L) H_{M2}(z) = 2 \left(H_{1,R}(z^L) H_{M1,R}(z) - H_{1,I}(z^L) H_{M1,I}(z) \right) \qquad (12.106)$$

e a estrutura vista na Figura 12.22 pode ser usada para a implementação real da abordagem por quadratura para filtros de faixa estreita. Desprezando os efeitos

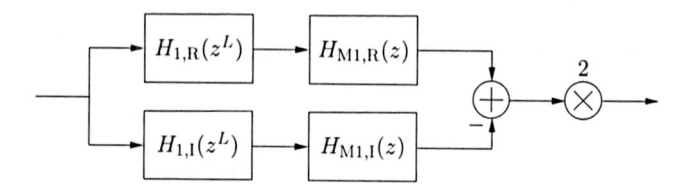

Figura 12.22 Diagrama de blocos da abordagem por quadratura para filtros de faixa estreita.

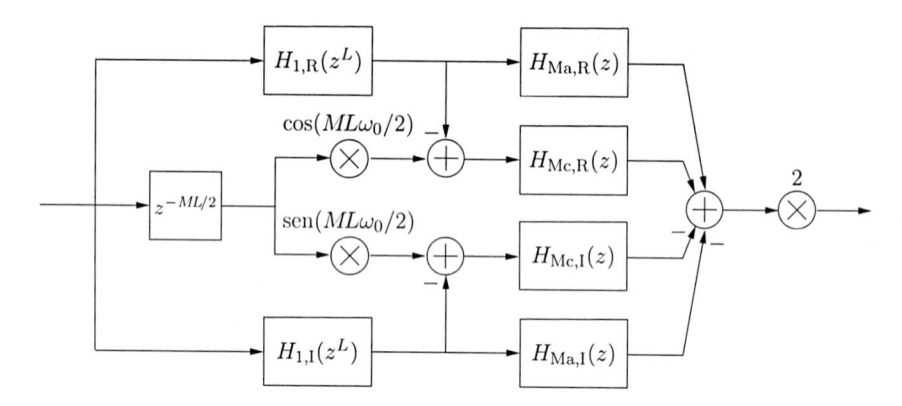

Figura 12.23 Diagrama de blocos da abordagem por quadratura para filtros de faixa larga.

dos filtros de mascaramento, o filtro em quadratura resultante é caracterizado por

$$\left.\begin{array}{l}\delta_p = \delta'_p + \delta'_r \\ \delta_r = 2\delta'_r \\ \omega_{r_1} = \omega_o - \omega'_r \\ \omega_{p_1} = \omega_o - \omega'_p \\ \omega_{p_2} = \omega_o + \omega'_p \\ \omega_{r_2} = \omega_o + \omega'_r \end{array}\right\}. \tag{12.107}$$

Para filtros de faixa larga, o filtro-protótipo deve ser projetado pela abordagem por mascaramento da resposta na frequência. Nesse caso, temos dois filtros mascaradores completos, e a implementação por quadratura envolvendo somente filtros reais é vista na Figura 12.23, com $H_1(z^L)$ definida como na equação (12.102) e $H_{\text{Ma}}(z)$ e $H_{\text{Mc}}(z)$, correspondentes aos dois filtros mascaradores, devidamente centrados em ω_o e $-\omega_o$, respectivamente.

Para filtros rejeita-faixa, podemos começar por um protótipo passa-altas e aplicar o projeto por quadratura ou projetar um filtro passa-faixa e então determinar seu filtro complementar (Rajan *et al.*, 1988).

12.7 Realizações com número reduzido de operações aritméticas

Tabela 12.8 *Características do filtro para o fator de interpolação $L = 8$.*

L	M_{H_a}	$M_{H_{Ma}}$	$M_{H_{Mc}}$	Π	M
8	58	34	42	70	506

EXEMPLO 12.8

Projete pelo método da quadratura um filtro passa-faixa que satisfaça as seguintes especificações:

$$\left.\begin{aligned}
A_p &= 0{,}2 \text{ dB} \\
A_r &= 40 \text{ dB} \\
\Omega_{r_1} &= 0{,}09\pi \text{ rad/s} \\
\Omega_{p_1} &= 0{,}1\pi \text{ rad/s} \\
\Omega_{p_2} &= 0{,}7\pi \text{ rad/s} \\
\Omega_{r_2} &= 0{,}71\pi \text{ rad/s} \\
\Omega_s &= 2\pi \text{ rad/s}
\end{aligned}\right\} \quad (12.108)$$

SOLUÇÃO

Dadas as especificações passa-faixa, o filtro-protótipo passa-baixas precisa ter uma faixa de passagem com metade da largura da faixa de passagem desejada, e uma faixa de transição igual à menor faixa de transição requerida pelo filtro passa-faixa. Para a ondulação na faixa de passagem e o ganho na faixa de rejeição, os valores especificados para o filtro passa-faixa podem ser utilizados com uma margem em torno de 40%. Portanto, nesse exemplo, o protótipo passa-baixas é caracterizado por

$$\left.\begin{aligned}
\delta'_p &= 0{,}0115 \times 40\% = 0{,}0046 \\
\delta'_r &= 0{,}01 \times 40\% = 0{,}004 \\
\omega'_p &= \frac{\omega_{p_2} - \omega_{p_1}}{2} = 0{,}3\pi \\
\omega'_r &= \omega'_p + \min\left\{(\omega_{p_1} - \omega_{r_1}), (\omega_{r_2} - \omega_{p_2})\right\} = 0{,}31\pi
\end{aligned}\right\} \quad (12.109)$$

Esse filtro pode ser projetado usando-se a abordagem por mascaramento da resposta na frequência com atribuição eficiente das margens de ondulação, vista na Seção 12.7.3. Nesse caso, o fator de interpolação que minimiza o número total de multiplicações é $L = 8$, e as características do filtro correspondente são dadas na Tabela 12.8, com a resposta de módulo resultante na Figura 12.24.

O filtro passa-faixa obtido usando-se o método da quadratura é mostrado na Figura 12.25.

856 Estruturas FIR eficientes

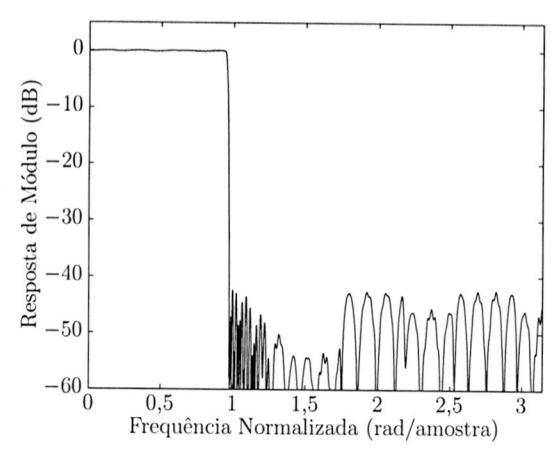

Figura 12.24 Protótipo passa-baixas projetado pela abordagem por mascaramento da resposta na frequência para o projeto de um filtro passa-faixa por quadratura.

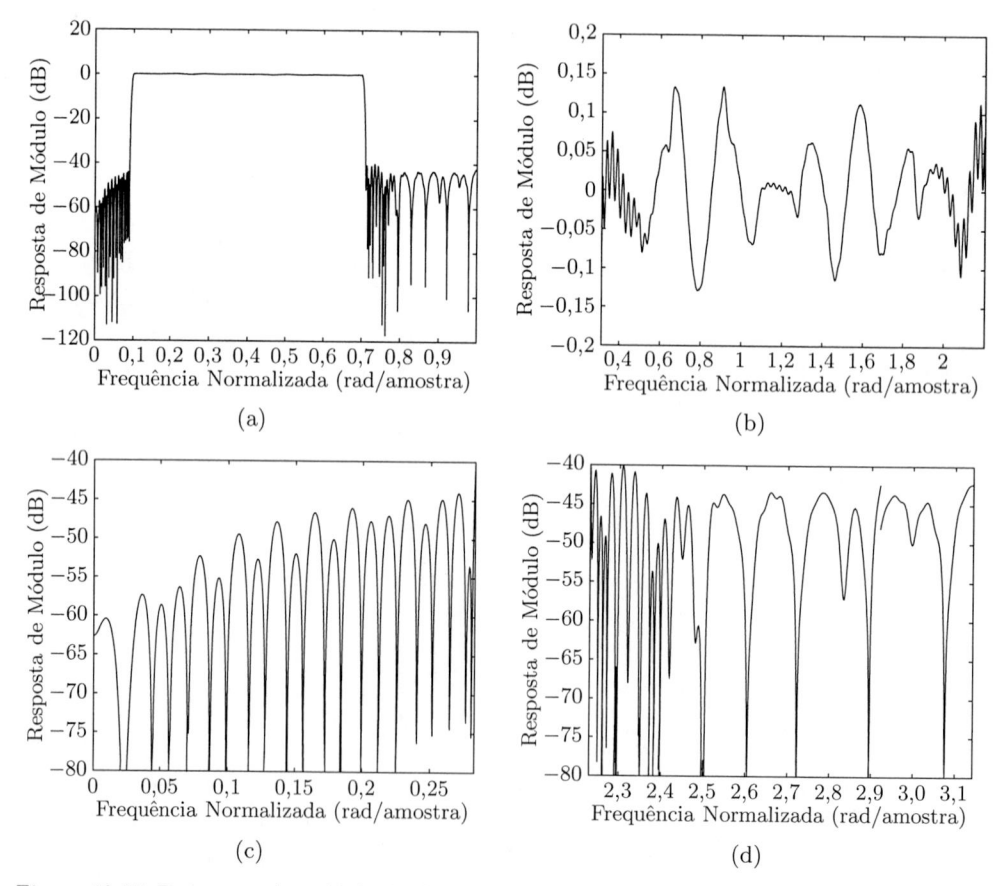

Figura 12.25 Respostas de módulo do filtro passa-faixa projetado pela abordagem da quadratura: (a) filtro global; (b) detalhe da faixa de passagem; (c) detalhe da faixa de rejeição inferior; (d) detalhe da faixa de rejeição superior.

12.8 Faça você mesmo: estruturas FIR eficientes

Para a realização completa em quadratura, o número total de multiplicações é 140, duas vezes o número de multiplicações necessárias para o filtro-protótipo passa-baixas. Para esse exemplo, o filtro minimax seria de 384ª ordem, requerendo, assim, 193 multiplicações por amostra de saída. Portanto, nesse caso, o projeto por quadratura representa uma economia de cerca de 30% sobre o número de multiplicações requeridas pelo filtro minimax convencional. △

12.8 Faça você mesmo: estruturas FIR eficientes

Experimento 12.1

Um sinal telefônico de banda básica ocupa aproximadamente a faixa de frequências 300–3600 Hz. Vamos emular tal sinal como uma soma de quatro senoides através de

```
Fs = 40000; Ts = 1/Fs; time = 0:Ts:(1-Ts);
f1 = 300; f2 = 1000; f3 = 2500; f4 = 3600;
s1 = sin(2*pi*f1*time); s2 = sin(2*pi*f2*time);
s3 = sin(2*pi*f3*time); s4 = sin(2*pi*f4*time);
x = s1 + s2 + s3 + s4;
```

Usando o teorema da modulação, podemos deslocar o espectro de $x(n)$ por um valor f_c multiplicando esse sinal por uma função cosseno, ou seja,

```
fc = 10000;
xDSB = x.*cos(2*pi*fc*time);
```

Dessa forma, vários sinais de fala podem caber num único canal de comunicação usando-se valores distintos de f_c para cada um. As representações espectrais de $x(n)$ antes e depois da modulação são vistas na Figura 12.26.

Nessa figura, pode-se observar claramente que o espectro de x_{DSB} ocupa duas vezes a faixa do espectro de $x(n)$, originando assim o nome de sinal modulado de faixa lateral dupla (DSB, do inglês *double sideband*) para esse sinal. Para um único sinal de fala, isso pode não parecer um problema, já que a maioria dos sistemas de comunicação pode facilmente absorver os 4 kHz adicionais. Contudo, quando você pensa nos milhões de usuários do sistema telefônico, esse efeito de dobra pode gerar uma sobrecarga nada bem-vinda num dado canal. Portanto, consideramos aqui a eliminação da chamada parte superior do espectro de x_{DSB}, contida no intervalo 10,3–13,6 kHz.

Nesse experimento ilustrativo, pode-se projetar um filtro de Chebyshev com o comando `firpm` em MATLAB usando, por exemplo, a faixa de frequências entre

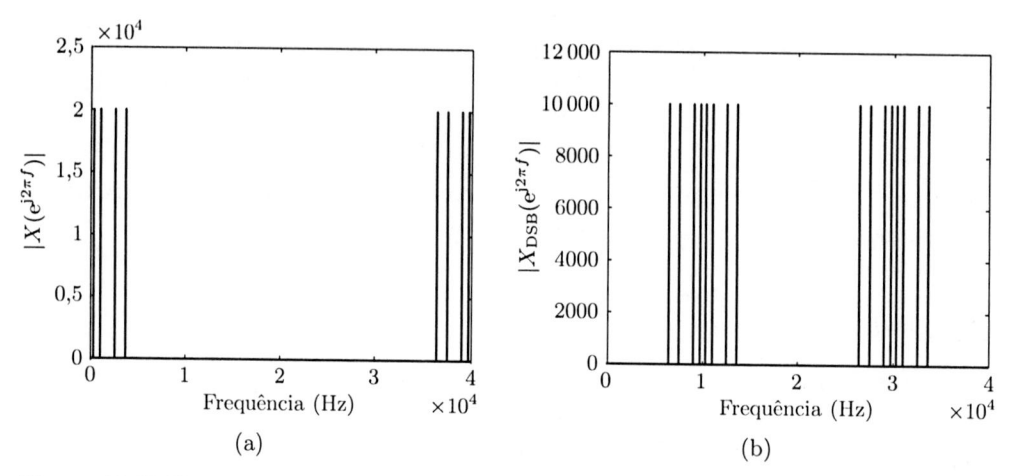

Figura 12.26 Espectros do sinal de fala emulado: (a) $x(n)$, na banda básica; (b) x_{DSB}, modulado.

$\omega_{\text{p}} = 2\pi 9700$ rad/s e $\omega_{\text{r}} = 2\pi 10\,300$ rad/s como faixa de transição. Entretanto, em casos mais exigentes, de faixa de frequências mais altas ou mesmo faixas de transição mais estreitas, uma estrutura FIR eficiente precisa ser empregada, como exemplificado a seguir.

Pode-se projetar em MATLAB um filtro pelo método do mascaramento da resposta na frequência para essa aplicação, tal que

```
wp = (fc-f1)*2*pi/Fs;  wr = (fc+f1)*2*pi/Fs;
```

Usando-se $L = 5$, o filtro mascarador $H_{\text{Ma}}(z)$ define a faixa de transição; portanto, pelas equações (12.76)–(12.78), temos que

```
L = 5;  m = floor(wp*L/(2*pi));
theta = wp*L-m*2*pi;  phi = wr*L-m*2*pi;
```

Deve ser enfatizado que especificações diferentes podem forçar o leitor a empregar alternativamente as equações (12.85)–(12.87).

Escolhendo os níveis de ondulação na faixa de passagem e de atenuação na faixa de rejeição como $A_{\text{p}} = 0{,}1$ dB e $A_{\text{r}} = 50$ dB, respectivamente, chegamos a

```
Ap = 0.1;  delta_p = (10^(Ap/20)-1)/(10^(Ap/20)+1);
Ar = 50;   delta_r = 10^(-Ar/20);
```

os comandos `firpmord` e `firpm` podem ser usados em conjunto para projetar o filtro-base do mascaramento da resposta na frequência, como em

```
Fvec_b = [theta phi]./pi;
[M,f_b,m_b,w_b] = firpmord(Fvec_b,[1 0],[delta_p delta_r]);
hb = firpm(M,f_b,m_b,w_b);
```

12.8 Faça você mesmo: estruturas FIR eficientes

Nesse ponto, como discutido anteriormente, é preciso lembrar-se de forçar uma ordem M par para o filtro-base, aumentando-a de 1 se necessário. Na sequência de comandos anterior, $M = 32$, e portanto não é necessário incrementar a ordem.

O filtro-base interpolado pode ser formado através de

```
hbL = [hb; zeros(L-1,M+1)];
hbL = reshape(hbL,1,L*(M+1));
```

e o filtro complementar correspondente, através de

```
hbLc = -hbL;
hbLc(M*L/2 + 1) = 1-hbL(M*L/2 + 1);
```

O filtro de mascaramento positivo, especificado pelas equações (12.79) e (12.80), é projetado por

```
wp_p = (2*m*pi+theta)/L; wr_p = (2*(m+1)*pi-phi)/L;
Fvec_p = [wp_p wr_p]./pi;
[M_p,f_p,m_p,w_p] = firpmord(Fvec_p,[1 0],[delta_p delta_r]);
hp = firpm(M_p,f_p,m_p,w_p);
```

e o filtro de mascaramento negativo, especificado pelas equações (12.81) e (12.80), pode ser determinado por

```
wp_n = (2*m*pi-theta)/L; wr_n = (2*m*pi+phi)/L;
Fvec_n = [wp_n wr_n]./pi;
[M_n,f_n,m_n,w_n] = firpmord(Fvec_n,[1 0],[delta_p delta_r]);
hn = firpm(M_n,f_n,m_n,w_n);
```

As respostas de módulo do filtro-base interpolado h_{b_L}, do seu filtro complementar $h_{b_{L_c}}$, do filtro de mascaramento positivo h_p e do filtro de mascaramento negativo h_n são mostradas na Figura 12.27 para a faixa completa de frequências 0–F_s.

A resposta ao impulso global do filtro projetado por mascaramento da resposta na frequência pode ser obtida por

```
hFRM = conv(hbL,hp)+conv(hbLc,hm);
```

ela corresponde à resposta de módulo mostrada na Figura 12.28.

Aplicando-se x_DSB à entrada do filtro por mascaramento da resposta na frequência projetado anteriormente, obtém-se o sinal modulado de faixa lateral simples (SSB, do inglês *single sideband*), x_SSB:

```
xSSB = filter(hFRM,1,xDSB);
```

este apresenta a mesma largura de faixa do sinal original $x(n)$ em banda básica, como mostra a Figura 12.29.

Em aplicações práticas em tempo real, h_FRM não deve ser utilizada para realizar a operação de filtragem desejada, uma vez que não se beneficia da

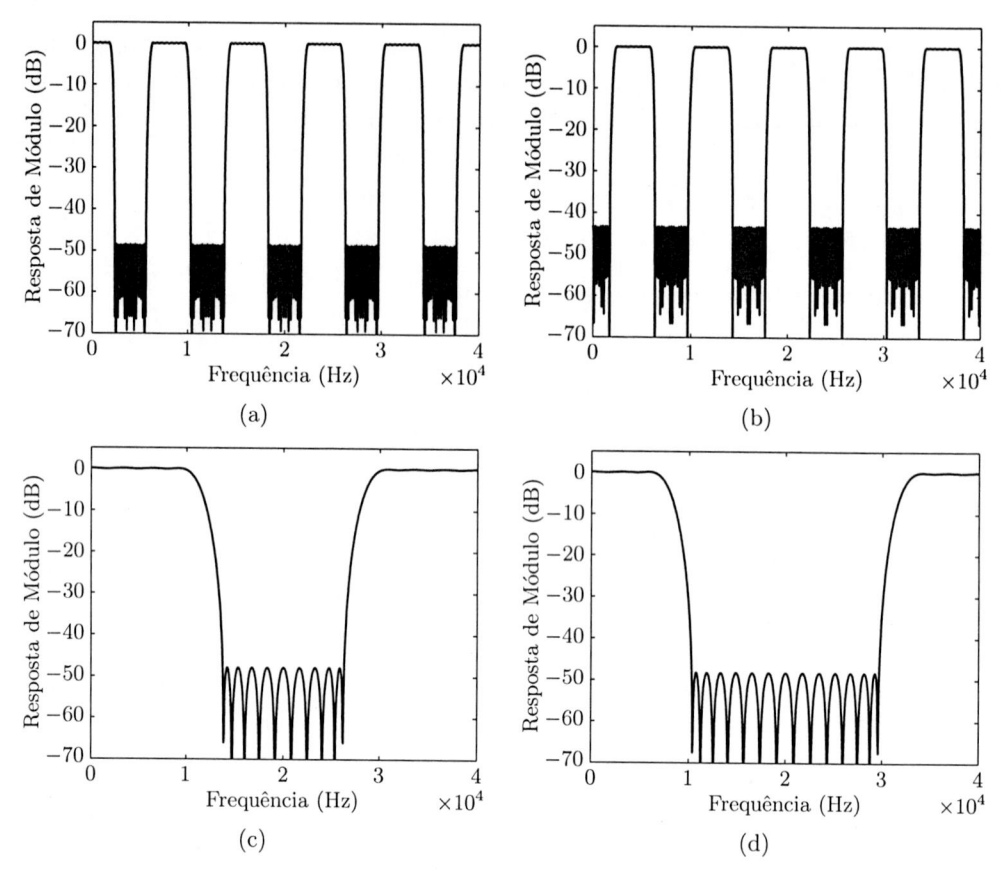

Figura 12.27 Respostas de módulo dos subfiltros do projeto por mascaramento da resposta na frequência: (a) filtro-base interpolado, h_{b_L}; (b) filtro complementar, $h_{b_{L_c}}$; (c) filtro de mascaramento positivo, h_p; (d) filtro de mascaramento negativo, h_n.

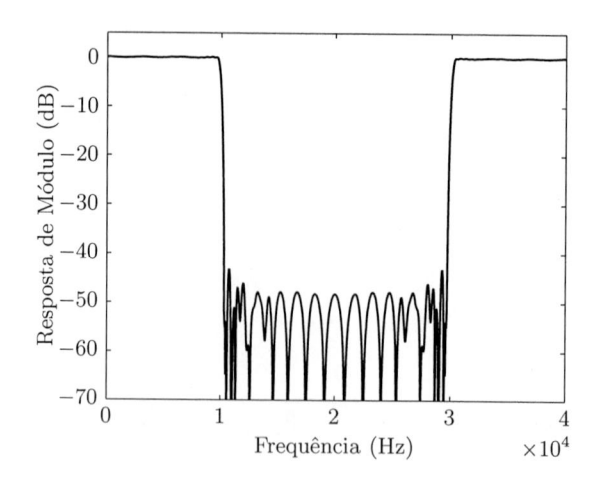

Figura 12.28 Resposta de módulo do filtro por mascaramento da resposta na frequência.

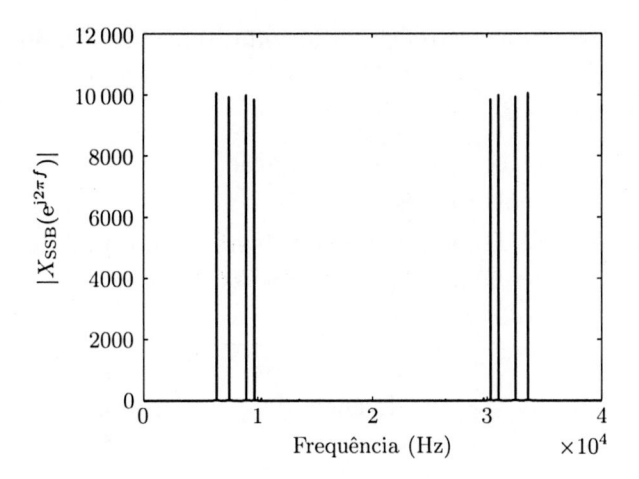

Figura 12.29 Espectro do sinal x_{SSB}.

estrutura interna modular inerente ao mascaramento da resposta na frequência. Nesse caso, o processamento do sinal deve se basear diretamente nos filtros individuais h_{b_L}, h_p e h_n para reduzir o esforço computacional necessário para determinar cada amostra de saída. △

12.9 Estruturas FIR eficientes com Matlab

A maioria das realizações descritas neste capítulo são relativamente avançadas, para as quais não há comandos relacionados nas versões-padrão do MATLAB, com exceção das formas treliça e no domínio da frequência, como se vê a seguir:

- `tf2latc`: Converte a forma direta na forma treliça, invertendo a operação de `latc2tf`. Note que estes comandos se aplicam a treliças FIR e IIR, de acordo com o formato da função de transferência fornecida pelo usuário. Treliças IIR, contudo, como se verá no Capítulo 13, também podem incluir um conjunto de coeficientes da escada (*ladder*, em inglês).

Parâmetros de entrada: Dois vetores com os coeficientes do numerador e do denominador da função de transferência na forma direta, respectivamente.

Parâmetros de saída:

- Um vetor `k` com os coeficientes de reflexão;
- Um vetor com os coeficientes da escada, para filtros treliça IIR.

Exemplo:
```
num=[1 0.6 -0.16]; den=[1 0.7 0.12];
[k,v]=tf2latc(num,den);
```

- `latc2tf`: Converte a forma treliça na forma direta, invertendo a operação de `tf2latc`.
  Parâmetros de entrada:
  - Um vetor `k` com os coeficientes de reflexão;
  - Um vetor com os coeficientes da escada, para filtros treliça IIR;
  - Uma cadeia de caracteres `'fir'` (valor predefinido) ou `'iir'` que determina se a treliça desejada é respectivamente FIR ou IIR quando é fornecido somente um vetor de entrada.

  Parâmetros de saída: Dois vetores com os coeficientes do numerador e do denominador da função de transferência da forma direta, respectivamente.
  Exemplos:
  ```
  k=[0.625 0.12];
  num=latc2tf(k,'fir'); % caso FIR
  [num,den]=latc2tf(k,'iir'); % caso IIR
  ```

- `latcfilt`: Efetua a filtragem de sinais na forma treliça.
  Parâmetros de entrada:
  - Um vetor `k` com os coeficientes de reflexão;
  - Para filtros treliça IIR, um vetor com os coeficientes da escada (para filtros treliça FIR, usa-se o escalar 1);
  - O vetor `x` com o sinal de entrada.

  Parâmetros de saída: O vetor `y` com o sinal filtrado.
  Exemplo:
  ```
  k=[0.9 0.8 0.7]; x=0:0.1:10;
  y=latcfilt(k,x);
  ```

- `fftfilt`: Efetua a filtragem FIR de sinais na forma no domínio da frequência. Veja a Seção 3.9.

Para todas as demais realizações descritas neste capítulo, o MATLAB pode ser usado como um ambiente amigável para a implementação de procedimentos de projeto eficientes, e o leitor interessado é encorajado a fazê-lo.

12.10 Resumo

Neste capítulo, foram apresentadas várias estruturas FIR eficientes como alternativas à forma direta, vista no Capítulo 5.

Foi apresentada a estrutura treliça e foram discutidas suas aplicações na implementação de bancos de filtros biortogonais de duas faixas com fase linear.

Outras estruturas abordadas foram a forma polifásica, que é adequada ao processamento paralelo, a forma no domínio da frequência, que é adequada às operações de filtragem *offline*, e a forma recursiva, que constitui um bloco básico para diversos algoritmos de processamento digital de sinais.

Foi apresentado o projeto de filtros FIR de fase linear com complexidade aritmética reduzida, incluindo as abordagens por pré-filtro, por interpolação e por mascaramento da resposta na frequência. Esta última pode ser vista como uma generalização das duas anteriores, permitindo o projeto de filtros de faixa larga com faixas de transição extremamente estreitas. Foi apresentado o projeto por mascaramento da resposta na frequência completo, incluindo o uso de uma atribuição de margem de ondulação eficiente. As extensões da abordagem por mascaramento da resposta na frequência incluem o uso de múltiplos níveis de mascaramento, em que o conceito do mascaramento da resposta na frequência é aplicado no projeto de um ou ambos os filtros mascaradores (Lim, 1986). A complexidade computacional também pode ser reduzida explorando-se as similaridades dos dois filtros mascaradores, isto é, os mesmos níveis de ondulação na faixa de passagem e de atenuação na faixa de rejeição. Se esses dois filtros também tiverem frequências de corte similares, um único filtro mascarador com características intermediárias pode ser empregado. Tal filtro é, então, seguido por equalizadores simples que transformam a resposta na frequência desse filtro mascarador único nas respostas na frequência das máscaras originais na frequência (Lim & Lian, 1994). Este capítulo foi concluído com uma descrição do método da quadratura para filtros passa-faixa e rejeita-faixa, que reduz a complexidade computacional.

12.11 Exercícios

12.1 Prove as equações (12.6) e (12.7).

12.2 Usando as equações (12.3)–(12.7), derive a relação recursiva na ordem dada na equação (12.8).

12.3 Escreva um comando em MATLAB que determine os coeficientes da treliça FIR a partir dos coeficientes da forma direta FIR.

12.4 Para $\mathbf{E}(z)$ e $\mathbf{R}(z)$ definidas pelas equações (12.20) e (12.22), mostre que:

(a) $\mathbf{E}(z)\mathbf{R}(z) = z^{-M}$.

(b) O banco de filtros de síntese tem fase linear.

12.5 Sintetize um banco de filtros de duas faixas em treliça para o caso em que

$$H_0(z) = z^{-5} + 2z^{-4} + 4z^{-3} + 4z^{-2} + 2z^{-1} + 1.$$

Determine o $H_1(z)$ correspondente.

12.6 Projete um banco de QMF de duas faixas que satisfaça as seguintes especificações:

$\delta_p = 0{,}5$ dB;
$\delta_r = 40$ dB;
$\Omega_p = 0{,}45\Omega_s/2$;
$\Omega_r = 0{,}55\Omega_s/2$;
$\Omega_s = 2\pi$ rad/s.

(a) Projete o filtro usando a parametrização na forma direta padrão.
(b) Projete o filtro otimizando os parâmetros da estrutura treliça FIR adequada.

12.7 Projete um banco de filtros de fase linear de duas faixas com reconstrução perfeita que satisfaça as seguintes especificações:

$\delta_p = 1$ dB;
$\delta_r = 60$ dB;
$\Omega_p = 0{,}40\Omega_s/2$;
$\Omega_r = 0{,}60\Omega_s/2$;
$\Omega_s = 2\pi$ rad/s.

(a) Projete o filtro usando a parametrização na forma direta padrão.
(b) Projete o filtro otimizando os parâmetros da estrutura treliça FIR adequada.

12.8 Uma realização em treliça com seções de segunda ordem permite o projeto de bancos de filtros de fase linear de duas faixas com ordem par em que $H_0(z)$ e $H_1(z)$ são simétricos. Nesse caso,

$$\mathbf{E}(z) = \begin{pmatrix} \alpha_1 & 0 \\ 0 & \alpha_2 \end{pmatrix} \left[\prod_{i=I}^{1} \begin{pmatrix} 1+z^{-1} & 1 \\ 1+\beta_i z^{-1}+z^{-2} & 1+z^{-1} \end{pmatrix} \begin{pmatrix} \gamma_i & 0 \\ 0 & 1 \end{pmatrix} \right].$$

(a) Projete um banco de filtros de análise tal que $H_1(z) = -1 + z^{-1} + 2z^{-2} + z^{-3} - z^{-4}$.
(b) Determine o $H_0(z)$ correspondente.
(c) Derive a expressão geral para a matriz polifásica dos filtros de síntese.

12.9 Projete usando o método minimax um filtro passa-baixas que satisfaça as seguintes especificações:

$A_p = 0{,}8$ dB;
$A_r = 40$ dB;
$\Omega_r = 5000$ Hz;
$\Omega_p = 5200$ Hz;
$\Omega_s = 12\,000$ Hz.

Determine os coeficientes da treliça correspondente ao filtro resultante usando o comando que criou no Exercício 12.3. Compare com os resultados obtidos com o comando padrão `tf2latt`.

12.10 Use os comandos `filter` e `filtlatt` em MATLAB com os coeficientes obtidos no Exercício 12.9 para filtrar um dado sinal de entrada. Verifique que as saídas são idênticas. Compare o tempo de processamento e o número total de operações em ponto flutuante usadas por cada comando, usando os comandos `tic`, `toc` e `flops` (consulte o comando `help` do MATLAB para a utilização correta desses comandos).

12.11 Mostre que as relações de fase linear dadas na equação (12.24) valem para os filtros de análise quando suas componentes polifásicas obedecem a equação (12.20).

12.12 Use os comandos `filter`, `conv` e `fft` em MATLAB para filtrar um dado sinal de entrada com a resposta ao impulso obtida no Exercício 12.9. Verifique o que precisa ser feito com o sinal de entrada em cada caso para forçar todos os sinais de saída a serem idênticos. Compare o tempo de processamento e o número total de operações em ponto flutuante usadas por cada comando, usando os comandos `tic`, `toc` e `flops`.

12.13 Discuta as características distintas de um filtro RRS para valores pares e ímpares de M.

12.14 Substituindo-se z por $-z$ num filtro RRS, onde se localizarão os polos e zeros? Que tipo de resposta de módulo resultará?

12.15 Substitua z por z^2 num filtro RRS e discuta as propriedades do filtro resultante.

12.16 Represente graficamente as respostas de módulo do filtro da sinc modificada com $M = 2, 4, 6, 8$. Escolha um ω_0 apropriado e compare as larguras das faixas de passagem resultantes.

12.17 Represente graficamente as respostas de módulo do filtro da sinc modificada com $M = 7$. escolha quatro valores para ω_0 e discuta o efeito sobre a resposta de módulo.

12.18 Dada a função de transferência

$$H(z) = -z^{-2N} + \cdots - z^{-6} + z^{-4} - z^{-2} + 1,$$

onde N é um número ímpar:

(a) Mostre uma realização com o número mínimo de somadores.
(b) Para uma implementação de ponto fixo, determine os fatores de escalamento do filtro pelas normas L_2 e L_∞.
(c) Discuta as vantagens e desvantagens da estrutura dada em relação à sua versão transposta.

12.19 Projete usando os métodos do pré-filtro e da interpolação um filtro passa-baixas que satisfaça as seguintes especificações:

$A_p = 0{,}8$ dB;
$A_r = 40$ dB;
$\Omega_p = 4500$ Hz;
$\Omega_r = 5200$ Hz;
$\Omega_s = 12\,000$ Hz.

Compare os números de multiplicações por amostra de saída requeridas pelos dois projetos.

12.20 Repita o Exercício 12.19 usando a estrutura da sinc modificada como bloco componente.

12.21 Mostre quantitativamente que filtros FIR baseados nos métodos do pré-filtro e da interpolação têm sensibilidade mais baixa e ruído de quantização na saída menor do que os filtros minimax implementados usando a forma direta, quando satisfazem as mesmas especificações.

12.22 Projete usando o método do mascaramento da resposta na frequência um filtro passa-baixas que satisfaça as seguintes especificações:

$A_p = 2{,}0$ dB;
$A_r = 40$ dB;
$\omega_p = 0{,}33\pi$ rad/amostra;
$\omega_r = 0{,}35\pi$ rad/amostra.

Compare os resultados obtidos com e sem uma distribuição eficiente da margem de ondulação com os resultados obtidos com máxima ondulação na faixa de passagem e consequente mínima atenuação na faixa de rejeição, com relação ao número total de multiplicações por amostra de saída.

12.23 Projete usando o método do mascaramento da resposta na frequência um filtro passa-altas que satisfaça as especificações do Exercício 12.9. Compare os resultados obtidos com e sem uma distribuição eficiente da margem de ondulação com os resultados obtidos no Exercício 12.9, quanto ao número total de multiplicações por amostra de saída.

12.24 Projete usando o método da quadratura um filtro passa-faixa que satisfaça as seguintes especificações:

$A_p = 0{,}02$ dB;
$A_r = 40$ dB;
$\Omega_{r_1} = 0{,}068\pi$ rad/s;
$\Omega_{p_1} = 0{,}07\pi$ rad/s;
$\Omega_{p_2} = 0{,}95\pi$ rad/s;
$\Omega_{r_2} = 0{,}952\pi$ rad/s;
$\Omega_s = 2\pi$ rad/s.

Compare seu resultado com o filtro minimax padrão.

12.25 Projete usando o método da quadratura um filtro rejeita-faixa que satisfaça as seguintes especificações:

$A_p = 0{,}2$ dB;
$A_r = 60$ dB;
$\omega_{p_1} = 0{,}33\pi$ rad/amostra;
$\omega_{r_1} = 0{,}34\pi$ rad/amostra;
$\omega_{r_2} = 0{,}46\pi$ rad/amostra;
$\omega_{p_2} = 0{,}47\pi$ rad/amostra.

Compare seu resultado com o filtro minimax padrão.

12.26 Crie um comando em MATLAB que processe um sinal de entrada x com um filtro projetado pelo método do mascaramento da resposta na frequência, tirando vantagem da estrutura interna desse dispositivo. O comando recebe x, o fator de interpolação do mascaramento da resposta na frequência L e as respostas ao impulso hb do filtro-base, hp do mascaramento positivo e hn do mascaramento negativo. Use esse comando no Experimento 12.1 para processar xDSB com o filtro projetado por mascaramento da resposta na frequência, gerando o sinal xSSB correspondente.

12.27 Retorne ao Experimento 12.1, executando as seguintes tarefas:

(a) Projete um filtro FIR na forma direta que satisfaça as seguintes especificações:

$A_p = 0{,}1$ dB
$A_r = 45$ dB
$\Omega_p = 2\pi 9700$ Hz
$\Omega_r = 2\pi 10\,300$ Hz.

Compare o número de multiplicações requeridas por este filtro com o das requeridas pelo filtro projetado no experimento pelo método do mascaramento da resposta na frequência.

(b) Projete um novo filtro por mascaramento da resposta na frequência, apropriado para $F_s = 100$ kHz.

(c) Projete um novo filtro por mascaramento da resposta na frequência para remover a banda básica superior quando $f_1 = 100$ Hz.

13 Estruturas IIR eficientes

13.1 Introdução

As realizações mais usadas para filtros IIR são as formas cascata e paralela de seções de segunda e, às vezes, primeira ordem. As principais vantagens dessas realizações decorrem de sua inerente modularidade, que permite implementações VLSI eficientes, análises simplificadas de ruído e sensibilidade e controle simples dos ciclos-limite. Este capítulo apresenta estruturas de segunda ordem de alto desempenho que são usadas como blocos componentes de realizações de ordem mais alta. É apresentado o conceito de ordenamento de seções para a forma cascata, que pode reduzir o ruído de quantização na saída do filtro. Então, apresentamos uma técnica para redução dos efeitos do ruído de quantização na saída, chamada de conformação espectral do erro (do inglês *Error Spectrum Shaping*). Esta é seguida pela discussão de algumas equações em forma fechada para escalamento dos coeficientes das seções de segunda ordem usadas no projeto de filtros em forma paralela e cascata.

Também tocamos em outras realizações interessantes, tais como os filtros duplamente complementares, formados de blocos passsa-tudo, e as estruturas treliça, cujo método de síntese é apresentado. Uma classe relacionada de realizações são os filtros de onda digitais, que apresentam sensibilidade muito baixa e também permitem a eliminação de ciclos-limite de entrada nula e por *overflow*. Os filtros de onda digitais são derivados de filtros-protótipos analógicos, empregando os conceitos de ondas incidentes e refletidas. O projeto detalhado dessas estruturas é apresentado neste capítulo.

13.2 Filtros IIR em paralelo e em cascata

As formas diretas de N-ésima ordem vistas no Capítulo 4, Figuras 4.11–4.13, apresentam funções de transferência de ruído de quantização $G_i(z)$ (veja a Figura 11.16) e funções de escalamento $F_i(z)$ (veja a Figura 11.20) cujas normas L_2 ou L_∞ assumem valores significativamente elevados. Isso ocorre porque essas funções de transferência têm no denominador o mesmo polinômio que a função

13.2 Filtros IIR em paralelo e em cascata

de transferência do filtro, mas sem os zeros para atenuar o ganho introduzido pelos polos próximos à circunferência unitária (veja o Exercício 11.17).

Temos, ainda, que um filtro de N-ésima ordem na forma direta é implementado, geralmente, como a razão de dois polinômios de ordem elevada. Como a variação num único coeficiente pode provocar variações significativas em todas as raízes do polinômio, tal filtro tende a apresentar alta sensibilidade à quantização de seus coeficientes.

A fim de se lidar com os problemas acima, convém implementar as funções de transferência de ordem alta através da conexão de blocos componentes de segunda ordem, em vez de se usar a realização na forma direta. As seções de segunda ordem podem ser selecionadas de um amplo espectro de possibilidades (Jackson, 1969; Szczupak & Mitra, 1975; Diniz, 1984). Nesta seção, tratamos das realizações em cascata e em paralelo cujos subfiltros são seções de segunda ordem na forma direta. Essas realizações são canônicas no sentido de requererem o menor número possível de multiplicadores, somadores e atrasos para implementarem uma dada função de transferência.

Outra vantagem inerente às formas paralela e cascata é sua modularidade, que as faz apropriadas para a implementação em VLSI.

13.2.1 Forma paralela

Na Figura 13.1 é mostrada uma realização paralela canônica cuja função de transferência correspondente é dada por

$$H(z) = h_0 + \sum_{i=1}^{m} H_i^p(z) = h_0 + \sum_{i=1}^{m} \frac{\gamma_{0i} z^2 + \gamma_{1i} z}{z^2 + m_{1i} z + m_{2i}}. \tag{13.1}$$

Podem ser geradas muitas realizações alternativas para a forma paralela pela escolha de seções de segunda ordem diferentes, como se vê, por exemplo, em Jackson (1969), Szczupak & Mitra (1975) e Diniz (1984). Outro exemplo é considerado na Figura 13.56, Exercício 13.1. Em geral, os desempenhos das estruturas apresentadas nas Figuras 13.1 e 13.56 estão entre os melhores para formas paralelas que empregam seções canônicas de segunda ordem.

É fácil mostrar que para se evitar o *overflow* de sinais internos na forma vista na Figura 13.1, os coeficientes de escalamento são dados por (veja o Exercício 11.17)

$$\lambda_i = \frac{1}{\|F_i(z)\|_p}, \tag{13.2}$$

onde

$$F_i(z) = \frac{1}{D_i(z)} = \frac{1}{z^2 + m_{1i} z + m_{2i}}. \tag{13.3}$$

870 Estruturas IIR eficientes

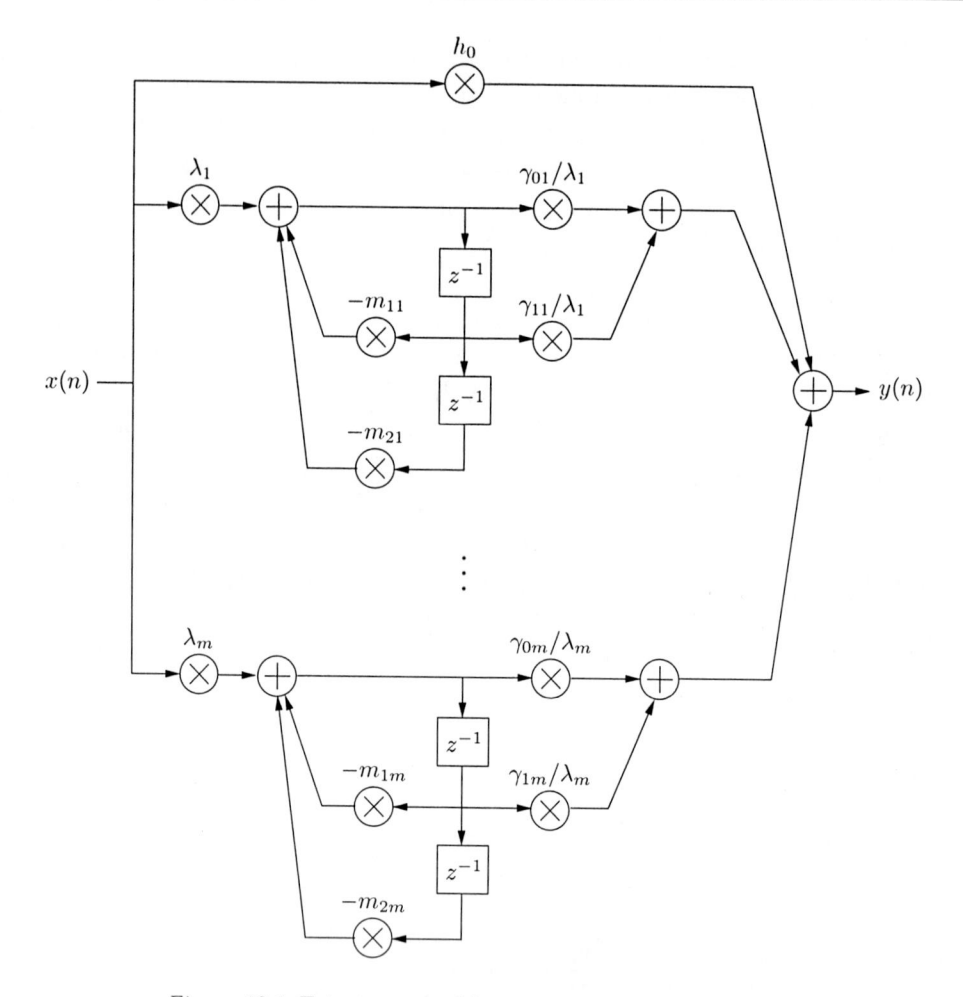

Figura 13.1 Estrutura paralela com seções na forma direta.

Naturalmente, os coeficientes do numerador de cada seção têm que ser divididos por λ_i, para que a função de transferência global fique inalterada.

Usando a equação (11.60), pode-se mostrar que a PSD do ruído de quantização na saída da estrutura da Figura 13.1 é dado por

$$\Gamma_Y(e^{j\omega}) = \sigma_e^2 \left(2m + 1 + 3 \sum_{i=1}^{m} \frac{1}{\lambda_i^2} H_i^p(e^{j\omega}) H_i^p(e^{-j\omega}) \right) \tag{13.4}$$

quando as quantizações são realizadas antes das adições. Nesse caso, então, a variância, ou potência média, do ruído na saída é igual a

$$\sigma_o^2 = \sigma_e^2 \left(2m + 1 + 3 \sum_{i=1}^{m} \frac{1}{\lambda_i^2} \|H_i^p(e^{j\omega})\|_2^2 \right) \tag{13.5}$$

13.2 Filtros IIR em paralelo e em cascata

e a variância de ruído relativa se torna

$$\sigma^2 = \frac{\sigma_o^2}{\sigma_e^2} = \left(2m + 1 + 3\sum_{i=1}^{m} \frac{1}{\lambda_i^2} \|H_i^p(e^{j\omega})\|_2^2\right). \tag{13.6}$$

Nos casos em que a quantização é realizada após as adições, a PSD se torna

$$\Gamma_Y(e^{j\omega}) = \sigma_e^2 \left(1 + \sum_{i=1}^{m} \frac{1}{\lambda_i^2} H_i^p(e^{j\omega}) H_i^p(e^{-j\omega})\right) \tag{13.7}$$

e, então,

$$\sigma^2 = \frac{\sigma_o^2}{\sigma_e^2} = 1 + \sum_{i=1}^{m} \frac{1}{\lambda_i^2} \|H_i^p(e^{j\omega})\|_2^2. \tag{13.8}$$

Embora até então somente as estruturas de segunda ordem tenham sido discutidas, podem-se obter de forma muito similar expressões para estruturas de ordem ímpar (que contêm uma seção de primeira ordem).

Nas formas paralelas, como as posições dos zeros dependem da soma de vários polinômios, que envolve todos os coeficientes da realização, o posicionamento preciso dos zeros do filtro se torna uma tarefa difícil. Essa alta sensibilidade dos zeros à quantização dos coeficientes constitui a maior desvantagem das formas paralelas na maioria das implementações práticas.

13.2.2 Forma cascata

A conexão de seções de segunda ordem na forma direta em cascata, representada na Figura 13.2, tem função de transferência dada por

$$H(z) = \prod_{i=1}^{m} H_i(z) = \prod_{i=1}^{m} \frac{\gamma_{0i} z^2 + \gamma_{1i} z + \gamma_{2i}}{z^2 + m_{1i} z + m_{2i}}. \tag{13.9}$$

Nessa estrutura, os coeficientes de escalamento são calculados como

$$\lambda_i = \frac{1}{\|\prod_{j=1}^{i-1} H_j(z) F_i(z)\|_p}, \tag{13.10}$$

com

$$F_i(z) = \frac{1}{D_i(z)} = \frac{1}{z^2 + m_{1i} z + m_{2i}}, \tag{13.11}$$

da mesma forma que anteriormente. Como ilustra a Figura 13.2, o coeficiente de escalamento de cada seção pode ser incorporado aos coeficientes de saída da seção anterior. Essa estratégia leva não somente a uma redução no número de

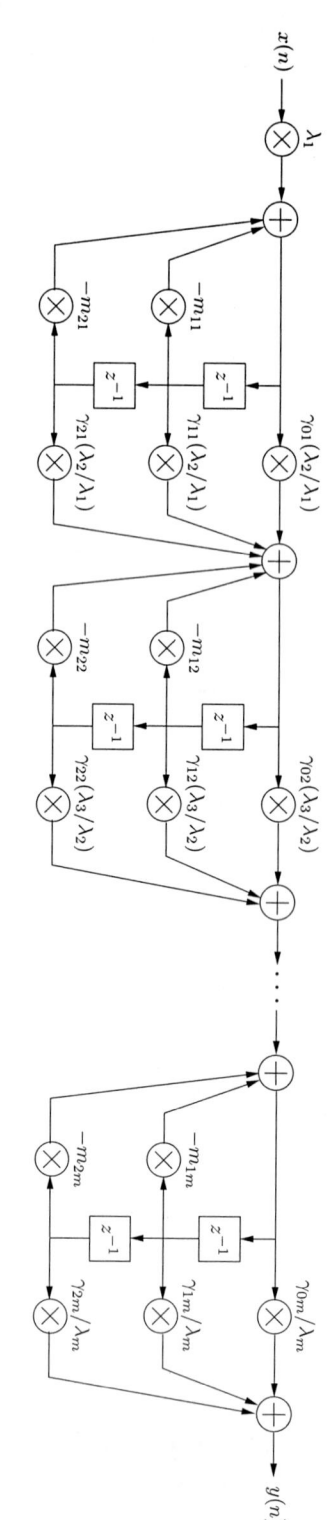

Figura 13.2 Cascata de seções na forma direta.

13.2 Filtros IIR em paralelo e em cascata

multiplicadores, mas também a uma possível redução do ruído de quantização na saída do filtro, uma vez que o número de nós a serem escalados é reduzido.

Assumindo que todas as quantizações são realizadas antes das adições, a PSD do ruído na saída da estrutura cascata da Figura 13.2 é dada por

$$\Gamma_Y(e^{j\omega}) = \sigma_e^2 \left(3 + \frac{3}{\lambda_1^2} \prod_{i=1}^{m} H_i(e^{j\omega}) H_i(e^{-j\omega}) + 5 \sum_{j=2}^{m} \frac{1}{\lambda_j^2} \prod_{i=j}^{m} H_i(e^{j\omega}) H_i(e^{-j\omega}) \right). \tag{13.12}$$

A variância de ruído relativa é, então,

$$\sigma^2 = \frac{\sigma_o^2}{\sigma_e^2} = \left(3 + \frac{3}{\lambda_1^2} \left\| \prod_{i=1}^{m} H_i(e^{j\omega}) \right\|_2^2 + 5 \sum_{j=2}^{m} \frac{1}{\lambda_j^2} \left\| \prod_{i=j}^{m} H_i(e^{j\omega}) \right\|_2^2 \right). \tag{13.13}$$

Nos casos em que as quantizações são realizadas após as adições, $\Gamma_Y(z)$ se torna

$$\Gamma_Y(e^{j\omega}) = \sigma_e^2 \left(1 + \sum_{j=1}^{m} \frac{1}{\lambda_j^2} \prod_{i=j}^{m} H_i(e^{j\omega}) H_i(e^{-j\omega}) \right) \tag{13.14}$$

e, então,

$$\frac{\sigma_o^2}{\sigma_e^2} = 1 + \sum_{j=1}^{m} \frac{1}{\lambda_j^2} \left\| \prod_{i=j}^{m} H_i(e^{j\omega}) \right\|_2^2. \tag{13.15}$$

Dois problemas práticos precisam ser considerados no projeto de estruturas cascata:

- quais pares de polos e zeros formarão cada seção de segunda ordem (o problema do pareamento);
- o ordenamento das seções.

Ambos os aspectos têm um efeito significativo sobre o ruído de quantização na saída. Na verdade, o ruído de quantização e a sensibilidade das estruturas na forma cascata podem se tornar bastante altos se é feita uma escolha inadequada do pareamento e do ordenamento (Jackson, 1969).

Uma regra prática para o pareamento polo-zero na forma cascata usando seções de segunda ordem é minimizar a norma L_p da função de transferência de cada seção, para $p = 2$ ou $p = \infty$. Os pares de polos complexos conjugados situados próximos da circunferência unitária, se não acompanhados por zeros próximos deles, tendem a gerar seções cujas normas de $H_i(z)$ são elevadas. Assim, uma regra natural é parear os polos mais próximos da circunferência unitária com os zeros mais próximos deles. Em seguida, devem-se tomar os segundos polos mais próximos da circunferência unitária e pareá-los com os zeros mais próximos deles dentre os zeros restantes, e assim sucessivamente, até que tenham sido formadas todas as seções. Nem é necessário lembrar que quando se lida com filtros de coeficientes reais, a maioria dos polos e zeros ocorre em pares complexos conjugados, e nesses casos os polos (e zeros) complexos são considerados em conjunto no processo de pareamento.

Para o ordenamento de seções, primeiramente temos que notar que, dada uma seção da estrutura cascata, as seções anteriores afetam seu fator de escalamento, enquanto que as seções seguintes afetam seu ganho de ruído. Então, definimos um fator de pico que indica quão pontiaguda é a resposta na frequência da seção:

$$P_i = \frac{\|H_i(z)\|_\infty}{\|H_i(z)\|_2}. \tag{13.16}$$

Consideramos, agora, dois casos separados (Jackson, 1970b):

- Se escalamos o filtro usando a norma L_2, então os coeficientes de escalamento tendem a ser grandes, logo a razão sinal-ruído na saída do filtro, em geral, não é problemática. Nesses casos, é interessante escolher o ordenamento das seções de forma que o valor máximo da PSD do ruído na saída, $\|PSD\|_\infty$, seja minimizado. A seção i amplifica o $\|PSD\|_\infty$ originalmente presente em sua entrada por $(\lambda_i \|H_i(e^{j\omega})\|_\infty)^2$. Como no escalamento pela norma L_2 $\lambda_i = 1/\|H_i(e^{j\omega})\|_2$, então cada seção amplifica o $\|PSD\|_\infty$ por $(\|H_i(e^{j\omega})\|_\infty/\|H_i(e^{j\omega})\|_2)^2 = P_i^2$, isto é, o quadrado do fator de pico. Uma vez que as primeiras seções afetam o menor número de fontes de ruído, deve-se ordenar as seções na ordem decrescente de seus fatores de pico, a fim de minimizar o valor máximo da PSD do ruído na saída.

- Se escalamos o filtro usando a norma L_∞, então os coeficientes de escalamento tendem a ser pequenos; logo, o valor máximo da PSD do ruído na saída, em geral, não é problemático. Nesses casos, é interessante escolher o ordenamento das seções de forma que a razão sinal-ruído na saída seja maximizada, isto é, a variância σ_o^2 do ruído na saída seja minimizada. A seção i amplifica a variância do ruído na saída presente em sua entrada por $(\lambda_i \|H_i(e^{j\omega})\|_2)^2$. Como no escalamento pela norma L_∞ $\lambda_i = 1/\|H_i(e^{j\omega})\|_\infty$, então cada seção amplifica a σ_o^2 por $(\|H_i(e^{j\omega})\|_2/\|H_i(e^{j\omega})\|_\infty)^2 = 1/P_i^2$, isto é, o inverso do quadrado do fator de pico. Uma vez que as primeiras seções afetam o menor número de fontes de ruído, deve-se escolher as seções na ordem crescente de seus fatores de pico, a fim de minimizar σ_o^2.

Para outros tipos de escalamento, ambas as estratégias de ordenamento podem ser consideradas igualmente eficientes.

13.2 Filtros IIR em paralelo e em cascata

Tabela 13.1 *Estrutura paralela usando seções de segunda ordem na forma direta. Coeficiente de transferência direta:* $h_0 = -0{,}00015$.

Coeficiente	Seção 1	Seção 2	Seção 3
γ_0	−0,0077	−0,0079	0,0159
γ_1	0,0049	0,0078	−0,0128
m_1	−1,6268	−1,5965	−1,6054
m_2	0,9924	0,9921	0,9843

EXEMPLO 13.1
Projete um filtro passa-faixa elíptico que satisfaça as seguintes especificações:

$$\left. \begin{array}{l} A_\mathrm{p} = 0{,}5 \text{ dB} \\ A_\mathrm{r} = 65 \text{ dB} \\ \Omega_{\mathrm{r}_1} = 850 \text{ rad/s} \\ \Omega_{\mathrm{p}_1} = 980 \text{ rad/s} \\ \Omega_{\mathrm{p}_2} = 1020 \text{ rad/s} \\ \Omega_{\mathrm{r}_2} = 1150 \text{ rad/s} \\ \Omega_\mathrm{s} = 10\,000 \text{ rad/s} \end{array} \right\} . \tag{13.17}$$

Realize o filtro usando as formas paralela e cascata de seções de segunda ordem. Em seguida, escale os filtros pela norma L_2 e quantize os coeficientes resultantes com 9 bits, incluído o bit de sinal, e verifique os resultados.

SOLUÇÃO
Usando os comandos `ellipord` e `ellip` em conjunto, pode-se obter o filtro na forma direta prontamente com o MATLAB. Podemos, então, usar o comando `residuez` e combinar as seções de primeira ordem resultantes para determinar a estrutura paralela, cujos coeficientes são mostrados na Tabela 13.1.

Usando-se a norma L_2, cada bloco pode ser escalado por

$$\lambda_i = \frac{1}{\|F_i(z)\|_2} = \frac{1}{\|\frac{1}{D_i(z)}\|_2}, \tag{13.18}$$

que pode ser determinado em MATLAB através das linhas de comando

```
D_i = [1 m1i m2i];
F_i = freqz(1,D_i,npoints);
lambda_i = 1/sqrt(sum(abs(F_i).^2)/npoints);
```

onde `npoints` é o número de pontos usados no comando `freqz`. Escalando-se os blocos de segunda ordem por esses fatores, os coeficientes γ_0 e γ_1 resultantes são

Estruturas IIR eficientes

Tabela 13.2 *Estrutura paralela usando seções de segunda ordem na forma direta, escalada. Coeficiente de transferência direta:* $h_0 = -0{,}00015$.

Coeficiente	Seção 1	Seção 2	Seção 3
λ	0,0711	0,0750	0,1039
γ_0/λ	−0,1077	−0,1055	0,1528
γ_1/λ	0,0692	0,1036	−0,1236
m_1	−1,6268	−1,5965	−1,6054
m_2	0,9924	0,9921	0,9843

Tabela 13.3 *Estrutura paralela usando seções de segunda ordem na forma direta quantizada com 9 bits. Coeficiente de transferência direta:* $[h_0]_Q = 0{,}0000$.

Coeficiente	Seção 1	Seção 2	Seção 3
$[\lambda]_Q$	0,0703	0,0742	0,1055
$[\gamma_0/\lambda]_Q$	−0,1094	−0,1055	0,1523
$[\gamma_1/\lambda]_Q$	0,0703	0,1055	−0,1250
$[m_1]_Q$	−1,6250	−1,5977	−1,6055
$[m_2]_Q$	0,9922	0,9922	0,9844

dados na Tabela 13.2, enquanto que os coeficientes m_1 e m_2 do denominador de cada bloco permanecem inalterados.

A quantização de um dado coeficiente x usando B bits (incluído o bit de sinal) pode ser efetuada em MATLAB através da linha de comando

```
xQ = quant(x,2^(-(B-1)));
```

Com essa abordagem, fazendo-se (B-1) = 8 chega-se aos coeficientes mostrados na Tabela 13.3.

A forma cascata pode ser obtida da forma direta através do comando tf2sos em MATLAB. Isso produz os coeficientes mostrados na Tabela 13.4. Para a forma cascata, precisamos realizar o pareamento de polos e zeros e o ordenamento das seções de forma a obter uma realização prática com erro de quantização reduzido na saída do filtro. Podemos, então, escalar todos os blocos de acordo com alguma norma predefinida. Todos os procedimentos relativos à realização em cascata deste exemplo são detalhados no Experimento 13.1 incluído na Seção 13.7.

Após o reordenamento de seções e o escalamento dos coeficientes, a realização em cascata é dada na Tabela 13.5, e os coeficientes quantizados são mostrados na Tabela 13.6. Observe que nesse caso o ganho da estrutura não é quantizado, para evitar que se torne zero.

13.2 Filtros IIR em paralelo e em cascata

Tabela 13.4 *Estrutura cascata usando seções de segunda ordem na forma direta. Constante de ganho:* $h_0 = 1{,}4362\text{E}-04$.

Coeficiente	Seção 1	Seção 2	Seção 3
γ_0	1,0000	1,0000	1,0000
γ_1	0,0000	−1,4848	−1,7198
γ_2	−1,0000	1,0000	1,0000
m_1	−1,6054	−1,5965	−1,6268
m_2	0,9843	0,9921	0,9924

Tabela 13.5 *Estrutura cascata reordenada após o escalamento de coeficientes. Constante de ganho:* $h'_0 = h_0 \lambda_2 = 0{,}0750$.

Coeficiente	Seção 1	Seção 2	Seção 3
γ'_0	0,1605	0,1454	0,0820
γ'_1	−0,2383	−0,2501	0,0000
γ'_2	0,1605	0,1454	−0,0820
m'_1	−1,5965	−1,6268	−1,6054
m'_2	0,9921	0,9924	0,9843

Tabela 13.6 *Estrutura cascata reordenada após a quantização de coeficientes. Constante de ganho:* $[h'_0]_Q = 0{,}0742$.

Coeficiente	Seção 1	Seção 2	Seção 3
$[\gamma'_0]_Q$	0,1602	0,1445	0,0820
$[\gamma'_1]_Q$	−0,2383	−0,2500	0,0000
$[\gamma'_2]_Q$	0,1602	0,1445	−0,0820
$[m'_1]_Q$	−1,5977	−1,6250	−1,6055
$[m'_2]_Q$	0,9922	0,9922	0,9844

As respostas de módulo do filtro ideal e das realizações paralela e em cascata quantizadas são representadas na Figura 13.3. Observe que, apesar no número de bits razoavelmente grande utilizado para representação dos coeficientes, as respostas de módulo se afastaram visivelmente das ideais. Isso ocorreu em parte porque o filtro elíptico projetado tem polos de alta seletividade, isto é, muito próximos à circunferência unitária. Em particular, o desempenho da realização paralela quantizada se tornou bastante ruim nas faixas de rejeição, conforme discutido na Seção 13.2.1. △

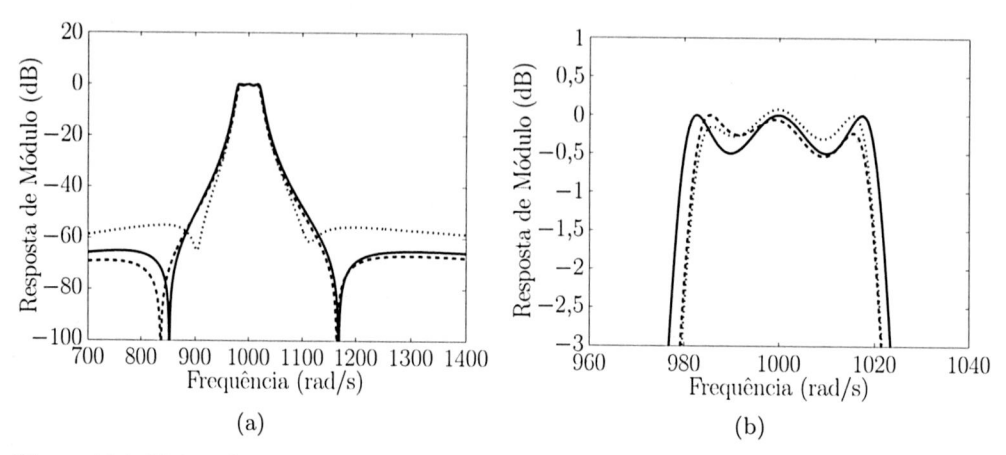

Figura 13.3 Efeitos da quantização de coeficientes nas formas cascata e paralela usando seções de segunda ordem na forma direta: (a) resposta de módulo global; (b) detalhe da faixa de passagem. (Linha contínua – projeto inicial; linha tracejada – cascata de seções na forma direta (9 bits); linha pontilhada – paralelo de seções na forma direta (9 bits).)

13.2.3 Conformação espectral do erro

Esta seção apresenta uma técnica para redução dos efeitos do ruído de quantização em filtros digitais através da realimentação do erro de quantização. Essa técnica é conhecida como conformação espectral do erro (ESS, do inglês *Error Spectrum Shaping*), ou realimentação do erro.

Considere todos os somadores cujas entradas incluem ao menos um produto não-trivial seguido por um quantizador. A técnica de ESS consiste em substituir cada um desses somadores por uma estrutura recursiva, ilustrada na Figura 13.4, cujo propósito é introduzir zeros na PSD do ruído na saída. Embora a Figura 13.4 represente uma rede de segunda ordem para realimentação do sinal de erro, na prática a ordem dessa rede pode assumir qualquer valor. Os coeficientes do sistema de ESS são escolhidos para minimizar a PSD do ruído na saída (Higgins & Munson, 1984; Laakso & Hartimo, 1992). Em alguns casos, esses coeficientes podem ser feitos triviais, tais como $0, \pm 1, \pm 2$, e ainda permitir redução suficiente do ruído. De uma forma geral, a abordagem por ESS pode ser interpretada como uma forma de reciclar o sinal do erro de quantização, reduzindo, assim, os efeitos da quantização de um sinal após um somador particular.

A técnica de ESS pode ser aplicada a qualquer estrutura de filtro digital e a qualquer nó interno de quantização. Contudo, uma vez que sua implementação implica um gasto adicional, a técnica de ESS só deve ser aplicada a nós internos selecionados, cujos ganhos de ruído para a saída sejam elevados. Estruturas com um número reduzido de nós de quantização (Diniz & Antoniou, 1985), são particularmente adequadas à implementação da técnica de ESS. Por exemplo,

13.2 Filtros IIR em paralelo e em cascata

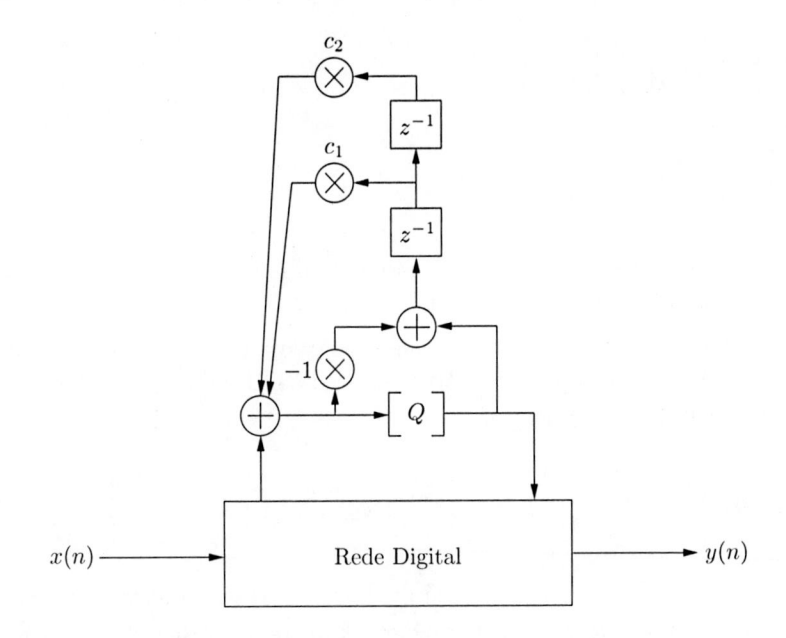

Figura 13.4 Conformação espectral do erro (Q denota um quantizador).

a estrutura na forma direta da Figura 4.11 requer uma única substituição para ESS para o filtro todo.

Para a estrutura cascata de seções de segunda ordem na forma direta, vista na Figura 13.2, cada seção j requer uma substituição para ESS. Seja cada rede de realimentação de segunda ordem. Os valores de $c_{1,j}$ e $c_{2,j}$ que minimizam o ruído na saída são calculados resolvendo-se o seguinte problema de otimização (Higgins & Munson, 1984):

$$\min_{c_{1,j},c_{2,j}} \left\{ \left\| (1 + c_{1,j}z^{-1} + c_{2,j}z^{-2}) \prod_{i=j}^{m} H_i(e^{j\omega}) \right\|_2^2 \right\}. \tag{13.19}$$

Os valores ótimos de $c_{1,j}$ e $c_{2,j}$ são dados por

$$c_{1,j} = \frac{t_1 t_2 - t_1 t_3}{t_3^2 - t_1^2} \tag{13.20}$$

$$c_{2,j} = \frac{t_1^2 - t_2 t_3}{t_3^2 - t_1^2}, \tag{13.21}$$

onde

$$t_1 = \int_{-\pi}^{\pi} \left| \prod_{i=j}^{m} H_i(e^{j\omega}) \right|^2 \cos\omega\, d\omega \tag{13.22}$$

$$t_2 = \int_{-\pi}^{\pi} \left| \prod_{i=j}^{m} H_i(e^{j\omega}) \right|^2 \cos(2\omega) d\omega \qquad (13.23)$$

$$t_3 = \int_{-\pi}^{\pi} \left| \prod_{i=j}^{m} H_i(e^{j\omega}) \right|^2 d\omega. \qquad (13.24)$$

O desenvolvimento algébrico completo por trás das equações (13.20) e (13.21) é deixado como exercício para o leitor.

Usando-se a técnica de ESS com a quantização efetuada após as somas, a densidade espectral de potência relativa na saída (RPSD), que independe de σ_e^2 no projeto em cascata, é dada por

$$\text{RPSD} = 10 \log \left\{ 1 + \sum_{j=1}^{m} \left| \frac{1}{\lambda_j} \left(1 + c_{1,j} z^{-1} + c_{2,j} z^{-2} \right) \prod_{i=j}^{m} H_i(e^{j\omega}) \right|^2 \right\}, \qquad (13.25)$$

onde λ_j é o fator de escalamento da seção j. Essa expressão mostra explicitamente de que forma a técnica de ESS introduz zeros na RPSD, desse modo forçando a redução desta.

Usando a técnica de ESS de primeira ordem, o valor ótimo de $c_{1,j}$ seria

$$c_{1,j} = \frac{-t_1}{t_3}, \qquad (13.26)$$

com t_1 e t_3 calculados como vimos anteriormente.

Para a realização cascata com a técnica de ESS, a estratégia mais apropriada para o ordenamento das seções é posicionar no início as seções que contêm os polos mais próximos da circunferência unitária. Isso porque os polos próximos à circunferência unitária contribuem com picos no espectro do ruído, e essa estratégia de ordenamento força o espectro do ruído a ter faixa estreita, tornando mais efetiva a ação dos zeros da ESS.

Como é visto em Chang (1981), Singh (1985), Laakso et al. (1992) e Laakso (1993), a técnica de ESS também pode ser utilizada para eliminar ciclos-limite. Nesses casos, a ausência de ciclos-limite só pode ser garantida na saída do quantizador; na verdade, ainda podem existir ciclos-limite escondidos nos percursos fechados internos (Butterweck et al., 1984).

13.2.4 Escalamento em forma fechada

Na maioria dos tipos de filtros digitais implementados em aritmética de ponto fixo, o escalamento se baseia nas normas L_2 e L_∞ das funções de transferência das entradas do filtro até as entradas dos multiplicadores. Usualmente, a norma L_2 é calculada através do somatório de um número elevado (da ordem de 200 ou mais)

13.2 Filtros IIR em paralelo e em cascata

de amostras do módulo quadrático da função de transferência de escalamento. Para a norma L_∞, efetua-se uma busca do módulo máximo da função de transferência de escalamento entre um número de amostras da mesma ordem. É possível, entretanto, derivar expressões simples em forma fechada para as normas L_2 e L_∞ das funções de transferência de segunda ordem. Tais expressões são úteis no escalamento das seções independentemente, e facilitam enormemente o projeto das realizações paralela e cascata de seções de segunda ordem (Bomar & Joseph, 1987; Laakso, 1992), e também de estruturas não-canônicas quanto ao número de multiplicadores (Bomar, 1989).

Considere, por exemplo,

$$H(z) = \frac{\gamma_1 z + \gamma_2}{z^2 + m_1 z + m_2}. \tag{13.27}$$

Escolhendo-se, digamos, a abordagem por resíduos de polos para resolver as integrais circulares, a norma L_2 correspondente é dada por

$$\|H(e^{j\omega})\|_2^2 = \frac{\gamma_1^2 + \gamma_2^2 - 2\gamma_1\gamma_2 \dfrac{m_1}{m_2+1}}{(1-m_2^2)\left[1 - \left(\dfrac{m_1}{m_2+1}\right)^2\right]}. \tag{13.28}$$

Para a norma L_∞, temos primeiramente que encontrar o máximo de $|H(z)|^2$. Observando que $|H(e^{j\omega})|^2$ é uma função de $\cos\omega$, que é limitado ao intervalo $[-1, 1]$, temos que o máximo ocorre ou nos extremos $\omega = 0$ ($z = 1$) ou $\omega = \pi$ ($z = -1$), ou em ω_0 tal que $-1 \leq \cos\omega_0 \leq 1$. Portanto, a norma L_∞ é dada por (Bomar & Joseph, 1987; Laakso, 1992)

$$\|H(e^{j\omega})\|_\infty^2 = \max\left\{\left(\frac{\gamma_1+\gamma_2}{1+m_1+m_2}\right)^2, \left(\frac{-\gamma_1+\gamma_2}{1-m_1+m_2}\right)^2, \frac{\gamma_1^2+\gamma_2^2+2\gamma_1\gamma_2\zeta}{4m_2[(\zeta-\eta)^2+v]}\right\}, \tag{13.29}$$

onde

$$\eta = \frac{-m_1(1+m_2)}{4m_2} \tag{13.30}$$

$$v = \left(1 - \frac{m_1^2}{4m_2}\right)\frac{(1-m_2)^2}{4m_2} \tag{13.31}$$

$$\zeta = \begin{cases} \operatorname{sat}(\eta), & \text{para } \gamma_1\gamma_2 = 0 \\ \operatorname{sat}\left\{\nu\left[\sqrt{\left(1+\dfrac{\eta}{\nu}\right)^2 + \dfrac{v}{\nu^2}} - 1\right]\right\}, & \text{para } \gamma_1\gamma_2 \neq 0, \end{cases} \tag{13.32}$$

com

$$\nu = \frac{\gamma_1^2 + \gamma_2^2}{2\gamma_1\gamma_2} \tag{13.33}$$

e a função sat$(\cdot)$ definida como

$$\text{sat}(x) = \begin{cases} 1, & \text{para } x > 1 \\ -1, & \text{para } x < -1 \\ x, & \text{para } -1 \leq x \leq 1. \end{cases} \tag{13.34}$$

As derivações das normas L_2 e L_∞ de $H(z)$ são deixadas como exercício para o leitor interessado.

EXEMPLO 13.2
Considere a função de transferência

$$H(z) = \frac{0{,}5z^2 - z + 1}{(z^2 - z + 0{,}5)(z + 0{,}5)}. \tag{13.35}$$

(a) Mostre decomposições em cascata e paralela usando seções na forma direta do Tipo 1.
(b) Escale os filtros pela norma L_2.
(c) Calcule as variâncias do ruído nas saídas.

SOLUÇÃO
A decomposição em cascata é

$$H(z) = \frac{0{,}5z^2 - z + 1}{z^2 - z + 0{,}5} \frac{1}{z + 0{,}5}, \tag{13.36}$$

enquanto a decomposição paralela é

$$H(z) = \frac{-\frac{8}{5}z + \frac{7}{5}}{2z^2 - 2z + 1} + \frac{\frac{13}{10}}{z + 0{,}5}. \tag{13.37}$$

A seção de segunda ordem do projeto em cascata é um passa-tudo, portanto só temos que escalar os nós internos da seção. O resultado é obtido empregando-se a equação (13.28), ou seja,

$$\|F_1(z)\|_2^2 = \left\|\frac{1}{D(z)}\right\|_2^2 = \frac{1}{(1 - 0{,}25)\left[1 - \left(\frac{-1}{1{,}5}\right)^2\right]} = 1{,}44, \tag{13.38}$$

tal que

$$\lambda_1 = \sqrt{\frac{1}{1{,}44}} = \frac{1}{1{,}2} = 0{,}8333. \tag{13.39}$$

Para a segunda seção, o fator de escalamento deve ser

$$\lambda_2 = \sqrt{0{,}75} = \sqrt{1 - (0{,}5)^2} = 0{,}8660. \tag{13.40}$$

Da mesma forma, os fatores de escalamento para a realização paralela são dados por

$$\lambda_1 = \sqrt{\frac{1}{1{,}44}} = \frac{1}{1{,}2} = 0{,}8333 \tag{13.41}$$

e

$$\lambda_2 = \frac{10}{13}\sqrt{0{,}75} = 0{,}6667, \tag{13.42}$$

respectivamente.

A variância relativa do ruído na saída para o projeto em cascata é dada por

$$\frac{\sigma_y^2}{\sigma_e^2} = 3\frac{1}{\lambda_1^2}\frac{1}{0{,}75} + 4\frac{1}{\lambda_2^2}\frac{1}{0{,}75} + 1 = 13{,}88. \tag{13.43}$$

Usando o resultado da equação (13.28) podemos calcular a norma L_2 da seção de segunda ordem na solução paralela:

$$\|H_1(z)\|_2^2 = \frac{1}{4}\left[\frac{\frac{64}{25} + \frac{49}{25} + \frac{2 \times 8 \times 7}{25} \times \frac{-1}{1{,}5}}{(1 - 0{,}25)\left(1 - (-1/1{,}5)^2\right)}\right] = \frac{1}{4}\left[\frac{38{,}333/25}{0{,}41666}\right] = 0{,}92, \tag{13.44}$$

de forma que a variância relativa do ruído na saída para o projeto paralelo é dada por

$$\frac{\sigma_y^2}{\sigma_e^2} = 3\frac{1}{\lambda_1^2}\|H_1(z)\|_2^2 + \frac{1}{\lambda_2^2}\frac{1}{0{,}75} + 4 = 10{,}98. \tag{13.45}$$

△

13.3 Seções no espaço de estados

A abordagem no espaço de estados permite a formulação de um método de projeto para filtros digitais IIR com ruído de quantização mínimo. A teoria por trás desse elegante método de projeto foi proposta originalmente por Mullis & Roberts (1976a,b) e Hwang (1977). Para um filtro de ordem N, o método do ruído mínimo leva a uma realização que envolve $(N+1)^2$ multiplicações. Esse número de multiplicadores é alto demais para a maioria das implementações práticas, o que levou os pesquisadores à busca de realizações que pudessem chegar ao desempenho de ruído mínimo, embora ainda empregando um número aceitável de multiplicações. Um bom compromisso é alcançado se realizamos filtros de ordem alta usando formas paralela ou cascata nas quais as seções de segunda ordem são estruturas de ruído mínimo no espaço de estados. Nesta seção, estudamos duas seções de segunda ordem no espaço de estados bastante utilizadas, adequadas a essas abordagens.

13.3.1 Seções no espaço de estados ótimas

A estrutura de segunda ordem no espaço de estados mostrada na Figura 13.5 pode ser descrita por

$$\left. \begin{array}{l} \mathbf{x}(n+1) = \mathbf{A}\mathbf{x}(n) + \mathbf{B}u(n) \\ y(n) = \mathbf{C}^T\mathbf{x}(n) + \mathbf{D}u(n) \end{array} \right\}, \tag{13.46}$$

onde $\mathbf{x}(n)$ é um vetor-coluna que representa as saídas dos atrasos, $y(n)$ é um escalar e

$$\mathbf{A} = \begin{bmatrix} a_{11} & a_{12} \\ a_{21} & a_{22} \end{bmatrix} \tag{13.47}$$

$$\mathbf{B} = \mathbf{b} = \begin{bmatrix} b_1 \\ b_2 \end{bmatrix} \tag{13.48}$$

$$\mathbf{C}^T = \mathbf{c}^T = \begin{bmatrix} c_1 & c_2 \end{bmatrix} \tag{13.49}$$

$$\mathbf{D} = d. \tag{13.50}$$

A função de transferência global, descrita em função dos elementos matriciais relacionados com a formulação no espaço de estados, é dada por

$$H(z) = \mathbf{c}^T \left[\mathbf{I}z - \mathbf{A} \right]^{-1} \mathbf{b} + d. \tag{13.51}$$

A estrutura de segunda ordem no espaço de estados pode realizar funções de transferência descritas por

$$H(z) = d + \frac{\gamma_1 z + \gamma_2}{z^2 + m_1 z + m_2}. \tag{13.52}$$

13.3 Seções no espaço de estados

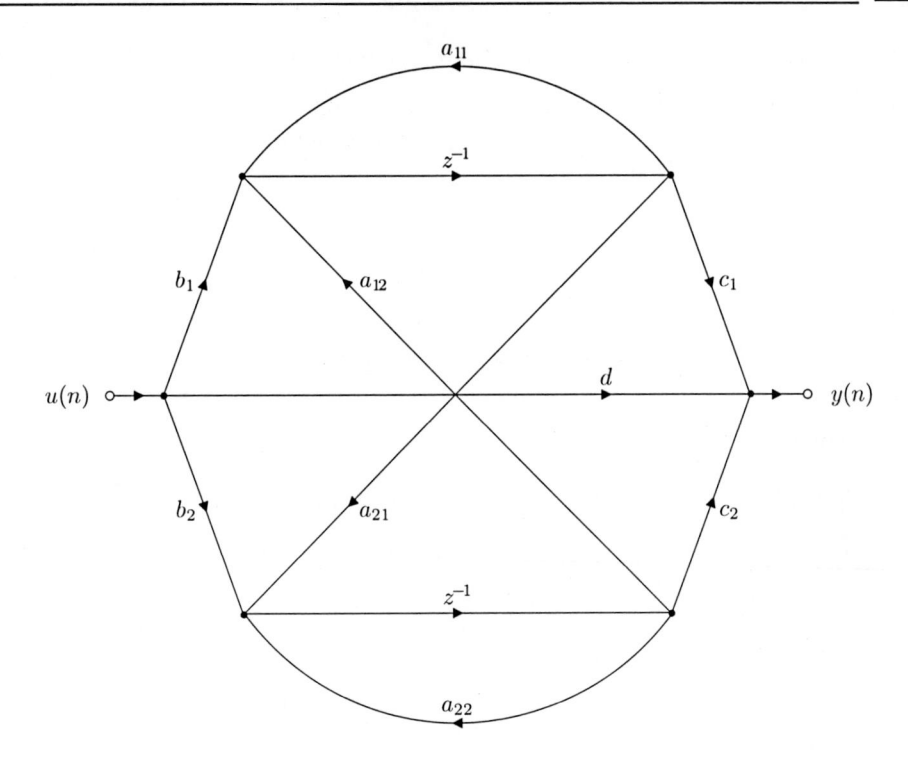

Figura 13.5 Estrutura de segunda ordem no espaço de estados.

Dada $H(z)$ na forma da equação (13.52), pode-se obter um projeto ótimo no sentido da minimização do ruído de quantização na saída, uma vez que a estrutura no espaço de estados tem mais coeficientes que o mínimo requerido. Para explorar esse fato, examinamos, sem prova, um teorema proposto originalmente em Mullis & Roberts (1976a,b). O procedimento de projeto resultante do teorema gera realizações cujo ruído na saída tem variância mínima, desde que a norma L_2 seja empregada na determinação do fator de escalamento. É interessante notar que, apesar de ter sido desenvolvido para filtros que usam o escalamento L_2, o projeto de ruído mínimo também produz filtros escalados segundo a norma L_∞ com baixo ruído.

Observe que no restante desta seção, as variáveis $(\cdot)'$ indicarão os parâmetros $(\cdot)$ do filtro após o escalamento.

TEOREMA 13.1
As condições necessárias e suficientes para que se obtenha um ruído com variância mínima na saída de uma realização no espaço de estados são dadas por

$$\mathbf{W}' = \mathbf{R}\mathbf{K}'\mathbf{R} \qquad (13.53)$$
$$K'_{ii}W'_{ii} = K'_{jj}W'_{jj} \qquad (13.54)$$

para $i, j = 1, 2, \ldots, N$, onde N é a ordem do filtro, $\mathbf{R}$ é uma matriz diagonal $N \times N$ e

$$\mathbf{K}' = \sum_{k=0}^{\infty} \mathbf{A}'^k \mathbf{b}' \mathbf{b}'^H (\mathbf{A}'^k)^H \tag{13.55}$$

$$\mathbf{W}' = \sum_{k=0}^{\infty} (\mathbf{A}'^k)^H \mathbf{c}' \mathbf{c}'^H \mathbf{A}'^k, \tag{13.56}$$

onde H indica a operação de conjugação e transposição.

$\diamond$

Pode-se mostrar (veja o Exercício 13.6) que

$$K'_{ii} = \|F'_i(e^{j\omega})\|_2^2 \tag{13.57}$$

$$W'_{ii} = \|G'_i(e^{j\omega})\|_2^2, \tag{13.58}$$

para $i = 1, 2, \ldots, N$, onde $F'_i(z)$ é a função de transferência da entrada do filtro escalado até a variável de estado $x_i(k+1)$, e $G'_i(z)$ é a função de transferência da variável de estado $x_i(k)$ até a saída do filtro escalado (veja as Figuras 11.20 e 11.16).

Então, pelas equações (13.57) e (13.58), temos que no domínio da frequência, a equação (13.54) equivale a

$$\|F'_i(e^{j\omega})\|_2^2 \|G'_i(e^{j\omega})\|_2^2 = \|F'_j(e^{j\omega})\|_2^2 \|G'_j(e^{j\omega})\|_2^2. \tag{13.59}$$

No caso de filtros de segunda ordem, se está sendo efetuado o escalamento L_2, então

$$K'_{11} = K'_{22} = \|F'_1(e^{j\omega})\|_2^2 = \|F'_2(e^{j\omega})\|_2^2 = 1 \tag{13.60}$$

e então, de acordo com o Teorema 13.1, vale a seguinte igualdade:

$$W'_{11} = W'_{22}. \tag{13.61}$$

Similarmente, podemos concluir que precisamos ter

$$\|G'_1(e^{j\omega})\|_2^2 = \|G'_2(e^{j\omega})\|_2^2, \tag{13.62}$$

indicando que as contribuições das fontes internas de ruído na variância do ruído na saída são idênticas.

As condições $K'_{ii} = \|F'_i(e^{j\omega})\|_2^2 = 1$ e $W'_{ii} = W'_{jj}$, para todo i e todo j, mostram que a equação (13.53) só pode ser satisfeita se

$$\mathbf{R} = \alpha \mathbf{I} \tag{13.63}$$

13.3 Seções no espaço de estados

e, consequentemente, a condição de otimalidade do Teorema 13.1 equivale a

$$\mathbf{W}' = \alpha^2 \mathbf{K}'. \tag{13.64}$$

Para um filtro de segunda ordem, como $\mathbf{W}'$ e $\mathbf{K}'$ são matrizes simétricas e os elementos de suas respectivas diagonais são idênticos, a equação (13.64) permanece válida se a reescrevemos como

$$\mathbf{W}' = \alpha^2 \mathbf{J}\mathbf{K}'\mathbf{J}, \tag{13.65}$$

onde $\mathbf{J}$ é a matriz-identidade reversa, definida como

$$\mathbf{J} = \begin{bmatrix} 0 & 1 \\ 1 & 0 \end{bmatrix}. \tag{13.66}$$

Empregando as definições de $\mathbf{W}'$ e $\mathbf{K}'$ nas equações (13.55) e (13.56), a equação (13.65) é satisfeita quando

$$\mathbf{A}'^T = \mathbf{J}\mathbf{A}'\mathbf{J} \tag{13.67}$$

$$\mathbf{c}' = \alpha \mathbf{J} \mathbf{b}' \tag{13.68}$$

ou, equivalentemente,

$$a'_{11} = a'_{22} \tag{13.69}$$

$$\frac{b'_1}{b'_2} = \frac{c'_2}{c'_1}. \tag{13.70}$$

Então, pode-se obter o seguinte procedimento para o projeto de seções de segunda ordem no espaço de estados ótimas.

(i) Para filtros com polos complexos conjugados, escolha uma matriz antissimétrica $\mathbf{A}$ tal que

$$\left.\begin{aligned} a_{11} &= a_{22} = \text{parte real dos polos} \\ -a_{12} &= a_{21} = \text{parte imaginária dos polos} \end{aligned}\right\}. \tag{13.71}$$

Observe que a primeira condição para otimalidade (equação (13.69)) é satisfeita por essa escolha de $\mathbf{A}$. Os coeficientes da matriz $\mathbf{A}$ podem ser calculados em função dos coeficientes da função de transferência $H(z)$ usando-se

$$\left.\begin{aligned} a_{11} &= -\frac{m_1}{2} \\ a_{12} &= -\sqrt{m_2 - \frac{m_1^2}{4}} \\ a_{21} &= -a_{12} \\ a_{22} &= a_{11} \end{aligned}\right\}. \tag{13.72}$$

Calcule, ainda, os parâmetros b_1, b_2, c_1 e c_2, usando

$$\left.\begin{aligned} b_1 &= \sqrt{\dfrac{\sigma + \gamma_2 + a_{11}\gamma_1}{2a_{21}}} \\ b_2 &= \dfrac{\gamma_1}{2b_1} \\ c_1 &= b_2 \\ c_2 &= b_1 \end{aligned}\right\}, \qquad (13.73)$$

onde

$$\sigma = \sqrt{\gamma_2^2 - \gamma_1\gamma_2 m_1 + \gamma_1^2 m_2}. \qquad (13.74)$$

Para polos reais, a matriz $\mathbf{A}$ tem que ser da forma

$$\mathbf{A} = \begin{bmatrix} a_1 & a_2 \\ a_2 & a_1 \end{bmatrix}, \qquad (13.75)$$

onde

$$\left.\begin{aligned} a_1 &= \tfrac{1}{2}(p_1 + p_2) \\ a_2 &= \pm\tfrac{1}{2}(p_1 - p_2) \end{aligned}\right\}, \qquad (13.76)$$

com p_1 e p_2 denotando os polos reais. Os elementos dos vetores $\mathbf{b}$ e $\mathbf{c}$ são dados por

$$\left.\begin{aligned} b_1 &= \pm\sqrt{\dfrac{\pm\sigma + \gamma_2 + a_1\gamma_1}{2a_2}} \\ b_2 &= \dfrac{\beta_2}{2b_1} \\ c_1 &= b_2 \\ c_2 &= b_1 \end{aligned}\right\}, \qquad (13.77)$$

com σ definido como anteriormente.

Essa abordagem para síntese só é válida se $(\gamma_2^2 - \gamma_1\gamma_2 m_1 + \gamma_1^2 m_2) > 0$, o que pode não ocorrer para os polos reais em alguns projetos. Propuseram-se soluções para esse problema em Kim (1980). Entretanto, vale a pena observar que os polos reais podem ser implementados separadamente em seções de primeira ordem. Na prática, raramente encontramos mais que um polo real nas aproximações de filtros.

(ii) Faça o escalamento do filtro usando a norma L_2, através da seguinte transformação de similaridade:

$$(\mathbf{A}', \mathbf{b}', \mathbf{c}', d) = (\mathbf{T}^{-1}\mathbf{A}\mathbf{T}, \mathbf{T}^{-1}\mathbf{b}, \mathbf{T}^{\mathrm{T}}\mathbf{c}, d), \qquad (13.78)$$

13.3 Seções no espaço de estados

onde

$$\mathbf{T} = \begin{bmatrix} \|F_1(\mathrm{e}^{\mathrm{j}\omega})\|_2 & 0 \\ 0 & \|F_2(\mathrm{e}^{\mathrm{j}\omega})\|_2 \end{bmatrix}. \tag{13.79}$$

Para o escalamento pela norma L_∞, use a seguinte matriz de escalamento:

$$\mathbf{T} = \begin{bmatrix} \|F_1(\mathrm{e}^{\mathrm{j}\omega})\|_\infty & 0 \\ 0 & \|F_2(\mathrm{e}^{\mathrm{j}\omega})\|_\infty \end{bmatrix}. \tag{13.80}$$

Nesse caso, a seção de segunda ordem resultante não é ótima para a norma L_∞. De qualquer forma, os resultados práticos indicam que a solução assim obtida é próxima da solução ótima.

Definindo-se os vetores $\mathbf{f}(z) = [F_1(z), F_2(z)]^{\mathrm{T}}$ e $\mathbf{g}(z) = [G_1(z), G_2(z)]^{\mathrm{T}}$, os efeitos da matriz de escalamento sobre eles são

$$\mathbf{f}'(z) = \left[z\mathbf{I} - \mathbf{A}'\right]^{-1} \mathbf{b}' = \mathbf{T}^{-1}\mathbf{f}(z) \tag{13.81}$$

$$\mathbf{g}'(z) = \left[z\mathbf{I} - \mathbf{A}'^{\mathrm{T}}\right]^{-1} \mathbf{c}' = (\mathbf{T}^{-1})^{\mathrm{T}}\mathbf{g}(z). \tag{13.82}$$

As funções de transferência $F_i(z)$ do nó de entrada onde se insere $u(n)$ às variáveis de estado $x_i(n)$ do sistema $(\mathbf{A}, \mathbf{b}, \mathbf{c}, d)$ são dadas por

$$F_1(z) = \frac{b_1 z + (b_2 a_{12} - b_1 a_{22})}{z^2 - (a_{11} + a_{22})z + (a_{11}a_{22} - a_{12}a_{21})} \tag{13.83}$$

$$F_2(z) = \frac{b_2 z + (b_1 a_{21} - b_2 a_{11})}{z^2 - (a_{11} + a_{22})z + (a_{11}a_{22} - a_{12}a_{21})}. \tag{13.84}$$

As expressões para as funções de transferência dos nós internos, isto é, dos sinais $x_i(n+1)$, até o nó de saída da seção são

$$G_1(z) = \frac{c_1 z + (c_2 a_{21} - c_1 a_{22})}{z^2 - (a_{11} + a_{22})z + (a_{11}a_{22} - a_{12}a_{21})} \tag{13.85}$$

$$G_2(z) = \frac{c_2 z + (c_1 a_{12} - c_2 a_{11})}{z^2 - (a_{11} + a_{22})z + (a_{11}a_{22} - a_{12}a_{21})}. \tag{13.86}$$

Considerando-se que as quantizações são realizadas antes dos somadores, a PSD do ruído de quantização na saída da estrutura em cascata com seções no espaço de estados ótimas pode ser expressa como

$$\Gamma_Y(\mathrm{e}^{\mathrm{j}\omega}) = 3\sigma_{\mathrm{e}}^2 \sum_{j=1}^{m} \prod_{l=j+1}^{m} H_l(\mathrm{e}^{\mathrm{j}\omega})H_l(\mathrm{e}^{-\mathrm{j}\omega}) \left(1 + \sum_{i=1}^{2} G'_{ij}(\mathrm{e}^{\mathrm{j}\omega})G'_{ij}(\mathrm{e}^{-\mathrm{j}\omega})\right), \tag{13.87}$$

onde $G'_{ij}(z)$, para $i = 1, 2$, são as funções de transferência de ruído da j-ésima seção escalada, e consideramos $\prod_{l=m+1}^{m} H_l(z)H_l(z^{-1}) = 1$.

O escalamento das seções no espaço de estados da forma cascata é efetuado internamente, usando-se a matriz de transformação **T**. A fim de calcular os elementos da matriz **T**, podemos utilizar o mesmo procedimento que na forma direta em cascata, levando em conta o efeito dos blocos anteriores.

No caso da forma paralela, assumindo-se que as quantizações são realizadas antes das adições, a expressão para a PSD do ruído de quantização na saída é

$$\Gamma_Y(e^{j\omega}) = \sigma_e^2 \left(2m + 1 + 3 \sum_{j=1}^{m} \sum_{i=1}^{2} G'_{ij}(e^{j\omega}) G'_{ij}(e^{-j\omega}) \right). \tag{13.88}$$

As expressões para a PSD do ruído de quantização na saída assumindo-se que as quantizações são realizadas após as adições podem ser facilmente encontradas.

13.3.2 Seções no espaço de estados sem ciclos-limite

Esta seção apresenta um procedimento para projeto no espaço de estados de uma seção de segunda ordem que seja livre de ciclos-limite de entrada constante.

A matriz de transição relativa à estrutura da seção ótima descrita na Seção 13.3.1 (ver a equação (13.69)) tem a seguinte forma geral:

$$\mathbf{A} = \begin{bmatrix} a & -\frac{\zeta}{\sigma} \\ \zeta\sigma & a \end{bmatrix}, \tag{13.89}$$

onde a, ζ e σ são constantes. Esta é a forma mais geral para a matriz **A** que permite a realização de polos complexos conjugados e a eliminação de ciclos--limite de entrada nula.

Como foi estudado na Seção 11.8.3, pode-se eliminar ciclos-limite de entrada nula numa estrutura recursiva se existe uma matriz diagonal definida positiva **G** tal que $(\mathbf{G} - \mathbf{A}^T \mathbf{G} \mathbf{A})$ seja semidefinida positiva. Para seções de segunda ordem, essa condição é satisfeita se

$$a_{12} a_{21} \geq 0 \tag{13.90}$$

ou

$$a_{12} a_{21} < 0 \quad \text{e} \quad |a_{11} - a_{22}| + \det\{\mathbf{A}\} \leq 1. \tag{13.91}$$

Na estrutura da seção ótima, os elementos da matriz **A** satisfazem automaticamente a equação (13.90), uma vez que $a_{11} = a_{22}$ e $\det(\mathbf{A}) \leq 1$ para filtros estáveis.

Naturalmente, a quantização efetuada nas variáveis de estado ainda tem que ser tal que

$$|[x_i(k)]_Q| \leq |x_i(k)|, \quad \forall k, \tag{13.92}$$

13.3 Seções no espaço de estados

onde $[x]_Q$ denota o valor de x quantizado. Essa condição pode ser facilmente garantida usando-se, por exemplo, truncamento de módulo e aritmética de saturação para lidar com o *overflow*.

Se também queremos eliminar ciclos-limite de entrada constante, conforme o Teorema 11.3 os valores dos elementos de $\mathbf{p}u_0$, onde $\mathbf{p} = (\mathbf{I} - \mathbf{A})^{-1}\mathbf{b}$, têm que ser representáveis pela máquina. Para se garantir essa condição independentemente de u_0, o vetor-coluna $\mathbf{p}$ precisa assumir uma das formas:

$$\mathbf{p} = \begin{cases} [\pm 1 \ 0]^{\mathrm{T}} & \text{(Caso I)} \\ [0 \ \pm 1]^{\mathrm{T}} & \text{(Caso II)} \\ [\pm 1 \ \pm 1]^{\mathrm{T}} & \text{(Caso III)}. \end{cases} \qquad (13.93)$$

Para cada caso acima, o vetor $\mathbf{b}$ da estrutura no espaço de estados deve ser escolhido apropriadamente para assegurar a eliminação dos ciclos-limite de entrada constante, conforme abaixo:

- Caso I:

$$\left. \begin{array}{l} b_1 = \pm(1 - a_{11}) \\ b_2 = \mp a_{21} \end{array} \right\}. \qquad (13.94)$$

- Caso II:

$$\left. \begin{array}{l} b_1 = \mp a_{12} \\ b_2 = \pm(1 - a_{22}) \end{array} \right\}. \qquad (13.95)$$

- Caso III:

$$\left. \begin{array}{l} b_1 = \mp a_{12} \pm (1 - a_{11}) \\ b_2 = \mp a_{21} \pm (1 - a_{22}) \end{array} \right\}. \qquad (13.96)$$

Com base nos valores de b_1 e b_2 para cada caso, é possível gerar três estruturas (Diniz & Antoniou, 1986), daqui em diante chamadas respectivamente de Estruturas I, II e III. A Figura 13.6 representa a Estrutura I, onde se pode ver que b_1 e b_2 são, de fato, formados sem multiplicações. Consequentemente, a estrutura resultante é mais econômica que a estrutura de segunda ordem no espaço de estados ótima. Resultados similares se aplicam às outras duas estruturas. Na verdade, as Estruturas I e II apresentam a mesma complexidade, enquanto que a Estrutura III requer 5 adições a mais, se consideramos os somadores necessários para a eliminação dos ciclos-limite de entrada constante. Por essa razão, apresentamos a seguir o projeto da Estrutura I. Se desejado, o projeto completo da Estrutura III pode ser encontrado em Sarcinelli Filho & Camponêz (1997, 1998).

Estruturas IIR eficientes

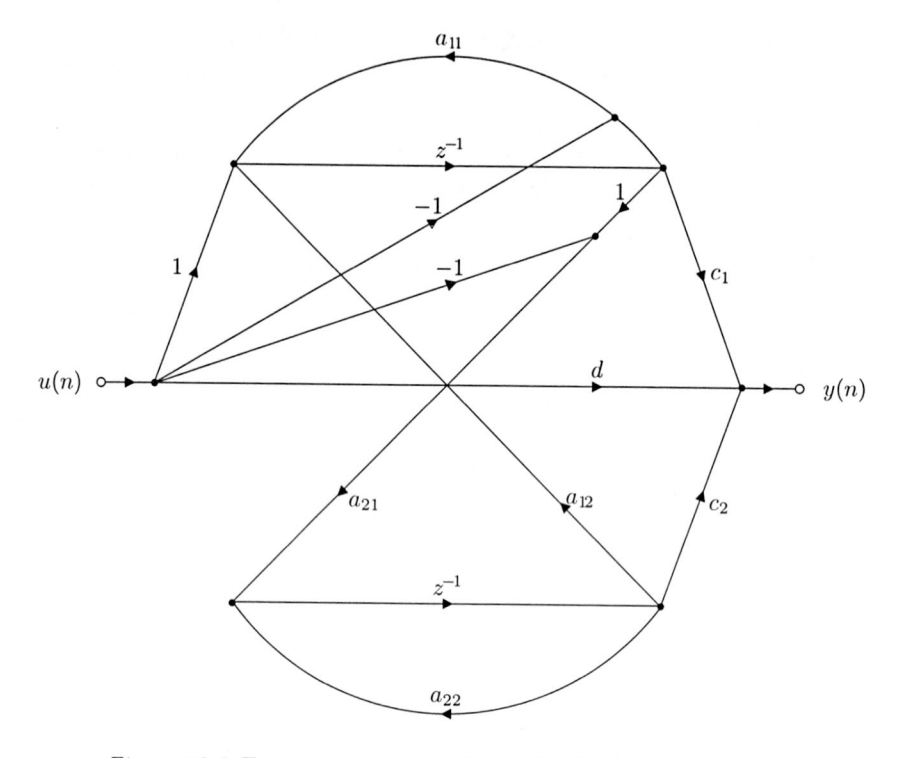

Figura 13.6 Estrutura no espaço de estados livre de ciclos-limite.

Para a Estrutura I, temos que

$$\left.\begin{aligned} a_{11} &= a \\ a_{12} &= -\frac{\zeta}{\sigma} \\ a_{21} &= \sigma\zeta \\ a_{22} &= a_{11} \end{aligned}\right\} \qquad (13.97)$$

e

$$\left.\begin{aligned} b_1 &= 1 - a_{11} \\ b_2 &= -a_{21} \\ c_1 &= \frac{\gamma_1 + \gamma_2}{1 + m_1 + m_2} \\ c_2 &= -\frac{(m_1 + 2m_2)\gamma_1 + (2 + m_1)\gamma_2}{2\sigma\zeta(1 + m_1 + m_2)} \end{aligned}\right\}, \qquad (13.98)$$

13.3 Seções no espaço de estados

onde

$$a = -\frac{m_1}{2}, \qquad (13.99)$$

$$\zeta = \sqrt{\left(m_2 - \frac{m_1^2}{4}\right)} \qquad (13.100)$$

e σ é um parâmetro livre cuja escolha é explicada adiante. Pelas equações anteriores,

$$\frac{b_1}{b_2} = -\frac{2+m_1}{2\sigma\zeta} \qquad (13.101)$$

$$\frac{c_2}{c_1} = -\frac{(m_1+2m_2)\gamma_1 + (2+m_1)\gamma_2}{2\sigma\zeta(\gamma_1+\gamma_2)}. \qquad (13.102)$$

Portanto, nesse caso, a condição para otimalidade deduzida a partir do Teorema 13.1 (equações (13.69) e (13.70)) só é atingida se

$$\frac{\gamma_1}{\gamma_2} = \frac{m_1+2}{m_2-1}. \qquad (13.103)$$

Usualmente, essa condição é violada, mostrando que essa estrutura no espaço de estados livre de ciclos-limite de entrada constante não leva ao ruído mínimo na saída. Na prática, contudo, observa-se que o desempenho da Estrutura I é muito próximo do ótimo. Mais especificamente, no caso em que os zeros de $H(z)$ se localizam em $z = 1$, os valores de γ_1 e γ_2 são

$$\left.\begin{array}{l}\gamma_1 = -\gamma_0(2+m_1) \\ \gamma_2 = \gamma_0(1-m_2)\end{array}\right\}, \qquad (13.104)$$

o que satisfaz a equação (13.103). Logo, no caso especial dos filtros com zeros em $z = 1$, a Estrutura I também resulta no ruído mínimo na saída.

A razão sinal-ruído num filtro digital implementado com aritmética de ponto fixo aumenta com a expansão da faixa dinâmica dos sinais internos, o que por sua vez pode ser feito equalizando-se o nível máximo de sinal nas entradas dos quantizadores. Para as três estruturas, o nível máximo de sinal tem que ser equalizado nas variáveis de estado. O parâmetro σ é geralmente empregado para otimizar a faixa dinâmica das variáveis de estado.

Para a Estrutura I, as funções de transferência do nó de entrada $u(k)$ às variáveis de estado $x_i(k)$ são dadas por

$$F_1(z) = \frac{(1-a)z + (\zeta^2 - a + a^2)}{z^2 - 2az + (a^2 + \zeta^2)} \qquad (13.105)$$

$$F_2(z) = \sigma F_2''(z), \qquad (13.106)$$

onde

$$F_2''(z) = \frac{-\zeta z + \zeta}{z^2 - 2az + (a^2 + \zeta^2)}. \quad (13.107)$$

A equalização do nível máximo de sinal nas variáveis de estado é obtida, então, forçando-se

$$\|F_1(z)\|_p = \|\sigma F_2''(z)\|_p, \quad (13.108)$$

onde $p = \infty$ ou $p = 2$. Consequentemente, precisamos ter

$$\sigma = \frac{\|F_1(z)\|_p}{\|F_2''(z)\|_p}. \quad (13.109)$$

As funções de transferência das variáveis de estado $x_i(k+1)$ à saída na estrutura na Figura 13.6 podem ser expressas como

$$G_1(z) = \frac{c_1}{2} \frac{2z + (m_1 + 2\xi)}{z^2 + m_1 z + m_2} \quad (13.110)$$

$$G_2(z) = \frac{c_2}{2} \frac{2z + (\alpha_1 + \frac{2\zeta^2}{\xi})}{z^2 + \alpha_1 z + \alpha_2}, \quad (13.111)$$

onde

$$\xi = \frac{-(\alpha_1 + 2\alpha_2)\beta_1 + (2 + \alpha_1)\beta_2}{2(\beta_1 + \beta_2)}. \quad (13.112)$$

A expressão da RPSD para a Estrutura I é, então,

$$\begin{aligned} \text{RPSD} &= 10 \, \log \left\{ 2\left|G_1'(e^{j\omega})\right|^2 + 2\left|G_2'(e^{j\omega})\right|^2 + 3 \right\} \\ &= 10 \, \log \left\{ 2\frac{1}{\lambda^2} \left|G_1''(e^{j\omega})\right|^2 + 2\frac{1}{\lambda^2 \sigma^2} \left|G_2''(e^{j\omega})\right|^2 + 3 \right\}, \end{aligned} \quad (13.113)$$

onde $G_1'(z)$ e $G_2'(z)$ são as funções de transferência de ruído para o filtro escalado, λ é o fator de escalamento e $G_1''(z)$ e $G_2''(z)$ são funções geradas a partir de $G_1'(z)$ e $G_2'(z)$ pela remoção de seus parâmetros σ e λ.

Mostramos agora que escolher σ de acordo com a equação (13.109) leva à minimização do ruído na saída. Pela equação (13.113), podemos inferir que o ruído na saída é minimizado quando σ e λ são maximizados, sendo o coeficiente de escalamento dado por

$$\lambda = \frac{1}{\max\{\|F_1(z)\|_p, \|F_2(z)\|_p\}}. \quad (13.114)$$

13.3 Seções no espaço de estados

Entretanto, $F_1(z)$ não é função de σ e, consequentemente, a escolha de $\|F_2(z)\|_p = \|F_1(z)\|_p$ leva ao valor máximo de λ. Por outro lado, o valor máximo que σ pode assumir sem reduzir o valor de λ é dado por

$$\sigma = \frac{\|F_1(e^{j\omega})\|_p}{\|F_2''(e^{j\omega})\|_p}, \tag{13.115}$$

de onde podemos concluir que essa escolha para σ minimiza o ruído de quantização na saída do filtro.

A fim de se projetar uma estrutura cascata sem ciclos-limite que realize

$$H(z) = \prod_{i=1}^{m} H_i(z) = H_0 \prod_{i=1}^{m} \frac{z^2 + \gamma'_{1i} z + \gamma'_{2i}}{z^2 + \alpha_{1i} z + \alpha_{2i}} = \prod_{i=1}^{m} (d_i + H'_i(z)), \tag{13.116}$$

com $H'_i(z)$ descrito na forma do primeiro termo do lado direito da equação (13.51), é preciso adotar o seguinte procedimento para a Estrutura I:

(i) Calcule σ_i e λ_i para cada seção, usando

$$\sigma_i = \frac{\left\| F_{1i}(z) \prod_{j=1}^{i-1} H_j(z) \right\|_p}{\left\| F_{2i}''(z) \prod_{j=1}^{i-1} H_j(z) \right\|_p} \tag{13.117}$$

$$\lambda_i = \frac{1}{\left\| F_{2i}(z) \prod_{j=1}^{i-1} H_j(z) \right\|_p}. \tag{13.118}$$

(ii) Determine a e ζ pelas equações (13.99) e (13.100).
(iii) Calcule os coeficientes de $\mathbf{A}$, $\mathbf{b}$ e $\mathbf{c}$ usando as equações (13.97) e (13.98).
(iv) Calcule os coeficientes multiplicadores d_i de acordo com

$$d_i = \begin{cases} \dfrac{1}{\left\| \prod_{j=1}^{i} H_j(z) \right\|_p}, & \text{para } i = 1, 2, \ldots, (m-1) \\[2ex] \dfrac{H_0}{\prod_{j=1}^{m-1} d_j}, & \text{para } i = m, \end{cases} \tag{13.119}$$

a fim de satisfazer as restrições de *overflow* na saída de cada seção.

(v) Incorpore os multiplicadores de escalamento das seções $2, 3, \ldots, m$ aos multiplicadores de saída das seções $1, 2, \ldots, (m-1)$, gerando

$$\left.\begin{array}{l} c'_{1i} = c_{1i}\dfrac{\lambda_{i+1}}{\lambda_i} \\[4pt] c'_{2i} = c_{2i}\dfrac{\lambda_{i+1}}{\lambda_i} \\[4pt] d'_i = d_i\dfrac{\lambda_{i+1}}{\lambda_i} \end{array}\right\}. \qquad (13.120)$$

Os procedimentos para projeto da forma cascata empregando as estruturas no espaço de estados com seções ótimas ou livres de ciclos-limite usam as mesmas estratégias para pareamento dos polos e zeros que são empregadas com as seções na forma direta. O ordenamento das seções depende da definição de um parâmetro u_j, dado por

$$u_j = \sum_{i=1}^{2} \frac{\max\{|F_{ij}(\mathrm{e}^{\mathrm{j}\omega})|\}}{\min\{|F_{ij}(\mathrm{e}^{\mathrm{j}\omega})|\}}, \qquad (13.121)$$

onde o máximo é calculado para todo ω, enquanto que o mínimo é calculado somente dentro da faixa de passagem. De acordo com a Figura 13.7, para um número de seções m ímpar, o ordenamento consiste em posicionar a seção com o valor de u_j mais elevado como seção central. Para um número par de seções, as duas com maiores u_j são posicionadas como seções centrais, sendo chamadas primeira e segunda seções centrais. Para m ímpar, as seções anterior e posterior ao bloco central são escolhidas dentre as demais seções de forma a minimizar a soma de u_a e u_b (ver a Figura 13.7), um referente à combinação da seção central com todas as antecedentes e outro referente à combinação da seção central com todas as seguintes. Para m par, as seções anteriores e posteriores às seções centrais são escolhidas, dentre as demais seções, de forma a minimizar a soma de u_a e u_b (ver a Figura 13.7), um referente à combinação da primeira seção central com todas as antecedentes e o outro referente à combinação da segunda seção central com todas as seguintes (Kim, 1980). Essa abordagem é empregada continuamente até que todos os blocos de segunda ordem tenham sido ordenados.

A PSD do ruído de quantização na saída da cascata de estruturas no espaço de estados sem ciclos-limite é expressa por

$$\Gamma_Y(\mathrm{e}^{\mathrm{j}\omega}) = \sigma_\mathrm{e}^2 \sum_{i=1}^{m} \frac{1}{\lambda_{i+1}^2}\left(2G'_{1i}(\mathrm{e}^{\mathrm{j}\omega})G'_{1i}(\mathrm{e}^{-\mathrm{j}\omega}) + 2G'_{2i}(\mathrm{e}^{\mathrm{j}\omega})G'_{2i}(\mathrm{e}^{-\mathrm{j}\omega}) + 3\right), \qquad (13.122)$$

onde $G'_{1i}(z)$ e $G'_{2i}(z)$ são as funções de transferência de ruído das seções escaladas e $\lambda_{m+1} = 1$.

O procedimento de projeto para o paralelo de seções no espaço de estados sem ciclos-limite, que é bastante simples, é fornecido em Diniz & Antoniou (1986).

13.3 Seções no espaço de estados

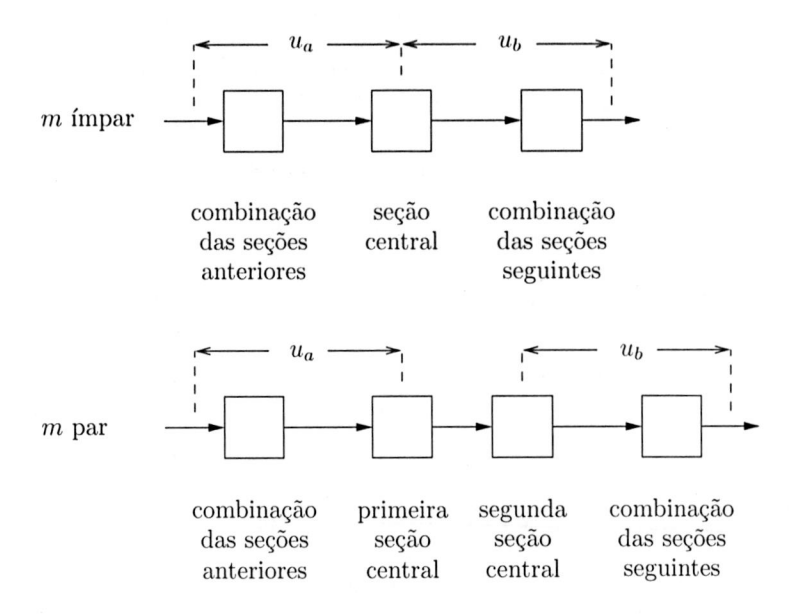

Figura 13.7 Ordenamento das seções no espaço de estados.

Nesse caso, a expressão para a PSD do ruído de quantização na saída é

$$\Gamma_Y(e^{j\omega}) = \sigma_e^2 \left[1 + \sum_{i=1}^{m} \left(2G'_{1i}(e^{j\omega})G'_{1i}(e^{-j\omega}) + 2G'_{2i}(e^{j\omega})G'_{2i}(e^{-j\omega}) + 2 \right) \right]. \quad (13.123)$$

EXEMPLO 13.3
Repita o Exemplo 13.1 usando as cascatas de seções no espaço de estados ótimas e sem ciclos-limite. Quantize os coeficientes com 9 bits, incluído o bit de sinal, e verifique os resultados.

SOLUÇÃO
Em cada caso, todas as seções exceto a última são primeiramente escaladas para garantir norma L_2 unitária em suas saídas. Após esse escalamento inicial, para a estrutura no espaço de estados ótima a matriz de transformação **T** é determinada como na equação (13.79), considerando também o efeito acumulativo das funções de transferência dos blocos anteriores. As Tabelas 13.7–13.10 listam os coeficientes de todos os filtros projetados. A Figura 13.8 representa as respostas de módulo obtidas pela cascata das seções no espaço de estados ótimas e das seções no espaço de estados sem ciclos-limite. Em todos os casos, os coeficientes foram quantizados com 9 bits, incluído o bit de sinal.

Estruturas IIR eficientes

Tabela 13.7 *Estrutura cascata usando seções de segunda ordem no espaço de estados ótimas.*

Coeficiente	Seção 1	Seção 2	Seção 3
a_{11}	8,0271E−01	8,1339E−01	7,9823E−01
a_{12}	−5,9094E−01	−5,7910E−01	−6,0685E−01
a_{21}	5,7520E−01	5,7117E−01	5,8489E−01
a_{22}	8,0271E−01	8,1339E−01	7,9823E−01
b_1	8,0236E−02	6,4821E−03	2,9027E−02
b_2	1,5745E−01	−1,8603E−02	8,8313E−03
c_1	8,8747E−01	−8,8929E−01	2,5127E−02
c_2	4,5225E−01	3,0987E−01	8,2587E−02
d	8,8708E−02	1,2396E−01	1,3061E−02

Tabela 13.8 *Estrutura cascata usando seções de segunda ordem no espaço de estados ótimas, quantizada com 9 bits.*

Coeficiente	Seção 1	Seção 2	Seção 3
$[a_{11}]_Q$	8,0078E−01	8,1250E−01	7,9688E−01
$[a_{12}]_Q$	−5,8984E−01	−5,7813E−01	−6,0547E−01
$[a_{21}]_Q$	5,7422E−01	5,7031E−01	5,8594E−01
$[a_{22}]_Q$	8,0078E−01	8,1250E−01	7,9688E−01
$[b_1]_Q$	8,2031E−02	7,8125E−03	2,7344E−02
$[b_2]_Q$	1,5625E−01	−1,9531E−02	7,8125E−03
$[c_1]_Q$	8,8672E−01	−8,9063E−01	2,3438E−02
$[c_2]_Q$	4,5313E−01	3,0859E−01	8,2031E−02
$[d]_Q$	8,9844E−02	1,2500E−01	1,1719E−02

Tabela 13.9 *Estrutura cascata usando seções de segunda ordem no espaço de estados sem ciclos-limite.* $\lambda = 2{,}7202\text{E}-01$.

Coeficiente	Seção 1	Seção 2	Seção 3
a_{11}	8,0272E−01	8,1339E−01	7,9822E−01
a_{12}	−5,8289E−01	−5,7823E−01	−5,8486E−01
a_{21}	5,8316E−01	5,7204E−01	6,0688E−01
a_{22}	8,0272E−01	8,1339E−01	7,9822E−01
b_1	1,9728E−01	1,8661E−01	2,0178E−01
b_2	−5,8316E−01	−5,7204E−01	−6,0688E−01
c_1	−9,2516E−03	−4,4228E−02	9,1891E−02
c_2	−2,8600E−02	1,6281E−02	−2,5557E−02
d	9,2516E−03	1,8323E−01	2,9191E−01

13.3 Seções no espaço de estados

Tabela 13.10 *Estrutura cascata usando seções de segunda ordem no espaço de estados sem ciclos-limite quantizada com 9 bits.* $[\lambda]_Q = 2{,}7344\text{E}{-}01$.

Coeficiente	Seção 1	Seção 2	Seção 3
$[a_{11}]_Q$	8,0078E−01	8,1250E−01	7,9688E−01
$[a_{12}]_Q$	−5,8203E−01	−5,7812E−01	−5,8594E−01
$[a_{21}]_Q$	5,8203E−01	5,7031E−01	6,0547E−01
$[a_{22}]_Q$	8,0078E−01	8,1250E−01	7,9688E−01
$[b_1]_Q$	1,9922E−01	1,8750E−01	2,0313E−01
$[b_2]_Q$	−5,8203E−01	−5,7031E−01	−6,0547E−01
$[c_1]_Q$	−7,8125E−03	−4,2969E−02	9,3750E−02
$[c_2]_Q$	−2,7344E−02	1,5625E−02	−2,7344E−02
$[d]_Q$	7,8125E−03	1,8359E−01	2,9297E−01

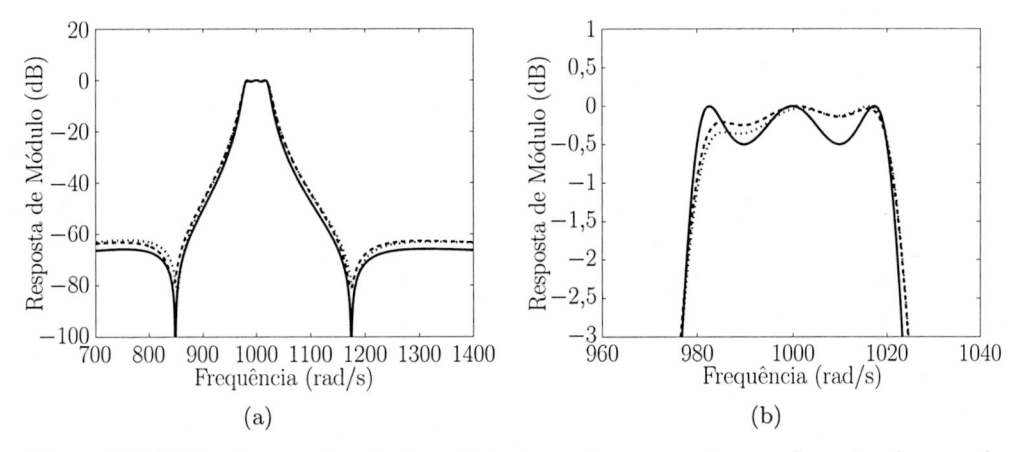

Figura 13.8 Efeitos da quantização de coeficientes na forma cascata usando seções de segunda ordem no espaço de estados: (a) resposta de módulo global; (b) detalhe da faixa de passagem. (Linha contínua – projeto inicial; linha tracejada – cascata de seções no espaço de estados ótimas (9 bits); linha tracejada-pontilhada – cascata de seções no espaço de estados sem ciclos limite (9 bits).

Note que com o mesmo número de bits utilizados na quantização, as respostas de módulo não se desviaram tanto quanto no Exemplo 13.1. Isso indica que as seções no espaço de estados aqui examinadas têm melhores propriedades de sensibilidade que as seções de segunda ordem na forma direta usadas no Exemplo 13.1. △

13.4 Filtros treliça

Considere uma função de transferência IIR genérica escrita na forma

$$H(z) = \frac{N_M(z)}{D_N(z)} = \frac{\sum_{i=0}^{M} b_{i,M} z^{-i}}{1 + \sum_{i=1}^{N} a_{i,N} z^{-i}}. \tag{13.124}$$

Na construção em treliça, concentramo-nos inicialmente na realização do polinômio do denominador por meio de uma estratégia de redução de ordem. Para tal, definimos um polinômio auxiliar de N-ésima ordem, obtido pela reversão dos coeficientes do denominador $D_N(z)$, como abaixo:

$$zB_N(z) = D_N(z^{-1})z^{-N} = z^{-N} + \sum_{i=1}^{N} a_{i,N} z^{i-N}. \tag{13.125}$$

Podemos, então, calcular um polinômio de ordem reduzida

$$\begin{aligned}(1 - a_{N,N}^2)D_{N-1}(z) &= D_N(z) - a_{N,N} z B_N(z) \\ &= (1 - a_{N,N}^2) + \cdots + (a_{N-1,N} - a_{N,N} a_{1,N})z^{-N+1}.\end{aligned} \tag{13.126}$$

onde também podemos expressar $D_{N-1}(z)$ como $1 + \sum_{i=1}^{N-1} a_{i,N-1} z^{-i}$. Observe que o primeiro e o último coeficientes de $D_N(z)$ são 1 e $a_{N,N}$, enquanto que para o polinômio $zB_N(z)$ eles são $a_{N,N}$ e 1, respectivamente. Essa estratégia para se realizar a redução de ordem garante que $D_{N-1}(z)$ seja mônico, isto é, que $D_{N-1}(z)$ tenha o coeficiente de z^0 igual a 1. Por indução, esse procedimento de redução de ordem pode ser efetuado repetidamente, fornecendo, assim,

$$zB_j(z) = D_j(z^{-1})z^{-j} \tag{13.127}$$

$$D_{j-1}(z) = \frac{1}{1 - a_{j,j}^2} \left(D_j(z) - a_{j,j} z B_j(z) \right), \tag{13.128}$$

para $j = N, N-1, \ldots, 1$, com $zB_0(z) = D_0(z) = 1$. Pode-se mostrar que as equações acima equivalem à seguinte expressão:

$$\begin{bmatrix} D_{j-1}(z) \\ B_j(z) \end{bmatrix} = \begin{bmatrix} 1 & -a_{j,j} \\ a_{j,j} z^{-1} & (1 - a_{j,j}^2) z^{-1} \end{bmatrix} \begin{bmatrix} D_j(z) \\ B_{j-1}(z) \end{bmatrix}. \tag{13.129}$$

Essa equação pode ser implementada, por exemplo, pela rede de dois terminais TP_j mostrada na Figura 13.9.

13.4 Filtros treliça

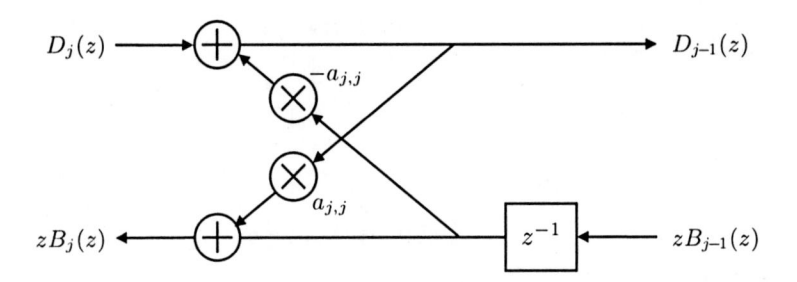

Figura 13.9 Rede TP$_j$ com dois multiplicadores para implementação da equação (13.129).

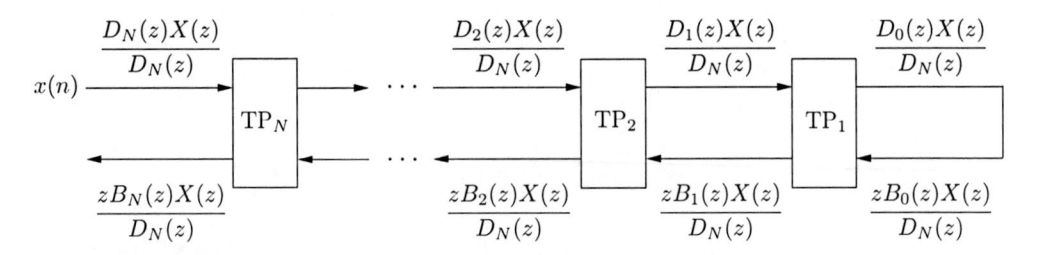

Figura 13.10 Geração do denominador de um filtro digital IIR na estrutura treliça.

A vantagem dessa representação decorre do fato de que, cascateando redes TP$_j$ de dois terminais como na Figura 13.10, para $j = N, N - 1, \ldots, 1$, podemos implementar $1/D_N(z)$, onde $D_N(z)$ é o denominador da função de transferência. Isso pode ser facilmente compreendido encarando-se a entrada $X(z)$ como $X(z)D_N(z)/D_N(z)$. Feito isso, terminamos à direita de TP$_1$ com $X(z)D_0(z)/D_N(z) = X(z)/D_N(z)$.

Como nos ramos inferiores das redes de dois terminais da Figura 13.10 temos disponíveis os sinais $zB_j(z)/D_N(z)$, então uma forma conveniente de se formar o numerador desejado é aplicar pesos aos polinômios $zB_j(z)$ tais que

$$N_M(z) = \sum_{j=0}^{M} v_j z B_j(z), \qquad (13.130)$$

onde os coeficientes v_j das derivações são calculados através da seguinte recursão para redução de ordem:

$$N_{j-1}(z) = N_j(z) - z v_j B_j(z), \qquad (13.131)$$

para $j = M, M - 1, \ldots, 1$, com $v_M = b_{M,M}$ e $v_0 = b_{0,0}$.

Assim, uma forma de implementar a função de transferência IIR global $H(z) = N(z)/D(z) = (\sum_{j=0}^{M} v_j z B_j(z))/D_N(z)$ é utilizar a estrutura da Figura 13.11, que é chamada realização IIR em treliça.

Estruturas IIR eficientes

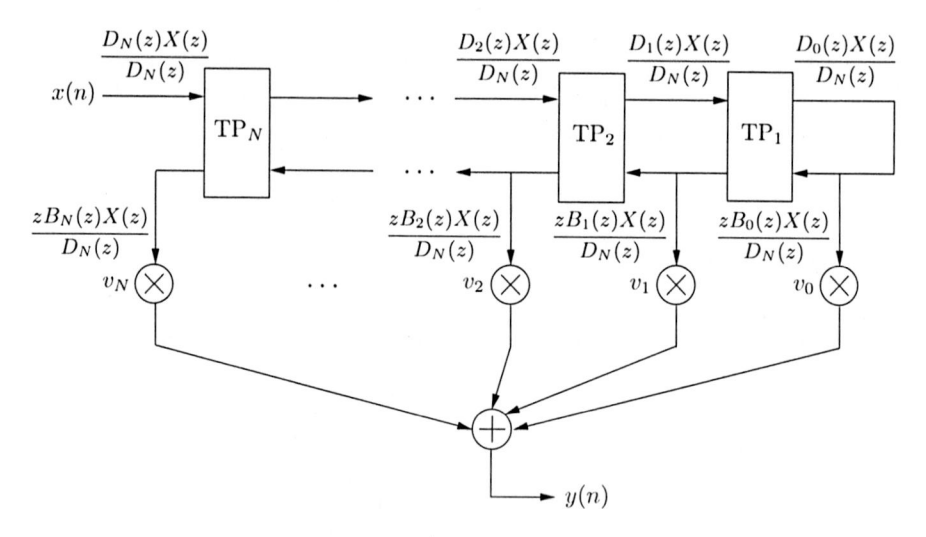

Figura 13.11 Estrutura geral em treliça para um filtro digital IIR.

Do que foi exposto anteriormente, temos um procedimento simples para obter a rede treliça sendo dada a função de transferência na forma direta, $H(z) = N_M(z)/D_N(z)$:

(i) Obtenha recursivamente os polinômios $B_j(z)$ e $D_j(z)$, assim como os coeficientes $a_{j,j}$ da treliça, para $j = N, N-1, \ldots, 1$, usando as equações (13.127) e (13.128).

(ii) Calcule os coeficientes v_j, para $j = N, N-1, \ldots, 1$, usando a recursão da equação (13.131).

No caso oposto, se queremos calcular a função de transferência na forma direta sendo dada a realização em treliça, podemos usar o seguinte procedimento:

(i) Comece com $zB_0(z) = D_0(z) = 1$.

(ii) Calcule recursivamente $B_j(z)$ e $D_j(z)$ para $j = 1, 2, \ldots, N$, usando a seguinte relação, que pode ser deduzida a partir das equações (13.127) e (13.128):

$$\begin{bmatrix} D_j(z) \\ B_j(z) \end{bmatrix} = \begin{bmatrix} 1 & a_{j,j} \\ a_{j,j}z^{-1} & z^{-1} \end{bmatrix} \begin{bmatrix} D_{j-1}(z) \\ B_{j-1}(z) \end{bmatrix}. \quad (13.132)$$

(iii) Calcule $N_M(z)$ usando a equação (13.130).

(iv) A função de transferência na forma direta é, então, $H(z) = N_M(z)/D_N(z)$.

Há algumas propriedades importantes relacionadas com a realização em treliça que devem ser mencionadas. Se $D_N(z)$ tem todas as raízes no interior do círculo unitário, a estrutura treliça tem todos os coeficientes $a_{j,j}$ com módulo menor que a unidade. Em caso contrário, $H(z) = N(z)/D(z)$ representa um sistema instável. Essa condição direta para estabilidade torna as realizações em treliça úteis para a implementação de filtros variantes no tempo. Além disso, os polinômios $zB_j(z)$, para $j = 0, 1, \ldots, M$, formam um conjunto ortogonal. Essa propriedade justifica a escolha desses polinômios para formarem o polinômio desejado do numerador, $N_M(z)$, conforme descreve a equação (13.131).

Na Figura 13.10, como o sistema de dois terminais formado pela seção TP_j e todas as seções à sua direita, relacionando o sinal de saída $zB_j(z)X(z)/D_N(z)$ ao sinal de entrada $D_j(z)X(z)/D_N(z)$, é linear, sua função de transferência permanece a mesma se multiplicamos seu sinal de entrada por λ_j e dividimos sua saída pela mesma quantidade. Portanto, $zB_N(z)/D_N(z)$ não se alterará se multiplicarmos o sinal que entra no ramo esquerdo superior da seção TP_j por λ_j e dividirmos o sinal que deixa o ramo esquerdo inferior por λ_j. Isso equivale a escalar a seção TP_j por λ_j. Se fizermos isso para cada ramo j, os sinais entrando e saindo à esquerda da seção N permanecerão inalterados, os sinais entrando e saindo à esquerda da seção $(N-1)$ serão escalados por λ_N, os sinais entrando e saindo à esquerda da seção $(N-2)$ serão multiplicados por $\lambda_N \lambda_{N-1}$, e assim por diante, produzindo os sinais escalados $\overline{D}_j(z)X(z)/D_N(z)$ e $z\overline{B}_j(z)X(z)/D_N(z)$ à esquerda da seção TP_j, tais que

$$\overline{D}_j(z) = \left(\prod_{i=N}^{j+1} \lambda_i\right) D_j(z) \tag{13.133}$$

$$\overline{B}_j(z) = \left(\prod_{i=N}^{j+1} \lambda_i\right) B_j(z), \tag{13.134}$$

para $j = N-1, N-2, \ldots, 1$, com $\overline{D}_N(z) = D_N(z)$ e $\overline{B}_N(z) = B_N(z)$. Portanto, a fim de mantermos inalterada a função de transferência da realização em treliça, precisamos fazer

$$\overline{v}_j = \frac{v_j}{\prod_{i=N}^{j+1} \lambda_i}, \tag{13.135}$$

para $j = (N-1), (N-2), \ldots, 1$, com $\overline{v}_N = v_N$.

Com base na propriedade anterior, podemos obter uma rede de dois terminais mais econômica, que utiliza somente um único multiplicador, como mostra a Figura 13.12, onde os sinais de mais e de menos indicam que são possíveis duas realizações diferentes. A escolha desses sinais pode variar de seção para seção, visando à redução do ruído de quantização na saída do filtro. Note que essa rede equivale à da Figura 13.9 escalada com $\lambda_j = 1 \pm a_{j,j}$, e portanto os coeficientes $\overline{v}_j$ devem ser calculados através da equação (13.135). O sinal positivo no cálculo de

904 Estruturas IIR eficientes

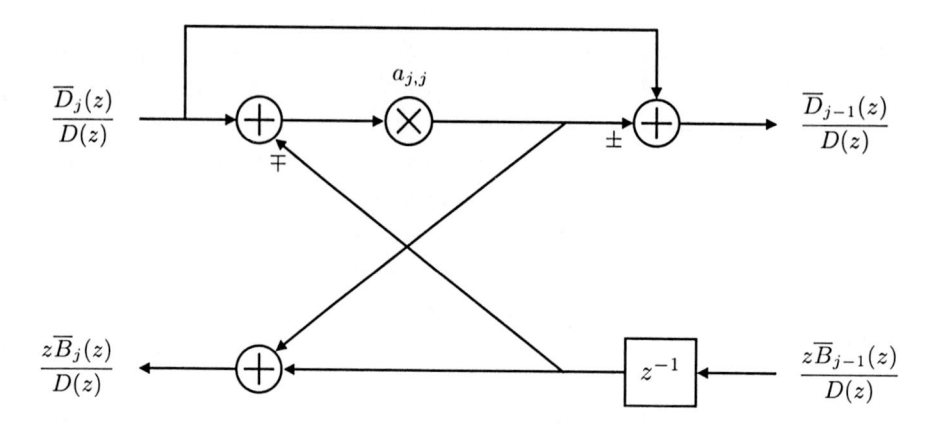

Figura 13.12 A rede de multiplicador único para a equação (13.129).

λ_j corresponde a realizar a soma no somador à direita e a subtração no somador à esquerda, e vice-versa para o sinal negativo.

Outra realização importante para a rede de dois terminais resulta quando os parâmetros de escalamento λ_i são escolhidos de forma que as funções de transferência da entrada até todos os nós internos da rede treliça apresentem norma L_2 unitária. O escalamento apropriado pode ser obtido notando-se, inicialmente, que à esquerda da seção TP_j as normas das funções de transferência correspondentes são dadas por

$$\left\| \frac{\overline{D}_j(z)}{\overline{D}_N(z)} \right\|_2 = \left\| \frac{z\overline{B}_j(z)}{\overline{D}_N(z)} \right\|_2, \tag{13.136}$$

uma vez que, pela equação (13.127), $zB_j(z) = D_j(z^{-1})z^{-j}$.

Pelas equações acima, se desejamos norma L_2 unitária nos nós internos da rede treliça, precisamos ter

$$\left\| \frac{z\overline{B}_0(z)}{\overline{D}_N(z)} \right\|_2 = \cdots = \left\| \frac{z\overline{B}_{N-1}(z)}{\overline{D}_N(z)} \right\|_2 = \left\| \frac{z\overline{B}_N(z)}{\overline{D}_N(z)} \right\|_2 = \left\| \frac{\overline{D}_N(z)}{\overline{D}_N(z)} \right\|_2 = 1. \tag{13.137}$$

Então, usando as equações (13.132–13.134), pode-se concluir que (Gray & Markel, 1973, 1975)

$$\lambda_j = \frac{\left\| \frac{zB_j(z)}{D_N(z)} \right\|_2}{\left\| \frac{zB_{j-1}(z)}{D_N(z)} \right\|_2} = \sqrt{1 - a_{j,j}^2}. \tag{13.138}$$

É fácil mostrar que a seção TP_j da treliça normalizada pode ser implementada como representa a Figura 13.13. A característica mais importante da realização

13.4 Filtros treliça

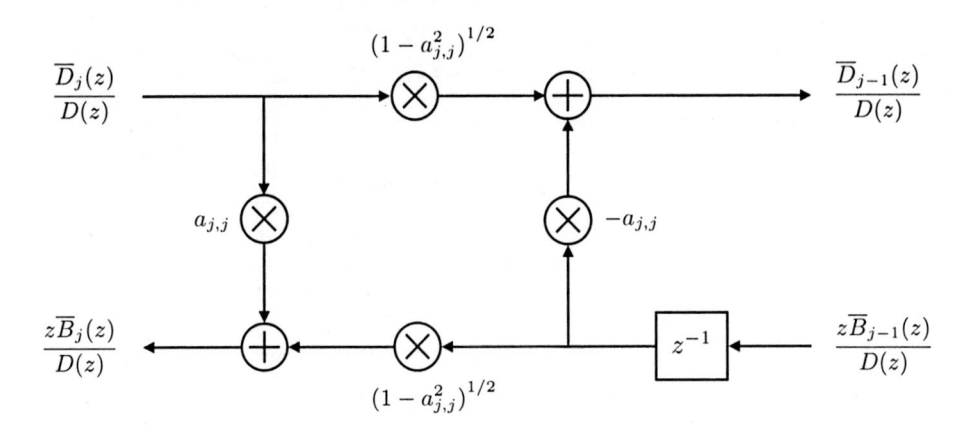

Figura 13.13 A rede normalizada para a equação (13.129).

em treliça normalizada é que, como todos os seus nós internos têm função de transferência com norma L_2 unitária, ela realiza automaticamente o escalamento pela norma L_2. Isso explica o baixo ruído de quantização gerado pela realização em treliça normalizada, quando comparada com outras formas de realização em treliça. Observe que os coeficientes $\bar{v}_j$ precisam ser calculados usando-se a equação (13.135).

EXEMPLO 13.4
Repita o Exemplo 13.1 usando as formas treliça de um multiplicador, de dois multiplicadores e normalizada. Quantize os coeficientes da treliça normalizada usando 9 bits, incluído o bit de sinal, e verifique os resultados.

SOLUÇÃO
A treliça IIR de dois multiplicadores pode ser determinada a partir da forma direta usando-se o comando `tf2latc` em MATLAB. Para a de um multiplicador, usamos $\lambda_j = (1 + a_{j,j})$ na equação (13.135) para determinar os coeficientes de transferência para a saída, enquanto que para a treliça normalizada usamos $\lambda_j = \sqrt{1 - a_{j,j}^2}$. Os coeficientes resultantes em cada caso são vistos nas Tabelas 13.11–13.14.

Durante o procedimento de quantização, temos que garantir que os valores absolutos de todos os coeficientes de realimentação $a_{j,j}$ permanecem abaixo de 1 para garantir a estabilidade do filtro resultante. Pelas Tabelas 13.11–13.14, observa-se que as três formas treliça sofrem sérios problemas com a quantização devido à extensa faixa coberta por seus coeficientes. Deve ser acrescentado que a treliça normalizada tem desempenho muito superior ao das treliças de dois e três multiplicadores quanto aos efeitos da quantização. Também vale mencionar

Tabela 13.11 *Coeficientes da treliça de dois multiplicadores.*

Seção j	$a_{j,j}$	v_j
0		−2,1521E−06
1	8,0938E−01	−1,1879E−06
2	−9,9982E−01	9,3821E−06
3	8,0903E−01	3,4010E−06
4	−9,9970E−01	8,8721E−05
5	8,0884E−01	−2,3326E−04
6	−9,6906E−01	−1,4362E−04

Tabela 13.12 *Coeficientes da treliça de um multiplicador.*

Seção j	$a_{j,j}$	$\overline{v}_j$
0		−2,1371E+02
1	8,0938E−01	−2,1342E+02
2	−9,9982E−01	3,0663E−01
3	8,0903E−01	2,0108E−01
4	−9,9970E−01	1,5850E−03
5	8,0884E−01	−7,5376E−03
6	−9,6905E−01	−1,4362E−04

Tabela 13.13 *Coeficientes da treliça normalizada.*

Seção j	$a_{j,j}$	$\overline{v}_j$
0		−9,1614E−02
1	8,0938E−01	−2,9697E−02
2	−9,9982E−01	4,4737E−03
3	8,0903E−01	9,5319E−04
4	−9,9970E−01	6,1121E−04
5	8,0884E−01	−9,4494E−04
6	−9,6905E−01	−1,4362E−04

Tabela 13.14 *Coeficientes da treliça normalizada quantizada com 9 bits.*

Seção j	$a_{j,j}$	$\overline{v}_j$
0		−8,9844E−02
1	8,0938E−01	−3,1250E−02
2	−9,9982E−01	3,9063E−03
3	8,0903E−01	0,0000E+00
4	−9,9970E−01	0,0000E+00
5	8,0884E−01	0,0000E+00
6	−9,6905E−01	0,0000E+00

13.5 Filtros duplamente complementares

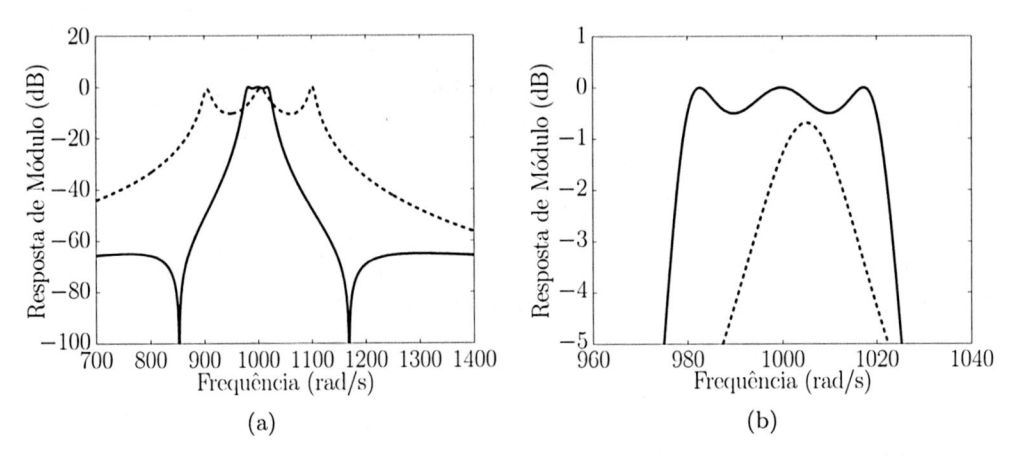

Figura 13.14 Efeitos da quantização dos coeficientes da forma treliça normalizada: (a) resposta de módulo global; (b) detalhe da faixa de passagem. (Linha contínua – projeto inicial; linha tracejada – treliça normalizada (9 bits).)

que na estrutura de dois multiplicadores os coeficientes de transferência para a saída assumem valores muito pequenos, forçando o uso de mais que 9 bits para sua representação. Isso normalmente acontece quando se projeta um filtro com polos muito próximos à circunferência unitária, como é o caso deste exemplo.

A Figura 13.14 representa as respostas de módulo obtidas com as treliças normalizadas original e quantizada. Observe que a resposta de módulo da estrutura treliça normalizada quantizada é significativamente diferente da resposta ideal, especialmente em comparação com os resultados encontrados nos Exemplos 13.1 e 13.2. △

13.5 Filtros duplamente complementares

Nesta seção é discutida a classe dos filtros duplamente complementares, já que ela desempenha papel importante nos bancos de filtros de duas faixas sem *aliasing* em algumas aplicações de áudio (Regalia *et al.*, 1988).

TEOREMA 13.2
Diz-se que duas funções de transferência $H_0(z)$ e $H_1(z)$ são duplamente complementares se suas respostas na frequência são passa-tudo complementares, isto é,

$$|H_0(e^{j\omega}) + H_1(e^{j\omega})|^2 = 1, \qquad (13.139)$$

Estruturas IIR eficientes

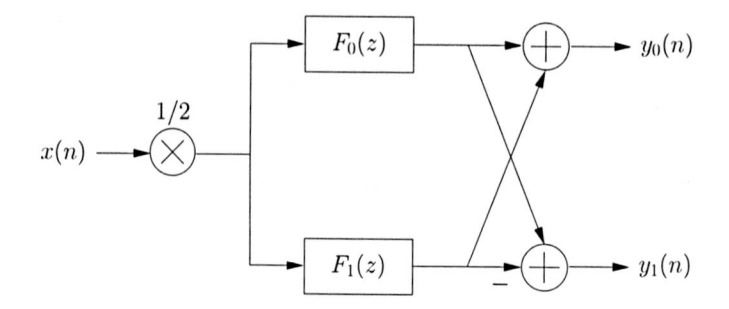

Figura 13.15 Filtros duplamente complementares.

e também complementares em potência, tais que

$$|H_0(e^{j\omega})|^2 + |H_1(e^{j\omega})|^2 = 1 \tag{13.140}$$

para todo ω. Para os filtros duplamente complementares, podemos escrever que

$$H_0(z) + H_1(z) = F_0(z) \tag{13.141}$$
$$H_0(z) - H_1(z) = F_1(z), \tag{13.142}$$

onde $F_0(z)$ e $F_1(z)$ são funções de transferência passa-tudo estáveis, e então

$$H_0(z) = \frac{1}{2}(F_0(z) + F_1(z)) \tag{13.143}$$

$$H_1(z) = \frac{1}{2}(F_0(z) - F_1(z)), \tag{13.144}$$

cuja implementação pode ser feita como mostra a Figura 13.15.

◊

PROVA

As respostas na frequência duplamente complementares podem ser descritas em forma polar como

$$H_0(e^{j\omega}) = r_0(\omega)e^{j\phi_0(\omega)} \tag{13.145}$$
$$H_1(e^{j\omega}) = r_1(\omega)e^{j\phi_1(\omega)}. \tag{13.146}$$

Usando essas expressões, o lado esquerdo L da equação (13.139) pode ser escrito como

$$L = |r_0(\omega)e^{j\phi_0(\omega)} + r_1(\omega)e^{j\phi_1(\omega)}|^2$$
$$= \left(r_0(\omega)e^{j\phi_0(\omega)} + r_1(\omega)e^{j\phi_1(\omega)}\right)\left(r_0(\omega)e^{-j\phi_0(\omega)} + r_1(\omega)e^{-j\phi_1(\omega)}\right)$$
$$= r_0^2(\omega) + r_1^2(\omega) + r_0(\omega)r_1(\omega)e^{j(\phi_0(\omega)-\phi_1(\omega))} + r_0(\omega)r_1(\omega)e^{-j(\phi_0(\omega)-\phi_1(\omega))}$$

13.5 Filtros duplamente complementares

$$= r_0^2(\omega) + r_1^2(\omega) + 2r_0(\omega)r_1(\omega)\cos(\phi_0(\omega) - \phi_1(\omega)). \tag{13.147}$$

Como a equação (13.140) equivale a $r_0^2(\omega) + r_1^2(\omega) = 1$, então para filtros passa-tudo complementares $H_0(e^{j\omega})$ e $H_1(e^{j\omega})$ precisamos ter

$$2r_0(\omega)r_1(\omega)\cos(\phi_0(\omega) - \phi_1(\omega)) = 0. \tag{13.148}$$

Seguindo o mesmo procedimento usado para derivar a equação (13.147), é possível mostrar que

$$\left|H_0(e^{j\omega}) - H_1(e^{j\omega})\right|^2 = r_0^2(\omega) + r_1^2(\omega) - 2r_0(\omega)r_1(\omega)\cos(\phi_0(\omega) - \phi_1(\omega))$$
$$= 1. \tag{13.149}$$

Aplicando-se as expressões das equações (13.143) e (13.144) na equação (13.140) e usando-se a representação polar, mostra-se diretamente que

$$|F_0(e^{j\omega})|^2 + |F_1(e^{j\omega})|^2 = 2. \tag{13.150}$$

Ainda, aplicando-se as equações (13.143) e (13.144) juntamente com (13.148) na equação (13.139), segue-se que

$$|F_0(e^{j\omega})|^2 = r_0^2(\omega) + r_1^2(\omega) = 1 \tag{13.151}$$

e, então,

$$|F_1(e^{j\omega})|^2 = r_0^2(\omega) + r_1^2(\omega) = 1. \tag{13.152}$$

Portanto, $F_0(z)$ e $F_1(z)$ são ambos filtros passa-tudo.

□

Funções de transferência passa-tudo têm a seguinte forma geral:

$$F_i(z) = \frac{\sum_{l=0}^{N_i} a_{N_i-l,i} z^{-l}}{\sum_{l=0}^{N_i} a_{l,i} z^{-l}} = \frac{D_i(z^{-1})}{z^{-N_i} D_i(z)} = z^{N_i} \frac{D_i(z^{-1})}{D_i(z)}, \tag{13.153}$$

para $i = 0, 1$ e $D_i(z) = a_{0,i} z^{N_i} + a_{1,i} z^{N_i-1} + \cdots + a_{N_i,i}$. As respostas de fase dos filtros passa-tudo são dadas por

$$\theta_i(\omega) = -N_i\omega + 2\arctg\left[\frac{\sum_{l=0}^{N_i} a_{l,i}\,\mathrm{sen}(l\omega)}{\sum_{l=0}^{N_i} a_{l,i}\cos(l\omega)}\right]. \tag{13.154}$$

Dado que $F_0(e^{j\omega})$ e $F_1(e^{j\omega})$ são respostas na frequência passa-tudo, podem ser expressas em forma polar como

$$F_0(e^{j\omega}) = e^{j\theta_0(\omega)} \tag{13.155}$$

$$F_1(e^{j\omega}) = e^{j\theta_1(\omega)}, \tag{13.156}$$

de tal forma que

$$|H_0(e^{j\omega})| = 1/2 \left| e^{j(\theta_0(\omega) - \theta_1(\omega))} + 1 \right| \tag{13.157}$$

$$|H_1(e^{j\omega})| = 1/2 \left| e^{j(\theta_0(\omega) - \theta_1(\omega))} - 1 \right|. \tag{13.158}$$

Assumindo que na frequência $\omega = 0$ ambos os passa-tudo têm fase nula, resulta que $|H_0(1)| = 1$ e $|H_1(1)| = 0$, que são características típicas de filtros passa-baixas e passa-altas, respectivamente. Por outro lado, para $\omega = \pi$:

$$|H_0(e^{j\pi})| = 1/2 |e^{j(N_0 - N_1)\pi} + 1| \tag{13.159}$$

$$|H_1(e^{j\pi})| = 1/2 |e^{j(N_0 - N_1)\pi} - 1|, \tag{13.160}$$

de forma que se a diferença $(N_0 - N_1)$ é ímpar, então $|H_0(e^{j\pi})| = 0$ e $|H_1(e^{j\pi})| = 1$, novamente uma propriedade típica de filtros passa-baixas e passa-altas, respectivamente.

Consideremos uma simples, porém útil, escolha para as funções de transferência passa-tudo, a saber:

$$F_0(z) = z^{-N_0} \tag{13.161}$$

$$F_1(z) = z^{-1} F_1'(z), \tag{13.162}$$

onde $F_1'(z)$ é uma função de transferência passa-tudo padrão de ordem N_0 na forma da equação (13.153). Com uma diferença ímpar $(N_0 - N_1) = 1$, é possível gerar funções de transferência duplamente complementares com respostas passa-baixas e passa-altas dadas por

$$H_0(z) = z^{-N_0} + z^{-1} F_1'(z) \tag{13.163}$$

$$H_1(z) = z^{-N_0} - z^{-1} F_1'(z). \tag{13.164}$$

A diferença das respostas de fase dos filtros passa-tudo é dada por

$$\theta_0(\omega) - \theta_1(\omega) = -N_0\omega + \theta_1(\omega)$$
$$= (-N_0 - 1)\omega + \angle F_1'(e^{j\omega})$$

13.5 Filtros duplamente complementares

$$= (-N_0 - 1)\omega + N_0\omega - 2\mathrm{arctg}\left[\frac{\sum_{l=0}^{N_0} a_{l,0}\,\mathrm{sen}(l\omega)}{\sum_{l=0}^{N_0} a_{l,0}\cos(l\omega)}\right]$$

$$= -\omega - 2\mathrm{arctg}\left[\frac{\sum_{l=0}^{N_0} a_{l,0}\,\mathrm{sen}(l\omega)}{\sum_{l=0}^{N_0} a_{l,0}\cos(l\omega)}\right]. \tag{13.165}$$

EXEMPLO 13.5
Projete filtros $H_0(z)$ e $H_1(z)$ duplamente complementares tais que o passa-baixas satisfaça as seguintes especificações:

$$\left.\begin{array}{l} A_\mathrm{r} = 40 \text{ dB} \\ \Omega_\mathrm{p} = 0{,}5\pi \text{ rad/s} \\ \Omega_\mathrm{r} = 0{,}6\pi \text{ rad/s} \end{array}\right\}. \tag{13.166}$$

SOLUÇÃO
Nesta solução empregamos a escolha simples $F_0(z) = z^{-N_0}$ para o primeiro filtro passa-tudo. Nesse caso, começamos a solução projetando primeiramente um filtro passa-tudo $F_1(z)$ cuja resposta de fase siga tão de perto quanto possível as seguintes especificações:

$$\theta_1(\omega) = \begin{cases} -N_0\omega, & \text{para } 0 \leq \omega \leq \Omega_\mathrm{p} \\ -N_0\omega + \pi, & \text{para } \Omega_\mathrm{r} \leq \omega \leq \pi, \end{cases} \tag{13.167}$$

considerando a frequência de amostragem $\Omega_\mathrm{s} = 2\pi$. Com essa estratégia, a diferença de fase $\theta_0(\omega) - \theta_1(\omega) = -N_0\omega - \theta_1(\omega)$ da equação (13.165) será aproximadamente zero nas baixas frequências e aproximadamente π após a frequência $\pi/2$, forçando, assim, a propriedade da dupla complementaridade.

Há diversas formas de se projetar filtros passa-tudo que satisfaçam especificações de fase prescritas, tais como as que se baseiam nos critérios de minimização da norma L_p, descritas na Seção 6.5. Outros métodos especializados são descritos em Nguyen *et al.* (1994). Recorremos a um deles para projetar o filtro passa-tudo $F_1(z)$ cujos coeficientes são mostrados na Tabela 13.15. Um filtro passa-tudo de sexta ordem foi suficiente para gerar uma atenuação em torno de 40 dB na faixa de rejeição.

Como se pode observar, os coeficientes de ordem par do filtro passa-tudo são nulos, uma propriedade que se origina do fato de que o filtro passa-tudo tem

Tabela 13.15 *Coeficientes $a_{j,1}$ do filtro passa-tudo $F_1(z)$.*

$a_{0,1} =$	1,0000
$a_{1,1} =$	0,0000
$a_{2,1} =$	0,4780
$a_{3,1} =$	0,0000
$a_{4,1} =$	$-0,0941$
$a_{5,1} =$	0,0000
$a_{6,1} =$	0,0283

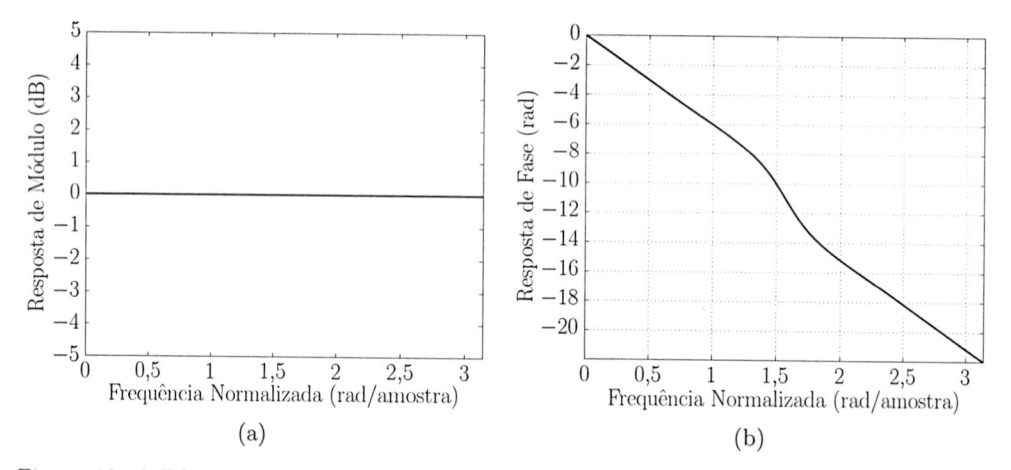

Figura 13.16 Filtro passa-tudo de ordem $N = 6$: (a) resposta de módulo; (b) resposta de fase desdobrada.

uma resposta simétrica em relação à frequência $\pi/2$, como qualquer filtro de meia faixa. A Figura 13.16 mostra as respostas de módulo e de fase do filtro passa-tudo $F_1'(z)$; pela resposta de fase é possível observar as diferenças entre os atrasos de fase das faixas de baixas e altas frequências.

A Figura 13.17 mostra as respostas de módulo e de fase dos filtros duplamente complementares $H_0(z)$ e $H_1(z)$, geradas respectivamente conforme as equações (13.163) e (13.164). △

13.5.1 Implementação de um banco de QMF

Consideramos o caso em que $H_0(z)$ e $H_1(z)$ satisfazem as condições de dupla complementaridade, e foram respectivamente escolhidos como os filtros passa-baixas e passa-altas de análise de um banco de filtros. Os filtros de síntese são selecionados de acordo com as condições para QMF dadas nas equações (9.141) e (9.142), a saber $G_0(z) = H_1(-z)$ e $G_1(z) = -H_0(-z)$, e a função de

13.5 Filtros duplamente complementares

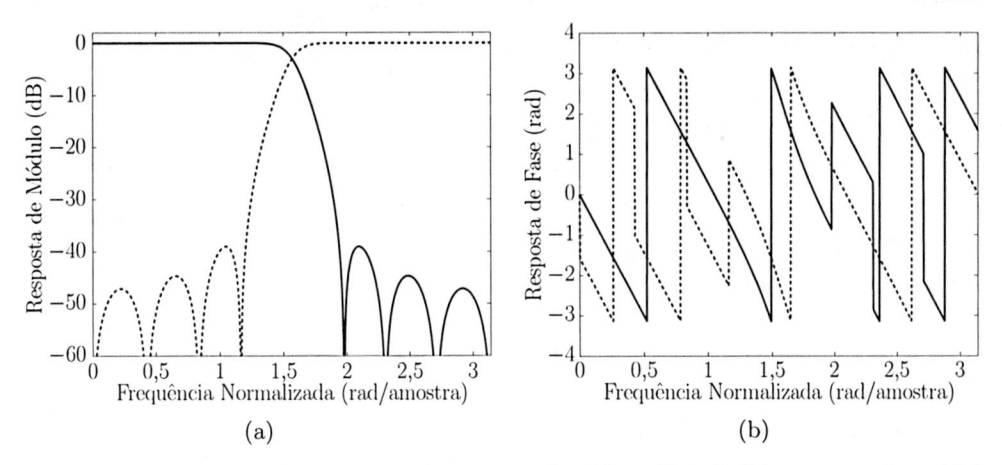

Figura 13.17 Filtros duplamente complementares de ordem $N = 7$: (a) respostas de módulo passa-baixas e passa-altas; (b) respostas de fase.

transferência global do banco de QMF de duas faixas é dada pela equação (9.143), repetida aqui por conveniência:

$$H(z) = \frac{1}{2}(H_0(z)H_1(-z) - H_1(z)H_0(-z)). \tag{13.168}$$

Se $H_0(z)$ e $H_1(z)$ são escolhidos de acordo com as equações (13.143) e (13.144), então

$$H(z) = \frac{1}{2}\left[\frac{1}{4}\left(F_0(z) + F_1(z)\right)\left(F_0(-z) - F_1(-z)\right)\right.$$
$$\left. - \frac{1}{4}\left(F_0(z) - F_1(z)\right)\left(F_0(-z) + F_1(-z)\right)\right]$$
$$= \frac{1}{2}\left[\frac{1}{2}\left(F_0(z)F_1(-z) - F_0(-z)F_1(z)\right)\right]. \tag{13.169}$$

Usando o resultado da equação (9.144), a função de transferência global de um banco de QMF de duas faixas cujos filtros de análise são $H_0(z)$ e $H_1(z)$ é dada por

$$H(z) = -\frac{1}{2}z^{-1}\hat{F}_0(z^2)\hat{F}_1(z^2), \tag{13.170}$$

onde $F_0(z) = \hat{F}_0(z^2)$ e $F_1(z) = z^{-1}\hat{F}_1(z^2)$, pois $F_0(z)$ e $F_1(z)$ são filtros de meia faixa, já que as especificações de $H_0(z)$ e $H_1(z)$ são mutuamente simétricas em torno de $\pi/2$.

É possível observar que a função de transferência do banco de filtros é livre de *aliasing* e não apresenta distorção de módulo, uma vez que $H(z)$ consiste de um produto de funções passa-tudo.

13.6 Filtros de onda

No projeto clássico de filtros analógicos passivos, é bem conhecido que os filtros sem perdas LC duplamente terminados apresentam função de transferência com sensibilidade nula com relação aos componentes L e C (ideais) nas frequências em que se transfere potência máxima à carga. Funções de tranferência de filtros que têm ondulação constante na faixa de passagem, como os filtros de Chebyshev e elípticos, possuem várias frequências em que ocorre máxima transferência de potência. Como os valores da ondulação são normalmente mantidos pequenos na faixa de passagem, as sensibilidades da função de transferência às variações nos componentes do filtro permanecem baixas ao longo de toda a faixa de passagem. Esse é o motivo pelo qual diversos métodos têm sido propostos para gerar realizações que tentam emular as operações internas dos filtros sem perdas duplamente terminados.

No projeto de filtros digitais, a primeira tentativa de se derivar uma realização que partisse de um protótipo analógico consistiu na aplicação da transformação bilinear à função de transferência no tempo contínuo, estabelecendo uma correspondência direta entre os elementos do protótipo analógico e os do filtro digital resultante. Entretanto, a simulação direta das quantidades internas, tais como tensões e correntes, do protótipo analógico no domínio digital leva a percursos fechados sem atrasos, como se verá abaixo. Tais percursos não podem ser calculados sequencialmente, uma vez que nem todos os valores de seus nós são inicialmente conhecidos (Antoniou, 1993).

Uma abordagem alternativa resulta do fato de qualquer rede analógica de n terminais poder ser caracterizada usando-se os conceitos de quantidade de onda incidente e de onda refletida, conhecidos da teoria de parâmetros distribuídos (Belevitch, 1968). Através da aplicação da caracterização por ondas, podem-se obter realizações de filtros digitais livres de percursos fechados sem atraso a partir de filtros analógicos passivos e ativos usando-se a transformação bilinear, como proposto originalmente em Fettweis (1971a, 1986). As realizações obtidas usando-se esse procedimento são conhecidas como filtros de onda digitais (Fettweis, 1971a, 1986; Sedlmeyer & Fettweis, 1973; Fettweis et al., 1974; Fettweis & Meerkötter, 1975b,a; Antoniou & Rezk, 1977, 1980; Diniz & Antoniou, 1988). O nome filtro de onda digital vem do fato de serem usadas grandezas de onda na representação dos sinais analógicos internos simuladas no domínio digital. Os tipos de onda possíveis são os de tensão, de corrente e de potência. A escolha entre tensão e corrente é irrelevante, enquanto que ondas de potência levam a realizações digitais mais complicadas. Tradicionalmente, as mais usadas são as ondas de tensão e, portanto, baseamos nossa apresentação nessa abordagem.

13.6 Filtros de onda

Outra grande vantagem dos filtros de onda digitais, quando imitando filtros sem perdas duplamente terminados, é sua inerente estabilidade sob condições lineares (aritmética de precisão infinita), bem como no caso não-linear, em que os sinais estão sujeitos a quantização. Além disso, se os estados de uma estrutura de filtro de onda digital que imita uma rede analógica passiva são quantizados por truncamento de módulo e aritmética de saturação, não é possível a sustentação de ciclos-limite nem de entrada nula nem por *overflow*.

Os filtros de onda digitais também são adequados à simulação de certos sistemas analógicos, tais como sistemas de potência, devido à equivalência topológica entre eles (Roitman & Diniz, 1995, 1996).

13.6.1 Motivação

A transformação de uma função de transferência $T(s)$ representando um sistema no tempo contínuo numa função de transferência $H(z)$ no tempo discreto pode ser realizada usando-se a transformação bilinear, da seguinte forma:

$$H(z) = T(s)|_{s=\frac{2}{T}\frac{z-1}{z+1}}. \tag{13.171}$$

Dada a rede LC duplamente terminada representada na Figura 13.18, se usamos as variáveis de tensão e corrente para simular seus componentes analógicos, temos que

$$\left.\begin{aligned}
I_1 &= \frac{V_1 - V_2}{R_1} \\
I_2 &= \frac{V_2}{Z_C} \\
I_3 &= \frac{V_2}{Z_L} \\
I_4 &= \frac{V_2}{R_2} \\
I_1 &= I_2 + I_3 + I_4
\end{aligned}\right\}. \tag{13.172}$$

As representações possíveis para um indutor no plano z serão numa das formas mostradas na Figura 13.19, isto é,

$$\left.\begin{aligned}
V &= sLI = \frac{2L}{T}\frac{z-1}{z+1}I \\
I &= \frac{V}{sL} = \frac{T}{2L}\frac{z+1}{z-1}V
\end{aligned}\right\}. \tag{13.173}$$

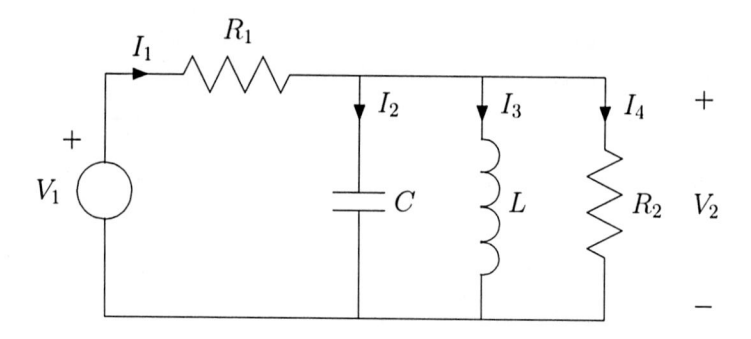

Figura 13.18 Rede LC duplamente terminada.

(a)

(b)

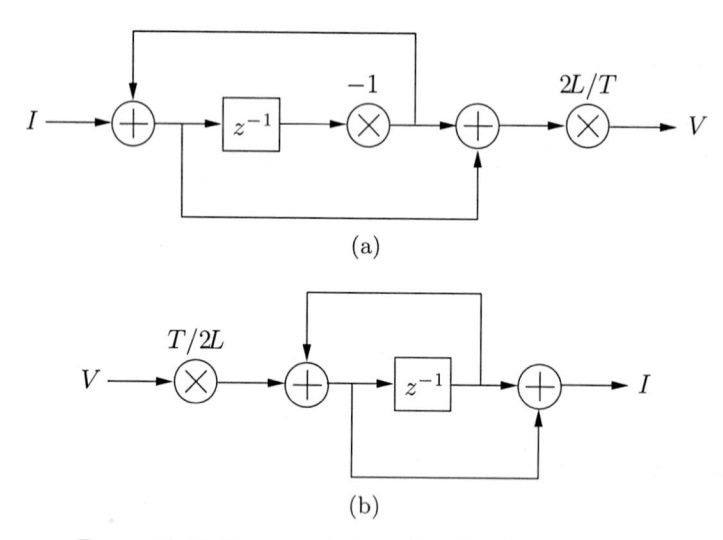

Figura 13.19 Duas possíveis realizações de um indutor.

Para um capacitor, as representações possíveis resultantes são aquelas representadas na Figura 13.20, isto é,

$$\left.\begin{array}{l} V = \dfrac{I}{sC} = \dfrac{T}{2C}\dfrac{z+1}{z-1}I \\[2mm] I = sCV = \dfrac{2C}{T}\dfrac{z-1}{z+1}V \end{array}\right\} . \tag{13.174}$$

As fontes e as cargas são representadas na Figura 13.21. Portanto, usando-se as Figuras 13.19–13.21, a simulação digital da rede LC duplamente terminada da Figura 13.18 leva à rede digital mostrada na Figura 13.22, onde percebemos a ocorrência de percursos fechados sem atraso. Na Seção 13.6.2, mostramos como estes podem ser evitados usando-se o conceito de filtros de onda digitais.

13.6 Filtros de onda

(a)

(b)

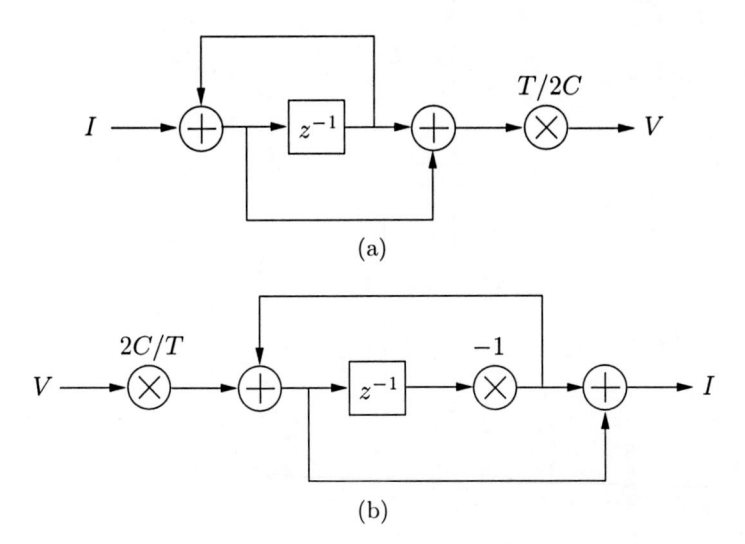

Figura 13.20 Duas possíveis realizações de um capacitor.

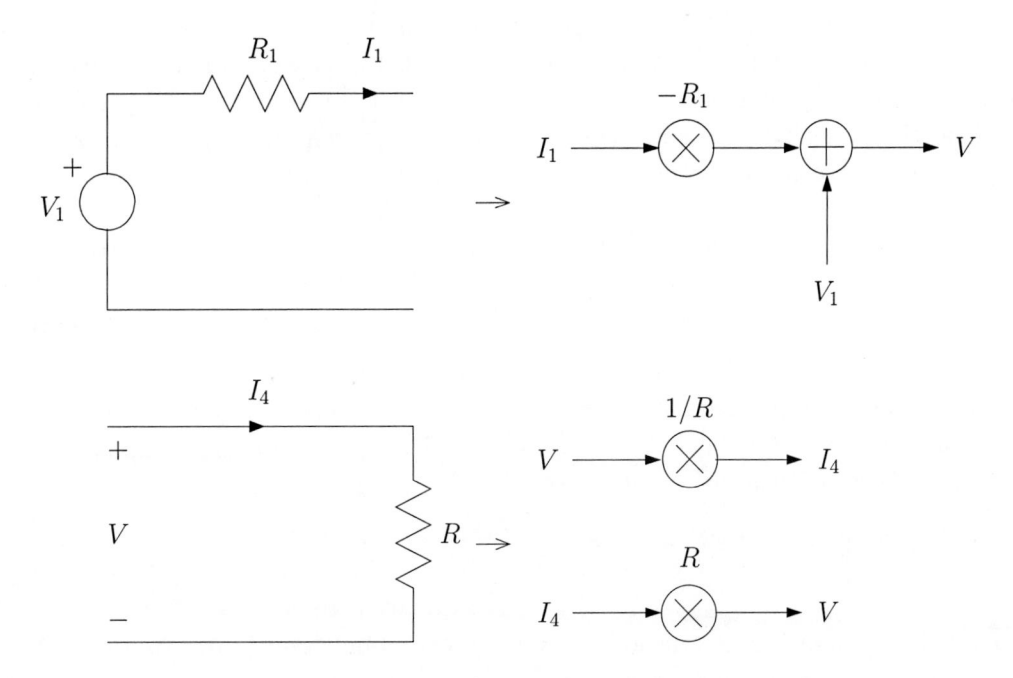

Figura 13.21 Realizações das terminações.

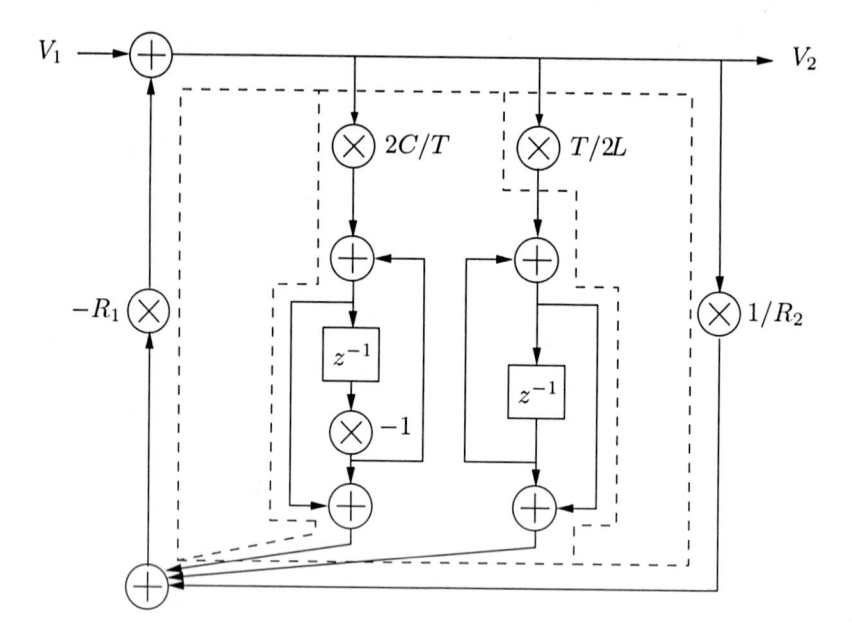

Figura 13.22 Rede digital com percursos fechados sem atraso.

13.6.2 Elementos de onda

Como foi discutido na Seção 13.6.1, a simulação direta dos elementos de ramo da rede analógica introduz percursos fechados sem atraso, gerando uma rede digital que não pode ser calculada. Esse problema pode ser contornado simulando-se a rede analógica através das equações de onda, que representam redes de múltiplos terminais, em vez de representar as tensões e correntes diretamente.

Como mostra a Figura 13.23, uma rede analógica de um terminal pode ser descrita em termos de uma caracterização por ondas, em função das variáveis

$$\left.\begin{array}{l} a = v + Ri \\ b = v - Ri \end{array}\right\}, \qquad (13.175)$$

onde a e b são as quantidades de onda de tensão incidente e refletida, respectivamente, e R é a resistência de terminal associada à rede de um terminal. No domínio da frequência, as quantidades de onda são A e B, tais que

$$\left.\begin{array}{l} A = V + RI \\ B = V - RI \end{array}\right\}. \qquad (13.176)$$

Observe que as ondas de tensão consistem em combinações lineares da tensão e da corrente da rede de um terminal.

O valor de R é um parâmetro positivo, chamado resistência do terminal. Uma escolha adequada de R leva a realizações simples de redes de múltiplos terminais.

13.6 Filtros de onda

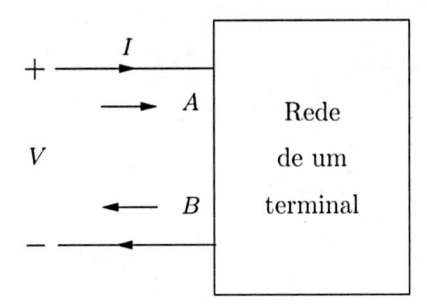

Figura 13.23 Convenção para as ondas incidente e refletida.

A seguir, examinamos como representar vários elementos analógicos usando as ondas incidente e refletida.

Elementos de um terminal

Para um capacitor, valem as seguintes equações:

$$\left.\begin{array}{l} V = \dfrac{1}{sC}I \\ B = A\dfrac{V-RI}{V+RI} \end{array}\right\}, \qquad (13.177)$$

logo

$$B = A\frac{(1/sC) - R}{(1/sC) + R}. \qquad (13.178)$$

Aplicando a transformação bilinear, encontramos

$$B = \frac{(T/2C)(z+1) - R(z-1)}{(T/2C)(z+1) + R(z-1)} A. \qquad (13.179)$$

O valor

$$R = \frac{T}{2C} \qquad (13.180)$$

leva a uma considerável simplificação na implementação de B:

$$B = z^{-1}A. \qquad (13.181)$$

A realização de B em função de A se faz como mostra a Figura 13.24.

Seguindo um raciocínio similar, pode-se obter a representação digital de diversos outros elementos de um terminal, como mostra a Figura 13.25, juntamente com as respectivas equações de onda.

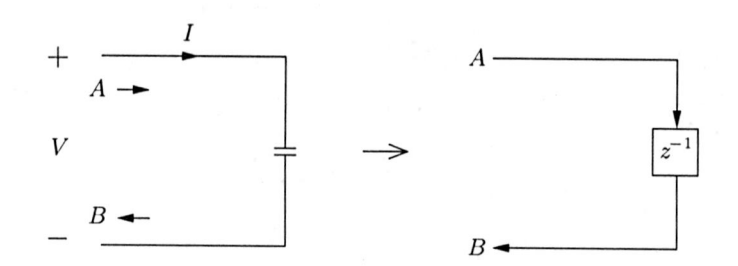

Figura 13.24 Realização de onda para um capacitor.

(a)

(b)

(c)

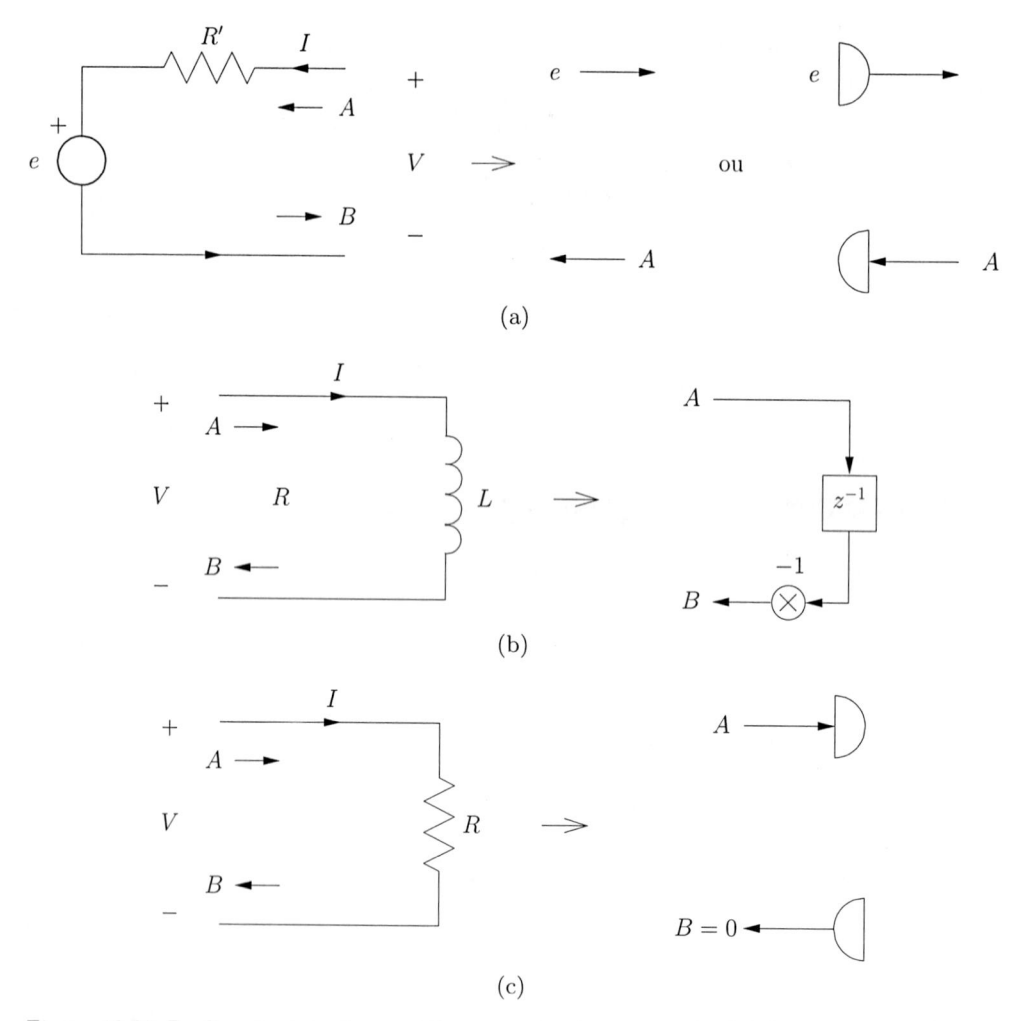

Figura 13.25 Realização de onda para diversas redes de um terminal: (a) conexão série de uma fonte de tensão com um resistor: $e = V - R'I = V - RI = B$, para $R' = R$; (b) indutor: $R = 2L/T$; (c) resistor: $B = 0$, $A = 2RI$.

13.6 Filtros de onda

(d)

(e)

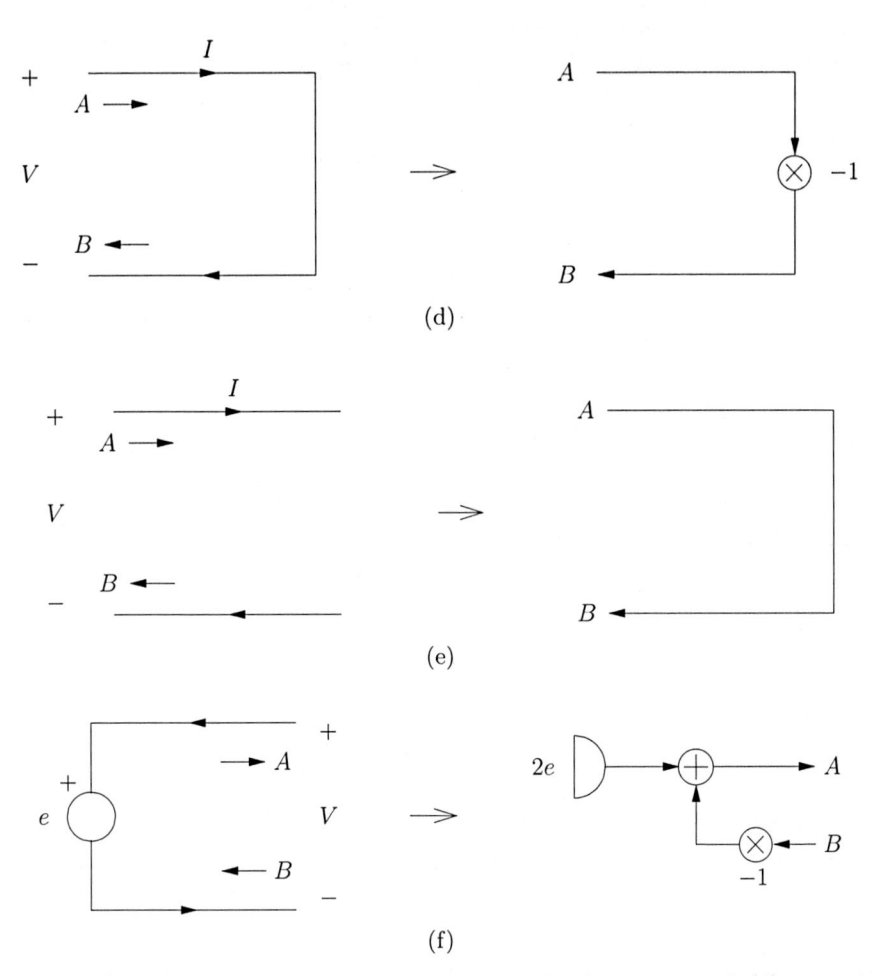

(f)

Figura 13.25 (cont.) Realização de onda para diversas redes de um terminal: (d) curto-circuito: $A = RI$, $B = -RI$; (e) circuito aberto: $A = V$, $B = V$; (f) fonte de tensão: $A = 2e - B$.

Conversor generalizado de imitância de tensão

O conversor generalizado de imitância de tensão (VGIC, do inglês *Voltage Generalized Immittance Converter*) (Diniz & Antoniou, 1988), representado na Figura 13.26, é uma rede de dois terminais caracterizada por

$$\left.\begin{array}{l} V_1(s) = r(s)V_2(s) \\ I_1(s) = -I_2(s) \end{array}\right\}, \tag{13.182}$$

onde $r(s)$ é a chamada função de conversão, e os pares (V_1, I_1) e (V_2, I_2) são as tensões e correntes do VGIC nos terminais 1 e 2, respectivamente.

Os VGICs não são empregados no projeto de circuitos analógicos devido às dificuldades de sua implementação por dispositivos ativos convencionais, como

Estruturas IIR eficientes

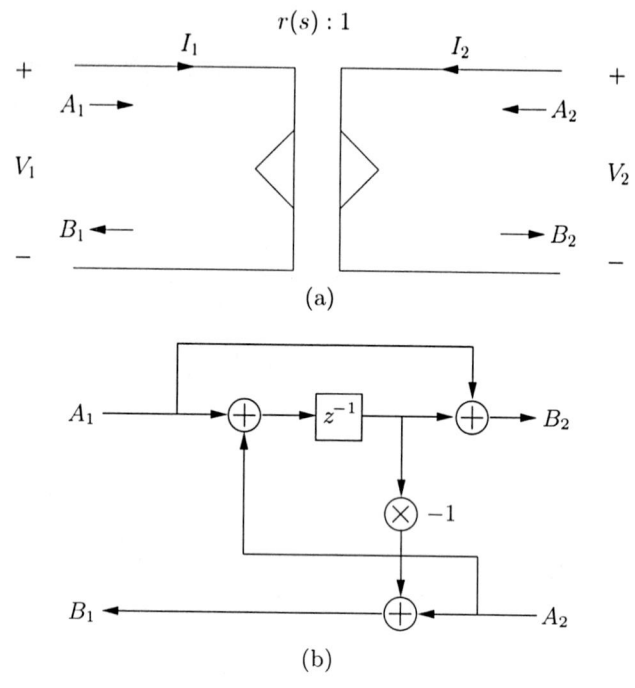

Figura 13.26 VGIC: (a) símbolo analógico; (b) realização digital: $r(s) = Ts/2$.

transistores e amplificadores operacionais. Contudo, não há dificuldade em se utilizarem os VGICs no projeto de filtros digitais.

O VGIC da Figura 13.26 pode ser descrito em termos de equações de onda por

$$\left.\begin{aligned}
A_1 &= V_1 + \frac{I_1}{G_1} \\
A_2 &= V_2 + \frac{I_2}{G_2} \\
B_1 &= V_1 - \frac{I_1}{G_1} \\
B_2 &= V_2 - \frac{I_2}{G_2} \\
V_1(s) &= r(s)V_2(s) \\
I_1(s) &= -I_2(s)
\end{aligned}\right\}, \tag{13.183}$$

onde A_i e B_i são as ondas incidente e refletida de cada terminal, respectivamente, e G_i representa a condutância do terminal i, para $i = 1, 2$.

Após alguma manipulação algébrica, podemos calcular os valores de B_1 e B_2 em função de A_1, A_2, G_1, G_2 e $r(s)$, na forma

13.6 Filtros de onda

$$\left.\begin{aligned}B_1 &= \frac{r(s)G_1 - G_2}{r(s)G_1 + G_2}A_1 + \frac{2r(s)G_2}{r(s)G_1 + G_2}A_2 \\ B_2 &= \frac{2G_1}{r(s)G_1 + G_2}A_1 + \frac{G_2 - r(s)G_1}{r(s)G_1 + G_2}A_2\end{aligned}\right\}. \tag{13.184}$$

Aplicando-se a transformação bilinear e escolhendo-se $G_2 = G_1$ e $r(s) = (T/2)s$, chega-se à realização digital simples que se vê na Figura 13.26b, regida pelas seguintes relações:

$$\left.\begin{aligned}B_1 &= -z^{-1}A_1 + (1 - z^{-1})A_2 \\ B_2 &= (1 + z^{-1})A_1 + z^{-1}A_2\end{aligned}\right\}. \tag{13.185}$$

Conversor de imitância de corrente generalizado

O conversor de imitância de corrente generalizado (CGIC, do inglês *Current Generalized Immittance Converter*) (Antoniou & Rezk, 1977) é descrito por

$$\left.\begin{aligned}V_1 &= V_2 \\ I_1 &= -h(s)I_2\end{aligned}\right\}. \tag{13.186}$$

Escolhendo-se $G_1 = 2G_2/T$ e $h(s) = s$, resulta uma realização simples para o CGIC, ilustrada na Figura 13.27.

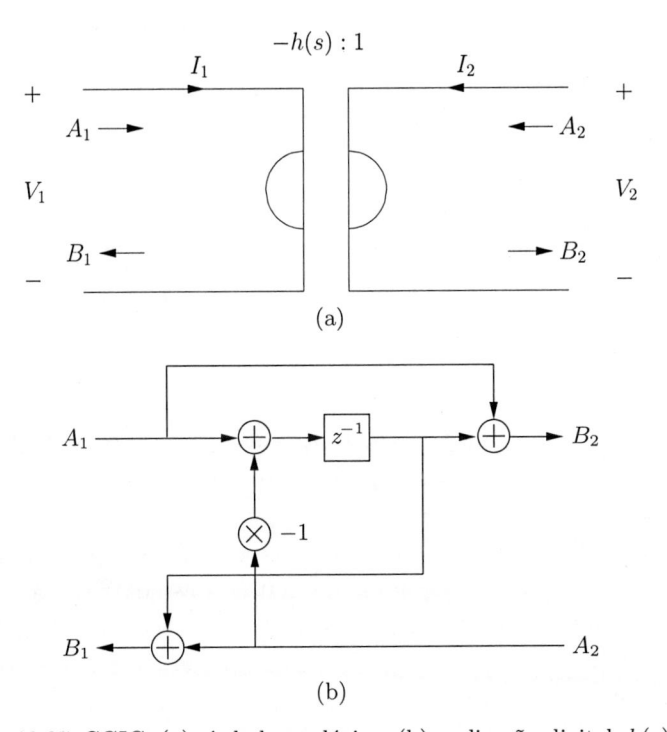

Figura 13.27 CGIC: (a) símbolo analógico; (b) realização digital: $h(s) = s$.

Transformador

Um transformador com razão de transformação $n:1$ e resistências de terminal R_1 e R_2, com $R_2/R_1 = 1/n^2$, tem uma representação digital como mostra a Figura 13.28.

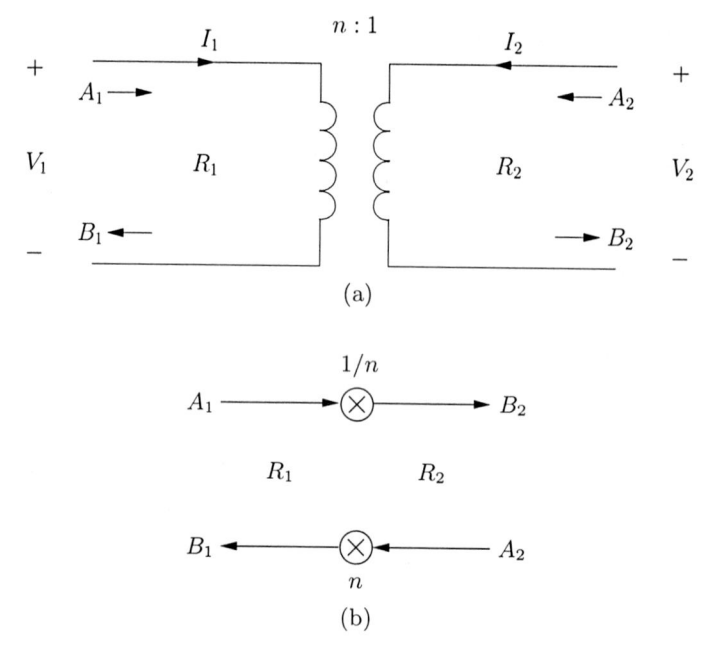

Figura 13.28 Representação digital de um transformador: $R_2/R_1 = 1/n^2$.

Girador

Um girador (do inglês *gyrator*) é um elemento sem perdas, de dois terminais, descrito por

$$\left. \begin{array}{l} V_1 = -RI_2 \\ V_2 = RI_1 \end{array} \right\} . \tag{13.187}$$

Nesse caso, pode-se mostrar facilmente que $B_2 = A_1$ e $B_1 = -A_2$, com $R_1 = R_2 = R$. A realização digital de um girador é representada na Figura 13.29.

Já estamos equipados com as representações digitais dos principais elementos analógicos que servem como blocos componentes básicos para a realização de filtros de onda digitais. Entretanto, para atingirmos nosso objetivo, ainda temos que aprender como interconectar esses blocos componentes. Para evitar percursos fechados sem atraso, essa interconexão tem que ser feita da mesma forma que no filtro analógico de referência. Como as resistências de terminal dos diversos

13.6 Filtros de onda

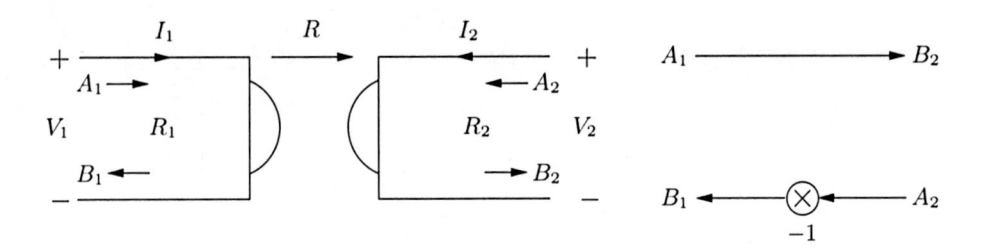

Figura 13.29 Representação digital de um girador.

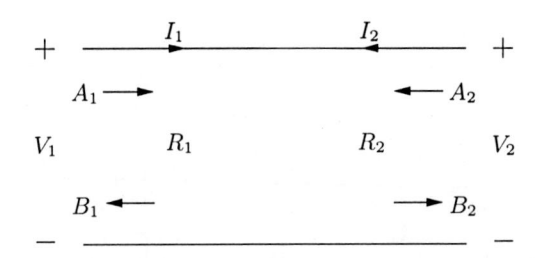

Figura 13.30 Adaptador de dois terminais.

elementos são diferentes, também existe a necessidade de se derivar os chamados adaptadores para permitirem a interconexão. Tais adaptadores garantem que as leis de Kirchoff de corrente e tensão sejam satisfeitas em todas as conexões em série e em paralelo de terminais com diferentes resistências de terminal.

Adaptadores de dois terminais

Considere a interconexão paralela de dois elementos com resistências de terminal dadas por R_1 e R_2, respectivamente, como mostra a Figura 13.30. As equações de onda, nesse caso, são dadas por

$$\left.\begin{aligned} A_1 &= V_1 + R_1 I_1 \\ A_2 &= V_2 + R_2 I_2 \\ B_1 &= V_1 - R_1 I_1 \\ B_2 &= V_2 - R_2 I_2 \end{aligned}\right\}. \tag{13.188}$$

Como $V_1 = V_2$ e $I_1 = -I_2$, temos que

$$\left.\begin{aligned} A_1 &= V_1 + R_1 I_1 \\ A_2 &= V_1 - R_2 I_1 \\ B_1 &= V_1 - R_1 I_1 \\ B_2 &= V_1 + R_2 I_1 \end{aligned}\right\}. \tag{13.189}$$

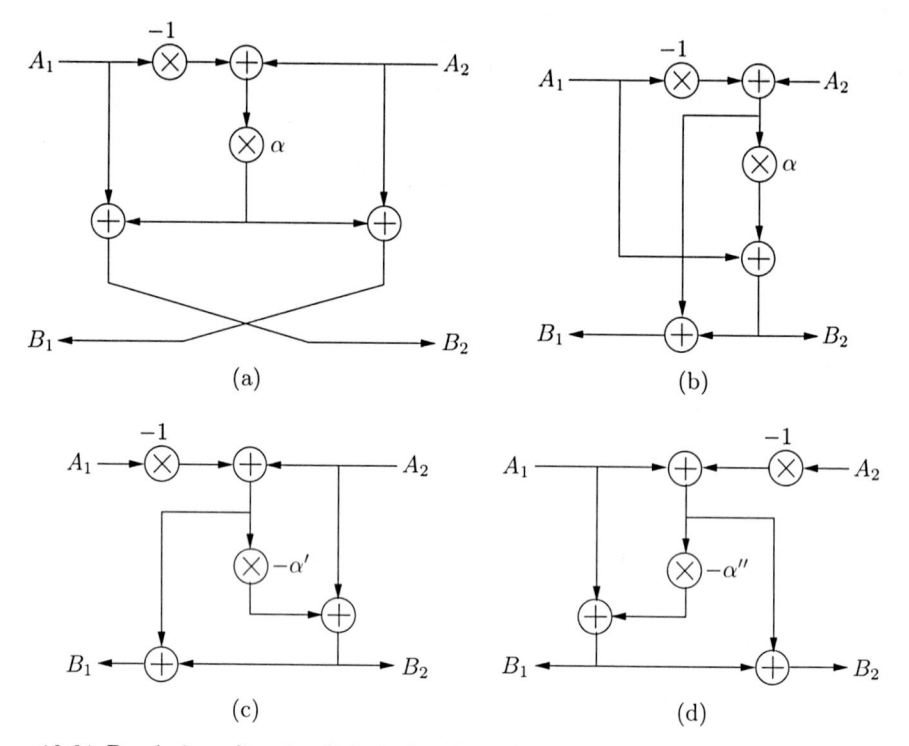

Figura 13.31 Possíveis realizações digitais de adaptadores de dois terminais genéricos baseadas na: (a) equação (13.190); (b) equação (13.191); (c) equação (13.192); (d) equação (13.193).

Eliminando V_1 e I_1 dessas equações, obtemos

$$\left. \begin{array}{l} B_1 = A_2 + \alpha \, (A_2 - A_1) \\ B_2 = A_1 + \alpha \, (A_2 - A_1) \end{array} \right\}, \qquad (13.190)$$

onde $\alpha = (R_1 - R_2)/(R_1 + R_2)$. A realização para esse adaptador de dois terminais genérico é representada na Figura 13.31a.

Expressando B_1 em função de B_2 na equação (13.190), obtemos

$$\left. \begin{array}{l} B_1 = B_2 - A_1 + A_2 \\ B_2 = A_1 + \alpha \, (A_2 - A_1) \end{array} \right\}, \qquad (13.191)$$

levando a uma versão modificada do adaptador de dois terminais, mostrada na Figura 13.31b.

Outras formas alternativas de adaptadores de dois terminais são geradas expressando-se as equações para B_1 e B_2 de formas diferentes, como

$$\left. \begin{array}{l} B_1 = B_2 - A_1 + A_2 \\ B_2 = A_2 - \alpha' \, (A_2 - A_1) \end{array} \right\}, \qquad (13.192)$$

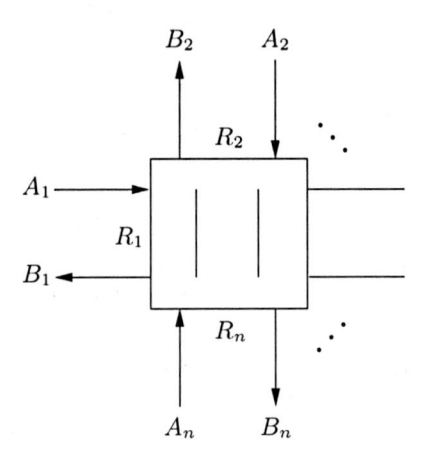

Figura 13.32 Símbolo do adaptador paralelo de n terminais.

onde $\alpha' = 2R_2/(R_1 + R_2)$, que geram a estrutura vista na Figura 13.31c, ou

$$\left.\begin{array}{l} B_1 = A_1 - \alpha'' (A_1 - A_2) \\ B_2 = B_1 + A_1 - A_2 \end{array}\right\}, \qquad (13.193)$$

onde $\alpha'' = 2R_1/(R_1 + R_2)$, que geram a estrutura da Figura 13.31d.

Vale a pena observar que as ondas incidente e refletida em qualquer terminal podem ser expressas no domínio do tempo, isto é, através dos valores instantâneos dos sinais $(a_i(k)$ e $b_i(k))$, ou no domínio da frequência $(A_i(z)$ e $B_i(z))$, correspondendo neste caso à descrição dos sinais de onda no regime permanente.

O adaptador paralelo de n terminais

Nos casos em que precisamos interconectar em paralelo n elementos com resistências de terminal dadas por $R_1, R_2, \ldots, R_n$, é necessário usar um adaptador paralelo de n terminais. O símbolo para representar o adaptador paralelo de n terminais é mostrado na Figura 13.32. A Figura 13.33 ilustra um adaptador paralelo de três terminais.

A equação de onda em cada terminal de um adaptador paralelo é dada por

$$\left.\begin{array}{l} A_k = V_k + R_k I_k \\ B_k = V_k - R_k I_k \end{array}\right\}, \qquad (13.194)$$

para $k = 1, 2, \ldots, n$. Como todos os terminais estão conectados em paralelo, temos que

$$\left.\begin{array}{l} V_1 = V_2 = \cdots = V_n \\ I_1 + I_2 + \cdots + I_n = 0 \end{array}\right\}. \qquad (13.195)$$

Estruturas IIR eficientes

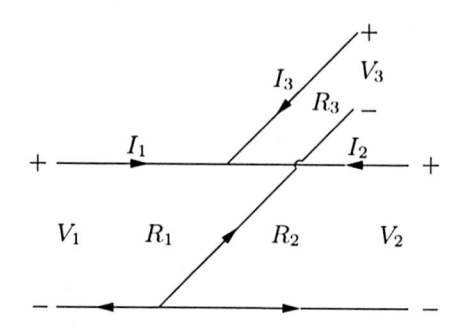

Figura 13.33 O adaptador paralelo de três terminais.

Após alguma manipulação algébrica para eliminar V_k e I_k, temos que

$$B_k = A_0 - A_k, \qquad (13.196)$$

onde

$$A_0 = \sum_{k=1}^{n} \alpha_k A_k, \qquad (13.197)$$

com

$$\alpha_k = \frac{2G_k}{G_1 + G_2 + \cdots + G_n} \qquad (13.198)$$

e

$$G_k = \frac{1}{R_k}. \qquad (13.199)$$

Pela equação (13.198), observamos que

$$\alpha_1 + \alpha_2 + \cdots + \alpha_n = 2; \qquad (13.200)$$

logo, podemos eliminar uma multiplicação interna do adaptador, já que o cálculo referente a um dos α_i não é necessário. Se calculamos α_n em função dos demais α_i, podemos expressar A_0 como

$$\begin{aligned} A_0 &= \sum_{k=1}^{n-1} \alpha_k A_k + \alpha_n A_n \\ &= \sum_{k=1}^{n-1} \alpha_k A_k + [2 - (\alpha_1 + \alpha_2 + \cdots + \alpha_{n-1})] A_n \\ &= 2A_n + \sum_{k=1}^{n-1} \alpha_k (A_k - A_n), \end{aligned} \qquad (13.201)$$

onde somente $(n-1)$ multiplicadores são exigidos para o cálculo de A_0. Nesse caso, o terminal n é chamado de terminal dependente. Também vale a pena observar que se temos várias resistências de terminal R_k com o mesmo valor, o número de multiplicações pode ser ainda mais reduzido. Contudo, se $\sum_{k=1}^{n-1} \alpha_k \approx 2$, o erro no cálculo de α_n pode se tornar muito elevado devido aos efeitos de quantização. Nesse caso, é melhor escolher outro terminal k, com α_k tão grande quanto possível, para ser o terminal dependente.

Na prática, os adaptadores de três terminais são os mais usados em filtros de onda digitais. Uma possível implementação para o adaptador paralelo de três terminais é mostrada na Figura 13.34a, que corresponde à realização direta da equação (13.196), com A_0 calculado através da equação (13.201).

Substituindo-se a equação (13.201) na equação (13.196) com $k=n$, então

$$\left.\begin{aligned} B_n &= (A_0 - A_n) = A_n + \sum_{k=1}^{n-1} \alpha_k (A_k - A_n) \\ B_k &= (A_0 - A_k) = B_n + A_n - A_k \end{aligned}\right\}, \qquad (13.202)$$

para $k=1,2,\ldots,n-1$, e chegamos a uma realização alternativa para o adaptador paralelo de três terminais, que pode ser vista na Figura 13.34b.

Analisando a equação (13.202), observamos que a onda refletida B_i é diretamente dependente da onda incidente A_i no mesmo terminal. Assim, se dois adaptadores arbitrários são interconectados diretamente, um percurso fechado sem atraso aparecerá entre os dois adaptadores, como mostra a Figura 13.35. Uma solução para esse problema é fazer um dos α do adaptador igual a 1, por exemplo, $\alpha_n = 1$. Nesse caso, de acordo com as equações (13.196), (13.198) e (13.201), as equações que descrevem o adaptador se tornam

$$\left.\begin{aligned} G_n &= G_1 + G_2 + \cdots + G_{n-1} \\ B_n &= \sum_{k=1}^{n-1} \alpha_k A_k \end{aligned}\right\}, \qquad (13.203)$$

e a expressão para B_n fica independente de A_n, eliminando, assim, os percursos fechados sem atraso no terminal n. Nesse caso, a equação (13.200) se torna

$$\alpha_1 + \alpha_2 + \cdots + \alpha_{n-1} = 1, \qquad (13.204)$$

que ainda permite que um dos α_i, para $i=1,2,\ldots,n-1$, seja expresso em função dos outros, eliminando, assim, uma multiplicação.

Vale a pena observar que a escolha de um dos α igual a 1 não implica qualquer perda de generalidade no projeto do filtro de onda digital. Na verdade, nos terminais que correspondem a esses coeficientes, as resistências podem

930 Estruturas IIR eficientes

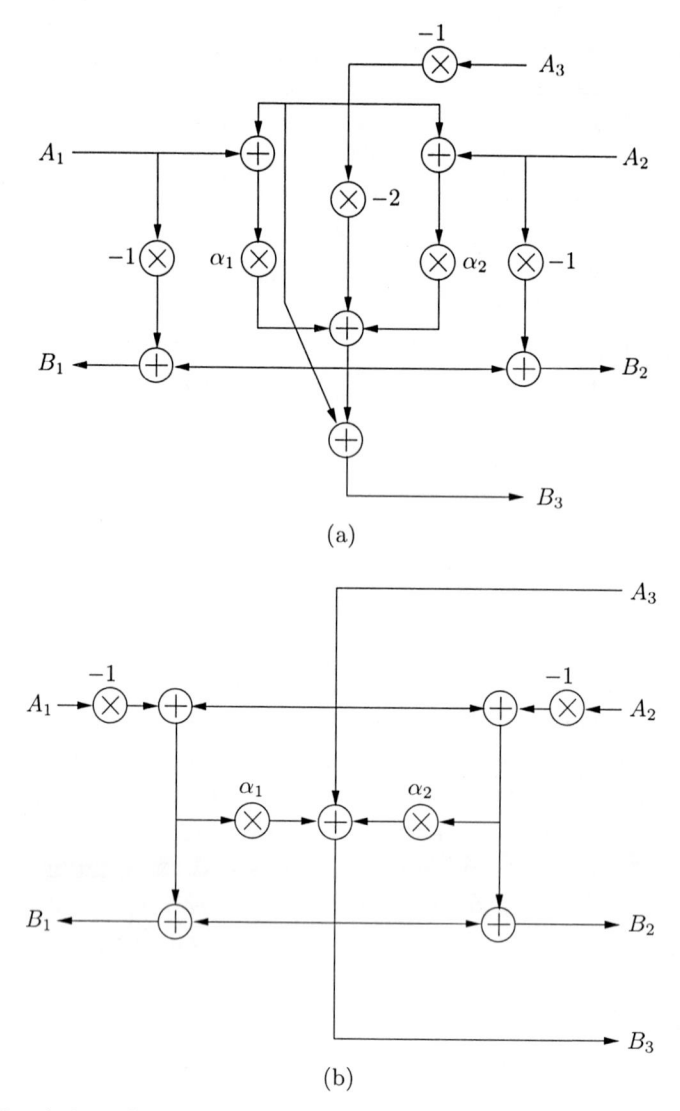

Figura 13.34 Possíveis realizações digitais do adaptador paralelo de três terminais baseadas na: (a) equação (13.201); (b) equação (13.202).

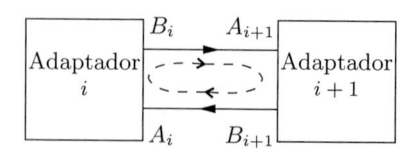

Figura 13.35 Interconexão de adaptadores.

13.6 Filtros de onda

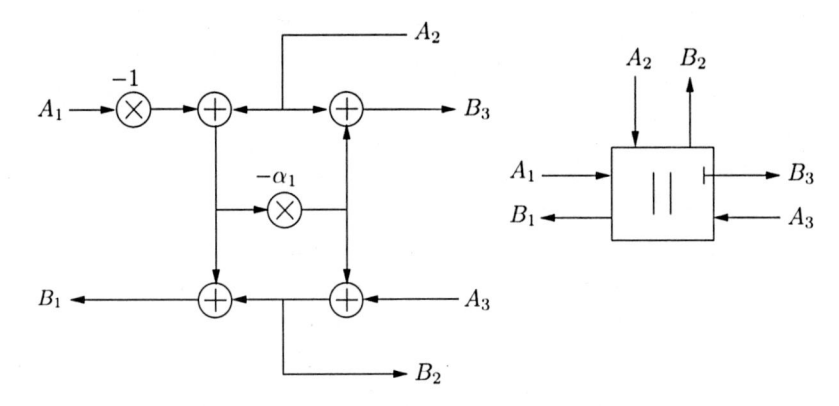

Figura 13.36 Adaptador paralelo sem reflexão no terminal 3.

ser escolhidas arbitrariamente, uma vez que elas são utilizadas apenas para a interconexão, e portanto não dependem do valor de qualquer componente do protótipo analógico. Por exemplo, a resistência dos terminais comuns aos dois adaptadores interconectados precisa ser a mesma, mas pode assumir valores arbitrários. As equações para descrição do adaptador paralelo de três terminais seriam

$$\left.\begin{array}{l} \alpha_2 = 1 - \alpha_1 \\ B_3 = \alpha_1 A_1 + (1 - \alpha_1) A_2 \\ B_2 = (A_0 - A_2) = \alpha_1 A_1 + (1 - \alpha_1) A_2 + A_3 - A_2 = \alpha_1 (A_1 - A_2) + A_3 \\ B_1 = \alpha_1 A_1 + (1 - \alpha_1) A_2 + A_3 - A_1 = (1 - \alpha_1)(A_2 - A_1) + A_3 \end{array}\right\},$$
(13.205)

e sua realização é representada na Figura 13.36. Observe que o terminal sem possibilidade de apresentar percursos fechados sem atraso é marcado com (⊢), e é conhecido como terminal sem reflexão.

Um adaptador paralelo, como ilustra a Figura 13.37, pode ser interpretado como uma interconexão paralela de n terminais com $(n-2)$ terminais auxiliares, que são introduzidos a fim de permitir a separação dos diversos terminais externos. A mesma figura também mostra a representação simbólica do adaptador paralelo de n terminais na forma de diversos adaptadores de três terminais.

O adaptador série de n terminais

Na situação em que precisamos interconectar em série n elementos com resistências de terminal $R_1, R_2, \ldots, R_n$ distintas, precisamos usar um adaptador série de n terminais, cujo símbolo é mostrado na Figura 13.38. Nesse caso, as

932 Estruturas IIR eficientes

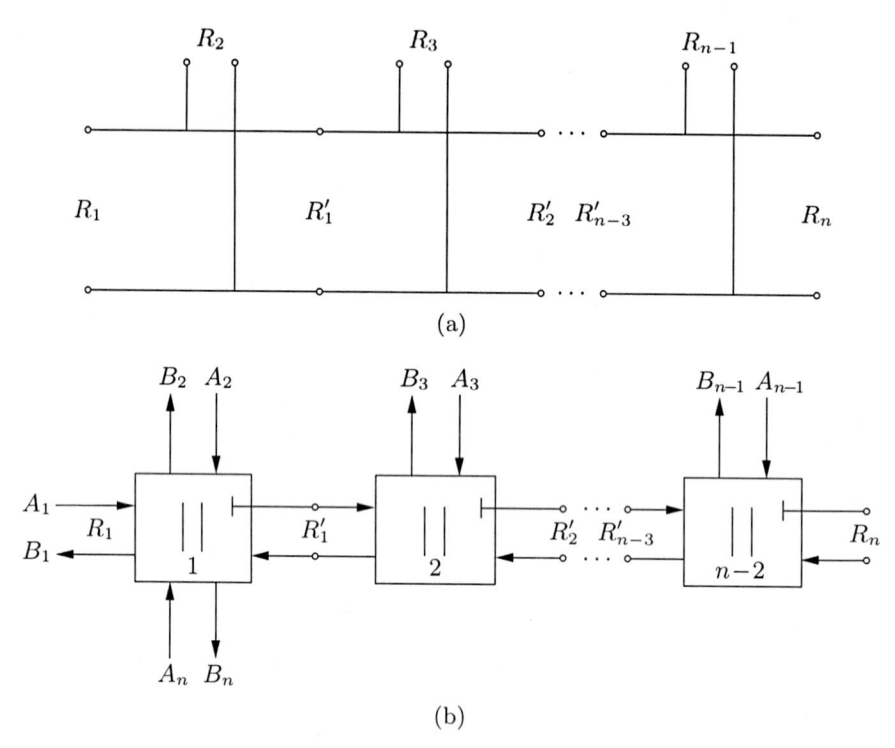

Figura 13.37 O adaptador paralelo de n terminais: (a) conexão equivalente; (b) interpretação como vários adaptadores paralelo de três terminais.

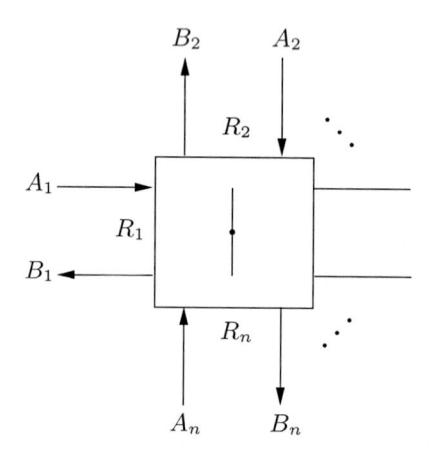

Figura 13.38 Símbolo do adaptador série de n terminais.

13.6 Filtros de onda

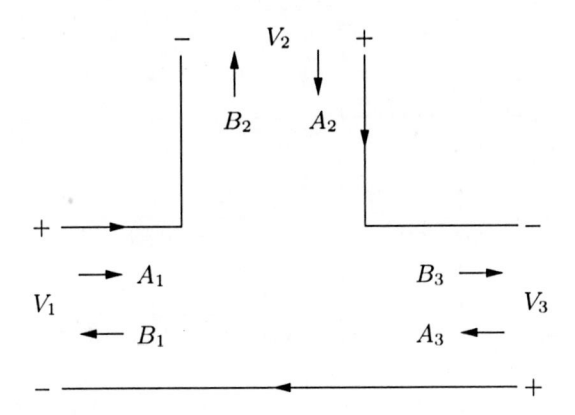

Figura 13.39 O adaptador série de três terminais.

equações de onda para cada terminal são

$$\left.\begin{array}{l}A_k = V_k + R_k I_k \\ B_k = V_k - R_k I_k\end{array}\right\}, \qquad (13.206)$$

para $k = 1, 2, \ldots, n$. Então, devemos ter

$$\left.\begin{array}{l}V_1 + V_2 + \cdots + V_n = 0 \\ I_1 = I_2 = \cdots = I_n = I\end{array}\right\}. \qquad (13.207)$$

A Figura 13.39 representa um possível adaptador série de três terminais.
Como

$$\sum_{i=1}^{n} A_i = \sum_{i=1}^{n} V_i + \sum_{i=1}^{n} R_i I_i = I \sum_{i=1}^{n} R_i, \qquad (13.208)$$

deduz-se que

$$B_k = A_k - 2R_k I_k = A_k - \frac{2R_k}{\sum_{i=1}^{n} R_i} \sum_{i=1}^{n} A_i = A_k - \beta_k A_0, \qquad (13.209)$$

onde

$$\left.\begin{array}{l}\beta_k = \dfrac{\frac{2R_k}{n}}{\sum_{i=1}^{n} R_i} \\ A_0 = \sum_{i=1}^{n} A_i\end{array}\right\}. \qquad (13.210)$$

Estruturas IIR eficientes

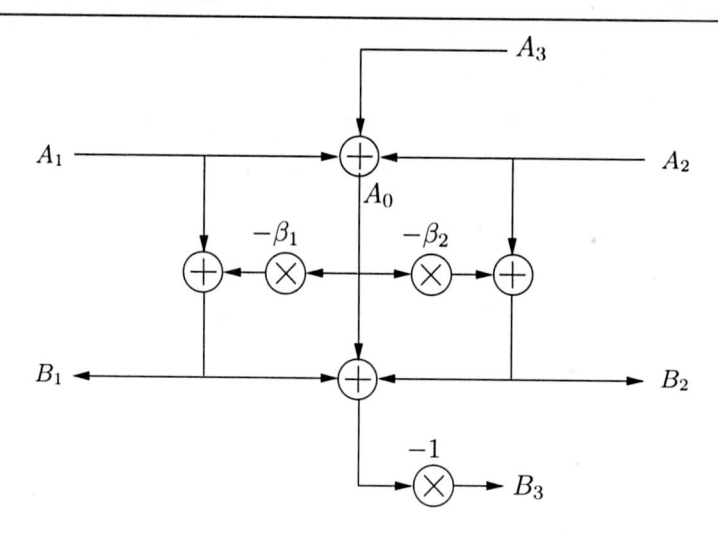

Figura 13.40 Realização digital de um adaptador série de três terminais.

Pela equação (13.210), observamos que

$$\sum_{k=1}^{n} \beta_k = 2. \qquad (13.211)$$

Portanto, é possível eliminar uma multiplicação, como foi feito anteriormente para o adaptador paralelo, expressando-se β_n em função dos demais β, e então,

$$B_n = A_n + (-2 + \beta_1 + \beta_2 + \cdots + \beta_{n-1})A_0. \qquad (13.212)$$

Como pela equação (13.209)

$$\sum_{k=1}^{n-1} B_k = \sum_{k=1}^{n-1} A_k - A_0 \sum_{k=1}^{n-1} \beta_k, \qquad (13.213)$$

então

$$B_n = A_n - 2A_0 + \sum_{k=1}^{n-1} A_k - \sum_{k=1}^{n-1} B_k = -A_0 - \sum_{k=1}^{n-1} B_k, \qquad (13.214)$$

onde o terminal n é o chamado terminal dependente.

O adaptador de três terminais realizado a partir das equações acima é mostrado na Figura 13.40. As equações específicas que o descrevem são dadas por

$$\left. \begin{array}{l} B_1 = A_1 - \beta_1 A_0 \\ B_2 = A_2 - \beta_2 A_0 \\ B_3 = -(A_0 + B_1 + B_2) \end{array} \right\}, \qquad (13.215)$$

onde $A_0 = A_1 + A_2 + A_3$.

13.6 Filtros de onda

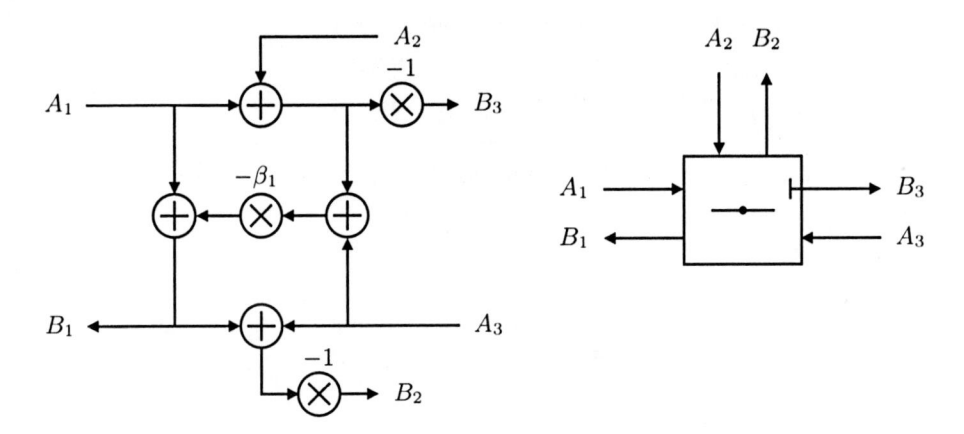

Figura 13.41 Adaptador série sem reflexão no terminal 3.

Para os adaptadores série, evitamos os percursos fechados sem atraso escolhendo um dos β igual a 1. Por exemplo, se escolhemos $\beta_n = 1$, temos que

$$\left.\begin{array}{l} R_n = R_1 + R_2 + \cdots + R_{n-1} \\ B_n = A_n - \beta_n A_0 = -(A_1 + A_2 + \cdots + A_{n-1}) \end{array}\right\}. \tag{13.216}$$

A equação (13.211), agora, pode ser substituída por

$$\beta_1 + \beta_2 + \cdots + \beta_{n-1} = 1, \tag{13.217}$$

que permite que um dos β_i seja calculado a partir dos demais.

Um adaptador série de três terminais com $\beta_3 = 1$ e β_2 escrito em função de β_1 é descrito por

$$\left.\begin{array}{l} \beta_2 = 1 - \beta_1 \\ B_1 = A_1 - \beta_1 A_0 \\ B_2 = A_2 - (1 - \beta_1) A_0 = A_2 - (A_1 + A_2 + A_3) + \beta_1 A_0 = \beta_1 A_0 - (A_1 + A_3) \\ B_3 = A_3 - A_0 = -(A_1 + A_2) \end{array}\right\}, \tag{13.218}$$

e sua implementação é representada na Figura 13.41. Observe que novamente o terminal que evita percursos fechados sem atraso é marcado com (⊢).

Considere, agora, uma conexão série com as orientações dos terminais ímpares invertidas, começando do terminal 3, e com $(n-2)$ terminais auxiliares usados para separação, como representa a Figura 13.42a. Podemos mostrar facilmente que essa conexão série pode ser implementada através de diversos adaptadores série elementares, como mostra a Figura 13.42b.

936 Estruturas IIR eficientes

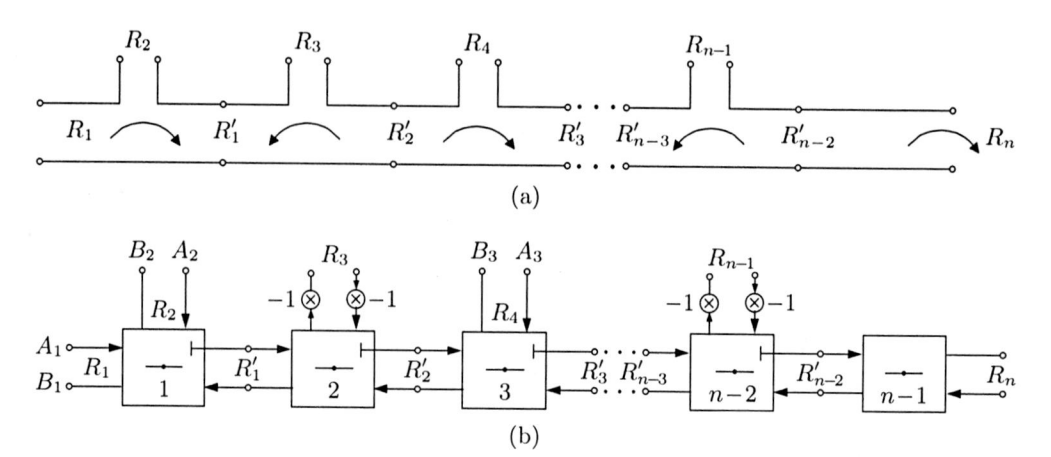

Figura 13.42 O adaptador série de n terminais: (a) conexão equivalente; (b) interpretação como vários adaptadores série de três terminais.

13.6.3 Filtros de onda treliça digitais

Em alguns projetos, é preferível implementar um filtro de onda digital a partir de uma rede analógica treliça em lugar de uma rede analógica escada. Isso porque, quando implementadas digitalmente, as redes treliça apresentam baixa sensibilidade na faixa de passagem e alta sensibilidade na faixa de rejeição do filtro. Há duas explicações para as propriedades de sensibilidade da realização em treliça. Primeiro, quaisquer mudanças nos coeficientes que pertencem aos adaptadores da estrutura treliça não destroem sua simetria, enquanto que na escada simétrica essa simetria pode ser perdida. A segunda razão se aplica ao projeto de filtros com zeros sobre a circunferência unitária. Nas estruturas treliça, a quantização usualmente move esses zeros para fora do círculo unitário, enquanto que nas estruturas em escada os zeros sempre se movem sobre a circunferência unitária.

Felizmente, todas as redes escada simétricas podem ser transformadas em redes treliça pela aplicação do chamado teorema da bisseção de Bartlett (Van Valkenburg, 1974). Esta seção trata da implementação de filtros de onda treliça digitais.

Dada a rede analógica treliça simétrica da Figura 13.43, onde Z_1 e Z_2 são as impedâncias da treliça, pode-se mostrar que as ondas incidente e refletida se relacionam de acordo com

$$\left. \begin{array}{l} B_1 = \dfrac{S_1}{2}(A_1 - A_2) + \dfrac{S_2}{2}(A_1 + A_2) \\[2mm] B_2 = -\dfrac{S_1}{2}(A_1 - A_2) + \dfrac{S_2}{2}(A_1 + A_2) \end{array} \right\}, \qquad (13.219)$$

13.6 Filtros de onda

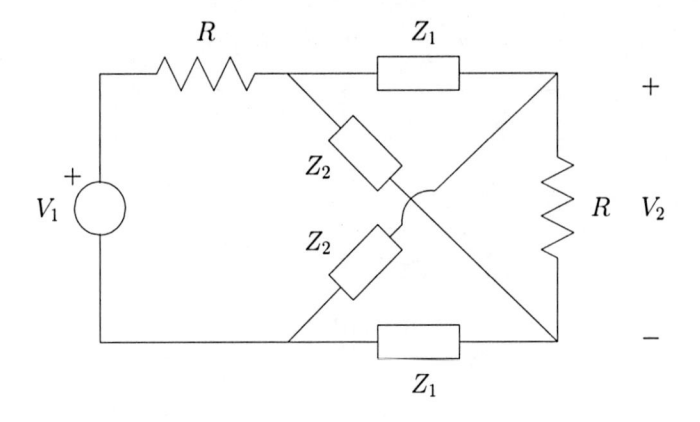

Figura 13.43 Rede analógica treliça.

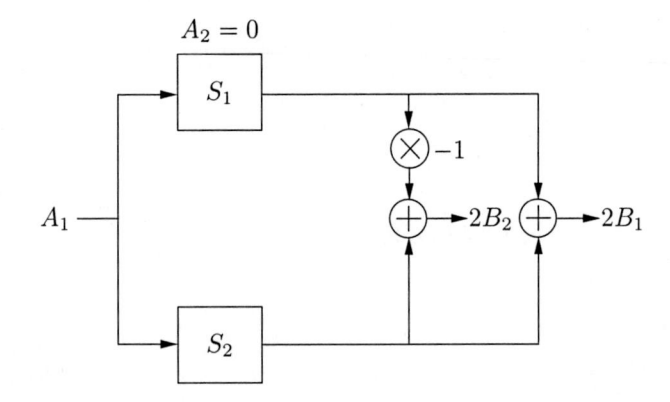

Figura 13.44 Representação de uma rede de onda treliça digital.

onde

$$\left. \begin{array}{l} S_1 = \dfrac{Z_1 - R}{Z_1 + R} \\ S_2 = \dfrac{Z_2 - R}{Z_2 + R} \end{array} \right\}, \qquad (13.220)$$

sendo S_1 e S_2 as refletâncias das impedâncias Z_1 e Z_2, respectivamente. Em outras palavras, S_1 e S_2 correspondem à razão entre as ondas refletida e incidente nos terminais Z_1 e Z_2 com resistência de terminal R, uma vez que

$$\frac{B}{A} = \frac{V - RI}{V + RI} = \frac{Z - R}{Z + R}. \qquad (13.221)$$

A realização treliça, então, consiste somente na realização de impedâncias, como ilustra a Figura 13.44. Observe que nessa figura, como a rede é terminada por uma resistência, então $A_2 = 0$.

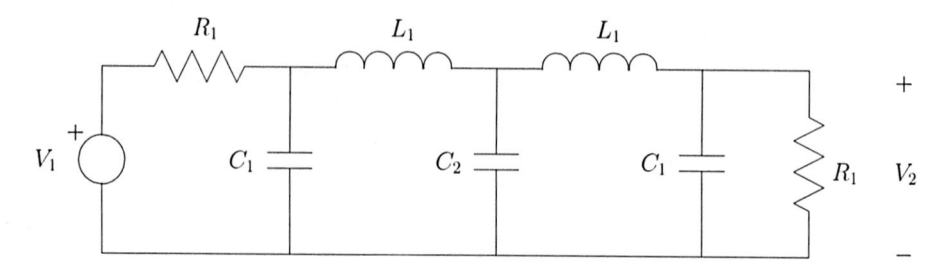

Figura 13.45 Rede RLC passa-baixas.

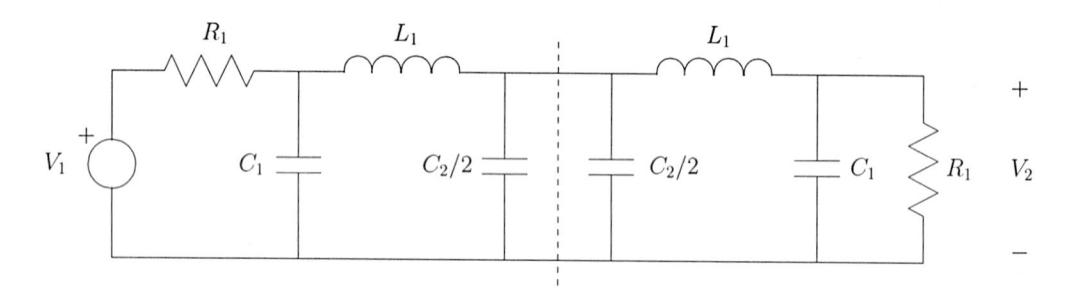

Figura 13.46 Rede escada simétrica.

EXEMPLO 13.6
Realize o filtro passa-baixas representado na Figura 13.45 usando uma rede de onda treliça.

SOLUÇÃO
O circuito da Figura 13.45 é uma rede escada simétrica, como fica claro pelo seu novo desenho na Figura 13.46.

O teorema da bisseção de Bartlett afirma que, quando se tem uma rede de dois terminais composta de duas meias redes iguais conectadas por qualquer número de fios, como ilustra a Figura 13.47, então a rede original equivale a uma rede treliça tal como na Figura 13.43. A Figura 13.46 é um bom exemplo de uma rede escada simétrica.

A impedância Z_1 é igual à impedância de entrada de qualquer meia rede quando os fios de conexão com a outra meia rede são curto-circuitados, e Z_2 é igual à impedância de saída de qualquer meia rede quando a conexão com a outra meia rede é aberta. Isso é ilustrado na Figura 13.48, onde são mostradas as determinações das impedâncias Z_1 e Z_2 da rede treliça equivalente. A Figura 13.49 mostra o cálculo de Z_1 e Z_2 para esse exemplo.

13.6 Filtros de onda

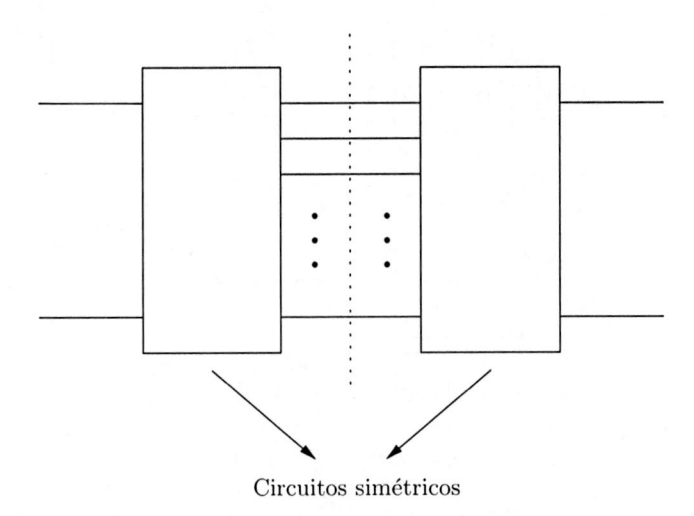

Figura 13.47 Rede escada simétrica genérica.

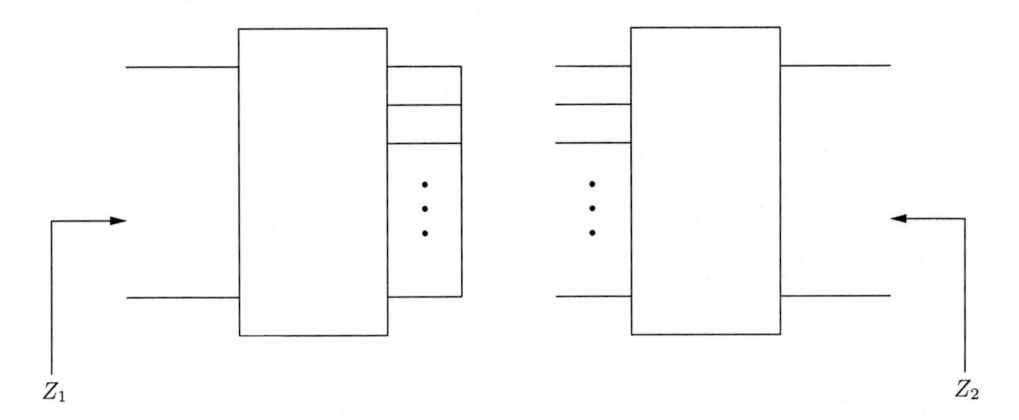

Circuitos simétricos

Figura 13.48 Cálculo das impedâncias Z_1 e Z_2 da treliça para o caso genérico.

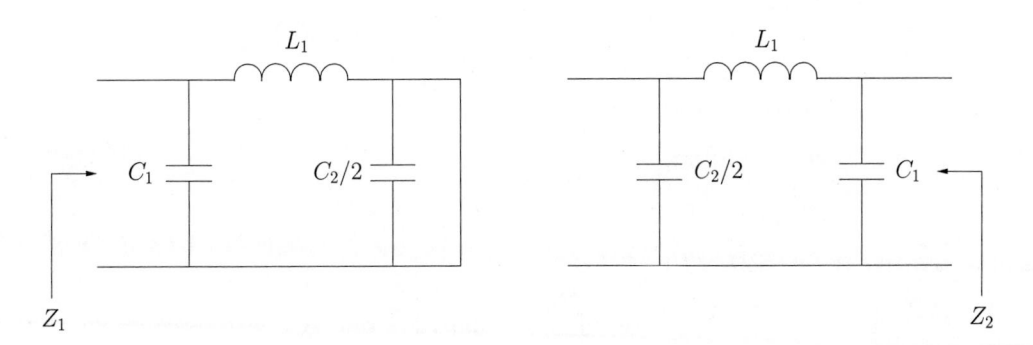

Figura 13.49 Cálculo das impedâncias Z_1 e Z_2 da treliça para o Exemplo 13.6.

940 Estruturas IIR eficientes

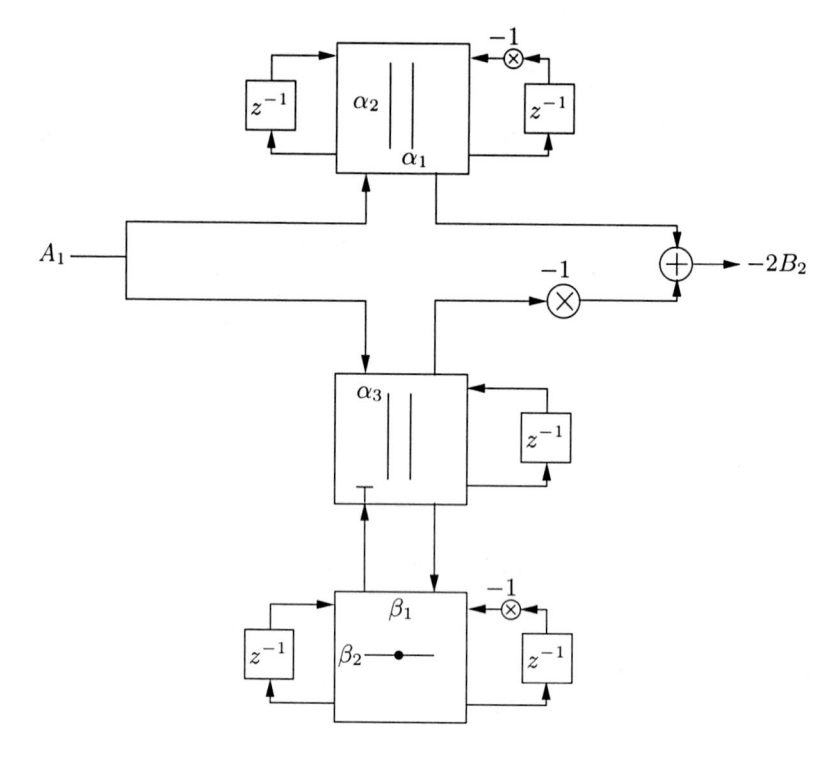

Figura 13.50 Rede treliça digital resultante.

Da rede treliça resultante, o filtro de onda final é, então, representado na Figura 13.50, onde

$$\alpha_1 = \frac{2G_1}{G_1 + (2C_1/T) + (T/2L_1)} \tag{13.222}$$

$$\alpha_2 = \frac{2(2C_1/T)}{G_1 + (2C_1/T) + (T/2L_1)} \tag{13.223}$$

$$\alpha_3 = \frac{2G_1}{G_1 + (2C_1/T) + G_3} + \frac{2G_1}{2G_1 + (4C_1/T)} = \frac{G_1}{G_1 + (2C_1/T)} \tag{13.224}$$

$$G_3 = G_1 + (2C_1/T) \tag{13.225}$$

$$\beta_1 = \frac{2R_3}{R_3 + (T/C_2) + (2L_1/T)} \tag{13.226}$$

$$\beta_2 = \frac{(2T/C_2)}{R_3 + (T/C_2) + (2L_1/T)}. \tag{13.227}$$

Deve-se observar que já que desejamos uma rede que gere a tensão de saída na carga, então B_2 é a única variável de interesse, e portanto B_1 não precisa ser calculada.   △

13.6 Filtros de onda

EXEMPLO 13.7
Realize o filtro escada representado na Figura 13.51 usando uma rede de onda.

SOLUÇÃO
As conexões entre os elementos podem ser interpretadas como mostra a Figura 13.52. O filtro de onda resultante deve ser representado como na Figura 13.53, onde a escolha dos terminais livres de reflexão é arbitrária.

As equações abaixo descrevem como calcular o coeficiente multiplicador de cada adaptador, e a Figura 13.54 representa a realização do filtro de onda digital resultante.

$$G'_1 = G_1 + \frac{2C_1}{T} \tag{13.228}$$

$$\alpha_1 = \frac{2G_1}{G_1 + (2C_1/T) + G'_1} = \frac{2G_1}{2G_1 + (4C_1/T)} = \frac{G_1}{G_1 + (2C_1/T)} \tag{13.229}$$

$$G'_6 = \frac{2C_2}{T} + \frac{T}{2L_1} \tag{13.230}$$

$$\alpha_2 = \frac{2(2C_2/T)}{(2C_2/T) + (T/2L_1) + G'_6} = \frac{2C_2/T}{(2C_2/T) + (T/2L_1)} \tag{13.231}$$

$$R'_2 = R'_1 + R'_6 \tag{13.232}$$

$$\beta_1 = \frac{R'_1}{R'_1 + R'_6} = \frac{1}{1 + \frac{G_1+(2C_1/T)}{(2C_2/T)+(T/2L_1)}} \tag{13.233}$$

$$G'_3 = G'_2 + \frac{2C_3}{T} \tag{13.234}$$

$$\alpha_3 = \frac{G'_2}{G'_2 + (2C_3/T)} \tag{13.235}$$

$$G'_7 = \frac{2C_4}{T} + \frac{T}{2L_2} \tag{13.236}$$

$$\alpha_4 = \frac{2C_4/T}{(2C_4/T) + (T/2L_2)} \tag{13.237}$$

$$R'_4 = R'_3 + R'_7 \tag{13.238}$$

$$\beta_2 = \frac{R'_3}{R'_3 + R'_7} \tag{13.239}$$

$$G'_5 = G'_4 + \frac{2C_5}{T} \tag{13.240}$$

942 Estruturas IIR eficientes

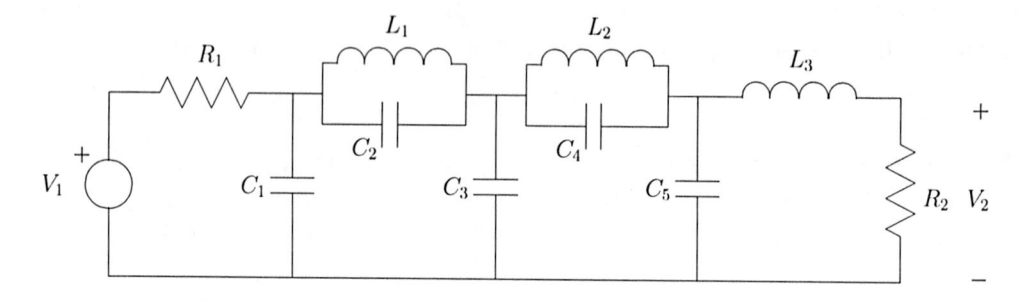

Figura 13.51 Rede RLC escada.

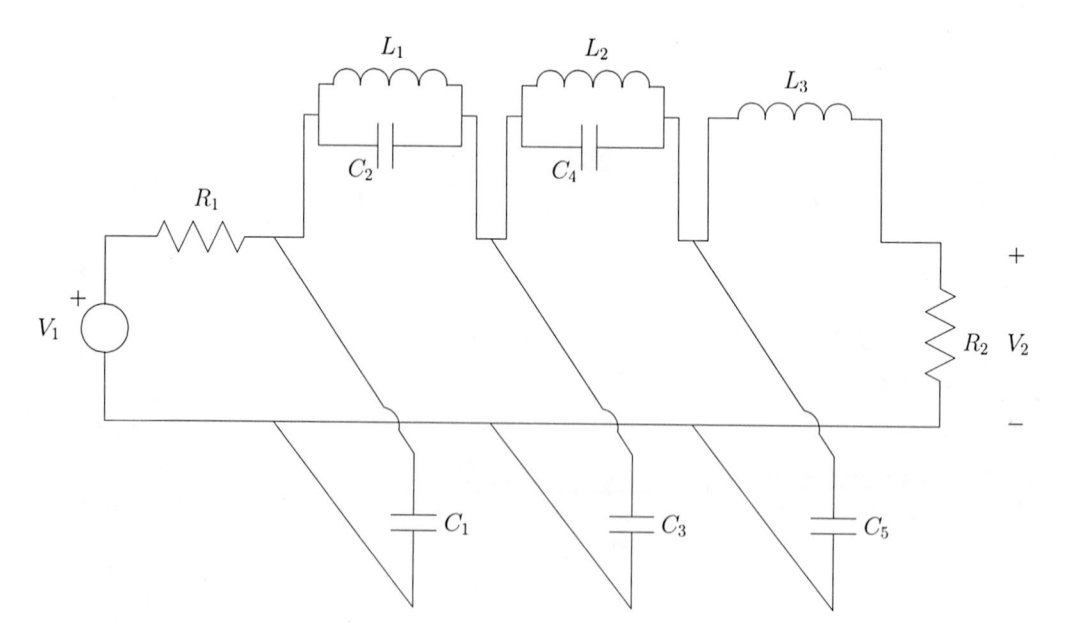

Figura 13.52 Conexão dos componentes.

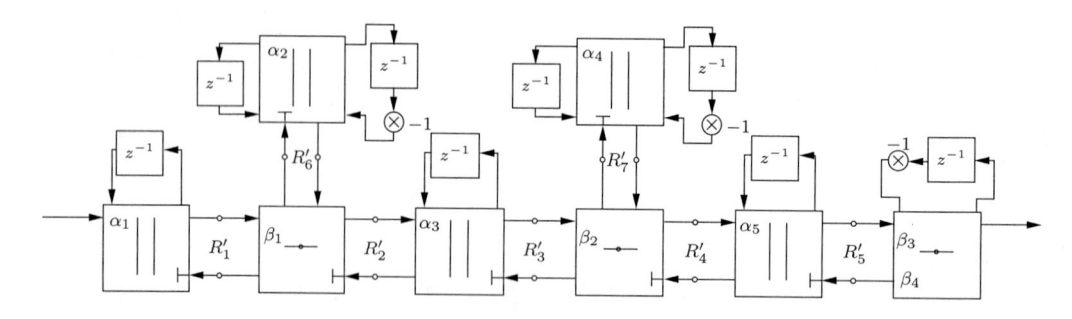

Figura 13.53 Rede de onda digital resultante.

$$\alpha_5 = \frac{2G'_4}{G'_4 + (2C_5/T)} \tag{13.241}$$

$$\beta_3 = \frac{2R'_5}{R'_5 + (2L_3/T) + R_2} \tag{13.242}$$

$$\beta_4 = \frac{2R_2}{R'_5 + (2L_3/T) + R_2}. \tag{13.243}$$

△

13.7 Faça você mesmo: estruturas IIR eficientes

Experimento 13.1

Considere o filtro em cascata projetado no Exemplo 13.1 e descrito na Tabela 13.4 com a constante de ganho h_0. Dada a função de transferência de cada seção

$$H_i(z) = \frac{N_i(z)}{D_i(z)} = \frac{\gamma_{0i}z^2 + \gamma_{1i}z + \gamma_{2i}}{z^2 + m_{1i}z + m_{2i}}, \tag{13.244}$$

o fator de pico correspondente P_i, definido na equação (13.16), pode ser determinado em MATLAB através de

```
N_i = [gamma0i gamma1i gamma2i]; D_i = [1 m1i m2i];
npoints = 1000;
Hi = freqz(N_i,D_i,npoints);
Hi_infty = max(abs(Hi));
Hi_2 = sqrt(sum(abs(Hi).^2)/npoints);
Pi = Hi_infty/Hi_2;
```

Usando os valores dos coeficientes fornecidos na Tabela 13.4, obtêm-se

$$\left.\begin{array}{l} P_1 = 11{,}2719 \\ P_2 = 13{,}4088 \\ P_3 = 12{,}5049 \end{array}\right\}. \tag{13.245}$$

Se escalamos o filtro pela norma L_2, então, para minimizar o valor máximo da PSD do ruído da saída devemos mudar a ordem das seções conforme a ordem decrescente de P_i, como se vê na Figura 13.55.

Escalando a antiga Seção 2 pela norma L_2, obtemos

$$\lambda_2 = \frac{1}{\|F_2(z)\|_2} = \frac{1}{\|h_0/(D_2(z))\|_2} \tag{13.246}$$

944 Estruturas IIR eficientes

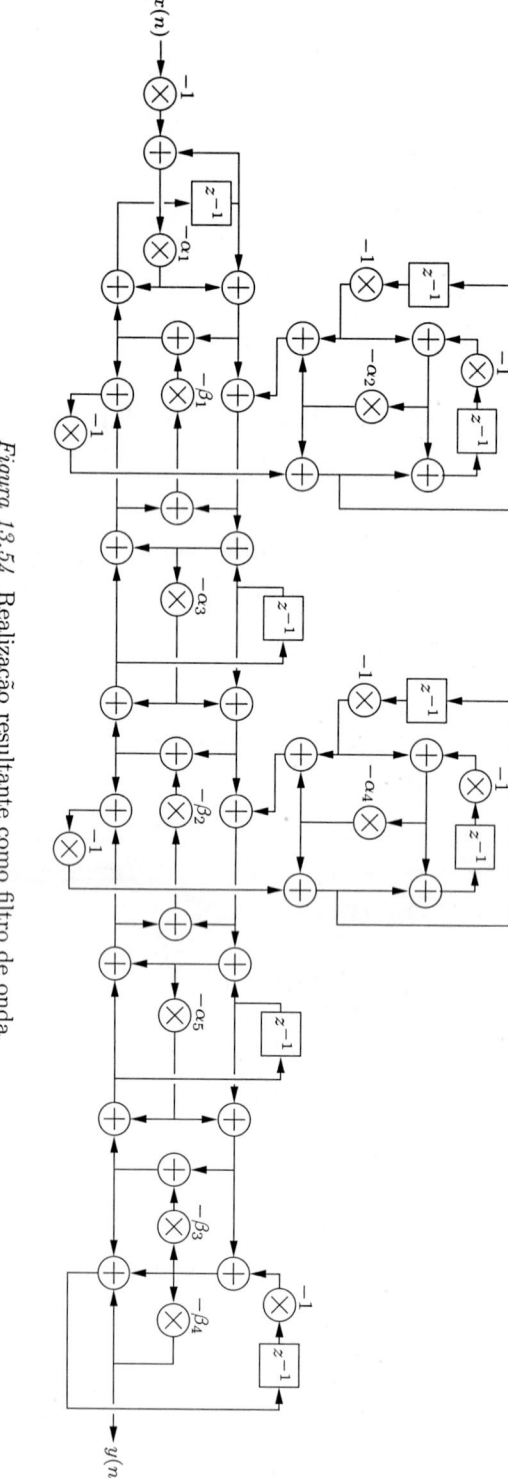

Figura 13.54 Realização resultante como filtro de onda.

13.7 Faça você mesmo: estruturas IIR eficientes

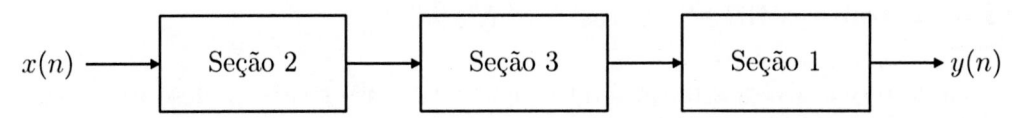

$x(n) \longrightarrow \boxed{\text{Seção 2}} \longrightarrow \boxed{\text{Seção 3}} \longrightarrow \boxed{\text{Seção 1}} \longrightarrow y(n)$

Figura 13.55 Novo ordenamento das seções do filtro em cascata para minimizar o valor de pico da PSD do ruído da saída.

tal que

```
D_2 = [1 m12 m22];
F_2 = freqz(h_0,D_2,npoints);
lambda_2 = 1/sqrt(sum(abs(F_2).^2)/npoints);
```

Escalando a antiga Seção 3, levando em conta que ela agora vem após a antiga Seção 2, obtemos

$$\lambda_3 = \frac{1}{\|H_2(z)F_3(z)\|_2} = \frac{1}{\|(h_0 N_2(z))/(D_2(z)D_3(z))\|_2} \qquad (13.247)$$

tal que

```
N_2 = [gamma02 gamma12 gamma22];
D_3 = [1 m13 m23];
D_2D_3 = conv(D_2,D_3);
H_2F_3 = freqz(h_0N_2,D_2D_3,npoints);
lambda_3 = 1/sqrt(sum(abs(H_2F_3).^2)/npoints);
```

Finalmente, escalando a antiga Seção 1, levando em conta que ela agora vem após as antigas Seções 2 e 3, obtemos

$$\lambda_1 = \frac{1}{\|H_2(z)H_3(z)F_1(z)\|_2} = \frac{1}{\|(h_0 N_2(z)N_3(z))/(D_2(z)D_3(z)D_1(z))\|_2} \qquad (13.248)$$

tal que

```
N_3 = [gamma03 gamma13 gamma23];
D_1 = [1 m11 m21];
N_2N_3 = conv(N_2,N_3);
D_2D_3D_1 = conv(D_2D_3,D_1);
H_2H_3F_1 = freqz(h_0N_2N_3,D_2D_3D_1,npoints);
lambda_1 = 1/sqrt(sum(abs(H_2H_3F_1).^2)/npoints);
```

isso produz

$$\left.\begin{aligned}\lambda_2 &= 522{,}2077 \\ \lambda_3 &= 83{,}8126 \\ \lambda_1 &= 12{,}1895\end{aligned}\right\}. \qquad (13.249)$$

△

13.8 Estruturas IIR eficientes com Matlab

O MATLAB tem diversas funções relacionadas com as estruturas descritas neste capítulo. Essas funções já foram descritas nos Capítulos 4 e 12. A fim de tornarmos a referência mais fácil, apresentamos abaixo uma lista dessas funções.

- `sos2tf`: Converte a forma cascata na forma direta. Veja o Capítulo 4 para uma lista de parâmetros. Observe que não há comando direto que reverta esta operação.

- `residuez`: Efetua a expansão em frações parciais no domínio z, se há dois parâmetros de entrada. Esse comando considera raízes complexas. Para se obter a expansão paralela de uma dada função de transferência, deve-se combinar essas raízes em pares complexos conjugados com o comando `cplxpair` (veja o Capítulo 4) para formar seções de segunda ordem com coeficientes reais. O comando `residuez` também converte a expansão em frações parciais de volta à forma direta original. Veja o Capítulo 4 para uma lista de parâmetros.

- `tf2ss` e `ss2tf`: Convertem a forma direta na forma no espaço de estados e vice-versa. Veja o Capítulo 4 para uma lista de parâmetros.

- `sos2ss` e `ss2sos`: Convertem a forma cascata na forma no espaço de estados e vice-versa. Veja o Capítulo 4 para uma lista de parâmetros.

- `tf2latc` e `latc2tf`: Convertem a forma direta na forma treliça e vice-versa. Veja o Capítulo 12 para uma lista de parâmetros.

13.9 Resumo

Este capítulo apresentou várias estruturas eficientes para a realização de filtros digitais IIR.

Foram apresentados em detalhe os projetos das formas cascata e paralela para filtros IIR. Foram enfatizados os casos em que as seções de segunda ordem consistiam em seções na forma direta, seções no espaço de estados ótimas e estruturas no espaço de estados livres de ciclos-limite. Essas estruturas são modulares e devem ser sempre consideradas como as principais candidatas em implementações práticas.

Então, abordamos a questão da redução do erro de quantização na saída do filtro pela introdução de zeros na função de transferência de ruído realimentando-se o erro de quantização. Essa técnica é conhecida como conformação espectral do erro. Também apresentamos equações em forma fechada para o cálculo do fator de escalamento de seções de segunda ordem de modo a facilitar o projeto de filtros na forma paralela por estruturas não-canônicas quanto ao número de multiplicadores.

Foram apresentadas com algum detalhe as estruturas treliça. Em particular, as estruturas aqui discutidas utilizam seções de dois terminais com um, dois e quatro multiplicadores. Pode-se mostrar que essas estruturas são livres de ciclos-limite de entrada nula, e seus métodos de projeto se baseiam numa estratégia de redução polinomial. Apresentamos, então, filtros duplamente complementares construídos a partir de blocos passa-tudo, com um exemplo de sua aplicação no projeto de bancos de filtros.

A última classe de estruturas apresentada neste capítulo foi a dos filtros de onda digitais, que são projetados a partir de filtros-protótipo analógicos. Essa estratégia baseada em ondas produz filtros digitais com baixíssima sensibilidade e livres de ciclos-limite.

13.10 Exercícios

13.1 Considere a estrutura paralela alternativa vista na Figura 13.56, cuja função de transferência é

$$H(z) = h'_0 + \sum_{k=1}^{m} \frac{\gamma'_{1k} z + \gamma'_{2k}}{z^2 + m_{1k} z + m_{2k}}.$$

Discuta o procedimento de escalamento e determine a variância de ruído relativa para essa realização.

13.2 Derive as expressões das equações (13.20) e (13.21).

13.3 Mostre que as normas L_2 e L_∞ de uma função de transferência de segunda ordem dada por

$$H(z) = \frac{\gamma_1 z + \gamma_2}{z^2 + m_1 z + m_2}$$

são como descrevem as equações (13.28) e (13.29), respectivamente.

13.4 Derive as expressões da PSD e da variância do ruído da saída para os filtros de ordem ímpar realizados como cascata de cada um dos tipos de seções de segunda ordem (mais uma de primeira) a seguir:

(a) na forma direta;
(b) no espaço de estados ótimas;
(c) no espaço de estados livres de ciclos-limite.

Assuma aritmética de ponto fixo.

13.5 Repita o Exercício 13.4 assumindo aritmética de ponto flutuante.

948 Estruturas IIR eficientes

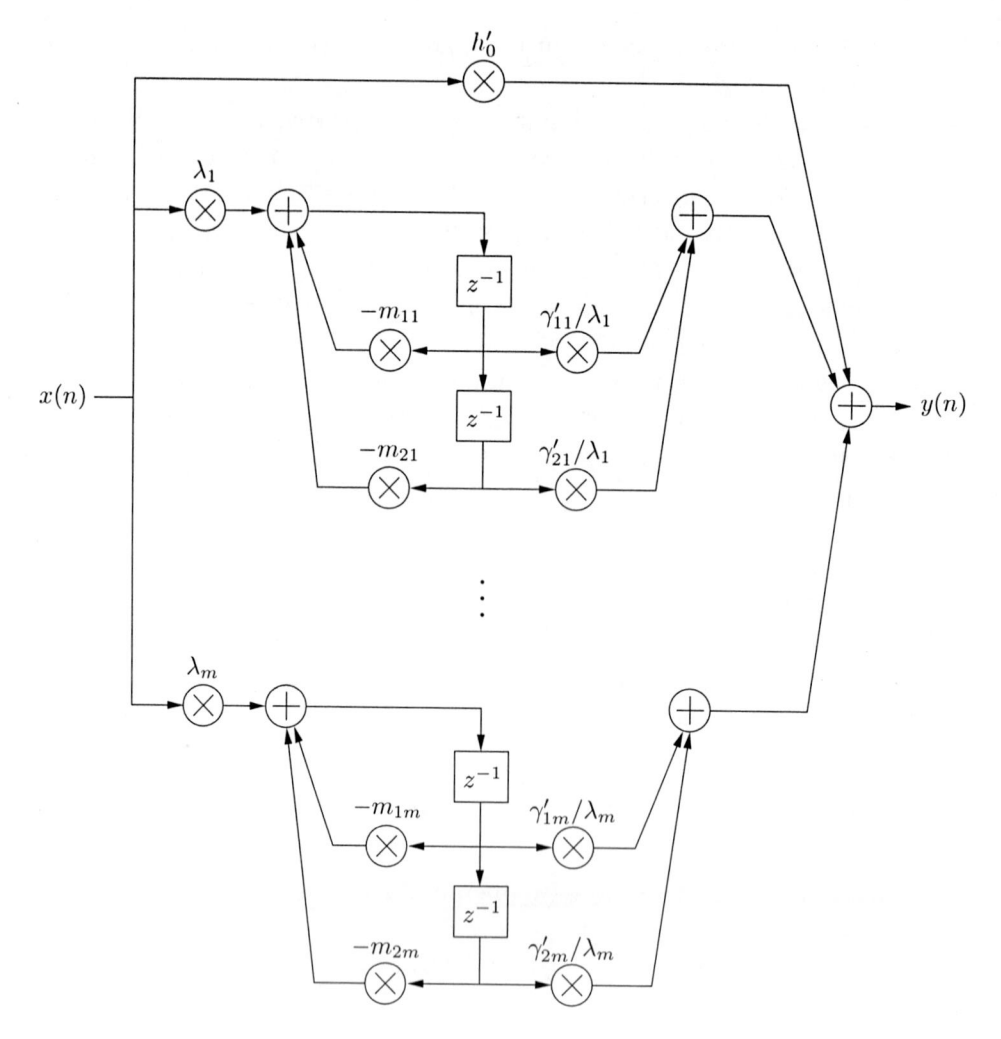

Figura 13.56 Estrutura paralela alternativa com seções na forma direta.

13.6 A partir das equações (13.55) e (13.56) e das definições de $F'_i(z)$ e $G'_i(z)$ nas Figuras 11.20 e 11.16, respectivamente, derive as equações (13.57) e (13.58).

13.7 Verifique que as equações (13.72)–(13.73) correspondem a uma estrutura no espaço de estados com ruído mínimo na saída.

13.8 Mostre que quando os polos de uma seção de segunda ordem com função de transferência

$$H(z) = d + \frac{\gamma_1 z + \gamma_2}{z^2 + m_1 z + m_2}$$

são complexos conjugados, então o parâmetro σ definido na equação (13.74) é necessarianente real.

13.9 Mostre que a seção no espaço de estados livre de ciclos-limite chamada Estrutura I, determinada pelas equações (13.97) e (13.98), tem ruído de quantização mínimo somente se
$$\frac{\gamma_1}{\gamma_2} = \frac{m_1+2}{m_2-1},$$
como indicado na equação (13.103).

13.10 Projete um filtro elíptico que satisfaça as especificações abaixo:

$A_p = 0{,}4$ dB;

$A_r = 50$ dB;

$\Omega_{r_1} = 1000$ rad/s;

$\Omega_{p_1} = 1150$ rad/s;

$\Omega_{p_2} = 1250$ rad/s;

$\Omega_{r_2} = 1400$ rad/s;

$\Omega_s = 10\,000$ rad/s.

Realize o filtro usando:

(a) paralelo de seções na forma direta;
(b) cascata de seções na forma direta;
(c) cascata de seções no espaço de estados ótimas;
(d) cascata de seções no espaço de estados sem ciclos-limite.

As especificações têm que ser atendidas com os coeficientes quantizados na faixa de 18 a 20 bits, incluído o bit de sinal.

13.11 Repita o Exercício 13.10 com as especificações abaixo:

$A_p = 1{,}0$ dB;

$A_r = 70$ dB;

$\omega_p = 0{,}025\pi$ rad/amostra;

$\omega_r = 0{,}04\pi$ rad/amostra.

13.12 Projete usando uma cascata de estruturas na forma direta com a técnica de ESS um filtro elíptico que satisfaça as especificações do Exercício 13.10.

13.13 Projete, usando uma conexão de estruturas de segunda ordem na forma direta em paralelo com escalamento pelas normas L_2 e L_∞ conforme as equações em forma fechada da Seção 13.2.4, um filtro elíptico que satisfaça as especificações do Exercício 13.10.

13.14 Derive a equação (13.132).

13.15 Derive o fator de escalamento a ser utilizado na treliça de dois multiplicadores da Figura 13.9 para gerar a treliça de um multiplicador da Figura 13.12.

Tabela 13.16 Coeficientes $a_{j,1}$ do filtro passa-tudo $F_1(z)$.

$a_{0,1} =$	$1,0000$
$a_{1,1} =$	$0,0000$
$a_{2,1} =$	$0,4698$
$a_{3,1} =$	$0,0000$
$a_{4,1} =$	$-0,0829$

Tabela 13.17 Coeficientes $a_{j,1}$ do filtro passa-tudo $F_1(z)$.

$a_{0,1} =$	$1,0000$
$a_{1,1} =$	$0,0000$
$a_{2,1} =$	$0,4829$
$a_{3,1} =$	$0,0000$
$a_{4,1} =$	$-0,1007$
$a_{5,1} =$	$0,0000$
$a_{6,1} =$	$0,0352$
$a_{7,1} =$	$0,0000$
$a_{8,1} =$	$-0,0117$

13.16 Derive o fator de escalamento a ser utilizado na treliça normalizada da Figura 13.13 para gerar uma treliça de três multiplicadores.

13.17 Projete uma estrutura treliça de dois multiplicadores para implementar o filtro descrito no Exercício 13.10.

13.18 Os coeficientes de um filtro passa-tudo projetado para gerar filtros duplamente complementares de ordem $N_1 = 5$ são dados na Tabela 13.16. Descreva o que acontece com as propriedades desses filtros quando substituímos z por z^2.

13.19 Os coeficientes de um filtro passa-tudo projetado para gerar filtros duplamente complementares de ordem $N_1 = 9$ são dados na Tabela 13.17.

(a) Represente graficamente a resposta de fase do filtro passa-tudo e verifique a validade das especificações descritas na equação (13.167).

(b) Calcule a diferença de fase entre $H_0(z)$ e $H_1(z)$ e comente os resultados.

(c) Proponha a implementação de um banco de QMF com número mínimo de multiplicações por amostra usando os filtros projetados.

13.20 Derive uma realização para o circuito da Figura 13.45 usando o método do filtro de onda digital padrão e compare-o com o filtro de onda em estrutura treliça obtido na Figura 13.50 quanto à complexidade computacional global.

13.10 Exercícios

Tabela 13.18 *Coeficientes de um filtro de Chebyshev. Fator de escalamento:* $\lambda = 2{,}6167 \times 10^{-2}$.

Coeficiente	Seção 1	Seção 2	Seção 3
γ_0	0,0252	0,0883	1,0000
γ_1	−0,0503	−0,1768	−2,0000
γ_2	0,0252	0,0883	1,0000
m_0	1,5751	1,6489	1,5465
m_1	0,7809	0,7012	0,9172

13.21 A Tabela 13.18 mostra os coeficientes multiplicadores de um filtro de Chebyshev escalado, projetado para atender às seguintes especificações:

$A_\mathrm{p} = 0{,}6$ dB

$A_\mathrm{r} = 48$ dB

$\Omega_\mathrm{r} = 3300$ rad/s

$\Omega_\mathrm{p} = 4000$ rad/s

$\Omega_\mathrm{s} = 10\,000$ rad/s.

A estrutura usada é uma cascata de seções de segunda ordem na forma direta.

(a) Represente graficamente a RPSD do ruído da saída em decibéis.

(b) Determine o comprimento de palavra dos coeficientes do filtro, usando-se a representação em sinal-módulo, que produz no máximo 1,0 dB de ondulação na faixa de pasagem.

(c) Represente graficamente a resposta de módulo do filtro quando os coeficientes do filtro são quantizados com o número de bits obtido no item (b). Compare o resultado com a resposta de módulo do filtro não-quantizado.

13.22 Retorne ao Experimento 13.1 e determine:

(a) O fator de pico e os fatores de escalamento para o filtro em cascata descrito na Tabela 13.5 antes da quantização com 9 bits.

(b) A variância de ruído relativa na saída para as versões não-quantizada e quantizada com 9 bits do filtro em cascata escalado.

Referências Bibliográficas

Adams, J. W. (1991a). FIR digital filters with least-squares stopbands subject to peak-gain constraints. *IEEE Transactions on Circuits and Systems*, *39*, 376–88.

Adams, J. W. (1991b). A new optimal window. *IEEE Transactions on Signal Processing*, *39*, 1753–69.

Adams, J. W. & Willson, Jr., A. N. (1983). A new approach to FIR digital filters with fewer multipliers and reduced sensitivity. *IEEE Transactions on Circuits and Systems*, *CAS-30*, 277–83.

Adams, J. W. & Willson, Jr., A. N. (1984). Some efficient digital prefilter structures. *IEEE Transactions on Circuits and Systems*, *CAS-31*, 260–5.

Ahmed, N., Natarajan, T. & Rao, K. R. (1974). Discrete cosine transform. *IEEE Transactions on Computers*, *C-23*, 90–3.

Akansu, A. N. & Medley, M. J. (1999). *Wavelets, Subband and Block Transforms in Communications and Multimedia*. Boston, MA: Kluwer Academic Publishers.

Analog Devices, Inc. (December 2004a). *ADSP-TS201 TigerSHARC Processor – Hardware Reference*. Analog Devices, Inc.

Analog Devices, Inc. (March 2004b). *ADSP-TS206X SHARC Processor – User's Manual*. Analog Devices, Inc.

Analog Devices, Inc. (April 2005). *ADSP-TS201 TigerSHARC Processor – Programming Reference*. Analog Devices, Inc.

Analog Devices, Inc. (February 2009). *ADSP-BF538/ADSP-BF538F Blackfin Processor – Hardware Reference*. Analog Devices, Inc.

Ansari, R. & Liu, B. (1983). Efficient sampling rate alteration using recursive (IIR) digital filters. *IEEE Transactions on Acoustics, Speech, and Signal Processing*, *ASSP-31*, 1366–73.

Antonini, M., Barlaud, M., Mathieu, P. & Daubechies, I. (1992). Image coding using wavelet transform. *IEEE Transactions on Image Processing*, *1*, 205–20.

Antoniou, A. (1982). Accelerated procedure for the design of equiripple nonrecursive digital filters. *IEE Proceedings – Part G*, *129*, 1–10.

Antoniou, A. (1983). New improved method for design of weighted-Chebyschev, nonrecursive, digital filters. *IEEE Transactions on Circuits and Systems*, *CAS-30*, 740–50.

Antoniou, A. (1993). *Digital Filters: Analysis, Design, and Applications*, 2a. ed. New York, NY: McGraw-Hill.

Antoniou, A. (2006). *Digital Signal Processing: Signals, Systems, and Filters*. New York, NY: McGraw-Hill.

Antoniou, A. & Lu, W.-S. (2007). *Practical Optimization: Algorithms and Engineering Applications*. New York, NY: Springer.

Antoniou, A. & Rezk, M. G. (1977). Digital filters synthesis using concept of generalized-immitance converter. *IEE Journal of Electronics Circuits*, *1*, 207–16.

Antoniou, A. & Rezk, M. G. (1980). A comparison of cascade and wave fixed-point digital-filter structures. *IEEE Transactions on Circuits and Systems*, CAS-27, 1184–94.

Apostol, T. M. (1967). *Calculus*, 2a. ed., volume I. Toronto, Canadá: Xerox College Publishing.

Avenhaus, E. (1972). On the design of digital filters with coefficients of limited wordlength. *IEEE Transactions on Audio and Electroacoustics, AU-20*, 206–12.

Bauer, P. H. & Wang, J. (1993). Limit cycle bounds for floating-point implementations of second-order recursive digital filters. *IEEE Transactions on Circuits and Systems II: Analog and Digital Signal Processing*, 39, 493–501. Correções em 41, 176, fevereiro de 1994.

Belevitch, V. (1968). *Classical Network Theory*. San Francisco, CA: Holden-Day.

Benvenuto, N., Franks, L. E. & Hill, Jr., F. S. (1984). On the design of FIR filters with power-of-two coefficients. *IEEE Transactions on Communications*, COM-32, 1299–307.

Bhaskaran, V. & Konstantinides, K. (1997). *Image and Video Compression Standards: Algorithms and Architectures*. Boston, MA: Kluwer Academic Publishers.

Bomar, B. W. (1989). On the design of second-order state-space digital filter sections. *IEEE Transactions on Circuits and Systems*, 36, 542–52.

Bomar, B. W. & Joseph, R. D. (1987). Calculation of L_∞ norms in second-order state-space digital filter sections. *IEEE Transactions on Circuits and Systems*, CAS-34, 983–4.

Bomar, B. W., Smith, L. M. & Joseph, R. D. (1997). Roundoff noise analysis of state-space digital filters implemented on floating-point digital signal processors. *IEEE Transactions on Circuits and Systems II: Analog and Digital Signal Processing*, 44, 952–5.

Boyd, S. & Vandenberghe, L. (2004). *Convex Optimization*. Cambridge, Reino Unido: Cambridge University Press.

Bracewell, R. N. (1984). The fast Hartley transform. *Proceedings of the IEEE*, 72, 1010–18.

Bracewell, R. N. (1994). Aspects of the Hartley transform. *Proceedings of the IEEE*, 82, 381–6.

Burrus, C. S. & Parks, T. W. (1970). Time domain design of recursive digital filters. *IEEE Transactions on Audio and Electroacoustics, AU-18*, 137–41.

Butterweck, H. J. (1975). Suppression of parasitic oscillations in second-order digital filters by means of a controlled-rounding arithmetic. *Archiv Elektrotechnik und Übertragungstechnik*, 29, 371–4.

Butterweck, H. J., van Meer, A. C. P. & Verkroost, G. (1984). New second-order digital filter sections without limit cycles. *IEEE Transactions on Circuits and Systems*, CAS-31, 141–6.

Cabezas, J. C. E. & Diniz, P. S. R. (1990). FIR filters using interpolated prefilters and equalizers. *IEEE Transactions on Circuits and Systems*, 37, 17–23.

Chang, T.-L. (1981). Suppression of limit cycles in digital filters designed with one magnitude-truncation quantizer. *IEEE Transactions on Circuits and Systems*, CAS-28, 107–11.

Charalambous, C. & Antoniou, A. (1980). Equalisation of recursive digital filters. *IEE Proceedings – Part G*, 127, 219–25.

Chen, W.-H., Smith, C. H. & Fralick, S. C. (1977). A fast computational algorithm for the discrete cosine transform. *IEEE Transactions on Communications*, COM-25, 1004–9.

Cheney, E. W. (1966). *Introduction to Approximation Theory*. New York, NY: McGraw-Hill.

Churchill, R. V. (1975). *Complex Variables and Applications*. New York, NY: McGraw-Hill.

Claasen, T. A. C. M., Mecklenbräuker, W. F. G. & Peek, J. B. H. (1975). On the stability of the forced response of digital filters with overflow nonlinearities. *IEEE Transactions on Circuits and Systems*, CAS-22, 692–6.

Cochran, W., Cooley, J., Favin, D. *et al.* (1967). What is the fast Fourier transform? *IEEE Transactions on Audio and Electroacoustics, AU-15*, 45–55.

Cohen, A., Daubechies, I. & Feauveau, J. C. (1992). Biorthogonal bases of compactly supported wavelets. *Communications on Pure and Applied Mathematics*, XLV, 485–560.

Constantinides, A. G. (1970). Spectral transformations for digital filters. *IEE Proceedings*, 117, 1585–90.

Cooley, J. W. & Tukey, J. W. (1965). An algorithm for the machine computation of complex Fourier series. *Mathematics of Computation*, 19, 297–301.

Cortelazzo, G. & Lightner, M. R. (1984). Simultaneous design of both magnitude and group delay of IIR and FIR filters based on multiple criterion optimization. *IEEE Transactions on Acoustics, Speech, and Signal Processing*, ASSP-32, 9949–67.

Cover, T. M. & Thomas, J. A. (2006). *Elements of Information Theory*, 2a. ed. Hoboken, NJ: Wiley.

Crochiere, R. E. & Oppenheim, A. V. (1975). Analysis of linear digital network. *Proceedings of the IEEE*, 63, 581–93.

Crochiere, R. E. & Rabiner, L. R. (1983). *Multirate Digital Signal Processing*. Englewood Cliffs, NJ: Prentice-Hall.

Croisier, A., Esteban, D. & Galand, C. (1976). Perfect channel splitting by use of interpolation/decimation/tree decomposition techniques. In *Proceedings of International Symposium on Information, Circuits and Systems*, Patras, Greece, pp. 443–6.

Croisier, A., Esteban, D. J., Levilion, M. E. & Riso, V. (1973). Digital filter for PCM encoded signals. U.S. Patent no. 3777130.

Daniels, R. W. (1974). *Approximation Methods for Electronic Filter Design*. New York, NY: McGraw-Hill.

Daubechies, I. (1988). Orthonormal bases of compactly supported wavelets. *Communications on Pure and Applied Mathematics*, XLI, 909–96.

Daubechies, I. (1990). The wavelet transform, time–frequency localization and signal analysis. *IEEE Transactions on Information Theory*, 36, 961–1005.

Daubechies, I. (1991). *Ten Lectures on Wavelets*. Pennsylvania, PA: Society for Industrial and Applied Mathematics.

Daubechies, I. (1993). Orthonormal bases of compactly supported wavelets II. Variations on a theme. *SIAM Journal on Mathematical Analysis*, 24, 499–519.

De la Vega, A. S., Diniz, P. S. R., Mesquita, A. C. & Antoniou, A. (1995). A modular distributed arithmetic implementation of the inner product with application to digital filters. *Journal of VLSI Signal Processing*, 10, 93–106.

De Queiroz, R. L., Nguyen, T. Q. & Rao, K. R. (1996). The GenLOT: generalized linear-phase lapped orthogonal transform. *IEEE Transactions on Signal Processing*, 44, 497–507.

Deczky, A. G. (1972). Synthesis of recursive digital filters using the minimum p error criterion. *IEEE Transactions on Audio and Electroacoustics*, AU-20, 257–263.

Deller, Jr., J. R., Hansen, J. H. L. & Proakis, J. G. (2000). *Discrete-Time Processing of Speech Signals*. Piscataway, NJ: IEEE Press.

Diniz, P. S. R. (1984). New improved structures for recursive digital filters. Tesed de doutorado, Concordia University, Montreal, Canadá.

Diniz, P. S. R. (1988). Elimination of constant-input limit cycles in passive lattice digital filters. *IEEE Transactions on Circuits and Systems*, 35, 1188–90.

Diniz, P. S. R. (2008). *Adaptive Filtering: Algorithms and Practical Implementation*, 3a. ed. New York, NY: Springer.

Diniz, P. S. R. & Antoniou, A. (1985). Low sensitivity digital filter structures which are amenable to error-spectrum shaping. *IEEE Transactions on Circuits and Systems*, CAS-32,

1000–7.

Diniz, P. S. R. & Antoniou, A. (1986). More economical state-space digital-filter structures which are free of constant-input limit cycles. *IEEE Transactions on Acoustics, Speech, and Signal Processing, ASSP-34*, 807–15.

Diniz, P. S. R. & Antoniou, A. (1988). Digital filter structures based on the concept of voltage generalized immitance converter. *Canadian Journal of Electrical and Computer Engineering, 13*, 90–8.

Diniz, P. S. R. & Netto, S. L. (1999). On WLS–Chebyshev FIR digital filters. *Journal on Circuits, Systems, and Computers, 9*, 155–68.

Diniz, P. S. R., Barcellos, L. C. & Netto, S. L. (2004). Design of high-complexity cosine-modulated transmultiplexers with sharp transition band. *IEEE Transactions on Signal Processing, 52*, 1278–88.

Einstein, A. (1987). Method for the determination of the statistical values of observations concerning quantities subject to irregular fluctuations. *IEEE ASSP Magazine, 4*, 6.

Elliott, D. F. & Rao, K. R. (1982). *Fast Transforms: Algorithms, Analyses, and Applications.* New York, NY: Academic Press.

Evans, A. G. & Fischel, R. (1973). Optimal least squares time domain synthesis of recursive digital filters. *IEEE Transactions on Audio and Electroacoustics, AU-21*, 61–5.

Fettweis, A. (1971a). Digital filters structures related to classical filters networks. *Archiv Elektrotechnik und Übertragungstechnik, 25*, 79–89.

Fettweis, A. (1971b). A general theorem for signal-flow networks. *Archiv Elektrotechnik und Übertragungstechnik, 25*, 557–61.

Fettweis, A. (1986). Wave digital filters: theory and practice. *Proceedings of the IEEE, 74*, 270–327.

Fettweis, A. & Meerkötter, K. (1975a). On adaptors for wave digital filters. *IEEE Transactions on Acoustics, Speech, and Signal Processing, ASSP-23*, 516–25.

Fettweis, A. & Meerkötter, K. (1975b). Suppression of parasitic oscillations in wave digital filters. *IEEE Transactions on Circuits and Systems, CAS-22*, 239–46.

Fettweis, A., Levin, H. & Sedlmeyer, A. (1974). Wave digital lattice filters. *International Journal of Circuit Theory and Applications, 2*, 203–11.

Field, D. J. (1993). Scale-invariance and self-similar wavelet transforms: an analysis of natural scenes and mammalian visual systems. In M. Farge, J. C. R. Hunt & J. C. Vassilicos, eds., *Wavelets, Fractals and Fourier Transforms.* Oxford, Reino Unido: Clarendon Press, pp. 151–93.

Fletcher, R. (1980). *Practical Methods of Optimization.* Chichester, Reino Unido: Wiley.

Fliege, N. J. (1994). *Multirate Digital Signal Processing.* Chichester, Reino Unido: Wiley.

Freeny, S. L. (1975). Special-purpose hardware for digital filtering. *Proceedings of the IEEE, 63*, 633–48.

Freescale Semiconductor (July 2007). *DSP56374 24-Bit Digital Signal Processor — User Guide.* Freescale Semiconductor.

Furtado, Jr., M. B., Diniz, P. S. R. & Netto, S. L. (2003). Optimized prototype filter based on the FRM approach for cosine-modulated filter banks. *Circuits Systems and Signal Processing, 22*, 193–210.

Furtado, Jr., M. B., Diniz, P. S. R. & Netto, S. L. (2005a). Numerically efficient optimal design of cosine-modulated filter banks with peak-constrained least-squares behavior. *IEEE Transactions on Circuits and Systems I: Regular Paper, 52*, 597–608.

Furtado, Jr., M. B., Diniz, P. S. R., Netto, S. L. & Saramäki, T. (2005b). On the design of high-complexity cosine-modulated transmultiplexers based on the frequency-response masking approach. *IEEE Transactions on Circuits and Systems I: Regular Paper, 52*, 2413–26.

Gabel, R. A. & Roberts, R. A. (1980). *Signals and Linear Systems*, 2a. ed. New York, NY: Wiley.

Gabor, D. (1946). Theory of communication. *Journal of the Institute of Electrical Engineering, 93*, 429–57.

Gardner, W. A. (1987). Introduction to Einstein's contribution to time-series analysis. *IEEE ASSP Magazine, 4*, 4–5.

Gersho, A. & Gray, R. M. (1992). *Vector Quantization and Signal Compression*. Boston, MA: Kluwer Academic Publishers.

Godsill, S. J. & Rayner, J. W. (1998). *Digital Audio Restoration*. London, Reino Unido: Springer.

Gold, B. & Jordan, Jr., K. L. (1969). A direct search procedure for designing finite impulse response filters. *IEEE Transactions on Audio and Electroacoustics, 17*, 33–6.

Gray, Jr., A. H. & Markel, J. D. (1973). Digital lattice and ladder filter synthesis. *IEEE Transactions on Audio and Electroacoustics, AU-21*, 491–500.

Gray, Jr., A. H. & Markel, J. D. (1975). A normalized digital filter structure. *IEEE Transactions on Acoustics, Speech, and Signal Processing, ASSP-23*, 268–77.

Ha, Y. H. & Pearce, J. A. (1989). A new window and comparison to standard windows. *IEEE Transactions on Acoustics, Speech, and Signal Processing, 37*, 298–301.

Harmuth, H. F. (1970). *Transmission of Information by Orthogonal Signals*. New York, NY: Springer.

Hayes, M. H. (1996). *Statistical Digital Signal Processing and Modeling*. Hoboken, NJ: Wiley.

Haykin, S. (1996). *Adaptive Filter Theory*, 4a. ed. Englewood-Cliffs, NJ: Prentice-Hall.

Herrmann, O. (1971). On the approximation problem in nonrecursive digital filter design. *IEEE Transactions on Circuit Theory, CT-19*, 411–13.

Hettling, K. J., Saulnier, G. J., Akansu, A. N. & Lin, X. (1999). Transmultiplexers: a unifying time–frequency tool for TDMA, FDMA and CDMA communications. In A. N. Akansu & M. J. Medley, eds., *Wavelet, Subband and Block Transforms in Communications and Multimedia*. Boston, MA: Kluwer Academic Publishers, Capítulo 1, pp. 1–24.

Higgins, W. E. & Munson, Jr., D. C. (1984). Optimal and suboptimal error spectrum shaping for cascade-form digital filters. *IEEE Transactions on Circuits and Systems, CAS-31*, 429–37.

Holford, S. & Agathoklis, P. (1996). The use of model reduction techniques for designing IIR filters with linear phase in the passband. *IEEE Transactions on Signal Processing, 44*, 2396–403.

Horng, B.-R., Samueli, H. & Willson, Jr., A. N. (1991). The design of low-complexity linear-phase FIR filter banks using powers-of-two coefficients with an application to subband image coding. *IEEE Transactions on Circuits and Systems for Video Technology, 1*, 318–24.

Hwang, K. (1979). *Computer Arithmetic: Principles, Architecture and Design*. New York, NY: Wiley.

Hwang, S. Y. (1977). Minimum uncorrelated unit noise in state space digital filtering. *IEEE Transactions on Acoustics, Speech, and Signal Processing, ASSP-25*, 273–81.

Ifeachor, E. C. & Jervis, B. W. (1993). *Digital Signal Processing: A Practical Approach*. Reading, MA: Addison-Wesley.

Itakura, F. & Saito, S. (1971). Digital filtering techniques for speech analysis and synthesis. In *Proceedings of International Congress on Acoustics*, Budapeste, Hungria, pp. 261–264.

Jackson, L. B. (1969). An analysis of roundoff noise in digital filters. Tese de doutorado, Stevens Institute of Technology, Hoboken, NJ.

Jackson, L. B. (1970a). On the interaction of roundoff noise and dynamic range in digital filters. *Bell Systems Technical Journal*, *49*, 159–85.

Jackson, L. B. (1970b). Roundoff-noise analysis for fixed-point digital filters realized in cascade or parallel form. *IEEE Transactions on Audio and Electroacoustics*, *AU-18*, 107–22.

Jackson, L. B. (1996). *Digital Filters and Signal Processing*, 3a. ed. Boston, MA: Kluwer Academic Publishers.

Jackson, L. B., Kaiser, J. F. & McDonald, H. S. (1968). An approach to the implementation of digital filters. *IEEE Transactions on Audio and Electroacoustics*, *AU-16*, 413–21.

Jain, A. K. (1989). *Fundamentals of Digital Image Processing*. Englewood Cliffs, NJ: Prentice-Hall.

Jayant, N. S. & Noll, P. (1984). *Digital Coding of Waveforms*. Englewood Cliffs, NJ: Prentice-Hall.

Johnston, J. D. (1980). A filter family designed for use in quadrature mirror filter banks. In *Proceedings of the International Conference on Acoustics, Speech, and Signal Processing*, Denver, CO, pp. 291–4.

Jury, E. I. (1973). *Theory and Application of the Z-Transform Method*. Huntington, NY: R. E. Krieger.

Kahrs, M. & Brandenburg, K. (1998). *Applications of Digital Signal Processing to Audio and Acoustics*. Boston, MA: Kluwer Academic Publishers.

Kailath, T., Sayed, A. H. & Hassibi, B. (2000). *Linear Estimation*. Englewood Cliffs, NJ: Prentice-Hall.

Kaiser, J. F. (1974). Nonrecursive digital filter design using the I_0 − sinh window function. In *Proceedings of IEEE International Symposium on Circuits and Systems*, San Francisco, CA, pp. 20–3.

Kalliojärvi, K. & Astola., J. (1996). Roundoff errors in block-floating-point systems. *IEEE Transactions on Signal Processing*, *44*, 783–91.

Kay, S. & Eldar, Y. C. (2008). Rethinking bias estimation. *IEEE Signal Processing Magazine*, *25*, 133–6.

Kay, S. & Smith, D. (1999). An optimal sidelobeless window. *IEEE Transactions on Signal Processing*, *47*, 2542–6.

Kay, S. M. (1988). *Modern Spectral Estimation: Theory and Application*. Englewood Cliffs, NJ: Prentice-Hall.

Kha, H. H., Tuan, H. D. & Nguyen, T. Q. (2009). Efficient design of cosine-modulated filter bank via convex optimization. *IEEE Transactions on Signal Processing*, *57*, 966–76.

Kim, Y. (1980). State space structures for digital filters. Tese de doutorado, University of Rhode Island, Kingston, RI.

Koilpillai, R. D. & Vaidyanathan, P. P. (1992). Cosine-modulated FIR filter banks satisfying perfect reconstruction. *IEEE Transactions on Signal Processing*, *40*, 770–83.

Kolmogorov, A. N. & Fomin, S. V. (1962). *Measure, Lebesgue Integrals, and Hilbert Space*. London, Reino Unido: Academic Press.

Kovačević, J. (1991). Filter banks and wavelets – extensions and applications. Tese de doutorado, Columbia University, New York, NY.

Kreider, D. L., Kuller, R. G., Ostberg, D. R. & Perkins, F. W. (1966). *An Introduction to*

Linear Analysis. Reading, MA: Addison-Wesley.

Kreyszig, E. (1979). *Advanced Engineering Mathematics*, 4a. ed. New York, NY: Wiley.

Laakso, T. I. (1992). Comments on 'Calculation of L_∞ norms in second-order state-space digital filter sections'. *IEEE Transactions on Circuits and Systems II: Analog and Digital Signal Processing, 39*, 256.

Laakso, T. I. (1993). Elimination of limit cycles in direct form digital filters using error feedback. *International Journal of Circuit Theory and Applications, 21*, 141–63.

Laakso, T. I. & Hartimo, I. (1992). Noise reduction in recursive digital filters using high-order error feedback. *IEEE Transactions on Signal Processing, 40*, 141–63.

Laakso, T. I., Diniz, P. S. R., Hartimo, I. & Macedo, Jr., T. C. (1992). Elimination of zero-input limit cycles in single-quantizer recursive filter structures. *IEEE Transactions on Circuits and Systems II: Analog and Digital Signal Processing, 39*, 638–45.

Laakso, T. I., Zeng, B., Hartimo, I. & Neüvo, Y. (1994). Elimination of limit cycles in floating-point implementation of recursive digital filters. *IEEE Transactions on Circuits and Systems II: Analog and Digital Signal Processing, 41*, 308–12.

Lawson, C. L. (1968). Contribution to the theory of linear least maximum approximations. Tese de doutorado, University of California, Los Angeles, CA.

Le Gall, D. (1992). The MPEG video compression algorithm. *Image Communication, 4*, 129–40.

Le Gall, D. & Tabatabai, A. (1988). Sub-band coding of digital images using symmetric short kernel filters and arithmetic coding techniques. In *Proceedings of IEEE International Conference on Acoustics, Speech, and Signal Processing*, New York, NY, pp. 761–4.

Le Presti, L. (2000). Efficient modified-sinc filters for sigma–delta A/D converters. *IEEE Transactions on Circuits and Systems II: Analog and Digital Signal Processing, 47*, 1204–13.

Lim, Y. C. (1986). Frequency-response masking approach for synthesis of sharp linear phase digital filters. *IEEE Transactions on Circuits and Systems, CAS-33*, 357–64.

Lim, Y. C. & Lian, Y. (1994). Frequency-response masking approach for digital filter design: complexity reduction via masking filter factorization. *IEEE Transactions on Circuits and Systems II: Analog and Digital Signal Processing, 41*, 518–25.

Lim, Y. C., Lee, J. H., Chen, C. K. & Yang, R. H. (1992). A weighted least squares algorithm for quasi-equiripple FIR and IIR digital filter design. *IEEE Transactions Signal Processing, 40*, 551–8.

Lin, I.-S. & Mitra, S. K. (1996). Overlapped block digital filtering. *IEEE Transactions on Circuits and Systems II: Analog and Digital Signal Processing, 43*, 586–96.

Liu, B. & Peled, A. (1975). A new hardware realization of high-speed fast Fourier transformers. *IEEE Transactions on Acoustics, Speech, and Signal Processing, ASSP-23*, 543–7.

Liu, K. J. R., Chiu, C. T., Kolagotla, R. K. & JáJá, J. F. (1994). Optimal unified architectures for the real-time computation of time-recursive discrete sinusoidal transforms. *IEEE Transactions on Circuits and Systems for Video Technology, 4*, 168–80.

Liu, K. S. & Turner, L. E. (1983). Stability, dynamic-range and roundoff noise in a new second-order recursive digital filter. *IEEE Transactions on Circuits and Systems, CAS-30,* . 815–21.

Lu, W.-S. (1999). Design of stable digital filters with equiripple passbands and peak-constrained least-squares stopbands. *IEEE Transactions on Circuits and Systems II: Analog and Digital Signal Processing, 46*, 1421–6.

Lu, W.-S., Saramäki, T. & Bregovic, R. (2004). Design of practically perfect-reconstruction cosine-modulated filter banks. *IEEE Transactions on Circuits and Systems I: Regular Papers*, *51*, 552–63.

Luenberger, D. G. (1984). *Introduction to Linear and Nonlinear Programming*, 2a. ed. Boston, MA: Addison-Wesley.

Lyon, R. F. (1976). Two's complement pipeline multipliers. *IEEE Transactions on Communications*, *COM-24*, 418–25.

Lyons, R. G. (2007). *Streamlining Digital Signal Processing: A Trick of the Trade Guidebook*. Hoboken, NJ: Wiley.

Mallat, S. G. (1989a). Multifrequency channel decompositions of images and wavelet models. *IEEE Transactions on Acoustics, Speech, and Signal Processing*, *37*, 2091–110.

Mallat, S. G. (1989b). A theory of multiresolution signal decomposition: the wavelet representation. *IEEE Transactions on Pattern Analysis and Machine Intelligence*, *11*, 674–93.

Mallat, S. G. (1999). *A Wavelet Tour of Signal Processing*, 2a. ed. San Diego, CA: Academic Press.

Malvar, H. S. (1986). Fast computation of discrete cosine transform through fast Hartley transform. *Electronics Letters*, *22*, 352–3.

Malvar, H. S. (1987). Fast computation of discrete cosine transform and the discrete Hartley transform. *IEEE Transactions on Acoustics, Speech, and Signal Processing*, *ASSP-35*, 1484–5.

Malvar, H. S. (1992). *Signal Processing with Lapped Transforms*. Norwood, MA: Artech House.

Manolakis, D. G., Ingle, V. & Kogon, S. (2000). *Statistical and Adaptive Signal Processing: Spectral Estimation, Signal Modeling, Adaptive Filtering and Array Processing*. New York, NY: McGraw-Hill.

Martinez, H. G. & Parks, T. W. (1979). A class of infinite duration impulse response digital filters for sampling rate reduction. *IEEE Transactions on Acoustics, Speech, and Signal Processing*, *ASSP-27*, 154–62.

McClellan, J. H. & Parks, T. W. (1973). A unified approach to the design of optimum FIR linear-phase digital filters. *IEEE Transactions on Circuit Theory*, *CT-20*, 190–6.

McClellan, J. H. & Rader, C. M. (1979). *Number Theory in Digital Signal Processing*. Englewood Cliffs, NJ: Prentice-Hall.

McClellan, J. H., Parks, T. W. & Rabiner, L. R. (1973). A computer program for designing optimum FIR linear-phase digital filters. *IEEE Transactions on Audio and Electroacoustics*, *AU-21*, 506–26.

Meerkötter, K. (1976). Realization of limit cycle-free second-order digital filters. In *Proceedings of IEEE International Symposium on Circuis and Systems*, Munique, Alemanha, pp. 295–8.

Meerkötter, K. & Wegener, W. (1975). A new second-order digital filter without parasitic oscillations. *Archiv Elektrotechnik und Übertragungstechnik*, *29*, 312–4.

Merchant, G. A. & Parks, T. W. (1982). Efficient solution of a Toeplitz-plus-Hankel coefficient matrix system of equations. *IEEE Transactions on Acoustics, Speech, and Signal Processing*, *ASSP-30*, 40–4.

Mersereau, R. M. & Dudgeon, D. E. (1984). *Multidimensional Digital Signal Processing*, Prentice-Hall Signal Processing Series. Englewood Cliffs, NJ: Prentice-Hall.

Mills, W. L., Mullis, C. T. & Roberts, R. A. (1978). Digital filters realizations without overflow oscillations. *IEEE Transactions on Acoustics, Speech, and Signal Processing*,

ASSP-26, 334-8.

Mitra, S. K. (2006). *Digital Signal Processing: A Computer Based Approach*, 3a ed. New York, NY: McGraw-Hill.

Mou, Z.-J. & Duhamel, P. (1991). Short-length FIR filters and their use in fast nonrecursive filtering. *IEEE Transactions on Signal Processing*, *39*, 1322-32.

Mullis, C. T. & Roberts, R. A. (1976a). Roundoff noise in digital filters: frequency transformations and invariants. *IEEE Transactions on Acoustics, Speech, and Signal Processing*, *ASSP-24*, 538-50.

Mullis, C. T. & Roberts, R. A. (1976b). Synthesis of minimum roundoff noise fixed point digital filters. *IEEE Transactions on Circuits and Systems*, *CAS-23*, 551-62.

Munson, D. C., Strickland, J. H. & Walker, T. P. (1984). Maximum amplitude zero-input limit cycles in digital filters. *IEEE Transactions on Circuits and Systems*, *CAS-31*, 266-75.

Neüvo, Y., Cheng-Yu, D. & Mitra, S. K. (1984). Interpolated finite impulse response filters. *IEEE Transactions on Acoustics, Speech, and Signal Processing*, *ASSP-32*, 563-70.

Neüvo, Y., Rajan, G. & Mitra, S. K. (1987). Design of narrow-band FIR filters with reduced arithmetic complexity. *IEEE Transactions on Circuits and Systems*, *34*, 409-19.

Nguyen, T. Q. & Koilpillai, R. D. (1996). The theory and design of arbitrary-length cosine-modulated FIR filter banks and wavelets, satisfying perfect reconstruction. *IEEE Transactions on Signal Processing*, *44*, 473-83.

Nguyen, T. Q., Laakso, T. I. & Koilpillai, R. D. (1994). Eigenfilter approach for the design of allpass filters approximating a given phase response. *IEEE Transactions on Signal Processing*, *42*, 2257-63.

Nussbaumer, H. J. (1982). *Fast Fourier Transform and Convolution Algorithms*. Berlim, Alemanha: Springer.

Nuttall, A. H. (1981). Some windows with very good sidelobe behavior. *IEEE Transactions on Acoustics, Speech, and Signal Processing*, *ASSP-29*, 84-91.

Olejniczak, K. J. & Heydt, G. T. (1994). Scanning the special section on the Hartley transform. *Proceedings of the IEEE*, *82*, 372-80.

Oppenheim, A. V. & Schafer, R. W. (1975). *Digital Signal Processing*. Englewood Cliffs, NJ: Prentice-Hall.

Oppenheim, A. V. & Schafer, R. W. (1989). *Discrete-Time Signal Processing*. Englewood Cliffs, NJ: Prentice-Hall.

Oppenheim, A. V., Willsky, A. S. & Young, I. T. (1983). *Signals and Systems*. Englewood Cliffs, NJ: Prentice-Hall.

Papoulis, A. (1965). *Probability, Random Variables, and Stochastic Processes*. New York, NY: McGraw-Hill.

Papoulis, A. (1977). *Signal Analysis*. New York, NY: McGraw-Hill.

Peebles, Jr. P. Z. (2000). *Probability, Random Variables, and Random Signal Principles*, 4a. ed. New York, NY: McGraw-Hill.

Peled, A. & Liu, B. (1974). A new hardware realization of digital filters. *IEEE Transactions on Acoustics, Speech, and Signal Processing*, *ASSP-22*, 456-62.

Peled, A. & Liu, B. (1985). *Digital Signal Processing*. Malabar, FL: R. E. Krieger.

Pope, S. P. (1985). Automatic generation of signal processing integrated circuits. Tese de doutorado, University of California, Berkeley, CA.

Poularikas, A. D. & Seely, S. (1988). *Elements of Signals and Systems*. Boston, MA: PWS-Kent.

Proakis, J. G. & Manolakis, D. G. (2007). *Digital Signal Processing: Principles, Algorithms* and *Applications*, 4a. ed. Upper Saddle River, NJ: Prentice-Hall.

Pšenička, B., Garcia-Ugalde, F. & Herrera-Camacho, A. (2002). The bilinear Z transform by Pascal matrix and its application in the design of digital filters. *IEEE Signal Processing Letters*, *9*, 368–70.

Rabiner, L. R. (1979). *Programs for Digital Signal Processing*. New York, NY: IEEE Press.

Rabiner, L. R. & Gold, B. (1975). *Theory and Application of Digital Signal Processing*. Englewood Cliffs, NJ: Prentice-Hall.

Rabiner, L. R., Gold, B. & McGonegal, G. A. (1970). An approach to the approximation problem for nonrecursive digital filters. *IEEE Transactions on Audio and Electroacoustics*, *AU-18*, 83–106.

Rabiner, L. R., McClellan, J. H. & Parks, T. W. (1975). FIR digital filter design techniques using weighted Chebyshev approximation. *Proceedings of the IEEE*, *63*, 595–610.

Rajan, G., Neüvo, Y. & Mitra, S. K. (1988). On the design of sharp cutoff wide-band FIR filters with reduced arithmetic complexity. *IEEE Transactions on Circuits and Systems*, *35*, 1447–54.

Ralev, K. R. & Bauer, P. H. (1999). Realization of block floating-point digital filters and application to block implementations. *IEEE Transactions on Signal Processing*, *47*, 1076–87.

Regalia, P. A., Mitra, S. K. & Vaidyanathan, P. P. (1988). The digital all-pass filter: a versatile signal processing building block. *Proceedings of the IEEE*, *76*, 19–37.

Reitwiesner, R. W. (1960). *Binary Arithmetics*. New York, NY: Academic Press, pp. 231–308.

Rice, J. R. & Usow, K. H. (1968). The Lawson algorithm and extensions. *Mathematics of Computation*, *22*, 118–27.

Rioul, O. (1992). Simple regularity criteria for subdivision schemes. *SIAM Journal on Mathematical Analysis*, *23*, 1544–76.

Rioul, O. & Vetterli, M. (1991). Wavelets and signal processing. *IEEE Signal Processing Magazine*, *8*, 14–38.

Roberts, R. A. & Mullis, C. T. (1987). *Digital Signal Processing*. Reading, MA: Addison-Wesley.

Roitman, M. & Diniz, P. S. R. (1995). Power system simulation based on wave digital filters. *IEEE Transactions on Power Delivery*, *11*, 1098–104.

Roitman, M. & Diniz, P. S. R. (1996). Simulation of non-linear and switching elements for transient analysis based on wave digital filters. *IEEE Transactions on Power Delivery*, *12*, 2042–8.

Saramäki, T. (1993). Finite-impulse response filter design. In S. K. Mitra & J. F. Kaiser, eds., *Handbook for Digital Signal Processing*. New York, NY: Wiley, Capítulo 4, pp. 155–277.

Saramäki, T. & Neüvo, Y. (1984). Digital filters with equiripple magnitude and group delay. *IEEE Transactions on Acoustics, Speech, and Signal Processing*, *ASSP-32*, 1194–200.

Saramäki, T., Neüvo, Y. & Mitra, S. K. (1988). Design of computationally efficient interpolated FIR filters. *IEEE Transactions on Circuits and Systems*, *35*, 70–88.

Sarcinelli Filho, M. & Camponêz, M. de O. (1997). A new low roundoff noise second order digital filter section which is free of constant-input limit cycles. In *Proceedings of IEEE Midwest Symposium on Circuits and Systems*, volume 1, Sacramento, CA, pp. 468–71.

Sarcinelli Filho, M. & Camponêz, M. de O. (1998). Design strategies for constant-input limit cycle-free second-order digital filters. In *Proceedings of IEEE Midwest Symposium on Circuits and Systems*, Notre Dame, IN, pp. 464–467.

Sarcinelli Filho, M. & Diniz, P. S. R. (1990). Tridiagonal state-space digital filter structures.

IEEE Transactions on Circuits and Systems, CAS-36, 818–24.

Sathe, V. P. & Vaidyanathan, P. P. (1993). Effects of multirate systems in the statistical properties of random signals. *IEEE Transactions on Signal Processing, 41*, 131–46.

Sayood, K. (2005). *Introduction to Data Compression*, 3a ed. Morgan Kaufmann Series in Multimedia Information and Systems. Morgan Kaufmann Publishers, San Francisco, CA.

Sedlmeyer, A. & Fettweis, A. (1973). Digital filters with true ladder configuration. *International Journal of Circuit Theory and Applications, 1*, 5–10.

Sedra, A. S. & Brackett, P. O. (1978). *Filter Theory and Design: Active and Passive*. Champaign, IL: Matrix Publishers.

Selesnick, I. W., Lang, M. & Burrus, C. S. (1996). Constrained least square design of FIR filters without specified transition bands. *IEEE Transactions on Signal Processing, 44*, 1879–92.

Selesnick, I. W., Lang, M. & Burrus, C. S. (1998). A modified algorithm for constrained least square design of multiband FIR filters without specified transition bands. *IEEE Transactions on Signal Processing, 46*, 497–501.

Singh, V. (1985). Formulation of a criterion for the absence of limit cycles in digital filters designed with one quantizer. *IEEE Transactions on Circuits and Systems, CAS-32*, 1062–4.

Singleton, R. C. (1969). An algorithm for computing the mixed radix fast Fourier transform. *IEEE Transactions on Audio and Electroacoustics, AU-17*, 93–103.

Skahill, K. (1996). *VHDL for Programmable Logic*. Reading, MA: Addison-Wesley.

Smith, L. M., Bomar, B. W., Joseph, R. D. & Yang, G. C.-J. (1992). Floating-point roundoff noise analysis of second-order state-space digital filter structures. *IEEE Transactions on Circuits and Systems II: Analog and Digital Signal Processing, 39*, 90–8.

Smith, M. J. T. & Barnwell, T. P. (1986). Exact reconstruction techniques for tree-structured subband coders. *IEEE Transactions on Acoustics, Speech, and Signal Processing, 34*, 434–41.

Sorensen, H. V. & Burrus, C. S. (1993). Fast DFT and convolution algorithms. In S. K. Mitra & J. F. Kaiser, eds., *Handbook of Digital Signal Processing*. New York, NY: Wiley, Capítulo 8, pp. 491–610.

Stark, H. & Woods, J. W. (2002). *Probability and Random Processes with Applications to Signal Processing*, 3a. ed. Upper Saddle River, NJ: Prentice-Hall.

Steele, J. M. (2004). *The Cauchy–Schwarz Master Class: An Introduction to the Art of Mathematical Inequalities*. MAA Problem Books Series. Cambridge, Reino Unido: Cambridge University Press.

Stoica, P. & Moses, R. L. (1997). *Introduction to Spectral Analysis*. Upper Saddle River, NJ: Prentice-Hall.

Strang, G. (1980). *Linear Algebra and Its Applications*, 2a. ed. Academic Press, New York, NY

Strang, G. & Nguyen, T. Q. (1996). *Wavelets and Filter Banks*. Wellesley, MA: Wellesley Cambridge Press.

Stüber, G. L. (1996). *Principles of Mobile Communications*. Norwell, MA: Kluwer Academic Publishers.

Sullivan, J. L. & Adams, J. W. (1998). PCLS IIR digital filters with simultaneous frequency response magnitude and group delay specifications. *IEEE Transactions on Signal Processing, 46*, 2853–62.

Szczupak, J. & Mitra, S. K. (1975). Digital filter realization using successive multiplier-extraction approach. *IEEE Transactions on Acoustics, Speech, and Signal*

Processing, ASSP-23, 235-9.

Taubman, D. S. & Marcelin, M. W. (2001). *JPEG2000: Image Compression Fundamentals, Standards and Practice*. Kluwer Academic Publishers.

Texas Instruments (November 2006). *TMS320C67X/C67x+ DSP CPU and Instruction Set - Reference Guide*. Texas Instruments.

Texas Instruments (October 2008). *TMS320C64X/C64x+ DSP CPU and Instruction Set - Reference Guide*. Texas Instruments.

Tran, T. D., de Queiroz, R. L. & Nguyen, T. Q. (2000). Linear phase perfect reconstruction filter bank: lattice structure, design, and application in image coding. *IEEE Transactions on Signal Processing*, 48, 133-47.

Ulbrich, W. (1985). MOS digital filter design. In Y. Tsividis & P. Antognetti, eds., *Design of MOS VLSI Circuits for Telecommunications*. Englewood Cliffs, NJ: Prentice-Hall, Capítulo 8, pp. 236-71.

Vaidyanathan, P. P. (1984). On maximally flat linear phase FIR filters. *IEEE Transactions on Circuits and Systems*, CAS-31, 830-2.

Vaidyanathan, P. P. (1985). Efficient and multiplierless design of FIR filters with very sharp cutoff via maximally flat building blocks. *IEEE Transactions on Circuits and Systems*, CAS-32, 236-44.

Vaidyanathan, P. P. (1987). Eigenfilters: a new approach to least-squares FIR filter design and applications including Nyquist filters. *IEEE Transactions on Circuits and Systems*, CAS-34, 11-23.

Vaidyanathan, P. P. (1993). *Multirate Systems and Filter Banks*. Englewood Cliffs, NJ: Prentice-Hall.

Van Gerwen, P. J., Mecklenbräuker, W. F., Verhoeckx, N. A. M., Snijders, F. A. M. & van Essen, H. A. (1975). A new type of digital filter for data transmission. *IEEE Transactions on Communications*, COM-23, 222-34.

Van Trees, H. L. (1968). *Detection, Estimation and Modulation Theory*. New York, NY: Wiley.

Van Valkenburg, M. E. (1974). *Network Analysis*, 3a. ed. Englewood Cliffs, NJ: Prentice-Hall.

Verdu, S. (1998). *Multiuser Detection*. Cambridge, Reino Unido: Cambridge University Press.

Verkroost, G. (1977). A general second-order digital filter with controlled rounding to exclude limit cycles for constant input signals. *IEEE Transactions on Circuits and Systems*, CAS-24, 428-31.

Verkroost, G. & Butterweck, H. J. (1976). Suppression of parasitic oscillations in wave digital filters and related structures by means of controlled rounding. *Archiv Elektrotechnik und Übertragungstechnik*, 30, 181-6.

Vetterli, M. (1986). Filter banks allowing perfect reconstruction. *Signal Processing*, 10(3), 219-45.

Vetterli, M. (1988). Running FIR and IIR filtering using multirate filter banks. *IEEE Transactions on Acoustics, Speech, and Signal Processing*, 36, 730-8.

Vetterli, M. & Herley, C. (1992). Wavelets and filters banks: theory and design. *IEEE Transactions on Signal Processing*, 40, 2207-32.

Vetterli, M. & Kovačević, J. (1995). *Wavelets and Subband Coding*. Englewood Cliffs, NJ: Prentice-Hall.

Vetterli, M. & Le Gall, D. (1989). Perfect reconstruction FIR filter banks: some properties and factorizations. *IEEE Transactions on Acoustics, Speech, and Signal Processing*, ASSP-37(7), 1057-71.

Villemoes, L. F. (1992). Energy moments in time and frequency for two-scale difference equation solutions and wavelets. *SIAM Journal on Mathematical Analysis, 23*, 1519–43.

Wanhammar, L. (1981). An approach to LSI implementation of wave digital filters. Tese de doutorado, Linköping University, Linköping, Suécia.

Wanhammar, L. (1999). *DSP Integrated Circuis.* New York, NY: Academic Press.

Webster, R. J. (1985). C^{∞}-windows. *IEEE Transactions on Acoustics, Speech, and Signal Processing, ASSP-33*, 753–60.

Whitaker, J. (1999). *DTV: The Digital Video Revolution*, 2a. ed. New York, NY: McGraw-Hill.

Widrow, B. & Stearns, S. D. (1985). *Adaptive Signal Processing*. Englewood-Cliffs, NJ: Prentice-Hall.

Willems, J. L. (1970). *Stability Theory of Dynamical Systems*. Londres, Reino Unido: Thomas Nelson and Sons.

Winston, W. L. (1991). *Operations Research – Applications and Algorithms*, 2a. ed. Boston, MA: PWS-Kent.

Yaglom, A. M. (1987). Einstein's 1914 paper on the theory of irregularly fluctuating series of observations. *IEEE ASSP Magazine, 4*, 7–11.

Yang, R. H. & Lim, Y. C. (1991). Grid density for design of one- and two-dimensional FIR filters. *IEE Electronics Letters, 27*, 2053–5.

Yang, R. H. & Lim, Y. C. (1993). Efficient computational procedure for the design of FIR digital filters using WLS techniques. *IEE Proceedings - Part G, 140*, 355–9.

Yang, R. H. & Lim, Y. C. (1996). A dynamic frequency grid allocation scheme for the efficient design of equiripple FIR filters. *IEEE Transactions on Signal Processing, 44*, 2335–9.

Yang, S. & Ke, Y. (1992). On the three coefficient window family. *IEEE Transactions on Signal Processing, 40*, 3085–8.

Yu, Y. J. (2003). Multiplierless multirate FIR filter design and implementation. Tese de doutorado, National University of Singapore, Cingapura.

Yu, Y. J. & Lim, Y. C. (2002). A novel genetic algorithm for the design of a signed power-of-two coefficient quadrature mirror filter lattice filter bank. *Circuits Systems and Signal Processing, 21*, 263–76.

Yun, I. D. & Lee, S. U. (1995). On the fixed-point analysis of several fast IDCT algorithms. *IEEE Transactions on Circuits and Systems II: Analog and Digital Signal Processing, 42*, 685–93.

Índice

abordagem minimax, *veja* filtros digitais, IIR, aproximação de Chebyshev
abs, *veja* MATLAB, comando, abs
algoritmo de FFT com decimação na frequência, 201, 208
algoritmo de FFT com decimação no tempo, 194, 197, 208
algoritmo de Lawson, 359
algoritmo de Levinson–Durbin, 474, 475, 477, 478, 480, 481, 495
algoritmo de Lim–Lee–Chen–Yang, 359
algoritmo de Parks–McClellan, *veja* filtros digitais, FIR, método de Chebyshev
algoritmo de troca de Remez, *veja* filtros digitais, FIR, método de Chebyshev
amostragem na frequência, *veja* filtros digitais, FIR, projeto por amostragem na frequência
análise tempo-frequencial, 669, 674, 675
aproximação para filtros FIR com ondulação constante, *veja* filtros digitais, FIR, método de Chebyshev
aritmética de saturação, 790, 791, 806
arredondamento, *veja* erros de quantização, quantização aritmética, arredondamento
ASIC, *veja* implementação, circuito integrado para aplicação específica
atraso, 243
atraso de grupo, 117, 246
   cálculo, 118
   em MATLAB, *veja* MATLAB, comando, grpdelay
   filtros IIR em cascata, 422
aumento da taxa de amostragem, *veja* interpolação

banco de filtros de Haar, *veja* bancos de filtros, de Haar
bancos de filtros, 557
   análise
      de M faixas, 572
   análise no domínio do tempo, 575
   biortogonalidade, 573, 586, 587
   com reconstrução perfeita, 567, 592, 623, 624
      caso prático, 560
      de 2 faixas, 560, 591, 701
      de 2 faixas, procedimento de projeto, 593, 595
      de M faixas, 560, 564, 605, 613
      de M faixas, cascata, 590
      espelho em quadratura, 599
      filtros de análise, 567, 568, 592
      filtros de síntese, 567, 568, 592
      transmultiplexador, 590
      usando a forma treliça, 818, 820
   complementares em potência, 908
   CQF, *veja* bancos de filtros, em quadratura conjugados
   criticamente decimados, 562, 660
      de M faixas, 559, 599
      usando a forma treliça, 818
   Daubechies-4, 722
   de Haar, 568, 702
   de Johnston, 599
   decomposição hierárquica, 662
   decomposição passa-tudo, 908
   decomposição polifásica, 567, 568, 572, 591, 592, 597, 598, 612, 614, 624, 627, 633, 819, 826
   em M faixas, 561
   duplamente complementares, 907, 908
   em faixas de uma oitava sucessivas, 662, 666
   em quadratura conjugados, 600, 601, 604, 605, 641, 645, 648, 696, 702
      projeto, 601–604
   espelho em pseudo-quadratura, 599
   espelho em quadratura, 597–599
      de 2 faixas, 596
      em MATLAB, *veja* MATLAB, comando, qmf
      implementação, 912
      projeto, 598
      reconstrução perfeita, 599
   filtros de análise, 561, 819
   filtros de síntese, 561, 819
   matriz polifásica, 820, 823
   modulados por cossenos, 599, 611, 618, 619, 621, 624
      implementação, 616
      projeto, 617
   não-criticamente decimados, 562
   ortogonalidade, 573, 586–588, 600, 601, 651, 683, 690, 696
      domínio z, 589, 590
   paraunitários, 590, 605, 623, 624
   paraunitariedade, 601
   QMF, *veja* bancos de filtros, espelho em quadratura
   quase reconstrução perfeita, 597
   reconstrução perfeita, 561, 564, 565, 567, 570–572, 575, 582–584, 586, 590, 593, 598, 600–602, 619, 634, 691, 702
      exemplo, 570, 571, 603
   relação com transformada de *wavelets*, 680, 691

representação por matriz de modulação, 573, 575
   de 2 faixas, 597
   simétricos de núcleo curto, 595, 702
   transformada com sobreposição
      biortogonal, 634
      biortogonal, generalizada, 636
   transformada com sobreposição estendida, 624
   transformada ortogonal com sobreposição, 621, 624, 625, 627–629, 631, 649, 651
      algoritmo rápido, 628, 629, 632
      decomposição polifásica, 627
      generalizada, 624, 636, 639
      implementação, 627
   transformadas em blocos, 605, 609
Blackman–Tukey, *veja* estimação espectral, não-paramétrica, de Blackman–Tukey
borboleta
   cálculo, 197, 208, 209

causalidade
   classificação, 9–11, 17–19
   definição, 9
ciclos-limite, *veja* erros de quantização, ciclos-limite
condições de Kuhn–Tucker, 619
conformação espectral do erro, 878
continuidade de Lipschitz, 696
conversão analógico-digital, 45
conversão digital-analógico, 47
   caso prático, 76
convolução circular
   definição
      domínio contínuo, 132
convolução no tempo contínuo
   domínio do tempo, 44
convolução no tempo discreto
   circular, 231
      domínio da frequência, 320
      domínio do tempo, 170, 171, 178, 180, 181, 224, 530
      forma matricial, 171
   domínio da frequência, 132, 159
   domínio do tempo, 12, 104, 132, 155
   domínio z, 105, 106
   em MATLAB, *veja* MATLAB, comando, conv
   linear, 12, 19, 107, 230
      domínio do tempo, 170, 178, 179, 182, 183, 188
   notação, 12
   usando a transformada de Fourier discreta, 170
CSD, *veja* representações digitais, de ponto fixo, dígitos com sinal canônica

DCT, *veja* transformada de cossenos discreta
decimação, 504, 506, 507, 514–516, 525, 530, 544, 547, 559, 562, 687
   em MATLAB, *veja* MATLAB, comando, decimate
   espectro, 504
   propriedade
      complexidade computacional, 507
      invariância no tempo periódica, 507
      variância no tempo, 507
decomposição de Cholesky, 473
decomposição de Wold, 460
decomposição LU, 473
decomposição polifásica, *veja* filtros digitais, FIR, forma polifásica
densidade espectral de potência relativa, 765
descrição no espaço de estados
   cálculo, 268, 277
   definição, 266, 268
desigualdade de Hölder, 774, 775
desigualdade de Schwartz, 672, 774
DFT, *veja* transformada de Fourier discreta
DHT, 223
diagrama de fluxo de sinal, 243, 262, 270
   enlace, 270
   enlace sem atraso, 265
   interreciprocidade, 272, 273
   nó, 262
   ordenação de nós, 265
   percurso fechado sem atraso, 914, 916, 918
   ramo, 262
   ramo-fonte, 262
   reciprocidade, 271
   representação matricial, 263
   topologia, 271
   transposição, 273, 274, 278, 279
diferenciador, 250, 251, 306, 311, 347, 364, 366, 368
   em MATLAB, *veja* MATLAB, comando, diff
divisão polinomial, 96, 97
DSB, *veja* modulação de faixa lateral dupla
DSP, *veja* implementação, processadores digitais de sinais
duplamente complementares, 907

efeito de *aliasing*, 38, 41, 50–52, 54, 405, 408, 503, 506, 525, 530, 558, 559, 562, 573, 597, 907
   anti-*aliasing*, filtro, 45, 52, 156, 515
efeito de Moiré, 76
efeito de *warping*, 411
entropia, 78, 480
entropia diferencial, 78
equação de diferenças de duas escalas contíguas, 726, 727
equação de Wiener–Hopf, 470–473, 475, 476, 478, 495
equações de diferenças, 65
   condições auxiliares, 15–18, 23, 28, 30–32
   equação de Fibonacci, 22, 23
   não-recursivas, 19, 242
   operador atraso, 24
   polinômio anulador, 25–27, 29
   polinômio característico, 22, 23, 26
   recursivas, 19
   representação, 15, 111
   solução, 15, 16
   solução da homogênea, 15–17, 21–23, 25, 26, 29
   solução de regime permanente, 29
   solução particular, 15–17, 23, 25–27
equações de Yule–Walker, *veja* teoria da modelagem, equações de Yule–Walker

Índice

equações diferenciais, 1, 15
erros de quantização
   ciclos-limite
      de entrada constante, 800, 802, 803, 890,
         891, 897
      de entrada nula, 793, 795, 797, 800, 803
   granulares, 788, 789, 793
   por *overflow*, 788, 790, 791
   conversão analógico-digital, 737
   escalamento de sinal, 769, 772, 774, 776, 777,
      790, 869, 871, 874, 890, 894, 903
   aritmética de saturação, 790
   instabilidade, 804
   quantização aritmética, 738, 762, 766, 770, 871,
      873, 889, 894, 896
      arredondamento, 762, 770, 793
      arredondamento controlado, 801
      overflow, 793
      saturação, 891
      truncamento, 762, 793
      truncamento de módulo, 762, 764, 799, 801,
         891
   quantização de coeficientes, 737, 779, 781, 782,
      785, 787, 870, 875, 897, 905
escalamento de sinal, 810
espectro
   de sinal decimado, 504
   de sinal interpolado, 510
espectro de curta duração, 240
ESS, *veja* conformação espectral do erro
estabilidade
   classificação, 405
   com linearidade de *overflow*, 804
estabilidade BIBO
   classificação, 14, 99, 113–116
   definição, 14
   propriedade, 86
estimação espectral, 449
   não-paramétrica, 451
      de Blackman–Tukey, 454, 455, 490, 494
      de variância mínima, 456, 457, 459, 490
      média de periodogramas, 454, 455, 488
      periodograma, 452, 453, 455, 456, 467, 488
      periodograma com janelamento de dados,
         454, 455, 488
   paramétrica, 468, 491
      algoritmo MUSIC, 486
      método da autocorrelação, 474, 475, 481,
         491, 492, 494
      método da covariância, 473, 481, 486
      método de Burg, 479–481, 491, 492, 494
      método de Itakura–Saito, 486
      método de Prony, 486
      métodos de subespaço, 486
      modelo autorregressivo, 468, 469, 471–475,
         477
      predição linear, 469–472, 478, 483
estimativa de ordem, 380
expansão em frações parciais, 93–95, 138, 259,
   292

FFT, *veja* transformada de Fourier rápida

filtragem em blocos com sobreposição, 528, 530,
   534, 535, 538
filtro da sinc modificada, *veja* filtros digitais,
   FIR, filtro da sinc modificada
filtro de Butterworth, *veja* filtros analógicos, de
   Butterworth *e* filtros digitais, IIR,
   aproximação de Butterworth
filtro de Chebyshev, *veja* filtros analógicos, de
   Chebyshev *e* filtros digitais, IIR,
   aproximação de Chebyshev
filtro de L-ésima faixa, *veja* filtros digitais,
   interpolador, filtro de L-ésima faixa
filtro de meia faixa, *veja* filtros digitais,
   interpolador, filtro de meia faixa
filtro de Wiener, 482, 484
   aplicações, 485
   cálculo, 484, 485
filtro passa-tudo
   função de transferência, 909
filtro pente, 284
   FIR, 302
   IIR, 286, 302
filtros adaptativos, 487
filtros analógicos
   de Butterworth, 386, 391
      cálculo, 399
      em MATLAB, 438
      função de transferência, 387
      transformação na frequência, 395
   de Chebyshev, 388, 391, 914
      cálculo, 399
      em MATLAB, 439
      função de transferência, 391
      transformação na frequência, 395
   de Chebyshev inverso, 447
      em MATLAB, 439
   elípticos, 392, 914
      cálculo, 399
      em MATLAB, 440
      função de transferência, 394
      transformação na frequência, 395
   especificação, 384
   forma escada, 914, 938, 941
   forma treliça, 936
   passa-altas, 384
   passa-baixas, 44, 384, 386
   passa-faixa, 384
   projeto, 397
   realização em treliça, 936
   rejeita-faixa, 384
   só-polos, 386, 391
   transformação na frequência, 394, 395
filtros com resposta ao impulso de duração finita,
   veja filtros digitais, FIR
filtros com resposta ao impulso de duração
   infinita, *veja* filtros digitais, IIR
filtros complementares, 376, 837, 838
filtros de Cauer, *veja* filtros elípticos
filtros de onda digitais, 914–916
   elementos de n terminais
      adaptador paralelo, 927
      adaptador série, 933

elementos de dois terminais
  adaptador paralelo, 926, 927
  conversor de imitância de corrente
    generalizado, 923
  conversor de imitância de tensão
    generalizado, 921
  girador, 924
  transformador, 924
elementos de um terminal
  capacitor, 919
  circuito aberto, 919
  conexão série, 919
  curto-circuito, 919
  fonte de tensão, 919
  indutor, 919
  resistor, 919
forma treliça, 936
realização em treliça, 936, 938, 940, 941
filtros de Zolotarev, *veja* filtros elípticos
filtros digitais
  blocos componentes
    filtro pente, 284, 286
    oscilador, 284
    passa-altas, 280
    passa-altas com *notch*, 280, 283, 418
    passa-baixas, 280, 281
    passa-baixas com *notch*, 280, 283
    passa-faixa, 280, 281
    passa-tudo, 280, 284
  com fase linear, 245, 246
    realizações, 252
  com fase linear, formas, 247–250
  com fase linear, propriedades, 251
  complementares, 376, 837, 838
  complementares em potência, 616
  de crominância, 300
  de meia faixa, 602
  decimador, 507, 508, 513, 525, 526, 544, 564, 565
  decimadores, 573
  diagrama de fluxo de sinal, 243
  duplamente complementares, 907, 911, 912
  equalizador de atraso, 435
  equalizador de fase, 284, 421
  FIR
    coeficientes, 304
    com fase linear, 435
    com fase linear, formas, 247, 307, 309, 312, 313, 344, 345, 347, 353
    com fase linear, resposta de amplitude, 312, 313
    com fase linear, resposta de fase, 312, 313
    com fase linear, zeros, 252
    definição, 20
    equação de diferenças, 20, 242
    fase mínima, 603
    filtro da sinc modificada, 830
    forma cascata, 245
    forma direta, 243
    forma direta alternativa, 244
    forma no domínio da frequência, 826
    forma polifásica, 517, 561, 825

forma treliça, 616, 816, 823
função de transferência, 112
método da janela, 319, 320, 326, 331, 333, 337, 343, 369
método de Chebyshev, 352, 354, 355, 358, 362, 366, 373, 508, 525, 602, 618, 831, 833, 845, 858
método do autofiltro, 350
método dos mínimos quadrados ponderados, 349–351, 358, 362, 363, 372
método dos mínimos quadrados ponderados com restrições, 350
método WLS–Chebyshev, 359–363, 619
métodos de otimização, 343, 347
projeto maximamente plano, 339, 341
projeto por amostragem na frequência, 311, 314, 315, 317, 340
projeto por interpolação, 834, 836
projeto por interpolação e decimação, 524, 525, 549
projeto por mascaramento da resposta na frequência, 526, 838, 839, 841, 843, 847
projeto por pré-filtro, 830, 832
projeto por quadratura, 852, 855
realização em treliça, 481, 482
resposta na frequência, 304
soma móvel recursiva, 827, 831
IIR
  aproximação de Butterworth, 412, 438
  aproximação de Chebyshev, 412, 439
  aproximação de Chebyshev inverso, 439, 447
  aproximação elíptica, 121, 412, 440, 782, 784, 875
  aproximação no domínio do tempo, 429, 432
  características, 383
  critério de Chebyshev ou minimax, 420
  definição, 20
  descrição no espaço de estados, 266, 268, 277, 289, 777, 778, 793, 808
  equação de diferenças, 20
  filtros de onda, *veja* filtros de onda digitais
  forma cascata, 257, 259, 260, 288, 776, 868, 871, 875, 879, 882, 897, 943
  forma direta, 255, 257, 287, 869
  forma paralela, 259, 262, 288, 776, 868, 869, 875, 882, 896
  forma treliça, 279, 900–905
  função de transferência, 112, 253
  método da invariância ao impulso, 404, 407, 408, 414, 442
  método da transformação bilinear, 408, 410, 412–414, 435, 436, 442, 914
  método para frequência de corte variável, 418
  métodos de otimização numérica, 419, 424, 426–428, 442
  procedimento de pré-distorção, 411, 413
  protótipo analógico, 384, 403
  seção de segunda ordem, 758, 869, 874, 875, 879, 881
  seção no espaço de estados, 760, 802, 803, 883, 884, 887, 890, 891, 895–897
implementação

aritmética distribuída, *veja* implementação, aritmética distribuída
arranjos de portas programáveis por campo, *veja* implementação, arranjos de portas programáveis por campo
circuito integrado para aplicação específica, *veja* implementação, circuito integrado para aplicação específica
dispositivos lógicos programáveis, *veja* implementação, dispositivos lógicos programáveis
hardware discreto, *veja* implementação, *hardware* discreto
integração em muito larga escala, *veja* implementação, integração em muito larga escala
processadores digitais de sinais, *veja* implementação, processadores digitais de sinais
interpolador, 512, 513, 525, 526, 543, 564, 565, 834, 836
    filtro de L-ésima faixa, 512
    filtro de meia faixa, 513
mascaramento, 839, 841, 842, 852
passa-altas, 249, 304, 311, 347
passa-baixas, 121, 251, 304, 311, 347
passa-faixa, 250, 304, 311, 332, 347
PCM, 355
pré-filtro, 830–832
rejeita-faixa, 249, 304, 311, 332, 347
representação matricial, 263
seção passa-tudo, 284, 421
filtros elípticos, *veja* filtros analógicos, elípticos *e* filtros digitais, IIR, aproximação elíptica
filtros FIR, *veja* filtros digitais, FIR
filtros IIR, *veja* filtros digitais, IIR
filtros não-recursivos, *veja* filtros digitais, FIR
filtros recursivos, *veja* filtros digitais, IIR
forma acoplada
    estrutura no espaço de estados, 780
Fortran, 355
FPGA, *veja* implementação, arranjos de portas programáveis por campo
frequência de amostragem, 38, 41, 42, 50, 66, 68, 156, 664
    mudança, 503, 513, 546
        em MATLAB, *veja* MATLAB, comando, `resample`
frequência de Nyquist, 38, 68, 405
função cosseno
    no tempo discreto, 4
função de Bessel, 329
função de escalamento, 667
função de Lyapunov, 793, 799
função de transferência
    cálculo, 119
    da descrição no espaço de estados, 267, 278, 884
    definição, 112
    equalizador de atraso, 435
    equalizador de fase, 284, 421
    filtro analógico de Butterworth, 387

filtro analógico de Chebyshev, 391
filtro analógico elíptico, 394
filtro passa-tudo, 909
filtros FIR, 112
filtros IIR, 112, 253
polos, 86, 89, 112, 113, 122, 267
    em MATLAB, *veja* MATLAB, comando, `tf2zp`, `zplane`
racional, 86
seção passa-tudo, 284, 421
sensibilidade, 274, 276, 278, 279, 779, 781, 782, 785, 787
zeros, 86, 112, 122, 252, 871
    em MATLAB, *veja* MATLAB, comando, `tf2zp`, `zplane`
função degrau, 4, 5
função exponencial
    no tempo discreto
        complexa, 79
        real, 4
função impulso, 4
    deslocado, 4, 5, 11
função rampa, 4
função seno
    no tempo discreto
        complexa, 79, 116
função seno hiperbólico, 329
funções de Chebyshev, 388
funções impulso
    trem de, 34, 47, 48, 52, 54
    série de Fourier de, 36
    transformada de Fourier de, 37
funções-janela, 670
    de Bartlett, 370, 453
        definição, 324
    de Blackman, 366, 371
        cálculo, 327
        definição, 326
        propriedades, 326
    de Dolph–Chebyshev, 371
        definição, 337
        propriedades, 339
    de Hamming, 370, 455, 474
        cálculo, 327
        definição, 324
    de Hamming generalizada
        definição, 324
        propriedades, 325
        resposta na frequência, 324
    de Hann, 370
        cálculo, 327
        definição, 324
    de Kaiser, 371
        cálculo, 333
        definição, 330
        estimação de ordem, 371
        resposta na frequência, 330
        transformada de Fourier, 330
    gaussiana, 673
    retangular, 349, 366, 370, 452, 456
        cálculo, 327
        definição, 323

resposta na frequência, 323
triangular, 370
  definição, 324

grade de polos, 780

identidades nobres, 516, 519, 662
IDFT, *veja* transformada de Fourier discreta, inversa
implementação
  aritmética distribuída, 755, 757, 758, 760, 802
  arranjos de portas programáveis por campo, 736
  circuito integrado para aplicação específica, 737
  dispositivos lógicos programáveis, 736
  hardware discreto
    multiplicador paralelo, 754
    multiplicador serial, 745, 746, 748, 749, 751, 753
    somador paralelo, 754
    somador serial, 744
    subtrator serial, 744
  integração em muito larga escala, 736
  pipelining, 748, 751
  ponto fixo, 765, 776, 782–784
  ponto flutuante, 768
  processadores digitais de sinais, 737
interpolação, 509, 514–516, 525, 543, 559, 839
  em MATLAB, *veja* MATLAB, comando, interp
  espectro, 510
  fórmulas, 45, 160, 355
  Lagrange, forma baricêntrica, 355
  propriedade
    complexidade computacional, 512
    variância no tempo, 512
interpolador de Lagrange, 355
interreciprocidade, 272, 273
invariância ao deslocamento, *veja* invariância no tempo
invariância no tempo
  classificação, 9–11, 19
  definição, 8

janela de Bartlett, *veja* funções-janela, de Bartlett, 370
janela de Blackman, *veja* funções-janela, de Blackman
janela de Dolph–Chebyshev, *veja* funções-janela, de Dolph–Chebyshev
janela de Hamming, *veja* funções-janela, de Hamming
janela de Hann, *veja* funções-janela, de Hann
janela de Hanning, *veja* funções-janela, de Hann
janela de Kaiser, *veja* funções-janela, de Kaiser
janela retangular, *veja* funções-janela, retangular
janela triangular, *veja* funções-janela, triangular

limite inferior de Cramer–Rao, *veja* teoria da estimação, limite inferior de Cramer–Rao
linearidade
  classificação, 9, 10, 19
  da transformada de Fourier, 129

da transformada de Fourier discreta, 165
da transformada z, 100
definição, 8

média de periodogramas, *veja* estimação espectral, não-paramétrica, média de periodogramas
método da autocorrelação, *veja* estimação espectral, paramétrica, método da autocorrelação
método da covariância, *veja* estimação espectral, paramétrica, método da covariância
método da invariância ao impulso, *veja* filtros digitais, IIR, método da invariância ao impulso
método de Newton, 425
método dos mínimos quadrados ponderados, *veja* filtros digitais, FIR, método dos mínimos quadrados ponderados
métodos quasi-Newton, 426
  algoritmo de Broyden–Fletcher–Goldfarb–Shannon, 427, 429
  algoritmo de Davidson–Fletcher–Powell, 426
mascaramento na frequência, *veja* filtros digitais, FIR, projeto por mascaramento na frequência
MATLAB
  comando
    abs, 140, 145
    angle, 140, 145
    appcoef, 719, 730
    appcoef2, 731
    aryule, 495
    bartlett, 370
    bi2de, 811
    bilinear, 442
    bin2num, 811
    binvec2dec, 811
    biorfilt, 727
    biorwavf, 726
    blackman, 326, 371
    boxcar, 370
    burg, 495
    buttap, 439
    butter, 434, 438
    butterord, 434
    buttord, 438
    ceil, 811
    cfirpm, 373
    cheb1ap, 439
    cheb1ord, 439
    cheb2ap, 439
    cheb2ord, 439
    chebwin, 371
    cheby, 434
    cheby1, 439
    cheby2, 439
    chebyord, 434
    coifwavf, 726
    conv, 70, 230, 231
    cov, 495

Índice

cplxpair, 289, 293
cremez, 373
dbwavf, 726
dct, 235
dctmtx, 235
de2bi, 811
dec2bin, 811
dec2binvec, 811
decimate, 547, 548
detcoef, 719, 730
detcoef2, 731
dftmtx, 234
diff, 368
dwt, 727
dwt2, 731
dwtmode, 728
dyaddown, 653
dyadup, 654
ellip, 434, 440, 875
ellipap, 440
ellipord, 434, 440, 875
fft, 234
fftfilt, 234
fftshift, 234
filter, 230, 295
fir1, 336, 369
fir2, 370
fircls, 372
fircls1, 373
firls, 352, 363, 372
firpm, 355, 357, 362, 363, 366, 367, 373, 858, 859
firpmord, 374, 859
fix, 811
floor, 811
fminsearch, 653
fminunc, 653
freqspace, 146
freqz, 140, 141, 145, 876
grpdelay, 140, 146, 434
hamming, 326, 370
hanning, 326, 370
hilbert, 369
idct, 235
idwt, 728
idwt2, 731
ifft, 234
impinvar, 442
impz, 71
interp, 547, 548
intfilt, 549
invfreqs, 443
invfreqz, 442
kaiser, 371
kaiserord, 371
latc2tf, 862, 946
latcfilt, 862
levinson, 495
lp2bp, 441
lp2bs, 441
lp2hp, 441
lp2lp, 440

lpc, 443, 495
maxflat, 443
num2bin, 811
orthfilt, 726
periodogram, 495
poly, 291
prony, 443
psd, 491, 495
psdopts, 496
qmf, 655
quant, 811
rand, 138
randn, 69, 138
real, 231
remez, 373
remezord, 374
resample, 549
residue, 138, 288
residuez, 292, 875, 946
roots, 141, 291
round, 811
sos2ss, 294, 946
sos2tf, 291, 946
sos2zp, 294
spectrum, 491, 495
sptool, 374, 443
ss2sos, 295, 946
ss2tf, 293, 946
ss2zp, 294
stem, 70
stmcb, 443
symwavf, 726
tf2latc, 861, 946
tf2sos, 876
tf2ss, 293, 946
tf2zp, 141, 288, 291
tf2zpk, 647
triang, 370
unwrap, 146
upcoef, 731
upcoef2, 731
upfirdn, 547
upwlev, 730
upwlev2, 731
wavedec, 729
wavedec2, 731
wavedemo, 731
wavefun, 731
waveinfo, 725
wavemenu, 731
waverec, 729
waverec2, 731
welch, 495
wfilters, 725
wrcoef, 731
wrcoef2, 731
yulear, 495
yulewalk, 443
zp2sos, 288, 289, 294
zp2ss, 294
zp2tf, 141, 291
zplane, 147, 647

toolbox
   Fixedpoint, 811
   Optimization, 653
   Signal Processing, 70, 145, 234, 290, 374, 547
   Spectral Estimation, 494
   Wavelet, 653, 721, 725, 731
matriz circulante, 532
matriz de Pascal, 437
matriz hessiana, 425, 426, 470
matriz não-Toeplitz, 473
matriz paraunitária, 590, 601, 604, 605, 624
matriz pseudocirculante, 532, 534, 536–538, 540, 541, 543
matriz Toeplitz, 474
matriz Toeplitz+Hankel, 361
modelo AR, *veja* teoria da modelagem, modelo autorregressivo
modelo ARMA, *veja* teoria da modelagem, modelo autorregressivo com média móvel
modelo autorregressivo, *veja* teoria da modelagem, modelo autorregressivo
modelo autorregressivo com média móvel, *veja* teoria da modelagem, modelo autorregressivo com média móvel
modelo de média móvel, *veja* teoria da modelagem, modelo de média móvel
modelo MA, *veja* teoria da modelagem, modelo de média móvel
modelos comutadores, 520, 564
modulação de faixa lateral dupla, 857
modulação de faixa lateral simples, 859
multiplicador, 243
multiplicador de Lagrange, 458, 619
multiplicador paralelo, 754
multiplicador serial, 745

ordenação por reversão de *bits*, 196, 199, 203, 221
oscilações de Gibbs, 320, 349
otimização de Chebyshev, *veja* filtros digitais, FIR, método de Chebyshev
overflow, 764, 769, 770, 772, 790, 791, 804

padrão MPEG2, 606
parte ímpar de uma sequência, 73
parte par de uma sequência, 73
período, 6, 156
periodograma, *veja* estimação espectral, não-paramétrica, periodograma
periodograma com janelamento de dados, *veja* estimação espectral, não-paramétrica, periodograma com janelamento de dados
pipelining, 748, 751
PLD, *veja* implementação, dispositivos lógicos programáveis
polarização, *veja* teoria da estimação, polarização
polinômios de Chebyshev, 337, 388
polos, *veja* função de transferência, polos
predição linear, *veja* estimação espectral, paramétrica, predição linear
preenchimento com zeros, *veja* transformada de Fourier discreta, preenchimento com zeros
princípio da incerteza, 671

procedimento de pré-distorção, *veja* filtros digitais, IIR, procedimento de pré-distorção
processamento analógico de sinais, 1
processamento digital de sinais, 1, 33, 45
   contínuos no tempo, 45
processo aleatório, 60, 65, 134, 775
   amostra, 60
   cicloestacionariedade no sentido amplo, 542–545
   densidade espectral de potência, 135–137, 451, 650, 765
   ensemble, 60
   ergodicidade, 63
   estacionariedade conjunta no sentido amplo, 61, 650
   estacionariedade no sentido amplo, 61–64, 135, 137, 451, 460, 471, 473, 485, 486, 543–545
   estacionariedade no sentido estrito, 61
   função de autocorrelação, 61, 63–65, 134, 135, 451, 453, 467, 542, 650
   função de correlação cruzada, 61
   matriz de autocorrelação, 63, 470, 473, 474, 484, 543, 544
   realização, 60
   ruído branco, 137, 138, 460, 466
   teorema de Wiener–Khinchin, 135, 137
projeto de filtro por mínimos quadrados, *veja* filtros digitais, FIR, método dos mínimos quadrados ponderados
projeto maximamente plano, *veja* filtros digitais, FIR, projeto maximamente plano

realização direta
   filtros FIR, 243, 244
   filtros IIR, 255, 257, 287
realização em cascata, *veja* filtros digitais, FIR, forma cascata *e* filtros digitais, IIR, forma cascata
realização em treliça, *veja* filtros digitais, FIR, forma treliça *e* filtros digitais, IIR, forma treliça
realização paralela, *veja* filtros digitais, IIR, forma paralela
reciprocidade, 271
redes na forma canônica, 244, 257
redução de taxa de amostragem, *veja* decimação
regularidade de Hölder, *veja* transformada de *wavelets*, regularidade
representação de ponto fixo, *veja* representações digitais, de ponto fixo
representação de ponto flutuante, *veja* representações digitais, de ponto flutuante
representação em complemento-a-dois, *veja* representações digitais, de ponto fixo, complemento-a-dois
representação em complemento-a-um, *veja* representações digitais, de ponto fixo, complemento-a-um
representação em dígitos com sinal canônica, *veja* representações digitais, de ponto fixo, dígitos com sinal canônica

Índice

representação em potências de dois com sinal, *veja* representações digitais, de ponto fixo, potências de dois com sinal
representação em sinal-módulo, *veja* representações digitais, de ponto fixo, sinal-módulo
representações digitais
   de ponto fixo, 743, 793
      complemento-a-dois, 738–745, 747, 753, 789, 807
      complemento-a-um, 738–741, 769, 807
      dígitos com sinal canônica, 742, 807
      potências de dois com sinal, 741, 742
      sinal-módulo, 738, 739, 807
   de ponto flutuante, 742
   de ponto flutuante por blocos, 768
   de ponto pseudoflutuante, 784
resíduo, 89, 91, 92
   definição, 88
   em MATLAB, *veja* MATLAB, comando, `residuez`
resposta ao impulso, 11–13, 19, 20, 31, 32, 44, 54, 65, 89, 99, 135, 138, 230
   antissimétrica, 249, 250, 313
   da descrição no espaço de estados, 267
   de diferenciador, 366
   de diferenciador ideal, 307
   de duração finita, 20
      fase linear, 246, 247
   de filtro passa-altas ideal, 306
   de filtro passa-baixas ideal, 305
   de filtro passa-faixa ideal, 306
   de filtro rejeita-faixa ideal, 306
   de transformador de Hilbert ideal, 309
   em MATLAB, *veja* MATLAB, comando, `impz`
   filtro de análise, 576
   simétrica, 247, 248, 312
resposta de fase, 117
   cálculo, 118
   cálculo a partir dos zeros e polos, 122
   de filtros digitais, linear, 245, 435
   de filtros FIR, linear
      condições, 246
   definição, 80, 117
resposta de módulo
   cálculo, 118
   cálculo a partir dos zeros e polos, 122
   definição, 80, 117
   filtros IIR em cascata, 422
resposta na frequência
   cálculo, 118, 119
   cálculo a partir dos zeros e polos, 122
   de filtro passa-altas ideal, 306
   de filtro passa-baixas ideal, 304
   de filtro passa-faixa ideal, 306
   de filtro rejeita-faixa ideal, 306
   de sinal decimado, 506
   definição, 117
   em MATLAB, *veja* MATLAB, comando, `freqz`
   janela de Hamming generalizada, 324
   janela de Kaiser, 330
   janela retangular, 323

RRS, *veja* filtros digitais, FIR, soma móvel recursiva
ruído branco, 137, 138, 453

série de Fourier
   coeficientes, 34
   convergência, 320
   definição, 34
   no tempo contínuo
      coeficientes, 229
      definição, 229
   no tempo discreto, 134
      coeficientes, 229
      definição, 229
   sinal periódico, 161
   truncamento, 323
série de Laurent, 81
série de Taylor, 98, 701
sensibilidade, 274, *veja* função de transferência, sensibilidade
   cálculo, 278, 279
sequências, *veja* sinais, no tempo discreto
sinais
   no tempo contínuo, 1, 2, 33, 34, 45
      limitado em faixa, 38, 503
   no tempo discreto, 1–3, 5, 33, 34
      causais, 86
      cosseno, 4, 6
      criticamente decimados, 557
      decimados, 504, 559
      degrau, 4, 5
      exponencial real, 4
      impulso, 4
      impulso deslocado, 4, 5, 11
      interpolados, 509
      parte ímpar, 73
      parte par, 73
      periódicos, 6, 34, 160
      rampa, 4
      representação gráfica, 3
      seno complexo, 79, 116
      senoide complexa, 364
      sequências antissimétricas, 130, 173, 174
      sequências bilaterais, 84, 87
      sequências conjugadas antissimétricas, 130, 174
      sequências conjugadas simétricas, 130, 174
      sequências de comprimento finito, 84
      sequências imaginárias, 104, 172
      sequências reais, 104, 172
      sequências simétricas, 130, 173, 174
      sequências unilaterais direitas, 83, 87, 96, 98
      sequências unilaterais esquerdas, 84, 87, 96, 97
   periódicos, 6
sinal aleatório, 56, 60, 63, 135
sistema de entrada única e saída única, 530, 538, 542
sistema de entradas múltiplas e saídas múltiplas, 530, 538
sistemas
   no tempo contínuo, 2

amostragem-e-retenção, 45, 47
no tempo discreto, 2, 7
   causalidade, 9–11, 17, 19, 31, 45
   estabilidade, 14, 29
   FIR, 20
   IIR, 20
   invariância ao deslocamento, 9
   invariância no tempo, 8–12, 14, 19, 63, 538, 539
   linearidade, 8–10, 12, 17, 19, 63, 538, 539
   não-recursivos, 19
   recursivos, 19, 20
   representação, 15
somador, 243
somador serial, 744
SPT, *veja* representações digitais, de ponto fixo, potências de dois com sinal
SSB, *veja* modulação de faixa lateral simples
subamostragem, *veja* decimação
subtrator serial, 744

taxa de amostragem, *veja* frequência de amostragem
teorema da alternância, 353
teorema da amostragem, 38, 43, 68, 405
teorema da bisseção de Bartlett, 936, 938
teorema da decomposição de sistemas, 462
teorema de Parseval, 213, 218, 672
   transformada de Fourier, 132, 670, 674
   transformada de Fourier discreta, 176
   transformada z, 106
   transformadas discretas, 212, 213
teorema de Tellegen, 270, 273, 274
teorema de Wiener–Khinchin, 135, 451, 453, 467
teorema dos resíduos, 88, 89, 91–93, 778, 881
teoria da estimação, 450
   consistência, 451, 453
   desvio padrão, 450
   eficiência, 451
   erro quadrático médio, 450, 451
   estimação bayesiana, 450
   estimação clássica, 450
   limite inferior de Cramer-Rao, 451
   polarização, 450–454
   variância, 450–452, 454
teoria da modelagem, 459
   equações de Yule–Walker, 464, 468, 471, 475
      modelo autorregressivo, 466
      modelo autorregressivo com média móvel, 466
      modelo de média móvel, 465
   filtro de Wiener, *veja* filtro de Wiener
   modelo autorregressivo, 461–466, 468, 480, 486, 650, 651
   modelo autorregressivo com média móvel, 461–464, 466, 468, 486, 487
   estável de fase mínima, 462
   modelo de média móvel, 460, 461, 464, 468, 486
transformação bilinear, *veja* filtros digitais, IIR, método da transformação bilinear
transformação na frequência
   domínio do tempo contínuo, 394, 395

domínio do tempo discreto, 415
   passa-baixas para passa-altas, 417, 418
   passa-baixas para passa-baixas, 416
   passa-baixas para passa-faixa, 417
   em MATLAB, *veja* MATLAB, comandos, lp2lp, lp2hp, lp2bp, lp2bs
transformada com sobreposição biortogonal, 634
transformada da teoria dos números, 211
transformada de cossenos discreta, 606, 611, 628
   aplicação, 218, 224–226
   banco de filtros, 605, 609
   borboleta, 220
   complexidade computacional, 220, 222
   definição, 217
   em MATLAB, *veja* MATLAB, comando, dct
   inversa, 217
   notação matricial, 612, 616, 617, 624, 625, 629, 634
   fatoração, 220
transformada de Fourier, 35, 37, 47, 211
   amostragem da, 155
   da resposta ao impulso
      do passa-baixas analógico ideal, 43
   de sequência periódica, 134
   definição, 669
   no tempo contínuo
      amostragem na frequência, 157
      definição, 33, 124, 125, 228
      inversa, 33, 125, 228
   no tempo discreto, 123
      cálculo, 125–128
      definição, 80, 125, 154, 228
      existência, 126
      inversa, 125, 157, 228, 316
      relação com a transformada de Fourier discreta, 159
      sinal periódico, 133
   propriedade
      conjugação complexa, 129
      convolução, 33
      convolução no domínio da frequência, 132
      convolução no domínio do tempo, 132
      deslocamento no tempo, 129, 133
      diferenciação complexa, 129
      linearidade, 129
      modulação, 129, 857
      reversão no tempo, 129
      teorema de Parseval, 132
   propriedades
      de sequências reais e imaginárias, 130
      de sequências simétricas e antissimétricas, 131, 132
transformada de Fourier de curta duração, 669, 671, 674
transformada de Fourier de Winograd, 211
transformada de Fourier discreta, 154, 211
   cálculo, 161, 162, 168, 172, 175
   cálculo recursivo, 240
   complexidade computacional, 165, 190
   comprimento, 156, 157, 165
   definição, 157, 160, 190, 229
   FFT, *veja* transformada de Fourier discreta

reversão no tempo, 101, 107
teorema do valor inicial, 104
propriedades
   de sequências reais e imaginárias, 104
região de convergência, 81, 82, 90, 100–105, 107, 113
   cálculo, 83, 84, 86
   de funções de transferência racionais, 87
   de sequências bilaterais, 84, 87
   de sequências de comprimento finito, 84
   de sequências unilaterais direitas, 83, 87
   de sequências unilaterais esquerdas, 84, 87
   de sistemas causais estáveis, 86
relação com a transformada de Fourier discreta, 177
série de Laurent, 81
tabela de, 107
unilateral, 81
transformadas de cossenos
   pares, 222
transformadas de senos
   pares, 222
transformadas discretas
   transformada de cossenos, 222
   transformada de cossenos discreta, 217
   transformada de Hadamard, 224
   transformada de Hartley discreta, 222
   transformada de Karhunen–Loève, 226
   transformada de Walsh–Hadamard, 224
   transformada de *wavelets*, 226
   unitárias, 213, 217, 586
transformadas em blocos, 605
transformador de Hilbert, 250, 251, 308, 309, 311, 347, 350, 352, 368, 602, 641, 644
   em MATLAB, *veja* MATLAB, comando, `hilbert`
   resposta ao impulso, 309
transmultiplexadores, 590
transposição, 273, 274, 278, 279
truncamento, *veja* erros de quantização, quantização aritmética
truncamento de módulo, *veja* erros de quantização, quantização aritmética

variável aleatória, 56, 60, 65
   correlação, 59
   correlação complexa, 59
   covariância, 59
   desvio padrão, 58
   energia, 57, 58
   função de densidade de probabilidade, 56, 58, 59, 65
      distribuição gaussiana, 57, 69
      distribuição uniforme contínua, 57, 61
      distribuição uniforme discreta, 57, 58
      propriedades, 57
   função de densidade de probabilidade conjunta, 59, 60, 543
   função de distribuição de probabilidade acumulada, 56
      propriedades, 57
   função de distribuição de probabilidade acumulada conjunta, 59

independência, 59
média estatística, 57, 58, 63–65
valor quadrático médio, 57
variância, 58, 63, 65
variância de ruído relativa, 766
variância mínima, *veja* estimação espectral, não-paramétrica, de variância mínima
vetor-gradiente, 425
VLSI, *veja* implementação, integração em muito larga escala

wavelet de Haar, *veja* transformada de *wavelets*, Haar

zeros, *veja* função de transferência, zeros

implementação
    sobreposição-e-armazenamento, 184, 188
    sobreposição-e-soma, 182, 183, 530
interpretação, 156, 161, 165
inversa, 157, 160, 190, 198, 229, 317
    cálculo, 168
notação matricial, 163, 169, 199
    fatoração, 200
período, 156
preenchimento com zeros, 157–159, 179, 183, 186, 826
propriedade
    conjugação complexa, 172
    convolução circular, 170
    correlação, 172
    deslocamento no tempo, 166, 169
    linearidade, 165, 175
    modulação, 169
    reversão no tempo, 166
    sequências reais, 172
    teorema de Parseval, 176
propriedades
    de sequências reais e imaginárias, 172
    de sequências simétricas e antissimétricas, 173, 174
relação com
    transformada de Fourier, 159
    transformada z, 177
resolução, 158, 159
resolução na frequência, 157
transformada de Fourier rápida, *veja* transformada de Fourier rápida
unitária, 214
transformada de Fourier rápida, 155, 190, 231, 233, 453
    algoritmo de raiz 2, 191, 192, 207, 769
        borboleta, 194
    algoritmo de raiz 3
        borboleta, 208, 209
    algoritmo de raiz 4, 204, 207, 208
        borboleta, 205
    algoritmo de raiz N, 209
    borboleta, 197, 203
    célula básica, 197
    com decimação na frequência, 201, 208
    com decimação no tempo, 194, 197, 208, 769
    complexidade computacional, 190, 191, 193, 197, 207, 210
    efeitos de quantização, 769
    em MATLAB, *veja* MATLAB, comandos, fft, ifft, fftshift
    filtragem FIR, 826
    inversa, 198
    notação matricial
        fatoração, 200
    ordenação por reversão de *bits*, 196
    sobreposição-e-armazenamento, 827
    sobreposição-e-soma, 827
    Winograd, 211
transformada de Hadamard
    aplicação, 225
    definição, 224

transformada de Hartley discreta
    aplicação, 224
    definição, 222
    inversa, 223
    propriedade, 223
transformada de Karhunen–Loève, 226
transformada de Laplace, 79, 227
transformada de Walsh–Hadamard, *veja* transformada de Hadamard
    aplicação, 225
    definição, 224
transformada de *wavelets*, 226, 660, 664, 675, 701
    análise tempo-frequencial, 669, 674
    aplicação, 704, 710, 718
    bidimensional, 704
    biortogonalidade, 679, 683–685, 695, 696, 698, 702, 718
    calculo, 668
    contínua, 674
    Daubechies, 702
    Daubechies-4, 722
    de sinal no tempo discreto, 666
    definição, 665
    discreta, 677–679, 682
    em MATLAB, *veja* MATLAB, comando, wfilters
    equação de diferenças de duas escalas contíguas, 726, 727
    função de escalamento, 667, 668, 683, 696, 697, 699, 701, 707
    função-mãe, 660, 664, 666, 674, 682
    Haar, 702
    inversa, 666
    momentos desvanecentes, 699, 701
    ortogonalidade, 679, 682, 683, 685, 690, 695, 698, 702
    processamento de imagem, 704, 708, 710
    regularidade, 696–699
        estimação, 699
        exemplos, 699
    relação com bancos de filtros, 680, 691, 698
    representação em multirresolução, 680, 682–684, 698
    wavelet 9-7, 718
transformada ortogonal com sobreposição, *veja* bancos de filtros, transformada ortogonal com sobreposição
transformada z
    bilateral, 81
    cálculo, 81, 84, 86
    de sequências de comprimento finito, 177
    definição, 80, 227
    inversa, 124, 227
        cálculo, 89, 91–99
        definição, 88
    propriedade
        conjugação complexa, 103
        convolução no domínio do tempo, 104, 112
        convolução no domínio z, 105
        deslocamento no tempo, 101, 111, 139
        diferenciação complexa, 102
        linearidade, 100
        modulação, 102